普通高等教育"十二五"规划教材

大学化学实验

丛书主编　张四方

化学基础实验

本册主编　李　军

中国石化出版社

内 容 提 要

本书是按照教育部理科化学教学指导委员会制订的高等学校“化学、应用化学实验教学基本内容”编写。全书共十个单元，包括重要常数测定、物质性质检验、无机物质制备、有机物质制备、物质分离鉴定、化学方法分析、仪器方法分析、重要参数测定和化学过程操作。目的在于通过化学基础实验训练，让学生了解化学实验原理与方法、实验过程与结果之间的关系，强化用化学方法解决化学问题的意识，夯实化学实验基本功。

本书相对独立于理论课教材，可以作为普通高等院校化学、应用化学专业的实验教材，也可供相关科研人员参考。

图书在版编目（CIP）数据

化学基础实验／李军主编．—北京：中国石化出版社，2011.8（2020.9 重印）
（大学化学实验/张四方主编）
普通高等教育“十二五”规划教材
ISBN 978-7-5114-1122-8

Ⅰ. ①化… Ⅱ. ①李… Ⅲ. ①化学实验-高等学校-教材 Ⅳ. ①O6-3

中国版本图书馆 CIP 数据核字（2011）第 158601 号

中国石化出版社出版发行
地址：北京市东城区安定门外大街 58 号
邮编：100011 电话：(010)57512500
发行部电话：(010)57512575
http://www.sinopec-press.com
E-mail:press@sinopec.com
北京科信印刷有限公司印刷
全国各地新华书店经销
*
787×1092 毫米 16 开本 33.25 印张 842 千字
2020 年 9 月第 1 版第 4 次印刷
定价：68.00 元

序

在过去的100多年里，化学作为一门核心、实用、创造性科学，为人类认识物质世界和人类文明进步做出了巨大贡献。特别是近几十年来，数学、物理、生物、计算机学科和量子化学的迅速发展，以及在化学中的广泛应用，化学已从描述性学科逐渐走向推理性学科，化学研究的对象也从传统的原子、分子层次扩展到了原子、分子片、分子、超分子、多分子聚集态层次；按无机化学、有机化学、分析化学、物理化学、高分子化学划分的化学二级学科体系被打破，建构起了合成化学、分离化学、分析化学、物理化学、理论化学、化学生物学、纳米(材料)化学、绿色化学、化学信息学新体系；化学已成为研究从原子、分子片、分子、超分子，到分子和原子的各种不同尺度和不同复杂程度的聚集态和组装态的合成和反应、分离和分析、结构和形态、物理性能和生物活性及其规律和应用的自然科学。

化学学科的迅速发展，对化学人才的培养，特别是高素质创新人才的培养提出了更高的要求。高等院校作为我国高素质化学人才培养的重要基地，对高素质人才的培养将起到不可替代的作用。然而，我国高等化学教育长期以来一直沿用“专业化、专门化”的“窄、专、深”课程体系，使化学实验教学依附化学二级学科，化学实验的目的重在加深对理论的理解和技能的训练，人为地削弱了化学学科之间的内在联系与渗透，学生综合能力得不到有效提高，严重制约了高素质化学人才的培养。为了适应21世纪社会发展对高素质化学人才培养的需求，全面反映化学学科发展水平，中国石化出版社组织编写了普通高等教育“十二五”规划教材《大学化学实验》。

普通高等教育“十二五”规划教材《大学化学实验》编写时力求以培养高素质化学人才为宗旨，提高学生化学综合素质为目标，打破了传统化学实验教学的旧模式，建立了以能力培养渐进发展的新模式，使教材具备以下特点：

新颖性 编写体系上，根据社会对化学人才的需求和化学学科发展的变化，打破了传统化学实验教学依附于化学二级学科的实验教学模式，重建了以能力培养为核心的“技能、基础、综合、探究”能力培养新模式，强化了高素质化学人才能力培养在普通高等教育中的重要性；实验体例上，增加了实验背景、实验指导、实验拓展等内容。实验背景为学生课前准备实验提供了与本实验相关的背景材料，内容涉及相关物质的性质与用途、研究成果与动态、实验方法与技术等，旨在启发思维，拓展视野；实验拓展为学生实验后提供本实验延伸的参考思路，内容涉及知识迁移、方法迁移、应用迁移等，旨在举一反三，触类旁通；实验指导为学生在实验过程中如何高质量完成实验提供指导，内容涉及实验安全注意事项、实验操作关键和技巧等，旨在保证安全，提高效率。这些变化使《大学化学实验》与传统教材相比具有了一定的新颖性。

前导性 内容选择上，删除了那些内容陈旧、方法简单，不再适应高素质人才培养需求的实验，增加了能够反映当今化学学科成就的新技术、新方法、新成果，并将新能源、新材料、食品安全、绿色化学等与人类社会关系密切的化学内容纳入到了教材之中，突出了化学对社会所应承担的义务，使《大学化学实验》在内容上具备了一定的前导性。

系统性 《大学化学实验》共分6册：《化学技能训练》、《化学基础实验》、《化学综合实验》、《化学探究实验》、《中学化学实验研究》和《化学创新实验》。《化学技能训练》、《化学基础实验》、《化学综合实验》、《化学探究实验》构成了现代高等教育本科化学基本实验教学体系；《中学化学实验研究》为这个实验教学体系提供了教师教育延伸，为未来从事化学教育教学的学生提供专项培养；《化学创新实验》为这个实验教学体系提供了科学研究延伸，为未来从事科学研究和继续深造的学生提供专项培养。一个基本实验教学体系和两个专项培养模块使《大学化学实验》比传统化学实验教材更具系统性。

针对性 《大学化学实验》编写时充分考虑了“985”和“211”院校与一般高等院校人才培养目标和教学条件的差异，将《大学化学实验》使用的对象定位于一般高等院校的化学和应用化学专业。为了更好地适应一般高等院校的使用，教材内容选择不求仪器设备的高精尖，但求实验思路的异新变，教材内容为教学选择留出来足够的余地，使不同层次、不同类型的学校可以根据自身特点和区域特点进行特色办学、个性办学。

《大学化学实验》主要内容介绍如下：

《化学技能训练》 以教育部理科化学教学指导委员会制订的“化学、应用化学专业化学实验教学基本内容”为依据，包括实验安全、实验物品、样品采集、实验操作、测量仪器、数据处理、技能训练等内容，旨在规范和训练学生操作技能。

本册教学建议：教学在第1学期，时数为78学时。

《化学基础实验》 以教育部理科化学教学指导委员会制订的“化学、应用化学专业化学实验教学基本内容”为依据，包括重要常数测定、物质性质检验、无机物质制备、有机物质制备、物质分离鉴定、化学方法分析、仪器方法分析、重要参数测定和化学过程操作等内容，旨在强化化学实验操作和学习解决化学问题的基本方法。

本册教学建议：教学在第2、3、4、5学期，时数为216学时。

《化学综合实验》 内容选择标准有二，一是实验内容的综合性，一个实验含有两个或两个以上知识点的有机结合与渗透；二是实验方法(或手段)的多元性，综合运用两种或两种以上方法和手段来完成同一个实验。包括无机物制备与分析、配合物制备与测定、有机物合成与表征、物质的分离与检测、物质参数控制与测量、新技术训练与应用等内容，旨在强化知识、方法的综合运用，在化学学科层次理解化学。

本册教学建议：教学在第6学期，时数为54学时。

《化学探究实验》 提出课题，给出背景材料，通过学生的创新活动，共同构成学生的科学训练计划。包括合成路线设计、反应过程控制、物质分离提纯、物质结构表征、性能参数测定等内容，旨在帮助学生构建科学研究意识，提升科学探究能力，实现自我价值。

本册教学建议：教学在第7学期，时数为54学时。

《中学化学实验研究》 以中学化学实验教学内容为研究对象，通过科学探究，了解过程与结果之间的关系，为未来从事化学实验教学储备能量。包括典型高中化学实验、典型初中化学实验、改进型化学实验、手持化学实验、综合化学实验和探究化学实验等内容，旨在为学生未来从事化学教学做准备。

本册教学建议：教学在第7学期，时数为51学时。

《化学创新实验》 实验内容来自于教师科研项目成果、大学生创新性实验成果、化学学科的研究成果等。内容包括无机物、有机物、高分子化合物的合成与表征，新型功能性材料的制备与功能研究，食品、环境、化工等领域的化学问题与解决，旨在为学生从事科学研究和研究生学习做准备。

本册教学建议：教学在第7学期或第8学期，时数为54学时。

《大学化学实验》由张四方任总主编。参编院校有：太原师范学院、海南师范大学、晋中学院、忻州师范学院、运城学院和长治学院。所有分册的编写思路、实验内容、实验体例等都由大家共同讨论，充分酝酿确定，是集体智慧的结晶。《大学化学实验》的编写得到了参编院校、中国石化出版社的大力支持，太原师范学院教务处和中国石化出版社任翠霞老师给予了大力协助，在此向他们表示衷心的感谢。在编写过程中，我们参阅了大量文献资料，在此也衷心地向参阅文献的所有作者表示最诚挚谢意。

由于编者水平所限，加之时间仓促，教材中存在不妥之处，真诚希望读者提出宝贵意见。

张四方

前　言

《化学基础实验》是高等教育本科化学基本实验教学体系的重要组成部分，旨在通过化学基础实验训练让学生了解化学实验原理与方法、实验过程与结果之间的关系，强化用化学方法解决化学问题的意识，夯实化学实验基本功。

《化学基础实验》的编写以高等化学教育改革为指导，以培养高素质化学人才为目的。内容选择上以教育部理科化学教学指导委员会制订的“化学、应用化学专业实验教学基本内容”为依据，包括了重要常数测定、物质性质检验、无机物质制备、有机物质制备、物质分离鉴定、化学方法分析、仪器方法分析、重要参数测定和化学过程操作等内容；体例选择上以提高学生科学素养为宗旨，构建了实验目的、实验背景、实验原理、实验步骤、实验指导、实验拓展、实验思考新体例，体现了“了解化学体系、掌握化学原理、剖析化学困惑、扩散化学思维”的科学教育思路；方法选择上以循序渐进为主线，注重不同方法的对比，突出方法的运用。通过努力使《化学基础实验》教材具备了系统性、新颖性、前导性。

《化学基础实验》共有10个单元，其内容如下：

单元1　重要常数测定，包括摩尔气体常数、弱电解质电离常数、溶度积、配离子配位数、平衡常数、络合物稳定常数、摩尔质量、气体蒸气压、反应速率常数等。

单元2　物质性质检验，包括主族金属元素及化合物、主族非金属元素及化合物、过渡金属元素及化合物、有机化合物等。

单元3　无机物质制备，包括单质、氧化物、盐、酸、碱等。

单元4　有机物质制备，包括烷、烯、卤代烃、芳香烃、醇、醚、醛、酮、杂环等。

单元5　物质分离鉴定，包括常见阴阳离子的分离与鉴定、典型有机物的合成与分离、氨基酸的分离与鉴定、咖啡因的提取与鉴定等。

单元6　化学方法分析，包括酸碱滴定、氧化还原滴定、络合滴定、沉淀滴定等。

单元7　仪器方法分析(Ⅰ)，包括紫外可见分光光度法、红外分光光度法、荧光分光光度法、原子吸收光谱法、原子发射光谱法、气相色谱法、液相色谱法、X射线衍射法、核磁共振、质谱等。

单元8　仪器方法分析(Ⅱ)，包括电位滴定法、库仑分析法、电导分析法、电解分析法、差热分析法等。

单元9　重要参数的测定，包括反应速率、活化能、中和热、溶解热、电导率、离子迁移数、电动势、表面张力、磁化率、偶极矩等。

单元10　化学过程操作，包括 Reynolds 准数、能量守恒与转化、流体流动阻力、流量计、离心泵、过滤、吸收、精馏、干燥、停留时间等。

教材使用建议：教学安排在第2、3、4、5学期；教学时数为216学时。

本教材由李军任主编，李军、张四方修改并统校全稿。参加编写的有：晋中学院蔡雪梅(单元1)、长治学院王志军(单元2)、太原师范学院任跃红(单元3，单元8)、运城学院李晖(单元4)、晋中学院李军(单元5)、太原师范学院袁雯(单元6)、太原师范学院董金龙(单元7)、忻州师范学院石玉芳(单元9)和晋中学院路敏(单元10)。太原师范学院、海南师范大学、晋中学院、忻州师范学院、运城学院、长治学院等院校参与了全书的审稿。在编写过程中，我们参阅了大量文献和资料，在此向这些文献和资料的作者表示衷心感谢，中国石化出版社和晋中学院给予了大力支持，白官和吕秀清对全书的图表进行了绘制和加工，在此也向他们表示诚挚的感谢。

由于编者的水平所限，加之时间仓促，教材的不妥之处，恳请读者提出宝贵意见。

李　军

于晋中学院

目　录

单元1　重要常数测定

实验一　摩尔气体常数的测定

实验目的

(1) 学习分析天平和气压计的使用；.
(2) 学会气体常数的基本测定方法；
(3) 掌握有效数字的基本知识；
(4) 掌握理想气体状态方程式和分压定律的应用。

实验背景

1. 理想气体

在化学发展过程中，气体的研究占相当重要的地位。为了讨论气体的共性，常引入理想气体的概念。理想气体必须符合两个条件：①气体分子之间的作用力很微弱，一般可忽略；②气体分子本身占有的体积远小于气体的体积。即气体分子之间作用力可忽略、分子本身的大小可以忽略的气体称为理想气体。符合这两个条件的实际气体是不存在的，因为任何气体之间都有相互作用，都可以被液化。从客观上讲，理想气体是一个抽象的概念，它实际上不存在，但此概念反映了实际气体在一定条件下的最一般的性质。实际气体在什么情况下可以看作理想气体呢？只有在温度高和压力无限低时，实际气体才接近于理想气体。因为在此条件下，分子距离大大增加，平均来看分子之间作用力趋于零，分子所占的体积也可以忽略。

理想气体定律又称理想气体状态方程式。它是许多科学家长期实验的结晶。

1962 年，英国物理学家和化学家 Boyle 通过实验证明了在温度和气体的量恒定时，气体的压力与体积的乘积是一个常数，此结论被称为 Boyle 定律：$pV=nRT$。这就是理想气体状态方程。其中 R 为通用气体常数，简称气体常数，是一个在物态方程式中联系各个热力学函数的物理常数，其值为 $8.3145\text{J}\cdot\text{mol}^{-1}\cdot\text{K}^{-1}$。

2. Dalton 分压定律

1801 年，英国科学家、原子学说之父 Dalton 提出了 Dalton 分压定律。

假设有一理想气体的混合物，此混合气体本身也是理想气体，它们之间不起化学反应。在温度 T 下，各组分 $i(=1, 2, 3\cdots, i, \cdots)$ 的混合气体占有体积 V，由理想气体状态方程得：

$$p_1 = n_1RT/V,\quad p_2 = n_2RT/V,\quad \cdots,\quad p_i = n_iRT/V,\quad \cdots$$

$$\sum p_i = \sum n_iRT/V = nRT/V = p_{\text{总}}，\text{即} \sum p_i = p_{\text{总}}$$

该表达式的文字叙述为在温度和体积恒定时，混合气体的总压力等于各组分气体单独存在时的压力之和。

实验原理

理想气体状态方程式可表示为：

$$pV = nRT \tag{1-1}$$

式(1-1)表示一定量的理想气体的压力(p)和体积(V)的乘积与气体的物质的量(n)和绝对温度(T)的乘积之比为一常数，即气体常数 R。

$$R = \frac{pV}{nT} \tag{1-2}$$

因此，对一定量的气体，若能在一定的温度和压力条件下，测出其所占体积，则气体常数即可求得。本实验是采用铝与盐酸反应：

$$2Al+6HCl \xlongequal{} 2AlCl_3+3H_2\uparrow$$

实验时的温度 T 和压强 p 可分别由温度计和气压计测得，氢气的物质的量 n 可通过反应中的铝的质量求得。所生成的氢气可近似认为在此实验条件下为理想气体，再用排水集气法收集并测量其体积，从而测定出气体常数。

由于氢气是在水面上收集的，故氢气的分压 $p(H_2)$ 与水的饱和蒸气压 $p(H_2O)$ 有关，根据分压定律：$p=p(H_2)+p(H_2O)$，则 $p(H_2)=p-p(H_2O)$。由于 $p(H_2)$、$V(H_2)$、$n(H_2)$、T 均可由实验测得，这样根据式(1-2)即可求得气体常数。

仪器试剂

仪器：分析天平　气压计　精密温度计　量筒

试剂：盐酸($6mol \cdot L^{-1}$)　铝片

实验步骤

1. 铝片的称量

取一小片铝在电子天平上称重，其质量须在25~30mg之间(铝片不要过重，以免产生的氢气的体积超过量气管的测量限度)，记录铝片的质量。

2. 检查实验装置的气密性

实验装置如图1-1所示。在漏斗中加入适量的水。将漏斗微微上下移动，使漏斗和量气管两个液面在同一水平面上，且应在0刻度附近。塞紧支管试管上的胶塞。将漏斗下移约在量气管30刻度左右，此时可见量气管的液面下降，但下降一小段就不再下降。继续观察几分钟，确认液面不再下降，说明实验装置不漏气，可以继续下面操作(若液面继续下降，甚至降到漏斗的高度，说明实验装置漏气，须查明原因并改正后方能继续下面操作)。

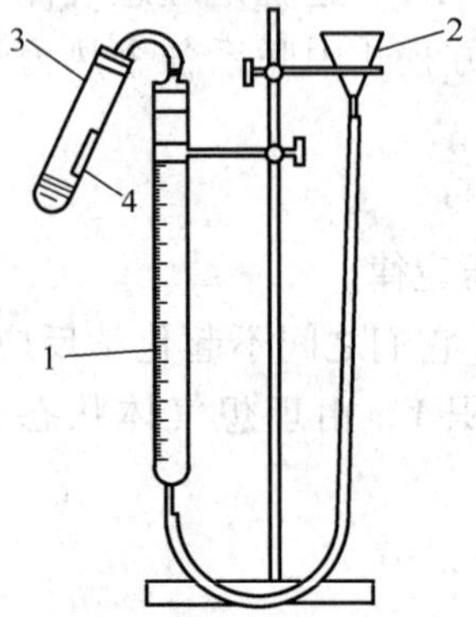

图1-1　气体常数测定装置
1—量气管；2—漏斗；3—试管(反应器)；4—铝片

3. 试剂的装入

取下胶塞，用长颈漏斗向支管试管中加入5mL $6mol \cdot L^{-1}$盐酸，避免盐酸粘到试管壁上。将铝片蘸少量水，用玻璃棒沿试管壁将其送入试管(注意：铝片不能与盐酸相接触)，使其粘到试管壁上。

4. 氢气体积的测量

将试管与胶塞紧密连接，调节漏斗的高度，使之与量气管的液面在同一水平面上，并稳定在 0 刻度附近(必要时再检查一次实验装置是否漏气)，记录此时的量气管液面刻度读数 V_1。轻轻摇动试管(但不要将其取下)，使铝片落入盐酸中，由于铝与盐酸反应生成氢气产生压力，会使量气管的液面不断下降(注意：随着反应进行，要随时将漏斗慢慢向下移动，使量气管内液面和漏斗中液面基本在同一平面上，以防止量气管中气体压力过高，而使气体漏出)。反应停止后，待试管冷却到室温，调节两个液面在同一水平面上，读取此时量气管液面刻度读数 V_2。重复上述过程。

5. 测量并记录实验温度和大气压力

将实验数据记录在表 1-1 中。

6. 数据记录与处理

处理实验数据并记录在表 1-1 中。

表 1-1　数据记录与处理

温度：________℃　　　　大气压强：________Pa

实验数据	1	2	3
铝片质量 m/g			
氢气体积 V/mL			
铝的物质的量 n/mol			
室温时水的饱和蒸气压 p/Pa			
氢气分压 p/Pa			
摩尔气体常数 $R/(\mathrm{J \cdot K^{-1} \cdot mol^{-1}})$			
R 平均值			
相对误差			

实验指导

(1) 用电光天平进行精确称量物品时，要戴手套。准确测量铝片的质量和生成氢气的体积，是本实验的成败关键。

(2) 铝片的质量应控制在 25~30mg，超过 30mg 易使产生的 H_2 量太多，超过量气管的容积；如低于 25mg，从会增大误差的角度分析也是不合适的。

(3) 检查气体常数测定装置的气密性时要将橡皮塞塞紧。

(4) 测定前要注意移动水准瓶使量气管中的水面略低于 0 刻度位置，并不得低于 5~6mL 处。

(5) 在反应管中滴加盐酸时，注意不要使酸沾湿试管上部管壁，放置铝片时要细心操作，使铝片紧贴在试管上部管壁并不沾有盐酸。

(6) 倾斜小试管使铝片落入盐酸中进行反应时，注意不要使试管塞松动而漏气。通过调节水准瓶使量气管两端压力平衡。

(7) 计算 R 时，要求采用 SI 单位制，计算结果要求三位有效数字。

(8) 量筒的刻度是按量筒底部平放桌面时读数来进行标定的，此时，筒内液面弯月面凹向量筒底部。在倒置量筒情况下，读数液面弯月面是凹向量筒口，即凸向筒底的，这时，如仍按液体弯月面凹点切线读数，则测得数字比实际气体体积要大 0.20mL。

(9) 不同温度下水的饱和蒸气压参考值见表 1-2。

表 1-2　不同温度下水的饱和蒸气压

温度/℃	压强/Pa	温度/℃	压强/Pa	温度/℃	压强/Pa	温度/℃	压强/Pa
10	1228	16	1817	22	2643	28	3779
11	1312	17	1937	23	2809	29	4005
12	1402	18	2063	24	2948	30	4242
13	1497	19	2197	25	3167	31	4402
14	1598	20	2338	26	3361	32	4767
15	1705	21	2486	27	3565	33	5030

实验拓展

本实验也可选用金属镁和硫酸反应来测定，用已知质量的镁与过量的稀硫酸反应产生氢气，在一定温度和压强下，测出反应所放出的氢气的体积，代入理想气体状态方程式 $pV=nRT$，即可算出摩尔气体常数 R 的数值。

$$Mg+H_2SO_4 = MgSO_4+H_2\uparrow$$

不管用哪种物质和酸发生反应，普遍认为发生置换反应前后量气管内的体积之差为生成的氢气体积。但事实上，前后体积之差并不完全是氢气的体积，而是氢气和水蒸气的总体积。这是由于水蒸气的特性造成的：当达到饱和蒸气压且有液态水存在时，水蒸气的体积会随其存在空间的增大而增大。置换产生氢气的反应发生前，量气管的读数 V_1 包括空气的体积 V(空气)与水蒸气的体积 $V_1(H_2O)$，即 $V_1=V$(空气)$+V_1(H_2O)$；而置换产生氢气的反应发生后，量气管的读数 V_2 为空气的体积 V(空气)、氢气的体积 $V(H_2)$、原有水蒸气的体积 $V_1(H_2O)$、新增水蒸气的体积 $V_2(H_2O)$ 的总和，即 $V_2=V$(空气)$+V(H_2)+V_1(H_2O)+V_2(H_2O)$。这样 $V_2-V_1=V(H_2)+V_2(H_2O)$，而教材所理解的 $V_2-V_1=V(H_2)$ 是存在一定误差的。

摩尔气体常数还可以使用电解法测定，基本原理如下：

用铜片和铂片做阴、阳极，用硫酸铜溶液为电解质进行电解，在阴、阳极分别发生以下反应：

$$Cu^{2+}+2e^- = Cu$$

$$4OH^- -4e^- = 2H_2O+O_2$$

在时间 t(秒)内，阴极铜片上增重的质量为 m(g)，m 即为电解铜的质量。在一定温度下，测量电解出来的 O_2 的体积 V 和 O_2 的分压 p，并由上式知，阴阳极产生的氧气和铜的物质的量比为 1∶2，就可求的气体常数 R：

$$\frac{pV}{RT}=\frac{1}{2}\times\frac{m}{63.5}$$

$$R=\frac{2\times 63.5\times pV}{mT}$$

实验思考

1. 称量前，应做哪些检查？

2. 为什么必须检查实验装置是否漏气？实验中必要时需两次检查实验装置是否漏气，

哪次相对更重要？

3. 在读取量气管液面刻度时，为什么要使漏斗和量气管两个液面在同一水平面上？

4. $V(H_2)=V_2-V_1$ 成立的条件是什么？

实验二 乙酸电离常数的测定

实验目的

（1）标定乙酸溶液浓度并测定不同浓度乙酸的 pH 值；

（2）测定乙酸的电离常数；

（3）掌握滴定操作和 pH 计的使用。

实验背景

电离常数是电解质的重要特性之一，描述了一定温度下弱电解质的电离能力，即弱电解质在溶液中达到电离平衡时，已电离的离子与未电离的分子浓度的关系。电离常数越大，表示该弱电解质电离程度越大。因为弱电解质通常为弱酸或弱碱，所以用 K_a、K_b 分别表示弱酸和弱碱的电离平衡常数，称为酸度常数(K_a)或碱度常数(K_b)。

乙酸又称醋酸，广泛存在于自然界，它是一种有机化合物，是含有两个碳原子的饱和羧酸，是烃的重要含氧衍生物。分子式 $C_2H_4O_2$，结构简式 CH_3COOH，官能团为羧基。乙酸在常温下是一种有强烈刺激性酸味的无色液体，熔点为 16.6℃，沸点 117.9℃，相对密度 1.05，闪点 39℃，爆炸极限 4%~17%(体积)。乙酸易溶于水和乙醇，其水溶液呈弱酸性。尽管乙酸在水溶液中是一个弱酸，但是乙酸具有腐蚀性，其蒸气对眼和鼻有刺激性作用。乙酸被公认为食醋内酸味及刺激性气味的来源。在家庭中，乙酸稀溶液常被用作除垢剂。食品工业方面，是规定的一种酸度调节剂。

纯的乙酸在低于熔点时会冻结成冰状晶体，所以无水乙酸又称为冰乙酸。纯乙酸是无色的吸湿性液体，凝固点为 16.6°C，凝固后为无色晶体。

冰乙酸是最重要的有机酸之一。主要用于制备乙酸乙烯、乙酐、乙酸纤维、乙酸酯和金属乙酸盐等，也用作农药、医药和染料等工业的溶剂和原料，在照相药品制造、织物印染和橡胶工业中都有广泛用途。

实验原理

乙酸是弱电解质，在水溶液中存在以下电离平衡：

$$HAc \rightleftharpoons H^+ + Ac^-$$

$$K_a = \frac{[H^+][Ac^-]}{[HAc]} \tag{1-3}$$

$[H^+]$、$[Ac^-]$和$[HAc]$分别为 H^+、Ac^-和 HAc 的平衡浓度，K_a 为电离常数。

设电离度为 α，HAc 的初始浓度为 c，则：

$$[H^+] = [Ac^-] = c\alpha, \quad [HAc] = c(1-\alpha)$$

$$\alpha = \frac{[H^+]}{c} \times 100\% \tag{1-4}$$

$\alpha < 5\%$ 时 $$K_a = \frac{[H^+]^2}{c}$$

通过测定已知浓度的乙酸的 pH 值，即可求算出电离平衡常数 K_a 和电离度 α。

仪器试剂

仪器：碱式滴定管　吸量管　移液管　锥形瓶　烧杯　pH 计

试剂：乙酸溶液（0.20mol・L^{-1}）　NaOH 标准溶液（0.20mol・L^{-1}）　酚酞指示剂

实验步骤

1. 乙酸溶液浓度的测定

以酚酞为指示剂，用已知浓度的氢氧化钠溶液标定乙酸的准确浓度，把结果填入表 1-3。

表 1-3　乙酸标定实验数据

滴定序号		1	2	3
标准 NaOH 溶液的浓度/（mol・L^{-1}）				
HAc 溶液的用量/mL				
NaOH 溶液的用量/mL				
HAc 溶液的浓度/（mol・L^{-1}）	测定值			
	平均值			

2. 配制不同浓度的乙酸溶液

用移液管和吸量管分别取 25.00mL、5.00mL、2.50mL 已测得准确浓度的乙酸溶液，把它们分别加入三个 50mL 容量瓶中，再用蒸馏水稀释至刻度线，摇匀，并计算这三个容量瓶中乙酸溶液的准确浓度。

3. 测定乙酸溶液的 pH 值，计算乙酸的电离度和电离平衡常数

用四个干燥的 50mL 烧杯，分别取 25mL 上述三种浓度的 HAc 溶液，由稀到浓分别用 pH 计测定它们的 pH 值，并记录数据和温度（室温）。计算电离度和电离平衡常数，并将有关数据填入表 1-4。

表 1-4　实验数据

温度________℃

HAc 溶液编号	$\frac{c}{(mol \cdot L^{-1})}$	pH	$\frac{[H^+]}{(mol \cdot L^{-1})}$	α	电离常数 K_a 测定值	电离常数 K_a 平均值
1						
2						
3						
4						

本实验的测定值在 1.0×10^{-5} ~ 2.0×10^{-5} 范围内为合格（25℃的文献值为 1.76×10^{-5}）。

实验指导

(1) 测定乙酸溶液 pH 值用的小烧杯，须洁净、干燥，否则会影响乙酸起始浓度以及所测得的 pH 值。如果烧杯不烘干，需用待测液清洗数次。

(2) 吸量管的使用与移液管类似，但如果所需液体的量小于吸量管体积时，溶液仍需吸至刻度线，然后放出所需量的液体。不可只吸取所需量的液体，然后完全放出。

(3) pH 计使用时按浓度由低到高的顺序测定 pH 值，因为按照由低到高进行测量带来的误差较小。每次测定完毕，都必须用蒸馏水将电极头清洗干净，并用滤纸擦干。

(4) 做好本实验的关键是正确规范使用移液管、吸量管及 pH 计，要求读准、量准、看准。

(5)滴定过程要稳要慢，接近化学计量点时应半滴地滴。

实验拓展

在 Arrhenius 发现电离现象后不久，Ostwald 于 1888 年使用电导率法第一次测量了电离平衡常数。直到 1932 年之前，电导率法一直是测定电离常数最常用的方法。1932 年，Harned 和 Ehler 用实验证明了电位法可以得出和电导率法一样精确的结果，由于电位法快速简便且计算量小，所以很快取代了电导率法。随着科技的不断进步，测量的技术手段也在不断提高，除了电导率法、电位法之外，还有紫外-可见分光光度法、目视比色法、毛细管电泳法、核磁共振法等。每种方法都有各自的特点、适用范围和误差来源。

pH 值法也称直接电位法，优点是仪器简单，缺点是操作复杂。该法误差主要来源于滴定终点的把握。该方法受弱酸强度的限制，加上温度不稳定对实验的影响，造成一定的误差。

电位滴定法通常用来测定室温下乙酸的电离常数。由于电离常数受温度的影响，不同时间、不同地点室温不同，所测得的电离常数也不相同，无法对比和判断其准确度和精确度。

电导率法所需仪器不多，操作方法简单。但其数据是在室温条件下测定的，所测值受温度影响较大，虽然电导率仪有温差补偿，但不同物质、不同浓度的电解质，表达其电导率与温度之间关系的温度系数也不相同。不恰当的温差补偿或温度系数不能根据具体情况调节温度补偿，会给实验带来误差。电导率设备本身稳定性也差，加上 K_a 的计算未扣除水的电导率的影响，所以误差较大。另外溶液的浓度对电导率的影响很大，测定时一定要用被测溶液多次荡洗电导池及电极，保证被测溶液的浓度与容量瓶中的浓度一致。

目视比色法测定乙酸的电离度原理易懂、实验仪器简单、操作方便、灵敏度较高、现象直观，其结果也比较理想。但依靠目测，带有一定的主观性，分辨力会受到一些影响，致使实验值有一定的误差。不同的人测出的值可能不一样，这是造成误差的主要原因。另外，标准系列溶液需现配现用，时间间隔长，就对比不出准确值。

实验思考

1. 改变所测乙酸溶液的浓度或温度，则电离常数有无变化？若有变化，会有怎样的变化？

2. 若所用的乙酸浓度极稀，是否还能用 $K_a = [H^+]^2/c$ 式计算电离常数？

3. 实验中乙酸、Ac^- 离子浓度怎样测定？

4. 不同浓度的乙酸溶液的电离度是否相同？电离常数是否相同？

实验三　分光光度法测定碘酸铜的溶度积

实验目的

(1) 了解分光光度法测定溶度积的原理和方法；

(2) 练习分光光度计的使用；

(3) 测定碘酸铜溶度积常数。

实验背景

1. 基本概念

对于沉淀溶解平衡：

$$M_mA_n(s) \rightleftharpoons mM^{n+}(aq) + nA^{m-}(aq)$$

上述反应的平衡常数为：

$$K_{sp} = [M^{n+}]^m[A^{m-}]^n$$

在一定温度下，K_{sp}是一个常数，称为溶度积常数，简称溶度积。溶度积有如下规则：如果离子积 $Q_c = [M^{n+}]^m[A^{m-}]^n$，则：

$Q_c > K_{sp}$，溶液处于过饱和溶液状态，生成沉淀。

$Q_c = K_{sp}$，沉淀和溶解达到平衡，溶液为饱和溶液。

$Q_c < K_{sp}$，溶液未达饱和，沉淀发生溶解。

2. 碘酸铜

碘酸铜为绿色单斜晶体，相对密度 5.241(15℃)，受热分解。不溶于乙醇，稍溶于水，水溶液为蓝绿色，溶于稀硝酸、稀硫酸和氨水。由硝酸铜与碘酸钾反应生成蓝色三斜晶体水合物，然后在 240℃加热得无水物。

实验原理

碘酸铜是难溶性强电解质。在其水溶液中，已溶解的 Cu^{2+} 和 IO_3^- 与未溶解的固体 $Cu(IO_3)_2$之间，在一定温度下存在下列平衡：

$$Cu(IO_3)_2 \rightleftharpoons Cu^{2+}(aq) + 2IO_3^-(aq)$$

平衡时的溶液为饱和溶液，在一定温度下，碘酸铜的饱和溶液中$[Cu^{2+}]$和$[IO_3^-]^2$ 的乘积为一个常数：

$$K_{sp} = [Cu^{2+}][IO_3^-]^2 \tag{1-5}$$

在 $Cu(IO_3)_2$ 的饱和溶液中，$[IO_3^-] = 2[Cu^{2+}]$，则：

$$K_{sp} = 4[Cu^{2+}]^3 \tag{1-6}$$

式中，$[Cu^{2+}]$和$[IO_3^-]$为平衡浓度(更确切地说应该是活度，但由于难溶性强电解质的溶解度很小，离子强度也很小，可以用浓度代替活度)。

因此，只要测出溶液中$[Cu^{2+}]$，即可求出 $Cu(IO_3)_2$ 的 K_{sp}值。

本实验利用 Cu^{2+} 能和 $NH_3 \cdot H_2O$ 生成深蓝色的配离子 $[Cu(NH_3)_4]^{2+}$，在一定浓度范围内，Cu^{2+} 浓度和 $[Cu(NH_3)_4]^{2+}$ 浓度成正比的原理。由分光光度计测得 $[Cu(NH_3)_4]^{2+}$ 溶液的吸光度，利用工作曲线并通过计算就能确定饱和溶液中 $[Cu^{2+}]$。

用分光光度法测定溶液中 $[Cu^{2+}]$ 的原理是：当单色光通过一定厚度(l)的有色物质的溶液时，有色物质对光的吸收(用吸光度 A 表示)与有色物质的浓度 c 成正比。Lamber-Beer 定律如下：

$$A=\varepsilon lc \tag{1-7}$$

式中：ε 为摩尔吸光系数，其值与有色物质和入射光的波长有关；l 为有色物质溶液的厚度，即比色皿的厚度，单位 cm。

$[Cu(NH_3)_4]^{2+}$ 配离子对波长为 620nm 左右的光有强的吸收，用分光光度计测出 $[Cu(NH_3)_4]^{2+}$ 的吸光度 A，就可通过 Lamber-Beer 定律求出 $[Cu(NH_3)_4]^{2+}$ 的浓度 c。实际测定时，要先测出已知浓度的 $[Cu(NH_3)_4]^{2+}$ 标准溶液的 $A_{标}$($A_{标}=\varepsilon lc_{标}$)，再定量地取 $Cu(IO_3)_2$ 饱和溶液，加氨水后，在相同条件下测定 $A_{样}$($A_{样}=\varepsilon lc_{样}$)，合并两式得：

$$c_{样}=\frac{A_{样}\ c_{标}}{A_{标}} \tag{1-8}$$

上式中 $c_{样}$ 为 $[Cu(NH_3)_4]^{2+}$ 的浓度，即为 $Cu(IO_3)_2$ 饱和溶液中的 $[Cu^{2+}]$。

仪器试剂

仪器：电子台秤　烧杯　电热电磁搅拌器　布氏漏斗　比色管　容量瓶　玻璃漏斗　定量滤纸吸量管　722 分光光度计

试剂：$CuSO_4 \cdot 5H_2O$(A. R.)　KIO_3(A. R.)　$NH_3 \cdot H_2O$(1∶1)　$CuSO_4$($0.10mol \cdot L^{-1}$)

实验步骤

1. 碘酸铜沉淀的制备

用烧杯分别称取 2.0g$CuSO_4 \cdot 5H_2O$、3.4g KIO_3，加适量的蒸馏水，使它们完全溶解。将两溶液混合，置电热电磁搅拌器上。在 40℃ 左右，搅拌约 30min，此时有大量的沉淀析出。静置至室温，弃去上层清液，用倾斜法将所得碘酸铜洗净(洗涤 4~5 次，每次用蒸馏水 10mL 左右)，记录产品的外形、颜色及观察到的现象，最后进行减压过滤，将碘酸铜沉淀抽干备用。

2. 碘酸铜饱和溶液的制备

在上述制得的碘酸铜固体中加入蒸馏水 40mL，置电热电磁搅拌器上。在室温下，搅拌约 30min，使其达到沉淀-溶解平衡。静置 20min。用干的双层滤纸和干的漏斗将饱和溶液过滤，滤液收集于一个干燥的烧杯中。

3. 工作曲线的绘制

在 5 个 25mL 容量瓶中，用吸量管分别加入：0.0mL、0.2mL、0.4mL、0.6mL、0.8mL 标准 $CuSO_4$($0.100mol \cdot L^{-1}$)溶液，再分别加入 5.0mL$NH_3 \cdot H_2O$(1∶1)，加蒸馏水稀释至刻度，盖好塞子，摇匀。以试剂空白为参比(即不含 Cu^{2+})，选用 1cm 比色皿，选择入射光波长为 600nm，用分光光度计分别测定溶液吸光度。以 Cu^{2+} 浓度为横坐标，吸光度值(A)为纵坐标，绘制工作曲线。

4. 分光光度法测定饱和溶液中 Cu^{2+} 离子的浓度

取一个 25mL 容量瓶，用吸量管取 10mL 碘酸铜饱和液，再加入 5.0mL $NH_3 \cdot H_2O$(1∶1)，加蒸馏水稀释至刻度，盖好塞子，摇匀。以试剂空白为参比，在 600nm 处用 1cm 比色皿比色。根据吸光度值，可从标准工作曲线上找到此时 Cu^{2+} 的浓度，然后换算成饱和溶液中 Cu^{2+} 的浓度，计算碘酸铜的溶度积。

实验指导

(1) 使用分光光度计时，每次测量前都必须进行仪器校准。

(2) 不能在室温下直接制备饱和溶液。因室温下：

$$Cu(IO_3)_2 \rightleftharpoons Cu^{2+}(aq) + 2IO_3^-(aq)$$

上述反应达到平衡的时间长，所以不能在室温下直接制备饱和溶液，而是先加热至 70～80℃，再冷却，静置 2～3h，可在较短的时间内保证得到的溶液是饱和溶液。

(3) 用新制备的 $Cu(IO_3)_2$ 固体配饱和溶液时，应多次洗涤沉淀。多次洗涤的作用是将新制备的 $Cu(IO_3)_2$ 沉淀中吸附的 Cu^{2+} 洗净。根据测定原理，$Cu(IO_3)_2$ 溶度积是根据公式

$$K_{sp} = [Cu^{2+}][IO_3^-]^2 = 4[Cu^{2+}]^3$$

计算得到，因此只要将 $Cu(IO_3)_2$ 饱和溶液中的 $[Cu^{2+}]$ 测定出来，便可由上式计算出 $Cu(IO_3)_2$ 的 K_{sp} 值。在制备碘酸铜饱和溶液时，析出的 $Cu(IO_3)_2$ 沉淀中吸附了少量的 Cu^{2+}。如不洗至无 Cu^{2+}，则测定时，饱和溶液中 $[Cu^{2+}]$ 和 $[IO^{3-}]$ 就不是 1∶2 的关系，$[Cu^{2+}]$ 偏大，导致测定结果偏大。

实验拓展

1. 实验方法拓展

溶度积常数是反映物质溶解能力的一个重要常数。根据测定原理，$Cu(IO_3)_2$ 溶度积是根据公式 $K_{sp} = [Cu^{2+}][IO_3^-]^2 = 4[Cu^{2+}]^3$ 计算得到，因此只要 $Cu(IO_3)_2$ 饱和溶液中的 $[Cu^{2+}]$ 测定出来，便可由上式计算 $Cu(IO_3)_2$ 的 K_{sp} 值。参照已学的分析方法可知，Cu^{2+} 浓度的测定，除了本实验用的分光光度法外，还可用配位滴定法、氧化还原滴定法(碘量法)、电导法和目视比色法。下面介绍碘量法和电导法。

(1)碘量法测定碘酸铜溶度积

由于 Cu(Ⅱ)有氧化性，碘量法用于测定其溶度积常数的方法很少用。具体方法原理如下：利用碘酸铜饱和溶液中的铜离子、碘酸根离子在酸性条件下与过量的碘化钾反应，然后用硫代硫酸钠标准溶液滴定反应所产生的碘单质，以淀粉溶液作指示剂，根据所消耗的硫代硫酸钠的量，即可求算出饱和溶液中铜离子、碘酸根离子的浓度，从而求出碘酸铜的溶度积。有关反应如下：

$$Cu(IO_3)_2 \rightleftharpoons Cu^{2+}(aq) + 2IO_3^-(aq)$$

$$2Cu^{2+} + 4I^- \longrightarrow 2CuI + I_2$$

$$IO_3^- + 5I^- + 6H^+ \longrightarrow 3I_2 + 3H_2O$$

$$2S_2O_3^{2-} + I_2 \longrightarrow S_4O_6^{2-} + 2I^-$$

(2)电导法测定碘酸铜溶度积

导体的导电能力大小通常可用电阻(R)或电导(G)来表示，二者互为倒数关系。因有

$G=\kappa A/l$，式中 κ 为电导率，和电导成正比。电解质溶液的电导率可用电导率仪直接测定。对于某一电解质的稀溶液，在加入另一电解质溶液后，电导率会随着溶液中离子总浓度的增大而增大。当离子的总浓度增大到一定程度时，由于离子间的相互作用结合形成沉淀等原因，从而导致溶液电导率的增大幅度显著变小或溶液电导率减小。电导法测定的溶度积，就是根据上述原理进行的。其方法是：向一定体积的碘酸钾稀溶液中加入硫酸铜稀溶液，间歇测定溶液的电导率，作出 $\kappa-V(CuSO_4)$ 曲线。由曲线上转折点对应的 Cu^{2+} 和 IO_3^- 的浓度，可计算出 $Cu(IO_3)_2$ 的溶度积。

2. 配位剂的选择

本实验采用 $NH_3 \cdot H_2O$ 作为配位剂，生成深蓝色的配离子 $[Cu(NH_3)_4]^{2+}$。而配位剂也可选择磺基水杨酸，Cu^{2+} 与磺基水杨酸在 pH 值为 5 左右时，生成黄绿色磺基水杨酸铜配离子，用分光光度法测定其吸光度。因为在实验条件下，磺基水杨酸无色，$[Cu^{2+}]$ 很小也几乎不吸收可见光，因而测定溶液的吸光度只与有色的配离子浓度成正比。由吸光度-铜离子含量工作曲线确定出 $[Cu^{2+}]$，即可求出 $Cu(IO_3)_2$ 的溶度积常数 K_{sp}。

如选择磺基水杨酸做为配位剂，应注意随着溶液的 pH 值不同，磺基水杨酸与铜离子会生成两种有色配合物，当 pH<5.5 时，主要以黄绿色的 $[CuR]^-$ 形式存在。当 pH>8.5 时，主要以蓝绿色 $[CuR_2]^{4-}$ 形式存在。实验应控制 pH 值为 4.5~5.0，使生成 1∶1 的 $[CuR]^-$ 的配合物。

实验思考

1. 假设碘酸铜固体透过滤纸或者未达到沉淀溶解平衡，对实验结果有何影响？

2. 过滤饱和溶液时，为何漏斗、滤纸、承接溶液的烧杯都需是干燥的？若是湿的，对实验结果有何影响？

3. 实验室用新制备的 $Cu(IO_3)_2$ 固体配饱和溶液时，多次洗涤的作用是什么？

4. 吸取 $Cu(IO_3)_2$ 饱和溶液时，若吸取少量固体，对测定结果有无影响？

实验四　离子交换法测定碘化铅的溶度积

实验目的

(1) 了解离子交换树脂的基本性能；

(2) 练习滴定操作；

(3) 掌握用离子交换法测定溶度积的原理和方法。

实验背景

碘化铅为金黄色重质(指密度大)六方晶系粉末或结晶，以单分子形式存在，分子呈 V 形结构。无气味，有毒，相对密度 6.16，熔点 402℃，沸点 954℃。加热时先变成砖红色后呈棕色，冷却饱和液时析出闪亮的黄色小片状结晶。易溶于冷水，微溶于热水，溶液为无色，溶于碘化钾和碘化钠溶液，形成四碘合铅(Ⅱ)等络离子。不溶于水和乙醇。由铅盐溶液与碘化物溶液作用而得。碘化铅有感光性，在潮湿空气中能被光逐渐分解，生成一氧化铅和碘。

实验原理

测定难溶物质的溶度积一般采用分光光度法，但碘化铅溶度积的测定采用离子交换法，因为采用分光光度法有两个缺点：一是离子强度在测定过程中没有维持恒定；二是用分光光度法测定碘离子的平衡浓度的方法，须通过如下反应：

$$2I^- + 2NO_2 + 4H^+ \rightleftharpoons I_2 + 2NO + 2H_2O$$

测定其在 520nm 下水溶液中 I_2 的浓度。假定 I^- 完全转化为 I_2，手续较为繁复，准确度亦不高，反应中产生的 NO 对人体健康也不利。

微溶盐 PbI_2 在水中存在如下沉淀溶解平衡：

$$PbI_2 \rightleftharpoons Pb^{2+} + 2I^-$$

$$K_{sp} = [Pb^{2+}][I^-]^2 \tag{1-9}$$

∵ $$[Pb^{2+}] = 2[I^-] \tag{1-10}$$

∴ $$K_{sp} = [Pb^{2+}]^3$$

本实验采用阳离子交换树脂与碘化铅饱和溶液中的铅离子进行交换。其交换反应可以用下式来示意：

$$2R^-H^+ + Pb^{2+} \rightleftharpoons R_2^-Pb^{2+} + 2H^+$$

将一定体积的碘化铅饱和溶液通过阳离子交换树脂，树脂上的氢离子即与铅离子进行交换。交换后，氢离子随流出液流出。然后用标准氢氧化钠溶液滴定，可求出氢离子的含量。根据流出液中的氢离子的数量，可计算通过离子交换树脂的碘化铅饱和液中的铅离子浓度，从而得到碘化铅饱和溶液的浓度，然后求出碘化铅的溶度积。

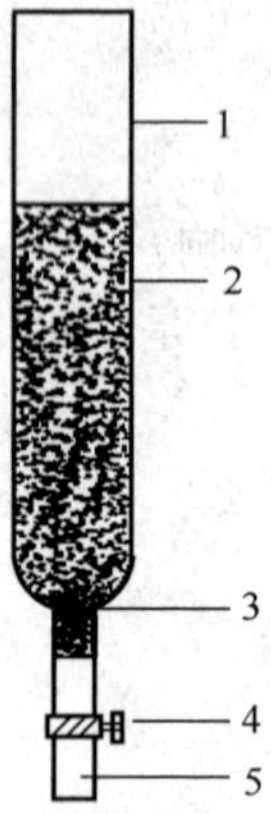

图 1-2 离子交换柱
1—交换柱；2—阳离子交换树脂；3—玻璃棉；4—螺旋夹；5—胶皮管

仪器试剂

仪器：离子交换柱（见图 1-2，可用一支直径约 2cm、下口较细的玻璃管代替。下端细口处填少许玻璃棉，并连接乳胶管，夹上螺旋夹）
碱式滴定管　滴定管架　温度计　烧杯　锥形瓶　移液管

试剂：碘化铅（A. R.）　强酸型离子交换树脂　NaOH（A. R.）　HNO_3（A. R.）　溴化百里香酚蓝指示剂　玻璃棉　pH 试纸

实验步骤

1. 碘化铅饱和溶液的配制

将过量的碘化铅固体溶于经煮沸去除二氧化碳的蒸馏水中，充分搅拌并放置过夜，使其溶解，达成沉淀溶解平衡。

若无试剂碘化铅，可用硝酸铅溶液与过量的碘化钾溶液反应而得，制成的碘化铅沉淀需用蒸馏水反复洗涤，以防过量的铅离子存在，过滤，得到碘化铅固体，再配成饱和溶液。

2. 装柱

首先将阳离子交换树脂用蒸馏水浸泡 24~28h。

装柱前，把交换柱下端填入少许玻璃棉，以防止离子交换树脂随流出液流出。然后将浸泡过的阳离子交换树脂约 40g 随同蒸馏水一并注入交换柱中。为防止离子交换树脂中有气泡，可用长玻璃棒插入交换柱中对树脂进行搅动，以赶走树脂中的气泡。在装柱以后树脂的转型和交换的整个过程中，要注意始终液面要高出树脂，避免空气进入树脂层影响交换结果。

3. 转型

在进行离子交换前，须将钠型树脂完全转变成氢型。可用 100mL 1mol · L^{-1} HNO_3 以30~40滴/min 的流速流过树脂。然后用蒸馏水淋洗树脂至淋洗液呈中性(可用 pH 试纸检验)。

4. 交换和洗涤

将碘化铅饱和溶液过滤到一个干净的干燥锥形瓶中(注意：过滤时的漏斗、玻璃管等必须是干燥、干净的，滤纸可用碘化铅饱和溶液润湿)。测量并记录饱和溶液的温度，然后用移液管准确量取 25. 0mL 该饱和溶液，放入一小烧杯中，分几次转移到离子交换柱内。用一个 250mL 洁净的锥形瓶接流出液。待碘化铅饱和溶液流出，再用蒸馏水淋洗树脂至流出液呈中性。将洗涤液一并放入锥形瓶中(注意在交换和洗涤过程中，流出液不要损失)。

5. 滴定

将锥形瓶中的流出液用 0. 005mol · L^{-1}NaOH 标准溶液滴定，用溴化百里酚蓝作指示剂，在 pH=6. 5~7 时，溶液由黄色转变为鲜艳的蓝色，即到达滴定终点，记录数据。

6. 离子交换树脂的后处理

用过的离子交换树脂，经蒸馏水洗涤后，再用 1mol · L^{-1}的 HNO_3 约 100mL 淋洗，再用蒸馏水洗涤至流出液为中性，即可使用。

7. 实验数据与处理

碘化铅饱和溶液的温度/℃ ____________________

通过交换柱的碘化铅饱和溶液的体积/mL：____________________

NaOH 标准溶液的浓度/mol · L^{-1}：____________________

消耗 NaOH 标准溶液的体积/mL：____________________

流出液中 H^+的量/mol：____________________

饱和溶液中[Pb^{2+}]/mol · L^{-1}：____________________

碘化铅的 K_{sp}：____________________

本实验测定 K_{sp}值的数量级为 10^{-9}~10^{-8}合格。

实验指导

(1)转型中转型终点控制的不同。在离子交换树脂的转型中，如果加入 HNO_3 的量不够，树脂没有完全转变成氢型，可能使 PbI_2 交换不充分，导致使用的滴定液减少，引起饱和溶液中[Pb^{2+}]降低，使 K_{sp}减小。

(2)交换中交换终点控制的不同。

(3)滴定中滴定终点控制的不同。滴定终点最好控制在由黄色变成鲜亮的蓝色，30s 不褪色即可。

(4)交换和洗涤中损失了一小部分流出液，导致消耗 NaOH 标准溶液的量减少，使流出的 H^+的量减少，引起饱和液中的[Pb^{2+}]降低，从而使 K_{sp}减小。

(5)在滴定前，所加的指示剂最多不超过 2 滴，否则指示终点将难辨别。

实验拓展

人类在 1850 年就发现了土壤吸收铵盐时的离子交换现象，但离子交换作为一种现代分离手段，是在20世纪40年代人工合成了离子交换树脂以后开始的。离子交换操作的过程和设备，与吸附基本相同，但离子交换的选择性较高，更适用于高纯度的分离和净化。是利用离子交换剂和溶液中的离子发生交换反应进行分离的方法，是液相中的离子和固相中离子间所进行的一种可逆性化学反应，液相中的某些离子较为离子交换固体所喜好时，便会被离子交换固体吸附，为维持水溶液的电中性，所以离子交换固体必须释出等价离子回到溶液中。

离子交换法主要以离子交换树脂为载体，离子交换树脂是一种直径为0.9~0.45mm的半透明或不透明的球状有机高分子，不溶于水、醇、酸和碱，对有机溶剂、氧化剂、还原剂等具有一定的稳定性，对热也较稳定。

在离子交换树脂网状结构的骨架上有许多可以与溶液中离子起交换作用的活性基团，根据活性基团的不同，分为阳离子交换剂和阴离子交换剂。含有酸性基团而能与其他物质交换阳离子称为阳离子交换树脂，阳离子交换树脂又分为强酸性和弱酸性阳离子交换树脂。含有碱性基团能与其他物质交换阴离子的称为阴离子交换树脂，阴离子交换树脂又分为强碱性和弱碱性阴离子交换树脂。

由于离子交换作用是可逆的，因此用过的离子交换树脂一般用适当浓度的无机酸或碱进行洗涤，可恢复到原状态而重复使用，此过程称为再生。阳离子交换树脂可用稀盐酸、稀硫酸等淋洗；阴离子交换树脂可用氢氧化钠等溶液处理而再生。

离子交换树脂具有交换、选择、吸附和催化等功能。近年来，使用离子交换树脂在废水处理领域的应用不断扩大，越来越显示出它的优越性。应用离子交换树脂进行工业废水处理，不仅树脂可以再生，而且操作简单、工艺条件成熟、流程短，目前在废水处理方面得到了大量应用。

实验思考

1. 在交换和洗涤过程中，如果流出液有一少部分损失掉，会对实验结果有何影响？

2. 在离子交换的转型中，如果加入硝酸的量不足，树脂没完全转变成氢型，会对实验结果有何影响？

3. 在交换过程中交换柱中如有气泡，对整个实验结果是否会有影响？

实验五　银氨配离子配位数的测定

实验目的

（1）练习滴定管的使用方法和滴定操作；

（2）应用配位平衡和溶度积原理测定银氨配离子$[Ag(NH_3)_n]^+$的配位数n。

实验背景

配合物是由形成体（又称为中心离子或原子）与一定数目的配位体（负离子或中性分子）以配位键结合而成的一类复杂化合物，是Lewis酸和Lewis碱的加合物。配合物的内层和外层之间以离子键结合，在水溶液中完全解离。配位个体在水溶液中分步解离，其行为类似于弱电解质。在一定条件下，中心离子、配位体和配位个体间达到配位平衡，例如：

$$Cu^{2+}+4NH_3 \rightleftharpoons [Cu(NH_3)_4]^+$$

相应反应的标准平衡常数称为配合物的稳定常数。对于相同类型的配合物，稳定常数数值越大，配合物越稳定。

在水溶液中，配合物的生成反应主要有配位体的取代反应和加合反应，例如：

$$[Fe(SCN)_n]^{3-n}+6F^- \xlongequal{} [FeF_6]^{3-}+nSCN^-$$

$$HgI_2(s)+2I^- \xlongequal{} [HgI_4]^{2-}$$

配合物形成时往往伴随溶液颜色、酸碱性、物质溶解度和中心离子氧化还原性的改变等特征。

实验原理

在硝酸银水溶液中加入过量的氨水，即生成稳定的银氨配离子$[Ag(NH_3)_n]^+$。再往溶液中加入溴化钾溶液，至刚刚开始有AgBr沉淀(浑浊)出现，这时混合溶液中同时存在着如下平衡：

$$Ag^++nNH_3 \xlongequal{} [Ag(NH_3)_n]^+$$

$$K_{稳}=\frac{[Ag(NH_3)_n]^+}{[Ag^+][NH_3]^n} \qquad (1-11)$$

$$AgBr(s) \xlongequal{} Ag^++Br^-$$

$$K_{sp}=[Ag^+][Br^-] \qquad (1-12)$$

式(1-11)×式(1-12)得：

$$K=K_{稳}\cdot K_{sp}=\frac{[Ag(NH_3)_n]^+[Br^-]}{[NH_3]^n} \qquad (1-13)$$

整理式(1-13)得：

$$[Br^-]=\frac{K[NH_3]^n}{[Ag(NH_3)_n]^+} \qquad (1-14)$$

$[Br^-]$、$[NH_3]$和$[Ag(NH_3)_{n^+}]$皆是平衡时的浓度($mol\cdot L^{-1}$)，其计算方法如下：

设最初取用的$AgNO_3$溶液的体积为V_{Ag+}，浓度为$[Ag^+]_0$，加入的氨水(过量)和滴定时所需溴化钾溶液的体积分别为V_{NH_3}和V_{Br^-}，其浓度分别为$[NH_3]_0$和$[Br^-]_0$，混合溶液的总体积为$V_{总}$，则平衡时，体系各组分的浓度近似为：

$$[Br^-]=([Br^-]_0\times V_{Br^-})/V_{总} \qquad (1-15)$$

$$[Ag(NH_3)_n]^+=([Ag^+]_0\times V_{Ag^+})/V_{总} \qquad (1-16)$$

$$[NH_3]=([NH_3]_0\times V_{NH_3})/V_{总} \qquad (1-17)$$

将式(1-15)、式(1-16)、式(1-17)代入式(1-14)并整理后得：

$$V_{Br^-}=V_{NH_3}^nK' \qquad (1-18)$$

其中：

$$K'=\frac{K[NH_3]_0^nV_{总}^{2-n}}{[Ag^+]_0[Br^-]_0V_{Ag^+}} \qquad (1-19)$$

本实验是采用改变氨水的体积，在各组分起始浓度、$V_{总}$和V_{Ag^+}在实验过程均保持不变的情况下进行的。

式(1-18)两边取对数得方程式：

$$\lg V_{Br^-}=n\lg V_{NH_3}+\lg K' \qquad (1-20)$$

以$\lg V_{Br^-}$为纵坐标，$\lg V_{NH_3}$为横坐标作图，直线的斜率便是$[Ag(NH_3)_n{}^+]$的配位数n。

仪器试剂

仪器：移液管　锥形瓶　酸式滴定管　碱式滴定管　量筒

试剂：$AgNO_3$(0.01mol·L^{-1})　KBr(0.01mol·L^{-1})　$NH_3·H_2O$(2mol·L^{-1})

实验步骤

(1) 用移液管量取 6mL 0.01mol·L^{-1} $AgNO_3$ 溶液放入洗净烘干的 100mL 锥形瓶中，用碱式滴定管加入 15mL 2mol·L^{-1} $NH_3·H_2O$，再用量筒加入 15mL 蒸馏水，混匀。振摇下用酸式滴定管缓缓滴加 0.01mol·L^{-1}KBr 溶液，直至刚产生的 AgBr 混浊不再消失为止，记录 KBr 消耗的体积(V_{Br^-})，求出 $V_{总}$(数据记录见表 1-5)。

(2) 用同样方法，按下表规定的试剂用量重复实验 5~6 次。

(3) 数据处理，以 $\lg V_{Br^-}$ 为纵坐标，$\lg V_{NH_3}$ 为横坐标作图，求出直线斜率，确定 $[Ag(NH_3)_n]^+$配离子的配位数 n，并从式(1-20)求出 $\lg K'$，然后再代入相关方程式中，求出银氨配合物的 $K_{稳}$ 值。

表 1-5　实验数据与处理

编号	V_{Ag^+}/mL	V_{NH_3}/mL	V_{H_2O}/mL	V_{Br^-}/mL	V'_{H_2O}/mL	$V_{总}$/mL	$\lg V_{NH_3}$	$\lg V_{Br^-}$
1	6.0	15.0	15.0					
2	6.0	12.5	17.5					
3	6.0	10.0	20.0					
4	6.0	7.5	22.5					
5	6.0	5.0	25.0					
6	6.0	2.5	27.5					

实验指导

(1) 当滴定接近终点时，要用量筒补加适当的蒸馏水，以使混合溶液的总体积即 $V_{总}$ 保持不变。

(2) 要想准确配制溶液，用容量瓶配制，移液管或吸量管量取。如果在实际操作时用量筒量取，会造成测定结果误差较大。

(3) 快到滴定终点时，滴定速度一定要慢，要半滴半滴加入。

实验拓展

$[Ag(NH_3)_n^+]$配位数的测定，是大学化学实验中的基础实验，本实验是采用滴定法测定配位数。实验中，溶液用量都较大，而所用药品，如 $AgNO_3$的价格非常昂贵；再者，实验试剂要求准确配制，而实验过程中都要求用量筒量取溶液，致使难以把握。所以，该实验有待改进。而利用微型法进行实验，操作简便，实验结果误差较小，符合该实验要求。而且用微型法进行实验，试剂用量大大减少，从而减少了实验费用，又明显减少了实验室的环境污染。所以，可以选做微型实验。

如图 1-3 所示，微型滴定管和加液器用乳胶管把 2mL 吸量管的尖嘴和 5#注射针头连接，乳胶管内放入合适的小玻璃球，组成微型滴定管。经校对，该微型滴定管液滴体积为 0.002mL/d，滴定误差与常规滴定一致。用自制微型滴管作为加液器，向微型滴定管中加入 KBr 溶液。用 1mL 的移液管吸取 0.010mol·L^{-1}的 $AgNO_3$ 溶液，2mL 的吸量管吸取 2.0mol·L^{-1}的 $NH_3 \cdot H_2O$。因为该实验中 $NH_3 \cdot H_2O$ 和 $AgNO_3$ 浓度都必须准确，且 $NH_3 \cdot H_2O$ 的浓度必须用标准酸标定，故使用移液管量取溶液符合实验要求。同时用 20mL 微型锥形瓶代替 250mL 的锥形瓶。

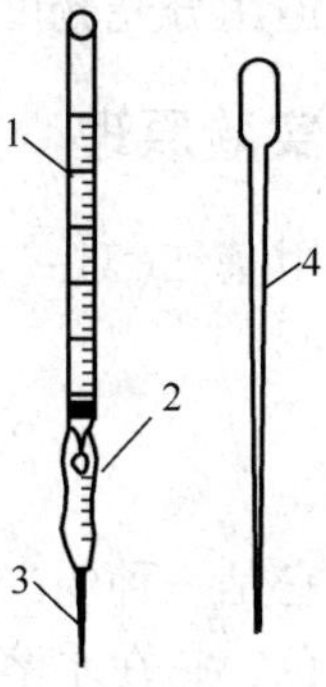

图 1-3　微型滴定管和加液器

1—吸量管；2—小玻璃球；3—注射器；4—自制微型加液

实验思考

1. 在计算平衡浓度[Br^-]、[$Ag(NH_3)_n^+$]和 NH_3 时，为什么不考虑生成 AgBr 沉淀时消耗掉的 Br^-和 Ag^+，以及配离子离解出来的 Ag^+和生成配离子时消耗掉的 NH_3 分子等的浓度？

2. 在其他实验条件完全相同的情况下，能否用相同浓度的 KCl 或 KI 溶液进行本实验？为什么？

3. 若 AgBr 的 $K_{sp}=4.1\times10^{-13}$(291K)，由本实验数据如何求出[$Ag(NH_3)_n$]$^+$的 $K_{稳}$？

4. 本实验操作中应注意什么？哪些因素将影响实验结果？滴加溶液的操作与酸碱滴定有何不同？

5. 实验用锥形瓶为何要求是洗净而且干燥的？重复实验近终点时，为何要补加适量蒸馏水？

6. 分析实验误差产生的原因。

实验六　甲基红酸解离平衡常数的测定

实验目的

(1)用分光光度法测定指示剂(甲基红)解离常数的方法；

(2)掌握分光光度计的使用和进一步熟悉 pH 计的使用。

实验背景

化学反应平衡常数的测定有多种方法，其中分光光度法具有较高的灵敏度和准确度，被广泛应用。实验证明，有色溶液对光的吸收程度与该溶液的浓度、液层的厚度以及入射光的强度等因素有关，Lamber-Beer 定律给出了相关的定量关系。在此基础上，用分光光度法测定甲基红的酸解离常数，得到的结果与用比色法测定得到的结果一致。后来相关文献又报道了用分光光度法测定甲基橙、普鲁士蓝的解离常数的实验方法，吸收光谱法在物理化学实验中应用日益广泛。因此开设本实验就是应用分光光度法来研究溶液中化学反应的平衡常数的很好实例。本实验是用分光光度法测定甲基红的解离常数，由于甲基红本身带有颜色，而且在有机溶剂中电离度很小，所以用一般的化学分析法或其他物理化学方法进行测定都有困难，但用分光光度法可不必将其分离，且同时能测定两组分的浓度。

实验原理

甲基红(对-二甲氨基-邻羧基偶氮苯)的分子式为：

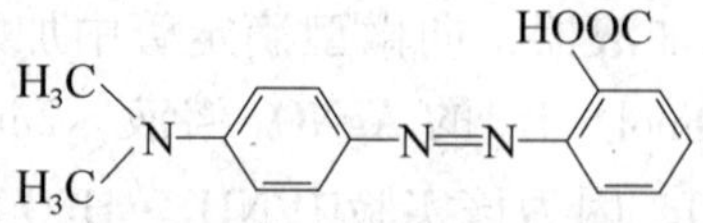

它是一种弱酸型指示剂，具有酸(HMR)和碱(MR^-)两种形式，酸形式呈红色，碱形式呈黄色，它在水溶液中的离解可以简单地表示为：

$$HMR+H_2O \rightleftharpoons H^+ + MR^- \tag{1-21}$$

(甲基红的酸形式)　　　　(甲基红的碱形式)

其离解平衡常数：

$$K=\frac{[H^+][MR^-]}{[HMR]} \tag{1-22}$$

式(1-22)中，[HMR]与[MR^-]分别为平衡时指示剂的“酸式物”及“碱式物”的浓度；K又称为指示剂常数，在一定温度下为一定值。

对式(1-22)取对数，得：

$$\lg K=\lg[H^+]+\lg\frac{[MR^-]}{[HMR]} \tag{1-23}$$

因而有：

$$pK=pH-\lg\frac{[MR^-]}{[HMR]} \tag{1-24}$$

由于 HMR 和 MR^-两者在可见光谱范围内具有强的吸收峰，溶液离子强度的变化对它的酸离解平衡常数没有显著的影响，而且在简单 $CH_3COOH-CH_3COONa$ 缓冲系统中就很容易使颜色在 pH 值为 4~6 的范围内改变，所以[MR^-]/[HMR]可用分光光度法测得。

HMR 和 MR^-的吸收曲线互相重叠(即 HMR 和 MR^-的吸收曲线同时出现在某一波长范围内)，它们分别遵守朗伯-比尔定律，故可以用 HMR 和 MR^-的吸收曲线的最大吸收峰所对应的波长 λ_1、λ_2 去测甲基红溶液的吸光度，然后计算 HMR 和 MR^-的浓度。

根据 Lambert-Berr 定律：

$$A=\varepsilon_i lc \tag{1-25}$$

式中　A——吸光度；

ε_i——摩尔消光系数(每种离子在其最大吸收波长时都有特征的 ε_i)；

l——光径，即光透过溶液的厚度。

设 HMR 为 L，MR^-为 M，对混合溶液 L+M，其消光值为：

$$A(\lambda_1, L+M)=(\lambda_1, L)+(\lambda_1, M)=\varepsilon(\lambda_1, L)c_L+\varepsilon(\lambda_1, M)c_M \tag{1-26}$$

$$A(\lambda_2, L+M)=(\lambda_2, L)+(\lambda_2, M)=\varepsilon(\lambda_2, L)c_L+\varepsilon(\lambda_2, M)c_M \tag{1-27}$$

式(1-27)中：$A(\lambda_1, L)$、$A(\lambda_1, M)$、$A(\lambda_2, L)$、$A(\lambda_2, M)$、$A(\lambda_1, L+M)$、$A(\lambda_2, L+M)$分别表示用波长为 λ_1、λ_2 的单色光测得溶液 L、溶液 M 和混合液 L+M 的吸光度。

由式(1-26)、式(1-27)得：

$$c_L=\frac{\varepsilon(\lambda_1, M)A(\lambda_2, L+M)-\varepsilon(\lambda_2, M)A(\lambda_1, L+M)}{\varepsilon(\lambda_2, L)\varepsilon(\lambda_1, M)-\varepsilon(\lambda_2, M)\varepsilon(\lambda_1, L)} \tag{1-28}$$

$$c_M = \frac{A(\lambda_1, L+M) - \varepsilon(\lambda_1, L)c_L}{\varepsilon(\lambda_1, M)} \quad (1-29)$$

式(1-28)、式(1-29)中各消光系数求法如下：

分别用波长为 λ_1、λ_2 的单色光测定一系列不同浓度溶液 L 和不同浓度溶液 M 的消光值，分别以吸光度对浓度作图，均得直线，其斜率即为 $\varepsilon(\lambda_1, L)$、$\varepsilon(\lambda_1, M)$、$\varepsilon(\lambda_2, L)$、$\varepsilon(\lambda_2, M)$。当测得混合溶液的吸光度，即可根据式(1-28)、式(1-29)计算出溶液中 HMR 和 MR^- 的浓度，进而计算得到 pK。

仪器试剂

仪器：分光光度计　pH 计　移液管　刻度移液管　容量瓶　量筒　容量瓶　容量瓶　烧杯

试剂：酒精(95%、C. P)　乙酸钠(AR)　乙酸(AR)　盐酸(AR)　甲基红(AR)

实验步骤

(1) 溶液配制

① 甲基红溶液：将 0.5g 甲基红(固体)用 150mL 的 95%酒精溶解，然后用蒸馏水稀释至 250mL。

② 标准溶液：取上述溶液 4mL，加入 50mL 95%酒精，再用蒸馏水稀释至 100mL。

③ 按表 1-6 准确配制测定溶液 L 和溶液 M(蒸馏水定容)。

表 1-6　配制溶液表

编号	pH 值（估计值）	标准溶液/mL	0.1mol · L^{-1} HCl/mL	0.04mol · L^{-1} NaAc/mL	0.02mol · L^{-1} HAc/mL	总体积/mL
L	2	10	10	—	—	100
M	8	10	—	25	—	100

④ 取部分 L 液和 M 液，分别各用 0.01mol · L^{-1} 盐酸和 0.01mol · L^{-1} CH_3COONa 溶液稀释到原溶液的 0.75、0.5、0.25 倍，得一系列待测溶液。

(2) 在 350~600nm 波长范围内分别测定溶液 L 和 M 的吸光度，找出最大吸收波长 λ_1 和 λ_2。

(3) 在 λ_1 和 λ_2 下，分别测定前面配好的一系列溶液的吸光度，作 A-c 图，求得 ε。

(4) 用 pH 计准确测定各溶液的 pH 值。

实验指导

1. 数据处理

(1) 由溶液 L 和 M 的吸收曲线，找出最大吸收波长 λ_1 和 λ_2。

(2) 由在 λ_1 和 λ_2 下所测得一系列溶液的吸光度，作 A-c 图，求得各个消光系数 ε。

(3) 根据式(1-28)、式(1-29)计算出溶液中 HMR 和 MR^- 的浓度，进而计算得到 pK。

2. 注意事项

(1) 测量过程中，溶液的准确配制是决定本实验成败的关键之一，因此须准确配制。

(2) 正确使用仪器设备，如果发生故障，需报告指导教师，不能自行进行修理。

(3) 仪器的连续使用时间不应超过两个小时，使用时间较长时，中间间歇半小时为宜。

实验拓展

本实验采用的是分光光度法，相对于其他分析方法来讲，分光光度法具有以下优点：①测定范围广，除了可见光区，对紫外和红外光区也可采用；②可以同时测定两种溶质组分的浓度或相对浓度。③除用于测定平衡常数外，还用在研究化学动力学的反应速率和机理等方面。由于吸收光谱决定于物质的内部结构及相互作用，故能借此了解溶液中的分子结构以及在其中发生的如离解、络合等各种作用。④对一些简单的缔合和离解类型的反应，若溶液中包含的反应物和产物在可见光范围内具有特征吸收，均可采用分光光度法进行反应的平衡研究，进而测量反应的 p*K* 值。

实验思考

1. 为什么要寻找最佳(或最大)吸收波长？
2. 用分光光度计测定溶液的光密度时，为什么都要用空白溶液进行零点的校正？本实验中为什么采用蒸馏水作空白溶液？理论上应用什么溶液作空白溶液？
3. 甲基红溶液 L 和 M 的最大吸收峰的波长如何确定？
4. 测定的溶液中为什么要加入盐酸、乙酸和乙酸钠？
5. 在本实验中，温度对实验有何影响？采取什么措施可以减少这种影响？

实验七　磺基水杨酸合铁络合比和稳定常数的测定

实验目的

(1) 掌握用等摩尔系列法测定络合物组成的原理；
(2) 掌握用分光光度法测定络合物稳定常数的方法。

实验背景

紫外-可见分光光度法是历史悠久、应用最为广泛的一种光分析法。它是利用物质的分子或离子对某一波长范围的光的吸收作用，对物质进行定性分析、定量分析及结构分析，测量所依据的是分子或离子吸收入射光中特定波长的光而产生的吸收光谱。按所吸收光的波长区域不同，分为紫外分光光度法和可见分光光度法，简称紫外-可见分光光度法。

根据络合物与配位剂及金属离子对光的吸收有不同的现象，可以进行有色络合物的光度分析，测定有色络合物的组成、稳定常数，对研究显色反应的机理、推断络合物的结构是十分重要的。用分光光度法测定有色络合物组成的方法有饱和法、等摩尔连续变化法、平衡移动法、斜率比法等。

络合物稳定常数是研究中心离子和配体结合作用的重要参数。稳定常数的测定方法多以络合物形成时所引起某一物理化学性质的改变为依据。在各种稳定常数的测定方法中，有电位法、分光光度法，近年来应用了 HPLC 法、毛细管电泳法、离子色谱法和流动注射离子交换-火焰原子分光光度法等。在各种方法中，有的能够直接测定参加配位反应的某一种质点的浓度，如电位法(包括 pH 电位法)、极谱法、溶出伏安法、萃取法、离子交换法、溶解度法等；有的则是针对生成络合物时，相关性质发生的变化而采用间接方法测定，如分光光度法、量热法、电导法、动力学方法、核磁共振及顺磁共振法等。

测定水体中铁的方法有滴定法、光度法、原子吸收分光光度法。对于含铁量不太高的水样，用磺基水杨酸作显色剂进行光度法测定是一种准确可靠而又简便快速的方法。

在不同的 pH 环境中，Fe^{3+}可以与磺基水杨酸(H_3R)形成不同组成和不同颜色的络合物。在 pH=1.8~2.5 的溶液中，形成红紫色的$[Fe(HR)]^{+}$；在 pH=4~8 的溶液中，形成褐色的$[Fe(HR)_2]^{-}$；在 pH=8~11.5 的氨性溶液中，形成黄色的$[Fe(HR)_3]^{3-}$；若 pH>12，则不能形成络合物而生成氢氧化铁沉淀。

实验原理

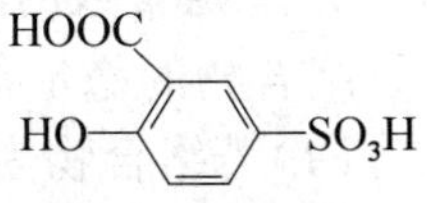

图 1-4　磺基水杨酸的分子结构式

磺基水杨酸(简写为 H_3R)分子结构式见图 1-4 所示，其水溶液是无色的。Fe^{3+}溶液在浓度很稀时，也可以认为是无色的。磺基水杨酸与铁离子在室温下 pH=1.8~2.5 的溶液中，能迅速结合形成稳定的红紫色的$[Fe(HR)]^{+}$，试剂与络离子的吸收光谱不重叠，可以在络离子的最大吸收波长测定吸光度。

1. 络合比的测定——等摩尔连续变化法

等摩尔连续变化法又称等摩尔系列法，是测定络合物组成及其稳定常数最常用的方法之一。将相同物质的量浓度的金属离子和配体，以不同的体积比混合至一定的总体积，在络合物最大吸收波长处测量其吸光度。再以吸光度对配体的摩尔分数作图，从图上最大吸收峰处(配合物浓度最大时)可以求得络合物的组成。

磺基水杨酸与铁离子的络合反应为：

$$Fe^{3+}+nH_3R \rightleftharpoons [Fe(HR)_n]^{3-2n}+2nH^{+}$$

可以简写为：

$$Fe^{3+}+nHR^{2-} \rightleftharpoons [Fe(HR)_n]^{3-2n}$$

保持溶液中 Fe^{3+}和 H_3R 的总的物质的量不变，连续改变 Fe^{3+}和 H_3R 的比例，在磺基水杨酸合铁离子的最大吸收波长处测量溶液的吸光度。当溶液中磺基水杨酸合铁离子的浓度最大时，两组分的比值即为配位数 n。

$$n=\frac{c_{H_3R}}{c_{Fe^{3+}}}=\frac{1-f}{f}\ (c_{Fe^{3+}}+c_{H_3R}=c,\ c\text{ 为固定值}) \quad (1-30)$$

式中，f 为金属离子在总浓度中所占的分数，表示为：

$$f=\frac{c_{Fe^{3+}}}{c_{Fe^{3+}}+c_{H_3R}}=\frac{c_{Fe^{3+}}}{c} \quad (1-31)$$

以吸光度 A 为纵坐标，f 为横坐标作图，即绘出连续变化法曲线，见图 1-5 所示。

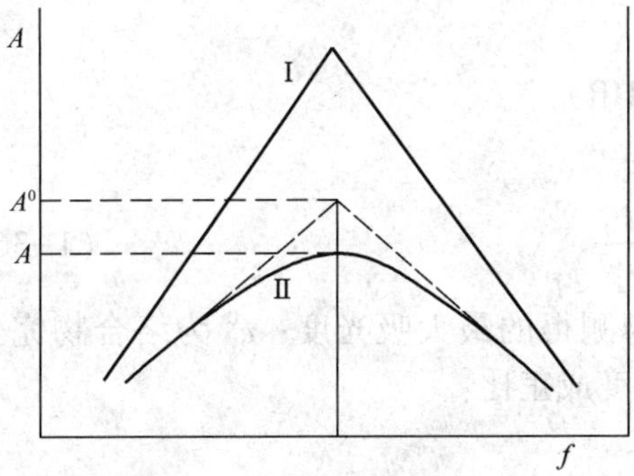

图 1-5　等摩尔连续变化法

由两曲线外推得到的交点即曲线转折点。如果所形成的络合物稳定性很高，则转折点明显，如图 1-5 中Ⅰ线所示。如果所形成的络合物稳定性较差，如曲线Ⅱ所示，此时也可以用延长两条线使之相交的方法求得转折点。

当f等于0或1时，络合物的浓度为零。图中吸光度值最大处的f值，即为络合物浓度达最大时的f值。由转折点所对应的f值，即可得到络合物的配合比，比如f值为0.5时，络合比为1∶1；f值为0.33时，络合比为1∶2；f值为0.25时，络合比为1∶3。

等摩尔系列法适用于测定稳定络合物的组成。有色络合物越稳定，转折点就越容易得到，络合比就越容易测定。另外，在金属离子M与配位体L可能形成的各级络合物中，如果ML_1、ML_2、…、ML_{m-1}等中间络合物也很稳定，则此方法也不适用。等摩尔系列法适用于只形成一种络合物、络合比低、稳定性较高的络合物组成的测定。若用于测定络合比高且解离度较大的络合物就得不到准确的结果。

2. 稳定常数的测定

络合物的稳定常数也可以利用图1-5求得。

(1)若络合物为1∶1型，即形成$[Fe(HR)]^+$

$$Fe^{3+}+HR^{2-}\rightleftharpoons[Fe(HR)]^+$$

络合物的稳定常数为：

$$K=\frac{[Fe(HR)^+]}{[Fe^{3+}][HR^{2-}]} \tag{1-32}$$

从图1-5中Ⅱ线所示可知，测得的最大吸光度为A，它略低于延长线交点的吸光度A^0，这是因为络合物有一定程度的解离。A^0为络合物完全不解离时的吸光度，A^0与A之间差值愈小，说明络合物愈稳定。由此可以计算出络合物的稳定常数。

络合物溶液的吸光度与络合物的浓度成正比：

$$\frac{A}{A^0}=\frac{[Fe(HR)^+]}{c^0} \tag{1-33}$$

c^0为络合物完全不解离时的浓度，其值为：

$$c^0=c_{Fe^{3+}}$$

并且：

$$[Fe^{3+}]=[HR^{2-}]=c^0-[Fe(HR)^+]=c^0-c^0\cdot\frac{A}{A^0}=c^0\left(1-\frac{A}{A^0}\right) \tag{1-34}$$

将式(1-33)和式(1-34)代入式(1-32)，整理得：

$$K=\frac{\frac{A}{A^0}}{\left(1-\frac{A}{A^0}\right)^2\times c^0} \tag{1-35}$$

(2) 若络合物为1∶2型，即形成$[Fe(HR)_2]^-$

$$Fe^{3+}+2HR^{2-}\rightleftharpoons[Fe(HR)_2]^-$$

络合物的稳定常数：

$$K=\frac{[Fe(HR)_2^-]}{[Fe^{3+}][HR^{2-}]^2} \tag{1-36}$$

同理，A^0为络合物完全不解离时的吸光度，A为测得的最大吸光度；c^0为络合物完全不解离时的浓度。络合物溶液的吸光度与络合物的浓度成正比：

$$\frac{A}{A^0}=\frac{[Fe(HR)_2^-]}{c^0}(c^0=c_{Fe^{3+}}) \tag{1-37}$$

所以：

$$[Fe^{3+}]=\frac{1}{2}\times[HR^-]=c^0-[Fe(HR)_2^-]=c^0-c^0\times\frac{A}{A^0}=c^0\left(1-\frac{A}{A^0}\right) \tag{1-38}$$

将式(1-37)和式(1-38)代入式(1-36)，整理得：

$$K=\frac{\frac{A}{A^0}}{4\times\left(1-\frac{A}{A^0}\right)^3\times(c^0)^2} \tag{1-39}$$

(3) 若络合物为1∶3型，即形成$[Fe(HR)_3]^{3-}$

$$Fe^{3+}+3HR^{2-}\rightleftharpoons[Fe(HR)_3]^{3-}$$

同理络合物的稳定常数：

$$K=\frac{[Fe(HR)_3^{3-}]}{[Fe^{3+}][HR^{2-}]^3}=\frac{\frac{A}{A^0}}{27\times(c^0)^3\times\left(1-\frac{A}{A^0}\right)^4} \tag{1-40}$$

则，若络合物为1∶n型，即形成ML_n，络合物的稳定常数为：

$$K=\frac{\frac{A}{A^0}}{n^n\times(c^0)^n\left(1-\frac{A}{A^0}\right)^{n+1}} \tag{1-41}$$

本实验在pH<2.5条件下，以500nm的单色光进行测定。

仪器试剂

仪器：721型或722型分光光度计　比色皿　容量瓶　移液管　吸量管

试剂：磺基水杨酸$(0.0100mol\cdot L^{-1})$　$Fe(NH_4)(SO_4)_2(0.0100mol\cdot L^{-1})$　$HClO_4$ $(0.01mol\cdot L^{-1})$

实验步骤

1. 溶液的配制

(1) 配制$0.00100mol\cdot L^{-1}$的Fe^{3+}离子溶液

准确移取$0.0100mol\cdot L^{-1}$ $Fe(NH_4)(SO_4)_2$溶液10.00mL置于100mL容量瓶中，用$0.01mol\cdot L^{-1}$的$HClO_4$溶液稀释至刻度，摇匀备用。

(2) 配制$0.00100mol\cdot L^{-1}$磺基水杨酸溶液

准确移取$0.0100mol\cdot L^{-1}$的磺基水杨酸溶液10.00mL置于100mL容量瓶中，用$0.01mol\cdot L^{-1}$的$HClO_4$溶液稀释至刻度，摇匀备用。

(3) 配制系列溶液

用3只10mL的吸量管按照表1-7内的数量分别准确吸取一定体积的$0.00100mol\cdot L^{-1}$ $Fe(NH_4)(SO_4)_2$溶液、$0.00100mol\cdot L^{-1}$的磺基水杨酸溶液、$0.01mol\cdot L^{-1}$的$HClO_4$溶液一

一加入到序号为1~11的25mL容量瓶中，摇匀备用(显色半小时，待颜色稳定后测定吸光度值)。

表1-7　等摩尔系列法测定磺基水杨酸合铁离子的络合比与我的常数溶液配制比例表

序号	V/mL			A
	$HClO_4$(0.01mol·L^{-1})	Fe^{3+}(0.001mol·L^{-1})	H_3R(0.001mol·L^{-1})	
1	10.0	10.0	0.0	
2	10.0	9.0	1.0	
3	10.0	8.0	2.0	
4	10.0	7.0	3.0	
5	10.0	6.0	4.0	
6	10.0	5.0	5.0	
7	10.0	4.0	6.0	
8	10.0	3.0	7.0	
9	10.0	2.0	8.0	
10	10.0	1.0	9.0	
11	10.0	0.0	10.0	

2. 吸收曲线的绘制

取4只比色皿，其中1只中加入去离子水(用作参比溶液，放置于样品室比色皿架第一格内)，其余3只分别加入步骤1中的(1)、(2)和(3)的6#溶液(颜色最深)分别放置于第二、三、四格中，以去离子水作参比溶液，在波长为400~700nm范围内，每隔20nm分别测量一次吸光度，并记录数据(每次测定必须用去离子水校正零点和最大透光率100%，记录稳定的数值)。绘制吸收曲线，确定最大吸光度值对应的波长λ_{max}，作为测量波长。

3. 测量溶液的吸光度

调整好分光光度计，测定波长为λ_{max}。

依照步骤2的操作，取4只比色皿，其中1只中加入去离子水(放置于第一格内)，其余3只分别加入步骤1中的(1)、(2)、(3)的1#~11#的溶液，以去离子水作参比溶液，在确定的波长连续测定各编号溶液的吸光度。

可以保留第一格中比色皿中的去离子水，供校正零点用。其余3只比色皿应洗净并用少量待测溶液洗涤2次，再加入其余待测液，逐一测定，并记录数据。

4. 处理实验数据

将计算值与记录数据填入数据记录表中。用吸光度对磺基水杨酸物质的量分数作图，以吸光度为纵坐标，配位体的物质的量分数作横坐标，利用Excel电子表格绘制出f-A关系图。由A-f图，得出最大吸光度值对应的f值。根据关系图中得到有关数据计算络合物的络合比与稳定常数。

实验指导

1. 磺基水杨酸的酸性

磺基水杨酸(H_3R)在25℃时，分子中“—SO_3H”基团中的氢在水溶液中易解离；“—COOH”中的氢在水溶液中较易解离；“—OH”中的氢在水溶液中较难解离。其羧基氢和酚基氢的离解常数分别为 K_{a2}、K_{a3}（$K_{a2}=5.37\times10^{-3}$，$K_{a3}=3.90\times10^{-12}$）。

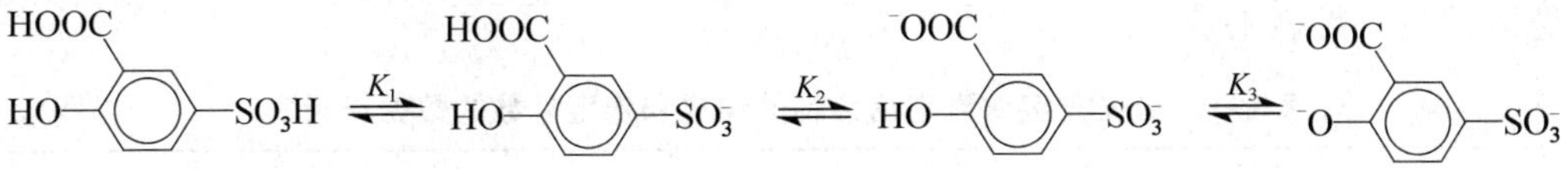

2. Fe^{3+}与 H_3R 的络合比

Fe^{3+}与 H_3R 的络合比取决于反应条件的控制（不同的 pH 值与反应物的投料比例），可以是 1∶1、1∶2、1∶3（见图 1-6 所示）。在 pH 值为 1.8～2.5 的溶液中，形成红紫色的络合物，络合比为 1∶1；在 pH 值为 4～8 的溶液中，形成褐色的络合物，络合比为 1∶2；在 pH 值为 8～11的氨性溶液中，三价铁与磺基水杨酸生成稳定的黄色络合物，络合比为 1∶3。若 pH>12，则不能形成络合物而生成氢氧化铁沉淀。

3. 数据记录与处理

绘制磺基水杨酸合铁的吸收光谱，确定其 λ_{max} 为测量波长，并记录数据在表 1-8 中。

表 1-8　磺基水杨酸合铁溶液在不同波长的吸光度值记录表

λ /nm	A			备　注
	Fe^{3+}（0.001mol·L^{-1}）	H_3R（0.001mol·L^{-1}）	6#	
400				
420				
…				
700				

利用 Excel 电子表格绘制 *f*-*A* 关系图：以吸光度为纵坐标，以铁离子在总浓度中所占的份数即 *f* 值为横坐标作图。将两侧的直线部分延长，交于一点，由交点确定配位数 *n*。

可以利用 Excel 绘制 *f*-*A* 关系图。Excel 电子表格启动前，计算机主机必须装有 office 工具软件。Excel 电子表格启动顺序依次为：开始→程序→Microsoft Excel（或开始→新建 office 文档→空工作簿）。通过上述几步可调出 Excel 电子表格，然后将实验数据“中心离子的摩尔分数”依次输入 *A* 列，对应的“吸光度 A”依次输入 B 列，选中这两列数据（用鼠标抹黑），用鼠标点击工具栏中图表向导（或通过菜单栏中“插入→图表”），选择散点图，按提示即可得到所需图形。用直线工具或添加趋势线绘出两条渐进直线，见图 1-7 所示。

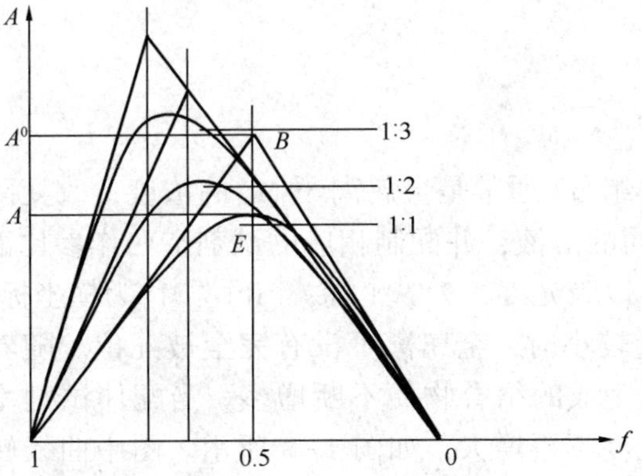

图 1-6　Fe^{3+}与 H_3R 的络合比

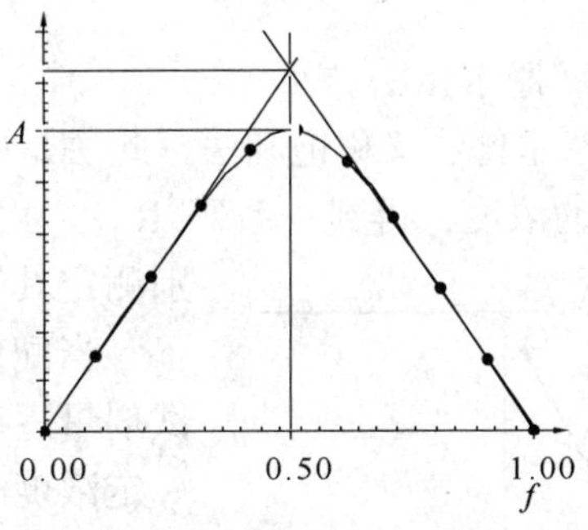

图 1-7　等摩尔连续变化法测定络合物的组成和稳定常数

求磺基水杨酸合铁的稳定常数。根据图中的最高峰，可知最高点的吸光度，由此推出络合物稳定常数，见表 1-9。

表 1-9　分光光度法测定络合物的组成和稳定常数的数据记录表

序号	$c(Fe^{3+})/\times10^{-4}mol\cdot L^{-1}$	$c(H_3R)/\times10^{-4}mol\cdot L^{-1}$	f	A
1	5.35	0.00	1.00	0.000
2	4.81	0.5	0.906	0.144
3	4.28	1.00	0.811	0.284
4	3.74	1.5	0.714	0.425
5	3.21	2.0	0.616	0.542
6	2.68	2.5	0.517	0.603
7	2.14	3.0	0.416	0.565
8	1.60	3.5	0.314	0.450
9	1.07	4.0	0.211	0.305
10	0.535	4.5	0.106	0.153
11	0.000	5.0	0.00	0.000

4. 有色配合物的离解

有色配合物的稳定性直接影响溶液的吸光度，随着溶液的稀释离解度增大，单位体积中有色配合物的数目就会减少，误差越来越大。

5. 注意事项

（1）测量前比色皿要用被测溶液润洗 2~3 次，以避免被测溶液浓度改变；用吸水纸将附着在比色皿外壁的溶液擦干，切勿动作太重，以免透光面产生划痕；手只能拿比色皿的毛玻璃面；比色皿要垂直放入比色皿架内，尽量使它们前后位置一致，否则会产生误差；比色皿用完，及时清洗干净，倒置晾干后放入比色皿盒内；

（2）为防止光电管疲劳，不测定时，将放置比色皿的样品室暗箱盖打开。连续使用时间不得超过 2 小时，最好间歇半小时，再继续使用；每次测定试样的吸光度之前，都要用上述空白液调整吸光度值为零。

（3）测定的吸光度数据尽量在 0.2~0.8 之间，这样可以提到较高的准确度；

（4）注意仪器不能受潮。

实验拓展

1. 摩尔比法

摩尔比法又称饱和法。此法是固定一种组分(通常是金属离子 M)的浓度，改变配位试剂 R 的浓度，得到一系列[R]/[M]比值不同的溶液，并配制相应的试剂空白作参比液，分别测定其吸光度。以吸光度 A 为纵坐标，[R]/[M]为横坐标作图。

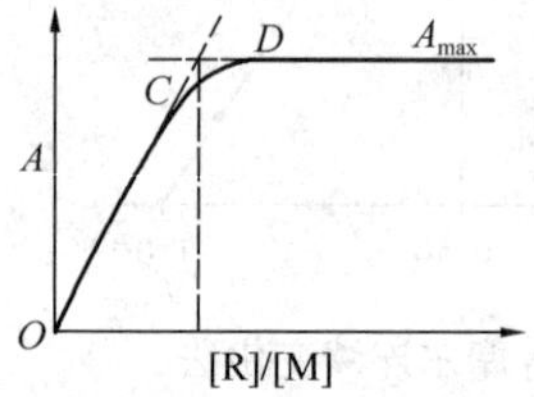

图 1-8　摩尔比法

当配体试剂量较小时，金属离子没有完全被配位。随着配体试剂量逐渐增加，生成的络合物便不断增多。当配体试剂增加到一定浓度时，吸光度不再增大，如图 1-8 所示。图中曲线转折点不敏锐，是由于络合物解离造成的。运用外推法得一交点，从交点向横坐标作垂线，对应的[R]/[M]比值就是络合物的络合比。

这种方法简便、快速，对于解离度小的络合物，可以得到满意的结果。摩尔比法适用于解离度较小、络合比高的络合物组成的测定。

2. 平衡移动法

平衡移动法(以下简称平法)是 Bent 和 French 于 1941 年提出的，故又称 Bent-French 有限对数法。该法可用于有色配合物组成和稳定常数的测定，长期以来一直被认为是一个重要的研究配合物的方法。与其他测定配合物组成和稳定常数的方法相比，该法具有如下优点：

(1) 应用范围广，适用于不稳定和中等稳定的配合体系；既适用于单核配合物，也适用于多核配合物组成和稳定常数的测定。

(2) 该法所测出配合物的组成，就是各组分在组成中的真实数值而并非组成比，故有利于推测配合物的结构。

(3) 利用体积因素方法，还可用于纯度不高或纯度不明的显色剂所生成配合物组成的测定。

平衡移动法是根据配位反应平衡中某种组成浓度改变时，平衡发生移动，从而求得配合物的稳定常数。此法对离解度较大的配合物以及可形成几种配合物的体系，也能得到满意的结果，因此应用较广。

若配合反应为：

$$M+nR \rightleftharpoons MR_n$$

平衡常数为：

$$K=\frac{[MR_n]}{[M][R]^n}$$

两边取对数并整理得：

$$\lg\frac{[MR_n]}{[M]}=\lg K+n\lg[R] \tag{1-42}$$

以 $\lg([MR_n]/[M])$ 对 $\lg[R]$ 作图得一直线，其斜率为配位数 n，截距为 $\lg K_{稳}$。

但欲求这些平衡浓度均较麻烦，故采用固定金属离子浓度，逐渐改变配位体的浓度 c_R，测定其吸光度 A，以 A 对 c_R 作图，得到如图 1-9(a)所示。具体方法是：① 在一系列相同体积的容量瓶中，加入一定量的金属离子 M，以及逐渐增量的显色剂 R(保持 M 尚未全部形成配合物)，显色定容使反应达到平衡，相对于各自的空白测量这一系列溶液的吸光度 A_i。② 在另一同体积容量瓶中，加入同样量 M，过量的显色剂 R，以便使 M 最大限度地被 R 配

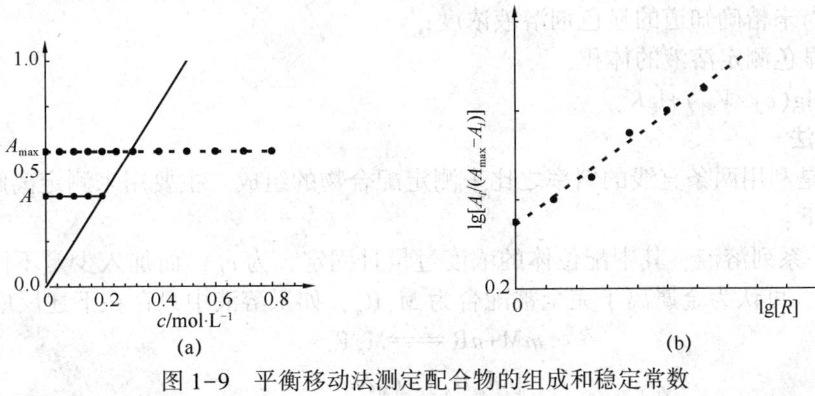

图 1-9 平衡移动法测定配合物的组成和稳定常数

合，然后相对其空白测定最大吸光度 A_{max}，以 $lg[A_i/(A_{max}-A_i)]$ 对 $lg[R]$ 作图，所得直线斜率即为配合比 n。

$$M+nR \rightleftharpoons MR_n$$

$$lg\frac{[MR_n]}{[M]}=lgK+nlg[R]$$

因为：

$$\frac{[MR_n]}{[M]}=\frac{A_i}{A_{max}-A_i}$$

所以：

$$lg\frac{A_i}{A_{max}-A_i}=nlg[R]+lgK \tag{1-43}$$

用 $lg\frac{A_i}{A_{max}-A_i}$ 对 $lg[R]$ 作图（如果配合物较不稳定，则可以用 c_R 代替 $[R]$），如图 1-9(b) 所示，所得直线斜率即为 n，截距为 lgK，从而求得 n、$K_{稳}$。此法主要用于较不稳定的配合物组成及稳定常数的测定。

当式(1-43)中 $lg\frac{A_i}{A_{max}-A_i}=0$ 时，截距 $lgK=-nlg[R]$。

因此，本法还可以求出配合物的表观稳定常数。

有时，所用显色剂的纯度并不知道，那么$[R]$的精确值就难以确定，但这并不影响平衡移动法的使用，可以用加入显色剂溶液的体积 V_i 去代替 $[R]$。这可以通过简单的推导来说明。

$$lg\frac{A_i}{A_{max}-A_i}=nlg[R]+lgK$$

$$lg\frac{A_i}{A_{max}-A_i}=nlg\frac{c_{未}\cdot V_i}{V_{测}}+lgK$$

$$lg\frac{A_i}{A_{max}-A_i}=nlgV_i+nlg\frac{c_{未}}{V_{测}}+lgK$$

$$lg\frac{A_i}{A_{max}-A_i}=nlgV_i+lg\left(\left(\frac{c_{未}}{V_{测}}\right)^n\times K\right)$$

$$lg\frac{A_i}{A_{max}-A_i}=nlgV_i+lgK' \tag{1-44}$$

式中 V_i——系列溶液各点加入显色剂溶液的体积；

$c_{未}$——尚未精确知道的显色剂溶液浓度；

$V_{测}$——显色测定溶液的体积；

lgK'——$nlg(c_{未}/V_{测})+lgK$。

3. 斜率比法

斜率比法是利用两条直线的斜率之比来测定配合物的组成。主要用来测定离解度小的配合物。步骤如下：

(1)配置一系列溶液，其中配位体的浓度过量且固定，为 c_R，而加入少量不同浓度的金属离子，为 c_M，可认为金属离子完全被配合为 M_mR_n，如果溶液中只存在下述反应：

$$mM+nR \rightleftharpoons M_mR_n$$

即得：

$$[M_mR_n]=c_M/m$$

测定 A：

$$A=\kappa b[M_mR_n]=\kappa b\cdot\frac{c_M}{m}$$

$$A=\frac{\kappa b}{m}\cdot c_M$$

以 A 对 c_M 作图，得一直线，斜率为：

$$S_M=\kappa b/m \tag{1-45}$$

(2)用类似的方法，配制一系列溶液，其中 c_M 过量且固定，而加入少量不同浓度的 R，为 c_R，可以认为 R 完全被配合为 M_mR_n。测定 A，作 A 对 c_R 作图(图 1-10)，斜率为：

$$S_R=\kappa b/n \tag{1-46}$$

则式(1-45)与式(1-46)相比，即求出配合物的组成比：

$$S_M/S_R=m:n \tag{1-47}$$

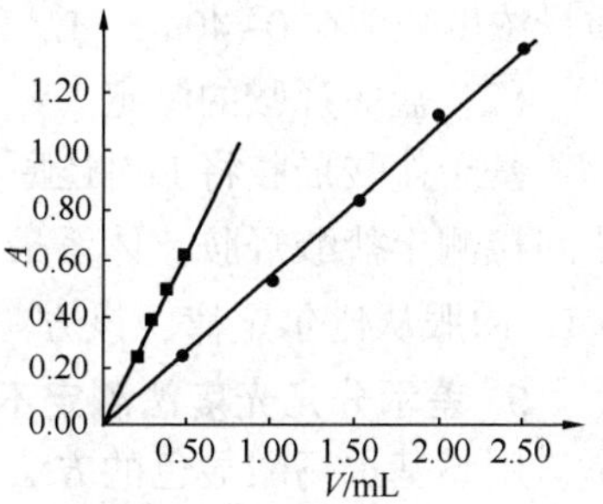

图 1-10　斜率比法

(3)在测得 m、n 的基础上，用稀释法可以求配合物的稳定常数 K。

按络合物的组成比混合 M 与 R，在一定吸收池厚度下测定吸光度 A。如果络合物完全配合，则分析浓度为 c(不离解)；设络合物的离解度为 α，则各物质在平衡浓度分别为：

$$[M_mR_n]=(1-\alpha)c,\ [M]=m\alpha c,\ [R]=n\alpha c$$

所以络合物的稳定常数：

$$K=\frac{[M_mR_n]}{[M]^m[R]^n}=\frac{(1-\alpha)c}{(m\alpha c)^m(n\alpha c)^n}=\frac{(1-\alpha)}{m^mn^m\alpha^{m+n}c^{m+n-1}} \tag{1-48}$$

将上面溶液稀释 k 倍：　$c_a=c/\alpha$

然后用厚度为原吸收池厚度 k 倍的吸收池测定吸光度 A_k(或者用原来的吸收池测定吸光度再乘上 k 倍)。

$$A_k=\kappa b_kc_k$$

稀释后配合物的离解度会改变，设离解度为 α_k，则同样可以得到：

$$K=\frac{1-\alpha_k}{m^mn^n\alpha_k^{m+n}c_k^{m+n-1}}\quad(\text{其中 } c_k=c/k) \tag{1-49}$$

在同样温度下，稳定常数是固定的，所以得到：

$$\frac{1-\alpha}{m^mn^n\alpha^{m+n}c^{m+n-1}}=\frac{1-\alpha_k}{m^mn^n\alpha_k^{m+n}c_k^{m+n-1}}$$

即：
$$\frac{1-\alpha}{\alpha^{m+n}}=\frac{1-\alpha_k}{\alpha_k^{m+n}}\cdot k^{m+n-1}$$

一般情况下，α、α_k 均≪1，则：$\frac{1}{\alpha^{m+n}}=\frac{1}{\alpha_k^{m+n}}\cdot k^{m+n-1}$

即：
$$\alpha^{m+n}\cdot k^{m+n-1}=\alpha_k^{m+n} \tag{1-50}$$

由于　$A=\kappa b(1-\alpha)c,\quad A_k=\kappa b_k(1-\alpha_k)c_k\quad(bc=b_kc_k)$

所以：
$$\frac{A}{A_k}=\frac{1-\alpha}{1-\alpha_k} \tag{1-51}$$

式(1-51)代入式(1-50)即可以求出 α，进而求出 c，就可以求出 K。

4. 褪色分光光度法测定还原性物质

(1) 安乃近的测定

Fe^{3+}氧化安乃近，剩余 Fe^{3+}与磺基水杨酸配位显色，用分光光度法可以间接测定制剂中安乃近的含量。在 pH=2.4 和 pH=5.4 的 Clark-lubs 缓冲介质中，Fe^{3+}与磺基水杨酸(SSA)分别形成1∶1 型和1∶2 型的配合物，其最大吸收波长分别在500nm 和470nm 处，安乃近的存在使这两种配合物溶液褪色。即 Fe(Ⅲ)-磺基水杨酸体系与安乃近含量有非常好的相关关系。安乃近质量浓度分别在 0~40mg·L^{-1}和 0~56mg·L^{-1}与吸光度呈良好的线性关系。

(2) 盐酸羟胺的测定

基于盐酸羟胺将 Fe^{3+}还原为 Fe^{2+}，剩余的 Fe^{3+}用磺基水杨酸作显色剂，藉褪色分光光度法间接测定盐酸羟胺，体系最大吸收波长 λ_{max}在 460nm，盐酸羟胺质量浓度在 0.8~19.2mg·L^{-1}内服从比尔定律，该方法用于制剂中微量盐酸羟胺的测定，结果满意。

5. 差示分光光度法测定不同含量铁

用磺基水杨酸显色的方法，在 pH=1.80~3.00 的缓冲介质中，铁与磺基水杨酸生成紫红色络合物，表观摩尔吸光系数 ε_{490} 为 1.7×10^3L·mol^{-1}·cm^{-1}，铁含量在 4.00~28.00mg·L^{-1}(或 16.00~40.00mg·L^{-1})范围内符合比耳定律。该法简便快速，选择性好，准确度高，测定范围广，适用于地质样、钢样中常量特别是高含量铁的测定。

6. 磺基水杨酸紫外导数分光光度法测定微量铁

在 pH=5~7 的六次甲基四胺-盐酸介质中铁-磺基水杨酸形成 1∶2 的配合物，最大吸收波长 λ_{max}=248nm，表观摩尔吸光系数 $\kappa=2.9\times10^4$L·mol^{-1}·cm^{-1}，比可见光区的灵敏度高10 倍。用三阶导数光谱法测定化学试剂中微量铁，结果与邻二氮菲法一致。

7. 铁-磺基水杨酸树脂相分光光度法测定样品中的微量铁

Fe(Ⅲ)与 5-磺基水杨酸在 pH=9~11 的氨性介质中形成有色配合物，吸附于 717 型强碱性阴离子交换树脂上，于 430nm 处测量吸光度，测定地下水、盐酸试剂样品中的微量铁，结果令人满意。Fe^{3+}-5-磺基水杨酸配合物吸附于树脂上，吸收峰红移 10nm，灵敏度比溶液中吸光度法提高 15 倍，方法简便、快速、灵敏、选择性好。

8. 其他应用

磺基水杨酸合铁(Ⅲ)在 20℃时稳定常数最大，随着温度的升高和降低，稳定常数的数值减小。pH=5 的 HAc-NaAc 缓冲溶液，磺基水杨酸与铁生成稳定的络合物；在 pH=8~11 的氨性溶液中，三价铁与磺基水杨酸生成稳定的黄色络合物。

实验思考

1. 为什么绘制工作曲线和测定试样应在相同的条件下进行？这里主要指哪些条件？

2. 为什么配制磺基水杨酸合铁配合物溶液要用 0.01mol·L^{-1}的 $HClO_4$？

3. 测量吸光度时，溶液浓度过大或过小有什么不好？可以从哪些方面进行调节以适应测定？

4. 在何种情况下可以使用摩尔比法、等摩尔连续变化法测定配合物的组成？

5. 酸度对测定配合物的组成有何影响？如何确定适宜的酸度条件？

6. 如果选用的总摩尔浓度增加 1 倍或稀释 1 倍，实验得到的曲线会有什么变化？对计算配合物的组成及稳定常数有何影响？

实验八　凝固点降低法测定萘的摩尔质量

实验目的

(1) 掌握摩尔质量测定的原理和方法；

(2) 掌握溶液凝固点的测定技术，并进一步加深对稀溶液的依数性的理解；

(3) 掌握贝克曼温度计的使用。

实验背景

利用凝固点降低法测定摩尔质量已有近百年的历史，它不仅是一种比较简便、准确测量溶质摩尔质量的方法，而且在溶液热力学的性质研究(如电解质的电离度、溶质的缔合度、溶剂的渗透系数和活度系数等)方面被广泛应用。

溶液的凝固点是一定压力下，固态纯溶剂与溶液成平衡的温度。由于稀溶液中溶剂的化学势小于同温同压下纯溶剂的化学势，因而也小于与纯溶剂处于平衡的固态纯溶剂的化学势，所以在恒定压力下，溶液的凝固点要比纯溶剂的低。

通常测定溶液凝固点的方法是：将已知浓度的溶液逐渐冷却成过冷溶液，然后促使溶液结晶。当晶体生长时，放出的凝固热使体系的温度回升。当放热与散热达成平衡时，温度不变，此时的温度即为固液两相达成平衡时的温度，称为溶液的凝固点。测量凝固点时，由于体系发生相变时有过冷现象，导致体系温度回升，最终影响凝固点的准确测量，所以在设计实验装置和测量过程中要注意过冷程度的控制。

凝固点测定摩尔质量，以前选用苯作溶剂、萘做溶质的实验体系。鉴于苯极易挥发，苯蒸气对人体有害，容易对环境造成污染，废液不易处理等因素，现一般选用环己烷作溶剂、萘做溶质的实验体系，也可用水作溶剂、蔗糖做溶质的实验体系。

实验原理

含非挥发性溶质的二组分稀溶液(当溶剂与溶质不生成固溶体时)的凝固点将低于纯溶剂的凝固点，这是稀溶液的依数性质之一。当指定了溶剂的种类和数量后，凝固点降低值取决于所含溶质分子的数目，即溶剂的凝固点降低值与溶液的浓度成正比，以方程式表示这一规律则有：

$$\Delta T = T_0 - T = K_f m_B \qquad (1-52)$$

这就是稀溶液的凝固点降低公式。

式中　T_0——溶剂的凝固点；

T——溶液的凝固点；

K_f——质量摩尔凝固点降低常数，简称为凝固点降低常数；

m_B——溶质的质量摩尔浓度。

因为 m_B 可表示为：

$$m_B = \frac{W_B}{W_A M_B} \times 1000 \qquad (1-53)$$

故式(1-52)可改成：

$$M_B = K_f \frac{1000W_B}{W_A \cdot \Delta T} \tag{1-54}$$

式中　M_B——溶质的摩尔质量，$g \cdot mol^{-1}$；

W_B、W_A——分别表示溶质和溶剂的质量，g。

如已知溶剂之 K_f 值，则可通过实验求出 ΔT 值，利用式(1-54)求溶质的摩尔质量。

所谓纯溶剂的凝固点是指其液-固共存的平衡温度。将液体逐步冷却时，在未凝固之前温度将随时间均匀下降，开始凝固后由于放出凝固热而补偿了热损失，体系将保持液固两相共存的平衡温度不变，直到全部凝固，再继续均匀下降，见图 1-11(a)。但在实际过程中经常发生过冷现象，其冷却曲线如图 1-11(b)所示。溶液的凝固点是溶液与溶剂的固相共存的平衡温度，其冷却曲线与纯溶剂不同。当有溶剂凝固析出时，剩下溶液的浓度逐渐增大，因而溶液的凝固点也逐渐下降，如图 1-11(c)所示。如果溶液过冷程度不大，析出固体溶剂的量对溶液浓度影响不大，则以过冷回升的温度作凝固点，对测定结果影响不大，如图 1-11(d)所示。如果过冷太甚，凝固的溶剂过多，溶液的浓度变化过大，则出现图 1-11(e)的情况，这样就会使凝固点的测定结果偏低。

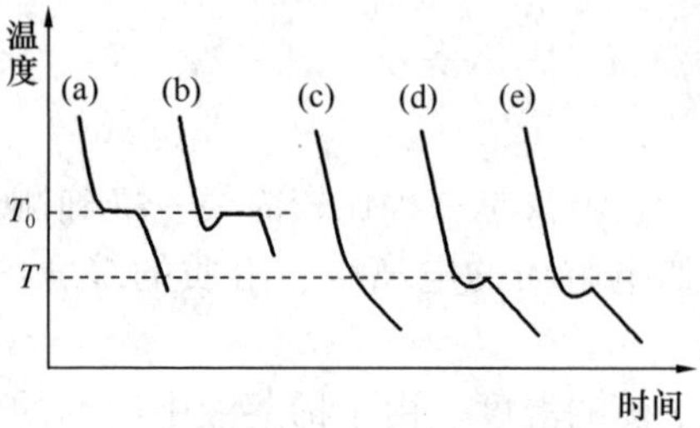

图 1-11　步冷曲线图

仪器试剂

仪器：凝固点测定摩尔质量装置　秒表　移液管　电子天平

试剂：萘(AR)　环己烷(AR)

实验步骤

1. 仪器安装

按图 1-12 将仪器安装好。取自来水注入冰浴槽中(水量以注满冰浴槽体积 2/3 为宜)，然后加入冰屑以保持水温在 2℃左右。

2. 纯溶剂环己烷凝固点的测定

取 25mL 环己烷注入凝固管并浸在冰水浴中搅拌，使之逐渐冷却。当有固体开始析出时，立即将凝固管移到作为空气浴的外套管中，缓慢搅拌环己烷液(注意切勿使搅拌器与温度计或管壁相触)。同时注意观察温度计水银标度，当温度稳定后，记下读数，即为环己烷的凝固点。取出冷冻管，温热之，使环己烷晶体全部融化。再次将凝固管插到冰水浴中，如上法重复测定三次，取其平均值。

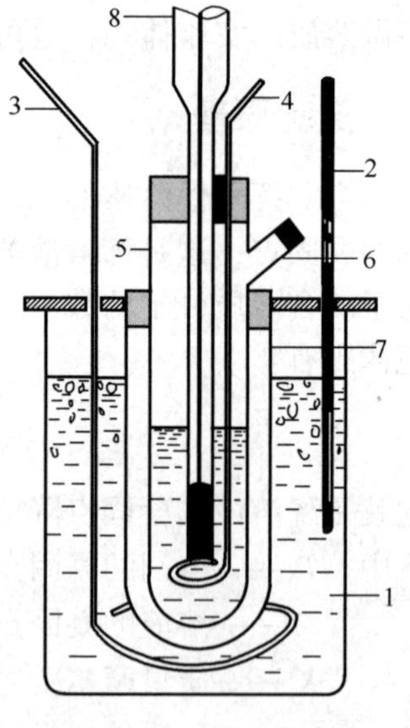

图 1-12　凝固点降低实验装置图

1—冰浴槽；2—温度计；3、4—搅拌器；5—凝固管；6—加样口；7—外套管；8—贝克曼温度计

3. 溶液凝固点的测定

取出凝固管，温热之，使环己烷全部融化。用压片机制约 0.2~0.3g 的萘片一片，精确称量至 0.002g。由加样口投入凝固

管内，防止粘着于管壁、温度计或搅拌器上。待溶质全部溶解后，依上述操作步骤测定溶液的凝固点，重复三次，取其平均值。

4. 数据记录

将实验数据记录于表 1-10 中。

表 1-10 实验数据记录表

室温：________℃　　　　　　　　　　　　　　　　　　　气压：________kPa

环己烷/mL				萘重/g			
时间/s	温度/℃			时间/s	温度/℃		
	1	2	3		1	2	3

实验指导

1. 数据处理

(1) 绘制纯溶剂和溶液的步冷曲线，并通过外推法求凝固点及凝固点降低值 ΔT。

(2) 利用 $d_t = 0.7971 - 0.8879 \times 10^{-3} t/℃$ 计算实验温度 t 时环己烷的相对密度，并计算出溶剂质量 W_A。

(3) 利用式(1-54)计算萘的摩尔质量。

2. 实验注意事项

(1) 本实验关键在于凝固点的精确测量。为获得准确而平行的数据，控制适当的过冷程度，并尽量使平行测定时的过冷程度相同是关键，最好是在达到一定的过冷程度时加入少量纯溶剂的晶种。

(2) 冷冻剂的温度应比纯溶剂的凝固点低 5℃左右，方能保证空气套管中冷冻管内的液体以适当的速度降温。

(3) 维持体系的温度均匀是十分重要的，为此需要注意两个问题，一是搅拌速度应适当，并且不能触及温度计和管壁，以防止因局部摩擦产生结晶；另一个是在测定近似冰点时，从冷冻剂中取出冷冻管后，必须仔细、彻底擦干才能放入空气套管中，同时注意保持空气套管的干燥。

(4) 本实验的误差主要来自于过冷程度的控制，因此，应反复测定，细心体会过冷的操作。

(5) 每次测定应按要求的速度搅拌进行，并且测溶剂与溶液凝固点时搅拌条件要完全一致。

(6) 准确读取温度也是实验的关键所在，应读准至小数点后第三位。

(7) 在测量过程中，析出的固体越少越好，以减少溶液浓度的变化，才能准确测定溶液的凝固点。

实验拓展

凝固点降低法测溶质摩尔质量，常用来确定有机物的分子式。由于凝固点降低是稀溶液的依数性质，降低值的多少直接反映溶液中溶质有效质点的数目，如果溶质在溶液中有解离、缔合、溶剂化和生成络合物等情况，均影响溶质在溶剂中的表观相对分子量。因而凝固点降低法还可用来测定弱电解质的电离度、溶质的缔合度、活度及活度系数等。利用凝固点降低这个性质，在科研中还可用来鉴定物质的纯度以及求物质的熔化热；在冶金领域还可配制低熔点合金。

凝固点降低公式由稀溶液理论导出，故溶液愈稀，结果愈准确，但溶液过稀，凝固点下降太少，测量反而不准确。浓度稍高时，已不是稀溶液，致使测得的摩尔质量随浓度的不同而变化。因此，最好的方法是采用外推法求得真正摩尔质量，即以浓度为横坐标，以各浓度下测得的摩尔质量为纵坐标，绘制 $M-m$ 曲线，将曲线外推至浓度为 0 处，即得真正摩尔质量。需要注意，如溶质在溶液中发生解离或缔合等情况，则不能简单地应用公式(1-54)加以计算。实验中可以用电动搅拌机代替手动搅拌，用低温恒温浴槽代替冰水浴，来提高测量的准确度。

测定物质摩尔质量的方法还有沸点升高法、蒸汽蒸馏法、气体比重天平法等方法。

实验思考

1. 凝固点降低法测摩尔质量的公式，在什么条件下才能适用？
2. 在冷却过程中，冷冻管内固液相之间和冷冻剂之间有哪些热交换？它们对凝固点的测定有何影响？
3. 当溶质在溶液中有离解、缔合和生成络合物的情况时，对摩尔质量测定值的影响如何？
4. 影响凝固点精确测量的因素有哪些？
5. 根据什么原则考虑溶质的用量？太多或太少将会有何影响？

实验九　无水乙醇饱和蒸气压的测定

实验目的

(1) 学习使用等压计测定不同温度下无水乙醇的饱和蒸气压；

(2) 学会用图解法求无水乙醇的平均摩尔汽化热和正常沸点。

实验背景

物质的许多性质，如熔点、沸点，以及吸附、溶解、扩散、化学平衡移动等都与压力有着密切的关系。压力测量是化学实验的主要操作技术之一，因此，体系压力的测量具有实用价值。

在一定温度下，气液两相处于平衡状态时的蒸气压力，称为该温度下的饱和蒸气压。这里的平衡状态是指动态平衡。在某一温度下，被测液体处于密闭真空容器中，液体分子从表面逃逸形成蒸气，同时蒸气分子因碰撞而凝结成液相。当两者的速率相等时，就达到了动态平衡，此时气相中蒸气密度不再改变，因而具有一定的饱和蒸气压。

测定液体饱和蒸气压，可深入了解纯液体饱和蒸气压和温度的关系(Clausius-Clapeyron方程式)，求算被测液体在实验温度范围内的平均摩尔汽化热与正常沸点。

测定液体饱和蒸气压的常用方法有：静态法、动态法和饱和气流法。动态法是利用当液体的蒸气压与外压相等时液体沸腾的原理，测定液体在不同外压时的沸点就可求出不同温度下的蒸气压。动态法的优点是对温度的控制要求不高。饱和气流法是在一定温度和压力下，使干燥的惰性气体通过被测物质，并使其为被测物质所饱和，然后测定所通过的气体中被测物质蒸气的含量，就可根据分压定律计算出被测物质的饱和蒸气压。饱和气流法不仅可以测液体的饱和蒸气压，亦可测定易挥发固体的蒸气压，该法的缺点是通常不易达到真正的饱和，故实验值一般低于真实值。静态法是在某一温度下将被测液体放在一个密闭的体系中，直接测量其饱和蒸气压，此法一般适用于蒸气压比较大的液体。其中静态法准确性较高，本实验采用静态法。用静态法测量不同温度下纯液体的饱和蒸气压，有升温法和降温法两种，本实验采用升温法测定不同温度下纯液体的饱和蒸气压。

液体饱和蒸气压的测定以前被测物质是苯，考虑到苯蒸气对人体有害，容易造成环境污染，而且苯作为实验材料费用较高，本着绿色化学的原则，现被测物质一般使用无水乙醇、异丙醇、环己烷或四氯化碳。也有用水作为被测物质，选用氯化钠稀溶液作为热浴介质。

实验原理

液体在密闭的真空容器中蒸发，当液体上方蒸气的浓度不变时，即气、液两相平衡时的压力，称为饱和蒸气压或液体的蒸气压。当液体的饱和蒸气压与大气压相等时，液体就会沸腾，此时的温度就叫该液体的正常沸点。而液体在其他各压力下的沸腾温度称为沸点。

液体的蒸气压是随温度而改变的，当温度升高时，有更多的高动能的分子能够由液面逸出，因而蒸气压增大；反之，温度降低时，则蒸气压减小。当蒸气压与外界压力相等时，液体便沸腾；外压不同时，液体的沸点也就不同。我们把外压为标准大气压时的沸腾温度定义为液体的正常沸点。一定温度下蒸发 1mol 液体所吸收的热量称为该温度下液体的摩尔汽化热。

液体的饱和蒸气压与温度的关系可用 Clausius-Clapeyron 方程式表示：

$$\frac{\mathrm{d}\ln p}{\mathrm{d}T}=\frac{\Delta H_{气}}{RT^2} \qquad (1\text{-}55)$$

式中 p——液体在温度 T 时的饱和蒸气压，Pa；

T——绝对温度，K；

$\Delta H_{气}$——液体摩尔汽化热，$\mathrm{J \cdot mol^{-1}}$；

R——气体常数，即 $8.314\mathrm{J \cdot mol^{-1} \cdot K^{-1}}$。

在上式的推导过程中引进了两个合理假设：一是液体的摩尔体积相对于气体而言可以忽略不计；二是蒸气可以看作是理想气体。在温度较小的变化范围内，$\Delta H_{气}$ 可视为常数，积分式(1-55)可得：

$$\mathrm{d}\ln p=-\frac{\Delta H_{气}}{RT}+B' \qquad (1\text{-}56)$$

或

$$\mathrm{d}\lg p=-\frac{A}{T}+B \qquad (1\text{-}57)$$

式(1-57)中，常数 $A=\frac{\Delta H_{气}}{2.303R}$；积分常数 $B=\frac{B'}{2.303}$，此数与压力 p 的单位有关。

由式(1-57)可知，若将 $\lg p$ 对 $\frac{1}{T}$ 作图应得一直线，斜率为负值。直线斜率

$m=-A=-\frac{\Delta H_{气}}{2.303R}$，由此可得到：

$$\Delta H_{气} = -2.303Rm \qquad (1-58)$$

这样就可以通过图解法先求得斜率 m，然后再由式(1-58)算出摩尔汽化热 $\Delta H_{气}$。

仪器试剂

仪器：等压计连冷凝管　数字压力计　真空泵　储气瓶　大烧杯　温度计　干燥瓶　冷阱　恒温槽

试剂：无水乙醇(A. R.)

实验步骤

1. 仪器装置

按图 1-13 接好实验装置。平衡管由三个相连的玻璃球组成。A 球中储存液体，B、C 管之间内 U 形管相连通。当 B、C 间 U 形管中的液面在同一水平时，表示 A、B 管间空间的液体蒸气压恰与管 C 上方的外界压力相等。记下此时的温度和压力值，即是在该压力下的沸点。或者说此时在压力计上读出的 C 管上方的压力就是该温度下液体的饱和蒸气压。

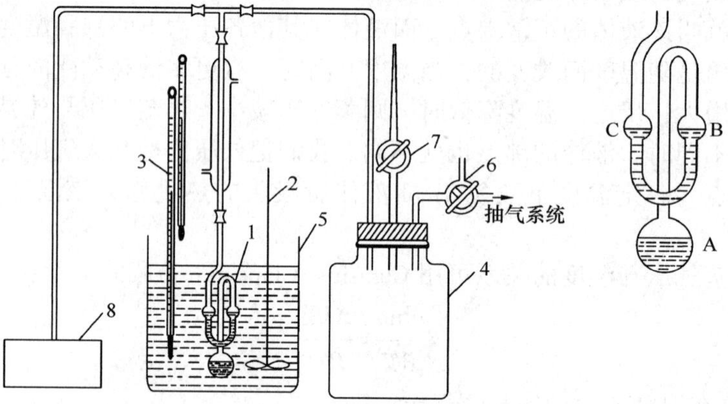

图 1-13　液体饱和蒸气压测定装置图

1—平衡管；2—搅拌器；3—温度计；4—缓冲瓶；5—恒温水浴；6—三通活塞；7—直通活塞；8—精密数字压力计

平衡管中的液体可用下法装入：将干净的平衡管放在烘箱中或煤气灯上加热，赶出管内的部分空气，将液体自 C 球的上方鼓入，然后把平衡管放于冷水中冷却，则部分液体可流入 A 球，如此重复几次，使液体流至 A 球高度的三分之二为止。

2. 系统气密性检查

关闭直通活塞 7，旋转三通活塞 6 使系统与真空泵连通，开动真空泵，抽气减压至压力计显示压差为 53kPa(400mmHg)时，旋转三通活塞 6 停止系统抽气，使真空泵与大气相通。观察压力计的示数，如果压力计的读数能在 3~5min 内维持不变，则表明系统不漏气。否则应逐段检查，查明除漏气原因。

3. 排除 AB 弯管空间内的空气

将恒温槽温度调至比室温高 3℃，接通冷凝水，抽气降压至液体轻微沸腾，此时 AB 弯管内的空气不断随蒸气经 C 管逸出，如此沸腾 3~5min，可认为空气被排除干净。

4. 饱和蒸气压的测定

当空气被排除干净，且体系温度恒定后，旋转直通活塞 7 缓缓放入空气，直至 B、C 管中液面平齐，关闭直通活塞 7，记录温度与压力。

将恒温槽温度升高 3℃，当待测液体再次沸腾，体系温度恒定后，放入空气使 B、C 管液面再次平齐，记录温度和压力。同法测定 5 个值(注意：升温过程中应经常开启放空阀，缓缓放入空气，使 U 形管两臂液面接近相等，如放入空气过多，可缓缓打开抽气阀抽气)。

实验完后，缓缓打开直通活塞 7 使系统内压力为大气压。并在数字式大气压力计上读取当时的室温和大气压。

5. 数据记录

将测得数据及计算结果列于表 1-11。

表 1-11　实验数据表

项目 / 温度	Δp/Pa	$p=p_0+\Delta p$/Pa	$\lg p$	$1/T$/K^{-1}

实验指导

1. 数据处理

(1)根据实验数据作出 $\lg p-1/T$ 图。

(2)计算乙醇在实验温度范围内的平均摩尔汽化焓，将计算结果与文献值进行比较，讨论其误差来源。

2. 实验注意事项

(1)实验过程中，必须充分排除净 AB 弯管空间中全部空气，使 B 管液面上空只含液体的蒸气分子。AB 管必须放置于恒温水浴中的水面以下，否则其温度与水浴温度不同。

(2)减压系统不能漏气，否则抽气时达不到本实验要求的真空度。

(3)抽气速度要合适，必须防止平衡管内液体沸腾过剧，致使 B 管内液体快速蒸发。

(4)测定中，打开进空气活塞时，切不可太快，以免空气倒灌入 AB 弯管的空间中。如果发生倒灌，则必须重新排除空气。

(5)真空泵在开启或停止时，应使系统与大气相通，防止真空泵中的液体倒流。

(6)升温时要随时注意调节进气活塞，使系统压力与饱和蒸气压基本相等，以保证不发生剧烈沸腾，也可避免空气倒灌入管 A 和管 B 中。

(7)实验时要注意：当 B、C 管中液面相平时立即读数，同组同学要密切配合。

实验拓展

蒸气压是液体纯物质的一个基本属性，液体(或固体)饱和蒸气压的大小是物质挥发能力的量度，蒸气压数据在蒸馏分离及有关热力学性质的计算中极为重要。蒸气压及其随温度的变化率的测定，还可用于物质沸点、熔点、溶解度、汽化焓等的讨论。本实验装置还可用于不同压力下的沸点测定和固体的分解压测定。

测定蒸气压有多种方法，其中以静态法准确性较高，但对较高温度下的蒸气压测定，因为温度难以控制而降低准确性；动态法对温度控制要求不高，对沸点低于 100℃ 的液体如 CCl_4、C_2H_5OH、C_6H_6，等可达到一定的精确度；饱和气流法一般不易达到真正的饱和状态，因而实验值偏低，常用于流动法测量。

实验思考

1. 在实验过程中为什么要防止空气倒灌？如果在平衡管 A 球与 B 管间有空气，对测定沸点有何影响？结果如何？怎样判断空气已被赶净？

2. 能否在加热情况下检查是否漏气？

3. 怎样根据压力计的读数确定系统的压力？

4. 在开启旋塞放空气入系统内时，放得过多应如何办？实验过程中为什么要防止空气倒灌？

5. 等压计 U 形管中的液体起什么作用？冷凝器起什么作用？为什么可以用待测液体作 U 形管封闭液？

实验十　氨基甲酸铵分解压的测定

实验目的

(1) 掌握用等压法测定平衡压力的方法；

(2) 测定不同温度下氨基甲酸铵的分解压，并计算此分解反应的有关热力学函数。

实验背景

当一个化学反应的正向反应速率与逆向反应速率相等时，体系就达到了平衡，其标志是化学平衡常数。平衡常数的测定有物理法和化学法。物理法是通过测定物理性质而求出平衡体系的组成，如测定体系的折射率、电导率、透光率、吸光度、色谱定量图谱，以及压力或容积的改变等，优点是不干扰平衡态。化学法是通过骤冷、加入试剂或者移走催化剂等方式使反应停止，利用化学分析的方法测定平衡体系中各物质的浓度。

历史上最早研究和测定的是碳酸钙的热分解。将碳酸钙置于一密闭容器在真空状态下加热分解，在一定温度下，当三相达到平衡时，测定体系的温度和压力。在一定温度下，碳酸钙的分解压是一定的，使分解压力达到一个大气压的温度称为分解温度。碳酸钙的分解温度为 880℃，反应温度较高，不适合教学实验。而氨基甲酸铵不稳定，加热易分解，被广泛应用于教学实验。另外，还可用滴定热量计测定甘氨酸与金属离子的结合反应进而研究生物学，用荧光分光光度计测定萘酚的激发态体系平衡常数等。

实验原理

氨基甲酸铵 $NH_2COONH_4(s)$ 是合成尿素的中间产物，为白色固体，不稳定而易分解。

$$NH_2COONH_4(s) \rightleftharpoons 2NH_3(g) + CO_2(g)$$

其标准平衡常数表示式为：

$$K^{\ominus}=\left(\frac{p_{NH_3}}{p^{\ominus}}\right)^2\cdot\frac{p_{CO_2}}{p^{\ominus}} \tag{1-59}$$

式中，$p^{\ominus}=100\text{kPa}$；$p_{NH_3}$和$p_{CO_2}$分别为平衡体系中$NH_3$和$CO_2$的平衡分压力；因固体的蒸气压很小，氨基甲酸铵的蒸气压可以忽略；体系的总压力p_T(称为该固体的分解压力)应为两平衡分压力之和，即：

$$p_T=p_{NH_3}+p_{CO_2}$$

若取纯的NH_2COONH_4为研究体系，则体系达到平衡时，根据Dalton分压定律可得：

$$p_{NH_3}=\frac{2}{3}p_T$$

$$p_{CO_2}=\frac{1}{3}p_T$$

于是

$$K^{\ominus}=\left(\frac{2}{3}\frac{p_T}{p^{\ominus}}\right)^2\cdot\left(\frac{1}{3}\frac{p_T}{p^{\ominus}}\right)=\frac{4}{27}\left(\frac{p_T}{p^{\ominus}}\right)^3 \tag{1-60}$$

因此测定平衡体系的总压力p_T，即可按式(1-60)算出氨基甲酸铵分解反应的平衡常数K_p。

温度对平衡常数的影响可用下式表示：

$$\frac{\mathrm{d}\ln K^{\ominus}}{\mathrm{d}T}=\frac{\Delta_r H_m^{\ominus}}{RT^2} \tag{1-61}$$

当温度变化范围不大，$\Delta_r H_m^{\ominus}$可视为常数时，由式(1-61)积分，得：

$$\ln K^{\ominus}=-\frac{\Delta_r H_m^{\ominus}}{RT}+C \tag{1-62}$$

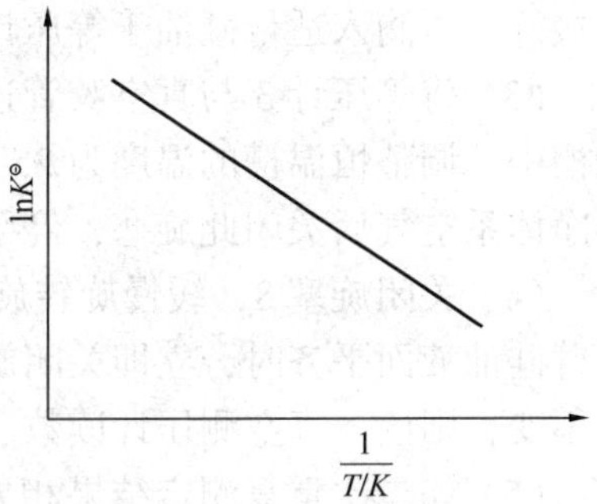

图1-14　标准平衡常数与温度的关系

$\ln K^{\ominus}$对$\frac{1}{T/K}$作图，应为一直线(见图1-14)，其斜率为$-\frac{\Delta_r H_m^{\ominus}}{R}$，截距为$\frac{\Delta_r S_m^{\ominus}}{R}$，由此即可求得此温度范围内的$\Delta_r H_m^{\ominus}$、$\Delta_r S_m^{\ominus}$。

根据$\Delta_r H_m^{\ominus}$及温度T时的$\Delta_r G_m^{\ominus}$，也可用式(1-63)计算$\Delta_r S_m^{\ominus}$：

$$\Delta_r S_m^{\ominus}=\frac{\Delta_r H_m^{\ominus}-\Delta_r G_m^{\ominus}}{T} \tag{1-63}$$

仪器试剂

仪器：数字式真空测压仪　恒温槽　等压计　缓冲瓶　样品管　旋塞　真空泵

试剂：氨基甲酸铵　硅油(C. P.)

实验步骤

(1) 按图1-15所示，安装好实验装置后，关闭旋塞6，旋转旋塞8、9，使体系与真空泵连通。抽几分钟后，再旋转旋塞9使体系与真空泵不通，观察真空测压计读数的变化，若读数10min内稳定不变，则表示不漏气。若系统漏气应分段检查，直至不漏气为止。

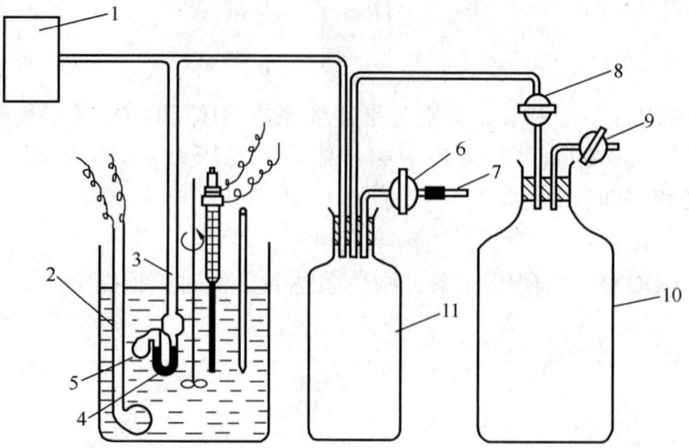

图 1-15　等压法测氨基甲酸铵分解压装置图

1—数字式真空测压计；2—恒温槽；3—等压计；4—硅油封；5—氨基甲酸铵；
6，8，9—旋塞；7—毛细管；10，11—缓冲瓶

（2）由待制的小漏斗将氨基甲酸铵粉末小心装入干燥的盛样品的小球 5 中，与等压计 3 连接好，再滴入适量硅油于等压计 U 形管 4 中形成液封。

（3）将等压计 3 与真空胶管连接好，注意不要使样品与硅油相混，然后将等压计置于恒温槽中，调整恒温槽的温度为 25℃。旋转旋塞 9 与真空泵相通，启动真空浆泵约 10min 后，排净体系空气后关闭此旋塞，停泵。

（4）关闭旋塞 8，缓慢旋转旋塞 6 与毛细管 7 相通，放入空气于体系直至等压计 U 形管两臂硅油液面平齐时，立即关闭旋塞。仔细观察硅油液面，若在一定时间内保持硅油液面平齐不变，则读下真空测压计读数、大气压及恒温槽温度。

（5）如二次重复测定结果相差小于 2mmHg，则可进行调温，进行另一温度下的分解压的测定。调整恒温槽的温度为 30℃，观察 U 形管硅油液面的变化，从毛细管口缓缓放入空气至等压计 U 形管两臂硅油液面平齐且保持 10min 不变，即可读真空测压计的读数、大气压及恒温槽的温度。

（6）用同样的方法继续测定 35℃、40℃、45℃的分解压。

（7）净化处理：测定后，开动真空泵，使旋塞 8、9 与体系相通，抽尽 NH_3 和 CO_2，后缓缓旋转旋塞 6 小心接通大气。注意防止反应管中的蒸气再进入压力计中。取下等压计，将盛样小球洗净、烘干备用。

（8）数据记录见表 1-12。

表 1-12　实验数据记录表

室温：______℃　　　　　　　　　　　　　　　　　　　　大气压：______Pa

温度/K	真空计读数/mmHg	分解压/Pa	K_p	$\lg K_p$

实验指导

1. 数据处理

（1）计算不同温度下氨基甲酸铵的分解压力。

(2) 计算不同温度下 NH_2COONH_4 分解反应的标准平衡常数 $K^{\ominus}$ 及$\ln K^{\ominus}$。

(3) 作$\ln K^{\ominus}-\frac{1}{T/K}$关系图，计算分解反应的 $\Delta_r H_m^{\ominus}$、$\Delta_r S_m^{\ominus}$ 及 25℃时的 $\Delta_r G_m^{\ominus}$。

2. 注意事项

(1) 温度的准确控制是本实验的关键之一，因此实验中要仔细控制温度要求准确到±0.1℃。温度计必须作露茎校正。

(2) 实验过程中不能让硅油进入装样玻泡中，以免阻碍氨基甲酸铵的分解。

(3) 氨基甲酸铵的分解反应是吸热反应，$\Delta_r H_m^{\ominus}$ 值很大，所以温度对平衡常数的影响也很大，实验中必须严格调节和精确读取恒温槽温度。

(4) 在开泵、停泵之前，必须使旋塞 6 接通大气。

(5) 用真空泵对系统抽气时，因为氨有腐蚀性，同时当氨与二氧化碳一起吸入泵内时将会生成凝结物，以致损坏泵和泵油，因此在真空泵前应装吸附浓硫酸的硅胶干燥塔，用来吸收氨。

实验拓展

等压法不仅可以测量固体的分解压或升华压，也可以测定纯液体或溶液的平衡蒸气压。其特点是所需样品少，设备简单，易于操作。用于测定固体分解压或升华压的等压管的封闭液首先应该在实验温度范围内自身饱和蒸气压十分小，而且必须是不与被测物反应并不溶解被测物的蒸气。等压计封闭液过去均使用水银或液体石蜡，但水银在装入时容易散落在外，造成污染，而且灵敏度欠佳。液体石蜡本身有蒸气压，会影响测量结果。改选用硅油做封闭液，称为硅油等压计，效果良好。

制备氨基甲酸铵时，其纯度应达到化学纯标准，否则测得分解压数值偏低。实验室内制备高纯度的氨基甲酸铵通常有两种：①将纯净的气态氨和二氧化碳通过干燥器后通入液体四氯化碳中，让二者在液相中进行反应，生成的晶体悬浮在液面上。②将纯净的气态 NH_3 和 CO_2 通入洁净的聚乙烯塑料膜袋内，在袋内进行反应生成晶体。后一种方法便于样品的收集。

实验思考

1. 如何检查所用真空系统是否漏气？
2. 真空泵开泵、停泵时为何要先接通大气？
3. 为何要抽净样品瓶的空气？若抽不净对实验结果有何影响？如何判断系统内空气已基本被排除干净？
4. 怎样判断分解反应已达平衡？若所测数据未达平衡，对实验结果有何影响？
5. 如在放空气入体系时，放得过多应如何处理？

实验十一　旋光度法测定蔗糖水解反应速率常数

实验目的

(1) 了解旋光仪的基本原理，掌握旋光仪的正确使用方法；

(2) 测定蔗糖水解反应的速率常数和半衰期。

实验背景

蔗糖是由葡萄糖和果糖通过异头体羟基缩合而形成的非还原性二糖，具有甜味。

蔗糖的分子式 $C_{12}H_{22}O_{11}$，相对分子质量 342.3，无色晶体，每克水可以溶解 2.1g 蔗糖，熔点 186℃，具有旋光性，但无变旋。

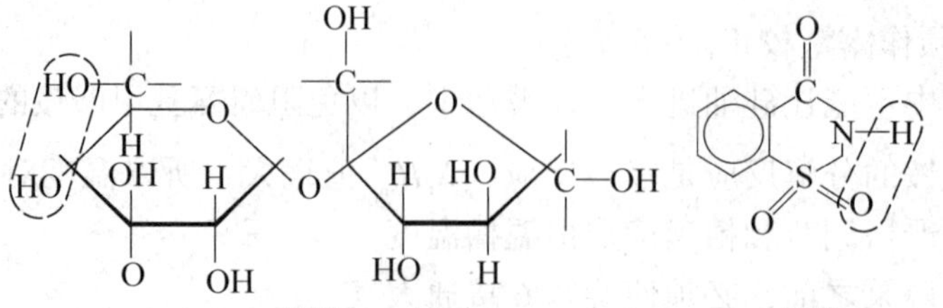

蔗糖　　　　　　　　糖精

蔗糖容易被酸水解，水解后产生等量的 D-葡萄糖和 D-果糖。发酵形成的焦糖可以用作酱油的增色剂。

蔗糖是光合作用的主要产物，广泛分布于植物体内，特别是甜菜、甘蔗和水果中含量极高。

蔗糖是人类基本的食品添加剂之一，已有几千年的历史。以蔗糖为主要成分的食用糖根据纯度的由高到低又分为冰糖、白砂糖、绵白糖和赤砂糖(也称红糖或黑糖)。蔗糖在甜菜和甘蔗中含量最丰富，平时使用的白糖、红糖都是蔗糖。

蔗糖的原料主要是甘蔗和甜菜。将甘蔗或甜菜用机器压碎，收集糖汁，过滤后用石灰处理，除去杂质，漂白；将经过处理的糖汁煮沸，抽去沉底的杂质，刮去浮到面上的泡沫，然后熄火，等待糖浆结晶成为蔗糖。

红糖为禾本科草本植物甘蔗的茎经压榨取汁炼制而成的赤色结晶体，亦名沙糖、赤沙糖、紫沙糖、片黄糖，有丰富的糖分、矿物质及甘醇酸。红糖虽杂质较多，但营养成分保留较好。它具有益气、缓中、助脾化食、补血破淤等功效，还兼具散寒止痛作用，所以，妇女因受寒体虚所致的痛经等症或是产后喝些红糖水往往效果显著。

白糖是由甘蔗和甜菜榨出的糖蜜制成的精糖。白糖色白，干净，甜度高。白糖在生产、包装、运输、储存过程中，很容易污染上病原微生物。尤其是存放一年以上，颜色变黄的白糖，往往受到螨虫的污染。人若吃了被螨虫污染的白糖，螨虫就进入消化道寄生，引起腹痛、腹泻等症状，有的甚至引起过敏性反应。如果在婴幼儿或老年人的食物中，直接加入这种被污染的生白糖，可因呛咳等使螨虫进入肺内而引起哮喘或咯血，且容易并发气管炎或肺炎。适当食用白糖有助于提高机体对钙的吸收，但过多就会妨碍钙的吸收。

冰糖是砂糖的结晶再制品。有白色、微黄、微红、深红等色，结晶如冰状，故名冰糖。中国在汉时已有生产。冰糖以透明者质量最好，纯净，杂质少，口味清甜；半透明者次之。可作药用，也可作糖果食用。冰糖养阴生津，润肺止咳，对肺燥咳嗽、干咳无痰、咯痰带血都有很好的辅助治疗作用。

方糖亦称半方糖，是用细晶粒精制砂糖为原料压制成的半方块状(即立方体的一半)的高级糖产品，在国外已有多年的历史。它的消费量随着人们生活水平提高而迅速增大。方糖的特点是质量纯净，洁白而有光泽，糖块棱角完整，有适当的坚牢固，不易碎裂，但在水中快速溶解，溶液清晰透明。它的理化成分和精糖基本相同，相对密度 0.95~1.04，孔隙率 0.40~0.35。

蔗糖被人食用后，在胃肠中由转化酶转化成葡萄糖和果糖，一部分葡萄糖随着血液循环运往全身各处，在细胞中氧化分解，最后生成二氧化碳和水并产生能量，为脑组织功能、人体的肌肉活动等提供能量并维持体温。血液中的葡萄糖——血糖，除了供细胞利用外，多余的部分可以被肝脏和肌肉等组织合成糖原而储存起来。当血糖含量由于消耗而逐渐降低时，肝脏中的肝糖原可以分解成葡萄糖，并且陆续释放到血液中，肌肉中的肌糖原则是作为能源物质，供给肌肉活动所需的能量。

蔗糖可以增加机体 ATP 的合成，有利于氨基酸的活力与蛋白质的合成。由蔗糖分解成的葡萄糖作为能源物质对脑组织和肺组织都是十分重要的。糖是构成肌体的重要物质，如糖蛋白是体内的激素、酶、抗体等的组成部分，糖脂是细胞膜和神经组织的成分，核糖和脱氧核糖是核酸的重要组分。

蔗糖对肝病患者有提高肝的解毒能力、促进肝细胞恢复、保护肝脏的作用。人们若不慎轻度烫伤、擦伤、创口出血，在没有医疗的条件下，可将伤口清洗后，用蔗糖敷在伤口上，能抑制细菌的繁殖、止血消炎，有助于伤口愈合。夏天中暑者，身体虚弱，立即喝一些糖水，可大大减轻病情。

实验原理

蔗糖在水中水解成葡萄糖与果糖，其反应为：

$$C_{12}H_{22}O_{11}(\text{蔗糖})+H_2O \longrightarrow C_6H_{12}O_6(\text{葡萄糖})+C_6H_{12}O_6(\text{果糖})$$

它是一个二级反应，在纯水中此反应的速率极慢，通常需要在 H^+ 催化作用下进行。由于反应时水是大量存在的，反应达终点时，虽有部分水分子参加反应，但与溶质浓度相比可认为它的浓度没有改变，而且 H^+ 是催化剂，其浓度也保持不变。所以此反应可视为一级反应。一级反应的动力学方程式可由下式表示：

$$-\frac{dc}{dt}=kc \tag{1-64}$$

式中 c——时间 t 时反应物的浓度；

K——反应速率常数。

对式(1-64)积分可得：

$$\ln c = -kt + \ln c_0 \tag{1-65}$$

式中 c_0——反应开始时反应物的浓度。

当 $c=\frac{1}{2}c_0$ 时，t 可用 $t_{\frac{1}{2}}$ 表示，即为反应的半衰期：

$$t_{\frac{1}{2}}=\frac{\ln 2}{k} \tag{1-66}$$

式(1-66)说明一级反应的半衰期只决定于反应速度常数 k，而与起始浓度无关，这是一级反应的一个特点。

从式(1-65)不难看出，在不同时间测定反应物的相应浓度，并以 $\ln c$ 对 t 作图，可得一直线，由直线斜率即可求得反应速率常数 k，但反应是在不断进行的，要快速分析出反应物的浓度是比较困难的，但与反应物和产物浓度有定量关系的某些物理量(如物质的旋光度)却很容易快速测出，因此可通过物理量的测量来代替浓度的测量。蔗糖及其水解产物葡萄糖和果糖都具有旋光性，它们的旋光能力不同，对应的比旋光度分别为 $[\alpha_{\text{蔗}}]_D^{20}=66.65°$，

$[\alpha_{葡}]_D^{20}=52.5°$，$[\alpha_{果}]_D^{20}=-91.9°$，正值表示右旋，负值表示左旋。由于蔗糖的水解能进行到底，并且果糖的左旋远大于葡萄糖的右旋，因此随着反应进行，系统的右旋角不断减小，反应至某一瞬间，系统的旋光度可恰好等于零，而后就变成左旋，直至蔗糖水解完全，这时左旋角达到最大值 α_∞。故可以利用系统在反应进程中旋光度的变化来度量反应的进程。

测量物质旋光度的仪器称为旋光仪。溶液的旋光度与溶液中所含物质的旋光能力、溶液性质、溶液浓度、样品管长度及温度等均有关系。当其他条件固定时，旋光度 α 与反应物浓度 c 成线性关系，即：

$$\alpha=\beta c \tag{1-67}$$

式(1-67)中：比例常数 β 与物质的旋光能力、溶液性质、溶液浓度、样品管长度、温度等有关。

设系统最初的旋光度为 $\alpha_0=\beta_{反}\ c_0(t=0$，蔗糖尚未水解) (1-68)

系统最终的旋光度为 $\alpha_\infty=\beta_{产}\ c(t=\infty$，蔗糖已完全水解) (1-69)

式(1-68)和式(1-69)中 $\beta_{反}$ 和 $\beta_{产}$ 分别为反应物与产物的比例常数。

当时间为 t 时，蔗糖浓度为 c，此时旋光度为 α_t，即：

$$\alpha_t=\beta_{反}\ c+\beta_{产}(c_0-c) \tag{1-70}$$

由式(1-68)、式(1-69)和式(1-70)联立可解得：

$$c_0=\frac{\alpha_0-\alpha_\infty}{\beta_{反}-\beta_{产}}=\beta'(\alpha_0-\alpha_\infty) \tag{1-71}$$

$$c=\frac{\alpha_t-\alpha_\infty}{\beta_{反}-\beta_{产}}=\beta'(\alpha_t-\alpha_\infty) \tag{1-72}$$

将式(1-71)和式(1-72)代入式(1-65)，得：

$$\ln(\alpha_t-\alpha_\infty)=-kt+\ln(\alpha_0-\alpha_\infty) \tag{1-73}$$

由式(1-73)可以看出，以 $\ln(\alpha_t-\alpha_\infty)$ 对 t 作图可得一直线，由直线的斜率即可求得反应速度常数 k。

实验中可用旋光仪测定 α_t、α_∞ 值，通过作图由截距可得到 α_0。

仪器试剂

仪器：旋光计　停表　旋光管(带有恒温水外套)　恒温槽　容量瓶　托盘天平　锥形瓶　移液管　烧杯

试剂：HCl 溶液($2mol\cdot L^{-1}$)　蔗糖(A. R.)

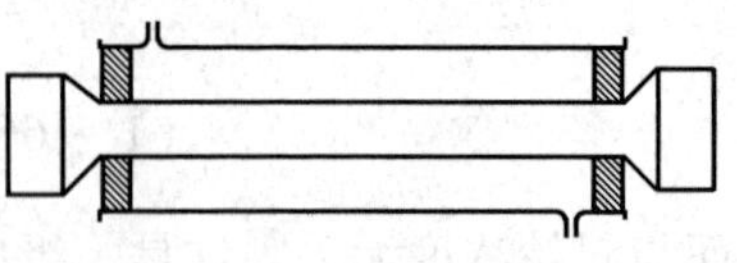

图 1-16　旋光管

实验步骤

1. 仪器装置

将恒温槽调节到 20℃ 恒温，然后将旋光的外套接上恒温水，如图 1-16。

2. 旋光仪零点的校正

洗净旋光管各部分零件，将旋光管一端的盖子旋紧，向管内注入蒸馏水，取玻璃盖片沿管口轻轻推入盖好，再旋紧套盖，勿使其漏水或有气泡产生。操作时不要用力过猛，以免压碎玻璃片。用滤纸或干布擦净旋光管两端玻璃片，并放入旋光仪中盖上槽盖，盖上黑布，打开旋光仪电源开关，调节目镜使视野清晰，然后旋转检偏镜，使在视野中能观察到明暗相等的三分视野为止(注意：在暗视野下进行测定)。记下刻度盘读数，重复操作三次，取其平均值，此即为旋光仪的零点。测后取出旋光管，倒出蒸馏水。

3. 蔗糖水解过程中 α_t 的测定

用台秤称取 10g 蔗糖，溶于蒸馏水中用 50mL 容量瓶配制成溶液。如溶液混浊需进行过滤，用移液管取 25mL 蔗糖溶液和 25mL 2mol · L^{-1}HCl 溶液注入 100mL 干燥的锥形瓶中，在 HCl 溶液加入一半时开动停表作为反应的开始时间。振荡摇动均匀后，迅速取少量混合液清洗旋光管二次，然后以此混合液注满旋光管，盖好玻璃片，旋紧套盖(检查是否漏液，有气泡)，擦净旋光管两端玻璃片，迅速置于旋光仪中，盖上槽盖，盖上黑布。测量各时间 t 时溶液的旋光度 α_t。测定时注意要迅速准确，当将三分视野暗度调节相同后，先记下时间，再读取旋光度数值。可在测定第一个旋光度数值之后的 5min、10min、15min、20min、30min、50min、70min、100min 各测一次。

4. α_∞ 的测定

为了得到反应终了时的旋光度 α_∞，将步骤 3 中剩余的混合液置于 60℃左右的水浴中温热 40min，以加速水解反应，然后冷却至实验温度。按上述操作，测其旋光度，此值即可认为是 α_∞。

5. 数据记录

将实验数据记录于表 1-13 中。

表 1-13　实验数据记录表

实验温度：________℃　　盐酸浓度：________　　零点：________　　α_∞：________

反应时间/min	α_t	$\alpha_t-\alpha_\infty$	$\ln(\alpha_t-\alpha_\infty)$	k

实验指导

1. 数据处理

(1) 以 $\ln(\alpha_t-\alpha_\infty)$ 对 t 作图，由所得直线之斜率求 k 值。

(2) 由截距求得 α_0。

(3) 计算蔗糖水解反应的半衰期 $t_{1/2}$值。

2. 注意事项

(1) 速度常数 k 与 H^+浓度有关，所以酸的浓度必须指明，需保证反应体系中 H^+浓度与实验要求的相一致。

(2) 温度对速度常数 k 的影响不容忽视，为此实验过程中应尽可能保持恒温，最好采用具有恒温夹套的旋光管。若无恒温夹套也可用恒温水浴对旋光管恒温，但要注意旋光管离开恒温水浴装入旋光仪中测定的时间应尽量的短。另外，H^+和蔗糖溶液混合前一定要恒温至反应温度。

(3) 注意保护钠光灯，测到30min后，每次测量间隔时应将钠光灯熄灭，以免因长期过热使用而损坏，但下一次测量之前提前10min打开钠光灯，使光源稳定。

(4) 熟练掌握旋光仪的使用方法，正确快速地得到某一反应时刻旋光仪的读数，特别是当反应温度较高或[H^+]较大时，因为调整过程中反应仍在进行。

(5) 旋光管管盖旋紧至不漏水即可，太紧容易损坏旋光管。

(6) 尽量消除装待测液的旋光管中的气泡，若实在消除不掉，应使气泡尽量落在旋光管的膨大部分。

(7) 实验结束时应立刻将旋光管洗净擦干，防止酸对旋光管腐蚀。

(8) 为了测定α_∞，使反应在60℃左右的水浴中进行，但温度不能高于60℃，否则会产生副反应，使反应液变黄。另外，高温下还有脱水反应，也会影响测量结果。

实验拓展

应用物理方法测定反应动力学的有关数据是物理化学实验中常用的方法，即通过测量与浓度有线性关系的相关物理量来间接地获得浓度随时间的变化关系，进而求得反应级数和反应速率常数。本实验中使用夹套循环水保温的旋光管，可避免温度变化引起的误差。同时可以测定不同温度下的速率常数，进而利用阿累尼乌斯方程求得反应的活化能。

蔗糖在纯水中水解反应速率较慢，但在催化剂作用下反应会迅速加快，且水解反应速率与催化剂的种类及其浓度都有关。本实验采用“H^+”作催化剂，也可用糖化酶作催化剂，其蔗糖的催化反应速率是“H^+”的几十倍。

实验思考

1. 为什么蔗糖溶液可以粗略配制？
2. 如果实验所用蔗糖不纯，对实验有什么影响？
3. 本实验是否需要校正仪器零点？为什么？
4. 蔗糖水解速度和哪些因素有关？为什么要严格控制反应温度？
5. 实验中反应开始时间如何记录？为什么如此记录？

实验十二　电导法测定乙酸乙酯皂化反应的速率常数

实验目的

(1) 掌握电导法测定乙酸乙酯皂化反应速度常数的方法；

(2) 学习反应活化能的实验测量方法；

(3) 理解二级反应的特点；

(4) 掌握电导率仪的使用方法。

实验背景

测量乙酸乙酯皂化反应速率常数的方法很多，归纳起来有化学分析法和物理化学法两大类。化学分析法设备简单，但分析时间长，比较麻烦；物理化学法(如电导法)分析速度快，不需中断反应，而且可采用自动化装置，但需要一定的仪器设备，并只能得出间接的数据，有时往往会因某些杂质的存在而产生较大的误差。最常用于测定乙酸乙酯皂化反应速率常数的方法有化学法、紫外分光光度法和电导法。最常用的是电导法，并在乙酸乙酯初始浓度和NaOH初始浓度相等的条件下进行皂化反应。另外，对电导池也进行很多改进，如锥形瓶、叉形管，以及现在常用的双管皂化池。

实验原理

乙酸乙酯皂化反应方程式为：

$$CH_3COOC_2H_5+OH^- \longrightarrow CH_3COO^- +C_2H_5OH$$

设反应物乙酸乙酯与碱的起始浓度相同，则反应速度方程为：

$$-\frac{dc}{dt}=kc^2 \tag{1-74}$$

积分后可得反应速度常数表达式：

$$k=\frac{1}{tc_0}\cdot\frac{c_0-c}{c} \tag{1-75}$$

式中　c_0——反应物的起始浓度；

c——反应进行中任一时刻反应物的浓度。

为求得某温度下的 k 值，需知该温度下反应过程中任一时刻 t 的浓度 c。测定这一浓度的方法可采用电导法。

乙酸乙酯和乙醇不具有明显的导电性，它们的浓度变化不致影响电导的数值。反应中Na^+的浓度始终不变，它对溶液的电导具有固定的贡献，而与电导的变化无关。体系中只是OH^-和CH_3COO^-的浓度变化对电导的影响较大，由于OH^-的电迁移速率约是CH_3COO^-的5倍，所以溶液的电导随着OH^-的消耗而逐渐降低。

溶液在时间 $t=0$、$t=t$ 和 $t=\infty$ 时的电导可分别以 G_0、G_t 和 G_∞ 来表示。实质上，G_0 是NaOH溶液浓度为 c_0 时的电导，G_t 是NaOH溶液浓度为 c 时的电导 G_{NaOH} 与 CH_3COONa 溶液浓度为 c_0-c 时的电导 $G_{CH3COONa}$ 之和，而 G_∞ 则是产物 CH_3COONa 溶液浓度为 c_0 时的电导。

由于溶液的电导与电解质的浓度成正比，所以有：

$$G_{NaOH}=G_0\frac{c}{c_0}\quad G_{CH_3COONa}=G_\infty\frac{c_0-c}{c_0}$$

由此，G_t 可以表示为：

$$G_t=G_0\frac{c}{c_0}+G_\infty\frac{c_0-c}{c_0} \tag{1-76}$$

则：

$$G_0-G_t=(G_0-G_\infty)\frac{c_0-c}{c_0}$$

$$G_t-G_\infty=(G_0-G_\infty)\frac{c}{c_0}$$

所以

$$\frac{G_0-G_t}{G_t-G_\infty}=\frac{c_0-c}{c} \tag{1-77}$$

将式(1-77)代入式(1-75)，得：

$$k=\frac{1}{tc_0}\cdot\frac{G_0-G_t}{G_t-G_\infty} \tag{1-78}$$

亦可将式(1-78)变为如下形式：

$$G_t=\frac{1}{kc_0}\cdot\frac{G_0-G_t}{t}+G_\infty \tag{1-79}$$

以 G_t 对 $\frac{G_0-G_t}{t}$ 作图，可求得反应速度常数 k。

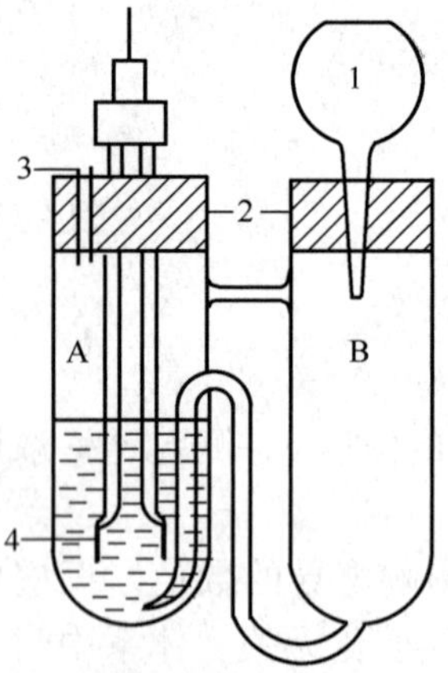

图 1-17　皂化池

1—洗耳球；2—橡皮塞；3—通气管；4—铂黑电极

由式(1-75)可知，本反应的半衰期 $t_{1/2}$ 为：

$$t_{\frac{1}{2}}=\frac{1}{kc_0} \tag{1-80}$$

可见，反应物起始浓度相同的二级反应，其半衰期 $t_{1/2}$ 与起始浓度成反比。由式(1-80)可知，此处 $t_{1/2}$ 亦即作图所得直线之斜率。

若由实验求得两个不同温度下的速度常数 k，则可利用公式：

$$\ln\frac{k'}{k}=\frac{E_a}{R}\left(\frac{1}{T}-\frac{1}{T'}\right) \tag{1-81}$$

计算出反应的活化能 E。

仪器试剂

仪器：恒温槽　电导仪　锥形瓶　秒表　烧杯　移液管容量瓶 DTS-1 型铂黑电极　双管皂化池

试剂：NaOH 溶液(0.02mol · L^{-1})　$CH_3COOC_2H_5$ 溶液(0.02mol · L^{-1})　NaOH 溶液(0.01mol · L^{-1})　CH_3COON_a 溶液(0.01mol · L^{-1})

实验步骤

(1) 按实验要求准确配制 0.01mol · L^{-1}NaOH 溶液、0.02mol · L^{-1}NaOH 溶液、0.02mol · L^{-1} $CH_3COOC_2H_5$ 溶液和 0.01mol · $L^{-1}$$CH_3COON_a$ 溶液。调节恒温槽至 25℃，调试好电导率仪。

(2) G_0 和 G_∞ 的测量。取适量 0.01mol · L^{-1}的 NaOH 溶液注入洁净干燥的皂化池(见图 1-17)的 A 管中，插入电极，溶液必须浸没铂黑电极。置于恒温槽中恒温 10min，待恒温后测其电导率，每 2min 读 1 次数，连读 3 次，取平均值。此值即为 G_0。

若要求 k，则需知 G_∞，此值即为 0.01mol · L^{-1}的 CH_3COONa 溶液的电导率值。测量方法与测 G_0 时相同。

(3) G_t 的测量。取 10mL0.02mol · L^{-1} 的 NaOH 溶液和 10mL0.02mol · L^{-1} 的 $CH_3COOC_2H_5$ 溶液，分别注入皂化池的 A 管和 B 管(注意勿使二溶液混合)，插入电极并置于恒温槽中恒温 10min。然后用洗耳球通过皂化池 B 管橡皮塞上的小孔将乙酸乙酯溶液压入 A 管中，并同时开动秒表，作为反应的起始时间。B 管中溶液完全压入 A 管后，再挤压洗耳球 2~3 次，使 A 管内溶液混合均匀。从计时开始，2min 测一次电导率，20min 后，每 5min

测一次电导率，测定 1h 左右后停止测量。

(4) 在 35℃下按上述(2)、(3)步骤进行实验。

(5) 将实验数据记录于表 1-14。

表 1-14 实验数据记录表

实验温度：_____℃；　G_0：_____；　G_∞：_____

t	G_t	G_0-G_t	$(G_0-G_t)/t$

实验指导

1. 数据处理

(1) 利用表 1-14 中数据以 G_t 对 $\frac{G_0-G_t}{t}$ 作图求对应温度下的 k。

(2) 求此反应在 25℃和 35℃时的半衰期 $t_{1/2}$ 值。

(3) 计算此反应的活化能 E_a。

(4) 用作图法求得 25℃和 35℃时的 G_∞，与测量所得之 G_∞ 进行比较。

2. 注意事项

(1)根据实验原理可知，配制反应物乙酸乙酯和 NaOH 溶液时必须使两种溶液浓度完全相同。

(2)为了避免溶于水中的 CO_2 引起 NaOH 溶液浓度发生变化，要用无 CO_2 的蒸馏水配制溶液。通常蒸馏水事先煮沸，待冷却后使用。

(3)待恒温后混合反应物，确保迅速混合均匀。

(4)对皂化池和电导电极要洗净并干燥，对镀铂黑电导电极不可用纸拭擦，切勿触碰铂黑。

(5)在使用电导率仪时，先插紧仪器插头再接通电源，以免仪器烧坏。电极使用前应在电导水中浸泡一昼夜，而且不要损坏电导电极上的铂黑。

(6)使用电导率仪测出来的是电导率而不是电导值，但因两者只相差一个电导池常数因子，故不妨碍式(1-79)的线性关系。

实验拓展

本实验采用二级反应的方法测定乙酸乙酯皂化反应速率常数，要求 NaOH 和乙酸乙酯的浓度相同，且浓度要足够低，这会在配制溶液时引入较大的误差，为了改善实验结果，可以采用准一级反应方法测定乙酸乙酯皂化反应速率常数。也可以采用双室式混合器及连续测定和记录电导变化的方法，提高实验精度。

电导测量在工业生产上常用于浓度自动检测。在物理化学实验中，利用电导法除了测定反应级数及反应速率常数外，还可以测定弱电解质在水溶液中的解离度和解离常数及表面活性剂的临界胶束浓度。

实验思考

1. 如何用实验结果来验证乙酸乙酯皂化反应是二级反应？

2. 乙酸乙酯皂化反应是吸热反应，在实验过程中如何处置这一影响，使实验获得较好效果？

3. 为什么要使两种反应物的初始浓度相等？如何配置指定浓度的溶液？

4. 若反应物的初始浓度不同，则实验应如何进行？

5. 用作图法求得的 G_0 与实验测得的 G_0 是否一致？

实验十三　分光光度法测定丙酮碘化反应的速率常数

实验目的

(1) 利用分光光度计测定酸催化时丙酮碘化反应的反应速率常数；

(2) 初步认识复杂反应机理，了解复杂反应的表观速率常数的求算方法。

实验背景

醛酮分子中的氢原子容易被卤素取代，在卤素的碱性溶液中丙酮容易发生多卤代反应，而且还可进一步发生卤仿反应。但在酸性溶液中，可控制反应条件使卤代反应只进行一步，因此，可在酸性条件下测定上述反应在某温度下的速率常数。该反应为一复杂反应。其步骤为：

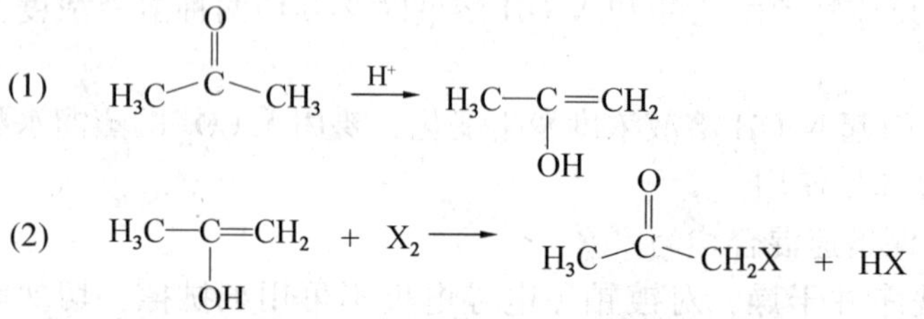

先生成丙烯醇，然后卤素与丙烯醇反应生成卤化丙酮。(1)进行的比较慢，而(2)则很迅速，因此丙酮卤化反应速度取决于反应的第一步。大量的实验证明，在酸的浓度不太高时，丙酮卤化反应对卤素是零级。当卤素的浓度比丙酮和酸的浓度小很多时，反应中卤素的消耗对丙酮和酸的浓度基本没什么影响，即反应速率几乎与卤素的种类及其浓度无关，但却与溶液中丙酮和酸的浓度密切相关。由于 Cl_2 和 Br_2 的挥发性和毒性，所以一般选用 I_2 进行丙酮卤化反应动力学的测定。

实验原理

复杂反应的反应速率不遵循质量作用定律，它们的反应速率方程式需通过一系列实验获得可靠数据，进而建立，并以此为基础，推测其反应机理，提出反应模式。

酸催化的丙酮碘化反应是一个复杂反应，初始阶段反应为：

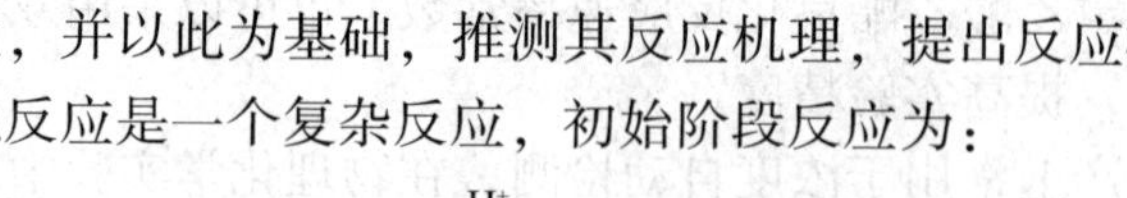

H^+是反应的催化剂，因丙酮碘化反应本身有 H^+生成，所以，这是一个自动催化反应。又因反应并不停留在生成一元碘化丙酮上，反应还会继续下去。所以应选择适当的反应条件，来测定初始阶段的反应速度。其速度方程可表示为：

$$\frac{dc_E}{dt} = -\frac{dc_{I_2}}{dt} = kc_A^p c_{I_2}^q c_{H^+}^r \tag{1-82}$$

式中　c_E、c_A、c_{I_2}、c_{H^+}——分别为碘化丙酮、丙酮、碘、盐酸的浓度，$mol \cdot L^{-1}$；

k——速度常数；

p、q、r——分别为丙酮、碘和氢离子的反应级数。

如反应物碘是少量的，而丙酮和酸对碘是过量的，则反应在碘完全消耗以前，丙酮和酸的浓度可认为基本保持不变。实验证实：在本实验条件(酸的浓度较低)下，丙酮碘化反应对碘是零级反应，即 q 为零。实验测得，$p=1$，$r=1$，故实验测得丙酮碘化反应动力学方程为：

$$\frac{dc_E}{dt} = -\frac{dc_{I_2}}{dt} = kc_A c_{H^+} \tag{1-83}$$

由上式知：$\frac{dc_E}{dt} = -\frac{dc_{I_2}}{dt}$，由于碘在可见光区有一个比较宽的吸收带，而在这个吸收带中盐酸和丙酮没有吸收，所以可利用分光光度计来测定丙酮碘化反应过程中碘的浓度，从而求出反应的速率常数。若在反应过程中，丙酮的浓度远大于碘的浓度且催化剂酸的浓度也足够大时，则可把丙酮和酸的浓度看作不变，把式(1-83)积分得：

$$c_{I_2} = -kc_A c_{H^+} t + B \tag{1-84}$$

根据 Lambert-Beer 定律，某指定波长的光通过碘溶液后的光强度为 I_t，通过蒸馏水后的光强度为 I_0，则透光率可表示为：

$$T = \frac{I_t}{I_0}$$

并且透光率与碘的浓度之间的关系可表示为：

$$\lg T = -alc_{I_2} \tag{1-85}$$

式中　T——透光率；

a——吸光系数；

l——溶液厚度。

对同一比色皿 l 为定值，将通过蒸馏水的光强定为透光率 100，然后测量通过溶液时的透光率，则有：

$$al = \frac{\lg 100 - \lg T}{c_{I_2}} \tag{1-86}$$

将式(1-84)、式(1-86)整理得：

$$\lg T = kalc_A c_{H^+} t + B \tag{1-87}$$

由 $\lg T$ 对 t 作图可得一直线，直线的斜率为 $kalc_A c_{H^+}$。当 c_A 与 c_{H^+} 浓度已知时，只要测出不同时刻丙酮、酸、碘的混合液对指定波长的透光率，就可以利用式(1-87)求出反应的总速率常数 k。

仪器试剂

仪器：分光光度计　超级恒温槽(包括恒温夹套)秒表　容量瓶　移液管

试剂：碘标准溶液($0.01mol \cdot L^{-1}$)盐酸标准溶液($1mol \cdot L^{-1}$)　丙酮标准溶液($2mol \cdot L^{-1}$)

实验步骤

1. 样品池常数(*al*)的测定

预热分光光度计，配制 0.001mol · L^{-1}碘溶液，在 480nm 处附近测定其透光率，连测三次，取平均值。

2. 丙酮碘化反应速度常数的测定

用移液管移取 0.01mol · L^{-1}碘溶液 10mL、1mol · L^{-1}HCl 溶液 10mL 和 10mL 2mol · L^{-1}丙酮溶液于干净的 50mL 容量瓶中，加蒸馏水稀释到刻度，迅速摇匀。取上述配好的混合液清洗原来测过碘溶液透光率的比色皿三次并装满放入暗箱，迅速校零和满刻度，计时测定不同时刻的透光率。以第一个透光率值作为时间的起点，每隔 2min 读取一次，直到测量的反应的透光率读数接近 100 时停止测量，注意测量过程中经常校正满刻度。

3. 数据记录

将实验数据记录到表 1-15 中。

(1) 碘溶液的透光率

T_1 = ________ T_2 = ________ T_3 = ________

(2) 反应液的透光率

表 1-15 实验数据记录表

t/min								
T								

实验指导

(1) 由已知溶液的 lg$T$ 值，算出样品池常数 al；作出反应液的 lg$T$-t 图，求出所作直线的斜率，即可求出相应温度的速率常数值。

(2) 本实验测定反应的速率常数 k，计算 k 时要用到丙酮和酸溶液的初始浓度，所以溶液浓度一定要配准。

(3) 在测量过程中，经常用空白溶液校正满刻度。

(4) 混合反应溶液时操作必须迅速准确。

(5) 测定样品池常数与测定速率常数要用同一个比色皿。

(6) 反应开始的计时可以在配好反应液时开始，也可以在测定第一个透光率时开始。

实验拓展

本实验中采用分光光度计测定丙酮碘化反应的速率常数，为了提高实验精度，可以对分光光度计进行改装，暗箱设置恒温夹层，与恒温槽连接，保证反应温度的恒定，进而可以通过测定不同温度下的反应速率常数来求得反应的活化能 E_a。反应级数 p、q、r 可以通过动力学中的孤立法来测定。孤立法是动力学研究中常用的一种方法，具体做法如下：设计配制一系列溶液，其中只有一种物质的浓度不同，其他物质的浓度均相同，借此求得反应对该物质的级数。同样求得其他物质的级数，从而确定反应速率方程。该实验方法还可以用来测定其他复杂反应，如：丙酮溴化反应的反应级数及动力学研究。

另外，也可以采用滴定法求得丙酮碘化反应的速率常数，用淀粉作指示剂，用 $Na_2S_2O_3$ 溶液滴定。

实验思考

1. 在本实验中，将丙酮溶液加入含有碘、盐酸的容量瓶时并不立即开始计时，而注入比色皿时才开始计时，这样做是否可以？为什么？

2. 影响本实验结果精确度的主要因素有哪些？

3. 在实验中如果改变加入各溶液的顺序，对实验结果会有什么影响？

4. 若本实验中原始碘浓度不准确，对实验有否影响？为什么？

参考文献

1. 东北师范大学等校编. 物理化学实验. 北京：高等教育出版社，1989
2. 吴子生，严忠主编. 物理化学实验指导书. 长春：东北师范大学出版社，1995
3. 复旦大学等校编. 庄继华等修订. 物理化学实验. 第3版. 北京：高等教育出版社，2004
4. 董迨传，郑新生编. 物理化学实验指导. 河南大学出版社.，1997
5. 武汉大学化学与环境科学学院编. 物理化学实验. 武汉：武汉大学出版社，2000
6. 庞素绢，吴洪达编. 物理化学实验. 武汉：华中科技大学出版社，2009
7. 王玉峰，孙墨珑，张秀成. 物理化学实验. 哈尔滨：东北林业大学出版社，2006
8. 淮阴师范专科学校化学科编. 物理化学实验. 北京：高等教育出版社，1986
9. 黄允中等编著. 计算机辅助物理化学实验. 北京：化学工业出版社，2003
10. 吴子生，邓希贤编. 物理化学实验. 北京：高等教育出版社，2002
11. 殷学峰主编. 新编大学化学实验. 北京：高等教育出版社，2002
12. 张春晔编. 物理化学实验. 南京. 南京大学出版社，2003
13. 刘寿长，张建民，徐顺主编. 物理化学实验与技术. 郑州：郑州大学出版社，2004
14. 张晓梅等编. 物理化学实验指导. 合肥：安徽科学技术出版社，2005
15. 高职高专化学教绪编写组编. 物理化学实验. 北京：高等教育出版社，2002
16. 清华大学化学系物理化学实验编写组. 物理化学实验. 北京：清华大学出版社，1991
17. 北京师范大学. 无机化学实验. 第3版. 北京：高等教育出版社，2001
18. 南京大学. 无机及分析化学实验. 第4版. 北京：高等教育出版社，2006
19. 傅献彩等编. 物理化学(下). 北京：高等教育出版社，2001
20. 申金山等编. 化学实验. 北京：化学工业出版社，2009
21. 刘晓薇. 实验化学基础. 北京：国防工业出版社，2005
22. 姚思童等编. 基础化学实验. 北京：化学工业出版社，2009

单元2 物质性质检验

实验一 氧、硫

实验目的

(1) 掌握过氧化氢的制法和性质；

(2) 掌握不同氧化态硫化合物的主要性质；

(3) 掌握 S^{2-}、SO_3^{2-}、$S_2O_3^{2-}$ 和 SO_4^{2-} 等离子的鉴定方法。

实验背景

1. 氧和硫单质的用途

氧被大量用于焊接、切割和表面处理、熔炼、精炼等冶金过程；液体氧是一种制冷剂，也是高能燃料氧化剂。它和锯屑、煤粉的混合物叫液氧炸药，是一种比较好的爆炸材料，氧与水蒸气相混，可用来代替空气吹入煤气气化炉内，能得到较高热值的煤气。液体氧也可作火箭推进剂；氧气是许多生物过程的基本成分，因此氧也就成了担负空间任务需要大量装载的必需品之一。医疗上用氧气疗法医治肺炎、煤气中毒等缺氧症。

硫在工业中很重要，硫是生产橡胶制品的重要原料。硫还被用来杀真菌，用做化肥。硫化物在造纸业中用来漂白。硫还可用于制造黑色火药、焰火、火柴等。硫代硫酸钠和硫代硫酸氨在照相中做定影剂。硫又是制造某些农药(如石灰硫黄合剂)的原料。硫酸镁可用做润滑剂，被加在肥皂中和轻柔磨砂膏中，也可以用做肥料。医疗上，硫还可用来制硫黄软膏医治某些皮肤病等。

2. 几种重要化合物的用途

(1) 双氧水　在不同的情况下可有氧化作用或还原作用。医用双氧水(3%左右)是很好的消毒剂。35%左右的双氧水在工业上用于漂白，还可以作强氧化剂、脱氯剂、燃料等。

(2) 硫代硫酸钠　硫代硫酸钠用作鞣革时重铬酸盐的还原剂、含氮尾气的中和剂、麦杆和毛的漂白剂、媒染剂以及纸浆漂白时的脱氯剂。还用于染料中间体、四乙基铅等的制造和矿石提银等。

在纺织工业中用于染毛织物的硫染剂、棉织品漂白后的脱氯剂、靛蓝染料的防白剂、纸浆脱氯剂、医药工业中用作洗涤剂、消毒剂和褪色剂等。

仪器试剂

仪器：离心机

试剂：Na_2O_2(s)　MnO_2(s)　$K_2S_2O_8$(s)　H_2SO_4($1mol \cdot L^{-1}$)　HCl($2mol \cdot L^{-1}$，$6mol \cdot L^{-1}$，$12mol \cdot L^{-1}$)　饱和 H_2S 溶液　3% H_2O_2　HNO_3($2mol \cdot L^{-1}$，$16mol \cdot L^{-1}$)　KI($0.1mol \cdot L^{-1}$)

$KMnO_4$(0.02mol·L^{-1})　$K_2Cr_2O_7$(0.05mol·L^{-1})　$Na_2S_2O_3$(0.2mol·L^{-1})　$ZnSO_4$(0.1mol·L^{-1})　$CdSO_4$(0.1mol·L^{-1})　$Hg(NO_3)_2$(0.1mol·L^{-1})　NaCl(0.1mol·L^{-1})　$CuSO_4$(0.1mol·L^{-1})　Na_2SO_3(0.1mol·L^{-1})　$MnSO_4$(0.002mol·L^{-1})　Na_2S(0.1mol·L^{-1})　$BaCl_2$(0.1mol·L^{-1})　$AgNO_3$(0.1mol·L^{-1})　Na_2SO_4(0.1mol·L^{-1})　碘水　氯水　硫代乙酰胺(0.1mol·L^{-1})　淀粉溶液　乙醚

实验步骤

1. 过氧化氢的生成和性质

(1) 过氧化氢的生成　取一支试管，加入少量 Na_2O_2 固体和 1mL 蒸馏水，振荡使其溶解，放在冰水中冷却，用 pH 试纸检验溶液的酸碱性。再往试管中滴加已用冰水冷却的 1mol·L^{-1} H_2SO_4 至溶液呈弱酸性为止，即得过氧化氢溶液(保留此溶液供下面实验用)。写出反应式。

(2) 过氧化氢的性质

① 氧化性。取一支试管，加入 3 滴 0.1mol·L^{-1} KI 溶液和 1 滴稀淀粉溶液，加 1 滴 1mol·L^{-1} H_2SO_4 酸化，然后滴加 3% H_2O_2，观察现象，写出反应方程式。

② 还原性。取一支试管，加入 2 滴 0.02mol·L^{-1} $KMnO_4$ 溶液，用 1 滴 1mol·L^{-1} H_2SO_4 酸化后滴加 3% H_2O_2，边滴加边振荡，直至溶液的紫色消失为止。写出反应方程式。

③ 不稳定性——催化分解。取一支试管，加入 2mL 3% H_2O_2，再加入一小勺 MnO_2 粉末，观察现象。用手指按住试管口一会儿，用带余烬火的木条检验生成的气体，写出反应方程式。

(3) 过氧化氢的鉴定反应——过氧链的转移

在试管中加入 5 滴自制的 H_2O_2 溶液和 2 滴乙醚及 1 滴 1mol·L^{-1} H_2SO_4 溶液，再滴加 0.05mol·L^{-1} $K_2Cr_2O_7$ 溶液 1~2 滴，振荡。乙醚层显蓝色，表示有 H_2O_2 存在。此反应也可用来检验 CrO_4^{2-} 或 $Cr_2O_7^{2-}$。

2. 硫化物的溶解性

取 5 支离心试管，分别加入浓度均为 0.1mol·L^{-1} 的 NaCl、$ZnSO_4$、$CdSO_4$、$CuSO_4$、$Hg(NO_3)_2$ 溶液各 1mL，然后再加入等量的 H_2S 水溶液(或 0.1mol·L^{-1} 硫代乙酰胺)。观察是否都有沉淀生成，记录各种沉淀的颜色。

将沉淀离心分离，弃去溶液，洗涤沉淀。往沉淀中分别加入数滴 2mol·L^{-1} HCl，观察沉淀是否溶解。

将不溶解的沉淀离心分离后，往沉淀中分别加入 6mol·L^{-1} HCl，再观察沉淀是否溶解。

将还不溶解的沉淀离心分离，弃去溶液，洗涤沉淀后，往沉淀中分别加入数滴浓 HNO_3，并在水浴中加热，观察沉淀是否溶解。

在仍不溶解的沉淀中(不需分离)再加入 3 倍于浓 HNO_3 体积的浓 HCl，并搅拌，观察沉淀是否溶解。

列表比较以上金属硫化物的颜色以及它们在纯水和酸中的溶解情况，写出有关反应方程式。

3. 亚硫酸盐的性质

在 2 支试管中分别加入 5 滴 0.1mol·L^{-1} Na_2SO_3 溶液和 1 滴 1mol·L^{-1} H_2SO_4。往一份溶

液中滴加饱和 H_2S 溶液，往另一份溶液中滴加 0.02mol·L^{-1} $KMnO_4$ 溶液，观察实验现象。写出反应方程式。

4. 硫代硫酸盐的性质

（1）往碘水中滴加 0.2mol·L^{-1} $Na_2S_2O_3$ 溶液，观察碘水是否褪色？写出反应方程式。

（2）往 3 滴 0.2mol·L^{-1} $Na_2S_2O_3$ 溶液中滴加氯水，设法证明有 SO_4^{2-} 离子生成。写出反应方程式。

（3）取 5 滴 0.2mol·L^{-1} $Na_2S_2O_3$ 溶液，向其中滴加 6mol·L^{-1} HCl，观察现象，并小心闻一下逸出的气体。写出反应方程式。

5. 过二硫酸盐的氧化性

（1）取 2 支试管，各加入 1mol·L^{-1} H_2SO_4 和蒸馏水各 5 滴，再加入 1 滴 0.002mol·L^{-1} $MnSO_4$ 溶液，混合均匀。

往 1 份溶液中加 1 滴 0.1mol·L^{-1} $AgNO_3$ 溶液和少量 $K_2S_2O_8$ 固体，微热，观察现象。写出反应方程式。

往另 1 份溶液中加少量 $K_2S_2O_8$ 固体，微热之，观察现象。比较以上两个实验结果有何不同？并说明 Ag^+ 离子的作用。

（2）取 1 支试管，加入 5 滴 0.1mol·L^{-1} KI 溶液，用 1 滴 1mol·L^{-1} H_2SO_4 酸化后，再加入少量 $K_2S_2O_8$ 固体，观察现象。微热后，产物又有何变化？写出反应方程式。

6. S^{2-}、SO_3^{2-}、$S_2O_3^{2-}$ 和 SO_4^{2-} 的鉴定

（1）S^{2-} 的鉴定　取 1 支试管，加入 0.5mL 0.1mol·L^{-1} Na_2S 溶液，再加 6mol·L^{-1} HCl 酸化，微热，同时用湿润的 $Pb(CH_3COO)_2$ 试纸检验产生的气体，若试纸变黑，表示有 S^{2-} 存在。

（2）SO_3^{2-} 的鉴定　取 1 支小试管，加入 5 滴新配的 0.1mol·L^{-1} Na_2SO_3 溶液，再滴加 0.1mol·L^{-1} $BaCl_2$ 溶液，至白色沉淀生成（什么物质?）。吸去上层清夜，加入 6mol·L^{-1} HCl，如沉淀溶解，表示有 SO_3^{2-} 存在。若混有 SO_4^{2-}（由 SO_3^{2-} 氧化生成），则部分沉淀不溶解。

（3）$S_2O_3^{2-}$ 的鉴定

① 取 1 支试管，加入 5 滴 0.2mol·L^{-1} $Na_2S_2O_3$ 溶液，再加入 10 滴 6mol·L^{-1} HCl 溶液，微热，同时在管口盖上用 $K_2Cr_2O_7$ 溶液湿润过的滤纸。滤纸上生成绿色的斑点，试管中出现白色浑浊，表示有 $S_2O_3^{2-}$ 存在。

② 在白瓷点滴板上加 1 滴 0.2mol·L^{-1} $Na_2S_2O_3$ 溶液，再滴加 0.1mol·L^{-1} $AgNO_3$ 直至产生白色沉淀，沉淀颜色出现由白→黄→棕→黑变化，表示有 $S_2O_3^{2-}$ 存在。

（4）SO_4^{2-} 的鉴定　取 1 支试管，加入 5 滴 0.1mol·L^{-1} Na_2SO_4 溶液，滴加 0.1mol·L^{-1} $BaCl_2$ 至白色沉淀生成。吸去上层清液，再加入 5 滴 2mol·L^{-1} HNO_3 并微热，如果白色沉淀不溶解，表示有 SO_4^{2-} 存在。

实验指导

（1）很多物质都具有催化 H_2O_2 分解的作用，除 MnO_2 外还有铜氨配离子等，新鲜血液中的过氧化氢酶，也具有催化 H_2O_2 分解的作用，因此医院里用 3% H_2O_2 溶液洗伤口。当

H_2O_2 涂于伤口时，H_2O_2 立即分解，释放出的氧起消毒杀菌作用。实验室也常用 MnO_2 催化 H_2O_2 分解以制得氧气。

(2) $Hg(NO_3)_2$ 溶液中加入 H_2S 水溶液，若 H_2S 量不足，在离心后的离心管底部会有白色沉淀生成，这沉淀有人认为是 $Hg(NO_3)_2 \cdot 2HgS$，若继续加入 H_2S 水溶液，白色沉淀即转变为黑色 HgS。

(3) HgS 同浓 HNO_3 煮沸时，有时出现白色沉淀是由于生成 $Hg(NO_3)_2 \cdot 2HgS$ 的缘故。

实验思考

1. 实验室如何保存 H_2O_2 溶液？为防止其分解常加入什么物质作稳定剂？

2. 长期放置的 H_2S 溶液出现浑浊，Na_2SO_3 溶液会变质，这是什么原因？

3. 为什么亚硫酸盐中常含有硫酸盐，而硫酸盐中则很少含有亚硫酸盐？怎样检查 SO_3^{2-} 中的 SO_4^{2-}？又怎样检查 SO_4^{2-} 中的 SO_3^{2-}？

4. 在什么情况下，$AgNO_3$ 与 $Na_2S_2O_3$ 溶液生成 AgS 沉淀？又在什么情况下生成 $Ag(S_2O_3)_2^{3-}$？

实验二　氮、磷

实验目的

(1) 试验并掌握不同氧化态氮化合物的主要性质；

(2) 试验磷酸盐的酸碱性和溶解性；

(3) 掌握氮和磷的含氧酸根的鉴定方法。

实验背景

1. 氮和磷的作用和用途

氮是植物生长的必需养分之一，它是每个活细胞的组成部分。氮是叶绿素的组成成分，叶绿素是含氮化合物。绿色植物进行光合作用，使光能转变为化学能，把无机物(二氧化碳和水)转变为有机物(葡萄糖)是借助于叶绿素的作用。葡萄糖是植物体内合成各种有机物的原料，而叶绿素则是植物叶子制造“粮食”的工厂。氮也是植物体内维生素和能量系统的组成部分。氮对植物生长发育的影响是十分明显的。当氮充足时，植物可合成较多的蛋白质，促进细胞的分裂和增长，因此植物叶面积增长快，能有更多的叶面积用来进行光合作用。

磷存在于人体所有细胞中，是维持骨骼和牙齿的必要物质，几乎参与所有生理上的化学反应。磷还是使心脏有规律地跳动、维持肾脏正常机能和传达神经刺激的重要物质。没有磷时，烟酸不能被吸收。

磷主要用于制造磷肥、火柴、烟火、杀虫剂、牙膏和除垢剂。

2. 重要化合物性质及用途

亚硝酸盐，是一种白色不透明结晶的物质，外观及滋味都与食盐相似，并在工业、建筑业中广为使用。工业盐(又称私盐)由化工原料加工制成，含有大量的亚硝酸盐，为白色至淡黄色粉末或颗粒状，味微咸，易溶于水。

亚硝酸盐中毒是指由于食用硝酸盐或亚硝酸盐含量较高的腌制肉制品、泡菜及变质的蔬菜引起的中毒，或误将工业用亚硝酸钠作为食盐食用而引起，也可见于饮用含有亚硝酸盐的苦井水、蒸锅水。亚硝酸盐能使血液中正常携氧的低铁血红蛋白氧化成高铁血红蛋白，因而失去携氧能力而引起组织缺氧。亚硝酸盐是剧毒物质，成人摄入 0.2~0.5g 即可引起中毒，3g 即可致死。

亚硝酸盐同时还是一种致癌物质，食道癌与患者摄入的亚硝酸盐量呈正相关性，亚硝酸盐的致癌机理是：在胃酸等环境下亚硝酸盐与食物中的仲胺、叔胺和酰胺等反应生成强致癌物 *N*-亚硝胺。亚硝胺还能够透过胎盘进入胎儿体内，对胎儿有致畸作用。

仪器试剂

仪器：试管　烧杯

试剂：NaOH(10%)　H_2SO_4($1mol \cdot L^{-1}$，$2mol \cdot L^{-1}$,)　HNO_3($0.2mol \cdot L^{-1}$，$2mol \cdot L^{-1}$，$6mol \cdot L^{-1}$，$16mol \cdot L^{-1}$)　HCl($2mol \cdot L^{-1}$)　HAc($2mol \cdot L^{-1}$)　KI($0.1mol \cdot L^{-1}$)　$BaCl_2$($0.1mol \cdot L^{-1}$)　$CaCl_2$($0.5mol \cdot L^{-1}$)　$KMnO_4$($0.01mol \cdot L^{-1}$)　$NaNO_3$($0.5mol \cdot L^{-1}$)　Na_3PO_4($0.1mol \cdot L^{-1}$)　Na_2HPO_4($0.1mol \cdot L^{-1}$)　NaH_2PO_4($0.1mol \cdot L^{-1}$)　$NaPO_3$($0.1mol \cdot L^{-1}$)　$Na_4P_2O_7$($0.1mol \cdot L^{-1}$)　$AgNO_3$($0.1mol \cdot L^{-1}$)　$NaNO_2$($0.1mol \cdot L^{-1}$)　$CuSO_4$($0.2mol \cdot L^{-1}$)　$FeSO_4$($0.1mol \cdot L^{-1}$)　氨水($2mol \cdot L^{-1}$)　$(NH_4)_2MoO_4$(饱和溶液)　奈氏试剂　淀粉溶液(0.5%)　鸡蛋白溶液(1%)　NH_4HCO_3(s)　NH_4Cl(s)　NH_4NO_3(s)　$(NH_4)_2SO_4$(s)　$NaNO_3$(s)　$Cu(NO_3)_2$(s)　$AgNO_3$(s)　铜片　锌粒

实验步骤

1. 铵盐的性质及检验

(1) 铵盐的热分解　取 3 支小试管，依次分别加入少量的 NH_4HCO_3、NH_4Cl 和 NH_4NO_3 固体，然后逐个地将试管小心加热。观察各试管内有何变化，并用湿润的红色石蕊试纸在试管口检验，总结实验现象和结果，写出反应方程式。

(2) 铵盐与碱作用　取 3 支小试管，依次分别加入少量的 NH_4Cl、$(NH_4)_2SO_4$、NH_4NO_3 固体，然后各加入 10%NaOH 溶液 5 滴，依次在酒精灯上加热，并用湿润的红色石蕊试纸在试管口试之，有何现象？写出反应方程式。

(3) NH_4^+ 的检验

① 铵离子与碱反应。见本实验一(2)。

② 奈氏法。取铵盐溶液 1~2 滴，滴入盛有 1mL 蒸馏水的清洁试管中，然后再加入奈氏试剂 2~3 滴。观察现象，写出反应方程式。

2. 亚硝酸及亚硝酸盐

(1) 亚硝酸的生成和分解　把盛有 0.5mL $NaNO_2$ 饱和溶液的试管置于冰水中，再加入 $2mol \cdot L^{-1}$ H_2SO_4 溶液 0.5mL，摇动试管使混合均匀。观察现象，写出反应方程式。

(2) 亚硝酸盐的氧化还原性

① 在试管中加入 5 滴 $0.1mol \cdot L^{-1}$ KI 溶液及 5 滴 $2mol \cdot L^{-1}$ H_2SO_4 溶液，逐滴加入 $0.1mol \cdot L^{-1}$ $NaNO_2$ 溶液，观察现象。再加入 1 滴 0.5%淀粉溶液，有何现象，写出反应方程式。

② 在试管中加入 5 滴 0.01mol · $L^{-1}KMnO_4$ 溶液及 2 滴 1mol · $L^{-1}H_2SO_4$ 溶液，逐滴加入 0.1mol · $L^{-1}NaNO_2$溶液。观察现象，写出反应方程式。

3. 硝酸和硝酸盐

(1) 硝酸的氧化性

① 浓 HNO_3与非金属作用。取 1 支具支试管加入少量硫粉，再加入 1mL 浓 HNO_3 微热之，观察现象。冷却后，取少量溶液加水稀释，再滴入 0.1mol · $L^{-1}BaCl_2$溶液数滴，检验有无 SO_4^{2-} 生成，写出反应方程式。

② HNO_3与金属作用(在通风橱内进行或用具支试管)。取一小片铜片放入试管中，加入 0.5mL 浓 HNO_3，观察现象。用锌粒代替铜片重做一次，观察现象。分别写出反应方程式。

取一小片铜片放入试管中，加入 2mol · $L^{-1}HNO_3$溶液 0.5mL，微热之，观察现象。用锌粒代替铜片重做一次，观察现象。并与浓 HNO_3 的实验比较有何不同？分别写出反应方程式。

取少量锌粒放入试管中，加入 0.2mol · $L^{-1}HNO_3$ 1mL(如反应不明显，可微热)，仔细观察现象。片刻后，取少量溶液放在另一支试管中(或白瓷点滴板上)，加入 2 滴 10% NaOH，再加奈氏试剂数滴，观察现象，解释之。并写出上述有关反应式。

(2) 硝酸盐的热分解　分别实验固体 $NaNO_3$、$Cu(NO_3)_2$、$AgNO_3$的热分解，观察反应的情况和产物的颜色，检验反应生成的气体，写出反应方程式。

总结硝酸盐的热分解与阳离子的关系。

4. 磷酸盐的性质

(1) 酸碱性　用 pH 试纸分别测定 0.1mol · L^{-1}的 Na_3PO_4、Na_2HPO_4和 NaH_2PO_4溶液的 pH 值。

(2) 溶解性

①分别往 3 支试管中注入 3 滴 0.1mol · L^{-1}的 Na_3PO_4、Na_2HPO_4和 NaH_2PO_4溶液，再各加入等量的 0.5mol · L^{-1}的 $CaCl_2$溶液。观察有何现象？用 pH 试纸测定它们的 pH 值。滴加 2mol · L^{-1}的氨水，各有何变化？再滴加 2mol · L^{-1}盐酸，又有何变化？解释之。写出有关的反应方程式。

②分别往 3 支试管中注入 3 滴 0.1mol · L^{-1}的 Na_3PO_4、Na_2HPO_4和 NaH_2PO_4溶液，再各滴 1 滴 0.1mol · L^{-1}的 $AgNO_3$溶液，是否有沉淀生成？试验溶液的酸碱性有无变化？解释之。写出有关的反应方程式。

(3) 配位性　取 5 滴 0.2mol · L^{-1}的 $CuSO_4$溶液，逐滴加入 0.1mol · L^{-1}的 $Na_4P_2O_7$ 溶液，观察沉淀的生成。继续滴加焦磷酸钠溶液，沉淀是否溶解？写出相应的反应方程式。

5. NO_3^-、PO_4^{3-}的鉴定

(1) NO_3^-的鉴定(棕色环法)　在小试管中加入 5 滴 0.1mol · L^{-1} $FeSO_4$溶液和 2 滴 0.5mol · $L^{-1}NaNO_3$溶液，摇匀，然后斜持试管，沿着管壁慢慢滴入 3 滴浓硫酸，不要振动。由于浓硫酸的密度较上述液体大，流入试管底部，形成两层，这时两层液体界面上有一棕色环。其反应方程式如下：

$$NO_3^- + 3Fe^{2+} + 4H^+ \longrightarrow NO\uparrow + 3Fe^{3+} + 2H_2O$$

$$Fe^{2+} + NO \longrightarrow [Fe(NO)]^{2+}\text{[棕色亚硝酰合铁(Ⅱ)离子]}$$

(2) PO_4^{3-}的鉴定(磷钼酸铵沉淀法)　在试管中加入 3 滴 0.1mol · $L^{-1}Na_2HPO_4$溶液，再

滴入1滴6mol·L^{-1} HNO_3和8~10滴饱和$(NH_4)_2MoO_4$溶液，便有黄色沉淀产生(若无沉淀可摩擦试管或水浴加热)。反应方程式如下：

$$HPO_4^{2-}+3NH_4^++12MoO_4^{2-}+23H^+ \longrightarrow (NH_4)_3[P(Mo_{12}O_{40})]\cdot 6H_2O\downarrow(黄)+6H_2O$$

6. 磷酸根、偏磷酸根、焦磷酸根的区别和鉴定

(1) 分别往3支试管中注入5滴0.1mol·L^{-1}的Na_3PO_4、$NaPO_3$和$Na_4P_2O_7$溶液，再加入1滴0.1mol·L^{-1}的$AgNO_3$溶液。观察现象，试比较三者的结果。

(2) 取3支试管，各加入0.1mol·L^{-1}的Na_3PO_4、$NaPO_3$和$Na_4P_2O_7$溶液5滴，再加2mol·L^{-1} HAc 2滴，最后各加入5滴1%鸡蛋白溶液，观察现象。

根据实验结果，总结出区别和鉴定磷酸根、偏磷酸根、焦磷酸根的方法。

实验指导

(1) 奈氏法鉴定NH_4^+的反应中，NH_4^+含量很少时出现红棕色溶液而看不到红棕色沉淀。

(2) NO_3^-的鉴定实验中浓硫酸必须慢慢加入，而且不能振荡，否则浓硫酸与水混合后，会使生成的配合物分布于整个溶液，观察不到棕色环。且$FeSO_4$须过量，否则会完全被浓H_2SO_4氧化。

(3) PO_4^{3-}的鉴定实验中，生成的沉淀可溶于过量的磷酸盐中，故加入的$(NH_4)_2MoO_4$要过量。可加入少许固体NH_4NO_3以促进沉淀生成。

(4) 除一氧化氮外，所有氮的氧化物都有毒。其中尤以二氧化氮为甚，其允许含量为每升空气中不得超过0.005mg。二氧化氮中毒尚无特效药物治疗，一般是输入氧气以帮助呼吸和血液循环。

实验思考

1. 稀硝酸与金属的作用与稀硫酸、稀盐酸有何不同？为什么不用硝酸作为酸性反应的介质？

2. 本实验所做的硝酸盐热分解实验，反应后各留下什么固体？试拟一实验方案验证之。

3. 欲用酸溶解Ag_3PO_4沉淀，在HCl、H_2SO_4和HNO_3中选用哪一种好？为什么？

4. 用$AgNO_3$溶液来鉴定H_3PO_4、NaH_2PO_4及Na_2HPO_4中的磷酸根时，应在弱碱性条件下进行，如何控制条件？

实验三　砷、锑、铋

实验目的

(1) 试验三氧化二砷和三价锑、铋氢氧化物的酸碱性，掌握它们的变化规律；

(2) 了解三价锑、铋盐的水解作用；

(3) 掌握砷、锑、铋含氧酸盐的氧化还原性；

(4) 熟悉三价砷、锑、铋硫化物和砷、锑的硫代酸盐的生成和性质。

实验背景

砷作为合金添加剂生产铅制弹丸、印刷合金、蓄电池栅板、耐磨合金、高强结构钢及耐蚀钢等，黄铜中含有砷时可防止脱锌。高纯砷是制取化合物半导体砷化镓、砷化铟等的原料，也是半导体材料锗和硅的掺杂元素，这些材料广泛用于制作二极管、发光二极管、红外线发射器、激光器等。砷的化合物还用于制造农药、防腐剂、染料和医药等。

锑多用作其他合金的组元，可增加其硬度和强度，如蓄电池极板、轴承合金、印刷合金(铅字)、焊料、电缆包皮及枪弹中都含锑。铅锡锑合金可作薄板冲压模具。高纯锑是半导体硅和锗的掺杂元素。锑白(三氧化二锑)是锑的主要用途之一，锑白是搪瓷、油漆的白色颜料和阻燃剂的重要原料。硫化锑(五硫化二锑)是橡胶的红色颜料。生锑(三硫化二锑)用于生产火柴和烟剂。

铋主要用于制造易熔合金，最常用的是铋同铅、锡、锑、铟等金属组成的合金，用作自动灭火系统和电器保险丝、锅炉的安全塞、自动喷水器。铋合金具有凝固时不收缩的特性，用于铸造印刷铅字和高精度铸型。碳酸氧铋和硝酸氧铋用于治疗皮肤损伤和肠胃病。

目前高强度铝合金广泛应用于制造飞机、舰艇和载重汽车等，可增加它们的载重量以及提高运行速度，并具有抗海水侵蚀、避磁性等特点。

仪器试剂

仪器：离心机 试管 烧杯

试剂：NaOH（$2mol\cdot L^{-1}$，$6mol\cdot L^{-1}$） HCl（$2mol\cdot L^{-1}$，$6mol\cdot L^{-1}$） HNO_3（$2mol\cdot L^{-1}$，$6mol\cdot L^{-1}$，$16mol\cdot L^{-1}$） $AsCl_3$（$0.1mol\cdot L^{-1}$） $SbCl_3$（$0.1mol\cdot L^{-1}$） $Bi(NO_3)_3$($0.1mol\cdot L^{-1}$) $MnSO_4$($0.05mol\cdot L^{-1}$) Na_2S($0.5mol\cdot L^{-1}$) 碘水 氯水 淀粉溶液(2%) H_2S(饱和溶液) As_2O_3(s) $SbCl_3$(s) $Bi(NO_3)_3$(s) $NaBiO_3$(s)

实验步骤

1. 三氧化二砷、锑(Ⅲ)和铋(Ⅲ)氢氧化物的酸碱性

(1) 取1支小试管，放入少量As_2O_3固体(剧毒)，加0.5mL蒸馏水振荡，观察As_2O_3在水中的溶解情况。然后再加入0.5mL $6mol\cdot L^{-1}$NaOH溶液，微热之，观察溶解情况[保留溶液供3(1)实验用]。另取1支试管放入少量As_2O_3固体，加浓HCl 0.5mL，微热，振荡，观察溶解情况。判断As_2O_3的酸碱性，写出反应式。所得溶液倒入指定的回收容器中。

(2) 各取2滴$0.1mol\cdot L^{-1}SbCl_3$溶液于2支试管中，滴加$2mol\cdot L^{-1}$NaOH溶液使沉淀完全。分别滴入$6mol\cdot L^{-1}$NaOH溶液和$6mol\cdot L^{-1}$HCl溶液，观察$Sb(OH)_3$在酸、碱中溶解情况，写出反应式。

(3) 各取2滴$0.1mol\cdot L^{-1}Bi(NO_3)_3$溶液于试管中，滴加$2mol\cdot L^{-1}$NaOH溶液至沉淀完全。把沉淀分成两份，分别滴加$6mol\cdot L^{-1}$NaOH溶液和$6mol\cdot L^{-1}$HCl溶液，观察沉淀在酸、碱中溶解情况，写出反应式。

综合以上实验结果，比较砷、锑、铋的氧化物或氢氧化物的酸碱性，并说明它们的变化规律。

2. 锑(Ⅲ)、铋(Ⅲ)盐的水解

(1) 取1支试管，加入$SbCl_3$晶体1小粒，用5滴蒸馏水溶解，有何现象产生？并用pH试纸试验溶液的酸碱性。再往试管中加浓HCl，又有什么变化？写出有关反应式，并解释之。

(2) 取少量 $Bi(NO_3)_3$ 晶体于试管中，加入几滴蒸馏水，振荡，观察 $Bi(NO_3)_3$ 晶体溶解情况，并用 pH 试纸试验溶液的酸碱性。然后逐滴加入浓 HNO_3，又有何变化？写出有关反应式。

3. 砷、铋含氧酸盐的氧化还原性

(1) 取 1 支试管加入 3 滴碘水，再加入 2%淀粉溶液 1 滴，使溶液呈蓝色。然后加入自制的 Na_3AsO_3 溶液[在 1(1) 中自制]，观察现象，写出反应式。

(2) 在上面的试管中再加入浓 HCl 数滴，又有何变化？写出反应式。试解释上述实验现象。

(3) 取 1 支试管加入 5 滴 $0.1mol \cdot L^{-1} Bi(NO_3)_3$ 溶液，再滴入 $6mol \cdot L^{-1}$ NaOH 溶液至大量沉淀生成后，倾去上层溶液，再加入 5 滴氯水，加热，使白色沉淀转变为棕黄色为止。静置片刻，倾去上层清液，在此沉淀中加入浓 HCl 几滴，有何现象产生？并检查此气体为何物，写出有关反应式。

(4) 另取 1 支试管加入 2 滴 $0.05mol \cdot L^{-1} MnSO_4$ 溶液，加入 5 滴 $2mol \cdot L^{-1} HNO_3$，再加入少量固体 $NaBiO_3$，并微热之。观察溶液颜色有什么变化？写出反应式。

通过以上实验，对砷、铋含氧酸盐的氧化还原性能得出什么结论？

4. 砷、锑、铋的硫化物和砷、锑的硫代酸盐

(1) 三硫化二砷和硫代亚砷酸盐的生成和性质　取 3 支离心试管各加入 1mL $0.1mol \cdot L^{-1} AsCl_3$ 溶液，再加入饱和 H_2S 水溶液至不再生成沉淀为止，观察沉淀的颜色。离心分离后，将弃去清液的沉淀依次分别加入浓 HCl、$2mol \cdot L^{-1}$ NaOH 溶液及 $0.5mol \cdot L^{-1} Na_2S$ 溶液，观察沉淀是否溶解。在加 HCl 不溶的试管中再加入 $6mol \cdot L^{-1} HNO_3$，沉淀能否溶解？在加 Na_2S 的试管中，再加入浓 HCl，又有何变化？写出上述有关反应方程式。

(2) 三硫化二锑和硫代亚锑酸盐的生成和性质　取 3 支离心试管各加入 1mL $0.1mol \cdot L^{-1} SbCl_3$ 溶液，按上面的实验步骤和方法进行类似的实验。观察现象，并写出有关反应式。

(3) 三硫化二铋的生成和性质　取 1mL $0.1mol \cdot L^{-1} Bi(NO_3)_3$ 溶液，按上面的实验步骤和方法进行类似的实验。观察现象，并写出有关反应式。

将上面实验现象及结果填写在表 2-1 中，并比较砷、锑、铋等硫化物酸碱性变化规律。

表 2-1　砷、锑、铋硫化物性质比较

性质 \ 硫化物	As_2S_3	Sb_2S_3	Bi_2S_3
颜色			
浓 HCl			
$2mol \cdot L^{-1}$ NaOH			
$0.5mol \cdot L^{-1} Na_2S$			
$6mol \cdot L^{-1} HNO_3$			

实验指导

(1) Na_3AsO_3 溶液的 pH 值不能大于 9，否则碘在碱性条件下会发生歧化反应而影响实验结果。

(2) 三氧化二砷(俗称砒霜)及可溶性砷化物都是剧毒物品，内服砒霜 0.1g 可使人致死，所以在实验时要小心，要在教师指导下进行。取用量要少，切勿进入口内或与有伤口的地方接触，实验完毕后必须洗手。一旦砷中毒，可立即服用新配制的氧化镁与硫酸铁混合液(强烈摇动生成氢氧化铁的悬浮液)解毒，并送医院急救。

实验思考

1. 怎样配制 $SbCl_3$、$Bi(NO_3)_3$溶液？应注意什么？
2. 下列反应的产物是什么？
(1) 在 6mol · L^{-1}HCl 的酸性条件下，将 H_2S 气体通入亚砷酸钠溶液中；
(2) 在 6mol · L^{-1}HCl 的酸性条件下，将 H_2S 气体通入砷酸钠溶液中；
(3) 在浓 HCl 的酸性条件下，往砷酸钠溶液中通 H_2S 气体。
3. 溶液的酸碱性对氧化还原反应方向有什么影响？举实例说明。

实验四　碳、硅、硼

实验目的

(1) 试验并了解碳酸盐水解的一般规律；
(2) 试验并了解硅酸盐的水解性和硅酸形成凝胶的特性；
(3) 练习硼砂珠实验的操作；
(4) 掌握硼酸和硼砂的主要性质。

实验背景

在工业上和医药上，碳和它的化合物用途极为广泛。测量古物中 C^{14}的含量，可以得知其年代，这叫做 C^{14}断代法。石墨可以直接用作炭笔，也可以与黏土按一定比例混合做成不同硬度的铅芯。金刚石除了装饰之外，还可使切削用具更锋利。无定形炭由于具有极大的表面积，被用来吸收毒气、废气。富勒烯和碳纳米管则对纳米技术极为有用。由于石墨的分子间只有微弱的范德华引力，所以它们容易滑动，适合用来作润滑剂，而且石墨处于高温时不容易挥发，所以适合在挖掘隧道时使用。碳化合物一般从化石燃料中获得，然后再分离并进一步合成出各种生产生活所需的产品，如乙烯、塑料等。

硅用于制造高硅铸铁、硅钢等合金，有机硅化合物和四氯化硅等，是一种重要的半导体材料，掺有微量杂质的硅单晶可用来制造大功率的晶体管、整流器和太阳能电池等。

硼的应用比较广泛。硼与塑料或铝合金结合，是有效的中子屏蔽材料；硼钢在反应堆中用作控制棒；硼纤维用于制造复合材料等。由于硼在高温时特别活泼，因此被用来作冶金除气剂、锻铁的热处理、增加合金钢高温强固性。由于硼具有低密度、高强度和高熔点的性质，可用来制作导弹的火箭中所用的某些结构材料。硼的化合物在农业、医药、玻璃工业等方面用途很广。

仪器试剂

仪器：烧杯　试管

试剂：HCl（$2mol \cdot L^{-1}$，$6mol \cdot L^{-1}$） 浓 H_2SO_4 $BaCl_2$（$0.5mol \cdot L^{-1}$） Na_2CO_3（$0.5mol \cdot L^{-1}$） $CuSO_4$（$0.5mol \cdot L^{-1}$） Na_2SiO_3（20%） NH_4Cl（饱和） 硼砂溶液（饱和） 甘油 乙醇 氯化钙 硫酸铜 硝酸钴 硫酸镍 硫酸锰 硫酸锌 硫酸亚铁 三氯化铁 三氯化铬 H_3BO_3 CO_2（钢瓶） 铂丝（或镍铬丝）

实验步骤

1. 碳酸盐的水解

（1）往盛有5滴 $0.5mol \cdot L^{-1}$ $BaCl_2$ 溶液的试管中加入5滴 $0.5mol \cdot L^{-1}$ Na_2CO_3 溶液，观察现象。倾去溶液，洗涤沉淀，试验沉淀物在 $2mol \cdot L^{-1}$ HCl 中的溶解情况。写出有关反应方程式。

（2）往盛有2滴 $0.5mol \cdot L^{-1}$ $CuSO_4$ 溶液的试管中加入2滴 $0.5mol \cdot L^{-1}$ Na_2CO_3 溶液，观察产物的颜色和状态，写出反应方程式。

根据上述实验结果及硫酸铝中加入碳酸钠溶液的反应，总结碳酸盐水解一般规律。

2. 硅酸盐的性质

（1）硅酸盐的水解　先用pH试纸检验20% Na_2SiO_3 溶液的酸碱性，然后往盛有5滴该溶液的试管中加入10滴饱和氯化铵溶液并微热，有何气体产生？用湿润的pH试纸检验生成气体的酸碱性。写出反应方程式。

（2）硅酸凝胶的生成

①往盛有5滴20% Na_2SiO_3 溶液的试管中通入 CO_2 气体，静置片刻，观察反应产物的颜色和状态，写出反应方程式。

②往盛有5滴20% Na_2SiO_3 溶液的试管中滴加1滴 $6mol \cdot L^{-1}$ HCl，摇匀，微热。观察产物的颜色和状态，写出反应方程式。

（3）微溶性硅酸盐的生成——"水中花园"　往1只小烧杯中注入约2/3体积的20% Na_2SiO_3 溶液，然后把氯化钙、硫酸铜、硝酸钴、硫酸镍、硫酸锰、硫酸锌、硫酸亚铁、三氯化铁晶体各1小粒放入杯内（注意：不要把不同的固体放在一起！），记住它们各自的位置，半小时后观察现象。实验完成后及时洗涤烧杯，因为 Na_2SiO_3 对玻璃有腐蚀作用。

3. 硼的化合物

（1）硼酸的制备　取1支试管，加入5滴饱和硼砂溶液，并用pH试纸试验溶液的酸碱性。然后加入2滴浓 H_2SO_4 并将试管放在冰水中，稍加搅拌或振荡，让其冷却，观察现象（注意颜色和状态）。若无沉淀，可用玻璃棒摩擦试管壁。写出反应式。

（2）硼酸的性质　取1支试管加入0.2g H_3BO_3 晶体，加水约1mL振荡试管，观察是否完全溶解？用pH试纸测试其酸碱性，然后加热，继续观察 H_3BO_3 晶体是否溶解。试说明 H_3BO_3 溶解度与温度的关系。再用pH试纸试验溶液的酸性，结果如何？此时往溶液中加入3滴甘油，混匀后测其pH值。解释酸度变化的原因。

（3）硼酸的鉴定反应　在蒸发皿中放入少量 H_3BO_3 晶体（或硼砂），加入1mL乙醇和几滴浓 H_2SO_4。混合后点燃，观察火焰的颜色有何特征。

（4）硼砂珠试验

①硼砂珠的制备。用 $6mol \cdot L^{-1}$ HCl 清洗铂丝，然后将其置于氧化焰中灼烧片刻，取出再浸入酸中，如此重复数次直至铂丝在氧化焰中灼烧不产生离子特征的颜色，表示铂丝已经洗干净了。将这样处理过的铂丝蘸上一些硼砂固体，在氧化焰中灼烧并熔融成圆珠，观察硼

砂珠的颜色、状态。

②用硼砂珠鉴定钴盐和铬盐。用烧热的硼砂珠分别沾上少量硝酸钴和三氯化铬固体，熔融之。冷却后观察硼砂珠的颜色(表2-2)，写出相应的反应方程式。

表2-2　几种金属的硼砂珠颜色

样品元素	氧化焰		还原焰	
	热　时	冷　时	热　时	冷　时
铬	黄　色	黄	绿　色	绿　色
钼	淡黄色	无色-白色	褐　色	褐　色
锰	紫　色	紫红色	无色-灰色	无色-灰色
铁	黄色-淡褐色	黄色-褐色	绿　色	淡绿色
钴	青　色	青　色	青　色	青　色
镍	紫　色	黄褐色	无色-灰色	无色-灰色
铜	绿　色	青绿色-淡青色	灰色-绿色	红　色

实验指导

(1) 难溶硅酸盐的颜色：钙盐(白色)、铜盐(蓝色)、钴盐(紫色)、镍盐(绿色)、锰盐(肉色)、锌盐(白色)、亚铁盐(浅绿色)、铁盐(棕色)。

(2) 制备硅酸凝胶时，HCl溶液加入Na_2SiO_3溶液中，要充分振荡，使溶液的pH值在9~10范围内，否则无凝胶析出。

(3)“水中花园”的原理：当可溶性盐的晶体投入到Na_2SiO_3溶液中时，即在其表面生成一层难溶的硅酸盐半透性薄膜，在薄膜内是溶解度较大的金属盐浓溶液，由于渗透压差的关系，薄膜外面的水不断向薄膜内渗透，薄膜因此膨胀，至一定程度时破裂，盐溶液逸出裂口，再和外面的水玻璃溶液作用又生成新的薄膜。这一过程不断重复就像植物不断地生长一样，直至盐全部溶解为止，如此形成了美丽的“水中花园”。

(4) 硝酸钴和三氯化铬最好是很细的粉末，且蘸取量应尽可能少，否则冷却后硼砂珠呈黑色。

实验思考

1. 实验室中为什么不能用磨口玻璃塞的器皿储藏碱液？

2. 比较H_2CO_3和H_2SiO_3的性质有何异同？下列两个反应有无矛盾？为什么？

$$CO_2+Na_2SiO_3+H_2O \xlongequal{} H_2SiO_3+Na_2CO_3$$

$$Na_2CO_3+SiO_2 \xlongequal{} Na_2SiO_3+CO_2\uparrow$$

3. H_3BO_3中加入甘油后，为什么溶液的酸性会增强？

实验五　钾、钠、钙、镁、铝、锡、铅

实验目的

(1) 比较碱金属、碱土金属的活泼性；

（2）试验并比较碱土金属、铝、锡、铅的氢氧化物和盐类的溶解性；

（3）练习焰色反应并熟悉使用金属钠、钾的安全措施；

（4）掌握二价锡的还原性和四价铅的强氧化性。

实验背景

碱土金属的氧化物具有碱性，熔点极高。镁在空气中燃烧时能射出耀眼的亮光，所以人们便用镁粉来制成闪光粉，供夜间摄影用。在生物学上，镁极为重要。因为它是叶绿素分子中的核心原子——在镁原子的周围，围着许许多多氢原子、氧原子等，组成叶绿素分子。在叶绿素中，镁的含量达 2%。要是没有镁，就没有叶绿素，也没有绿色植物。

钙是人体和动物必不可缺的元素，人和动物骨骼的主要成分便是磷酸钙。血液中也含有一定量钙离子，没有它，皮肤划破了，血液将不易凝结。在食物中，以豆腐、牛奶、蟹、肉类含钙较多。植物也很需要钙，尤其是烟草、荞麦、三叶草等。钙的化合物有着极为广泛的用途，特别是在建筑工业上。

仪器试剂

仪器：离心机　坩埚　坩埚钳　小刀　镊子

试剂：H_2SO_4(2mol·L^{-1})　HCl(1mol·L^{-1}，6mol·L^{-1}，12mol·L^{-1})　HNO_3(6mol·L^{-1}，12mol·L^{-1})　NaOH(新配制的 2mol·L^{-1}，6mol·L^{-1})　$NH_3·H_2O$(0.5mol·L^{-1})　$MgCl_2$(0.5mol·L^{-1})　$CaCl_2$(0.5mol·L^{-1}，1mol·L^{-1})　$BaCl_2$(0.5mol·L^{-1}、1mol·L^{-1})　$AlCl_3$(0.5mol·L^{-1})　$SnCl_2$(0.5mol·L^{-1})　$SnCl_4$(0.5mol·L^{-1})　$Pb(NO_3)_2$(0.5mol·L^{-1})　LiCl(1mol·L^{-1})　NaCl(1mol·L^{-1})　KCl(1mol·L^{-1})　$SrCl_2$(1mol·L^{-1})　$KMnO_4$(0.01mol·L^{-1})　$HgCl_2$(0.2mol·L^{-1})　$(NH_4)_2S$(1mol·L^{-1})　$(NH_4)_2S_x$(1mol·L^{-1})　KI(1mol·L^{-1})　K_2CrO_4(0.5mol·L^{-1})　Na_2SO_4(0.1mol·L^{-1})　$FeCl_3$(0.1mol·L^{-1})　$Bi(NO_3)_3$(0.1mol·L^{-1})　$MnSO_4$(0.1mol·L^{-1})　NH_4Cl(饱和溶液)　H_2S(饱和溶液)　酚酞钠　钾　镁条　铝片　NaAc(A.R.)　PbO_2　铂丝(或镍铬丝)　钴玻璃片

实验步骤

1. 钠、钾、镁、铝的性质

（1）钠与空气中氧气的作用　用镊子取一小块(绿豆大小)金属钠，用滤纸吸干其表面煤油，立即放在坩埚中加热。当开始燃烧时，停止加热。观察反应情况和产物的颜色、状态。冷却后，往坩埚中加入 2mL 蒸馏水使产物溶解，然后把产物转移到 1 支试管中，用 pH 试纸测定溶液的酸碱性。再用 2mol·$L^{-1}H_2SO_4$酸化，滴加 1～2 滴 0.01mol·$L^{-1}KMnO_4$溶液，观察紫色是否褪去。由此说明水溶液是否含有 H_2O_2，从而推知钠在空气中燃烧是否有 Na_2O_2生成。写出以上有关反应式。

（2）金属钠、钾、镁、铝与水的作用

①分别取一小块(绿豆大小)金属钠和钾，用滤纸吸干其表面煤油，把它们分别投入盛有半杯水的烧杯中，观察反应情况。为了安全起见，当金属块投入水中时，立即用倒置漏斗覆盖在烧杯口上。反应完后，滴入 1～2 滴酚酞试剂，检验溶液的酸碱性。根据反应进行的剧烈程度，说明钠、钾的金属活泼性。写出反应式。

②分别取一小段镁条和一小块铝片，用砂纸擦去表面的氧化物，分别放入试管中，加入少量冷水，观察反应现象。然后加热煮沸，观察又有何现象发生，用酚酞指示剂检验产物酸碱性。写出反应式。

③另取一小块铝片，用砂纸擦去表面的氧化物，然后在其上滴加 2 滴 0.2mol·$L^{-1}$$HgCl_2$溶液，观察产物的颜色和状态。用棉花和纸将液体擦干后，将此金属置于空气中，观察铝片上长出的白色铝毛。再将铝片置于盛水的试管中，观察氢气的放出，如反应缓慢可将试管加热。观察反应现象，写出有关反应式。

2. 镁、钙、钡、铝、锡、铅的氢氧化物的溶解性

（1）在 6 支试管中，分别加入浓度均为 0.5mol·L^{-1}的 $MgCl_2$、$CaCl_2$、$BaCl_2$、$AlCl_3$、$SnCl_2$、$Pb(NO_3)_2$溶液各 3 滴，均加入等体积新配制的 2mol·L^{-1}NaOH 溶液，观察沉淀的生成并写出反应方程式。

在以上沉淀中分别加入 6mol·L^{-1}NaOH 溶液，观察沉淀是否溶解，写出反应方程式。

用 6mol·L^{-1}HCl 溶液代替 6mol·L^{-1}NaOH 溶液做以上实验，观察沉淀是否溶解，写出反应方程式。

（2）在 2 支试管中，分别盛有 2 滴 0.5mol·$L^{-1}$$MgCl_2$、$AlCl_3$，加入等体积 0.5mol·$L^{-1}$ $NH_3 \cdot H_2O$，观察反应生成物的颜色和状态。往有沉淀的试管中加入饱和 NH_4Cl 溶液，又有何现象？写出有关反应方程式。

3. ⅠA、ⅡA 元素的焰色反应

取镶有铂丝(或镍铬丝)的玻棒一根(铂丝的尖端弯成小环状)，先按下法清洁之：浸铂丝于纯 6mol·L^{-1}HCl 中(放在小试管内)，然后取出在氧化焰中灼烧片刻，再浸入酸中，再灼烧，如此重复 2~3 次，至火焰不再呈现任何离子的特征颜色才算此铂丝干净。

用洁净的铂丝分别蘸取 1mol·L^{-1}LiCl、NaCl、KCl、$CaCl_2$、$SrCl_2$、$BaCl_2$溶液在氧化焰中灼烧。观察火焰的颜色(在观察钾盐的焰色时要用一块钴玻璃片滤光后观察)。

4. 锡、铅的难溶盐

（1）硫化物

① 硫化亚锡、硫化锡的生成和性质。在 3 支离心试管中，分别注入 3 滴 0.5mol·L^{-1} $SnCl_2$溶液，再分别滴加饱和 H_2S 水溶液，观察沉淀的颜色。分别试验沉淀物(离心分离、洗涤后)与 2mol·L^{-1}HCl、1mol·$L^{-1}$$(NH_4)_2S$ 和$(NH_4)_2S_x$溶液的反应，写出有关反应方程式。

用 0.5mol·$L^{-1}$$SnCl_4$溶液代替 $SnCl_2$溶液，进行上述实验，写出有关反应方程式。

② 硫化铅的生成和性质。在 5 支离心试管中，分别注入 3 滴 0.5mol·$L^{-1}$$Pb(NO_3)_2$溶液，再分别滴加饱和 H_2S 水溶液，观察沉淀的颜色。分别试验沉淀物(离心分离、洗涤后)与浓 HCl、2mol·L^{-1}NaOH、1mol·$L^{-1}$$(NH_4)_2S$、$(NH_4)_2S_x$、浓 HNO_3溶液的反应。

根据实验结果，比较 SnS 与 SnS_2以及 SnS 与 PbS 在性质上的差异。

（2）铅的难溶盐

① 氯化铅。在试管中加入 5 滴蒸馏水及 2 滴 0.5mol·$L^{-1}$$Pb(NO_3)_2$溶液，再滴入 1~2 滴稀 HCl，即有白色 $PbCl_2$沉淀生成。

将所得白色沉淀连同溶液一起加热，沉淀是否溶解？再把溶液冷却，又有什么变化？说明 $PbCl_2$的溶解度与温度的关系。

取以上白色沉淀少许，加入浓 HCl，观察沉淀溶解情况。

② 碘化铅。取 2 滴 0.5mol · L^{-1} $Pb(NO_3)_2$ 溶液用水稀释至 0.5mL 后，滴加 1mol · L^{-1} KI 溶液，即生成橙黄色 PbI_2 沉淀，试验它在热水和冷水中的溶解情况。

③ 铬酸铅。取两支小试管各加入 1 滴 0.5mol · L^{-1} $Pb(NO_3)_2$ 溶液，再滴加 0.5mol · L^{-1} K_2CrO_4 溶液。观察 $PbCrO_4$ 沉淀的生成。试验它在 6mol · L^{-1} HNO_3 和 6mol · L^{-1} NaOH 溶液中的溶解情况。写出有关反应方程式。

④ 硫酸铅。在 0.5mL 蒸馏水中滴入 2 滴 0.5mol · L^{-1} $Pb(NO_3)_2$ 溶液，再滴几滴 0.1mol · L^{-1} Na_2SO_4 溶液。即得白色 $PbSO_4$ 沉淀。加入少许固体 NaAc，微热，并不断搅拌，沉淀是否溶解？解释上述现象，写出有关反应方程式。

根据实验现象并查阅手册，填写表 2-3。

表 2-3　锡、铅的难溶盐物理性质表

性质 / 名称	颜　色	溶解性(水或其他试剂)	溶度积(K_{sp})
$PbCl_2$			
PbI_2			
$PbCrO_4$			
$PbSO_4$			
PbS			
SnS			
SnS_2			

5. 锡(Ⅱ)的还原性和铅(Ⅳ)的强氧化性

(1) 锡(Ⅱ)的还原性

①取 3 滴 0.1mol · L^{-1} $FeCl_3$ 溶液(呈什么颜色?)，慢慢滴加 0.1mol · L^{-1} $SnCl_2$ 溶液，直至溶液呈无色，写出反应方程式。

②取 5 滴自制的亚锡酸钠(Na_2SnO_2)溶液，滴加 0.1mol · L^{-1} $Bi(NO_3)_3$ 溶液，观察现象，写出反应方程式。此反应可用来鉴定 Sn^{2+} 和 Bi^{3+}。

(2) 铅(Ⅳ)的强氧化性

①取少量 PbO_2 固体，加入浓 HCl，观察现象，设法鉴定气体产物并写出反应式。

②取少量 PbO_2 固体，加入 2mL 2mol · L^{-1} H_2SO_4 及 2 滴 0.1mol · L^{-1} $MnSO_4$ 溶液，微热。静置澄清后，观察溶液的颜色，写出反应方程式。

实验指导

(1) Na_2S 溶液易变质，本实验用 $(NH_4)_2S$ 溶液代替 Na_2S。$(NH_4)_2S$ 溶液的配制：取一定量氨水，将其均分为两份，往其中一份通 H_2S 至饱和，而后与另一份氨水混合。

(2) $SnCl_2$ 溶液(0.1mol · L^{-1})的配制：称取 22.6 g $SnCl_2 \cdot 2H_2O$ 固体，用 160mL 浓盐酸溶解，然后加入蒸馏水稀释至 1L，再加入数粒锡粒以防氧化。

(3) 金属钠、钾平时应保存在煤油或石蜡油中。用时用镊子夹取，可用小刀切割，并用滤纸把油吸干，切勿与皮肤接触。未用完的金属碎屑不能乱丢，可放回原瓶中或者放在少量酒精中，使其缓慢反应消耗掉。

实验思考

1. 实验中如何配制氯化亚锡溶液？

2. 现有未贴标签无色透明的 $SnCl_2$、$SnCl_4$溶液各一瓶，试设法鉴别。

3. 若实验室中发生镁燃烧的事故，可否用水或二氧化碳灭火器扑灭？应用何种方法灭火？

4. 为什么 SnS 不溶于 Na_2S，而 SnS_2可溶于 Na_2S？怎样分离 PbS 和 SnS？

实验六　铬、锰

实验目的

(1) 了解铬和锰的各主要价态化合物的性质；

(2) 掌握铬(Ⅵ)及锰(Ⅶ)化合物的强氧化性。

实验背景

铬是一种具有银白色光泽的金属，无毒，化学性质很稳定，不锈钢中含有 12% 以上的铬。常见的铬化合物有六价的铬酐、重铬酸钾、重铬酸钠、铬酸钾、铬酸钠等；三价的三氧化二铬(铬绿、Cr_2O_3)；二价的氧化亚铬。铬的化合物中以六价铬毒性最强，三价铬次之。铬是哺乳动物生命与健康所需的微量元素。缺乏铬可引起动脉粥样硬化。成人每天需 500~700μg 铬。铬对植物生长有刺激作用，微量铬可提高植物收获量；但浓度稍高，又可抑制土壤内有机物质的硝化作用。铬酸、重铬酸及其盐类对人的黏膜及皮肤有刺激和灼烧作用，并导致受伤、产生接触性皮炎。这些化合物以蒸气或粉尘形式进入人体，均会引起鼻中隔穿孔、肠胃疾患、白血球下降、类似哮喘的肺部病变。当空气中铬酸酐的浓度达 0.15~0.31μg/m^3时就可使鼻中隔穿孔。三价铬还是一种蛋白凝聚剂。

电解金属锰是制造四氧化三锰的主体材料。由于其纯度高、杂质少，是生产不锈钢、高强度低合金钢、铝锰合金、铜锰合金等的重要合金元素，也是电焊条、铁氧体、永磁合金元素及许多医药化工用锰盐生产中不可缺少的原料。

仪器试剂

仪器：离心机　离心试管　试管

试剂：浓 H_2SO_4　H_2SO_4(2mol·L^{-1})　HCl(浓，2mol·L^{-1})　HNO_3(2mol·L^{-1})　$Cr_2(SO_4)_3$(0.1mol·L^{-1})　冰乙酸　NaOH(6mol·L^{-1})　$K_2Cr_2O_7$(0.1mol·L^{-1})　$KMnO_4$(0.01mol·L^{-1})　KI(0.1mol·L^{-1})　$NaNO_2$(0.1mol·L^{-1})　Na_2S(0.1mol·L^{-1})　Na_2SO_3(0.1mol·L^{-1})　$BaCl_2$(0.1mol·L^{-1})　$AgNO_3$(0.1mol·L^{-1})　$Cr_2(SO_4)_3$(0.1mol·L^{-1})　$Pb(NO_3)_2$(0.1mol·L^{-1})　$MnSO_4$(0.1mol·L^{-1})　3% H_2O_2　$(NH_4)_2S$(0.1mol·L^{-1})　K_2CrO_4(0.1mol·L^{-1})　NaOH(2mol·L^{-1})　乙醚　$(NH_4)_2Cr_2O_7$(A.R.)　$K_2Cr_2O_7$(A.R.)

$NaBiO_3$(A. R.)　MnO_2(A. R.)　$KMnO_4$(A. R.)

实验步骤

1. 铬的重要化合物的性质

(1) 铬(Ⅲ)化合物

①三氧化二铬的制备。在石棉网上放少量研细的$(NH_4)_2Cr_2O_7$，用酒精灯加热，观察反应情况及产物的状态和颜色，写出反应式。

氢氧化铬的生成和性质。取0.5mL 0.1mol·$L^{-1}$$Cr_2(SO_4)_3$溶液于离心试管中，逐滴加入2mol·$L^{-1}$NaOH溶液直至有沉淀生成为止。观察产物的颜色。用实验证明此沉淀具有两性，写出有关反应式。

②三价铬盐的还原性。取3滴0.1mol·$L^{-1}$$Cr_2(SO_4)_3$溶液于试管中，滴加6mol·$L^{-1}$NaOH溶液直到最初生成的沉淀溶解为止，然后再加3%H_2O_2溶液数滴，微热之，观察溶液的颜色变化。再用冰乙酸酸化溶液，加入0.1mol·$L^{-1}$$Pb(NO_3)_2$溶液数滴，观察沉淀的颜色，写出反应式。

③三价铬盐的水解性。在离心试管中加入0.5mL0.1mol·$L^{-1}$$Cr_2(SO_4)_3$溶液，再加0.5mL0.1mol·$L^{-1}$$Na_2S$溶液，观察产物的颜色。离心分离后，用实验方法证明此物是$Cr(OH)_3$而不是Cr_2S_3，写出反应式。

(2) 铬(Ⅵ)化合物

①重铬酸钾的氧化性。各取2滴0.1mol·$L^{-1}$$K_2Cr_2O_7$溶液于2支试管中，各用1滴2mol·$L^{-1}$$H_2SO_4$酸化，分别加入0.1mol·$L^{-1}$$NaNO_2$溶液和KI溶液，观察现象，写出反应式。

另取1支试管加入少量粉末状的$K_2Cr_2O_7$固体，再加入浓HCl数滴，微热之，有何现象？从颜色、气味来判断此气体产物是什么？写出反应式。

②难溶性铬酸盐的生成和性质。取3支试管各加入2滴0.1mol·$L^{-1}$$K_2CrO_4$溶液，分别滴加0.1mol·$L^{-1}$$AgNO_3$溶液、$BaCl_2$溶液及$Pb(NO_3)_2$溶液，观察产物的颜色和状态，写出反应式。

③铬酸根与重铬酸根在溶液中的平衡及相互转化。取2滴0.1mol·$L^{-1}$$K_2Cr_2O_7$溶液于试管中，逐滴加入2mol·$L^{-1}$NaOH溶液，观察溶液颜色的变化。然后在此溶液中加入2mol·$L^{-1}$$H_2SO_4$溶液，溶液颜色又如何变化？写出反应式。说明溶液中$CrO_4^{2-}$和$Cr_2O_7^{2-}$相互转化的条件，写出反应式。

④过氧化铬的形成。在试管中加2滴0.1mol·$L^{-1}$$K_2Cr_2O_7$溶液，滴加2mol·$L^{-1}$$H_2SO_4$溶液2滴，再加2滴乙醚，然后加入2滴3%$H_2O_2$溶液，振荡，即有过氧化铬生成。观察乙醚层的颜色及水层中有否气泡逸出。通常用此反应来检出H_2O_2，也可以检验CrO_4^{2-}或$Cr_2O_7^{2-}$的存在，反应式为：

$$Cr_2O_7^{2-}+4H_2O_2+2H^+ = 2CrO_5+5H_2O$$

$$4CrO_5+12H^+ = 4Cr^{3+}+7O_2\uparrow+6H_2O$$

2. 锰的重要化合物

(1) 锰(Ⅱ)化合物

①氢氧化锰的生成和性质。取2支试管各加入5滴0.1mol·$L^{-1}$$MnSO_4$溶液。另取1支

试管加入 1mL 2mol · L^{-1}NaOH 溶液，加热煮沸，以赶尽溶于其中的空气。再用滴管吸取约 3 滴 NaOH 溶液，伸入盛有 $MnSO_4$溶液的试管底部，挤压胶头放出 NaOH 溶液，（整个操作过程要尽量避免将空气带进溶液）。观察 2 支试管中产物的颜色和状态。在其中 1 支试管内加入 2mol · L^{-1}HCl 溶液数滴，观察沉淀是否溶解。在另 1 支试管中加入 2mol · L^{-1}NaOH 溶液，观察沉淀是否溶解。放置一段时间后，观察沉淀颜色有何变化。写出有关反应式。

②硫化锰的生成和性质。在盛有 2 滴 0. 1mol · L^{-1} $MnSO_4$溶液的试管中加入（NH_4）$_2$S 溶液 1~2 滴，观察现象。再滴加 2mol · L^{-1} H_2SO_4溶液数滴，观察现象，写出有关反应式。

③二价锰离子的鉴定。在盛有 2 滴 0. 1mol · L^{-1} $MnSO_4$溶液的试管中加 2 滴蒸馏水，再加入 2mol · L^{-1} HNO_3溶液 3 滴，加入少量固体 $NaBiO_3$，微热之，观察溶液的颜色变化，写出反应式。

（2）锰（Ⅳ）化合物

①在盛有 2 滴 0. 01mol · L^{-1} $KMnO_4$溶液的试管中逐滴加入 0. 1mol · L^{-1} $MnSO_4$溶液，直到紫红色褪去，观察有何沉淀生成？在此试管中滴加 6mol · L^{-1} H_2SO_4溶液 3 滴酸化，再加入 0. 1mol · L^{-1} Na_2SO_3溶液，观察现象，写出有关反应式。

②在盛有少量固体 MnO_2的试管中加入 0. 5mL 浓 HCl，振荡后放在冰水中冷却。片刻后，观察上层溶液的颜色。然后加热试管，观察溶液颜色有何变化？有什么气体产生？$MnCl_4$的稳定性怎样？写出有关的反应式。

（3）锰（Ⅶ）化合物

①高锰酸钾的热分解。将盛有少量 $KMnO_4$固体的试管加热，用带余烬的木条伸入试管内有何现象？继续加热到无气体放出，冷却后，加水观察溶液颜色，写出反应式。

②高锰酸钾在不同介质中的氧化性。取 3 支试管各加 2 滴 0. 01mol · L^{-1} $KMnO_4$溶液，分别加入 2 滴 2mol · L^{-1} H_2SO_4溶液、2mol · L^{-1} NaOH 溶液和蒸馏水。再在各试管中滴加 0. 1mol · L^{-1} Na_2SO_3溶液 2 滴，观察试管内所发生的变化，写出有关反应式。

实验指导

（1）$KMnO_4$固体与浓 H_2SO_4相混合是一种极强的氧化剂，因为有 Mn_2O_7生成，它受热能发生爆炸。与有机物质接触，可发生剧烈的爆炸或燃烧，因此使用时要小心。

（2）将粉末状的 $KMnO_4$与蔗糖按物质的量 1 ∶1 比例混合均匀，放在玻璃片上，然后慢慢地滴加水，混合物即冒烟起泡，并且颜色变为棕色，是因强氧化剂 $KMnO_4$与有机物蔗糖发生氧化还原反应。

（3）在 $KMnO_4$粉末上面直接滴加几滴甘油，可以发生燃烧并发白光。

（4）由于铬（Ⅵ）具有毒性，所以在实验的过程中要避免接触或误食。

实验思考

1. 某实验小组在做 Na_2O_2和 $KMnO_4$反应的实验时，发现所加 H_2SO_4溶液的量不同，出现下列三种现象：加少量 H_2SO_4时溶液呈绿色，适量时生成棕色沉淀，过量时溶液几乎无色。试解释之。

2. 设计一方案用废电池中的 MnO_2作原料制取 $KMnO_4$。

3. 使 Mn^{2+}氧化为 MnO_4^-，可以有哪些氧化剂？写出有关反应式。

4. K_2CrO_4与$Ba(NO_3)_2$溶液作用，得到的产物是什么？为什么？

实验七　铁、钴、镍

实验目的

(1) 了解铁、钴、镍氢氧化物的生成和性质，掌握二价铁、钴、镍的还原性及三价铁、钴、镍的氧化性递变规律；

(2) 掌握铁盐的氧化还原性；

(3) 了解铁、钴、镍配合物的生成并掌握Fe^{2+}、Fe^{3+}、Co^{2+}和Ni^{2+}的鉴定方法。

实验背景

铁的最大用途是用于炼钢，也大量用来制造铸铁和煅铁。铁和其化合物还用作磁铁、染料(墨水、蓝晒图纸、胭脂颜料)和磨料(红铁粉)。

铁的主要生理功能：①铁与蛋白质结合构成血红蛋白和肌红蛋白，维持肌体的正常生长发育；②参与体内氧气和二氧化碳的转运、交换和组织呼吸过程；③是体内许多重要酶系的组成成分。

钴由于其具有优良的物理、化学和机械性能，是生产耐高温、耐腐蚀、高强度和强磁性等材料的重要原料。例如，固体磁性材料是由稀土元素(主要是钐和铒)与钴结合而成，是一种具有强磁场的永久磁铁。同样，热强合金、超硬质耐蚀合金中也加入有钴。在许多情况下，钴通常用于电镀，因为钴镀层较之铬、镍镀层的耐弱酸性要稳定得多。钴与镍、铬、钼、钨的合金在高温下强度高、耐热性能好，用于喷气飞机和燃气轮机。Co^{60}是应用广泛的放射源，用于辐射育种和防治虫害、食品辐照保鲜、测定厚度以及放射治疗等。

镍主要用来制造不锈钢和其他抗腐蚀合金，如镍钢、镍铬钢及各种有色金属合金。含镍成分较高的铜镍合金，就不易腐蚀。也作加氢催化剂和用于陶瓷制品、特种化学器皿、电子线路、玻璃着绿色以及镍化合物制备等。

仪器试剂

仪器：离心机　试管　烧杯

试剂：$(NH_4)_2Fe(SO_4)_2 \cdot 6H_2O(s)$　$NH_4Cl(s)$　浓 HCl　$H_2SO_4(3mol \cdot L^{-1})$　$H_2O_2(3\%)$　$NaOH(2mol \cdot L^{-1}, 6mol \cdot L^{-1})$　$NH_3 \cdot H_2O$(浓)　$NH_3 \cdot H_2O(6mol \cdot L^{-1})$　$KI(0.1mol \cdot L^{-1})$　10% NH_4F　$CoCl_2(0.1mol \cdot L^{-1})$　$NiSO_4(0.1mol \cdot L^{-1})$　$FeSO_4(0.1mol \cdot L^{-1})$　$FeCl_3(0.1mol \cdot L^{-1})$　$FeCl_3(38\%)$　$K_3[Fe(CN)_6](0.1mol \cdot L^{-1})$　$KSCN(1mol \cdot L^{-1})$　$KSCN(0.1mol \cdot L^{-1})$　$K_4[Fe(CN)_6](0.1mol \cdot L^{-1})$　溴水　戊醇　CCl_4　丁二酮肟(1%)

实验步骤

1. 二价氢氧化物的生成和性质

(1) 氢氧化亚铁的生成和性质　取 1 支试管，加入 0.5mL 蒸馏水和几滴H_2SO_4，煮沸赶

尽溶于水中的 O_2，然后加入少量 $(NH_4)_2Fe(SO_4)_2 \cdot 6H_2O$ 晶体使其溶解。在另 1 试管中加入 0.5mL 6mol · L^{-1}NaOH 溶液小心煮沸，除去 O_2。冷却后，用一支长滴管吸取该 NaOH 溶液，将滴管插到盛 $(NH_4)_2Fe(SO_4)_2$ 溶液试管的底部，慢慢(为什么要如此操作)放出 NaOH 溶液，观察产物的颜色及状态。摇荡后，放置一段时间，观察有何变化，解释现象并写出反应方程式。

(2) 氢氧化钴(Ⅱ)的生成和性质　取 2 滴 0.1mol · L^{-1} $CoCl_2$ 溶液，滴加 2mol · L^{-1}NaOH 溶液，直到生成粉红色 $Co(OH)_2$ 沉淀。振荡后放置一段时间，观察有何变化。如无变化(或变化很小，与实验 1 比较)可加入 3% H_2O_2 数滴，再观察现象。写出反应方程式。

(3) 氢氧化镍(Ⅱ)的生成和性质　取 2 支试管，各加入 2 滴 0.1mol · L^{-1} $NiSO_4$ 溶液，再滴加 2mol · L^{-1}NaOH 溶液，观察现象。放置一段时间后，有何变化？然后分别滴加 3% H_2O_2 溶液和溴水，比较两者有何不同？解释现象并写出反应方程式。

综合上述实验结果，比较 Fe(Ⅱ)、Co(Ⅱ)、Ni(Ⅱ)氢氧化物还原性强弱及其递变规律。

2. 三价氢氧化物的生成和性质

(1) 氢氧化铁的生成和性质　取 2 滴 0.1mol · L^{-1} $FeCl_3$ 溶液，滴加 2mol · L^{-1}NaOH 溶液，观察现象。然后加 2 滴浓 HCl 溶液，观察有何现象。在此 $FeCl_3$ 溶液中，滴加 KI 溶液和 5 滴 CCl_4，振荡后，观察现象，写出反应方程式。

(2) 氢氧化钴(Ⅲ)的生成和性质　取 2 滴 0.1mol · L^{-1} $CoCl_2$ 溶液，滴加 2mol · L^{-1}NaOH 溶液，氯水 1 滴，得棕色氢氧化钴(Ⅲ)沉淀，然后在沉淀中加入浓 HCl 溶液 2 滴，观察现象，并用 KI-淀粉试纸检验所放出的气体。再在此溶液中加入少量水稀释之[2]，观察溶液颜色有何变化。解释现象并写出反应方程式。

(3) 氢氧化镍(Ⅲ)的生成和性质　取 2 滴 0.1mol · L^{-1} $NiSO_4$ 溶液，滴加 2mol · L^{-1}NaOH 溶液和溴水 1 滴，得棕黑色氢氧化镍(Ⅲ)沉淀，然后加入浓 HCl 溶液 2 滴，观察现象，并用 KI-淀粉试纸检验所放出的气体，写出反应方程式。

综合上述实验：

①比较铁、钴、镍三价氢氧化物与二价氢氧化物的颜色有何不同？

②比较 Fe(Ⅲ)、Co(Ⅲ)、Ni(Ⅲ) 氢氧化物氧化性强弱及其变化规律。

3. 铁盐的氧化还原性

(1) 二价铁盐的还原性　在盛有 2 滴 $(NH_4)_2Fe(SO_4)_2$ 溶液(自己配制)的试管中，加入 2 滴溴水，观察溶液颜色的变化，自己设法检验的 Fe^{3+} 的生成，写出反应方程式。

(2) 三价铁盐的氧化性

①取 2 滴 0.1mol · L^{-1} $FeCl_3$ 溶液，滴加 0.1mol · L^{-1}KI 溶液，观察现象，自己设法检验 I_2 的生成，写出反应方程式。

②取涂铜印刷线路板一小块，事先用红漆画上简单的电子线路并写上自己名字的拼音缩写。晾干后把它放入 38% $FeCl_3$ 溶液中，间歇地进行搅拌，促使铜层加速溶解，放置 2h 后(必要时可滴加 3% H_2O_2 几滴)，待裸露的铜层全部溶解后，取出印刷线路板，用水冲洗干净。用棉花蘸少许汽油将油漆擦洗干净，再用水洗干净，观察现象。

4. 铁、钴、镍的配合物

(1) 铁配合物的生成和性质——Fe^{3+}、Fe^{2+} 的鉴定反应

①取 2 滴 0.1mol · $L^{-1}FeSO_4$溶液，加入 1 滴 0.1mol · $L^{-1}K_3[Fe(CN)_6]$溶液(赤血盐)，观察滕氏蓝沉淀的生成，写出反应方程式。

②取 2 滴 0.1mol · $L^{-1}FeCl_3$溶液，加入 1 滴 0.1mol · $L^{-1}K_4[Fe(CN)_6]$溶液(黄血盐)，观察普鲁氏蓝沉淀的生成，写出反应方程式。

③取 2 滴 0.1mol · $L^{-1}FeCl_3$溶液，加 1 滴 0.1mol · L^{-1}KSCN 溶液，观察现象，写出反应方程式。

(2) 钴配合物的生成和性质

①Co^{2+}的鉴定。取 2 滴 0.1mol · $L^{-1}CoCl_2$溶液，加入 2 滴戊醇，然后加 1 滴 1mol · L^{-1} KSCN 溶液，振荡，戊醇层呈现蓝色表示有 Co^{2+}存在，写出反应方程式。

②取 2 滴 0.1mol · $L^{-1}CoCl_2$溶液，加入少量 NH_4Cl 固体，然后滴加浓 $NH_3 \cdot H_2O$，观察黄褐色$[Co(NH_3)_6]^{2+}$配合物的生成。静置一段时间，观察溶液颜色有何变化(必要时可滴加3%H_2O_2溶液并加少量活性炭作催化剂)。如溶液变为橙黄色，则表示有$[Co(NH_3)_6]^{3+}$生成，解释现象。

(3) 镍的配合物

①Ni^{2+}的鉴定。取 2 滴 0.1mol · $L^{-1}NiSO_4$溶液于试管中，加 1 滴 6mol · $L^{-1}NH_3 \cdot H_2O$，再加入 1 滴 1%丁二酮肟(又名二乙酰二肟)的乙醇溶液，生成桃红色沉淀，表示有 Ni^{2+}存在，写出反应方程式。

②取 2 滴 0.1mol · $L^{-1}NiSO_4$溶液，滴加 2mol · $L^{-1}NH_3 \cdot H_2O$，观察现象。再加入过量浓 $NH_3 \cdot H_2O$，观察沉淀溶解情况。溶液由苹果绿色变成蓝紫色，解释现象，并写出反应方程式。

5. 氯化钴(Ⅱ)水合离子颜色的变化

用毛笔蘸取粉红色 0.1mol · $L^{-1}CoCl_2$溶液，在白纸上写字，然后将纸放在酒精灯的上方小心地烘干，观察现象，说明原因。

实验指导

(1) 制取 $Fe(OH)_2$的整个操作都要避免将空气带入溶液中。

(2) Co^{2+}离子与 NaOH 反应生成 $Co(OH)_2$沉淀，由于沉淀颗粒的大小、溶液的碱度及所吸附的离子等因素的影响，可出现蓝色、绿色和粉红色三种沉淀，一般蓝色沉淀较不稳定，放置或加热都可转变为粉红色。

(3) 欲使 $Co(OH)_2$、$Ni(OH)_2$在浓氨水中全部溶解，应加入少量 NH_4Cl。

实验思考

1. 试用三种方法实现 Fe^{3+}和 Fe^{2+}的相互转化。

2. Fe 比 Cu 活泼，为什么制印刷电路板时，Cu 被 $FeCl_3$溶解掉？说明理由并写出反应方程式。

3. 在碱性介质中氯水能把二价钴氧化成三价钴，而在酸性介质中三价钴能把氯离子氧化成氯气。二者有无矛盾？为什么？

4. 能否在含有 Fe^{3+}、Mn^{2+}、Cr^{3+}、Ni^{2+}的溶液中直接鉴定 Mn^{2+}？

实验八　铜、银、锌、镉、汞

实验目的

(1) 了解铜、银、锌、镉、汞氢氧化物或氧化物的酸碱性；

(2) 掌握Cu(Ⅰ)、Cu(Ⅱ)重要化合物的性质及相互转化条件；

(3) 试验并熟悉铜、银、锌、镉、汞的配位能力，以及Hg_2^{2+}和Hg^{2+}的转化。

实验背景

铜是与人类关系非常密切的有色金属，被广泛地应用于电气、轻工、机械制造、建筑工业、国防工业等领域。铜在电气、电子工业中用于各种电缆和导线、开关以及印刷线路板；在机械和运输车辆制造中，用于制造工业阀门和配件、仪表、滑动轴承、模具、热交换器和泵等；在化学工业中广泛应用于制造真空器、蒸馏锅、酿造锅等；在国防工业中用以制造子弹、炮弹、枪炮零件等；在建筑工业中，用做各种管道、管道配件、装饰器件等；

纯银是银白色的金属，它具有良好的延展性，其导电性和传热性在所有的金属中都是最高的。用于制合金、焊药、银箔、银盐、化学仪器等，并用于制银币等方面。银的最重要的化合物是硝酸银。在医疗上，常用硝酸银的水溶液作眼药水，因为银离子能强烈地杀死病菌。

锌可用于防蚀。对金属制品，可分批镀锌；对轧制钢带卷，可连续镀锌。对于与水连续接触的物体，如用于船舶、桥梁和近海油气井架的大的钢构件，只须和大的锌块连接，便可得到保护。

镉可做成原子反应堆中的中子吸收棒。镉氧化电位高，故可用作铁、钢、铜之保护膜，广泛用于电镀上，并用于电视映像管、充电电池、黄色颜料及作为塑料之稳定剂。镉化合物可用于杀菌剂、杀虫剂、颜料、油漆等制造业。

汞是常温下惟一的液体金属，游离存在于自然界并存在于辰砂、甘汞及其他几种矿中。常常用焙烧辰砂和冷凝汞蒸气的方法制取汞，它主要用于科学仪器(电学仪器、控制设备、温度计、气压计)及汞锅炉、汞泵及汞气灯中。

仪器试剂

仪器：离心机　离心试管

试剂：H_2SO_4(2mol·L^{-1})　HCl(2mol·L^{-1})　HNO_3(2mol·L^{-1})　NaOH(2mol·L^{-1})　40%NaOH　40%KOH　氨水(2mol·L^{-1})　$CuSO_4$(0.2mol·L^{-1})　$ZnSO_4$(0.2mol·L^{-1})　$CdSO_4$(0.2mol·L^{-1})　$Hg(NO_3)_2$(0.2mol·L^{-1})　$CuCl_2$(0.2mol·L^{-1})　$AgNO_3$(0.1mol·L^{-1})　Na_2S(1mol·L^{-1})　KSCN(0.1mol·L^{-1})　$Na_2S_2O_3$(0.5mol·L^{-1})　KI(0.2mol·L^{-1})　$SnCl_2$(0.2mol·L^{-1})　NaCl(0.2mol·L^{-1})　葡萄糖溶液(10%)　金属汞　KI　铜粉

实验步骤

1. 铜、银、锌、镉、汞氢氧化物或氧化物的生成和性质

(1) 铜、锌、镉氢氧化物的生成和性质。向3支分别盛有2滴浓度均为0.2mol·L^{-1}

$CuSO_4$、$ZnSO_4$、$CdSO_4$溶液的试管中滴加新配制的 2mol·L^{-1} NaOH 溶液，观察沉淀颜色及状态。

在各试管的沉淀中分别加 2mol·$L^{-1}$$H_2SO_4$溶液观察现象，写出反应方程式。

再用 2mol·L^{-1}NaOH 溶液代替 2mol·$L^{-1}$$H_2SO_4$溶液做以上实验并写出反应方程式。

（2）银、汞氧化物的生成和性质

①氧化银的生成和性质。取 0.5mL 0.1mol·L^{-1} $AgNO_3$溶液，滴加新配制的 2mol·L^{-1} NaOH 溶液，观察 Ag_2O(为什么不是 AgOH)的颜色及状态。洗涤并离心分离沉淀，将沉淀分成两份：一份加入 2mol·$L^{-1}$$HNO_3$，另一份加入 2mol·$L^{-1}$$NH_3\cdot H_2O$。观察现象，写出反应方程式。

②氧化汞的生成和性质。取 2 支小试管各加入 2 滴 0.2mol·$L^{-1}$$Hg(NO_3)_2$溶液，滴加新配制的2mol·$L^{-1}$NaOH 溶液，观察沉淀颜色及状态。一份加入 2mol·$L^{-1}$$HNO_3$，另一份加入 40%NaOH 溶液。观察现象，写出反应方程式。

2. 锌、镉、汞硫化物的生成和性质

向 3 支分别盛有 0.5mL 浓度均为 0.2mol·$L^{-1}$$ZnSO_4$、$CdSO_4$、$Hg(NO_3)_2$溶液的离心试管中滴加 1mol·$L^{-1}$$Na_2S$ 溶液，观察沉淀的生成和颜色。

将沉淀离心分离，洗涤，然后将每种沉淀分成 3 份：一份加入 2mol·L^{-1}HCl，另一份中加入浓 HCl，再一份中加入王水(自配)，分别水浴加热。观察沉淀溶解情况。

根据实验现象并查阅有关数据，对铜、银、锌、镉、汞硫化物的溶解情况作出结论列于表 2-4，并写出有关反应方程式。

表 2-4　铜、银、锌、镉、汞硫化物的性质表

性质 \ 硫化物	颜 色	溶 解 性				溶度积(K_{sp})
		HCl(2mol·L^{-1})	HCl(浓)	HNO_3(浓)	王水	
CuS						
Ag_2S						
ZnS						
CdS						
HgS						

3. 铜、银、锌、汞的配合物

（1）氨合物的生成。向 4 支分别盛有 5 滴 0.2mol·L^{-1} $CuSO_4$、$ZnSO_4$、$Hg(NO_3)_2$和 0.1mol·$L^{-1}$$AgNO_3$溶液的试管中滴加 2mol·$L^{-1}$的氨水，观察沉淀的生成。继续加入过量的 2mol·L^{-1}的氨水，又有何现象发生？写出有关反应方程式。

比较 Cu^{2+}、Ag^+、Zn^{2+}、Hg^{2+}与氨水反应有什么不同。

（2）汞配合物的生成和应用

①向盛有 5 滴 0.2mol·$L^{-1}$$Hg(NO_3)_2$溶液的试管中，滴加 0.2mol·$L^{-1}$KI 溶液，观察沉淀的生成和颜色。再往该沉淀中加入少量 KI 固体(直至沉淀刚好溶解为止，不要过量)，溶液显什么颜色？写出反应方程式。

在所得的溶液中，滴入几滴 40%KOH 溶液，再与氨水反应，观察沉淀的颜色。

②向 5 滴 0.2mol·$L^{-1}$$Hg(NO_3)_2$溶液中，滴加 0.1mol·$L^{-1}$KSCN 溶液，最初生成白色

$Hg(SCN)_2$沉淀。继续滴加 KSCN 溶液，沉淀溶解生成无色$[Hg(SCN)_4]^{2-}$配离子。再往该溶液中加几滴 0.2mol·$L^{-1}$$ZnSO_4$溶液，观察白色的$Zn[Hg(SCN)_4]$沉淀的生成(该反应可定性检验$Zn^{2+}$)。必要时用玻璃棒摩擦试管壁。

4. 铜、银、汞的氧化还原性

(1) 氧化亚铜的生成和性质。取 5 滴 0.2mol·$L^{-1}$$CuSO_4$溶液，滴加过量的 6mol·$L^{-1}$ NaOH 溶液，使起初生成的蓝色沉淀溶解成深蓝色溶液。然后在溶液中加入 0.5mL 10%葡萄糖溶液，混匀后微热，有黄色沉淀产生进而变成红色沉淀。写出有关反应方程式。

将沉淀离心分离、洗涤，然后分成两份：一份沉淀与 2mol·$L^{-1}$$H_2SO_4$作用，静置一会，注意沉淀的变化。然后加热至沸，观察有何现象。另一份沉淀中加入 1mL 浓氨水，振荡后，静置一段时间，观察溶液的颜色。放置一段时间后，溶液变成深蓝色，为什么会?

(2) 氯化亚铜的生成和性质。取 1mL 0.2mol·$L^{-1}$$CuCl_2$溶液，加入 5 滴浓 HCl 和少许铜粉，振荡，直至其溶液呈无色(绿色完全消失)。取几滴上述溶液加入 5mL 蒸馏水中，如有白色沉淀产生，则迅速把全部溶液倾入 50mL 蒸馏水中，将白色沉淀洗涤至无蓝色为止。

取少许沉淀分成两份：一份与 2mL 浓氨水作用，观察有何变化。另一份与 2mL 浓 HCl 作用，观察又有何变化。写出有关反应方程式。

(3) 碘化亚铜的生成和性质。在盛有 5 滴 0.2mol·$L^{-1}$$CuSO_4$溶液的试管中，边滴加 0.2mol·$L^{-1}$KI 溶液边振荡，溶液变为棕黄色(CuI 为白色沉淀，I_2溶于 KI 呈黄色)。再滴加适量 0.5mol·$L^{-1}$$Na_2S_2O_3$溶液，以除去反应生成的$I_2$。观察产物的颜色和状态，写出反应式。

(4) 银镜反应。取 1 支试管，依次用 6mol·L^{-1}NaOH 和蒸馏水洗净，加入 5 滴 0.1 mol·$L^{-1}$$AgNO_3$溶液，逐滴加入 2mol·$L^{-1}$氨水，至生成的沉淀刚好溶解。再往溶液中加 2 滴氨水，然后加入 10%葡萄糖溶液数滴，摇匀后把试管放在水浴中加热，观察试管壁上有何变化？说明原因。实验完毕，用 6mol·$L^{-1}$$HNO_3$溶解银镜，并回收。

(5) Hg(Ⅱ)与 Hg(Ⅰ)的相互转化

①Hg^{2+}的氧化性。在 5 滴 0.2mol·$L^{-1}$$Hg(NO_3)_2$溶液中，逐滴加入 0.2mol·$L^{-1}$$SnCl_2$溶液(由适量→过量)。观察现象，写出反应方程式。

②Hg^{2+}转化为Hg_2^{2+}和Hg_2^{2+}的歧化分解。在 0.5mL 0.2mol·$L^{-1}$$Hg(NO_3)_2$溶液中，滴入 1 滴金属汞，充分振荡。用滴管把清液转入两支试管中(余下的汞要回收)，在 1 支试管中加入 0.2mol·L^{-1}NaCl，另 1 支试管中滴入 2mol·L^{-1}氨水，观察现象，写出反应方程式。

实验指导

(1) $[Cu(OH)_4]^{2-}$与醛基反应可鉴定葡萄糖等，医学上利用此反应检查糖尿病。由于制备方法和条件的不同，Cu_2O 晶粒大小各异，而呈现多种颜色：黄、橙黄、鲜红或深棕。

(2) $[HgI_4]^{2-}$与碱溶液的混合液称为 Nessler 试剂，用于检验NH_4^+。两者反应生成红棕色沉淀：碘化氨基·氧合二汞(II)(或碘化氧二汞铵)。

(3) 如果在$Hg(NO_3)_2$溶液的试管中滴加 KI 溶液后，溶液呈棕黄色，很有可能是在配制$Hg(NO_3)_2$溶液时防止其水解而加入了一定量的HNO_3，HNO_3的存在致使少量I_2生成。

(4) 在 CuCl 沉淀中加入氨水，应生成无色的$[Cu(NH_3)_2]^+$配离子，但是易被空气中的氧氧化为$[Cu(NH_3)_4]^{2+}$配离子而使溶液带蓝色。

（5）在 CuI 生成实验中，加入 $Na_2S_2O_3$ 是为了除去生成的碘，但不能加太多，否则 CuI 会与 $S_2O_3^{2-}$ 生成配离子而溶解。

（6）水银是常温下惟一呈液态的金属，它的吸附性特别好。水银蒸气易被墙壁和衣物等吸附，成为不断污染空气的源头。虽然少量吸入不会对身体造成太大的危害，但长期大量吸入，则会造成汞中毒。

（7）镉的化合物进入人体后会引起中毒，发生肠胃炎、肾炎、上呼吸道炎症等，严重的镉中毒会引起极其痛苦的“骨痛病”（全身痛、脊椎骨畸形和易碎骨）。因此，要严防镉化合物被误食。

实验思考

1. 在白色氯化亚铜沉淀中加入浓氨水或盐酸后形成什么颜色溶液？放置一段时间后会变成蓝色溶液，为什么？

2. 使用汞时应注意什么？为什么汞要用水封存？

3. 比较 1 价铜化合物和 2 价铜化合物各自稳定存在的条件，为什么向 $Cu(NO_3)_2$ 溶液中加入 KI 就生成 CuI 沉淀，而加 KCl 则不出现 CuCl 沉淀？

实验九　烷、烯、炔

实验目的

（1）掌握不同烃类和卤代烃的性质和鉴定；

（2）熟悉不同烃基结构对反应速度的影响，不同卤原子对反应速度的影响；

（3）了解第一、第二、第三卤代烃性质上的差异，说明各种卤代烃结构中卤素活性不同的原因。

实验背景

只有 C 和 H 两种元素组成的有机化合物称为碳氢化合物，简称烃。烃类化合物根据其结构的不同，可分为脂肪烃和芳香烃。脂肪烃中又有烷烃、烯烃、炔烃等。不同的烃具有不同的化学性质。

烷烃同系列的分子式通式为 C_nH_{2n+2}，常压下，1~4 个碳的烷烃是气体，5~16 个碳的烷烃是液体，17 个碳以上的为固体。正烷烃的沸点随相对分子质量的增加而升高，这是由分子的色散力所决定的(烷烃为非极性分子，不存在静电引力、诱导力)。对烷烃来说，分子结构对称性越好，其熔点越高。

烷烃化学性质比较稳定，在光催化下，可发生游离基型的卤代反应。

烯烃的分子通式为 C_nH_{2n}，在室温下，2~4 个碳的烯烃是气体，5~18 个碳的烯烃是液体，19 个碳以上的为固体。它们的沸点、熔点和相对密度都随相对分子质量的增加而上升，但相对密度都小于 1，是无色物质，不溶于水，易溶于有机溶剂。

炔烃的分子通式为 C_nH_{2n-2}，物理性质与烯烃相似，也是随着相对分子质量的增加而递变。炔烃的沸点比相应的烯烃高 10~20℃，相对密度及在水中的溶解度都比相应的烯烃大。

烯烃和烷烃都是不饱和烃，比较容易发生加成和氧化反应。

分子中含有苯环的烃类称为芳香烃，单环芳烃一般为无色有特殊气味的液体，不溶于水。液态芳烃是一种良好的有机溶剂。芳香烃具有芳香性，苯环一般难发生氧化和加成反应，但苯环上的氢原子易被取代。

烃分子中一个或多个氢原子被卤素原子取代后生成的化合物称为卤代烃。在室温下，除少数小分子卤代烃是气体外，其他常见的卤代烃都是无色有不愉快气味的液体。亲核取代反应是卤代烃的主要化学性质。

实验原理

烷烃分子含有C—C键与C—H键，是饱和烃类，在一般条件下比较稳定，只有在特殊情况下才可发生取代反应。如光催化作用下，可以发生卤代反应。

$$C_nH_{2n+2}+X_2 \xrightarrow{\text{光照}} C_nH_{2n+1}X+C_nH_{2n}X_2+\cdots\cdots$$

烯烃与炔烃分子含有C═C和C≡C键，是不饱和烃，易于发生加成反应和氧化反应。例如溴的四氯化碳溶液与不饱和化合物可发生加成反应，使溴的颜色褪去。

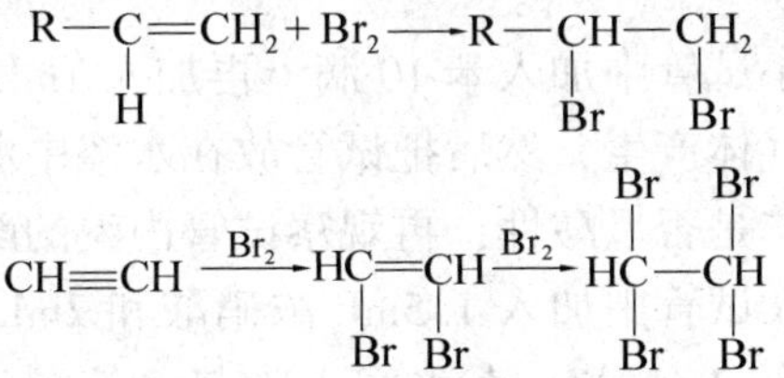

若用高锰酸钾溶液和不饱和烃反应时，高锰酸钾的紫色褪去，同时生成黑褐色的二氧化锰沉淀。

R—C≡C—H型的炔烃，因含有活泼氢，可与一价银离子或亚铜离子生成白色的炔化银或砖红色炔化亚铜沉淀，由此性质可以鉴别此类炔烃。

$$R—C\equiv C—H \xrightarrow{Ag^+} R—C\equiv CAg\downarrow$$

$$R—C\equiv C—H \xrightarrow{Cu^+} R—C\equiv CCu\downarrow$$

1. 烷烃的性质

(1) 溶解性　在试管中加入液体石蜡约10滴，另一支试管中加入苯10滴，然后各加1mL水，摇动后观察上述烃是否溶解，比水轻或比水重。

(2) 氧化反应　取干燥试管4支，编号后各加入液体石蜡0.5mL，再分别加入浓硫酸、10%氢氧化钠、0.1%高锰酸钾、2%溴-四氯化碳溶液0.5mL。摇匀后放在试管架上，观察有何变化。

(3) 卤代反应　取两支干燥试管，分别加入液体石蜡0.5mL后，再加入2%溴-四氯化碳溶液各0.5mL，摇动试管，使其混合均匀。把一支试管放在日光下或窗台上，另一支放入暗处。半小时后，观察两支试管有何变化。

2. 烯烃的性质

(1) 加成反应　在干燥的小试管中加入0.5mL 2%溴-四氯化碳溶液，再加入10滴环己烯，摇匀后，观察溴的橙红色是否褪去？

(2) 氧化反应　在小试管中加入0.5mL 0.1%高锰酸钾溶液，然后逐滴加入约5滴环己烯，充分摇匀，观察高锰酸钾的紫色是否褪去？有无褐色二氧化锰沉淀的生成？

3. 炔烃的性质

(1) 加成反应　在干燥的小试管中加入 0. 5mL 2%溴-四氯化碳溶液，再通入乙炔气体，观察溴的橙红色是否褪去？

(2) 氧化反应　在小试管中加入 0. 5mL 0. 1%高锰酸钾溶液，然后通入乙炔气体，观察高锰酸钾的紫色是否褪去？有无褐色二氧化锰沉淀生成？

(3) 金属炔化物的生成　取两支试管，分别加入 2mL 的硝酸银氨溶液，和氯化亚铜氨溶液。通入乙炔气体，或其他含有—C≡C—H 结构的炔烃。观察溶液变化，有什么沉淀生成？

4. 芳香烃的性质

(1) 氧化反应　在 2 只小试管中分别加入 5 滴苯、甲苯进行试验，各滴入 0. 5mL0. 1%高锰酸钾溶液 1 滴，水浴加热至沸，观察现象。

(2) 加成反应　在干燥的小试管中加入 0. 5mL 2%溴-四氯化碳溶液，再滴入 5 滴苯进行试验，观察溴的橙红色是否褪去？

(3)芳香烃的取代反应

①卤代反应　在干燥的小试管中加入苯 10 滴，再加入 1mL 2%溴-四氯化碳溶液，混匀后加入少量铁粉，观察有无气体产生，然后把试管放在水浴中温热，观察有无气体放出，用湿润的蓝色石蕊试纸检验气体是否呈酸性，再观察试管内溴的颜色变化。

②硝化反应　在干燥的大试管中加入 1. 5mL 浓硝酸和 2mL 浓硫酸，混匀后，将热的溶液冷却至室温，再慢慢滴加约 1mL 苯。在水浴上加热，控制反应温度在 50~55℃。10min 后，把反应混合物倒入盛有 20mL 水的小烧杯中，搅拌、静置，观察并记录生成物的颜色、密度、气味等。

③磺化反应　在干燥试管中加入 1mL 甲苯，再加入约 3mL 浓硫酸，将试管在水浴中加热并不时振摇。待反应溶液不再分层后，将其倒入盛有 20mL 水的小烧杯中，观察现象。

5. 卤烃的性质

(1) 与硝酸银乙醇溶液反应。取 3 支干燥洁净的试管，分别加 3 滴溴乙烷、碘乙烷、氯仿，然后再分别加入 10 滴 1%硝酸银乙醇溶液，振摇 1~2min，观察每支试管中是否有沉淀产生。如无沉淀出现，则略加热片刻，然后再观察现象。

(2) 卤代烃的水解。取 2 支干燥洁净的试管，分别加入 3 滴四氯化碳、氯仿，然后再分别加入 3mL 5%硝氢氧化钠溶液。小火加热几分钟，边加热边摇动试管，直到溶液沸腾后停止。待冷却至室温后，再分别滴加稀硝酸使溶液呈中性或弱酸性。然后再分别加入 10 滴 1%硝酸银水溶液，观察现象。

实验指导

(1) 液体石蜡为混合烷烃，沸点在 300℃以上。石油醚的主要成分为烷烃的混合物。一般有两种沸程，分别为 30~60℃、60~90℃。其中常含有少量不饱和烃，使用前必须经过处理除去不饱和烃。

(2) 溴化氢不溶于四氯化碳，它在空气中有白色烟雾，能使润湿蓝色石蕊试纸变红。因此，可根据这一现象来与不饱和烃的加成反应相区别。

(3) 在金属炔化物的生成实验中，由于生成的炔银和炔铜，在干燥状态下可发生爆炸，实验完毕后，试管中的炔化物应立即用稀硝酸或稀盐酸分解，避免出现危险。

（4）在试管中加入 0.5mL 10%的硝酸银溶液，再滴加氨水。开始出现黑色沉淀，继续滴加氨水，边滴边摇，直到沉淀刚好溶解为止，得到的澄清溶液即为硝酸银氨水溶液。它可以避免炔烃中可能含有的硫化氢、砷化氢等杂质对实验的影响。

（5）在使用浓硫酸、浓硝酸等强酸时，小心不要洒出来。

（6）卤代烃与硝酸银反应为亲核取代反应。活泼的卤代烃跟硝酸银乙醇溶液作用，生成硝酸酯，并有卤化银沉淀析出。用乙醇溶液的目的，是使反应在均相中进行，加快反应速度。

（7）生成的卤化银不溶于稀硝酸中，而有机银盐的沉淀能溶于稀硝酸中。

（8）在卤代烃水解实验中，通过检测氯离子的存在来判断卤代烃是否水解。因此，实验的整个过程中切忌用含氯离子的自来水，以免干扰实验结果。

实验拓展

1. 烷烃的制备

烷烃的主要工业来源为石油和天然气。一般为混合物，要分离出纯的烷烃较困难。

在工业上制备时，常用煤或一氧化碳为原料，在高温高压和催化剂存在下加氢，从而得到烃类化合物。

$$nC+(n+1)H_2 \xrightarrow[450\text{ 个大气压}]{FeO} C_nH_{2n+2}$$

在实验室中，常用烯烃催化加氢、卤代烃还原、Griguard 试剂和羧酸盐的电解偶合等方法来制备烷烃。

2. 烯烃的制备

（1）从裂解气、炼厂气中分离　石油化工厂裂解石油得到的裂解气中含有乙烯、丙烯、丁烯、1,3-丁二烯等烯烃和二烯烃，炼油厂炼制石油时得到的炼厂气中含有乙烯、丙烯、丁烯等烯烃。经过一系列的过程，可以从中分离出乙烯和丙烯等烃类，这是工业上大规模生产乙烯和丙烯的方法。

（2）醇脱水

① 液相催化脱水以浓硫酸为催化剂，加热条件下，醇即脱水生成烯烃。

$$CH_3CH_2OH \xrightarrow[\sim 170℃]{\text{浓 } H_2SO_4} CH_2{=}CH_2+H_2O$$

② 气相催化脱水。以氧化铝为催化剂，加热条件下，醇的蒸气即在氧化铝表面脱水生成烯烃。

$$CH_3{-}\underset{\displaystyle OH}{\underset{|}{CH}}{-}CH_3 \xrightarrow[350\sim400℃]{Al_2O_3} CH_3{-}CH{=}CH_2+H_2O$$

（3）卤代烃脱卤化氢　卤代烷与浓的强碱醇溶液共热，则脱去一分子卤化氢生成烯烃。

$$CH_3{-}\underset{\displaystyle Br}{\underset{|}{CH}}{-}CH_3 + KOH \xrightarrow[\triangle]{C_2H_5OH} CH_3{-}CH{=}CH_2+H_2O+KBr$$

3. 炔烃的制备

（1）电石为原料

$$CaO+3C \xrightarrow[\text{电炉}]{2500\sim3000℃} CaC_2+CO$$

$$CaC_2+2H_2O \longrightarrow CH{\equiv}CH + Ca(OH)_2$$

（2）天然气为原料

$$2CH_4 \xrightarrow[0.001\sim0.01s]{\sim1500℃} CH{\equiv}CH + 3H_2$$

（3）由二元卤代烷脱卤化氢

① 由邻二卤代烷脱卤化氢

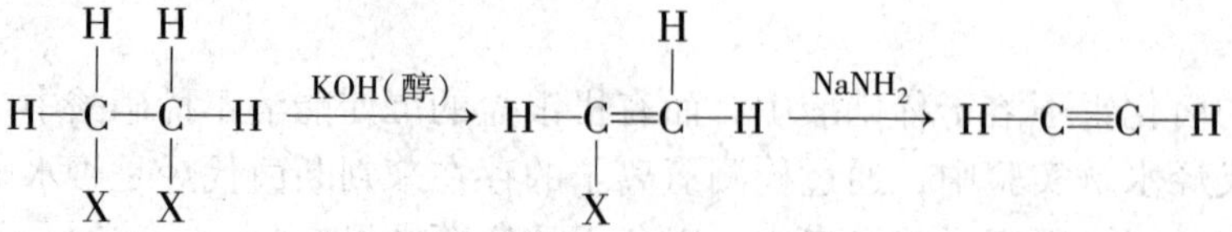

② 由偕二卤代烷脱卤化氢

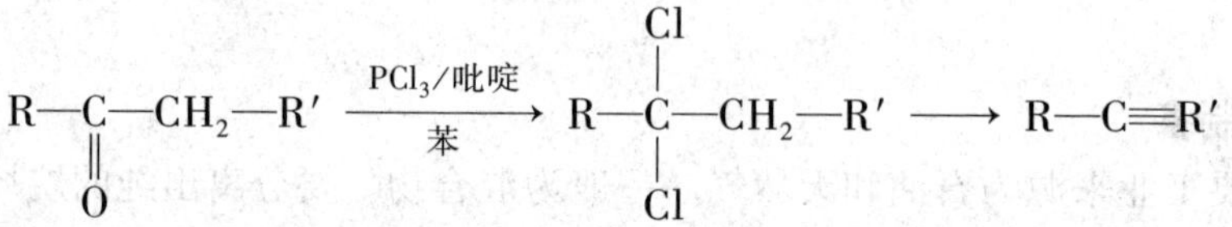

（4）由炔化物制备　末端炔氢可被金属取代形成炔负离子，进而与 RX 反应得到二元取代炔。

$$R{-}C{\equiv}CNa \xrightarrow{R'X} R{-}C{\equiv}C{-}R'$$

$$R{-}C{\equiv}CLi \xrightarrow{R'X} R{-}C{\equiv}C{-}R'$$

4. 芳烃的来源

随着石油工业的迅速发展，芳烃的来源渐渐地转移到以石油为原料。苯可以看作是一切芳香族化合物的母体，分子中的 H 可以被子烃基取代，得到各种烃基取代的苯。工业上主要通过回收炼焦副产物中的芳烃，以及石油芳构化来制备芳烃。

实验思考

1. 进行不饱和烃和卤素的加成反应，为什么一般不用溴水，而用溴的四氯化碳溶液？
2. 乙炔银和乙炔亚铜的试管实验结束后应如何妥善处理？
3. 向氯仿中滴入10%硝酸银溶液后有什么现象？为什么？
4. 为什么检查卤代烃一般要用硝酸银的醇溶液而不是水溶液？
5. 烷烃与高锰酸钾溶液、溴有无反应？在光照下能否与溴起反应？用游离基反应历程作解释。

实验十　醇、酚、醚

实验目的

（1）熟悉醇、酚和醚某些化学性质及其区别；

（2）掌握醇、酚和醚的鉴别方法；

（3）认识羟基和烃基的互相影响。

实验背景

醇、酚和醚都是烃的含氧衍生物，但它们是不同类的有机化合物。

醇可以看成是烃分子中的氢原子被羟基(—OH)取代后生成的衍生物(R—OH)，羟基是醇的官能团。一元醇可以看作是水分子中的一个氢原子被脂肪烃基取代的产物。

按烃基是否饱和，醇可以分为饱和醇和不饱和醇。根据醇分子中所含羟基的类别，可以分成脂肪醇、脂环醇和芳香醇。根据醇分子中所含羟基的数目，可以分为一元醇、二元醇和多元醇。在一元醇分子中，根据羟基所连碳原子的种类，又可以分为一级醇(伯醇)、二级醇(仲醇)和三级醇(叔醇)。

低级醇是无色透明、易挥发、具有酒味的液体，较高级的醇为黏稠的液体，十二碳以上的高级醇是无嗅无味的蜡状固体。脂肪醇的相对密度大于烷烃，但小于1；芳香醇的相对密度大于1。醇比相应的烷烃的沸点要高，这是由于醇形成分子间氢键的原因。甲、乙、丙醇与水以任意比混溶，含4个C以上的醇则随着碳链的增长溶解度减小。分子中羟基越多，在水中的溶解度越大，沸点越高。低级醇能和一些无机盐($MgCl_2$、$CaCl_2$、$CuSO_4$等)作用形成结晶醇，亦称醇化物。

酚是具有Ar—OH通式的化合物。酚与醇在结构上的区别就在于它所含的羟基直接与芳环相连。酚一般多为固体，少数烷基酚为液体。由于分子间形成氢键，所以沸点都很高。酚微溶于水，在水中的溶解度随—OH数目的增加而增大。纯酚是无色的，但往往由于氧化而带有红色至红褐色。

许多酚类化合物有杀菌作用，可用作消毒杀菌剂。医院常用的杀菌剂来苏水，就是甲酚(甲基酚异构体的混合物)与肥皂液的混合物。某些酚类衍生物还可以用作木材或食物的防腐剂。

醚可以看作是醇羟基或酚羟基上的氢原子被烃基取代后的生成物，通式是R—O—R′、Ar—O—Ar′。若与氧相连的两个烃基相同，称作单醚，如C_2H_5—O—C_2H_5；若与氧相连的两个烃基不同时，称作混合醚，如CH_3—O—C_2H_5。根据醚键(—O—)所连接的烃基结构的不同，可分为饱和醚、不饱和醚、芳醚和环醚。

在常温下除甲醚和甲乙醚为气体外，大多数醚为易燃的液体，有特殊气味，相对密度小于1。低级醚的沸点比相对分子质量相近的醇的沸点低得多。醚一般微溶于水，易溶于有机溶剂。由于醚的化学性质不活泼，因此是良好的有机溶剂，常用来提取有机物或作有机反应的溶剂。

实验原理

醇、酚、醚都可看作是烃的含氧衍生物，由于氧原子连接的基团(或原子)不同，使醇、酚、醚的化学性质有很大的区别。

醇类的特征反应与羟基有关，羟基中的氢原子可被金属钠取代生成醇钠，羟基还可被卤原子取代。伯、仲、叔醇与Lucas试剂作用时，反应速度不同，生成的产物氯代烷不溶于Lucas试剂中，故可以根据出现混浊的快慢来鉴别伯、仲、叔醇，立即出现混浊、放置后分层的为叔醇，经微热几分钟后出现混浊的为仲醇，无明显变化的为伯醇。此外，伯、仲醇易被氧化剂如高锰酸钾、重铬酸钾等氧化，而叔醇在室温下不易被氧化，所以可用氧化反应鉴别叔醇。丙三醇、乙二醇及1,2-二醇等都能与新配制的氢氧化铜溶液作用，生成绛蓝色产物，此反应可用于邻二醇的鉴别。

酚的反应比较复杂，除具有酚羟基的特性外，还具有芳环的取代反应。由于两者的相互影响，使酚具有弱酸性(比碳酸还弱)，能溶于氢氧化钠溶液，而不溶于碳酸氢钠溶液。大多数酚与三氯化铁溶液发生特征性的颜色反应，可用于酚类的鉴别。此外，苯酚容易被氧化，可使高锰酸钾紫色褪去。苯酚与溴水反应可生成2,4,6-三溴苯酚的白色沉淀，此反应常用于苯酚的鉴别和测定。

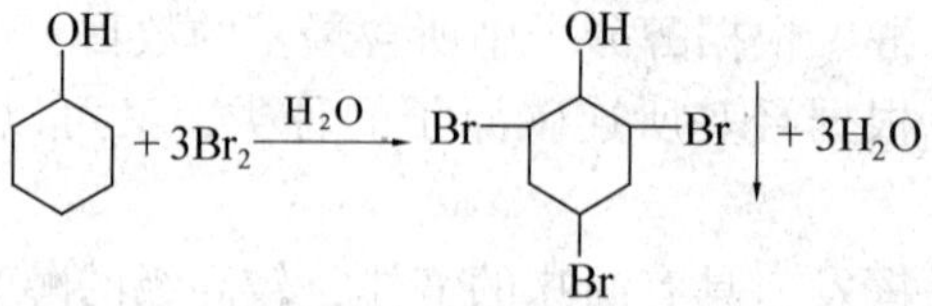

醚都能与浓的强无机酸作用，由于醚链上的氧原子具有未共用对，能接受强酸中的氢离子而生成盐，故乙醚可溶于浓硫酸中。当用水稀释时，生成的盐又分解为原来的醚和酸。利用此性质可分离或除去混在卤代烷中的醚。此外，醇、醛、酮、酯等中性含氧有机物，也都能形成盐而溶于浓硫酸。

乙醚具有沸点低、易挥发、易燃、密度比空气大等特点，故蒸馏或使用乙醚时，严禁明火，并需采用特殊的接收装置。乙醚在空气中放置易被氧化，形成过氧化物，此过氧化物浓度较高时，易发生爆炸，故蒸馏乙醚时不应蒸干，以防发生意外事故。醇与酚都是含有羟基的化合物，但是，对于羟基所连的烃基不同，它们在性质上也有许多不同之处。

1. 醇的性质

(1) 醇钠的生成与水解　在2支干燥的试管中，分别加入1mL无水乙醇、1mL正丁醇，再各加入一粒黄豆大小的金属钠，观察两支试管中反应速度有何差异。用大拇指按住试管口片刻，待气体平稳放出并增多时，再用点燃的火柴接近管口，有什么情况发生。

醇与钠反应后期，溶液逐渐变稠，金属钠的外面被一层固体的乙醇钠覆盖，使反应逐渐变慢。这时需用小火加热，使反应进行完全，直至钠粒完全消失。然后向试管中加入5mL水，并滴入两滴酚酞指示剂，观察溶液颜色的变化。若试管中还有残余钠粒，则绝不能加水。未反应完的钠粒绝不能倒入水槽(或废酸缸)中，应用镊子将钠取出放在乙醇中销毁。

(2) 醇的氧化　在三支试管中，分别加入1mL 5% $K_2Cr_2O_7$溶液和1mL 3mol · L^{-1} H_2SO_4，混匀后再分别加入3~4滴正丁醇、仲丁醇、叔丁醇，观察各试管中溶液颜色的变化。

(3) Lucas试验(伯、仲、叔醇的鉴别)　在三支干燥试管中，分别加入0.5mL丁醇、仲丁醇、叔丁醇，然后各加入1mL Lucas试剂，用软木塞塞住试管口，用力振摇片刻后静置，观察各试管中的变化，并记录第一个出现浑浊的时间。然后将其余两支试管放入50~55℃水浴中，几分钟后观察两支试管中有无变化，并加以记录。

(4) 多元醇与氢氧化铜的作用　在两支试管中，分别加入1mL 1% $CuSO_4$溶液和1mL 10%NaOH溶液，立即析出蓝色氢氧化铜沉淀。倾去上层清液，再各加入2mL水，充分振摇后分别滴入三滴甘油和乙二醇，振摇并观察溶液颜色的变化。最后再加入过量的稀盐酸，观察溶液颜色又有何变化。

2. 酚的性质

(1) 苯酚的水溶性和弱酸性

①在试管中加入0.3g苯酚晶体和1mL水，振摇并观察苯酚的溶解性，加热后再观察试管中的变化。待溶液冷却后，加入几滴20%NaOH溶液，然后再滴加3moL · L^{-1} H_2SO_4，观

察反应过程现象。

②在两支试管中，各加入 0. 3g 苯酚晶体，再分别加入 1mL 5%$NaHCO_3$溶液、1mL 5% Na_2CO_3溶液，振摇并用手握住试管底部片刻，观察各个试管中的现象并加以对比。

③在试管中加入 1mL 5%$NaHCO_3$溶液，再加入少量苦味酸晶体，振摇并观察现象。

(2) 苯酚与溴水作用

在试管中放入 0. 3g 苯酚晶体，并加入 2~3mL 水，制成透明的苯酚稀溶液，滴加饱和溴水，观察有何现象。在振摇下继续向试管中加入饱和溴水，至白色沉淀变为淡黄色沉淀为止。将制得的混合液用小火加热煮沸 1~2min 后冷却，在冷的混合液中加入 5 滴 5%碘化钾溶液和 1mL 苯，用力摇动试管，观察有何现象。

(3) 苯酚与三氯化铁作用

①在试管中放入 0. 3g 苯酚晶体，并加入 2~3mL 水，制成透明的苯酚稀溶液，再滴加 2~3滴 1%$FeCl_3$溶液，观察现象。

②在试管中加入少量对苯二酚晶体与 2mL 水，振摇后，再加入 1mL 1%$FeCl_3$溶液，观察溶液颜色的变化。放置片刻后再观察有无结晶析出(可用玻棒摩擦试管壁，加速结晶析出)。

3. 醚的性质

(1) 乙醚的挥发性和易燃性　在干燥的小烧杯中，放入 2~3mL 乙醚，再放入一小团脱脂棉吸收乙醚，将吸收乙醚后的棉花放入玻璃漏斗(棉花应稍压干，勿使乙醚液滴滴下)。几分钟后，在弯管尖嘴处用火柴点燃(或将燃着的火柴放入烧杯内)，观察并解释实验现象。

(2) 乙醚与酸的作用(锌盐的形成)　在干燥试管中放入 2mL 浓 H_2SO_4，用冰水浴冷却后，再小心加入已预先冷却的 1mL 乙醚，观察现象并嗅其气味。加乙醚时，要分几次加入，并摇动试管，保持冷却。然后在振摇和冷却下，把试管内的混合液倒入盛 5mL 冰水的试管里，观察现象并嗅其气味。再小心滴加几滴 5%NaOH 溶液，中和掉一部分酸，观察乙醚层是否增多。

(3) 过氧化物的检验　取 1mL 2%$(NH_4)_2Fe(SO_4)_2$溶液(新配制)，滴入 2~3 滴 1%NH_4CNS 溶液，再加入 1mL 工业乙醚，然后用力振摇。观察溶液颜色有无变化并解释原因。

实验指导

(1) Lucas 试验只适用于鉴定 C_3~C_6醇，因为六个碳以上的醇不溶于卢卡斯试剂，而 C_1~C_2醇反应生成的氯代烷是气体，故都不适用。

(2) Lucas 试剂的配制：将 34g 无水氯化锌在蒸发皿中强热熔融，稍冷后放在干燥器中冷至室温，取出捣碎，再溶于 23mL 浓盐酸中。配制时须加以搅动，并置于冰水浴中冷却，以防氯化氢溢出。此试剂用时再配制。

(3) 多元醇能与某些金属(铜、铅)的氢氧化物发生螯合反应。例如甘油与氢氧化铜反应，生成蓝色可溶性甘油铜。此实验是多元醇的定性反应。此络合物对碱稳定，加入过量稀盐酸，又分解为多元醇与铜盐，颜色又变浅蓝色。

(4) 因为碳酸钠水解产生氢氧化钠：

$$Na_2CO_3+H_2O \longrightarrow NaOH+NaHCO_3$$

苯酚与氢氧化钠反应生成水溶性的苯酚钠(在此过程无 CO_2放出)，故苯酚能溶于碳酸钠溶液，但不溶于碳酸氢钠溶液。

(5) 苦味酸的酸性比甲酸要强($pK_a = 0.38$)，实验中析出的固体是苦味酸钠。

(6) 2,4,6-三溴苯酚的溶解度极小(20℃、0.007g/100g 水)，1ppm($1ppm = 10^{-6}$)的苯酚稀溶液加入溴水也呈现混浊。2,4,6-三溴苯酚继续与过量溴水作用，会产生淡黄色难溶于水的四溴化合物(溴水也是氧化剂)。

(7) 若乙醚中有过氧化物存在，它能使亚铁盐氧化为铁盐，铁盐与 NH_4SCN 作用，生成血红色的硫氰化铁络离子。

实验拓展

工业上以石油裂解气中的烯烃为原料合成醇。低级醇是某些糖类和蛋白质发酵的产物。天然的蜡是高级羧酸和高级醇形成的酯，水解这类酯可获得相应的高级醇和高级羧酸。

以烯烃为原料，通过直接或间接水合法可制低级醇。乙烯水合可制得伯醇，其他烯烃水合的产物是仲醇或叔醇。

$$CH_2 = CH_2 + H_2O \xrightarrow[300℃,\ 7MPa]{磷酸-硅藻土} CH_3—CH_2—OH$$

醛、酮还原可得相应的伯醇和仲醇，羧酸、酯还原为伯醇。

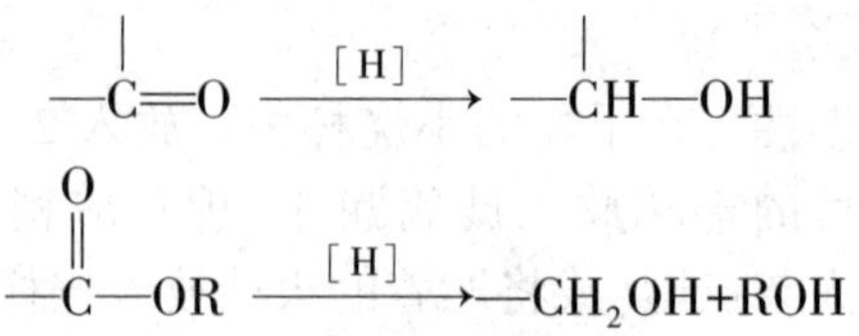

工业上常用的醇有甲醇、乙醇、乙二醇和丙三醇等。甲醇最早是由木材干馏得到的，因此又称木醇，是一种无色易燃的液体，能溶于水。甲醇在工业上主要用来制备甲醛，以及作为油漆的溶剂和甲基化试剂等。乙醇俗名酒精，是应用最广的一种醇。乙醇为无色液体，具有特殊气味、易燃，是有机合成工业的重要原料，也是常用的有机溶剂。乙二醇是合成纤维等高分子化合物的重要原料，又是常用的高沸点溶剂。乙二醇的熔点低，可用作冬季汽车散热器的防冻剂和飞机发动机的制冷剂。

重要的酚有苯酚、对苯二酚、萘酚和维生素 E 等。苯酚俗称石炭酸，是有特殊气味的无色针状结晶，在空气中逐渐氧化呈微红色。苯酚具有一定的杀菌能力，可用作防腐剂和消毒剂。在工业上，苯酚是一种重要的化工原料，大量用于制造酚醛树脂、离子交换树脂、合成纤维、炸药、燃料和药物等，用途极广。对苯二酚是照相的显影剂，也常用作抗氧化剂。

单醚可用醇分子间脱水的方法制备。在酸性催化剂作用下，两分子醇之间可以脱去一分子水生成醚。

$$2R—OH \xrightarrow[\triangle]{H^+} R—O—R$$

常用的催化剂有 H_2SO_4、H_3PO_4、Al_2O_3等。

通常是将等物质的量的醇和硫酸混合，加热使醇与硫酸迅速作用，然后再逐渐加入过量的醇，这时生成的醚就被蒸馏出来。

制备混合醚的简便方法是 Williamson 合成法，是用卤代烃和醇钠或酚钠作用所得。

$$R—X + R'ONa \longrightarrow R—O—R' + NaX$$

在工业上常用的重要的醚有乙醚、环氧乙烷和四氢呋喃。乙醚微溶于水，能溶解多种有机物，其本身化学性质比较稳定，是常见的有机溶剂。环氧乙烷有较高的化学活泼性，在酸性、碱性条件下容易被破坏发生多种反应，是一个重要的有机合成中间体。

实验思考

1. 为什么必须使用无水乙醇与金属钠反应？反应产物加水后用酚酞检验，产生什么现象并加以说明。

2. 用Lucas试剂检验伯、仲、叔醇的实验成功的关键何在？对于六个碳以上的伯、仲、叔醇是否都能用Lucas试剂进行鉴别？

3. 多元醇如甘油可用什么溶液鉴别？并写出有关反应式。苯酚为什么能使三氯化铁溶液显色？是否所有的酚都能使三氯化铁显色？

4. 苯酚和三氯化铁溶液显紫色，当加入NaOH溶液，使溶液呈碱性，请预测可能出现的现象，并用实验加以验证。

5. 乙醚为什么能溶于浓的无机强酸？加水稀释后乙醚为何又浮在上层？加几滴碱后乙醚层为何又增多？

实验十一　醛、酮

实验目的

（1）了解醛和酮的化学性质；

（2）掌握鉴别醛、酮的化学方法。

实验背景

醛、酮和醌分子中都含有 $\overset{\overset{\large O}{\|}}{-C-}$ ，统称为羰基化合物，羰基是羰基化合物的官能团。若羰基碳原子分别与氢原子和烃基相连，该化合物称为醛，可用通式 $R-\overset{\overset{\large O}{\|}}{C}-H$ 表示，$-\overset{\overset{\large O}{\|}}{C}-H$ 叫醛基。若羰基碳原子与两个烃基相连，该化合物称为酮，可用 $R-\overset{\overset{\large O}{\|}}{C}-R$ 表示。酮分子中的羰基又叫酮基。

根据醛、酮分子中烃基的不同，可分为脂肪族醛、酮和芳香族醛、酮。羰基嵌在环内的，称为环内酮。根据醛、酮分子中羰基数目的不同，又可分为一元和二元醛、酮等。根据烃基是否含有不饱和键，可分为饱和醛、酮和不饱和醛、酮。

常温下，只有甲醛是气体，低级醛酮都是液体，高级醛酮为固体。低级醛有强烈刺激性气味，中级醛有花果香味，8~13个碳原子的醛可做香料。羰基是极性基团，故醛、酮分子间的引力大。与相对分子质量相近的烷烃和醚比，醛、酮沸点较高。又由于醛、酮分子间不能形成氢键，因而沸点低于相对分子质量相近的醇。醛、酮分子中的羰基氧原子能和水分子形成氢键，所以相对分子质量较低的醛酮可溶于水。

醛、酮在有机合成上占有特殊重要的地位，它们在工业生产和实验室制备中都被广泛地用作原料和试剂。此外，醛、酮在自然界中也广泛存在，有些化合物本身就有实际用途，是重要的药物和香料。因此，醛、酮是一类重要的有机化合物。

实验原理

醛、酮都是含有羰基的化合物。羰基是极性基团，受羰基氧吸电子的影响，羰基碳周围缺少电子，带部分正电荷。羰基很容易被亲核试剂进攻，发生亲核加成反应。醛、甲基酮及简单的环酮由于它们的羰基加成活性较强，可与亚硫酸氢钠、苯肼、格氏试剂反应，分别生成 α-羟基磺酸钠、苯腙及醇类。

在醛分子中，醛基上的碳氢键受羰基影响，稳定性减弱，易被氧化剂氧化。如与托伦试剂作用产生银镜，与斐林试剂作用产生氧化亚铜红色沉淀等。脂肪醛与两种弱氧化剂都能反应，酮无此反应。因此利用这个性质可进行脂肪醛、芳香醛和酮的鉴别。

具有甲基酮结构的醛、酮，其 α-氢受羰基氧吸电子的影响，在卤素的碱溶液作用下(或次卤酸钠)，三个 α-氢都可以被卤原子取代，且碳碳键断裂生成卤仿。

具有甲基醇结构的化合物，也能与卤素的碱溶液或次卤酸钠作用生成卤仿。

1. 醛与酮的亲核加成反应

(1) 与2,4-二硝基苯肼的加成　在4支小试管中，各加入2,4-二硝基苯肼试剂1mL，然后分别滴入2滴乙醛、丙酮、苯甲醛、苯乙酮试样，摇匀后静置，观察有无晶体析出。

(2) 与亚硫酸氢钠的加成　在3支小试管中，分别滴加丙酮、苯甲醛、苯乙酮试样1mL，各加入新配制的饱和亚硫酸氢钠溶液1滴，剧烈振摇后，观察有无晶体析出。在生成的结晶中加入2mL 5%的稀盐酸，用力摇动试管，放在不超过50℃的水浴中加热，继续不断地摇动试管，观察有何现象。

2. 区别醛与酮的反应

(1) 与Tollens试剂反应(银镜反应)　取洁净试管一支，加10%硝酸银溶液2mL，再加入10%NaOH溶液1~2滴，立即产生棕色沉淀。再逐滴加入稀氨水，直到沉淀刚刚溶解为止，即得一透明清亮的溶液为Tollens试剂。

另取4支洁净的试管，把上述Tollens试剂分为4份，各加入乙醛、丙酮、苯甲醛、苯乙酮2滴。2min后若无变化，可在50~60℃的温水浴中加热，观察并比较现象。

(2) 与Fehling试剂反应　在4支试管中，各加入0.5mL Fehling试剂A和0.5mL Fehling试剂B，混合均匀后，再分别滴入甲醛、乙醛、丙酮、苯甲醛各5滴，边加边摇动试管。摇匀后，将4支试管一起放入沸水浴中加热5min，观察有何现象。

(3) 与Schiff试剂反应　在五支各装有1mL Schiff试剂的试管中，分别加入1滴甲醛、乙醛、丙酮、苯甲醛和苯乙酮。摇动试管，注意观察现象有何不同。

3. 醛与酮活泼甲基的检验——碘仿反应

在7支试管中，分别加入甲醛、乙醛、乙醇、异丙醇、丙酮、苯甲醛、苯乙酮各5滴，然后加入碘-碘化钾的溶液各1mL，再滴加10%氢氧化钠溶液至混合物的颜色刚好消失为止。注意观察试管中的溶液，当深红色一消失后，有没有沉淀立即产生，是否能嗅到碘仿的气味？若有的试管中出现白色乳浊液，则将该试管放在60℃水浴中加热数分钟，放冷后再观察，并记录现象，比较结果，作出结论。

实验指导

(1) 某些易被氧化成醛或酮化合物，例如缩醛，也能与2,4-二硝基苯肼反应，得到定性的结果。

（2）醛、酮与亚硫酸氢钠的加成反应中，饱和亚硫酸氢钠溶液必须是新配制的。

（3）Tollens 试剂久置会析出黑色氮化银沉淀，它在振动时易分解而发生猛烈爆炸，有时甚至潮湿的氮化银也能引起爆炸，故必须现配现用。实验完毕，应向试管中加入少量的硝酸，加热洗去银镜。

（4）银镜反应所需的试管必须十分清洁。可用热的铬酸洗液或硝酸洗涤，再用蒸馏水冲洗干净。如果试管不清洁或反应太快，就不能生成银镜，而是生成黑色的银沉淀。

（5）银镜反应不易温热过久，更不能放在灯焰上加热。用苯甲醛做银镜反应时，稍多加半滴氢氧化钠溶液，将会有利于银镜生成。

（6）Fehling 试剂只与脂肪醛反应，故可区别脂肪醛与芳香醛。甲醛被斐林试剂氧化成甲酸后，仍有还原性，即氧化亚铜继续还原为金属铜，呈红色粉末或铜镜析出。

（7）碱性或呈碱性反应的试样不宜与 Schiff 试剂作用，否则均将使试剂失去二氧化硫而出现品红的颜色，引起判断的错误。受热也会如此，因此实验时不能加热。

（8）如氢氧化钠溶液过量，则加热时生成的碘仿会发生水解而使沉淀消失。

实验拓展

醛和酮广泛存在于自然界中，许多醛是香料。例如水蒸气蒸馏樟树碎片得到的樟脑、从麝香中提取到的麝香酮都是脂环酮。但从动植物中提取醛、酮受到原料来源的限制，不能满足市场的需求，因此目前大多已改用人工合成。人工合成醛、酮的方法主要有以下几种。

1. 氧化或脱氢法

从石油或煤来源的化工原料主要是烃类，因而从烃直接氧化制备醛、酮，应是较理想的工业生产方法。但一般情况下，烃的氧化都不易控制使它停留在醛的阶段。

$$CH_4 \xrightarrow{[O]} CH_3OH \xrightarrow{[O]} CH_2O \xrightarrow{[O]} HCOOH \xrightarrow{[O]} H_2O + CO_2$$

也可由醇氧化或脱氢制的醛、酮。

氧化反应式为：

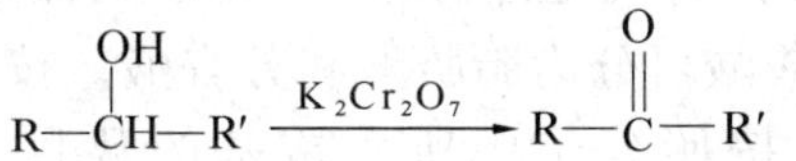

脱氢反应式为：

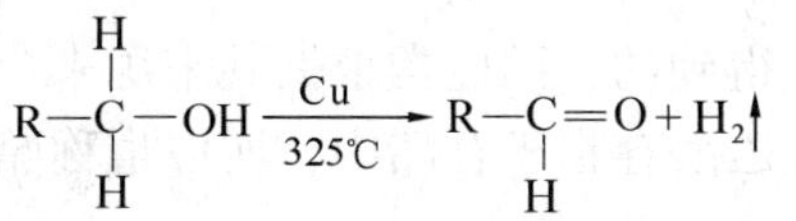

2. 芳烃的 Friedel-Crafts 酰化法

要合成芳酮，最常用的方法是芳烃的 Friedel-Crafts 酰化法，其通式为：

$$ArH + RCOCl \xrightarrow{AlCl_3} ArCOR + HCl$$

此法应用范围很广，所用试剂并不局限于酰卤、酸酐。R 可以是芳烃基或酯烃基，且在反应过程中不发生重排，引进 RCO 基后，钝化了芳环而使反应终止。最常用的催化剂是三氯化铝，其作用是增加羰基碳原子的正电性，以便于较弱的亲核试剂进攻芳环。

3. 羰基合成

烯烃与一氧化碳和氢气在某些金属的羰基化合物如八羰基二钴 $[Co(CO)_4]_2$ 作用下，在一定的温度压力下，可以发生反应，生成多一个碳原子的醛，反应称为羰基合成。

羰基合成的原料大多用双键在链端的α-烯烃，其产物以直链醛为主。

$$CH_3CH{=}CH_2+CO+H_2 \xrightarrow[110\sim200℃,\ 10\sim20MPa]{[Co(CO)_4]_2} CH_3CH_2CH_2CHO+\underset{\displaystyle CH_3}{\underset{|}{CH_3CHCHO}}$$

实验思考

1. 为了使碘仿尽快生成，有时碘仿反应需加热进行，能否用沸水浴热？为什么？什么结构的醛或酮能发生碘仿反应？

2. 醛、酮与亚硫酸氢钠加成反应中，为什么一定要使用饱和亚硫酸氢钠溶液？而且必须新配制？

3. 怎样用化学方法区别醛和酮？

4. 什么结构的化合物能发生碘仿反应？鉴定时为什么不用溴仿和氯仿反应？

5. 配制碘溶液时为什么要加入碘化钾？

6. 银镜反应使用的试管为什么一定要洁净？如何使试管洗涤干净符合要求？

实验十二　羧酸及其衍生物

实验目的

(1) 掌握羧酸及衍生物的性质；

(2) 熟悉乙酰乙酸乙酯的酮式的互变异构现象；

(3) 了解羟肟酸铁盐在鉴定羧酸衍生物中的应用。

实验背景

分子中含有羧基—COOH 的有机化合物称为羧酸，可用通式 RCOOH 和 ArCOOH 表示。按照羧基所连的烃基不同，羧酸可分为脂肪酸和芳香酸。按照分子中是否含有不饱和键，可分为饱和酸和不饱和酸。按照分子中所含羧基的数目，羧酸又可分为一元和多元羧酸。

许多羧酸是从天然产物中得到的，因此常根据其来源来命名。例如，甲酸最初是由蒸馏蚂蚁而得到，所以也称蚁酸。乙酸存在于食醋中，所以也称醋酸。高级一元酸是由脂肪中得到的，因此开链一元羧酸又称脂肪酸。

如果羧酸分子中烃基上的氢被其他原子或原子团所取代，就形成了取代羧酸，常见的有卤代酸、羟基酸、羰基酸和氨基酸等。

如果羧酸分子中羰基上的羟基被其他原子或原子团所取代，形成的化合物称为羧酸衍生物，主要包括酰卤、酸酐、酯和酰胺。

实验原理

羧酸由烃基和羧基组成，其化学反应主要发生在羧基上。由于羧基的结构为 P-π 共轭体系。当羧基电离成负离子后，氧原子上便带一个负电荷，更有利于共轭，故羧酸易离解成负离子。

羧酸的化学反应分为以下四类：O—H 键断裂；C—O 键断裂；α—H 键断裂；脱羧反应。

羧酸最典型的化学性质是具有酸性，酸性比碳酸强，故羧酸不仅能溶于氢氧化钠溶液，而且也溶于碳酸氢钠溶液，以此可用来鉴定羧酸。某些酚类，特别是芳环上有强吸电子基的酚类具有与羧酸类似的酸性，可通过与三氯化铁的显色反应加以区别。

饱和一元羧酸中，以甲酸酸性最强，而低级饱和二元羧酸的酸性又比一元羧酸强。羧酸能与碱反应生成盐，与醇反应生成酯。甲酸和草酸还具有较强的还原性，甲酸能发生银镜反应，但不与 Fehling 试剂反应。草酸能被高锰酸钾氧化，此反应可用于定量分析。羧酸衍生物都含有酰基结构，具有相似的化学性质。在一定条件下，都能发生水解、醇解、氨解反应，其活泼性为：酰卤>酸酐>酯>酰胺。

1. 羧酸的性质与鉴定

（1）酸性试验　将甲酸、乙酸各 10 滴及草酸 0.5g 分别溶于 2mL 水中，摇动试管混匀后，用洗净的玻璃棒分别蘸取相应的酸液在同一条刚果红试纸上画线，比较各线条的颜色和深浅程度。

（2）成盐反应　取 0.2g 苯甲酸晶体放入盛有 1mL 水的试管中，加入 10%氢氧化钠溶液数滴，振荡并观察现象，接着再加数滴 10%盐酸，振荡，并观察所发生的变化。

（3）加热分解作用　将甲酸和冰乙酸各 1mL 及草酸 1g 分别放入 3 支带有导管的小试管中，导管的末端分别伸入 3 支各自盛有 1~2mL 石灰水的试管中(导管要插入石灰水中)。加热试样，观察小试管中的水溶液有何现象。

（4）氧化作用　在 3 支带有导气管的小试管中，分别加入 0.5mL 甲酸、乙酸以及由 0.2g 草酸和 1mL 水配成的溶液，然后分别再加入 1mL 稀硫酸(用水以体积比为 1∶5 稀释)、2~3mL0.5%高锰酸钾溶液，混匀后加热至沸。将导气管插入石灰水中，观察有何现象。

（5）成酯反应　在一干燥的小试管中加入 1mL 无水乙醇和 1mL 冰乙酸，再加入 0.2mL 浓硫酸，振摇均匀后浸在 60~70℃的热水浴中约 10min，然后将试管浸入冷水中冷却。待冷却后，再向试管中加入 5mL 水，这时试管中有酯层析出并浮于液面之上，观察现象并闻其气味。

2. 酰氯和酸酐的性质

（1）水解作用　在试管中加入 2mL 蒸馏水，再加入数滴乙酰氯，观察现象。反应结束后在溶液中滴加数滴 2%硝酸银溶液，观察现象。

（2）醇解作用　在一干燥的小试管中加入 1mL 无水乙醇，慢慢滴加 1mL 乙酰氯，同时用冷水冷却试管并不断振荡。反应结束后先加入 1mL 水，所得溶液呈酸性，然后小心地用 20%碳酸钠溶液中和使之呈中性，即有一酯层浮在液面上，如果没有酯层浮起，在溶液中加入粉状氯化钠使溶液饱和为止，观察现象并闻其气味。

（3）氨解作用　在一干燥小试管中加入新蒸馏过的淡黄色苯胺 5 滴，然后慢慢滴加乙酰氯 8 滴，待反应结束后再加入 5mL 水并用玻璃棒搅匀，观察现象。

用乙酸酐代替乙酰氯重复做上述三个实验，乙酸酐反应较乙酰氯难进行，必须在热水浴中加热，并需较长时间才能完成。

3. 酰胺的水解反应

（1）碱性水解　取 0.2g 乙酰胺和 2mL 20%氢氧化钠溶液一起加入一小试管中，混合均匀，加1粒沸石并用小火加热至沸。在试管口放一条湿润的红色石蕊试纸，观察煮沸过程中石蕊试纸的颜色有何变化，放出的气体有何气味。然后停止加热，待试管里的溶液冷却至室温后再加入浓盐酸。注意观察试管在加盐酸的前后有何变化。

(2) 酸性水解　取0.2g乙酰胺和2mL 10%硫酸一起放入一小试管中，混合均匀并用小火加热沸腾2min，注意有乙酸产生。放冷后，再加入20%氢氧化钠溶液，至反应液呈碱性后再次加热。用湿润的红色石蕊试纸检验所产生气体的性质。

4. 油脂的性质

(1) 油脂的不饱和性　取0.2g熟猪油和数滴近于无色的植物油分别加入2支小试管中，再分别加入1~2mL四氯化碳，振荡使溶解完全。然后分别滴加3%溴的四氯化碳溶液，边加边振荡，观察所发生的变化。

(2) 油脂的皂化　取3g油脂、3mL 95%乙醇和3mL 30%~40%氢氧化钠溶液放入一大试管中，摇匀后在沸水浴中加热煮沸。待试管中的反应物成一相后，继续加热10min左右，并经常振荡。皂化完全后，将制得的黏稠液体倒入盛有15~20mL湿热的饱和食盐水的小烧杯中，不断搅拌，肥皂逐渐凝固析出，把制得的肥皂用玻璃棒取出，做下面的试验：

①脂肪酸的析出。取0.5g刚才制得的肥皂放入一试管中，加入4mL蒸馏水，加热使肥皂溶解，再加入2mL稀硫酸(1∶5)，然后在沸水浴中加热，观察所发生的现象。

②钙离子与肥皂的作用。取一试管加入2mL自制的肥皂溶液(每0.2g肥皂加20mL蒸馏水而成)，然后加入2~3滴10%氯化钙溶液，振荡并观察所发生的变化。

③肥皂的乳化作用。取两支试管各加入1~2滴植物油，在一支试管中加入2mL水，另一支试管中加入2mL肥皂溶液。把两支试管用力振荡，观察现象是否相同？为什么？

5. 羟肟酸铁反应

取0.5mL 1mol·L^{-1}盐酸羟胺甲醇溶液于两试管中，各加乙酸乙酯、乙酐各1滴，摇匀后加2mol·L^{-1}氢氧化钾溶液使呈碱性，加热煮沸。再滴加稀盐酸使呈弱酸性，然后滴加1~2滴5%三氯化铁溶液，观察现象。

6. 乙酰乙酸乙酯的酮式—烯醇式互变异构现象

在试管中加入乙酰乙酸乙酯2滴，加95%乙醇2mL，再加1%三氯化铁液1滴，观察反应液呈何种颜色？再在此溶液中滴加溴水数滴，观察发生什么？放置片刻，有何现象？

实验指导

(1) 若乙酰氯纯度不够，则往往是含有$CH_3COOPCl_2$等磷化物，久置将产生混浊或析出白色沉淀，从而影响到本实验的结果。为此，需使用无色透明乙酰氯进行有关的性质实验。因反应十分激烈，滴加时要小心。

(2) 所用油脂可选用硬化油与适量猪油的混合油。如果单纯用硬化油则制出的肥皂太硬，若用植物性油脂则制出的肥皂太软。皂化时，加入乙醇的目的是使油脂和碱液能混为一相，加速皂化反应的进行。

(3) 皂化是否完全的测定：取几滴皂化液放入一试管中，加入2mL蒸馏水，加热并振荡。如果这时没有油滴分出表示皂化已经完全，如果皂化尚不完全，则需将油脂再皂化数分钟，并再次检验皂化是否完全。

(4) 肥皂盐析原理：加入大量氯化钠后，由于同离子效应，肥皂的溶解度降低，同时，肥皂胶体溶液中胶束水化层被盐离子的水合作用破坏，因此肥皂成固态析出。

实验拓展

在羧酸衍生物中，乙酰乙酸乙酯与丙二酸二乙酯因其结构的特殊性，在有机合成中被广泛应用。

1. 乙酰乙酸乙酯

乙酰乙酸乙酯分子存在互变异构现象，且分子中含有不同的官能团，体现出不同的化学性质。乙酰乙酸乙酯分子中含有羰基，能与羰基试剂（羟胺、苯肼等生成苯腙）反应，与 HCN、$NaHSO_3$等发生加成反应；含活泼 H，能与金属 Na 反应放出 H_2生成钠盐；含不饱和键，与 Br_2/CCl_4溶液反应褪色；含 C═C—OH 烯醇式结构，与 $FeCl_3$溶液呈紫色反应。

乙酰乙酸乙酯分子是一个酮式和烯醇式的混合物所形成的平衡体系。

93%酮式　　　　7%烯醇式

乙酰乙酸乙酯在结构上存在着β-二羰基，相邻的两个吸电子基团使中间的亚甲基酸性增强，与碱作用生成的碳负离子，可以发生亲核反应，使它在有机合成上占有重要的地位。

在不同的条件作用下，乙酰乙酸乙酯可发生酮式分解和酸式分解。酮式分解指在稀碱作用下，乙酰乙酸乙酯发生皂化反应，加热则脱羧生成酮。酸式分解指在浓碱溶液中，乙酰乙酸乙酯加热所得到的主要产物是酸。

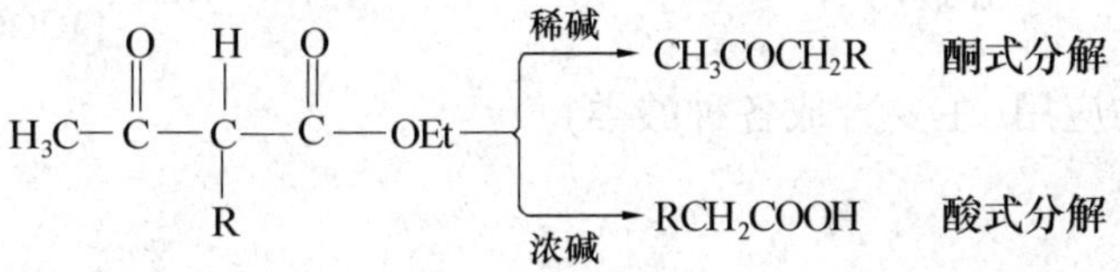

乙酰乙酸乙酯在合成中的应用（EAA 法）主要体现在以下几方面：①合成直链甲基酮；②合成支链甲基酮；③合成二元酮；④合成直链一元酸；⑤合成支链一元酸；⑥合成二元酸；⑦合成酮酸。

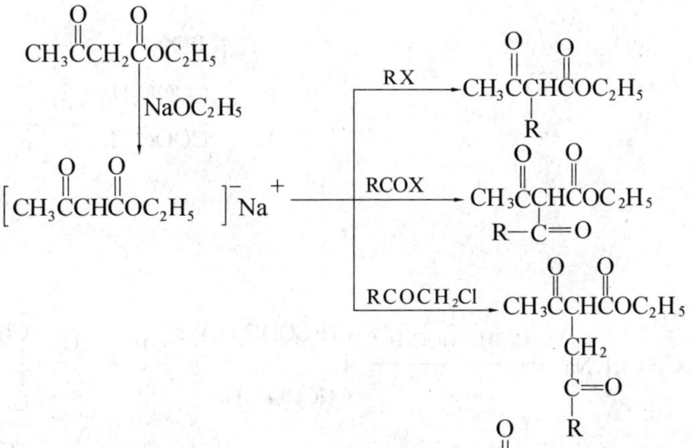

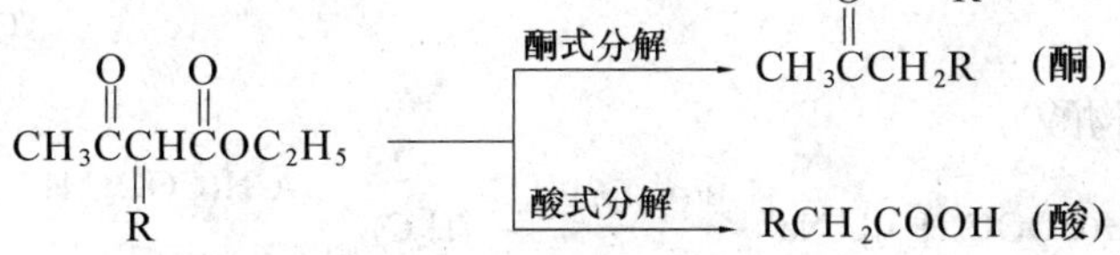

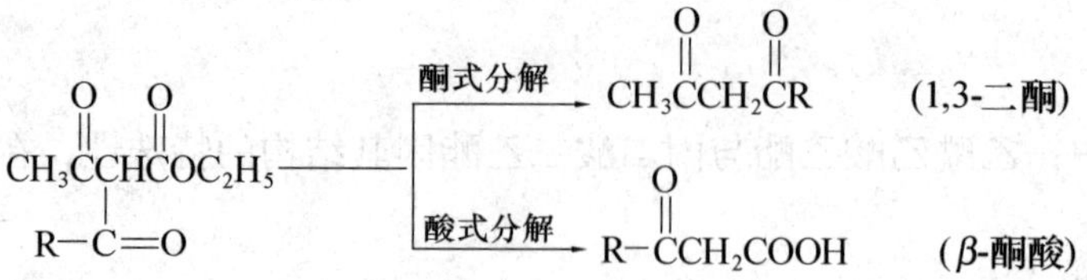

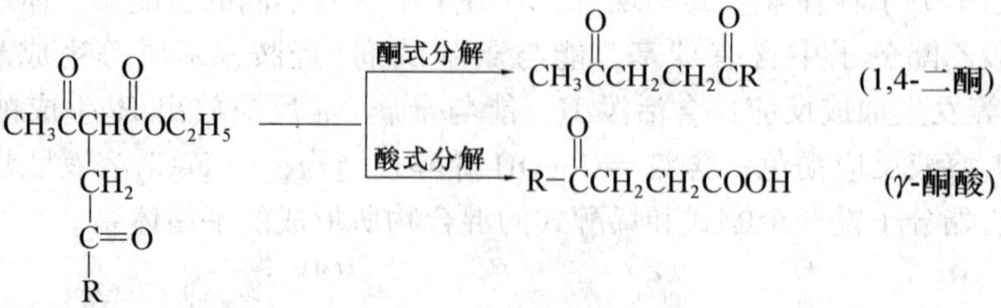

2. 丙二酸二乙酯(EM 法)

丙二酸二乙酯与乙酰乙酸乙酯类似，亚甲基上的氢可被金属钠所取代，本身水解后生成丙二酸，不稳定、易于脱羧，这两个条件使丙二酸二乙酯在有机合成各种类型的羧酸中有广泛的应用。

(1) 制法　丙二酸二乙酯可由一氯代乙酸来合成，其反应方程式为：

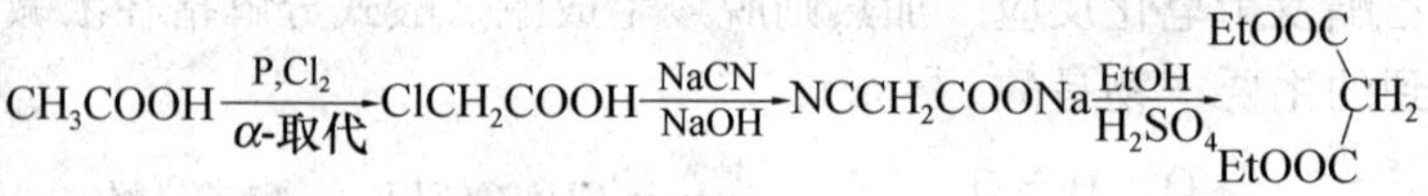

(2) 在合成中的应用(主要合成各种酸类)

①合成一元酸。

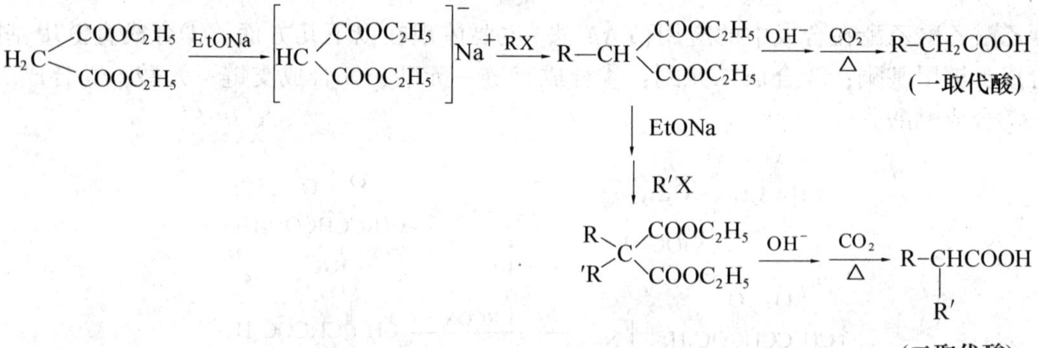

②合成二元酸。

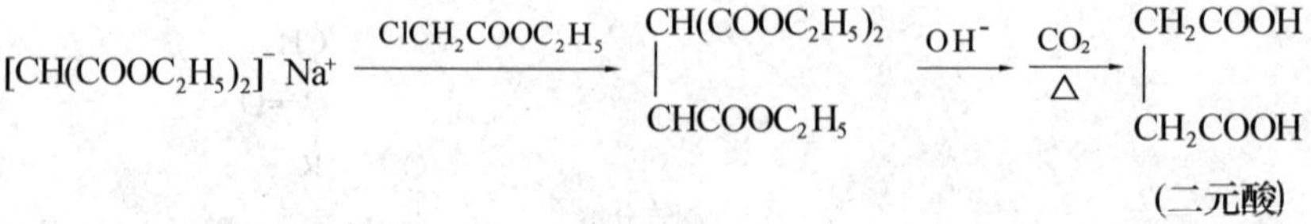

③合成环状化合物酸

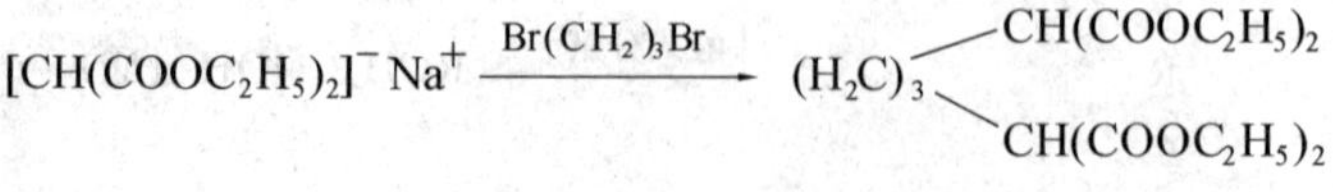

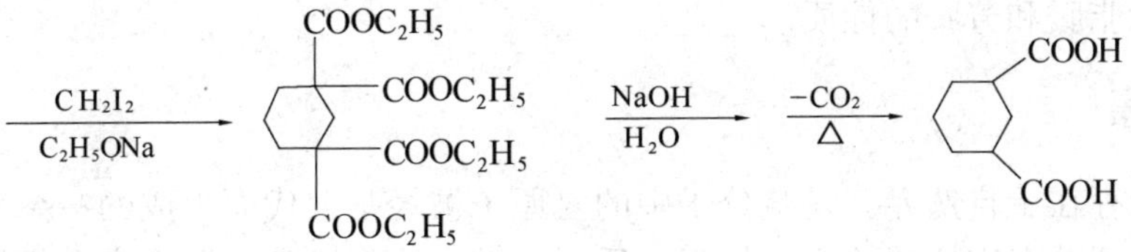

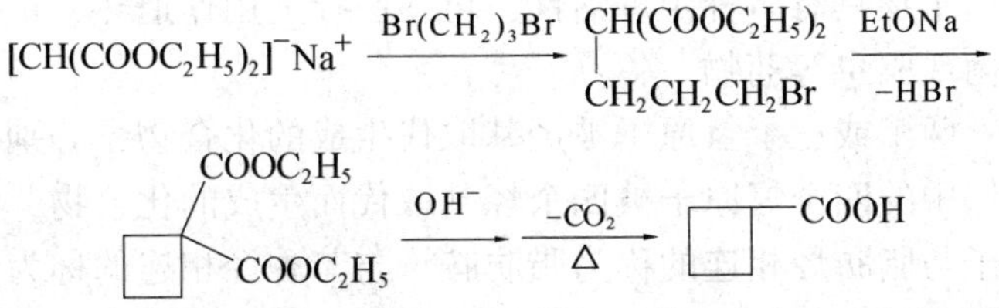

3. C-烷基化和O-烷基化

乙酰乙酸乙酯实际上有两个反应活性中心，即碳负离子的碳和烯醇负离子的氧。烷基化反应主要发生在碳上，还可以在烯醇负离子的氧上。

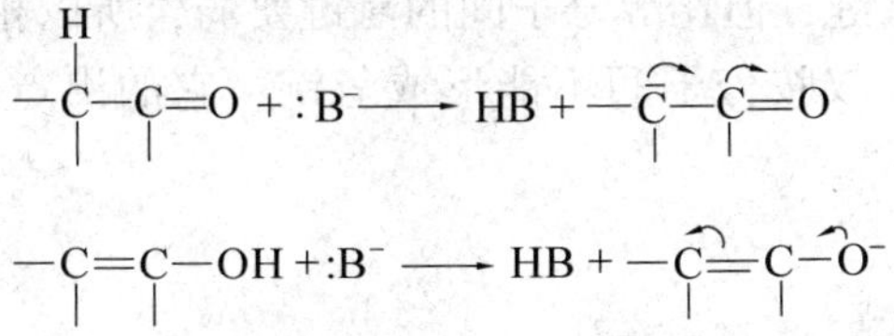

在不同的反应条件下，反应可以主要发生在氧上，也可以主要发生在碳上。

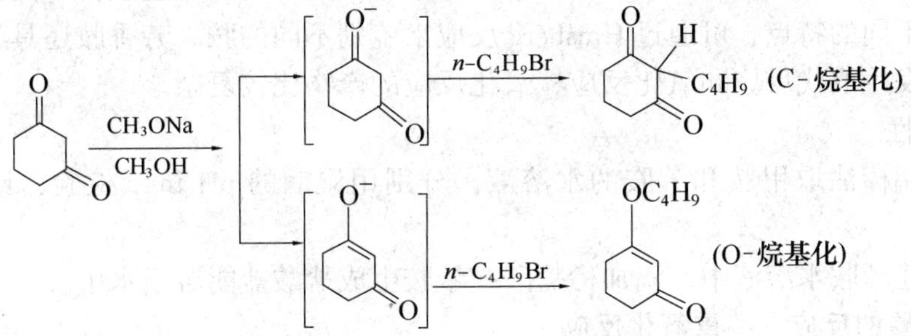

实验思考

1. 甲酸具有还原性，能与托伦试剂、费林试剂反应，但为什么在上述两试剂中直接滴加甲酸，实验却难以成功？应采取什么措施才能使反应顺利进行？

2. 制肥皂时加入食盐起什么作用？说明原理。

3. 用简便的化学方法鉴别草酸和丁二酸。

实验十三　胺

实验目的

(1) 掌握脂肪族胺和芳香族胺化学反应的共同性和相异性；

(2) 用简单的化学方法区别一级胺、二级胺和三级胺；

(3) 掌握甲胺的制法；

(4) 熟悉脂胺和芳胺的性质。

实验背景

胺类广泛存在于自然界，是氨分子中的氢原子被烃基取代而生成的一系列衍生物。胺类化合物和生命活动有密切的关系，如蛋白质、核酸、许多激素、抗生素和生物碱等都是胺的复杂衍生物。胺类的衍生物具有多种生理活性，可在医疗上用作退热、镇痛、局部麻醉、降糖、利尿、降压、抗菌或驱虫等药物。

氨分子中的一个、两个或三个氢原子被烃基取代生成的化合物，分别成为伯胺、仲胺和叔胺。铵盐或氢氧化铵中的四个氢原子被四个烃基取代而生成的化合物，称为季铵盐或季铵碱。胺分子中的氮原子与脂肪烃相连的称为脂肪胺，与芳香烃相连的称为芳胺。如果胺分子中含有两个或两个以上的氨基，则根据氨基数目的多少，可分别称为二元胺、三元胺等。

低级胺为气体或易挥发的液体，有与氨相似的气味；高级胺为固体，近乎无味。胺与水能形成氢键，因此低级胺较易溶于水；随着碳原子数的增加，胺在水中的溶解性逐渐下降。伯胺和仲胺分子间可形成氢键，但比醇分子间的氢键要弱，所以相对分子质量与醇相近的伯胺、仲胺的沸点要低于醇。叔胺分子间不能形成氢键，它的沸点与相对分子质量相近的烃相近。

实验原理

胺有伯、仲、叔之分。伯胺、仲胺、叔胺分子中，因为所含烃基数目不同，因此在酰化反应中表现出不同的特点，可通过 Hinsberg 反应来鉴别不同的胺。芳香胺还具有一些特殊的化学性质，可发生取代反应和氧化反应，氧化反应的产物比较复杂。

1. 胺的碱性

(1) 用玻璃棒沾取甲胺和苯胺的水溶液，分别用湿润的 pH 试纸检验，比较它们碱性强弱。

(2) 在上述苯胺水溶液中，滴加稀盐酸，苯胺生成盐酸盐能溶于水中。

2. 与亚硝酸的反应——重氮化反应

(1) 取苯胺 5 滴，加 0.5mL 浓盐酸及 0.5mL 水，用冰水冷却；另取 10%亚硝酸钠溶液 lmL，也用冰水冷却。然后将亚硝酸钠溶液缓缓倒入苯胺溶液中，将试管在冰水中轻轻振摇，再加 β-萘酚碱液 2 滴，观察变化。

(2) 在试管中加入 *N*-甲基苯胺 3 滴，加 0.5mL 浓盐酸及 0.5mL 水，用冰水冷却。另取亚硝酸钠溶液 1mL，也用冰水冷却。然后将亚硝酸钠加入到 *N*-甲基苯胺的试管中，轻轻振摇，观察现象。

(3) 在试管中加入 *N*,*N*-二甲基苯胺 2 滴，加 0.5mL 浓盐酸及 0.5mL 水，用冰水冷却。另取亚硝酸钠液 1mL，也用冰水冷却。然后将亚硝酸钠加入到 *N*,*N*-二甲基苯胺试管中，轻轻振摇，观察现象。再加 10%NaOH 溶液 1mL 观察变化。

3. 伯胺的异腈反应

在小试管中，加入 1 滴苯胺和 1 滴氯仿，再加 10%NaOH 液 1mL，煮沸，有臭气产生。操作完成后随即向试管中加入浓盐酸加热破坏生成的胩(也称异腈)，然后倒至特制回收瓶中。

4. 芳胺的特性

(1) 溴化反应　在试管中，加入苯胺水溶液 2 滴，在滴加溴水，观察有何现象。

（2）氧化反应　取苯胺水溶液2滴于表面皿上，加稀盐酸和重铬酸溶液各2滴，观察有何现象。

实验指导

（1）苯胺和无机酸生成稳定的盐，苯胺盐酸盐甚至可以蒸馏而不分解。大多数苯胺盐易溶于水，其硫酸盐则难溶于水。

（2）放在热水里可使生成的盐酸盐极易溶于水。如冷却后又变浑浊，说明盐酸加得不够，还要放在热水里加盐酸，直至冷却至室温后仍然清亮为止。

（3）苯磺酰氯不可过多也不可过少。伯胺会与过量苯磺酰氯作用生成二苯磺酰衍生物，不再溶于碱，呈固体析出，往往易被误认为是仲胺的反应而使鉴别结果不易准确。

（4）酸性太强，加入水量不足，使苯磺酰胺酸性水解，生成的苯磺酸和叔胺盐酸盐以固体形式出现，破坏实验现象，无法区别三种胺。

（5）减少亚硝酸和重氮盐的水解。

（6）在酸性溶液中亚硝酸与碘化钾作用生成碘析出，所以确定混合物含有游离的亚硝酸，可以用钾化钾淀粉试纸来检验。

（7）β-萘酚溶液的配制方法是：把5g β-萘酚溶于50mL5%NaOH溶液中。

（8）重氮盐水解，放出氮气，生成苯酚。

实验拓展

1. 胺的人工合成方法

胺广泛存在于自然界，许多复杂的天然胺类被用作药物。人工合成胺的方法主要有两种，一是用氨做亲核试剂进行亲核取代反应，二是含氮化合物的还原。

（1）氨的烃基化　氨或胺与卤代烃或醇等烃基化试剂作用生成胺。胺与卤代烃或醇反应时，通常得到伯胺、仲胺、叔胺和季铵盐的混合物。

（2）Gabriel合成法　Gabriel合成法是先利用酰亚胺盐与卤代烃反应，生成*N*-取代酰亚胺，然后再利用*N*-取代酰亚胺的水解制备纯净伯胺的一种方法。

（3）硝基化合物的还原　将硝基化合物还原可以得到伯胺。由于芳香硝基化合物容易制得，因此这是药物合成中制取芳伯胺最常用的方法。

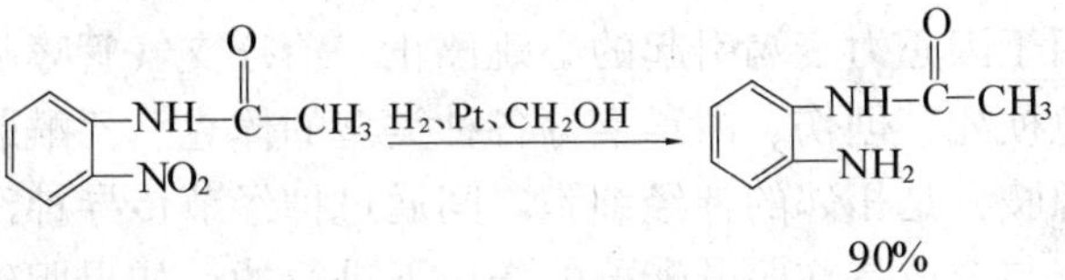

2. 重要的胺及其衍生物

重要的胺及其衍生物有乙二胺、三乙醇胺、胆碱和生源胺等。

（1）乙二胺（$H_2N—CH_2CH_2—NH_2$）　乙二胺由1,2-二氯乙烷与氨反应制得。

$$ClCH_2CH_2Cl+4NH_3 \xrightarrow[1MPa]{100\sim150℃} H_2NCH_2CH_2NH_2+2NH_4Cl$$

乙二胺与氯乙酸在碱性溶液中作用生成乙二胺四乙酸盐，后者经酸化得乙二胺四乙酸，简称EDTA。

$$H_2N(CH_2)_2NH_2+4ClCH_2COONa \xrightarrow[\triangle]{NaOH} (NaOOCCH_2)_2NCH_2CH_2N(CH_2COONa)_2$$

EDTA 及其盐是分析化学中常用的金属螯合剂，可用于分离重金属离子。EDTA 二钠盐还是重金属中毒的解毒药。

乙二胺是有机合成原料，主要用于合成药物、农药和乳化剂等。

(2) 三乙醇胺 [$N(CH_2CH_2OH)_3$]　三乙醇胺简称 TEA。带氨的气味，为无色黏稠透明的液体，能与水及醇互溶，微溶于乙醚，有吸水性，可吸收二氧化硫、硫化氢等气体。主要用于日用化学工业，是生产表面活性剂、医药、农药、化妆品、空气净化剂及各种助剂等产品的重要基础原料。如季铵化脂肪酸三乙醇胺酯盐是一种用于手术吻合的体内可降解手术吻合套；比亚芬(三乙醇胺乳膏)用于预防和治疗放疗引起的皮肤损伤；三乙醇胺也可以用作混凝土的早强剂(即速凝剂)、一些金属离子的掩蔽剂。

(3) 胆碱{[$(CH_3)_3N^+CH_2CH_2OH$]OH^-}　胆碱是广泛存在于动植物体内的季铵碱，尤其是在动物的卵和脑髓中含量较多，胆汁中并不是最多。由于最初是在胆汁中发现该物质的，所以叫胆碱。胆碱是无色结晶，具有很强的吸湿性，易溶于水和乙醇中，不溶于乙醚和氯仿。胆碱是 B 族维生素之一，能调节肝脏中脂肪的代谢，有抗脂肪肝的作用。医药中使用的是胆碱的盐酸盐[$(CH_3)_3N^+CH_2CH_2OH$]Cl^-。

(4) 生源胺(biogenic amine)　生源胺是指人体中担负神经冲动传导作用的胺类化合物，它们的名称和结构如下：

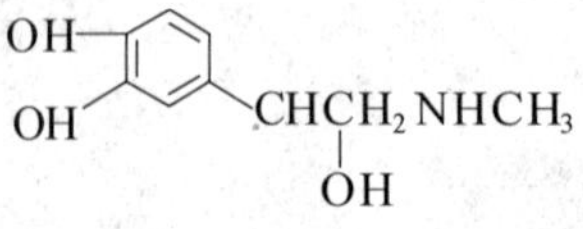

肾上腺素

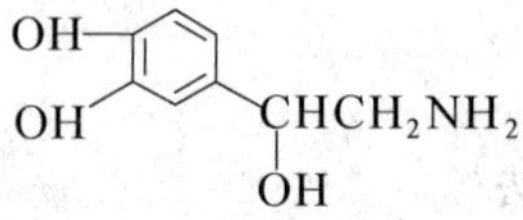

去甲肾上腺素

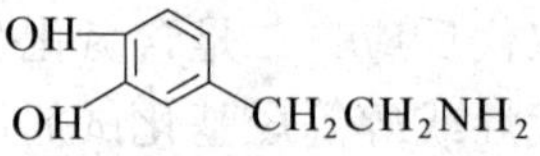

多巴胺

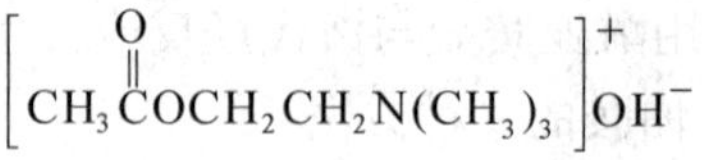

乙酰胆碱

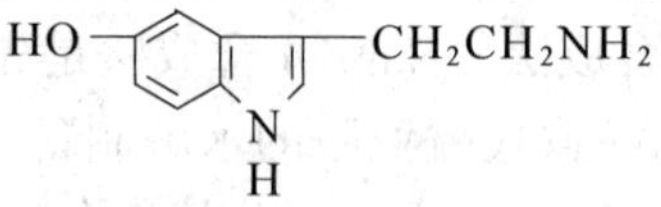

5-羟色胺

临床上肾上腺素用于因心力衰竭引起的心跳停止、治疗支气管哮喘等；中、小计量的去甲多巴胺用于治疗心急梗死、创伤、内毒素等各种类型的休克。乙酰胆碱是副交感神经系统中传导神经冲动的生源胺，是相邻的神经细胞之间通过神经节传导神经刺激时产生的重要物质，它在肌体内的分解与合成是在胆碱酯酶的作用下进行的。如果胆碱酯酶失去活性，就会破坏乙酰胆碱的正常分解和合成，引起神经系统错乱，甚至死亡。

实验思考

1. 重氮化反应为什么要用过量盐酸及在冰水浴中进行？
2. 比较鉴别伯、仲、叔胺的方法？
3. 如何分离伯、仲、叔胺？

实验十四　糖

实验目的

(1) 验证和巩固糖类物质的主要化学性质；

(2) 熟悉糖类物质的某些鉴定方法。

实验背景

糖是广泛分布于自然界的一大类有机化合物，几乎所有的动物、植物、微生物体内都含有糖类物质。如所有生物的细胞质和细胞核中含有核糖，动物血液中含有葡萄糖、肝脏中含有糖元，植物细胞壁由纤维素所组成，粮食中含有淀粉，甘蔗、甜菜中含大量蔗糖。糖类与蛋白质、脂类共同构成生命活动必需的能源物质。

由于糖类物质由碳、氢、氧三种元素组成，而且绝大多数的糖类化合物都可以用通式 $C_n(H_2O)_n$ 表示，所以过去人们一直认为糖类是碳与水的化合物，称为碳水化合物。但这种叫法并不准确，有些物质中的碳、氢、氧之比符合上述通式，但从其理化性质看，却并不属于糖类，如甲醛（HCHO）、乙酸（CH_3COOH）；而有些物质中的碳、氢、氧之比并不符合上述通式，却是糖类物质，如鼠李糖（$C_6H_{12}O_5$）、脱氧核糖（$C_5H_{10}O_4$）等。现在虽然已知这种称呼并不恰当，但因沿用已久，仍有许多人称之为碳水化合物。

从化学结构上看，糖类物质是一类多元醇的醛衍生物或酮衍生物，包括多羟基醛、多羟基酮和它们的缩聚物及其衍生物，据此可分为醛糖（aldose）和酮糖（ketose）。还可根据碳原子数分为丙糖（triose）、丁糖（terose）、戊糖（pentose）和已糖（hexose）等。

根据糖的结构单元数目多少来分，糖可分为：①单糖，即不能被水解成更小分子的糖。②寡糖，即 2~6 个单糖分子脱水缩合而成，以二糖最为普遍，意义也较大。③多糖，即是由许多单糖分子缩合而成的，又可分为均一性多糖，如淀粉、糖原、纤维素、半纤维素、几丁质（壳多糖）；不均一性多糖，如糖胺多糖类（透明质酸、硫酸软骨素、硫酸皮肤素等）。④结合糖（复合糖，糖缀合物，glycoconjugate），即糖和非糖物质的复合物，如糖脂、糖蛋白（蛋白聚糖）、糖-核苷酸等。⑤糖的衍生物，如糖醇、糖酸、糖胺、糖苷等。

实验原理

糖类化合物有单糖、二糖和多糖之分。单糖和二糖都能制成晶体，溶于水，有甜味；多糖绝大多数不能形成晶体，不溶于水，无甜味。

糖类化合物都有旋光性，还原性糖还具有变旋现象。

还原性糖在碱性条件下能将金属络离子（铜、汞、银等）还原而析出金属，如银镜反应，而糖被氧化成酸类化合物，利用此性质可定量测定还原糖。还原糖在一定条件下，能够与苯肼作用生成具有一定晶型和熔点的糖脎。

糖在浓酸的作用下，可与酚类化合物产生颜色反应，常用 α-萘酚鉴别糖类化合物，用间苯二酚区别酮糖和醛糖。

二糖和多糖在一定条件下能水解生成单糖或低聚糖。淀粉和纤维素是由许多的葡萄糖分子缩聚而成的多糖，都没有还原性。但它们的水解最终产物是葡萄糖，所以其水解液有还原性。淀粉遇碘呈蓝色，可做定性鉴定。纤维素的水解较淀粉困难，与混酸作用能生成硝酸纤维酯。

1. 糖的还原性

（1）与 Fehling 试剂反应

取 Fehling 试剂 A 溶液和 B 溶液各 2. 5mL，混合均匀，等分倒入 5 支试管中，再分别加入 0. 5mL5%葡萄糖、0. 5mL5%果糖、0. 5mL5%麦芽糖、0. 5mL5%蔗糖和 0. 5mL5%淀粉的水溶液，然后水浴加热，观察各试管有何现象，并比较结果。

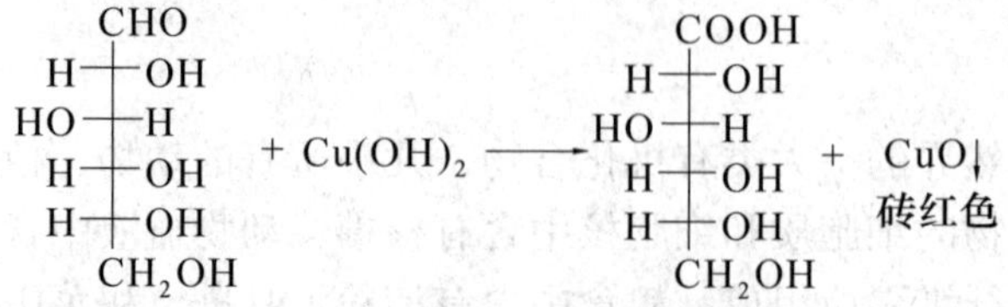

（2）与 Tollen 试剂反应

取 5 支试管中分别加入 1mL Tollen 试剂，再分别加入 1mL5%葡萄糖、1mL5%果糖、1mL5%麦芽糖、1mL5%蔗糖和 1mL5%淀粉的水溶液，将此五支试管浸在 60～80℃热水浴中加热几分钟，观察各试管有何现象，并比较结果。

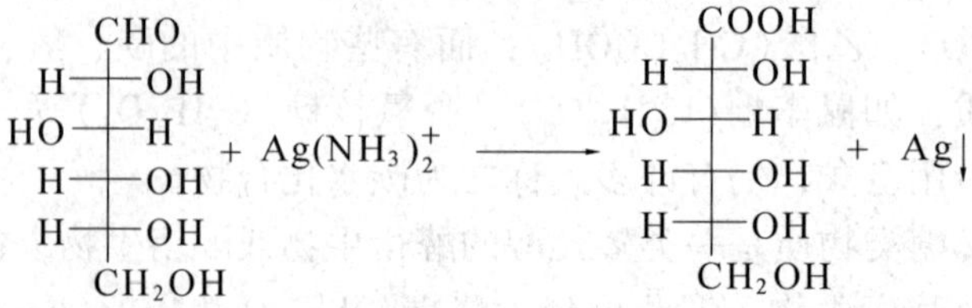

（3）与 Benedict 试剂反应

取 5 支试管分别加入 Benedict 试剂 2mL，然后，再分别加入 0. 5mL5%葡萄糖、0. 5mL5%果糖、0. 5mL5%麦芽糖、0. 5mL5%蔗糖和 0. 5mL5%淀粉的水溶液，在沸水浴中煮沸 2～3min，取出冷却，观察有无红色或黄色沉淀产生，比较其结果。

2. 糖（寡糖、多糖）的水解

（1）蔗糖的水解

取 2 支试管，各加入 2%蔗糖溶液 1mL，然后在 1 支试管中加入 20%硫酸 2 滴，将此 2 支试管放在沸水浴中加热 5min 左右，取出冷却后，加入 10%氢氧化钠溶液使溶液呈碱性（红色石蕊试纸变蓝）。向 2 支试管内各加入 Benedict 试剂 5 滴，再放在水浴上加热，观察结果。

（2）淀粉的碘试验和水解

① 淀粉的碘试验。取 1 支试管，加入 5%淀粉溶液 1mL，再加入碘溶液 1 滴，观察有何现象。将此试管放入沸水浴中加热 5～10min，观察有何现象。然后取出试管，放置冷却后，又有何变化？

② 淀粉的酸水解

在 50mL 小烧杯中加入 10mL5%淀粉溶液，再加入 20%硫酸 1mL，在石棉网上用小火煮沸 15min（在煮沸过程中加水保持体积）。取 2 支试管，各加入冷却的水解溶液 2mL，分别用 10%氢氧化钠溶液使水解溶液呈碱性（红色石蕊试纸变蓝），一支加碘试剂，另一支加 Benedict 试剂检验，水浴加热，有何现象。

3. 糖的呈色反应-Molish 试验

取 5 支试管，分别放入 1mL5%葡萄糖、1mL5%果糖、1mL5%麦芽糖、1mL5%蔗糖和 1mL5%淀粉的水溶液，再分别加入新配制的 Molish 试剂(α-萘酚的乙醇溶液)4 滴，混匀，然后把试管倾斜 45°角，沿管壁慢慢加入 1mL 浓硫酸(注意此时切勿摇动试管)，硫酸(下层)和糖溶液(上层)分为两层，观察两层界处有无紫色环出现。若数分钟内无颜色出现，可在水浴中温热，再观察结果。

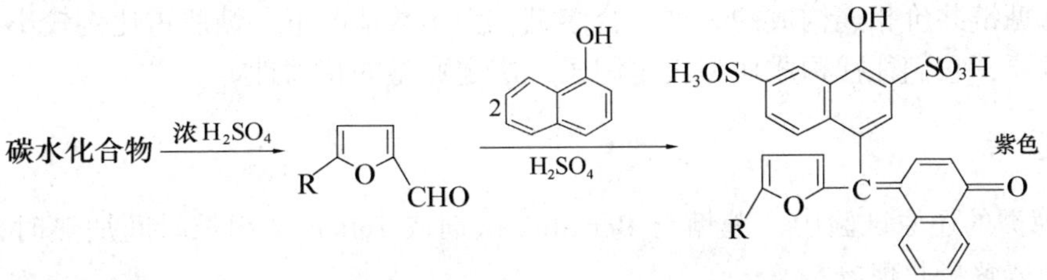

4. 糖脎的生成反应

取 5 支试管分别加入 2mL 苯肼试剂，分别加入 1mL5%葡萄糖、1mL5%果糖、1mL5%麦芽糖、1mL5%蔗糖和 1mL5%淀粉的水溶液，沸水浴中加热，观察晶体形成及所需时间。

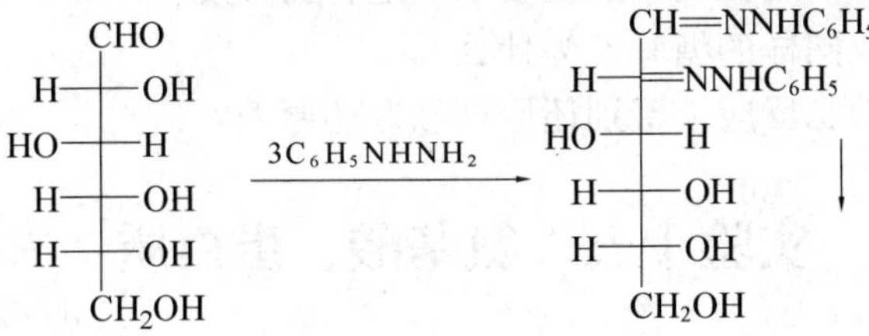

实验指导

(1) 糖的呈色反应可以鉴别所有的糖，包括单糖、寡糖、多糖、糖苷等。

(2) 蔗糖是非还原性糖，所以不与苯肼试剂作用，但如果加热时间过长，有可能发生水解，导致有黄色结晶生成。

(3) 在酸性条件下，酮糖脱水产物可以和间苯二酚形成鲜红色物质。

(4) Fehling 溶液在碱性条件下氧化还原性糖，溶液呈酸性则该氧化反应不能进行，不能产生砖红色的氧化亚铜沉淀。

实验拓展

糖类是保证生物体维持生命现象的重要物质之一，其生物学功能主要表现为以下几方面。

1. 能源

一切生物的生存活动都需要消耗能量，这些能量主要是由糖类物质在机体内通过分解代谢而释放的。植物体内重要的储存多糖是淀粉，在种子萌芽或生长发育时，植物细胞将它所储存的淀粉降解为小分子糖类以提供能量。糖原是储存于动物体内的重要能源物质，有动物淀粉之称。动物的肝脏和肌肉中的糖原含量最高，分别满足机体不同的能量需求。

2. 结构组分

有些糖类物质在生物体内充当结构性物质，如植物细胞壁的主要成分就是多糖物质——纤维素、半纤维素和木质素。纤维素分子聚集成束，形成长的微元纤维，为植物细胞壁提供了一定的抗张强度。构成细菌细胞壁的主要成分是一类特殊多糖——细菌多糖，其组成成分复杂，且因细胞类型不同而有所差异。

3. 其他

一些特殊的复合糖和寡糖在动植物及微生物体内具有重要的生物学功能。细胞膜表面糖蛋白的寡糖链参与细胞间的识别。一些细胞的细胞膜表面含有糖分子或寡糖链，构成细胞的天线，参与细胞通信。如人类的红细胞表面 ABO 血型是由一种糖蛋白所决定的，它由蛋白质分子与寡糖链共价相连构成的一种复合多糖。大多数情况下，糖所占比例较小，但生物学功能却很重要，它们往往构成血型决定因子，决定血型的特殊性。

实验思考

1. 在糖类的还原试验中，蔗糖与 Benedict 试剂或 Tollen 试剂长时间加热时，有时也得正性结果，请解释此现象？

2. 糖类物质有哪些性质？糖分子中的羟基、羰基与醇分子中的羟基及醛酮分子中的羰基有何联系与区别？

3. 为什么可以利用碘液定性地了解淀粉水解进行的程度？

4. 哪些糖类可以形成同样的糖脎？为什么？

5. 为什么可以利用糖脎反应来鉴别还原糖和非还原糖？

实验十五　氨基酸、蛋白质

实验目的

（1）掌握氨基酸和蛋白质的理化性质；

（2）验证氨基酸和蛋白质的某些重要化学性质，如茚三酮反应。

实验背景

19 世纪中叶，荷兰生理学家 G. J. Mulder 从动物组织和植物体液中提取出一种共同的物质，并认为生命的存在很可能与这种物质有关。1883 年，根据著名瑞典化学家 J. J. Berzelius 的提议，Mulder 就把这种物质命名为蛋白质(Protein)，意为“最重要的”、“最原始的”、“第一的”。

蛋白质是由 α-氨基酸组成的一类生物大分子，与核酸等其他生物大分子共同构成生命的物质基础。蛋白质存在于所有细胞中，生命活动的基本特征就是蛋白质的不断自我更新，也就是我们所说的新陈代谢。因此，蛋白质在生命过程中起着决定性的作用。人体含蛋白质种类多达 10 万余种，是细胞中含量最丰富的高分子化合物。

蛋白质的元素组成为：含碳 50%、氢 7%、氧 23%、氮 16%、硫 0~3%、微量的磷、铁、铜、碘、锌、钼。常用凯氏定氮法来测定蛋白含量，即蛋白质平均含氮 16%，粗蛋白质含量=蛋白氮×6.25。

蛋白质按组成分类有简单蛋白(完全由氨基酸组成)和结合蛋白(除蛋白外还有非蛋白成分(辅基)；按分子外形的对称程度分为球状蛋白质(分子对称，外形接近球状，溶解度好，能结晶，大多数蛋白质属此类)、纤维状蛋白质(对称性差，分子类似细棒或纤维状)。按功能可分为酶、运输蛋白、营养和储存蛋白、激素、受体蛋白、运动蛋白、结构蛋白、防御蛋白等。

实验原理

生物体内构成蛋白质的氨基酸有20种，其中以α-氨基酸最为常见。除甘氨酸外，其余氨基酸都含有手性碳原子，具有旋光性。氨基酸分子中含有氨基（$—NH_2$）和羧基（—COOH），所以同时具有两个官能团的性质，是两性化合物，存在等电点。α-氨基酸都是无色晶体，易溶于水，在等电点时溶解度最小。由于具有两性离子的结构，一般难溶于非极性有机溶剂。

不同的氨基酸和蛋白质有不同的等电点。

蛋白质是多种α-氨基酸的缩聚物，由20种α-氨基酸按不同的比例和顺序、以肽键相互连接而构成的复杂高分子化合物。在酸、碱和酶的作用下，蛋白质被水解成多肽物质，最后形成α-氨基酸的混合物。蛋白质与多肽物质一样，能够发生两性离解，存在等电点。在等电点时，蛋白质的溶解度最小，不发生电泳现象。蛋白质溶液具有胶体溶液的典型性质，如丁达尔现象、布朗运动等。

蛋白质分子依靠氢键、离子键、范德华力和疏水键等次级键维持一定的空间构型。在各种物理、化学因素的作用下，由于次级键的断裂，使其空间结构产生不同程度的破坏，其理化性质和生物活性也随之改变，这种性质叫蛋白质的变性，如沉淀和凝固。

蛋白质的沉淀分为可逆沉淀和不可逆沉淀。

在温和条件下，通过改变溶液的pH或电荷状况，使蛋白质从胶体溶液中沉淀分离。在沉淀过程中，蛋白质的结构和性质都没有发生变化，在适当的条件下，又可以重新溶解形成溶液，所以这种沉淀称为可逆沉淀，又称非变性沉淀。可逆沉淀是分离和纯化蛋白质的基本方法，如等电点沉淀法、盐析法和有机溶剂沉淀法等。

若在强烈沉淀条件下，不仅破坏了蛋白质胶体溶液的稳定性，而且也破坏了蛋白质的结构和性质，产生的蛋白质沉淀不可能再重新溶解于水，这种沉淀即非可逆沉淀。由于沉淀过程发生了蛋白质的结构和性质的变化，所以又称为变性沉淀。如加热沉淀、强酸碱沉淀、重金属盐沉淀和生物碱沉淀等都属于不可逆沉淀。

1. 氨基酸的化学反应

（1）氢基酸与亚硝酸的反应　取1mL1%谷氨酸水溶液于试管中，加入1滴浓盐酸，再滴入2滴10%亚硝酸钠溶液，振荡，观察现象。

（2）α-氨基酸与硫酸铜在氢氧化钠中的反应　取lmL1%谷氨酸水溶液于试管中，加入1mL10%氢氧化钠溶液，然后滴入2滴1%硫酸铜溶液，振荡，观察现象。

（3）α-氨基酸与茚三酮的反应　取1mL1%谷氨酸水溶液于试管中，然后滴入2滴0.1%茚三酮-乙醇溶液，振荡，在沸水浴上加热2min，观察现象。

（4）氨基酸的两性性质　在盛有2mL蒸馏水的试管中加入0.1g酪氨酸，振荡下逐滴加入1mL10%氢氧化钠溶液，观察现象。再逐滴加入10%盐酸溶液，直至溶液刚显酸性（蓝色石蕊试纸刚变红），振荡lmin，观察现象。最后滴加10%盐酸（10滴以上），观察并记录结果。

2. 蛋白质的化学反应

（1）蛋白质可逆沉淀反应——盐析作用　取蛋白质溶液[2]1.5mL加入等体积饱和硫酸

铵溶液，微微摇动试管，使溶液混合均匀后静置10min，球蛋白即析出呈絮状沉淀，用滤纸滤取上清液。然后，在滤液中再加入固体硫酸铵粉末，边加边摇，直至饱和。此时析出的即为清蛋白，再加水稀释，观察沉淀是否溶解。

(2) 蛋白质的不可逆沉淀反应

① 重金属盐沉淀蛋白质　取3支试管，各加入蛋白质溶液1mL，然后分别滴入0.5%乙酸铅、1%硫酸铜、2%硝酸银溶液各2滴，观察蛋白质沉淀的析出。再分别将三种重金属盐溶液滴加过量，边滴边摇。观察滴加过量的硫酸铜和乙酸铅溶液的试管与硝酸银的试管有何不同。

② 有机酸沉淀蛋白质　取2支试管，各加入蛋白质溶液1mL，并滴加2滴5%乙酸溶液使之呈酸性。然后分别滴加饱和苦味酸、10%三氯乙酸、3%磺硫酸溶液，观察沉淀析出。

③ 无机酸沉淀蛋白质　取3支试管，各加入蛋白质溶液1mL，然后分别滴加2~3滴浓盐酸、浓硫酸和浓硝酸，不要摇动试管，观察各试管中白色沉淀的产生。然后，再分别滴加2~5滴浓盐酸、浓硫酸和浓硝酸，摇动均匀后，观察加入过量的酸后，试管中有何不同的现象产生。

④ 加热沉淀蛋白质　取1支试管，加入2mL5%蛋白质溶液，然后，将试管放在沸水浴中加热5~10min，蛋白质凝固成白色絮状沉淀。沉淀物不再溶于水中。

(3) 蛋白质的两性性质　取1支试管，加入5滴5%蛋白质溶液，振荡下逐滴加入浓盐酸，当加入过量酸时，观察溶液有何变化。吸取该溶液lmL置于另一试管，逐滴加入10%氢氧化钠溶液，注意在碱过量时溶液有何变化。

(4) 蛋白质的颜色反应

① 黄蛋白反应。取1支试管，加入1mL蛋白质溶液和10滴浓硝酸，由于强酸作用，蛋白质出现白色沉淀。然后，将沉淀放在水浴中加热，沉淀变成黄色。冷却后，再滴加10%氢氧化钠溶液20滴，观察沉淀的颜色变化。

②与茚三酮的反应。在试管中，加入蛋白质溶液1mL，再加入2滴0.1%茚三酮-乙醇溶液，混合均匀后，放在沸水浴中加热1~2min，观察发生的现象。

③与硝酸汞试剂作用——Millon反应。在2支试管中，分别加入1mL0.5%苯酚和1mL蛋白质溶液，然后各加入0.5mL Millon试剂，苯酚溶液出现玫瑰红色，而蛋白质溶液加热后出现沉淀，加热凝固的蛋白质呈砖红色，有时溶液也呈红色。

④ 蛋白质的双缩脲反应。

a. 双缩脲的生成。于干燥试试管中加入少许结晶尿素(0.2~0.3g)微火加热，尿素熔化并形成双缩脲，放出的氨可用红色石蕊试纸试验。试管内有白色固体出现后，停止加热。

b. 双缩脲反应。上述产物冷却后加10%氢氧化钠溶液1mL，摇匀，再加入2滴2%硫酸酮溶液，混匀后，观察有无紫色出现。

于试管中加入1mL蛋白溶液和1mL10%氢氧化铜溶液，再加1~2滴2%硫酸铜溶液共热，由于蛋白质与硫酸铜生成络合物而呈紫色。取1%赖氨酸溶液作对照，观察颜色变化。

实验指导

(1) 0.1%茚三酮-乙醇溶液的制备(用时新配)：将0.1g茚三酮溶于124.9mL95%乙醇中。

(2) 蛋白质溶液的制备：取一个鸡蛋，两头各钻一小孔，竖立，将蛋清(约25mL)流入盛有 100~120mL 经过煮沸的冷蒸馏水烧杯中，搅拌、过滤(漏斗上放置经水润湿的纱布)，滤液即为蛋白质溶液。

(3) 氨基酸和蛋白质都可以和茚三酮作用生成红紫色，反应十分灵敏，在 pH 值 5~7 的溶液中进行为宜。

(4) 含有两个以上酰胺键的化合物在碱性条件下与硫酸酮作用可以生成紫红色的络合物。因二缩脲有该颜色反应，因此把这一反应称为二缩脲反应。三肽以上的化合物和所有的蛋白质都有此反应。

(5) 稀硫酸铜溶液的制备：取一份饱和硫酸铜溶液，加 30 份水稀释之。稀硫酸铜溶液不能过量，否则硫酸铜在碱性溶液中生成氢氧化铜沉淀，会干扰紫色反应。

实验拓展

蛋白质存在于所有的生物细胞中，是构成生物体最基本的结构物质和功能物质，它参与了几乎所有的生命活动过程。蛋白质是细胞中含量最丰富、功能最多的生物大分子之一。其功用可大致概括为以下几方面。

1. 催化功能

生物体的各组成部分可以不断地自我更新，这就是生命活动的本质，而构成新陈代谢的所有化学反应，几乎都在一类特殊的生命高分子——酶的催化下进行，目前已发现的酶绝大多数都是蛋白质。

2. 结构功能

蛋白质是一切生物体的细胞和组织的主要结构成分，也是生物体形态结构的物质基础；体表和机体构架部分的蛋白质还具有保护、支持功能，如结缔组织的胶原蛋白、血管和皮肤的弹性蛋白、膜蛋白等。

3. 调节功能

生物体内在不断地进行各种各样的生物化学反应，而这一切反应能有条不紊地进行，是由于有调节蛋白在起作用，如激素、受体、毒蛋白等。

4. 运输功能

生命活动中所需要的许多小分子和离子是由蛋白质来输送和传递的，如 O_2的运输由红细胞中的血红蛋白来完成，铁离子则由运铁蛋白在血液中运输等。

5. 免疫功能

生物机体产生的用以防御致病微生物或病毒的抗体，就是一种高度专一的免疫蛋白，它能识别外源性生命物质，并与之结合，从而起到防御作用。

6. 运动功能

生物体的运动也主要由蛋白质来完成。如动物的肌肉主要成分是蛋白质，肌肉的收缩、扩展是由肌动蛋白和肌球蛋白的相对运动来实现的。

7. 储藏功能

乳液中的酪蛋白、蛋类中的卵清蛋白、植物种子中的醇溶蛋白等，它们有储藏氨基酸的作用，以备机体及其胚胎或幼体生长发育的需要。

8. 生物膜的功能

生物膜的通透性、信号传递、遗传控制、生物识别、动物记忆、思维等多方面的功能都是由蛋白质参加完成。

同一种蛋白质，其功能又呈现出复杂性。

实验思考

1. 如何区分蛋白质的可逆变性和不可逆变性？

2. 在蛋白质的双缩脲反应中，为什么要控制硫酸铜溶液的加入量？过量的硫酸铜会导致什么结果？

3. 氨基酸与茚酸酮反应机理是什么？

4. 氨基酸与蛋白质具有哪些相同的颜色反应？

5. 为什么鸡蛋清可用作铅和汞中毒的解毒剂？

参考文献

1. 胡满成，张昕. 化学基础实验. 北京：科学出版社，2001
2. 北京师范大学. 无机化学实验. 北京：高等教育出版社，2001
3. 蒋碧如，潘润身. 无机化学实验. 北京：高等教育出版社，1989
4. 李文藻，陈俊如，宋德镇等，无机化学实验. 四川：四川大学出版社，1988
5. 中山大学等校. 无机化学实验. 北京：高等教育出版社，1981
6. 曾昭琼主编. 有机化学(上). 北京：高等教育出版社，2004
7. 曾昭琼主编. 有机化学(下). 北京：高等教育出版社，2004
8. 兰州大学、复旦大学等编. 有机化学实验. 北京：高等教育出版社，1994
9. 黄涛主编. 有机化学实验. 北京：高等教育出版社，1998
10. 北京大学化学学院有机化学研究所编. 有机化学实验. 北京：北京大学出版社，2002
11. 李兆陇，阴金香主编. 有机化学实验. 北京：清华大学出版社，2000
12. 王福来主编. 有机化学实验. 武汉：武汉大学出版社，2001

单元3　无机物质制备

实验一　硫酸铝的制备

实验目的

(1) 了解碱法制备硫酸铝的方法和硫酸铝的用途；
(2) 加深对氢氧化铝两性性质的认识；
(3) 掌握盐类的一种制备方法。

实验背景

硫酸铝是一个被广泛运用的工业试剂，通常会与明矾混淆。硫酸铝通常被作为絮凝剂，用于提纯饮用水及污水处理设备当中，它使杂质凝结，而更容易沉淀和过滤，研究表明当碱度为0.9、pH值为7时，聚合硫酸铝处理焦化废水的效果最好，此时残留铝量也最低(由于水体经聚合硫酸铝处理后，部分铝会残留，过量的铝离子如果进入人体将会沉积在大脑内，导致脑损伤，造成严重的记忆力丧失，出现早老性痴呆症)。自然状况下，硫酸铝几乎不以无水盐形式存在。它会形成一系列的水合物，其中十六水硫酸铝是最常见的。

硫酸铝也被用来调节土壤pH值，因为它水解生成氢氧化铝的同时会产生少量的硫酸稀溶液。硫酸铝对苏打盐碱土的改良作用在于Al^{3+}水解产生大量H^+，降低了水田渗水层和土层的pH值；随硫酸铝用量的增加，土壤阳离子交换量呈显著递增，碱化度显著降低；CO_3^{2-}和HCO_3^-含量也随硫酸铝用量的增加而降低。苏打盐碱土添加硫酸铝后，土壤结构得到良好改善，土壤盐分组成发生了显著变化。

硫酸铝还可以在合成醛酮类香料反应中做催化剂，硫酸铝的使用不但可以克服由于使用强无机酸(盐酸，硫酸等)带来的副反应多、对设备腐蚀性强等缺点，而且使用安全、方便，对环境污染少；此外，该催化剂可重复使用，经进一步优化后，可望用于工业生产中。

硫酸铝也是一种很有效的软体动物杀虫剂，能杀灭西班牙鼻涕虫。硫酸铝在纺织品的印染中作为媒介，当溶解于中性或微碱性的水中时，产生胶体氢氧化铝$Al(OH)_3$，使得染料更容易附着于植物纤维之上。

实验原理

本实验是利用金属铝可以溶于氢氧化钠溶液的特点，先制备铝酸钠，再用碳酸氢铵调节溶液的pH值(8~9)，将其转为氢氧化铝。氢氧化铝溶于硫酸生成硫酸铝，在低温下结晶，即得硫酸铝晶体$Al_2(SO_4)_3 \cdot 18H_2O$。主要反应式如下：

$$2Al + 2NaOH + 6H_2O \xlongequal{} 2Na[Al(OH)_4] + 3H_2\uparrow$$

$$2Na[Al(OH)_4] + NH_4HCO_3 \xlongequal{} 2Al(OH)_3\downarrow + Na_2CO_3 + NH_3 + 2H_2O$$

$$2Al(OH)_3 + 3H_2SO_4 \xlongequal{} Al_2(SO_4)_3 + 6H_2O$$

硫酸铝 $Al_2(SO_4)_3 \cdot 18H_2O$ 为白色六角形鳞片或针状结晶，易溶于水，极难溶于乙醇，在空气中易潮解。加热至赤热即分解成 SO_3 和 Al_2O_3。

仪器试剂

仪器：托盘天平　烧杯　量筒　吸滤瓶　布氏漏斗　蒸发皿

药品：NaOH　铝片　NH_4HCO_3（饱和溶液）　H_2SO_4 溶液（体积比 1∶1）　无水乙醇

实验步骤

1. 制备铝酸钠

快速称取 1g 氢氧化钠固体倒入 50mL 烧杯中，加入 10mL 蒸馏水，搅拌使其溶解。加入 0.3g 金属铝片。反应完毕后，加水约 16mL，用布氏漏斗抽滤。

2. 氢氧化铝的生成和洗涤

将上述铝酸钠溶液转入 100mL 烧杯中，加热至沸腾，保持沸腾，在不断搅拌下滴加 27mL 饱和 NH_4HCO_3 溶液。加毕（此时溶液的 pH 值约为 8~9），将沉淀煮沸数分钟并不断搅拌。静置澄清，加少量 NH_4HCO_3 检查沉淀是否完全。待沉淀完全后，静置，倾出清液。

氢氧化铝沉淀中加入 40~55mL 热蒸馏水，煮沸并充分搅拌洗涤，静置澄清，倾去溶液，以倾析法洗涤 2~3 次后（洗至溶液的 pH 值为 7~8），使用布氏漏斗抽滤。

3. 制备硫酸铝

将制得的氢氧化铝沉淀转入 100mL 蒸发皿中，加入 5mL 1∶1 H_2SO_4 溶液，搅拌。再加入 3mL 蒸馏水，得到浑浊溶液。将浑浊溶液在水浴上加热并加以搅拌，使氢氧化铝逐渐溶解完全，溶液变清。继续水浴加热浓缩至约为原来浑浊溶液体积的三分之二（为什么只浓缩到三分之二？），缓慢冷却结晶，用布氏漏斗抽滤，用少量（每次约 3mL）无水乙醇洗涤晶体两次，抽干，称重。

实验指导

（1）在加入铝片的过程中，每次取量要少，分多次加入。若反应缓慢，可适当加热。

（2）在步骤 2 中注意加热过程中要不停地搅拌，停止加热后还要搅拌数分钟，以防止迸溅。

（3）在加入饱和 NH_4HCO_3 溶液时，必须是滴加。

（4）硫酸铝对眼睛、黏膜有一定的刺激作用。误服大量硫酸铝对口腔和胃产生刺激作用。

（5）如有皮肤接触硫酸铝：脱去污染的衣着，用流动清水冲洗。如有眼睛接触：提起眼睑，用流动清水或生理盐水冲洗，就医。

实验拓展

硫酸铝的制备方法很多，已有多种方法申请专利，其中有：

1. 利用高岭土制备硫酸铝的方法

以酸溶法处理高岭土，工艺步骤为：

（1）将高岭土和浓度为 95%~98% 的浓硫酸混合、搅拌均匀后烘干。

（2）然后装入球磨罐中，在室温下研磨；将所得球磨物再次进行烘干处理和研磨；将研磨物取出，加入去离子水搅拌均匀，然后进行离心分离，重复进行该步骤，直至将固体中的硫酸铝完全洗出，收集的液体即为硫酸铝溶液。

2. 利用铝灰制备氢氧化铝的方法

工艺步骤为：

(1) 将铝灰与固体碳酸钠按质量比 100∶(80~120)进行混合搅拌。

(2) 将固体混合物在 900~1500℃条件下熔融 1~5h。

(3) 将熔融物放入清水中浸泡 10h 以上，去掉沉淀物后剩下铝酸钠溶液。

(4) 按摩尔比铝酸钠∶硫酸为 2∶(0.9~1.1)在铝酸钠溶液中加入硫酸。

(5) 用过滤器进行固液分离，分别得到硫酸钠溶液和氢氧化铝沉淀物。

(6) 将氢氧化铝沉淀物在 20~80℃的温度下干燥并粉碎后即得到氢氧化铝成品，优点在于使用固相法来提取铝灰中的氢氧化铝，不仅方法简单，而且成本低廉。铝灰中的全部铝成分均能够被提取，不仅可以充分地利用再生资源，且不会产生二次污染，余下的赤泥回归自然不会对环境造成任何污染。

实验思考

1. 在本实验中，铝中的杂质铁是如何除去的？
2. 将铝酸钠转为氢氧化铝时所加的碳酸氢铵起什么作用？
3. 氢氧化铝的生成和洗涤中，为什么要加热煮沸并充分搅拌？
4. 浓缩硫酸铝溶液进行结晶时，为什么不要过分浓缩？

实验二　五水硫酸铜的制备

实验目的

(1) 了解由废铜与硫酸作用制备五水硫酸铜的方法，为废物再利用提供思路；

(2) 进一步练习和掌握溶解、蒸发、浓缩、结晶、抽滤及重结晶等基本操作；

(3) 测定硫酸铜的结晶水含量，了解结晶水的测定方法，认识物质热稳定性与分子结构的关系。

实验背景

五水硫酸铜在常温常压下很稳定，不潮解，在干燥空气中会逐渐风化。加热可以失去全部结晶水，失水过程分三步：两个仅以配位键与铜离子结合的水分子最先失去，温度在 102℃左右；两个与铜离子以配位键结合，并且与外部的一个水分子以氢键结合的水分子随温度升高而失去，温度在 113℃左右；最外层水分子最难失去，因为它的氢原子与周围的硫酸根离子中的氧原子之间形成氢键，它的氧原子又与铜离子配位的水分子的氢原子之间形成氢键，总体上构成一种稳定的环状结构，因此破坏这个结构需要较高能量。失去最外层水分子所需温度在 258℃左右。图 3-1 为五水硫酸铜的结构示意图。

五水硫酸铜为天蓝色或略带黄色的粒状晶体，水溶液呈酸性，属保护性无机杀菌剂，是防治由原生动物如鞭毛虫、纤毛虫等引起的寄生虫病的特效药，也能防治中华鳋等病，同石灰乳混合可得"波尔多"溶液，用作杀虫剂，对人畜比较安全。

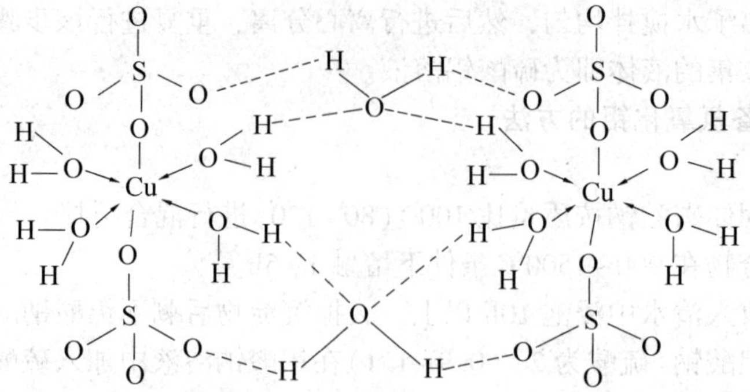

图 3-1　五水硫酸铜的结构示意图

五水硫酸铜俗称蓝矾、胆矾或铜矾。胆矾是天然的含水硫酸铜，是分布很广的一种硫酸盐矿物，它是铜的硫化物被氧分解后形成的次生矿物。胆矾产于铜矿床的氧化带，也常出现在矿井的巷道支柱和内壁上。胆矾的晶体成板状或短柱状，晶体集合在一起则呈粒状、块状、纤维状、钟乳状、皮壳状等。同时胆矾极易溶于水，具有催吐、祛腐、解毒、治风痰壅塞、癫痫、喉痹、牙疳、烂弦风眼、口疮、痔疮、肿毒的功效，但有一定的副作用。

硫酸铜也是制备其他铜化合物的重要原料及电解精炼铜时的电解液。

实验原理

铜属于不活泼金属，与稀 H_2SO_4不能直接反应。金属铜与浓 H_2SO_4作用时，由于铜表面会生成黑色的 CuS 或 Cu_2S 阻碍 H_2SO_4与 Cu 进一步反应，可先把 Cu 转化成 CuO 后再与 H_2SO_4作用。本实验以废铜丝为原料，使用前先在火中灼烧除去铜丝外面的保护层，以 H_2SO_4为溶剂，浓 HNO_3为氧化剂来制备 $CuSO_4$。反应式为：

$$Cu+2HNO_3+H_2SO_4 \xlongequal{} CuSO_4+2NO_2\uparrow +2H_2O$$

由于反应中有二氧化氮气体生成，故溶解铜时，应在通风橱内进行。如废铜丝中还有其他杂质时，溶解后的溶液中除硫酸铜外，还有不溶性及可溶性杂质以及少量硝酸铜。不溶性杂质可以通过过滤除去，可溶性杂质及硝酸铜则利用它们在水中的溶解度不同，使硫酸铜结晶而分离提纯。

表 3-1　$CuSO_4\cdot 5H_2O$ 及 $Cu(NO_3)_2\cdot 6H_2O$ 在不同温度时的溶解度

温度/K	273	293	313	333	353
$CuSO_4\cdot 5H_2O/[g\cdot(100gH_2O)^{-1}]$	14.3	20.7	28.5	40	55
$CuSO_4\cdot 6H_2O/[g\cdot(100gH_2O)^{-1}]$	81.3	125.1			

由表 3-1 可知，硝酸铜的溶解度比硫酸铜大得多，因此当热溶液冷却后，首先结晶析出的是 $CuSO_4\cdot 5H_2O$。如果晶体不纯，可通过重结晶方法除去硝酸铜及杂质，最后可得到较纯净的 $CuSO_4\cdot 5H_2O$ 晶体。

仪器试剂

仪器：天平　蒸发皿　吸滤瓶　布氏漏斗　研钵

试剂：$H_2SO_4(6mol\cdot L^{-1})$　浓 HNO_3　废铜

实验步骤

1. 五水硫酸铜的制取

称取铜丝1.5g，置于蒸发皿中，先用4mL6mol·L^{-1} H_2SO_4溶液湿润，慢慢地分批加入浓$HNO_3$2.5mL，使其反应。会有大量的NO_2气体产生，所以操作必须在通风橱内进行。待反应缓慢后，用酒精灯小火加热加速反应，若反应十分缓慢又剩有较多的铜时，可用滴管逐滴加入0.5~1mL浓HNO_3(避免过量)，直至铜完全溶解为止。然后加入7mL 6mol·L^{-1} H_2SO_4溶液，边加边搅拌，趁热用抽滤法把溶液中的不溶物弃去(可加少量水冲洗蒸发皿)，然后将硫酸铜溶液倒回到蒸发皿中，并在水浴上边搅拌边加热，待浓缩到表面有晶膜出现时停止加热。冷却溶液，直到析出大量的蓝色晶体，吸滤，称重，计算产率(剩下的母液倒入指定的器皿中)。

2. 重结晶法提纯五水硫酸铜

将粗制品放入蒸发皿中，加入经计算所需的蒸馏水，在水浴上加热使其溶解，再加热浓缩至表面有晶膜出现，停止加热。冷却后吸滤，再用滤纸吸干晶体，得到较纯的$CuSO_4\cdot5H_2O$晶体。称重，计算产率(剩下的母液倒入指定的器皿中)。

3. 测定硫酸铜晶体里结晶水含量

取干燥洁净的瓷坩埚放在天平上称重，准确至0.1g。然后向坩埚中加入自制晾干并研细的蓝色硫酸铜晶体粉末1.5g，再在天平上称量。将坩埚放在泥三角上，用酒精灯小心缓慢地加热，边加热边用玻璃棒搅拌晶体粉末。当蓝色硫酸铜晶体接近完全变白时，加热要特别小心，必要时可间歇地移开火焰，趁热搅拌，直到晶体完全变白色。高温时$CuSO_4$亦要分解。

$$CuSO_4\cdot5H_2O = CuSO_4+5H_2O$$
$$CuSO_4 = CuO+SO_3\uparrow$$

当加热完毕后，趁热立即将坩埚放入公用的干燥器中。冷却后，取出坩埚，称量记下瓷坩埚和无水硫酸铜的总质量。反复加热，冷却称重，直到误差不超过0.1g时为止。

将各次数据记录如下：

坩埚质量：______________________________

坩埚+硫酸铜晶体质量：______________________

坩埚+无水硫酸铜质量：______________________

结晶水质量：______________________________

结晶水的物质的量：__________________________

无水硫酸铜质量：____________________________

无水硫酸铜的物质的量：______________________

1mol硫酸铜晶体中所含结晶水的物质的量：______________

根据实验结果，计算蓝色硫酸铜晶体中的结晶水百分含量。

实验指导

(1) 溶解铜丝时先加入少量H_2SO_4溶液，避免浓HNO_3被稀释过度以致拖慢反应速率。铜完全溶解后再加入足量的H_2SO_4溶液，只有这样才能保证得到蓝色产物。

(2) 在反应能顺利进行的情况下，要尽量少加浓HNO_3。在第一次分批加入时，滴加的效果最好。

(3) 水浴加热浓缩至表面有晶膜出现即可，不可将溶液蒸干。

(4) 五水硫酸铜虽然有不少治病功效，但误服、超量均可引起中毒而引起反复剧烈的呕吐，可致脱水、休克，同时损害胃黏膜，甚至造成急性胃穿孔。硫酸铜溶液有很强的腐蚀作用，能使口腔、食管、胃肠道的黏膜充血、水肿、溃疡和糜烂。

实验拓展

由铜制备硫酸铜时铜的价态升高了，因此各种制备方法的共同点是找一个氧化剂。本实验是采用浓硝酸做氧化剂，也可选用双氧水做氧化剂：

$$Cu + H_2O_2 + H_2SO_4 = CuSO_4 + 2H_2O$$

工业上制备胆矾时，先将铜在空气中煅烧成氧化铜，然后与适当浓度的硫酸作用生成硫酸铜，反应式为：

$$2Cu + O_2 = 2CuO$$

$$CuO + H_2SO_4 = CuSO_4 + H_2O$$

但不能用浓硫酸与铜反应制备五水硫酸铜，因为浓硫酸有氧化性，可与铜反应：

$$Cu + 2H_2SO_4 = CuSO_4 + SO_2 + 2H_2O$$

由于浓硫酸中水很少，产物是白色的无水硫酸铜，而不是五水硫酸铜，无水硫酸铜与稍过量的浓硫酸形成稠状物，而且浓硫酸具有强酸性、脱水性，无法用滤纸过滤；浓硫酸与铜的反应复杂，除上述主反应外，还有一系列副反应，产生硫化亚铜、硫化氢、硫酸亚铜等：

$$4Cu + SO_2 = Cu_2S + 2CuO$$

$$Cu_2S + H_2SO_4 = Cu_2SO_4 + H_2S$$

$$H_2S + H_2SO_4 = SO_2 + S + 2H_2O$$

$$S + 2H_2SO_4 = 2H_2O + 3SO_2$$

$$Cu_2SO_4 + 2H_2SO_4 = 2CuSO_4 + SO_2 + 2H_2O$$

究竟哪一个副反应最可能发生，须视反应条件而定，若铜过多，硫酸量相应少些，就会有黑色的硫化亚铜生成，当温度高时，硫化亚铜作为产物和硫酸铜同时存在，其反应如下：

$$5Cu + 4H_2SO_4 = Cu_2S + 3CuSO_4 + 4H_2O\ (130 \sim 170℃)$$

因此，铜和浓硫酸的反应产物是与铜和浓硫酸的相对量、反应温度有关。

硫酸铜还可以通过下述方法制备，将废铜放入配制有铁离子的稀硫酸溶液中，加热并鼓入空气，进行催化反应制得硫酸铜。用过的母液可以反复使用，没有废水、废气、废渣，不产生环境污染。利用该方法制备硫酸铜，生产工艺简单，材料消耗少，产率高。

实验思考

1. 实验中加热失水时，硫酸铜晶体爆出坩埚外，对实验结果的准确性有什么影响？如加热搅拌时，玻璃棒上粘有硫酸铜会有什么影响？如硫酸铜晶体未晾干会有什么影响？

2. 总结比较常用的倾析法、常压过滤、减压过滤以及热过滤分离方法的特点及适用范围。

3. 分析总结五水硫酸铜中五个结晶水不同性质。

实验三　重铬酸钾的制备

实验目的

(1) 初步掌握三氧化二铬在强碱性介质中被氧化为铬酸盐的原理和铬酸盐与重铬酸盐的转化条件；

(2) 练习使用镍(或铁)坩埚进行灼烧的操作，巩固抽滤、蒸发、结晶、干燥等操作。

实验背景

重铬酸钾为橙红色三斜晶体或针状晶体。可由重铬酸钠与氯化钾或硫酸钾进行复分解反应而制得。溶于水，不溶于乙醇。供制铬矾、火柴、铬颜料、鞣革、电镀、有机合成等用。重铬酸钾还应用于分析化学，常用来定量测定还原性的氢硫酸、亚硫酸、亚铁离子等，还用于测定水中的化学需氧量，此法为国家标准方法，该法的优点是测定结果准确、重现性好。

向铬酸盐溶液中加入酸时，溶液由黄色变为橙色，表明铬酸根转变为重铬酸根，反之，向重铬酸盐溶液中加入碱时，溶液又由橙色变为黄色，又转变为铬酸根。乙醇与重铬酸钾溶液反应，使其变色，生成乙酸。交警用经硫酸酸化处理的三氧化铬(与重铬酸钾原理类似)硅胶检查司机呼出的气体，根据硅胶颜色的变化来判断司机是否饮酒，硅胶中的铬(Ⅵ)能被酒精蒸气还原为铬(Ⅲ)。酒精含量越高一般颜色越深，由橙黄逐渐变灰绿。

实验原理

本实验以三氧化铬为原料，硝酸钾为氧化剂，氢氧化钾、碳酸钾混合物作碱性熔融介质在高温下反应生成铬酸钾。反应式如下：

$$Cr_2O_3+3KNO_3+2K_2CO_3 = 2K_2CrO_4+3KNO_2+2CO_2\uparrow$$

$$Cr_2O_3+3KNO_3+4KOH = 2K_2CrO_4+3KNO_2+2H_2O$$

铬酸钾经酸化便转化为重铬酸钾，重铬酸钾比铬酸钾溶解度小，不吸湿，很稳定。

$$2CrO_4^{2-}+2H^+ \rightleftharpoons Cr_2O_7^{2-}+H_2O$$

转化过程中，控制 pH 值十分重要，从反应式中看出酸性越强，越有利于生成重铬酸钾。另一方面，反应产物中的 KNO_2 在酸性介质中对重铬酸钾有还原作用。酸性愈强，还原反应愈有利。因此酸化时宜用乙酸，并严格控制 pH 值。当转化完成后，蒸发、冷却、结晶，即得重铬酸钾晶体。

仪器试剂

仪器：托盘天平　铁坩埚

试剂：K_2CO_3　KOH　KNO_3　Cr_2O_3　冰乙酸

实验步骤

1. 氧化

称取 K_2CO_3 3g、KOH 4g 盛于铁坩埚中，放置在泥三角上，小火加热。由于固体中含有水分，开始加热时，可能会发生迸溅，因此操作要小心。继续加热至熔化后得到无色透明的液态熔融物。

将已称量好的1.5g Cr_2O_3及4.5g KNO_3研细、混合后，分批加入到熔融的K_2CO_3和KOH中，用坩埚钳夹住铁坩埚。用铁棒不断搅拌混合物，加强热，使混合物维持熔融状态，直到熔融物热时显红色，冷时呈黄色为止(为什么黄色为判断标准)。

2. 浸取

坩埚中的熔融物冷却后，加6mL左右蒸馏水，加热至沸。然后把溶液倾入事先准备好的烧杯中，反复几次直到熔块全部溶解为止。溶液稍冷后进行吸滤，残渣用水洗涤一次。

3. 转化

将滤液移至蒸发皿中，逐滴加入冰乙酸(3~4mL)，同时不断搅拌(能否用铁棒)，调节酸度至pH=5.5~6，使铬酸钾转化为重铬酸钾，此时有大量的气体(什么气体)放出，直至溶液成为橙红色为止。

4. 蒸发、结晶

将盛有重铬酸钾溶液的蒸发皿，用小火加热蒸发，至表面有少量晶体析出为止(在蒸发过程中溶液pH值应保持在5.5~6左右)。冷却溶液至室温(冰水更好)，待$K_2Cr_2O_7$晶体析出，吸滤，用滤纸吸干晶体表面的水，称重。

5. 重结晶

按$m(K_2Cr_2O_7):m(H_2O)=1:1.2$的比例将重铬酸钾粗晶溶于蒸馏水中，加热溶解后冷却使其重结晶，抽滤。用滤纸吸干后，在40~50℃的温度下，于空气浴中烘干、称重，并计算产率。

实验指导

(1) 要按实验步骤中规定的反应物计量反应，才能使Cr_2O_3反应完全。

(2) 由铬酸钾转化为重铬酸钾时，pH值为5.5~6，以避免重铬酸钾氧化性过强还原为Cr(Ⅲ)。

(3) 一定要用铁坩埚和铁棒，切不可用瓷坩埚和玻璃棒代替。

(4) 一定要先将碳酸钠和氢氧化钠的混合物用小火加热熔融后，再分几次将Cr_2O_3和硝酸钠的混合物加入铁坩埚中。

(5) 重铬酸钾粗晶进行重结晶的时候，如果溶液偏黄，可在溶液中少加点乙酸。如溶液中有杂质，则要趁热过滤。

(6)六价铬毒性大于三价铬。是一种致敏源，六价铬有刺激性和腐蚀性。铬是一种致癌物，要避免接触和误服。

实验拓展

铬对环境是有危害的，可以利用铬废液来制备重铬酸钾，同时达到回收铬的目的。将含铬废液过滤除去有机物杂质，在弱碱性条件下沉淀过滤，加入H_2O_2溶解氧化沉淀，调节pH=10过滤分离沉淀，用盐酸调节滤液pH=1~2，蒸发浓缩并转移到冰浴上结晶，再经重结晶提纯得到产品重铬酸钾，经分析，产品纯度为93%，铬的回收率为81.77%。

另一种重铬酸盐的生产方法是由铬酸钾晶体生产重铬酸钾。先将铬酸钾浆料碳酸化，所得的重铬酸钾晶体通过后除铁、铝杂质，进行精制，所得碳酸氢钾溶液经冷却盐析，回收铬酸钾并联产碳酸氢钾，实现钾碱的再资源化，铬酸钾母液返回浆料碳酸化过程循环使用。该方法将工业实施过程的碳化率提高到75%~85%；而且产品中不含Cl^-，杜绝了生产过程中氯的污染；采用后除Fe、Al杂质新工艺，能提高重铬酸钾产品的纯度。没有采用传统的热解蒸发工艺回收铬酸钾，避免了蒸发过程中铬雾污染的问题。此法具有流程短、铬铁矿中铬利用率高、能耗低的特点，实现了副产物钾碱的再资源化。

实验思考

1. KOH及KNO_3在制取$K_2Cr_2O_7$时，各起何作用？

2. 如何估计本实验中所用的HAc量(已知冰乙酸的密度为1.05g(L^{-1}))？实验中如何判断冰乙酸已适量？

3. 20℃时$K_2Cr_2O_7$的溶解度为12g/100g水，KAc的溶解度为255.6g/100g水，估计$K_2Cr_2O_7$结晶时KAc是否析出？

实验四　无水三氯化铬的制备

实验目的

(1) 了解无水卤化物的一般合成方法及主要应用；

(2) 了解管式炉的使用；

(3) 掌握四氯化碳氯化法制备无水氯化铬的方法。

实验背景

除碱金属和锂可自水溶液直接制备无水氯化物外，其他元素的无水氯化物大多数难以从水溶液中直接制取。过渡金属卤化物MX_n具有较强的吸水性，遇水一般易迅速反应生成水合物。市售的过渡卤化物往往是它们的水合物。如三氯化铁是含6个结晶水的$FeCl_3 \cdot 6H_2O$晶体，三氯化铬是含6个结晶水的$CrCl_3 \cdot 6H_2O$晶体，二氯化铜是含2个结晶水的$CuCl_2 \cdot 2H_2O$晶体。

许多反应是在水溶液中进行的，市售的过渡金属卤化物即可直接使用。然而有些合成反应只能用无水卤化物才能完成，也有许多研究工作必须在无水条件或非水体系中进行，因而掌握无水过渡金属卤化物的制备方法和实验操作技术是非常必要的。

三氯化铬主要用于印染工业作媒染剂，电镀工业代替铬酸酐，用于三价铬镀铬。颜料工业用于制造各种含铬颜料。有机合成用于制造含铬催化剂。

实验原理

多数金属卤化物表现对水的强亲和作用，故一般较多地以水合物的形式存在。虽然水合金属卤化物在通常的水溶液反应体系中有广泛的应用，但对许多特定的用途而言，则必须用无水卤化物，如用于非水介质中合成某些金属配合物(当配体竞争不过水或金属卤化物的强烈水解时)；用于合成金属有机配合物；用于有机反应的催化剂(如：$AlCl_3$，$FeCl_3$，$ZnCl_2$，SbF_3等)；用于制备金属醇盐等。无水卤化物在实际应用中有着特殊的地位。

虽然金属卤化物的水合物广泛存在，但简单地用水合物加热脱水的方法来制备无水卤化物，往往由于强烈的水解倾向而无法实现。因而制备无水过渡金属卤化物往往利用水合物与亲水性更强的物质反应来制得或用不含水的过渡金属氧化物与卤化剂作用。

金属氧化物一般容易制得，且易于制得纯品，所以人们广泛地研究由氧化物转化为卤化物的方法。但这个方法仅限于制备氯化物和溴化物。主要的卤化剂有四氯化碳、氢卤酸、$COCl_2$、PCl_5、六氯丙烯等，如：

$$Cr_2O_3+3CCl_4 = 2CrCl_3+3COCl_2$$

从元素的氧化物转化为卤化物的标准自由能变化 $\Delta_r G_m$ 可以看出，许多元素的氯化物，25℃时比其氧化物更稳定，所以很多氧化物转化为氯化物在热力学上完全是可能的。但在常温下反应速率很慢，氯化反应的速率是随温度的升高而加大，但氯化反应的平衡常数是随着温度的升高而减小，即升温平衡逆向移动，对合成不利。因此，要选择一个最合适的氯化温度，在此温度下使平衡常数和反应速率对于相应的制备反应最有利。对于不同的化合物，最佳反应温度不同，如碱土金属和稀土氧化物在250~330℃时已能转化为氯化物，而铍、铝、钛、钴等氧化物需约400℃的温度才能转化。三氧化二铬要在600℃以上才能转化为氯化物。

本实验使用氧化物氯化法制备无水三氯化铬。用无水 Cr_2O_3 与卤化剂 CCl_4 在氮气保护下，加热到650℃以上，使 $CrCl_3$ 升华而制得。反应如下：

$$Cr_2O_3(s)+3CCl_4(g) = 2CrCl_3+3COCl_2(g)$$

$$2Cr_2O_3(s)+3CCl_4(g) = 4CrCl_3+3CO_2(g)$$

由于生成的 $CrCl_3$ 在高温下能与氧气发生氧化还原反应，所以必须在惰性气氛中进行，反应过程中产生少量有毒的光气 $COCl_2$，因此本实验必须在良好的通风条件下进行。

此法所得到的无水三氯化铬，经升华后得纯净产品，为紫色鳞片状的晶体，不溶于水，也不潮解。当产物中含有 Cr(Ⅱ)化合物(如 $CrCl_2$)杂质时，无水三氯化铬很容易发生水合反应。

仪器试剂

仪器：管式炉　氮气钢瓶　反应器(见图3-2)　酸式滴定管　锥形瓶　烧杯　移液管　容量瓶

试剂：高纯氮　重铬酸铵　三氧化二铬　硫酸　四氯化碳　磷酸　95%乙醇　硫酸亚铁铵　邻氨基苯甲酸指示剂　30%过氧化氢　锌粉　碳酸钠　重铬酸钾(0.01mol·L^{-1}标准溶液)　硫磷混合酸(量取700mL去离子水，边搅拌边缓慢加入150mL浓硫酸和150mL磷酸，摇匀，即可制得1000mL硫磷混合酸)　邻氨基苯甲酸指示剂(称取0.2g邻氨基苯甲酸溶于100mL 0.2%碳酸钠溶液中即可)

硫酸亚铁铵标准溶液配制和标定：称取1.2g硫酸亚铁铵[$FeSO_4\cdot(NH_4)_2SO_4\cdot6H_2O$]溶于50mL水中，慢慢加入4mL浓硫酸，冷却后用水稀释到300mL摇匀。吸取25mL 0.01mol·L^{-1}重铬酸钾标准溶液于250mL锥形瓶中，加入10mL硫磷混合酸，加入4滴邻氨基苯甲酸指示剂。以配制的硫酸亚铁铵溶液滴定到溶液由桃红色转为亮绿色，即为终点。由重铬酸钾浓度和硫酸亚铁铵的滴定体积计算硫酸亚铁铵的浓度。

实验步骤

1. Cr_2O_3的制备

称取2.5g $(NH_4)_2Cr_2O_7$，置于干燥的蒸发皿中。将玻璃棒的一端加热后引发$(NH_4)_2Cr_2O_7$分解，直至全部橙红色的$(NH_4)_2Cr_2O_7$变成深绿色的 Cr_2O_3 粉末。产物冷却后，移入烧杯中，用去离子水洗涤所得 Cr_2O_3，至洗涤液为无色，除去可溶性杂质。将洗净的

Cr_2O_3转移到蒸发皿内，放入烘箱，在110℃左右烘干4~6h，冷却后装瓶待用。

2. 无水$CrCl_3$的制备

实验装置如图3-2所示。具体步骤如下：

(1) 把1.5g Cr_2O_3小心地放在石英管的中部并铺开，然后将石英管置入管式炉中，使Cr_2O_3所在的部位处于管式炉的高温区。

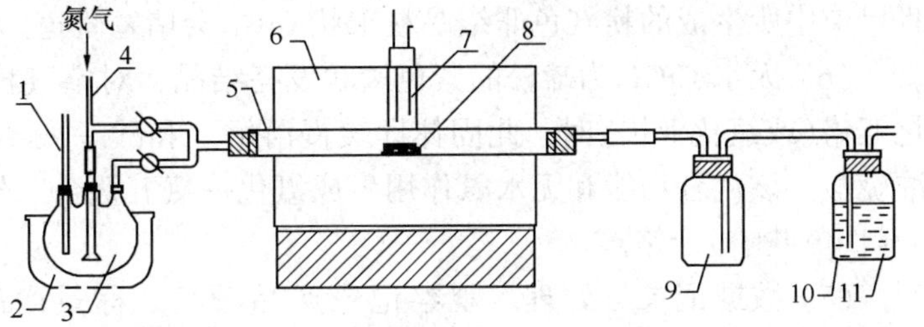

图3-2 制备无水$CrCl_3$的实验装置图

1—温度计；2—电热套；3—三颈瓶；4—进气口；5—石英管；6—管式炉；7—热电偶；8—样品；9—安全瓶；10—尾气吸收管；11—氢氧化钠溶液

石英管两端塞上配玻璃管的橡皮塞，其一端与盛有CCl_4的三颈烧瓶相连，作为进气口，另一端则是废气排出口。用温度控制器控制工作温度650℃。由于反应产生的气体对热电偶有腐蚀作用，故热电偶不应置于反应室的石英管内。一切准备结束，即可开始升温。

(2) 三颈烧瓶中装入150mL CCl_4，用电热套加热CCl_4。当管式炉内温度升至400℃以后，可开始加热CCl_4，同时向三颈烧瓶通入氮气，使CCl_4蒸气经氮气载入反应室进行反应。CCl_4加热的温度控制在50~60℃之间，氮气的流量维持在0.2L·min^{-1}(N_2速度不能太快，以CCl_4液面不断发生小气泡而不暴沸为宜)。

(3) 反应进行2.5h后(在石英管出口端出现了$CrCl_3$升华物)，停止加热CCl_4，切断加入管式炉的电源，继续通入N_2。待反应室温度降至室温时，关闭N_2钢瓶，拨出石英管两头橡皮塞，取出石英管。将产物收集到蒸发皿中，清理瓷管内部，干燥，然后将瓷管插入管式炉，并在两端塞上橡皮塞。连接三颈烧瓶的两支橡皮管应用螺旋夹夹住，待用。

3. 无水$CrCl_3$中Cr含量的测定

准确称取含铬30mg的样品，加入少量Zn粉(约为样品量的5%)，滴入少量水，当紫色的无水$CrCl_3$基本溶解后，加入30%的H_2O_2至黄绿色或棕黄色，小心加热此溶液至溶液呈黄色，再继续加热煮沸15min。冷却后将溶液移入250mL容量瓶中，用二次去离子水稀释至刻度。

用移液管取配制好的试样溶液25mL至锥形瓶中，加入15~17.5mL的硫磷混合酸和5滴邻氨基苯甲酸指示剂，用0.01mol·L^{-1}硫酸亚铁铵标准溶液滴定，当溶液由桃红变为亮绿色时，即达滴定终点。

实验指导

(1) 由于实验中的反应物与产物有毒性，故除氮气钢瓶外，其他设备都应安装在通风橱内或至少将反应排出的废气经废气吸收瓶后再经通风橱或实验台上的通风罩排出室外。

(2) 反应过程中产生少量极毒的光气，可用5%的乙醇溶液吸收：

$$COCl_2+2C_2H_5OH \longrightarrow CO(C_2H_5O)_2(\text{碳酸二乙酯})+2HCl$$

(3) 氮气流速以计泡器上有气泡连续逸出为宜(注意氮气的流速不能太快，以免将Cr_2O_3吹离石英管)。

(4) 反应温度应严格控制在800℃以内，过高的炉温将引起CCl_4大量分解，产生炭黑附着于产物上。而在800℃以内，CCl_4分解产物为六氯苯、六氯乙烷和氯气，这些产物高温下均以气体形式经排气管逸出室外。

（5）排气管内径不能小于10mm，太小所生成的气体不能迅速排出，影响反应进程，并且反应中所生成的粉红色非结晶粉末状$CrCl_3$会堵塞管道。

（6）无水$CrCl_3$为疏松的紫色鳞状发亮结晶，对空气稳定。不和水作用，当加入少量氯化亚铬（或氯化亚锡）时，此固体即缓慢溶解。和酸一般不作用，但在强加热条件下可溶于浓硫酸。该化合物能和无水氨作用生成氯化一氯五氨合三价铬，和四氢呋喃作用生成三氯化三（四氢呋喃）合铬。

（7）数据记录与处理。观察记录产品颜色。称量产品，计算产率后，装入棕色小瓶备用。

按下式计算 Cr 的含量（质量分数）：

$$w(\mathrm{Cr}) = \frac{cV \times \frac{53}{3}}{W \times \frac{25}{250} \times 1000} \times 100\%$$

式中 c——硫酸亚铁铵的摩尔浓度；

V——滴定用去的硫酸亚铁铵的体积，mL；

W——试样质量，g。

实验拓展

制备无水卤化物除了氧化物转化法还可用以下的方法来完成。

1. 直接卤化法

碱金属、碱土金属、铝、嫁、铟、铊、锡、锑及过渡金属等，都能直接与卤素或 HX 化合。特别是过渡金属卤化物，具有强烈的吸水性，一遇到水（包括空气中的水蒸气）就迅速反应生成水合物。因此他们不宜在水溶液中合成，必须采用直接卤化法合成。例如：

$$2Fe + 3Cl_2 = 2FeCl_3$$

$$2Cr + 3Cl_2 = 2CrCl_3$$

上述卤化法的干法反应，方法简单，操作简便，是制备无水卤化物的常用方法，但需注意严格控制合成温度。

直接卤化法有时在需在非水介质中进行。如SbI_3，因干法反应十分激烈，难以控制，若在沸苯中反应则能得到纯净的SbI_3晶体。

2. 水合盐脱水法

金属卤化物的水合盐经脱水，可制备无水金属卤化物，但必须根据实际情况备有防止水解的措施。例如，镁和镧系的水合卤化物，为防止水解可在氯化氢气流中加热脱水；铍、锶、钡、锡、铜、铁、钴、镍和钛的氯化物，可以在光气的气流中加热脱水；水合三氯化铬可在CCl_4氮气中加热脱水。

周期系中所有金属的水合卤化物都可以用氯化亚硫酰$SOCl_2$作为脱水剂制备无水卤化物。因为$SOCl_2$是亲水性很强的物质，它与水反应生成具有挥发性的产物，即：

$$SOCl_2 + H_2O = SO_2\uparrow + 2HCl\uparrow$$

所以它用作脱水剂特别有利，如：

$$FeCl_3 \cdot 6H_2O + 6SOCl_2 = FeCl_3 + 6SO_2\uparrow + 12HCl\uparrow$$

$$NiCl_2 \cdot 6H_2O + 6SOCl_2 = NiCl_2 + 6SO_2\uparrow + 12HCl\uparrow$$

该方法的缺点时残存的痕量 $SOCl_2$很难除净。

3. 置换反应

制备无水金属卤化物的几个主要置换反应。

(1) 卤化氢作为置换剂的置换反应：

$$TiCl_4 + HBr = TiBr_4 + HCl$$

$$VCl_3 + 3HF = VF_3 + 3HCl$$

(2) 盐类作为置换剂的置换反应：用作置换的盐多是汞盐。

$$2In + HgBr_2 = 2InBr + Hg$$

$$HgSO_4 + 2NaCl = Na_2SO_4 + HgCl_2$$

4. 氧化还原反应

(1) 用氢气作为还原剂。用氢气还原高价卤化物能制备低价金属卤化物，如：

$$2TiCl_4 + H_2 = 2TiCl_3 + 2HCl$$

用氢还原制备低价无水金属卤化物时，控制温度特别重要。一般来说，温度越高，生产的卤化物中金属的价态越低；温度太高，甚至可能还原成金属。例如，氢气还原 VCl_3，675℃得到 VCl_2，温度升倒 700℃以上则得到的是金属钒。

(2) 用卤素作为氧化剂。CoF_2是主要的氟化剂，在许多氟化反应中用它作为单质氟的代用品。用氟氧化 $CoCl_2$可以成功地制备 CoF_3。

$$2CoCl_2 + 3F_2 = 2CoF_3 + 2Cl_2$$

(3) 用卤化氢作为氧化剂。卤化氢在一定条件下可以氧化金属，氢被还原为氢气。例如，金属在高温下与氯化氢或溴化氢反应可以制得氯化亚铁和溴化亚铁。由于制得的是亚铁化合物，反应必须在氮气中进行。

$$Fe + 2HCl = FeCl_2 + H_2$$

5. 热分解法

利用热分解法制备无水金属卤化物，一是要注意温度的控制；二是要注意反应气氛的控制。反应如下：

$$ReCl_5 = ReCl_3 + Cl_2$$

$$2VCl_4 = 2VCl_3 + Cl_2$$

$$PtCl_4 = PtCl_2 + Cl_2$$

$PtCl_2$在 435~581℃是稳定的，但温度超过 581℃时即分解，所以制备反应宜在 450℃下进行。

实验思考

1. 实验室中为什么要用 N_2作为 CCl_4的载气？用空气或氩气是否可以？
2. 试拟定出 4 种制备无水氯化物的方法。
3. 实验结束后，石英管应如何清理？

实验五　硝酸钾的制备

实验目的

（1）验证盐类溶解度和温度的关系；

（2）利用温度对物质溶解度影响的不同，用复分解法制备盐类系；

（3）练习重结晶法提纯物质，进一步巩固溶解、过滤、结晶等操作系。

实验背景

硝酸钾为无色透明斜方或菱形晶体，易溶于水，不溶于无水乙醇，在空气中不易潮解。硝酸钾为氧化剂，与有机物接触可引起燃烧或爆炸，可用于黑色火药、焰火、火柴、导火索等。也可用作花卉、蔬菜、果树等经济作物的叶面喷施肥料，用作肥料时，硝酸钾有特殊的优点，硝酸钾的溶解度高，且不挥发，也不会给生态系统带入不需要的化学物质残留。在植物吸入硝酸钾的过程中，酸根的吸收有助于钾离子和其他正离子养分的吸收。与氨中的氮相比，氨中的氮必须转化后才能被植物吸收。从氨转化为硝态氮需要氧，而在含水的环境中氧又相对稀少，所以氨的利用不如硝酸钾的利用率高。另外，冶金工业、食品工业等也将硝酸钾用作辅料。

实验原理

复分解法是制备无机盐类的常用方法，不溶性盐很容易制得，但是对可溶性盐则需要根据温度对盐类溶解度的不同影响来确定。

本实验是用 $NaNO_3$ 和 KCl 通过复分解反应来制取 KNO_3。

表 3-2　几种盐类在不同温度下的溶解度　　（g/100g 水）

盐＼温度/℃	0	10	20	30	50	80	100
NaCl	35.7	35.8	36.0	36.3	37.0	38.4	39.8
$NaNO_3$	73	80	88	96	114	148	180
KCl	27.6	31.0	34.0	37.0	42.6	51.1	56.7
KNO_3	13.3	20.9	31.6	45.8	83.5	169	246

从表 3-2 几种盐类在不同温度下的溶解度数据(g/100 g 水)可以看出，氯化钠的溶解度随温度变化极小，而 KNO_3 的溶解度随着温度的升高增加得非常快。因此，只要把一定量的固体 $NaNO_3$ 和 KCl 在较高温度时混合溶解，首先析出 NaCl 晶体，趁热过滤将 NaCl 晶体除去，滤液冷却后，其中 KNO_3 因溶解度急剧下降而析出，得到仅含有少量 NaCl 等杂质的 KNO_3 晶体，然后可用重结晶的方法提纯。

从上面制得的 KNO_3 产品中，杂质 NaCl 的含量可利用 $AgNO_3$ 与氯化物生成 AgCl 白色沉淀的反应来检验。

仪器试剂

仪器：刻度烧杯　量筒　布氏漏斗　吸滤瓶　台秤　表面皿

试剂：$NaNO_3$　KCl　$AgNO_3$(0.1 mol·L^{-1})

实验步骤

1. 硝酸钾的制备

用表面皿在台秤上称取固体 $NaNO_3$ 4g，固体 KCl 3.5g，放入 100 mL 烧杯中，加入 7 mL 蒸馏水，加热溶解。继续用小火加热沸腾约 10min，并不断搅拌，使 NaCl 晶体析出。趁热用吸滤法过滤。将滤液转入烧杯中，冷却至 10℃(用冰水浴降低温度更好)。使 KNO_3 晶体析出，用吸滤法分离母液，所得 KNO_3 晶体放在干燥洁净的滤纸上，上面再放一滤纸，用干净的玻璃瓶塞压干，然后将晶体转移至一只已称重的表面皿中，称量，计算 KNO_3 粗产品的产率。

2. 用重结晶法提纯 KNO_3

将粗产品放入 50mL 烧杯中，加入计算量的蒸馏水并搅拌(按 KNO_3 在 100℃时的溶解度计算用水的量)，用小火加热，直到晶体全部溶解为止。然后冷却溶液至 10℃，待大量晶体析出后吸滤，晶体用滤纸吸干，放在表面皿上晾干，称重。

按上法检验重结晶后 KNO_3 的纯度，与粗产品的纯度作比较。

3. 产品纯度的检验

称取 KNO_3 粗产品 0.3g 放入盛有 10mL 蒸馏水的小烧杯中，溶解后取出溶液 0.5mL，稀释至 50mL。取稀释液 10 滴放在试管中，加 1 滴 0.1 mol·L^{-1} $AgNO_3$ 溶液，观察有无 AgCl 白色沉淀产生。

实验指导

(1) 小火加热约十来分钟是为了蒸发水分，一般蒸发至原溶液体积的 2/3 左右，不要过多蒸发水分，这对本实验很重要。

(2) 吸滤前预先将布氏漏斗在蒸汽上或烘箱中预热，也可用铜质热水漏斗进行热滤。

(3) 溶液要趁热过滤，不然 KNO_3 会与 NaCl 一起析出。

(4) 硝酸钾是氧化剂，误服者用水漱口，给饮牛奶或蛋清，就医。如有皮肤接触应立即脱去被污染衣着，用大量流动清水冲洗，至少 15min，就医。如有眼睛接触，则立即提起眼睑，用大量流动清水或生理盐水彻底冲洗至少 15min，就医。

实验拓展

硝酸钾的工业制备主要有三种方法：溶剂萃取法、连续式离子交换法和天然硝盐工艺。溶剂萃取法工艺比其他工艺成熟。连续式离子交换法是把 29% 的氯化钾溶液与 54% 的稀硝酸加入连续离子交换反应器，在 30℃反应，生成 30%的稀硝酸钾溶液与 12%的稀盐酸由反应器的出口排出。用少量氢氧化钾中和残留硝酸的稀硝酸钾溶液后，送入蒸发器及结晶机，用蒸汽加热提浓，析出结晶，然后送入离心机脱水，经干燥得成品硝酸钾；智利 SQM 公司是世界上惟一从天然硝盐中生产 KNO_3 的企业，利用的就是天然硝盐工艺，其生产工艺是将生硝矿通过一系列的溶解、蒸发、萃取等工序得到浓缩的混合液，然后将混合液根据硝盐的溶解度不同进行结晶分离。同时将 $NaNO_3$ 与 KCl 反应生成的 NaCl 析出，经分离提纯得 KNO_3 结晶产品。

制备硝酸钾的另外一种方法，在 90~95℃的反应温度下，在配制槽内加入一定量的氯化钾、水、二次母液并混合，控制氯化钾∶硝酸铵∶水＝1∶(1.02～1.122)∶(1.03～1.13)(质量比)，送入底部安装有侧入式轴流搅拌桨的真空冷却结晶器中，控制结晶温度应在(20±1)℃，硝酸钾结晶析出并长大，结晶液经稠厚器增稠再经离心机连续分离出产品硝酸钾。上述分离出的一次母液经与氯化钾、水、二次母液的混合反应液换热后，与硝酸铵溶液混合形成氯化铵母液，进入逆流二效蒸发流程，即先进入二效蒸发器，再进入一效蒸发器，进行蒸发浓缩；从一效蒸发器出来的浓缩后的溶液经冷析结晶、稠厚器增稠再经离心机连续分离出氯化铵副产品，得到的二次母液返回配制槽。重复上述循环过程，即不断依次得到固体硝酸钾和固体氯化铵。

实验思考

1. 用 KCl 和 $NaNO_3$ 来制备 KNO_3 的原理是什么？

2. 根据溶解度数据，计算在本实验中应有多少 NaCl 和 KNO_3 析出？(不考虑其他盐存在时对溶解度的影响)。

3. 如所用 KCl 或 $NaNO_3$ 的量超过化学计算量，结果怎样？

4. KNO_3 中混有 KCl 或 $NaNO_3$ 时，应如何提纯？

5. 实验中为何要趁热过滤除去 NaCl 晶体？为何要小火加热？

实验六　碳酸钠的制备

实验目的

(1) 学会利用各种盐类溶解度的差异，使盐类彼此分离的技能；

(2) 了解复分解反应及热分解反应的条件；

(3) 进一步巩固减压过滤操作。

实验背景

碳酸钠俗名纯碱、苏打、碱灰、洗涤碱，普通情况下为白色粉末，熔点为851°C，易溶于水，具有盐的通性，是一种弱酸盐，微溶于无水乙醇，不溶于丙醇，溶于水后发生水解反应，使溶液显碱性，有一定的腐蚀性，高温下可分解，生成氧化钠和二氧化碳。吸湿性很强，长期暴露在空气中能吸收空气中的水分及二氧化碳，生成碳酸氢钠，并结成硬块。以前纯碱常用于家庭洗涤和洗羊毛，故又称“洗濯碱”。

碳酸钠是重要的化工原料之一，绝大部分用于工业，小部分为民用。在工业用纯碱中，主要是轻工、建材、化学工业，约占2/3，其次是纺织、石油、冶金、国防、医药及其他工业。玻璃工业是纯碱的最大消耗企业，每吨玻璃消耗纯碱0.2t。化学工业用于制水玻璃、重铬酸钠、氟化钠、硝酸钠、小苏打、硼砂、磷酸三钠等。冶金工业用作冶炼助熔剂、选矿用作浮选剂，炼钢和炼锑用作脱硫剂。印染工业用作软水剂。制革工业用于原料皮的脱脂、中和铬鞣革和提高铬鞣液碱度。碳酸钠还可用于生产合成洗涤剂、添加剂、三聚磷酸钠和其他磷酸钠盐等。食用级纯碱用于生产味精、面食等。

实验原理

一般较具规模的合成氨厂中设有“联碱”车间，就是利用二氧化碳和氨气通入氯化钠溶液中，先反应生成 $NaHCO_3$，再在高温下灼烧 $NaHCO_3$ 使其分解而转化成 Na_2CO_3，其反应式为：

$$NH_3+CO_2+H_2O+NaCl = NaHCO_3+NH_4Cl$$

$$2NaHCO_3 = Na_2CO_3+H_2O+CO_2\uparrow$$

第一个反应实际就是下列复分解反应：

$$NH_4HCO_3+NaCl = NaHCO_3+NH_4Cl$$

因此在实验室就直接使用 NH_4HCO_3 和 NaCl 选择在特定的浓度和温度条件下进行反应。

从上述复分解反应来看，4 种盐同时存在于水溶液中，这在相图上叫做四元交互体系，根据相图我们可以选择出最佳的反应温度与各个盐的溶解度(也就是浓度)关系，使产品的质量和产量达到最符合经济的原则。

如果将各个纯盐不同温度时在水中的溶解度作相互比较，我们仍然可以粗略地估计出从反应体系中分离出某些盐的较好条件和适宜的操作步骤。反应所涉及的 4 种盐在水中的溶解度见表 3-3。

表 3-3　几种盐类在不同温度下的溶解度　　(g/100g 水)

盐 \ 溶解度 ℃	0	10	20	30	40	50	60	70	80	90	100
NaCl	35.7	35.8	36.0	36.3	36.6	37.0	37.3	37.8	38.4	39.0	39.8
NH_4HCO_3	11.9	15.8	21.0	27.0	—	—	—	—	—	—	—
$NaHCO_3$	6.9	8.15	9.6	11.1	12.7	14.5	16.4	—	—	—	—
NH_4Cl	29.4	33.3	37.2	41.4	45.8	50.4	55.2	60.2	65.6	71.3	77.3

从表 3-3 中可看出，当温度在 40℃时 NH_4HCO_3 已分解(实际上在 35℃时就开始分解了)。因此决定了整个反应温度不允许超过 35℃，但温度太低 NH_4HCO_3 溶解度又减小。要使反应最大限度地向产物($NaHCO_3$)方向移动，则又要求 NH_4HCO_3 的浓度尽可能地增加，故由表可知反应温度不宜低于 30℃。

又从表中可知在 30~35℃范围内 $NaHCO_3$ 溶解度又是 4 种物质中最低的。如果在这个温度下将研细了的 NH_4HCO_3 固体加入 NaCl 溶液时，在充分搅拌的条件下就能使复分解反应进行，并随即有 $NaHCO_3$ 晶体转化析出。通过以上分析，实验条件就可确定。

仪器试剂

仪器：托盘天平　循环水真空泵　吸滤瓶　布氏漏斗　坩埚　坩埚钳　蒸发皿

药品：粗食盐　盐酸(6 mol · L^{-1})　$NaHCO_3$(体积比 1:2 酒精饱和溶液)　NH_4HCO_3

实验步骤

(1) 取 2 g 粗食盐固体倒入 50mL 烧杯中，加入 9mL 蒸馏水，搅拌使之溶解。

(2) 复分解反应制 $NaHCO_3$。将上述盛氯化钠溶液的烧杯放在控制温度为 30~35℃之间的水浴中(不能超过 35℃)，在不断搅拌的条件下，将 3g NH_4HCO_3 固体分几次全部投入溶液中。加完后继续保持此温度连续搅拌约 30min，使反应充分进行。取出水浴后稍静置，用抽滤法除去母液，白色晶体即为 $NaHCO_3$。在停止抽滤(将吸管取下)的情况下，在产品上均

匀地滴上酒精饱和 $NaHCO_3$(1∶2)溶液，使之充分湿润(不要加很多)，然后再抽吸，使晶体中的洗涤液被抽干。如此重复三四次就能将大部分吸附在 $NaHCO_3$ 上的铵盐及过量的 NaCl 洗去。抽干后的晶体从漏斗内转入已称过重量的蒸发皿中，称重求得产品的湿重。

将蒸发皿中的产品放在石棉网上以小火烘干，称重并计算产率。

(3) $NaHCO_3$ 加热分解制 Na_2CO_3。将上述产品放入坩埚中，大火加热 30min，得到 Na_2CO_3。称重并计算产率。

实验指导

(1) 在石棉网上以小火烘干时，不准搅拌，以防结块。在大火加热 30min 的时候，亦不需要搅拌。

(2) 水浴加热的温度要控制好，不能超过 35℃。

实验拓展

存在于自然界(如盐水湖)的碳酸钠称为天然碱，在古代便被用于印染和用作洗涤剂。1791 年开始用食盐、硫酸、煤、石灰石为原料生产碳酸钠，称为吕布兰法。此法原料利用不充分、劳动条件恶劣、产品质量不佳，逐渐为索尔维法代替。

1859 年 E. E. Solvay 用食盐、氨水、二氧化碳为原料，于室温下从溶液中析出碳酸氢钠，将它加热，即分解为碳酸钠，此法被沿用至今。用于生产玻璃、造纸、纺织、洗涤剂。1943 年中国的侯德榜结合中国内地缺盐的国情，对 Solvay 法进行改进，将纯碱和合成氨两大工业联合，同时生产碳酸钠和化肥氯化铵，大大地提高了食盐利用率，即为侯氏制碱法。索氏制碱法和侯氏制碱法的主要化学反应式均为本实验使用的反应。所不同的是索氏法在整个制取过程中 NH_3 是循环使用的，而侯氏法在整个制取过程中，NH_4Cl 直接作为纯碱的副产品——肥料。

实验思考

1. 为什么在洗涤 $NaHCO_3$ 时要用饱和 $NaHCO_3$ 的酒精溶液，且不能一次多加，而要采用少量多次地洗涤？

2. 如果 $NaHCO_3$ 中的铵盐洗不净是否会影响产品 Na_2CO_3 的质量？

3. NaCl 洗不净是否会影响产品质量？怎样才能检验产品中含有 NaCl 或 NH_4Cl？

实验七　卤素及其含氧酸盐的制备

实验目的

(1) 学习氯气、次氯酸盐、氯酸盐的制备方法；进一步练习气体的发生、收集和仪器装配技能；

(2) 掌握卤素、次氯酸盐、氯酸盐氧化性强弱的方法；

(3) 掌握使用和制备氯、溴、氯酸钾的安全操作技能。

实验背景

氯气常温常压下为黄绿色气体，经压缩可液化为金黄色液态氯，是氯碱工业的主要产品之一，用作强氧化剂与氯化剂。氯混合5%（体积）以上氢气时有爆炸危险。氯能与有机物和无机物进行取代或加成反应生成多种氯化物。氯在早期作为造纸、纺织工业的漂白剂。氯气的一个重要用途是消毒，1L水里约通入0.002g氯气，消毒原理是其与水反应生成了次氯酸，次氯酸是一种强氧化剂，能杀死水里的细菌。通常不直接用次氯酸为自来水杀菌消毒，是因为次氯酸易分解难保存、成本高、毒性较大。用氯气消毒可使水中次氯酸的溶解、分解、合成达到平衡，浓度适宜，水中残余毒性较少。

次氯酸能使染料和有机色质褪色，一般用作漂白剂、氧化剂、除臭剂和消毒剂。在生物学中，次氯酸被嗜中性白细胞用来杀灭细菌。

氯酸钾为无色片状结晶或白色颗粒粉末，味咸而凉，强氧化剂。常温下稳定，在400℃以上则分解并放出氧气。与还原剂、有机物、易燃物如硫、磷或金属粉末等混合可形成爆炸性混合物，急剧加热时可发生爆炸。因此氯酸钾是一种敏感度很高的炸响剂，有时候甚至会在日光照射下自爆。近几年，由于烟花爆竹引发的重大安全事故中有70%就是因为氯酸钾爆炸引起的，所以我国现在严禁在烟花爆竹中使用氯酸钾。

仪器试剂

仪器：铁架台　石棉网　酒精灯　蒸馏烧瓶　分液漏斗　集气瓶　烧杯　试管　滴管　锥形瓶　离心机　台秤　温度计

试剂：MnO_2　铜丝　红磷　盐酸　H_2SO_4($3\ mol \cdot L^{-1}$)　KOH(30 %)　NaOH($2\ mol \cdot L^{-1}$)KI($0.1\ mol \cdot L^{-1}$)　$Na_2S_2O_3$($0.5\ mol \cdot L^{-1}$)　KBr($0.1\ mol \cdot L^{-1}$)　CCl_4　氯水　溴水　$MnSO_4$($0.1\ mol \cdot L^{-1}$)　品红溶液　淀粉-KI试纸

实验步骤

1. 氯气、次氯酸钠、氯酸钾的制备

实验装置见图3-3。蒸馏烧瓶中放入15g MnO_2，分液漏斗中加入40mL浓盐酸；A管中装有15mL　30%的KOH溶液，将A管置于70～80℃的热水浴中；B管中装有15mL $2mol \cdot L^{-1}$ NaOH溶液，将B管置于冰水浴中；C管中装有15mL蒸馏水；D中装有$2mol \cdot L^{-1}$　NaOH溶液，以吸收多余的氯气。锥形瓶口覆盖浸过$Na_2S_2O_3$溶液的棉花。检查装置的气密性。在确保系统严密后，旋开分液漏斗活塞，点燃氯气发生器的酒精灯，让浓盐酸缓慢而均匀地滴入蒸馏烧瓶中，有氯气产生，先用集气瓶收集两瓶。然后让氯气均匀地通过A、B、C管。当A管中碱液呈黄色，进而出现大量小气泡，溶液由黄色转变为无色时，停止加热氯气发生器。待反应停止后，向蒸馏烧瓶中注入大量水，然后拆除装置。冷却A管中的溶液，析出氯酸钾晶体。过滤，用少量冷水洗涤晶体一次，用倾斜法倾去溶液，将晶体移至表面皿上，用滤纸吸干。所得氯酸钾、B管中的次氯酸钠和C管中的氯水留作下面的实验用。

记录现象，写出蒸馏烧瓶、A管、B管中所发生的化学反应方程式。

制备实验要在通风橱中进行。

2. 卤素单质的氧化性

(1) 氯气与铜的作用　用坩埚钳夹住弯曲成螺旋状的细铜丝，在酒精灯上加热至红热，迅速插入盛有氯气的集气瓶内，观察反应的现象及产物的状态和颜色。待反应产物冷却后，向集气瓶中加入少量水并振荡，观察溶液的颜色。解释发生的现象，写出反应方程式。

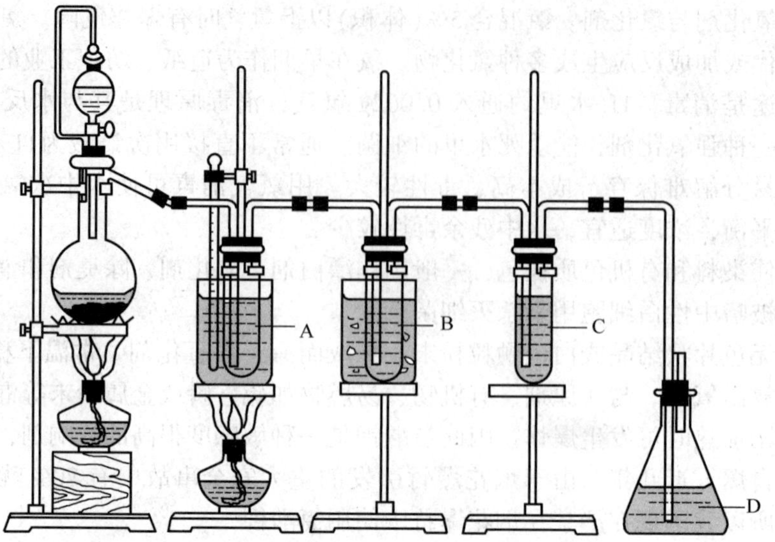

图 3-3　氯酸钾、次氯酸钠的制备

(2) 氯气与红磷的作用　取少量红磷放在燃烧匙里，将其加热至燃烧，迅速插入盛有氯气的集气瓶中，观察实验现象，写出反应方程式。

(3) 氯水对溴、碘离子混合溶液的氧化顺序　取 2 支小试管各加入 3 滴 0.1mol·L^{-1} KI 溶液和 KBr 溶液，再在这两支试管中各加入 5 滴 CCl_4 并滴加氯水，边加边振荡，观察 CCl_4 层的颜色，写出反应方程式。

(4) 溴的氧化性　往 1 支试管中加入 3 滴 0.1mol·L^{-1} KI 溶液和 5 滴 CCl_4，然后滴加溴水，边加边振荡，观察 CCl_4 层的颜色并写出反应方程式。

3. 卤素含氧酸盐的氧化性

(1) 次氯酸钠的氧化性　往 4 支试管中分别加入 3 滴浓盐酸、3 滴 0.1mol·L^{-1} KI 溶液及 4 滴 CCl_4、3 滴 0.1mol·L^{-1} $MnSO_4$ 溶液、3 滴品红溶液，再向每支试管滴加自制的 NaClO 溶液，观察各试管中发生的现象。写出前三个实验的反应方程式。

(2) 氯酸钾的氧化性

① 与浓盐酸作用。取少量自制的 $KClO_3$ 晶体(下同)，滴加浓盐酸，观察现象(如不明显，可微热)，写出反应方程式。

② 与 KI 溶液作用。在试管中加入少量 $KClO_3$ 晶体，加蒸馏水溶解后分为两份，一份中加几滴 3mol·$L^{-1}$$H_2SO_4$ 溶液酸化，另一份不加。然后各加入 5 滴 CCl_4，再滴加 0.1mol·L^{-1} KI 溶液并振荡。观察现象，解释原因并写出反应方程式。

实验指导

(1) 制备装置气密性要完好，浓盐酸要缓慢滴加，反应完毕，先向烧瓶中加入大量水，然后拆除装置。

(2) 制备 $KClO_3$ 的关键是控制好反应温度。温度过低反应时间会拖长，温度过高 KOH 溶液会冲出导管。开始制备时，水浴用的温度要先达到 70℃左右，再用酒精灯加热，这样一开始通入 Cl_2 时就可达到反应所需温度。

(3) 使用离心机时，要使试管对称。

(4) 溴溶于苯或 CCl_4 中，浓度小时呈橙红色。碘溶于苯或 CCl_4 中，呈紫红色，溶于水呈红棕色或黄棕色。

(5) 尾气废液处理：待反应停止后，向蒸馏烧瓶中注入大量水，然后拆除装置，将其中残余物倒入盛有消石灰的缸内。

(6) 氯气有毒和刺激性，吸入人体会刺激喉管，引起咳嗽和喘息。闻氯气时，不能直接对着管口或瓶口。

(7) 溴蒸气对气管、肺部、眼、鼻、喉都有强烈的刺激作用。要在通风橱里操作。不慎吸入溴蒸气时，可吸入少量氨气和新鲜空气解毒。

(8) 氯酸钾是强氧化剂，保存不当时容易爆炸。它与硫、磷的混合物是炸药，绝对不容许把它们混合。

实验拓展

由于氯气毒性和刺激性比较大，有人改进了制备氯气、氯酸钾、次氯酸钠的实验室制备方法。改进后不用蒸馏烧瓶和分液漏斗，改用具支试管和注射器，使该实验试剂用量少，实验用时短，氯气逸出少，减少对实验人员和环境的危害。

另一种很有特点的制备氯气方法：用氧气氧化作为原料的含有氯化氢和杂质的混合气体中的氯化氢，该方法包括以下步骤：①吸收步骤，这一步骤使在原料中的氯化氢吸收入水中或不饱和的盐酸中，形成含有氯化氢和水作为主要成分的溶液，和含有杂质作为主要成分的气体；②提取步骤，该步骤是从在吸收步骤中得到的溶液中提取组分，以获得含有氯化氢作为主要成分的气体；③氧化步骤，该步骤是用氧气氧化在提取步骤中获得的气体中的氯化氢以得到氯气。

实验思考

1. 怎样区别氯酸盐和次氯酸盐？

2. 制备 NaClO 和 $KClO_3$ 时，A 管需置于热水浴中，B 管需置于冰水浴中，为什么？锥形瓶口覆盖浸过 $Na_2S_2O_3$ 溶液的棉花起什么作用？

实验八　卤化氢的制备

实验目的

(1) 掌握卤化氢的制备方法并试验其性质；

(2) 掌握卤素离子还原性的变化规律和卤素离子的鉴定方法；

(3) 巩固气体的发生、净化、干燥等基本操作。

实验背景

氯化氢是无色而有刺激性气味的气体。纯盐酸为无色液体，在空气中冒雾(由于盐酸有强挥发性)，有刺鼻酸味。粗盐酸因含杂质氯化铁而带黄色。它易溶于水。主要用于制染料、香料、药物、各种氯化物及腐蚀抑制剂。

氢溴酸是制造各种无机溴化物和某些烷基溴化物(溴甲烷，溴乙烷)的基本原料。在医药上，用以合成镇静剂、麻醉剂等医药用品；在工业上，氢溴酸是一些金属矿物的良好溶剂，脂环烃及链烃氧化为酮、酸或过氧化物的催化剂；氢溴酸也用于合成染料和香料。

氢碘酸是强酸，酸性和高氯酸相当，但由于拉平效应，使碘化氢在水中的酸度和硝酸、盐酸一样，用于合成碘化物、杀菌剂及作药物原料。

仪器试剂

仪器：蒸馏烧瓶　分液漏斗　具支试管　圆底烧瓶　洗气瓶

试剂：CaF_2　食盐　碘　红磷　NaBr　KI　NaI　H_2SO_4(1mol·L^{-1})　氢氟酸　H_3PO_4　HNO_3(1mol·L^{-1})　NaCl(0.1 mol·L^{-1})　NaBr(0.1 mol·L^{-1})　KI(0.1 mol·L^{-1})、$AgNO_3$(0.1 mol·L^{-1})　CCl_4　$NH_3·H_2O$(2mol·L^{-1})　石蕊试纸　pH 试纸　$Pb(CH_3COO)_2$试纸　KI-淀粉试纸　石蜡

实验步骤

1. 卤化氢的制备和性质

(1) 氟化氢的制备和特性

① 取一块洗净干燥的玻璃片，用毛笔在表面涂上一层均匀的石蜡。用小刀在石蜡层上刻字并画图。每笔必须刻透石蜡，露出玻璃。另取一个塑料瓶盖，加入 1g CaF_2 粉，再加入浓 H_2SO_4 1~2mL，调成糊状，将此糊状物涂在字或画样上，然后放在通风橱或通风较好的地方。2h 后，用水冲洗玻璃片，用小刀或浸入沸水的方法除去石蜡层，擦干后，观察玻璃片痕迹，说明原因。

② 另取一玻璃片，涂上石蜡并刻好字后，用塑料吸管吸少量氢氟酸，直接滴在字迹上，再在上面盖一培养皿，在通风橱内放置一段时间后，用水冲洗玻璃片，除去石蜡层，观察玻璃片上的字迹。

(2) 氯化氢的制备和性质

① 制备氯化氢和盐酸。按图 3-4 装配好仪器并检查气密性，称取 15g NaCl 放入蒸馏烧瓶中，在分液漏斗中加入浓 H_2SO_4 30 mL。分几次滴加浓 H_2SO_4，即有 HCl 气体产生。开始

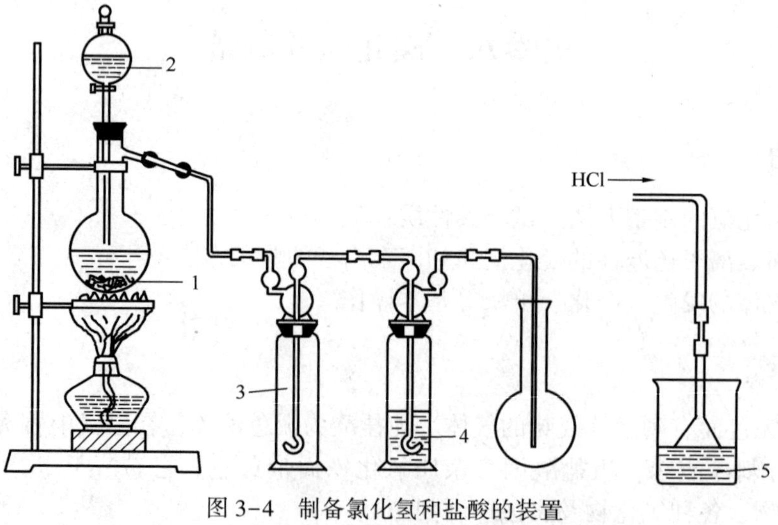

图 3-4　制备氯化氢和盐酸的装置

1—食盐(NaCl)；2、4—浓 H_2SO_4；3—空洗气瓶(作缓冲瓶用)；5—水

时，反应很剧烈，不必加热，以免 HCl 大量产生逸出瓶外，反应稍微缓和时，用酒精灯小心地加热。另取一个干燥圆底烧瓶，将导管伸入底部，用向上排气法收集 HCl，收满后(如何判断)用橡皮塞塞紧，用同样方法再收集一大试管 HCl 备用。

将带有漏斗的导气管接在盛浓硫酸的洗气瓶出气管上，倒放的漏斗口刚好跟烧杯里的水面接触，这时透过烧杯可看到 HCl 溶于水生成盐酸，向杯底扩散。

② 氯化氢在水中的溶解——喷泉实验。将收集满 HCl 气体的圆底烧瓶上的橡皮塞取下，换上一个配有长玻璃管(一端有尖嘴)和滴管(滴管中预先吸满水)的双孔橡皮塞。将烧瓶倒放在铁架台的铁圈上，使长玻璃管插入加有石蕊试液的烧杯底部，装置如图 3-5 所示。用力挤压滴管的胶头，使水喷入烧瓶。当瓶内出现负压时(如何判断)，松开弹簧夹，观察现象，说明原因。

(3) 溴化氢的制备和性质　取少量 NaBr 固体放在小试管中，加入数滴浓 H_3PO_4，加热，用湿润的石蕊试纸检验生成气体的酸碱性，观察现象，写出反应方程式。

(4) 碘化氢的制备和性质　取一支具支试管，加入事先混匀的碘和红磷少许，用铁夹固定在铁架台上，滴入几滴水，塞上塞子并在支管处接上导管，微微加热。用湿润的石蕊试纸检验生成气体的酸碱性，并用干燥的大试管收集气体，用塞子塞紧。写出反应方程式。

(5) 氯化氢、碘化氢热稳定性的比较　在上面制得的 HCl 和 HI 的试管中，分别插入烧热的玻璃棒，观察现象。试比较两种气体的热稳定性。

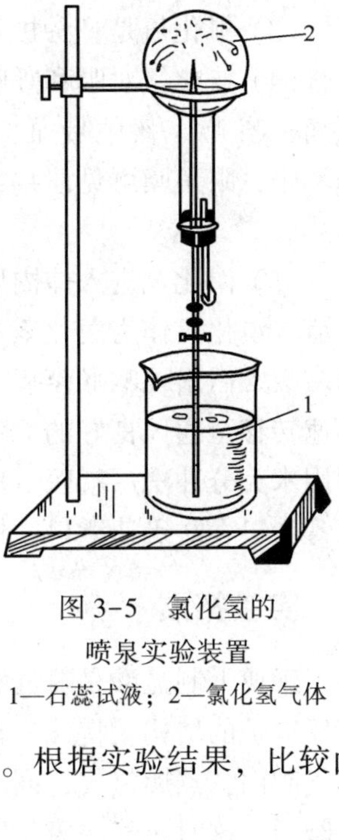

图 3-5　氯化氢的喷泉实验装置

1—石蕊试液；2—氯化氢气体

2. 卤化氢的还原性

取 3 支试管，分别加入约 0.2 g NaCl、NaBr 和 KI 晶体，再加入 0.5 mL 浓 H_2SO_4，观察各试管中产物的颜色和状态(必要时可微热)，分别用湿润的 pH 试纸、KI-淀粉试纸和 Pb$(CH_3COO)_2$ 试纸检验各试管中产生的气体。写出上述反应方程式。根据实验结果，比较卤化氢还原性的相对强弱。

3. 卤素离子的鉴定

(1) Cl^-的鉴定　取 1 支离心试管，加入 0.5mL 0.1mol · L^{-1} NaCl 溶液，用 1mol · L^{-1} HNO_3 酸化后，滴入 0.1mol · L^{-1} $AgNO_3$ 溶液。有白色沉淀生成，初步说明有 Cl^-存在。

离心分离沉淀，弃去溶液，往沉淀中滴加 2mol · L^{-1} $NH_3 \cdot H_2O$，沉淀溶解后再加 0.1mol · L^{-1} HNO_3 酸化，若白色沉淀又重新析出，证明有 Cl^-存在。写出上述有关反应式。

(2) Br^-、I^-的鉴定　取 2 支试管，分别加入 0.1mol · L^{-1} NaBr、0.1mol · L^{-1} KI 溶液，并用 1 滴1mol · $L^{-1}$$HNO_3$ 酸化，然后滴加 0.1mol · L^{-1} $AgNO_3$ 溶液。有浅黄色沉淀者，表示有 Br^-存在；有黄色沉淀者，表示有 I^-存在。

另取 2 支试管，分别加入 0.1mol · L^{-1} NaBr、0.1mol · L^{-1} KI 溶液 3 滴，并用 1 滴 1mol · $L^{-1}$$H_2SO_4$ 酸化，再各加入 5 滴 CCl_4，然后滴加氯水，每加 1 滴都要振荡试管，观察 CCl_4 层的颜色变化。CCl_4 层出现黄色或橙色，表示原液中有 Br^-存在；CCl_4 层呈紫色，表示原液中有 I^-存在。

实验指导

(1) 漏斗口不能浸入水面下，以免发生倒吸。

(2) 做好 HCl 喷泉实验的关键：

① 圆底烧瓶必须干燥，HCl 气体一定要收满；

② 滴管中的水要尽量吸满，挤入的水量要足；

③ 装置不能漏气，最好用橡皮塞；

④ 喷嘴要细(大约 1~1.5 mm 为宜)，否则会造成瓶内压强减小不大而使喷泉喷射无力甚至喷不出来。另外，喷泉的导管下端应尽量接近烧杯底部，烧杯中的水量要足，否则一旦导管下端露出水面，喷泉立即停止喷射。

(3) 氟化氢是一种极强的腐蚀剂，有剧毒，操作一定要在通风橱中进行。

(4) 氯化氢对眼和呼吸道黏膜有强烈的刺激作用。急性中毒时出现头痛、头昏、恶心、眼痛、咳嗽、痰中带血、声音嘶哑、呼吸困难、胸闷、胸痛等，重者发生肺炎、肺水肿、肺不张，眼角膜可见溃疡或混浊。与皮肤直接接触可出现大量粟粒样红色小丘疹而呈潮红痛热。

(5) 溴化氢进入体内后变成溴离子分布于血清和细胞内外蓄积起来。停止吸入后又缓慢排泄。溴化氢作为卤化氢的一种也具有强烈的刺激性。它强烈刺激眼睛、皮肤和呼吸道黏膜。吸入后出现咽喉疼痛、咳嗽、声音嘶哑、头痛、低烧等症状。吸入溴化氢气体的患者应迅速转移至通风良好的无污染区安置休息并保持温暖舒适，并速求医诊治。眼睛受刺激时立即用水充分冲洗后就医。皮肤接触时马上用水冲洗，再用肥皂水洗净患处，后涂氧化镁甘油软膏。口吞时迅速漱口、饮水及镁乳，然后急送医院。

实验拓展

工业上制盐酸是氯气和氢气化合生成氯化氢，再用水吸收，是得高纯度盐酸的方法。但其反应炉的结构较特殊，在炉内有一套管，外圈是氢气管，内圈是氯气管，反应时，先打开氢气阀门，点燃氢气，同时关闭炉子的进气通道，透过观察窗观察火焰的燃烧状态，开启氯气阀门，这时氯气在氢气中燃烧，火焰由浅蓝色变为苍白色，调节二者的流量使火焰处于良好的燃烧状态，反应产物氯化氢气体被炉子上方淋下的水吸收，形成盐酸，吸收氯化氢气体的结构类似硫酸的吸收塔的结构，在燃烧反应中，保持氢气是过量的，多余的氢气由空气中的氧气消耗，所以氯气和氢气全都是反应完全的，过量的空气起到搅动的作用，使氯化氢被水充分吸收。水的喷淋和空气的鼓入是可操控的。由于是连续化控制，所以其效率是比较高的。

实验思考

1. 有 4 瓶气体分别是 Cl_2、HCl、HBr 和 HI，试用最简便的方法鉴别它们。

2. 氢氟酸能否盛在玻璃器皿中保存，为什么？实验室常用的氢氟酸试剂(40%)一般盛在什么材料做的瓶子中？

3. 往 NaBr 溶液和 KI 溶液中分别滴入氯水，开始时 CCl_4 层中呈橙黄色或紫红色，为什么氯水多加了，溶液反而变成黄色和无色？

参 考 文 献

1. 殷学峰主编．新编大学化学实验．北京：高等教育出版社，2002
2. 北京师范大学．无机化学实验．北京：高等教育出版社，2001
3. 南京大学．无机及分析化学实验．北京：高等教育出版社，2006
4. 申金山等编．化学实验．北京：化学工业出版社，2009
5. 刘晓薇．实验化学基础．北京：国防工业出版社，2005
6. 姚思童等编．基础化学实验．北京：化学工业出版社，2009

单元4　有机物质制备

实验一　环己烯的制备

实验目的

(1) 学习以酸催化环己醇脱水制备环己烯的原理及方法；

(2) 复习分馏、蒸馏和用分液漏斗洗涤液体的基本操作技能；

(3) 初步掌握干燥液体的方法；

(4) 对实验过程中的废水废渣问题进行探讨，提出治理方案，培养学生的环境保护意识；

(5) 掌握有机反应产物产率的计算方法。

实验背景

低级烯烃如乙烯、丙烯、丁烯、丁二烯等都是重要的化工原料，也是工业上生产三大类合成材料(合成塑料、合成纤维、合成橡胶)的基本原料。它们主要是靠石油裂解来制取的，其中乙烯是目前世界上生产量最大的有机化工产品，它最重要的用途是合成聚乙烯。目前乙烯系列产品，在国际市场上占全部石油化工产品产值的一半左右，因此国际上往往以乙烯的生产水平来衡量石油化工的发展水平。

1. 烯烃的制备方法

目前实验室中主要是通过醇脱水、卤代烃脱卤化氢或邻二卤代烃脱卤素等消除反应来制备烯烃。

(1) 卤代烃脱卤化氢

卤代烃可以发生β-消除，消去一分子卤化氢，生成相应的烯烃。反应需在强碱性条件下进行，常用的碱性试剂是氢氧化钾或氢氧化钠的乙醇溶液。消除方向以 Saytzeff 规则为主，即生成双键上烷基较多的(即稳定性比较大的)烯烃。

$$CH_3CH_2CHBrCH_3 \xrightarrow[\triangle]{KOH/EtOH} \underset{(81\%)}{CH_3CH{=}CHCH_3}$$

(2) 醇分子内脱水

醇在酸催化下加热发生分子内脱水可生成烯烃，常用浓硫酸、浓磷酸等作为催化剂。该反应为 E1 机理，醇脱水速度快慢顺序为：苄醇>叔醇>仲醇>伯醇。不对称的醇脱水方向主要遵照萨伊切夫规则，生成较稳定的烯烃。醇脱水往往有重排现象。

$$CH_3CH_2OH \xrightarrow[170℃]{H_2SO_4} H_2C{=}CH_2$$

为了减少酸对设备的腐蚀，工业上常常用三氧化二铝作为催化剂，在较高的温度下(350~500℃)气相脱水，制备烯烃。

(3) 邻二卤代物脱卤素

邻二卤代物在金属锌的作用下，可以脱去卤素转变成为烯烃。因为邻二卤代物往往是由烯烃制备而成，因此这个反应制备意义不大，实验中常用于烯烃的保护，在反应中为避免双键参与反应，可以首先将烯烃转变成为邻二卤代物，待反应结束后再用锌处理重新得到烯烃，这个步骤称为双键的保护。

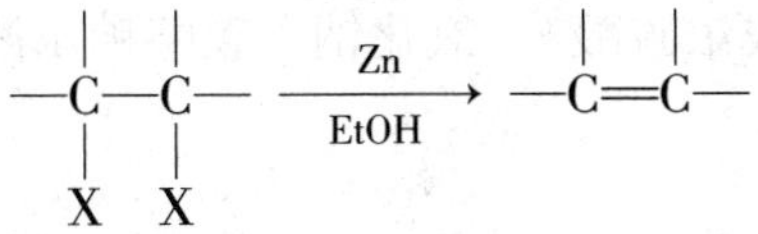

2. 环己烯用途简介

本实验通过环己醇脱水来制备环己烯，环己烯又名四氢化苯，分子中含有一个不饱和碳碳双键和两个活泼 α-H 原子，是一种用途广泛的精细化工产品。环己烯通过催化氧化反应，可以衍生出多种有用的有机合成中间体，在制药工业、石油化工、农药中间体、香料、氨基酸、表面活性剂和聚合物合成等方面有着广泛的应用前景。

环己烯存在两个活性部位，均易发生氧化反应。若发生在碳碳双键上，则生成环己酮、环氧化合物、环己二醇等；若发生碳碳双键的断裂，则生成二元醛或二元羧酸；若发生在烯丙基位置上，则可能生成环己烯醇、环己烯酮、环己烯过氧化物。

(1) 由环己烯环氧化制备环氧环己烷　环己烯可被有机过氧酸、无机过氧酸、次氯酸等氧化生成环氧环己烷，环氧环己烷是一种重要的有机合成中间体，是合成盐酸苯海索、己二酸、聚碳酸酯、邻苯二酚等的重要基础原料，也可用于光敏涂料和光敏胶黏剂。

(2) 由环己烯氧化制备己二酸　环己烯可被硝酸等氧化剂氧化生成己二酸，己二酸是合成尼龙 66、塑料和树脂等的重要原料，也是许多润滑油添加剂的中间体。

(3) 由环己烯制备环己二醇　环己烯可被高锰酸钾、过氧乙酸和双氧水等氧化剂氧化生成环己二醇。1，2-环己二醇是一种重要的有机中间体，已被广泛应用于制备聚酯、医药、农药等精细化学品。

(4) 以环己烯为原料合成环己烯酮　环己烯可被铬酐等氧化剂氧化生成环己烯酮。环己烯酮是一种重要的农药、医药中间体，也是合成甾族化合物的有机合成原料。

(5) 环己烯氧化合成环己酮　环己烯可被多种催化剂催化氧化生成环己酮。环己酮在有机化工工业、涂料工业等方面都有着非常重要的作用，它是制备己二酸、己内酰胺等的主要中间体，也是制备各种乙烯树脂漆的主要原料，并且被广泛地用作许多高分子聚合物的溶剂。

实验原理

主反应：

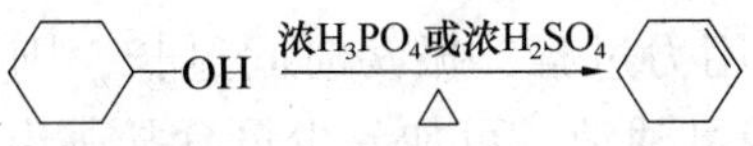

副反应：

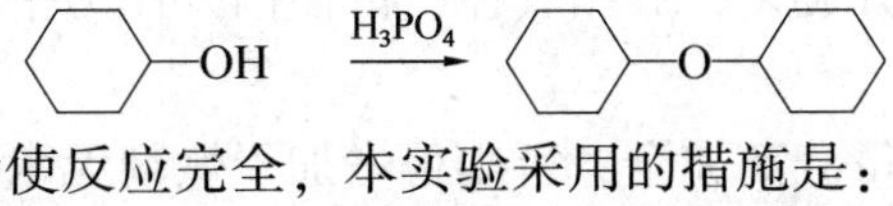

主反应为可逆反应，为使反应完全，本实验采用的措施是：边反应边蒸出反应生成的环己烯和水形成的二元共沸物(沸点 70.8℃，含水 10%)。原料环己醇也能和水形成二元共沸物(沸点 97.8℃，含水 80%)。为了使产物以共沸物的形式蒸出反应体系，而又不夹带原料环己醇，本实验采用分馏装置，并控制柱顶温度不超过 90℃。

仪器试剂

仪器：电热套　圆底烧瓶，米格式分馏柱　直形冷凝管　分液漏斗　蒸馏头　真空接受器　温度计　锥形瓶

试剂：环己醇　浓磷酸(或浓硫酸)　氯化钠　碳酸钠水溶液(5%)　无水氯化钙

实验步骤

在 50mL 干燥的圆底烧瓶中，依次加入环己醇 9.6g(10mL，96mmol)、浓磷酸 4mL 和 2 粒沸石，充分振荡使之混合均匀，烧瓶上装上米格式短分馏柱，安装分馏装置，接收瓶用冰水浴冷却。

用电热套小心加热混合物至沸腾，控制分馏柱顶部馏出温度不超过 90℃，慢慢蒸出生成的环己烯和水的浑浊液。至无液体蒸出时，可把火加大，当烧瓶中仅剩下少量残留液并出现阵阵白雾时，即可停止分馏。全部分馏时间约 1h。

将馏出液用约 1g 食盐饱和，然后加入 3~4mL 5%的碳酸钠水溶液中和微量的酸。将液体转移至 25mL 分液漏斗中，摇振后静置分层。分出有机层(哪一层？如何分出？)置于干燥的 25mL 锥形瓶中，加入 1~2g 无水氯化钙干燥 30min 后，粗产品滤入 50mL 圆底烧瓶(若干燥充分，滤液应清亮透明)，加入沸石，用电热套加热蒸馏，收集 80~85℃馏分。称重产品，计算产率(产量约 4g，产率 50%)。

实验指导

(1) 环己醇的熔点较高(25.2℃)，在室温下为黏稠液体，若用量筒量取环己醇时应注意转移中的损失。取样时，最好先取环己醇，后取磷酸。环己醇与磷酸要充分混匀后，再加热反应，否则在加热过程中可能会局部炭化，使溶液变黑。

(2) 浓硫酸也可用作催化剂，其用量比磷酸要少一半以上，但硫酸较易引起炭化，并有难闻的二氧化硫气体生成。

(3) 由于反应中，环己醇和水形成共沸物(沸点 97.8℃，含水 80%)，环己烯与水形成共沸物(沸点 70.8℃，含水 10%)，因此加热温度不可过高，分馏速度不宜太快，以 1d/(2~3s)为宜，以减少未反应的环己醇馏出。

(4) 反应终点的判断可通过如下方式：①反应烧瓶中出现阵阵白雾；②分馏柱顶的温度下降后又升到 85℃以上；③分馏出的环己烯和水的共沸物达到理论计算量。

(5) 用氯化钠饱和水层的目的是减少有机物在水中的溶解度，减少产品的损失。

(6) 使用分液漏斗时应注意以下几点：①使用前应首先检查分液漏斗旋塞的严密性；②使用时要做到充分轻振荡，若用力过猛，振荡时间过长，则有可能会形成乳浊液，难以分层，给分离带来困难(一旦形成乳浊液，可加入少量食盐等电解质破坏乳化层，使之分层)；③每次振荡后，注意及时打开旋塞，放出气体，以使内外压力平衡。放气时要使分液漏斗的尾管朝上，切忌尾管朝人。

(7) 分液时，水层应尽量分离完全，否则得增加干燥剂无水氯化钙的用量，使更多产品被干燥剂吸附而招致损失。干燥后应形成无色澄清液体，用无水氯化钙干燥还可除去少量未反应的环己醇。无水氯化钙的用量视粗产品中的含水量而定，干燥时间一般应在半个小时以

上，最好干燥过夜。但由于时间关系，实际实验过程中，可能干燥时间不够，这样在最后蒸馏时，可能会有较多的前馏分(环己烯和水的共沸物，沸点比环己烯低)。

(8) 若在80℃以下即有多量液体馏出，或蒸出的产物浑浊，可能是由于干燥不够彻底所致(氯化钙量过少或干燥时间过短)，必须重新干燥后再蒸馏。蒸馏已干燥产物时，所用仪器均需干燥无水，须将所用仪器预先在烘箱内烘干，稍冷后转移至干燥器内冷却后备用。注意：为了准确称量产品重量，接收产品的烧瓶应事先称重。

(9) 主要试剂及产品的物理常数见表4-1。

表4-1　试剂及产品的物理常数

名　称	相对分子质量	性　状	n_D^{20}	相对密度	熔点/℃	沸点/℃	水中溶解度/(g/100g)
环己醇	100.16	无色液体	1.4650	0.9620	25.5	161.10	3.6
环己烯	82.15	无色液体	1.4465	0.8102	-103.5	82.98	不溶

实验拓展

本实验涉及到多个基础有机化学实验基本操作，能够有效提高综合实验技能，是一个经典的基础有机化学实验。通过浓硫酸或浓磷酸液相脱水也是工业上制备环己烯的传统方法，但该方法存在一些缺点，如收率不高，硫酸腐蚀性强，炭化严重，副反应较多，磷酸成本较高，同时实验过程中产生强酸性的废水和废渣，处理不当会严重污染环境等。因此，如何处理实验过程中产生的废水和废渣，以及能否采用合适的催化剂来增加化学反应的选择性，最大限度地利用原料，对环己烯的制备有着重大的意义。

本实验中主要的废液是分馏过程中产生的残留物，其主要成分为磷酸，可以用碱性物质来洗涤至中性后再排放。蒸馏产生的废液不能随意倒入下水道，要收集起来，集中运到指定地点。产品环己烯可以收集起来，以便后续实验的综合利用。

另外，有人还探索出许多更佳的催化剂来代替浓硫酸或浓磷酸，如可以使用可回收并能重复使用的无机盐、固体酸、固体超强酸和沸石等做催化剂来催化环己醇脱水制备环己烯，免去反应结束后的碱洗等复杂的后处理过程，有利于保护环境、节约实验经费，同时也能提高学生的环保意识。

环己烯还可通过苯的部分催化氢化来制备，该法具有较高的原子经济性，符合绿色化学要求，并且可以极大地降低制备环己烯的成本，是大批量制备环己烯的最佳方法。但是苯的毒性较大，该法不合适实验室和小型企业生产。

实验思考

1. 写出环己醇与磷酸发生脱水反应的机理。
2. 制备环己烯时，反应后期出现的阵阵白雾是什么？
3. 在粗制的环己烯中，加入食盐使水层饱和的目的何在？
4. 写出无水氯化钙吸水的化学方程式，蒸馏前为什么一定要将氯化钙干燥剂过滤掉？
5. 在环己烯制备实验中，为什么要控制分馏柱顶部温度不超过90℃？
6. 下列醇用浓硫酸进行分子内脱水反应的主要产物是什么？

①3，3-二甲基-2-丁醇　②3-甲基-2-丁醇　③2-甲基-2-丁醇

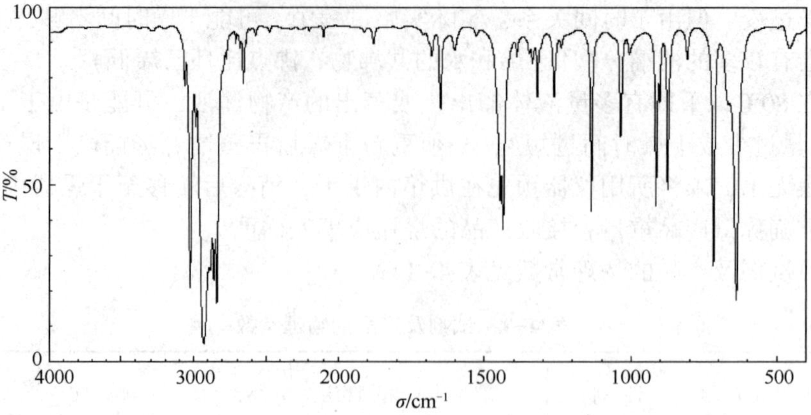

图 4-1　环己烯的红外光谱图

实验二　正溴丁烷的制备

实验目的

(1) 掌握由醇制备溴代烷烃的原理及方法；

(2) 掌握回流及分液漏斗的使用方法，进一步熟悉巩固干燥和蒸馏操作；

(3) 学习有害气体吸收装置的正确使用。

实验背景

卤代烃是一类重要的有机溶剂和有机合成中间体。二氯甲烷、氯仿等都是常用的有机溶剂。一般卤代烃具有较强的亲核取代反应活性，它的卤原子是比醇羟基更活泼的离去基团，易被其他原子或原子团取代，因此在有机合成中常作为中间体使用。如卤代烃可生成(Grignard)试剂，其具有广泛的有机合成用途，可与羰基化合物或二氧化碳作用，得到碳链增长的醇或羧酸。

卤代烃的合成方法很多，主要有以下几种：

1. 烯烃与卤素或卤化氢加成

烯烃很容易和卤素发生加成反应生成邻二卤代物，反应在室温下即可迅速完成。烯烃与氢卤酸也可以发生亲电加成反应，生成相应的卤代烃。

2. 芳烃的卤代反应

卤代芳烃(氯代烃和溴代烃)常由芳烃和卤素在铁或三卤化铁等的催化下得到，该反应为亲电取代反应。

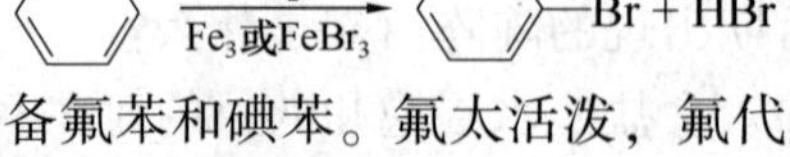

然而，不能用类似方法制备氟苯和碘苯。氟太活泼，氟代反应过于激烈，不易控制；碘活性不够，只有非常活泼的芳香化合物才能发生碘代反应，而且反应较慢。一些不符合定位规则的卤代芳烃，如间氯甲苯也不能用类似方法制备，这类卤代烃常常通过间接方法将卤原子引入芳环。最常用的合成路线是以芳胺为原料先制备重氮盐，然后重氮盐通过 Sandmeyer 反应，将 F、Cl、Br、I 引入芳环。

3. 烯丙型和苯甲型化合物 α-H 的卤代

N-溴代丁二酰亚胺，简称 NBS，它是一种重要的溴化试剂，其特点是在较低温度下只溴化在烯丙基或苯甲基的碳上，取代其 α-氢原子，而对相邻的双键无影响。

$$HC=CHCH_3 \xrightarrow[CCl_4,\ \triangle]{NBS/过氧化苯甲酰} H_2C=CHCH_2Br$$

4. 醇转变成卤代烃

醇分子中的羟基用卤原子置换可以得到相应的卤代烃。常用的卤化剂有 HX、PX_3、PX_5、$SOCl_2$ 等。

$$n\text{-}C_4H_9OH+HCl \longrightarrow n\text{-}C_4H_9Cl+H_2O$$

醇和氢卤酸的反应活性随所用醇和氢卤酸的结构不同而不同，一般是：HI>HBr>HCl；叔醇>仲醇>伯醇。常用恒沸氢溴酸和氢碘酸制备溴代烷烃和碘代烷烃，伯醇溴代可用溴化钠、水和浓硫酸的混合液代替氢溴酸进行反应，是一种十分经济的制备方法。伯醇和仲醇与浓盐酸的反应活性较差，通常在浓盐酸中加入无水氯化锌后，才可以顺利反应，氯化锌可以除去反应中生成的水，以利于提高反应产率。叔醇与浓盐酸的反应在室温下即可进行。需要强调的是，对于叔醇和仲醇，其反应为 S_N1 机理，还有可能存在分子重排反应。

醇的其他卤化剂很多，实验室制备氯代烃最常用的试剂是二氯亚砜，制备溴代烃和碘代烃，还可用 PBr_3、PBr_5、PI_3、PI_5。

实验原理

由醇和氢卤酸发生亲核取代反应是制备卤代烃的一个重要方法，反应在酸性介质中进行。本实验制备正溴丁烷是通过正丁醇与氢溴酸反应，由于氢溴酸是一种极易挥发的无机酸，因此在制备时采用溴化钠与硫酸作用代替氢溴酸直接参与反应。

主反应：

$$NaBr+H_2SO_4 \longrightarrow HBr+NaHSO_4$$

$$n\text{-}C_4H_9OH+HBr \longrightarrow n\text{-}C_4H_9Br+H_2O$$

本实验主反应为可逆反应，为提高产率，实验中采用溴化氢过量，并用溴化钠和硫酸代替溴化氢，这样边生成溴化氢边参与反应，可以提高溴化氢的利用率。实验中，为防止反应物正丁醇被蒸出，采用了回流装置。溴化氢气体有毒，因此必须安装气体吸收装置，以防止溴化氢逸出，污染环境，危害健康。回流后再进行粗蒸馏，一方面可使生成的粗产品 1-溴丁烷分离出来，便于后面的洗涤操作；另一方面，粗蒸馏过程可进一步使醇与溴化氢的反应趋于完全。

反应中浓硫酸还可起到催化脱水作用，故而加料时硫酸应缓慢加入，温度也不宜过高，否则有可能加速下列副反应的发生。

可能的副反应：

$$2n\text{-}C_4H_9OH \xrightarrow{H_2SO_4} (n\text{-}C_4H_9)_2O+H_2O$$

$$n\text{-}C_4H_9OH \xrightarrow{H_2SO_4} CH_2=CHCH_2CH_3+H_2O$$

$$CH_2=CHCH_2CH_3+HBr \longrightarrow CH_3CH_2CHBrCH_3$$

$$2HBr+H_2SO_4 \longrightarrow Br_2+SO_2+2H_2O$$

生成的1-溴丁烷粗产品中混有过量的溴化氢、未完全转化的原料正丁醇及副产物烯烃、醚类等杂质，须经过洗涤、干燥和蒸馏予以除去。

仪器试剂

仪器：电磁搅拌器　电热套　圆底烧瓶　球形冷凝管　直形冷凝管　温度计　分液漏斗　蒸馏头　气体吸收装置(见图4-2、图4-3)

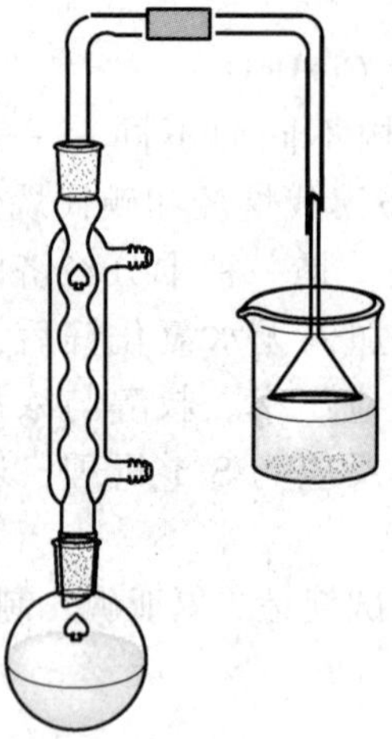

图4-2　1-溴丁烷反应装置

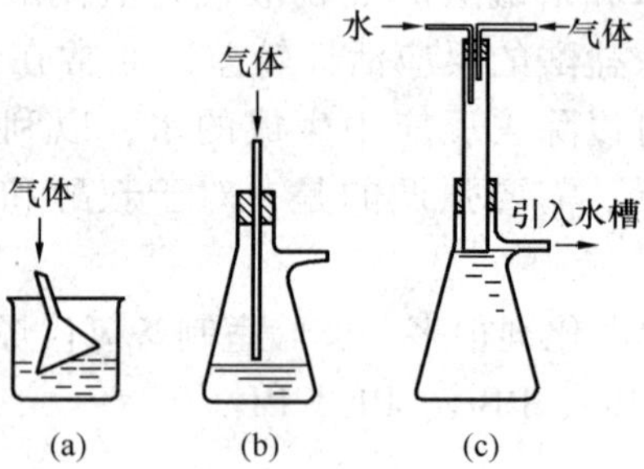

图4-3　各种气体吸收装置

试剂：正丁醇　溴化钠　浓硫酸　饱和碳酸氢钠溶液　饱和亚硫酸氢钠溶液　无水氯化钙

实验步骤

在25mL圆底烧瓶中加入2mL水，慢慢地加入2.9mL浓硫酸，混匀并冷却至室温。加入正丁醇1.5g(20mmol)，混合后加入2.5g(25mmol)研细的溴化钠，充分振摇后加入搅拌磁子，安装上回流冷凝管，在冷凝管上端接一吸收溴化氢气体的装置，用5%氢氧化钠的水溶液作吸收剂。

用电磁搅拌器的加热盘油浴加热，搅拌回流混合物，由于无机盐水溶液密度较大，不久会出现分层，上层液体为正溴丁烷，回流约需30min。冷却后，拆去回流装置，改作蒸馏装置。用电热套加热蒸出粗产品正溴丁烷。

将馏出液小心转入分液漏斗中，用2mL水洗涤，并静置分层。将有机层转入到另一个干燥的分液漏斗中，用1mL浓硫酸洗涤，并尽量分去硫酸层，有机层依次用水，饱和碳酸氢钠和水各1.5mL洗涤。将产物移入干燥的小锥形瓶中，加入0.5g的无水氯化钙干燥，间歇摇动锥形瓶，直至液体清亮为止。将干燥后的产物小心转入到一个干燥的蒸馏烧瓶中(小心，勿使干燥剂进入烧瓶中)，加入两粒沸石，用电热套加热蒸馏，收集99~103℃的馏分。称重产物，计算产率(产量约1.1~1.5g，产率39%~54%)。

产品可用5%硝酸银-乙醇检验。

实验指导

(1) 如不充分摇动并冷却至室温，而加入溴化钠，由于硫酸局部浓度过高，加热就可能发生氧化副反应，有溴游离出来，使溶液变成红色。加水是为了减少溴化氢气体的逸出，减少副产物正丁醚和丁烯的生成。

(2) 加热时，一开始不要加热过猛，否则，生成的溴化氢来不及反应就会逸出，另外反应混合物的颜色也会很快变深。操作情况良好时，油层仅呈浅黄色，冷凝管顶端应无明显的溴化氢气体逸出。

(3) 正溴丁烷是否完全蒸出，可用以下几种方法判断：①蒸出液是否由混浊变为澄清；②反应液的上层油状液(应为黄色)是否消失；③取一试管收集几滴馏出液，加水摇动观察下层有无油珠出现。如无，表示馏出液中已无有机物、蒸馏完成。当无产品蒸出后，若继续蒸馏，馏出液将会逐渐变黄，且呈强酸性。这是由于蒸出的是溴化氢水溶液和溴化氢被硫酸氧化生成的 Br_2，不利于粗产品的纯化。

蒸馏结束后残余物应趁热倒出后洗涤，以免冷却后结块，难以洗涤。

(4) 用水洗后，有机层若呈红色，是因为含有溴的缘故。可用 1mL 饱和亚硫酸氢钠水溶液洗涤除去。

$$2NaBr+3H_2SO_4 \longrightarrow Br_2+SO_2+2H_2O+2NaHSO_4$$

$$Br_2+3NaHSO_3 \longrightarrow 2NaBr+NaHSO_4+2SO_2+H_2O$$

(5) 在洗涤分液的整个过程中，每步分液都要注意分辨哪层为有机层，以免误将产品遗弃。

(6) 浓硫酸可洗去粗产品中少量未反应的正丁醇和副产物正丁醚等杂质。否则，正丁醇和正溴丁烷可形成共沸物(沸点 98.6 ℃，含正丁醇 13%)而难以除去，导致精制品纯度和产率降低。浓硫酸洗涤前后，一定要仔细分液，否则浓硫酸和水会剧烈放热，将造成产品挥发损失。而且浓硫酸可能被稀释而降低洗涤的效果。如果粗蒸时蒸出的溴化氢在洗涤前未分离除尽，加入浓硫酸后就被氧化生成 Br_2，而使油层和酸层都变为橙黄色或橙红色，需加入饱和亚硫酸氢钠溶液除去。

(7) 用无水氯化钙干燥时，一般用小块状的，粉末的容易造成悬浮而不好分离。无水氯化钙的用量视粗产品中含水量而定。一般先加 2~3 块，摇动后，如果溶液变得澄清透亮，氯化钙表面没有变化就可以了。如果粗产品中含水量较多，摇动后，氯化钙表面会变湿润，这时应再补加适量的氯化钙。用氯化钙干燥产品，一般至少放置半个小时，最好放置过夜，才能干燥完全。实验中由于时间关系，不能放置过夜，但至少必须干燥 10min 以上(需要注意：有时干燥前溶液呈混浊，经干燥后溶液变澄清，但这并不一定说明它已完全不含水分)。干燥后，干燥剂可通过过滤而除去，本实验为了防止滤纸吸收产品造成产率下降，可用脱脂棉塞住漏斗口，将产品通过漏斗滤入蒸馏烧瓶中，也可用直接倾倒的方法，用玻璃棒挡住别让干燥剂进入蒸馏烧瓶中。

(8) 本实验最后蒸馏应收集 99~103℃的馏分，但是，如果干燥时间较短，即使溶液澄清透亮，仍会有少量水分残余，水和产品形成的共沸物会在 99℃以前就被蒸出来，此为前馏分，不能做为产品收集，要另用瓶接收，等到 99℃后，再用事先称重的干燥的梨形瓶接收产品。

(9) 主要原料与产品的物理常数见表 4-2。

表 4-2　原料与产品的物理常数

名　称	相对分子质量	性状	n_D^{20}	相对密度	熔点/℃	沸点/℃	水中溶解度/(g/100g)
正丁醇	74.12	无色液体	1.3993	0.8098	-89.12	117.70	7.920
n-C_4H_9Br	137.02	无色液体	1.4401	1.2990	-112.40	101.60	不溶

实验拓展

正溴丁烷(也叫 1-溴丁烷或正丁基溴)是一种重要的化工原料，常用作烷基化试剂、溶剂、稀有元素萃取剂等。用正丁醇、溴化钠和硫酸反应，制备正溴丁烷是基础有机化学实验合成卤代烃的经典范例。但是该实验仍有一定的改进空间。有文献报道，在反应进行 30 min 后，通过追加一定量的硫酸，或进行分水操作，可以使产率大幅提高。

本制备实验为微量实验，近年来，微量化学实验技术在国内外基础教育中受到普遍重视，它作为绿色化学的一项内容在 21 世纪将会推广普及。在化学教学中其经济效益、环保效益和教学效果是显著的。实验微量化，具有以下优点：①节省试剂，降低原料试剂消耗，节省了经费开支，最后得到的产品够作产品的鉴定实验即可；②减少污染，由于药品用量大大减少，放出的溴化氢气体量也随之减少，污染减少了，实验环境就得到很大改善；③节约时间，由于实验微量化，反应时间大大缩短。但由于实验药品用量大大减少，实验精度增加，因此必须集中注意力，规范操作，认真对待每一个环节，才能获得满意的实验结果。

本实验也可采用微波辐射的方法代替传统加热进行反应，与常规加热方法不同，微波辐射是表面和内部同时进行的一种体系加热，不需热传导和对流，没有温度梯度，体系受热均匀，升温迅速。微波作用下的反应速率比传统的加热方法快数倍甚至上千倍，且具有操作方便、选择性好、产率高、副产物少、产品易纯化、污染小、节能节耗等诸多优点。

微波是频率大致在 300MHz~300GHz(即波长在 1mm~100cm)范围内的电磁波，它位于电磁波谱的红外辐射(光波)和无线电波之间，因此只能激发分子的转动能级跃迁。在 20 世纪 60 年代，N. H. Williams 就曾经报道了用微波加速某些化学反应的研究成果，但当时人们并未预料到它对化学研究领域的重大作用。直到 1986 年，Gedye 等在微波辐射条件下进行水解、酯化、氧化和亲核取代等反应，发现微波辐射条件下，反应得到不同程度的加快，而且有的反应速率被加快了几百倍，从此微波技术扩展到化学领域，并逐步形成一门全新的学科——微波化学。

实验思考

1. 本实验中，加料顺序可否改变？若先将溴化钠加到硫酸中，混匀后，再加入正丁醇和水，可否？为什么？

2. 反应后的粗产物中含有哪些杂质？各步洗涤的目的何在？为什么用饱和碳酸氢钠溶液洗涤前先要用水洗一次？

3. 在正溴丁烷的合成实验中，蒸馏出的馏出液中正溴丁烷通常应在下层，但有时可能出现在上层，为什么？若遇此现象如何处理？

4. 用分液漏斗时，正溴丁烷时而在上层，时而在下层，如不知道产物的密度时，可用什么简便的方法加以判别？

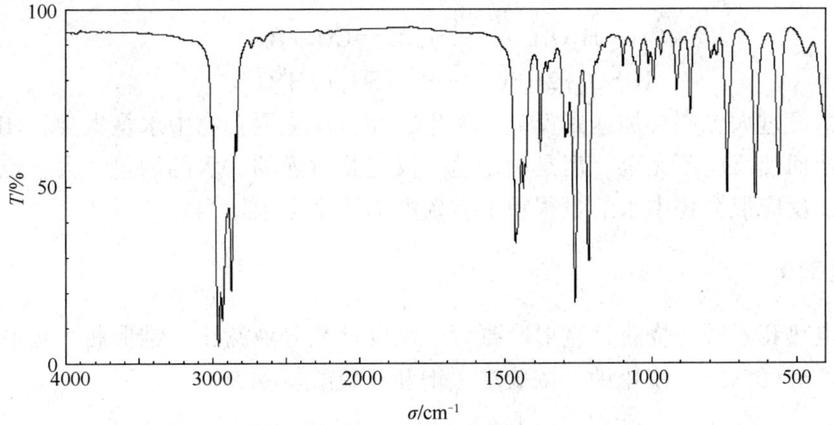

图 4-4　正溴丁烷的红外光谱图

5. 粗产品正溴丁烷经水洗后油层呈红棕色是什么原因？应如何处理？
6. 由叔醇制备叔溴代烷时，能否用溴化钠和过量浓硫酸作试剂？为什么？

实验三　溴乙烷的制备

实验目的

（1）学习以乙醇为原料制备溴乙烷的原理及方法；
（2）熟悉低沸点蒸馏的基本操作和分液漏斗的使用方法。

实验背景

溴乙烷在常温下为无色油状液体，有类似乙醚的气味和灼烧味。露置空气或见光逐渐变为黄色。易挥发。30℃时在水中溶解度为 0.986 g/100g。能与乙醇、乙醚、氯仿和多数有机溶剂混溶。凝固点-119℃。沸点 38.2℃。折射率 n_D^{20} 为 1.4239。蒸气有毒。浓度高时有麻醉作用。能刺激呼吸道。溴乙烷在水溶液中或熔化状态下均不电离，是非电解质。溴乙烷是有机合成的重要原料之一。农业上用作仓储谷物、仓库及房舍等的熏蒸杀虫剂。也常用于汽油的乙基化、冷冻剂和麻醉剂。

实验原理

主反应：

$$NaBr+H_2SO_4 \longrightarrow NaHSO_4+HBr$$

$$CH_3CH_2OH+HBr \rightleftharpoons CH_3CH_2Br+H_2O$$

本实验用溴化钠和浓硫酸与乙醇作用来制备溴乙烷。醇和氢卤酸的反应是一个可逆反应。为了使反应平衡向右方向移动，可以增加醇或氢卤酸的浓度，也可以设法不断地除去生成的卤代烷或水，或两者并用。本实验正是这两种措施并用，以使反应顺利完成。

副反应：

$$2CH_3CH_2OH \xrightarrow{H_2SO_4} CH_3CH_2OCH_2CH_3+H_2O$$

$$CH_3CH_2OH \xrightarrow{H_2SO_4} H_2C{=}CH_2+H_2O$$

$$H_2SO_4+2HBr \longrightarrow Br_2+SO_2+2H_2O$$

若硫酸浓度过大，则会加速副反应的发生，而且反应混合物中水量太少，HBr 气体容易在操作时逃逸而使反应不完全。但是由于这个反应是可逆的，水的用量太大，也不利于反应的完全，所以反应混合物中水的量很重要，硫酸的浓度必须适当。

仪器试剂

仪器：电热套　圆底烧瓶　直形冷凝管　温度计　分液漏斗　锥形瓶　蒸馏装置

试剂：乙醇(95%)　溴化钠　浓硫酸　饱和亚硫酸氢钠

实验步骤

在 50mL 圆底烧瓶中加入 5mL(82mmol)95%乙醇及 4.5mL 水，在不断振荡和冰水浴冷却下，缓缓地加入浓硫酸 9.5mL(170mmol)，待混合物冷却到室温后，在搅拌下加入 6.5g(63mmol)研细的溴化钠，再加入 2 粒沸石，迅速安装成蒸馏装置，接受瓶内放入少量冰水混合物和少量饱和亚硫酸氢钠溶液，并将其置于冰水浴中，以防止产品的挥发损失。接引管的支口用橡皮管导入下水道或室外。

用电热套小火加热烧瓶，保持反应液微微沸腾，使反应平稳地进行，直至无油滴滴出为止，约 40min，反应即可结束。馏出物为乳白色油状物，因其相对密度比水大，故沉入接受瓶的瓶底。

反应完成后，首先小心地拆下收集产物的接受瓶，然后关闭电热套停止加热，避免液体通过接引管产生倒吸现象。将馏出液倒入分液漏斗中，静置分层后，将下层的有机层放入干燥的小锥形瓶中，并将其浸于冰水浴中冷却，边振摇边逐滴加入 1~2mL 浓硫酸，使溶液明显分层，上层溴乙烷变得清澈透明。用干燥的分液漏斗仔细地分去下层硫酸层，将溴乙烷层迅速从分液漏斗的上口倒入 50mL 蒸馏瓶中，加入几粒沸石，再用水浴加热蒸馏。为避免产物挥发损失，将已称重的干燥的接受瓶浸入冰水浴冷却，收集 35~40℃的馏分。蒸馏完成后，用真空玻璃塞塞紧接受瓶，称量、计算产率(产品约重 5 g)。

实验指导

(1) 加入少量的水可防止反应进行时产生大量的泡沫，减少副产物乙醚等的生成，减少氢溴酸的挥发。

(2) 溴化钠应预先研细，并在搅拌下加入，防止结块而影响氢溴酸的生成，也可用含结晶水的溴化钠($NaBr \cdot 2H_2O$)，其用量按物质的量进行换算，并相应地减少加入的水量。

(3) 加热不均或过于剧烈，会有少量的溴分解出来，使蒸出的油层呈棕黄色，加亚硫酸氢钠可除去溴的颜色。

(4) 溴乙烷沸点低，在水中溶解度小(1:100)，且低温时又不与水作用，为防止其挥发影响产率和污染环境，接受瓶和使其冷却的水浴中均应放些碎冰，并将接受管支口用橡皮管导入下水道或室外。

(5) 反应开始时加热不可太猛，否则，部分 HBr 可能被硫酸氧化，使蒸出的油层有较深的黄色，而且反应开始时会有大量的气泡产生，若加热过猛，反应瓶中的物质起泡严重，有可能会冲到冷凝管中。

(6) 馏出液由浑浊变为澄清时，表明产物已基本上蒸完。待反应瓶稍冷后，即趁热将反应瓶中混合物倒掉，以免硫酸氢钠结块而不易倒出。

(7) 溴乙烷为透明的油状液体，但因新蒸出的产物中含有少量水分，可与溴乙烷形成乳浊液，故为乳白色。

(8) 从分液漏斗中放出粗溴乙烷产品时，尽可能地将水分除尽，否则加浓硫酸洗涤时，就会放出较多的热量，致使产品挥发而损失。

(9) 浓硫酸除了吸收产品中的水分之外，还可以除去产物中的乙醇和乙醚等杂质，为防止产品挥发，应在冷却下(在冰水浴中)操作。

(10) 拆下装溴乙烷的接受瓶时，必须立即塞上塞子，以防溴乙烷挥发损失。并且避免用手直接触摸接受瓶的装有溴乙烷部分，以免因手温而使产品挥发。

(11) 主要试剂及产品的物理常数见表 4-3。

表 4-3　试剂及产品的物理常数

名　称	相对分子质量	性　状	n_D^{20}	相对密度	熔点/℃	沸点/℃
乙醇	46.07	无色液体	1.3614	0.79	−114.3	78.4
溴乙烷	108.97	无色液体	1.4329	1.4612	−119.0	38.2

实验拓展

本实验所用催化剂浓硫酸具有强氧化性，会使副产物增多，且存在使用后难以回收、产生大量酸性废液、污染环境等缺点，因此可考虑选用其他安全的催化剂来代替浓硫酸。可选择的催化剂有固体超强酸、固体酸(如对甲苯磺酸)、杂多酸、无机盐(如硫酸氢钠)、分子筛、阳离子交换树脂等。有文献报道，使用固体超强酸(SO_4^{2-}/ZrO_2-SiO_2)作催化剂可取得较好的收率，且可重复使用，不污染环境，具有安全、绿色、环境友好等诸多优点。

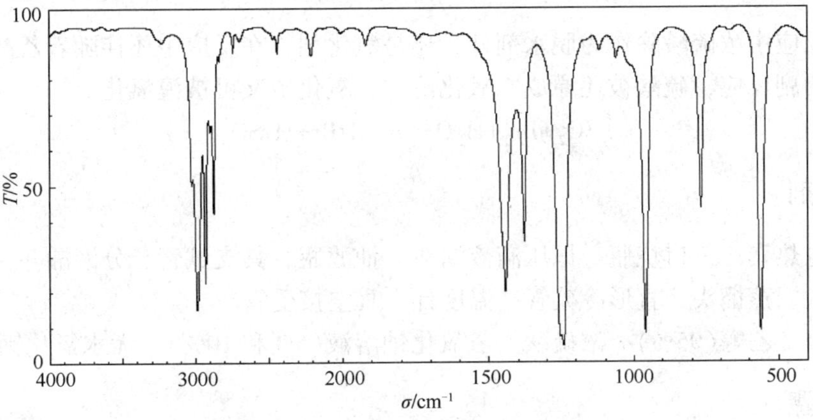

图 4-5　溴乙烷的红外光谱图

实验思考

1. 溴乙烷沸点低(38.2℃)，产率往往不高，实验中可以采取哪些措施减少溴乙烷的损失？

2. 溴乙烷的制备中浓 H_2SO_4 洗涤的目的何在？
3. 在制备溴乙烷时，反应混合物中如果不加水，会有什么结果？

实验四　1,2-二溴乙烷的制备

实验目的

（1）了解以醇为原料通过烯烃制备邻二卤代烃的实验原理及方法；
（2）掌握制备1，2-二溴乙烷的特殊装置。

实验背景

1,2-二溴乙烷（1,2-dibromoethane）又名乙撑二溴，常温下为无色液体，有特殊甜味，微溶于水，可溶于大多数有机溶剂。1，2-二溴乙烷可用作有机反应和熏蒸消毒上的溶剂及有机合成中间体，也可用作汽油抗爆剂的添加剂。汽油抗爆剂是以四乙基铅为主体，添加其他一些添加剂（如1,2-二溴乙烷、1,2-二氯乙烷）。汽车用汽油的抗爆剂含1，2-二溴乙烷约17%。

实验原理

主反应：

$$CH_3CH_2OH \xrightarrow[170℃]{\text{浓 } H_2SO_4} H_2C{=}CH_2 + H_2O$$

$$H_2C{=}CH_2 + Br_2 \longrightarrow BrCH_2CH_2Br$$

可能的副反应：

$$2CH_3CH_2OH \xrightarrow[\triangle]{\text{浓 } H_2SO_4} (CH_3CH_2)_2O + H_2O$$

此外，反应中浓硫酸除作为脱水剂外，还是氧化剂，在反应中还伴随着乙醇被氧化成二氧化碳和碳的副反应，硫酸被还原成二氧化硫，二氧化硫又可被溴氧化。

$$SO_2 + Br_2 + H_2O \longrightarrow 2HBr + H_2SO_4$$

仪器试剂

仪器：电热套　三口烧瓶　恒压滴液漏斗　抽滤瓶　具支试管　分液漏斗　锥形瓶　烧杯　圆底烧瓶　蒸馏头　直形冷凝管　温度计　真空接受管

试剂：溴　乙醇（95%）　浓硫酸　氢氧化钠溶液（5%和10%）　无水氯化钙

实验步骤

如图4-6安装好仪器，A瓶为乙烯发生器，在100mL三口瓶上装一个恒压滴液漏斗和一支温度计（距瓶底1~2mm），瓶内装4g粗砂，以免加热产生乙烯时出现泡沫，影响反应正常进行。三口瓶的另一个侧口通过乙烯出口玻璃管与B瓶相连，B瓶为安全瓶，是一个盛有20mL水的100mL抽滤瓶，瓶口装一根插至水面以下的长玻璃管作为安全管（不要贴住底部），若发现玻璃管内水面迅速上升，甚至喷出来时，应停止反应，检查系统是否堵塞。C

瓶为洗气瓶，是一个装有 30mL 10%氢氧化钠溶液的 100mL 锥形瓶，用以吸收反应中产生的二氧化硫气体等酸性气体。D 瓶为反应管，是一个装有 1.5mL 溴(4.7g，29mmol)的具支试管，并在溴的上面覆盖 2~3mL 水以减少溴的挥发，与 C 相连的导气管要深插到液面以下距试管底部 3mm 处，具支试管要浸在一个装有冷水的烧杯中。E 为吸收瓶，是一个盛有 30mL 5%氢氧化钠的 100mL 锥形瓶，用以吸收挥发出来的少量溴蒸气。各瓶塞必须用橡皮塞(E 瓶瓶口绝不可堵住)，待仪器安装完毕后，必须认真检查体系是否漏气。

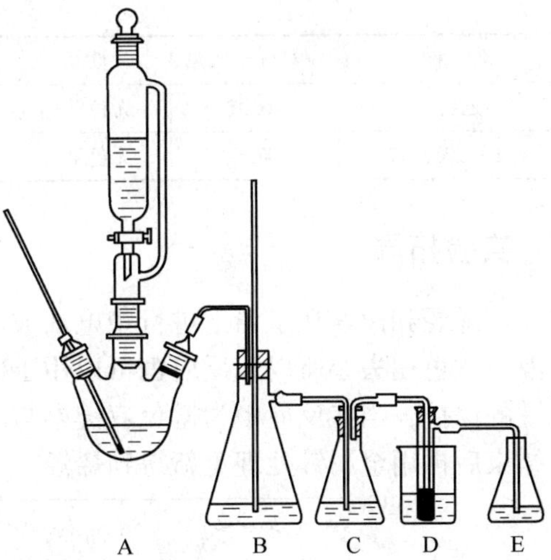

图 4-6 1,2-二溴乙烷的制备装置

在冰水浴冷却下，缓缓将 16mL 浓硫酸混入 8mL 95%乙醇中，待混合均匀后，将其倒入恒压滴液漏斗中。先将 C 与 D 的连接处断开，将 5mL 混合液滴加到三口瓶中，然后开始加热。待温度上升到约 120℃时，系统内大部分空气已经被排出，连接 C 与 D，当瓶内反应物温度升至 170℃左右时，有乙烯气体产生。维持温度在 180℃左右，慢慢滴加其余的乙醇-硫酸混合液，控制滴加速度和反应温度，使乙烯气均匀地通入反应管 D 中。当反应管中溴褪色或接近无色，反应即可结束。先拆下反应管 D，然后停止加热。

将粗产品移入分液漏斗，分别用水、10%氢氧化钠溶液各 5mL 洗涤，再用水洗涤两次，每次 5mL，产品用无水氯化钙干燥。将干燥后的粗产品滤入 25mL 圆底烧瓶中，进行蒸馏，收集 129~133℃馏分。产量约 2.3g(产率 42%)。

实验指导

(1) 粗砂须用水和盐酸分别洗后，烘干备用。

(2) 因为溴是具有强腐蚀性和刺激性的液体，易挥发且蒸气有毒，故取溴时必须小心，需先在盛溴的具支试管内装入 2~3mL 水，在通风橱内戴好胶皮手套进行操作。若溴不慎触及皮肤，应立即用大量水冲洗，再用乙醇或甘油擦洗。

(3) 乙烯与溴反应放热，如不冷却，将导致溴大量逸出，影响产率。反应进行到后期时，具支试管的冷却温度不要太低，因为 1，2-二溴乙烷的凝固点为 9℃。

(4) 仪器体系是否严密是该实验成败的关键，有漏气处就无足够压力使乙烯通入反应管内，给定的乙醇-硫酸就不足以使溴全部褪色，必须补充。

(5) 若乙烯生成太快，将来不及被溴吸收而逸出，同时因剧烈鼓泡引起溴的挥发逸出，造成损失。

(6) 粗产品应为无色，若有颜色，可加数毫升饱和亚硫酸氢钠溶液洗涤。

(7) 主要原料与产品的物理常数见表 4-4。

表 4-4 原料与产品的物理常数

名　称	相对分子质量	性状	n_D^{20}	相对密度	熔点/℃	沸点/℃
溴	159.81	无色液体	1.654	3.119	-7.25	59.47

续表

名　称	相对分子质量	性状	n_D^{20}	相对密度	熔点/℃	沸点/℃
乙醇	46.07	无色液体	1.3614	0.79	-114.3	78.40
1, 2-二溴乙烷	187.88	无色液体	1.5387	2.17	9.3	131.40

实验拓展

用烯烃和卤素在室温下进行亲电加成反应是制备邻二卤代物的常用方法。因为反应结束后溴的颜色褪去，所以该反应也可以用于碳碳不饱和键的鉴别。另外，该反应也常用于碳碳双键的保护，当在反应中为避免双键参与反应，可以首先将烯烃转变成为邻二卤代物，待反应结束后再用金属锌处理重新得到烯烃。

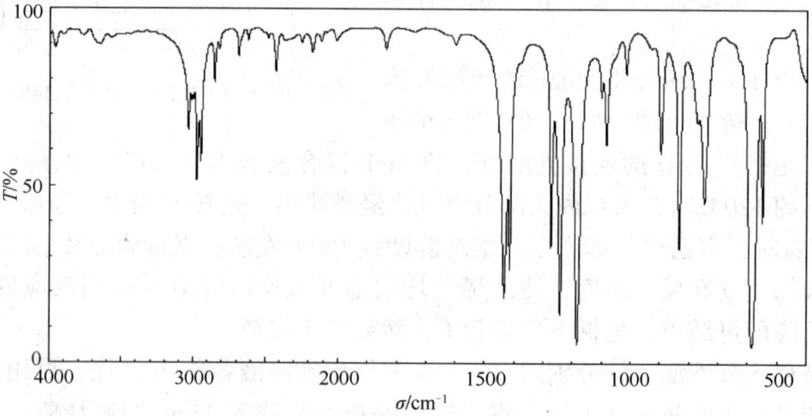

图 4-7　1, 2-二溴乙烷的红外光谱图

实验思考

1. 本实验中的恒压滴液漏斗、安全瓶、洗气瓶和吸收瓶各有什么用处？乙烯中含有二氧化硫和二氧化碳等杂质，如不经除去而直接通入溴液中，对实验结果有何影响？

2. 本实验为什么将乙烯通入具支试管之前要将系统内大部分空气排出？

3. 有哪些因素会影响到 1, 2-二溴乙烷的产率？出现下列现象对 1, 2-二溴乙烷的产率有何影响？①盛溴的反应管 D 变得太热。②乙烯通入液溴时很迅速地鼓泡。③仪器装置体系不严密，带有缝隙。④干燥后的产物未经过滤除去干燥剂而直接蒸馏。

4. 为什么 E 瓶瓶口不能用塞子堵紧？

5. 反应结束后，为什么不能先停止加热，而后再拆下反应管 D？

6. 要求通过反应管 D 的导气管，必须深插至距离管底 3mm 处，若插得太高，甚至接近液溴表面则不行；但插得太低直到管底也不行，这是为什么？

实验五　对二叔丁基苯的制备

实验目的

(1) 学习利用 Friedel-Crafts 烷基化反应制备烷基苯的原理和方法；

(2) 掌握有害气体的吸收装置及操作；

(3) 巩固分液漏斗的使用及萃取操作。

实验背景

在 Lewis 酸存在下，芳烃与卤代烷或酰氯的反应，叫 Friedel-Crafts 反应。它是向芳环上引入烷基和酰基的经典方法，在有机合成上具有非常重要的实用价值。它属于亲电取代反应，常用无水 $AlCl_3$ 作为催化剂，其他催化剂还有 $ZnCl_2$、$FeCl_3$、$SbCl_3$、BF_3 及质子酸 H_2SO_4、HF 等。

烷基化反应是芳烃与卤代烷的反应，是向芳环上引入烃基最常用的方法之一。烷基化反应有一定的局限性：①由于烷基是致活基团，烷基苯比苯更活泼，容易发生多元取代，生成二烷基苯和多烷基苯等。为避免多元取代，可以采用使芳烃大大过量和控制反应温度的办法。②由于反应生成碳正离子中间体，碳正离子中间体可能会发生重排，所以不能直接采用 Friedel-Crafts 烷基化反应制备多于三个碳原子的直链烷基取代苯。如 1-溴丙烷与苯发生 Friedel-Crafts 反应生成的主要是异丙基苯而非正丙基苯。

实验原理

苯与叔丁基氯在 Lewis 酸无水三氯化铝的催化下发生 Friedel-Crafts 反应，可生成对二叔丁基苯。苯与叔丁基氯反应首先生成叔丁基苯，叔丁基为邻对位定位基，由于叔丁基基团体积较大，第二个取代基主要进入苯环对位(而非邻位)，生成对二叔丁基苯。

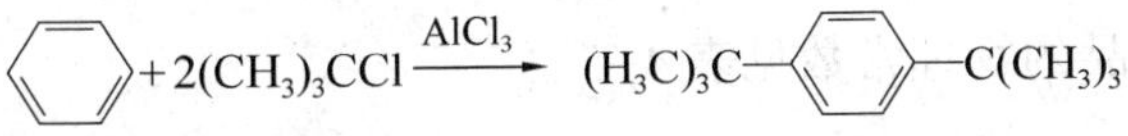

为得到较高产率的二取代物，本实验采用叔丁基氯过量的方法。由于反应是放热反应，为防止温度过高重排等副反应发生或反应过于激烈，发生冲料等事故，本实验需严格控制反应温度，在冰水浴下进行。

本实验的副产物有叔丁基苯、间二叔丁基苯(热力学控制产物)、1, 3, 5-三叔丁基苯等。

仪器药品

仪器：电热套　三口瓶　锥形瓶　球形冷凝管　温度计　分液漏斗　氯化氢气体吸收装置

药品：无水无噻吩苯　叔丁基氯　无水三氯化铝　乙醚　饱和氯化钠水溶液　无水硫酸钠　氢氧化钠水溶液(5%)

实验步骤

在 100mL 三口瓶上安装温度计和球形冷凝管，另一口用真空玻璃塞塞住。球形冷凝管上安装一装有氯化钙的干燥管，并将干燥管与氯化氢气体吸收装置(吸收液用5%氢氧化钠水溶液)相连。向三口瓶中加入 3mL(2.6g，34mmol)无水、无噻吩苯和 10mL(8.7g，93mmol)叔丁基氯并用冰水浴冷却至 0~3℃。迅速称取 0.8g(6mmol)无水三氯化铝加入到三口瓶中，在冰水浴中摇动三口瓶，使反应液充分混合。诱导期过后开始反应，有大量氯化氢气体冒出且反应温度开始上升。继续在冰水浴中充分振荡三口瓶，使反应温度控制在 5~

10℃，待无氯化氢气体明显放出，反应终止。去掉冰水浴，在室温下放置使反应液温度逐渐上升到室温，此时瓶内有白色固体缓缓析出。

加入 8mL 冰水，分解反应物，待冷却后再用 20mL 乙醚分两次萃取，合并乙醚萃取液，用等体积的饱和氯化钠水溶液洗涤一次，用无水硫酸钠干燥。过滤后，在水浴上蒸出大部分乙醚，将剩余物倒入一个干净的表面皿中，置于通风橱内待残余乙醚挥发后得白色结晶，产量约 3 g。

粗品对二叔丁基苯可用甲醇重结晶，冷却至室温后，再用冰水冷却，可得白色针状结晶。

实验指导

（1）普通苯中通常会含有少量水和噻吩。与苯相比，噻吩更易与叔丁基氯发生烷基化反应，因此必须除去噻吩。从苯中除去噻吩的操作是：在分液漏斗中加入需要处理的苯和相当于苯 15%体积的浓硫酸洗涤，分液，分去酸层后，苯层再重新加入浓硫酸，反复操作，直至酸层无黄色为止。分去酸层后，依次用水、10%碳酸钠水溶液和水洗涤，然后用无水氯化钙干燥、蒸馏。最后再用钠丝进一步干燥除水，制得无水无噻吩苯。

（2）三氯化铝极易受潮水解，暴露在湿空气中立即冒烟，使催化失效。所以实验时要求仪器、试剂必须干燥。干燥、防潮是本实验成功的关键条件。称取三氯化铝应迅速，无水三氯化铝应呈小颗粒或粗粉状，块状的三氯化铝在称取前应在研钵中迅速研碎。

（3）烷基化反应是放热反应，但有一个诱导期。反应开始后必须控制反应温度，尽量避免重排等副反应发生。

（4）主要试剂及产品的物理常数见表 4-5。

表 4-5　试剂及产品的物理常数

名　称	相对分子质量	性状	n_D^{20}	相对密度	熔点/℃	沸点/℃
苯	78.11	无色液体	1.5011	0.877	5.5	80.1
叔丁基氯	92.57	无色液体	1.3877	0.87	-25.4	52
对二叔丁基苯	190.33	白色晶体	—	—	78	—

实验拓展

本实验通过 Friedel-Crafts 烷基化反应来制备对二叔丁基苯。Friedel-Crafts 烷基化反应为可逆反应，且反应中易多取代和重排，产物比较复杂，副产物较多，本实验通过重结晶得到的对二叔丁基苯中，含有少量叔丁基苯、间二叔丁基苯等杂质。

重结晶时可采用加入硫脲，使对二叔丁基苯形成硫脲包合物结晶的形式，从多组分产品混合物中分离出来。该包合物(一种络合物)由两种化合物组成：一种是包合剂硫脲，它以数个分子形成一个能够用来囚禁其他化合物的空穴或孔道(也称为主体分子)；另一种是被囚禁在空穴或孔道中的对二叔丁基苯(也称为客体分子)。本实验中只有对二叔丁基苯的分子大小和形状能嵌入硫脲分子做成的孔道，形成包合物的结晶，其他副产物无法进入硫脲组成的孔道，所以仍留在溶液中。主客体之间的结合很松散，利用某些溶剂处理，很容易将其拆开并释放出来。

具体操作步骤如下：称取 3 g 经过重结晶的对二叔丁基苯和 5 g 硫脲，加入 60mL 甲醇加热回流，使固体完全溶解，静置，冷至室温后，再在冰水浴中继续冷却，析出白色的针状结晶，抽滤，用少许甲醇洗涤，晾干，得对二叔丁基苯的硫脲包合物。

称取 2.5g 包合物结晶以及 25mL 水和 20mL 乙醚加入到分液漏斗中，用力摇动直至结晶完全消失，静置分层，分液后醚层用等体积饱和氯化钠水溶液洗一次，加入无水硫酸钠干燥，将干燥的醚层滤入 100mL 圆底烧瓶中，用水浴蒸馏除去大部分乙醚后，用水泵减压抽气，除去剩余乙醚，得到纯的对二叔丁基苯。

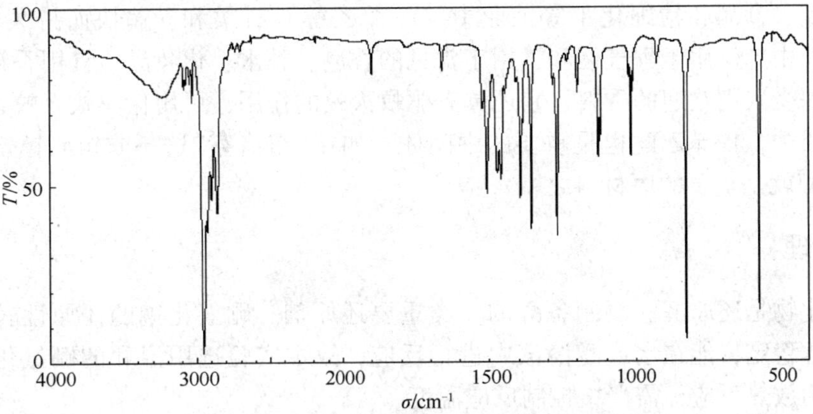

图 4-8　对二叔丁基苯的红外光谱图

实验思考

1. 本实验为什么采用叔丁基氯过量？叔丁基为邻对位定位基，本实验为什么主要只得到对二叔丁基苯，而没有邻二叔丁基苯？

2. 本实验为什么要在较低温度下进行烷基化反应？温度过高有什么不好？

实验六　1-苯乙醇的制备

实验目的

（1）学习用硼氢化钠等金属氢化物还原酮来制备醇的原理及方法；

（2）掌握减压蒸馏等基本操作。

实验背景

还原反应是有机化学中最重要的反应类型之一，常用的还原方法有金属与供质子试剂（如酸、醇等）还原、金属氢化物还原、催化氢化等。

醛、酮经还原反应可得到醇，这是实验室制备醇的常用方法之一。将醛、酮还原成醇可以采用多种方法，如催化氢化、Meerwein-Ponndorf 反应（异丙醇铝-异丙醇还原）、金属还原（如钠/乙醇溶液）、金属氢化物还原等。其中 Meerwein-Ponndorf 还原具有高度的选择性，对双键、三键或其他易还原和易氧化的官能团都不发生作用，即不受其他官能团的干扰。金属氢化物是将醛、酮还原为醇的一种重要还原剂，常用的金属氢化物有四氢铝锂和硼氢化钠，四氢铝锂是还原醛、酮的最有效的试剂，但其极易水解，反应要在绝对无水条件下进行。硼氢化钠的还原能力不如四氢铝锂强，但具有更高的还原选择性，不受羧基、酯基等基团的干扰，对水和醇等质子性溶剂稳定，故该还原反应能在水或醇溶液中进行。四氢铝锂和硼氢化钠的共同之处是它们提供的氢负离子是亲核试剂，无亲电进攻活性，故而不能还原碳碳双键和三键。

本实验以硼氢化钠为还原剂还原苯乙酮来制备1-苯乙醇(1-phenylethanol)。苯乙醇是一种重要的香料和精细化工中间体，因其具有特殊的物理及化学性质被广泛地应用于医药、香料、化妆品、食品和精细化工等工业中。1-苯乙醇具有柔和、愉快而持久的玫瑰花香，在香料制造业中广泛用于香气调和，用于常见的香皂、香水、化妆品、食用香精和烟用香精中，是一种深受人们欢迎的香料。它还具有驱蚊灭蚊的作用，可用作驱蚊灭蚊香。此外，在很多药物合成中，1-苯乙醇也是重要的中间体，如在“布洛芬”这一非甾族镇定药物的合成中，1-苯乙醇就是重要的原材料之一。

实验原理

金属氢化物是还原醛、酮制备醇的一类重要还原剂。硼氢化钠的还原性较四氢铝锂温和，对水、醇稳定，能在水或醇溶液中进行反应，故本实验选用温和的硼氢化钠作为还原剂。该反应为放热反应，需严格控制反应温度。

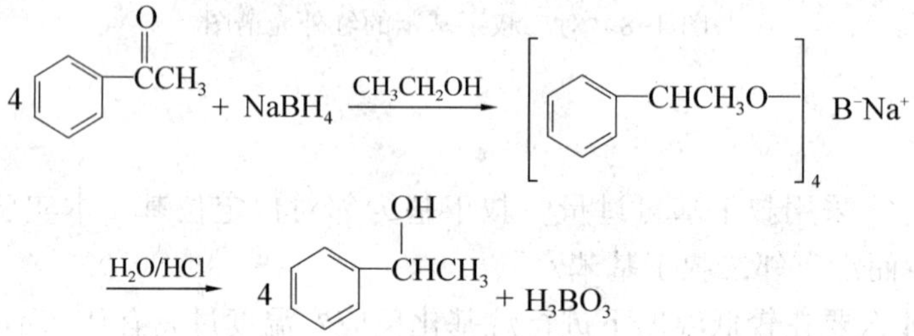

仪器试剂

仪器：机械搅拌器　电热套　圆底烧瓶　球形冷凝管　分液漏斗　温度计　减压蒸馏装置

试剂：乙醇(95%)　硼氢化钠　苯乙酮　盐酸(3mol/L)　乙醚　无水硫酸镁　无水碳酸钾

实验步骤

在装有机械搅拌装置、温度计、球形冷凝管和恒压滴液漏斗的50mL三口瓶中加入8mL 95%乙醇和0.5 g(13mmol)硼氢化钠，恒压滴液漏斗中加入4mL(4.1 g，34mmol)苯乙酮。在搅拌下向三口瓶中滴加苯乙酮，并控制反应温度在50℃以下。滴加完毕后，有白色沉淀析出，继续在室温下搅拌15min。然后边搅拌边滴加3mL盐酸，使绝大部分白色固体溶解。用电热套加热蒸出乙醇，浓缩溶液至分为两层。冷却至室温后加入6mL乙醚，分出有机层(注意上下层的判断)，水层用6mL乙醚萃取，合并有机层，用无水硫酸镁干燥。

将干燥的粗产品滤入25mL圆底烧瓶，加入0.3 g无水碳酸钾，先用水浴蒸出乙醚，然后进行减压蒸馏，收集102~103.5℃/2533Pa(19mmHg)的馏分，产量约2 g(产率48%)。

实验指导

(1) 硼氢化钠是强碱性试剂，有很强的吸湿性，若接触皮肤，立即用流动清水彻底冲洗。

(2) 盐酸需在低温下慢慢加入，过程中会有氢气气体放出，需严禁明火。

(3) 碳酸钾的加入可防止蒸馏过程中发生催化脱水反应。

(4) 减压蒸馏装置仪器一定要干燥，使用前要检查气密性。蒸馏结束拆除装置时一定要注意操作顺序，防止倒吸。

(5) 主要试剂及产品的物理常数见表4-6。

表4-6 试剂与产品的物理常数

名　称	相对分子质量	性状	n_D^{20}	相对密度	熔点/℃	沸点/℃
苯乙酮	120.15	无色液体	1.5372	1.028	20.5	202
1-苯乙醇	122.17	无色液体	1.5275	1.013	20	203.4
硼氢化钠	37.85	白色粉末	—	1.076	36	—

实验拓展

本实验若原料未完全反应，直接减压蒸馏得到的产品中混有少量未反应的苯乙酮，难以除去。要得到较纯净的产物，可用TLC(薄层色谱)监控反应的进行，待反应完全后再进行后处理。用己烷/乙酸乙酯(体积比为5∶3)混合液作为展开剂，紫外灯下显色，苯乙酮的$R_f=0.7$，1-苯乙醇的$R_f=0.3$。

1-苯乙醇目前主要是通过从天然物中萃取或有机合成的方法获得。随着生物技术的飞速发展和人们对食品安全性的逐渐重视，食品生产研发人员越来越倾向于选择微生物发酵法生产的天然级苯乙醇香料用作食品添加剂。近年来国外已成功研制出以苯丙氨酸、氟苯丙氨酸为原料，用微生物啤酒酵母或克鲁维酵母发酵转化来制取天然级苯乙醇的工艺方法。该方法的缺点是目前成本太高，不适宜工业化生产。

工业上，用有机合成方法制备苯乙醇的诸多路线中，从苯乙酮出发经催化加氢制备苯乙醇因最符合原子经济性而受到广泛关注，是一条具有较高的经济价值的合成路线。

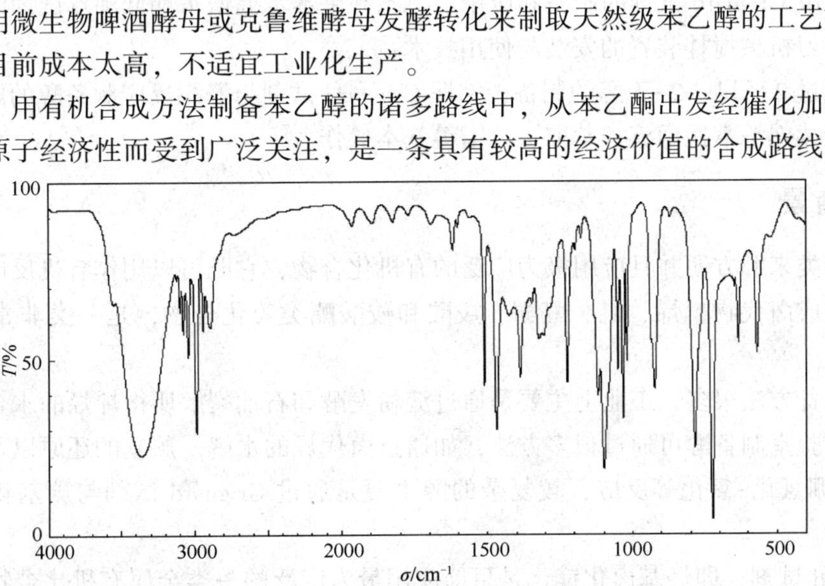

图4-9 1-苯乙醇的红外光谱图

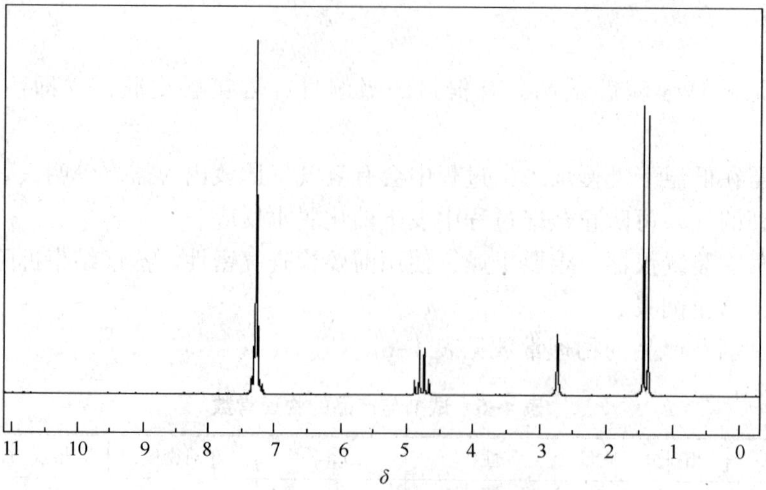

图 4-10　1-苯乙醇的核磁共振氢谱图

实验思考

1. 滴加苯乙酮时，为什么要控制体系温度在 50℃以下？
2. 盐酸溶液分解反应物时，为什么要慢慢地加入？作用是什么？
3. 实验中为什么要加入无水碳酸钾？

实验七　2-甲基-2-丁醇的制备

实验目的

（1）了解 Grignard 试剂的制备和应用，熟悉并基本掌握憎水和低沸点试剂的实验；
（2）学习机械搅拌装置的安装与使用技术；
（3）通过 2-甲基-2-丁醇的制备，掌握 Grignard 试剂与醛酮反应制备醇的原理及操作；
（4）继续熟练掌握回流、萃取、蒸馏等基本操作。

实验背景

醇是一类来源方便并且应用极为广泛的有机化合物，它既可以用作有机反应的溶剂，又很容易转变成卤代物、烯、醚、醛酮、羧酸和羧酸酯类等化合物，是一类非常重要的化工原料。

醇的制备方法很多，工业上主要是通过淀粉发酵和石油裂解所得烯烃的水合作用等方法来制备。实验室制备醇可通过很多方法，如通过卤代烃的水解、羰基的还原以及烯烃的羟汞化-脱汞、硼氢化-氧化等反应，较复杂的醇主要是通过 Grignard 试剂与羰基化合物的加成反应来制备。

Grignard 试剂，即烃基卤化镁，是目前应用最为广泛的一类金属有机化合物，它是由法国著名化学家 Grignard 首次在实验室制备出来，并将其成果应用于有机合成。Grignard 因此获得了1912年诺贝尔化学奖。

在Grignard试剂中，由于 C—Mg 键极化使带负电荷的碳具有明显的亲核性，可与醛酮、羧酸酯、环氧化合物、腈及二氧化碳等化合物发生亲核反应，生成相应的醇、酮和羧酸等化合物。该反应也是有机合成中一类很重要的增长碳链的反应。

Grignard试剂一般由卤代烷与金属镁在无水乙醚中反应制备，芳香和乙烯型氯化物，则需用THF为溶剂才能反应。卤代烃生成Grignard试剂的活性顺序为：RI > RBr > RCl。一般在制备时，都选择活性和价格都适中的溴代烃。对活性较差的卤代烃，当反应不易发生时，可加入少许碘粒或已制好的Grignard试剂来引发反应。该反应是一个放热反应，反应开始后需调节滴加速度，使反应物保持微沸状态。

Grignard试剂很容易与空气中的水和氧气发生反应而失效，因而Grignard试剂不宜长时间保存，最好是现制现用。制备Grignard试剂必须保证仪器、溶剂绝对干燥，并最好在氮气保护下进行反应。

实验原理

卤代烷可在无水乙醚中与金属镁发生插入反应生成烷基卤化镁，生成的烷基卤化镁再与丙酮发生加成-水解反应，得到相应的叔醇。

$$CH_3CH_2Br + Mg \xrightarrow{\text{无水乙醚}} CH_3CH_2MgBr$$

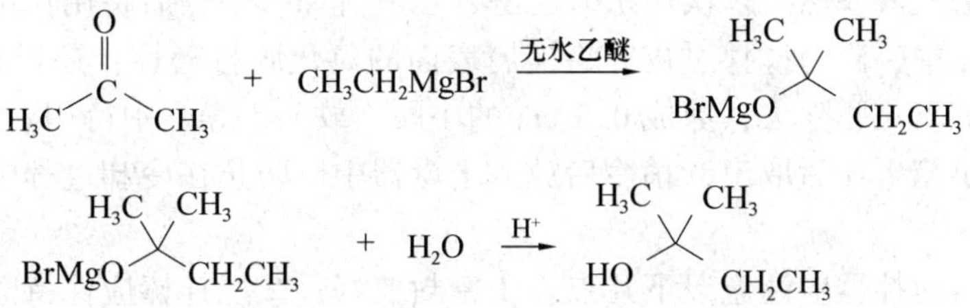

仪器试剂

仪器：电热套　三口瓶　直形冷凝管　球形冷凝管　恒压滴液漏斗　干燥管　抽滤瓶　布氏漏斗　分液漏斗　蒸馏头　温度计　锥形瓶

试剂：溴乙烷　镁　乙醚　无水氯化钙　丙酮　硫酸(20%)　无水碳酸钾　碳酸钠溶液(5%)

实验步骤

1. 乙基溴化镁的制备

在250mL三口瓶上分别装置机械搅拌器、球形冷凝管和恒压滴液漏斗，在球形冷凝管的上口装置氯化钙干燥管，另两口装上磨口塞。三口瓶内放入镁屑1.8g(74mmol)、无水乙醚12.5mL及一小粒碘。在恒压滴液漏斗里加入溴乙烷6.9mL(10.0g，92mmol)和无水乙醚6mL，并使之混合均匀。先从恒压滴液漏斗向三口瓶中滴入约2mL混合液，数分钟后溶液呈微沸状态，碘的颜色消褪(若不发生反应，可用温水浴温热)。

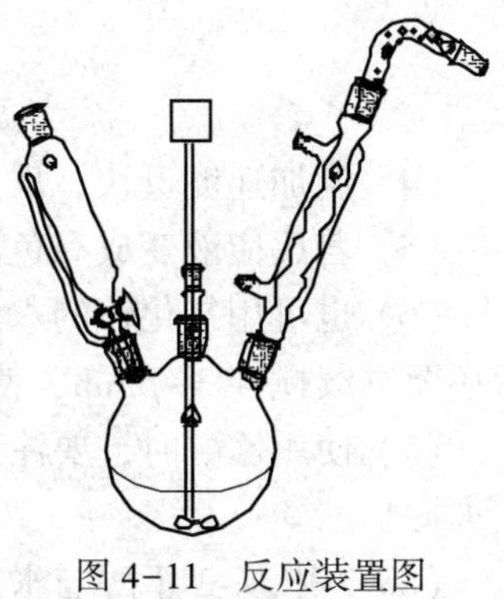

图4-11　反应装置图

然后开动搅拌器，待反应稍微缓和后，继续滴加其他混合液，控制滴加速度，使反应液维持微沸状态(若反应液呈黏稠状态，则需补加适量的无水乙醚)。滴加完毕，温水浴回流搅拌0.5 h，使镁屑几乎反应完全。

2. 2-甲基-2-丁醇的制备

将上面制备好的 Grignard 试剂在不断搅拌和冰水浴冷却下，自恒压滴液漏斗缓慢滴入无水丙酮 5.3mL(4.3 g，74mmol)和无水乙醚 6mL 的混合液，滴加完毕后，在室温下继续搅拌15min，瓶中有灰白色黏稠状固体析出。

将反应液在冰水浴冷却下继续搅拌，自恒压滴液漏斗缓缓滴入 32mL 20%的硫酸溶液(预先配好，并在冰水浴中冷却)使瓶中物质几乎全部溶解。将溶液转移至分液漏斗，静置，分出醚层，水层用乙醚萃取两次，每次 12mL。合并醚层，用 8mL 15%碳酸钠溶液洗涤醚层后，用约 3 g 无水碳酸钾干燥。

将干燥后的粗产品乙醚溶液滤入圆底烧瓶中，加入沸石，安装好蒸馏装置，先用温水浴蒸去乙醚，再用电热套加热蒸馏，收集 95~105℃的馏分。产量约 2.6g。

实验指导

(1) 本实验所用的所有仪器、试剂都必须充分干燥，溴乙烷用无水氯化钙干燥后蒸馏提纯；丙酮用无水碳酸钾干燥后蒸馏提纯。乙醚用金属钠处理后蒸馏提纯。镁屑要用新处理的，因为长期放置的镁屑表面有一层氧化膜，可用如下方法处理：用 5%的盐酸与镁屑作用数分钟，过滤除去酸液，然后依次用水、乙醇、乙醚洗涤，干燥后备用；也可将镁屑置于氮气保护的圆底烧瓶中，磁力搅拌过夜，将镁屑表面的氧化膜打磨掉；还可用镁条代替镁屑，用砂纸将其表面的氧化膜除去，剪成 0.5 cm 的小段，放入干燥器中待用。

所用仪器在烘箱干燥后取出，稍冷后放入干燥器中以防止在冷却过程中玻璃吸附空气中的水分。

(2) 装置机械搅拌器应注意以下几点：①密封要好；②搅拌棒应保持竖直，末端不得触及瓶底；③装好后用手慢慢旋动搅拌，无阻滞后方可慢慢开动搅拌器，转速由低档慢慢调至合适档位。本实验也可用电磁搅拌代替机械搅拌。

(3) 一小粒碘可作为催化剂，促使反应开始，反应开始后碘的颜色即褪去。其催化机理可用以下方程式来表示：

$$Mg+I_2 \longrightarrow MgI_2$$

$$MgI_2 \longrightarrow \cdot MgI + \cdot I$$

$$\cdot MgI+RX \longrightarrow R\cdot +MgXI$$

$$Mg+MgXI \longrightarrow \cdot MgI + \cdot MgX$$

$$R\cdot + \cdot MgX \longrightarrow RMgX$$

(4) 滴加速度过快，反应会过于剧烈不易控制，且副产物丁烷的量会增加。

(5) 若反应液变成有色的黏稠物质，说明反应物中含杂质过多。

(6) 也可用氯化铵的水溶液水解。开始水解时滴加要慢，以后可以逐渐加快，滴加完毕后还要继续搅拌 3~5min，使产物水解完全。

(7) 使用乙醚时，要注意实验室通风，避免吸入乙醚气体。并且乙醚极易燃烧，必须远离火源!

(8) 2-甲基-2-丁醇与水能形成共沸物(沸点 87.4℃，含水 27.5%)，因此，蒸馏产品 2-

甲基-2-丁醇前必须很好地干燥，否则前馏分很多。

（9）主要原料与产品的物理常数见表 4-7。

表 4-7　原料与产品的物理常数

名　称	相对分质子量	性状	n_D^{20}	相对密度	熔点/℃	沸点/℃
溴乙烷	108. 97	无色液体	1. 4329	1. 4612	-119	38. 2
丙酮	58. 08	无色液体	1. 3588	0. 7899	-95. 35	56. 2
2-甲基-2-丁醇	88. 15	无色液体	1. 4025	0. 8059	-12	102. 5

实验拓展

用格氏试剂法制备 2-甲基-2-丁醇是有机合成中比较经典的传统实验。格氏试剂与醛、酮的反应也是实验室制备增长碳链醇的最常用方法。

由于本实验中所用原料和溶剂溴乙烷、乙醚等均易挥发且有毒，故而在实际操作时，可将本实验试剂的用量由常量减至微量。取实验中试剂用量的 20%来进行该反应，也可以取得较满意的结果。采用微量法合成，减少试剂用量有诸多优点，如反应时间缩短，节约了实验经费，减少了实验过程中有机试剂对环境的污染等。

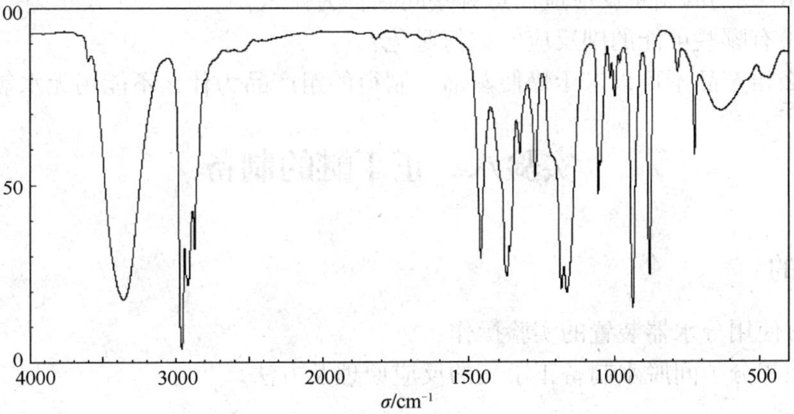

图 4-12　2-甲基-2-丁醇的红外光谱图

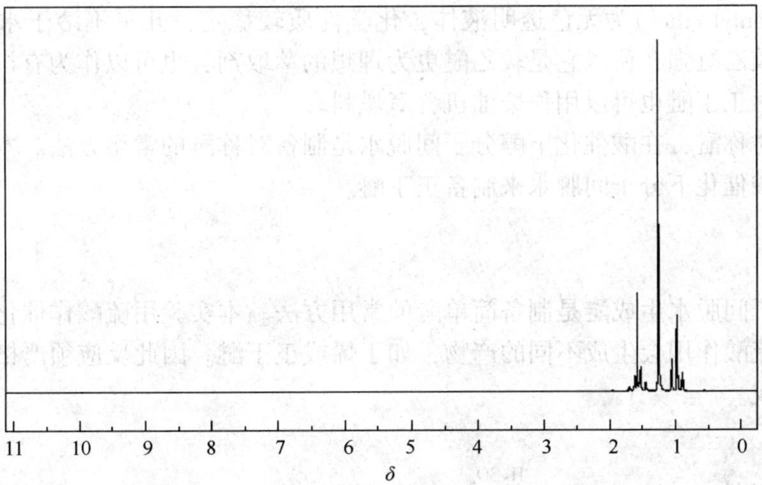

图 4-13　2-甲基-2-丁醇的核磁共振氢普图

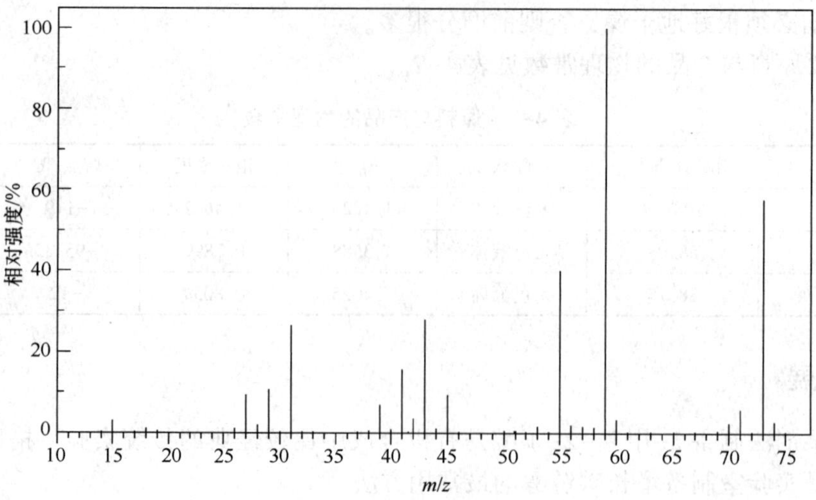

图 4-14　2-甲基-2-丁醇的质谱图

实验思考

1. Grignard 试剂的制备反应应注意哪些问题？为什么？
2. 本实验有哪些可能的副反应？如何避免？
3. 为什么粗产品不可以未干燥便蒸馏？制得的粗产品为什么不能用无水氯化钙干燥？

实验八　正丁醚的制备

实验目的

(1) 学习使用分水器装置的实验操作；
(2) 掌握醇分子间脱水制备正丁醚的反应原理及方法。

实验背景

正丁醚(dibutyl ether)为无色透明液体，化学性质较稳定，几乎不溶于水，对有机化合物的溶解能力较乙醚强，所以它是较乙醚更为理想的萃取剂，也可以作为有机合成的溶剂及惰性介质。同时正丁醚也可以用作柴油机含氧燃料。

正丁醚是对称醚，在酸催化下醇分子间脱水是制备对称醚的常用方法。本实验就是通过正丁醇在浓硫酸催化下分子间脱水来制备正丁醚。

实验原理

通过醇分子间脱水生成醚是制备简单醚的常用方法。本实验用硫酸作催化剂，在不同温度下正丁醇和硫酸作用会生成不同的产物，如丁烯或正丁醚。因此反应须严格控制温度，避免副产物的生成。

主反应：

$$2CH_3CH_2CH_2CH_2OH \xrightleftharpoons[140℃]{H_2SO_4} CH_3CH_2CH_2CH_2OCH_2CH_2CH_2CH_3 + H_2O$$

副反应：

$$CH_3CH_2CH_2CH_2OH \xrightarrow{H_2SO_4} CH_2{=}CHCH_2CH_3+H_2O$$

本实验用分水器将反应中生成的水移出反应体系，使平衡向右移动，提高收率。

仪器试剂

仪器：电热套　三口烧瓶　圆底烧瓶　球形冷凝管　分液漏斗　温度计　蒸馏装置

试剂：正丁醇　浓硫酸　饱和食盐水　氢氧化钠溶液(5%)　无水氯化钙

实验步骤

在干燥的50mL三口瓶中加入7.8mL(6.3g，85mmol)正丁醇，边摇边加入1.1mL(2.0g)浓硫酸，使之混合均匀，然后加入几粒沸石。按图4-15安装好仪器，三口瓶的中间口连接分水器，分水器的上端连上球形冷凝管，一个侧口塞住，另一个侧口插入温度计，温度计的水银球必须浸入液面以下。在分水器中加入(V-0.9)(V为分水器盛液管体积)mL饱和食盐水后，开始加热回流。反应生成的水以共沸形式蒸馏出来，由于相对密度不同，水沉在下层，上层有机层积至分水器支管时返回烧瓶。当烧瓶内反应液温度升至140℃左右，分水器全部被水充满时，反应已基本完成。反应约需1h。

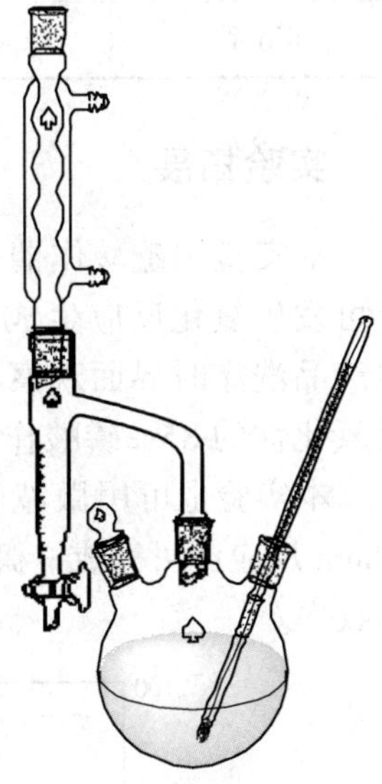

图4-15　正丁醚的制备装置

反应液冷却至室温后，把混合物连同分水器内的水一起倒入盛有15mL水的分液漏斗中，静置分去下层水层。上层有机层依次用水、5%氢氧化钠溶液、水、饱和氯化钙溶液各5mL洗涤，然后用约0.5g氯化钙干燥。干燥后的产物再次进行蒸馏，收集140~144℃的馏分，产量约1.7g。

实验指导

(1) 加硫酸后必须充分摇匀，否则硫酸局部浓度过高，加热后反应液易变黑。

(2) 本实验理论产水量约为0.77mL，因为有单分子脱水的副反应发生，故而实际分水的体积略大于理论计算量。操作时将分水器放满食盐水后先放掉0.9mL。用饱和食盐水的目的是降低正丁醇和正丁醚在水中的溶解度。

(3) 正丁醚、正丁醇和水可能生成以下几种共沸混合物：正丁醚和水形成的共沸物沸点为94.1℃，含水33.4%；正丁醇和水形成的共沸物沸点为93℃，含水44.5%；正丁醚和正丁醇形成的共沸物沸点117.6℃，含正丁醇82.5%。此外正丁醚还能和正丁醇、水形成三元恒沸物，沸点为90.6℃，含正丁醇34.6%，含水29.9%。这些含水的恒沸物冷凝后，在分水器中分层。上层主要是正丁醇和正丁醚，下层主要是水。分水器可使上层有机物又流回反应器中。一开始因共沸物的存在，反应瓶内的温度维持在118~120℃，随着反应进行，温度逐渐升高，后期反应温度可达到140℃，即可停止加热。否则，会有大量副产物1-丁烯生成，并且反应液会炭化变黑。

(4) 碱洗的过程中不要剧烈摇动分液漏斗，否则乳化严重，难以分层。饱和氯化钙溶液用以洗去未反应的正丁醇。也可以用这样的方法来精制粗正丁醚：反应液倒入水中，分液后油层用50%硫酸（正丁醇能溶于59%硫酸，而产物正丁醚几乎不溶于50%硫酸）洗涤两次，每次5mL。再用5mL水洗涤，然后用无水氯化钙干燥。

（5）主要原料与产品的物理常数见表4-8。

表4-8　原料与产品的物理常数

名　称	相对分子质量	性状	n_D^{20}	相对密度	熔点/℃	沸点/℃
正丁醇	74.12	无色液体	1.3993	0.8098	-89.12	117.7
正丁醚	130.23	无色液体	1.3992	0.764	-98	142

实验拓展

本实验用硫酸作催化剂，浓硫酸在反应中存在如下缺点：①具有强氧化性，与正丁醇可发生氧化反应生成酸、二氧化硫、炭等副产物。②炭化会使反应液颜色变深，造成粗产品洗涤时界面观察不清，难以准确分离出醚层。有文献报道，采用酸性为中等强度、无氧化性的85%磷酸作为脱水剂，也可取得满意的收率，并且可避免上述副反应产生。

本实验也可用微波辐射来代替常规加热进行反应，在适当的辐射功率下，辐射10~20min反应即可完成。微波辐射可极大地缩短反应时间，减少副产物的生成，提高反应效率和收率。

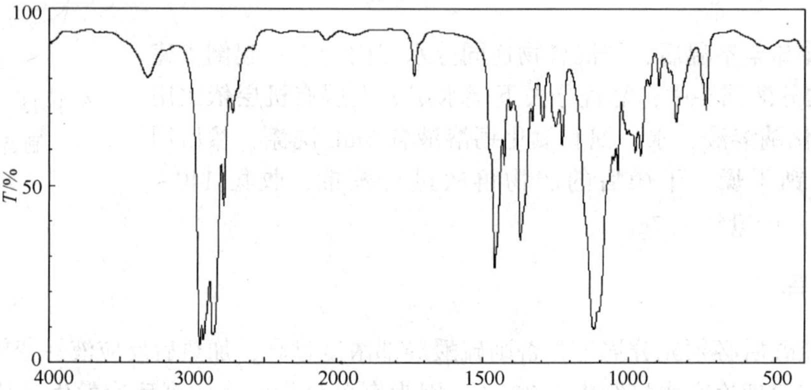

图4-16　正丁醚的红外光谱图

实验思考

1. 使用分水器的目的是什么？
2. 反应物冷却后为什么要倒入水中？各步的洗涤目的何在？
3. 如果最后蒸馏前的粗品中含有正丁醇，能否用分馏的方法将它除去？为什么？
4. 如果反应温度过高，反应时间过长，会导致什么结果？
5. 能否用本实验方法由乙醇和2-丁醇制备乙基仲丁基醚？为什么？

实验九　β-萘乙醚的制备

实验目的

(1) 学习 Williamson 法合成混合醚的原理和方法；
(2) 熟练掌握普通回流装置的安装与操作；
(3) 巩固重结晶提纯固体粗产品的操作技术。

实验背景

β-萘乙醚(β-naphthyl ethyl ether)，又称橙花醚，为白色片状结晶，易溶于有机溶剂，不溶于水。它是一种合成香料，稀溶液具有类似橙花和洋槐花的香味，并伴有甜味和草莓、菠萝样的芳香。其在碱性介质中性能稳定，香味温和幽雅，与其他香料调和，效果良好，且价格低廉，对人体安全性较好，因而广泛用于香皂、化妆品和洗涤剂等行业中。若将β-萘乙醚加到一些易挥发的香料中，便会减慢这些香料的挥发速度，因此，它可以作为定香剂。β-萘乙醚同时也是制备乙氧青霉素的原料。

实验原理

β-萘乙醚是一个烷基芳基醚，它可通过 Williamson 合成法由β-萘酚钾盐或钠盐与溴乙烷或碘乙烷作用制备，Williamson 合成法也是制备混合醚的常用方法。合成出的β-萘乙醚可用甲醇或乙醇重结晶提纯。

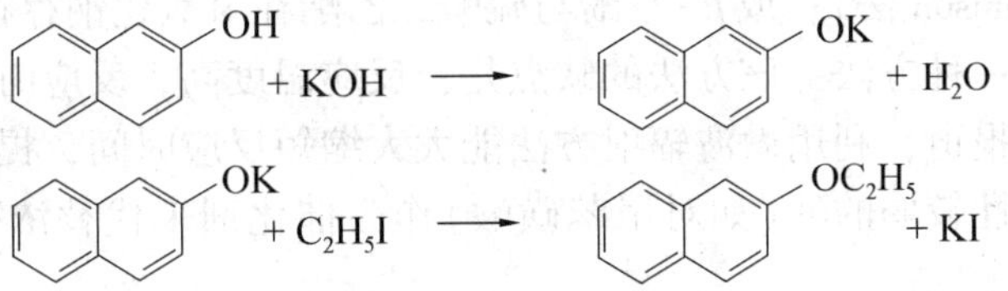

仪器试剂

仪器：电热套　圆底烧瓶　球形冷凝管　布氏漏斗　表面皿　烧杯　量筒
试剂：β-萘酚　碘乙烷　无水甲醇　氢氧化钠　活性炭

操作步骤

在干燥的 50mL 圆底烧瓶中加入 2g(36mmol)氢氧化钾固体和 20mL 无水甲醇，搅拌使之溶解。然后加入 2.5g(17mmol)β-萘酚，待溶解后再加入 1.5mL(2.9g，18mmol)碘，加入 2 粒沸石，装上球形冷凝管，用电热套小火加热回流 2h，然后将回流装置改为蒸馏装置，蒸出大部分甲醇(回收)，最后将反应混合物倒入盛有 40mL 水的 100mL 烧杯中，冰水冷却，抽滤，并用水洗一次，得粗产品。粗产品用无水甲醇重结晶，用活性炭脱色过滤，得白色片状晶体 1.3g。

重结晶操作：将粗品β-萘乙醚放入 50mL 圆底烧瓶中，装上球形冷凝管，从冷凝管上端逐渐加入甲醇，同时加热至回流，恰好使β-萘乙醚溶解完全(记下甲醇的体积)，再加入少量甲醇使甲醇过量20%，稍冷后加入少量活性炭脱色。趁热过滤到烧杯中，盖上表面皿，冷却至室温，再置烧杯于冷水浴中。待结晶基本完全后，抽滤，干燥后称重、测定熔点并计算产率(并与粗产品比较)。

实验指导

(1) 本实验所用碘乙烷和β-萘酚都是有毒物品，应避免吸入其蒸气或直接与皮肤接触。也可用氢氧化钠和溴乙烷与β-萘酚进行反应来制备β-萘乙醚，但反应时间较长。

(2) 加热时，保持反应物微沸即可，防止甲醇和碘乙烷逸出。

(3) 重结晶加热回流时，溶剂易挥发，所以应装上球形冷凝管进行回流。

(4) 析出结晶时，要充分冷却，使结晶完全析出，减少产品损失。

(5) 主要原料与产品的物理常数见表4-9。

表4-9 原料与产品的物理常数

名　称	相对分质子量	性状	n_D^{20}	相对密度	熔点/℃	沸点/℃
碘乙烷	155.97	无色液体	—	1.93	-108	72.4
β-萘酚	144.17	白色固体	—	1.28	123	—
β-萘乙醚	172.22	白色片状晶体	—	—	37	—

实验拓展

合成β-萘乙醚常用的方法有：β-萘酚和乙醇在硫酸存在下脱水；β-萘酚和溴乙烷在碱存在下反应(即Williamson法)；或β-萘酚与硫酸二乙酯在氢氧化钠存在下进行乙基化反应。

工业上多采用第一种方法，该方法的缺点是：反应温度高，反应时间长，产率低，设备腐蚀严重等。有文献报道，利用微波辐射方法能大大缩短反应时间，提高产率。近年来，科研工作者又将一些酸性较弱的酸(如对甲苯磺酸)作为催化剂来代替浓硫酸进行该反应，取得较好的效果。

Williamson法也是实验室制备混合醚的经典方法，但该法存在着反应温度高、反应时间长、产率低等缺点，限制了该方法的工业化应用。采用碳酸钾作催化剂，可以有效避免卤代烷烃在强碱下的消除反应；使用DMF作反应溶剂，产品的质量和产率均优于以甲醇为溶剂(因为DMF为非质子溶剂，可降低体系的极性，减少了β-萘氧负离子强烈溶剂化的倾向，而使其更多地裸露在外，增强其亲核性，有利于S_N2反应的进行)。此外，还可以用KF/Al_2O_3碱性催化剂，采用微波辐射催化合成β-萘乙醚；用相转移催化剂催化或将超声波引入该反应来催化反应的进行。

实验思考

1. 本实验为什么不能用β-萘溴与乙醇作原料来制备β-萘乙醚？
2. 反应结束后为什么要将大部分甲醇蒸出？

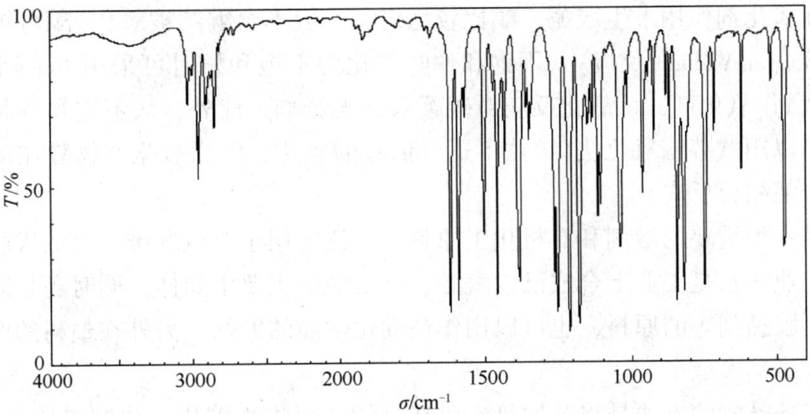

图 4-17　β-萘乙醚的红外光谱图

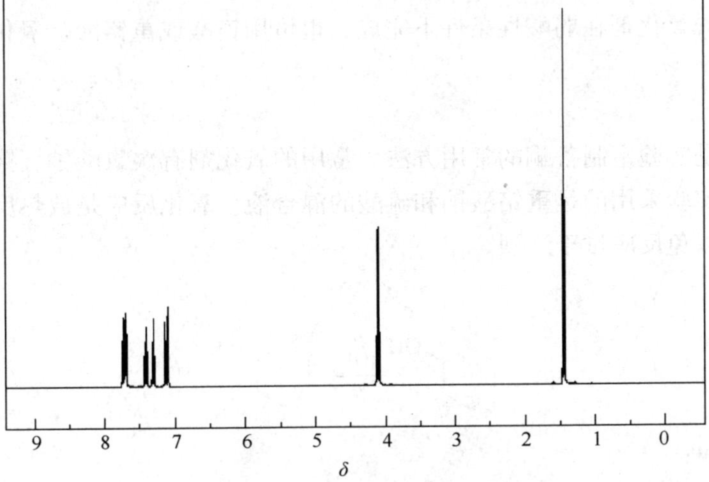

图 4-18　β-萘乙醚的核磁共振氢谱图

实验十　环己酮的制备

实验目的

(1) 了解氧化法制备环己酮的原理及方法；

(2) 通过仲醇转变为酮的实验，进一步理解醇和酮之间的联系与区别。

实验背景

醛、酮可通过醇的氧化、Friedel-Crafts 酰基化反应以及二羧酸盐的脱羧等反应来制备。其中醇的氧化反应是制备醛、酮的常用方法。氧化反应也是有机化学中广泛应用的一种反应。工业上可用醇催化脱氢的方法制备醛、酮。在实验室根据原料和产物的性质，选择不同的氧化剂和实验条件来进行反应。常用的氧化剂有高锰酸钾、重铬酸钾(铬酸长期存放不稳定)、三氧化铬、硝酸等。

仲醇可在氧化剂作用下生成酮，酮比较稳定，一般不再继续被氧化(酮可被过氧酸氧化生成酯，即 Baeyer-Villiger 反应)。不饱和仲醇氧化为不饱和酮时可采用 Jones 试剂(三氧化铬的硫酸溶液)作氧化剂，该氧化反应对碳碳双键无影响。此外，从不饱和醇制备相应的不饱和酮，还可以用欧芬脑氧化法(该法不适合伯醇的氧化，因为氧化产物醛在碱性条件下会与丙酮发生羟醛缩合反应)。

环己酮是一种重要的溶剂和有机化工原料，广泛应用于合成纤维、合成橡胶、涂料、医药、农药等工业。它是工业上合成己内酰胺、己二酸的主要中间体，同时还是制取香料、橡胶抗老化剂、胶黏剂等的原料，也可以用作精细化学品的助剂。另外在塑料的回收方面也有很大的用途。

传统生产环己酮的方法是将苯加氢生成环己烷，再将之催化氧化制得环己醇、环己酮，或将苯酚加氢生成环己醇，环己醇经过催化脱氢得到环己酮。工业上合成环己酮是在锌铁催化下使环己醇在 400~500℃ 下氧化脱氢来实现。实验室中合成环己酮常用的方法是用环己醇作原料，漂白粉作氧化剂在弱酸性条件下完成；也可用铬酸或重铬酸盐氧化法制备环己酮。

实验原理

由仲醇氧化是实验室制备酮的常用方法。常用的氧化剂有次氯酸钠、铬酸等。铬酸长期放置不稳定，本实验采用的是重铬酸钠和硫酸的混合液。氧化反应是放热反应，必须严格控制反应的温度，以免反应过于激烈。

主反应：

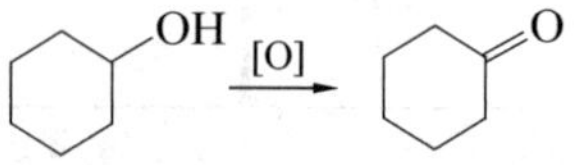

可能的副反应：

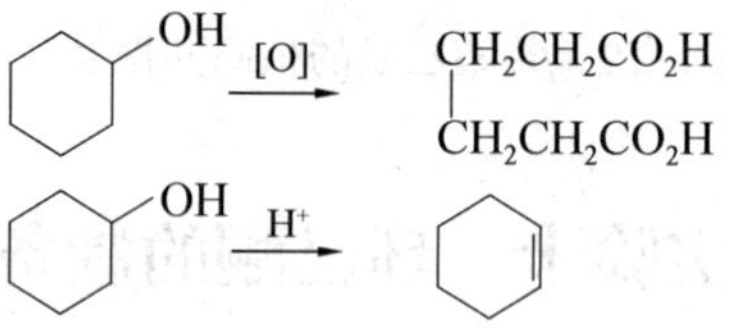

仪器试剂

仪器：机械搅拌器　电热套　圆底烧瓶　三口瓶　烧杯　直形冷凝管　分液漏斗　空气冷凝管　温度计

试剂：环己醇　浓硫酸　重铬酸钠　草酸　乙醚　食盐　无水硫酸镁　次氯酸钠　冰乙酸　三氯化铝　无水碳酸钠　饱和亚硫酸氢钠溶液

实验步骤

1. 方法一(用重铬酸钠作氧化剂)

在 50mL 烧杯中加入 4mL 水和 3.8g(13mmol)重铬酸钠，搅拌溶解后冷却到 15~25℃ 备用。在 100mL 圆底烧瓶中加入 20mL 冰水，一边振荡烧瓶，一边慢慢加入 6.2g(3.4mL)浓硫酸，再在15~25℃下小心地加入3.4g(3.5mL，34mmol)环己醇。将准备好的重铬酸钠水溶液分数批加入到圆底烧瓶中，并不断振荡使其充分混合(氧化反应放热，第一次加入重铬酸钠后，反应液温度会迅速上升，使其温度尽快升到55~60℃，并控制在此温度下持续反应。反应开始后，橙红色的重铬酸盐变成墨绿色的三价铬盐)。控制反应温度在55~60℃(必要时可用冰水浴冷却)，待前一批重铬酸钠的橙红色完全消失后再加入下一批。加完后继续振摇约20min(若温度开始下降，可适当加热，保持温度在55~60℃之间)。然后加入少量草酸(约0.5g)以还原过量的氧化剂，使溶液呈墨绿色。

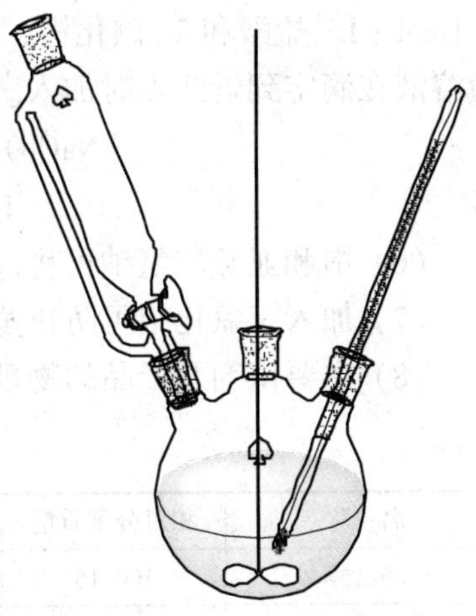

图4-19　用次氯酸钠作氧化剂反应装置图

向反应液中加入20mL水及2粒沸石，安装蒸馏装置，电热套加热蒸馏，收集约15mL馏出液，用约2g食盐使馏出液饱和，分出有机层，水层用5mL乙醚萃取一次，合并有机层，用无水硫酸镁干燥。水浴蒸出乙醚后，改用空气冷凝管蒸馏，收集151~156℃馏分。产量约2~2.5g。

2. 方法二(用次氯酸钠作氧化剂)

向装有机械搅拌器、恒压滴液漏斗和温度计的100mL三口瓶中依次加入1.8mL(1.7g，17mmol)环己醇和8mL冰乙酸。开动搅拌器，在冰水浴冷却下，将13mL次氯酸钠溶液(约1.8mol·L^{-1})通过恒压滴液漏斗逐滴加入反应瓶中，并使瓶内温度维持在30~35℃，加完后继续搅拌5min，用淀粉-碘化钾试纸检验应呈蓝色，否则应再补加2mL次氯酸钠溶液，以确保有过量次氯酸钠存在，使氧化反应完全。在室温下继续搅拌30min，加入饱和亚硫酸氢钠溶液至反应液对淀粉-碘化钾试纸不显蓝色为止。

向反应混合物中加入10mL水、3g三氯化铝和两粒沸石，用电热套加热蒸馏至馏出液无油珠滴出为止。

在搅拌下往馏出液中分批加入无水碳酸钠至反应液呈中性为止(用pH试纸检测)，然后加入食盐使之变成饱和溶液，将混合液倒入分液漏斗中，分出有机层，用无水硫酸镁干燥，蒸馏收集150~155℃馏分，产量约1g。

实验指导

(1) 铬酸氧化醇是一个放热反应，实验中必须严格控制反应温度，温度过低反应困难，过高则反应过于剧烈，副反应增多。

(2) 蒸馏至馏出液不再浑浊时，再多蒸出约3~4mL，水的馏出量不宜过多，因为环己酮在31℃的水中的溶解度是2.4g，会造成少量环己酮溶于水而损失。

(3) 加入食盐的目的是为了降低环己酮的溶解度，同时增大水层密度，有利于分层。

(4) 在安装电动搅拌装置时应做到：① 搅拌器的轴与搅拌棒在同一直线上。② 先用手试验搅拌棒转动是否灵活，再以低转速开动搅拌器，试验运转情况。③ 搅拌棒下端位于液面以下，以离烧瓶底部3~5mm为宜。④ 温度计应与搅拌棒平行且伸入液面以下。

(5) 次氯酸钠的浓度可用间接碘量法测定。用移液管量取10mL次氯酸钠溶液于500mL容量瓶中，加蒸馏水稀释到刻度，摇匀后吸取25mL溶液到250mL锥形瓶中，加入50mL

0. 1mol · L^{-1}盐酸和 2g 碘化钾，用 0. 1mol · L^{-1}硫代硫酸钠溶液滴定析出的碘。5mL 0. 2 %淀粉溶液在滴定到近终点时加入。

$$NaClO+2KI+2HCl = NaCl+H_2O+2KCl+I_2$$

$$I_2+2Na_2S_2O_3 = 2NaI+Na_2S_4O_6$$

（6）饱和亚硫酸氢钠可将次氯酸根离子还原成氯离子。

（7）加入三氯化铝可防止蒸馏时溶液发泡。

（8）主要试剂及产品的物理常数见表 4-10。

表 4-10　试剂与产品的物理常数

名　称	相对分子质量	性状	n_D^{20}	相对密度	熔点/℃	沸点/℃
环己醇	100. 16	无色液体	1. 4650	0. 962	25. 5	161. 1
环己酮	98. 15	无色液体	1. 4507	0. 9478	-31. 2	155. 65

实验拓展

用漂白粉和铬酸氧化环己醇是实验室中合成环己酮最常用的方法。用铬酸作氧化剂的缺点是氧化剂 Cr^{6+}是致癌物质，对环境的污染比较严重，价格较贵，操作繁琐。金属氧化物作为氧化剂反应后以更低的价态存在于反应体系中，不仅增加了产物的分离提纯难度，而且废液的排放给环境带来了恶劣的影响。

目前，随着绿色化学的发展，一些对环境无污染的绿色氧化剂如氧气、过氧化氢、高铁酸盐、臭氧、固定化的氧化物、生物氧化酶等被用作替代传统氧化剂用于各种有机氧化反应。但是这些绿色氧化剂有些氧化性能不高，如氧气；有些氧化性能不易控制，如臭氧；还有些需要苛刻的反应条件。为了使这些氧化剂发挥出应有的氧化能力，就需要开发和研究合适的催化体系与之匹配、协调。

也可以使用高铁酸钾和双氧水为氧化剂，加入相转移催化剂、分子筛或其他一些催化剂，实现环己醇到环己酮的氧化，且能取得较好的收率。

相转移催化反应简介：相转移催化反应是在相转移催化剂（PTC）存在下，由一相转移入不相溶的另一相中进行的有机化学反应。是 20 世纪 70 年代发展起来的一种有机反应新方法，近年来得到迅猛发展。相转移催化剂分为三大类，即鎓盐、聚醚和高分子载体。鎓盐包括季铵盐、季磷盐、季砷盐和叔硫盐，聚醚类包括冠醚、穴醚和开链聚醚。

实验思考

1. 反应温度及氧化剂的用量对反应会有什么影响？本实验的氧化剂能否改用硝酸或高锰酸钾，为什么？
2. 氧化反应结束后，为什么要往反应液里加入草酸（或甲酸）？不加有什么不好？
3. 根据你做过的实验，总结一下在什么情况下需用饱和食盐水洗涤有机液体？
4. 在蒸馏环己酮时，为什么使用空气冷凝管？
5. 如果要将正丁醇氧化为正丁醛，应采取哪些措施以防止醛进一步被氧化成酸？
6. 能否用铬酸氧化，把 2-丁醇和 2-甲基-2-丙醇区分开来？说明原因，并写出有关的反应方程式。

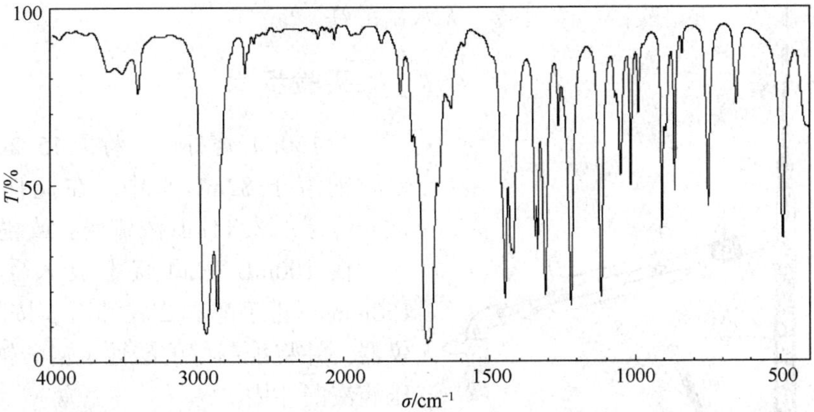

图 4-20　环己酮的红外光谱图

实验十一　正丁醛的制备

实验目的

(1) 巩固分馏、蒸馏等基本操作；

(2) 掌握由伯醇氧化制备醛的原理及方法。

实验背景

由伯醇氧化成醛是实验室制备醛的常用方法之一，为防止醛的进一步氧化，可用 Sarret 试剂(三氧化铬与吡啶的络合物)作氧化剂，该试剂对分子内双键无影响。也可用酸性重铬酸钾作氧化剂制备沸点较低的醛，为避免醛继续被氧化，必须把生成的醛立即从反应混合物中蒸出，反应温度应控制在高于醛的沸点，低于醇的沸点范围内。

正丁醛是一种重要的有机合成中间体，可用来制备丁酸、橡皮胶合剂、橡胶促进剂和合成树脂等。

实验原理

本实验用酸性重铬酸钠为氧化剂氧化正丁醇来制备正丁醛，该反应是放热反应，必须严格控制反应温度。为防止醛的进一步氧化，本实验采用滴加氧化剂的方法，并将生成的正丁醛不断从反应体系中蒸出。

主反应：

$$3CH_3CH_2CH_3CH_2OH+Na_2Cr_2O_7+4H_2SO_4 \longrightarrow 3CH_3CH_2CH_2CHO+Cr_2(SO_4)_3+Na_2SO_4+7H_2O$$

副反应：

$$CH_3CH_2CH_2CHO \xrightarrow{[O]} CH_3CH_2CH_2COOH$$

$$2CH_3CH_2CH_2CH_2OH \xrightarrow{[O]} CH_3CH_2CH_2COOCH_2CH_2CH_2CH_3$$

仪器试剂

仪器：电热套　三口瓶　圆底烧瓶　恒压滴液漏斗　分馏柱　蒸馏装置　温度计

试剂：正丁醇　重铬酸钠　浓硫酸　无水硫酸镁

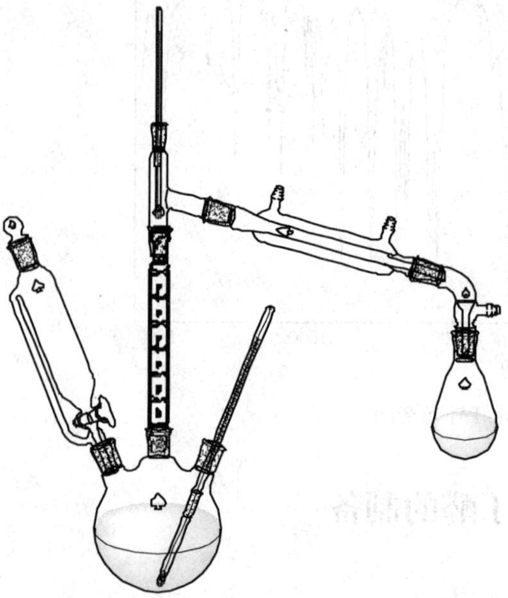

图 4-21　制备正丁醛的装置图

实验步骤

在 150mL 烧杯中，称取 15.2g(51mmol) 重铬酸钠溶于 82mL 水中。在搅拌和冰水冷却下，缓缓加入 11mL 浓硫酸，放置备用。

在 100mL 三口瓶中放入 14mL（11.1g，150mmol）正丁醇和 2 粒沸石，按图 4-21 安装仪器，并将配制好的酸性重铬酸钠溶液倒入恒压滴液漏斗中。

用电热套小火加热至正丁醇微沸，待蒸气上升刚好达到分馏柱底部时，开始滴加重铬酸钠溶液。控制滴加速度，使分馏柱顶部的温度不超过 78℃，但也不低于 71℃，不断地蒸出生成的正丁醛。滴加完毕后，继续用小火加热约 15～20min，收集所有 95℃ 以下的馏分。

将粗产物倒入分液漏斗中，分去水层。把上层的油状物倒入干燥的小锥形瓶中，加入无水硫酸镁干燥。将澄清透明的粗产物倒入 25mL 圆底烧瓶中，投入 2 粒沸石，安装好蒸馏装置。用电热套缓慢地加热蒸馏，收集 70～80℃ 的馏分，得正丁醛约 3g。继续蒸馏，收集80～120℃ 的馏分以回收未反应的正丁醇。

实验指导

（1）接收瓶要用冰水浴冷却，正丁醛和水一起蒸出。正丁醛和水可形成二元恒沸物，沸点为 68℃，含正丁醛 90.3%。正丁醇和水也可形成二元恒沸物，沸点为 93℃，含正丁醇 55.5%

（2）绝大部分正丁醛应在 73～76℃ 馏出。醛易氧化，为防止正丁醛在空气中自动氧化，应将其保存在棕色的玻璃磨塞瓶内。

（3）主要试剂及产品的物理常数见表 4-11。

表 4-11　试剂及产品的物理常数

名　称	相对分子质量	性状	n_D^{20}	相对密度	熔点/℃	沸点/℃
正丁醇	74.12	无色液体	1.3993	0.8098	-89.12	117.7
正丁醛	72.11	无色液体	1.3843	0.817	-100	75.7

实验拓展

以正丁醇为原料，在酸性介质中用重铬酸盐氧化是制备正丁醛的传统方法。但该法存在氧化产率低、环境污染严重等问题。工业上，正丁醛可通过丙烯在金属羰基络合物催化下与合成气发生甲酰化反应来制备。

此外，用正丁醇的间接电解氧化法也可制备正丁醛。在陶瓷隔膜电解槽中，用 Pb/PbO_2

作阳极，石墨作阴极，将 Mn^{2+} 氧化成 Mn^{3+}，然后用 Mn^{3+} 作氧化剂对正丁醇进行氧化获得正丁醛，还原所得的 Mn^{2+} 可循环利用。该法工艺简单，产品产率高，纯度好，环境污染小，具有一定的应用前景。

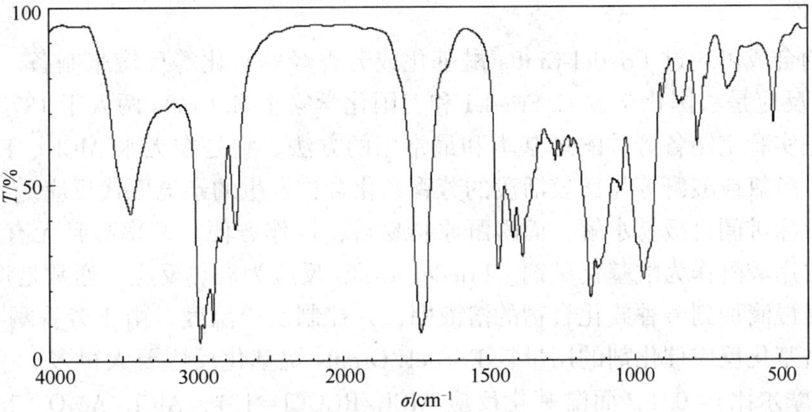

图 4-22　正丁醛的红外光谱图

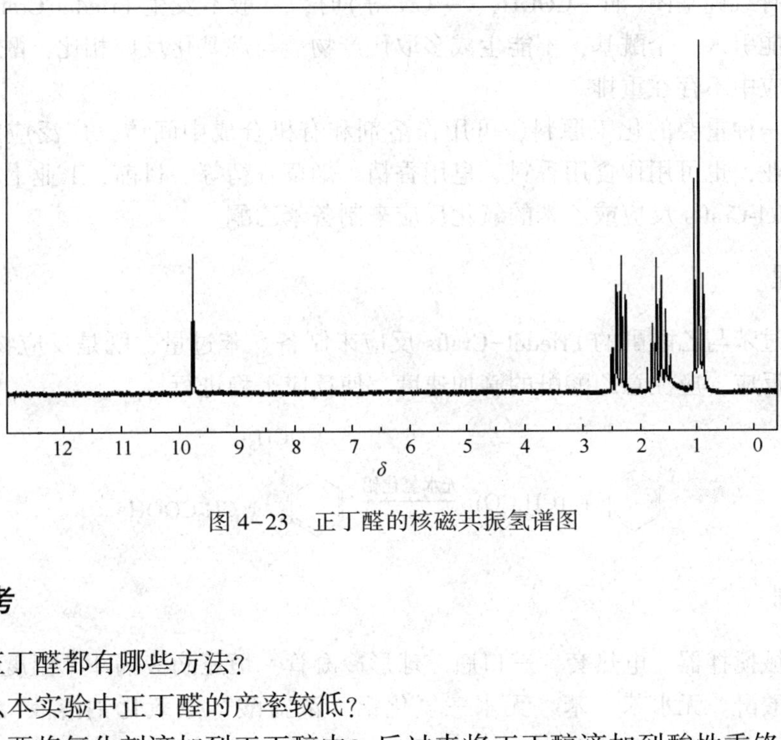

图 4-23　正丁醛的核磁共振氢谱图

实验思考

1. 制备正丁醛都有哪些方法？

2. 为什么本实验中正丁醛的产率较低？

3. 为什么要将氧化剂滴加到正丁醇中？反过来将正丁醇滴加到酸性重铬酸钠溶液中可以吗？

实验十二　苯乙酮的制备

实验目的

（1）学习利用 Friedel-Crafts 酰基化反应制备芳香酮的原理及方法；

(2) 进一步巩固无水操作和机械搅拌的使用方法；
(3) 掌握有机制备中的无水操作。

实验背景

芳香酮的合成可通过 Friedel-Crafts 酰基化或芳香烃的氧化等反应来制备。其中 Friedel-Crafts 酰基化反应是法国化学家 C. Friedel 和美国化学家 J. M. Crafts 两人于 1877 年共同发现的，该反应是实验室制备芳香酮最基本和最常用的方法。它是在无水 $AlCl_3$、$FeCl_3$ 等 Lewis 酸的催化下，酰氯或酸酐等与比较活泼的芳香族化合物发生的亲电取代反应。

因为酰氯味难闻且极易水解，而酸酐原料易得，操作方便、产率高且无有害气体放出，所以实验室常用酸酐作为酰基化试剂。Friedel-Crafts 反应为放热反应，通常是将酰基化试剂配成溶液后慢慢滴加到芳香族化合物的溶液中，并控制反应温度。由于芳香酮与 $AlCl_3$ 可形成配合物，酰基化反应催化剂的用量较 Friedel-Grrafts 烷基化反应要大得多。一般烷基化反应$AlCl_3$/RX(摩尔比) = 0. 1，而酰基化反应 $AlCl_3$/RCOCl = 1. 1，$AlCl_3$/Ac_2O = 2. 2(酸酐反应后产生的有机酸会与 $AlCl_3$ 结合)。

芳环上带有致钝基团(如—$COCH_3$、—CN 等)时，一般不发生 Friedel-Crafts 反应，故而酰基化反应只能引入一个酰基，不能生成多取代产物。与烷基化反应相比，酰基化反应的另一个特点是反应中不存在重排。

苯乙酮是一种重要的化工原料，可用作溶剂和有机合成中间体，广泛应用于染料、香料、医药等工业，也可用作食用香料、皂用香精、烟草香精等。目前，工业上主要采用苯与乙酰氯的 Friedel-Crafts 反应或乙苯的氧化反应来制备苯乙酮。

实验原理

本实验通过苯与乙酸酐的 Friedel-Crafts 反应来制备。苯过量，既是反应物，又是溶剂。本反应是放热反应，应注意乙酸酐的滴加速度，使反应平稳进行。

仪器试剂

仪器：机械搅拌器　电热套　三口瓶　球形冷凝管　恒压滴液漏斗　温度计　蒸馏装置

试剂：乙酸酐　无水苯　苯　无水三氯化铝　浓盐酸　氢氧化钠溶液(5%)　无水硫酸镁

实验步骤

在干燥的 50mL 三口瓶上分别装有机械搅拌装置、10mL 恒压滴液漏斗和球形冷凝管，冷凝管上端装一氯化钙干燥管，干燥管再与氯化氢气体吸收装置相连。

迅速称取 6g(45mmol)研细的无水三氯化铝，加入三口瓶中，再加入 6mL 无水苯，在恒压滴液漏斗中加入 2g(1. 9mL，20mmol)乙酸酐和 4mL 无水苯的混合溶液。在搅拌下自恒压滴液漏斗向反应瓶中慢慢滴加乙酸酐和苯的混合液(先加几滴，待反应发生后再继续滴加)，控制滴加速度勿使反应过于激烈，以三口瓶稍热为宜。反应时有氯化氢气体放出，约 10min 滴加完毕。加完后，待反应稍缓和，在沸水浴上搅拌回流，直至不再有氯化氢气体逸出为止。

将反应物冷至室温，在搅拌下倒入盛有 15mL 浓盐酸和 15g 碎冰的烧杯中进行分解(在通风橱中进行)。当固体完全溶解后，停止搅拌，将混合物转入分液漏斗，分出有机层，水层用苯萃取两次，每次 5mL。合并有机层，依次用 5%氢氧化钠溶液和水各 5mL 洗涤至中性，再用无水硫酸镁干燥。

用电热套加热蒸馏回收苯，然后再继续蒸馏至温度升到 140℃时，改用空气冷凝管蒸馏，收集 195~202℃馏分，产量约 1.1g(产率 47%)。

实验指导

(1) 本实验所用仪器、试剂均需充分干燥。无水三氯化铝的质量是本实验成败的关键，以白色粉末开过瓶，打开盖冒大量的烟、无结块现象为好，若大部分变黄则表明已水解变质。无水三氯化铝研细、称量、投料都要迅速。乙酸酐在用前需进行蒸馏提纯，加入五氧化二磷，回流 20min 后，再进行蒸馏，收集 137~140℃馏分。普通苯中含有少量的水和噻吩，均须除去。

从苯中除去噻吩的操作：用相当于苯体积 15%的浓硫酸洗涤数次，直至酸层无黄色为止。分去酸层后，依次用水、10%碳酸钠水溶液、水洗涤后，无水氯化钙干燥过夜，蒸馏。然后用钠丝进一步干燥去水，制得无水无噻吩苯。

(2) 注意正确安装氯化氢气体吸收装置，防止倒吸。

(3) 粗产物中的少量水，在蒸馏时与苯以共沸物形式蒸出，其共沸点为 69.4℃。

(4) 苯乙酮沸点较高，蒸馏仪器的磨口连接处应涂抹凡士林防止粘连，蒸馏过程中要注意保温。也可改用减压蒸馏，收集 86~90℃/1.6 kPa(12mmHg)馏分。

(5) 主要试剂及产品的物理常数见表 4-12。

表 4-12 试剂与产品的物理常数

名 称	相对分子质量	性状	n_D^{20}	相对密度	熔点/℃	沸点/℃
苯	78.11	无色液体	1.5011	0.877	5.5	80.1
乙酸酐	102.08	无色刺激液体	1.3900	1.082	-73	140
苯乙酮	120.15	无色液体	1.5372	1.028	20.5	202

实验拓展

工业上制备苯乙酮多采用苯和乙酰氯在三氧化铝存在下反应来制备，但此过程生成强酸，易造成设备的腐蚀和环境的污染。也可以以氧气为氧化剂，在合适催化剂存在下可将乙苯氧化为苯乙酮，该新工艺路线符合绿色化学要求，具有一定的应用前景。

实验思考

1. 傅-克烷基化和酰基化反应各有什么特点？在烷基化和酰基化反应中，三氯化铝的用量有何不同？为什么？

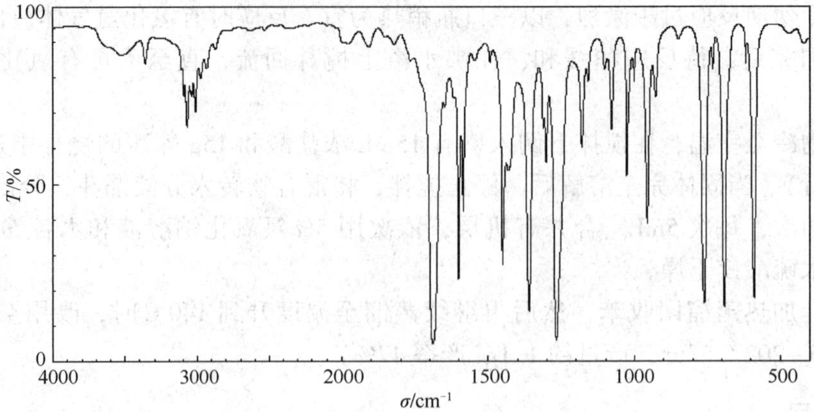

图 4-24　苯乙酮的红外光谱图

2. 在苯乙酮制备实验中，用浓盐酸和冰水来处理反应的粗产品，目的是什么？

3. 本实验中，水和潮气有何影响？在试剂处理，仪器安装和操作中应注意哪些事项？

4. 为何硝基苯可用作反应溶剂？芳环上含有 OH、OR、NH_2 等致活基团时对反应不利，甚至不发生反应，这是为什么？

5. 如果苯中含有少量噻吩，对反应有什么影响？

6. 尾气吸收装置中，氯化氢气体的出口处是应该远离水面还是深入到水中？为什么？

实验十三　苄叉丙酮和二苄叉丙酮的制备

实验目的

(1) 学习利用反应物的投料比来控制反应产物；

(2) 学习利用衍生物来鉴别羰基化合物；

(3) 掌握利用羟醛缩合反应增长碳链的原理和方法。

实验背景

两分子具有 α-氢的醛酮在稀酸或稀碱催化下发生分子间缩合反应生成 β-羟基醛酮，若提高反应温度则进一步失水生成 α,β-不饱和醛酮，这种反应叫羟醛缩合(aldol condensation)反应。羟醛缩合分为自身缩合和交叉羟醛缩合两种。没有 α-氢的芳醛与有 α-氢的醛酮发生羟醛缩合，得到 α,β-不饱和醛酮，这种交叉的羟醛缩合又称为 Claisen-Schmidt 反应。

羟醛缩合反应是合成各种结构的 α,β-不饱和醛酮的重要方法，也是有机合成中一类重要的增长碳链的反应，在有机合成中有着极其广泛的应用。本实验通过交叉羟醛缩合反应，来制备苄叉丙酮和二苄叉丙酮。苄叉丙酮(又名 4-苯基-3-丁烯-2-酮、亚苄基丙酮、甲基苯乙烯基酮)具有类似香豆素的香气，是一类重要的有机合成中间体，可作为合成香料的原料和花香香精的变调剂、燃料工业的媒染剂及电镀工业的光亮剂。此外，它还具有一定的杀虫性和驱虫功效，能用作杀虫剂中的稳定剂。二苄叉丙酮也是一类重要的有机合成中间体，可用于合成香料、医药中间体、防日光制品等各种精细化学品。

实验原理

苯甲醛和丙酮可发生交叉羟醛缩合反应，通过改变反应物的投料比可得到两种不同的产物。

$$2PhCHO+CH_3COCH_3 \xrightarrow[-H_2O]{OH^-} PhHC{=}CH{-}COCH{=}CHPh$$

$$PhCHO+CH_3COCH_3 \xrightarrow[-H_2O]{OH^-} PhHC{=}CHCOCH_3$$

仪器试剂

仪器：磁力搅拌器　电热套　三口瓶　恒压滴液漏斗　球形冷凝管　温度计　蒸馏装置

试剂：苯甲醛　丙酮　乙醇　氢氧化钠　冰乙酸　盐酸　乙醚　饱和食盐水　2,4-二硝基苯肼

实验步骤

1. 苄叉丙酮的制备(丙酮过量)

在装有恒压滴液漏斗、球形冷凝管，温度计的50mL三口瓶中加入13.5mL 10%氢氧化钠溶液、2.4mL(1.9g，32mmol)丙酮和搅拌磁子，向恒压滴液漏斗中加入3.1mL(3.2g，30mmol)新蒸的苯甲醛。开动磁力搅拌，滴加苯甲醛，控制滴加速度使反应温度保持在25～30℃，滴加完后继续搅拌30min。再通过恒压滴液漏斗滴加盐酸(浓盐酸与水1∶1混合)，使反应液呈中性。用分液漏斗分出黄色油层，水层用乙醚萃取3次，每次10mL。将萃取液和油层合并，用10mL饱和食盐水洗涤一次后，用无水硫酸镁干燥，过滤，滤液用水浴蒸馏回收乙醚，可得黄色油状的苄叉丙酮约2.8g。

取苄叉丙酮0.5mL，溶于20mL 95%乙醇中，在搅拌下，加入15mL 2,4-二硝基苯肼溶液，静置10min，析出结晶，抽滤，固体用乙醇重结晶2次，所得晶体在空气中干燥，测其熔点为223℃，则证明与2,4-二硝基苯肼反应的是苄叉丙酮。

2. 二苄叉丙酮的制备(苯甲醛过量)

将5.3mL(5.5g，52mmol)新蒸馏的苯甲醛、1.8mL(1.4g，25mmol)丙酮，40mL95%乙醇和50mL10%氢氧化钠溶液在磁力搅拌下依次加入到250mL圆底烧瓶中，继续搅拌20min，抽滤，所得固体用水洗涤，抽干水分。用1mL冰乙酸和25mL95%乙醇配成的混合液浸泡、洗涤，最后再用水洗涤一次。

将固体转移到100mL锥形瓶中用无水乙醇进行重结晶，将饱和溶液用冰水冷却到0℃使结晶充分，抽滤，将产品置于表面皿上用红外灯干燥，得淡黄色片状晶体，产量约4g。

实验指导

(1) 反应温度过高，副产物增多，产率下降。

(2) 此反应也可用薄层色谱(TLC)对反应过程进行监控。展开剂为乙酸乙酯∶环己烷＝3∶1(体积比)，用2,4-二硝基苯肼为显色剂。苯甲醛 $R_f=0.35$，苄叉丙酮 $R_f=0.54$。

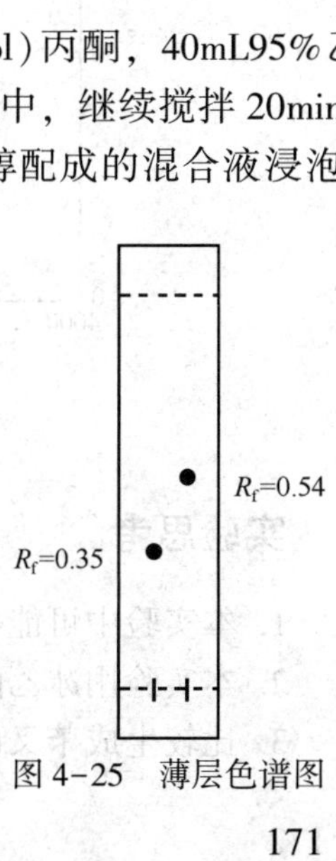

图4-25　薄层色谱图

（3）重结晶时，若溶液不是淡黄色而呈棕红色，可加少量活性炭脱色。

（4）烘干温度应控制在50~60℃，以免产品熔化或分解。

（5）主要试剂及产品的物理常数见表4-13。

表4-13 试剂与产品的物理常数

名　称	相对分子质量	性状	n_D^{20}	相对密度	熔点/℃	沸点/℃
丙酮	58.08	无色液体	1.3588	0.7899	-95.35	56.2
苯甲醛	106.12	无色液体	1.5450	1.042	-26	178
苄叉丙酮	146.19	淡黄色晶体	—	—	42	260~262
二苄叉丙酮	234.30	淡黄色片状晶体	—	—	113(分解)	—

实验拓展

本实验用氢氧化钠作催化剂虽方法成熟，但存在废液排放量大、产率低、环境污染大、催化剂不能回收重复使用、后处理繁杂等缺点。有文献报道，用非均相固体碱催化剂分子筛(Molecular sieve，CaY-MS)固载氟化钾、氧化铝固载氟化钾等可代替氢氧化钠进行苄叉丙酮和二苄叉丙酮的合成。使用该类催化剂具有价廉易得、操作简便、对环境污染小、催化剂可回收并能再生重复使用、后处理简单无需酸碱中和、催化条件温和、产率和选择性较高等诸多优点，克服了传统酸碱催化的缺点。

文献报道超声辐射能加快缩合反应的速度，提高反应的产率。其机理可能是超声空穴效应，液体中的微小泡核在超声波的作用下被激活，表现为泡核的震荡、生长、收缩及崩溃，在微泡的形成和破裂过程中伴随着能量的释放，使溶液中出现微区和极短时间高温高压，这些能量可以用来打开化学键，促进反应进行。

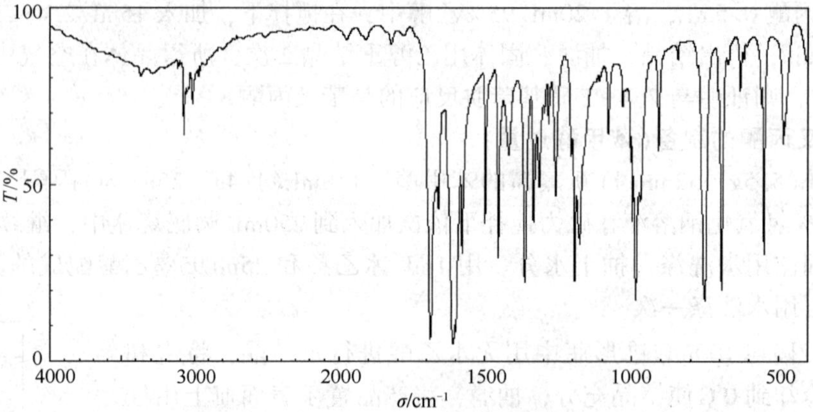

图4-26 苄叉丙酮的红外光谱图

实验思考

1. 本实验中可能会发生哪些副反应？若碱的浓度偏高有什么不好？
2. 本实验用冰乙酸和95%乙醇浸泡的目的是什么？
3. 比较生成苄叉丙酮和二苄叉丙酮反应条件及产物的差别。

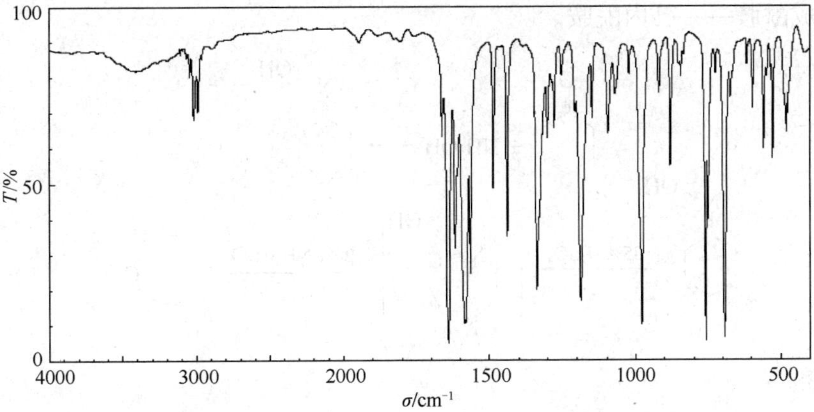

图 4-27 二苄叉丙酮的红外光谱图

实验十四 己内酰胺的制备

实验目的

(1) 学习环己酮肟的制备方法；
(2) 掌握用环己酮肟的 Beckmann 重排反应来制备己内酰胺的原理及方法；
(3) 掌握 Beckmann 重排反应的历程。

实验背景

酮可与羟胺作用生成肟，肟在硫酸或五氯化磷等作用下发生分子重排生成酰胺的反应称为 Beckmann 重排反应。反应历程如下：

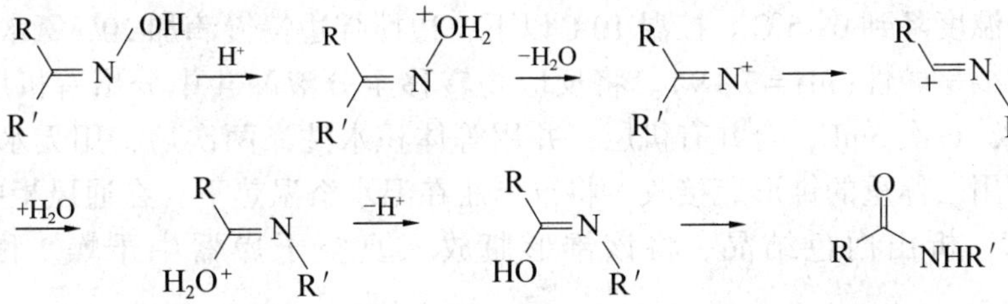

由上式可以看出，肟重排时，其结果是羟基和处于反位的烃基对换位置。该反应是立体专一反应。Beckmann 重排反应可用来测定酮的结构，有一定的应用价值。

己内酰胺是重要的有机化工原料之一，主要用来生产尼龙类合成纤维和树脂，广泛用于纺织、电子等行业，是国民经济发展中一种不可或缺的原料，而且需求增长很快。由环己酮制备环己酮肟，后者发生 Beckmann 重排生成酰胺是生产己内酰胺的核心工艺，但它存在流程长、工艺复杂、条件苛刻、污染严重等问题。因此，选用合适的催化剂，开发出低成本、低污染的己内酰胺生产新工艺，是国内外企业迫切需要解决的问题。

实验原理

环己酮与羟胺反应生成环己酮肟，后者在硫酸或五氯化磷等酸性试剂作用下发生 Beckmann 重排生成酰胺——己内酰胺。

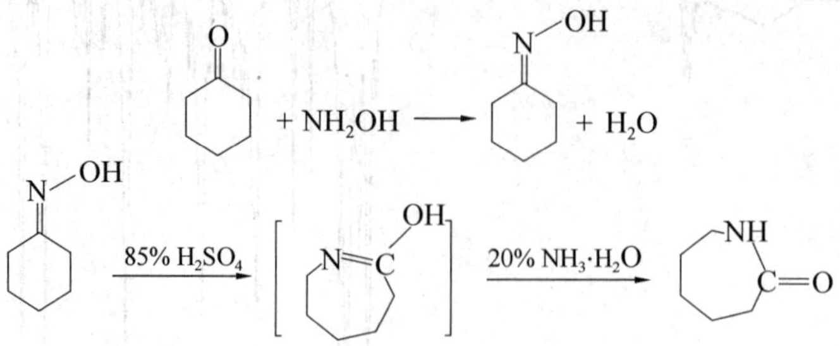

仪器试剂

仪器：电热套　圆底烧瓶　烧杯　抽滤瓶　布氏漏斗　分液漏斗。

试剂：环己酮　盐酸羟胺　结晶乙酸钠　硫酸(85%)　氨水(20%)　二氯甲烷　无水硫酸镁

实验步骤

1. 环己酮肟的制备

在 25mL 圆底烧瓶中加入 2g(15mmol)结晶乙酸钠，1.4g(20mmol)盐酸羟胺和 6mL 水，振荡使其完全溶解。用移液管准确量取 1.5mL(1.4g，14.5mmol)环己酮，并分批加入到圆底烧瓶中，为使反应进行得完全，塞紧瓶口，剧烈振荡烧瓶 4~8min，环己酮肟以白色结晶析出。冰水浴冷却后抽滤，并用少量水洗涤，抽干。晾干后得产物约 1.5g。

2. 己内酰胺的制备

在 50mL 烧杯中加入 1g(8.8mmol)干燥的环己酮肟和 2mL85%硫酸。用电热套小火加热并不断搅拌至反应开始(温度 110~120℃，有气泡生成)。立即撤掉热源，此时发生剧烈的放热反应，反应在数秒钟内完成，生成棕色略黏稠液体。将反应液冷却至室温后再放入冰-盐浴中冷却，使温度降到 0~5℃。控温 10℃以下，边搅拌边慢慢滴加 20%氨水(约 14mL)恰至溶液对石蕊试纸呈碱性(pH=7~9)。将反应物转移至分液漏斗中分出有机层，水层用二氯甲烷萃取两次，每次 5mL，合并有机层，并用等体积水洗涤两次后，用无水硫酸镁干燥，过滤，所得滤液用已称重的锥形瓶接收，将锥形瓶在温水浴温热下，在通风柜中浓缩至 2mL 左右，放置冷却，析出白色结晶。将该锥形瓶放入真空干燥器中干燥。称量，产量约 0.2~0.3g。

实验指导

(1) 振荡要剧烈，如环己酮肟呈白色小球状，说明反应还未完全，还需振荡。

(2) 重排反应开始后进行得很剧烈，需不断搅拌以利于散热，要控制反应温度在要求范围内，防止反应复杂化。环己酮肟必须干燥，否则反应很难进行。

(3) 中和反应放热很厉害，且溶液黏稠，所以氨水开始时候要加得很慢，防止温度突然升高，产物己内酰胺水解，影响收率。

(4) 粗产品也可用减压蒸馏的方法提纯，收集 137~140℃/1.6kPa(12mmHg)的馏分。减压蒸馏时，为防止己内酰胺在冷凝管中凝结，最好采用简易蒸馏装置，即用蒸馏烧瓶直接连接受器而不用冷凝管。

（5）己内酰胺也可以用四氯化碳–石油醚来进行重结晶提纯：将粗产品转移到分液漏斗，用四氯化碳萃取3次，每次5mL。萃取液经无水硫酸镁干燥后，滤入圆底烧瓶，用电热套蒸出大部分溶剂，至余下2mL左右溶液为止。小心向溶液中加入石油醚(60~90℃)到恰好出现浑浊为止。将圆底烧瓶置于冰水浴中冷却析出结晶，抽滤，用少量石油醚洗涤。如加入石油醚量超过溶液体积4~5倍仍未出现浑浊，说明剩余四氯化碳过多，需重新蒸出溶剂至适量，再重新加入石油醚重结晶。

（6）主要试剂及产品的物理常数见表4–14。

表4–14　试剂与产品的物理常数

名　称	相对分子质量	性状	n_D^{20}	相对密度	熔点/℃	沸点/℃
环己酮	98.15	无色液体	1.4507	0.9478	−31.2	155.65
环己酮肟	113.16	白色晶体	—	—	89~90	—
己内酰胺	113.16	白色晶体	—	1.05	68~70	—

实验拓展

Beckmann重排反应不仅可以用于制备相应的酰胺，而且可以用于鉴定酮的结构。通过鉴定生成的酰胺或酰胺的水解产物，可以知道酮肟的构型，进而可以推断原来酮的结构。

本实验是工业上和实验室制备己内酰胺的经典方法，但以浓硫酸或发烟硫酸为催化剂的传统工艺存在设备腐蚀严重、生产效率低、环境污染严重、安全性差等诸多问题。用新型固体酸催化剂可以克服硫酸的诸多缺点，这类催化剂主要包括分子筛和负载型氧化物两类，其中沸石类催化剂已经实现工业化，但在溶剂失活以及催化剂制备方面仍有进一步优化的可能。

用离子液体系也可催化环己酮肟的重排。室温离子液1–丁基–3–甲基咪唑三氟乙酸盐、1–丁基–3–甲基咪唑氟硼酸盐、正丁基吡啶氟硼酸盐和含磷化合物组成的催化体系，可在不需要其他有机溶剂和温和的反应条件下高效地催化环己酮肟重排生成己内酰胺。

离子液是指室温或低温下为液体的盐，由含氮、磷有机阳离子和大的无机阴离子组成。是一种非传统的“洁净”反应介质，是传统挥发性溶剂的理想替代品。这种新兴的绿色介质材料具有无味、无污染、不易燃、易与产物分离、易回收、可反复循环使用等诸多优良性能，可有效地避免使用传统有机溶剂造成的环境、健康等问题。

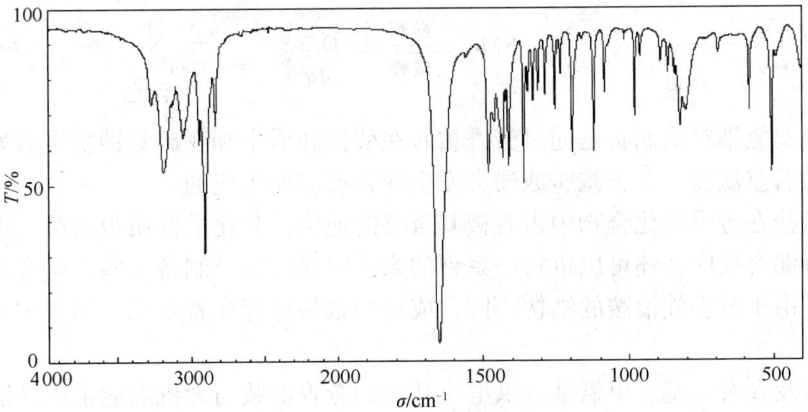

图4–28　己内酰胺的红外光谱图

实验思考

1. 环已酮肟制备时候为什么要加入乙酸钠？其作用是什么？
2. 为什么要加入20%氨水进行中和？
3. 某肟发生 Beckmann 重排后得到一化合物 *N*–甲基丁酰胺，试推测该肟的结构。

实验十五　甲基橙的制备

实验目的

（1）学习重氮盐制备技术，了解制备重氮盐的控制条件；

（2）通过学习甲基橙的制备，了解和掌握重氮盐偶联反应的条件，掌握甲基橙（methyl orange）制备的原理及实验方法；

（3）进一步练习、巩固过滤、洗涤和重结晶等基本操作。

实验背景

染料是具有颜色、并对天然或人造纤维有亲和力的一类化合物。古代天然染料多为植物染料，如靛蓝和茜素，也有少量为动物染料，如胭脂红虫。天然染料色调柔和、质朴，但品种少，色泽不够鲜艳。1856 年 Perkin 发明第一个合成染料——苯胺紫，使有机化学分出了一门新学科——染料化学。合成染料色泽艳丽，颜色范围广，着色牢固，成本低廉，大多数以苯胺类和芳烃类化合物为原料合成。偶氮染料（azodye）是一类较重要的合成染料，常用的偶氮染料有甲基橙、苋菜红等。

甲基橙更重要的用途是作酸碱指示剂，其变色 pH 值范围在 3.1~4.4，在酸性介质中（pH≤3）显红色，碱性介质中（pH≥4.1）显黄色，这是由于在不同介质中化合物结构不同，对光吸收的波长不同引起的。

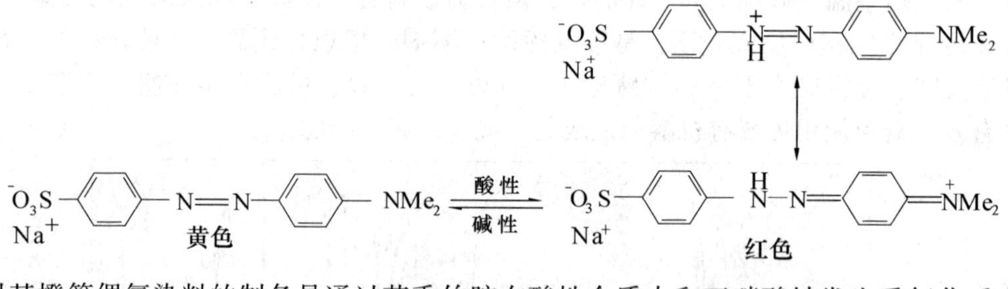

甲基橙等偶氮染料的制备是通过芳香伯胺在酸性介质中和亚硝酸钠发生重氮化反应而生成重氮盐，然后重氮盐与芳香叔胺或酚类发生偶合反应而生成的。

芳香重氮盐在芳香族化合物中占有极其重要的地位，其化学性质很活泼，不仅可以与芳胺和酚类进行偶合反应，还可以进行一系列的亲核取代反应，制备一些不符合定位规则的芳香族化合物。由于芳香族伯胺的结构不同，成盐的难易也存在着差别，形成重氮盐的方法也有不同。

（1）苯胺及含有甲基、甲氧基等供电子基团的芳香伯胺与无机酸能生成易溶于水但难离解的稳定铵盐。这些铵盐的重氮化速率慢，可采用顺重氮化法。即先把芳胺溶于过量的盐酸中，冷却至0~5℃，然后加入亚硝酸钠进行反应。过量的酸可防止重氮盐与未起反应的伯胺进行偶合。

（2）含有羧基、磺酸基等吸电子基团的芳香伯胺，由于本身生成内盐而不溶于无机酸，因此很难重氮化，这时应进行倒重氮化法。即先将此类化合物溶解在碱性溶液中，再加需要量的亚硝酸钠，然后将此溶液在0~5℃下滴入稀盐酸中。

（3）含有一个硝基、氯等吸电子基团的芳香伯胺，碱性弱，难成盐，其铵盐难溶于水却易离解，重氮化速率较快。但生成的重氮盐易与未重氮化的游离胺发生偶合反应生成重氮氨基化合物。因此重氮化时常将伯胺溶于热浓盐酸中形成铵盐，然后冷却后进行重氮化反应。

在制备重氮盐时应注意以下几个问题：①必须严格控制在低温下进行反应。重氮化反应是一个放热反应，而大多数重氮盐又极不稳定，在室温下易分解，所以重氮化反应一般都在0~5℃下进行，且反应时要不断搅拌，避免局部温度过热，生成副产物。而且制得的重氮盐要随制随用，及时用于下一步反应中，不可放置过久。②反应介质要有足够的酸度，重氮盐在酸性溶液中比较不活泼，过量的酸能避免重氮氨基化合物等副产物生成。通常使用的酸量要比理论量多25%左右。③避免过量的亚硝酸，过量的亚硝酸会促进重氮盐的分解，而且很容易与下一步反应所加入的芳胺等化合物起反应。加入适量的亚硝酸钠溶液后，反应结束后要及时用淀粉-碘化钾试纸检验。若有过量的亚硝酸，可以加入尿素来除去。

重氮盐在偶合过程中，介质的酸碱性对反应影响也很大，一般酚偶合时是在弱碱性介质中（pH≈8），这是因为此时酚形成酚氧负离子，而酚氧负离子水溶性更好而且是更强的亲电取代致活基团，能促进反应的进行。芳胺偶合是在弱酸性介质中，这是为了防止偶合在氮上的副产物生成，当然偶合反应不会在强酸性介质中发生，所以选取pH值在4~6的环境。

实验原理

甲基橙是一种偶氮化合物，由对氨基苯磺酸发生重氮化反应（倒重氮化法）生成重氮盐，再由对氨基苯磺酸重氮盐与*N*，*N*-二甲基苯胺的乙酸盐在弱酸性介质中偶合得到。偶合首先得到的是嫩红色的酸式甲基橙，称为酸性黄，在碱中酸性黄转变为橙黄色的钠盐，即甲基橙。

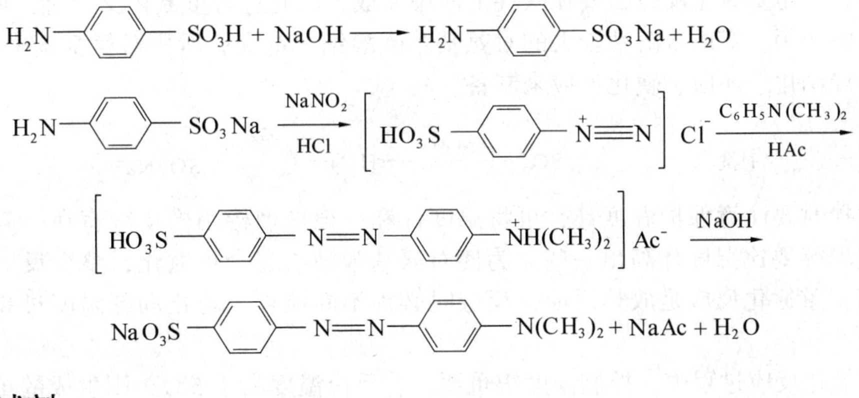

仪器试剂

仪器：电热套　烧杯　锥形瓶　温度计　抽滤瓶　布氏漏斗

试剂：对氨基苯磺酸晶体　*N*，*N*-二甲基苯胺　亚硝酸钠　氢氧化钠　浓盐酸　冰乙酸　乙醚　乙醇

实验步骤

1. 重氮盐的制备

在 100 mL 烧杯中加入 2. 1g(11 mmol) 对氨基苯磺酸晶体和 10 mL5% 氢氧化钠溶液，在热水浴中温热使之溶解。冷至室温后加入 0. 8g(11 mmol) 亚硝酸钠，使其溶解。在搅拌下，将上述混合溶液分批滴入盛有 13 mL 冰冷的水和 2. 5 mL 浓盐酸的烧杯中，并控制温度在 5℃以下。滴加完后用淀粉-碘化钾试纸检验。然后在冰盐浴中放置 15 min，使重氮化反应完全。

2. 偶合反应

取一支试管，加入 1. 3mL(1. 2g，10mmol) *N*，*N*-二甲基苯胺和 1mL 冰乙酸，振荡使之混合。不断搅拌下将此溶液慢慢加到上述冷却的重氮盐溶液中，加完后继续搅拌 10min，使偶合反应进行完全，此时有红色的酸性黄沉淀析出，反应物呈红色浆状。在冷却下搅拌，慢慢加入 15mL10% 氢氧化钠溶液使反应物呈碱性，反应物变为橙黄色，粗制的甲基橙呈细粒状沉淀析出。将反应物加热至沸腾使粗的甲基橙溶解，冷却至室温后，再置于冰水浴中冷却，使甲基橙全部重新结晶析出。抽滤，依次用少量水、乙醇、乙醚洗涤，压干。

若要得到较纯产品，可将滤饼连同滤纸转移到装有 75mL 热水(热水中加入 0. 1g 氢氧化钠)的烧杯中，缓缓加热至沸腾并不断搅拌，使滤饼几乎全溶，取出滤纸并让溶液冷却至室温，然后在冰水浴上冷却，待结晶析出完全后，抽滤收集，依次用少量乙醇、乙醚洗涤，晾干后得到橙色小叶片状甲基橙结晶，称重，产量约 2. 5g。

产品没有明确的熔点，因此不必测定其熔点。

检验：溶解少许产品于水中，加几滴稀盐酸，然后用稀氢氧化钠溶液中和，观察溶液颜色有何变化。

实验指导

(1) 对氨基苯磺酸是两性化合物，其晶体含一分子结晶水，在 100℃ 失水。其酸性略强于碱性，形成酸性的内盐，能与碱作用生成盐，而难与酸作用生成盐，所以它能溶于碱中而不溶于酸中。但是重氮化反应又要在酸性溶液中完成，因此进行重氮化反应时，首先将对氨基苯磺酸与碱作用，变成水溶性较大的对氨基苯磺酸钠。本实验所用对氨基苯磺酸可自制，用苯为原料经硝化、还原、磺化反应来制备。

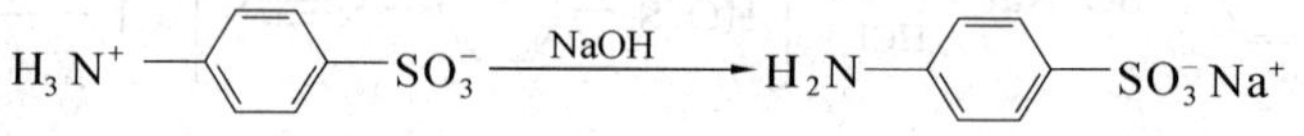

(2) 搅拌时要注意保护温度计，可将温度计和一根玻璃棒用橡皮圈套在一起，插入液面一端的玻璃棒要比温度计高出一些。为使对氨基苯磺酸完全重氮化，整个反应过程中必须不断搅拌。重氮化反应是放热反应，反应时必须不断搅拌，防止局部温度过高，副产物增多。

(3) 重氮化反应过程中，控制温度很重要，若反应温度高于 5℃，则生成的重氮盐易水解成酚类，降低产率。

(4) 若淀粉-碘化钾试纸显蓝色表明亚硝酸过量，氧化生成的碘遇淀粉变蓝色。这时应加入少量尿素除去多余的亚硝酸，因为亚硝酸能起氧化和亚硝基化作用，过量的亚硝酸会引起一系列的副反应。

(5) 在冰盐浴中会析出对氨基苯磺酸的重氮盐。因为重氮盐在水中电离形成中性的内盐(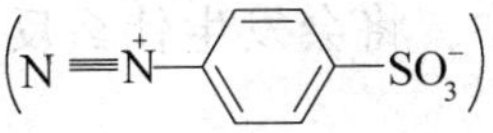)，在低温下难溶于水而形成细小晶体析出。

(6) 有时粗产品呈紫红色，是因为产物中混有未作用的N,N-二甲基苯胺乙酸盐。在加入氢氧化钠后，就会有难溶于水的N,N-二甲基苯胺析出，混杂在粗产品中，使湿的甲基橙在空气中受光的照射后，颜色很快变深，常常得到紫红色粗产物。

(7) 粗产品呈碱性，温度稍高时产物易变质，颜色变深，日光照射也会使湿的甲基橙粗品颜色变深，通常可在65~75℃下烘干。

(8) 用乙醇和乙醚洗涤是为了洗去残存在产品中的水分，使其迅速干燥，重结晶时为碱性，需要防止温度较高时产物易变质，颜色变深。

(9) 主要试剂及产品的物理常数见表4-15。

表4-15　试剂与产品的物理常数

名　　称	相对分子质量	性状	n_D^{20}	相对密度	熔点/℃	沸点/℃
一水合对氨基苯磺酸	191.20	无色晶体	—	—	365	—
N，*N*-二甲基苯胺	121.18	浅黄色液体	1.5584	0.95	2.5	194.2
甲基橙	327.33	橙色晶体	—	—	>300	—

实验拓展

指示剂甲基橙是一个偶氮化合物，本实验通过偶合反应来制备，偶合反应是一类很重要的反应，通过它不仅可以制备甲基橙，还可以制备其他一系列具有大π体系的偶氮化合物，如甲基红、刚果红、酸性黑等。这类化合物吸收光的波长都可进入可见光区，呈现出漂亮的颜色，构成了最重要的一类染料——偶氮染料。

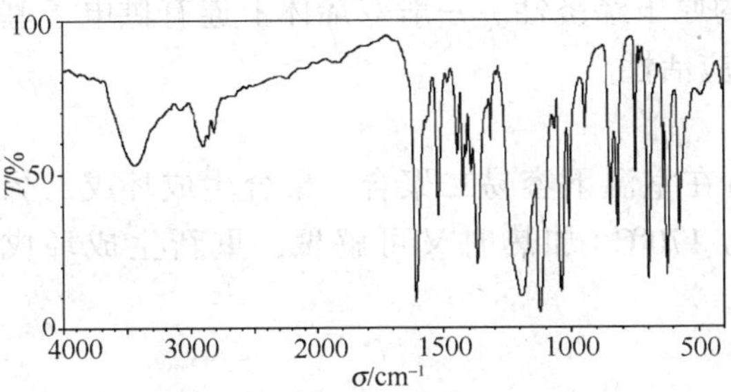

图4-29　甲基橙的红外光谱图

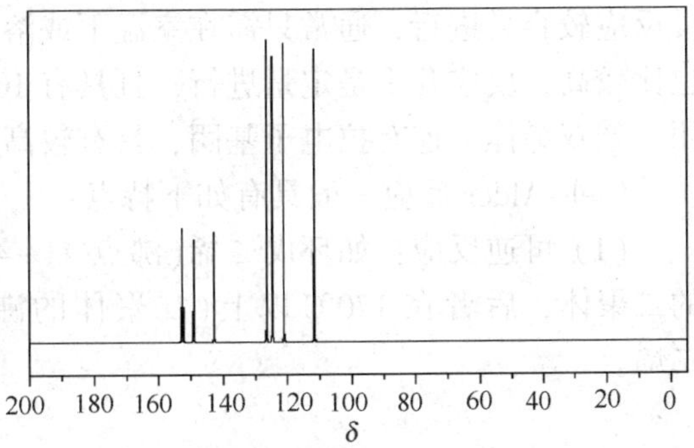

图4-30　甲基橙的核磁共振碳谱图

实验思考

1. 在本实验中，重氮盐的制备为什么要控制在0~5℃中进行？偶合反应为什么要在弱酸介质中进行？

2. 在重氮盐制备前为什么要将对氨基苯磺酸变成钠盐？如果直接将对氨基苯磺酸与盐酸混合后，再加入亚硝酸钠溶液进行重氮化操作可以吗？为什么？

3. 粗甲基橙进行重结晶时，依次用少量水、乙醇和乙醚洗涤，目的何在？

4. 把冷的重氮盐溶液慢慢倒入低温新制备的氯化亚铜的盐酸溶液中，将会发生什么反应？写出产物的名称。

5. N,N-二甲基苯胺与重氮盐偶合时为什么总是在取代氨基的对位发生？

6. 什么叫偶合反应？结合本实验讨论一下芳香胺与酚在重氮盐偶合反应中的反应条件有何差异？

实验十六　Diels-Alder 反应

实验目的

（1）初步学会用薄层色谱（TLC）跟踪反应的进行；

（2）通过蒽、环戊二烯与马来酸酐的加成反应来验证环加成反应（Diels-Alder 反应）；

（3）熟练处理固体产品的操作。

实验背景

六元环结构比较稳定，是自然界中普遍存在的一种结构，如甾体化合物结构中都含有六元环，许多药物和化工产品中也含有六元环结构。因此六元环的合成反应是有机合成和药物合成中非常重要的一类反应。

在有机合成中，形成六元环最重要的一类反应是 Diels-Alder 反应，又名双烯合成，是由烯烃或炔烃（亲双烯体）对共轭双烯（双烯体）的加成反应，即一个 2π 电子对一个 4π 电子体系的加成，因此该反应也叫[4+2]环加成反应。该反应是由德国化学家 O. P. H. Diels 和 K. Alder 于 1928 年发现，二人于 1950 年因对双烯合成反应的研究获得诺贝尔化学奖。

双烯合成是一步发生的协同反应，即双键的断裂和新的 σ 键的形成是同时发生的。这类反应较容易进行，通常只需在室温下或溶剂中加热即可发生反应，其反应速度较快，产率也比较高，反应几乎是定量进行，且具有 100%的原子经济性。一般双烯体上连有供电子基团，亲双烯体上连有拉电子基团，具有较高的反应活性。

Diels-Alder 反应一般具有如下特点：

（1）可逆反应：如环戊二烯（沸点 41～42℃）在室温下容易二聚合，聚合生成环戊二烯的二聚体，后者在 170℃以上（二聚体的沸点为 170℃）加热时又可解聚，重新生成环戊二烯。

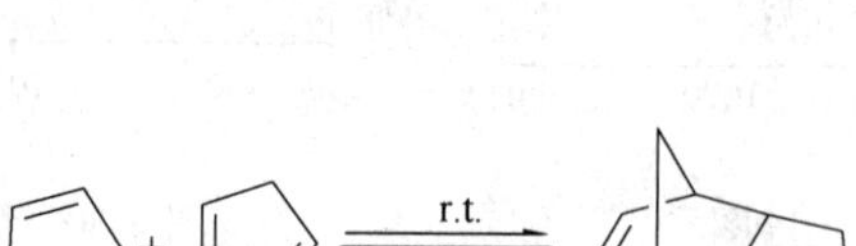

（2）立体定向的顺式加成反应，加成产物仍保持共轭双烯和亲双烯体原先的构型。

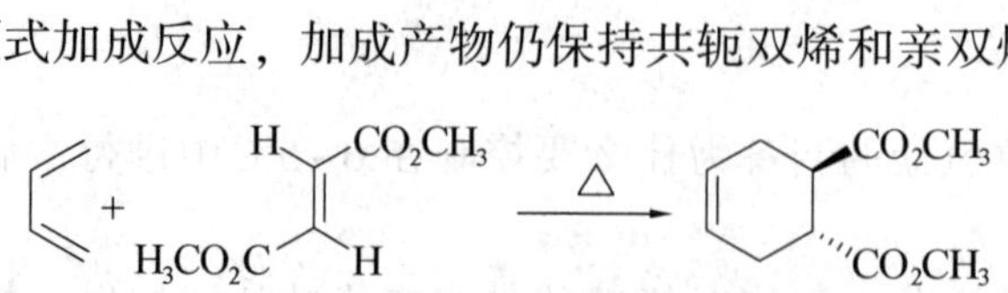

（3）反应主要生成内型（endo）而不是外型（exo）的加成产物。

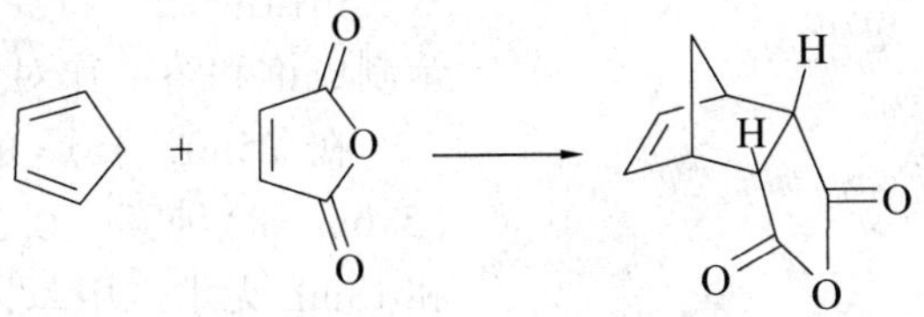

(4) 共轭双烯是以 s-顺式构象参加反应，如果共轭双烯的构型固定为 s-反式，则双烯体不能进行双烯加成反应。

实验原理

1. 实验一

通过蒽与马来酸酐(顺丁烯二酸酐)发生 Diels-Alder 反应来制备化合物 9,10-二氢蒽-9,10-内桥-α,β-丁二酸酐。蒽分子具有环己二烯的结构，9，10 位是共轭双烯的两端。反应是可逆的，低温时平衡向加成方向进行，高温时加成物发生分解，可通过此反应除去蒽中含有的少量菲。

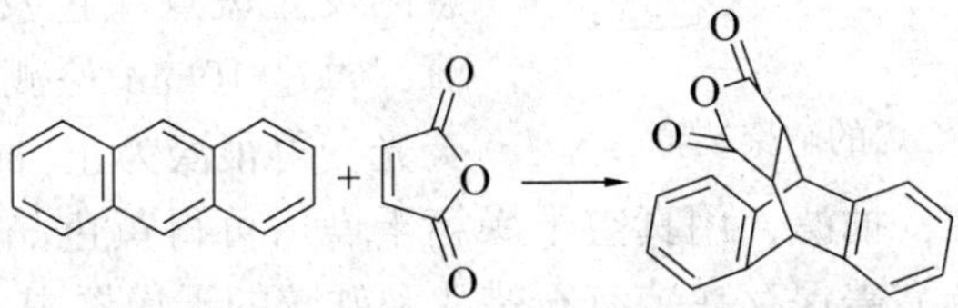

反应原料蒽在紫外光照射下可激发荧光，故可用薄层层析法(TLC)检测蒽的消耗情况，判断反应是否达到了终点。蒽的浓溶液点在薄层板上，在紫外光下显现强烈的蓝绿色荧光，当浓度很低时则显示为蓝紫色荧光。因为反应是可逆的，当反应达到平衡后溶液中仍有少量的蒽，因而荧光并不能完全消失，但荧光的颜色及颜色深浅可作为定性判断的依据。

2. 实验二

通过环戊二烯与马来酸酐发生 Diels-Alder 反应，然后水解来制备化合物内型-二环[2.2.1]庚-5-烯-2,3-二甲酸。

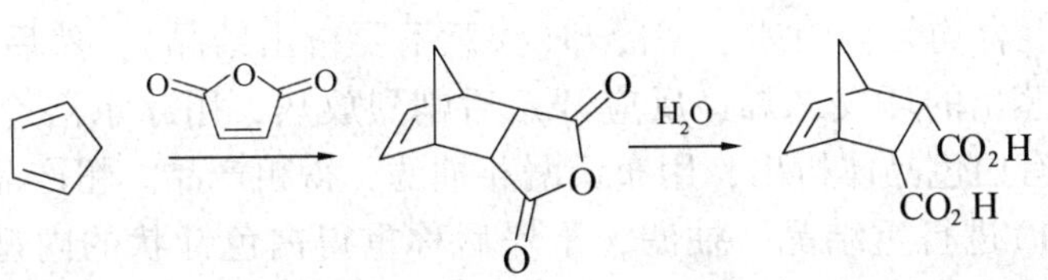

仪器试剂

仪器：电热套　磁力搅拌器　层析缸　圆底烧瓶　分馏柱　直形冷凝管　球形冷凝管　布氏漏斗　抽滤瓶

试剂：硅胶薄层板　蒽　马来酸酐(顺丁烯二酸酐)　二甲苯

实验步骤

1. 实验一(蒽与马来酸酐的反应)

准备硅胶薄层板数块，配制体积比为 1:1 的石油醚(60~90℃)-乙醚溶液为展开剂，倒

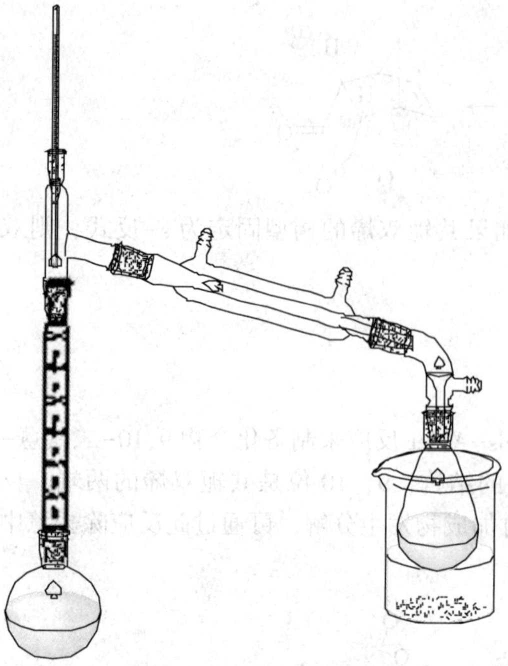

图 4-31　二聚环戊二烯的解聚装置

入层析缸备用。将少许蒽溶于约 0. 5mL 二甲苯制成饱和溶液作对照。

在 25mL 干燥的圆底烧瓶中加入 1g（5. 6mmol）纯蒽、0. 55g（5. 6mmol）马来酸酐和 13mL 无水二甲苯，然后投入 2 粒沸石。在瓶口安装球形冷凝管，在冷凝管上口安装氯化钙干燥管。电热套加热回流，在回流期间需间歇摇动装置，将反应瓶内壁上结出的晶体振荡入反应液中。

回流约 20min，用不同的毛细管分别吸取圆底烧瓶中的反应液和对照液在同一块薄层板上点样，用配好的展开剂展开，在 365nm 紫外光照射下显色，用铅笔描出斑点轮廓位置，计算蒽和产物的 R_f 值。并观察反应液中蒽的荧光斑点颜色及深浅变化。重新加热回流，每过 10min 检测一次，直至蒽的蓝紫色荧光变得很淡为止（回流共需约 30~40min）。

反应混合物冷至室温，抽滤，用真空干燥箱干燥后可得黄色晶粉 1. 1~1. 2g。粗产品可用二甲苯重结晶提纯。产品需保存在装有石蜡片和硅胶的干燥器中。

2. 实验二（环戊二烯与马来酸酐的反应）

将 10g（76mmol）二聚环戊二烯加入 50mL 圆底烧瓶中，安装米格式分馏柱、蒸馏头、温度计、直形冷凝管、真空尾接管和接受器，接受瓶用冰水冷却。用油浴加热到 240℃左右，使二聚体起泡，开始解聚，当蒸气上升至分馏柱顶时，柱顶温度迅速上升至 41~42℃并保持恒定，此时有环戊二烯蒸出，收集 40~45℃的馏分，至瓶内只剩下少量液体时停止蒸馏。接受瓶内加入 1g 无水氯化钙干燥，并用冰水浴冷却存放备用。

在 50mL 圆底烧瓶中加入 3g（30mmol）研细的马来酸酐和 10mL 乙酸乙酯和搅拌磁子，装上球形冷凝管和干燥管，开动磁力搅拌器并用水浴温热使马来酸酐溶解，然后再加入 10mL 石油醚（60~90℃）混合均匀，用冰水浴冷却（注意不要析出结晶）。然后在搅拌下加入 2. 4g（3mL，36mmol）新蒸出的环戊二烯，反应开始后剧烈放热，用冰水浴冷却直至反应结束停止放热为止，此时有白色晶体析出，用布氏漏斗抽滤，得粗产品。粗产品可用乙酸乙酯和石油醚的混合液（1：1）进行重结晶，抽滤，干燥后称重得白色针状的内型-二环[2. 2. 1]庚-5-烯-2，3-二甲酸酐约 4g（熔点：164~165℃）。

在 50mL 圆底烧瓶中加入 3g 上述产品、25mL 水和搅拌磁子，用磁力搅拌器加热搅拌回流至固体全部溶解为止。停止搅拌，放置冷却后析出针状结晶。待结晶完全析出后抽滤，在红外灯下烘干，得到产品内型-二环[2. 2. 1]庚-5-烯-2，3-二甲酸。

实验指导

（1）马来酸酐和生成的加成产物都易水解成相应的二元羧酸，故所用全部仪器、试剂及溶剂均需干燥。马来酸酐如放置过久，用时应重结晶。称取 20 g 马来酸酐加 30 mL 氯仿，煮沸数分钟，趁热过滤，滤液冷却析出晶体后，抽滤，真空干燥器干燥，即得纯净的马来酸酐。

(2) 延长回流时间可提高收率。此外试剂的纯度和干燥程度也明显影响反应的收率。

(3) 固体产品干燥时，要在真空干燥器内进行，因为产品在空气中吸收水分会发生部分水解，影响产品的纯度。石蜡片可吸收产品表面吸附的痕量二甲苯，硅胶吸收水汽以防产品水解。

(4) 市售的环戊二烯均为二聚体，使用时需要解聚。

(5) 主要试剂及产品的物理常数见表 4-16。

表 4-16 试剂与产品的物理常数

名 称	相对分子质量	性状	n_D^{20}	相对密度	熔点/℃	沸点/℃
蒽	178.22	无色片状晶体	—	1.283	216	340
马来酸酐	98.06	无色针状晶体	—	1.48	60	202
环戊二烯	66.10	无色液体	—	0.80	-85	41~42
产物一	276.29	黄色固体	—	0.90	262~163	—
产物二	182.17	白色晶体	—	—	180~182	—

实验拓展

Diels-Alder 反应具有 100%原子经济性，即双烯体和亲双烯体中的所有原子都被融合在产物中，是一个典型的符合绿色化学要求的反应。若反应需要加热也可用微波加热代替传统的回流，可以极大地缩短反应时间，提高产品的纯度和收率。

实验思考

1. 为什么蒽和马来酸酐的反应一般发生在蒽的 9，10 位上？哪个是双烯体？哪个是亲双烯体？

2. 什么叫周环反应？周环反应包含哪几种类型？

3. 二聚环戊二烯解聚时应注意些什么？

4. 在环戊二烯与马来酸酐的反应中，加入乙酸乙酯和石油醚的作用是什么？

实验十七 呋喃甲醇和呋喃甲酸的制备

实验目的

(1) 了解芳香杂化衍生物的性质；

(2) 掌握通过 Cannizzaro 反应由呋喃甲醛制备呋喃甲醇和呋喃甲酸的基本原理和方法；

(3) 进一步熟悉巩固洗涤、萃取、简单蒸馏、减压过滤和重结晶操作。

实验背景

在浓的强碱作用下，不含 α-氢的醛类可以发生分子间自身氧化还原反应，一分子醛被氧化成酸，而另一分子醛则被还原为醇，此反应称为 Cannizzaro 反应。反应实质是羰基的亲核加成，其反应机理表示如下：

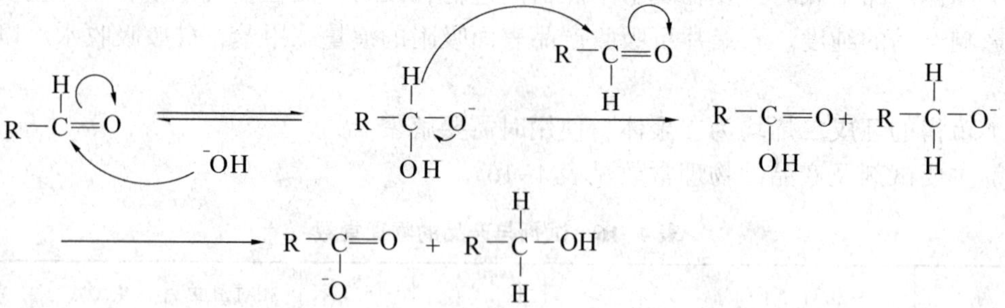

在 Cannizzaro 反应中，通常使用 50%的浓碱，其中碱的物质的量比醛的物质的量多一倍以上，否则反应不完全，未反应的醛与生成的醇混在一起，通过一般蒸馏很难分离。

该歧化反应是一个应用广泛的反应，工业上就是利用甲醛和乙醛的羟醛缩合和康尼查罗反应来制备化工原料季戊四醇。本实验通过康尼查罗反应，以呋喃甲醛为原料来制备呋喃甲醇和呋喃甲酸。

呋喃甲醛又称糠醛，它和呋喃甲醇、呋喃甲酸都是重要的工业原料，可用于合成酚醛树脂、药物、农药等。

实验原理

糠醛也是不含 α-氢的醛，在浓碱存在下可发生康尼查罗反应，被氧化成呋喃甲酸和还原成糠醇。

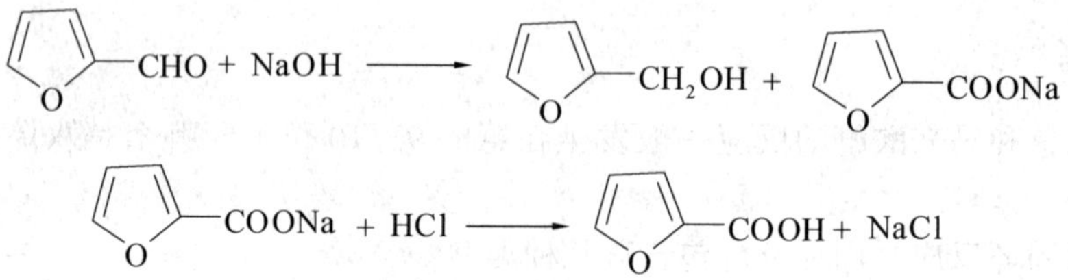

仪器试剂

仪器：烧杯　分液漏斗　抽滤瓶　布氏漏斗　蒸馏装置

试剂：呋喃甲醛　氢氧化钠　乙醚　无水硫酸镁　盐酸

实验步骤

在 50mL 烧杯中加入 3.3mL(3.8g，40mmol)呋喃甲醛，并用冰水冷却；另取 1.6g 氢氧化钠溶于 2.4mL 水中并冷却。在搅拌下用滴管将氢氧化钠水溶液滴加到呋喃甲醛中，滴加过程必须保持反应混合物温度在 8～12℃之间。滴加完后，保持此温度继续搅拌 40min，使反应完全，此时反应物为米黄色浆状物。

在搅拌下向反应混合物中加入适量水(约 5mL)使析出的沉淀完全溶解，溶液呈透明的暗红色。将溶液转入分液漏斗中，用乙醚萃取四次，每次 3mL，合并乙醚萃取液，用无水硫酸镁干燥后，先在水浴中蒸去乙醚，然后用电热套加热蒸馏，收集 169～172℃馏分，产量约 1.3g。

将乙醚提取后的水层转入烧杯中，边搅拌边慢慢滴加浓盐酸，至刚果红试纸变蓝(此时，pH 值约为 2~3，约需浓盐酸 1~2mL)，冷却结晶，抽滤，产物用少量冷水洗涤，抽干。粗产物用 8mL 水重结晶，得白色针状呋喃甲酸，产量约 1.5g。

实验指导

(1) 呋喃甲醛存放过久会变成棕褐色或黑色，使用前需蒸馏提纯，新蒸馏的呋喃甲醛为无色或浅黄色液体。常压蒸馏可收集 155~162℃馏分，减压蒸馏收集 54~55℃/1.333kPa (10mmHg)馏分颜色更浅。

(2) 由于氧化还原是在两相间进行的，因此必须充分搅拌。反应温度若高于 12℃，反应难以控制，致使反应物变成深红色；若温度过低，反应过慢，可能造成氢氧化钠积累。一旦发生反应，又过于猛烈，反应难以控制，增加副反应，影响产量及纯度。

反应一旦开始，混合物很快变稠，不能充分搅拌，故而滴加氢氧化钠一定要慢，防止氢氧化钠局部过多，反应剧烈，温度上升，而这种局部过热常引起树脂状物的生成。

(3) 反应终点的控制：反应液已变成一黏稠浆状物以致无法搅拌。也可用薄层色谱(TLC)法监控反应进行，选择 GF_{254} 硅胶薄层色谱板，用乙酸乙酯：石油醚(60~90℃)= 3：2(体积比)为展开剂，在 254nm 紫外荧光灯下显色。

(4) 加水的量一定要严格控制，多加会导致产品呋喃甲酸严重损失。

(5) 呋喃甲醇也可用减压蒸馏收集 71~73℃/2kPa(15mmHg)的馏分，减压蒸馏收集的呋喃甲醇产品色泽浅。

(6) 酸要足量，保证 pH=3 左右，使呋喃甲酸充分游离出来，这是影响呋喃甲酸收率高低的关键。

(7) 重结晶呋喃甲酸时，不要长时间加热回流，否则部分呋喃甲酸将被破坏，出现焦油状物。

(8) 主要试剂及产品的物理常数见表 4-17。

表 4-17 试剂与产品的物理常数

名称	相对分子质量	性状	n_D^{20}	相对密度	熔点/℃	沸点/℃
呋喃甲醛	96.09	无色液体	1.5261	1.156	-36.5	161.8
呋喃甲醇	98.10	无色或黄色液体	1.4868	1.13	-31	171
呋喃甲酸	112.08	白色晶体	—	—	133~134	—

实验拓展

本实验通过 Cannizzaro 反应来制备呋喃甲醇和呋喃甲酸。呋喃甲酸的制备方法有很多，如高锰酸钾氧化法、次氯酸钠氧化法、氧气氧化法等，其中以空气中的氧气作为氧化剂、氧化银为催化剂将呋喃甲醛氧化为呋喃甲酸的方法符合绿色化学要求，操作简便，比较适合大规模工业化生产。

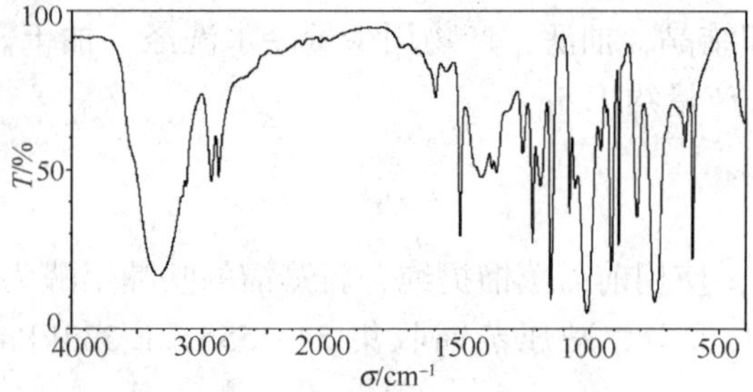

图 4-32　呋喃甲醇的红外光谱图

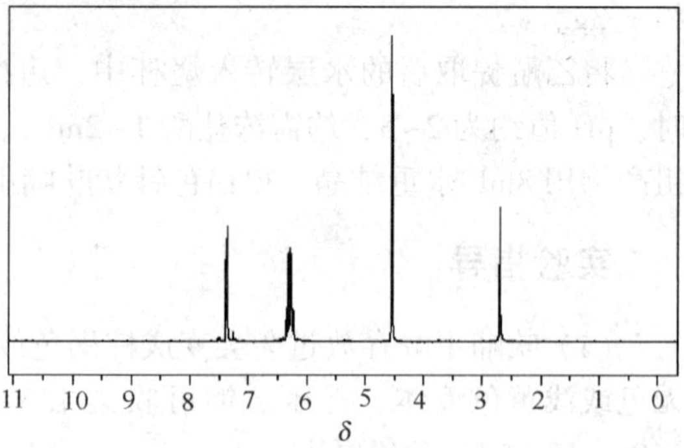

图 4-33　呋喃甲醇的核磁共振氢谱图

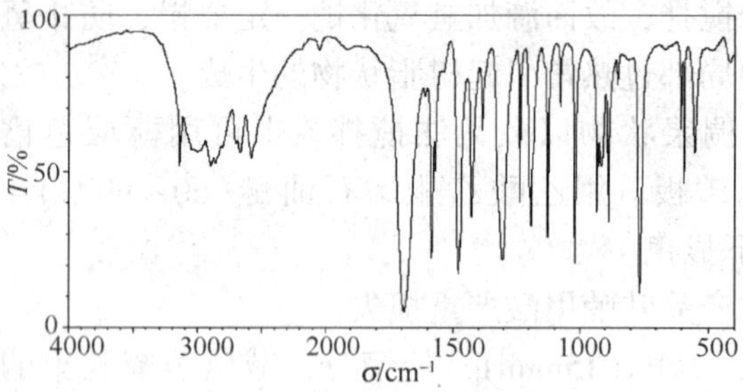

图 4-34　呋喃甲酸的红外光谱图

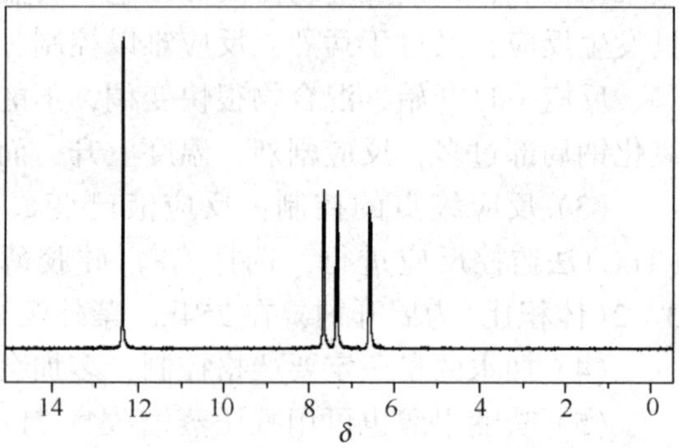

图 4-35　呋喃甲酸的核磁共振氢谱图

实验思考

1. 为什么要用新蒸的呋喃甲醛？长期放置的呋喃甲醛有什么杂质？对本实验有何影响？
2. 本实验根据什么原理来分离和提纯呋喃甲醇和呋喃甲酸这两种产物？
3. 怎样利用 Cannizzaro 反应，将呋喃甲醛全部转化成呋喃甲酸？

实验十八　8-羟基喹啉的制备

实验目的

(1) 巩固水蒸气蒸馏、重结晶等基本操作；
(2) 掌握 Z. H. Skraup 法制备 8-羟基喹啉的原理及方法。

实验背景

杂环化合物是有机化合物中数目最庞大的一类化合物，它在自然界的分布十分广泛。许多具有重要生理作用的生物分子都是杂环化合物，如叶绿素、血红素、核酸等。大多数的药物分子，无论是天然的还是合成的，都含有一个或一个以上的杂环。因此，对杂环化合物的研究具有十分重要的意义。

本实验通过 Skraup 法来制备 8-羟基喹啉，此法是合成喹啉和喹啉类化合物的重要方法。

8-羟基喹啉是一种重要的有机合成中间体，在医药、农药、染料等领域有着广泛用途，例如它是合成卤化喹啉类抗阿米巴药物的中间体。此外，由于 8-羟基喹啉是 N、O 双齿配体，具有较强的配位能力，可形成多种金属配合物，常用于过渡金属的分离和质量分析测定。

实验原理

喹啉及其衍生物可按 Skraup 反应由苯胺或其衍生物与无水甘油、浓硫酸及弱氧化剂(如硝基苯、五氧化二砷、氧化铁等)一起加热制得。本实验以邻氨基酚、邻硝基酚、无水甘油和浓硫酸为原料合成 8-羟基喹啉。浓硫酸的作用是使甘油脱水生成丙烯醛，并使邻氨基酚与丙烯醛的加成物脱水成环。邻硝基酚为弱氧化剂，能将成环产物 8-羟基-1，2-二氢喹啉氧化成 8-羟基喹啉，邻硝基酚本身则还原成邻氨基酚，也可作为原料循环使用(所用的硝基化合物要与芳胺的结构相对应，否则将导致产生混合产物，有时也可用碘作氧化剂)。

Skraup 反应是放热反应，该反应只有当反应进行很激烈时才能得到较好的产率，但反应过于剧烈，难以控制，为避免反应过于剧烈，可加入少量硫酸亚铁或硼酸作为缓解剂。反应后一般都成为深色的黏稠状产物，可采用水蒸气蒸馏法进行提纯。

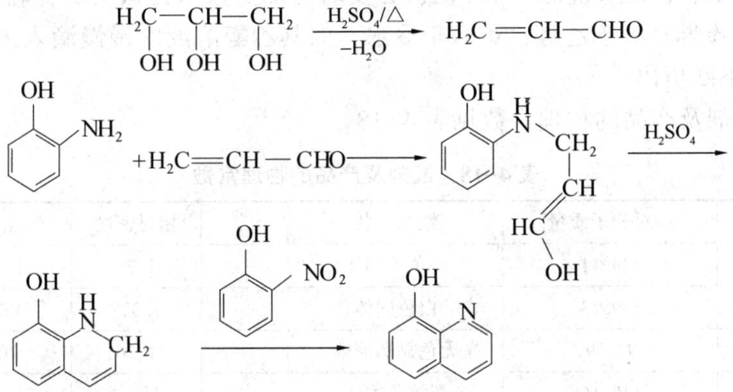

仪器试剂

仪器：电热套　三口瓶　圆底烧瓶　球形冷凝管　水蒸气蒸馏装置　布氏漏斗　抽滤瓶

试剂：邻硝基苯酚　邻氨基苯酚　无水甘油　浓硫酸　50%氢氧化钠溶液　饱和碳酸钠溶液　乙醇

实验步骤

在 100mL 三口瓶中依次加入 9.5g(7.5mL，103mmol)无水甘油、1.8g(13mmol)邻硝基苯酚、2.7g(25mmol)邻氨基苯酚，剧烈振荡，使之混合均匀。在冰水浴冷却下，边振荡边缓慢滴加 4.5mL 浓硫酸。装上球形冷凝管，用电热套小火加热，约 15min 溶液微沸后，即停止加热。反应大量放热，待反应温和后，继续小火加热至微沸，保持反应物微沸 1h。冷却后，加入 15mL 水，充分摇匀，进行简易水蒸气蒸馏，蒸出未反应的邻硝基苯酚(约需 30min)，直至馏分由浅黄色变为无色为止。待瓶内液体冷却后，在冰水浴冷却下，边振荡边慢慢滴加 7mL 50%氢氧化钠溶液，然后再小心滴加饱和碳酸钠溶液(约需 5mL)，使反应液恰好呈中性。加入 20mL 水进行水蒸气蒸馏，蒸出产物 8-羟基喹啉(约需 25min)。待馏出液充分冷却后，抽滤收集析出物，洗涤，干燥后即可得粗产品约 3g。

粗产品可用约 25mL 乙醇-水混合溶剂(体积比 4∶1)进行重结晶提纯。

实验指导

(1) 本实验所用仪器必须干燥，所用甘油含水量必须少于 0.5%(相对密度 1.26)。如果含水量较大，则产品 8-羟基喹啉的产率不高。可将普通甘油在通风橱内置于瓷蒸发皿中加热至 180℃，然后冷至 100℃左右，放入盛有硫酸的干燥器中备用。甘油在常温下是黏稠状液体，若用量筒量取时应注意转移中的损失。注意：甘油不要与强氧化剂接触，以免发生燃烧或爆炸。邻氨基苯酚和邻硝基苯酚有毒，使用时须戴手套防护，不要将废液倒入下水道。

(2) 未加浓硫酸时，三口瓶内十分黏稠，难以摇动，加入浓硫酸后，黏度大为减小。

(3) 此反应为放热反应，溶液呈微沸时，表示反应已经开始，即需移去电热套，如继续加热，则反应过于激烈，会使反应液冲出容器。

(4) 加碱过程中，温度要低。8-羟基喹啉既溶于碱又溶于酸而成盐，一旦成盐后不能被水蒸气蒸馏蒸出，为此必须小心中和，严格控制 pH 值在 7~8 范围内。当中和恰当时，瓶内析出的 8-羟基喹啉沉淀最多。

(5) 产物蒸出后，检查烧瓶中 pH 值，必要时可加少量水再蒸一次，确保产物蒸出。

(6) 8-羟基喹啉易溶于乙醇，难溶于冷水，向其乙醇溶液中慢慢滴入去离子水，即有 8-羟基喹啉晶体不断析出。

(7) 主要试剂及产品的物理常数见表 4-18。

表 4-18 试剂及产品的物理常数

名 称	相对分子质量	性 状	n_D^{20}	相对密度	熔点/℃	沸点/℃
邻硝基苯酚	139.11	浅黄色固体	—	1.29	44~45	216
邻氨基苯酚	109.13	白色固体	—	1.328	177	—
甘油	92.09	无色黏稠液体	—	1.26	20	290.9
8-羟基喹啉	145.16	淡黄色固体	—	—	72~74	—

实验拓展

8-羟基喹啉的合成有喹啉磺化碱熔、氯代喹啉水解、氨基喹啉水解和 Skraup 合成等四种方法，其中喹啉磺化碱熔和 Skraup 合成是工业上具有竞争力的两种合成方法。磺化碱熔法是以喹啉为原料，经磺化、碱熔、中和、水蒸气蒸馏等步骤制备。本实验采用的是 Skraup 合成法，有文献报道，用丙烯醛代替甘油，可降低反应温度，减少焦油的生成，提高反应的收率。

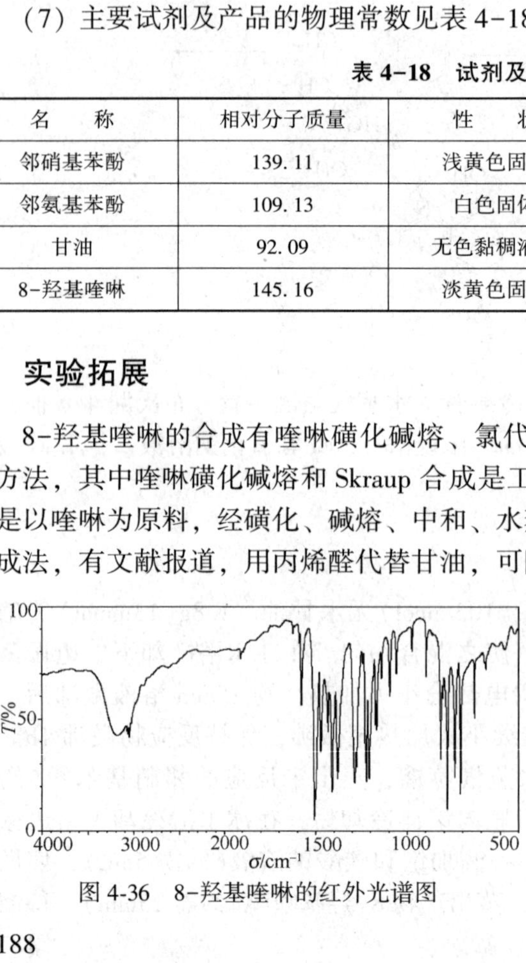

图 4-36 8-羟基喹啉的红外光谱图

实验思考

1. 在制备 8-羟基喹啉时，可否用硝基苯代替邻硝基苯酚作为氧化剂？

2. 为什么第一次水蒸气蒸馏在酸性下进行，而第二次水蒸气蒸馏在中性下进行？

3. 为什么在第二次水蒸气蒸馏要仔细

控制 pH 范围？碱性过强有何不利？若已发现碱性过强时，应如何进行补救？

参 考 文 献

1. 曾昭琼，曾和平．有机化学实验．北京：高等教育出版社，2000
2. 张毓凡，曹玉蓉，冯霄等．有机化学实验．天津：南开大学出版社，1999
3. 李霁良，殷彩霞．微型半微型有机化学实验．北京：高等教育出版社，2003
4. 蓝蓉，王文蜀，惠岑怿，焦玉国．微型半微型有机化学实验．北京：中央民族大学出版社，2006
5. 北京大学化学系有机化学教研室．有机化学实验．北京：北京大学出版社，1990
6. 方富禄，周荣才，周允明，尹玉英．有机化学实验．北京：高等教育出版社，1995
7. 王兴涌，尹文萱，高宏峰．有机化学实验．北京：科学教育出版社，2004
8. 周科衍，高占先．有机化学实验．北京：高等教育出版社，1996
9. 谷亨杰，周锦成，丁金昌．有机化学实验．北京：高等教育出版社，1991
10. 谷亨杰，王梦如，刘以明，张力学．有机化学实验．北京：高等教育出版社，1985
11. 黄涛．有机化学实验．北京：高等教育出版社，1983
12. 王积涛，张宝申，王永梅，胡青眉．有机化学．天津：南开大学出版社，2003
13. 兰州大学，复旦大学化学系有机化学教研室编．有机化学实验．北京：高等教育出版社，1994
14. 麦禄根，冯金城，鲁淑华．有机合成实验．北京：高等教育出版社，2002
15. 奚关根，赵长安，高建宝．有机化学实验．上海：华东理工大学出版社，1999
16. 刘玉美，马晨．微型有机化学实验．济南：山东大学出版社，1997
17. 周宁怀，王德琳．微型有机化学实验．北京：科学出版社，1999
18. 顾可权．半微量有机制备．北京：高等教育出版社，1990
19. 刘峥，肖伟强．间接电解氧化法合成正丁醛．化学研究，2003，14(1)：51~54
20. 宋华，王园园，刘思雨，张金召．绿色氧化合成苯乙酮的研究．化学通报，2009，(6)：544~548
21. 姜文清．二苄叉丙酮合成实验的改进．大学化学，2010，25(2)：42~45
22. 门健，田晓红，付海燕等．有机化学实验教学中合成实验反应进程的探讨．大学化学，2010，25(4)：34~35

单元5　物质分离鉴定

实验一　常见阳离子的分离与鉴定(Ⅰ)

实验目的

(1) 进一步巩固掌握一些金属元素及其化合物的性质；

(2) 了解常见阳离子混合液的分离和检出的方法以及巩固检出离子的操作。

实验背景

离子的分离和鉴定是以各种离子对试剂的不同反应为依据的。反应伴随着特殊的现象，比如沉淀的生成或溶解、气体的产生、特殊颜色的出现。各离子对试剂作用的相似性和差异性都是构成离子分离与检出方法的基础。因此，要想掌握分离检出离子的方法就必须熟悉离子的基本性质。离子的分离和检出只有在一定条件下才能进行，即在一定酸度、浓度、温度等条件下进行。为了有效的分离，就必须选择适当的反应条件。所以，除了熟悉离子的有关性质外，还要学会运用化学平衡(酸碱、沉淀、氧化还原、络合等)的规律控制反应条件。

仪器试剂

仪器：离心机　离心试管

试剂：盐酸($2mol \cdot L^{-1}$、$6mol \cdot L^{-1}$、浓)　HNO_3($6mol \cdot L^{-1}$)　H_2SO_4($2mol \cdot L^{-1}$)　HAc($2mol \cdot L^{-1}$、$6mol \cdot L^{-1}$)　NaOH($2mol \cdot L^{-1}$、$6mol \cdot L^{-1}$)　氨水($6mol \cdot L^{-1}$)　NaCl($1mol \cdot L^{-1}$)　KCl($1mol \cdot L^{-1}$)　$MgCl_2$($0.5mol \cdot L^{-1}$)　$CaCl_2$($0.5mol \cdot L^{-1}$)　$BaCl_2$($0.5mol \cdot L^{-1}$)　$AlCl_3$($0.5mol \cdot L^{-1}$)　$SnCl_2$($0.5mol \cdot L^{-1}$)　$HgCl_2$($0.2mol \cdot L^{-1}$)　$Pb(NO_3)_2$($0.5mol \cdot L^{-1}$)　$SbCl_3$($0.1mol \cdot L^{-1}$)　$Bi(NO_3)_3$($0.1mol \cdot L^{-1}$)　$CuCl_2$($0.5mol \cdot L^{-1}$)　$AgNO_3$($0.1mol \cdot L^{-1}$)　$ZnSO_4$($0.2mol \cdot L^{-1}$)　$Cd(NO_3)_2$($0.2mol \cdot L^{-1}$)　$Al(NO_3)_3$($0.5mol \cdot L^{-1}$)　$Ba(NO_3)_2$($0.5mol \cdot L^{-1}$)　$NaNO_3$($0.5mol \cdot L^{-1}$)　NaAc($2mol \cdot L^{-1}$)　K_2CrO_4($1mol \cdot L^{-1}$)　Na_2S($0.5mol \cdot L^{-1}$)　$(NH_4)_2C_2O_4$(饱和)Na_2CO_3(饱和)　$K_4[Fe(CN)_6]$($0.5mol \cdot L^{-1}$)　$KSb(OH)_6$(饱和)　镁试剂　$NaHC_4H_4O_6$(饱和)　$(NH_4)_2[Hg(SCN)_4]$　铝试剂(0.1%)　苯　罗丹明B溶液　的硫脲(2.5%)　$NaNO_2$

实验步骤

1. 碱金属、碱土金属离子的鉴定

(1) Na^+的鉴定　在盛有3滴$1mol \cdot L^{-1}$NaCl溶液的试管中，加入3滴饱和$KSb(OH)_6$溶液，观察白色结晶状沉淀的产生。如无沉淀产生，可以用玻璃棒摩擦试管内壁，放置片刻，再观察。写出反应方程式。

(2) K^+的鉴定　在盛有3滴1mol·L^{-1}KCl溶液的试管中，加入3滴饱和$NaHC_4H_4O_6$溶液，如有白色结晶状沉淀产生，示有K^+存在。如无沉淀产生，可以用玻璃棒摩擦试管内壁，放置片刻，再观察。写出反应方程式。

(3) Mg^{2+}的鉴定　在试管中加2滴0.5mol·L^{-1} $MgCl_2$溶液，再滴加6mol·L^{-1}NaOH溶液，直到生成絮状的$Mg(OH)_2$沉淀为止；然后加入1滴镁试剂，搅拌之，生成蓝色沉淀，表示有Mg^{2+}存在。

(4) Ca^{2+}的鉴定　取0.5mL0.5mol·L^{-1} $CaCl_2$溶液于离心试管中，再加10滴饱和草酸铵溶液，有白色沉淀产生。离心分离，弃去清液。若白色沉淀不溶于6mol·L^{-1}HAc溶液而溶于2mol·L^{-1}盐酸溶液，表示有Ca^{2+}存在。写出反应式。

(5) Ba^{2+}的鉴定　取2滴0.5mol·L^{-1} $BaCl_2$溶液于试管中，加入2mol·L^{-1}HAc和同浓度NaAc溶液各2滴，然后滴加1mol·L^{-1} K_2CrO_4溶液，有黄色沉淀生成，表示有Ba^{2+}存在。写出反应式。

2. p区和ds区部分金属离子的鉴定

(1) Al^{3+}的鉴定　取2滴0.5mol·L^{-1} $AlCl_3$溶液于小试管中，加2~3滴水、2滴2mol·L^{-1} HAc及2滴0.1%铝试剂，搅拌后，置水浴上加热片刻，再加入1~2滴氨水，有红色絮状沉淀产生，表示有Al^{3+}存在。

(2) Sn^{2+}的鉴定　取3滴0.5mol·L^{-1} $SnCl_2$试液于试管中，逐滴加入0.2mol·L^{-1} $HgCl_2$溶液，边加边振荡，若产生的沉淀由白色变为灰色，然后变为黑色，表示有Sn^{2+}存在。

(3) Pb^{2+}的鉴定　取2滴0.5mol·L^{-1} $Pb(NO_3)_2$溶液于试管中，加1滴1mol·L^{-1} K_2CrO_4溶液，如有黄色沉淀生成，在沉淀上滴加数滴2mol·L^{-1}NaOH溶液，沉淀溶解，表示有Pb^{2+}存在。

(4) Sb^{3+}的鉴定　取3滴0.1mol·L^{-1} $SbCl_3$溶液于试管中，加2滴浓HCl及数粒$NaNO_2$，将Sb(Ⅲ)氧化为Sb(Ⅴ)，当无气体放出时，加数滴苯及1滴罗丹明B溶液，苯层显紫色，表示有Sb^{3+}存在。

(5) Bi^{3+}的鉴定　取1滴0.1mol·L^{-1} $Bi(NO_3)_3$试液于试管中，加1滴2.5%的硫脲，生成鲜黄色配合物，表示有Bi^{3+}存在。

(6) Cu^{2+}的鉴定　取1滴0.5mol·L^{-1} $CuCl_2$试液于试管中，加1滴6mol·L^{-1}HAc溶液酸化，再加1滴0.5mol·L^{-1} $K_4[Fe(CN)_6]$溶液，生成红棕色$Cu_2[Fe(CN)_6]$沉淀，表示有Cu^{2+}存在。

(7) Ag^+的鉴定　取2滴0.1mol·L^{-1} $AgNO_3$溶液于试管中，加1滴2mol·L^{-1}HCl溶液，产生白色沉淀。在沉淀中加入6mol·L^{-1}氨水至沉淀完全溶解。此溶液再用6mol·L^{-1} HNO_3溶液酸化，生成白色沉淀，表示有Ag^+存在。

(8) Zn^{2+}的鉴定　取2滴0.2mol·L^{-1} $ZnSO_4$试液于试管中，加1滴2mol·L^{-1}HAc溶液酸化，再加入等体积硫氰酸汞铵$(NH_4)_2[Hg(SCN)_4]$溶液，用玻璃棒摩擦试管壁，生成白色沉淀，表示有Zn^{2+}存在。

(9) Cd^{2+}的鉴定　取2滴0.2mol·L^{-1} $Cd(NO_3)_2$试液于小试管中，加入1滴0.5mol·L^{-1} Na_2S溶液，生成亮黄色沉淀，表示有Cd^{2+}存在。

(10) Hg^{2+}的鉴定　取2滴0.2mol·L^{-1} $HgCl_2$试液于小试管中，逐滴加入0.5mol·L^{-1}

$SnCl_2$ 溶液，边加边振荡，观察沉淀颜色变化过程，最后变为灰色，表示有 Hg^{2+} 存在(该反应可作为 Hg^{2+} 或 Sn^{2+} 的定性鉴定)。

3. 部分混合离子的分离和鉴定

取 Ag^+ 试液 2 滴和 Cd^{2+}、Al^{3+}、Ba^{2+}、Na^+ 试液各 5 滴，加到离心试管中，混合均匀后，进行分离和鉴定。

(1) Ag^+ 的分离和鉴定　在混合试液中加 1 滴 6mol·L^{-1} 盐酸溶液，剧烈搅拌，在沉淀生成时再滴加 1 滴 6mol·L^{-1} 盐酸溶液至沉淀完全，搅拌片刻，离心分离，把清液转移到另 1 支离心试管中，按 3(2)处理。沉淀用 1 滴 6mol·L^{-1} 盐酸溶液和 10 滴蒸馏水洗涤，离心分离，洗涤液并入上面的清液中。在沉淀上加入 2~3 滴 6mol·L^{-1} 氨水，搅拌，使它溶解，在所得清液中加入 1~2 滴 6mol·L^{-1} HNO_3 溶液酸化，有白色沉淀析出，表示有 Ag^+ 存在。

(2) Al^{3+} 的分离和鉴定　在 3(1)的清液中滴加 6mol·L^{-1} 氨水，至显碱性，搅拌片刻，离心分离，把清液转移到另 1 支离心试管中，按 3(3)处理。沉淀中加入 2mol·L^{-1} HAc 和 2mol·L^{-1} NaAc 溶液各 2 滴，再加入 2 滴铝试剂，搅拌后微热之，产生红色沉淀，表示有 Al^{3+} 存在。

(3) Ba^{2+} 的分离和鉴定　在 3(2)清液中滴加 2mol·L^{-1} H_2SO_4 溶液至产生白色沉淀，再滴 2 滴，搅拌片刻，离心分离，把清液转移到另 1 支离心试管中，按 3(4)处理。沉淀用 10 滴热蒸馏水洗涤，离心分离，将清液并入上面的清液中。在沉淀中加入 3~4 滴饱和 Na_2CO_3 溶液，搅拌片刻，再加入 2mol·L^{-1} HAc 和 2mol·L^{-1} NaAc 溶液各 3 滴，搅拌片刻，然后加入 1~2 滴 1mol·L^{-1} K_2CrO_4，有黄色沉淀生成，表示有 Ba^{2+} 存在。

(4) Cd^{2+}、Na^+ 的分离和鉴定　取少量 3(3)的清液于 1 支试管中，加入 2~3 滴 0.5mol·L^{-1} Na_2S 溶液，产生亮黄色沉淀，表示有 Cd^{2+} 存在。

另取少量 3(3)的清液于另 1 支试管中，加入几滴饱和酒石酸锑钾溶液，产生白色结晶状沉淀，表示有 Na^+ 存在。

实验指导

(1) 与 HCl 溶液反应生成沉淀的离子：Ag^+，Hg_2^{2+}，Pb^{2+}。

(2) 与 H_2SO_4 溶液反应生成沉淀的离子：Ba^{2+}，Sr^{2+}，Ca^{2+}，Pb^{2+}，Ag^+。

(3) 与过量 NaOH 反应溶解的离子：Al^{3+}，Zn^{2+}，Pb^{2+}，Sb^{3+}，Sn^{2+}，Cu^{2+}(热浓)。

(4) 与 NH_3 反应生成配合物的离子：Cu^{2+}，Ag^+，Zn^{2+}，Cd^{2+}。

(5) 与 $(NH_4)_2CO_3$ 反应：

① 与适量 $(NH_4)_2CO_3$ 生成沉淀的离子有：Cu^{2+}，Ag^+，Zn^{2+}，Cd^{2+}，Hg^{2+}，Hg_2^{2+}，Mg^{2+}，Ca^{2+}，Sr^{2+}，Ba^{2+}，Al^{3+}，Sn^{2+}，Sn^{4+}，Pb^{2+}，Sb^{3+}，Bi^{3+}。

②与 $(NH_4)_2CO_3$ 过量生成配合物的离子有：Cu^{2+}，Ag^+，Zn^{2+}，Cd^{2+}。

(6) 与 H_2S 或 $(NH_4)_2S$ 反应：

①在 0.3mol·L^{-1} 盐酸溶液中通入 H_2S 气体生成沉淀的离子：Ag^+，Cu^{2+}，Cd^{2+}，Pb^{2+}，Bi^{3+}，Hg^{2+}，Hg_2^{2+}，Sb(Ⅴ)，Sb(Ⅲ)，Sn(Ⅳ)，Sn(Ⅱ)。

②在 0.3mol·L^{-1} 盐酸溶液中通入 H_2S 气体不生成沉淀，但在氨性介质通入 H_2S 气体产生沉淀的离子：Zn^{2+}，Al^{3+}(氢氧化铝)。

(7) 硫氰酸汞铵 $(NH_4)_2[Hg(SCN)_4]$ 试剂的配制：溶解 8g 二氯化汞和 9g 硫氰化铵于

100mL蒸馏水中。

(8) 部分混合离子的分离和鉴定实验中，其混合液由以下几种溶液组成：$AgNO_3$、$Cd(NO_3)_2$、$Al(NO_3)_3$、$Ba(NO_3)_2$、$NaNO_3$。

实验思考

1. 在未知溶液分析中，当由碳酸盐制取铬酸盐沉淀时，为什么必须用乙酸溶液去溶解碳酸盐沉淀，而不用强酸如盐酸去溶解？

2. 如何把 $BaSO_4$ 转化为 $BaCO_3$？与 Ag_2CrO_4 转化为 AgCl 相比，哪一种转化比较容易？为什么？

3. 能用于鉴定 K^+的反应还有哪些？

实验二　常见阳离子的分离与鉴定(Ⅱ)

实验目的

(1)学习混合离子分离的方法，进一步巩固离子鉴定的条件和方法；

(2)熟练运用常见元素(Ag、Hg、Pb、Cu、Fe)的化学性质。

实验背景

离子混合液中若诸组分对鉴定不产生干扰，便可利用特效反应直接鉴定某种离子。若共存的其他组分彼此干扰，就要选择适当的方法消除干扰。通常采用掩蔽剂消除干扰，此法比较简单、有效。但是如果没有合适的掩蔽剂，就需要将彼此干扰组分分离。沉淀分离是一种常用的重要方法。在混合液中加入适当的沉淀剂，利用所形成的化合物溶解度的差异，使被鉴定组分与干扰组分分离。常用的沉淀剂有 HCl、H_2SO_4、NaOH、$NH_3 \cdot H_2O$、$(NH_4)_2CO_3$溶液等。

仪器试剂

仪器：离心机　离心试管　白色点滴板

试剂：Ag^+、Hg^{2+}、Pb^{2+}、Cu^{2+}、Fe^{3+}混合溶液(5 种盐都是硝酸盐，其浓度均为 $0.1mol \cdot L^{-1}$)　盐酸($2mol \cdot L^{-1}$、$6mol \cdot L^{-1}$)　HNO_3(浓、$6mol \cdot L^{-1}$)　H_2SO_4($6mol \cdot L^{-1}$)　HAc($2mol \cdot L^{-1}$、$6mol \cdot L^{-1}$)　NaOH($2mol \cdot L^{-1}$)　氨水($6mol \cdot L^{-1}$)　$CuSO_4$($0.2mol \cdot L^{-1}$)　$K_4[Fe(CN)_6]$($0.25mol \cdot L^{-1}$)　K_2CrO_4($0.5mol \cdot L^{-1}$)　Na_2S($1mol \cdot L^{-1}$)　NaAc($1mol \cdot L^{-1}$)　H_2S(新制溶液)　NH_4Cl(饱和)　KI($1mol \cdot L^{-1}$)　CH_3CSNH_2(5%)　Na_2CO_3(固体)

实验步骤

Ag^+、Hg^{2+}、Pb^{2+}、Cu^{2+}、Fe^{3+}混合溶液(均为硝酸盐)的分离和鉴定。

1. Fe^{3+}的鉴定

取 1 滴试液加到白色点滴板凹穴内，加 1 滴 $0.25mol \cdot L^{-1}$ $K_4[Fe(CN)_6]$溶液。观察沉淀

的生成和颜色，判断该物质是何沉淀。

2. Ag^+、Pb^{2+}和 Cu^{2+}、Hg^{2+}、Fe^{3+}的分离及 Ag^+、Pb^{2+}的分离和鉴定

向 Ag^+、Pb^{2+}、Cu^{2+}、Hg^{2+}和 Fe^{3+}的混合溶液(各 2 滴)中滴加 4 滴 $2mol \cdot L^{-1}$盐酸，充分振荡，放置片刻，离心分离，向上层清液中加 $2mol \cdot L^{-1}$盐酸以检查沉淀是否完全。吸出上层清液，编号为溶液 1。用 $2mol \cdot L^{-1}$盐酸洗涤沉淀，编号为沉淀 1。观察沉淀的生成和颜色，写出反应方程式。

(1) Ag^+和 Pb^{2+}的分离及 Pb^{2+}的鉴定　向沉淀 1 中加 3 滴水，在沸水浴中加热 3min 以上，并不时搅动。待沉淀沉降后，趁热取清液 2 滴于黑色点滴板上，加 $2mol \cdot L^{-1} K_2CrO_4$ 和 $2mol \cdot L^{-1}$ HAc 溶液各 1 滴，有什么生成？加 $2mol \cdot L^{-1}$ NaOH 后又怎样？再加 $6mol \cdot L^{-1}$ HAc 溶液又如何？取清液后所余沉淀编号为沉淀 2。

(2) Ag^+的鉴定　向沉淀 2 中加少量 $6mol \cdot L^{-1}$氨水，沉淀是否溶解？再加入 $6mol \cdot L^{-1}$ HNO_3，沉淀重新生成。观察沉淀的颜色，写出反应方程式。

3. Pb^{2+}、Hg^{2+}、Cu^{2+}和 Fe^{3+}的分离及 Pb^{2+}、Hg^{2+}、Cu^{2+}的分离和鉴定

用 $6mol \cdot L^{-1}$氨水将溶液 1 的酸度调至中性(加氨水约 3~4 滴)，再加入体积约为此时溶液十分之一的 $2mol \cdot L^{-1}$ HCl(约 3~4 滴)，将溶液的酸度调至 $0.2mol \cdot L^{-1}$。加 15 滴 5% CH_3CSNH_2，混匀后水浴加热 15min。然后稀释一倍再加热数分钟。静置冷却，离心沉降。向上层清液中加新制 H_2S 溶液检查沉淀是否完全。沉淀完全后离心分离，用饱和 NH_4Cl 溶液洗涤沉淀，所得溶液为溶液 2。通过实验判断溶液 2 中的离子。观察沉淀的生成和颜色。

(1) Hg^{2+}和 Cu^{2+}、Pb^{2+}的分离　在所得沉淀上加 3 滴 $1mol \cdot L^{-1} Na_2S$ 溶液，水浴加热 3min 并不时搅拌。再加 3~4 滴水，搅拌均匀后离心分离。沉淀用 Na_2S 溶液再处理一次，合并两次清液，并编号为溶液 3。沉淀用饱和 NH_4Cl 溶液洗涤，并编号为沉淀 3。观察溶液 3 的颜色，讨论反应历程。

(2) Cu^{2+}的鉴定　向沉淀 3 中加入浓硝酸(约 2 滴)，加热搅拌，使之全部溶解，所得溶液编号为溶液 4。用玻璃棒将产物硫单质弃去。取 1 滴溶液 4 于白色点滴板上，加 $1mol \cdot L^{-1}$ NaAc 和 $0.25mol \cdot L^{-1} K_4[Fe(CN)_6]$各 1 滴，有何现象？

(3) Pb^{2+}的鉴定　取 2 滴溶液 4 于白色点滴板上，加 1 滴 $1mol \cdot L^{-1}$ NaAc 和 1 滴 $1mol \cdot L^{-1} K_2CrO_4$，有什么变化？如果没有变化，请用玻璃棒摩擦。加入 $2mol \cdot L^{-1}$ NaOH 后，再加 $6mol \cdot L^{-1}$ HAc，有什么变化？

(4) Hg^{2+}的鉴定　向溶液 3 中逐滴加入 $6mol \cdot L^{-1} H_2SO_4$，记下加入滴数。当加至 pH 值为 3~5 时，再多加一滴 H_2SO_4 溶液，水浴加热并充分搅拌。离心分离，用少量水洗涤沉淀。向沉淀中加 2 滴 $1mol \cdot L^{-1}$ KI 和 1 滴 $6mol \cdot L^{-1}$盐酸溶液，充分搅拌，加热后离心分离。再用 KI 和 HCl 重复处理沉淀。合并两次离心液，往离心液中加 1 滴 $0.2mol \cdot L^{-1} CuSO_4$ 溶液和少许 $NaCO_3$ 固体，有什么生成？说明有哪种离子存在？

实验指导

(1) 盐酸不能过浓，用量不能过多，以防上述阳离子的氯化物生成可溶性的配离子。

(2) 用硫代乙酰胺代替 H_2S 可减少污染，并且金属硫化物以均匀沉淀的方式得到沉淀，不易形成胶体，沉淀较为纯净，共沉淀少，便于分离。其水解方式为：

在酸性溶液中水解：$CH_3CSNH_2+H^++2H_2O = CH_3COOH+NH_4^++H_2S\uparrow$

在碱性溶液中水解：$CH_3CSNH_2+3OH^- = CH_3COO^-+NH_3+H_2O+S^{2-}$

在氨溶液中水解：$CH_3CSNH_2+2NH_3 = CH_3C(NH_2)NH+NH_4^++HS^-$

实验思考

1. 每次洗涤沉淀所用洗涤剂都有所不同，例如洗涤 AgCl、$PbCl_2$ 沉淀用 HCl 溶液（$2mol \cdot L^{-1}$），洗涤 PbS、HgS、CuS 用饱和 NH_4Cl 溶液，洗涤 HgS 用蒸馏水，为什么？

2. HgS 的沉淀一步中为什么选用 H_2SO_4 溶液酸化而不用 HCl 溶液？

3. 分析总结阳离子分离的一般规律。

实验三　常见阴离子的分离与鉴定

实验目的

（1）学习和掌握常见阴离子的分离与鉴定方法；

（2）熟练离子检出的基本操作。

实验背景

阴离子种类很多，本实验仅涉及下列 13 种常见阴离子的分离与鉴定：SO_4^{2-}、SiO_4^{2-}、PO_4^{3-}、CO_3^{2-}、SO_3^{2-}、$S_2O_3^{2-}$、S^{2-}、Cl^-、Br^-、I^-、NO_3^-、NO_2^-、Ac^-。

在这些阴离子中，有的与酸作用生成挥发性的物质，有的与试剂作用生成沉淀，也有的呈现氧化还原性。利用这些特点，根据溶液中离子共存情况，应先通过初步试验或进行分组试验，以排除不可能存在的离子，然后鉴定可能存在的离子。

初步试验包括以下内容：

（1）试液的酸碱性试验。若试液呈强酸性，则易与酸反应的离子如 CO_3^{2-}、$S_2O_3^{2-}$、NO_2^- 等不存在。

（2）是否产生气体的试验。若在试液中加入稀 H_2SO_4 或稀 HCl 溶液，有气体产生，表示可能存在 CO_3^{2-}、SO_3^{2-}、$S_2O_3^{2-}$、S^{2-}、NO_2^- 等离子。根据生成气体的颜色和气味以及生成气体具有某些特征反应，确定其含有的阴离子。

（3）氧化性阴离子的试验。在酸化的试液中加入 KI 溶液和 CCl_4，振荡后 CCl_4 层呈紫色，则有氧化性阴离子存在，如 NO_2^- 离子。

（4）还原性阴离子的试验。在酸化的试液中加入 $KMnO_4$ 稀溶液，若紫色褪去，则可能存在 S^{2-}、SO_3^{2-}、$S_2O_3^{2-}$、Br^-、I^-、NO_2^- 等离子；若紫色不褪，则上述离子都不存在。试液经酸化后，加入 I_2-淀粉溶液，若蓝色褪去，则可能存在 S^{2-}、SO_3^{2-}、$S_2O_3^{2-}$ 等离子。

（5）难溶盐阴离子试验。

① 钡组阴离子。在中性或弱碱性试液中，用 $BaCl_2$ 能沉淀 SO_4^{2-}、SO_3^{2-}、$S_2O_3^{2-}$、CO_3^{2-}、PO_4^{3-} 等阴离子。

② 银组阴离子。用 $AgNO_3$ 能沉淀 Cl^-、Br^-、I^-、S^{2-}、$S_2O_3^{2-}$ 等阴离子，然后用稀 HNO_3 酸化，沉淀不溶解。

经过初步试验后，可以对试液中可能存在的阴离子作出判断，然后根据阴离子特性反应作出鉴定。

仪器试剂

仪器：离心机　点滴板　离心试管

试剂：Na_2CO_3(0.1mol·L^{-1})　$NaNO_3$(0.1mol·L^{-1})　$NaNO_2$(0.1mol·L^{-1})　Na_2SO_4(0.1mol·L^{-1})　Na_2SO_3(0.1mol·L^{-1})　$Na_2S_2O_3$(0.1mol·L^{-1})　Na_2S(0.1mol·L^{-1})　Na_3PO_4(0.1mol·L^{-1})　$BaCl_2$(0.1mol·L^{-1})　NaCl(0.1mol·L^{-1})　NaBr(0.1mol·L^{-1})　KI(0.1mol·L^{-1})　盐酸(6mol·L^{-1})　H_2SO_4(2mol·L^{-1}、浓)　HNO_3(6mol·L^{-1})　HAc(2mol·L^{-1})　$KMnO_4$(0.01mol·L^{-1})　$AgNO_3$(0.1mol·L^{-1})　$(NH_4)_2MoO_4$(0.1mol·L^{-1})　$ZnSO_4$(饱和)　$K_4[Fe(CN)_6]$(0.5mol·L^{-1})　NaOH(2mol·L^{-1})氨水(6mol·L^{-1})　新配制的石灰水或$Ba(OH)_2$溶液　对氨基苯磺酸(1%)　α-萘胺(0.4%)　CCl_4　亚硝酰铁氰化钠(9%)　氯水　H_2O_2(3%)　硫酸亚铁　锌粉　镁粉　$CdCO_3$(固体)

实验步骤

1. 常见阴离子的鉴定

(1) CO_3^{2-} 的鉴定　取5滴CO_3^{2-}试液于小试管中，用pH试纸测定其pH值，然后加5滴6mol·L^{-1}盐酸溶液，并立即将事先沾有1滴新配制的石灰水或$Ba(OH)_2$溶液的玻璃棒置于试管口上，仔细观察，如玻璃棒上溶液立刻变为浑浊(白色)，结合溶液的pH值，可以判断有CO_3^{2-}存在。

(2) NO_3^- 的鉴定　取2滴NO_3^-试液于点滴板上，在溶液的中央放一小粒$FeSO_4$晶体，然后在晶体上加1滴浓H_2SO_4。如结晶周围有棕色出现，表示有NO_3^-存在。

(3) NO_2^- 的鉴定　取2滴NO_2^-试液于点滴板上，加1滴2mol·L^{-1}HAc溶液酸化，再加1滴对氨基苯磺酸和1滴α-萘胺。如有玫瑰红色出现，表示有NO_2^-存在。

(4) SO_4^{2-} 的鉴定　取3滴SO_4^{2-}试液于试管中，加1滴6mol·L^{-1}盐酸溶液和1滴0.1mol·$L^{-1}$$BaCl_2$溶液，如有白色沉淀，表示有$SO_4^{2-}$存在。

(5) SO_3^{2-} 的鉴定　在盛有3滴SO_3^{2-}试液的试管中，加入1滴2mol·$L^{-1}$$H_2SO_4$，迅速加入1滴0.01mol·$L^{-1}$$KMnO_4$溶液，如紫色褪去，表示有$SO_3^{2-}$存在。

(6) $S_2O_3^{2-}$ 的鉴定　取$S_2O_3^{2-}$试液2滴于试管中，加入几滴0.1mol·$L^{-1}$$AgNO_3$溶液，摇动，如有白色沉淀迅速变棕变黑，表示有$S_2O_3^{2-}$存在。

(7) PO_4^{3-} 的鉴定　取1滴PO_4^{3-}试液于试管中，加2滴6mol·$L^{-1}$$HNO_3$溶液，再加2~4滴$(NH_4)_2MoO_4$试剂，温热之，如有黄色沉淀生成，表示有$PO_4^{3-}$存在。

(8) S^{2-}的鉴定　取1滴S^{2-}试液于试管中，加1滴2mol·L^{-1}NaOH溶液碱化，再加1滴亚硝酰铁氰化钠试剂，如溶液变成紫色，表示有S^{2-}存在。

(9) Cl^-的鉴定　取3滴Cl^-试液于离心管中，加入1滴6mol·$L^{-1}$$HNO_3$溶液酸化，再滴加0.1mol·$L^{-1}$$AgNO_3$溶液。如有白色沉淀，初步说明可能试液中有$Cl^-$存在。将离心管置于水浴上微热，离心分离，弃去清液，于沉淀上加入3~5滴6mol·L^{-1}氨水，用细玻棒搅拌，沉淀立即溶解。再加入5滴6mol·$L^{-1}$$HNO_3$酸化，如重新生成白色沉淀，表示有$Cl^-$

存在。

(10) I^-的鉴定　取2滴I^-试液于试管中，加入1滴$2mol\cdot L^{-1}H_2SO_4$及3滴CCl_4，然后逐滴加入氯水，并不断振荡试管，如CCl_4层呈现紫红色(I_2)，然后褪至无色(IO_3^-)，表示有I^-存在。

(11) Br^-的鉴定　取2滴Br^-试液于试管中，加1滴$2mol\cdot L^{-1}H_2SO_4$溶液及3滴CCl_4，然后逐滴加入5滴氯水并振荡试管，如CCl_4层出现黄色或橙红色，则有Br^-存在。

2. 混合离子的分离

(1) Cl^-、Br^-、I^-混合物的分离和鉴定　常用方法是将卤素离子转化为AgX，然后用氨水或$(NH_4)_2CO_3$将AgCl溶解而与AgBr、AgI分离。在余下的AgBr、AgI混合物中加入稀H_2SO_4酸化，再加入少许锌粉或镁粉，并加热将Br^-、I^-转入溶液。酸化后，根据Br^-、I^-的还原能力不同，用氯水分离和鉴定。

试按上述分析方案对含有Cl^-、Br^-、I^-的混合溶液进行分离和鉴定。

(2) S^{2-}、SO_3^{2-}、$S_2O_3^{2-}$混合物的分离和鉴定　通常的方法是取少量试液，加入NaOH碱化，再加亚硝酰铁氰化钠，若有特殊红紫色产生，示有S^{2-}存在。可用$CdCO_3$固体除去S^{2-}，再进行其他离子的分离和鉴定。

将滤液分成两份，一份鉴定SO_3^{2-}，另一份鉴定$S_2O_3^{2-}$。若在其中一份中加入亚硝酰铁氰化钠、过量$ZnSO_4$溶液及$K_4[Fe(CN)_6]$溶液，产生红色沉淀，表示有SO_3^{2-}存在。在另一份中滴加过量$AgNO_3$溶液，若沉淀由白→棕→黑色变化，表示有$S_2O_3^{2-}$存在。

实验指导

(1) CO_3^{2-}的鉴定，在验气装置中，放试液(最好是固体原试样)2~3滴，加2~3滴HCl，在验气装置的小玻璃管中保持住少许$Ba(OH)_2$，盖紧，玻璃管中溶液变浑，表示有CO_3^{2-}。当SO_3^{2-}、$S_2O_3^{2-}$存在时，事先在试液中加2滴3%H_2O，加热使其氧化，然后按上述手续鉴定CO_3^{2-}。

(2) I_2能与过量氯水反应生成无色溶液，其反应式为

$$I_2+5Cl_2+6H_2O=\!=\!=2IO_3^-+10Cl^-+12H^+$$

实验思考

1. 取下列盐中两种混合，加水溶解时有沉淀生成。将沉淀分成两份，一份溶于HCl溶液，另一份溶于HNO_3溶液。试指出下列哪两种盐混合时可能有此现象？

$BaCl_2$、$AgNO_3$、Na_2SO_4、$(NH_4)_2CO_3$、KCl

2. 一个能溶于水的混合物，已检出含有Ag^+和Ba^{2+}。下列阴离子中哪几个可以不必鉴定？

SO_3^{2-}、Cl^-、NO_3^-、SO_4^{2-}、CO_3^{2-}、I^-

3. 某阴离子未知液经初步试验结果如下：

(1) 试液呈酸性时有无气体产生；

(2) 酸性溶液中加$BaCl_2$溶液无沉淀产生；

(3) 加入稀HNO_3和$AgNO_3$溶液产生黄色沉淀；

(4) 酸性溶液中加入$KMnO_4$，紫色褪去，加I_2-淀粉溶液，蓝色不褪去；

(5) 与 KI 无反应。

由以上初步试验结果，推测哪些阴离子可能存在？说明理由，拟出进一步验证的步骤简表。

4. 加稀 H_2SO_4 或稀 HCl 溶液于固体试样中，如观察到有气泡产生，则该固体试样中可能存在哪些阴离子？

5. 有一未知液，用稀 HNO_3 调节其至酸性后，加入 $AgNO_3$，发现并无沉淀生成，则可以确定哪几种阴离子不存在？

6. 在酸性溶液中能使 I_2-淀粉溶液褪色的阴离子是哪些？

实验四　己二酸的制备分离

实验目的

(1) 学习用环己醇氧化制备己二酸的基本原理，掌握由醇氧化制备羧酸的常用方法；
(2) 巩固浓缩、过滤、重结晶、固体的干燥等基本操作；
(3) 学会有毒气体吸收装置的应用。

实验背景

羧酸的制备方法很多，可通过腈的水解反应、格氏试剂与二氧化碳的反应或烃类、伯醇、醛的氧化反应等方法来制备。其中腈的水解反应、格氏试剂与二氧化碳的反应都是以卤代烃为原料进行反应，是制备增一个碳羧酸的常用方法。两种方法都有一定的局限性，但可以互相弥补，须根据反应特点选择合适的制备路线。如：苯甲酸只能通过格氏试剂与二氧化碳反应而不能用腈的水解反应来制备；3-羟基丙酸则只能通过 3-羟基腈的水解反应来制备，而不能通过格氏试剂与二氧化碳反应来制备。

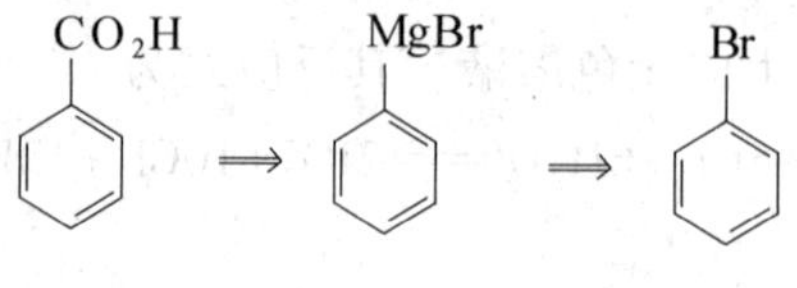

$$HOCH_2CH_2CO_2H \Longrightarrow HOCH_2CH_2CN \Longrightarrow HOCH_2CH_2Cl$$

氧化反应也是制备羧酸的常用方法之一，所用原料有烃类、醇、醛等。芳香族羧酸可通过芳烃的氧化来制备，芳烃的苯环比较稳定而难以氧化，芳烃的侧链烃基无论长短，强烈氧化时最终都转变成羧基。但如果侧链与苯环相连的碳原子上无 α-H，则侧链对氧化剂是稳定的。如叔丁基苯强烈氧化后，苯环被氧化生成 2，2 - 二甲基丙酸。

伯醇、醛的氧化可用来制备脂肪族羧酸，常用的氧化剂有重铬酸钾、高锰酸钾、硝酸等。酮比较稳定，一般不发生氧化反应，但可被过氧酸(如过氧乙酸、间氯过氧苯甲酸等)氧化，发生 Baeyer-Villiger 氧化反应生成酯。仲醇或酮发生剧烈氧化发生碳链的断裂也能得到羧酸，但氧化产物比较复杂，开链酮的氧化反应没有制备意义，此反应可用作环酮氧化制备二元酸，如由环己醇或环己酮氧化，可用来制备己二酸。需要注意的是：制备羧酸通常采用的都是比较强的氧化条件，而氧化反应一般都是放热反应，因此，实验中必须严格控制反应温度及条件，否则不仅产率降低，而且还可能发生爆炸的危险。

工业上制备羧酸常采用的是催化氧化的方法。如工业上可通过在催化剂存在下空气氧化乙醛来大量制备乙酸。

高级脂肪酸如油酸、亚油酸等可通过天然动植物油脂(常温下为液体叫油，是固体称为脂)在碱性条件下水解来制备。油脂水解不仅可以获得有机合成所需的脂肪酸，而且还可以利用水解产物 C_{12}~C_{18}羧酸钠盐制备肥皂。

本实验通过环己醇(仲醇)的氧化来制备己二酸。己二酸又称肥酸，是一种重要的有机二元酸，作为有机合成中间体，主要用于制造合成纤维尼龙-66(大约占到己二酸总量的70%)、聚氨酯、聚酯泡沫塑料等，己二酸是制备己二腈、己二胺的基础原料，也可用于医药、染料、香料、杀虫剂、黏合剂等领域，用途十分广泛。

实验原理

仲醇的剧烈氧化可发生碳链的断裂，生成二元脂肪酸。常用的氧化剂有浓硝酸、高锰酸钾等。

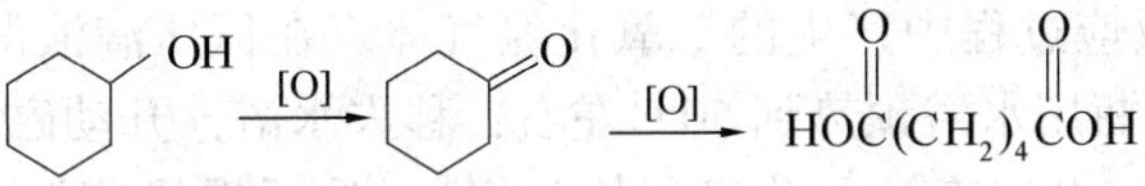

仪器试剂

仪器：磁力搅拌器　电热套　三口瓶　圆底烧瓶　球形冷凝管　恒压滴液漏斗

试剂：高锰酸钾　环己醇　碳酸钠　硝酸　钒酸铵

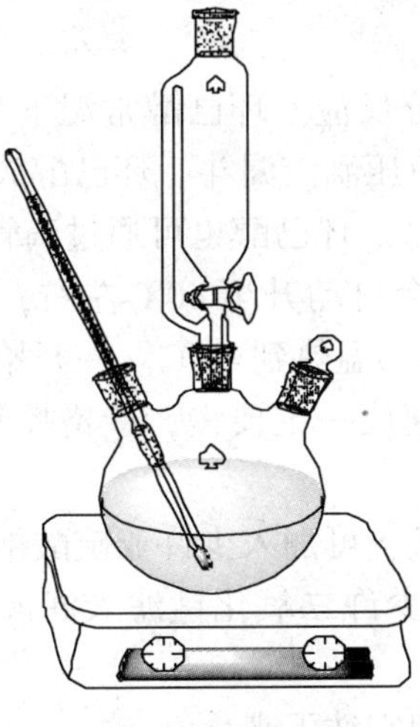

图 5-1　高锰酸钾氧化法装置图

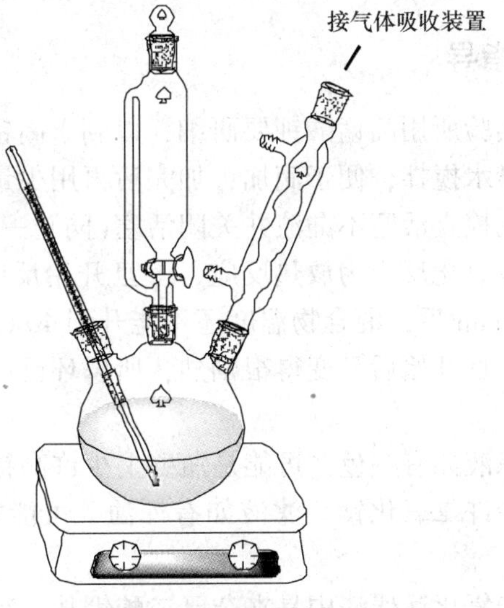

图 5-2　硝酸氧化法装置图

实验步骤

1. 方法一

在装有温度计、球形冷凝管和恒压滴液漏斗的100mL三口瓶中加入17.5mL温水和1.9g碳酸钠，溶解后加入研细的高锰酸钾固体6g(38mmol)和搅拌磁子，温水浴加热使反应液温度为35~40℃，并不断搅拌，使固体几乎全部溶解。移去水浴，在恒压滴液漏斗里加入

1.3mL(12.5mmol)环己醇，在磁力搅拌下，从恒压漏斗中滴入4～5滴环己醇，反应开始，然后慢慢滴加剩余的环己醇，控制滴加速度，使瓶内温度维持43～47℃(温度过高时则用冷水浴冷却，温度低于43℃时则用温水浴加热)。

环己醇加完后，继续搅拌约10min，若温度开始下降，则在50℃的水浴中加热搅拌(约30min)至高锰酸钾紫色完全褪去，此时有大量的褐色二氧化锰生成，再继续加热搅拌10min，使生成的二氧化锰沉淀完全。

抽滤反应生成的混合物，滤渣用60℃的热水洗涤三次，每次2mL(每次应尽量挤压掉滤渣中的水分)，将滤液浓缩至10mL左右(加热不要过猛，防止液体外溅)，在搅拌下慢慢滴入浓硫酸至pH=1～2，冷却析出结晶(为降低己二酸在水中的溶解度，提高收率，最好用冰水浴冷却溶液)，抽滤，用冷水洗涤结晶，干燥后得粗产品，产量约0.9g(产率49%)。

2. 方法二

在装有球形冷凝管、温度计和恒压滴液漏斗的50mL三口瓶中，放置3mL(4g，30mmol)50%的硝酸、少许钒酸铵(约50mg)及搅拌磁子，并在球形冷凝管上接一气体吸收装置，用稀氢氧化钠溶液吸收反应过程中产生的二氧化氮气体。在恒压滴液漏斗中加入1mL(约1g，10mmol)环己醇。三口瓶用水浴预热到50℃左右，移去水浴，开动磁力搅拌器，先滴入5～6滴环己醇，至反应开始(此时有二氧化氮气体放出)，然后慢慢滴加其余部分的环己醇，调节滴加速度，使瓶内温度维持在50～60℃之间。温度过高时，用冷水浴冷却，温度过低时，则用热水浴加热，滴加完毕约需5min。加完后继续搅拌，并用80～90℃的热水浴加热10min，至几乎无红棕色气体放出为止。然后将此热溶液倒入50mL烧杯中，冷却后析出己二酸，抽滤，用10mL冷水洗涤两次，干燥后称重，粗产物约1g。

实验指导

(1) 实验所用高锰酸钾要研细，以利于高锰酸钾充分反应。环己醇常温下为黏稠液体，可加入适量水搅拌，便于滴加，加完后再用少量水冲洗恒压滴液漏斗。环己醇放入恒压滴液漏斗前要先检查活塞不漏液并关闭活塞(防止一次性加入)。环己醇也可通过滴管滴加。

(2) 该氧化反应为放热反应，一旦开始反应，温度会自动升至40℃左右，若在室温下反应开始5min后，混合物温度还不能升到40℃，则可小心温热到40℃。一开始反应速率较慢，反应一旦开始后又变得很剧烈，所以环己醇的滴加速度一定要慢，严格控制反应温度，防止冲料。

(3) 滤液如有颜色，可能是瓶壁上少许高锰酸钾所致，可加入少许亚硫酸钠，再抽滤除去生成的少许二氧化锰。滤液如有浑浊，可能是抽滤时少许二氧化锰滤入滤液中，需重新抽滤。

(4) 二氧化锰残渣中易夹杂己二酸钾盐，须用热水把它洗下来。

(5) 主要试剂及产品的物理常数见表5-1。

表5-1 试剂与产品的物理常数

名称	相对分子质量	性状	n_D^{20}	相对密度	熔点/℃	沸点/℃
环己醇	100.16	无色液体	1.4650	0.962	25.5	161.1
己二酸	146.14	白色晶体	—	1.36	153	—

（6）环己醇与浓硝酸切不可用同一量筒量取，两者相遇后会剧烈反应，甚至可能发生意外。此反应属强烈放热反应，若用浓硝酸进行反应，反应过于剧烈，不好控制，故选用50%的硝酸进行反应。

（7）钒酸铵不可多加，否则产品发黄。

（8）因产生的二氧化氮气体有毒，所以装置要求必须严密不漏气，并做好尾气吸收。若发生漏气，应立即暂停实验，检查装置，待装置不漏气后再继续进行实验。并且，此实验必须在通风橱中进行。

（9）此反应为剧烈放热反应，因此必须严格控制滴加速度，防止反应过于剧烈，引起爆炸。

实验拓展

己二酸的制备实验涉及多个重要的有机化学基本原理和基本操作，是制备有机酸的一个经典实验。本实验采用硝酸和高锰酸钾为氧化剂，氧化环己醇来制备己二酸。硝酸氧化法在实验过程中会产生大量的二氧化氮有毒气体，而且反应十分激烈，有较大的危险性。高锰酸钾氧化法无有毒气体放出，无环境污染问题，实验也比较安全。

硝酸氧化法也是目前工业上生产己二酸的主要方法，工业生产时硝酸的强氧化性使设备的腐蚀严重，并且产生的氮氧化物被认为是引起全球变暖和臭氧减少的原因之一，给环境造成极大的污染。而且该反应的能耗也比较高。近年来随着绿色化学的兴起，探求高效、低能耗、环保的新型工艺已成为合成己二酸领域的热点，国内外学者也在绿色合成己二酸方面做了许多工作，并取得突出成绩，一些高效的环境友好的新合成方法先后被报道。其中以过氧化氢为氧化剂，不会产生污染环境的废酸液与酸雾，且反应条件温和，因此是清洁合成己二酸的可行性方法，成为己二酸今后生产的趋势，具有良好的应用开发前景。

双氧水是一种理想的清洁氧化剂，其反应的惟一预期副产物是水，这从根本上消除了氧化过程的污染源；同时，双氧水中活性氧的质量分数为47%，比一般的有机过氧化物和过氧酸高得多，因此备受研究者青睐。以双氧水为氧化剂氧化环己醇（或环己烯）为己二酸的反应需加入催化剂，目前见诸文献报道的催化剂有钨酸钠、杂多酸、分子筛等。

杂多酸（HeteropolyAcid，简写为HPA）是由杂原子（如P、Si、Fe、Co等）和多原子（如Mo、W、V、Nb、Ta等）按一定的结构通过氧原子配位桥组成的一类含氧多酸，具有很高的催化活性，是一种多功能的新型固体催化剂。杂多酸稳定性好，对环境无污染，是一类大有前途的绿色催化剂，可用于多种反应。因杂多酸独特的酸性、“准液相”行为、多功能（酸、氧化、光电催化）等优点在催化研究领域中受到研究者们的广泛关注。

沸石分子筛是具有规则多孔结构的一类硅铝酸盐，可用作替代液体酸的固体催化剂。它对以双氧水为氧化剂的许多有机氧化反应具有独特的催化性能。

生产己二酸的传统原料如苯、环己烷及丁二烯等都来自于石油，石油是不可再生资源，利用可再生的生物资源代替石油，是可持续发展的方向。

Draths 和 Frost 提出一种利用生物技术生产己二酸的洁净路线：使用基因工程微生物，将从大量可再生资源植物淀粉或纤维素中获得的D-葡萄糖在自然界不存在的酶的催化下先转化为顺，顺-己二烯二酸，再经氢化，就可以产生己二酸。该技术生产己二酸不必消耗石油等不可再生资源，生产过程完全绿色化，不使用有毒有害的化学试剂，也不产生任何环境污染物，而且产率很高，是己二酸洁净生产研究的一个很好的方向。目前这一研究还属于探索阶段。图 5-3 为己二酸的红外光谱图。

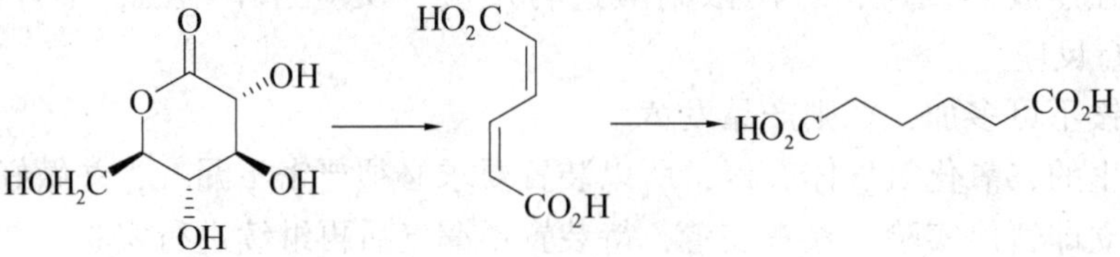

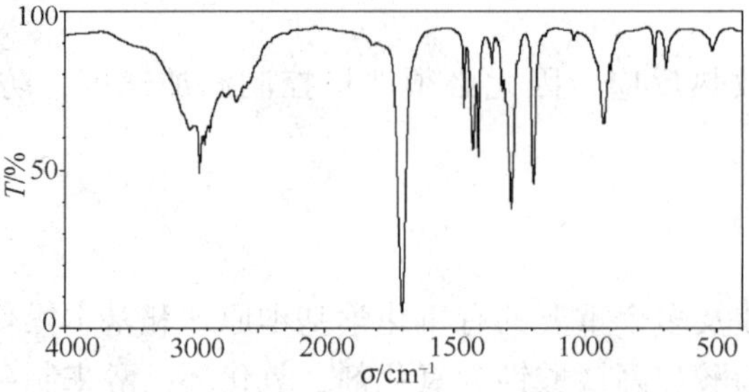

图 5-3　己二酸的红外光谱图

实验思考

1. 为什么要控制反应温度和环己醇的滴加速度？
2. 如果用环戊醇作反应物，产物是什么？
3. 反应温度偏低或偏高对反应有何影响？
4. 用高锰酸钾作氧化剂时，反应结束后，如果反应混合物呈淡紫色，为什么要加入亚硫酸氢钠？试写出反应方程式。
5. 为什么有些剧烈放热反应在最后一个反应物之前要预先加热？
6. 制备羧酸的常用方法有哪些？

实验五　肉桂酸的制备分离

实验目的

（1）了解制备肉桂酸的原理及方法；
（2）学习简易水蒸气蒸馏等操作；
（3）巩固回流、抽滤等基本操作。

实验背景

肉桂酸又称桂皮酸，为白色或淡黄色的微细针状结晶，微有桂皮气味。肉桂酸有顺、反两种异构体，一般说肉桂酸均指反式异构体。它是一种比较重要的有机合成中间体，可作为合成多种药物、香料和感光树脂等精细化工产品的原料。在医药行业，肉桂酸用作合成冠心病药物可心定的中间体，还可用于局部麻醉剂、杀菌剂、血管扩张剂、止血药、抗溃疡剂、止痛药和低血糖药等的制备。在香料行业，肉桂酸是羧酸类香料，有良好的保香作用，可配制樱桃、杏、蜂蜜等香料，用于香皂和日用化妆品等。由于其沸点较相对分子质量相近的其他有机物高，因此常被作为香料中的定香剂使用。肉桂酸也可用于农业上植物生长调节剂、长效杀菌剂、除草剂等的制备。

肉桂酸的合成方法较多，常用的有 Perkin 反应、苯甲醛-丙酮法、苯甲醛-乙烯酮法、苯乙烯-氧化碳法、苯乙烯-四氯化碳法等。其中 Perkin 法是研究比较成熟的一种方法，其工艺路线也比较完善，是目前工业上生产肉桂酸普遍采用的方法。其缺点是原料价格高，能耗大，收率低。苯乙烯-四氯化碳法(见下面反应式)，原料价廉易得，反应条件温和，收率高，是生产肉桂酸极有前途的方法，具有工业化前景。

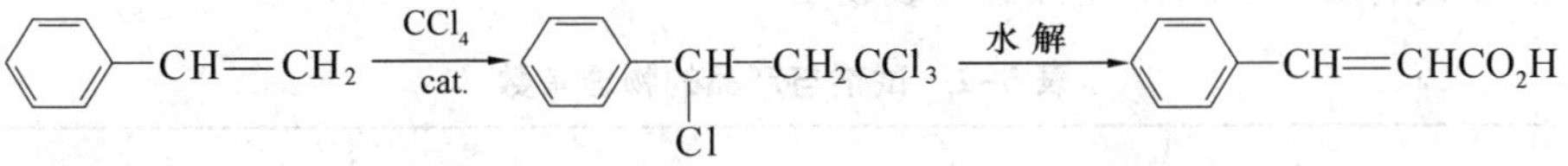

实验原理

利用 Perkin 反应，将苯甲醛和乙酸酐混合后在相应的羧酸盐存在下加热，发生类似混合的羟醛缩合反应，可制得相应的 α，β-不饱和羧酸——肉桂酸。Perkin 法是制备肉桂酸及其同系物的经典方法，芳香醛与酸酐通常在 140~180℃时进行缩合，此时，有部分产物会发生脱羧生成副产物苯乙烯。

在反应物中有酸存在时，反应产物的收率会降低，因此用于 Perkin 反应的所有原料必须充分干燥，以使酸酐水解的可能性降到最小限度。

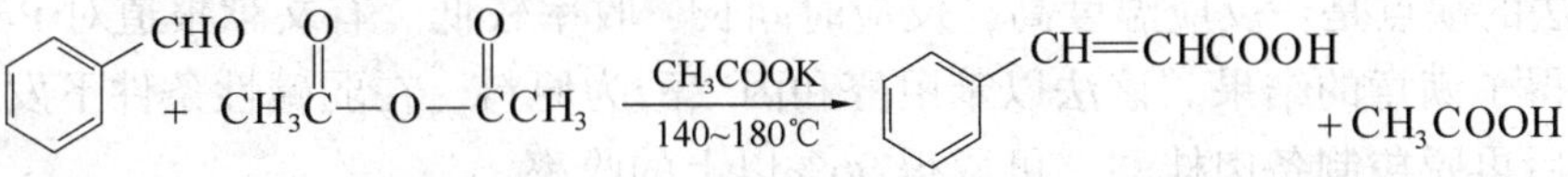

本实验按照 Kalnin 所提出的方法，用碳酸钾代替乙酸钾，可缩短反应时间，提高产率。

仪器试剂

仪器：圆底烧瓶　球形冷凝管　布氏漏斗　抽滤瓶

试剂：苯甲醛(新蒸)　乙酸酐(新蒸)　无水碳酸钾　碳酸钠　氢氧化钠溶液(10%)　盐酸(浓)

实验步骤

在 100mL 圆底烧瓶中依次加入 1g(1mL，10mmol)新蒸的苯甲醛、2.7g(2.5mL，26mmol)新蒸馏过的乙酸酐以及 1.5g(10mmol)研细的无水碳酸钾，摇匀后装上带有氯化钙干燥管的空气冷凝管，将混合物在 140~180℃的油浴中加热回流 30min，由于有二氧化碳逸出，最初反应会有泡沫出现。

待反应物冷却后，加入 10mL 温水，用玻璃棒轻轻压碎瓶中的固体。进行水蒸气蒸馏蒸出未反应的苯甲醛，直至无油状物蒸出为止。将烧瓶冷却后，加入 10mL10%氢氧化钠溶液，使生成的肉桂酸形成钠盐而溶解。抽滤，将滤液冷却至室温，在搅拌下小心用浓盐酸酸化至溶液呈酸性(pH 值约为 3~4，刚果红试纸变蓝)。冷却结晶，抽滤，用少量冷水洗涤，干燥后称重，粗产品约 0.7g，产率 50%。粗产品可用 1∶3 的乙醇-水溶液进行重结晶。

实验指导

(1) 苯甲醛放置久了，由于自动氧化而生成较多的苯甲酸，影响产品质量；乙酸酐放置久了，由于吸潮和水解也有部分转变为乙酸。提纯苯甲醛，需先用碳酸钠溶液洗去苯甲酸，用无水硫酸镁干燥后重新蒸馏；提纯乙酸酐是在乙酸酐中加入五氧化二磷，回流 20min，再进行蒸馏。

(2) 可用 TLC 技术进行反应进程跟踪。本实验也可用微波辐射代替油浴，可大大缩短反应时间。

(3) 抽滤前，若混合物颜色较深，可用活性炭脱色。

(4) 主要试剂及产品的物理常数见表 5-2。

表 5-2 试剂与产品的物理常数

名称	相对分子质量	性　状	n_D^{20}	相对密度	熔点/℃	沸点/℃
苯甲醛	106. 12	无色液体	1. 5450	1. 042	-26	178
乙酸酐	102. 08	无色刺激液体	1. 3900	1. 082	-73	140
肉桂酸	148. 16	白色晶体	—	1. 248	135~136	300

肉桂酸有顺反异构体，通常制得的是其反式异构体，熔点 135. 6。

实验拓展

Perkin 法的缺点是：反应温度高，反应时间长，收率较低。有文献报道对 Perkin 法进行了改进，获得了满意的结果。该法以苯甲醛和丙二酸为原料，在弱碱性条件下发生亲核加成反应，失水后再脱羧制备肉桂酸，可取得 96%以上的收率。

图 5-4 和图 5-5 为肉桂酸的红外光谱图和核磁共振氢谱图。

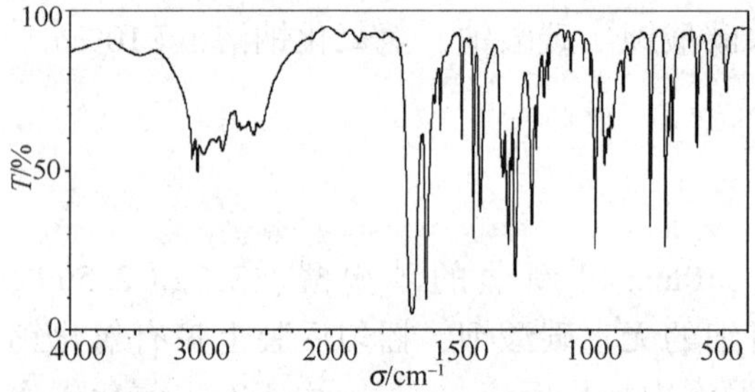

图 5-4　肉桂酸的红外光谱图

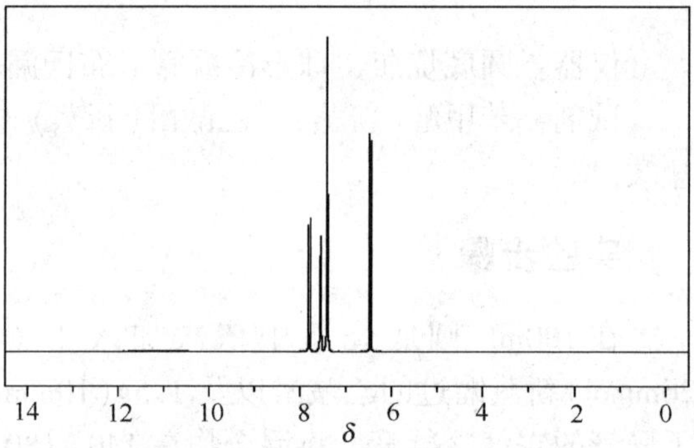

图 5-5　肉桂酸的核磁共振氢谱图

实验思考

1. 若用苯甲醛和丙酸酐在无水乙酸钾催化下发生 Perkin 反应，其产物是什么？

2. 在实验中，如果原料苯甲醛中含有少量的苯甲酸，这对实验结果会产生什么影响？应采取什么样的措施除去？

3. 若反应温度高于 180℃，会出现什么情况？

实验六　乙酸乙酯的制备分离

实验目的

(1) 熟悉和掌握从有机酸合成酯的一般原理及方法；
(2) 熟练掌握用分馏手段提纯液体有机化合物的方法。

实验背景

羧酸酯类是用途很广的一类有机化合物，广泛存在于自然界。低级的酯是有芳香气味的挥发性液体，许多水果和花草的芳香气味，就是由于酯存在的缘故，如乙酸异戊酯具有香蕉气味，乙酸正丁酯具有梨的香味，所以许多酯可用来配制食品和化妆品香料。高级和中级脂肪酸的甘油酯是动植物油脂的主要成分，也是重要的工业原料。高级脂肪酸和高级醇形成的酯是蜡的主要成分。

羧酸酯常用羧酸与醇在酸催化下直接酯化来制备。

$$R-\overset{O}{\overset{\|}{C}}OH + R'OH \underset{}{\overset{H^+}{\rightleftharpoons}} R-\overset{O}{\overset{\|}{C}}OR' + H_2O$$

常用的催化剂有浓硫酸、对甲苯磺酸、干燥氯化氢、强酸性树脂等。酯化反应为可逆反应，如果使用等摩尔的羧酸和醇反应，达到平衡时只有2/3的原料转化为酯。为了提高反应产率，通常采用过量的羧酸或醇(根据羧酸和醇的价格以及是否容易与产物分离等因素来确定使用哪种原料过量)，或不断地将生成的水或酯移走。在某些酯化反应中，醇、水和酯可以形成二元或三元最低恒沸物，或在反应体系中加入能与水形成共沸物的溶剂(如苯、四氯化碳)，利用分水器以除去反应中不断生成的水，这种方法称为共沸酯化。在反应体系中加入过量的催化剂，也可以加大反应速率，提高产量，这是由于酸与水的水合作用可以除去反应中生成的部分水。空间位阻较大的羧酸或醇由于体积效应，反应速度很慢甚至不发生反应。

酯的制备方法除上述方法以外，还有酰氯、酸酐或腈的醇解、酯交换反应、羧酸盐与卤代烷的反应等。例如：酚与酸不能直接酯化，但与酰氯或酸酐反应可以得到满意的结果。

本实验要合成的乙酸乙酯(ethylacetate)是无色透明有芳香气味的液体，具有优良的溶解性，是一种极好的工业溶剂，用作涂料、纤维、合成橡胶等的溶剂；同时乙酸乙酯也是一种非常重要的有机化工中间体，用于制药、染料行业，还可用作水果香精和奶油等香料的主要原料。

实验原理

主反应：

$$CH_3COOH + CH_3CH_2OH \underset{\text{回流}}{\overset{H_2SO_4}{\rightleftharpoons}} CH_3COOCH_2CH_3 + H_2O$$

本实验采用浓硫酸作催化剂，为了提高酯的产量，采用乙醇过量的方法。工业生产中，一般采用加过量的乙酸，以使乙醇转化完全，避免由于乙醇与水、乙酸乙酯形成二元或三元共沸物给分离带来麻烦。

可能的副反应：

$$CH_3CH_2OH \xrightarrow[\triangle]{H_2SO_4} CH_3CH_2OCH_2CH_3$$

$$CH_3CH_2OH \xrightarrow[\triangle]{H_2SO_4} H_2C=CH_2$$

仪器试剂

仪器：电热套　圆底烧瓶　球形冷凝管　分液漏斗　锥形瓶　蒸馏装置

试剂：冰乙酸　无水乙醇　浓硫酸　饱和碳酸钠溶液　饱和食盐水　饱和氯化钙溶液　无水硫酸镁

实验步骤

在 50mL 圆底烧瓶中加入 7. 6mL(6g，130mmol) 无水乙醇和 4. 8mL(5g，84mmol) 冰乙酸，边振摇边小心加入 2mL 浓硫酸，然后加入沸石，装上球形冷凝管。用电热套小火加热，保持回流 30min，待瓶内反应液冷却后，将回流装置改为蒸馏装置，接收瓶用冰水冷却，加热蒸出生成的乙酸乙酯，直到馏出液体积为总体积的 1/2 为止。

在摇动下慢慢向粗产品中加入饱和碳酸钠水溶液，直至不再有二氧化碳气体逸出，且使 pH 试纸呈中性。将液体转入分液漏斗，取上层有机层，依次用饱和食盐水、饱和氯化钙溶液和水各 5mL 洗涤。有机层转入干燥的锥形瓶中，用无水硫酸镁干燥。干燥后的粗产品滤入 25mL 圆底烧瓶中进行蒸馏，收集 73~78℃的馏分，产量约 3g(产率 41%)。

实验指导

(1) 粗产品中混有的杂质有：少量的水，未反应的乙醇和乙酸，副产物乙醚等。

(2) 用饱和碳酸钠除去粗产品中的酸，饱和氯化钙除去未反应的醇，为避免生成碳酸钙沉淀，并减少洗涤过程中产品的损失，在两步操作间必须用饱和食盐水(为什么不用水?)洗涤。饱和氯化钙洗涤时，振荡要充分，时间要长些。

(3) 在未干燥前粗产品已是澄清透明溶液，不能以产品是否透明作为是否干燥好的标准，应加入足量的干燥剂，并放置 30min，期间不断振摇。

(4) 乙酸乙酯、水和乙醇可形成二元或三元最低恒沸物，其中乙酸乙酯与水形成沸点为 70. 4℃的二元恒沸混合物(含水 8. 1%)；乙酸乙酯与乙醇形成沸点为 71. 8℃的二元恒沸混合物(含乙醇 31%)；乙酸乙酯、乙醇与水形成沸点 70. 2℃的三元恒沸混合物(含乙醇 8. 4%，水 9%)。如果在蒸馏前不把粗产品中的醇和水除尽，就会有较多的前馏分。

(5) 主要试剂及产品的物理常数见表 5-3。

表 5-3　试剂与产品的物理常数

名称	相对分子质量	性状	n_D^{20}	相对密度	熔点/℃	沸点/℃
无水乙醇	46. 07	无色液体	1. 3614	0. 79	−114. 3	78. 4
乙酸	60. 05	无色液体	1. 3716	1. 049	16. 7	118
乙酸乙酯	88. 12	无色液体	1. 3723	0. 90	−83. 6	77. 1

实验拓展

工业化生产乙酸乙酯的方法主要有乙醇-乙酸酯化法、乙醛缩合法、乙醇脱氢法以及乙烯加成法等。乙酸乙酯传统的制备方法主要是采用乙醇-乙酸直接酯化法，即在浓硫酸催化下，由乙酸与乙醇酯化得到。该法原料价廉易得，但是存在明显的缺点：硫酸既严重腐蚀设备，又给生产带来安全隐患；生产过程中产生大量“三废”，造成严重的环境污染；后处理复杂而困难；同时，产品收率低。

在绿色化学理念的基础上，化学工作者在催化剂及反应工艺等方面都进行了尝试改进，并取得了一定的成果。改进的工作主要集中在两个方面，一是使用更好的催化剂，如用固体超强酸、固体杂多酸、固体无机酸、离子液(同时可作为溶剂)、非酸催化剂等；二是引入超声波、微波、磁场等新的实验技术。

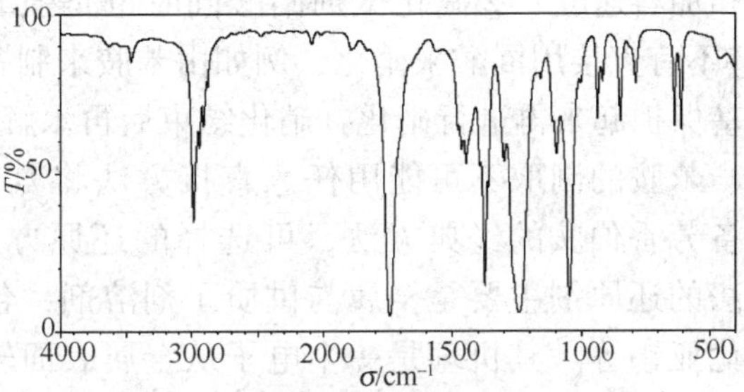

图 5-6 乙酸乙酯的红外光谱图

图 5-6 为乙酸乙酯的红外光谱图。

实验思考

1. 酯化反应的特点是什么？本实验采用什么方法使酯化反应尽量向生成物方向进行？
2. 本实验为什么要用过量的乙醇？若采用乙酸过量是否合适？
3. 能否用浓氢氧化钠溶液代替饱和碳酸钠溶液来洗涤蒸馏液？
4. 蒸馏出的粗产品中主要有哪些杂质？如何除去？

实验七　对氨基苯磺酸的制备分离

实验目的

(1) 通过硝基苯的制备加深对芳烃亲电取代反应的理解；
(2) 了解从硝基苯还原成苯胺的原理及方法；
(3) 进一步熟悉水蒸气蒸馏的原理、基本操作及其用途；
(4) 了解磺化反应的基本原理及操作。

实验背景

对氨基苯磺酸俗称磺胺酸，是一种重要的有机化工原料，是制备甲基橙、酸性媒介深黄、酸性橙Ⅱ、酸性嫩黄 2G 等偶氮染料的中间体，还可用于防治小麦锈病的农药，对小麦锈病有内吸治疗作用，称为敌锈钠。

本实验以苯为原料，经硝化、还原、磺化等三步反应来制备对氨基苯磺酸。

由芳香族化合物直接硝化是制备芳香族硝基化合物的常用方法，最常用的硝化试剂是浓硫酸和浓硝酸的混合液，也称为混酸。硝化反应是芳香族化合物典型的亲电取代反应之一。由苯制备硝基苯，首先是浓硫酸与浓硝酸作用生成硝基正离子，然后硝基正离子对苯环大 π

键发生亲电加成生成不稳定的σ-络合物——苯碳正离子中间体，然后苯碳正离子中间体失去一个质子恢复苯的结构生成硝基苯。同其他芳香化合物的亲电取代反应一样，硝化反应难易受苯环上已有取代基团的影响，反应所需的混酸浓度和反应温度也不相同。如含邻对位定位基的苯酚比苯易硝化，而含间位定位基的硝基苯比苯难硝化。苯酚的硝化只需在室温下用稀硝酸就可以顺利进行，而硝基苯的硝化一般用发烟硝酸和浓硫酸的混合酸作为硝化试剂，反应所需温度也较高(一般95~100℃)，反应时间也较长。进行硝化反应需注意以下两个问题：①硝化反应是强放热反应，操作时必须要有充分、良好的搅拌，而且需要控制好反应温度和加料速度。②硝化试剂硝酸同时也是强氧化剂，一些易被氧化的芳香族化合物(如芳胺)不宜直接用混酸来硝化，例如由苯胺来制备对硝基苯胺，就需先将苯胺制成乙酰苯胺把氨基保护起来再进行硝化，硝化结束后再水解脱保护。

苯胺的制取不可能用任意直接方法将氨基导入芳环，通过硝基化合物的还原反应是制备芳香伯胺的经典方法，可选择的还原方式有催化氢化和化学还原两种。其中化学还原法的还原剂主要是金属与供质子剂溶剂，包括铁-盐酸、铁-乙酸、锡-盐酸、锌-盐酸、氯化亚锡等。其机理是一个电子从金属表面转移到有机分子中去，使有机分子形成“负离子自由基”，供质子剂提供质子，使其成为自由基，自由基再从金属表面取得一个电子形成负离子，最后从供质子剂再取得质子完成还原反应。用锡-盐酸作还原剂时，反应较快，产率较高，但价格较贵，同时，酸碱用量较多；铁-盐酸是工业上还原硝基苯生成苯胺的方法，该法成本低，酸的用量仅为理论量的约1/40，降低了产物生成后的碱用量，但缺点是反应时间较长；用铁-乙酸较之铁-盐酸成本略有增加，但还原时间能显著缩短。

多硝基化合物可被较温和的还原剂如硫化钠、硫氢化钠、硫化铵等硫化物选择还原，只得到一个硝基被还原的产物。此外，脂肪族和芳香族伯胺还可通过酰胺的Hofmann降解反应来制备。

苯胺环上引入磺酸基，一般不按亲电取代历程，而是首先把硫酸和苯胺1∶1混合得到相应的盐，再于180℃烘焙，苯胺硫酸盐加热脱水得到苯氨基磺酸，后者发生重排得到目标产物。这也是工业上制备对氨基苯磺酸的方法。

实验原理

苯在浓硫酸存在下与浓硝酸作用，芳环上的氢原子被硝基取代，生成硝基苯；硝基苯经还原得到苯胺。本实验选取铁-乙酸作还原剂，苯胺经磺化得到对氨基苯磺酸。

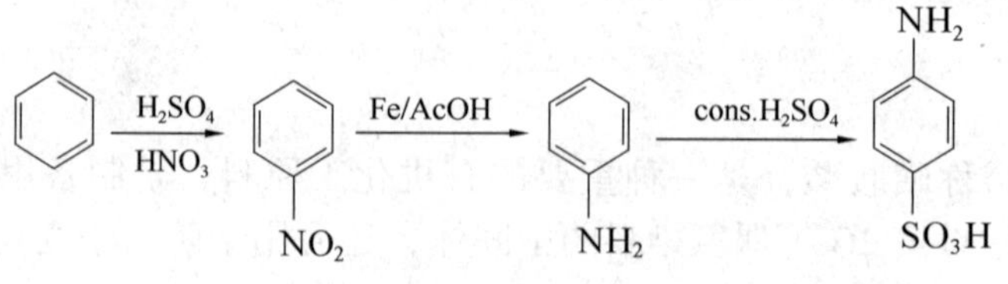

仪器试剂

仪器：电热套　磁力搅拌器　三口瓶　圆底烧瓶　锥形瓶　温度计　抽滤瓶　布氏漏斗蒸馏装置

试剂：苯　浓硫酸　浓硝酸　无水氯化钙　氢氧化钠溶液(10%)

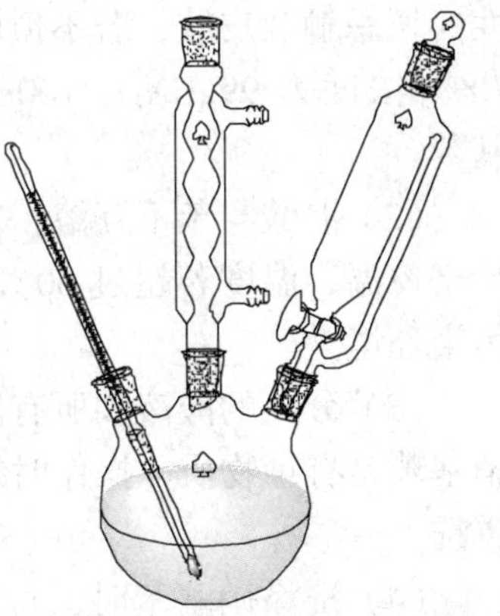

图 5-7　制备硝基苯的反应装置

实验步骤

1. 硝基苯的制备

用 10mL 移液管移取 5mL(80mmol)浓硝酸(d_4^{20} 为 1.42)置于 25mL 锥形瓶中，用冷水冷却，在不断摇动下，小心地滴加 6mL 浓硫酸，摇匀，放置待用。

将装有球形冷凝管、恒压滴液漏斗和温度计的 50mL 三口瓶安装在电磁搅拌器上，向三口瓶中加入 4.7g(5.3mL，60mmol)苯，将上一步配制好的混酸加入恒压滴液漏斗。开动磁力搅拌器，并用水浴加热，待温度升至 50℃后，撤去水浴，慢慢滴入混酸，滴加过程中控温 50~55℃(切勿超过 60℃)。滴加完毕后，控温 50~60℃(必要时可水浴加热)，继续搅拌 20min 使反应完全。

反应液冷却后，倒入盛有 30mL 水的 100mL 烧杯中，搅拌片刻，转移至 25mL 分液漏斗中，分去酸液，依次用 5mL 水、5mL10%氢氧化钠溶液和 5mL 水各洗一次。用无水氯化钙干燥至清亮，过滤除去氯化钙，产品为黄色透明液体，产量约 6.5g。此产品可直接用于下一步反应，也可进行蒸馏提纯，收集 205~210℃的馏分。

2. 苯胺的制备

将 6g(107mmol)还原铁粉、6mL 水加入 100mL 圆底烧瓶中，再用移液管移入 0.5mL 乙酸，装上球形冷凝管，开动磁力搅拌器，小火加热缓慢煮沸约 10min。稍冷后，边搅拌边从冷凝管顶端用滴管分批加入 3.1mL(3.7g，30mmol)硝基苯，由于反应强烈放热，每次加入硝基苯时，均有一阵猛烈的反应发生。加完后，将反应物加热回流约 30min，使冷凝管回流液不再呈现硝基苯的黄色，管壁上的黄色油珠完全消失。

将反应瓶改装成水蒸气蒸馏装置，进行水蒸气蒸馏，蒸至馏出液清亮后再多蒸几毫升，停止蒸馏。将馏出液转入分液漏斗，分出有机层到 100mL 锥形瓶，水层用食盐饱和后，每次用 10mL 乙醚萃取两次，醚层与有机层合并，用粒状氢氧化钠干燥。

将干燥后的苯胺乙醚溶液滤入 10mL 圆底烧瓶中，先用热水浴蒸去乙醚后，继续用空气冷凝管蒸馏，收集 180~185℃的馏分，产量约 2g。

3. 对氨基苯磺酸的制备

将 1.2g(1.2mL，13mmol)苯胺加入 50mL 的三口瓶中，在冷水冷却和摇动下，小心加入 2.2mL(4g，45mmol)浓硫酸，装上空气冷凝管和温度计(温度计水银球浸在反应液中)；另一瓶口用塞子塞住。用油浴加热，维持温度 170~180℃，反应约 1.5h，停止加热。

稍冷后，在不断搅拌下，小心将产物倒入 12mL 冰水中，对氨基苯磺酸呈灰白色固体析出。用霍氏漏斗抽滤，少量水洗后得对氨基苯磺酸粗产品。

用沸水重结晶和活性炭脱色后，再用霍氏漏斗抽滤收集产品，晾干后可得灰白色粗针状结晶 0.8~1.2g。

实验指导

(1) 浓硝酸和浓硫酸混合时大量放热，需在冷水浴冷却下混合，两种酸都具有强腐蚀性，切忌触及皮肤，若不慎触及皮肤，应立即用大量水冲洗。本实验所用硫酸的质量分数约70%(浓度为 99gHNO_3/100mL 水)，若用质量分数 98%的硝酸，则极易得到较多的二硝基苯。

(2) 混酸与苯不互溶，需用磁力搅拌或电动搅拌，使反应物充分接触，顺利反应。必须严格控温，温度若超过 60℃有较多的二硝基苯生成而且苯和硝酸也容易逸出，影响产率，污染环境。

(3) 分出的酸液和所有洗涤液均应倒在指定的废液缸内，切忌倒入下水道而污染环境。硝基苯是有毒物质，操作时须小心谨慎，若不慎触及皮肤，应立即用乙醇擦洗后，再用肥皂搓洗。

(4) 洗涤硝基苯时，特别是用氢氧化钠溶液洗涤时，不可过分用力振荡，否则使产品乳化难以分层。若遇此情况，可加入固体氯化钠使之饱和或滴加数滴酒精静置片刻即可分层。

(5) 本实验放热剧烈，故而硝基苯一定要审慎加入，一开始可能无现象，是因为反应尚未引发，可小心加热，一旦反应启动后即比较剧烈。每加一次硝基苯均需剧烈振荡，待反应开始稳定再加下一批硝基苯。蒸馏时千万不可蒸干，防止残留的二硝基苯在高温下分解而爆炸。

(6) 硝基苯为黄色油状物，如果回流中黄色油状物消失，转变成乳白色油珠，表示反应终止。反应中硝基苯的生成经过亚硝基苯和苯基羟胺等中间化合物逐步还原成苯胺。还原反应必须完全，否则粗产品中仍残留硝基苯，采用实验中提及的分离提纯操作很难除净，因而影响产品纯度。

(7) 在 20℃时，每 100mL 水可溶解 3.4g 苯胺，为了减少苯胺损失，根据盐析原理，加入精盐使馏出液饱和，原来溶于水中的绝大部分苯胺就呈油状物析出。每 4mL 馏出液约加 1g 食盐。

(8) 苯胺有毒，操作时应避免与皮肤接触或吸入其蒸气。若不慎触及皮肤时，先用水冲洗，再用肥皂和温水洗涤。纯苯胺为无色液体，但在空气中放置过久会被氧化而呈淡黄色，加入少量锌粉重新蒸馏，可去掉颜色。

(9) 苯胺与浓硫酸作用生成固体苯胺硫酸盐过程中剧烈放热，加入硫酸必须小心，防止苯胺受热挥发。

(10) 如果反应温度过高，容易生成黑色黏稠状物质。反应终点的判断可通过下列方式：取 1~2mL 混合液，加入到 5~6mL10%氢氧化钠溶液中，若得到澄清的溶液，则认为反应已完全，如有游离胺析出，则需继续加热。

(11) 对氨基苯磺酸在水中的溶解度为 100mL 水中 100℃下 6.67g，20℃下 1.08g。说明对氨基苯磺酸在常温下，水中的溶解度也很大，用水重结晶时，若将母液回收，浓缩还可收集部分产品。水重结晶后，产品含一分子结晶水，在 100℃失水。

(12) 对氨基苯磺酸是制备偶氮染料的重要中间体，在其分子结构中同时存在着一个强酸性的磺酸基和一个弱碱性的氨基，是两性化合物。本实验得到的对氨基苯磺酸实际以内盐形式存在。

(13) 当温度低于 50℃，反应物可能变稠甚至凝固，不易倒出。反应完后，圆底烧瓶上粘附的黑褐色物质，可用 1∶1 盐酸水溶液温热除去。

(14) 主要试剂及产品的物理常数(见表 5-4)。

表 5-4　试剂与产品的物理常数

名称	相对分子质量	性状	n_D^{20}	相对密度	熔点/℃	沸点/℃
苯	78.11	无色液体	1.5011	0.877	5.5	80.1
硝基苯	123.11	黄色液体	1.5562	1.2	5.7	210.9
苯胺	93.13	无色液体	1.5863	1.0216	-6.2	184.4
对氨基苯磺酸	173.19	灰白色晶体	—	—	—	—

实验拓展

对氨基苯磺酸可用作合成偶氮染料——甲基橙的原料，本实验是一个多步骤有机合成实验。无论在实验室还是工业生产中，从常见原料开始合成一种有机化合物，通常都需要经过几步甚至几十步反应，很少只需要经过一步反应就能完成。因此，练习从基本原料出发经过多步反应合成一个较复杂的分子，是有机合成中最重要的基本功之一。

在多步骤有机合成中，每步的实际产量都低于理论产量，总收率是各步收率的乘积，例如一个七步反应，每步的收率都是 80%，总收率约为 20%。随着反应步数的增多，中间体的量在逐渐减少，这就要求要有严谨的科学态度和熟练的实验技能，要做好每步反应，否则就有可能得不到最终产品。在探索反应条件时，每步反应的产品，只能拿出一部分作为原料进行下一步反应，以免万一中间某一步反应失败后，必须从最初的原料开始重新合成。

在多步骤有机合成中，有的中间体必须分离提出，而有的中间体粗品就可以直接用于下一步反应，这就需要根据实验需要进行权衡，做出恰当的选择。

图 5-8 为对氨基苯磺酸的红外光谱图。

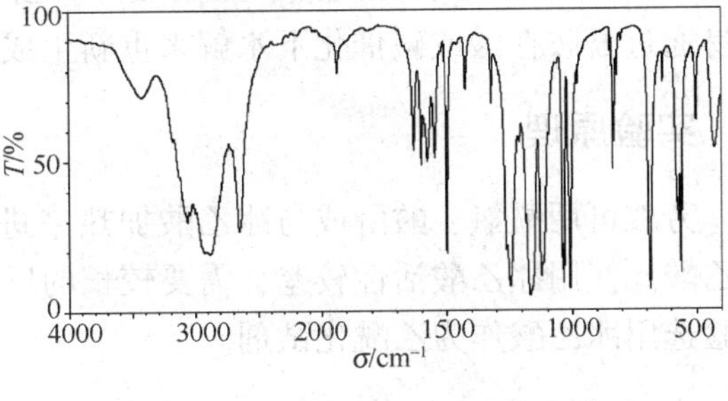

图 5-8　对氨基苯磺酸的红外光谱图

实验思考

1. 硝基苯粗产品依次用水洗、碱洗和水洗的目的是什么？如果产品中有少量的硝酸没有除掉，在蒸馏过程中会发生什么现象？

2. 苯甲醚和苯甲酸硝化的产物分别是什么？在反应条件上有何差异？为什么？

3. 苯胺的制备实验中，如果以盐酸代替乙酸，则反应后要加入饱和碳酸钠至溶液呈碱性后，才进行水蒸气蒸馏，这是为什么？本实验为何不进行中和？

4. 苯胺的制备实验中，在试剂的用量中，乙酸用量比铁粉和硝基苯明显地少，而还原反应仍可迅速地顺利完成，试说明乙酸在反应中的作用是什么？

5. 有机物质必须具备什么性质，才能采用水蒸气蒸馏提纯？本实验为何选择水蒸气蒸馏法把苯胺从反应混合物中分离出来？

6. 在水蒸气蒸馏完毕时，先灭火焰，再打开 T 形管下端弹簧夹，这样做行吗？为什么？

7. 如果最后制得的苯胺中含有硝基苯，请设计一个方案加以分离提纯。

8. 为什么对氨基苯磺酸作为有机化合物在水中的溶解度较大，而在有机溶剂苯和乙醚中的溶解度却很小？

9. 对氨基苯磺酸是两性有机化合物，为什么它易溶于碱却不溶于酸？

实验八　乙酰苯胺的制备分离

实验目的

（1）掌握苯胺乙酰化反应的原理和实验操作；

（2）掌握易氧化基团的保护方法；

（3）熟练固体有机物提纯的方法——重结晶。

实验背景

乙酰苯胺(acetylaniline)为白色有光泽的鱼鳞状晶体，有退热镇痛作用，曾用作解热镇痛药，有“退热冰”之称。它也是一种重要的化工原料，可用作合成磺胺类药物的原料，也可用作合成止痛剂、退热剂、防腐剂和染料的中间体。

乙酰苯胺是通过苯胺酰化得到的。芳胺的酰化反应在有机合成中也有着非常重要的作用。芳香伯胺和仲胺的芳环和氨基都容易起反应，作为一种保护措施，芳香伯胺和仲胺在合成中通常被转化为它们的乙酰基衍生物，以降低芳胺对氧化剂的敏感性，使其不被氧化试剂氧化破坏；同时氨基酰化后降低了氨基在亲电取代反应中的活化能力，使其由很强的第Ⅰ类定位基(邻对位定位基)变为中等强度的第Ⅰ类定位基，并使反应由多元取代变为有用的一元取代，由于乙酰基的空间位阻较大，往往选择性地生成对位取代产物；另外，酰化还可以避免氨基与其他试剂(如酰氯、亚硝酸等)之间发生不必要的副反应。保护结束后，芳胺很容易通过酰胺在酸或碱催化下水解来重新生成。

实验原理

芳胺可用酰氯、酸酐或与冰乙酸加热来进行酰化，反应活性顺序是：乙酰氯>乙酸酐>冰乙酸。使用冰乙酸活性较差，需要较长的反应时间，但试剂易得，价格也比较便宜，故本实验选用冰乙酸作为乙酰化试剂。

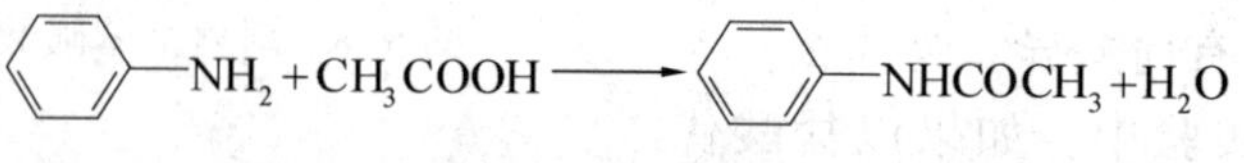

冰乙酸与苯胺的反应速率较慢，且反应是可逆的，为了提高乙酰苯胺的收率，一般采用原料冰乙酸过量的方法，同时利用分馏柱将反应中生成的水从平衡中移去。本实验控制分馏柱顶部温度为约105℃，因此可以将水蒸出反应体系。与水沸点相差不大的乙酸也会有少量随水一并蒸出，而沸点很高的苯胺则会回流再进入反应液继续参加反应。

由于苯胺易氧化，实验中加入少量锌粉，防止苯胺在反应过程中氧化。

仪器试剂

仪器：电热套　圆底烧瓶　米格式分馏柱　温度计　锥形瓶　布氏漏斗　抽滤瓶

试剂：苯胺　冰乙酸　锌粉

实验步骤

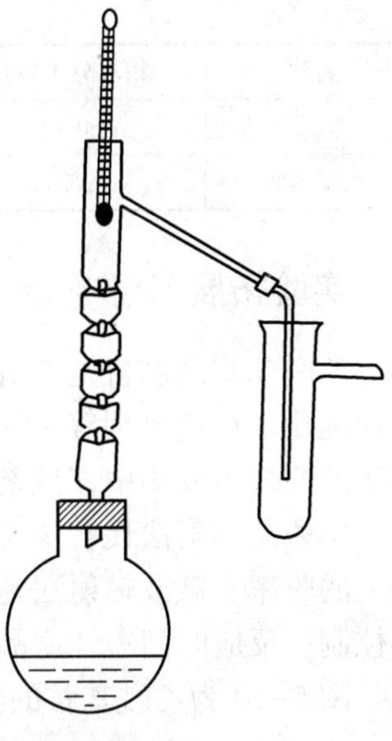
图 5-9 乙酰苯胺的制备装置

在 50mL 圆底烧瓶中，加入 5mL(5.1g，55mmol)新蒸馏的苯胺、7.5mL(7.9g，131mmol)冰乙酸和少量锌粉(约 0.05g)。装上分馏柱，在柱顶安装一支温度计，用小锥形瓶收集蒸出的水和乙酸。全部装置如图 5-9 所示。用电热套缓慢加热回流，保持温度计示数为 105℃约 40~60min，反应所生成的水和少量乙酸被蒸出。当温度计的读数不断下降时，则反应达到终点(有时，反应器中会出现白雾)，即可停止加热。

在不断搅拌下趁热将反应液倒入盛有 100mL 冷水的烧杯中，此时有细粒状固体析出。继续搅拌并冷却烧杯，使乙酰苯胺完全析出。用布氏漏斗抽滤析出的固体，用真空玻璃塞把析出的固体压碎，并用少量冷水洗涤固体以除去残留的酸液，得到白色或黄色的乙酰苯胺粗品。将粗品转移到烧杯中，加入 150mL 水，在搅拌下加热至沸腾使粗产品溶解(如果仍有未溶解的油珠，则需补加水，直至油珠完全溶解为止)，趁热用保温漏斗过滤或用预先加热好的布氏漏斗抽滤，滤液冷却至室温，乙酰苯胺析出，抽滤得无色片状晶体，尽量挤压以除去晶体中的水分，产物放在表面皿上晾干后称重，产量约 4g。

实验指导

(1)苯胺极易氧化，久置的苯胺因为氧化而颜色较深，使用前要重新蒸馏以除去其中的杂质。因为苯胺的沸点较高，蒸馏时选用空气冷凝管冷凝，或采用减压蒸馏。

(3)锌粉的作用是防止苯胺氧化，只要少量即可。若锌粉加得过多，在后处理中会因为乙酸锌水解生成不溶于水的氢氧化锌，难以从乙酰苯胺中分离出去。因此，锌粉要适量，反应液呈淡黄色或近无色。

(3)乙酰苯胺在水中的溶解度随温度的变化差异较大，100mL 水在 100℃时溶解乙酰苯胺 5.55g，80℃时溶解 3.45g，50℃时溶解 0.84g，20℃时溶解 0.46g。若有油珠存在，此油珠是熔融状态下的含水的乙酰苯胺，说明乙酰苯胺未完全溶解，需补加水。重结晶时加热煮沸会蒸发掉一部分水分，故本实验的用水量，最好是使溶液在 80℃左右为饱和状态。若重结晶时溶液有颜色，则需稍冷后加入活性炭 0.5g 左右，在搅拌下慢慢加热煮沸 1~2min，并趁热过滤。注意：切不可在沸腾的溶液中加入活性炭，以免引起暴沸，致使溶液冲出容器。

(4)为防止在抽滤过程中乙酰苯胺受冷析出，造成操作上的麻烦和产品的损失，布氏漏斗和抽滤瓶要进行充分的预热，抽滤瓶可放在水浴中预热，布氏漏斗可倒悬在沸水浴上利用水蒸气进行充分预热。

(5)主要试剂及产品的物理常数见表 5-5。

表 5-5 试剂与产品的物理常数

名称	相对分子质量	性状	n_D^{20}	相对密度	熔点/℃	沸点/℃
苯胺	93.12	无色液体	1.5863	1.02	-6.3	184.1

续表

名称	相对分子质量	性状	n_D^{20}	相对密度	熔点/℃	沸点/℃
冰乙酸	60.05	无色液体	1.3716	1.049	16.7	118
乙酰苯胺	135.17	白色晶体	—	1.21	114	305

实验拓展

乙酰苯胺的制备是有机化学实验教学中广泛选用的实验，它涉及有机合成、固液分离、产物纯化、产物鉴别等一系列有机化学实验中常用的基本技能和操作技巧。对乙酰苯胺实验方法的改进主要集中在试剂用量的微型化和操作过程的绿色化方面。

用微波辐射法代替传统加热，以苯胺和乙酸酐为原料反应制备乙酰苯胺，可得到 90% 以上的收率。微波辐射法是对传统方法的改进和挑战，与传统实验方法相比反应条件温和，易控制，反应时间短，产品质量和产率高，重复性好。

图 5-10 为乙酰苯胺的红外光谱图。

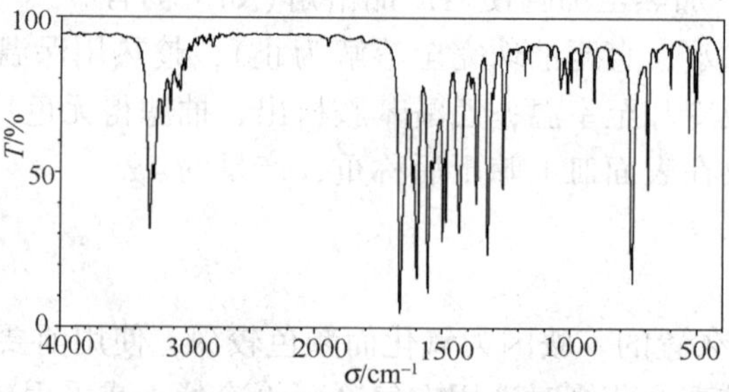

图 5-10　乙酰苯胺的红外光谱图

实验思考

1. 在本实验中可采用哪些措施来提高乙酰苯胺的产率？

2. 反应时为什么要控制分馏柱上端的温度在 105℃左右？若温度过高有什么不好？反应终点时，温度计的温度为何下降？

3. 用苯胺为原料进行苯环上一些取代反应时，为什么常先要进行乙酰化？

4. 根据反应式计算，理论上能产生多少毫升水？为什么实际收集的液体量多于理论量？

5. 反应后的粗产品中含有未反应的苯胺和过量的乙酸，如何除去？

实验九　邻氨基苯甲酸的制备分离

实验目的

(1) 掌握 Hofmann 重排反应制备邻氨基苯甲酸的原理及方法；

(2) 巩固重结晶等基本操作；

(3) 掌握冰盐浴的使用。

实验背景

脂肪族、芳香族以及杂环族酰胺类化合物与氯或溴在碱溶液中经取代、消去、重排、水解等反应，生成减少一个碳原子的伯胺，称为 Hoffmann 重排或 Hoffmann 降解，这是由酰胺制备少一个碳原子伯胺的重要方法。反应是通过活泼中间体——氮烯(乃春)进行的。其反应机理如下：

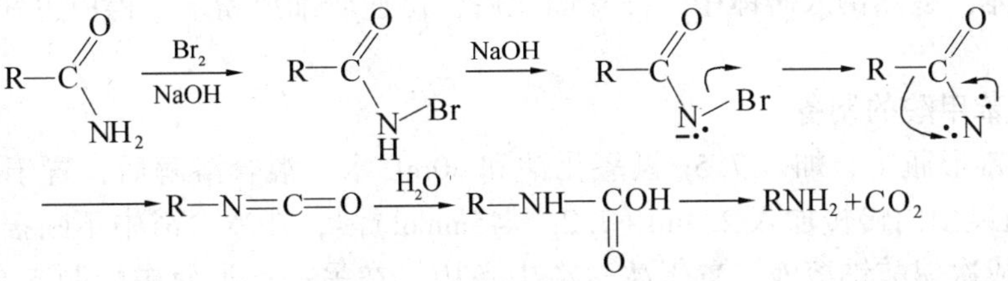

邻氨基苯甲酸是一种重要的有机合成中间体，在制药和染料领域有广泛应用，如它是制备农药灭草松的中间体。另外，邻氨基苯甲酸还可以用作测定钴、镁等的络合试剂。

实验原理

本实验首先通过邻苯二甲酸酐与氨的反应来制备邻苯二甲酰亚胺，然后邻苯二甲酰亚胺发生 Hofmann 重排反应，生成邻氨基苯甲酸。

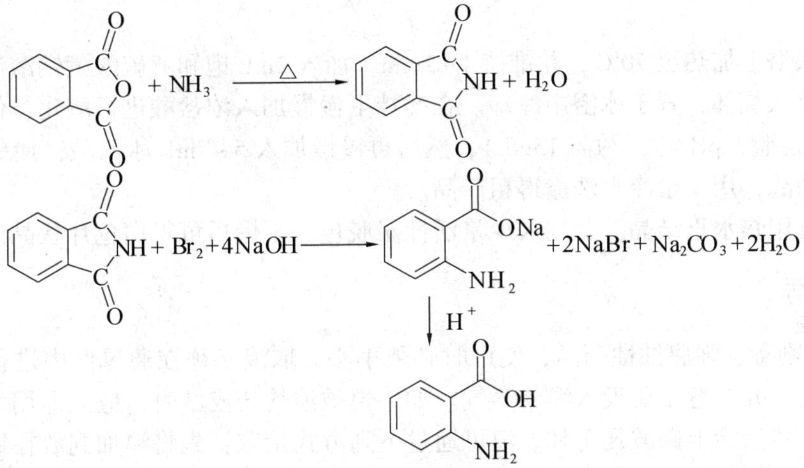

由于邻氨基苯甲酸具有偶极离子的结构，它既能溶于酸，又能溶于碱，因此，自碱液中酸化析出邻氨基苯甲酸时，一定要小心控制好酸的加入量，使溶液的 pH 值接近于邻氨基苯甲酸的等电点。

仪器试剂

仪器：电热套　圆底烧瓶　直形冷凝管　锥形瓶　温度计　布氏漏斗　抽滤瓶

试剂：邻苯二甲酸酐　26%~28%浓氨水　溴　氢氧化钠　浓盐酸　冰乙酸　饱和亚硫酸氢钠溶液

实验步骤

1. 邻苯二甲酰亚胺的制备

在100mL圆底烧瓶中加入8.5g(57mmol)邻苯二甲酸酐和10mL(约160mmol)浓氨水(26%~28%)，装上直形冷凝管(空气冷凝)，用电热套小火加热至邻苯二甲酸酐溶解，然后加大火，使瓶内冒白烟，出现明显升华现象。继续大火加热，使块状邻苯二甲酰亚胺固体全部熔融变为液体，趁热倒入研钵中，冷却固化后，迅速研细成粉末，得白色邻苯二甲酰亚胺约7g。

2. 邻氨基苯甲酸的制备

在150mL锥形瓶中，加入7.5g氢氧化钠和30mL水，混合溶解后，置于冰盐浴中冷至0℃以下。在通风橱内慢慢加入2.3mL(7.2g，45mmol)溴，在冰盐浴中不断摇荡锥形瓶，使溴全部作用制成次溴酸钠溶液，置于冰盐浴中备用。在另一锥形瓶中配制5.5g氢氧化钠溶于20mL水的溶液，亦置于冰盐浴中冷却备用。

在0℃以下，向制好的次溴酸钠溶液中慢慢分批加入6g(41mmol)粉状邻苯二甲酰亚胺，剧烈振摇后，迅速加入预先配制好并冷至0℃的氢氧化钠溶液。

将反应瓶从冰浴中取出后在室温下振摇，反应液温度自动上升，在15~20min内使其逐渐升温到20~25℃(0~10℃范围内可升温快些，必要时需加以冷却，尤其在18℃左右往往有温度的突变，须注意)，在该温度保持10min。然后再在25~30℃反应0.5h。在整个反应过程中要不断振摇，使反应物充分混合。此时邻苯二甲酰亚胺一般全部溶解，反应液呈澄清的淡黄色溶液。

然后在水浴上加热至70℃，并维持1~2min。加入2mL饱和亚硫酸氢钠溶液，振摇后抽滤。将滤液转入烧杯，置于冰浴中冷却。在搅拌下慢慢加入浓盐酸进行酸化，使溶液恰好呈中性(用试纸检验，pH=7，约需15mL)，然后再慢慢加入5~7mL冰乙酸，使邻氨基苯甲酸完全析出。抽滤，用少量冷水洗涤得粗产品。

粗产品可用热水重结晶，并加入少量活性炭脱色，干燥后可得白色片状晶体约3g。

实验指导

(1)溴为剧毒、强腐蚀性药品，使用时必须小心。取溴必须在通风橱中进行，带防护眼镜及橡皮手套，并注意不要吸入溴的蒸气。如不慎被溴灼伤皮肤时，应立即用稀乙醇洗或多量甘油按摩，然后涂上硼酸凡士林。溴可通过下列方式量取：先将溴加到放在铁圈上的分液漏斗中，然后根据需要的量滴到量筒中；或将溴先加到滴定管中，后根据需要的量滴到量筒中；或用刻度移液管小心地将液溴转移至反应瓶中。

(2)溴与氢氧化钠反应生成次溴酸钠，该反应为放热反应，必须在冷却条件下进行，否则温度升高后次溴酸钠会分解生成溴化钠、溴酸钠和氧气等，影响后续的重排、降解反应的进行。

(3)加入亚硫酸氢钠的目的是还原剩余的次溴酸钠。

(4)邻氨基苯甲酸既能溶于碱，又能溶于酸，故过量的盐酸会使产物溶解。若不慎加入过量的盐酸需再加氢氧化钠溶液中和至中性。

(5)邻氨基苯甲酸为两性物质，其等电点为pI=3~4，两性物质在等电点时溶解度最低。为使产物完全析出，需加入适量的乙酸。

(6) 主要试剂及产品的物理常数见表 5-6。

表 5-6　试剂及产品的物理常数

名称	相对分子质量	性状	n_D^{20}	相对密度	熔点/℃	沸点/℃
邻苯二甲酸酐	148.11	白色晶体	—	1.53	131.6	295
邻苯二甲酰亚胺	147.13	白色晶体	—	1.21	238	366
邻氨基苯甲酸	137.14	白色晶体	—	1.41	145	—

实验拓展

文献上介绍的制备邻氨基苯甲酸的方法有很多，本实验使用的 Hofmann 重排反应的方法也是目前工业上生产邻氨基苯甲酸的主要方法。

此外，邻氨基苯甲酸还可用邻硝基甲苯或邻硝基乙苯为原料进行制备，该方法由于原料便宜易得，具有广泛应用前景。现有两条生产工艺，一是氧化还原工艺，即先氧化成邻硝基苯甲酸，再还原为邻氨基苯甲酸；二是还原氧化工艺，即先还原成邻氨基甲苯，将氨基保护后，再氧化然后脱保护为邻氨基苯甲酸。图 5-11 为邻氨基苯甲酸的红外光谱。

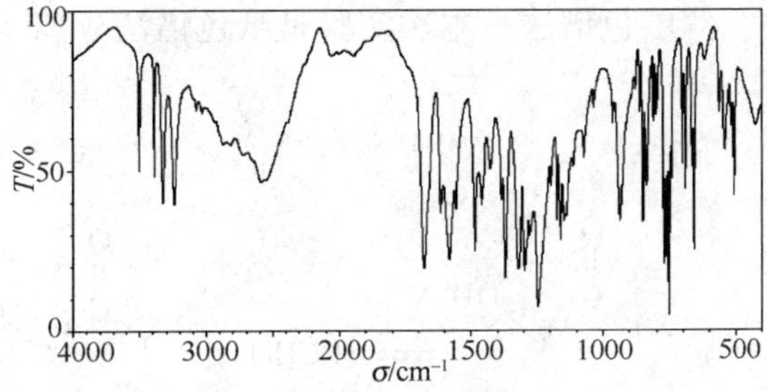

图 5-11　邻氨基苯甲酸的红外光谱

实验思考

1. 本实验中，溴和氢氧化钠的量不足或有较大过量，对反应有什么影响？
2. 使用液溴时应注意哪些问题？
3. 在邻氨基苯甲酸的碱性溶液中，加盐酸使之恰成中性后，为什么不再加盐酸而是加适量乙酸使邻氨基苯甲酸完全析出？

实验十　氨基酸纸色谱法分离鉴定

实验目的

(1) 掌握纸色谱法分离和鉴定氨基酸的原理和方法；
(2) 掌握纸色谱法分离和鉴定氨基酸的操作技术和比移值的测量方法。

实验背景

纸色谱和薄层色谱法是分离和鉴定氨基酸的重要方法之一。首先认识到这种层析现象和分离方法大有可为的是俄国植物学家 M. C. Цвет。他在研究植物色素的过程中，在 1906 年创立了这种简易的分离技术，奠定了吸附色层法的基础。例如，他在一根玻璃管的狭小一端塞上一团棉花，在管中填入粉末的吸附剂，如沉淀碳酸钙等，然后把吸附柱与吸滤瓶连接，使绿色植物叶子的石油醚抽取液自柱中滤过。这样一来，植物叶中的几种色素在柱上展开了，留在最上面的是叶绿素，绿色层下面是两、三种黄色的叶黄素，另一种黄色的色素即胡萝卜素随着溶剂跑到吸附柱的最下层。

1941 年，A. J. P. Martin 和 Synge 将硅胶先吸附相当于其自身质量 50% 的水，再装成柱体，再把氨基酸混合物的溶液加到柱体上，然后用含少量丁醇的氯仿进行层析。这样做可使这种氨基酸得到分离。从此便兴起了所谓分配层析法。A. J. P. Martin 和 Synge 的方法被广泛应用于各种有机物的分离。1943 年 A. J. P. Martin 和 Synge 又发明了在蒸汽饱和环境下进行的纸色谱法。应用滤纸作为固定支持物的“纸层析”诞生以来，层析技术的发展越来越快，20 世纪 50 年代开始，相继出现了气相色谱和高压液相层析，其他如薄层层析、亲合层析、凝胶层析等也迅猛发展。层析分离技术操作简便，样品用量可大可小，既可用于实验室分离分析，又适用于工业生产中产品的分析制备，已成为生物化学、分子生物学、生物工程等学科广泛应用的分析技术之一。

色谱法是分离、提纯和鉴定物质的重要方法。常用的液相色谱法按照固定相的形式不同分为柱色谱法、纸色谱法、薄层色谱法。本次实验是纸色谱法分离、鉴定氨基酸。

实验原理

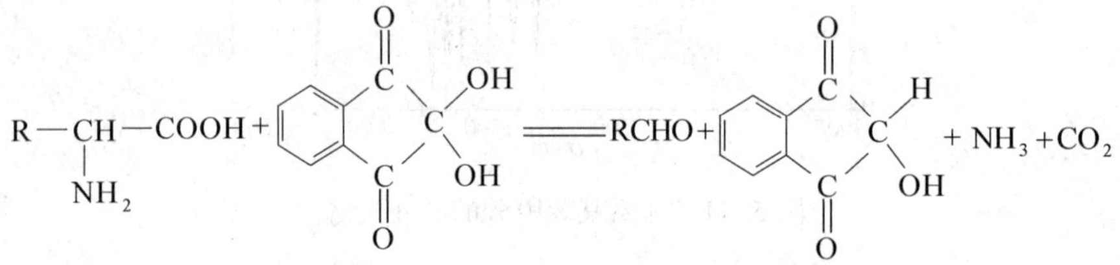

氨基酸　　水化茚三酮　　还原茚三酮

与此同时，还原茚三酮和 NH_3、茚三酮缩合成新的有色化合物而使斑点显色：

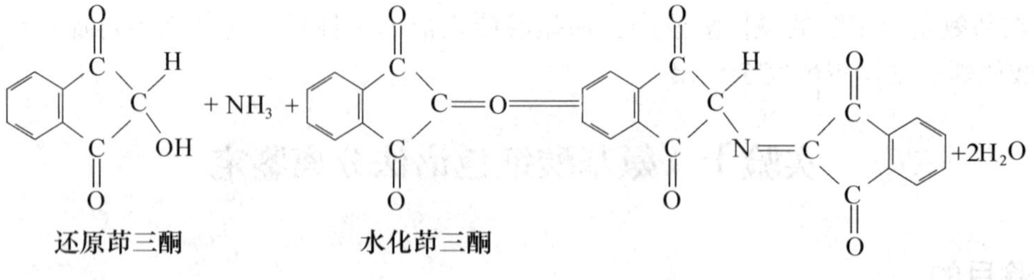

还原茚三酮　　水化茚三酮

仪器试剂

仪器：玻璃层析筒［150mm×300mm（$\varphi \times h$）］毛细管（直径 1mm 左右）　喷雾器（盛显色剂用）　电吹风　烘箱　铅笔　尺

试剂：展开剂［正丁醇 +市售甲酸（80%~88%）+ 水 = 60 + 12 + 8 ，每组配 80 mL］氨基酸标准溶液（2g · L^{-1}将异亮氨酸、赖氨酸和谷氨酸分别配成 2g · L^{-1}的水溶液）　茚三酮乙醇溶液（1g · L^{-1}）（将异亮氨酸、赖氨酸和谷氨酸三种氨基酸标准溶液取等量混合）

实验步骤

1. 点样

在层析纸条下端3cm处，用铅笔轻轻画一条与底边平行的直线，在线上作四个记号作为原点，原点间距离为2cm，在滤纸上端距离边缘2cm处中间穿一根棉线。分别用不同的毛细管蘸取三种氨基酸标准溶液以及试样溶液依次在四个原点处点样，斑点直径约2mm，晾干。必要时可以干后再点一次。

2. 展开

纸色谱法(又称纸层析法)是以滤纸作为载体，利用滤纸吸附的水分作固定相，以有机溶剂为流动相(展开剂)的一种微量分析方法。它在无机物和有机物的分离中都有重要应用。

纸色谱法分离物质的原理，是根据各物质在吸附剂上吸附性质的不同，即其分配性质的差别，经过各组分的多次吸附和解吸过程，使混合物各组分得以分离。当氨基酸混合试样在滤纸上点样后，试样溶解于固定相中，采用上行法(纸色谱的操作技术有上行法、下行法、双向层析等几种方法)时，流动相由于毛细管作用自下而上地移动，试样中的各组分将在两相中不断进行分配。因为它们的分配系数不同，不同溶质随流动相移动的速度不等，因而形成了离原点(点样处)距离不等的层析斑点，从而达到分离目的。各组分的分离效果，可以用比移值表示：

$$R_f = \frac{\text{原点至斑点中心的距离}\ a}{\text{原点至溶点前沿的距离}\ b}$$

显然，R_f 值最大为1，这时该组分随溶剂前沿等速上移。R_f 值最小为0，这时，该组分在原点未移动。R_f 是衡量各组分的分离情况的数值，R_f 值相差越大，分离效果越好。

R_f 值是每种物质的特征数值。R_f 值随被分离化合物的结构、展开剂、温度和滤纸质量不同而异，故重复性常常较差。在所用的滤纸和展开剂等条件都一定的情况下，不同物质都有其特定的 R_f，可以据此进行物质的定性分析。为此，分析工作中，应用各组分相应的标准样品同时作对照实验。

本实验是分离、鉴定三组分氨基酸混合物：异亮氨酸、赖氨酸和谷氨酸。

氨基酸为无色，在层析后需要在滤纸上喷洒显色剂茚三酮，利用它们与茚三酮的反应，可将分离的氨基酸斑点显色。其显色反应机理如下：

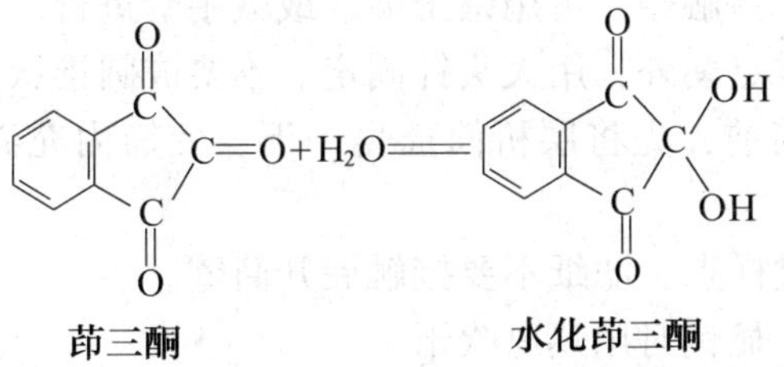

茚三酮　　　　**水化茚三酮**

氨基酸被水化茚三酮氧化、分解释放出醛、氨、二氧化碳，而水化茚三酮本身则被还原为还原茚三酮：

在干燥的层析筒中加入混合均匀的展开剂，将点好样的滤纸晾干后挂在层析筒盖的挂钩上，放入层析筒中，使滤纸下端浸入展开剂约0.5cm，原点必须离开液面，盖严层析筒。记下开始层析时间。当展开剂前沿上升至15cm左右时，取出层析纸，画出溶剂前沿位置，记下展开停止时间。

3. 显色

将展开后的滤纸悬挂在空气中自然晾干或烘干。用喷雾器将茚三酮溶液均匀喷洒在层析纸上，均匀喷上稍微干后，放入烘箱中(80℃)烘 3~5min，滤纸干后，一会儿即可显出红色的层析斑点。

4. 鉴定

用铅笔将层析斑点轮廓和中心点描出来，用尺子量出各组分的 a、b 值，计算出它们相应的 R_f 值，对混合试样进行定性鉴定。

实验指导

(1)选择滤纸质地和厚薄必须均匀，边缘整齐，平整无折痕，无污渍。

(2)数据记录见表 5-7

表 5-7 数据记录表

项目 \ 序号	1	2	3
b / cm			
$a_{标样}$ / cm			
R_f			
$a_{试样}$ / cm			
R_f			
定性鉴定结果			

计算公式：

$$R_f = \frac{a}{b}$$

(3) 注意事项

①烘箱加热温度不可过高，且不可有氨的干扰，否则图谱背景会泛红。

②第一相溶剂最好在使用前再按比例混合，否则会引起酯化，影响层析效果。

③起点记号必须清楚可视；毛细管的封口必须折去，保证畅通。

④点样勿过大，可先在一般的滤纸上练习，熟练后再在层析滤纸上正式进行。

⑤层析用滤纸时勿使手指触碰，可用镊子夹取或戴手套进行。若点样较多，点样完成后滤纸尽量卷成圆筒状，点样点朝外，用大头针固定。不要成圆锥状。

⑥层析滤纸放入层析筒前，先将层析筒摇晃一下，使筒内充满层析液蒸气，提高层析效果。

⑦展开剂液面不能超过样点，滤纸不要接触展开筒壁。

⑧显色前用冷风吹干，显色时用热风吹干。

实验拓展

氨基酸显色除了可以用茚三酮外，还有用吲哚醌为显色剂，其结构为：

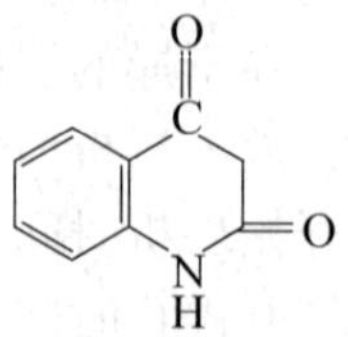

不同的氨基酸与吲哚醌试剂能显出不同的颜色：如甘氨酸黄绿色、亮氨酸粉红色、酪氨酸灰绿色、甲硫氨酸蓝绿色、丙氨酸蓝紫色、精氨酸蓝紫色、苯丙氨酸蓝色等。吲哚醌试剂的配制方法不同，使同一种氨基酸所显色的颜色往往也有差异。

实验思考

1. 展开剂的液面高出滤纸上的点样点，将会产生什么后果？
2. 纸色谱为什么要在密闭容器中进行？
3. 为什么在纸上色谱法中要采用标准品对照鉴别？
4. 双向层析是如何进行"展开"操作的？
5. 何谓 R_f 值？影响 R_f 值的主要因素是什么？

实验十一　茶叶中咖啡因的提取

实验目的

（1）学习从茶叶中提取咖啡因的基本原理和方法，了解咖啡因的性质，并学会从天然产物中分离纯化有用成分的方法；

（2）掌握用索氏提取器提取有机物的原理和方法；

（3）进一步熟悉萃取、蒸馏、升华等基本操作。

实验背景

生物碱(alkaloid)是存在于自然界(主要为植物，但有的也存在于动物)中的一类含氮的碱性有机化合物，有类似碱的性质，大多数有复杂的环状结构，许多生物碱具有显著的生物活性，是中草药中重要的有效成分之一。

为了初步了解天然产物的提取方法，我们选择从茶叶中提取咖啡因这个实验。咖啡因属于嘌呤的衍生物，又名咖啡碱，化学名称为1，3，7-三甲基-2，6-二氧嘌呤，结构与茶碱和可可豆碱类似。1820 年由 Runge 最初从咖啡豆中提取得到，其后在冬青茶中亦有发现；1895~1899 年由易 E. Fischer 及其学生首先完成合成过程。我国于 1950 年从茶叶中提得，1958 年采用合成法生产。

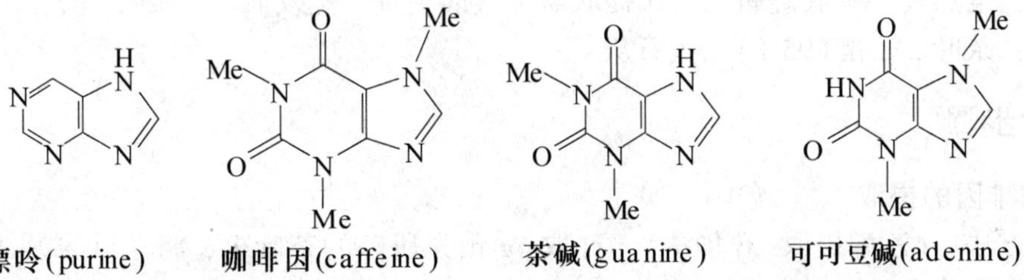

嘌呤(purine)　咖啡因(caffeine)　茶碱(guanine)　可可豆碱(adenine)

咖啡碱具有刺激心脏、兴奋大脑中枢神经系统、松弛平滑肌、消除疲劳、助消化、减弱酒精、烟碱等物质的毒害、增加肾脏血流量和利尿等作用。可用作中枢神经兴奋药，还可用作治疗脑血管性的头痛，尤其是偏头痛。它也是复方阿斯匹林等药物的组分之一。因此，咖啡因在食品(主要是饮料)行业和医药行业得到了广泛的应用。但过度使用咖啡因会增加耐药性和产生轻度上瘾。现代制药工业多用合成方法来制得咖啡因。

实验原理

茶叶中含有多种生物碱，其中主要成分为单宁酸(又名鞣酸，含量11%~12%)，咖啡因(含量约1%~5%)，少量茶碱和可可豆碱，还有约0.6%的色素、纤维素和蛋白质等。

纯品咖啡因是具有绢丝光泽的白色针状结晶体，含一个结晶水，在100℃时失去结晶水并开始升华，120℃升华显著，178℃时很快升华。无水咖啡因的熔点为235℃。它是弱碱性物质，水溶液对石蕊试纸呈中性反应。在植物中，咖啡因常与有机酸、丹宁等结合呈盐的形式而存在。含结晶水的咖啡因无臭，味苦；易溶于热水、乙醇、氯仿、丙酮；难溶于石油醚。

从茶叶中提取、分离咖啡因，实验室的常用方法为提取-升华法和提取-萃取法两种。本实验采用两种方法分别予以提取。

方法一：乙醇提取-升华法。可用适当的有机溶剂(咖啡因易溶于乙醇，故本实验用95%乙醇作溶剂)在索氏提取器中连续抽提，然后浓缩、焙烘得到粗品咖啡因。由于粗咖啡因中还含有一些其他生物碱和杂质，可利用咖啡因高温时的快速升华特点来进一步提纯。

方法二：水(碱性)提取-萃取法。用碱性水溶液加热浸泡，使咖啡因呈游离状态而溶于热水中，然后用不溶于水的有机溶剂萃取，使咖啡因转溶于有机溶剂，从而与色素等杂质分开。蒸去溶剂，即得粗制的咖啡因，可用丙酮-石油醚(60~90℃)重结晶提纯。

从固体物质中萃取化合物的常用方法是用索氏提取器(也叫脂肪提取器)来提取(也可用长期浸出法，即将固体用溶剂长期浸润而将所需要的物质浸出来，但此法耗时长，溶剂用量大，效率不高)。索氏提取器运用溶剂回流及虹吸现象，使固体物质连续不断地被纯溶剂所萃取，既节约溶剂，萃取效率也较高。萃取前先将固体物质研细，以增加液体浸润的面积，将固体物质用滤纸包成圆柱状(其直径稍小于提取器的直径)，置于提取器中。提取器的下端通过磨口与装有溶剂的烧瓶连接，上端接上冷凝管。当溶剂沸腾时，蒸气通过玻璃管上升，被冷凝管冷凝成液体，滴入提取器中，当液面超过虹吸管的最高处时，含有萃取物的溶剂发生虹吸流回烧瓶，如此重复，使固体物质不断被纯的溶剂所萃取，将萃取出的物质富集在烧瓶中。

仪器试剂

仪器：电热套　圆底烧瓶　索氏提取器　蒸馏装置　蒸发皿

试剂：茶叶　乙醇(95%)　生石灰

实验步骤

1. 咖啡因的提取

(1) 方法一(乙醇提取-升华法)　称取5g预先研碎的茶叶末，将茶叶末装入滤纸套筒中，再将套筒小心地插入索氏提取器(见图5-12)的提取筒中。量取60mL95%乙醇加入圆底烧瓶中，加入2粒沸石，安装好装置。用电热套加热，连续提取2~3h后，提取液颜色已经较淡，待溶液刚刚虹吸流回烧瓶时，即停止加热。

稍冷后改为蒸馏装置，重新加入两粒沸石，进行蒸馏，蒸出大部分乙醇(约45~50 mL，要回收)。残液倒入蒸发皿中，用少量回收乙醇清洗烧瓶，清洗液也倒入蒸发皿中，然后加入 2g 研细的生石灰粉，搅拌成糊状，在玻璃棒不断搅拌下于蒸汽浴上将溶剂蒸干成粉末状(压碎块状物)。然后用电热套小火加热，焙炒片刻，进一步除去水分。擦去蒸发皿前沿上的粉末，以防止升华时污染产品，蒸发皿上盖一张刺有许多小孔的滤纸(刺孔向上)，再在滤纸上罩一个大小合适的玻璃漏斗，漏斗颈部塞一小团疏松的棉花。

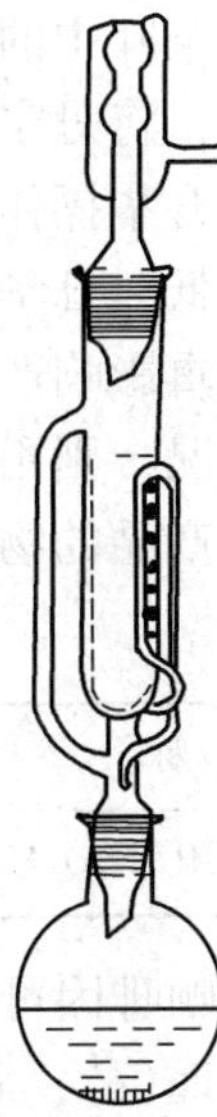

图 5-12　索氏提取器

用电热套小心加热蒸发皿(也可用沙浴)，慢慢升高温度，使咖啡因升华(温度约加热到 220℃)，咖啡因通过滤纸孔遇到漏斗内壁凝为固体，附着于漏斗内壁和滤纸上。当纸上出现白色针状晶体时，暂停加热，自然冷却到 100℃左右，揭开漏斗和滤纸，用小刀将附着于滤纸和漏斗壁上的咖啡因刮入表面皿中(刮下咖啡因的时候要小心，防止混入杂质)。将蒸发皿内的残渣加以搅拌，重新放好滤纸和漏斗，用较高的温度再加热升华一次(温度也不宜太高，否则蒸发皿内大量冒烟，产品受损失和污染)。合并两次升华所收集的咖啡因，用电子天平称重并测定熔点。

(2)方法二(水提取-萃取法)　在 50mL 烧杯中，将 2g 碳酸钠溶于 20 mL 蒸馏水中。称取 5g 茶叶，用纱布包好后放入烧杯中小火煮沸 30min(需不断补加水，保持水的体积不变)。注意勿使溶液溢出。稍冷后取出茶叶包，压干，冷却至室温后转移到分液漏斗，加入 10mL 二氯甲烷后振摇，静置分层，分出下层有机层(分层时在两相界面处可能会出现乳化层，将乳化层连同有机层一起放出)。在一玻璃漏斗的颈口塞一小团棉花，漏斗中加入 5g 无水硫酸钠。将含乳化层的有机相滤入一干燥锥形瓶中，并用 2~3mL 二氯甲烷洗涤干燥剂(乳化层可被无水硫酸钠破坏)。水相再用 5mL 二氯甲烷萃取一次，合并有机相并用无水硫酸钠干燥。此时有机相应为清亮透明的溶液。

将干燥后的萃取液转入 50mL 圆底烧瓶，加入 2 粒沸石，用水浴蒸馏回收二氯甲烷，并用水泵将溶剂抽干得咖啡因粗品。粗品用少量丙酮溶解，慢慢加入石油醚(60~90℃)，至溶液恰好浑浊为止，静置冷却结晶，抽滤后即得纯的咖啡因，干燥后用电子天平称重。

2. 咖啡因的定性检验

(1) 取两滴加入生石灰前的提取液，滴到白色瓷板上，喷上酸性碘-碘化钾试剂，可见棕色、红紫色和蓝紫色化合物生成。若再滴加 NaOH 溶液，沉淀消失(棕色表明有咖啡因存在，红紫色表明有茶碱存在，蓝紫色表明有可可豆碱存在)。

(2) 取少量提取的咖啡因晶体，加盐酸 1mL 溶解，加入 0.1g 氯酸钾，在通风橱内加热蒸发，待干后，冷却滴加氨水数滴，残渣变为紫色。

实验指导

(1) 滤纸筒的直径要略小于抽提筒的内径，大小既要紧贴器壁，又能方便取放。其高度不得超过虹吸管。纸套上折成凹形，以保证回流液均匀浸润被萃取物。索氏提取器为配套仪器，其任一部件损坏将会导致整套仪器的报废，特别是虹吸管极易折断，所以在安装仪器和实验过程中须特别小心。

(2) 浓缩萃取液时不可蒸得太干，以防转移损失。否则因残液很黏而难于转移，造成损失。

(3) 茶叶中的丹宁或水解生成的没食子酸易与咖啡因作用生成难溶盐。生石灰起吸水和中和作用，将丹宁及没食子酸转为盐除去。

(4) 升华操作的好坏是本实验成败的关键。在升华过程中必须始终严格控制加热温度，若温度太低，升华速度较慢；温度太高，将导致被烘物和滤纸炭化，一些有色物质也会被带出来，严重影响产品的质量。若升华前水分未除净，加热升华时在漏斗内会出现水珠，如果出现此情况，则用滤纸迅速擦干漏斗内的水珠并继续升华。

(5) 产品的物理常数见表 5-8。

表 5-8　产品的物理常数

名　称	相对分子质量	性状	n_D^{20}	相对密度	熔点/℃	沸点/℃
咖啡因($C_8H_{10}N_4O_2$)	194.19	白色结晶	—	1.23	235	—

(6) 咖啡因可被过氧化氢、氯酸钾等氧化剂氧化，生成四甲基偶嘌呤(将其用水浴蒸干，呈玫瑰色)，后者与氨作用即生成紫色的紫脲铵。该反应是嘌呤类生物碱的特性反应。

实验拓展

1. 咖啡因的鉴别

咖啡因可以通过测定熔点及光谱法加以鉴别，图 5-13 为咖啡因的红外光谱图。此外，还可以通过制备咖啡因水杨酸盐衍生物进一步确证。咖啡因作为碱，可与水杨酸作用生成水杨酸盐，此盐的熔点为 137℃。

咖啡因水杨酸盐衍生物的制备方法：在试管中加入 50mg 咖啡因、37mg 水杨酸和 4mL 甲苯，在水浴上加热摇振使其溶解，然后加入约 1mL 石油醚(60~90℃)，在冰浴中冷却结晶(如无晶体析出，可以用玻璃棒摩擦试管壁)。过滤收集产物，测定熔点。

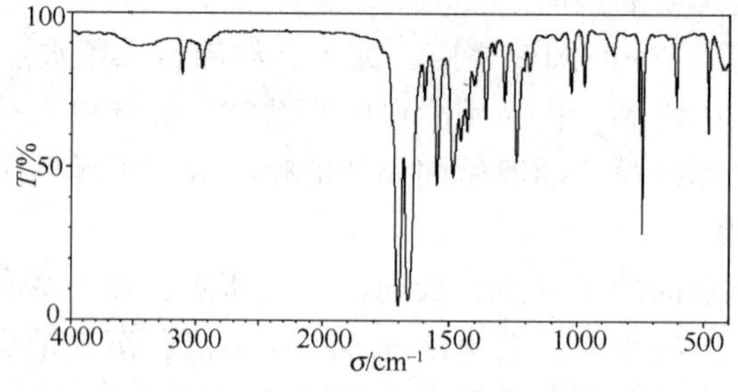

图 5-13　咖啡因的红外光谱图

2. 咖啡因的提取方法研究进展

在国外，咖啡碱主要来源于生产咖啡过程中的一种副产品。我国茶叶产量极大，茶叶中咖啡碱的含量也较高(2%~5%)，充分利用制茶废料提取咖啡碱，具有原料易得、工艺简便、收率较高、成本低廉、效益显著等特点。目前，从茶叶中提取咖啡因的方法主要有溶剂萃取法、升华法、柱层析法、超声波提取法和超临界萃取法等。在咖啡因的提取工艺中往往是两种或多种方法综合使用，以达到更好地提取咖啡因的目的。

本实验所用的溶剂萃取法、升华法是传统的提取方法，溶剂萃取法工序复杂，提取效率较低而提取成本较高。升华法工艺简单，操作方便，但升华后得到的咖啡因中含有烟气以及碳化物等杂质，同样存在纯度和提取率不高的缺点。传统的提取方法不同程度地使用了有机试剂，使咖啡碱产品含有一定量的有机试剂，从而不能满足食品行业的要求。

近年来发展起来一些新工艺不仅可以有效减少提取制备咖啡碱的工艺步骤，而且达到了绿色提取的要求，能更好地满足食品和医药行业的要求。

(1) 柱层析技术　采用柱层析技术对茶叶中咖啡碱进行纯化，所得咖啡碱的纯度较高。其原理是选择合适的吸附剂(柱填料)，利用吸附剂与洗脱剂进行吸附-解吸附的过程来实现茶叶提取液中咖啡因与其他成分的分离。用热水或乙醇溶液浸提后浓缩，浓缩液上层析柱后可以是杂质被柱填料吸附，而咖啡因未被吸附，也可以是咖啡因被柱填料吸附，杂质先从填料中解吸附下来，最后用洗脱剂将咖啡因洗脱，从而实现咖啡因与杂质的分离。

(2) 微波萃取技术　微波萃取技术是近年发展起来的一种能有效提高萃取效率的新技术。它的原理是在微波场中，吸收微波能力的差异使得基体物质的某些区域或萃取体系中的某些组分被选择性加热，从而使得被萃取物质从基体或体系中分离，进入到介电常数较小、微波吸收能力相对差的萃取剂中。微波萃取具有设备简单、适用范围广、萃取效率高、重现性好、节约试剂、节省时间、污染小等特点。目前，微波萃取技术已在茶叶咖啡因提取中得到应用。实验证明，微波能显著提高茶叶中咖啡因的提取效率。

(3) 超临界萃取法　超临界萃取技术(SFE)是近年来发展起来的一种新型分离技术。其原理是利用超临界流体的溶解能力与其密度的关系，即利用压力和温度对超临界流体溶解能力的影响而实现分离的。在超临界状态下，将超临界流体与待分离的物质接触，使其有选择性地把极性大小、沸点高低和相对分子质量大小的成分依次萃取出来。当然，对应各压力范围所得到的萃取物不可能是单一的，但可以控制条件得到最佳比例的混合成分，然后借助减压、升温的方法使超临界流体变成普通气体，被萃取物质则完全或基本析出，从而达到分离提纯的目的，所以超临界二氧化碳流体萃取过程是由萃取和分离过程组合而成的。用超临界萃取法来提取咖啡因，不仅工艺简单，而且提取成本低，提取的咖啡因纯度较高，是未来茶叶中咖啡因提取制备的发展方向。

实验思考

1. 索氏提取器有哪几部分组成？它的萃取原理是什么？它与一般的浸泡萃取相比，有哪些优点？为什么要将茶叶研细呈粉末状？
2. 哪些物质可用升华法提纯？本实验进行升华操作时，应注意什么？
3. 除可用乙醇萃取咖啡因外，还可采用哪些溶剂萃取？
4. 除了用升华法提纯咖啡因外，还可用什么方法？试比较各种方法的优缺点。
5. 在制备咖啡因衍生物时，为什么在甲苯溶液中要加入石油醚？
6. 在咖啡因结构中，哪个氮的碱性最强？试解释之。

参 考 文 献

1. 曾昭琼，曾和平．有机化学实验．北京：高等教育出版社，2000
2. 张毓凡，曹玉蓉，冯霄等．有机化学实验．天津：南开大学出版社，1999
3. 李霁良，殷彩霞．微型半微型有机化学实验．北京：高等教育出版社，2003
4. 蓝蓉，王文蜀，惠岑怿，焦玉国．微型半微型有机化学实验．北京：中央民族大学出版社，2006
5. 北京大学化学系有机化学教研室．有机化学实验．北京：北京大学出版社，1990
6. 方富禄，周荣才，周允明，尹玉英．有机化学实验．北京：高等教育出版社，1995

7. 王兴涌，尹文萱，高宏峰．有机化学实验．北京：科学教育出版社，2004
8. 周科衍，高占先．有机化学实验．北京：高等教育出版社，1996
9. 谷亨杰，周锦成，丁金昌．有机化学实验．北京：高等教育出版社，1991
10. 谷亨杰，王梦如，刘以明，张力学．有机化学实验．北京：高等教育出版社，1985
11. 黄涛．有机化学实验．北京：高等教育出版社，1983
12. 王积涛，张宝申，王永梅，胡青眉．有机化学．天津：南开大学出版社，2003
13. 兰州大学，复旦大学化学系有机化学教研室编．有机化学实验．北京：高等教育出版社，1994
14. 麦禄根，冯金城，鲁淑华．有机合成实验．北京：高等教育出版社，2002
15. Leonard J，Lygo B，Procter G. Advanced Practical Organic Chemistry，2nd. Oxford：The Alden Press，1995
16. 奚关根，赵长安，高建宝．有机化学实验．上海：华东理工大学出版社，1999
17. 刘玉美，马晨．微型有机化学实验．济南：山东大学出版社，1997
18. 周宁怀，王德琳．微型有机化学实验．北京：科学出版社，1999
19. 顾可权．半微量有机制备．北京：高等教育出版社，1990
20. 任水英，解正峰，谢晓鹏，秦高飞，王吉德．催化氧化合成己二酸的清洁方法．化学进展，2009，21（4）：663~671.
21. 曹玲，李学琴，孟宪锋，魏玲．乙酸乙酯制备实验的绿色化改进．化学教育，2010，31(1)：62~63.

单元 6　化学方法分析

实验一　食用醋中总酸量的测定

实验目的

(1) 掌握 NaOH 标准溶液的配制及标定方法；

(2) 学习食用醋中总酸量的测定方法；

(3) 掌握碱式滴定管、移液管、容量瓶的正确操作；

(4) 掌握强碱滴定弱酸的原理、指示剂的选择和滴定终点的判断。

实验背景

在日常生活中，有各种各样、形形色色的食醋，如白醋、陈醋、糯米甜醋、自制家醋等，由于原料和制作方法不同，醋的风味迥异。食醋中的酸性物质主要是乙酸，乙酸能够杀灭细菌和溶解食物中的钙、铁、磷等有机物使人容易吸收。另外也包含许多其他有机酸，如米醋中含有十多种有机酸，所以才会有不同风味的醋。

容量分析是古老的分析方法，1729 年法国 C. J. Geoffroy 最早使用容量分析，他以碳酸钾为基准物，将乙酸逐滴加到一定量的碳酸钾溶液中，直到不再发生气泡为止，测定了乙酸的相对浓度。1750 年，法国化学家 V. G. Francois 使用硫酸滴定矿泉水中的碱，用紫罗兰指示滴定终点，开始了指示剂的应用。19 世纪 30~50 年代，滴定分析法的发展达到了极盛时期，J. L. Gay-Lussac 的银量法使这种方法的准确度空前提高；这一时期，滴定法中碘量法、高锰酸钾法等纷纷建立，在仪器方面也有了很大改进。到了 19 世纪后期，由于成功地合成了各类指示剂，滴定分析得到更为广泛的应用。滴定分析方法简便、快速，并有足够的准确度，在临床检验、医疗卫生分析、工业生产等中是一类广泛应用的分析方法。

实验原理

食醋中主要成分是乙酸(HAc)，还含有少量的其他弱酸，如乳酸等。用 NaOH 滴定时，凡是 $c_{sp}K_a > 10^{-8}$的一元弱酸都可被强碱准确滴定。因此在本实验中用 NaOH 滴定食用醋，测出的是总酸量。习惯上用每 100 mL 食醋中 HAc 的质量(g)来表示。

乙酸为有机弱酸，其 $K_a = 1.8\times10^{-5}$，与 NaOH 的反应式为：

$$HAc + NaOH \rightleftharpoons NaAc + H_2O$$

若用 0.1mol · L^{-1}的 NaOH 滴定 20.00mL 的 0.1mol · L^{-1}HAc，化学计量点时反应产物是 NaAc，pH 值在 8.7 左右，pH 值突跃为 7.7~9.7，可选用酚酞作指示剂。

食用醋中约含 3%~5%的乙酸，可适当稀释后再进行滴定。白醋可以直接滴定，一般的食醋由于颜色较深，使人难以辨认终点，必要时可用中性活性炭脱色后再行滴定。

仪器试剂

仪器：分析天平　台秤　碱式滴定管　容量瓶　移液管　锥形瓶

试剂：NaOH 溶液(0.1mol·L^{-1})　邻苯二甲酸氢钾　酚酞指示剂　食用白醋(市售)

实验步骤

1. 0.1mol·L^{-1} NaOH 标准溶液浓度的标定

准确称取邻苯二甲酸氢钾($KHC_8H_4O_4$)3 份，每份 0.4~0.5g，分别倒入 250mL 锥形瓶中，加入 40~50mL 蒸馏水，温热使之溶解，冷却后加入 1~2 滴酚酞指示剂，摇匀，用待标定的 NaOH 溶液滴定至溶液呈微红色并保持半分钟不褪色即为终点。计算 NaOH 溶液的浓度。

2. 食用醋中总酸度的测定

准确移取食用白醋 20.00mL 置于 100mL 容量瓶中，用蒸馏水稀释至刻度，摇匀。准确移取上述溶液 20.00mL 置于 250mL 锥形瓶中，加入蒸馏水 20mL，加入酚酞溶液 1~2 滴，摇匀，用 NaOH 标准溶液滴定至溶液呈微红色，并保持半分钟内不褪色即为终点。平行测定三份，记录滴定前后 NaOH 标准溶液的体积读数。根据测定结果计算每 100mL 食醋中含乙酸的质量。

实验指导

1. 不含 CO_3^{2-} 的 NaOH 溶液的三种配制方法

(1) 为了除去颗粒状 NaOH 表面吸收 CO_2 形成的 Na_2CO_3，称 5~6g(较理论计算值稍多)固体 NaOH 置于 250mL 烧杯中，用煮沸并冷却后的蒸馏水 5~10mL 迅速洗涤 1~2 次，以除去表面上少量的 Na_2CO_3，余下的固体 NaOH，用水溶解后加水稀释至 1L。

(2) 利用 NaOH 的饱和溶液配制。NaOH 饱和溶液约为 40%~50%，15~18mol·L^{-1}。由于浓碱中 Na_2CO_3 几乎不溶解，待 Na_2CO_3 下沉后，吸取上层清液，稀释至所需浓度。稀释用水，一般是将蒸馏水煮沸数分钟，再冷却。

(3) 在 NaOH 的溶液中加入少量的 $Ba(OH)_2$ 或 $BaCl_2$，CO_3^{2-} 就以 $BaCO_3$ 形式沉淀下来。取上层清液，稀释至所需浓度。

2. 滴定终点颜色的判断

标定 NaOH 溶液时，以酚酞为指示剂，终点为微红色，半分钟不褪。如果经较长时间微红色慢慢褪去，那是由于溶液吸收了空气中的 CO_2 生成 H_2CO_3 所致。

3. 数据记录与处理

(1) NaOH 标准溶液的标定(记录在表 6-1 中)

表 6-1　NaOH 溶液的标定数据记录表

项目 \ 测定次数	1	2	3
$m_{1(KHP+称量瓶)}$/g			
$m_{2(KHP+称量瓶)}$/g			
m_{KHP}/ g			

续表

测定次数 / 项目	1	2	3
$V_{1\ NaOH}$/mL $V_{2\ NaOH}$/mL V_{NaOH}/mL			
c_{NaOH}/（mol·L^{-1}）			
$\bar{c}_{NaOH}$/（mol·L^{-1}）			
$\bar{d}_r$/%			

（2）试样测定(记录在表6-2中)

表6-2　试样中乙酸含量的测定记录表

测定次数 / 项目	1	2	3
$V_{1\ NaOH}$/ mL $V_{2\ NaOH}$/ mL V_{NaOH}/ mL			
ρ_{HAc}/（g·100mL^{-1}）			
$\bar{\rho}_{HAc}$/（g·100mL^{-1}）			
$\bar{d}_r$/%			

计算公式：

$$\rho_{HAc} = \frac{(cV)_{NaOH} \times 10^{-3} \times M_{HAc}}{V_s \times \frac{20.00}{100.00}} \times 100(g/100mL) \qquad (6-1)$$

4. 注意事项

（1）三次平行测定的结果的相对平均偏差不得大于0.2%，否则应重做。

（2）滴定管的读数应读至0.01mL，如20.13mL，23.28mL。

实验拓展

1. 普通食醋总酸的测定

对于普通食醋颜色较深，可以利用间甲酚紫指示剂测定食醋总酸的含量，终点时溶液的颜色呈红色，颜色变化敏锐。克服了酚酞作指示剂带来的误差，平行性好，其测定的精密度与准确性高，提高了滴定终点的灵敏度，降低了滴定终点误差，适宜测定普通食醋中总酸含量。

2. 滴定法测定食品中的总酸度

食品中的酸度通常用总酸度(滴定酸度)、有效酸度、挥发酸度来表示。总酸度是指食品中所有酸性物质的总量，采用标准碱液来滴定，并以样品中主要代表酸的百分含量表示。食品中的总酸度用标准碱液滴定时，被中和生成盐类。用酚酞作指示剂，当滴定到终点(pH = 8.2，指示剂显红色)时，根据消耗的标准碱液体积，计算出样品总酸的含量。

3. 芦荟汁中总酸的含量测定

芦荟是多年生常绿肉质草本，它含有的化学成分高达200种之多。目前，已发现的营养素有多糖和氨基酸、矿物质、有机酸、烷烃类、酶等。其中有机酸达20多种，如柠檬酸、苹果酸、酒石酸、草酸、琥珀酸、乳酸等。芦荟原汁的pH值一般在4~5之间，有机酸含量取决于芦荟的品种、成熟度以及产地气候条件等因素。因此，应用酸碱滴定法测定芦荟汁中总酸的含量是最行之有效的方法。通常情况下芦荟原汁的酸度不高，因此为减小误差，NaOH标准溶液浓度也不能太高，范围通常控制在0.02~0.05 $mol \cdot L^{-1}$内。

另外，发酵液中总酸度的测定、山楂果实中水溶性有机酸含量测定都用此方法。

实验思考

1. 为什么NaOH标准溶液一般用标定法配制？如果NaOH溶液吸收了空气中CO_2，对乙酸含量的测定有何影响？

2. 测定乙酸为什么要用酚酞作指示剂？用甲基橙是否可以？说明理由。

3. 在滴定HAc溶液过程中，经常用去离子水淋洗锥形瓶内壁，使得最后锥形瓶内溶液的体积达到200mL左右，问这样对滴定结果有无影响？说明理由。

4. 从滴定管中流出半滴溶液的操作要领是什么？

5. 在滴定分析中，滴定管、移液管为什么需要用操作溶液清洗几次？滴定中使用的锥形瓶或烧杯，是否也要用操作溶液润洗？为什么？

6. 应如何正确使用移液管？若移液管中溶液放出后，在管尖端尚残留一滴溶液，应怎样处理？

实验二　混合碱的分析

实验目的

(1) 了解酸碱滴定法的应用；

(2) 掌握双指示剂法测定混合碱中各组分的原理和方法；

(3) 掌握双指示剂法确定混合碱的组成的方法。

实验背景

碳酸钠又名苏打，工业上称纯碱，用途很广。一般用联合制碱法制取，即将二氧化碳和氨气通入氯化钠溶液中，首先生成碳酸氢钠，再在高温下灼烧，使它分解，失去二氧化碳转化为碳酸钠。由于纯碱在水中发生水解作用而使溶液呈碱性，并且它和烧碱(氢氧化钠)有某些相似的性质，所以它与烧碱并列，在工业上称为“两碱”。

烧碱和纯碱都易溶于水，呈强碱性，都能提供Na^+。这些性质使它们被广泛地用于制肥皂、纺织、印染、漂白、造纸、精制石油、冶金及其他化学工业等各部门中。合成染料、药物以及有机中间体等也要用到烧碱或纯碱。在造纸工业中，所谓碱法制浆就是用烧碱或纯碱溶液作为蒸煮液来除去含有纤维素的原料中的木质素、碳水化合物和树脂等，并中和其中的有机酸，这样就把纤维素分离出来。普通肥皂是高级脂肪酸的钠盐，一般是用油脂在略为过量的烧碱作用下进行皂化而制得的。

烧碱在生产和储存过程中因吸收空气中 CO_2 而成为 NaOH 和 Na_2CO_3 的混合物。在测定烧碱中 NaOH 含量的同时，通常要测定 Na_2CO_3 的含量，故称为混合碱的分析。分析方法主要有双指示剂法和氯化钡法。双指示剂法操作简便、适用性强，但因在第一计量点时酚酞变色不明显(由红色变为微红色)，误差在1%左右。氯化钡法虽然繁琐，但避免了双指示剂法中酚酞指示终点不明显的缺点，所以测定结果比较准确。双指示剂法不仅用于混合碱的定量分析，还可用于未知碱样的定性分析。

实验原理

混合碱是 Na_2CO_3 与 NaOH 或 Na_2CO_3 与 $NaHCO_3$ 的混合物，可以采用双指示剂法测定各组分的含量。

在混合碱的试液中加入酚酞指示剂，用 HCl 标准溶液滴定至溶液呈微红色。此时试液中所含 NaOH 完全被中和，Na_2CO_3 也被滴定成 $NaHCO_3$，反应如下：

$$NaOH+HCl = NaCl+H_2O$$

$$Na_2CO_3+HCl = NaCl+NaHCO_3$$

设滴定消耗 HCl 标准溶液的体积为 V_1。再加入甲基橙指示剂，继续用 HCl 标准溶液滴定至溶液由黄色变为橙色即为终点。此时 $NaHCO_3$ 被中和成 H_2CO_3，反应为：

$$NaHCO_3+HCl = NaCl+H_2O+CO_2\uparrow$$

设此时消耗 HCl 标准溶液的体积 V_2。根据 V_1 和 V_2 可以判断出混合碱的组成。设试液的体积为 V。

当 $V_1>V_2$ 时，试液为 NaOH 和 Na_2CO_3 的混合物，各组分的含量(以质量浓度$\rho/g\cdot L^{-1}$表示)可由下式计算：

$$\rho_{NaOH}=\frac{[c(V_1-V_2)]_{HCl}\times M_{NaOH}}{V} \tag{6-2}$$

$$\rho_{Na_2CO_3}=\frac{\frac{1}{2}(2cV_2)_{HCl}\times M_{Na_2CO_3}}{V} \tag{6-3}$$

当 $V_1<V_2$ 时，试液为 Na_2CO_3 和 $NaHCO_3$ 的混合物，各组分含量(以质量浓度 $\rho/g\cdot L^{-1}$ 表示)可由下式计算：

$$\rho_{Na_2CO_3}=\frac{\frac{1}{2}(2cV_1)_{HCl}\times M_{Na_2CO_3}}{V} \tag{6-4}$$

$$\rho_{NaHCO_3}=\frac{[c(V_2-V_1)]_{HCl}\times M_{NaHCO_3}}{V} \tag{6-5}$$

若混合碱为未知组成的试样，则可根据 V_1、V_2 的数据，确定试样是由何种碱组成，算出试样中各组分的百分含量。同时，可依据 V_1、V_2 的值计算混合碱的总碱度，以 Na_2O 的含量来表示总碱度时，其计算式如下：

$$\rho_{Na_2O}=\frac{[c(V_1+V_2)]_{HCl}\times M_{Na_2O}}{2V} \tag{6-6}$$

如果只要求测定总碱度，只需选用甲基橙指示剂。

仪器试剂

仪器：分析天平　台秤　酸式滴定管　容量瓶　移液管　锥形瓶　烧杯　试剂瓶

试剂：HCl 溶液（6mol · L^{-1}）　Na_2CO_3（s）甲基橙指示剂　酚酞指示剂　混合碱（25g Na_2CO_3 和 10g $NaHCO_3$）

实验步骤

1. 配制 0.10mol · L^{-1}HCl 标准溶液

用量筒量取 6mol · L^{-1} HCl 溶液 5mL，加水稀释至 300mL，装于试剂瓶，盖上玻璃塞，摇匀，备用。

2. 0.10mol · L^{-1} HCl 溶液浓度的标定

在分析天平上准确称取 Na_2CO_3 0.45~0.50g 于小烧杯中，加少量水稍微加热使其溶解，冷却后，定量转移到 100mL 的容量瓶中，加水稀释至刻度，摇匀。准确移取 25.00mL 上述溶液于锥形瓶中，加 1~2 滴甲基橙指示剂，以 HCl 标准溶液滴定至溶液由黄色变为橙色即为终点。记录 HCl 标准溶液体积。平行标定三份，计算 HCl 标准溶液的浓度。

3. 混合碱的测定

准确称取三份 0.2g 混合碱试样于 250mL 锥形瓶中，加入水 25mL，必要时适当加热，使其完全溶解。冷却后，加入 2 滴酚酞指示剂，用 HCl 标准溶液滴定，边滴加边充分摇动（以免局部 Na_2CO_3 直接被滴至 H_2CO_3），直至溶液由红色褪为接近无色（微红色）即为第一终点，记录 HCl 标准溶液体积 V_1。再加入 2 滴甲基橙指示剂摇匀，继续滴定至溶液由黄色恰变橙色即为第二终点，记下 HCl 标准溶液体积 V_2。平行测定三次，根据 V_1、V_2 的大小判断混合碱的组成，计算各组分的含量。

实验指导

（1）在终点时生成的是 H_2CO_3 饱和溶液，pH 值约为 3.9。为了防止终点提前，必须尽可能驱除 CO_2。而且在 CO_2 存在下终点变色不敏锐。因此，在接近滴定终点之前，最好把溶液加热至沸腾，并摇动赶走 CO_2，冷却后再滴定。

（2）溶剂的空白校正：移取 25.00mL 水置于锥形瓶中，加 2 滴甲基橙指示剂，用 HCl 标准溶液滴定至与终点一致的橙色，记录消耗 HCl 溶液的体积，从上述结果中扣除此体积（约 0.10 mL）。

（3）也可以用 $NaHCO_3$ 溶液滴入相等量的酚酞作对照。在达到第一终点前，滴定速度不要过快，否则会造成溶液中 HCl 局部过浓，引起 CO_2 的损失，带来较大的误差；滴定速度亦不能太慢，摇动要均匀。

（4）临近终点时，一定要充分摇动，以防止形成 CO_2 的过饱和溶液而使终点提前到达。此时若将锥形瓶中的溶液加热煮沸，若仍为橙色，说明 HCl 已过量；若变为黄色，则冷却后继续滴至橙色。

（5）滴定终点的判断。酚酞-甲基橙双指示剂由于多种颜色的交叉叠加，在滴定过程中的颜色外观变化丰富、色差加大，使第一计量点的判断容易准确掌握，第二计量点的变色特征依然鲜明易判断。

测定混合碱中各组分的含量时，第一计量点（Cl^-或 HCO_3^-）在弱碱性范围，滴定突跃 pH 值范围不大，突跃不明显。酚酞作指示剂，终点时变色不敏锐，溶液由红色褪为微红色，不易观察，故终点误差较大。若采用甲酚红-百里酚蓝混合指示剂（pH = 8.2~8.4），终点时溶液由紫色变为浅玫瑰红色，效果较好。

第二滴定终点，两种指示剂同时存在，酚酞由红色变为无色，甲基橙由黄色变为橙色。所以滴定终点溶液显示的颜色为橙色。

(6) 混合碱组成的判断。未知混合碱的定性分析，如表 6-3 所示。

表 6-3 混合碱的定性分析

V_1 和 V_2 的变化	试样的组成(以活性离子表示)	V_1 和 V_2 的变化	试样的组成(以活性离子表示)
$V_1 \neq 0$，$V_2 = 0$	OH^-	$V_1 > V_2 > 0$	$OH^- + HCO_3^-$
$V_1 = 0$，$V_2 \neq 0$	HCO_3^-		
$V_1 = V_2 \neq 0$	CO_3^{2-}	$V_2 > V_1 > 0$	$HCO_3^- + OH^-$

(7) 混合碱分析(氯化钡法)。混合碱分析(氯化钡法)：先取一份试样溶液，以甲基橙作指示剂，用 HCl 标准溶液滴定至橙色。测得的是碱的总量，设消耗 HCl 溶液的体积为 V_1；另取等体积试液，加入 $BaCl_2$ 溶液，待 $BaCO_3$ 沉淀析出后，以酚酞作指示剂、用 HCl 标准溶液滴定至终点，设用去的体积为 V_2，此时反应的是 NaOH 分量。于是根据两体积计算可以得到各组分含量。

(8) 数据记录与处理。0.10mol · L^{-1}HCl 溶液浓度的标定，如表 6-4 所示。

表 6-4 HCl 溶液浓度的标定数据记录表

项 目 \ 测定次数	1	2	3
$m_{1NaCO_3+称量瓶}$/g $m_{2NaCO_3+称量瓶}$/g m_{NaCO_3}/g			
V_{NaCO_3}/mL	25.00	25.00	25.00
V_{1HCl}/mL V_{2HCl}/mL V_{HCl}/mL			
c_{HCl}/(mol · L^{-1})			
$\bar{c}_{HCl}$/ (mol · L^{-1})			
$\bar{d}_r$/ %			

计算公式：

$$c_{HCl}(\text{mol} \cdot \text{L}^{-1}) = 2 \times \frac{\dfrac{m_{Na_2CO_3}}{M_{Na_2CO_3}} \times \dfrac{25.00}{100.00}}{V_{HCl} \times 10^{-3}} \qquad (6-7)$$

(9) 混合碱的测定。混合碱的测定，如表 6-5 所示。

表 6-5 混合碱的测定数据记录表

项 目 \ 测定次数	1	2	3
$m_{1(试样+称量瓶)}$/g $m_{2(试样+称量瓶)}$/g m_s/g			

续表

项目 \ 测定次数	1	2	3
$V_{1\,HCl}$/mL $V_{2\,HCl}$/mL $V_{3\,HCl}$/mL			
V_{HCl}/mL			
V_1/mL V_2/mL			
V_1、V_2 相对大小			
试样组成			
$\rho_{组分1}$/ %			
$\bar{\rho}_{组分1}$/ %			
$\bar{d}_{r\,1}$/ %			
$\rho_{组分2}$/ %			
$\bar{\rho}_{组分2}$/ %			
$\bar{d}_{r\,2}$/ %			

计算公式：根据 V_1、V_2 计算各组分的含量：

$$w_{Na_2CO_3}(\%) = \frac{\frac{1}{2} \times (2cV_1)_{HCl} \times M_{Na_2CO_3}}{m_s \times 1000} \times 100 \qquad (6-8)$$

$$w_{NaHCO_3}(\%) = \frac{[c(V_2 - V_1)]_{HCl} \times M_{NaHCO_3}}{m_s \times 1000} \times 100 \qquad (6-9)$$

（10）注意事项：

①称量时分清楚 Na_2CO_3 基准物质与混合碱样品，不要取错试剂。

②标定时，加入 HCl 溶液应缓慢，同时摇动锥形瓶，临近终点时应剧烈摇动，避免因 CO_2 气泡冲出而致损失。溅在锥形瓶内壁上的溶液，应用洗瓶冲下去。

③双指示剂法测定混合碱，试样含有 NaOH 或 Na_2CO_3 时，酚酞指示剂可适当多加几滴，否则常因滴定不完全使 NaOH 的测定结果偏低，Na_2CO_3 的测定结果偏高。

④在滴定到第一终点后，立即向锥形瓶中加入甲基橙指示剂，继续滴定到第二终点。不能先将平行的三份样品溶液分别滴定到第一终点后，再分别滴定到第二终点。即连续滴定完成一份溶液后，再滴定下一份。

⑤测定混合碱时，第一化学计量点之前滴定速度不要过快，否则会造成 HCl 溶液局部过浓，Na_2CO_3 直接转化为 H_2O+CO_2，引起 CO_2 的损失，造成 $V_{总} < 2V_1$，带来较大的误差。滴定速度亦不能太慢，摇动要均匀。

⑥第一滴定终点溶液的颜色为微红色，不能太深，也不能无色，颜色太深会造成 $w_{Na_2CO_3}$ 偏低，无色会造成 $w_{Na_2CO_3}$ 偏高。平行三份的颜色要尽可能一致。

⑦临近第二终点(甲基橙变色点)时，一定要充分摇动，以防形成 CO_2 的过饱和溶液而使终点提前到达。

⑧第二滴定终点溶液的颜色为橙色，不能太黄，也不能太红，颜色太黄会造成 w_{NaHCO_3} 偏

低，太红会造成 w_{NaHCO_3} 偏高。

⑨本实验的误差主要来自对两个化学计量点时溶液的颜色的判断。仔细观察实验过程中所出现的现象，认真记录与处理数据并计算结果。

实验拓展

将“未知试样(碱)的定性分析”内容扩展到 Na_3PO_4 或 Na_2HPO_4、NaH_2PO_4 以及 NaOH 混合碱的定性分析。根据 V_1、V_2 的关系可判断混合碱的组成见表 6-6 所示。

表 6-6　混合碱的定性分析

V_1 和 V_2 的关系	混合碱的组成	消耗在成分上的 V_{HCl}
$V_1 > V_2 > 0$	NaOH Na_3PO_4	$V_1 - V_2$ $2V_2$
$V_2 > V_1 > 0$	Na_3PO_4 Na_2HPO_4	$2V_1$ $V_2 - V_1$
$V_2 = V_1 > 0$	Na_3PO_4	$V_1 + V_2$
$V_1 > 0$，$V_2 = 0$	NaOH	V_1
$V_1 = 0$，$V_2 > 0$	Na_2HPO_4	V_2
$V_1 = V_2 = 0$	NaH_2PO_4	无法测定

混合碱分析(氯化钡法)中，测定混合碱总量时，可以用溴甲酚绿-甲基红混合指示剂(绿色-灰色-酒红色)代替甲基橙作，滴定至酒红色为终点，颜色变化明显，溶液观察，准确度高。

混合碱的测定中，采用自动电位滴定一阶导数曲线法确定滴定终点，与双指示剂法相比，本法具有终点灵敏、误差小等优点，大大提高了测定结果的准确度和精密度，同时也提高了检测的自动化程度，在生产实际中有应用价值。

实验思考

1. 用盐酸滴定混合碱液时，将试液在空气中放置一段时间后滴定，将会给测定结果带来什么影响？若到达第一化学计算点前，滴定速度过快或摇动不均匀，对测定结果有何影响？

2. 用 Na_2CO_3 为基准物质标定 HCl 溶液时为什么不用酚酞作指示剂？

3. 若无水 Na_2CO_3 保存不当，吸收了少量水分，对标定 HCl 溶液的浓度有何影响？用此 HCl 溶液测定试样，其影响如何？

4. 用盐酸滴定混合碱溶液至橙色后，为什么将溶液煮沸，放冷却后继续滴定至溶液再次出现橙色，才为第二终点？

5. 欲测定混合碱中总碱度，应选用何种指示剂？

6. 本实验中，滴定试样溶液接近终点时为什么要剧烈振荡？

实验三　铵盐中氮含量的测定

实验目的

(1) 了解酸碱滴定法的应用，掌握间接滴定的原理；

(2) 熟练滴定操作和滴定终点的判断；

(3) 掌握用甲醛法测定铵盐中氮含量的原理和方法。

实验背景

"氮是生命元素"。氮是蛋白质的重要成分，动、植物生长需要吸收含氮的养料。一般植物不能直接摄取空气中的游离态氮，只能吸收两种形式的化合态氮，一种是氨或铵盐，一种是硝酸盐。常见的铵盐有 NH_4Cl、$(NH_4)_2SO_4$ 等。尿素 $CO(NH_2)_2$ 可以经浓硫酸消化后转化为$(NH_4)_2SO_4$，过量的 H_2SO_4 以甲基红作指示剂，用 NaOH 标准溶液滴定，其现象为溶液从红色变为黄色。

按照酸碱质子理论，酸给出质子后成为其共轭碱，碱接受质子后成为其共轭酸。酸性越强的酸，其共轭碱的碱性越弱，碱性越强的碱，其共轭酸的酸性越弱，反之亦然。

当弱酸满足 $c_{sp}K_a \geq 10^{-8}$时，可用 NaOH 标准溶液直接滴定，在化学计量点时溶液呈弱碱性，可选用酸性范围变色的指示剂。

实验原理

因为 NH_4^+的酸性较弱($K_a = 5.6 \times 10^{-10}$)，无法用 NaOH 标准溶液直接准确滴定，可以采用甲醛法：

$$4NH_4^+ + 6HCHO = (CH_2)_6N_4H^+ + 6H_2O + 3H^+$$

甲醛法是基于甲醛与一定量铵盐作用，生成相当量六次甲基四铵盐($K_a = 7.1 \times 10^{-6}$)和 H^+。可以用酚酞为指示剂(能否用甲基橙或甲基红?)，用 NaOH 标准溶液滴定：

$$(CH_2)_6N_4H^+ + 3H^+ + 4OH^- = 4H_2O + (CH_2)_6N_4$$

仪器试剂

仪器：分析天平　碱式滴定管　锥形瓶　量筒　烧杯　移液管　容量瓶

试剂：邻苯二甲酸氢钾(基准试剂) NaOH 溶液($0.1mol \cdot L^{-1}$)　酚酞指示剂　甲基红指示剂　甲醛溶液(1∶1) 铵盐试样(s)

实验步骤

1. NaOH 标准溶液的标定

准确称取邻苯二甲酸氢钾 3 份，每份 0.4~0.5g，分别倒入 250mL 锥形瓶中，加入 40~50mL 蒸馏水，温热使之溶解，冷却后加 1~2 滴酚酞，用 $0.1mol \cdot L^{-1}$的 NaOH 溶液滴定至溶液呈微红色，半分钟内不褪色，即达到终点。

2. 试样中含氮量的测定

准确称取 0.52~0.64g $(NH_4)_2SO_4$ 于小烧杯中，加入少量蒸馏水溶解，然后把溶液定量转移到 100mL 容量瓶中，用蒸馏水稀释至刻度，摇匀。移取 25.00mL 试样溶液置于 250mL 锥形瓶中(若有游离酸需事先处理)，加入 10mL 已经中和的 1∶1 甲醛溶液，加入 1~2 滴酚酞指示剂，充分摇匀，放置 1min 后(溶液呈红色)，用 $0.1mol \cdot L^{-1}$的 NaOH 标准溶液滴定至溶液呈微橙红色，并保持半分钟不褪色即为终点。平行做三份，计算试样中的含氮量及相对平均偏差。

实验指导

（1）邻苯二甲酸氢钾基准试剂，110~120℃温度下烘干 1h 后，放入干燥器中备用。

（2）NaOH 溶液可以用其饱和溶液配制,NaOH 饱和溶液约为 40%~50%,15~18mol·L^{-1}。

（3）甲醛常以白色聚合状态存在，此白色乳状物是多聚甲醛。可加入少量的浓硫酸加热使之解聚。

（4）邻苯二甲酸氢钾基准试剂，110~120℃温度下烘干 1h 后，放入干燥器中备用。

（5）NaOH 溶液可以用其饱和溶液配制，NaOH 饱和溶液约为 40%~50%，15~18mol·L^{-1}。

（6）甲醛溶液和$(NH_4)_2SO_4$试样溶液中的游离酸的处理。

①甲醛溶液的处理。甲醛中常含有微量甲酸，应事先除去。处理方法如下：取原装甲醛的上层清液于烧杯中，加入 1~2 滴酚酞指示剂，用 0.1mol·L^{-1}NaOH 溶液中和至甲醛溶液呈微红色，加水稀释至原体积的二倍。

②试样中游离酸的处理。试样中常常含有游离酸，需除去。处理方法为：准确移取试样溶液 25.00mL 置于 250mL 锥形瓶中，加入 1 滴甲基红指示剂(溶液呈红色)，用 0.1mol·L^{-1}的 NaOH 溶液中和至溶液呈微橙黄色(pH≈6)。

（7）滴定终点颜色的判断：酚酞 $pK_a=9.1$；甲基红 $pK_a=5.0$。

在滴定操作过程中，溶液体系中存在甲基红和酚酞两种指示剂，当加入甲醛后，由于六次甲基四胺酸和强酸的生成，溶液的颜色将立即由黄色变为红色，此时溶液的 pH 值范围由甲基红的变色可指示，在用 NaOH 标准溶液滴定过程中，溶液的颜色将经过由红色→微红色→橙色→黄色，再到微橙红色的变化过程。

上述溶液颜色的变化过程，当溶液呈现微红色直至出现橙色，溶液的 pH 值范围应小于 6.2。此时溶液的微红色并非酚酞指示剂所呈现，而是甲基红指示剂所指示。如果仅以溶液呈现微红色来判断滴定终点，实际上与化学计量点相距甚远的。随着滴定的进行，溶液的 pH 值不断升高，当滴定到终点，溶液的颜色应该是酚酞指示剂的粉红色(pH 值为 9.0 左右)和甲基红指示剂的黄色(pH>6.2)的混合色，此时溶液应为微橙红色。因此，以溶液呈现微红色作为该滴定过程中滴定终点的判断是与实际情况不相符的。该项测定中，若在加入甲醛前，使用 NaOH 中和试样中的游离酸，不采用甲基红而采用酚酞作指示剂，虽溶液中只存在酚酞一种指示剂，使终点敏锐，但部分NH_4^+会被中和，测定将造成更大误差。

综上所述，甲醛法测定铵盐中氮的滴定中，由于同一溶液中存在甲基红和酚酞两种指示剂，在以 NaOH 为标准溶液滴定的过程中，应注意溶液中两种指示剂颜色的变化过程，滴定至溶液呈微橙红色并保持半分钟内不褪色，才为滴定终点。

（8）数据记录

① NaOH 标准溶液的标定，见表 6-7。

表 6-7　NaOH 标准溶液的标定

项目 \ 平行测定次数	1	2	3
$m_{(KHP+称量瓶)初}$/g			
$m_{(KHP+称量瓶)终}$/g			
m_{KHP}/g			
$V_{NaOH(终)}$/mL			

续表

平行测定次数 项目	1	2	3
$V_{NaOH(初)}$/mL			
V_{NaOH}/mL			
c_{NaOH}/(mol·L^{-1})			
$\bar{c}_{NaOH}$/(mol·L^{-1})			
$\bar{d}_r$/%			

②试样中含氮量的测定，见表6-8。

表6-8 试样中含氮量的测定

平行测定次数 项目	1	2	3
$m_{(试样+称量瓶)初}$/g			
$m_{(试样+称量瓶)终}$/g			
$m_{试样}$/g			
$V_{试样}$/mL	25.00	25.00	25.00
$V_{NaOH(终)}$/mL			
$V_{NaOH(初)}$/mL			
w_N/%			
$\bar{w}_N$/%			
$\bar{d}_r$/%			

计算公式：

$$w_N = \frac{(cV)_{NaOH}M_N}{m_s \times 10^3} \times 100\%$$

(9) 注意事项

① 对组成不太均匀的试样的称样要求，应称大样。

② 若试样中含 Fe^{3+}，会影响终点观察，可改用蒸馏法。

③ 甲醛法准确度较差，但比较快速，生产上应用较多，适用于强酸铵盐的测定。

④ 本法也可用于测定有机物中的氮，但须先将它转化为铵盐，然后再行测定。

⑤从小烧杯往容量瓶中移液时要用玻璃棒引流，不能直接倒入。注意高度适当，不要使溶液溅出，最后稍微向上提小烧杯，使最后一滴流下。

⑥移液管放液时要竖直，锥形瓶要倾斜，使移液管的尖端靠在锥形瓶内壁上。

⑦滴定时滴定管尖端约在锥形瓶颈部处，在此过程中要不断用洗瓶冲洗锥形瓶内壁。

⑧碱式滴定管、移液管都需要用标准液润洗。

实验拓展

(1) 如何测定 NH_4HSO_4、NH_4NO_3、$(NH_4)_2CO_3$、NH_4HCO_3、NH_4F、NH_4I、NH_4Br、$CO(NH_2)_2$ 等中氮的含量？请你设计测定方法。

(2) 土壤是作物氮素营养的主要来源，土壤中的氮素包括无机态氮和有机态氮两大类，其中95%以上为有机态氮，主要包括腐殖质、蛋白质、氨基酸等。小分子的氨基酸可直接被植物吸收，大分子有机态氮则必须经过矿化作用转化为铵盐，才能被作物吸收，属于缓效氮。土壤中无机态氮含量不到5%，主要是铵盐和硝酸盐，其他的如亚硝酸盐、氨、氮气和氮氧化物等含量很少。其中大部分铵态氮和硝态氮容易被作物直接吸收利用，属于速效氮。

全氮的测定：近百年来，许多科学工作者对全氮的测定方法不断改进，提出了许多新方法，主要有重铬酸钾-硫酸消化法、高氯酸-硫酸消化法、硒粉-硫酸铜-硫酸消化法。但开氏法目前仍是一个统一的标准方法，此法容易掌握，测定结果稳定，准确率较高。

实验思考

1. 铵盐中氮的测定为何不采用 NaOH 直接滴定？

2. NH_4NO_3、NH_4Cl 或 NH_4HCO_3 中的氮含量能否用甲醛法测定？

3. 本法中加入甲醛的作用是什么？

4. 尿素 $CO(NH_2)_2$ 中氮含量的测定方法为：先加 H_2SO_4 加热消化，全部变为 $(NH_4)_2SO_4$ 后，按甲醛法同样测定，试写出氮含量的计算式。

5. 为什么中和甲醛试剂中的游离酸使用酚酞作指示剂，而中和 $(NH_4)_2SO_4$ 试样中的游离酸却使用甲基红指示剂？

6. 若铵盐中含有 NO_3^-，用此法测定所得结果以含氮量表示时，此含氮量中是否包括 NO_3^- 中的氮？

7. 本测定中为什么要取大样进行分析？

实验四　水的总硬度测定

实验目的

（1）了解水的硬度概念以及表示方法；

（2）了解 EDTA 标准溶液的配制和标定的方法；

（3）掌握铬黑 T、钙指示剂的应用；

（4）掌握水的硬度测定的原理及方法。

实验背景

钙、镁分别占地球上元素丰度的第五位和第八位。天然水和自来水常含有无机杂质和有机杂质。无机杂质有 Mg^{2+}、Ca^{2+}、Fe^{3+}、SO_4^{2-}、CO_3^{2-}、Cl^- 等离子及某些气体。含有溶解钙、镁和铁离子的水叫做硬水，这些离子含量的多少用硬度表示。由于钙、镁等的酸式碳酸盐的存在而引起的硬度叫做碳酸盐硬度。煮沸时这些酸式碳酸盐会分解，生成碳酸盐沉淀从水中分离除去，例如：

$$Ca(HCO_3)_2 \xrightarrow{\text{加热}} CaCO_3\downarrow + CO_2\uparrow + H_2O$$

习惯上把这种硬度叫暂时硬度。由钙、镁的氯化物、硫酸盐、硝酸盐等所引起的硬度叫作非碳酸盐硬度。由于这些盐煮沸后不会生成沉淀而被除去，习惯上把这种硬度叫做永久硬度。碳酸盐硬度和非碳酸盐硬度之和就是水的总硬度。

目前我国使用硬度的表示方法有两种：一种是将所测得的钙、镁折算成 CaO 的质量，即每升水中含有 CaO 的毫克数表示，单位为 $mg\cdot L^{-1}$；另一种以度（°）计：1 硬度单位表示每升水中含 10mg CaO，这种表示方法称作德国度。

总硬度是国家规定的水质标准指标之一，我国水质硬度分为极软水、软水、中等水、硬水、极硬水，详见表6-9。

表 6-9　水质的分类表

名　称	极软水	软水	中等水	硬水	极硬水
硬度/(°)	0~4.2	4.2~8.4	8.4~16.8	16.8~25.2	25.2~40
CaO / $mg \cdot L^{-1}$	0~42	42~84	84~168	168~252	252~400
$CaCO_3$/ $mg \cdot L^{-1}$	0~75	75~150	—	300~450	>450

我国卫生部门把饮用水的硬度标准规定为25°。硬水不宜饮用，容易引起暂时性的胃肠功能紊乱。

各种工业用水，由于其对硬度有不同的要求，因此差别很大。硬水作为工业生产用的冷却水，会使换热器结水垢，严重的还会阻碍水流通道，使热交换效能大大降低，影响生产的顺利进行，甚至被迫停产。结垢还会产生垢下腐蚀，使换热器穿孔而损坏，不仅物料漏损，而且增加设备投资费用，浪费钢材。硬水用于洗涤，也往往影响产品质量，如纺织印染会造成织物斑点，不仅影响美观，而且影响强度。硬水作为锅炉用水，在锅炉内加热后，经过蒸发浓缩过程，使锅炉受热面结水垢，而水垢的导热性能极差，只是钢材的几百分之一。降低了锅炉的热效率，如果仍要达到无水垢时同样的炉水温度，势必要提高受热面的壁温，金属温度升高还会使金属伸长，增加材料的应力，导致损坏，严重的会引起爆裂事故，同时白白浪费燃料。还得经常清洗水垢，不仅影响生产，而且降低锅炉使用寿命，还要浪费人力物力。因此，硬水对工业生产的危害很大，必须根据产品或设备对水质的要求，对硬水进行软化、除盐或其他有效的水处理。例如高压锅炉用水，硬度不得超过0.05°~0.1°，而低压锅炉用水不得超过5°~7°。

地下水的硬度往往比较高，地面水的硬度随地理、地质情况等因素而变，地面水的硬度一般不会太高。在天然水中，远离城市未受污染的雨水、雪水属于软水；泉水、溪水、江河水、水库水，多属于暂时性硬水，部分地下水属于高硬度水。

实验原理

乙二胺四乙酸(简称EDTA，常用H_4Y表示)难溶于水，常温下其溶解度为$0.2g \cdot L^{-1}$，在分析中不适用，通常使用其二钠盐配制标准溶液。乙二胺四乙酸二钠盐的溶解度为$120g \cdot L^{-1}$，可配成$0.3mol \cdot L^{-1}$以上的溶液，其水溶液pH=4~5。

EDTA常因吸附约0.3%的水分和其中含有少量杂质而不能直接用来配制标准溶液。通常先把EDTA配成所需要的大概浓度，然后用基准物质标定。

用于标定EDTA的基准物质有，含量不低于99.95%的某些金属，如Cu、Zn、Ni、Pb等，以及它们的金属氧化物或某些盐类，如ZnO、$MgSO_4 \cdot 7H_2O$、$CaCO_3$等。通常选用其中与被测组分相同的物质作基准物，这样滴定条件较一致。EDTA溶液若用于测定Ca^{2+}、Mg^{2+}，则宜用$CaCO_3$。

由于是测定Ca^{2+}、Mg^{2+}的含量，所以用$CaCO_3$为基准物标定EDTA，选用钙指示剂指示终点。用NaOH控制溶液pH值为12~13，其变色原理为：

滴定前　$Ca+In$(纯蓝色)$\rightleftharpoons CaIn$(桃红色)

滴定中　$Ca+Y \rightleftharpoons CaY$

终点时　CaIn(桃红色)+ Y $\rightleftharpoons$ CaY+In(纯蓝色)

1. 概念

水的总硬度(一般简称为水的硬度)主要是指水中含可溶性的钙盐和镁盐总量。1° 表示每升水中含有的钙、镁折算成 CaO 的质量为 10mg，这种表示方法称作德国度。

钙硬度指每 L 水中含的钙离子的质量，单位为 $mg \cdot L^{-1}$。

镁硬度指每 L 水中含的镁离子的质量，单位为 $mg \cdot L^{-1}$。

2. 总硬度的测定条件与原理

测定条件：以 NH_3-NH_4Cl 缓冲溶液控制溶液 pH≈10，以铬黑 T(EBT)为指示剂，用 EDTA 滴定水样。

原理：以铬黑 T 为指示剂，用 EDTA 标准溶液直接测定 Ca^{2+}、Mg^{2+} 总量。由于 $K_{CaY} > K_{MgY} > K_{Mg \cdot EBT} > K_{Ca \cdot EBT}$，络黑 T 首先与部分 Mg 络合为 Mg-EBT，溶液呈现酒红色。当 EDTA 滴入时，EDTA 与 Ca^{2+}、Mg^{2+}络合，终点时 EDTA 夺取 Mg-EBT 中的 Mg^{2+}，将指示剂 EBT 置换出来，使溶液颜色由酒红色逐渐变蓝，直至纯蓝色为终点。由滴定所用的 EDTA 的体积即可换算出水样的总硬度。

滴定前　Mg+In(蓝色)$\rightleftharpoons$MgIn(酒红色)

滴定中　Ca (或 Mg)+Y $\rightleftharpoons$CaY(或 MgY)

终点时　MgIn(酒红色)+ Y $\rightleftharpoons$MgY+In(蓝色)

3. 钙硬度的测定条件与原理

测定条件：用 NaOH 溶液调节待测水样的 pH 值为 12~13，使 Mg^{2+}生成氢氧化物沉淀，以钙指示剂(NN) 为指示剂，用 EDTA 滴定水样。

原理：调节溶液呈强碱性使镁离子生成 $Mg(OH)_2$ 沉淀，掩蔽镁离子后，加入的钙指示剂与 Ca^{2+}络合，溶液呈现酒红色。当 EDTA 滴入时，EDTA 与 Ca^{2+}络合，终点时 EDTA 夺取与 NN 络合的 Ca^{2+}，将指示剂 NN 置换出来，使溶液颜色由酒红色逐渐变为纯蓝色即为终点，由滴定所用的 EDTA 的体积即可算出水样中钙离子的含量，从而求出钙硬度。

滴定前　Ca+In(纯蓝色)$\rightleftharpoons$CaIn(桃红色)

滴定中　$Ca+Y \rightleftharpoons CaY$

终点时　CaIn(桃红色)+ Y $\rightleftharpoons$CaY+In(纯蓝色)

仪器试剂

仪器：分析天平　酸式滴定管　锥形瓶　移液管　烧杯　量筒　洗耳球　蝴蝶夹　铁架台　洗瓶　烘箱

试剂：乙二胺四乙酸二钠盐($Na_2H_2Y \cdot 2H_2O$，A. R. 相对分子质量 372. 2)　$CaCO_3$(基准物质)　NH_3-NH_4Cl 缓冲溶液(pH≈10)　NaOH 溶液($40g \cdot L^{-1}$)　铬黑 T　钙指示剂　甲基红指示剂　六亚甲基四胺($200g \cdot L^{-1}$)　三乙醇胺($200g \cdot L^{-1}$)　Na_2S 溶液($20g \cdot L^{-1}$)　HCl 溶液[$V(HCl):V(H_2O)=1:1$]　氨水[$V(NH_3 \cdot H_2O):V(H_2O)=1:2$]

实验步骤

1. 0. 020mol · L^{-1} EDTA 溶液的配制

称取 4. 0g 乙二胺四乙酸二钠($Na_2H_2Y \cdot 2H_2O$)于 500mL 烧杯中，加 200mL 水，温热使

其溶解完全，转入至聚乙烯瓶中，用水稀释至500mL，摇匀。

2. Mg^{2+}-EDTA 溶液配制

先配制0.05mol·L^{-1}的$MgCl_2$和0.05mol·L^{-1}的EDTA溶液各500mL，然后在pH＝10的氨性条件下，以铬黑T作指示剂，用上述EDTA滴定Mg^{2+}，按所得比例把$MgCl_2$和EDTA混合，确保$n(Mg):n(EDTA)=1:1$。

3. 以$CaCO_3$基准物质标定EDTA溶液

（1）配制0.020mol·L^{-1}钙标准溶液　准确称取120℃干燥过的基准$CaCO_3$ 0.50～0.55g，置于150mL烧杯中，用少量水润湿，盖上表面皿，从烧杯嘴处往烧杯中慢慢滴加1：1的HCl溶液约5mL，使$CaCO_3$全部溶解。加水50mL，微沸几分钟以除去CO_2，冷却后用水冲洗烧杯内壁和表面皿，定量转移至250mL容量瓶中，用水稀释至刻度，摇匀，计算Ca^{2+}的准确浓度。

（2）EDTA溶液浓度的标定　移取20.00mL钙标准溶液置于250mL锥形瓶中，加5mL 40g·L^{-1}的NaOH溶液及少量钙指示剂，摇匀后，用EDTA溶液滴定至溶液由酒红色恰变为纯蓝色，即为终点。平行测定3份，计算EDTA标准溶液的浓度，其相对平均偏差不大于0.2%。

4. 水的总硬度的测定

用移液管移取适量水样V(mL)于250mL锥形瓶中，加5mL氨性缓冲溶液，3～4滴铬黑T指示剂，用EDTA标准溶液滴定至溶液由酒红色变为纯蓝色为终点。记取EDTA耗用的体积为V_1(mL)，平行测定3份。计算水的总硬度。

5. 钙硬的测定

移取与步骤4等量水样于250mL锥型瓶中，加入5mL 40g·L^{-1}的NaOH，再加少许钙指示剂，用EDTA标准溶液滴定至溶液由酒红色变为纯蓝色为终点，记取EDTA耗用的体积为V_2(mL)。平行测定3份。分别计算水中的钙硬度、镁硬度(以mg·L^{-1}表示)。

实验指导

（1）在选用纯金属作为标准物质时，应注意金属表面氧化膜的存在会带来标定时的误差，届时应将氧化膜用细砂纸擦去，或用稀酸把氧化膜溶掉，先用蒸馏水，再用乙醚或丙酮冲洗，于105℃的烘箱中烘干，冷却后再称重。

（2）用三乙醇胺掩蔽Fe^{3+}、Al^{3+}、Cu^{2+}、Pb^{2+}、Zn^{2+}等共存离子。

（3）当水样中Mg^{2+}极少时，Mg^{2+}的浓度小于Ca^{2+}浓度的1/20，由于CaIn比MgIn的显色灵敏度要差很多，往往得不到敏锐的终点。为了提高终点变色的敏锐性，可在EDTA标准溶液中加入适量的Mg^{2+}(在EDTA标定前加入，这样就不影响EDTA与被测离子之间的滴定定量关系)，或在缓冲溶液中加入一定量的Mg-EDTA溶液。

（4）当配制的EDTA浓度较大时，即使加热，溶解速度也嫌太慢。此时可加入少量NaOH，调节溶液的pH值稍大于5。

（5）在氨性溶液中，当$Ca_2(HCO_3)_2$含量较高时，会析出$CaCO_3$沉淀，使终点拖长，导致指示剂的变色不敏锐，因此，要除去CO_2。

（6）如水样为自来水，通常取100mL；若为人工配制的水样通常取20.00mL。

（7）用三乙醇胺掩蔽Fe^{3+}、Al^{3+}对EBT的封闭现象，必须在pH<4条件下加入，然后调节至滴定酸度。

(8) 滴定钙，当水样中 Mg^{2+} 极少时，由于 CaIn 比 MgIn 的显色灵敏度要差很多，往往得不到敏锐的终点。为了提高终点变色的敏锐性，可在 EDTA 标准溶液中加入适量的 Mg^{2+}(在 EDTA 标定前加入，这样就不影响 EDTA 与被测离子之间的滴定定量关系)，或在缓冲溶液中加入一定量的 Mg-EDTA 溶液。

比如以基准 $CaCO_3$ 标定 EDTA 溶液的浓度，以铬黑 T 为指示剂：用移液管吸取 25.00mL $CaCO_3$ 标准溶液于锥形瓶中，加 1 滴甲基红指示剂，用(1∶2)氨水中和 Ca^{2+} 标准溶液中的 HC1(溶剂 $CaCO_3$ 时加入的)，当溶液由红变黄即可。加 20mL 水和 5mL Mg-EDTA 溶液(是否需要准确加入?)，然后加入 10mL NH_3-NH_4Cl 缓冲溶液，再加 3 滴铬黑 T 指示剂，立即用 EDTA 滴定，当溶液由酒红色转变为紫蓝色即为终点。平行测定 3 次，计算 EDTA 的准确浓度。

(9) 测定自来水的总硬度时，用移液管移取适量水样于 250mL 锥形瓶中，加入 1~2 滴 HCl 使试液酸化，煮沸数分钟以除去 CO_2。冷却后，加入 3mL 三乙醇胺溶液，5mL NH_3-NH_4Cl 缓冲溶液，1mL Na_2S 溶液以掩蔽 Cu^{2+} 等共存的重金属离子。①再加入 3 滴铬黑 T 指示剂，立即用 EDTA 标液滴定，当溶液由红色变为蓝紫色即为终点。平行测定 3 份，计算水的总硬度。或 ② 再加 NaOH 调 pH 值至 12 左右，使 Mg^{2+} 生成 $Mg(OH)_2$ 沉淀，再加入钙指示剂，用 EDTA 溶液滴定至溶液由紫红色变为蓝色即为终点，则求出 Ca^{2+} 的含量。

(10) 数据记录。

①水的总硬度测定，将数据记录在表 6-10 中。

表 6-10　水的总硬度测定结果表

项　目 \ 平行测定次数	1	2	3
V/mL	20.00	20.00	20.00
V_{11}/mL			
V_{12}/mL			
V_1/mL			
$\overline{V_1}$/mL			
$\rho(CaO)$/mg·L^{-1}			
$\bar{\rho}$/mg·L^{-1}			
$\bar{d}_r$/%			

计算公式：

$$\rho_{CaO}(°)=\frac{(c\cdot V_1)_{EDTA}\times M_{CaO}\times 10^3}{V}\times 100$$

②水的钙硬度、镁硬度测定，将数据记录在表 6-11 中。

表 6-11　水的钙硬度、镁硬度测定结果表

项　目 \ 平行测定次数	1	2	3
V/mL	20.00	20.00	20.00
V_{21}/mL			
V_{22}/mL			
V_2/mL			

续表

项目 \ 平行测定次数	1	2	3
$\overline{V_2}$/mL			
ρ(Ca) / mg · L^{-1}			
$\bar{\rho}$(Ca) / mg · L^{-1}			
$\bar{d}_r$/%			
ρ(Mg) / mg · L^{-1}			

计算公式：

$$\rho_{Ca}(mg \cdot L^{-1}) = \frac{(c \cdot V_2)_{EDTA} \times M_{Ca} \times 10^3}{V}$$

$$\rho_{Mg}(mg \cdot L^{-1}) = \frac{c_{EDTA}\ (\overline{V_1} - \overline{V_2})_{EDTA} \times M_{Mg} \times 10^3}{V}$$

(11)注意事项

①测定总硬度时用氨性缓冲溶液调节 pH 值，注意加入掩蔽剂掩蔽干扰离子，掩蔽剂要在指示剂之前加入。

②配位反应比酸碱反应速度要慢，滴定速度不能太快，特别是近终点时要逐滴加入，应慢滴多摇，充分摇动。测定时温度过低，反应速度慢，会使滴定过量，此时应将水样加热到30~40℃再进行测定。当加热水样，温度过高，亦应适当冷却。

③在络合滴定中加入金属指示剂的量是否合适对终点观察十分重要，应在实践中细心体会；

④络合滴定法对去离子水的质量要求较高，不能含有 Fe^{3+}、Al^{3+}、Cu^{2+}、Mg^{2+}等离子。

⑤使 Mg^{2+}完全生成 $Mg(OH)_2$ 沉淀，须在 pH = 12 的强碱性环境中，此时可以单独滴定 Ca^{2+}，使用钙指示剂为指示剂。

⑥配制 EDTA 溶液时加入 $MgCl_2$ 的原因：当水样中 Mg^{2+}含量太少时，用 EDTA 测定水的硬度，终点变色不敏锐。在配制 EDTA 溶液时加入适量 $MgCl_2$，在滴定过程中 Ca^{2+}把 Mg^{2+}从 Mg-EDTA 中置换出来，Mg^{2+}与 EBT 形成紫红色化合物，终点时，颜色由紫红色变为纯兰色，较为敏锐。

⑦掩蔽剂、缓冲溶液、指示剂的加入顺序：先加三乙醇胺掩蔽 Fe^{3+}、Al^{3+}，再加 Na_2S 掩蔽 Cu^{2+}、Zn^{2+}、再加 NH_3-NH_4Cl 缓冲溶液，最后加 EBT，并且马上开始滴定。

⑧EBT 分子内有硝基与偶氮基，可以发生分子内的氧化还原反应，在空气中放置不稳定，应现用现加。

⑨滴定终点时溶液为纯蓝色，若蓝中带紫，则 EDTA 不足；若蓝中带绿，则 EDTA 过量。

⑩EBT 为一种有机弱酸，不同型体显示不同颜色，当 pH < 6.3 时，显紫红色；pH > 11.6 时，显橙红色；6.3 < pH < 11.6 时，显蓝色。而 EBT 与金属离子形成的络合物为紫红色，因此 EBT 用做金属指示剂使用的 pH 值范围为 6.3~11.6，但实验证明最佳酸度范围为 9~10。

实验拓展

EDTA络合滴定法操作简便，应用很广，可用于自来水、矿泉水、工业用水的硬度测定，还可用于血清钙、保健食品中的钙以及废水中总金属离子含量的测定。方法经过适当改进(比如试样前处理、合适的指示剂种类或配比、介质条件等)后，能用于许多天然和人工产品之中的钙、镁的测定，如白云石、水泥、矿泉水、工业用水、肥料等。钙、镁存在于许多天然和人工产品之中，它们几乎总是同时存在，其测定在工农业生产中极其重要。

1. 测定降水中的钙离子

用钙试剂羧酸钠作指示剂络合滴定法测定降水中钙离子。在 pH = 12 ~ 13 条件下，以钙试剂羧酸钠为指示剂，用EDTA络合滴定钙离子。指示剂与钙形成红色螯合物，镁形成氢氧化镁沉淀，不干扰测定。滴定时，游离钙离子首先和EDTA反应，与指示剂螯合的钙离子随后和EDTA反应，到达终点时，溶液由红色(钙微量时溶液为紫蓝色)转为亮蓝色，在自然条件下终点的观察即能顺利进行。用钙试剂羧酸钠测定降水中的钙离子，操作方法易掌握、终点敏锐、重现性好、快速、能大大提高工效，有较高的准确度和精密度，完全适合于降水中钙离子的测定，很有推广的价值。

2. 传统方法的改进

例如，沉淀掩蔽镁后进行钙的沉淀，$Mg(OH)_2$ 的吸附作用会给钙的测定带来误差，而这种误差又会传递到镁上。对此可以改进EDTA络合滴定直接测定钙、镁的方法。即用乙酰丙酮掩蔽镁测定钙；用草酸钙沉淀除钙后直接测定镁的方法。而且该方法简单、快速、测定准确度和精密度高。

再如，用于EDTA连续快速测定矿石中的钙和镁：在用EDTA滴定钙之后的溶液中加入 NH_4Cl，使溶液中的碱度降低至 pH = 10 左右，以 $Mg(OH)_2$ 沉淀溶解为标志。加入 pH = 10 的缓冲溶液，补加K-B指示剂，用同一EDTA标准溶液继续滴定镁。此法克服了用HC1调节pH值法滴定镁结果系统偏高的缺点。

3. 工业生产和控制中的钙、镁测定

工业生产和控制中，钙镁测定多采用EDTA络合滴定分析。在实际测定中，有使用钙指示剂-萘酚绿B作指示剂于 pH = 12 时，用EDTA络合滴定钙；使用酸性铬蓝K-铬黑T-萘酚绿B为指示剂于 pH = 10 时，EDTA络合滴定钙镁合量，曾用于白云石、石灰石、烧结矿、啤酒中的钙镁测定，取得满意结果，具有广泛的适应性。萤石试样在盐酸-硼酸分解后，以三乙醇胺掩蔽铁、铝等干扰元素，用EDTA容量法可以快速测定萤石中的氟化钙。酸性铬蓝K与萘酚绿B的比例为1∶1.1时，能准确测定水泥中的氧化镁。

用EDTA络合滴定法测定铁矿石中钙和镁时，试样预处理后，在 pH = 10 的 NH_3-NH_4C1 缓冲溶液中，以酸性铬蓝K-萘酚绿B为指示剂，用EDTA络合滴定法测定钙、镁含量；另在KOH溶液中，用钙试剂为指示剂，以EDTA络合滴定法测定钙量，用差减法计算镁的含量。

4. 保健品中的钙的测定

有很多保健食品以碳酸钙、葡萄糖酸钙等来实现添加钙的目的，并配有其他辅料。针对此类保健食品可采用炭化、灰化、加酸溶解的前处理方法，利用钙与氨羧络合剂EDTA能定量地形成金属络合物，在碱性环境下，达到计量点时，钙离子与EDTA结合而使溶液的颜色发生改变的原理测定其含量，结果令人满意。此法测定简捷、方便，无需大型仪器设备。

钙含量较高的保健食品多以动物骨及骨髓为原料，不仅钙含量较高，而且还含有其他金属元素，如铁、锌、铜、镁等，由于 EDTA 定量法的原理是络合滴定反应，在此化学反应中钙、镁等金属离子均与 EDTA 发生络合反应。镁和其他金属离子干扰钙的测定结果，故可将溶液 pH 值调至 12~13，使镁离子形成沉淀就，除镁以外的其他干扰金属离子可以加入氰化钾和盐酸羟胺掩蔽，改善了滴定终点延迟、颜色发暗现象，提高了检测结果的准确程度。

5. 肥料中的钙的测定

钾钙肥(又名硅钙钾肥)，以含钾岩石和石灰石为主要原料生产而成，是一种含有钾、硅、钙、镁及多种微量营养元素的枸溶性长效碱性无机复合肥料。其中包含有效氧化钾(K_2O)5%~10%，有效氧化硅(SiO_2)25%~35%，有效氧化钙(CaO)25%~35%。以钾钙肥中钙含量的测定方法为研究对象，分别以 CMP(钙黄绿素-甲基百里香酚蓝-酚酞混合指示剂的简称)、K-B 和钙指示剂为指示剂，用于 EDTA 络合滴定法测定钾钙肥中有效氧化钙，表明 3 种指示剂都可用于络合滴定法中测定钾钙肥中有效氧化钙的含量，其中 CMP 和 K-B 指示剂测定结果优于钙指示剂。

实验思考

1. EDTA 溶液的标定可采用两种方法：

(1)用纯金属锌为基准物质，在 pH=5 时，以 XO 为指示剂，进行标定；

(2)用 $CaCO_3$ 为基准物质，在 pH=10 时，以 EBT 为指示剂，进行标定。

在测定水的硬度时，哪种方法更合理？为什么？

2. 用 $CaCO_3$ 为基准物，以钙指示剂为指示剂标定 EDTA 浓度时，应控制溶液的酸度为多大？为什么？如何控制？

3. 络合滴定中为什么要加入缓冲溶液？

4. 为什么滴定 Ca^{2+}、Mg^{2+} 总量时要控制 pH≈10，而滴定 Ca^{2+} 分量时要控制 pH 值为 12~13？若 pH >13 时测定 Ca^{2+} 对结果有何影响？

5. 测定水的总硬度时，为什么要在 EDTA 溶液中加入适量的 Mg^{2+} 或 Mg-EDTA 溶液？若在标定前加入 Mg^{2+}，对测定结果有无影响(阐述 Mg-EDTA 能够提高终点敏锐度的原理。测定过程中加入 Mg-EDTA 的作用及其对测定结果的影响)？

实验五　铅、铋混合液中铅、铋含量的连续测定

实验目的

(1) 了解二甲酚橙指示剂的应用；

(2) 掌握用控制酸度的方法进行多种金属离子连续配位滴定的原理；

(3) 掌握用 EDTA 进行连续滴定铅、铋混合溶液的条件和方法。

实验背景

人们早在几千年前已经认识铅了。我国在殷代末年纣王时便已会炼铅，古代的罗马人喜欢用铅作水管，而古代的荷兰人爱用它作屋顶。20 世纪，人类则将四乙基铅加入汽油，以防止发动机爆震。但是铅盐毒性很大，咽下可溶性铅盐会导致急性中毒，长期接触铅制品

(例如管道和铅基颜料)可能导致慢性中毒，有机铅化合物会伤害神经系统。鉴于铅金属的中毒危害，目前，含铅汽油在全世界大多数国家已没了市场，汽油的无铅化日益深入人心。

铅有很多的优良特性：高密度、良好的抗蚀性、熔点低、柔软、易加工等，拥有让人无法抗拒的使用价值。铅的许多化合物，色彩缤纷，常用作颜料，如铬酸铅是黄色颜料，碘化铅是金色颜料(与硫化锡齐名)，至于碳酸铅，早在古代就被用作白色颜料。

自然界存在少量的铋，其主要矿物有：辉铋矿、铅铋矿、铜铋矿等。铋的单独矿床少，常与铅、锌、铜、钨、钼、锡等矿伴生。

铅铋合金的熔点低，电炉就能熔化。保险丝是用铅合金做的，在焊锡中也含有铅。铅铋合金可以用于电池、焊接、弹头、中速中子堆等。

乙二胺四乙酸二钠(简称 EDTA)为无味无臭或微咸的白色或乳白色结晶或颗粒状粉末。溶于水，不溶于乙醇、乙醚。可以用作重金属解毒药、络合剂、抗氧增效剂、稳定剂及软化剂等。它具有广泛的配位性能，几乎能与所有金属离子形成配合物，配位滴定应用很广泛，但如何提高滴定的选择性便成为配位滴定中的一个重要问题。

实验原理

混合离子的滴定常用控制酸度法、掩蔽法进行，可根据有关副反应系数论证对它们分别滴定的可能性。

Bi^{3+}、Pb^{2+}均能与 EDTA 形成稳定的络合物，其 $\lg K$ 值分别为 27.94 和 18.04，两者的稳定性差相很大，$\Delta pK=9.9$，$\Delta pK>6$，因此可以利用控制溶液酸度的方法在一份溶液中连续滴定 Bi^{3+}、Pb^{2+}来进行测定。在 $pH\approx1$ 时滴定 Bi^{3+}，在 $pH\approx5\sim6$ 时滴定 Pb^{2+}。离子的溶液由紫红色变为亮黄色，即为终点。然后再用六次甲基四胺为缓冲剂，控制溶液。

测定 Bi^{3+}、Pb^{2+}均以二甲酚橙(XO)为指示剂。二甲酚橙属于三苯甲烷指示剂，易溶于水，它有 7 级酸式离解，其中 H_7In 至 H_3In^{4-}呈黄色、H_2In^{5-}至 In^{7-}呈红色。所以它在溶液中的颜色随酸度而变，在溶液 $pH<6.3$ 时呈黄色，$pH>6.3$ 时呈红色。二甲酚橙与 Bi^{3+}及 Pb^{2+}的络合物呈紫红色，它们的稳定性与 Bi^{3+}、Pb^{2+}和 EDTA 所成络合物的相比要低；且$K_{Bi-XO}>K_{Pb-XO}$。

测定时，先用 HNO_3 调节溶液的酸度至 $pH\approx1$，以二甲酚橙为指示剂，Bi^{3+}与 XO 形成紫红色络合物(Pb^{2+}在此条件下不会与 XO 形成有色络合物)，此时用 EDTA 标准溶液滴定，至溶液由紫红色变为亮黄色，即为滴定 Bi^{3+}的终点。反应式如下：

$pH\approx1$　　Bi+In (亮黄色) $\rightleftharpoons$ BiIn(紫红色)

Bi+Y $\rightleftharpoons$ BiY

BiIn(紫红色)+ Y $\rightleftharpoons$ BiY(无色)+In(亮黄色)

在滴定 Bi^{3+}后的溶液中，加入六亚甲基四胺为溶液，控制溶液 pH 值为 5~6，此时 Pb^{2+}与 XO 形成紫红色络合物(溶液第二次呈现紫红色)，继续用 EDTA 标准溶液滴定，当溶液由紫红色突变为亮黄色，即为滴定 Pb^{2+}的终点。

$pH\approx5\sim6$　　Pb+In (亮黄色) $\rightleftharpoons$ PbIn(紫红色)

Pb+Y $\rightleftharpoons$ PbY

PbIn(紫红色)+Y $\rightleftharpoons$ PbY(无色)+ In(亮黄色)

乙二胺四乙酸二钠盐的溶解度为 $120g\cdot L^{-1}$，可配成 $0.3mol\cdot L^{-1}$以上的溶液，其水溶液 $pH=4\sim5$，通常采用间接法配制标准溶液。为了避免系统误差，EDTA 的标定条件要与测定条件尽量一致。此实验是测定 Pb^{2+}、Bi^{3+}，则宜以 ZnO 或金属锌为基准物。

以二甲酚橙为指示剂，在 pH = 5~6 的溶液中，二甲酚橙指示剂本身显黄色，与 Zn^{2+} 的络合物呈紫红色。EDTA 与 Zn^{2+} 形成更稳定的络合物，因此用 EDTA 溶液滴定至近终点时，二甲酚橙被游离出来，溶液由紫红色变成黄色。反应如下：

$$Zn+In\ (亮黄色) \rightleftharpoons ZnIn(紫红色)$$

$$Zn+Y \rightleftharpoons ZnY$$

$$ZnIn(紫红色)+Y \rightleftharpoons ZnY(无色)+In(亮黄色)$$

络合滴定中所用的蒸馏水，应不含 Fe^{3+}、Al^{3+}、Cu^{2+}、Ca^{2+}、Mg^{2+} 等杂质离子。

仪器试剂

仪器：碱式滴定管　锥形瓶　洗瓶　容量瓶　吸移管　吸耳球　烧杯　试剂瓶　分析天平　称量瓶

试剂：EDTA 标准溶液(0.020mol·L^{-1})　二甲酚橙溶液(2g·L^{-1} 水溶液)　六亚甲基四胺溶液 HC1 溶液(1∶1)　NaOH(2mol·L^{-1})　HNO_3(0.1mol·L^{-1})　Bi^{3+}、Pb^{2+} 混合液(含 Bi^{3+}、Pb^{2+} 各约 0.010mol·L^{-1})　HNO_3(0.15mol·L^{-1})　ZnO(基准物质)

实验步骤

1. 以 ZnO 基准物质标定 EDTA 溶液

(1) 0.020mol·L^{-1} EDTA 溶液(配制同实验四)。

(2) 配制 0.020mol·L^{-1} 锌标准溶液　准确称取 ZnO 基准物质 0.35~0.45g，置于 150mL 烧杯中，用少量水润湿，盖上表面皿，从烧杯嘴处往烧杯中慢慢滴加 1∶1 的 HC1 溶液约 3mL，待 ZnO 完全溶解后，淋洗表面皿和烧杯内壁，定量转移至 250mL 容量瓶中，用水稀释至刻度，摇匀，计算 Zn^{2+} 的准确浓度。

(3) EDTA 溶液浓度的标定　移取 25.00mL 锌标准溶液置于 250mL 锥形瓶中，加入蒸馏水 20mL，二甲酚橙指示剂 2 滴，摇匀，然后滴加六亚甲基四胺溶液至溶液呈稳定的紫红色，再多加 5mL，用 EDTA 溶液滴定至溶液由紫红色恰变为亮黄色，即为终点。平行测定 3 份，计算 EDTA 标准溶液的浓度。

2. Bi^{3+} 和 Pb^{2+} 连续滴定测定

准确移取 Bi^{3+}、Pb^{2+} 混合试液 25.00mL 于 250mL 锥形瓶中，加入 0.1mol·L^{-1} 的 HNO_3 10mL(控制溶液的 pH = 1)和二甲酚橙指示剂 1~2 滴。用 EDTA 标准溶液滴定至溶液由紫红色突变为亮黄色，即为终点，记录消耗 EDTA 的体积 V_1(mL)。在此溶液中，补加 1~2 滴二甲酚橙指示剂，滴加六亚甲基四胺溶液至试液呈稳定的紫红色后，再过量 5mL(此时试液的 pH 值应为 5~6)，继续用 EDTA 溶液滴定至溶液由紫红色突变为亮黄色，即为终点，记录消耗 EDTA 的体积 V_2(mL)。平行测定 3 份，计算混合试液中 Bi^{3+}、Pb^{2+} 的含量(g·L^{-1})及 V_1/V_2、浓度。第二个终点，记录消耗 EDTA 的体积。

实验指导

(1) Bi^{3+} 易水解，开始配制混合试液时，所含 HNO_3 浓度较高，临用前加水稀释至 0.15mol·L^{-1} 左右。

（2）滴定的酸度和速度。Bi^{3+}易水解，配制的试液酸度较大，一般 pH<1。实验室提供试液，酸度已经调节好，pH= 1。在滴定 Bi^{3+}时，不必再调节酸度。而滴定 Pb^{2+}的适宜酸度为 pH=5~6，可以利用六亚甲基四胺缓冲溶液体系控制。

络合反应的速度比中和反应慢，所以滴定速度不能太快，尤其是临近终点时，每滴入一滴 EDTA 溶液需要多摇动几下。摇荡也应剧烈些，防止滴定过头。尤其是滴定 Bi^{3+}时更需要注意，滴定的同时要剧烈摇动，以加速反应进行。

（3）数据记录。

①ZnO 标定 EDTA，将实验数据记录在表 6-12 中。

表 6-12　ZnO 标定 EDTA 浓度数据记录表

项目 \ 平行测定次数	1	2	3
$m_{(ZnO+称量瓶)1}$/g			
$m_{(ZnO+称量瓶)2}$/g			
$m_{(ZnO)}$/g			
$V_{(ZnO)}$/mL	25.00	25.00	25.00
$V_{EDAT\ 0}$/mL			
$V_{EDTA\ 1}$/mL			
V_{EDTA}/mL			
c_{EDTA}/(mol·L^{-1})			
$\bar{c}_{EDTA}$/(mol·L^{-1})			
$\bar{d}_r$/%			

$$计算公式：c_{EDTA}(mol\cdot L^{-1})=\frac{\frac{m_{ZnO}}{M_{ZnO}}\times\frac{25.00}{250.00}}{V_{EDTA}}\times 10^{-3}$$

②EDTA 连续滴定 Bi^{3+}、Pb^{2+}混合溶液，将实验数据记录在表 6-13 中。

表 6-13　EDTA 连续滴定 Bi^{3+}、Pb^{2+}混合溶液的数据记录表

项目 \ 平行测定次数	1	2	3
$V_{混合液}$/mL	25.00	25.00	25.00
$V_{0(Bi^{3+})}$/mL			
$V_{1(Bi^{3+})}$/mL			
$V_{2(Pb^{2+})}$/mL			
V_1/mL			
$c_{Bi^{3+}}$/(g·L^{-1})			
$\bar{c}_{Bi^{3+}}$/(g·L^{-1})			
$\bar{d}_r$/%			
V_2/mL			
$c_{Pb^{2+}}$/(g·L^{-1})			
$\bar{c}_{Pb^{2+}}$/(g·L^{-1})			
$\bar{d}_r$/%			
V_1/V_2			
$\bar{d}_r$/%			

计算公式：
$$c_{Bi}(g \cdot L^{-1}) = \frac{c_{EDTA} \cdot V_1 \cdot M_{Bi}}{25.00}$$
$$c_{Pb}(g \cdot L^{-1}) = \frac{c_{EDTA} \cdot (V_2 - V_1) \cdot M_{Pb}}{25.00}$$

(4) 注意事项

①标定 EDTA 标准溶液的基准物质与“水硬度的测定”中 EDTA 标定的基准物质不同。

②一定要掌握好混合液体系的酸度。滴定 Bi^{3+} 时，若酸度过低，Bi^{3+} 将水解，产生白色浑浊。测 Bi^{3+} 时，滴定前及滴定初期，不要多用水冲洗锥形瓶口，以防 Bi^{3+} 水解。滴定至近终点时，滴的速度要慢，并充分摇动溶液，以免滴过终点。另外，滴定 Bi^{3+} 时，有时滴定终点的黄色不是亮黄色，而稍带土黄色。遇到这种情况要注意观察，防止滴定过头，“慢滴强摇勿过头”。

③在测定 Pb^{2+} 时一定要注意控制溶液合适的 pH 值范围。滴加六亚甲基四胺溶液至试液呈稳定的紫红色后，应再过量 5mL。

④标定 EDTA 溶液和测定 Pb^{2+} 含量时，终点不明显可加热至 50~60℃，使终点易于辨别。测 Pb^{2+} 含量时，在滴定 Bi^{3+} 后调节 pH 值，滴加 EDTA 溶液至近终点再加热，然后小心滴至铅的终点。否则，可能出现白色沉淀，影响终点的判断。

⑤滴定时试液颜色变化为：紫红色→红色→橙黄色→黄色。

⑥为防止终点延长或指示剂封闭，所用仪器必须用去离子水洗干净。

⑦实验中应注意安全，对结果进行认真的计算，仔细观察实验过程中所出现的现象并认真记录。

实验拓展

1. 三种金属离子的连续滴定

在一份溶液中同时存在三种金属离子(如 Fe^{3+}、Pb^{2+}、Ca^{2+} 混合液)，如何控制酸度进行连续滴定？

EDTA 几乎能与所有的金属离子形成稳定的络合物。有共存离子时，要想用 EDTA 选择性的滴定其中的某金属离子，必须保证酸度适宜，同时要考虑配合物的条件稳定常数。$\Delta lgK \geq 6$ 是分步滴定的条件，详见表 6-14。

表 6-14　EDTA 直接准确滴定单一金属离子的适宜酸度范围

金属离子	适宜酸度范围(pH 值)	金属离子	适宜酸度范围(pH 值)
Bi^{3+}	1	Zn^{2+}，Mn^{2+}，Cd^{2+} 及稀土	9~10
Fe^{3+}	1.5~2.5	Mg^{2+}	10
Th^{4+}	2.5~3.5		
Zn^{2+}，Pb^{2+}，Cd^{2+} 及稀土	5~6	Ca^{2+}	12~13

2. 直接滴定与返滴定交叉进行

对于速度较慢的络合反应，或者对于指示剂有封闭作用的金属离子的滴定，可以采用返滴定法。如 Fe^{3+}、Al^{3+} 混合液。

3. 半微量分析与微量分析

本实验中要用大量的铅铋混合溶液，而铅、铋二者均为有毒试剂，尤其是铅和其化合物对人体各组织的毒性较大。而一般学校实验室不具有专业的重金属污水处理系统，导致该实验所排放的污水对环境造成较大的污染，危害人体健康。

依据本实验的原理，在保证满足分析要求的前提下，可以设计半微量分析或微量分析，使消耗铅铋混合溶液的量为常量法的1/10~1/5或1/10以下。这样不仅节约大量化学试剂，有效降低实验成本，而且有利于培养学生的基本实验技能；同时节省时间，大大减少了两种有毒药品对环境的污染，降低了废液对环境带来的负作用。

4. 酸碱指示剂对金属指示剂颜色的影响

连续测定铅铋含量是工业分析的重要项目。调节试液的最佳pH值决定了络合滴定的成败和结果的准确度。调节酸度时，若用酸碱指示剂来指示，那么酸碱指示剂的颜色有可能影响到金属指示剂的颜色观察，注意避免颜色的干扰。如使甲酚红(0.04%)与苦味酸(0.1%)按照1∶6~1∶8(体积比)混合效果较好，在pH≈1时，可清楚地辨认溶液由红(橙)色转变为亮黄色(详见表6-15和表6-16)。且溶液不会变浑浊。

表6-15　指示剂在不同pH下的变色情况

指示剂	甲酚红					苦味酸			
pH值	0.5	1.0	1.2	1.4	1.8	0.1	0.3	0.9	1.3
试液颜色	淡红	橙红	橙红	橙黄	黄	微黄	黄	黄中略带青	色泽加深

表6-16　混合指示剂在不同pH值下的变色情况

V(甲酚红)/V(苦味酸)	1∶3	1∶4	1∶5	1∶6	1∶7	1∶8
pH值	1.4 1.5 1.6 1.7	1.3 1.4 1.5 1.6	1.2 (2) 1.3 1.4	1.0 1.2 1.1 (2)	0.9 1.1 1.0 (2)	0.8 0.9 1.0 (2)
试液颜色	橙黄	橙黄	姜黄	亮黄		
两滴定终点变色情况	1~2滴内由紫红渐变黄色			半滴突变(紫红→亮黄)		

用0.1mol·L^{-1}的HNO_3代替试液，做1∶6~1∶8配比混合指示剂的变色范围试验，结果是：pH=0~0.2显红色；pH=0.2~0.8显橙色；pH=0.8~1.2显黄色，说明此混合指示剂是适用的，也较稳定，放置1~2年不变质。

5. 碘量法与络合滴定法结合

铜合金中的铜铅的连续测定时，可先用碘量法测定铜，然后加入适当的掩蔽剂抗坏血酸、酒石酸钾钠、乙酰丙酮、亚铁氰化钾等掩蔽大量锌、铁、锡、锑、汞、银、铍和铝，用然在pH值为5.5六次甲基四胺的缓冲介质中，以二甲酚橙为指示剂，直接用EDTA络合滴定铅。方法操作简单，准确度和精密度均好。

实验思考

1. 描述连续滴定Bi^{3+}、Pb^{2+}的过程中，锥形瓶中颜色变化的情形，以及颜色变化的原因。

2. 以ZnO为基准物标定EDTA溶液为什么要以二甲酚橙为指示剂？为什么标定选择在pH值在5~6的范围？加入六亚甲基四胺的作用是什么？

3. 连续滴定溶液中 Bi^{3+}、Pb^{2+}时，溶液酸度各控制在什么范围？怎样调节？能否在同一份试液中先滴定 Pb^{2+}，然后滴定 Bi^{3+}？

4. 滴定 Pb^{2+}以前为何要调节 pH 值为 5~6？为什么要加入六亚甲基四胺($K_b = 1.4\times10^{-9}$)而不用氨或碱来中和溶液里的酸？

5. 二甲酚橙指示剂为什么在 pH≈1 和 pH≈5~6 的情况下都能指示终点？

实验六　高锰酸钾法测定过氧化氢的含量

实验目的

(1) 掌握高锰酸钾标准溶液的配制和标定的原理和方法；

(2) 掌握 $Na_2C_2O_4$ 标定 $KMnO_4$溶液的滴定条件及终点的判断；

(3) 掌握用高锰酸钾法测定过氧化氢含量的原理和方法。

实验背景

氧化还原滴定法根据其所采用的滴定剂不同而分为高锰酸钾法、重铬酸钾法、碘量法等。高锰酸钾法是利用高锰酸钾溶液作滴定剂的定量分析方法。1846 年法国 F. Margueritte 用高锰酸钾溶液为滴定剂，以其自身的紫红色变化指示滴定终点，在很稀的溶液中滴定亚铁离子。$KMnO_4$ 是一种氧化剂，其氧化能力与溶液的酸度有关。在酸性条件下 $KMnO_4$ 具有很强的氧化性，可以直接或间接测定许多无机物和有机物，应用广泛，并可利用滴定剂的颜色作为自身指示剂。

过氧化氢作为一种重要的化工产品在纺织行业、化工行业、造纸工业、环保行业、电子行业、生物、医药、食品卫生行业及其他领域得到广泛的应用。近年来，过氧化氢在自然界也广泛存在，且是构成酸雨形成的重要原因之一，该监测方法引起了安全工作者的极大关注。目前国内外学者对天然水中过氧化氢的含量、分布、生成机理等方面进行了大量的研究，并在食品行业中进行了严格的检测与控制，将安全控制放在突出的位置，其在环境领域和食品安全领域的作用显得尤其突出。

国内外过氧化氢的分析检测方法主要有六大类，即常规滴定法、电化学法、分光光度法、化学发光法、荧光光度法、色谱法。其中电化学分析方法领域中研究消除干扰和提高重现性将继续是研究的重点；分光光度法由于方法简单，不需要复杂的设备，选择性较好，但是其测试灵敏度取决于所产生吸光物质的摩尔吸收系数，方法应用有限；化学发光法和荧光法，灵敏度高，可实现连续自动操作，尽管需要昂贵的设备，但其市场应用前景还相当不错。目前酶的利用也在一定程度上提高了其灵敏度和选择性，同时流动技术的发展大大提高了其测定速度，因此，化学发光法和荧光法测定过氧化氢含量仍是今后学者研究的重点之一，具有相当广阔的前景。

在一般的工业分析中，常用 $KMnO_4$标准溶液测定 H_2O_2的含量。在生物化学中，常利用此法间接测定过氧化氢酶的活性。例如，血液中存在的过氧化氢酶能使过氧化氢分解，所以用一定量的 H_2O_2 与其作用，然后在酸性条件下用标准 $KMnO_4$ 溶液滴定残余的 H_2O_2，就可以了解酶的活性。

实验原理

$KMnO_4$是氧化还原滴定中最常用的氧化剂之一。市售的 $KMnO_4$ 常含杂质，而且 $KMnO_4$

易与水中的还原性物质发生反应，光线和 $MnO(OH)_2$ 等都能促进 $KMnO_4$ 的分解，因此配制 $KMnO_4$ 溶液时要保持微沸 1h 或在暗处放置数天，待 $KMnO_4$ 把还原性杂质充分氧化后，过滤除去杂质，保存于棕色瓶中，标定其准确浓度。因为标准溶液不够稳定，标定后不宜长期保存。

高锰酸钾是强氧化剂，其氧化作用与溶液的酸度有关。在强酸性溶液中，它与还原剂作用，被还原为 Mn^{2+}；在中性或弱酸性溶液中，被还原为二氧化锰的水合物；在强碱性溶液中，可被许多有机物还原为 MnO_4^{2-}，所以，用高锰酸钾作滴定剂时，随着溶液的酸度不同，其反应的计量关系也不同。

高锰酸钾滴定法通常在酸性溶液中进行。$Na_2C_2O_4$ 是标定 $KMnO_4$ 常用的基准物质，其标定反应如下：

$$5C_2O_4^{2-}+2MnO_4^-+16H^+ = 10CO_2\uparrow+2Mn^{2+}+8H_2O$$

反应要在酸性、较高温度和有 Mn^{2+} 作催化剂的条件下进行。滴定初期，反应很慢，$KMnO_4$ 溶液必须逐滴加入，如滴加过快，部分 $KMnO_4$ 在热的酸性溶液中将分解而造成误差。在滴定过程中逐渐生成的 Mn^{2+} 有催化作用，使反应速率逐渐加快。

因为 $KMnO_4$ 溶液本身具有特殊的紫红色，极易察觉，故用它作为滴定剂时，不需要另加指示剂。

H_2O_2 是医药上的消毒剂，它在酸性溶液中很容易被 $KMnO_4$ 氧化而生成氧气和水，常用 $KMnO_4$ 标准溶液测定 H_2O_2 的含量。其反应如下：

$$5H_2O_2+2MnO_4^-+6H^+ = 2Mn^{2+}+8H_2O+5O_2$$

室温时，滴定开始反应缓慢，随着 Mn^{2+} 的生成而加速。H_2O_2 加热时易分解，因此，滴定时通常加入 Mn^{2+} 作为催化剂。

为避免滴定过程中发生副反应，应严格控制滴定反应的条件。

由于还原剂易被氧化而发生浓度改变，实用操作中采用氧化剂作为滴定剂的居多。在测定 MnO_4^- 时也应采用 $KMnO_4$ 溶液滴定还原性物质。

仪器试剂

仪器：台秤　分析天平　锥形瓶　移液管　容量瓶　酸式滴定管　量筒

试剂：$MnSO_4$ 溶液（$1mol\cdot L^{-1}$）H_2SO_4 溶液（$3mol\cdot L^{-1}$）$KMnO_4$（AR）$Na_2C_2O_4$（AR）H_2O_2（30%）

实验步骤

1. 配制 $0.020mol\cdot L^{-1}$ 的 $KMnO_4$ 标准溶液

称取 0.8g $KMnO_4$ 固体溶于 250mL 蒸馏水中，盖上表面皿，加热至沸腾并保持微沸状态约 1h，冷却后转入棕色试剂瓶，于室温下放置 2~3 天后，用微孔玻璃漏斗过滤，滤液转入洁净带塞的棕色试剂瓶。贴好标签备用。

2. $0.020mol\cdot L^{-1}$ $KMnO_4$ 溶液的标定

准确称取 0.13~0.16g $Na_2C_2O_4$ 基准试剂 3 份，分别置于 250mL 锥形瓶中，各加入 40mL 蒸馏水和 10mL 浓度为 $3mol\cdot L^{-1}$ 的 H_2SO_4 溶液使其溶解。于水浴中慢慢加热至 70~80℃（锥形瓶口有蒸气冒出），趁热用待标定的 $KMnO_4$ 溶液进行滴定。开始滴定时，速度宜慢，在第一滴 $KMnO_4$ 溶液滴入后，不断摇动溶液，当紫红色褪去后再滴入下一滴。待溶液中有 Mn^{2+} 产生后，反应速率加快，滴定速度也就可适当加快。接近终点时，应减慢滴定速度同时充分摇匀。最后滴加半滴 $KMnO_4$ 溶液，在摇匀后半分钟内仍保持微红色不褪，即达到终点。注意终点时溶液的温度应该保持在 60℃以上。记录读数，并计算 $KMnO_4$ 溶液的浓度和相对平均偏差。

3. 过氧化氢含量的测定

用吸量管吸取 1.00mL H_2O_2 样品，置于 100mL 容量瓶中，加水稀释至刻度，充分摇匀后备用。用移液管移取 20.00mL H_2O_2 稀释液置于 250mL 锥形瓶中，各加 3mol · L^{-1} 的 H_2SO_4 溶液 5mL，用 $KMnO_4$ 标准溶液滴定到溶液呈微红色，半分钟不褪色即为终点。平行测定 3 份，计算未经稀释样品中 H_2O_2的含量(g · L^{-1})及相对平均偏差。

实验指导

1. $Na_2C_2O_4$ 标定 $KMnO_4$ 标准溶液的反应条件——“三度一点”

$Na_2C_2O_4$ 标定 $KMnO_4$ 的反应方程式为：

$$5C_2O_4^{2-}+2MnO_4^-+16H^+ \xlongequal{} 10CO_2\uparrow+2Mn^{2+}+8H_2O$$

为使其能快速定量地进行，应注意以下条件：

(1) 温度。在室温下，上述反应的速度缓慢，因此常需将溶液加热至 70~80℃时进行滴定。滴定完毕时溶液的温度也不应低于 60℃。而且滴定时溶液的温度也不宜太高，超过 90℃，部分 $H_2C_2O_4$ 会发生分解：

$$H_2C_2O_4 \xlongequal{} CO_2\uparrow+CO\uparrow+H_2O$$

(2) 酸度。溶液应保持足够的酸度。酸度过低，$KMnO_4$ 易分解为 MnO_2；酸度过高，会促使 $H_2C_2O_4$ 的分解。

(3) 滴定速度。由于标定反应是一个自动催化反应，随着 Mn^{2+}的产生，反应速率逐渐加快。特别是滴定开始时，加入第一滴 $KMnO_4$ 后，溶液褪色很慢(溶液中仅存在极少量的 Mn^{2+})，所以开始滴定时，应逐滴缓慢加入，在 $KMnO_4$ 红色没有褪去之前，不急于加入第二滴。待几滴 $KMnO_4$ 溶液加入，反应迅速之后，滴定速度就可以稍快些。如果开始滴定就快，加入的 $KMnO_4$ 溶液来不及与 $C_2O_4^{2-}$反应，就会在热的酸性溶液中发生分解，导致标定结果偏低。

$$4MnO_4^-+4H^+ \xlongequal{} 4MnO_2+2H_2O+3O_2\uparrow$$

若滴定前加入少量的 $MnSO_4$ 作催化剂，则滴定一开始，反应就能迅速进行。在接近终点时，滴定速度要缓慢逐滴加入。

(4) 滴定终点。用 $KMnO_4$ 溶液滴定至终点后，溶液中出现的粉红色不能持久。因为空气中的还原性物质和灰尘等能与缓慢作用，使 $KMnO_4$ 被还原，故溶液的粉红色逐渐褪去。所以，滴定至溶液出现粉红色且半分钟内不褪色，即可认为达到了滴定终点

2. $KMnO_4$ 标准溶液滴定 H_2O_2 反应的条件

与标定 $KMnO_4$ 溶液反应的条件有所不同，不能通过加热来加快反应速度，因为 H_2O_2 加热时容易分解。

3. 高锰酸钾法的优缺点

高锰酸钾法的优点是氧化能力强，应用广泛；本身呈深紫色，用它滴定无色或浅色溶液

时不需另加指示剂。缺点是试剂本身含有少量杂质，溶液不够稳定，氧化能力太强，可与许多还原性杂质反应，干扰比较严重。

4. 实验中容易出现的问题

草酸钠溶液的酸度在开始滴定时，约为 $1mol \cdot L^{-1}$，滴定终了时，约为 $0.5mol \cdot L^{-1}$，这样能促使反应正常进行，并且阻止 MnO_2 的形成。滴定过程发生棕色浑浊（MnO_2），应立即加入 H_2SO_4 补救，使棕色浑浊消失。

5. 数据记录

（1）$Na_2C_2O_4$ 标定 $KMnO_4$ 溶液的浓度，数据记录在表 6-17 中。

表 6-17　$Na_2C_2O_4$ 标定 $KMnO_4$ 溶液的浓度数据记录表

项目＼平行测定次数	1	2	3
$m_{0(Na_2C_2O_4+称量瓶)}/g$			
$m_{1(Na_2C_2O_4+称量瓶)}/g$			
$m_{(Na_2C_2O_4)}/g$			
$V_{0(KMnO_4)}/mL$			
$V_{1(KMnO_4)}/mL$			
$V_{(KMnO_4)}/mL$			
$c_{(KMnO_4)}/(mol \cdot L^{-1})$			
$\bar{c}_{NaOH}/(mol \cdot L^{-1})$			
$\bar{d}_r/\%$			

计算公式：

$$c_{KMnO_4}(mol \cdot L^{-1}) = \frac{\frac{2}{5} \times \frac{m_{Na_2C_2O_4}}{M_{Na_2C_2O_4}}}{V_{KMnO_4} \times 10^{-3}}$$

（2）$KMnO_4$ 溶液滴定 H_2O_2，数据记录在表 6-18 中。

表 6-18　$KMnO_4$ 滴定 H_2O_2 溶液数据记录表

项目＼平行测定次数	1	2	3
$V_{试液}/mL$	20.00	20.00	20.00
$V_{0(KMnO_4)}/mL$			
$V_{1(KMnO_4)}/mL$			
$V_{(KMnO_4)}/mL$			
$\rho_{H_2O_2}/(g \cdot L^{-1})$	25.00	25.00	25.00
$\bar{\rho}_{H_2O_2}/(g \cdot L^{-1})$			
$\bar{d}_r/\%$			

计算公式：

$$\rho_{H_2O_2}(g \cdot L^{-1}) = \frac{\frac{5}{2} \times (cV)_{KMnO_4} M_{H_2O_2}}{V_{H_2O_2} \times \frac{20.00}{100.00}}$$

6. 注意事项

（1）配制 $KMnO_4$ 溶液时应该注意的问题。所用的蒸馏水必须先除去其中的还原性杂质、杀灭细菌及微生物。若用普通蒸馏水必须先煮沸数分钟再冷却后使用。配制过程中使用的仪器及器皿应避免与有机物(如橡皮塞、滤纸)接触。光照会促进 $KMnO_4$ 溶液的分解，应将溶液置于棕色试剂瓶中保存几天，沉淀物过滤除去再标定。

(2) 标定 $KMnO_4$ 溶液时要注意控制好“三度一点”(温度、酸度、滴定速度和滴定终点)。

(3) 市售双氧水浓度太大，分解速度快，直接测定误差较大，必须定量稀释后再测定。避免试液与皮肤接触。

(4) 用 H_2SO_4 控制酸度。不能用 HNO_3 或 HCl 控制酸度，因 HNO_3 具有氧化性，Cl^- 会与 MnO_4^- 反应。

(5) 标定 $KMnO_4$ 时需加热 70~80℃。因室温时反应过慢；温度太高，$C_2O_4^{2-}$ 在酸性条件下发生分解。测定 H_2O_2 时，不需要加热，防止 H_2O_2 分解，造成误差。测定时防止烫伤，滴完一份溶液再加热另一份。

(6) 严格控制滴定速度，慢—快—慢，开始反应慢，第一滴红色消失后加第二滴，此后反应加快时可以快滴，但仍是逐滴加入，滴定至颜色褪去较慢时再放慢速度。避免滴加过快而局部过浓。防止 $KMnO_4$ 在热的酸性环境下分解，造成误差。

(7) Mn^{2+} 对滴定反应具有催化作用。滴定开始时反应缓慢，随着 Mn^{2+} 的生成而加速。

(8) $KMnO_4$ 标准溶液滴定时的终点较不稳定，当溶液出现微红色，在 30s 内不褪时，滴定就可认为已经完成。如对终点有疑问时，可先将滴定管读数记下，再加入 1 滴 $KMnO_4$ 标准溶液，发生紫红色即证实终点已到，滴定时不要超过计量点。

(9) $KMnO_4$ 溶液颜色较深，滴定管液面的弯月面下端不易看出，读数时应以液面的上沿最高线为准。

实验拓展

1. 工业产品过氧化氢的测定

过氧化氢是一种常用的化学试剂，可作为消毒剂、杀菌剂、脱氧剂、漂白剂和聚合反应的引发剂等。目前分析 H_2O_2 的方法可分为仪器分析方法和化学分析方法。仪器分析方法有高效液相色谱法、紫外分光光度法、流动注射-分光光度法等仪器分析方法。仪器分析方法属于痕量分析技术，只能分析低浓度的样品。高浓度的样品一般采用化学滴定分析法，化学滴定分析法主要有高锰酸钾法、碘量法和硫酸铈法，这些方法具有仪器设备简单、操作方便、准确度高等特点。为了提高过氧化氢储存的稳定性，工业品中常加入少量的有机物，如乙酰苯胺、尿素和尿酸等。除尿素外，这些有机物都能与高锰酸钾发生化学反应，且高锰酸钾溶液进行滴定的氧化还原反应较复杂，受其他因素(如酸度等)的影响，时常有副反应发生，因而影响高锰酸钾法测定结果的准确性。若 H_2O_2 试样是工业产品，用高锰酸钾法测定不合适。此时应采用碘量法或硫酸铈法进行测定。

$$H_2O_2+2H^++2I^- \rightleftharpoons 2H_2O+I_2$$

$$I_2+2S_2O_3^{2-} \rightleftharpoons S_4O_6^{2-}+2I^-$$

高锰酸钾法、碘量法和 $Ce(SO_4)_2$ 法可以用于测定制浆造纸生产中 H_2O_2 含量，三种方法都适用，但是 $Ce(SO_4)_2$ 法更简便、准确、快速；常温下 $Ce(SO_4)_2$ 法比高锰酸钾法指示剂的终点现象明显，重现性好。在用碘量滴定法测定过氧化氢浓度的过程中，酸化条件下，I^- 与

H_2O_2 反应的最佳时间为 5~10min。与高锰酸钾氧化法相比，碘量法测定效果较好一些。

2. 食品卫生方面过氧化氢的测定

用高锰酸钾法测定一次性筷子中的过氧化氢含量。选择了日常的一次性筷子，浸泡 10h 后用滤纸过滤，用高锰酸钾溶液滴定，并扣除其他还原性组分的干扰。快速、简单，适用于一次性筷子中过氧化氢的测定。

水发产品浸泡液中过氧化氢的快速测定方法，是利用过氧化氢的氧化性质，使其在酸性条件下氧化碘化钾生成碘，而碘的水溶液呈黄色。

3. 硫酸铈法测定过氧化氢

硫酸铈法测定 H_2O_2 含量的原理、条件和方法。在强酸性介质中，以 Fe^{2+}-1，10 菲罗啉 [$Fe(phen)_3{}^{2+}$] 为指示剂，用 $Ce(SO_4)_2$ 标准溶液滴定 H_2O_2。此方法简单、易行、准确、快速，且不受 H_2O_2 中稳定剂的干扰，测定结果的准确度均高于高锰酸钾标准法，是一种较为准确的测定 H_2O_2 含量的方法。

实验思考

1. 配制 $KMnO_4$ 标准溶液时，为什么要将 $KMnO_4$ 溶液煮沸一定时间并放置数天？配好的 $KMnO_4$ 溶液为什么要过滤后才能保存？过滤时是否可以用滤纸？

2. 用 $Na_2C_2O_4$ 标定 $KMnO_4$ 时，为什么必须在 H_2SO_4 介质中进行？酸度过高或过低有何影响？可以用 HNO_3 或 HCl 调节酸度吗？为什么要加热到 75~85℃？溶液温度过高或过低有何影响？

3. 标定 $KMnO_4$ 溶液时，加入第一滴 $KMnO_4$ 溶液，红色褪去很慢，之后红色褪去越来越快，为什么？

4. 用高锰酸钾法测定 H_2O_2 时，能否用 HNO_3 或 HCl 来控制酸度？

5. 用高锰酸钾法测定双氧水中 H_2O_2 的含量时，溶液能否加热？为什么？

实验七　水样中化学耗氧量的测定

实验目的

（1）了解水的化学耗氧量的含义；

（2）掌握高锰酸钾法测定水中化学耗氧量的原理及方法。

实验背景

由于工业化及家庭需要，合成化学品的制造和使用激增，有机物质(如酚类、农药、多环芳香烃、卤化烃等)对于水质的污染日益严重。当含碳氢的有机物质进入水中时，可被微生物、细菌作为食物，最后经过代谢作用转换为二氧化碳及水，此转化过程需消耗水中的溶解氧。水中的溶解氧是水生生物赖以生存的重要因子。因此，任何有机物的存在都能导致水中溶氧量的降低，威胁到水中生物的生态环境，而有机物质亦会对人体的健康有所影响，因而水中有机污染物的监测是水质评估的重要项目。

在水环境的各类污染物中，耗氧污染物仍是当前影响水体水质的重要因素，其主要危害是消耗水中溶解氧，导致水质恶化。在我国，各主要河流、湖泊中有机污染物(主要的耗氧污染物)超标的情况仍相当严重。由于水中有机物的成分十分复杂，在现有技术装备条件下，很难定量分析各种有机物的含量。因而，在未来相当长的时间，采用生化需氧量（BOD）、化学需氧量（COD）、总有机碳（TOC，指污水中有机污染物的总含碳量）、总需氧量（TOD，指有机物完全被氧化的需氧量）等指标综合反映有机污染物的污染程度，仍将是水环境监测中的重要方法。

生化需氧量又称生化耗氧量(biochemical oxygen demand，简称 BOD)。水体中，微生物分解有机物的过程中消耗水中的溶解氧的数量称为生化需氧量，单位为 $mg(O_2)\cdot L^{-1}$，是表示水中有机物等需氧污染物质含量的一个综合指标，反映水体中可被微生物分解的有机物总量。BOD 说明水中有机物出于微生物的生化作用进行氧化分解，使之无机化或气体化时所消耗水中溶解氧的总数量。其值越高，说明水中有机污染物质越多，污染也就越严重。加以悬浮或溶解状态存在于生活污水和制糖、食品、造纸、纤维等工业废水中的碳氢化合物、蛋白质、油脂、木质素等均为有机污染物，可经好氧菌的生物化学作用而分解，由于在分解过程中消耗氧气，故亦称需氧污染物质。若这类污染物质排入水体过多，将造成水中溶解氧缺乏，同时，有机物又通过水中厌氧菌的分解引起腐败现象，产生甲烷、硫化氢、硫醇和氨等恶臭气体，使水体变质发臭。

化学需氧量又称化学耗氧量(chemical oxygen demand，简称 COD)。是利用化学氧化剂(如高锰酸钾、重铬酸钾或碘酸钾等)将水中可氧化物质(如有机物、亚硝酸盐、亚铁盐、硫化物等)氧化分解，然后根据残留的氧化剂的量计算出氧的消耗量，它和 BOD 一样，是表示水质污染度的重要指标。COD 以氧的 $mg\cdot L^{-1}$表示，其值越小，说明水质污染程度越轻。COD 越高，表示水中有机污染物越多。水中有机污染物主要来源于生活污水或工业废水的排放、动植物腐烂分解后流入水体产生的。水体中有机物含量过高可降低水中溶解氧的含量，当水中溶解氧消耗殆尽时，水质则会腐败变臭，导致水生生物缺氧，以至死亡。一般水及废水中无机还原性物质的数量相对不大，而被有机物污染是很普遍的，因此，COD 可作为有机物质相对含量的一项综合性指标。化学需氧量还可与生化需氧量比较，BOD/COD 的比率反映出了污水的生物降解能力。城市中的污水中 COD>BOD。两者之间的差值反映出难于生物降解的有机物量。在城市污水中 BOD/COD 的比值作为可生化性指标。当 BOD/COD≥0.3时可生化性较好，适用于生化处理工艺。在工业废水中大部分 BOD/COD<0.03 以下，所以可生化性差。生化需氧量分析花费时间较长，一般污水中各种有机物得到完全氧化分解的时间，总共约需一百天；一般的生化氧化完全需 20 天；为了缩短检测时间，一般 BOD 是以被检验的水样在 20℃下、5 天内的耗氧量为代表，称其为五日生化需氧量，简称 BOD_5，对生活污水来说，它约等于完全氧化分解耗氧量的 70%。一般清净河流的 BOD_5 不超过 2 $mg\cdot L^{-1}$，若高于 10 $mg\cdot L^{-1}$，就会散发出恶臭味。工业、农业、水产用水等要求生化需氧量应小于 5$mg\cdot L^{-1}$，而生活饮用水应小于 1$mg\cdot L^{-1}$。

环保方面主要的水污染指标除了 BOD、COD、TOD、TOC 外，还包括悬浮物、有毒物质、pH 值、大肠菌群数、溶解氧(DO)、氨氮等。溶解于水中的游离氧(O_2)称为溶解氧，简称 DO，常以(O_2)$mg\cdot L^{-1}$、$mL\cdot L^{-1}$等单位来表示。天然水中氧的主要来源是大气溶于水中的氧，其溶解量与温度、压力有密切关系。温度升高氧的溶解度下降，压力升高溶解度增高。天然水中溶解氧含量约为 8～14$mg\cdot L^{-1}$，敞开式循环冷却水中溶解氧一般约为 6～8mgL^{-1}。水体中的溶解氧含量的多少，也反映出水体遭受到污染的程度。当水体受到有机物污染时，由于氧化污染物需要消耗氧，使水中所含的溶解氧逐渐减少。污染严重时，溶解氧会接近于零，此时厌氧菌便滋长繁殖起来，并发生有机污染物的腐败而发臭。因此，溶解氧也是衡量水体污染程度的一个重要指标。

COD 的测定方法，不仅有高锰酸钾高温氧化法，也包括高锰酸钾低温氧化法和重铬酸钾氧化法。高锰酸钾法，氧化率较低，但比较简便，在测定水样中有机物含量的相对比较值时，可以采用。重铬酸钾法，氧化率高，再现性好，适用于测定水样中有机物的总量。对于工业废水，我国规定用重铬酸钾法测定，测得的值称为 COD_{Cr}。对于地表水、地下水、河水、饮用水和生活污水等污染不十分严重的水，适合以高锰酸钾法进行测定。而根据测定时溶液的酸度又可以将高锰酸钾法分为酸性高锰酸钾法和碱性高锰酸钾法，分别记作 COD_{Mn}（酸性）、COD_{Mn}（碱性）。以高锰酸钾法测定的 COD 值，有文献又称为“高锰酸盐指数”。化学需氧量常由于氧化剂的种类、浓度及氧化条件等之不同，对氧化物质，特别是有机物质的氧化率也不相同。因此，在污水中存在有机物的情况下，除非是在同一条件下测定 COD，否则不能进行对比。一般用高锰酸钾高温氧化法，其氧化率为 50%~60%，用重铬酸钾氧化法，其氧化率为 80%~90%。

清洁地面水中有机物的含量较低，COD 小于 3~4mg · L^{-1}。轻度污染的水源 COD 可达 4~10mg · L^{-1}，若水中 COD 大于 10mg · L^{-1}，认为水质受到较严重的污染。清洁海水的 COD 小于 0.5mg · L^{-1}。由于各国的实际情况及河流状况不同，COD 的排放标准均不一致，我国《工业废水排放试行标准》中规定，工业废水最高容许排放浓度应小于 100mg · L^{-1}，但造纸、制革及脱脂棉厂的排水应小于 500mg · L^{-1}，地面水的 BOD 不得超过 4mg · L^{-1}。日本水质标准规定，COD 的最高容许排放浓度应小于 160mg · L^{-1}（日平均为 120mg · L^{-1}）。

美国在 20 世纪 70 年代初开始利用臭氧处理生活污水，其主要目的为消毒并降低生物耗氧量（BOD）和化学耗氧量（COD），去除亚硝酸盐、悬浮固体及脱色，已达到全面生产应用的水平。日本则在缺水地区进行污水臭氧处理后作为非食用水（即中水）循环使用。

UV_{254} 也作为水处理中有机物控制指标。UV_{254} 是指在波长为 254 nm 处的单位比色皿光程下的紫外吸光度。$UV_{254}=[A/b]\times D$（D 指稀释倍数）。水中有机物的成分很复杂，其中一些有机物，如腐殖质类的相对分子质量从 $5\times(10^2\sim10^5)$ 变化，它们的化学式至今都尚无定论。我们不可能（其实也没有必要）逐一测出这些物质的浓度。UV_{254} 正是反映某一类有机物，它们具有相近的性质，所以可以采用 UV_{254} 来代表。其在水处理中的最显著的意义为：UV_{254} 可以作为总有机碳（TOC）、溶解性有机碳（DOC）、以及三卤甲烷（THMs）的前驱物（THMFP）等指标的替代参数。

COD 是水体受到有机污染的综合指标之一，也是国内实施总量控制和污染物总量减排的重要指标之一。因此在能力验证、实验室之间比对、实验室认可和计量认证的现场评审中，COD 是经常考核的项目之一。测定 COD 的标准方法是重铬酸钾法，该法操作虽然简单，但常常受到实验用水、试剂、玻璃器皿以及滴定操作等诸多因素的影响，导致分析结果不理想。

实验原理

化学耗氧量（COD）是量度水体受还原性物质（主要是有机物）污染程度的综合性指标。它是指水体中易被强氧化剂（如重铬酸钾、高锰酸钾或碘酸钾等，必要时在强酸和加热回流条件下）氧化的还原性有机物质所消耗的氧化剂的量，换算成氧气的含量（以 mg · L^{-1} 计）。酸性 $KMnO_4$ 法测定时，在水样中加入 H_2SO_4 及一定量且过量的 $KMnO_4$ 溶液，置沸水浴中加热，使其中的还原性物质氧化，剩余的 $KMnO_4$ 用一定量且过量的 $Na_2C_2O_4$ 还原，再以

$KMnO_4$标准溶液返滴定 $Na_2C_2O_4$ 的过量部分。由于 Cl^-对此法有干扰，因而本法仅适用于地表水、地下水、饮用水和生活污水中 COD 的测定，含 Cl^-较高（通常加入 Ag_2SO_4 为催化剂，1g 的 Ag_2SO_4 约可消除 200mg 的 Cl^-的干扰）的工业废水则应采用 $K_2Cr_2O_7$ 法测定。

该方法的反应式为：

$$4MnO_4^- + 12H^+ + 5C^* \rightleftharpoons 4Mn^{2+} + 5CO_2\uparrow + 6H_2O$$

$$2MnO_4^- + 16H^+ + 5C_2O_4^{2-} \rightleftharpoons 2Mn^{2+} + 10CO_2\uparrow + 8H_2O$$

（注：式中 C^* 指水样中还原性物质总和）

据此，测定结果的计算式为：

$$COD = \frac{\left[\frac{5}{4}c_{MnO_4^-}\cdot(V_1+V_2)_{MnO_4^-} - \frac{1}{2}(cV)_{C_2O_4^{2-}}\right]\times M_{O_2}\times 1000}{V_{水样}}(O_2 mg\cdot L^{-1})$$

式中　V_1——第一次加入 $KMnO_4$ 标准溶液体积；

V_2——第二次加入 $KMnO_4$ 标准溶液体积。

此法的检出范围为 0.5~4.5mg · L^{-1}。

仪器试剂

仪器：水浴装置　锥形瓶　酸式滴定管(50mL) 移液管　吸量管　容量瓶

试剂：$KMnO_4$ 溶液（0.02mol · L^{-1}，0.002mol · L^{-1}）　$Na_2C_2O_4$ 标准溶液（0.005mol · L^{-1}）H_2SO_4 溶液(1∶3)

实验步骤

1. 水样的测定

视水质污染程度准确移取水样 10~100mL（若 COD 值高于 5mg · L^{-1}，应酌量少取，并用水稀释至 100mL），置于 250mL 锥形瓶中，加 10mL 的 H_2SO_4 溶液（必要时可加入少许 Ag_2SO_4 固体，以除去水样中少量的 Cl^-），并准确加入 10.00mL（V_1）的 0.002mol · L^{-1}的 $KMnO_4$ 标准溶液，立即将锥形瓶放入沸水浴中加热（加热过程中若观察到红色褪去，说明水样中有机物含量较多，应适量补加高锰酸钾溶液至试样溶液呈现稳定的红色，水浴液面要高于锥形瓶内的液面，使其中的还原性物质被充分氧化）。从沸腾开始计时，保持微沸 10min，取下锥形瓶，此时溶液应为浅红色。趁热加入 10.00mL 的 0.005mol · L^{-1} $Na_2C_2O_4$ 标准溶液，摇匀，此时溶液应当由红色转为无色。在 70~80℃下用 0.002mol · L^{-1}的 $KMnO_4$标准溶液滴定至溶液呈现稳定的淡红色，30s 内不褪色，即为终点（终点时溶液温度不低于 60℃），记录高锰酸钾溶液用量 V_2。平行测定三份，计算水样的 COD 值。

2. 测定空白值

在 250mL 锥形瓶中加入 100.00mL 的蒸馏水和 10mL 的(1∶3) H_2SO_4，同样在水浴中加热到 70~80℃，马上用高锰酸钾溶液滴定至微红色，30s 内不褪色即为终点（终点时溶液温度不低于 60℃）。记录高锰酸钾溶液用量。求得空白值，计算耗氧量时将空白值减去。

实验指导

1. 水样的采集

水样采集后，应加入 H_2SO_4，使 pH<2，抑制微生物繁殖。试样应尽快分析，必要时在

0~5℃保存，应在48h内测定。取水样的量由外观可初步判断：洁净透明的水样取100mL，污染严重、混浊的水样取10~30mL，补加蒸馏水至100mL。

(1) 采集表层水：用桶、瓶等容器直接采取。一般将容器沉至水下0.3~0.5m处采集。

(2) 采集深层水：将带有重锤的具塞采样器沉入水中，达到所需深度后(从拉伸的绳子标度上看出)，拉伸瓶口塞子上连接的细绳，打开瓶塞，待水样充满后提出来。

(3) 采集自来水或带抽水设备的地下水(井水)：先排放2~3min，让积存的杂质流去，然后用瓶、桶等采集。

2. 干扰的消除

水样中Cl^-的量大于$100mg \cdot L^{-1}$，将使测定结果偏高。为了避免这一干扰，可改在碱性溶液中氧化，然后再将溶液调成酸性，加入$Na_2C_2O_4$，把MnO_2和过量的$KMnO_4$还原，再用$KMnO_4$滴至微红色终点。由于反应在碱性溶液中进行氧化，虽然生成MnO_2，但最后仍被还原成Mn^{2+}，所以酸性溶液中和碱性溶液中所得的结果是相同的。

为测定水样中还原性有机物含量，试样中若含有Fe^{2+}、H_2S(或S^{2-})等还原性离子，也会干扰测定，可在冷的水样中直接用$KMnO_4$滴定至微红色后，再进行COD测定。

取水样后应立即进行分析，如需放置，可加入少量$CuSO_4$以抑制微生物对有机物的分解。

3. 加热的操作

煮沸时，控制温度，不能太高，防止溶液溅出。适合使用水浴加热。

严格控制煮沸时间，也即氧化-还原反应进行的时间。平行的三份试样保持沸腾的时间要一致，都是10min，才能得到较好的重现性。

在酸性条件下，草酸钠和高锰酸钾的反应温度应保持在75~85℃，所以滴定操作必须趁热进行，若溶液温度过低，需适当加热。超过85℃时，草酸钠会分解，使测量的结果偏高。

4. 测定COD的范围

以高锰酸钾为氧化剂，测定化学需氧量，一般仅限于地表水、饮用水、生活污水的测定。由于高锰酸钾的氧化能力较弱，在酸性条件下不能将污染较重的水样中的有机质完全氧化，造成测定结果偏低。少取水样或多次稀释又会造成取样和计算误差。因此用高锰酸钾法测定水样时，取样体积应在5~100mL之间(一般滴定样品的体积在5.50~6.00mL)。加热完毕后溶液要保持淡红色。高锰酸盐指数值不大于$90mg \cdot L^{-1}$时为宜，而超过此范围的水样应改为重铬酸钾法。

5. 影响COD测定的三个主要因素

影响COD测定准确性的三个主要因素是空白值、水浴加热时间和滴定时间。

蒸馏水空白值应小于$0.80mg \cdot L^{-1}$，否则应将蒸馏水进行二次蒸馏或将样品适当稀释，以空白值校正测定结果。

水浴加热时间一定要控制在10min的范围内，并尽量使加热时间统一。

水浴加热结束后，遵循“成滴不成线”的原则趁热滴定，应在7min内将样品滴定完毕，并且时间越快越好。

6. 数据记录

将水样COD测定数据记录在表6-19中。

表 6-19 水样 COD 测定数据记录表

项 目 \ 平行测定次数	1	2	3
$V_{水样}$/mL			
$V_{1(KMnO_4)}$/mL			
$V_{2(KMnO_4)}$/mL			
V_1/mL			
$V_{(Na_2C_2O_4)}$/mL			
$V_{3(KMnO_4)}$/mL			
$V_{4(KMnO_4)}$/mL			
V_2/mL			
$V_{5(KMnO_4)}$/mL			
$V_{6(KMnO_4)}$/mL			
$V_{空白}$/mL			
COD_{Mn}(酸性)/(O_2mg·L^{-1})			
$\overline{COD_{Mn}}$(酸性)/(O_2mg·L^{-1})			
$\bar{d}_r$/%			

$$计算公式:COD = \frac{\left[\frac{5}{4}c_{MnO_4^-}\cdot(V_1+V_2-V_{空白})_{MnO_4^-}-\frac{1}{2}(cV)_{C_2O_4^{2-}}\right]\times M_{O_2}\times 1000}{V_{水样}}(O_2mg\cdot L^{-1})$$

7. 注意事项

(1) 本实验 COD 的测定是在酸性条件下进行，不要忘记加入硫酸。

(2) 水样、$KMnO_4$ 溶液、$Na_2C_2O_4$ 溶液的体积都需要准确量取。

(3) 如果用电炉加热，从冒出第一个大气泡开始，必须调节至小火加热。加热很容易发生爆沸，必须加入沸石，并且在加热过程中特别要注意安全。

(4) 在水浴加热完毕后，溶液仍应保持淡红色，如变浅或全部褪去，说明高锰酸钾的用量不够。

(5) 由于含量较低，使用的 $KMnO_4$ 溶液浓度也低(0.002mol·L^{-1})，所以终点的颜色很浅(淡淡的微红色)，以白色滴定台作背景，仔细观察，因此注意不要过量了。

实验拓展

1. 方法改进

对氯离子含量低于 300mg·L^{-1}的水样，仍可采用酸性高锰酸钾法，恒温水浴法加热，不仅操作起来方便快捷，数据重复测定结果的标准偏差也达到了煤矿水质分析的标准(化学耗氧量的重复性绝对允许差不超过 0.30mg·L^{-1})。

使用分光光度计对高锰酸钾溶液进行标定；采用烘箱加热方式，测定结果具有较高的准确度和精密度。

在淡水 COD 的测定中，普遍采用的方法是重铬酸钾法和酸性高锰酸钾法；而对于海水样品，主要采用碱性高锰酸钾法进行测定。不足之处在于标定的硫代硫酸钠不稳定，试剂消耗量大，操作繁琐，时间较长，易造成环境污染等。

2. 工业废水中的COD的测定——重铬酸钾法

目前，COD值的测定普遍采用重铬酸钾法(COD_{Cr})，即按《环境监测常用方法标准》中GB11914-89标准方法，加热回流，自溶液开始沸腾算起，回流2h，然后冷却到室温后，再加入指示剂进行滴定。测定结果可靠，费时较长，至少需要3h以上才能完成。

具体操作视水质情况有所不同。将20.00mL水样置于250mL锥形瓶中，加入重铬酸钾标准溶液(浓度为$0.250mol \cdot L^{-1}$)10mL，安装回流装置，从冷凝管上口加入30mL H_2SO_4-Ag_2SO_4溶液，混匀后回流2h。冷却后稀释至140mL，加试亚铁灵指示剂3滴，用硫酸亚铁铵溶液滴定至由绿色变红褐色，同时进行空白试验。

3. COD快速测定的新方法

多年以来，人们从快速消解与测定手段更新等方面进行了大量的研究，提出了微波消解、声化学消解、分光光度、单扫描极谱、流动注射、化学发光等方法，来缩短分析时间，但这些改进均未能从根本上消除铬盐等二次污染问题。近年来，在COD的研发上，国内外出现了一些不拘泥于传统消解氧化的COD测定方法，这些方法以羟基自由基为主要氧化剂与有机物发生反应为基础，向着快速、准确、低耗、无二次污染、在线监测的全新方向发展，为环境中有机污染物的监测与控制提供了全新的理念与思路，如臭氧氧化法、电化学法、光催化法、光电催化氧化法、在线监测仪等。

实验思考

1. 水样加入高锰酸钾溶液加热后，若紫红色消失说明什么？应如何采取措施？
2. 水样中Cl^-含量高时对测定有何干扰？应采用什么方法消除？
3. 酸性溶液测定COD时，若加热煮沸出现MnO_2为什么需要重做？而碱性溶液测定COD时，出现绿色或MnO_2却是允许的，其因何在？
4. 清洁地面水、轻度污染的水源、严重污染的水源，COD值有何区别？
5. 为了使滴定反应能够定量地较快地进行，应该控制好哪些主要条件？

实验八　铁矿石中全铁含量的测定

实验目的

(1) 了解无汞定铁法，增强环保意识；
(2) 练习$K_2Cr_2O_7$标准溶液的配制；
(3) 学习铁矿石试样的酸溶法；
(4) 掌握重铬酸钾法测定铁的原理和方法。

实验背景

1. 铁矿石

铁是地球上分布最广的金属元素之一，在地壳中的平均含量为5%。铁在元素丰度表中位于氧、硅和铝之后，居第四位。自然界中已知的铁矿物有300多种，当前具有工业利用价值的主要是磁铁矿、赤铁矿、菱铁矿、褐铁矿等。

(1) 磁铁矿是一种氧化铁的矿石，主要成分为Fe_3O_4，是Fe_2O_3和FeO的复合物，呈黑灰色，相对密度大约5.15，含 Fe 72.4%，具有磁性。可利用磁选法选矿，但被还原性较差。经过长期风化作用后即变成赤铁矿。

（2）赤铁矿也是一种氧化铁的矿石，主要成分为 Fe_2O_3，呈暗红色，相对密度大约为5.26，含 Fe 70%，是最主要的铁矿石。

（3）褐铁矿是含有氢氧化铁的矿石。它是针铁矿和鳞铁矿两种不同结构矿石的统称，有人把它主要成分的化学式写成 $m\mathrm{Fe_2O_3} \cdot n\mathrm{H_2O}$，呈现土黄或棕色，相对密度约为 3.6~4.0，含铁48%~62.9%，多半是附属存在其他铁矿石之中。

（4）菱铁矿是含有碳酸铁的矿石，主要成分为 $FeCO_3$，呈现青灰色，相对密度在 3.8 左右，含 Fe 约 48.2%。矿石多半含有钙盐和镁盐，并且需焙烧预处理。

（5）铁的硅酸盐矿，此类矿石是一种复合盐，没有一定的化学式，成分的变化很大，一般呈现深绿色，相对密度为3.8 左右，含铁成分很低，是一种较差的铁矿石。

（6）硫化铁矿，含有 FeS_2，含 Fe 46.6%，含 S 53.4%。呈现灰黄色，相对密度大约为4.95~5.10。由于这种矿石常常含有许多其他较贵重的金属如铜、镍、锌、金、银等，所以常被用做金属冶炼工业的原料；又由于它含有大量的硫，所以常被用来提制硫磺，铁反而变成了副产品。

铁矿石是钢铁工业的基本原料，可冶炼成生铁、熟铁、铁合金、碳素钢、合金钢、特种钢等。用于高炉炼铁的铁矿石，要求其 TFe（全铁含量）≥50%，S≤0.3%，P≤0.25%，Cu≤0.2%，Pb≤0.1%，Zn≤0.1%，Sn≤0.08%，而开采出来的原矿石中铁的品位（铁的质量分数）一般只有 20%~40%。通过选矿富集，可将矿石的品位提高到 50%~65%。我国铁矿石的主要特点是“贫、细、杂”，平均铁品位 32.00%，比世界平均品位低 11 个百分点，其中 97%的铁矿石需要进行选矿处理，并且复杂难选的红铁矿占的比例大（约占铁矿石储量的20.8%）。我国每年从国外进口大量商品铁矿石。

铁矿石的常规分析是测定全铁（TFe）、亚铁、可溶铁、硅、硫、磷，还要测定氧化铝、氧化钙、氧化镁、氧化锰、砷、钾、钠、钒、铁、铬、镍、钴，铋、银、钡、锶、锂、稀有分散元素以及吸附水、化合水、灼烧减量及二氧化碳等。一个完整的铁矿石样品分析过程，大致可以分为样品采集、制备、预处理、分析测定和数据分析及报告形成五个步骤。统计结果表明，这五个步骤中样品前处理耗时最长，占全过程的一半以上。花在样品前处理上的时间，几乎是样品本身的分析测试所需时间数倍甚至数十倍。而且，分析结果中的偏差 90%以上来自于铁矿石样品的前处理阶段。因此，各种新技术与新方法的探索与研究，一直以来都是铁矿石成分分析首要攻克的重要课题。

2. 铁矿石样品分析预处理的研究现状

随着仪器分析技术向智能化、快捷化和高精度的发展，对样品预处理方法的要求也越来越高，快速、简便、自动化的前处理技术研究和应用已是大势所趋，不仅省时、省力，而且可以减少误差。样品前处理技术的深入研究，对铁矿石成分分析的发展起着积极的推动作用。tHf 中南选矿网

（1）样品预处理技术的发展。现在采用的样品预处理技术起源于 19 世纪。19 世纪早期 J. J. Berzelius 最早使用了试管、漏斗和铂坩埚，到 1834 年 E. O. Henry 和 Zeise 利用了混酸溶解并分析了有机样品中的硫，从此开启了固体样品湿法预处理的大门。20 世纪初，基于物理化学溶液理论的发展，溶解试剂组合逐渐丰富，分析化学由一门技术发展成为一门科学。20 世纪 60 年代开始，仪器分析法迅速崛起，分析化学向以仪器分析为主的现代分析化学转

变，如原子吸收法、X射线荧光光谱法和质谱法等。到20世纪80年代初，提出了不同试样量的酸溶或碱熔解程序，并对铁矿石溶解程序进行了统一。直到今天，人们对铁矿石样品预处理技术的研究，依旧热情未减。

(2)样品预处理方法　铁矿石成分分析样品预处理技术分为高温熔片法、物理研磨法、常规酸溶解法、高温碱熔解法和微波消解法。

常规酸溶解法是通过加入某种酸或混合酸溶液，利用酸碱中和释放出待测元素。目前，利用常规滴定法对铁矿石样品进行全铁分析以及AAS和ICP-AES等高精度仪器多元素分析中，多采用常规酸处理法。一般是先用双氧水等强氧化剂去除样品中的有机质，再用氢氟酸溶解二氧化硅及硅酸盐等难溶非金属矿物，避免有硅质结核、包裹体影响含量测定，最后以一定浓度的常规酸溶液(见表6-20)来解离铁矿石中不同组合的盐岩，进而达到将样品充分溶解的目的。根据不同的检测手段和目的，所采用的酸溶解方式也不尽相同，过程中根据溶解难易程度，需要适当控制反应温度及溶剂的剂量。

表6-20　酸处理法部分常用试剂物理性能

试剂名称	分子式	相对分子质量	w/%	c/(mol·L^{-1})	密度/(kg·L^{-1})	沸点/℃	备注
盐酸	HCl	36.46	36	12	1.19	110	20.4% HCl共沸物
氢氟酸	HF	20.01	48	29	1.16	112	38.3% HF共沸物
高氯酸	$HClO_4$	100.46	70	12	1.67	203	72.4% $HClO_4$共沸物
硫酸	H_2SO_4	98.08	98	18	1.84	338	98.3%H_2SO_4
磷酸	H_3PO_4	98.00	85	15	1.71	213	易脱水生产HPO_3
双氧水	H_2O_2	34.01	30	10	1.12	106	

微波消解法：自Abu-Samra等人1975年首度将微波溶样技术应用于生物试样的制备之后，该方法很快得到业内认可。使用这一方法，不仅大大缩短了制样时间，也明显减少了制样所需试剂和样品质量，还降低了制样过程中的污染及易挥发元素的损失，被广泛应用于金属矿产(SN/T0831-1999，2000)、石油、食品、医药、地质样品和环境试样等领域中，目前已成为现代高、精、尖仪器在铁矿石各化学成分分析样品前处理的首选。微波消解是利用一种以光速传播的非电离辐射的电磁能——微波能由里向外加热的，波长介于0.1mm～1m，常用频率为(2450±13)MHz。一般是称取适量试样置于洁净的聚四氟乙烯(PTFE)消解罐中，加入一定量的特定酸或混合酸，加盖置于微波炉中，混合物在微波场下，分子(水或无机酸)中固有偶极子或诱发偶极子，从有序至无序状态高频旋转而产生大量热能，另外溶液中离子移动产生电流的电荷受到分子阻力而生热，两者使分子迅速加热并产生高速震荡，从而使样品由内及外不断破裂而溶解。消解程序结束后，冷却、开罐、冲洗、移液、定容，可以大大缩短样品的制备时间。

(3)发展趋势展望　铁矿石样品前处理工作一直都是整个分析测定过程中最费时、费力，也最容易引起误差的一个环节。随着分析仪器的快速发展，自动化程度高、测定速度快、高灵敏度和精密度等特点的分析仪器，不断应用到铁矿石成分分析中，如AAS、ICP-AES、ICP-MS等。对铁矿石样品的认识从常量到微量、痕量，从整体到微区表面或逐层分析；从组成到形态；从静态到快速追踪分析；从破坏试样到无损分析；从离线到在线，研究高效、快速、自动化的铁矿石样品制备与前处理技术，始终是铁矿石分析工作者重视的前沿课题之一。当前铁矿石品质检测领域内，所采用的成分分析与处理技术多数具有很强的针对性，长处和不足并存(见表6-21)。

表 6-21　铁矿石成分分析样品预处理技术的对比

预处理方法	优　势	不　足	趋　势
高温碱熔法	彻底消除矿物效应和颗粒效应；降低基体效应；溶解能力强，耗时短，操作简便，目前该法可以给出最为准确的 XRF 值	①助熔剂的加入可能带入杂质；②高温过程容易损伤易挥发组分	一定时期内仍将是 XRF 分析法的首选
物理研磨法	过程简洁，步骤少、污染小	适用范围窄	与分析仪器的发展关系密切
常规酸/碱熔解法	理论完善、技术成熟、操作灵活	①手工操作居多，劳动强度大；②时间周期长；③步骤繁琐、添加剂多，易污染、重复性差、误差大；④直接影响操作人员的健康	将长期存在，逐渐淡出现代仪器分析的首选地位
微波消解法	耗时短、污染小，操作简便，过程安全可控，不易损失样品	①对于易溶样品，程序固定，效率受限；②相同铁矿石样品用不同的测试手段分析时，消解条件不同；③在铁矿石样品微量元素分析领域中尚不成熟	逐步趋向湿法成分分析样品预处理的首选地位

通过不断完善，快捷、高效、洁净的微波消解技术不仅能够有效避免前处理过程中样品的污染和易挥发性元素的损失，而且消解快速完全，操作简便易行，过程安全可控。微波消解技术有希望成为铁矿石成分分析中样品预处理的首选方案。

实验原理

铁矿石的种类很多，用于炼铁的主要有磁铁矿（Fe_3O_4）、赤铁矿（Fe_2O_3）和菱铁矿（$FeCO_3$）等。铁矿石中铁的含量较高，一般在 20%～70%之间。经典分析方法是重铬酸钾法（$SnCl_2$-$HgCl_2$-$K_2Cr_2O_7$ 容量法），但 $HgCl_2$ 易造成环境污染。近年来，提出了许多无汞定铁法，以克服 $HgCl_2$ 对环境的污染。本实验采用氯化亚锡-甲基橙（$SnCl_2$-MO）联合还原法。其原理是：Sn^{2+}将 Fe^{3+}还原完后，过量的 Sn^{2+}不仅可将甲基橙还原为氢化甲基橙而褪色，不仅指示了还原的终点，而且 Sn^{2+}还能继续使氢化甲基橙还原成 *N*，*N*-二甲基对苯二胺和对氨基苯磺酸，过量的 Sn^{2+}则可消除。

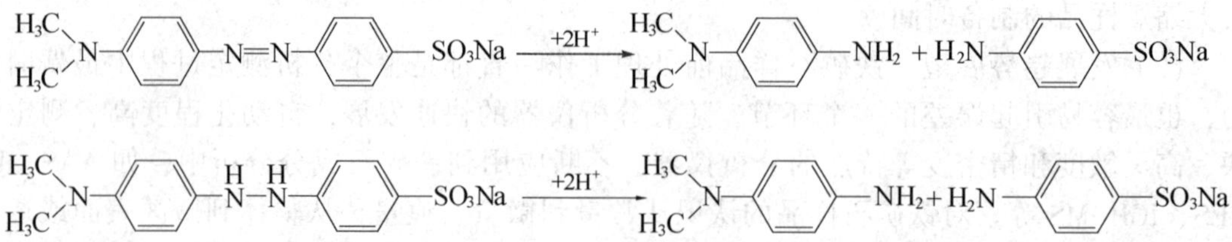

（*N*，*N*-二甲基对苯二胺）　　（对氨基苯磺酸）

以上反应是不可逆的，甲基橙的还原产物不消耗 $K_2Cr_2O_7$。反应在盐酸介质中进行，盐酸浓度应控制在 4mol · L^{-1}，若大于 6mol · L^{-1}时 Sn^{2+}会先将甲基橙还原为无色，无法指示

Fe^{3+}的还原反应，同时 Cl^- 浓度过高也可能消耗 $K_2Cr_2O_7$。盐酸浓度低于 2mol · L^{-1}，则甲基橙褪色缓慢。上述预处理反应完成后，以二苯胺磺酸钠为指示剂，用 $K_2Cr_2O_7$ 标准溶液滴定至溶液呈紫色即为终点。

还原反应：$2Fe^{3+}+SnCl_4^{2-}+2Cl^- = 2Fe^{2+}+SnCl_6^{2-}$

滴定反应：$Cr_2O_7^{2-}+6Fe^{2+}+14H^+ = 2Cr^{3+}+6Fe^{3+}+7H_2O$

滴定突跃的范围为 0.93～1.34 V，使用二苯胺磺酸钠为指示剂时，由于它的条件电位为 0.85 V，因而需加入 H_3PO_4 使滴定生成的 Fe^{3+} 转化为无色的 $Fe(HPO_4)_2^-$，可掩蔽 Fe^{3+} 而降低 Fe^{3+}/Fe^{2+} 电对的电位，使突跃范围变为 0.71～1.34V，指示剂可以在此范围内变色。同时也消除了 $FeCl_4^-$ 黄色对终点观察的干扰，Sb(Ⅴ)、Sb(Ⅲ)干扰本实验，不应存在。

仪器试剂

仪器：分析天平　水浴器　滴定管　容量瓶　锥形瓶　移液管

试剂：$SnCl_2$ 溶液(100g · L^{-1})　$SnCl_2$ 溶液(50g · L^{-1})　HCl 溶液(1∶1 水溶液)　甲基橙　$K_2Cr_2O_7$(基准试剂)　二苯胺磺酸钠(2g · L^{-1})　硫磷混酸(将 150mL 浓 H_2SO_4 慢慢加入 700mL H_2O 中，冷却后加入 150mL 浓 H_3PO_4 混匀)

实验步骤

1. $K_2Cr_2O_7$ 标准溶液的配制

准确称取 $K_2Cr_2O_7$ 固体 0.5900～0.6200g 于 100mL 洁净烧杯中，加入适量水，使 $K_2Cr_2O_7$ 完全溶解后，定量转移至 250mL 容量瓶中，用水稀释至刻度，摇匀。

2. 试样的溶解

准确称取铁矿试样 0.3200～0.4000g 于 100mL 洁净烧杯中，加入适量水润湿，加入 10mL 浓 HCl，盖上表面皿，在通风柜中低温(或近沸水浴)加热分解试样，若有带色不溶残渣，可滴加 8～10 滴 100g · L^{-1}的 $SnCl_2$ 溶液助溶(若含有硅酸盐试样难于分解时，可加入少许氟化物助溶，但此时不能用玻璃器皿分解试样)。试样分解完全时，残渣应接近白色(SiO_2)，此时溶液呈橙黄色。用少量水洗表面皿及烧杯内壁，冷却后，定量转移至 100mL 容量瓶中，用水稀释至刻度，摇匀。

3. 试液预处理与铁的测定

准确移取上述试样溶液 25.00mL 置于 250mL 锥形瓶中，平行移取 3 份。加入 8mL 浓 HCl，水浴加热至近沸，趁热边摇动边滴加 100g · L^{-1}的 $SnCl_2$ 溶液以还原 Fe^{3+}，直至溶液褪至浅黄色。加入甲基橙 3 滴，再边摇动边滴加 50g · L^{-1}的 $SnCl_2$ 溶液至溶液由橙色变为红色，继续慢慢滴加直至溶液变为淡粉色，再摇动几下至粉色褪去。立即用流水冷却，加入 50mL 蒸馏水、20mL 硫磷混酸、4 滴二苯胺磺酸钠指示剂，迅速用 $K_2Cr_2O_7$ 标准溶液滴定到由无色变为稳定的紫红色，1min 不褪色为终点。记录滴定剂的体积。平行测定 3 次，计算铁矿石中铁含量(以质量分数表示)。

实验指导

1. 铁矿石试样的分解

酸溶法：铁矿石属于较难分解的矿物，分解速度很慢，分析试样应通过 200 目筛。铁矿石一般能被盐酸在低温电炉上加热分解，如残渣为白色，表明试样分解完全。若残渣有黑色或其他颜色，是因为铁的硅酸盐难溶于盐酸，可加入氢氟酸或氟化铵(此法避免使用玻璃器皿分解试样)，再加热使试样分解完全，磁铁矿的分解速度很慢，可用硫酸-磷酸混合酸(1+2)在高温电炉上加热分解，但应注意加热时间不能太长，以防止生成焦磷酸盐。

碱熔法：部分铁矿石试样的用酸分解比较困难，宜采用碱熔法分解试样。常用的熔剂有碳酸钠、过氧化钠、氢氧化钠和过氧化钠-碳酸钠(1+2)混合熔剂等，在银坩埚、镍坩埚、高铝坩埚或石墨坩埚中进行。碱熔分解后，再用盐酸溶液浸取。

2. 测定铁时注意

(1)平行的3次测定，应该是预处理与测定连续进行，即预处理一份，立即测定一份。从试液中的离子还原开始，直至滴定完毕，连续操作同一份试液。测定完一份后再进行第二份的操作。这因为还原好的Fe^{2+}在放置的过程中会被空气中的氧氧化，因此不能放置，应立即用重铬酸钾溶液滴定。

(2)用$SnCl_2$还原Fe^{3+}时，溶液温度不能低于60℃，否则还原反应很慢，甲基橙褪色较慢，$SnCl_2$容易加入过多。温度以90℃左右时结果最好，即在沸水中加热即可。

(3)试液颜色变化为橙红→亮红→粉红色，即溶液在甲基橙红色(酸式色)背景下，由Fe^{3+}的黄色褪为Fe^{2+}的淡绿色(稀溶液几乎无色)，实际观察到的是由橙色(甲基橙的红色与Fe^{3+}的黄色的混合色)变为红色(甲基橙的红色与Fe^{2+}的无色的混合色)。

(4)如果刚滴入$SnCl_2$红色立即褪去，说明$SnCl_2$已经过量，可以补加1滴甲基橙，以除去过量的$SnCl_2$，此时溶液若呈现浅粉色，表明$SnCl_2$已经不过量。

(5)如果使溶液自然冷却，在长时间放置过程中部分Fe^{2+}可能被空气中的氧气氧化，故应该用流水迅速冷却。

(6)由于二苯胺磺酸钠也要消耗$K_2Cr_2O_7$标准溶液，故不能多加。

(7)在硫磷混酸中，铁电对的电极电位极低，Fe^{2+}更容易被氧化，故不应该放置，应该立即滴定。

(8)滴定过程中溶液由无色(Fe^{2+}稀溶液)逐渐变化为绿色(Cr^{3+})、暗绿色[Cr^{3+}与$Fe(HPO_4)_2^-$]、稳定的紫红色。

3. 预氧化还原处理

(1) $SnCl_2$-$HgCl_2$-$K_2Cr_2O_7$容量法　铁矿石样品常量组分的经典分析方法是重铬酸钾法，即用盐酸分解矿石后，以$SnCl_2$-$HgCl_2$联合还原Fe^{3+}至Fe^{2+}，然后以二苯胺磺酸钠为指示剂，用$K_2Cr_2O_7$标准溶液滴定Fe^{2+}。该方法简便、快速、准确度较高，在仲裁分析中使用。但$HgCl_2$易造成环境污染，近年来，提出了许多无汞定铁法，以克服$HgCl_2$对环境的污染。

(2) $SnCl_2$-$TiCl_3$-$K_2Cr_2O_7$容量法　即保留$K_2Cr_2O_7$作滴定剂，还不使用$HgCl_2$。矿样经盐酸分解，先用$SnCl_2$将大部分Fe^{3+}还原成Fe^{2+}，试液由红棕色变为黄色。以钨酸钠为指示剂，用$TiCl_3$还原剩余的Fe^{3+}至生成“钨蓝”(即稍过量的$TiCl_3$将Na_2WO_4还原成“钨蓝”)，然后用重铬酸钾氧化过量三氯化钛至蓝色恰好消失(即$K_2Cr_2O_7$将过量的“钨蓝”氧化，使蓝色恰好消失)，以指示预还原的终点。再以二苯胺磺酸钠为指示剂，用$K_2Cr_2O_7$标准溶液滴定试液中Fe^{2+}。有一个缺陷，药品$TiCl_3$价格较贵，所用的$TiCl_3$溶液不仅成本高，而且稳定性能差，易被氧化。

(3) $SnCl_2$-MO-$K_2Cr_2O_7$ 法　以甲基橙为指示剂，用 $SnCl_2$ 将 Fe^{3+} 还原至 Fe^{2+}；甲基橙消耗除去多余的 $SnCl_2$，褪色指示预处理消除尽。其条件为：

①溶液温度应控制在 60~90℃，若温度低 $SnCl_2$ 先还原甲基橙，终点无法指示，且还原 Fe^{3+} 速度慢，还原不彻底；若高温 $FeCl_3$ 挥发。

②溶液的盐酸浓度应控制在 4mol · L^{-1}，若大于 4mol · L^{-1}，Sn^{2+} 会先将甲基橙还原为无色，无法指示 Fe^{3+} 的还原反应。若盐酸溶液浓度低于 2mol · L^{-1}，则甲基橙褪色缓慢。

4. 滴定反应的几点说明

(1)滴定突跃范围为 0.93~1.34V。

(2)二苯胺磺酸钠指示剂的条件电位为 0.85V。

(3)反应需加入 H_3PO_4，使滴定生成的 Fe^{3+} 生成无色的$[Fe(HPO_4)]_2^-$，降低 Fe^{3+} 的浓度，因而降低了 Fe^{3+}/Fe^{2+} 电对的电位，使反应的突跃范围变成 0.71~1.34V，指示剂可以在此范围内变色，同时消除了 $FeCl_4^-$ 的黄色对终点观察的干扰。

(4)重铬酸钾法测铁可以使用盐酸介质(因为重铬酸钾的氧化能力比高锰酸钾弱)，室温下，$Cr_2O_7^{2-}$ 不氧化 Cl^-，但 Cl^- 浓度大或高温(溶液煮沸)时，$Cr_2O_7^{2-}$ 部分氧化 Cl^-，故用 H_2SO_4 做酸性介质。

(5)滴定中溶液颜色变化顺序：无色、浅绿色、深绿色、绿色、紫色。

5. 数据记录

测定铁矿石中铁的含量，并将数据记录在表 6-22 中。

表 6-22　铁矿石中铁含量的测定数据记录表

项目 \ 平行测定次数	试样或标准物质	1	2	3
$m_{0(K_2Cr_2O_7+称量瓶)}$/g		—	—	—
$m_{1(K_2Cr_2O_7+称量瓶)}$/g		—	—	—
$m_{(K_2Cr_2O_7)}$/g		—	—	—
$c_{(K_2Cr_2O_7)}$/(mol · L^{-1})		—	—	—
$m_{0(铁矿样+称量瓶)}$/g		—	—	—
$m_{1(铁矿样+称量瓶)}$/g		—	—	—
$m_{(铁矿样)}$/g		—	—	—
$V_{(试液)}$/mL	100.00($V_{试液总}$)	25.00	25.00	25.00
$V_{0(K_2Cr_2O_7)}$/mL	—			
$V_{1(K_2Cr_2O_7)}$/mL	—			
$V_{(K_2Cr_2O_7)}$/mL	250.00($V_{K_2Cr_2O_7总}$)			
w_{Fe}/%	—			
$\overline{w}_{Fe}$/%				
$\overline{d}_r$/%				

计算公式：

$$w_{Fe}=6\times\frac{(cV)_{K_2Cr_2O_7}\times M_{Fe}}{m_s\times\left(\frac{25.00}{100.00}\right)_{试样}}\times100=6\times\frac{\left(\frac{m}{M}\right)_{K_2Cr_2O_7}\times\left(\frac{V}{250.00}\right)_{K_2Cr_2O_7}\times M_{Fe}}{m_s\times\left(\frac{25.00}{100.00}\right)_{试样}}\times100\%$$

6. 注意事项

(1) Cu^{2+}、As(Ⅴ)、Ti(Ⅳ)、Mo(Ⅵ)等离子存在时有干扰，可被 $SnCl_2$ 还原，同时又能被 $K_2Cr_2O_7$ 氧化，Sb(Ⅴ)和Sb(Ⅲ)也干扰铁的测定。

(2)用 $SnCl_2$ 还原 Fe^{3+} 时，溶液温度不能太低。

(3)二苯胺磺酸钠指示剂不能多加。

(4)在酸性溶液中，Fe^{2+} 易被氧化，故加入硫磷混酸后，应立即滴定，在20min内滴定完，重现性良好。

(5)含有硅酸盐的试样难以分解，可加入少许氟化物助溶，但此时不能用玻璃器皿盛放试样。

(6)如刚加入 $SnCl_2$ 红色立即褪去，说明 $SnCl_2$ 已经过量，可补加1滴甲基橙，以除去稍微过量的 $SnCl_2$，此时溶液若呈现浅粉色，表明 $SnCl_2$ 已不过量。加入 $SnCl_2$ 适量，不要过量太多，以便颜色区分。

(7)加入甲基橙后，滴加 $SnCl_2$ 的速度一定要慢。

(8)滴定中颜色变化：无色→浅绿→深绿→绿→紫。

(9)Cr(Ⅵ)污染环境，实验废液回收，统一处理[Cr(Ⅵ)还原，加碱→ $Cr(OH)_3$ 深埋]。

实验拓展

近年来研究各种不用汞盐或无铬法测定铁的方法较多。用抗坏血酸、氯化亚锡作滴定剂直接测定铁的主要缺点是滴定剂浓度不够稳定；用次亚磷酸钠、硼氢化钾、抗坏血酸、硫酸肼、亚硫酸钠作还原剂，除去过量的还原剂后直接测定铁；用传统的氯化亚锡还原测定铁，过量的氯化亚锡不用Hg(Ⅱ)除去，而用碘酸钾消除；铝片还原法测定铁。这些方法大多数是将Fe(Ⅲ)还原为Fe(Ⅱ)，然后在强酸条件下用重铬酸钾标准滴定溶液或硫酸铈标准滴定溶液滴定。

使用最多的还原剂仍然是 $SnCl_2$ 或 $TiCl_3$ 或两者配合使用，然而，准确消除过量的还原剂($SnCl_2$ 或 $TiCl_3$)的影响将是影响整个测定准确度的最大因素。目前，消除过量的还原剂可以使用碘酸钾、磺酸钾、甲基橙和高氯酸。

实验思考

1. $K_2Cr_2O_7$ 为什么可以直接称量配制标准溶液？
2. 分解铁矿石为什么要在低温下进行？如果加热至沸腾会对结果产生什么影响？
3. $SnCl_2$ 还原 Fe^{3+} 的条件是什么？怎样控制 $SnCl_2$ 不过量？
4. 以 $K_2Cr_2O_7$ 滴定 Fe^{2+} 前为什么要加入 H_3PO_4？加入 H_3PO_4 后为何要立即滴定？
5. 在实验中，甲基橙起什么作用？

实验九　间接碘量法测定铜盐中的铜

实验目的

(1) 了解淀粉指示剂的作用原理；

(2) 探究提高碘量法准确度的措施；
(3) 掌握间接碘量法测定铜的原理和方法；
(4) 掌握硫代硫酸钠标准溶液的配制和标定方法。

实验背景

单质碘是紫黑色晶体，易升华，有毒性和腐蚀性。碘单质遇淀粉会变蓝色。主要用于制药、染料、碘酒、试纸和碘化合物等。碘是人体的必需微量元素之一，健康的成人体内的碘的总量约为 30mg，国家规定在食盐中添加碘的标准为 20~30mg · kg^{-1}。

碘量法是利用碘的氧化性和碘离子的还原性进行容量分析的方法。1826 年 H. de la Bellardiere 首次制得碘化钠，并以淀粉为指示剂，将它应用于次氯酸钙的滴定，由此开创了"碘量法"的研究与应用。以后，碘量法应用日益广泛，在冶金工业中测定铜、锡、锌、铅；化学工业中分析漂白粉、还原糖和许多有机化合物；在电位分析法、安培滴定法、库仑滴定法中也可应用碘量法，以提高它们的灵敏度和准确度。

氧化还原滴定法的应用范围非常广泛，但由于氧化还原反应比较复杂，有些反应的反应速率较慢，有些反应的副反应较多，因此应用时应严格控制反应条件。根据滴定剂的不同，氧化还原滴定法可分为高锰酸钾法、重铬酸钾法、碘量法、铈量法和溴酸钾法等。其中碘量法又可分为直接碘量法和间接碘量法两种，常用淀粉溶液作为指示剂。用 I_2 标准溶液直接滴定 $S_2O_3^{2-}$、As(Ⅲ)、SO_3^{2-}、Sn(Ⅱ)、维生素 C 等强还原剂，称为直接碘量法(或称碘滴定法)；利用 I^- 的还原作用，可与许多氧化性物质如 MnO_4^-、$Cr_2O_7^{2-}$、H_2O_2、Fe^{3+} 等反应定量地析出 I_2，然后用 $Na_2S_2O_3$ 标准溶液滴定析出的 I_2，从而间接地测定氧化性物质含量，此为间接碘量法(或称滴定碘法)。

实验原理

1. $Na_2S_2O_3$ 溶液的配制与标定

$Na_2S_2O_3$ 溶液不够稳定，容易分解。水中的 CO_2、细菌和光照都能使其分解，水中的 O_2 也能将其氧化。故配制 $Na_2S_2O_3$ 溶液时，需采用新煮沸后冷却的蒸馏水，以除去水中的 CO_2 和 O_2 并杀死细菌；加入少量 Na_2CO_3 使溶液呈弱碱性以抑制 $Na_2S_2O_3$ 的分解和细菌的生长；配制好的溶液储存于棕色瓶中，放置几天后再进行标定，长期使用的溶液应定期标定。

通常采用 $K_2Cr_2O_7$ 作为基准物，以淀粉为指示剂，用间接碘量法标定 $Na_2S_2O_3$ 溶液(因为 $K_2Cr_2O_7$ 与 $Na_2S_2O_3$ 的反应产物有多种，不能按确定的反应式进行，故不能用 $K_2Cr_2O_7$ 直接滴定 $Na_2S_2O_3$)。$Cr_2O_7^{2-}$ 与 I^- 的反应速度较慢，为了加快反应速度，可控制溶液酸度 pH=0.5 左右，同时加入过量的 KI，应先使 $K_2Cr_2O_7$ 与过量的 KI 反应，于暗处放置一定时间使反应完全。析出与 $K_2Cr_2O_7$ 计量相当的 I_2，再用 $Na_2S_2O_3$ 溶液滴定 I_2，但在滴定前须将溶液稀释以降低酸度，以防止 $Na_2S_2O_3$ 在滴定过程中遇强酸而分解。反应方程式如下：

$$\underset{(橙)}{Cr_2O_7^{2-}}+6I^-+14H^+ = \underset{(绿)}{2Cr^{3+}}+\underset{(黄，浓时棕红)}{3I_2}+7H_2O$$

$$I_2+2S_2O_3^{2-} = 2I^-+S_4O_6^{2-}$$

用淀粉溶液作指示剂。淀粉与碘溶液反应，生成深蓝色的化合物，当 I_2 被还原为 I^- 时，溶液的深蓝色消失即为终点。在室温下，用淀粉可检出约 10^{-5} mol · L^{-1} 的碘溶液，温度高，灵敏度降低。

2. 铜盐中铜含量的测定

在弱酸性的条件下，Cu^{2+} 可以被 KI 还原为 CuI，同时析出与之计量相当的 I_2，用 $Na_2S_2O_3$ 标准溶液滴定，以淀粉溶液作指示剂。反应如下：

$$2Cu^{2+}+2I^{-}=\!=\!=2CuI\downarrow+I_2$$

$$I_2+2S_2O_3{}^{2-}=\!=\!=2I^{-}+S_4O_6{}^{2-}$$

在上述反应中，I^-不仅是 Cu^{2+}的还原剂，还是 Cu^+的沉淀剂和 I_2 的络合剂。反应需加入过量的 KI，一方面可促使反应进行完全，另一方面使 I_2 形成 $I_3{}^-$，以增加 I_2 的溶解度。间接碘量法必须在弱酸性或中性溶液中进行，在测定 Cu^{2+}时，通常用 NH_4HF_2(采用 NH_4HF_2 缓冲溶液，一方面控制溶液酸度，另一方面也能掩蔽 Fe^{3+}，消除 Fe^{3+}氧化 I^-对测定的干扰)控制溶液的酸度为 pH=3~4。酸度过高，空气中的氧气会氧化 I^-(Cu^{2+}对此氧化反应有催化作用)；酸度过低，Cu^{2+}可能水解，使反应不完全，且反应速度变慢，终点拖长。

CuI 沉淀表面容易吸附少量 I_2，这部分 I_2 不会与 $S_2O_3{}^{2-}$作用，也不会使淀粉显色。造成 $S_2O_3{}^{2-}$滴定剂的消耗量减小，结果偏低。为此须在临近终点时加入 NH_4SCN，加入过早，SCN^-将直接还原 Cu^{2+}；且过早加入，大量 I_2 的存在有可能氧化 SCN^-，影响测定准确度。

$$6Cu^{2+}+7SCN^{-}+4H_2O\rightleftharpoons 6CuSCN+SO_4{}^{2-}+CN^{-}+8H^{+}$$

使 CuI 转化成溶解度更小的 CuSCN，而 CuSCN 不吸附 I_2，从而释放出被吸附的 I_2，避免了 CuI 沉淀吸附 I_2 带来的误差，提高了测定的准确度。

在碘量法中，用淀粉溶液作指示剂，可溶性淀粉与碘溶液反应，生成深蓝色的化合物，当 I_2 被还原为 I^-时，深蓝色消失。

仪器试剂

仪器：分析天平　滴定管　容量瓶　锥形瓶　移液管　量筒　烧杯　碘量瓶

试剂：$Na_2S_2O_3$ 标准溶液(0.10mol·L^{-1})　淀粉溶液(5g·L^{-1})　KI 溶液(100g·L^{-1})　H_2SO_4 溶液(1mol·L^{-1})　KSCN 溶液(100g·L^{-1})　NH_4SCN 溶液(100g·L^{-1})　NH_4HF_2 溶液(200g·L^{-1})　Na_2CO_3(A.R.)　$K_2Cr_2O_7$(A.R.)　铜(基准物质)　铜试样($CuSO_4\cdot 5H_2O$)　H_2O_2(30%)　HCl 溶液(1∶1)　HAc(1∶1)　氨水(1∶1)

实验步骤

1. $Na_2S_2O_3$ 标准溶液的标定

(1) 用 $K_2Cr_2O_7$ 标准溶液标定　准确称取 0.48~0.50g $K_2Cr_2O_7$ 于 100mL 烧杯中，加水溶解后定量转移到 100mL 容量瓶中，稀释到刻度、线摇匀。

准确移取 25.00mL 的 $K_2Cr_2O_7$ 溶液于 250mL 碘量瓶中，加入 6mol·L^{-1}的 HC1 溶液 5mL 和 100g·L^{-1} KI 溶液 10mL，盖上盖子摇匀，置于暗处 5min 反应($K_2Cr_2O_7$ 与 KI 的反应需要一定时间才能进行的比较完全，故需要放置 5min)。然后加入 60mL 蒸馏水稀释，迅速用 $Na_2S_2O_3$ 溶液滴定至浅黄绿色后加入 2mL 淀粉指示剂(淀粉指示剂应该在临近终点时加入，不能加入的过早，否则将有较多的 I_2 与淀粉指示剂结合，这部分 I_2 在终点时解离较慢，造成终点拖后)，继续用 $Na_2S_2O_3$ 溶液滴定至蓝色消失变为绿色(Cr^{3+}的绿色)即为终点。平行滴定 3 次，计算 $Na_2S_2O_3$ 标准溶液的浓度。

(2) 用纯铜标定

准确称取 0.62~0.64g 金属纯铜，置于 100mL 烧杯中，加入 6mol·L^{-1} 的 HC1 溶液 15mL，在摇动下滴入 30%的 H_2O_2 溶液 4~5mL(H_2O_2 不应该过量太多)，盖上表面皿，加热使铜完全溶解，继续加热使多余的 H_2O_2 完全分解、赶尽(根据实践经验，加热溶解样开始时冒小气泡，溶解完后继续加热会冒大气泡，表明 H_2O_2 已经赶尽，否则结果无法推测)。用少量水冲洗表面皿及烧杯内壁，把溶液定量转移到 100mL 容量瓶中，加水稀释到刻线，摇匀。

准确移取 25.00mL 上述溶液于 250mL 锥形瓶中，滴加 1:1 的氨水至溶液刚好有沉淀生成，加入 1:1 的 HAc 溶液 8mL，200g·L^{-1} 的 NH_4HF_2 溶液 10mL 和 100g·L^{-1} KI 溶液 20mL，轻轻摇匀，立即用 $Na_2S_2O_3$ 溶液滴定至呈淡黄色，加入淀粉溶液 3mL，继续滴定至呈很淡的浅蓝色，再加入 100g·L^{-1} 的 NH_4SCN 溶液 10mL，溶液蓝色加深，摇荡(加入 NH_4SCN 不能过早，而且加入后要剧烈摇动，有利于沉淀的转化和释放出吸附的 I_2)1~2 分钟，再继续滴定至蓝色刚好消失即为终点。平行滴定 3 次，计算 $Na_2S_2O_3$ 标准溶液的浓度。

2. 铜含量的测定

准确称取 0.5~0.6g $CuSO_4 \cdot 5H_2O$ 试样，置于 250mL 锥形瓶中，加入 1mol·L^{-1} 的 H_2SO_4 溶液 5mL，蒸馏水 100mL 使之溶解。加入 100g·L^{-1} 的 KI 溶液 10mL，立即用 $Na_2S_2O_3$ 标准溶液滴定至呈浅黄色，加入 2mL 淀粉指示剂，继续用 $Na_2S_2O_3$ 溶液滴定至呈浅蓝色，再加入 100g·L^{-1}的 KSCN 溶液 10mL，溶液蓝色加深，摇匀，再继续用 $Na_2S_2O_3$ 滴定至蓝色刚好消失即为终点。此时溶液呈米色或浅肉红色，平行测定 3 次，计算试样中 Cu 的质量分数。

实验指导

1. 标定 $Na_2S_2O_3$ 溶液的反应条件

(1) I_2 升华，反应需要在碘量瓶中进行，如果用锥形瓶，需要在瓶口盖上表面皿。

(2) $Cr_2O_7^{2-}$ 与 I^- 的反应慢，需在暗处放置 5min，并且避免生成的 I_2 见光分解。若是用 KIO_3 与 KI 作用时，不需要放置，宜及时进行滴定。

(3) 需要过量的 KI，增大 I_2 在水中的溶解度，有利于加快反应速度。

(4) 控制溶液的酸度 pH=0.5 左右，酸度过高，I^- 易被空气中的 O_2 氧化，$Na_2S_2O_3$ 分解；酸度低，反应不能按照反应式的计量关系定量进行。

(5) 淀粉指示剂需临近终点时加入。过早加入，淀粉吸附 I_2，终点不能及时解离。

(6) 所用 KI 溶液中不应含有 KIO_3 或 I_2。如果 KI 溶液显黄色，则应事先用 $Na_2S_2O_3$ 溶液滴定至无色后再使用。滴定完了的溶液放置后会变蓝色，那是由于光照可加速空气中 O_2 氧化溶液中的 I^- 生成少量的 I_2 所致，酸度越大此氧化反应越快。如经过 5~10min 后才变蓝属于正常；如果很快而且又不断变蓝，则说明 $K_2Cr_2O_7$ 和 KI 的作用在滴定前进行得不完全，溶液稀释得太早。遇到后者情况，实验应另取溶液重新标定。

2. 测定铜的反应条件

(1) 用 NH_4HF_2 控制溶液的酸度在微酸性介质中，pH 值约为 3~4。酸度低 Cu^{2+} 发生水解且反应速度慢，反应不定量；酸度高，Cu^{2+} 催化，空气 O_2 氧化 I^-，且 $S_2O_3^{2-}$ 容易发生分解。

(2) 需要加入过量的KI。I^-在此既是还原剂，又是沉淀剂和络合剂。过量的I^-有利于I_2的溶解，同离子效应有利于反应完全：

$$2Cu^{2+}+5I^- = 2CuI\downarrow +I_3^-$$

(3) 由于CuI沉淀表面吸附I_2(CuI-I_2灰黑色)故分析结果偏低。为了减少CuI沉淀对I_2的吸附，可在大部分I_2被$Na_2S_2O_3$溶液滴定后，临近终点时加入KSCN，使CuI(K_{sp}为1.1×10^{-12})沉淀转化为更难溶的CuSCN(K_{sp}为4.8×10^{-15})沉淀，且CuSCN吸附I_2的倾向较小。释放被CuI吸附的I_2，可以提高测定结果的准确度。若KSCN加入过早，I_2浓度较大，KSCN还原I_2，造成误差。

$$CuI+SCN^- = CuSCN\downarrow +I^-$$

(4) 以淀粉溶液为指示剂，在临近终点时加入，避免过早加入而使I_2吸附在淀粉上，终点时不易释出，影响测定结果。

3. 酸度的控制

标定$Na_2S_2O_3$时，$K_2Cr_2O_7$与KI的反应慢，为了加快反应速度，控制酸度为pH＝0.5左右；在滴定前需要将溶液稀释，以降低酸度，防止$Na_2S_2O_3$在滴定过程中遇到强酸分解。

测定Cu^{2+}时，要在弱酸性或中性溶液中进行，pH值约3~4。

4. 加入NH_4HF_2的作用

(1) 掩蔽Fe^{3+}，以防止Fe^{3+}氧化I^-。

(2) 消除$Fe(SCN)_x^{3-x}$(x＝1，2，3...6)的血红色对终点观察的干扰；

(3) 酸碱缓冲作用，使体系保持pH值为3~4。

5. 干扰的消除

测定Cu^{2+}时，大量Cl^-能与Cu^{2+}络合，I^-不易从Cu(Ⅱ)的氯络合物中将Cu(Ⅱ)定量地还原，因此最好用硫酸而不用盐酸(少量盐酸不干扰)。

矿石或合金中的铜也可以用碘量法测定。但必须设法防止其他能氧化I^-离子的物质(如AsO_4^{3-}、NO_3^-、Fe^{3+}等)的干扰。防止的方法是加入掩蔽剂以掩蔽干扰离子(例如使Fe^{3+}生成FeF_6^{3-}络离子而掩蔽)，或在测定前将它们分离除去。若有As(Ⅴ)、Sb(Ⅴ)存在，应将pH值调至4，以免它们氧化I^-离子。

6. 滴定速度与摇动速度

由于I_2的挥发性和I^-容易被空气中的O_2氧化，因此滴定速度宜适当快些。

在开始滴定时，由于被滴体系中I_2浓度大，应慢摇、轻摇，防止I_2挥发。但也一定要摇匀，否则局部过量的$Na_2S_2O_3$会发生分解。临近终点前，I_2的颜色很浅时，特别是加了淀粉指示剂后，应剧烈摇动，以保证反应完全。

7. 碘淀粉显色的适宜酸度范围

(1) 在室温且pH≤12时，显色在各类无机介质(不同浓度的NaOH溶液、HCl溶液；不同的缓冲体系HAc-Ac^-、NH_4^+-NH_3、$H_2PO_4^-$-HPO_4^{2-})中均有相当的稳定性。

(2) 碘淀粉显色的稳定性随溶液酸度增大(pH值减小)而增强。

(3) 温度升高可使淀粉指示剂的灵敏度降低，但降幅不大。碘量法滴定宜在常温下进行。如需加热，应低于50℃。

(4) 在有关淀粉与碘显色定性实验和常规碘滴定中，弱碱性的KH_2PO_4-K_2HPO_4缓冲溶液(pH＝6.2~8.2)体系显色灵敏、稳定。

（5）在非水介质（不同浓度乙醇、苯、四氯化碳）中，碘与淀粉很难互溶显蓝色或出现蓝色分层，水溶性有机溶剂浓度在50%以上时，溶液中亦无蓝色出现。

8. 数据记录与处理

（1）$Na_2S_2O_3$ 溶液的浓度标定，数据记录在表6-23中。

表6-23　$K_2Cr_2O_7$ 标定 $Na_2S_2O_3$ 溶液数据记录表

项　目 ＼ 平行测定次数	1	2	3
$m_{0(K_2Cr_2O_7+称量瓶)}/g$			
$m_{1(K_2Cr_2O_7+称量瓶)}/g$			
$m_{(K_2Cr_2O_7)}/g$			
$V_{(K_2Cr_2O_7)}/mL$	25.00	25.00	25.00
$V_{0(Na_2S_2O_3)}/mL$			
$V_{1(Na_2S_2O_3)}/mL$			
$V_{(Na_2S_2O_3)}/mL$			
$c_{(Na_2S_2O_3)}/(mol \cdot L^{-1})$			
$\bar{c}_{(Na_2S_2O_3)}/(mol \cdot L^{-1})$			
$\bar{d}_r/\%$			

计算公式：
$$c_{Na_2S_2O_3}=6\times\frac{\left(\frac{m}{M}\right)_{K_2Cr_2O_7}\times\frac{25.00}{100.00}}{V_{Na_2S_2O_3}}\times10^3$$

（2）$Na_2S_2O_3$ 滴定铜，数据记录在表6-24中。

表6-24　$Na_2S_2O_3$ 滴定铜的数据记录表

项　目 ＼ 平行测定次数	1	2	3
$m_{0(CuSO_4 \cdot 5H_2O+称量瓶)}/g$			
$m_{1(CuSO_4 \cdot 5H_2O+称量瓶)}/g$			
$m_{(CuSO_4 \cdot 5H_2O)}/g$			
$V_{0(Na_2S_2O_3)}/mL$			
$V_{1(Na_2S_2O_3)}/mL$			
$V_{(Na_2S_2O_3)}/mL$			
$w_{Cu}/\%$			
$\bar{w}_{Cu}/\%$			
$\bar{d}_r/\%$			

计算公式：
$$w_{Cu}=\frac{(cV)_{Na_2S_2O_3}\times10^{-3}\times M_{Cu}}{m_s}\times100\%$$

9. 注意事项

（1）标定 $Na_2S_2O_3$ 时，$K_2Cr_2O_7$ 与KI的反应需一定的时间才能进行得比较完全，故需放置5min。测定铜时，加入KI后，析出 I_2 的速度很快，故应立即滴定。

(2) 标定 $Na_2S_2O_3$ 溶液时开始旋转锥形瓶速度不能剧烈；加入 SCN^- 后旋转锥形瓶的速度要快；

(3) 测定 Cu^{2+} 时，溶液 pH 值应严格控制在 3~4 之间。

(4) 指示剂加入时机应是滴定至浅黄色，而 NH_4SCN 加入的时机应是临近终点。

(5) 实验所用试剂的种类较多，并且加入的先后顺序不能错，对每种试剂应配备专用容器。

(6) NH_4HF_2 对玻璃有腐蚀作用，测定结束后，应立即把锥形瓶中的溶液倒去并洗净。

实验拓展

1. 实验绿色化

实验中由于 CuI 沉淀表面易吸附少量的 I_2 而使终点提前出现，或终点附近出现返蓝现象，所以传统的操作方法是在临近终点时加入硫氰酸盐，使 CuI 转化为 CuSCN 沉淀来提高测定的准确度。但有以下不利方面：①由于硫氰酸盐含有硫化物及氰化物等耗碘杂质，所以导致终点提前；②硫氰酸盐中含有有毒的氰化物，其废液会污染环境；③终点由蓝紫色变到肉红色难以判断，导致终点误差较大。④碘量法使用的淀粉指示剂和硫氰酸盐均应在临近终点时才能加入，若加入时间过早或滞后，均易造成较大的误差或导致实验失败。针对以上问题，可以改进如下：

(1) 用正丁醇作萃取剂萃取碘，碘自身作指示剂，滴定至终点，有机相颜色由棕红色变为无色，终点变色非常敏锐。测定结果准确，重现性好，结果令人满意。

(2) 用聚乙烯醇(PVA)作指示剂的碘量法滴定铜，滴至终点附近颜色从棕褐色突变为肉红色，终点变色敏锐。同时，PVA 作为特殊表面活性剂，使 CuI 胶体完全破坏，迅速沉降下来，颗粒粗，便于终点的观察。此方法准确度高，精密度好，用于碘量法滴定铜结果满意。

2. 铜合金中铜的测定

将铜合金试样溶解于盐酸和 H_2O_2 混合溶液中，加热煮沸除去 H_2O_2，调节至弱酸性，加入 KI，铜与过量的 KI 作用，生成计量相当的碘，用 $Na_2S_2O_3$ 标准溶液滴定释出的碘，即可求出铜的含量。需要以纯铜标定 $Na_2S_2O_3$ 标准溶液，以抵消因 Cu^{2+} 水解带来的误差。此方法还可以用于测定炉渣、电镀液等试样中的铜。

3. 葡萄糖的含量测定

碘与 NaOH 作用可生成次碘酸钠(NaIO)，葡萄糖($C_6H_{12}O_6$)分子中所含有的醛基能定量地被次碘酸钠(NaIO)氧化成羧基(即葡萄糖酸，$C_6H_{12}O_7$)。在酸性条件下，未与葡萄糖作用的次碘酸钠可转变成碘(I_2)析出，用 $Na_2S_2O_3$ 标准溶液滴定析出的 I_2，便可计算出 $C_6H_{12}O_6$ 的含量。其反应如下：

过量 I_2 与 NaOH 作用生成 NaIO：$I_2+2NaOH = NaIO+NaI+H_2O$

$C_6H_{12}O_6$ 被 NaIO 氧化：$C_6H_{12}O_6+NaIO = C_6H_{12}O_7+NaI$

总反应式：$I_2+C_6H_{12}O_6+2NaOH = C_6H_{12}O_7+2NaI+H_2O$

剩余 NaIO 在碱性条件下歧化反应：$3NaIO = NaIO_3+2NaI$

歧化产物在酸性条件下反应：$NaIO_3+5NaI+6HCl = 3I_2+6NaCl+3H_2O$

析出的 I_2 可用标准 $Na_2S_2O_3$ 溶液滴定：$I_2+2Na_2S_2O_3 = Na_2S_4O_6+2NaI$

4. 咖啡因含量的测定

复方阿司匹林片(简称 APC)，是由阿司匹林、非那西丁、咖啡因按一定比例配成的复方片剂，另外还添加一定量的淀粉和滑石粉等组分。其分子结构式见图6-1，主要性质见表6-25。

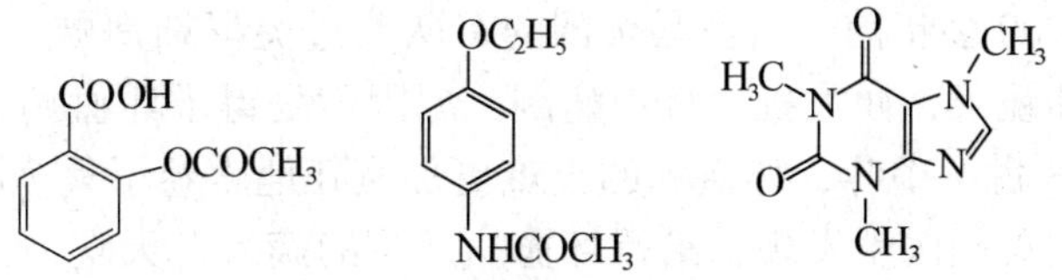

阿司匹林　　非那西丁　　咖啡因

图6-1　APC的主要成分的分子结构式

阿司匹林结构中具有羧基，呈酸性，可用中和法测定含量；非那西丁是中性物质，咖啡因具有弱碱性，所以对阿司匹林的测定无干扰；非那西丁结构中具有乙酰胺基，酸性条件下，水解生成芳伯氨基，以亚硝酸钠滴定法测定含量，在此条件下，阿司匹林和咖啡因不干扰；咖啡因是生物碱，但碱性极弱，1%的水溶液pH值为6.9，一般生物碱的含量测定方法均不适用，但咖啡因在酸性条件下与碘定量生成沉淀，可用剩余碘量法测定其含量。

表6-25　APC三种主要成分的性质

	阿司匹林	非那西丁	咖啡因
性质	酸性，水中不溶	中性，水中不溶	弱碱性，溶于稀酸
方法	两步滴定法	亚硝酸钠滴定法	剩余碘量法

$$C_8H_{10}N_4O_2+2I_2+KI+H_2SO_4 \longrightarrow C_8H_{10}N_4 \cdot HI \cdot I_4\downarrow +KHSO_4$$

测定时采用先加稀硫酸充分溶解，然后滤过，除去辅料、阿司匹林和非那西丁等，再加入过量的I_2，待反应完全后，用$Na_2S_2O_3$标准溶液滴定剩余的I_2即可计算出咖啡因的含量。

$$I_2(\text{剩余})+2Na_2S_2O_3 \longrightarrow 2NaI+Na_2S_4O_6$$

实验思考

1. 本实验加入KI的作用是什么?
2. 碘量法测定铜为什么要在弱酸性介质中进行?
3. 淀粉指示剂和KSCN应在什么情况下加入？为什么?
4. 若试样中含有铁，则加入何种试剂以消除铁对测定铜的干扰并控制溶pH值为3~4?
5. 用$K_2Cr_2O_7$作基准物质标定$Na_2S_2O_3$溶液时，为什么要加入过量的KI和HCl溶液?为什么要放置一定时间后才能加水稀释？为什么在滴定前还要加水稀释?

实验十　水果中抗坏血酸(Vc)含量的测定

实验目的

(1) 掌握碘标准溶液的配制及标定原理和方法;

(2) 掌握直接碘量法测定维生素C的原理及方法。

实验背景

维生素C对人体来说是一种非常重要的、必不可少的物质，因具有抗坏血病的作用，又称为抗坏血酸，简称为Vc。在遥远的古代，由于严重缺乏维生素C而引起的坏血病，曾引起人们的极度恐慌。人类不断征服坏血病的斗争，成为维生素C发现史上的重要篇章。

2000 多年前，古罗马帝国的军队渡过突尼斯海峡远征非洲，士兵们长途跋涉，吃不到水果和蔬菜，便大批大批地病倒，原因就是得了坏血病。15～16 世纪，坏血病曾波及整个欧洲。18 世纪中叶，坏血病的灾难更加疯狂地席卷了整个欧洲大陆，直到 18 世纪末，一个叫 Lind 的英国医生发现，给得坏血病严重的病人每天吃一只柠檬，半个月即恢复了健康，由此挽救了成千上万人的生命。然而从柠檬汁中提取这种物质，科学家们却花了 100 多年的时间。1928 年匈牙利生化学家 Albert Szent-Gyorgyi 成功地从牛的副肾腺中分离出 1g 纯粹的维他命 C，发表论文，确定维生素 C 的化学分子式是 $C_6H_8O_6$，称之为 Hexuronic acid。他也因为维生素 C 和人体内氧化反应的研究获得 1932 年的诺贝尔医学奖。英国的糖类化学家 Walter H. Haworth 确定了维他命 C 的正确化学构造，并且用不同的方法制造出维他命 C，而获得了 1937 年的诺贝尔化学奖。Szent-Gyorgyi 和 Haworth 最后决定将维他命 C 命名为抗坏血酸（ascorbic acid）。到 1933 年，瑞士科学家 Tadeus Reichstein 等人发明了维生素 C 的工业生产法，用葡萄糖作原料，首次人工合成了维生素 C，维生素 C 真正登上了历史舞台，成为人类健康的使者。

维生素 C 是一种水溶性维生素，是人类营养中最重要的维生素之一，在氧化还原代谢反应中起调节作用，缺乏它可引起坏血病。近年来，发现它还有增强机体对肿瘤的抵抗力，并具有化学致癌物的阻断作用。维生素 C 在水果和蔬菜中含量丰富。水果中以猕猴桃含量最多，在柠檬、橘子和橙子中含量也非常丰富；蔬菜以辣椒中的含量最丰富，在番茄、甘蓝、萝卜、青菜中含量也十分丰富，野生植物以刺梨中的含量最丰富，每 100g 中含 2800μg，有“维生素 C 王”之称。维生素 C 为无色晶体，为已糖衍生物。酸性，具有味酸，溶于水及乙醇，具有较强的还原性，加热或在溶液中易氧化分解，在碱性溶液中极不稳定，日光照射后易被氧化破坏，有微量铜、铁等重金属离子存在时更易氧化分解，干燥条件下较为稳定。故维生素 C 制剂应放在干燥、低温和避光处保存；在烹调蔬菜时，不宜烧煮过度并应避免接触碱和铜器。

实验原理

用升华法制得的纯碘，可以直接配制 I_2 的标准溶液，但一般是用市售的 I_2 来配制，然后再标定它的准确浓度。

I_2 在水中的溶解度很小，而且容易挥发，所以通常将它溶解在浓的 KI 溶液里，使 I_2 与 KI 形成 KI_3 配合物，溶解度大大提高，挥发性大为降低，而电位却无显著变化。碘溶液见光遇热时浓度会发生变化，故应装在棕色瓶里，并放置暗处保存。储存和使用碘溶液时，应避免与橡皮塞、胶皮管等接触。

由于碘的挥发性和腐蚀性，不宜在分析天平上直接称取，需采用间接配制法。可以用基准 As_2O_3 对 I_2 溶液进行标定。As_2O_3 难溶于水，易溶于碱溶液：

$$As_2O_3+6NaOH=\!=\!=2Na_3AsO_3+3H_2O$$

由于滴定不能在强碱性溶液中进行，需加 H_2SO_4 中和过量的 NaOH，并加入 $NaHCO_3$ 使溶液的 pH=8。I_2 与亚砷酸之间的反应为：

$$2AsO_3^{2-}+I_2+2H_2O=\!=\!=2AsO_4^{3-}+2I^-+4H^+$$

由于 As_2O_3 有剧毒，故更常用 $Na_2S_2O_3$ 标准溶液进行标定。

$$2S_2O_3^{2-}+I_2=\!=\!=S_4O_6^{2-}+2I^-$$

I_2 和 $Na_2S_2O_3$ 两种溶液浓度的标定均是以淀粉溶液为指示剂。

抗坏血酸又称维生素 C(简称 Vc)，分子式为 $C_6H_8O_6$。由于分子中含有还原性的烯二醇基，所以在酸性或中性条件下能被 I_2 氧化成烯二酮基，反应式如下：

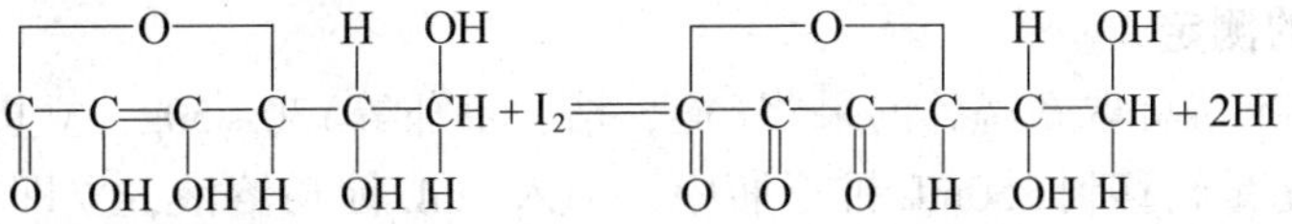

利用此反应可以测定抗坏血酸。

抗坏血酸和碘的氧化还原半反应式如下：

$$C_6H_8O_6 \longrightarrow C_6H_6O_6 + 2H^+ + 2e^- \quad E^{\ominus} \approx +0.18V$$

$$I_3^- + 2e^- \longrightarrow 3I^- \quad E^{\ominus} \approx +0.54V$$

由于 Vc 的还原性很强，较容易被溶液和空气中的氧气氧化，在碱性介质中这种氧化作用更强，因此滴定宜在酸性介质中进行，以减少副反应的发生。考虑到 I_2 在强酸性中也易被氧化，故反应应在稀酸(如稀乙酸、稀硫酸或偏磷酸)溶液中进行，一般选在 pH 值为 3~4 的弱酸性溶液中进行滴定，并在样品溶于稀酸后，立即用碘标准溶液进行滴定。

淀粉溶液遇到碘会变成蓝紫色，这是淀粉的特性。维生素 C 能与此蓝紫色溶液中的碘发生作用，使溶液变成无色。通过这个原理，可以用来检验一些水果中的维生素 C。通过消耗 I_2 的量可以计算维生素 C 的含量。该方法适用于测定药片、注射液、饮料及果蔬中的维生素 C 含量。

仪器试剂

仪器：分析天平　研钵　漏斗　纱布　滴管　玻璃棒　滴定管　移液管　吸量管　容量瓶　碘量瓶　锥形瓶　量筒　烧杯　称量瓶　药匙　快速过滤滤纸　漏斗架　试剂瓶　胶头滴管　药匙

试剂：淀粉试液($5g \cdot L^{-1}$)　$K_2Cr_2O_7$(AR)　HAc($2mol \cdot L^{-1}$)　KI 溶液($100g \cdot L^{-1}$)　HCl 溶液($6mol \cdot L^{-1}$)　I_2 溶液($0.05mol \cdot L^{-1}$)　$Na_2S_2O_3$ 标准溶液($0.10mol \cdot L^{-1}$)　$NaHCO_3$(AR)　KI(AR)　I_2(AR)　As_2O_3(AR)　NaOH($6mol \cdot L^{-1}$)　H_2SO_4($0.5mol \cdot L^{-1}$)　HAc(10%)淀粉溶液(1%)　维生素 C 片剂　酚酞指示剂　新鲜水果

实验步骤

1. I_2 标准溶液的配制和标定

(1) 配制 $0.050mol \cdot L^{-1}$的 I_2 溶液 250mL：称取 3.3g I_2 和 5gKI，置于研钵中(通风橱中操作)，从装有 250mL 蒸馏水的烧杯中倒入少量水研磨，待 I_2 全部溶解后，将溶液转入棕色试剂瓶中，加入剩余的水稀至 250mL，盖上盖子，摇匀，暗处保存。

(2) $Na_2S_2O_3$ 标准溶液标定 I_2 溶液：准确移取 25.00mL $Na_2S_2O_3$ 标准溶液于 250mL 锥形瓶中，加入 50mL 的蒸馏水，再加 2mL 淀粉溶液，然后用 I_2 溶液滴定至溶液呈稳定的蓝色，半分钟内不褪色即为终点。平行测定三次，计算 I_2 溶液的浓度。

(3) As_2O_3(As_2O_3 为剧毒药品，应严格管理)标定 I_2 溶液：准确称取 0.6g 的基准 As_2O_3 置于 100mL 烧杯中，加 $6mol \cdot L^{-1}$ NaOH 溶液 10mL，微热溶解，加酚酞指示剂 2 滴，滴加 $6mol \cdot L^{-1}$的 HCl 溶液中和至刚好无色，然后加入 2g $NaHCO_3$，搅拌使之溶解，定量转移到 100mL 容量瓶中，加水稀释到刻度线，摇匀。移取 25.00mL 于 250mL 锥形瓶中，加 50mL

水、2g $NaHCO_3$、2mL 淀粉溶液指示剂，用 I_2 标准溶液滴定至稳定的蓝色，半分钟内不褪色即为终点。平行测定三次，计算 I_2 溶液的浓度。

2. 维生素 C 的测定

用 100mL 烧杯准确称取新捣碎的果浆(橙、桔、番茄等)30~50g，立即加入 10mL 2mol·L^{-1}的 HAc 溶液，定量转移到250mL 锥形瓶中，加入 2mL 淀粉溶液，立即用 I_2 标准溶液滴定至呈现稳定的蓝色，即为终点。平行测定 3 份，计算果浆中维生素 C 的含量(mg·$100g^{-1}$)。

实验指导

(1) I_2微溶于水而易溶于 KI 溶液中，但在稀的 KI 溶液中溶解得很慢，所以配制 I_2 溶液时不能过早加水稀释，待溶解完全后再稀释。

(2) 直接碘量法测定维生素 C 的重要环节。对于汁液较少的蔬菜或水果，选择直接碘量法较合适，即用碘溶液滴定蔬菜或水果汁液。此方法简单，操作易行，现象明显。若用蔬菜或水果汁液滴定碘溶液，终点较易判断，但需要较多的汁液。

试液的制备：对于汁液较少的蔬菜或水果，需要使用提取液对研磨成浆状的试样中的维生素 C 进行提取。可选用的提取液如 2%草酸、偏磷酸-乙酸溶液(溶解 20g 片状偏磷酸于40mL 乙酸中，稀释至 500mL，用滤纸过滤，取滤液备用)。由于抗坏血酸在许多因素影响下都易发生变化，因此，取样品时应尽量减少操作时间，并避免与铜、铁等金属接触，以防止氧化。

脱色：有些蔬菜或水果汁液颜色较深，对滴定终点的判断有影响，需要脱色。可选的脱色剂有 30%ZnAc 溶液和 15%$K_4Fe(CN)_6$、活性炭(活性炭可以对西红柿和草莓的滤液进行脱色)、中性的白陶土。脱色后，吸取澄清滤液迅速进行测定。

酸度控制：维生素 C 在碱性条件下易被空气中的氧气氧化，所以为确保维生素 C 尽可能不被氧化，应使其处于酸性条件下。加入 HAc，使保持弱酸性，减少 Vc 的副反应。

滴定速度：用 I_2 溶液滴定时，速度要适当缓慢，要与反应速度相适应，接近终点时更要放慢速度，滴至呈现微蓝色且在半分钟不褪色即为终点。整个操作过程要迅速，整个过程不要超过 2min，防止还原型抗坏血酸被氧化。

(3) 数据记录

①I_2 标准溶液的标定，将数据记录在表 6-26 中。

表 6-26　$Na_2S_2O_3$ 标准溶液标定 I_2 溶液数据记录表

项　目 ＼ 平行测定次数	1	2	3
$V_{(Na_2S_2O_3)}$/mL	25.00	25.00	25.00
$V_{0(I_2)}$/mL			
$V_{1(I_2)}$/mL			
$V_{(I_2)}$/mL			
$c_{(I_2)}$/(mol·L^{-1})			
$\bar{c}_{(Na_2S_2O_3)}$/(mol·L^{-1})			
$\bar{d}_r$/%			

计算公式：
$$c_{I_2}=\frac{1}{2}\times\frac{(cV)_{Na_2S_2O_3}}{V_{I_2}}$$

②维生素 C 的测定，将数据记录在表 6-27 中。

表 6-27　I_2 溶液滴定试液的数据记录表

项目 \ 平行测定次数	1	2	3
$m_{0(试样+烧杯)}$/g			
$m_{1(试样+烧杯)}$/g			
$m_{试样}$/g			
$V_{0(I_2)}$/mL			
$V_{1(I_2)}$/mL			
$V_{(I_2)}$/mL			
w_{Vc}/(mg·100g^{-1})			
$\overline{w}_{Vc}$/(mg·100g^{-1})			
$\overline{d}_r$/%			

计算公式：
$$w_{Vc}=\frac{(cV)_{I_2}\times M_{Vc}\times 10^3}{m_s}\times 100$$

(4)注意事项

①样品进入实验室后，应浸泡在已知量的 2%草酸液中，以防氧化，损失维生素 C。

②某些水果、蔬菜(如橘子、西红柿等)浆状物泡沫太多，可加数滴丁醇或辛醇。提取的浆状物如不易过滤，亦可离心，留取上清液进行滴定。

③整个操作过程要迅速，防止还原型抗坏血酸被氧化，滴定过程一般不超过 2min。

④如果样品含维生素 C 太高或太低时，可酌情增减样液用量或改变提取液稀释度。蒸馏水最好采用新煮沸而迅速冷却的。

⑤滴定时，可同时吸二个样品。一个滴定，另一个作为观察颜色变化的参考。

⑥由于滴定时反应速度较慢，应徐徐滴加，猛烈振摇直至溶液呈持久的蓝色终点为止。

⑦碘液具有挥发性与腐蚀性，应储存于具有玻璃塞的棕色(或用黑布包裹)玻璃瓶中，避免与软木塞或橡皮塞等有机物接触；并应配制后放置一周再进行标定，使其浓度保持稳定。

⑧因碘能与橡胶发生反应，因此不能装在碱式滴定管中。

⑨配制淀粉指示液时的加热时间不宜过长，并应快速冷却，以免降低其灵敏度；所配制的淀粉指示液遇碘应显纯蓝色，如显红色，即不宜使用；此指示液应临时配制。

实验拓展

(1) 直接碘量法可以测定维生素 C、二巯丙醇、安乃近等多种药物及其制剂的含量。

(2) 测定天然气中硫化氢含量。其原理是以过量的乙酸锌溶液吸收气样中的硫化氢，生成硫化锌沉淀。反应式：

$$H_2S+Zn(Ac)_2\longrightarrow ZnS+2HAc$$

然后加入准确过量的碘溶液氧化生成的硫化锌，剩余的碘用硫代硫酸钠标准溶液滴定

[可以适当滴加冰乙酸并强烈搅动，使水解的 $Zn(OH)_2$ 沉淀溶解，溶液变透明]。

(3) SO_2 与亚硫酸盐的测定。亚硫酸及其盐类是一种常用的食品漂白剂，在食用菌加工中被广泛使用。但 SO_2 具有一定的毒性，过多使用对人体有害，因此国内外对食用菌产品中 SO_2 残留量都有严格的规定，一些国家甚至规定不允许检出。如食用菌产品的 SO_2 残留量的测定，碘量法不适宜检测深颜色的食用菌，而且在检测低含量 SO_2 残留样品时准确度不高。再如食品中亚硫酸盐的测定可以用直接碘量法，即利用在密闭容器中对样品进行酸化并加以蒸馏，以释放出其中的 SO_2，释放物用乙酸铅溶液吸收，再以碘标准溶液滴定，根据所消耗的碘标准溶液量计算出样品中的 SO_2 含量，因此也称为碘量法，本方法适用于测定葡萄酒、果酒及葡萄糖糖浆、果脯中 SO_2 残留量。该方法大约需蒸馏一个多小时，耗时较长，不适合大批量检测。

(4) 2，6-二氯酚靛酚滴定法测定维生素 C。维生素 C 能还原染料 2，6-二氯酚靛酚，该染料在酸性溶液中呈粉红色(在中性或碱性溶液中呈蓝色)，被还原后颜色消失。维生素 C 还原 2，6-二氯酚靛酚后，本身被氧化成脱氢抗坏血酸。

用标准碘酸钾溶液标定抗坏血酸溶液，用已标定的抗坏血酸溶液标定 2，6-二氯酚靛酚染料溶液，再用此染料滴定样品中的抗坏血酸。2，6-二氯酚靛酚在酸性溶液中呈红色，被抗坏血酸还原后即失去红色，当溶液中过量一滴染料时即现红色，以示终点。在无杂质干扰时，溶液所用染料量与样品中抗坏血酸含量成正比。此法具有简便、快速等优点，但如果样品中含有色素类物质，将给滴定终点的观察造成影响，其应用受到一定的限制。

实验思考

1. 为了测得准确的维生素 C 含量，实验过程中都应注意哪些操作步骤？为什么？

2. 标定 I_2 溶液时，既可以用 $Na_2S_2O_3$ 滴定 I_2 溶液，也可以用 I_2 滴定 $Na_2S_2O_3$ 溶液，且都采用淀粉指示剂。但在两种情况下加入淀粉指示剂的时间是否相同？为什么？

3. 测定维生素 C 时，为何要在 HAc 介质中进行？

4. 碘量法的误差来源有哪些？应采取哪些措施减小误差？

实验十一　氯化钡中钡的测定

实验目的

(1) 了解晶形沉淀条件和沉淀方法；

(2) 熟悉掌握重量分析的一般操作；

(3) 掌握重量法测定钡含量的基本原理和方法；

(4) 测定氯化钡中钡的含量，并用换算因数计算测定结果。

实验背景

氯化钡 $BaCl_2 \cdot 2H_2O$ 为无色有光泽的片状透明晶体，相对密度 3.097，可溶于水，水溶液有苦味。有毒！微溶于盐酸、硝酸，难溶于乙醇和乙醚，易吸水，需密封保存。温度高于 113℃时失去二分子结晶水。氯化钡是一种用途广泛的化工产品，可用于鞣革、颜料、纺织、陶瓷等工业，还可用作软水剂、脱水剂和分析试剂，也可用于制造其他钡盐及净水金属热处理等，也用作杀虫剂。

钡的测定可采用重量法、比色法、滴定法、等离子体光谱法、原子吸收法、硫酸钡比浊法等。本实验采用重量法测定，本法还可用于硫酸根含量的测定，已经广泛用于冶金、化工、环保等领域。

实验原理

Ba^{2+}可生成一系列的微溶化合物，如 $BaCO_3$、$BaCrO_4$、BaC_2O_4、$BaHPO_4$、$BaSO_4$ 等，其中以 $BaSO_4$ 的溶解度最小(25℃时 0.25mg/100mLH_2O)，$BaSO_4$ 性质非常稳定，组成与化学式相符合，因此常以 $BaSO_4$ 重量法测钡，其反应如下：

$$Ba^{2+}+SO_4^{2-} \xlongequal{} BaSO_4\downarrow [K_{sp}(BaSO_4)=1.1\times10^{-10}]$$

测定过程包括：试样的称量和溶解-沉淀-陈化-过滤-洗涤-灼烧(烘干、炭化、灰化、灼烧)—称重。

$BaSO_4$ 的溶解度较小，但还不能满足重量法对沉淀溶解度的要求，必须加入过量的沉淀剂以降低 $BaSO_4$ 的溶解度。选稀 H_2SO_4 为沉淀剂，为使 $BaSO_4$ 沉淀完全，H_2SO_4 必须过量(一般过量 50%~100%，溶解度就大为减小，一般可以忽略不计)。沉淀带下来的 H_2SO_4，在灼烧时可挥发除去，不影响测定(如果用 $BaSO_4$ 重量法测定 SO_4^{2-} 含量时，沉淀剂 $BaCl_2$ 只允许过量 20%~30%，因为 $BaCl_2$ 灼烧时不易挥发除去)。

$BaSO_4$ 是晶型沉淀，初生成时常为细小的晶体，过滤时易穿过滤纸，为得到纯净而颗粒较大而纯净的 $BaSO_4$ 沉淀，要特别注意掌握有利于晶型沉淀的条件，即所谓的“稀、热、慢、搅、陈”。应当在热的酸性稀溶液中(反应介质一般为 0.05mol·L^{-1}的 HCl 溶液，加热温度以近沸较好。在酸性条件下可以防止产生 $BaCO_3$、$BaHPO_4$、BaC_2C_4、$BaCrO_4$ 沉淀以及防止生成 $Ba(OH)_2$ 共沉淀，同时可适当增加 $BaSO_4$ 溶解度，以降低其相对过饱和程度，有利于获得较好的晶形沉淀)，在不断搅拌下逐滴加入热的稀 H_2SO_4，Ba^{2+}与 SO_4^{2+}反应，形成 $BaSO_4$ 晶形沉淀。

$PbSO_4$、$SrSO_4$ 的溶解度均较小，Pb^{2+}、Sr^{2+}对钡的测定有干扰。沉淀从溶液析出时，由于共沉淀现象会使沉淀玷污，如 NO_3^-、Cl^-、CO_3^{2-}常以钡盐形式共沉淀，而阳离子如 K^+、Na^+、、Ca^{2+}、Fe^{3+}等常以硫酸盐或硫酸氢盐形式共沉淀，故应严格掌握沉淀条件，减少共沉淀现象，以获得纯净的 $BaSO_4$ 晶形沉淀。至于在实验中哪些离子共沉淀及影响如何取决于杂质离子的浓度和沉淀的性质。

将所得的 $BaSO_4$ 沉淀经过经陈化、过滤、洗涤、烘干、炭化、灰化、灼烧后，以 $BaSO_4$ 形式称量，可求出 $BaCl_2\cdot2H_2O$ 中 Ba 的含量。

仪器试剂

仪器：分析天平　干燥器　瓷坩埚(25mL) 玻璃漏斗　马弗炉　定量滤纸(慢速或中速)

试剂：$BaCl_2\cdot2H_2O$(AR)　HCl 溶液(2mol·L^{-1})　H_2SO_4 溶液(1mol·L^{-1})　HNO_3(2mol·L^{-1})　$AgNO_3$ 溶液(0.1mol·L^{-1})

实验步骤

(1) 在分析天平上准确称取 $BaCl_2\cdot2H_2O$ 试样 0.4~0.5g 两份，分别置于 250mL 内壁和底部光洁的烧杯中，各加蒸馏水 100mL，搅拌溶解(注意：玻璃棒直至过滤、洗涤完毕才能取出)。加入 2mol · L^{-1}HCl 溶液 4mL，加热至近沸。

(2) 取 4mL 1mol · L^{-1} H_2SO_4 溶液两份，分别置于小烧杯中，加水 30mL，加热至沸，在不断搅拌下，趁热将稀 H_2SO_4 用滴管滴加入至试样溶液中。沉淀作用完毕，待沉淀 $BaSO_4$ 下沉后，于上层清液中加入稀 H_2SO_4 1~2 滴，观察是否有白色沉淀以检验其沉淀是否完全。盖上表面皿，在沸腾的水浴上陈化半小时，其间要搅动几次，放置冷却后过滤。

(3) 取慢速定量滤纸一张，按漏斗角度的大小折叠好滤纸，使其与漏斗很好地贴合，以水润湿，并使漏斗颈内保持水柱，将漏斗置于漏斗架上，漏斗下面各放一只清洁的烧杯。小心地将沉淀上清液沿玻璃棒倾入漏斗中，再用倾泻法洗涤沉淀 3~4 次，每次用洗涤液 15~20mL。然后将沉淀定量地转移至滤纸上，以洗涤液洗涤沉淀，直到无 Cl^- 为止。

(4) 取一只洁净带盖的坩埚，在 800~850℃下灼烧至恒重后，记下坩埚的质量。将洗净的沉淀和滤纸包好后，放入已恒重的坩埚中，在电炉上烘干、炭化、灰化后，置于马弗炉中，于 800~850℃下灼烧至恒重。

(5) 根据试样和沉淀的质量计算试样中钡的质量分数。

实验指导

(1) 沉淀作用应当在热溶液中进行。一方面可增大沉淀的溶解度，降低溶液的相对过饱和度，以便获得大的晶粒；另一方面，又能减少杂质的吸附量，有利于得到纯净的沉淀。此外，升高溶液的温度，可以增加构晶离子的扩散速度，从而加快晶体的成长，有利于获得大的晶粒。但应当指出，对于溶解度较大的沉淀，在溶液中析出沉淀后，宜冷却至室温后再过滤，以减少沉淀溶解的损失。

(2) 在第一步，加入稀 HCl 酸化，使部分 SO_4^{2-} 成为 HSO_4^-，稍微增大沉淀的溶解度，而降低溶液过饱和度，同时可防止胶溶作用。试样溶液加热不要沸腾，以免溶液溅失。

(3) 第二步，搅拌是降低过饱和度，避免局部浓度过高现象，同时减少杂质的吸附现象。搅拌时，玻璃棒不要触及杯壁和杯底，以免划伤烧杯，使沉淀粘附在烧杯划痕内难于洗下。

沉淀完全后，让初生的沉淀与母液一起放置一段时间，这个过程称为“陈化”。在陈化过程中，不仅小晶粒转化为大晶粒，而且还可以使不完整的晶粒转化为稳定态的沉淀，也能使沉淀变得更加纯净。$BaSO_4$ 沉淀经陈化后，晶粒变大，且结构更为完整。

(4) 洗涤液可取 3mL 1.0mol · L^{-1} H_2SO_4，加入 200mL 蒸馏水稀释即成。

以 $AgNO_3$ 溶液检验 Cl^-时，用表面皿收集数滴滤液，加 1 滴 2mol · $L^{-1}$$HNO_3$ 酸化，加入 2 滴 $AgNO_3$，若无白色浑浊产生，表示 Cl^-已洗净。

(5) 称重时，要注意无论是坩埚及其盖放进天平中，还是从天平中取出时，均应通过坩埚钳进行操作，切记不许用手直接拿取。

有些生产单位沉淀恒重的操作是：将沉淀转到未恒重的坩埚中，再经干燥、炭化、灰化后在 800~850℃马弗炉中灼烧至恒重。这时“沉淀+坩埚”重量为 W_1，然后，用毛刷将坩埚中的沉淀刷干净，称出空坩埚的重量 W_2，由差减法(W_1-W_2)即可得出 $BaSO_4$ 沉淀重量。

沉淀及滤纸的干燥、炭化和灰化过程，应在煤气灯上或电炉上进行，不能在马弗炉中进行。滤纸灰化时空气要充足，否则 $BaSO_4$ 易被滤纸的炭还原为灰黑色的 BaS：

$$BaSO_4+4C \xlongequal{} BaS+4CO\uparrow$$

$$BaSO_4+4CO \xlongequal{} BaS+4CO_2\uparrow$$

如遇此情况，可用2~3滴(1+1)H_2SO_4，小心加热，冒烟后重新灼烧。灼烧$BaSO_4$沉淀的温度不能太高，如超过950℃，可能有部分$BaSO_4$分解：

$$BaSO_4 \rightleftharpoons BaO+SO_3\uparrow$$

(6) 数据记录

①空坩埚恒重，将数据记录在表6-28中。

表6-28　空坩埚恒重数据记录表

项　目 \ 恒重次数	1	2	3	4
$m_{坩埚1}/g$				
$m_{坩埚2}/g$				

②$BaCl_2 \cdot 2H_2O$中Ba含量的测定，将原始记录及数据处理填入表6-29中。

表6-29　$BaCl_2 \cdot 2H_2O$中Ba含量的测定数据表

项　目 \ 平行测定次数	1	2
$m_{BaCl_2 \cdot 2H_2O+称量瓶(初)}/g$		
$m_{BaCl_2 \cdot 2H_2O+称量瓶(终)}/g$		
$m_{BaCl_2 \cdot 2H_2O}/g$		
$m_{空坩埚}/g$		
$m_{BaSO_4+坩埚}/g$		
m_{BaSO_4}/g		
$\omega_{Ba}/\%$		
$\overline{\omega}_{Ba}/\%$		
$\overline{d}_r/\%$		

计算公式：
$$\omega_{Ba}=\frac{m_{BaSO_4}\times\frac{M_{Ba}}{M_{BaSO_4}}}{m_s}\times 100\%$$

实验思考

1. $BaCl_2 \cdot 2H_2O$试样称取0.4~0.5g是怎样计算出来的？若$BaCl_2 \cdot 2H_2O$称量过多，对测定有何影响？

2. 为什么要在一定酸度的盐酸介质中进行$BaSO_4$沉淀？

3. 沉淀完毕后，为什么要保温放置一段时间才能进行过滤？

4. 为什么在热溶液中沉淀$BaSO_4$，但要在冷却后过滤？晶形沉淀为什么要陈化？

5. 解释用$BaSO_4$重量法测定Ba^{2+}和测定SO_4^{2-}时，沉淀剂的过量程度有何不同？为什么？

6. 为什么要在稀热HCl溶液中且不断搅拌下逐滴加入沉淀剂沉淀$BaSO_4$？HCl加入太多有何影响？

参 考 文 献

1. 华中师范大学等四校. 分析化学实验(第三版). 北京：高等教育出版社，2001
2. 武汉大学等三校. 分析化学实验(第四版). 北京：高等教育出版社，2001
3. 陆思伟，吕翔，王岩，江涛，王莹. 蒸馏法和甲醛法测定高氯酸铵含量的比较. 无机盐工业 2010，42(8)：60~62
4. 刘淑萍. 铅铋混合液中铅、铋连续测定方法改进. 河北理工学院学报，2001(2)，23(1)：75-78
5. 林丽琴，吴若红. 铅铋连续测定试液中添加酸碱指示剂及其教学效果的讨论. 大学化学，1993(6)：41~42，45
6. 朱庆彩. 铜合金中铜铅的连续测定. 分析试验室，1987，6(12)：65
7. 陈红英，吕永哲，王增长. 钱塘江入海河口碱性高锰酸盐指数测定的影响因素. 浙江工业大学学报，2010，38(1)：95~97，106
8. 郑青，韩海波，周保学，李金花，白晶，蔡伟民. 化学需氧量(COD)快速测定新方法研究进展. 科学通报，2009，54 (21)：3241~3250
9. 孙建民，李路华，刘红妹，孙汉文. 快速测定化学耗氧量(COD)准确性的研究. 河北大学学报(自然科学版)，2005(7)，25(4)：373~376
10. 孙国良，陈金媛，张巧余，叶雪飞. 微波消解法测定高锰酸盐指数. 理化检验—化学分册，2003，39(3)：179，181
11. 蒋绍阶，刘宗源. UV_{254}作为水处理中有机物控制指标的意义. 重庆建筑大学学报，2002(4)，24(2)：61~65
12. 古映莹，李丹高锰酸钾法、碘量法和铈量法测定过氧化氢的比较. 理化检验—化学分册 2007，43(9)：788~789，791
13. 潘勇军，洪泉，谭晓明，刘丽，郑成赋. 碘量滴定法测定过氧化氢溶液浓度的改进. 理化检验—化学分册，2003(7)，39(7)：404~405
14. 尤庆亮，荣家成，李爱葵，佘万能. 过氧化氢水溶液中过氧化氢含量分析的简便方法. 理化检验—化学分册，2002(7)，38(7)：339~341

单元7 仪器方法分析（Ⅰ）

实验一 邻二氮菲分光光度法测定铁的含量

实验目的

（1）学习如何选择分光光度分析的实验条件；
（2）掌握邻二氮菲分光光度法测定铁的原理及方法；
（3）掌握分光光度计的使用方法。

实验背景

1852年，A. Beer参考了P. Bougouer在1729年和J. H. Lambert在1760年所发表的文章，提出了分光光度的基本定律，即液层厚度相等时，颜色的强度与呈色溶液的浓度成比例，从而奠定了分光光度法的理论基础，这就是著名的Lambert-Beer定律。1854年，J. Duboscq等人将此理论应用于定量分析化学领域，并且设计了第一台比色计。1918年，世界上第一台紫外可见分光光度计问世。此后，紫外可见分光光度计经不断改进，又出现了具有自动记录、自动打印、数字显示、微机控制等功能的各种类型仪器，使光度法的灵敏度和准确度不断提高，其应用范围也不断扩大。

铁是地壳中含量居第四位的元素，大约在6000年以前，我们的祖先便从铁陨石中认识了铁。早在17世纪就已经发现人体和各种动植物中均有铁的存在，铁成为人体最早发现的必需微量元素，随后逐渐认识到它与健康和疾病有关。不同年龄和不同性别的人体内含铁量不同，到成年时才处于稳定状态。铁约占体重的0.0057%，大约为3~4g。铁在体内可分为功能铁和储存铁，其中功能铁占了人体总铁量的80%以上，储存铁不足20%。

功能铁包括：①存在于红血球（血红蛋白的血红素）和肌肉中（肌红蛋白）的铁，占全身总铁量的75%左右；②存在于细胞色素和一些酶中的铁，约为1%左右；③存在于铁蛋白中的铁，只占体内总铁量的0.1%。

储存铁包括：①铁蛋白，约占总铁量的15%；②含铁血黄素，其中的铁占总铁量的5%左右，是不能被立即动用的储存铁。

食物中的铁有两种存在形式：血红素铁是与血红蛋白及肌红蛋白中的卟啉结合的铁，可直接被肠黏膜上皮细胞吸收，不受植酸等因素的影响；非血红素铁是与蛋白质、氨基酸及其他有机酸等结合的主要以Fe（OH）$_3$络合物形式存在的铁，必须与结合的有机物分离并转化为亚铁后才能被吸收。

铁是人体不可缺少的微量元素之一，若有机体铁的携氧能力受阻或铁的数量不足，则直接影响人体健康。在食品、医药、卫生等方面对铁的含量测定均有严格要求。因此，对铁的测定方法进行研究有着重大意义。

实验原理

铁的分光光度法所用的显色剂较多，有邻二氮菲（Phen，又称邻菲啰啉或菲绕林）及其衍生物、磺基水杨酸、硫氰酸盐、5-Br-PADAP 等。其中邻二氮菲分光光度法的灵敏度高，稳定性好，干扰容易消除，因而是目前普遍采用的一种方法。

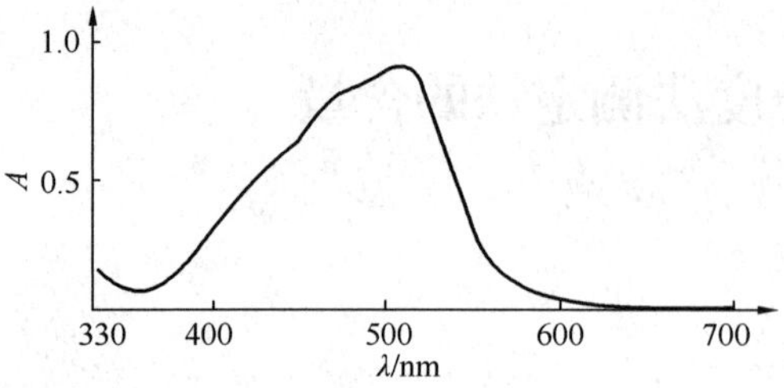

图 7-1　邻二氮菲-铁（Ⅱ）的吸收曲线

在 pH=2~9 的溶液中，Fe^{2+} 与 Phen 生成稳定的橘红色络合物 $Fe(Phen)_3^{2+}$，此络合物的 $\lg K=21.3$，摩尔吸光系数 $\kappa_{508}=1.1\times10^4$ $L\cdot mol^{-1}\cdot cm^{-1}$，铁含量在 0.1~6μg·$mL^{-1}$ 范围内遵守 Lambert-Beer 定律。其吸收曲线如图 7-1所示。Fe^{3+} 与邻二氮菲作用生成蓝色络合物，稳定性较差。所以在显色前要用盐酸羟胺或抗坏血酸将 Fe^{3+} 全部还原为 Fe^{2+}，然后再加入邻二氮菲，并调节溶液酸度至适宜的显色酸度范围。有关反应式如下：

$$2Fe^{3+}+2NH_2OH\cdot HCl \rightleftharpoons 2Fe^{2+}+N_2\uparrow+2H_2O+4H^++2Cl^-$$

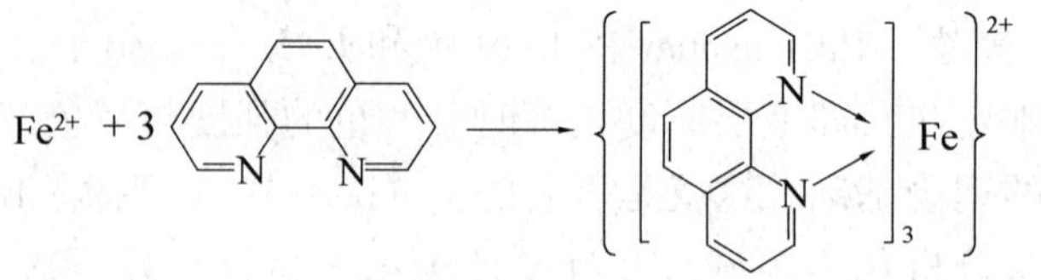

测定时，控制溶液酸度应该在 pH 值为 5 左右较为适宜。酸度过高，反应进行较慢；酸度太低，则 Fe^{2+} 水解，影响显色。

Co^{2+}、Cu^{2+}、Ni^{2+}、Cd^{2+}、Hg^{2+}、Mn^{2+}、Zn^{2+} 等离子也能与邻二氮菲生成稳定络合物，在少量的情况下，不影响 Fe^{2+} 的测定；量大时，可以用 EDTA 掩蔽或预先分离。

分光光度法测定的条件是通过实验来确定的。显色反应的条件包括溶液的酸度、显色剂的用量、显色时间、显色时温度、溶剂以及共存离子的干扰及其消除等。测定吸光度的条件包括测量波长、吸光度范围和参比溶液等。

条件实验的方法是变动某实验条件，固定其余条件，测量一系列吸光度值，绘制吸光度-某实验条件的曲线，根据曲线确定此实验条件的适宜值或适宜范围。

仪器试剂

仪器：分光光度计　比色皿　恒温水浴器　pH 计

试剂：铁标准溶液[100mg·L^{-1}，1.000×10^{-3}mol·L^{-1}(含 0.5mol·L^{-1}HCl)]　盐酸羟胺溶液(100g·L^{-1})　邻二氮菲溶液(1.5g·L^{-1})　NaAc(1.0mol·L^{-1})　NaOH(1.0mol·L^{-1})　HCl(6mol·L^{-1})　铁试液(4mg·L^{-1})

实验步骤

1. 条件实验

（1）吸收曲线的绘制和测量波长的选择　用吸量管准确吸取 1.000×10^{-3}mol·L^{-1}的铁标准溶液 0.00mL 和 1.00mL 分别置于 2 只 50mL 容量瓶中，分别加入 100g·L^{-1}的盐酸羟胺溶液 1mL，摇匀后放置 2min。各加入 1.5g · L^{-1}邻二氮菲溶液 2mL，1.0mol · L^{-1}NaAc 溶液 5mL，以水稀释到刻度，摇匀。

在分光光度计上，用 1cm 比色皿，以空白溶液（实验中使用的试剂如邻二氮菲、盐酸羟胺、NaAc、NaOH 等的溶液均为无色透明的水溶液，所以该显色体系的试剂空白溶液为无色溶液）为参比，在 440~560nm 之间，每隔 10nm 测定一次溶液的吸光度 A（在最大吸收峰附近，每隔 5nm 测定一次吸光度。每变换一次波长，就需要重新用参比溶液调节透光率至 100%，然后再测定溶液的吸光度）。以吸光度为纵坐标、波长为横坐标绘制 $A-\lambda$ 吸收曲线。从吸收曲线上找出进行测定的最适宜波长，一般选用最大吸收波长 λ_{max} 为测定波长。以下条件试验和测定工作均在此选择波长下进行。

（2）有色溶液的稳定性　用吸量管准确吸取 1.000×10^{-3}mol · L^{-1}的铁标准溶液 2.00mL 置于 50mL 容量瓶中，加入 100g · L^{-1}的盐酸羟胺溶液 1mL，摇匀后放置 2min。依次加入 1.5g · L^{-1}邻二氮菲溶液 2mL、1mol · L^{-1}NaAc 溶液 5mL，用水稀释到刻度，摇匀。立即以空白溶液（在最大吸收峰附近，每隔 5nm 测定一次吸光度。每变换一次波长，就需要重新用参比溶液调节透光率至 100%，然后再测定溶液的吸光度）为参比，在选定的波长下用 1cm 比色皿测量吸光度。每放置一段时间测定一次溶液的吸光度。

放置时间：5min、10min、30min、1h、2h、3h。

以吸光度为纵坐标、放置时间为横坐标绘制 $A-t$ 曲线。找出吸光度保持稳定的时间范围。

（3）显色剂用量的确定　取 7 只 50mL 容量瓶，准确吸取 1.000×10^{-3}mol · L^{-1}的铁标准溶液 2.00mL 加入各容量瓶中，分别加入 100g · L^{-1}的盐酸羟胺溶液 1mL，摇匀后放置 2min。分别加入 1.5g · L^{-1}邻二氮菲溶液 0.20mL、0.40mL、0.60mL、0.80mL、1.00mL、2.00mL、4.00mL，再各加入 1mol · L^{-1}NaAc 溶液 5mL，以水稀释到刻度，摇匀。用 1cm 比色皿，以空白溶液为参比，在选定的波长下分别测定各溶液的吸光度。以吸光度为纵坐标、邻二氮菲溶液的体积为横坐标绘制 $A-V$ 曲线，确定显色剂最适宜的量。

（4）溶液适宜酸度范围的确定　取 9 只 50mL 容量瓶，准确吸取 1.000×10^{-3}mol · L^{-1}的铁标准溶液 2.00mL 加入各容量瓶中，分别加入 100g · L^{-1}的盐酸羟胺溶液 1mL，摇匀后放置 2min。再加入 1.5g · L^{-1}邻二氮菲溶液 2mL，分别依次准确加入 1mol · L^{-1}的 NaOH 溶液 0.00mL、0.20mL、0.50mL、1.00mL、1.50mL、2.00mL、2.50mL、3.00mL、4.00mL（加入 NaOH 溶液的量，应使溶液从 pH<2 开始逐步增加至 pH>12。如果 NaOH 溶液的加入量不合适，可以酌情调整到上述要求），以水稀释至刻度，摇匀。用 1cm 比色皿、以水为参比，在选定的波长下测定各溶液的吸光度，并用 pH 计测量各溶液的 pH 值［也可先用广泛 pH 试纸（pH＝1~14）粗略确定其 pH 值，然后进一步用精密 pH 试纸确定其较准确的 pH 值］。然后以吸光度为纵坐标、以 pH 值为横坐标，绘制 A-pH 曲线，找出适宜的 pH 值范围。

2. 铁含量的测定

（1）显色标准溶液的配制与标准曲线的绘制　准确吸取 100mg · L^{-1}铁标准溶液 10mL 于 100mL 容量瓶中，加入 6moL · L^{-1}的 HCl 溶液 2mL，以水稀释至刻度，摇匀，即得 Fe^{3+}的浓度为 10μg · mL^{-1}的溶液。

取 6 只 50mL 容量瓶，用吸量管分别加入 10mg · L^{-1}铁标准溶液 0.00mL、2.00mL、4.00mL、6.00mL、8.00mL、10.00mL，然后各加入 100g · L^{-1}的盐酸羟胺溶液 1mL，摇匀后

放置2min。再加入1.5g·L^{-1}邻二氮菲溶液2mL、1mol·L^{-1}NaAc溶液5mL，摇匀。再用水稀释至刻度，摇匀后放置10min。用1cm比色皿、以试剂空白溶液（指此系列中没有加入铁标准溶液的那一份溶液。严格来说，试剂中往往含有极微量的铁，因此在绘制标准曲线与测定试液时，需要以试剂空白溶液作为参比）为参比，在选定的波长下，测定各溶液的吸光度。以吸光度为纵坐标、铁的含量为横坐标，绘制标准曲线，并计算摩尔吸光系数κ（由绘制的标准曲线，重新查出某一适中铁浓度相应的吸光度，计算Fe^{2+}-Phen络合物的摩尔吸光系数κ）。

（2）试液中铁含量的测定　准确吸取5mL铁试液置于50mL容量瓶中，按照标准曲线的制作步骤，依次加入各种试剂，用水稀释到刻度，摇匀。显色（试液的显色与标准系列显色同时进行，这样显色时间能够一致，测定时间也要一致）稳定后测量吸光度，然后根据标准曲线得出试液中铁的含量（标准曲线的横坐标如果以50mL溶液中所含有“标准铁溶液的体积”表示铁含量，这样处理数据比较方便），或计算试液中铁的含量（单位为mg·L^{-1}）。

实验指导

1. 标定铁标准溶液

以硫酸铁铵$NH_4Fe(SO_4)_2 \cdot 12H_2O$配制的铁标准溶液，需要标定。

2. 邻二氮菲分光光度法测定铁的实验条件

（1）测定铁的实验条件和工作曲线，根据实际情况可以分为两个单元完成。条件实验使用1.00×10^{-3}mol·L^{-1}的Fe^{3+}标准溶液，绘制铁的工作曲线使用100mg·L^{-1}的Fe^{3+}标准溶液。

（2）配合物Fe^{2+}-Phen的配合比为3∶1，pH值在2~9（测量一般维持在pH值为5~6）之间稳定。在还原剂存在下，颜色可保持几个月不变。Fe^{3+}与邻二氮菲作用形成的淡蓝色配合物稳定性较差，因此在显色之前要加入还原剂使Fe^{3+}还原为Fe^{2+}，Fe^{2+}与显色剂邻二氮菲作用。在实际应用中还原剂可以使用盐酸羟胺或抗坏血酸。

（3）采用可见分光光度法测定铁离子，实验包括显色过程和测量过程。为了使测定结果有较高的灵敏度和准确度，必须选择合适的显色条件和测量条件，这些条件主要包括测量波长、显色剂用量、有色溶液稳定性、溶液酸度以及干扰的排除等。

①测量波长：首先绘制吸收曲线，通常根据吸收曲线选择被测物质的最大吸收波长λ_{max}作为测量波长。理论上最大吸收波长为510nm，实测时应采用自己测定得到的最大吸收波长。若实验分两次完成，两次实验最好使用同一台仪器。

②显色剂用量：显色剂的合适用量可以通过实验，绘制A-V曲线，A值最大且恒定不变的V的范围即最佳显色剂用量（在此不做“邻二氮菲与铁的络合比”）。

③溶液酸度：可以在不同pH值缓冲溶液中加入等量的被测离子和显色剂，测其吸光度，作A-pH曲线，由曲线上选择合适的pH值范围，A值最大并基本恒定的pH值范围为最佳显色pH值。pH值在2~9之间络合物稳定，测量一般维持在pH值5~6即可。

④在配制铁标准溶液时，为防止铁离子的水解，可加入一定量的HCl溶液。但由于过量强酸的加入，使得显色液呈强酸性，从而偏离最佳显色酸度，即使加入缓冲液也无济于事。根据反复试验，在做标准曲线时，盐酸羟胺提供的酸性足以使加入NaAc溶液后的pH值落在最佳范围（测量一般维持在pH=5~6），所以测定试液时，视其预处理情况或碱性大小而定。

⑤有色配合物的稳定性：通过实验绘制 $A-t$ 曲线，确定有色配合物的稳定时间范围，在稳定的时间内测量 A。有色配合物的颜色应当有足够的稳定时间。

⑥显色温度：不同的显色温度下铁的吸光度不同。升高温度可大大加快显色反应的速度，但对于在室温下可快速进行的反应来说，不必要再加热。而且，在温度较高时，会使所加试剂及所生成配离子发生部分分解或挥发，并有利于溶液中溶解氧对 Fe^{2+} 及盐酸羟胺的氧化，直接影响测定结果，故选室温作为反应温度。

⑦干扰的排除：当被测试液中有其他干扰组分共存时，必须采取掩蔽或分离等必要的措施，排除干扰。

(4) 绘制工作曲线和铁含量的测定需要以试剂空白作为参比溶液；试样中铁含量的测定和标准曲线的绘制应该同时进行。

有实验证明，相当于铁含量 40 倍的 Ca^{2+}、Mg^{2+}、Zn^{2+}，20 倍的 Cr^{+}、Mn^{2+}，5 倍的 Co^{2+}、Cu^{2+} 均不干扰铁离子测定（吸光度值与不含杂质离子时基本相同），由此可见本法选择性较高，适用于测定含杂质较多的水样及化工原料和产品中的微量总铁。

3. 数据记录与处理

记录数据，绘制曲线：吸收曲线、$A-t$ 曲线、$A-V$ 曲线、A-pH 曲线、$A-c$ 曲线（标准曲线）。

(1) 吸收曲线的绘制　依次记录溶液不同波长的吸光度值，将数据填入表 7-1。然后根据 $A \sim \lambda$ 数据，绘制 Fe^{2+}-Phen 配合物吸收曲线，确定 λ_{max} 为测量波长。

表 7-1　Fe^{2+}-Phen 体系的 $A \sim \lambda$ 数据记录表

λ/nm	440	450	460	470	480	485	490	495	500
A									
λ/nm	505	510	515	520	525	530	540	550	560
A									

(2) $A-t$ 曲线的绘制　每间隔一定时间测定并记录的溶液吸光度值，将数据填入表 7-2，并根据 $A-t$ 数据，绘制曲线，确定 Fe^{2+}-Phen 配合物的稳定时间范围。铁试液的测定应该在此时间内完成。

表 7-2　Fe^{2+}-Phen 配合物溶液在不同放置时间的吸光度值 A

放置时间 t/min	0	5	10	30	60	120	180
A							

(3) 显色剂用量的确定　测定记录加入不同体积邻二氮菲的溶液的吸光度值，将数据填入表 7-3，并根据 $A-V$ 数据，以确定加入邻二氮菲最适宜的量。

表 7-3　铁的显色剂浓度的试验测定数据记录表

序　号	1#	2#	3#	4#	5#	6#	7#
V_{Phen}/mL	0.20	0.40	0.60	0.80	1.00	2.00	4.00
A							

(4) 溶液适宜酸度的确定　记录加入不同体积 NaOH 溶液的吸光度值及其对应溶液的 pH 值，将数据填入表 7-4，并根据 A-pH 数据，绘制曲线，确定 Fe^{2+}-Phen 配合物保持稳定

的适宜酸度范围。铁试液的测定应该在此酸度范围内。

表 7-4 不同 NaOH 溶液体积对 Fe^{2+}-Phen 吸光度的影响的数据记录表

序　号	1#	2#	3#	4#	5#	6#	7#	8#	9#
V_{NaOH}/mL	0.00	0.20	0.50	1.00	1.50	2.00	2.50	3.00	4.00
pH									
A									

（5）标准曲线的绘制与铁的测定　记录标准系列的吸光度值，将数据填入表 7-5。以 50mL 溶液中铁含量（μg）为横坐标，相应的吸光度值为纵坐标，绘制 $A-c$ 曲线（标准曲线），回归计算出标准曲线方程，由此得到试液中的铁含量。

表 7-5 Fe^{2+}-Phen 分光光度法测定铁的数据记录表

编　号	标准溶液						试液		
	1#	2#	3#	4#	5#	6#	1#	2#	3#
V_{Fe}/mL	0.00	2.00	4.00	6.00	8.00	10.00	—	—	—
m_{Fe}/μg	0.00	20.0	40.0	60.0	80.0	100.0			
c_{Fe}/μg·(50mL)$^{-1}$	0.00	20.0	40.0	60.0	80.0	100.0			
V_s/mL	—	—	—	—	—	—	5.00	5.00	5.00
A									
c_{Fe}/μg·mL^{-1}	0.00	0.40	0.80	1.20	1.60	2.00			
$\bar{c}_{Fe}$/μg·mL^{-1}	—	—	—	—	—	—			
$\bar{d}_r$/%	—	—	—	—	—	—			

回归方程：$A=\kappa bc$

试液中铁的含量的计算公式：

$$c_{Fe}=\frac{A}{\kappa b}\times\frac{50.00}{V_s} \tag{7-1}$$

式中　A——测定的试液的吸光度值；

κ——根据标准曲线的斜率得出的 Fe^{2+}-Phen 有色络合物的吸光系数；

b——比色皿的厚度，$b=1$cm；

V_s——实验所取试液的体积，L。

对各项测定结果进行分析，给出实验结论，并作必要的讨论。

4. 注意事项

（1）实验分为两部分，可以分别在两个时间单元完成。一是绘制吸收曲线与确定实验条件，二是绘制工作曲线与微量铁的测定。同一组溶液必须在同一台仪器上测量。

（2）在配制显色溶液时，必须按照顺序依次加入试剂，特别是在加入显色剂时，不能颠倒顺序。

（3）所绘制曲线、图均需说明结论，即指出最佳值或最佳区间。

（4）分光光度计必须预热 20min，待稳定后才能测量。条件实验中的参比溶液在测量过程中可以不更换。测量波长选择好后不要再改变，每次测定前要注意调至满刻度。

（5）比色皿必须配套，装上待测液后通光面必须擦拭干净，否则会影响测定准确性。若有污渍无法擦拭干净，可以将比色皿在15%的HNO_3溶液中浸泡一定时间，取出后用清水洗净再用。

（6）用分光光度计时注意操作规范，拉格时不要拉过头，放置比色皿时要注意不要使液体溅出，以免腐蚀仪器。

（7）测量完毕，关闭电源插头，取出吸收池，清洗晾干后放入配套的盒中保存。清理工作台，罩上仪器防尘罩，填写仪器使用记录。清洗容量瓶和其他所用的玻璃仪器并放回原处。

实验拓展

1. 邻二氮菲分光光度法

（1）Fe^{2+}-Phen显色分光光度法测定中草药中微量元素铁的含量：中草药鱼腥草、石菖蒲、板蓝根、何首乌、柴胡、甘草、银杏叶、茯苓、黄芩、葛根以及白芍、党参、白术、茵陈、天冬、枸杞子、当归、菟丝子、金银花、桔梗、蒲公英等中的微量Fe含量均可以应用分光光度法测定。采用湿法消化（HNO_3、$HClO_4$或HNO_3、H_2SO_4）后配制成溶液，用邻二氮菲作显色剂，用分光光度法测定Fe的含量，方法快速、简便、准确。

（2）Fe^{2+}-Phen显色分光光度法测定烟草薄片的铁含量：湿法消解烟草薄片，利用紫外可见分光光度法，以邻二氮菲作显色剂测定烟草薄片中铁含量（以酸性铬蓝K为显色剂测定烟草薄片中钙含量）。实验方法操作方便、测定快速、灵敏度高、稳定性好。

（3）Fe^{2+}-Phen显色分光光度法测定干薇菜中的铁含量：用湿法消解（混合酸：HNO_3∶H_2SO_4∶$HClO_4$体积比为4∶1∶1），邻二氮菲为显色剂，在波长为510nm处测定铁的含量。

（4）Fe^{2+}-Phen显色分光光度法测定谷类中的铁含量：谷类（黑米、糯米、小米、原阳大米、东北大米、玉米）样品采用干灰化法处理，用盐酸羟胺还原铁，在pH值4~6的范围内，用邻二氮菲显色，分光光度法测定谷类中的铁含量简单、方便、快速、准确度高。也可用于其他粮食、果蔬类食品中微量元素铁含量的测定。

2. 硫氰酸铁显色分光光度法测定味精中的铁

在酸性条件下，样品溶液中的铁离子与硫氰酸铵作用，生成可溶于水、不离解的硫氰酸铁，呈血红色，其颜色的深浅与铁离子的浓度成正比，所以可用比色法测定铁含量。

3. 氧化分光光度法测定微量铁

测定乳酸亚铁口服液中微量铁：用高锰酸钾将Fe^{2+}氧化为Fe^{3+}，Fe^{3+}与硫氰酸钾作用，形成有色配合物，用分光光度法进行测定，方法简单、操作方便，干扰因素比较少，结果准确。

4. 荧光分光光度法

依据荧光强度或定量猝灭与铁呈现线性关系进行测定。新的荧光剂不断产生，其干扰离子少、具有较高的灵敏度、较低的检测限和很好的选择性，但荧光分光光度计的结构较复杂，价格昂贵，因此使用相对较少。

5. 流动注射分光光度法（FIA法）

FIA法多为水相比色。该方法简单、快速、重现性好，易与其他仪器联用，易实现自动化，广泛应用于冶金、地质、化工、环保等部门的分析工作中。如采用吐温-80、正丁醇、汽油和水的微乳液体系中，以1-（2-吡啶偶氮）-2-萘酚（PAN）为显色剂，用流动注射分光光度法直接测定汽油中的微量铁，在载流为pH值9.4的$NH_4Ac-NH_3 \cdot H_2O$介质中，铁与PAN-微乳液混合显色液反应。体系的测量波长为760nm，测定铁的线性范围为$0 \sim 7\mu g \cdot mL^{-1}$，检出限为$0.10\mu g \cdot mL^{-1}$，RSD<4.0%。本法避免了油样预处理的繁琐步骤，加快了测定速度，其测定结果令人满意。

流动注射分析的一些新技术，如流动注射合并带技术、空气整段间隔注射技术、FIA-双光束分光技术、流动注射分析试样带分割技术、FIA-pH梯度技术等的引入，使微量铁的测定灵敏度、选择性及测定速度都有了很大的提高，使流动注射分光光度法测定铁有了进步和发展。

6. 动力学光度法

铁（Ⅲ）在一些显色剂的氧化反应中起催化作用，利用铁（Ⅲ）的这一性质，可对微量铁进行测定。如在硫酸介质中，铁对溴酸钾氧化2，4，6-三氯偶氮氯膦的褪色反应有明显的催化作用，利用这一性质，可以测定大米和活性炭样品中的微量铁。其检测限为$3.3\mu g \cdot L^{-1}$，在$0 \sim 6\mu g \cdot L^{-1}$范围内符合Lambert-Beer定律。此法应用于大米和活性炭中微量铁的测定获得满意结果的同时，还有待于在其他领域中推广发展。

7. 双波长光度分析法

双波长光度分析法在多元素如铁与铜、铁与锌等的同时测定中占有很重要的地位。其中单显色剂的双波长光度分析法，因所用试剂少、操作方便，而且准确度、选择性、灵敏度都能满足一般的分析要求，因而在多元素的同时测定中使用较多。在pH值为3.0的甲酸-NaOH缓冲溶液条件下，用二安替比啉甲烷（DAPM）为显色剂，用双波长等吸收点法来消除干扰，选择450nm为测量波长，548nm作为参比波长。此法克服了繁复的操作手续，方法简便、快捷、准确度高、重现性好，在测定钴基高温合金以及铜合金等样品中微量铁的分析方面取得了满意的结果。虽然双显色双波长法在操作上比单显色双波长法较为繁琐，但其灵敏度更高，选择性更好，可以很好地应用在高端精密测量当中。

8. 离子交换树脂光度法

离子交换树脂光度法是一种把分离富集与显色测定结合在一起测定微量元素的方法，它可以显著提高分析灵敏度和测试效率。例如，以732型阳离子交换树脂为显色载体，以邻二氮菲为显色剂，直接测定吸附在树脂上的有色络合物——$Fe(phen)^{2+}$的吸光度。此法可以很好地测定水中和火腿肠中的微量铁，其优点是提高了测定铁的选择性，具有比原子吸收法更高的灵敏度和稳定性。但是，操作比较繁琐，设备比较昂贵。

9. 导数分光光度法

导数光谱从强干扰中检出信号，能分辨重叠峰，消除背景干扰，一阶导数可消除线性干扰，二阶导数可以消除一个抛物线干扰，*n*阶导数能直接消除*n*次吸收干扰。导数光谱的这一性质，使其在多元素同时测定时不用分离也能有极好的选择性和灵敏度，例如用5-Br-PADAP显色，以一阶导数光谱同时测定铁与铜，其结果令人满意。Fe^{2+}-Phen二阶导数光度法对面粉、奶粉和肝等食品中微量铁进行定量测定，结果令人满意。

10. 分离富集分光光度法

在大量干扰离子存在下，根据分离富集原理分离干扰离子富集铁，如利用羧基葡聚糖凝胶（SDG）分离干扰离子富集铁，在pH值3.5~11的HAc-NaAc缓冲溶液中，铁（Ⅱ）与5-Br-PAN-S形成有色络合物，在波长740nm处的表观摩尔吸光系数为$1.19 \times 10^4 L \cdot mol^{-1} \cdot cm^{-1}$，铁含量在 0~3.2μg·$mL^{-1}$范围内符合朗伯比尔定律，通过 SDG 的分离富集，使其选择性显著提高，同时使测定的检测限下降，适合于水样中的微量铁的测定。

11. 化学计量学分光光度法

化学计量学分光光度法可以在多组分的分析中充分发挥作用，如利用多元线性回归法同时测定人发中的铁、锌、铜，用偏小二乘法同时测定铁、铜、锰、锌，卡尔曼滤波法同时测定铁、铜、镍。

其他测定微量铁的方法还有原子吸收光度法、激光光度法等。但是由于操作比较繁琐，设备比较昂贵，只能在个别领域小范围内使用。

实验思考

1. 怎样选择本实验中吸光测定的参比溶液？为什么？
2. 吸光度测量时，溶液浓度过大或过小有什么不好？可以从哪些方面进行调节以适应测定？
3. 用邻二氮菲法测定铁时，为什么要加入盐酸羟胺？其作用是什么？试写出有关方程式。
4. 本实验中乙酸钠的作用是什么？
5. 怎样用吸光光度法测定水样中的全铁（总铁）和亚铁的含量？试拟出简单步骤。
6. 根据实验有关数据，计算邻二氮菲-铁（Ⅱ）络合物在选定波长下的摩尔吸收系数。

实验二　紫外差值光谱法测定废水中的微量酚

实验目的

（1）了解紫外可见分光光度计的使用方法；

（2）掌握紫外差值光谱法测定微量酚的基本原理。

实验背景

1. 紫外-可见分子吸收光谱法

紫外-可见分子吸收光谱法（UV-VIS），又称紫外-可见分光光度法。它是研究分子吸收 190~750nm 波长范围内的吸收光谱。紫外-可见吸收光谱主要是产生于价电子在电子能级间的跃迁，是研究物质电子光谱的分析方法。通过测定分子对紫外-可见光的吸收，用于定性和定量测定大量的无机化合物和有机化合物。在化学和临床实验所采用的定量分析技术中，紫外-可见分子吸收光谱法是应用最广泛的方法之一。

由于物质对可见-紫外光的吸收一般都涉及价电子的激发，因此，可以将吸收峰的波长与所研究物质中存在的键型建立相关关系，从而达到鉴定分子中官能团的目的。更重要的是，应用紫外-可见吸收光谱可以定量测定含有吸收官能团的化合物。

在紫外和可见光区范围内，有机化合物的吸收带主要由 $\sigma\to\sigma^*$、$\pi\to\pi^*$、$n\to\sigma^*$、$n\to\pi^*$ 及电荷迁移产生。无机化合物的吸收带主要由电荷迁移和配位场跃迁（即 d-d 跃迁和f-f 跃迁）产生。

由于电子跃迁的类型不同，实现跃迁需要的能量不同，因而吸收的波长范围也不相同。其中 $\sigma\to\sigma^*$ 跃迁所需要能量最大，$n\to\pi^*$ 及配位场跃迁所需能量最小，因此，它们的吸收带分别落在远紫外和可见光区。$\pi\to\pi^*$ 及电荷迁移跃迁产生的谱带强度最大，$\sigma\to\sigma^*$、$n\to$

π^*、$n \to \sigma^*$跃迁产生的谱带强度次之，配位跃迁的谱带强度最小。

2. 微量酚的性质

大多数酚为结晶形固体，少数烷基酚为高沸点液体，具有特殊气味，能形成分子间氢键，沸点较高，在水中有一定溶解度。若酚分子中羟基比例大则水溶性增大，具有腐蚀性和杀菌能力。酚的代表物有苯酚、对苯二酚和萘酚。苯酚（C_6H_5OH）俗称石炭酸，除来源于煤焦油外，还可由氯苯水解或异丙苯氧化等方法制备，是有机合成的重要原料，多用于制造塑料、医药、农药、染料等；对苯二酚为无色晶体，易被氧化为对苯醌，可用作显影剂、抗氧化剂、阻聚剂；萘酚有 α、β 两种异构体，α-萘酚和 β-萘酚分别与三氯化铁生成紫色和绿色沉淀，可由相应的萘磺酸钠经碱熔而制得，也可在酸性条件下，由萘胺水解得到。

3. 酚的分析方法

目前，酚的分析方法有4-氨基安替比林比色法、气相或高效液相色谱法、原子吸收分光光度法、电化学分析法、荧光分光光度法等。由于工农业生产的日益发展，环境试样中分析酚的任务逐渐增多，因此有必要进一步研究苯酚的测定。

实验原理

苯酚在紫外区有两个吸收峰，在中性溶液中 λ_{max} 为 210nm 和 270nm；在碱性溶液中，由于形成酚盐，而使该吸收峰红移至 235nm 和 288nm。所谓差值光谱就是指将这两种吸收光谱相减而得到的光谱曲线。实验中只要把苯酚的碱性溶液放在样品光路上，把中性溶液放在参比光路上，即可直接绘出差值光谱。

在苯酚的差值光谱图上，选择 288nm 为测定波长，在该波长下，溶液的吸光度随苯酚浓度的变化有良好的线性关系，遵循 Lambert-Beer 定律，即 $A=\varepsilon \cdot c \cdot l$，因此可用于苯酚的定量分析。差值光谱法应用于试样的定量分析，可消除其中某些杂质的干扰，简化分析过程，实现废水中微量酚的直接测定。

仪器试剂

仪器：紫外可见分光光度计　石英比色吸收池（1cm）　容量瓶　移液管

试剂：KOH 溶液（$0.1mol \cdot L^{-1}$）　苯酚标准溶液（$0.2500g \cdot L^{-1}$）　未知水样

实验步骤

1. 确定检测波长

以蒸馏水作参比液，分别绘制苯酚在中性和碱性溶液中的吸收曲线。然后，将苯酚的中性和碱性溶液分别放置在参比和样品光路中，绘制二者的差值光谱曲线，根据该差值光谱曲线，确定其检测波长。

2. 绘制标准曲线

用移液管分别移取苯酚标准溶液 1.0mL、1.5mL、2.0mL、2.5mL、3.0mL 于 5 个 25mL 的容量瓶中，另取同样体积苯酚标准溶液于另 5 个 25mL 容量瓶中，分别用水和 $0.1mol \cdot L^{-1}$KOH 溶液稀释至刻度（共需 10 个 25mL 容量瓶）。每对容量瓶所对应的溶液浓度分别是 $10mg \cdot L^{-1}$、$15mg \cdot L^{-1}$、$20mg \cdot L^{-1}$、$25mg \cdot L^{-1}$、$30mg \cdot L^{-1}$。每一对苯酚标准溶液中的苯酚浓度相同，只是稀释溶剂不同。在检测波长下，把碱性溶液稀释的标准溶液放在样品光路上，把中性溶液稀释的标准溶液放在参比光路上，测定吸光度差值。

3. 测量未知样品中苯酚含量

用移液管分别移取含酚水样 10mL 于 2 个 25mL 容量瓶中，分别用水和 0.1mol · L^{-1}KOH 溶液稀释至刻度。在检测波长下，把碱性溶液稀释的待测试样放在样品光路上，把中性溶液稀释的待测试样放在参比光路上，测定吸光度差值。

实验指导

1. 数据处理

（1）用实验步骤 2 中测得的吸光度差值，绘制吸光度-浓度曲线，计算回归方程。

（2）用吸光度-浓度曲线或回归方程，计算水样中的苯酚含量（mg · L^{-1}）。

2. 注意事项

（1）严格按照紫外可见分光光度计操作规程进行测试，放置比色皿时要注意不要使液体溅出，以免腐蚀仪器。

（2）石英比色皿一定要清洗干净（专用洗液浸泡后淋洗，不能用刷子洗），装上被测液后，应用柔软吸水纸将其表面液体擦拭干净，否则会影响测定准确性。

实验拓展

通过本实验的研究，可以进一步研究紫外法的基本工作条件：溶剂的选取，pH 值、温度的变化及共存物等的影响，从而建立更加方便快捷、成本低、灵敏度高的荧光分光光度法。这样可以对清洁江河水及井水中含酚较低的水样，进行酚含量测定，进而应用于大批水样的测定。

测定污水中微量酚的其他方法：4-氨基替比林-氯仿萃取比色法、单扫描极谱法等也可以作为课外实验进行研究测定。

实验思考

1. 苯酚的差值光谱图中有 235nm 和 288nm 两个吸收峰，为何选 288nm 作为测定波长？
2. 本实验所用的差值光谱法和示差分光光度法有何不同？
3. 紫外法测定污水中微量酚的影响因素有哪些？

实验三　醛和酮结构的红外光谱分析

实验目的

（1）学习用红外吸收光谱进行醛和酮结构的比较；

（2）熟悉压片法及可拆式液体池的制样技术；

（3）掌握红外分光光度计的工作原理及其使用方法。

实验背景

1. 红外光谱制样技术

红外光谱测绘，制样是关键。气体样品可采用气体池进行，样品池的窗口多用抛光的 NaCl 或 KBr 晶体，常用的样品池长 5cm 或 10cm，容积为 50～150mL；液体试样可采用液膜法或溶液法进行测定，液膜法是将试样直接滴放在可拆池的一块盐片上，再盖上另一块盐片之前，放上适当厚度的间隔片，借助支架上的固紧螺丝拧紧两盐片。如果试样吸收很强，可以不在两盐片间放间隔片，这种槽子不适用于定量分析和低沸点试样的测试。液膜法在高分子化合物的红外光谱分析中应用广泛。溶液法是将液体试样溶在适当的红外溶剂中，然后注入固定池中进行测定，该法特别适用于定量分析；固体样品一般采用压片法，将分析纯的KBr与固体样品混合研磨（样品占混合物的5%），磨细的混合物装在模具中，放在压片机上，加压至29.4MPa，1min后制得透明薄片。压片法用途最广，几乎可以在任何分析中应用。

2. 醛、酮类化合物结构

醛、酮类化合物分子结构中的结构单元：C ═O；OC—H；C—H；C ═O：1650～1750cm^{-1}；OC—H：2820cm^{-1}，2720cm^{-1}；C—H：<3000cm^{-1}；醛存在CO—H结构单元，存在羰基上的C—H伸缩振动：2820cm^{-1}，2720cm^{-1}。

实验原理

醛和酮在1870～1540cm^{-1}范围内出现强吸收峰，这是C ═O的伸缩振动吸收带。其位置相对较固定且强度大，很容易识别。而C ═O的伸缩振动受到样品的状态、相邻取代基团、共轭效应、氢键、环张力等因素的影响，其吸收带实际位置有所差别。

脂肪醛在1740～1720cm^{-1}范围有吸收峰，α碳上的电负性取代基会增加C ═O谱带吸收频率。例如，乙醛在1730cm^{-1}处吸收，而三氯乙醛在1768cm^{-1}处吸收。双键与羰基产生共轭效应，会降低C ═O的吸收频率。芳香醛在低频处吸收。内氢键也使其吸收向低频方向移动。

酮的羰基比相应的醛的羰基在稍低的频率处吸收。饱和脂肪酮在1715cm^{-1}左右有吸收。同样，双键的共轭会造成其吸收向低频移动。酮与溶剂之间的氢键也将降低羰基的吸收频率。

醛和酮在1750～1800cm^{-1}都有羰基碳氧键吸收峰，但是醛在2800cm^{-1}左右还有醛基的C—H键吸收峰而酮没有。

仪器试剂

仪器：傅立叶变换红外光谱仪　可拆式液体池　玛瑙研钵　红外干燥灯

试剂：苯甲醛　肉桂醛　正丁醛　二苯甲酮　环己酮　苯乙酮　滑石粉　溴化钾

实验步骤

用可拆式液体池将苯甲醛、肉桂醛、正丁醛、环己酮、苯乙酮分别制成约0.015～0.025mm厚的液膜，绘制出红外光谱。而二苯甲酮为固体，则可按压片法制成KBr片剂测其红外光谱。

实验指导

1. 数据分析

（1）确定各化合物的羰基吸收频率，根据各化合物的光谱写出它们的结构式。

（2）根据苯甲醛的光谱，指出在3000cm^{-1}范围左右及675cm^{-1}、750cm^{-1}之间所得到的主要谱带，简述分子中的键或基团构成这些谱带的原因。

（3）根据环己酮光谱，指出在 2900cm^{-1} 和 1460cm^{-1} 处附近吸收的主要谱带对应的基团。

（4）比较肉桂醛、苯甲醛与正丁醛的烷基频率，论述共轭效应和芳香性对羰基吸收频率的影响。

（5）共轭效应及芳香性对酮的羰基的频率影响如何。

2. 实验注意事项

（1）在红外光区，使用的光学部件和吸收池的材质是 NaCl 晶体，不能受潮。

（2）可拆式液体池的盐片应保持干燥透明，每次测定前后均应反复用无水乙醇及滑石粉抛光（在红外灯下），但切勿用水洗。

（3）操作时不要用手直接接触盐片表面；不要对着盐片呼吸；避免与吸潮性物质或溶剂接触。

实验拓展

醛和酮类化合物是有机化学中较为重要的两类化合物，本实验利用红外吸收光谱图解析方法进行了醛和酮类化合物的比较分析；还可以用化学方法来进行区分，例如：银镜反应、氧化还原反应；用核磁区分醛和酮也是非常有效的方法。

通过上面实验的研究，红外光谱的应用总结如下：

（1）红外光谱的定性分析：红外光谱对有机化合物的定性分析具有鲜明的特征性。因为每一种化合物都具有特殊的红外吸收光谱，其谱带的数目、位置、形状和强度均随化合物及其聚集态的不同而不同，因此根据化合物的光谱，就可以像辨别人的指纹一样，确定该化合物或其官能团是否存在。

（2）红外光谱的定量分析：红外光谱定量分析是根据物质组分的吸收峰强度来进行，它的依据是朗伯-比尔定律。各种气体、液体和固态物质，均可用红外光谱法进行定量分析。

实验思考

1. 解释若用氯原子取代烷基，羰基频率会发生位移的原因。
2. 推测苯乙酮 C ═O 伸缩的泛频在什么频率处？
3. 如何区分醛和酮？
4. 选择醛和酮的羰基吸收频率进行比较。说明取代效应和共轭效应，指出各个醛、酮的主要谱带。

实验四　原子荧光光谱法测定血清中的镁

实验目的

（1）了解原子荧光光谱法测定的基本原理；

（2）掌握非色散型火焰原子荧光光度计的基本结构及应用。

实验背景

1. 原子荧光及仪器的发展

早在20世纪60年代美国的Winefordner小组和英国的Vickers小组就率先提出了原子荧光光谱分析法。原子荧光技术兼有原子发射和原子吸收两种技术的优点，同时又克服了两种方法的不足，使原子荧光光谱法具有谱线简单、灵敏度高、选择性好、线性范围宽和能用于多种元素同时检测等特点。由于原子荧光光谱仪必须要有一个高强度的激发光源以及低背景、高效率的原子化器，要达到与原子吸收光谱仪类似的、对大多数元素均有很好的适应性和灵敏度存在很大的困难，这些使得原子荧光光谱仪的发展远不如原子吸收光谱仪顺利。近年来，由于氢化物发生技术与原子荧光光谱法联用技术的成功应用，以及在激发光源（例如脉冲供电空心阴极灯以及可调谐染料激光）和原子化装置（例如氢化物发生技术）方面的研究进展，原子荧光光谱仪的生产得到了较快的发展，也使原子荧光光谱法在环境监测、食品检验、医药卫生、冶金工业、城市给排水、地球化学、海洋环境、临床医学、石油化工、地质及商检等领域得到了广泛应用。

早期的原子荧光光谱仪所用的激发源一般为蒸气灯、氙弧灯或无极放电灯，原子化器一般为火焰（如乙炔焰、氢氢焰等）原子化器。20世纪70年代末期，由于高强度空心阴极灯（HCL）、激光器及各种高效原子化器（ICP、无火焰原子化器等）的使用，使AFS技术得到了较大的发展。

2. 原子荧光光度计的结构

原子荧光光度计分为色散型和非色散型两类。两类仪器的结构基本相似，差别在于非色散仪器不用单色器。色散型仪器由辐射光源、单色器、原子化器、检测器、显示和记录装置组成，非色散仪器没有单色器。荧光仪与原子吸收仪相似，但光源与检测部件不在一条直线上，而呈直角，可避免激发光源发射的辐射对原子荧光检测信号的影响。

原子荧光光度计由五部分组成：

（1）激发光源：用来激发原子使其产生原子荧光。光源分连续光源和锐线光源。连续光源一般采用高压氙灯，功率可高达数百瓦。这种灯测定的灵敏度较低，光谱干扰较大，但是采用一个灯即可激发出各元素的荧光。常用的锐线光源为脉冲供电的高强度空心阴极灯、无电极放电灯及20世纪70年代中期提出的可控温度梯度原子光谱灯。采用线光源时，测定某种元素需要配备该元素的光谱灯。由公式 $I_f = \Phi I_0 \varepsilon NL$ 可以看出，原子荧光的强度 I_f 与激发光源辐射强度 I_0 成比例，因此原子荧光光度计都采用新的高强度光源提高激发光源辐射强度，I_0 提高1~2个数量级，进一步降低仪器的检出限。

（2）单色器：产生高纯单色光的装置，其作用为选出所需要测量的荧光谱线，排除其他光谱线的干扰。单色器由狭缝、色散元件（光栅或棱镜）和若干个反射镜或透镜所组成，色散系统对分辨能力要求不高，但要求有较大的集光本领。使用单色器的仪器称为色散原子荧光光度计；非色散原子荧光分析仪没有单色器，一般仅配置滤光器用来分离分析线和邻近谱线，降低背景。非色散型仪器的滤光器的优点是照明立体角大，光谱通带宽，荧光信号强度大，仪器结构简单，操作方便，价格便宜。缺点是散射光的影响大。

（3）原子化器：将被测元素转化为原子蒸气的装置。可分为火焰原子化器和电热原子化器。火焰原子化器是利用火焰使元素的化合物分解并生成原子蒸气的装置。所用的火焰为空气-乙炔焰、氩氢焰等。用氩气稀释加热火焰，可以减小火焰中其他粒子，从而减小荧光猝灭（受激发原子与其他粒子碰撞，部分能量变成热运动与其他形式的能量，因而发生无辐射的去激发，使荧光强度减少甚至消失，该现象称为荧光猝灭）现象。电热原子化器是利用电能来产生原子蒸气的装置。电感耦合等离子焰也可作为原子化器，它具有散射干扰少、荧光效率高的特点。

（4）检测系统：常用的检测器为光电倍增管。在多元素原子荧光分析仪中，也用光导摄像管、析像管做检测器。检测器与激发光束成直角配置，以避免激发光源对检测原子荧光信号的影响。

（5）显示装置：显示测量结果的装置。可以是电表、数字表、记录仪、打印机等。

仪器测量系统根据检测元素的数量可分为单道、双道、多道等类型。

原子荧光光谱法具有设备简单、各元素相互之间的光谱干扰少、检出限低、灵敏度高（对 Cd、Zn 等元素有相当低的检出限，Cd 可达 $0.001ng \cdot mL^{-1}$、Zn 可达 $0.04ng \cdot mL^{-1}$）、工作曲线线性范围宽（可达 3~5 个数量级）和多元素可以同时测定等优点，是一种极有潜力的痕量分析方法。今后的任务是发展新的光源和寻找更理想的原子化器。实用新型原子荧光光度计，包括原子化器和光电倍增管以及位于原子化器和光电倍增管之间的短焦不等距光路系统，该光路系统由透镜室及其前盖和位于透镜室中的透镜及透镜后部的定位圈组成，原子化器位于透镜的前焦点上，透镜室的后部与光电倍增管外罩通过螺纹连接在一起，并将光电倍增管固定在透镜的后焦点以内的位置上，透镜室设有固定圈，透镜室通过固定圈固定安装在镜架板上。实用新型原子荧光光度计的优点在于：减小了原子化器与光电倍增管之间的距离，增大了原子荧光信号接收的立体角，接收到较强的原子荧光信号，减少了原子荧光光度计的荧光猝灭现象。

3. 原子荧光光谱法的特点

原子荧光光谱法是原子光谱法中的一个重要分支，是介于原子发射光谱法和原子吸收光谱法之间的光谱分析技术。原子荧光光谱法利用基态原子（一般为蒸气状态）吸收合适的特定频率的辐射而被激发至高能态，而后，激发态原子在去激发过程中以光辐射的形式发射出特征波长的荧光，这种荧光强度与一定范围内测试液的浓度成正比，从而可用于定量分析。

相对于其他分析方法而言，原子荧光光谱法具有以下几个优点：

（1）灵敏度较高。锌、镉等元素的检出限比其他分析方法低 1~2 个数量级，而且待测元素的原子蒸气所产生的原子荧光强度与激发光源强度成正比，这一特性为降低原子荧光分析法的检出限提供了有效的途径。目前，已有二十多种元素的原子荧光分析法检出限低于原子吸收法和火焰原子发射光谱法。

（2）仪器结构简单，价格便宜。原子荧光的谱线比较简单，采用日盲光电倍增管和高增益的检测电路，可制成不需要单色器（或分光系统）的非色散原子荧光分析仪，因此仪器结构简单而且价廉。

（3）原子荧光是向各个方向进行辐射的，便于制作多通道仪器，可实现多元素的同时测定。目前已有商品化的双通道原子荧光光谱仪。此外，采用高强度的连续光源和电子计算机控制的快速扫描仪器可以大大提高分析效率。

（4）线性范围宽。原子荧光光谱仪采用激光光源作激发光源，因此标准曲线的线性范围要比其他光谱法宽 2~3 个数量级。

这些优点使原子荧光光谱法越来越被重视，并与原子吸收法、火焰原子发射法等光谱分析技术互相补充，在环境科学、食品科学、矿物分析、生物科学和医学分析等领域得到了日益广泛的应用。

4. 血清中的镁

镁是细胞内液中含量占第二位的阳离子。血清镁的浓度甚微，血清中1/2左右的镁以离子形式存在，其余主要与蛋白质结合。Mg^{2+}是机体中的一种重要离子，它关系到骨质的成分、神经肌肉的兴奋性和作为代谢过程中起重要作用的一些酶的辅助因子。

实验原理

处于气态基态的原子被具有特征波长的共振光束照射后，吸收了一定的能量，其外层电子从基态跃迁至激发态，处于激发态的原子是不稳定的，在10^{-8}s内原子外层的电子从激发态跃回低能态或基态，此时释放出的能量以光的形式发射出来，称为“原子荧光”，是一种光致发光。

在一定的条件下，原子荧光的强度与激发光源的辐射强度以及被分析元素的原子浓度呈线性关系，即：

$$I_f = \Phi I_0 \varepsilon N L \qquad (7-2)$$

式中 I_f——原子荧光强度；

Φ——原子荧光量子效率；

I_0——吸收频率为υ的激发光强度；

ε——摩尔吸光系数；

L——吸收光程长；

N——基态原子数，显然与被测元素的浓度c成正比。

此法是一种无机元素的分析方法。若采用美国贝尔德公司生产的AFS-2000型等离子体原子荧光光谱仪则可分析65种元素，并可同时测定12个元素，对Au、Pt、Rh等测定可达$10^{-9}\mu g \cdot mL^{-1}$，精密度可低于1%。

血清中镁的含量增高或降低，可显示内分泌疾病或多发性骨髓瘤等疾病，可用此法进行测定镁。

仪器试剂

仪器：非色散型原子荧光光度计　容量瓶　容量瓶　容量瓶　吸量管

试剂：镁标准储备液（1.0mg · mL^{-1}）　氯化锶溶液（2.5mg · mL^{-1}）

实验步骤

1. 试样处理

取血清试样0.5mL，加入0.25mL氯化锶溶液和4.25mL去离子水，混匀。将此溶液转入50mL容量瓶中，用去离子水稀释至刻度。

2. 配制标准系列溶液

（1）配制100μg · mL^{-1}镁标准溶液：取1.0mg · mL^{-1}镁标准储备液10.00mL，以去离子水稀释至100mL。

（2）准确吸取100μg · mL^{-1}镁标准溶液1.0mL、2.0mL、3.0mL、4.0mL，分别置于50mL容量瓶中，用去离子水稀释至刻度，配制成标准系列溶液：2.0μg · mL^{-1}、4.0μg · mL^{-1}、

6.0μg·mL^{-1}、8.0μg·mL^{-1}。

3. 测量操作步骤

（1）接好助燃气、燃气、废液管道。废液流出管口应用水封好。

（2）接通电源，预燃片刻后，开启“灯高压”开关，根据元素和样品浓度，调节灯的工作电流。

（3）开启空气压缩机，再开乙炔气开关和流量计，用真空枪点火。

（4）设置测量条件：分析线波长 Mg 285.2nm；空气流量 300L·h^{-1}；煤气流量 120L·h^{-1}；负高压 550V；灯电流 2mA。

（5）分别测量标准溶液和试样溶液的荧光强度。

（6）实验结束后，用蒸馏水喷洗 2~3min，不喷水再空烧 1~2min，熄火。灭火时先关闭乙炔气，再关闭空气。关机时先降低灯电流和负高压，再关元素灯高压和光电倍增管高压，最后关主机总电源。

实验指导

1. 数据处理

（1）绘制 I_f-ρ 标准曲线。

（2）从标准曲线中查出试样中镁的含量 ρ_x。

（3）计算血清中镁的含量 ρ（mg·dL^{-1}）。

$$\rho = \frac{\rho_x \times 50 \times 100}{0.5 \times 1000}$$

2. 实验注意事项

（1）血清应保存在-5~2℃。然而，若存放于 4~5℃时，请勿超过一个月。

（2）标本应避免溶血，因红细胞内含镁量为血清的 3 倍，血红蛋白大于 7g·L^{-1}时出现正干扰。

（3）所用器材要防止镁的污染。

（4）所用试管应经稀盐酸处理及去离子水清洗、干燥。

（5）血清镁含量为 0.59~1.21mmol·L^{-1}。

实验拓展

原子荧光光谱法在食品分析领域中有着广泛的应用，并有许多方法已经被列为国家标准方法。由于食品分析中所检测的无机元素含量较低，一般方法很难满足日常检测的需要。原子荧光光谱法具有检出限低的优点，能用于食品中微量元素的分析。

1. 原子荧光光谱法测定砷和汞

砷和汞是较早利用原子荧光光谱法进行检测的两种元素，也是食品安全检测中常检的两种元素。砷的分析通常采用硫脲-维生素 C 或碘化钾-维生素 C 作为还原剂，将 As^{5+} 预还原为 As^{3+} 后再用原子荧光光谱法进行测定；汞离子在酸性条件下能被直接还原成汞原子蒸气，原子荧光光谱法测定汞时只需还原步骤，而无需氢化物发生。

2. 原子荧光光谱法测定硒和锗

原子荧光光谱法测定硒和锗的检出限可达 10^{-9}级，已被广泛地应用于食品中硒和锗的分析。由于这两种元素的氯化物都比较容易挥发，故样品处理过程中应避免温度过高，特别是含锗样品的前处理还应避免使用含氯元素的酸。

有人利用微波消解-原子荧光法样测定了植物样品（黄豆、玉米和大蒜）中的硒，建立了植物样品密闭微波消解前处理的方法，不仅操作简便、试剂用量少、有机物消解速度快，而且避免了硒的挥发损失；应用氢化物发生-原子荧光光谱法测定了奶牛全血及鲜牛乳中的锗和硒，方法灵敏度高、干扰少且线性关系良好，锗和硒的检出限分别为 1.2ng · mL^{-1} 和 0.33ng · mL^{-1}，相对标准偏差分别为 2.6%和 3.2%。

3. 测定血清中镁含量的其他方法

荧光分光光度法、原子吸收分光光度法等等。

实验思考

1. 血清镁测定时为什么要加 $SrCl_2$？
2. 试从仪器设计上比较原子荧光光谱仪与原子吸收光谱仪，并说明其理由。
3. 从方法原理上对原子发射、原子吸收、原子荧光的相同点、不同点进行比较。

实验五　氢化物发生-原子荧光法测定生活饮用水中的锌

实验目的

（1）了解氢化物发生法的基本原理；

（2）掌握原子荧光分析的原理及仪器；

（3）熟悉氢化物原子荧光法的应用。

实验背景

1. 氢化物发生-原子荧光光谱法的发展及应用

氢化物发生-原子荧光光谱法（HG-AFS）将氢化物发生与 AFS 法有机地结合起来，是一种具有较大实用价值的分析技术。这是因为氢化物可以在氢氧火焰中得到很好的原子化，而氢氧焰本身又具有很高的荧光效率以及较低的背景。由于这种方法把气体进样技术与无色散原子荧光光谱测定的特点完美地结合起来，与氢化物发生-原子吸收光谱法相比，具有仪器结构简单、灵敏度高、气相干扰少、适合于多元素分析等特点。此外，能发生氢化反应的元素（如 As、Sb、Bi、Se、Te、Pb、Sn 和 Ge 等）的主要荧光谱线介于 200~290nm 之间，且这些元素可形成气态氢化物，可与大量基体相分离，大大降低了基体干扰，而气体进样方式又极大地提高了进样效率。用氢化物发生-原子荧光光谱法测定上述元素具有很高的灵敏度。

氢化物发生所产生的氢气能在电热石英炉中形成氢焰，使氢气用量大幅度下降，也使 HG-AFS 方法成为实用性很强的高效、低耗的分析技术。在氢化物发生-原子荧光光谱法中，氢化物的发生反应不仅将待测元素导入原子化器，同时也为原子化提供了能量。

我国的原子光谱工作者在 20 世纪 70 年代建立了以无电极灯为光源的无色散原子荧光实验系统。此后，研制成功了双道原子荧光光谱仪，可以在一次进样后同时得到两种元素的荧光信号。双道原子荧光光谱法以其灵敏度高、操作简便、节省时间等优点受到广大分析工作者的欢迎和高度重视。

20 世纪 80 年代中期，在全面研究脉冲供电的空心阴极灯特性的基础上，试制成功了原子荧光专用的空心阴极灯，使此项技术更为成熟。目前国内有多家分析仪器厂家已正式生产采用特制空心阴极灯做为激发光源的原子荧光光谱仪。为了进一步实现自动化，流动注射技术、断续流动技术也开始被用于原子荧光光谱分析法中，经过国内科学工作者的不断努力，目前氢化物发生一原子荧光光谱法已成为 As、Bi、Cd、Sn、Ge、Hg、Pb、Sb、Se、Te、Zn 等能形成氢化物的微量金属元素分析的重要手段，在环境、医药、食品、卫生、生物、地质和冶金等领域得到了广泛应用。

2. 锌的重要性

锌是体内数十种酶的主要成分。虽然锌在人体内的含量以及每天所需摄入量都很少，但对机体的性发育、性功能和生殖细胞的生成却能起到举足轻重的作用，故有“生命的火花”与“婚姻和谐素”之称。锌不仅与癌肿、冠心病、精神病、遗传性疾病、风湿热的防治以及抗衰老有密切的关系，同时又是美肤驻颜不可缺少的营养素。近年还发现锌缺乏与智力低下存在密切关系，人体正常含锌量为 2~3g，绝大部分组织中都有极微量的锌分布，其中肝脏、肌肉和骨骼中含量较高。锌缺乏时全身各系统都会受到不良影响，尤其对青春期性腺成熟的影响更为直接。动物实验证实，缺锌的动物大脑发育不良；眼球的某些组织缺锌，则会影响光化学过程，使视力变得不正常。此外，锌还是胰岛素的成分之一，当胰腺里的锌降为正常含量的一半时，就有得糖尿病的可能。

如果人体锌摄入量过多，也会引起锌中毒，出现恶心、呕吐、腹痛腹泻等消化道疾病；过高的血锌还会抑制白细胞的吞噬作用和杀菌能力，使人体的免疫能力下降；同时摄锌过多（每日超过 45mg）还会妨碍铁、铜等离子的吸收，容易引起贫血，使人体胆固醇、尿酸偏高等。

实验原理

砷、锑、锗、锡、硒、碲和铅的氢化物在常温、常压下为气态。若将上述元素转化为相应的氢化物，由氩气将氢化物导入原子荧光光度计中进行原子化，测定其荧光强度值，即称为氢化物发生原子荧光分析法。

氢化物的生成是用强还原剂硼氢化钠（钾）在酸性溶液中与待测元素生成气态的氢化物，其反应过程如下：

$$M_n^+ + BH_4^- + H^+ + H_2O \longrightarrow MH_n \uparrow + H_2 \uparrow + H_3BO_3$$

M 代表元素符号，其中 M 可为砷、锑、铋、锗、锡、铅、硒、碲、汞、铅、锌、镉等元素，其中锌、镉须在催化剂的存在下产生气态氢化物。

氢化物发生法还原效率高，使待测元素与绝大多数的基体元素相分离，基体影响不明显。产生的气态氢化物可被氩气导入原子化器中，在氩氢火焰中进一步分解为气态原子，且具有较高的原子化效率。

原子蒸气受同种元素原子的特征波长的光源照射之后，其中一些基态原子被激发跃迁至较高能态，然后去激发跃迁到某一较低能态（常常是基态）而发射出荧光，在一定条件下，产生的荧光强度与待测元素原子浓度成正比：

$$I_f = Kc$$

仪器试剂

仪器：原子荧光光度计　锌空心阴极灯　容量瓶　比色管　移液管　吸量管

试剂：盐酸(1+1)　镍溶液($1mg\cdot mL^{-1}$)　邻菲罗啉溶液($10g\cdot mL^{-1}$)　锌标准储存液($1000\mu g\cdot mL^{-1}$)　硼氢化钾溶液($20g\cdot L^{-1}$，现配)　HCl(1%，作为载流)

实验步骤

1. 仪器工作条件

表7-6　工　作　条　件

项　　目	条　　件	项　　目	条　　件
PMT电压	280~300V	延时时间	1s
HCl主阴极电流	20~30mA	荧光波长	Zn 213.9nm
载气流量	$1000mL\cdot min^{-1}$	采样时间	$100r\cdot min^{-1}$
进样体积	1.0mL	停泵时间	9s
原子化器高度	7mm	注入泵速	4s
原子化气温度	中温（火焰法）	注入时间	$100r\cdot min^{-1}$
分析信号	峰面积	停泵时间	18s
读数时间	16s		

2. 标准曲线

（1）吸取锌标准使用液0.00mL、1.00mL、5.00mL、10.00mL、15.00mL、20.00mL于一系列100mL容量瓶中，加入（1+1）盐酸为还原剂，1%盐酸为载流，稀释定容。在氢化物发生器的反应瓶中分别加入上配标液去1mL，以试剂空白为参比，测定荧光强度。

（2）吸取水样20mL于25mL比色管中，加入（1+1）盐酸0.50mL，加入镍溶液0.25mL，用去离子水定容，摇匀。以下同标准曲线。

3. 生活用水的测定

测定5mL生活用水中Zn的原子荧光强度。

实验指导

1. 数据处理

（1）绘制I_f-ρ标准曲线。

（2）从标准曲线中查出生活用水中Zn的含量。

2. 注意事项

（1）实验结束后，将反应器、泵管清洗干净。

（2）待Zn阴极灯稳定发射后才能进行测定。

（3）仪器工作的温度为10~30℃，室温过高或过低均影响仪器正常工作。

实验拓展

目前氢化物发生-原子荧光光谱法已成为As、Bi、Cd、Sn、Ge、Hg、Pb、Sb、Se、Te、Zn等能形成氢化物的微量金属元素分析的重要手段，在环境、医药、食品、卫生、生物、地质和冶金等领域得到了广泛应用。

测定Zn的方法也较多，除了氢化物发生-原子荧光光谱法外，还有分光光度法、火焰原子吸收分光光度法、ICP-AES法、流动注射-荧光法、吸附溶出伏安法等。

实验思考

1. 简述影响原子荧光测定的因素。
2. 每次测量时，加入到反应瓶中的各种溶液体积是否要求严格相同？为什么？
3. 列举测定 Zn 的方法有哪些？

实验六 荧光分光光度法测定样品中核黄素的含量

实验目的

（1）了解荧光分光光度法的应用；
（2）学习荧光分光光度计的基本操作；
（3）掌握荧光分光光度法测定核黄素的原理和方法。

实验背景

1. 荧光分光光度法的发展

第一次记录荧光现象的是 16 世纪西班牙的内科医生和植物学家 N. Monardes，他于 1575 年提到，在含有一种称为“Lignum Nephriticum”的木头切片的水溶液中，呈现出极为可爱的天蓝色。以后逐步有一些学者也观察和描述过类似现象，但对其本质及含义的认识都没有明显的进展。直到 1852 年，对荧光分析法具有开拓性工作的 G. G. Stokes 在考察奎宁和绿色素的荧光时，用分光计观察到其荧光的波长比入射光的波长稍长些，而不是由光的漫反射引起的，从而导入荧光是光发射的概念，并提出了“荧光”这一术语。他还研究了荧光强度与荧光物质浓度之间的关系，并描述了在高浓度或某些外来物质存在时的荧光猝灭现象。可以说，他是第一个提出应用荧光作为分析手段的人。1867 年，Goppelsröder 应用铝-桑色素配位化合物的荧光测定铝，这是历史上首次进行的荧光分析工作。

荧光现象被研究得更多了，在理论和实验技术上都得到极大的发展。很多天然和人工合成的材料可以发出荧光，有着广泛的应用。比如荧光灯、荧光笔、荧光棒、采用荧光标记的链终止剂所得到的 DNA 测序图、免疫荧光检查法、绿色荧光蛋白（Green Fluorescent Protein，GFP）、萤火虫、荧光显微成像技术、宝石矿物和取证荧光检测、印刷防伪技术等。在近几十年来，在其他学科迅速发展的影响下，随着激光、计算机和电子学的新成就等一些新的科学及技术的引入，大大推动了荧光分析法在理论上及实验技术上的发展，出现了许多新的理论和新的方法。

2. 荧光分光光度计的组成

常用的荧光分光光度计由激发光源、单色器、样品池、检测器和显示记录装置五部分构成（见图 7-2）。

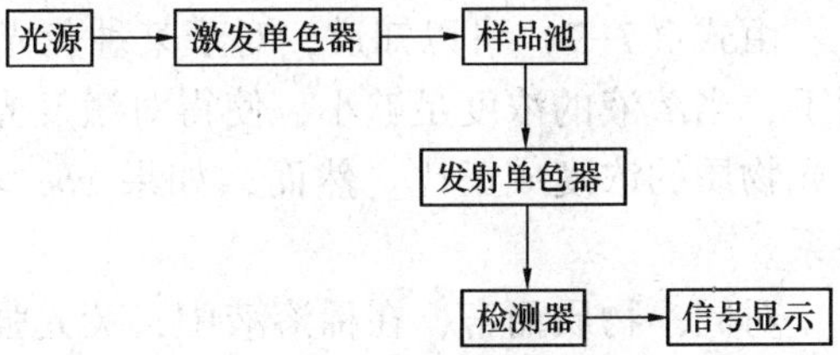

图 7-2　PE LS-55 分子荧光分光光度计的基本部件

PE LS-55 分子分光光度计是将分子荧光和分子磷光的测量一体化装置，通过计算机选择测量方式。以氙灯为光源，发射 200~700nm 波长范围连续光谱。采用激发光和发射光成直角的光路（以避免接收发射光时受入射光的干扰）。它的工作原理为：光源光束经激发单色器色散，获得一定波长单色光照射于试样上，由试样发出的荧光经发射单色器色散后照射到光电倍增管，将荧光强度信号转变成电信号，放大后于记录器记录或读出信号。

3. 维生素 B_2

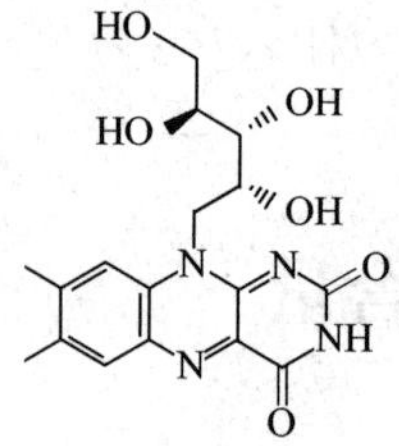

图 7-3　核黄素的分子结构图

B 族维生素在增强人体的免疫能力方面起着重要的作用。B 族维生素中维生素 B_2（verdoflavin，简称 VB_2）又称核黄素，它是机体中许多重要辅酶的组成部分，它在生物氧化中起着重要作用，当人体缺乏 VB_2 时，代谢作用发生障碍。VB_2 的测定多采用荧光法。

维生素 B_2 是一种典型的芳香族荧光物质（结构式见图 7-3），为橘黄色无臭的针状结晶，易溶于水而不溶于乙醚等有机溶剂。在中性或酸性溶液中稳定，在 pH=6~7 的溶液中荧光强度最大，在 pH=11 的碱性溶液中荧光消失。光照易分解，在碱性溶液中经光线照射，会发生光分解而转化为光黄素，后者的荧光比核黄素的荧光强得多。因此，测量维生素 B_2 的荧光时，溶液要控制在酸性范围内，且须在避光条件下进行。

实验原理

通俗地讲，当紫外光或可见光照射某些物质时，物质会发射出各种颜色和不同强度且波长更长的光，而当光停止照射时，这种光线也随之很快地消失，这种光称为荧光。按分子激发态的类型来划分时，由第一电子激发单重态所产生的辐射跃迁而伴随的发光现象称为荧光；而由最低的电子激发三重态发生的辐射跃迁所伴随的发光现象则称为磷光。

荧光是物质在吸光之后发射出的波长较长的辐射，荧光强度与溶液中荧光物质的荧光量子产率有关。荧光光谱能反映出物质的特性。建立在测量荧光强度和波长等基础上的分析方法称为荧光分析法。溶液的荧光强度（I_f）与该溶液的吸收的光强度（I_a）应该与该物质的荧光量子产率（Y_f）有关，即：

$$I_f = Y_f I_a \tag{7-3}$$

而吸收的光强度等于入射的光强度（I_0）减去透过的光强度（I_t），于是：

$$I_f = Y_f(I_0 - I_t) = Y_f I_0 \left(1 - \frac{I_t}{I_0}\right) \tag{7-4}$$

从 Lambert-Beer 定律可知，$I_t/I_0 = e^{-abc}$，因此：

$$I_f = Y_f(I_0 - I_t) = Y_f I_0 (1 - e^{-abc}) \tag{7-5}$$

当 abc 非常小（≪0.05）时，$e^{-abc} \approx 1-abc$，代入上式得：

$$I_f = Y_f(I_0 - I_t) = Y_f I_0 abc \tag{7-6}$$

当用摩尔吸光系数代替 a 时，

$$I_f = 2.303 Y_f I_0 \varepsilon bc \tag{7-7}$$

由式（7-7）可以知道，对于某种荧光物质的稀溶液，在一定的频率及强度的激发光照射下，当溶液的浓度足够小，使得对激发光的吸光度很低时，所测定溶液的荧光强度才与该荧光物质的浓度成正比。然而，如果 $\varepsilon bc \geqslant 0.05$ 时，则荧光强度和溶液的浓度不呈现线性关系。

对同一物质而言，在稀溶液中，荧光强度 F 与该物质的浓度 c 有以下关系：

$$I_f = 2.303 Y_f I_0 \varepsilon bc$$

式中　I_f——荧光过程的量子效率；

I_0——入射光的强度；

ε——荧光分子的吸收（吸光）系数；

b——试液的吸收光程。

当仪器条件确定 I_0 和 b 不变时，不同物质具有其特定的 Y_f 和 ε 值，合并这些数值用 K 表示，上式简化为：

$$I_f = Kc \tag{7-8}$$

式（7-8）中 K 为常数，即在低浓度的情况下，当实验条件一定时，荧光强度与荧光物质的浓度呈线性关系。以 I-c 作图，即得标准曲线。测样品 I_f 值后，根据标准曲线查得相应浓度，即可计算出含量。

维生素 B_2 水溶液在 430～440nm 蓝光或紫外光照射下会发生绿色荧光，荧光峰在 535nm。

固定激发光的波长和强度保持不变，而让荧光物质所发出的荧光通过发射单色器照射于检测器上，亦即进行扫描，以波长为横坐标，以荧光强度为纵坐标作图，即为荧光发射光谱，简称荧光光谱。让不同波长的激发光激发荧光物质使之发生荧光，而让荧光物质发出的荧光以固定的波长照射到检测器上，然后以激发光波长为横坐标，以荧光强度为纵坐标所绘制的图，即为荧光激发光谱。荧光发射光谱的形状与激发光的波长无关。VB_2 的荧光光谱见图 7-4。

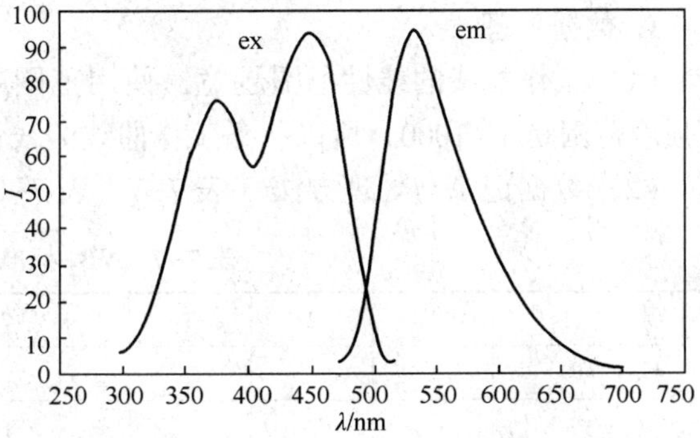

图 7-4　VB_2 的荧光激发光谱与发射光谱曲线

本实验采用荧光分析常用的标准曲线法来测定维生素 B_2 的含量。以已知量的标准物质，经过和试样同样处理后，配制一系列标准溶液，测定这些溶液的荧光后，用荧光强度对标准溶液浓度绘制标准曲线，再根据试样溶液的荧光强度，在标准曲线上求出试样中荧光物质的含量。

荧光分析法的特点：灵敏度高、选择性好、所需试样量少，操作方法简便。

仪器试剂

仪器：荧光分光光度计　分析天平　pH 计　荧光比色皿　研钵　容量瓶　吸量管

试剂：HAc 溶液（1%）　维生素 B_2 标准储备液（10.0μg · mL^{-1}）　维生素 B_2 标准溶液（1.0μg · mL^{-1}，使用时将标准储备液准确稀释 10 倍）　VB_2 药片（市售，准确称取已经研磨的 VB_2 药片粉末，配制溶液，每升约含药片粉末 50.0mg）

实验步骤

（1）配制 1.0μg · mL^{-1} VB_2 标准溶液：准确移取 5.00mL 的 10.0g · mL^{-1} 的 VB_2 标准储备液于 50mL 棕色容量瓶中，用 1%HAc 溶液稀释到刻度，摇匀。

（2）配制系列标准工作溶液：分别移取不同量的 1.0μg · mL^{-1} VB_2 标准溶液，稀释成相同体积，摇匀。配制浓度在 0.00～1.00μg · mL^{-1} 范围的系列标准溶液。

（3）试样溶液的制备：配制试样溶液，稀释成适当浓度。取试样储备液准确稀释 20

倍，摇匀备用。

（4）确定测定波长：在300~510nm范围扫描激发光谱，在465~650nm范围扫描荧光光谱，绘制激发光谱和荧光发射光谱曲线，确定测定波长。

（5）绘制标准曲线：在所确定的波长下，由低浓度到高浓度依次分别测量系列标准溶液的荧光强度，绘制荧光强度 I_f 对 VB_2 溶液浓度 c 的标准曲线。拟合回归直线方程，标明线性范围和相关系数。

（6）在所确定的波长下，与绘制工作曲线相同的条件下，测定样品溶液的荧光强度，并由标准曲线计算所测定试液的浓度。考虑测定前试液稀释的倍数，计算药片中的 VB_2 含量（质量分数）。

实验指导

1. 数据处理

（1）工作曲线的线性范围越宽，使用范围越广。LS-55荧光分光光度计测量的相对荧光强度范围是1~1000，所以一条工作曲线的线性范围不会超过3个数量级。

（2）数据记录与处理方法（表7-7、表7-8）。

表7-7　VB_2 标准工作溶液系列

项　目	1	2	3	4	5	6	7	8	9	10
$V_{标准}$/mL										
$c_{标准}$/（$\mu g \cdot mL^{-1}$）										
$I_{f标准}$										
回归直线方程			线性范围/（$\mu g \cdot mL^{-1}$）				相关系数 r			

表7-8　试样溶液测定结果

试样溶液	1	2	3
$c_{药片原始}$/$\mu g \cdot mL^{-1}$			
$V_{药片试液}$/mL（稀释至10.00mL）			
稀释倍数 n			
I_f			
$c_{试液}$/$\mu g \cdot mL^{-1}$			
$c_{原始试液}$/$\mu g \cdot mL^{-1}$			
w_{VB_2}/%			
$\overline{w}_{VB_2}$/%			
$\overline{d}_r$/%			

计算公式：

$$w_{VB_2} = \frac{c_{试液} \times n}{c_{s药片}} \times 100\%$$

2. PE LS-55仪器操作流程

开机顺序：manostat-main-rreheating-computer-FL WinLab。

绘制荧光光谱曲线操作顺序：FL winLab-application-scan-single scan-excitation（Emission）-set up parameters-signal lamp-view results。

浓度测定操作顺序：application-concentration-references-concentration units

按照序号依次测量标准系列：samples-background-measure。

关机顺序：退出 FL winLab-shutmain-cut-off computer-closed manostat-closed total power。

3. 注意事项

（1）所有溶液都用1%HAc 溶液稀释配制，蒸馏水需用重蒸馏水。

（2）荧光分光光度法灵敏度很高，故对溶剂的纯度及玻璃仪器、样品池的洁净程度要求很高。

（3）保持标准曲线的测定与试液的测定在完全一致的条件下进行，试剂溶液背景值的扣除也要保持一致。

（4）使用石英皿时，应手持其棱，不能接触光面。荧光杯使用前后，均需用蒸馏水洗净，倒入试液后用吸水纸擦干外表面方可放入试样架中。用完后，将其清洗干净。

（5）开关试样室舱门时一定要轻，不要用力，避免震动仪器。

（6）测定溶液不宜长时间受光照射，以免其荧光强度降低。

（7）禁止将盛有试液的荧光杯存放在试样室中，以免液体挥发后沾污或腐蚀精密仪器。

实验拓展

1. 延伸到化学发光

此方法可以拓展到化学发光。在 NaOH 和 H_2O_2 介质条件下，检出限可以达到 0.1mg·L^{-1}，线性范围 0.10~50mg·L^{-1}，已经用于测定大豆、面粉等实际样品中核黄素的测定。

2. 光黄素荧光法

利用 VB_2 分解为光黄素的反应，以光黄素荧光法定量测定保健食品中的 VB_2 的含量，既准确又快速。对鸡肝、瘦肉、菠菜、小白菜、西红柿及红萝卜6种样品光解后测定，与标准方法比较没有显著性差异。经实验检测，此法特别是对富含铁、色素类食物，如菠菜、西红柿等，都能得到比较理想的结果。实验步骤虽多，但易操作、干扰少，且对实验仪器配备要求不高，值得推广。核黄素通过光解后转变为光黄素，在 15~250min 内进行测定，其结果不受影响。

3. SLS 胶束增稳荧光法

据胶束荧光增敏增稳作用的机理，选用十二烷基磺酸钠（SLS）为增敏胶束试剂，仅在 VB_2 的水溶液中，加入适量的 SLS，选择最佳实验条件，就能提高荧光强度 2~3 倍，使测定下限达 8.8×10^{-10}g·mL^{-1}。较荧光法和紫外-可见分光光度法分析下限下延 3~4 个数量级，线性范围为（2×10^{-9}~10×10^{-6}g·mL^{-1}），而且具有较大的稳定性，在一般测试中作为一种推广使用的实验测试方法。

4. 其他应用

荧光分光光度法还可以进行测定多维葡萄糖粉中维生素 B_2 的含量；测定大黄中游离蒽醌的含量；测定氨基糖苷类药物；测定乙酰水杨酸和水杨酸；可研究对乙酰氨基酚与牛血清白蛋白之间的相互作用等。

实验思考

1. 在荧光测量时，为什么激发光的入射与荧光的接收不在一条直线上，而呈一定角度？
2. 在荧光分光光度法测定下，对所用溶液的浓度有什么要求？
3. 比较分子荧光法与吸光光度法有什么特点？

实验七　分子荧光光度法测定二氯荧光素

实验目的

（1）了解荧光光度法的基本原理；
（2）掌握荧光分光光度计的结构及使用方法；
（3）熟悉荧光分光光度计的应用。

实验背景

1. 分子分光光度计

分子分光光度计是将分子荧光和分子磷光测量一体化装置，通过计算机选择测量方式。以氙灯为光源，发射200~800nm 波长范围连续光谱，采取激发光和发射光成直角的光路。它的工作原理为：光源光束经激发单色器色散，获得一定波长单色光照射于试样上，由试样发出的荧光经发射单色器色散后照射光电倍增管，将荧光强度信号转变为电信号，放大后于记录器记录或读出信号。

2. 二氯荧光素

二氯荧光素别名2，7-二氯荧光素，是一种用于显现潜血指纹的荧光试剂，其最大吸收波长在510nm 左右。用其处理过的潜血指纹在蓝绿光下发出明亮的黄绿荧光，可显现渗透性和非渗透性客体上的潜血指纹。结构式如下：

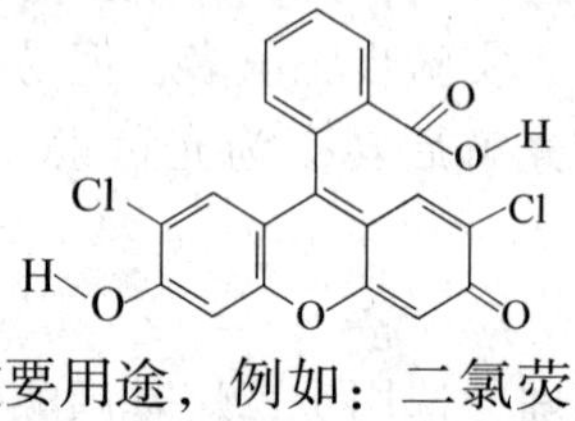

二氯荧光素在环境分析上有重要用途，例如：二氯荧光素荧光法测定十二烷基磺酸钠，测定食盐中的 IO_3^- 含量，测定饲料中微量总砷，测定痕量铜，测定环境水样中的酚等。

实验原理

当分子在紫外或可见光的照射下吸收了辐射能后，形成激发态分子，分子外层的电子在 10^{-8}s 内返回基态，在返回基态的过程中，部分能量通过碰撞以热能形式释放，跃至第一激发态的最低振动能级，其他的能量以辐射形式释放出来。这种分子在光的照射下，分子外层电子从第一激发态的最低振动能级跃至基态时，发射出来的光称为分子荧光，它是由于光致发光而产生的，通常分子荧光具有比照射光较长的波长。分子荧光强度可用下式表示：

$$I_F = 2.3K'\kappa bcI_0 \quad (7-9)$$

当 I_0 一定时：

$$I_F = Kc \tag{7-10}$$

式（7-9）和式（7-10）中 K' 取决于荧光效率，κ 是荧光分子的摩尔吸光系数，b 是液槽厚度，c 是荧光物质的浓度。由此可见在一定条件下，荧光强度与物质的浓度呈线性关系。又因荧光物质的猝灭效应，此法仅适用于痕量物质分析。

仪器试剂

仪器：分子分光光度计　容量瓶　石英皿　吸量管

试剂：二氯荧光素标准储备液［100.0μg · mL^{-1}，准确称取 0.0100g 二氯荧光素（A. R），加入 1moL · L^{-1} NaOH 5mL，再加 3mL 1moL · L^{-1} HCl 溶解后，用二次蒸馏水定容至 100mL；取 0.5mL 上述溶液，转移至 100mL 容量瓶中稀释至刻度，配成 0.50μg · mL^{-1}］ NaOH 溶液（1moL · L^{-1}）　HCl 溶液（1moL · L^{-1}）　待测试样溶液

实验步骤

1. 标准溶液的配制

分别吸取 0.50μg · mL^{-1} 二氯荧光素标准储备液 0.0mL、2.0mL、4.0mL、6.0mL、8.0mL 和 10.0mL 放入 6 个 100mL 容量瓶中，用去离子水稀释至刻度，摇匀，备用。

2. 荧光激发光谱和发射光谱

发射和激发狭缝宽度均为 5nm，扫描速度 500nm · min^{-1}，选用激发光波长 484nm，荧光波长 510nm，在荧光分光光度计上记录 485～620nm 的荧光光谱和 400～600nm 的荧光激发光谱。

3. 标准曲线

将激发波长固定在 484nm，荧光发射波长固定在 510nm，测量系列标准溶液的荧光强度。

实验指导

1. 数据处理

（1）在与标准系列溶液相同的条件下，测量试样溶液的荧光发射强度。

（2）标准系列溶液的荧光强度及对应的浓度绘制 I_f–c 曲线，并以试样的荧光强度在标准曲线上查出相应的含量。

2. 注意事项

使用仪器时，需注意：打开电源、风扇、光源开关；仪器预热半小时；每次测定后应将激发光挡板关闭，以防止光电倍增管疲劳。

实验拓展

本实验是分子荧光光度法测定的又一个应用，还可进行测定水中石油类物质；测定面粉中的核黄素；测定加硒盐中微量硒；测定海水中痕量铝等。

另外，利用二氯荧光素的性质和用途还可以进行一些设计实验，例如：二氯荧光素荧光法测定食盐中的 I^- 含量，测定饲料中微量砷，测定废水中痕量铜，测定环境水样中的酚等。

实验思考

1. 试说明分子荧光法的基本原理及影响因素？

2. 如何绘制激发光谱和荧光发射光谱？

3. 哪些因素可能会对二氯荧光素荧光产生影响？

实验八　火焰原子吸收光谱法测定自来水中钙、镁的含量

实验目的

（1）了解原子吸收分光光度计的大致结构及使用方法；

（2）掌握火焰原子吸收光谱分析的基本操作；

（3）掌握以原子吸收分光光度法进行定量测定钙、镁的原理、方法。

实验背景

原子吸收光谱分析又称原子吸收分光光度分析。早在18世纪初，人们就开始对原子吸收光谱——太阳连续光谱中的暗线进行了观察和研究。但是，原子吸收光谱法作为一种分析方法是从1955年才开始的。这一年，澳大利亚物理学家A. Walsh发表了著名论文“原子吸收光谱在化学分析中的应用”，奠定了原子吸收光谱分析法的理论基础。从时间上看，原子吸收光谱在分析化学上的应用，比原子发射光谱法晚了约80年，但由于原子吸收光谱法具有下述的一些优点，使它一出现即引起重视，并在20世纪60年代得到发展，其发展和普及速度之快，是其他仪器方法所不能相比的。

原子吸收光谱分析是基于物质所产生的原子蒸气对特定谱线（通常是待测元素的特征谱线）的吸收作用来进行定量分析的一种方法。

1. 原子吸收分光光度计的构造

（1）原子吸收分光光度计一般由四大部分组成，即光源（单色锐线辐射源）、试样原子化器、单色仪和数据处理系统（包括光电转换器及相应的检测装置），见图7-5。

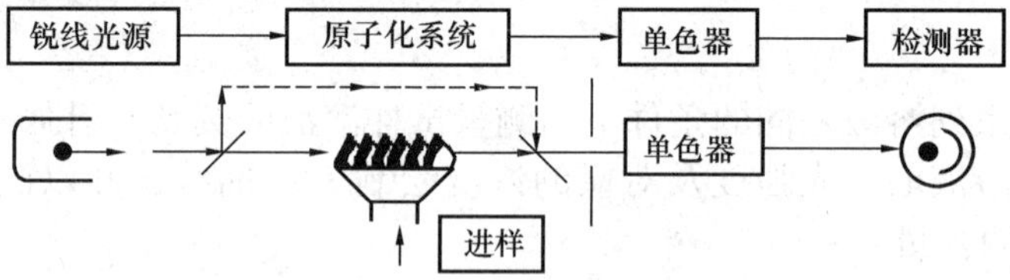

图7-5　原子吸收光谱仪工作流程图

（2）原子化器主要有两大类，即火焰原子化器和电热原子化器。火焰有多种火焰，目前普遍应用的是空气-乙炔火焰。电热原子化器普遍应用的是石墨炉原子化器，因而原子吸收分光光度计就有火焰原子吸收分光光度计和带石墨炉的原子吸收分光光度计。前者原子化的温度在2100～2400℃之间，后者在2900～3000℃之间。

（3）火焰原子吸收分光光度计，利用空气-乙炔测定的元素可达30多种，若使用氧化亚氮-乙炔火焰，测定的元素可达70多种。但氧化亚氮-乙炔火焰安全性较差，应用不普遍。空气-乙炔火焰原子吸收分光光度法，一般可检测到ppm级（10^{-6}），精密度1%左右。国产的火焰原子吸收分光光度计，都可配备各种型号的氢化物发生器（属电加热原子化器），利用氢化物发生器，可测定砷（As）、锑（Sb）、锗（Ge）、碲（Te）等元素。一般灵敏度在$ng\cdot mL^{-1}$级，相对标准偏差2%左右。汞（Hg）可用冷原子吸收法测定。

（4）石墨炉原子吸收分光光度计，可以测定近50种元素。石墨炉法，进样量少，灵敏度高，有的元素也可以分析到pg·mL^{-1}级。

2. 原子吸收分光光度计的工作原理

元素在热解石墨炉中被加热原子化，成为基态原子蒸气，对空心阴极灯发射的特征辐射进行选择性吸收。在一定浓度范围内，其吸收强度与试液中被测含量成正比。其定量关系可用Lambert-Beer定律：

$$A=-\lg I/I_0=-\lg T=\varepsilon cl$$

式中，I为透射光强度；I_0为发射光强度；T为透射比；l为光通过原子化器光程（长度），每台仪器的l值是固定的；c是被测样品浓度，所以$A=\varepsilon c$。

利用待测元素的共振辐射，通过其原子蒸气，测定其吸光度的装置称为原子吸收分光光度计。它有单光束、双光束、双波道、多波道等结构形式。其基本结构包括光源、原子化器、光学系统和检测系统。它主要用于痕量元素杂质的分析，具有灵敏度高及选择性好两大主要优点。广泛应用于特种气体、金属有机化合物、金属醇盐中微量元素的分析。但是测定每种元素均需要相应的空心阴极灯，这对检测工作带来不便。

原子吸收是利用原子或者离子外层电子对特定波长的光可以吸收，从而发生能级跃迁的原理。因为不同原子或者离子的不同的电子跃迁要吸收特定波长的光，所以发射光经过分光以后形成的单色光如果被吸收，则溶液中含有特定的原子或者离子。吸收的强度可以用来标定溶液的浓度。

利用火焰的热能使样品转化为气态基态原子的方法称为火焰原子吸收光谱法，火焰原子化法是目前应用最广泛的原子化技术。火焰中原子的生成是一个复杂的过程，其最大吸收部位是由该部位的原子生成和消失的速度决定的。它不仅与火焰的类型及喷雾效率有关，而且还因元素的性质及火焰燃料气与助燃气的比例不同而异。为了获得较高的灵敏度，像钙、锶等与氧化合反应较快的碱土金属，在火焰的上部的浓度较低，宜选用富燃焰。

3. 原子吸收光谱分析法的特点及应用

原子吸收分析的主要特点是测定灵敏度高，特效性好，抗干扰能力强，稳定性好，适用范围广，可测定70多种元素。加上仪器较简单，操作方便，因而原子吸收分析法的应用范围日益广泛。例如在测定矿物、金属及其合金、玻璃、陶瓷、水泥、化工产品、土壤、食品、血液、生物试样、环境污染物等试样中的金属元素含量时，原子吸收法往往是一种首选的定量方法，因而它在分析化学领域内已占重要地位。

实验原理

原子吸收光谱分析法主要用于定量分析，其基本依据是：将一束特定波长的光照射到被测元素的基态原子蒸气中，原子蒸气对这一波长的光产生吸收，未被吸收的光则透射过去。在一定的浓度范围内，入射光强（I_0）、透射光强（I_t）和被测元素的浓度（c）之间符合Lambert-Beer定律：

$$I_t=I_0\times10^{-abc}$$

$$或\ A=\lg(I_0/I_t)=\varepsilon cl$$

式中，A为原子吸收分光光度计所测吸光度；ε为被测组分对某一波长光的吸收系数；l为光通过的火焰的长度。根据这一定量关系可以测定未知溶液中某一元素的含量。

样品溶液经雾化器（常用同心型气动雾化器，以空气为载气）以气溶胶形式喷入雾化室与燃气及助燃气均匀混合，然后吹进燃烧器。在雾化室中因气体扩散膨胀而使压力降低，部分雾滴可能挥发，聚结或附着器壁后凝成大的液滴作为废液而排出，被吹进燃烧器的只是那些较细的雾滴。样品中的分析物在火焰的作用下蒸发并转变为气态原子，决定原子化效率的主要因素是被测元素的性质和火焰的性质。

在使用锐线光源和低浓度的情况下，基态原子蒸气对共振线的吸收符合比尔定律：

$$A = \lg(I_0/I) = \varepsilon l N_0 \qquad (7-11)$$

式（7-11）中，A 为吸光度，I_0 为入射光强度；I 为经原子蒸气吸收后的透射光强度；ε 为吸光系数；l 为辐射光穿过原子蒸气的光程长度，N_0 为基态原子密度。

当试样原子化，火焰的绝对温度低于 3000K 时，可以认为原子蒸气中基态原子的数目实际上接近于原子总数。在固定实验条件下，原子总数与试样中被测元素的浓度 c 成正比，上式可记为：

$$A = \varepsilon c \qquad (7-12)$$

此即为原子吸收分光光度法的定量基础。定量方法可用标准曲线法或标准溶液加入法等。

当试样组成复杂、配制的标准溶液与试样组成之间存在较大差别时，常采用标准加入法。

该法是取若干份体积相同的试液（c_X），依次按比例加入不同量（倍增）的待测物的标准溶液（c_0），定容后浓度依次为 c_X，c_X+c_0，c_X+2c_0，c_X+3c_O，……；分别测得吸光度为：A_X、A_1、A_2、A_3…。以加入标样的为横坐标，相应的吸光度为纵坐标，绘出标准曲线，如图 7-6 所示。图中横坐标与标准曲线延长线的交点至原点的距离 x 即为容量瓶中所含试样的浓度（c_x），从而求得试样的含量。以 A 对浓度 c 做图得一直线，图中 c_x 点即待测溶液浓度。

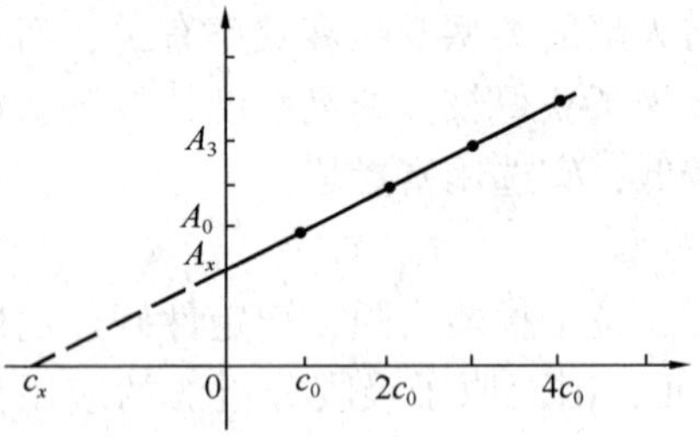

图 7-6　标准加入法

$$A_x = \varepsilon c_x$$

$$A_0 = \varepsilon\ (c_0 + c_x)$$

$$c_x = [A_x/\ (A_0 - A_x)\ ] \times c_0$$

由原子吸收法灵敏度的定义，按下式计算其灵敏度 S：

$$S = \frac{\rho_S V \times 0.0044}{A}$$

实验测定饮用水中钙、镁的含量，分别用 422.7nm 和 285.2nm 波长进行测量。

仪器试剂

仪器：火焰原子吸收分光光度计　无油气体压缩机　钙空心阴极灯　乙炔钢瓶　容量瓶　吸量管　移液管　烧杯

试剂：镁标准贮备溶液（$1.0g \cdot L^{-1}$）　钙标准贮备溶液（$1.0g \cdot L^{-1}$）　镁标准使用溶液（$50mg \cdot L^{-1}$）　钙标准使用溶液（$100mg \cdot L^{-1}$）　MgO（GR）　无水 $CaCO_3$（GR）　HCl（1+1）

实验步骤

1. 标准溶液的配制

（1）配制钙系列标准溶液：2.0mg·L，4.0mg·L，6.0mg·L，8.0mg·L，$10.0mg \cdot L^{-1}$。

（2）配制镁系列标准溶液：0.1mg·L^{-1}，0.2mg·L^{-1}，0.3mg·L^{-1}，0.4mg·L^{-1}，0.5mg·L^{-1}。

2. 工作条件

（1）吸收线波长：Ca 422.7nm，Mg 285.2nm。

（2）空心阴极灯电流：4mA。

（3）狭缝宽度：0.1mm。

（4）原子化器高度：6mm。

（5）空气流量：4mL·min^{-1}；乙炔气流量：1.2mL·min^{-1}。

3. 钙的测定

（1）用10mL的移液管吸取自来水样于100mL容量瓶中，用蒸馏水稀释至刻度，摇匀。

（2）在最佳工作条件下，以蒸馏水为空白，由稀至浓逐个测量钙系列标准溶液的吸光度，最后测量自来水样的吸光度 A。

4. 镁的测定

（1）用2mL的吸量管吸取自来水样于100mL容量瓶中，用蒸馏水稀释至刻度，摇匀。

（2）在最佳工作条件下，以蒸馏水为空白，测定镁系列标准溶液和饮用水样的吸光度 A。

5. 实验结束

用蒸馏水喷洗原子化系统2min，按关机程序关机。最后关闭乙炔钢瓶阀门，旋松乙炔稳压阀，关闭空压机和通风机电源。

实验指导

1. 数据及处理

（1）绘制钙、镁的 $A-c$ 标准曲线，由未知样的吸光度 A_x，求算出饮用水中钙、镁含量（mg·L^{-1}）。或将数据输入微机，按一元线性回归计算程序，计算钙、镁的含量。

（2）根据测量数据，计算该仪器测定钙、镁的灵敏度 S。

2. 注意事项

（1）乙炔为易燃易爆气体，必须严格按照操作步骤工作。在点燃乙炔火焰之前，应先开空气，后开乙炔气；结束或暂停实验时，应先关乙炔气，后关空气。乙炔钢瓶的工作压力，一定要控制在所规定范围内，不得超压工作。必须切记，保障安全。

（2）要获得线性好的标准曲线，必须选择好适当的实验条件，严格实行。

（3）试样的吸光度应在标准曲线的中部，否则，可改变取样的体积。

（4）注意保护仪器所配置的系统磁盘。仪器总电源关闭后，若需立即开机使用，应在断电后停机5min再开机，否则磁盘不能正常显示各种页面。

实验拓展

（1）原子吸收光谱法是特效性、准确度和灵敏度都很好的一种成分分析法，常用于测定易挥发元素，可消除基体干扰和某些化学干扰，但不能消除背景干扰，测定含量可达 10^{-9}g；精密度较高，一般小于1%。

（2）待测元素的原子化过程受共存元素的影响较小，这是火焰原子吸收法干扰较少的重要原因之一，但第二主族元素往往受共存的其他离子的影响，表现为正的或负的干扰，例如铝、铍、铁、钛、铬、钼、钨、钒、锆、磷酸根、硫酸根、偏硅酸等对镁有干扰作用，其中铝、铁、磷酸根、硫酸根、偏硅酸是最常见的离子，因此测定第二族元素时应设法消除干扰。消除干扰的试剂包括镧、锶、钡、钙、镍、高氯酸、甘油、EDTA、8-羟基喹啉等，其中最常见的是镧，镧不仅能消除多种离子对镁的干扰，而且还具有提高测定灵敏度的作用。

（3）本实验用火焰原子方法测定饮用水中钙镁含量，可以进一步测定天然水，自来水中钙镁测定（注意：消除多种离子对镁的干扰）；还可直接测定岩矿、土壤、大气飘尘、水、植物、食品、生物组织等试样中70多种微量金属元素，还能用间接法测定硫、氮、卤素等非金属元素及其化合物。

（4）水中钙镁含量的测定具有较现实的意义，因此测定方法也较多，例如：EDTA滴定法，偶氮胂（Ⅲ）光度法、分光光度法、半自动光滴定法等。

实验思考

1. 为什么燃助比和燃烧器高度的变化会明显影响钙的测量灵敏度？
2. 空白溶液的含义是什么？
3. 为什么原子吸收光谱仪的光源需要调制？
4. 简述原子吸收分光光度分析的基本原理？

实验九　电感耦合等离子体发射光谱法测定水样中的微量铜

实验目的

（1）了解ICP-AES的基本应用及定量分析的优越性；
（2）掌握ICP-AES的工作原理及方法；
（3）掌握ICP-AES的基本操作技术。

实验背景

1. 电感耦合等离子体原子发射光谱法

电感耦合等离子体原子发射光谱法(ICP-AES)是将试样在等离子体光源中激发，使待测元素发射出特征波长的辐射，经过分光，测量其强度而进行定量分析的方法。等离子体为激发光源的原子发射光谱分析方法，可进行多元素的同时测定。

样品由载气（氩气）引入雾化系统进行雾化后，以气溶胶形式进入等离子体的中心通道，在高温和惰性气氛中被充分蒸发、原子化、电离和激发，使所含元素发射各自的特征谱线。根据各元素特征谱线的存在与否，鉴别样品中是否含有某种元素（定性分析）；由特征谱线的强度测定样品中相应元素的含量（定量分析）。

本法适用于各类药品中从痕量到常量的元素分析，尤其适用于矿物类中药、营养补充剂等药品中的元素定性定量测定。

2. 电感耦合等离子体原子发射光谱仪仪器结构

电感耦合等离子体原子发射光谱仪由样品引入系统、电感耦合等离子体（ICP）光源、色散系统、检测系统等构成，并配有计算机控制及数据处理系统、冷却系统、气体控制系统等。

（1）样品引入系统　按样品状态不同可以分为液体和固体进样，通常采用液体进样方式。样品引入系统由两个主要部分组成：样品提升部分和雾化部分。样品提升部分一般为蠕动泵，也可使用自提升雾化器。要求蠕动泵转速稳定，泵管弹性良好，使样品溶液匀速地泵入，废液顺畅地排出。雾化部分包括雾化器和雾化室。样品以泵入方式或自提升方式进入雾化器后，在载气作用下形成小雾滴并进入雾化室，大雾滴碰到雾化室壁后被排除，只有小雾滴可进入等离子体源。要求雾化器雾化效率高，雾化稳定性高，记忆效应小，耐腐蚀；雾化室应保持稳定的低温环境，并需经常清洗。常用的溶液型雾化器有同心雾化器、交叉型雾化器等；常见的雾化室有双通路型和旋流型。实际应用中宜根据样品基质、待测元素、灵敏度等因素选择合适的雾化器和雾化室。

（2）电感耦合等离子体（ICP）光源　电感耦合等离子体光源的“点燃”，需具备持续稳定的纯氩气流、炬管、感应圈、高频发生器、冷却系统等条件。样品气溶胶被引入等离子体源后，在6000~10000K的高温下，发生去溶剂、蒸发、离解、激发、电离、发射谱线。根据光路采光方向，可分为水平观察ICP源和垂直观察ICP源；双向观察ICP光源可实现垂直/水平双向观察。实际应用中宜根据样品基质、待测元素、波长、灵敏度等因素选择合适的观察方式。

（3）色散系统　电感耦合等离子体原子发射光谱的单色器通常采用光栅或棱镜与光栅的组合，光源发出的复合光经色散系统分解成按波长顺序排列的谱线，形成光谱。

（4）检测系统　电感耦合等离子体原子发射光谱的检测系统为光电转换器，它是利用光电效应将不同波长光的辐射能转化成电信号。常见的光电转换器有光电倍增管和固态成像系统两类。固态成像系统是一类以半导体硅片为基材的光敏元件制成的多元阵列集成电路式的焦平面检测器，如电荷耦合器件（CCD）、电荷注入器件（CID）等，具有多谱线同时检测能力、检测速度快、动态线性范围宽、灵敏度高等特点。检测系统应保持性能稳定，具有良好的灵敏度、分辨率和光谱响应范围。

（5）冷却和气体控制系统　冷却系统包括排风系统和循环水系统，其功能主要是有效地排出仪器内部的热量。循环水温度和排风口温度应控制在仪器要求范围内，气体控制系统须稳定正常地运行，氩气的纯度应不小于99.99%。

3. 电感耦合等离子体原子发射光谱测定法

对涉及面广、成分复杂而含量低的环境样品应用高频电感耦合等离子体发射光谱法(ICP-AES)分析测定，具有检出限低、分析动态范围宽、元素间干扰小、溶液直接进样及多元素测定等优点。可简便、快速、稳定、准确地对环境水样中多种元素进行测定。分析谱线的选择原则一般是选择干扰少、灵敏度高的谱线；同时应考虑分析对象：对于微量元素的分析，采用灵敏线，而对于高含量元素的分析，可采用较弱的谱线。

（1）定性鉴别　根据原子发射光谱中各元素固有的一系列特征谱线的存在与否可以确定供试样品中是否含有相应的元素。元素特征光谱中强度最大的谱线称为元素的灵敏线。在供试样品光谱中，某元素灵敏线的检出限即为相应元素的检出限。

（2）定量测定

①标准曲线法。在选定的分析条件下，测定不少于三个不同浓度的待测元素的标准系列溶液（标准溶液的介质和酸度应与供试样品溶液一致），以分析线的响应值为纵坐标，浓度为横坐标，绘制标准曲线，计算回归方程。除另有规定外，相关系数应不低

于0.99。测定供试样品溶液，从标准曲线或回归方程中查得相应的浓度，计算样品中各待测元素的含量。

②内标校正的标准曲线法。在每个样品（包括标准溶液、供试样品溶液和试剂空白）中添加相同浓度的内标（ISTD）元素，以标准溶液待测元素分析线的响应值与内标元素参比线响应值的比值为纵坐标，浓度为横坐标，绘制标准曲线，计算回归方程。利用供试样品中待测元素分析线的响应值和内标元素参比线响应值的比值，从标准曲线或回归方程中查得相应的浓度，计算样品中含待测元素的含量。

③标准加入法。取同体积的供试样品溶液4份，分别置于4个同体积的量瓶中，除第1个量瓶外，在其他3个量瓶中分别精密加入不同浓度的待测元素标准溶液，分别稀释至刻度，摇匀，制成系列待测溶液。在选定的分析条件下分别测定，以分析线的响应值为纵坐标，待测元素加入量为横坐标，绘制标准曲线，将标准曲线延长交于横坐标，交点与原点的距离所相应的含量，即为供试样品取用量中待测元素的含量，再以此计算供试样品中待测元素的含量。

4. 水中的微量铜

饮水中的微量铜不会对人体造成伤害，而且有益于人的健康。研究证实，除罕见的遗传原因对铜过度敏感的极少人群外，饮用水中含有微量铜不会对人体造成危害。从全球范围来看，普遍的问题是人体缺铜，而不是铜的毒性。当然，如果饮用水中铜的含量严重超标，也会对人体造成伤害，如引起胃部不适、呕吐及腹泻等。

人类对铜的摄入绝大部分是来自食物，而非饮用水。一般来讲，地表水和地下水中的铜含量均非常低，小于0.01mg·L^{-1}。城市自来水中微量铜含量取决于输水管和水在管道中的驻留时间，如果铜水管用于自来水供水系统，水中的微量铜含量会增加，但对饮用水而言这量是安全的。现代科学研究证明：饮用水中微量的铜对人体是有益的，可补充人类的食物中铜不足，同时，铜能够起到杀灭自来水中某些细菌的作用。国外医学专家也证明，使用铜水管可以对饮用水中的一些致病生物体（尤其是大肠杆菌）具有抑制作用，这一研究结论说明铜及其合金是有益于人体健康的供水管材，长期使用有益于人体的健康。

实验原理

通过测量物质的激发态原子发射光谱线的波长和强度进行定性和定量分析的方法叫发射光谱分析法。根据发射光谱所在的光谱区域和激发方法不同，发射光谱法有许多技术，用等离子炬作为激发源，使被测物质原子化并激发气态原子或离子的外层电子，使其发射特征的电磁辐射，利用光谱技术记录后进行分析的方法叫电感耦合等离子原子发射光谱分析法（ICP-AES）。ICP光源具有环形通道、高温、惰性气氛等特点。因此，ICP-AES具有检出限低（10^{-9}~10^{-11}g·L^{-1}）、稳定性好、精密度高（0.5%~2%）、线性范围宽、自吸效应和基体效应小等优点，可用于高、中、低含量的70个元素的同时测定。

载气携带由雾化器生成的试样气溶胶从进样管进入等离子体焰中央被激发，发射光信号先后经过单色器分光、光电倍增管或其他固体检测器将信号转变为电流进行测定。此电流与分析物的浓度之间具有一定的线性关系，使用标准溶液制作工作曲线可以对某未知试样进行定量分析。

仪器试剂

仪器：电感耦合等离子体光谱仪 容量瓶 移液管 烧杯

试剂：铜储备液［准确称取 0.126g $CuSO_4$（AR）于 50mL 烧杯，加入 1%（体积比）硝酸（GR）定容至 50mL 容量瓶，得 1mg · mL^{-1} Cu^{2+}储备液］

实验步骤

（1）ICP－AES：测定条件：工作气体：氩气；冷却气流量：14L · min^{-1}；载气流量：1.0L · min^{-1}；辅助气流量：0.5L · min^{-1}；雾化器压力：30.06psi。分析波长：Cu：324.754nm。

（2）标准溶液的配制：取 1mg · mL^{-1} Cu^{2+} 标准溶液配制成浓度为 0.010μg · L^{-1}、0.030μg · L^{-1}、0.100μg · L^{-1}、0.300μg · L^{-1}、1.00μg · L^{-1}、3.00μg · L^{-1}、10.00μg · L^{-1}、30.00μg · L^{-1}、100.00μg · mL^{-1} 的标准系列溶液。空白溶液：配制 1%（体积比）硝酸溶液。

（3）在教师的指导下，按照 ICP－AES 仪器的操作要求开启仪器。

（4）分别测定标准溶液和样品溶液发射信号强度。

（5）精密度：选择一定浓度的 Cu 溶液，重复测定 10 次，计算 ICP－AES 方法测定 Cu 的精密度。

（6）检出限：重复 10 次测定空白溶液，计算相对于 Cu 的检出限。

实验指导

1. 数据处理

（1）标准工作曲线和样品分析：应用 ICP 软件，制作 Cu^{2+} 标准工作曲线并计算试样溶液和空白中 Cu 的浓度。扣除空白值，计算原试样中 Cu 的含量。

（2）线性范围：根据标准工作曲线，进行线性拟合。线性范围上限为较线性拟合曲线计算值下降 10%的浓度；线性范围下限可以视为相当于 5 倍检出限的浓度。

（3）精密度：重复 10 次测定一定浓度 Cu 标液，计算 RSD。

（4）检出限：检出限通常与可区别背景信号（噪声）的最小信号相关，IUPAC 的一种定义为对应于 $3 \times S_b$ 的浓度，S_b 为背景信号的标准偏差。检出限 $= 3 \times S_b / S$，S 为工作曲线的斜率，S_b 为空白溶液重复 10 次测定结果。

2. 注意事项

（1）电感耦合等离子体光谱仪点火前应先以氩将进样系统中的空气赶尽，否则 ICP 不易点燃，或点燃后容易熄灭。

（2）在实验中要特别重视标准溶液的配制，否则测定结果不准确。

实验拓展

（1）电感耦合等离子体发射光谱法（ICP－AES）以其优异的分析性能成为各种物料常规分析普遍采用的检测手段，例如测定植物、动物体、人发、血液、水样、饮料、土壤、肥料、化学试剂、金属和合金、岩石和矿物等物料中常量和痕量金属元素都有许多报道。

（2）测定水中微量铜的其他方法：萃取光度法测定微量铜和火焰原子光度法直接测定水中微量铜。

实验思考

1. 简述 ICP 的工作原理。

2. 说明光谱定性分析的具体过程。

3. 通过实验，你体会到ICP-AES分析法有哪些优点？

实验十　气相色谱的定性和定量分析

实验目的

（1）进一步学习计算色谱峰的分辨率；

（2）熟练掌握根据保留值、用已知物对照定性的分析方法；

（3）学习用归一化法定量测定混合物各组分的含量。

实验背景

用气相色谱法进行定性分析，就是确定每个色谱峰代表何种物质。具体说来，就是根据保留值或与其相关的值来进行判断，包括保留时间、保留体积、保留指数及相对保留值等。但是应该指出，在许多情况下，还需要与其他一些化学方法或仪器方法相配合，才能准确地判断某些组分是否存在。

各种物质在一定的色谱条件（一定的固定相与操作条件等）下有各自确定的保留值，因此保留值可作为一种定性指标。对于较简单的多组分混合物，若其中所有待测组分均为已知，它们的色谱峰均能分开，则将各个色谱峰的保留值与各相应的标准样品在同一条件下所得的保留值进行对照比较，就能确定各色谱峰所代表的物质，这就是纯物质对照法定性的原理。该法是气相色谱分析中最常用的一种定性方法。以保留值作为定性指标，虽然简便，但由于保留值的测定受色谱操作条件的影响较大，而相对保留值仅与所用的固定相和温度有关，不受其他色谱操作条件的影响，因而更适用于色谱定性分析。

在没有已知标准样品可作对照的情况下，可借助于保留指数（Kovátts 指数）文献值进行定性分析。对于组分复杂的混合物，采用更为有效的方法，即与其他鉴定能力强的仪器联用，如气相色谱-质谱、气相色谱-红外吸收光谱联用等手段进行定性分析。

气相色谱的检测信号峰高或峰面积，均可用于定量或半定量分析。在严格控制操作条件下，气相色谱定量分析的相对标准偏差可达1%~3%。

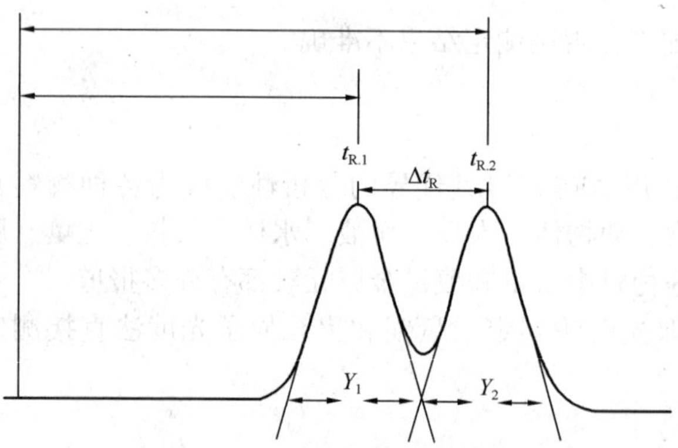

图7-7　测量 t_R 和分离度

实验原理

对一个混合试样成功地分离，是气相色谱法完成定性及定量分析的前提和基础。衡量一对色谱峰分离的程度可用分离度 R 表示：

$$R = \frac{t_{R,2} - t_{R,1}}{\frac{1}{2}(Y_1 + Y_2)}$$

式中，$t_{R,2}$、Y_2 和 $t_{R,1}$，Y_1 分别是两个组分的保留时间和峰底宽，如图7-7所示。当 $R=1.5$ 时，两峰完全分离；当 $R=1.0$ 时，98%的分离。在实际应用中，$R=1.0$ 一般可以满足需要。

用色谱法进行定性分析的任务是确定色谱图上每一个峰所代表的物质。在色谱条件一定时，任何一种物质都有确定的保留值、保留时间、保留体积、保留指数及相对保留值等保留参数。因此，在相同的色谱操作条件下，通过比较已知纯样和未知物的保留参数或在固定相上的位置，即可确定未知物为何种物质。

当测定未知组分的纯样时，用与已知物对照进行定性极为简单。实验时，可采用单柱比较法、峰高加入法或双柱比较法。

单柱比较法是在相同的色谱条件下，分别对已知纯样及待测试样进行色谱分析，得到两张色谱图，然后比较其保留参数。当两者的数值相同时，即可认为待测试样中有纯样组分存在。

双柱比较法是在两个极性完全不同的色谱柱上，在各自确定的操作条件下，测定纯样和待测组分在其上的保留参数，如果都相同，则可准确地判断试样中有与此纯样相同的物质存在。由于有些不同的化合物会在某一固定相上表现出相同的热力学性质，故双柱法定性比单柱法更为可靠。

在一定的色谱条件下，组分 i 的质量 m_i 或其在流动相中的浓度，与检测器的响应讯号峰面积 A_i 或峰高 h_i 成正比：

$$m_i = f_i^A \cdot A_i \tag{7-13}$$

或

$$m_i = f_i^h \cdot h_i \tag{7-14}$$

式（7-13）和式（7-14）中，f_i^A 和 f_i^h 称为绝对校正因子。此公式为色谱定量分析的依据。不难看出，响应信号 A、h 及校正因子的准确测量直接影响定量分析的准确度。

由于峰面积的大小不易受操作条件如柱温、流动相的流速、进样速度等因素的影响，故峰面积更适于作为定量分析的参数。测量峰面积的方法分为手工测量和自动测量两大类。现代色谱仪中一般都配有准确测量色谱面积的电学积分仪。手工测量则首先测量峰高 h 和半峰宽 $Y_{1/2}$，然后按下式计算：

$$A_i = 1.065 h_i Y_{1/2}$$

当峰形不对称时，则可按下式计算：

$$A_i = \frac{1}{2} h_i (Y_{0.15} + Y_{0.85}) \tag{7-15}$$

式（7-15）中，$Y_{0.15}$和 $Y_{0.85}$分别是峰高 0.15 和 0.85 处的峰宽值。

由 $m_i = f_i^A A_i \Rightarrow f_i^A = \frac{m_i}{A_i}$ 可知，m_i 可用质量、物质的量及体积等物理量表示，相应校正因子分别称为质量校正因子、摩尔校正因子和体积校正因子。由于绝对校正因子受仪器和操作条件的影响很大，其应用受到限制，一般采用相对校正因子。相对校正因子是指组分 i 与基准组分 s 的绝对校正因子之比，即：

$$f_{is}^A = \frac{A_s m_i}{A_i m_s}$$

因绝对校正因子很少使用，一般文献上提到的校正因子就是相对校正因子。

根据不同的情况可选用不同的定量方法，归一化法是将样品中所有组分含量之和按100%计算，以它们相应的响应信号为定量参数，通过下式计算各组分的质量分数：

$$w_i = \frac{m_i}{m(总)} = \frac{f_{is}^A \cdot A_i}{f_{1s}^A \cdot A_1 + f_{2s}^A \cdot A_2 + \cdots + f_{ns}^A \cdot A_n} \times 100\% = \frac{f_{is}^A \cdot A_i}{\sum_{k=1}^{n} f_{ks}^A \cdot A_k}$$

该法简便、准确。当操作条件变化时，对分析结果影响较小，常用于常量分析，尤其适用于进样量少而体积不易准确测量的液体试样。

仪器试剂

仪器：气相色谱仪　热导池检测器　有减压阀的氢气钢瓶　皂膜流速计　注射器　秒表　带磨口试管

试剂：正己烷　环己烷　苯　甲苯(均为 A. R.)未知的混合试样

实验步骤

(1) 认真阅读气相色谱仪操作说明。

(2) 在教师指导下，按照下列色谱条件开启色谱仪：

柱温：85~95℃；

检测器温度：120℃；

汽化室温度：120℃；

载气流速：稍高于本章实验八所测量最佳流速。

(3) 准确配制正己烷：环己烷：苯：甲苯为 1：1：1.5：2.5（质量比）的标准混合溶液，以备测量校正因子。

(4) 在低纸速下（如 1cm · min^{-1}），进未知混合试样约 1.4~2.0μL 和空气 20~40μL，各 2~3 次，记录色谱图上各峰的保留时间 t_R 和死时间 t_M。

(5) 分别注射正己烷、苯、环己烷、甲苯等纯试剂 0.2μL，各 2~3 次，记录色谱图上各峰的保留时间 t_R。

(6) 将记录仪纸速调快（如 6cm · min^{-1}），每次进 1.4~2.0μL 已配制好的标准混合溶液 2~3 次，记录色谱图及各峰的保留时间 t_R。

(7) 在与操作 6 完全相同的条件下，每次进 1.4~1.6μL 未知混合试样，2~3 次，记录色谱图及各峰的保留时间 t_R。

实验指导

1. 数据处理

(1) 用步骤（6）所得数据，计算前 3 个峰中，每两个峰间的分辨率。

(2) 比较步骤（4）和（5）所得色谱图及保留时间，指出未知混合试样中各色谱峰对应的物质。

(3) 用步骤（6）所得数据，以苯为基准物质，计算各组分的质量校正因子。

(4) 用步骤（7）所得色谱图，计算未知混合试样中各组分的质量分数。

2. 实验注意事项

(1) 进样时要使针头垂直插入进样口，小心不要把进样针弯折。

(2) 不要随意按动仪器面板上的按钮，以免出现不可预知的故障与危险，否则酌情扣分。

（3）做实验之前请认真预习相关知识，可参考教材中的色谱法引论、气相色谱法的相关内容。

实验拓展

本实验研究了气相色谱的定性定量分析，只要在气相色谱仪允许的条件下可以汽化而不分解的物质，都可以用气相色谱法测定。对部分热不稳定物质或难以汽化的物质，通过化学衍生化的方法，仍可用气相色谱法分析。而且在石油化工、医药卫生、环境监测、生物化学等领域都得到了广泛的应用。

（1）在卫生检验中的应用　空气、水中污染物如挥发性有机物、多环芳烃［苯、甲苯、苯并（a）比等］；农作物中残留有机氯、有机磷农药等；食品添加剂苯甲酸等；体液和组织等生物材料的分析如氨基酸、脂肪酸、维生素等。

（2）在医学检验中的应用　体液和组织等生物材料的分析：如脂肪酸、甘油三酯、维生素、糖类等。

（3）在药物分析中的应用　抗癫痫药、中成药中挥发性成分、生物碱类药品的测定等。

实验思考

1. 本实验中，进样量是否需要非常准确？为什么？
2. 将测得的质量校正因子与文献值比较。
3. 试说明 3 种不同单位校正因子的关系和联系。
4. 试根据混合试样各组分及固定液的性质，解释各组分的流出顺序。

实验十一　高效液相色谱法测定阿司匹林中水杨酸的含量

实验目的

（1）了解高效液相色谱法分离有机化合物的基本原理及操作条件；
（2）知道高效液相色谱仪的基本结构及作用；
（3）掌握色谱定量、定性分析的方法。

实验背景

1. 高效液相色谱的发展和优点

高效液相色谱法是 20 世纪 70 年代急剧发展起来的一项高效、快速的分离分析技术。液相色谱法是指流动相为液体的色谱技术。在经典的液相柱色谱法基础上，引入了气相色谱法的理论基础，在技术上采用了高压泵、高效固定相和高灵敏度检测器，实现了分析速度快、分离效率高和操作自动化。这种柱色谱技术称做高效液相色谱法。它可用来作液固吸附，液液分配，离子交换和空间排阻色谱（即凝胶渗透色谱）分析，应用非常广泛。据估计，世界上几百万种化合物中除 20%宜用气相色谱（GC）分离分析外，其余 80%的化合物，包括大（高）分子化合物、离子型化合物、热不稳定化合物以及有生物活性的化合物都可以用不同模式的 HPLC（ 正相 HPLC、反相 HPLC、离子交换色谱和离子色谱、体积排除色谱、亲合色谱等等）进行分离分析。而且高效液相色谱法还具有以下几个突出的特点：

（1）分离效能高。由于新型高效微粒固体相填料的使用，液相色谱填充柱的柱效可达5000～30000块/m理论塔板数，远远高于气相色谱填充柱的1000块/m理论塔板数的柱效；

（2）选择性高。由于液相色谱具有高柱效，并且流动相可以控制和改善分离过程的选择性，因此高效液相色谱不仅可以分析不同类型的有机化合物及其同分异构体，还可以分析在性质上极为相似的旋光异构体；

（3）检测灵敏度高。高效液相色谱法使用的检测器大多数都具有较高的灵敏度，紫外检测器灵敏度可达10^{-9}g，荧光检测器灵敏度可达10^{-12}g；

（4）分析速度快。由于高压泵的使用，相对于经典液相（柱）色谱法其分析时间大大缩短。

2. 高效液相色谱仪器

高效液相色谱仪器系统的主要部件有：储液罐、高压输液泵、进样装置、色谱柱、检测器、记录仪和数据处理装置（色谱工作站）。

（1）输液系统。输液系统要为HPLC仪器提供流量恒定、准确、无脉冲的流动相，流量的精度和长期的重复性要好，同时还要提供精度好、准确度高、重现性好的多元溶剂梯度。流量的范围要宽，既能满足微柱（内径1～2mm）分析，也能满足常规柱（内径4mm）分析，甚至还可满足半制备柱（内径10mm）的需求。目前HPLC常用的是双泵头往复式柱塞泵，流速范围一般为0.001～10mL·min^{-1}。

（2）色谱柱。色谱柱通常为不锈钢柱，内装各种填充剂。常用的填料为硅胶，可用于反相色谱；化学键合固定相，根据键合的基团不同，可用于反相或正相色谱。其中最常用的是十八烷基键合硅胶，即ODS柱，可用于反相色谱或离子对色谱。

（3）检测器。检测器用于连续检测色谱柱流出的物质，进行定性定量分析。要求其灵敏度高、噪音小、基线稳定、响应值的线性范围宽等。近年来各国都在研究开发新的检测技术，进一步扩大了HPLC的应用。常用的检测器有紫外检测器（UVD）、示差折光检测器（RID）、电化学检测器（ECD）、荧光检测器等。

3. 阿司匹林

阿司匹林（乙酰水杨酸ASP）是一种高效的解热镇痛感冒药，并被广泛用于防治心脑血管病。结构式如下所示，可用水杨酸与乙酐合成乙酰水杨酸。

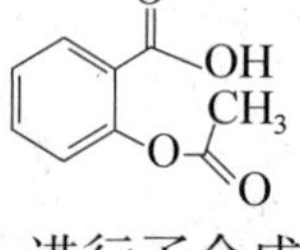

1898年由德国化学家A. W. Hofmann进行了合成，并为他父亲治疗风湿关节炎，疗效极好。后来应用到临床，取名为阿司匹林（Aspirin）。到目前为止，阿司匹林已应用百年，成为医药史上三大经典药物之一，至今它仍是世界上应用最广泛的解热、镇痛和抗炎药，也是作为比较和评价其他药物的标准制剂。在体内具有抗血栓的作用，它能抑制血小板的释放反应，抑制血小板的聚集，这与TXA2（血栓素A2）生成的减少有关。临床上用于预防心脑血管疾病的发作。

实验原理

阿司匹林泡腾片的成分主要为乙酰水杨酸，由于乙酰水杨酸很容易降解为水杨酸，药物中水杨酸含量测定常被用于阿司匹林药物的质量检测。潮湿条件下，乙酰水杨酸分子中的酯基易水解而生成水杨酸（SA）；水杨酸若被服用，会对肠胃有很大的刺激作用。市售的阿司匹林泡腾片的成分主要为乙酰水杨酸，辅料有玉米淀粉、碳酸钙、胶体二氧化硅、糖精钠、香精等。由于乙酰水杨酸很容易降解为水杨酸，药物中水杨酸含量测定常被用于阿司匹林药物的质量检测。用液相色谱法可以很好地分离乙酰水杨酸和水杨酸，乙酰水杨酸和水杨酸的含量可以用外标法进行定量测定。

液相色谱法是指流动相为液体的色谱技术。在经典的液相柱色谱法基础上，引入了气相色谱法的理论基础，在技术上采用了高压泵、高效固定相和高灵敏度检测器，实现了分析速度快，分离效率高和操作自动化。

仪器试剂

仪器：高效液相色谱仪　自动进样器　容量瓶　烧杯

试剂：甲醇（GR）　阿司匹林泡腾片(乙酰水杨酸,成品药)　冰乙酸

实验步骤

1. 仪器的准备工作

（1）泵

①确保流动相的充足，一般应在所预计的消耗量之上加150mL，以保证仪器正常运行。

②流动相要新鲜，一般情况下一次制得的纯水应在连续24h内用完，未用完应弃掉。

（2）溶剂管道　仪器开机前，更换流动后，管路中会有一些气体，而这些气体会对柱、泵及检测器产生不同程度的影响，因此要求开机时每次都要对管路进行脱气。

（3）自动进样器　当连续使用中需要更换样品类型或流动相黏度较大时，应每次进样完成后进行洗针。

（4）柱温箱　柱温箱应在打开电源且柱连接好后，及时设置为方法要求的温度。

（5）检测器　为减少灯能量浪费，检测器应在样品准备好完成后或基本完成时，且按仪器系统要求流动相及流速平衡至少30min以上后再打开，在完成自检20min以后方可开始样品的分析。

2. 阿司匹林溶液的配制

取阿司匹林泡腾片10片，精密称定，充分研细，精密称取细粉适量（约相当于阿司匹林50mg），置于10mL容量瓶中，加0.6%冰乙酸的甲醇水溶液强烈振摇使溶解，并用0.6%冰乙酸的甲醇水溶液稀释至刻度，摇匀，用有机相滤膜（孔径：0.45μm）过滤，将适量的滤液放入样品瓶中待测。

3. 色谱条件的选择

固定相：硅胶C_{18}；

流动相：甲醇/水/冰乙酸=70/30/0.6；

流量：$0.5mL \cdot min^{-1}$；

紫外检测波长：276nm；

阿司匹林峰的保留时间约为：8min；

温度：30℃。

4. 样品的测定

自动进样器会精密量取样品滤液1μL，注射到管路系统中，同时开始计时并记录色谱

图，色谱工作站会保存并处理所得的色谱数据。

5. 实验结束

按操作流程关闭仪器，整理打扫实验台。

实验指导

1. 数据处理

根据色谱图的数据，溶液色谱图中如显杂质峰，除小于灵敏度试验溶液中阿司匹林主峰面积的单个杂质峰、溶剂峰及水杨酸峰不计外，其余各杂质峰面积的和不得大于对照溶液主峰峰面积的0.5%，分析样品峰的归属并计算相应的质量分数。

2. 注意事项

（1）实验步骤应按照戴安液相色谱的具体操作方法进行，不同的色谱仪器在操作指令上会有所不同。

（2）试验所用到流动相必须用微孔滤膜进行过滤，样品进样前同样需要过滤。

（3）试验结束后，要充分地冲洗色谱柱。

实验拓展

本实验是高效液相色谱法测定阿司匹林中水杨酸的含量的一个具体应用，有较高的应用价值。从本实验进一步拓展测定阿司匹林中水杨酸的含量的其他方法如下。

1. 返滴定法

在过量的强碱性溶液中，阿司匹林能够定量的水解为水杨酸(邻羟基苯甲酸)和乙酸盐，反应式如下：

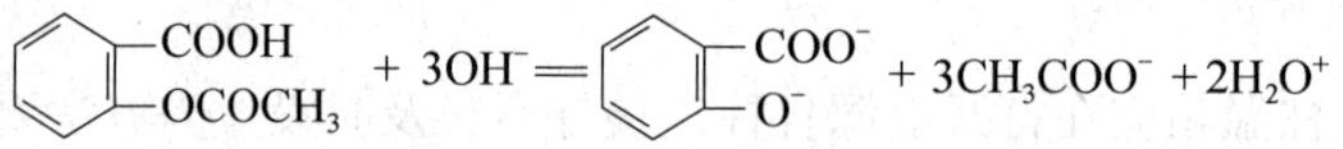

将药片研磨成粉状，准确称取并溶解于NaOH溶液中，加热使其完全水解，冷却后以酚酞为指示剂用HCl标准溶液回滴过量的NaOH，滴定至溶液由红色变为无色即为终点。滴定反应中，乙酰水杨酸与氢氧化钠物质的量之比为1∶2。

2. 分光光度法

水杨酸（SA）与Fe^{3+}在pH=3下发生络合反应，形成稳定的紫红色络合物，在一定浓度范围内，络合物的浓度与吸光度满足Lambert-Beer定律$A=\varepsilon' bC$。考虑到Fe^{3+}水合离子(黄色)对吸光度的影响，选用相同浓度的Fe^{3+}溶液作参比液。若络合物的络合比为n，则$A=\varepsilon' bC_{SA}/n=\varepsilon bC_{SA}$。在适宜的温度、pH值、波长等测定条件下，配制一系列与参比液Fe^{3+}浓度相同但SA浓度不同的溶液，以空白Fe^{3+}溶液为参比，测其吸光度A，并绘制$A-C_{SA}$标准曲线。通过测定阿司匹林待测样的吸光度，便可在标准曲线上查出其对应的SA浓度，从而求出样品中SA的含量。

3. 荧光光度法

采用荧光光度法测定阿司匹林的水解产物水杨酸的荧光强度，由标准物水杨酸的工作曲线求得片剂中阿司匹林的含量。

另外，测定阿司匹林含量的方法还有：毛细管电泳法和线性扫描伏安法等电化学方法。

高效液相色谱法适宜于分离、分析高沸点、热稳定性差、分析生理活性及相对分子质量比较大的物质，因而以应用于核酸、肽类、内酯、稠环芳烃、高聚物、药物、人体代谢产物、生物大分子、表面活性剂、抗氧化剂、除莠剂等的分析中，在化工、环保、临床药物等领域广泛应用，目前在生命科学中又显示出其突出地位。

实验思考

1. 高效液相色谱的基本组成有哪几部分？

2. 色谱定性、定量分析的方法有哪些？

3. 测定阿司匹林中水杨酸的含量的方法除了本实验的方法外还有哪些？并了解其实验原理？

实验十二　萘、联苯、菲的高效液相色谱分析

实验目的

(1) 理解反相色谱的优点及应用；

(2) 掌握归一化定量方法。

实验背景

1. 反相高效液相色谱简介

高效液相色谱经过30年的发展，各种新的色谱技术不断涌现，在色谱理论研究、仪器研究、分析实践应用等方面，已经取得长足的进步。其中，反相高效液相色谱因其良好的选择性，应用的范围不断扩大，显示出很好的应用前景。

反相高效液相色谱是化学键合相色谱法的一种。化学键合相色谱法是由液液色谱法发展起来的，是为了解决在分离过程中，机械吸附在载体上的固体液的流失问题而发展出来的一种新方法。键合相色谱法通过将不同的有机官能团通过化学反应共价键合到硅胶载体表面的游离羟基上，而生成化学键合固定相。化学键合固定相对各种极性溶剂都有良好的化学稳定性和热稳定性。由它制备的色谱柱柱效高、使用寿命长、重现性好，几乎对各种类型的有机化合物都呈现良好的选择性，并可用于梯度洗脱操作，消除了分配色谱法的缺点。

根据键合固定相和流动相相对极性的强弱，可将键合色谱法分为正相键合色谱法和反相键合色谱法。反相键合色谱法即反相高效液相色谱，在正相键合色谱法中，键合固定相的极性大于流动相的极性，适用于分离油溶性或水溶性的极性和强极性化合物，在反相键合相色谱法中，键合固定相的极性小于流动相的极性，适用于分离非极性、极性或离子型化合物，其应用范围也比正相键合相色谱法更广泛。

2. 反相键合相色谱法的分离原理

在反相键合相色谱法中使用的是非极性键合固定相。它是将全多孔（或薄壳）微粒硅胶载体经酸活化处理后，与含烃基链（C_4、C_8、C_{18}）或苯基的硅烷化试剂反应，生成表面具有烷基或苯基的非极性固定相。如共价结合到载体上的直链碳氢化合物——正辛基等。

关于反相色谱的分离机理，吸附色谱的作用机制认为溶质在固定相上的保留主要是疏水作用，在高效液相色谱中又被称为疏溶剂作用。根据疏溶剂理论，当溶质分子进入极性流动相后，即占据流动相中相应的空间，而排挤一部分溶剂分子。当溶质分子被流动相推动与固定相接触时，溶质分子的非极性部分或非极性因子会将非极性固定相上附着的溶剂膜排挤

开，而直接与非极性固定相上的烷基官能团相结合（吸附）形成缔合络合物，构成单分子吸附层。这种疏溶剂的吸附作用是可逆的，当流动相极性减少时，这种疏溶剂斥力下降，会发生解缔，并将溶质分子解放而被洗脱下来。

反相色谱中疏水性越强的化合物越容易从流动相中挤出去，在色谱柱中滞留时间也长，所以反相色谱法中不同的化合物根据它们的疏水特性得到分离。反相色谱法适于分离带有不同疏水基团的化合物，亦即非极性基团的化合物。此外，反相色谱法可用于分离带有不同极性基团的化合物。可以通过改变流动相的溶剂及其组成和 pH 值，以影响溶质分子与流动相的相互作用，改变它们的滞留行为。另外，反相色谱中水的流动相中占的比例伸缩性很大，可以从 0~100%，从而使反相色谱可用于水溶性、脂溶性化合物的分离。反相色谱法中的固定相是被共价结合到硅胶载体上的直链饱和烷烃，其链的长短不同，最长的是十八烷基，这也是使用得最多的固定相。直链饱和烷烃疏水特性随着碳氢链的长度增加而增加，在反相色谱柱中溶质由于疏水作用而滞留的时间也将随着碳氢链的长度而增加。在一般情况下这意味着用碳氢链长的反相色谱柱能得到较好的分辨率，在多数情况下是依靠反复试验选择色谱柱。由于反相色谱法的固定相是疏水的碳氢化合物，溶质与固定相之间的作用主要是非极性相互作用，或者说疏水相互作用，因此溶剂的强度随着极性降低而增加。水是极性最强的溶剂，也是反相色谱中最弱的溶剂。在反相色谱中常常用作基础溶剂，向其中加入不同浓度的、可以与水混溶的有机溶剂，以得到不同强度的流动相，这些有机溶剂称为修饰剂。反相色谱中最常用的有机溶剂有甲醇和乙腈，此外，乙醇、四氢呋喃、异丙醇及二氧六环也常被用作修饰剂。

反相高效液相色谱所具有的柱效高、使用寿命长、重现性好，几乎对各种类型的有机化合物都呈现良好的选择性，并可用于梯度洗脱操作的优点，使得其在生物化学与工程、医药研究、食品分析、环境污染和精细化工等领域都得到了广泛应用，相信会有更好的应用前景。

3. 萘、联苯、菲

萘、联苯、菲都可以从煤焦油中提取，都是工业上重要的原料。下面从用途上分别作简单介绍：

（1）萘。萘是工业上最重要的稠环芳香烃。纯品为具有香樟木气味的白色晶体，熔点 80.5℃。主要用于生产邻苯二甲酸酐、染料中间体、橡胶助剂和杀虫剂等。1958 年以来，代替 DDT 等氯化产品的甲萘威投产后，用作杀虫剂原料的比例有所增加。萘的用途分配，各国有所不同，大致用于生产邻苯二甲酸酐约占 70%，染料中间体（如 β-萘酚）和橡胶加工助剂约占 15%，杀虫剂约占 6%，鞣革剂约占 4%，染料生产较少的国家，如美国则用于生产杀虫剂的比例较大。广泛用作制备染料、树脂、溶剂等的原料，也用作驱虫剂（俗称卫生球或樟脑丸）。起取代反应比起加成反应容易。

（2）联苯。联苯是重要的有机原料，广泛用于医药、农药、染料、液晶材料等领域。可以用来合成增塑剂、防腐剂，还可以用于制造燃料、工程塑料和高能燃料等。联苯存在于煤焦油、原油和天然气中。联苯的制备方法有通过苯热解制联苯等的化学合成法和通过各种煤焦油馏分制联苯的分离提取法。联苯在煤焦油中的质量分数为 0.20%~0.40%，目前煤焦油提取法和化学合成法并存。

（3）菲。菲可用于合成树脂、植物生长激素、还原染料、鞣料等方面，菲经氢化制得全氢菲可用于生产喷气飞机的燃料，溶液有蓝色荧光。用于制造染料和农药等，并用作无烟火药的稳定剂。

实验原理

在液相色谱中，若采用非极性固定相，如十八烷基键合相、极性流动相，这种色谱法称为反相色谱法。这种分离方式特别适合于同系物、苯并系物等。萘、联苯、菲在 ODS 柱（反相色谱柱，也叫 C_{18}柱）上的作用力大小不等，它们的 k'值不等（k'为不同组分的分配比），在柱内的移动速率不同，因而先后流出柱子。根据组分峰面积大小及测量的定量校正因子，就可由归一化定量方法求出各组分的含量。归一化定量公式为：

$$P_i = \frac{A_i f'_i}{A_1 f'_1 + A_2 f'_2 + \cdots + A_n f'_n} \times 100\% \qquad (7-16)$$

式（7-16）中，A_i 为组分的峰面积，f'_i 为组分的相对定量校正因子。采用归一化法的条件是：样品中所有组分都要流出色谱柱，并能给出信号。此法简便、准确，对进样量的要求不十分严格。

实验试剂及仪器

仪器：高效液相色谱仪　紫外吸收检测器(254nm)微量注射器　分析天平　容量瓶

试剂：重蒸甲醇（A. R.）　萘　联苯　菲(AR)　流动相：甲醇/水=88/12

实验步骤

（1）按操作说明书使色谱仪正常进行，并将实验条件调节如下：

柱温：室温；

流动相流量：1.0mL·min^{-1}；

检测器工作波长：254nm。

（2）标准溶液配制：准确称取萘 0.08g、联苯 0.02g、菲 0.01g，用重蒸馏的甲醇溶解，并转移至 50mL 容量瓶中，用甲醇稀释至刻度。

（3）在基线平直后，注入标准溶液 3.0mL，记下各组分保留时间。再分别注入纯样对照。

（4）注入样品 3.0mL，记下保留时间。重复两次。

（5）实验结束后，按要求关好仪器。

实验指导

1. 数据处理

（1）确定未知样中各组分的出峰次序。

（2）求取各组分的相对定量校正因子。

（3）求取样品中各组分的质量分数。

（4）计算以萘为标准时的柱效。

2. 注意事项

（1）用微量注射器吸液时，要防止气泡吸入。

（2）进样与按下计时按键要同步，否则影响保留值的准确性。

（3）室温较低时，为加速萘的溶解，可用红外灯稍稍加热。

（4）本实验分析对象为致癌物，因此，要有保护措施，如使用一次性塑料手套。

实验拓展

反相色谱在高效液相色谱中应用最广泛，占到了全部色谱分离的70%左右。本实验是反相色谱应用的具体实例，很有代表性。萘、联苯、菲都是重要的芳烃类化合物，因此可以利用本实验进一步测定环境中多环芳烃。

反相色谱在环境分析中的应用：苯基脲类污染物的反相色谱分析，酚类化合物的反相色谱分析，硝基化合物的反相色谱分析，有机锡的反相色谱分析。

利用反相高效液相色谱法分析米根霉乳酸发酵液中有机酸的方法：应用反相 Wakosil-Ⅱ 5C18RS 色谱柱，以磷酸（pH=2.5）作为流动相发酵液经稀硫酸预处理后直接进样分离定量，在 10min 内把其中的乳酸、苹果酸、富马酸等完全分离定量，各种酸回收率大于 97%。

反相色谱法同时测定食品中水溶性维生素 C、B_5、B_6、B_1、B_2、和 B_{12} 的含量：采用 PC8-10/S2504 柱，0.1moL · L^{-1} 甲酸铵-甲酸溶液（pH=4.5，含 0.4%二乙胺）+甲醇（75+25）为流动相，流速 1mL · min^{-1}，UV254nm，12min 内实现了良好分离，乙酰苯胺为内标物。苹果及强化奶粉中维生素平均回收率分别为 92.50% ~ 105.60% 和 95.00% ~ 102.80%，此试验采用选择性较高的 C_8 固定相，作用力适中，使性质差别较大的维生素都能得到良好分离，使用价格便宜的甲醇-水为流动相，通过改变色谱条件，短时间内实现了上述 6 种维生素的分离。

反相液相色谱法定量分析三苯基磷：采用反相液相法，使用 C_{18} 化学键合硅胶柱，用乙腈溶解样品，用 80%以上甲醇，水为流动相，流速为 1.5mL · min^{-1}，紫外检测器，波长 254nm，得到了峰形对称、重现性好的分离图。我们将此方法用于三苯基磷生产的工艺条件选择和生产质量的定量测定，得到满意的结果。本方法适用于工业三苯基磷产品的定量分析。

实验思考

1. 观察分离所得的色谱图，解释不同组分之间分离差别的原因。

2. 高效液相色谱柱一般可在室温下进行分离，而气相色谱柱则必须恒温，为什么？高效液相色谱柱有时也实行恒温，这又为什么？

3. 本实验是否可以使用正相色谱柱，如硅胶柱？为什么？

4. 说明紫外吸收检测器的工作原理？

实验十三　气相色谱-质谱联用法测定未知样品中的多环芳烃

实验目的

（1）初步学会质谱图的解析；

（2）了解 GC-MS 联用仪的基本操作；

（3）掌握 GC-MS 工作的基本原理。

实验背景

1. 气相色谱（GC）

GC 是一种分离技术。在实际工作中要分析的样品通常很复杂，因此，对含有未知组分的样品，首先必须要将其分离，然后才能对有关组分做进一步的分析。混合物中各个组分的分离性质在一定条件下是不变的，因此，一旦确定了分离条件，就可用来对样品组分进行定量分析。

GC 主要是利用物质的沸点、极性及吸附性质的差异来实现混合物的分离。待分析样品在汽化室汽化后被惰性气体（即载气，也叫流动相）带入色谱柱，柱内含有固定相，由于样品中各个组分的沸点、极性或吸附性能不同，每种组分都倾向于在流动相和固定相之间形成分配或吸附平衡。由于载气在流动，使得样品组分在运动中进行反复多次的分配或吸附或解吸，结果是在载气中分配浓度大的组分先流出色谱柱进入检测器，检测器将样品组分的存在与否转变为电信号，电信号的大小与被测组分的量或者浓度成比例，这些信号放大并记录下来就成了通常我们看到的色谱图。

载气 ↓

样品 ⟶ 进样器 ⟶ 色谱柱分离 ⟶ 检测器 ⟶ 信号记录

2. 质谱（MS）

质谱法是通过将样品转化为运动的气态离子并按照质荷比（m/z）大小进行分离记录的分析方法，根据质谱图提供的信息可以进行多种有机物及无机物的定性定量及结构分析。其早期主要用于分析同位素，现在已经成为鉴定有机化合物结构的重要工具之一。MS 可以提供相对分子质量信息以及丰富的碎片离子信息，从而根据碎裂方式和碎裂理论深入研究质谱碎裂机理，为分析鉴定有机化合物结构提供数据，对于离子结构对应的分子组成、精确质量的测定可以给出有力的证明。对于一个未知物而言，可以在一定程度上通过质谱来确定其可能的结构特征。

本实验用的仪器是电子轰击离子源［离子源为灯丝（70eV），可以发出电子］，有机化合物在高真空中受热汽化后，受到具有一定能量电子束轰击，可使分子失去电子而形成分子离子。这些离子经离子光学系统聚焦后，进入离子阱质量分析器，通过射频电压扫描，不同质荷比的离子相继排出离子阱而被电子倍增器检测。

3. 气质联用（GC-MS）

色谱法对有机化合物是一种有效的分离分析方法，但有时候定性分析比较困难，而质谱法虽然可以进行有效的定性分析，但对复杂的有机化合物就很困难了，因此色谱法和质谱法的结合为复杂的有机化合物的定量、定性及结构分析提供了一个良好的平台。

气质联用仪是分析仪器中较早实现联用技术的仪器，在所有联用技术中气质联用发展最完善，应用最为广泛。二者的有效结合既充分利用了气相色谱的分离能力，又发挥了质谱定性的专长，优势互补，结合谱库检索，对容易挥发的混合体系，一般情况下可以得到满意的分离及鉴定结果。目前从事有机物分析的实验室几乎都把 GC-MS 作为主要的定性确认手段之一，另一方面，目前市售的有机质谱仪均能和气相色谱仪联用。

气相色谱仪能分离样品中的各个组分，起着样品制备的作用；接口把气相色谱仪流出的各个组分送入质谱仪进行检测；质谱仪对接口引入的各个组分进行分析，成为气相色谱仪的检测器；计算机系统控制气相色谱、接口和质谱仪，进行数据采集和处理。

气相色谱-质谱联用法(GC-MS)是一种高效能、高选择性、高灵敏度的分离分析方法。质谱检测模式有全离子扫描(SCAN)模式和选择离子扫描(SIM)模式。气相色谱-质谱联用选择离子检测(GC-MS-SIM)常被用作定量分析，且能提高灵敏度，降低样品浓度检测限。

4. 多环芳烃

多环芳烃(PAH)普遍存在于人为因素及自然因素产生的环境污染物中。PAH 主要是由煤、石油等矿物性燃料不完全燃烧时产生的。主要的工业污染源是焦化、石油炼制、炼钢等工业过程中排放的废水和废气。PAH 具有稳定的化学结构、较好的疏水性及容易在生物体内积累等特点，一旦形成就很难降解。这类化合物中已有不少被确定或怀疑具有致癌或致突变作用，所以日益引起人们的关注，PAH 一直是分析化学界的研究重点。建立一种精确的、高回收率并且低不确定度的测定环境样品中 PAHs 的方法，显得尤为重要。在各种水中的最高允许浓度为：地下水 50μg · L^{-1}；地面水 1μg · L^{-1}；废水 100μg · L^{-1}。

目前国内外分离和测定多环芳烃 PAH 的主要方法有薄层色谱法、气相色谱法和高效液相色谱法(HPLC)。HPLC 测定 PAH 不需高温，对某些 PAH 的测定具有较高的分辨率和灵敏度，柱后馏分便于收集进行光谱鉴定，所以近年来，HPLC 法广泛用于 PAH 的测定。

实验原理

1. GC-MS 联用中主要的技术问题

(1) 仪器接口　通常色谱柱的出口端为大气压力，这一状态与质谱仪中的高真空系统不相容，因此，接口技术要解决的问题就是如何使气相色谱仪的大气压工作条件和质谱仪的真空工作条件的联接相匹配。接口要把气相色谱柱流出物中的载气尽可能多的除去，保留或浓缩待测物，使近似大气压的气流转变成适合离子化装置的粗真空，并协调色谱仪和质谱仪的工作流量。

(2) 扫描速度　没与色谱仪联接的质谱仪一般对扫描速度要求不高。和气相色谱仪联接的质谱仪，由于气相色谱峰很窄，有的仅几秒钟时间。一个完整的色谱峰通常需要至少 6 个以上数据点，这样就要求质谱仪有较高的扫描速度，才能在很短的时间内完成多次全范围的质量扫描。另一方面，要求质谱计能很快地在不同的质量数之间来回切换，以满足选择离子检测的需要。

2. GC-MS 分析条件的选择

GC-MS 分析条件要根据样品进行选择，在分析样品之前应尽量了解样品的情况，比如样品组分的多少、沸点范围、相对分子质量范围、化合物类型等。这些是选择分析条件的基础。一般情况下样品组成简单，可以使用填充柱；样品组成复杂，则一定要使用毛细管柱。根据样品类型选择不同的色谱柱固定相，如极性、非极性和弱极性等。与气相色谱中的分析一样，汽化温度一般要高于样品中最高沸点 20~30℃。柱温可根据样品的具体情况来设定，如有必要也可采用程序升温技术，选择合适的升温速率，以使各组分都实现基线分离。有关 GC/MS 分析中的色谱条件与普通的气相色谱条件相同。质谱条件的选择包括扫描范围、扫描速度、灯丝电流、电子能量、光电倍增器电压等。扫描范围就是可以选择分析器的离子的质荷比范围，该值的设定取决于欲分析化合物的相对分子质量，应该使化合物所有的离子都出现在设定的扫描范围之内。扫描速度视色谱峰宽而定。

一个色谱峰出峰时间内最好能有 7~8 次质谱扫描，这样得到的重建离子流色谱图比较圆滑，一般扫描速度可设在 0.5~2s 扫一个完整质谱。灯丝电流一般设置在 0.20~0.25mA。灯丝电流小，仪器灵敏地太低；电流太大，则会降低灯丝寿命。电子能量一般为 70eV，标准质谱图都是在 70eV 下得到的。改变电子能量会影响质谱中各种离子间的相对强度。如果质谱中没有分子离子峰或分子离子峰很弱，为了得到分子离子，可以降低电子能量到 15eV 左右。此时分子离子峰的强度会增强，但仪器灵敏度会大大降低，而且得到的不再是标准质谱。光电倍增器电压与灵敏度有直接关系。在仪器灵敏度能够满足要求的情况下，应使用较低的光电倍增器电压，以保护倍增器，延长其使用寿命。

3. GC-MS 分析技术

GC-MS 分析的关键是设置合适的分析条件，使各组分能够得到满意的分离，得到很好的重建离子色谱图和质谱图，在此基础上才能得到满意的定性和定量分析结果。GC/MS 分析得到的主要信息有 3 个：样品的总离子流图或重建离子色谱图；样品中每一个组分的质谱图；每个质谱图的检索结果。此外，还可以得到质量色谱图、三维色谱质谱图等。对于高分辨率质谱仪，还可以得到化合物的精确相对分子质量和分子式。

（1）总离子流色谱图　在一般 GC/MS 分析中，样品连续进入离子源并被连续电离。分析器每扫描一次（比如：1s），检测器就得到一个完整的质谱图并送入计算机存储。由于样品浓度随时间变化，得到的质谱图也随时间变化。一个组分从色谱柱开始流出到完全流出大约需要 10s，计算机就会得到这个组分不同浓度下的质谱图 10 个。同时，计算机还可以把每个质谱图的所有离子相加得到总离子流强度，这些随时间变化的总离子流强度所描绘的曲线就是样品总离子流色谱图或由质谱重建而成的重建离子色谱图。总离子流色谱图是是由一个个质谱得到的，所以它包含了样品所有组分的质谱。它的外形和由一般色谱仪得到的色谱图是一样的。只要所用色谱柱相同，样品出峰顺序就相同。其差别在于，重建离子色谱所用的检测器是质谱仪，而一般色谱仪所用检测器是氢焰、热导等。两种色谱图中各成分的校正因子不同。

（2）质谱图由总离子流色谱图可以得到任何一个组分的质谱图。一般情况下，为了提高信噪比，通常由色谱峰峰顶处得到相应质谱图。但如果两个色谱峰有相互干扰，应尽量选择不发生干扰的位置得到质谱图，或通过扣本底消除其他组分的影响。

（3）质量色谱图　总离子色谱图是将每个质谱的所有离子加合得到的色谱图。同样，由质谱中任何一个质量的离子也可以得到色谱图，即质量色谱图。由于质量色谱图是由一个质量的离子得到的，因此，其质谱中不存在这种离子的化合物，也就不会出现色谱峰，一个样品只有几个甚至一个化合物出峰。利用这一特点可以识别具有某种特征的化合物，也可以通过选择不同质量的离子做离子质量色谱图，使正常色谱不能分开的两个峰实现分离，以便进行定量分析。由于质量色谱图是采用一个质量的离子作图，因此进行定量分析时，也要使用同一离子得到的质量色谱图进行标定或测定校正因子。

仪器试剂

仪器：气相质谱联用仪　毛细管气相柱（30m×0.25mm×0.25μm）微量注射器（10μL）

试剂：萘　苊烯　苊　芴　菲　蒽　荧蒽　芘　苯并蒽　屈　苯并荧蒽　苯并荧蒽、苯并芘　茚并芘　二苯并蒽　苯并苝　环境中萃取出来的多环芳烃混合物

实验步骤

1. 气相色谱实验条件和质谱条件

有关GC/MS分析中的色谱条件与普通的气相色谱条件相同。质谱条件的选择包括扫描范围、扫描速度、灯丝电流、电子能量、光电倍增器电压等。扫描范围就是可以选择分析器的离子的质荷比范围，该值的设定取决于欲分析化合物的相对分子质量，应该使化合物所有的离子都出现在设定的扫描范围之内。扫描速度视色谱峰宽而定，一个色谱峰出峰时间内最好能有7~8次质谱扫描，这样得到的重建离子流色谱图比较圆滑，一般扫描速度可设在0.5~2s扫一个完整质谱即可。灯丝电流一般设置在0.20~0.25mA。灯丝电流小，仪器灵敏度太低；电流太大，则会降低灯丝寿命。电子能量一般为70eV，标准质谱图都是在70eV下得到的。改变电子能量会影响质谱中各种离子间的相对强度。如果质谱中没有分子离子峰或分子离子峰很弱，为了得到分子离子，可以降低电子能量到15 eV左右。此时分子离子峰的强度会增强，但仪器灵敏度会大大降低，而且得到的不再是标准质谱。光电倍增器电压与灵敏度有直接关系。在仪器灵敏度能够满足要求的情况下，应使用较低的光电倍增器电压，以保护倍增器，延长其使用寿命。

2. 进样操作

优化一个GC条件来测定环境中萃取出来的多环芳烃。

3. 图谱解析

从标准样品图谱中寻找并确定目标化合物；实际样品中鉴定不同的多环芳烃。

实验指导

1. 数据处理

（1）利用质谱图对色谱流出曲线上的每一个色谱峰对应的化合物进行定性鉴定；

（2）利用标准品对环境中萃取出来的多环芳烃混合物中的每一种多环芳烃进行定量分析。

2. 使用仪器注意

（1）开机时，请确保先开气阀，再开主机电源。每次开机后请先确认真空泵工作正常，以确保仪器正常工作，发现有故障时，应停机检查。

（2）小心不要碰到GC进样口，以免烫伤!

（3）不要随意按动仪器面板上的按钮，以免出现不可预知的故障与危险。

（4）做实验之前请认真预习相关知识，可参考教材中的色谱法引论、气相色谱法和质谱法中的相关内容。

（5）当操作者错误操作或因其他干扰引起微机错误时，可重新启动计算机，但无须关电源。

（6）进样时要使针头垂直插入进样口，小心不要把进样针弯折。

（7）多环芳烃多有致癌作用，请同学们实验完毕及时洗手。

（8）仪器运行环境需保护清洁，不使用时请加防尘罩。

（9）为延长气质联用仪使用寿命，实验完毕后要关闭离子室的电源，不关主机电源。

实验拓展

本实验进行了GC-MS技术测定多环芳烃，既发挥了色谱法的高分离能力，又发挥了质谱法的高鉴别能力。这种技术适用于做多组分混合物中未知组分的定性鉴定；可以判断化合物的分子结构，可以准确地测定未知组分的相对分子质量；可以修正色谱分析的错误判断；可以鉴定出部分分离甚至未分离开的色谱峰等。因此日益受到重视，现在几乎全部先进的质谱仪器都具有进行联用的气相色谱仪，并配有计算机（化学工作站）。

GC-MS 联用在分析检测和研究的许多领域中起着越来越重要的作用，特别是在许多有机化合物常规检测工作中成为一种必备的工具。如环保领域，在检测许多有机污染物，特别是在一些浓度较低的有机化合物中，如二噁英等标准方法中就规定用 GC - MS；药物研究、生产、质控以及进出口的许多环节中都要用到 GC-MS；法庭科学中对燃烧、爆炸现场的调查，对各种案件现场的残留物的检验，如纤维、呕吐物、血迹等的检验与鉴定，无一不用到 GC-MS；工业生产的许多领域，如石油、食品、化工等行业都离不开 GC-MS；甚至竞技体育运动中也用 GC-MS 来进行兴奋剂的检测。

实验思考

1. GC-MS 联用系统一般由哪几个部分组成？
2. GC-MS 联用中要解决哪些问题？常用的接口有哪几种？
3. 什么是总离子流色谱图？
4. 质谱仪的主要功能是什么？如何达到这个目的？

实验十四　X 射线衍射物相定性分析

实验目的

(1) 熟悉 X 射线衍射仪的结构原理及其使用方法；
(2) 掌握 X 射线衍射物相定性分析的基本方法。

实验背景

1895 年 W. C. Röentgen 研究阴极射线管时，发现射线管的阴极能发出一种能穿透物质的肉眼看不见的射线。它的本质在当时是一个“未知数”，故称之为 X 射线。这是一项伟大的发现，当即在医学上获得非凡的应用——X 射线透视术，并在科学技术上带来晶体学及其相关学科突破性的飞跃发展。由于它的重大意义和价值，后来人们又以它发现者的名字命名为伦琴射线。

Röentgen 射线发现后，它到底是什么不得而知。但由于这种射线不受电场或磁场的影响，所以认为在本质上和可见光一样，是一种波长极短的电磁波，但当时很难用实验证明，普通的光学光栅虽然可以用来测定光的波长，但因光栅常数的限制，对波长极短的电磁波却无法测定。人们苦于无法用机械方法来制造 X 射线可用的光栅。1912 年，M. von Lane 想到天然晶体本身可利用来作为光栅，他进行了试验，圆满地获得了 X 射线的衍射图样，从而证实伦琴射线的波动性。这样，也随之开创了伦琴射线作晶体结构分析的重大应用。

X 射线是一种电磁辐射，它像可见光，但其波长比可见光短得多，介于紫外线与 γ 射线之间。X 射线的波长范围一般指 1~10000pm 的电磁波。用于测定晶体结构的 X 射线，波长为 50~250pm，这个波长范围与晶体点阵面的间距大致相当。

实验原理

X 射线物相定性分析的任务是利用 X 射线衍射方法，鉴别出待测试样是由哪些物象所组成，即确定试样中是由某几种元素形成的哪些具有固定结构的化合物（其中包括单质元素、固溶体和化合物）。

1. 方法的依据

由于每一种结晶物质都有其特定的结构参数，包括点阵类型、晶胞大小、单胞中原子（离子或分子）数目及位置等，而晶体物质的这些特定参数，反映在衍射图上，表现出衍射线条的数目、位置及相对强度各不相同。因此，每种晶态物质与其 X 射线衍射图之间有着一一对应的关系。任何一种晶态物质都有自己独立的 X 射线衍射图，不会因为多种物质混聚在一起而产生变化。这就是 X 射线衍射物相定性分析的方法的依据。见图 7-8。

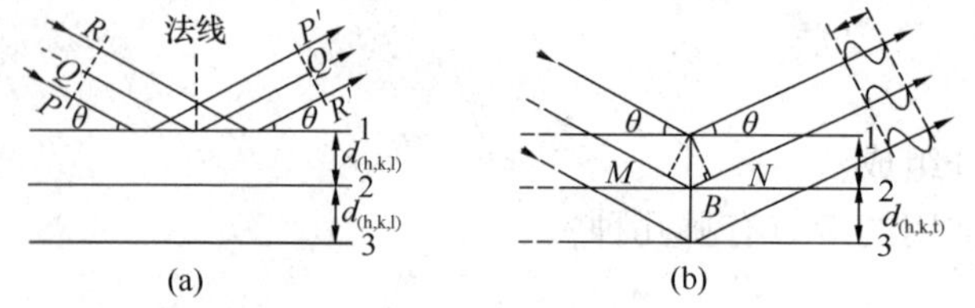

图 7-8　晶体的 Bragg-衍射

从 Bragg 方程知道，晶体的每一个衍射峰都和一组晶面间距为 d 的晶面组联系着：

$$2d\sin\theta = \lambda \qquad (7-17)$$

式（7-17）中，θ 为入射线与晶面的夹角，λ 为入射线的波长。另一方面，晶体的每一条衍射线的强度 I 又与结构因子 F 模量的平方成正比：

$$I = I_0 K |F|^2 V \qquad (7-18)$$

式（7-18）中，I_0 为单位截面上入射 X 射线的功率；K 为比例因子，与实验衍射几何条件、试样的形状、吸收性质、温度及一些物理常数有关；V 为参加衍射的晶体的体积；$|F|^2$称为结构因子，取决于晶体的结构，它是晶胞内原子坐标的函数，由它决定了衍射的强度。可见 d 和 $|F|^2$ 都是由晶体的结构所决定的，因此每种物质都必有其特有的衍射图谱。由此可以肯定，混合物的衍射图谱不过是其各组成物相图谱的简单叠合，我们必定可以通过对混合物衍射图的解释、辨认，进行物相鉴定。

2. 物相定性

物相定性，就是说，只要我们辨认出样品的粉末衍射图分别能和哪些已知的晶体粉末衍射“相关”，那么我们就可以断定该样品是由哪些晶体物相混合而组成的。这里的“相关”包括两层含义：一是样品的图中能找到组成物相应该出现的衍射，而且实验的 d 值和相对应的已知的 d 值在实验误差范围内应该是一致的；二是各衍射线相对强度的顺序也是一致的。显然，要把这一原理顺利地付诸应用，需要积累有大量的各种已知化合物的衍射图资料、数据作为参考标准，而且还要有一套实用的查找、对比的方法，才能迅速完成未知物衍射图的辨认、解释，得出其相组成的鉴定结论。

任何物质都有反映该物质的衍射图谱，即衍射线条具有一定的 d 值和相对强度 I/I_1。当未知样品为多相混合物时，其中的各相分都将在衍射图上贡献出自己所特有的一组衍射峰（一组 d 值）。因此当样品中含有一定量的某种相分时，则其衍射图中的某些 d 值与相对强度，必定与这种相分所特有的一组 d 值与相对强度全部或至少仍有的强峰（当含量较少时）相符合。由此可见，描述每张衍射图的 d 值和相对强度 I/I_1 值，是鉴定各种物相的重要参数。

十分明显，如果事先对一切纯净的单相物质进行测定，并将其 d 值和相对强度 I/I_1 保存在卡片上，这就是 PDF 数据卡片。现在将我们测得的样品衍射图的 d 值和相对强度 I/I_1 与 PDF 卡片一一比较，假如某种物质的 d 值和 I/I_1 与某一卡片全部都能对上，则可初步肯定样品中含有此种物质（或相分），然后再将样品中余下的线条与别的卡片对比，这样便可逐次地鉴定样品中所含的各种相分。

仪器试剂

仪器：自动 X 射线衍射仪　玛瑙研钵　小抹刀　玻璃板

试剂：TiO_2、SiO_2 等无机盐

实验步骤

1. 样品准备

制备衍射仪用的样品试片一般包括两个步骤：首先，需要把样品制成适合衍射仪作物相定性分析所用的粉末，常用的方法是取适量样品，在玛瑙研钵中研磨和过筛，一般当手摸无颗粒感时，即认为晶粒大小已符合要求。然后，需把样品制成一个十分平整平面的试片。对无显著各向异性且在空气中稳定的粉末样品常用“压片法”来制作试片：先将样品框固定在平滑的玻璃片上，然后把样品粉末尽可能均匀地洒入样品框窗口中，再用小抹刀的刀口轻轻摊匀堆好、轻轻压紧，最后用刀片把多余凸出的粉末削去，小心地把样品框从玻璃平面上拿起，轻轻地放入衍射仪的样品台上。

2. 开机步骤

（1）启动 220V 的总电源，发生器总电源指示灯亮；

（2）打开冷却水，或打开循环水水箱电源，开始制冷；

（3）使用稳压器电源的，打开稳压器电源并稳定 5min；打开计算机、打印机电源；

（4）放入检测样品，关好防护门；

（5）打开测量系统电源开关；

（6）按发生器“低压”键，正常状态下：“低压”键上灯亮，“水冷”灯亮；若“水冷”灯不亮且报警，检查水路是否畅通、水流量是否正常；

（7）打开衍射仪操作应用软件，由衍射仪软件启动 X 光，等待管压升至 20kV，管流升至 6mA 并稳定下来；

（8）升管压和管流，先升管压，后升管流。长久不开机或换新管时，在 20kV、6mA 状态下稳定 30min 至 2h，然后由最低档缓慢逐档上升；

（9）先做“校读”使测角仪回到标准位置，开始测量任务。

3. 样品衍射图的获取

（1）打开 X 射线衍射仪操作控制系统软件，先做“校读”使测角仪回到标准位置；此时主机命令前级机完成“校读”操作，分别驱动 θ 和 2θ 轴快速转动到 5°（θ）和 10°（2θ）的位置上。

（2）单击或按“测量”钮，或单击“衍射仪操作”菜单中的“衍射峰测量”或“重叠扫描”命令，弹出“测量条件输入”对话框。

（3）输入衍射仪控制参数、实验记录参数和图参数；

（4）所有条件参数都已输入好后，点击“确定”按钮，便可进行测量，同时屏幕显示

衍射图。点击“取消”按钮，取消当前测量任务。

（5）进行测量时，可点击按钮或单击“衍射仪操作”菜单中的“复位（停止）”按“停止”钮，终止测量。

（6）测量完成后，弹出“xbd2000”对话框，点击“确定”按钮，将测量数据保存，确定保存位置和输入文件名，点击“保存”按钮，进行存盘；点击“取消”按钮，退出存盘。

（7）操作中遇到问题，可参考“X 射线衍射仪操作控制系统软件”菜单中“帮助”。

4. 关机步骤

（1）先降管流，后降管压，至管压、管流最低（20kV，6mA），然后由软件关闭 X 光，等待管压管流降至零，关闭 X 光发生器控制窗口。

（2）按发生器“低压”键，发生器关闭。

（3）在衍射仪操作应用软件中做“校读”，使测角仪回到标准位置。

（4）等待校读过程完毕，关闭衍射仪操作应用软件，关闭计算机。

（5）关闭测量系统电源开关。

（6）使用稳压器电源的，关闭稳压器电源开关。

（7）取出测量样品。若样品掉落，致使样品台堆积样品太多，应及时清理。

（8）5min 后关冷却水；关 220V 的总电源。

实验指导

1. 数据处理

（1）原始衍射图的处理　用 X-Y 函数记录仪直接从衍射仪得到的衍射图，是对应一系列 2θ 角度位置的 X 射线衍射强度分布图，其每一条衍射线表现为一个高出背景的衍射峰。由于测量误差的存在，可对衍射图作一些初步的处理：图谱的平滑、背底的扣除和弱峰的辨认，然后再进行衍射角 2θ 和衍射强度 I 的测量。在要求不高时，可将峰巅位置作为衍射峰 2θ 的位置，峰巅高度作为衍射峰的衍射强度 I，习惯上以最强峰的峰高 I_1 作为 100，其他峰的强度则为 $100I/I_1$，（可表示为 I/I_1），以此来比较取各衍射线的相对强度。再由布拉格公式求出每一个 2θ 角度所对应的 d 值。

（2）物相定性分析

① 进入物相分析窗口；

② 从检索菜单进入综合检索；

③ 打开寻峰文件，点击确定。开始分析和数据处理；

④ 对处理结果进行数据或图形对比；

⑤ 打印结果。

由上面可看出，当未知物质为单一物相时，分析比较简单；但当未知物质为多相混合物时，分析就要复杂得多。实际上物相分析就是采用尝试法。特别当一种相分的某根线条和另一种相分的某根线条重叠，而且这根重叠的线条又为衍射图中最强线条之一或最强线时，则混合物的分析就更加困难。通常的办法只能先对其中一种相分作出一种非常试验性的鉴定，当找到所测 d 值的一部分和某一相分卡片上 d 值一致时，先将这些线条分出来（这些线条属于这一相分）；再将重叠线条的相对强度分成两部分，将其一部分指定属于前面那一相，而将剩余部分，连同未鉴定的线条再按上述的步骤进行处理。有时可能所取的三条最强线不是一种单一物相的，此时就要舍弃其中某一条，再另取一条，然后再尝试。

应当注意，在比较 d 值时，应考虑到所测的未知物质的 d 值和 I/I_1 值与卡片上稍有出入，特别当各种相分的某些衍射线条有互相重合的可能性，使得 I/I_1 的出入可能很大。其次卡片上某些强度很弱的线条，可能在被测样品的衍射图上没有出现。

（3）说明　现在，可以应用计算机对衍射数据进行处理，帮助进行 PDF 卡片检索，自动解释样品的粉末衍射数据。但是计算机的应用并不意味着可以降低对分析者工作水平的要求，它只能帮助人们节省查对 PDF 卡片的时间，只能给人们提供一些可供参考的答案，正式的结论必须由分析者根据各种资料数据加以核定才能得出。而且用计算机来解释衍射图时，对 d–I 数据质量的要求，也更为严格。我们为了掌握 X 射线衍射物相定性分析的最基本方法，所以仍采用人工处理。

2. 注意事项

（1）当发现 X 光管压管流产生异常不稳定现象时，需紧急关闭 X 光高压。直接按下发生器面板上的“停”按键，可以紧急关闭 X 光高压。正常情况下不能随意采用紧急方法关闭，否则将导致 X 光管寿命的降低！

（2）“校读”过程如果未执行完毕而被终止，则前级机记录的测角仪当前位置不是正确的位置，必须重新校读。否则执行转动或测量可能会损坏测角仪机械装置，而且测量结果也不会准确。

（3）安全防护　X 射线（X 光）对人体是非常有害的。因此使用 X 光设备时必须十分注意安全，避免受到 X 射线的辐射，绝对不可受到 X 射线的直接照射。更换样品时必须注意 X 射线的出射窗口是否关闭，实验时防护罩必须四周关严。

此外，X 光机也是一种高压设备，因而也要注意高压的防护。开机时不允许打开 X 光机的防护门，维修时必须切断电源并使高压电容放电。

（4）仪器保养　X 射线衍射仪是大型精密的机械、电子仪器，每一位操作者都应注意对它的爱护及保养。首先必须保证冷却水的畅通，注意最大衍射角不可超过 160°，最低起始角不得小于 2°，各个开关要轻开轻关，严格按照操作规程进行，实验完毕要将样品台上的粉末处理干净，以防粉末掉入轴孔损坏轴及轴承等。

实验拓展

（1）利用 X 射线衍射可以分析纳米催化剂或材料颗粒、孔径大小。

（2）利用 X 射线衍射可以分析矿物质含量。

实验思考

1. 简述 X 射线衍射物相分析的原理方法。
2. 结合具体实验内容，简述粉末衍射图的测量、计算、检索等处理过程。
3. 影响粉末 X 射线衍射图效果的因素有哪些？

实验十五　氢核磁共振波谱分析有机化合物的结构

实验目的

（1）了解核磁共振波谱的基本原理；

（2）学习核磁共振仪的结构、基本操作技术和工作原理；
（3）学习^{1}H核磁共振谱图解析的方法。

实验背景

1. 核磁共振基本介绍

核磁共振（NMR）是处于静磁场中的原子核在另一交变电磁场作用下发生的物理现象。通常人们所说的核磁共振指的是利用核磁共振现象获取分子结构、人体内部结构信息的技术。并不是所有原子核都能产生这种现象，原子核能产生核磁共振现象是因为具有核自旋。原子核自旋产生磁矩，当核磁矩处于静止外磁场中时产生进动核和能级分裂。在交变磁场作用下，自旋核会吸收特定频率的电磁波，从较低的能级跃迁到较高能级，这种过程就是核磁共振。

2. 核磁共振技术发展

1930年，物理学家I. I. Rabi发现在磁场中的原子核会沿磁场方向呈正向或反向有序平行排列，而施加无线电波之后，原子核的自旋方向发生翻转，这是人类关于原子核与磁场以及外加射频场相互作用的最早认识。由于这项研究，I. I. Rabi于1944年获得了诺贝尔物理学奖。

1946年E. M. Purcell和F. Bloch发现，将具有奇数个核子（包括质子和中子）的原子核置于磁场中，再施加以特定频率的射频场，就会发生原子核吸收射频场能量的现象，这就是人们最初对核磁共振现象的认识。为此他们两人获得了1952年度诺贝尔物理学奖。

人们在发现核磁共振现象之后很快就产生了实际用途，化学家利用分子结构对氢原子周围磁场产生的影响，发展出了核磁共振谱，用于解析分子结构。随着时间的推移，核磁共振谱技术不断发展，从最初的一维氢谱发展到^{13}C谱、二维核磁共振谱等高级谱图，核磁共振技术解析分子结构的能力也越来越强，进入1990年以后，人们甚至发展出了依靠核磁共振信息确定蛋白质分子三级结构的技术，使得溶液相蛋白质分子结构的精确测定成为可能。

核磁共振是原子核的磁矩在恒定磁场和高频磁场（处在无线电波波段）同时作用下，当满足一定条件时，会产生共振吸收现象。核磁共振很快成为一种探索、研究物质微观结构和性质的高新技术。目前，核磁共振已在物理、化学、材料科学、生命科学和医学等领域中得到了广泛应用。

原子核由质子和中子组成，它们均存在固有磁矩，可通俗的理解为它们在磁场中的行为就像一根根小磁针。原子核在外加磁场作用下，核磁矩与磁场相互作用导致能级分裂，能级差与外加磁场强度成正比。如果再同时加一个与能级间隔相应的交变电磁场，就可以引起原子核的能级跃迁，产生核磁共振。可见，它的基本原理与原子的共振吸收现象类似。

早期核磁共振主要用于对核结构和性质的研究，如测量核磁矩、电四极距及核自旋等，后来广泛应用于分子组成和结构分析、生物组织与活体组织分析、病理分析、医疗诊断、产品无损监测等方面。对于孤立的氢原子核（也就是质子），当磁场为1.4T时，共振频率为59.6MHz，相应的电磁波为波长5m的无线电波。但在化合物分子中，这个共振频率还与氢核所处的化学环境有关，处在不同化学环境中的氢核有不同的共振频率，称为化学位移。这是由核外电子云对磁场的屏蔽作用、诱导效应、共轭效应等原因引起的。同时由于分子间各原子的相互作用，还会产生自旋-耦合裂分。利用化学位移与裂分数目，就可以推测化合物尤其是有机物的分子结构，这就是核磁共振的波谱分析。20世纪70年代，脉冲傅立叶变换核磁共振仪出现了，它使^{13}C谱的应用也日益增多。用核磁共振法进行材料成分和结构分析有精度高、对样品限制少、不破坏样品等优点。

3. 核磁共振技术应用

NMR 技术即核磁共振谱技术，是将核磁共振现象应用于分子结构测定的一项技术。对于有机分子结构测定来说，核磁共振谱扮演了非常重要的角色，核磁共振谱与紫外光谱、红外光谱和质谱一起被有机化学家们称为“四大名谱”。目前对核磁共振谱的研究主要集中在^{1}H和^{13}C两类原子核的图谱。

对于孤立原子核而言，同一种原子核在同样强度的外磁场中，只对某一特定频率的射频场敏感。但是处于分子结构中的原子核，由于分子中电子云分布等因素的影响，实际感受到的外磁场强度往往会发生一定程度的变化，而且处于分子结构中不同位置的原子核，所感受到的外加磁场的强度也各不相同，这种分子中电子云对外加磁场强度的影响，会导致分子中不同位置原子核对不同频率的射频场敏感，从而导致核磁共振信号的差异，这种差异便是通过核磁共振解析分子结构的基础。原子核附近化学键和电子云的分布状况称为该原子核的化学环境，由于化学环境影响导致的核磁共振信号频率位置的变化称为该原子核的化学位移。

耦合常数是化学位移之外核磁共振谱提供的另一个重要信息，所谓耦合指的是临近原子核自旋角动量的相互影响，这种原子核自旋角动量的相互作用会改变原子核自旋在外磁场中进动的能级分布状况，造成能级的裂分，进而造成 NMR 谱图中的信号峰形状发生变化。通过解析这些峰形的变化，可以推测出分子结构中各原子之间的连接关系。例如在氢谱中，d 表示二重峰，dd 表示双二重峰，t 表示三重峰，m 表示多重峰，都是由于耦合作用产生的。

最后，信号强度是核磁共振谱的第三个重要信息，处于相同化学环境的原子核在核磁共振谱中会显示为同一个信号峰，通过解析信号峰的强度可以获知这些原子核的数量，从而为分子结构的解析提供重要信息。表征信号峰强度的是信号峰的曲线下面积积分，这一信息对于^{1}H-NMR 谱尤为重要，而对于^{13}C-NMR 谱而言，由于峰强度和原子核数量的对应关系并不显著，因而峰强度并不非常重要。

早期的核磁共振谱主要集中于氢谱，这是由于能够产生核磁共振信号的^{1}H原子在自然界丰度极高，由其产生的核磁共振信号很强，容易检测。随着傅立叶变换技术的发展，核磁共振仪可以在很短的时间内同时发出不同频率的射频场，这样就可以对样品重复扫描，从而将微弱的核磁共振信号从背景噪音中区分出来，这使得人们可以收集^{13}C核磁共振信号。

近年来，人们发展了二维核磁共振谱技术，这使得人们能够获得更多关于分子结构的信息，目前二维核磁共振谱已经可以解析相对分子质量较小的蛋白质分子的空间结构。

4. 核磁共振波谱仪示意图

核磁共振波谱仪示意图见图 7-9 所示。

实验原理

核磁共振是指有磁矩的原子核在静磁场中，受电磁波的影响而产生的共振跃迁现象。核磁共振波谱是以 $10^{-1} \sim 10^{2}$ MHz 数量级的电磁波作用于原子核，原子核产生自旋跃迁所得的吸收谱。实际过程中，由于各原子所处化学环境不同，作用在核磁矩（主要研究的常常是质子的磁矩）上的磁场，除了外磁场 H_0 外，还受到核外周围电子产生的磁

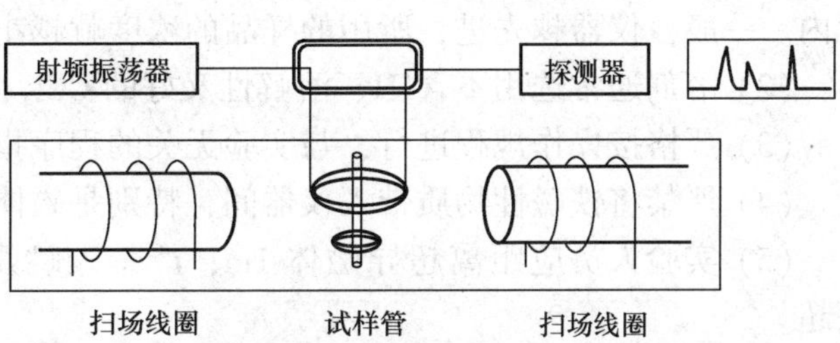

图 7-9　核磁共振波谱仪示意图

场的影响。于是，在同样的外部条件下，位于不同分子中的核，或虽在同一分子中但位于不同化学基团的核，其共振频率都与计算出的理论值有不同程度的微小偏移。即由于所处化学环境不同，产生不同的化学位移。以吸收率为纵坐标，以外加磁场强度 H_0 或射频频率 ν(或化学位移)为横坐标作图即可得到核磁共振波谱。由核磁共振谱得到的分子结构的某些信息，如核外电子云的分布等，可以测定纯化合物结构、纯度及混合物含量等。

一张氢谱给出的主要参数是：化学位移、耦合常数和积分面积。从这些参数可以得出分子中氢核的性质数目及它与其他氢核相互作用的情况(EP 耦合情况)等重要信息，为推断分子结构提供非常有价值的资料，在研究立体异核、溶液中的动态平衡及化学动态学、分子间的相互作用、定量分析等方面，核磁共振都具有独特的优越性。

仪器试剂

仪器：核磁共振波谱仪 样品管(ϕ5mm×200mm)

试剂：CCl_4(GR)　D_2O(GR)　$CDCl_3$(GR)　四甲基硅烷(TMS)(GR)　苯甲酸乙酯(AR)　未知试样(经提纯)

实验步骤

1. 核磁共振的样品制备

称取 10~15mg 苯甲酸乙酯于试管中，加入 $CCl_4$0. 25~0. 30mL，摇动溶解后，转移到试样管中，再加入 1%TMS。

称取 10~15mg 未知试样于试管中，加入 $CCl_4$0. 25~0. 30mL，摇动溶解后，加入 1% TMS，转移到试样管中。

2. 样品测定

按实验条件要求，根据仪器操作步骤调节好仪器。把装有苯甲酸乙酯的四氯化碳溶液的试样管置于探头上进行测谱；在相同的条件下测定未知试样的核磁共振波谱。

实验指导

1. 数据处理

(1) 根据实验获得的苯甲酸乙酯的核磁共振谱图，解释各谱图上出现的各共振吸收峰归属何种基团，并解释其分裂原因。

(2) 试对未知物的核磁共振波谱图每一组峰所代表的氢质子进行解释，并写出其可能存在的结构式。

2. 注意事项

(1) 测定时的样品要比较纯，参考内标物通常用四甲基硅烷 TMS，和样品一样放在样品管内。一般，仪器越先进，所用的样品的浓度就越小。

(2) 溶剂通常选用不含 ^1H、溶解性又好的 CCl_4、D_2O、$CDCl_3$ 等氘代试剂。

(3) 严格按操作规程进行，与实验无关的程序指令不得输入；不要乱动旋钮。

(4) 严禁将铁磁性物质带入仪器间，特别是磁体区域。

(5) 实验人员应距离超导磁体 1m；严禁蹦跳及摔打物品，以免因剧烈震动造成磁体失超。

(6) 试样管的插入和取出务必小心谨慎。切忌碰摔或折断探头造成事故。

(7) 谱仪接收机增益旋钮应置于适当位置，避免因信号溢出而导致谱图失真。

实验拓展

核磁共振是有机化合物结构鉴定的一个重要手段，一般根据化学位移鉴定基团；由耦合分裂峰数、偶合常数确定基团联结关系；根据各 H 峰积分面积定出各基团质子比。核磁共振谱可用于化学动力学方面的研究，如分子内旋转，化学交换等，因为它们都影响核外化学环境的状况，从而谱图上都应有所反映。核磁共振还用于研究聚合反应机理和高聚物序列结构。

除了 H 谱、C 谱，较常用的还有 F、P、N 等核磁共振谱。

实验思考

1. 核磁谱仪的分辨率是什么？
2. 何谓屏蔽作用及化学位移？
3. 简单叙述核磁共振仪的使用方法？
4. 用核磁共振波谱能为有机化合物的结构剖析提供哪些信息？

实验十六　蔗糖溶液中总有机碳的测定

实验目的

(1) 了解蔗糖溶液中总有机碳测定的方法和原理；
(2) 熟悉总有机碳分析仪的构造及使用方法。

实验背景

1. 总碳简介

总碳(TC)为样品中含有的所有碳的总量，可分为总无机碳(TIC)和总有机碳(TOC)。

总无机碳为能够完全被氧化的碳，以下列形式存在：二氧化碳、碳酸氢根、碳酸根等；总有机碳为以有机物的形态存在的碳，在无机碳被去除或减去后，通过氧化能转化为二氧化碳，主要包括下面几种形态：生物系统的天然产物、生物系统的其他产物(腐蚀物、油类或气体)、人造的或合成的物质。

总有机碳能够全面反映水中有机污染的程度。水和废水中的有机碳代表许多不同的化合物及氧化状态。总有机碳分析仪采用的是高温催化燃烧法，试样注入充填有氧化触媒、并加热至 680℃的 TC 燃烧管后，试样中的 TC 燃烧或分解成二氧化碳，燃烧生成物经载气导入非红外气体分析部(NDIR)池中，二氧化碳被检测。NDIR 的检出峰面积在数据处理部分进行计算。由于峰面积和试样中的 TC 浓度成比例，事先用 TC 标准溶液求得 TC 浓度和峰面积的关系式，试样中的 TC 浓度就可以测定。其次，试样用盐酸进行酸性通气处理，IC 转变成二氧化碳，此二氧化碳经 NDIR 检出，和 TC 一样可以测定试样中的 IC 浓度。总碳和无机碳的差值，即为总有机碳。

水体有机物污染程度的综合指标有 COD_{Cr}、COD_{Mn}、BOD_5、TOC 等，其中 TOC 指标是以碳的含量表示水体中有机物总量的综合指标，我国目前尚未将 TOC 列为常规监测项目，但是 TOC 作为水体重要指标将越来越受到重视。

2. 蔗糖

蔗糖极易溶于水，其溶解度随温度的升高而增大。蔗糖还易溶于苯胺、氮苯、乙酸乙酯、乙酸戊酯、熔化的酚、液态氨、酒精与水的混合物及丙酮与水的混合物，但不能溶于汽油、石油、无水酒精、三氯甲烷、四氯化碳、二硫化碳和松节油等有机溶剂。蔗糖属结晶性物质。纯蔗糖晶体的相对密度为 1. 5879，蔗糖溶液的密度依浓度和温度的不同而异。

实验原理

对于液体样品来说，其总碳的分析原理为：将液体样品通过注射器注入反应器部分，当含碳化物在含铂等催化剂并在 680℃以上高温条件、富氧环境下燃烧时，碳完全转化成二氧化碳，通过非色散的红外检测器检测二氧化碳值可获得总碳值。

如果预先将样品酸化处理(即样品与 0. 8%的盐酸混合)，当 pH 值降低时，样品中的碳酸根和碳酸氢根转化成二氧化碳，在载气吹扫和带动下，通过非色散的红外检测器检测二氧化碳值可获得总无机碳值。

如果预先将样品酸化处理，测得总无机碳值后，再把样品加入燃烧炉中，样品中的剩余碳就可在高温催化下氧化成二氧化碳，通过非色散的红外检测器检测二氧化碳值可获得总有机碳值。

总有机碳分析仪由以下几部分组成：

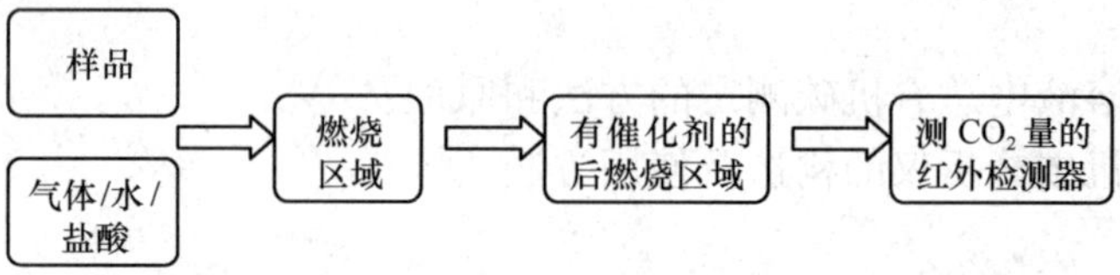

仪器试剂

仪器：总有机碳分析仪　烧杯　洗瓶

试剂：盐酸溶液(0. 8%)　碳酸钠(A. R.)　邻苯二甲酸氢钾(A. R.)　蔗糖样品

实验步骤

(1) 打开电脑和打印机；

(2) 开启 LiquiTOC 主机，等待仪器初始化结束；

(3) 开启自动进样器，等待仪器初始化结束；

(4) 进入 LiquiTOC 软件；

(5) 开启载气，设定气体钢瓶减压阀第二级表压力为 0. 1~0. 12MPa；

(6) 把螺旋管进样管路里的气泡赶走，应用程序：options-maintenance-ventilation；

(7) 把进样气路系统进行吹洗，应用程序 options-maintenance-flush；

(8) 进行空白测试，然后测定标样，测定样品；

(9) 仪器自动进入睡眠状态，自动关闭载气和降温；待主机降温至 300℃后，即可退出程序，关闭电脑；离开实验室时关闭水、电、气、门、窗。

实验指导

1. 数据处理

(1) 在坐标纸或在电脑上，画出标准曲线(以总有机碳的标准浓度为纵坐标，单位为mg/L，以对应的吸收峰面积为横坐标，无须标单位)；

(2) 以 excel 或其他手段算出这条标准曲线的公式，以 $y=a+bx$ 表示；

(3) 将蔗糖样品的吸收峰面积在标准曲线上进行回归，求出蔗糖中总有机碳的含量。

2. 注意事项

(1) 开气：打开氧气瓶主阀(逆时针旋转主阀开关 180°左右)，调节二次减压阀至压力为 0.1~0.12MPa；

(2) 关气：测定完毕后将氧气瓶主阀按顺时针方向拧紧即可。

实验拓展

我们的生活离不开水，若相当多的有机污染物存在于水中，将直接影响水体的质量，对我们的生活和生产造成危害，因此水和废水的监测，越来越引起人们的重视。其中水体中 TOC 含量的检测，日益引起关注。它是以碳含量表示水体中有机物质总量的综合指标。TOC 的测定一般采用燃烧法，此法能将水样中有机物全部氧化，可以很直接地用来表示有机物的总量。因而它被作为评价水体中有机物污染程度的一项重要参考指标。

测定原理基于把不同形式的有机碳通过氧化转化为易定量测定的二氧化碳，利用二氧化碳与总有机碳之间碳含量的对应关系，从而对水溶液中 TOC 进行定量测定。根据工作原理的不同，可以分为燃烧氧化-非分散红外吸收法、电导法、气相色谱法、湿法氧化-非分散红外吸收法等，其中燃烧氧化-非分散红外吸收法只需一次性转化，流程简单、重现性好、灵敏度高，应用比较普遍。我国的国家标准 GB 13193—91 就是采用的燃烧氧化-非分散红外吸收法。

TOC 测定通常分为直接测定法和间接测定法。直接测定法一般是通过将无机碳(IC)除去后测定有机碳的方法，适用于测定 IC 含量高的水样，但容易损失水样中挥发性的有机碳。

实验思考

1. 简述总有机碳分析仪测定蔗糖的方法和原理?
2. 测定环境中总有机碳的意义是什么?

参 考 文 献

1. 常铁军，祁欣．材料近代分析测试方法．哈尔滨：哈尔滨工业大学出版社，1999
2. 范雄．X 射线金属学．北京：机械工业出版社，1988
3. 张剑荣，戚苓，方惠群．仪器分析实验．北京：科学出版社，1999. 7
4. 张晓丽，江崇球，吴波．仪器分析实验．北京：化学工业出版社，2007. 8.
5. 赵文宽，张悟铭，王长发，周性尧等．仪器分析实验．北京：高等教育出版社，1997
6. 张济新，孙海霖，朱明华．仪器分析实验．北京：高等教育出版社，1994
7. 北京大学化学系分析化学教学组．基础分析化学实验．北京：北京大学出版社，1997
8. 华中师范大学等编．分析化学实验．北京：高等教育出版社，2001
9. 陈培荣，邓勃编．现代仪器分析实验与技术．北京：清华大学出版社，1999

10. 朱明华，胡坪编，仪器分析．北京：高等教育出版社，2008
11. 武汉大学化学系编．仪器分析．北京：高等教育出版社，2005
12. 姜红伟，杜利敏，赵建民．氟离子选择法测定水中氟的方法探讨．河南预防医学，2009，20(5)：382～383
13. 陈美莲．生活饮用水中氟化物测定方法的改进．海峡预防医学，2005，11(2)：52
14. 贺晓唯，陈永杰，任屹罡等．电位滴定法测定铜箔电解液中氯离子．冶金分析，2005，25(1)：87～88
15. 吴彩威．溶出伏安法测定水中铅镉．广东卫生防疫，2000，26(2)：21～22
16. 刘向光．库仑滴定法测量微量砷．抚顺石油学院学报，1999，19(1)：21～24
17. 郎春燕，赖晨焕，张晓．氢化物发生原子荧光光谱法测定环境水样中痕量镉．理化检验——化学分册，2010，46(10)：1165～1167
18. 兰士侯，林建云．海水中痕量可溶性铝的直接荧光法测定．海洋通报，1983，2(1)：13～21
19. 吴启航，崔明超．总有机碳分析仪测定常见水的TOC．中国测试，2009，35(3)：90～92
20. 刘桂洋，毛香菊，陈晋阳．反相高效液相色谱的基本原理及其应用．宁波化工，2008，(3)：22～25.

单元 8　仪器方法分析(Ⅱ)

实验一　电位滴定沉淀法测定自来水中的氯

实验目的

(1) 掌握电位法沉淀滴定的原理及方法；

(2) 学会用酸度计测量电动势的方法。

实验背景

1. 电位分析法

电位分析法是利用物质的电化学性质进行分析的一大类分析方法，原理见图 8-1。

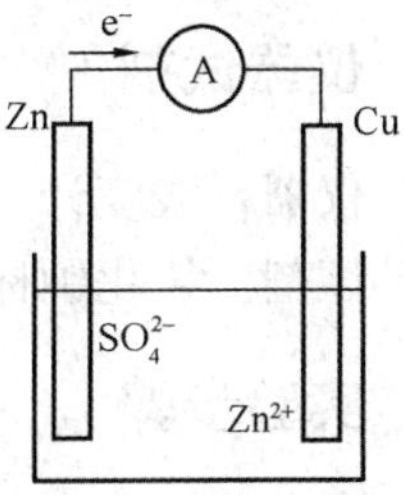

图 8-1　电位分析法装置

电化学分析法主要有电位分析法、库仑分析法、伏安分析法与极谱分析法等。根据被测离子与电极的响应关系，又可分为直接电位法和电位滴定法。直接电位法是利用专用电极将被测离子的活度转化为电极电位后加以测定，如用玻璃电极测定溶液中的氢离子活度，用氟离子选择性电极测定溶液中的氟离子活度(见离子选择性电极)。电位滴定法是利用指示电极电位的突跃来指示滴定终点。两种方法的区别在于：直接电位法只测定溶液中已经存在的自由离子，不破坏溶液中的平衡关系；电位滴定法测定的是被测离子的总浓度。电位滴定法可直接用于有色和混浊溶液的滴定。在酸碱滴定中，它可以滴定不适于用指示剂 K 小于 5×10^{-9}的弱酸。在沉淀和氧化还原滴定中，因缺少指示剂，它应用更为广泛。电位滴定法可以进行连续和自动滴定。

2. 氯离子

氯离子存在于大部分水(海水、天然淡水、苦咸水、生活污水和工业废水)中，在生活饮用水处理过程中，一般采用氯气或漂白粉等杀灭水中的微生物和细菌，以提高饮用水的安全性，但自来水加氯消毒引起的潜在危害是使水中的氯离子含量增加和产生氯代烃类化合物，对输水管道与人体有害。氯离子是水中主要阴离子之一，一般当氯离子含量超过 $250mg\cdot L^{-1}$时，就有一定的咸味。因此，氯离子含量作为水质检验的一项基本的重要指标而得到水处理企业的重视。氯离子含量的测定是水质检验的一项基本内容，正确选择测定方法，是科学准确检验的关键。常规检验氯离子含量的测定方法是化学分析法中的莫尔法，随着现代分析仪器的发展，电化学分析方法中的自动电位滴定法以它的自动化程度高和分析结果的精密性好等优点，得到越来越广泛的应用。

测定水中氯离子的含量，一般用 $AgNO_3$ 溶液滴定。它的滴定终点，除了用 K_2CrO_4 和 $NH_4Fe(SO_4)_2$ 等指示剂外，也可用电位法来确定。

实验原理

如果被测试样较浑浊或带有颜色，则靠指示剂的颜色变化来确定终点就有困难，如维生素 B_1 中的氯含量的测定。维生素 B_1，又名盐酸硫胺($C_{12}H_{17}ClN_4OS \cdot HCl$)，分子中的氯在水溶液中可完全离解成氯离子，其含量通常以溴酚蓝作吸附指示剂，用 $AgNO_3$ 溶液滴定。但这种方法不能用于维生素 B_1 片剂氯含量的测定，因为片剂中主要成分是淀粉、糊精等填料，以致药片在水中生成悬浊液。而用电位滴定法就可克服这一困难。

用 $AgNO_3$ 溶液滴定氯离子时，发生下列反应：

$$Ag^+ + Cl^- = AgCl\downarrow$$

电位滴定时可选用对氯离子或银离子有响应的电极作指示电极。本实验以银电极作指示电极，以带硝酸钾盐桥的饱和甘汞电极作参比电极。银电极电位与银离子浓度符合 Nerest 关系，25℃时为：

$$E_{Ag^+/Ag} = E^o + 0.0591\lg[Ag^+]$$

随着滴定的进行，银离子浓度逐渐改变，原电池的电动势亦随之而变。

滴定终点可由电位滴定曲线确定，也可由二次微商法确定。

Br^-、I^-、$Fe(CNS)_6{}^{3-}$、$CrO_4{}^{2-}$、$Cr_2O_7{}^{2-}$ 等离子对本实验的测定有干扰。

仪器试剂

仪器：酸度计　银电极　饱和甘汞电极　磁力搅拌器　滴定管　吸量管　量筒　烧杯

试剂：氯化钠标准溶液　硝酸银溶液　氨水

实验步骤

1. $AgNO_3$ 溶液的标定

(1) 调节仪器　银电极接酸度计的正端，饱和甘汞电极接负端。测量时按“+mv”键。按酸度计的使用方法校正仪器。

(2) 电位滴定

①用吸量管取 10mL　0.200mol · L^{-1} 的氯化钠标准溶液于 100mL 烧杯中，再加约 25mL 水。将此烧杯置于磁力搅拌器上，放入搅拌子。将清洗后的银电极和甘汞电极插入溶液。(注意！勿使电极与搅拌子相碰)。滴定管内注入 $AgNO_3$ 溶液。

②开动搅拌器，溶液应缓慢而稳定的搅动，并测量电动势，记下滴定起始体积和测量电动势。然后由滴定管加入一定体积的 $AgNO_3$ 溶液，待电位稳定后，记录滴定体积和电动势值。开始滴定时，加入的 $AgNO_3$ 溶液的体积可大些，如 5mL，但接近等当点时应小些，如 0.1mL，且每次加入的量应相同，这样有利于滴定终点的计算。滴定过等当点还应继续滴定几滴。

③重复测定两次。电极、烧杯及搅拌子依次用氨水和水淋洗。

2. 自来水中氯离子含量的测定

用吸量管取 50mL 水样，其余操作同 1。

3. 维生素 B_1 片剂总氯量的测定

在 100mL 烧杯中，放入两片维生素 B_1(每片含维生素 B_1 为 10mg)片剂，加入 40mL 蒸馏水，待片剂均匀分散后，其余操作同 1。

实验指导

1. 数据处理

(1)记录标定 $AgNO_3$ 溶液时得到的数据，作电动势对 $AgNO_3$ 溶液体积的滴定曲线，并分别采用滴定曲线法和二次微商法确定滴定终点，计算 $AgNO_3$ 溶液的浓度。

(2)记录测定水样中氯离子含量时得到的数据，用二次微商法确定滴定终点，计算水样中氯离子的含量($mg \cdot L^{-1}$)。

(3)记录测定维生素 B_1 片剂时得到的数据，用二次微商法确定滴定终点，计算维生素 B_1 片剂总氯含量。

设 $V_{终}$ 为滴定终点时的体积(毫升)，C_{AgNO_3}为硝酸银溶液的浓度。氯的相对原子质量为35.5。每一片剂中维生素 B_1 以 10mg 计。则每片维生素 B_1 中的氯含量为：

$$\frac{V_{终} \times C_{AgNO_3} \times 35.5}{10 \times 2} \times 100\%$$

2. 仪器操作注意

(1) 使用酸度计前要预热 30min，使零点稳定。

(2) 配制 $AgNO_3$ 标准溶液一定要用二次蒸馏水或高纯水。

实验拓展

(1) 本实验是用电位沉淀法测定氯离子，还可以用此法测定水溶液中溴离子或碘离子。

(2) 氯离子存在于大部分水中，因此，测定氯离子的方法也很多。例如：氯离子选择性电极法，它是应用较广的一种离子选择性电极，在化学工业、食品工业以及环境科学许多领域都有实际应用。另外还有分光光度法、离子色谱法、极谱法、间接原子吸收法等。

实验思考

1. 试述双盐桥甘汞电极的结构特点及在本实验中的作用？
2. 滴定操作时应注意哪些问题？
3. 测定氯离子的方法有哪些？请列举至少三种。

实验二　单扫描极谱法同时测定溶液中的铅和镉

实验目的

(1) 掌握单扫描极谱法的基本原理和应用；

(2) 掌握示波极谱仪的使用方法。

实验背景

1. 极谱分析法

极谱分析法诞生于 1925 年，但是在短短的几十年里，这一分析法的应用范围大大扩展了。可以说，电化学在 20 世纪的发展中最大的成果就是极谱分析法。当前，极谱分析法的类型日益增多，不仅在痕量组分的分析中得以广泛应用，在电化学的基本理论研究上也成为一种重要手段。

极谱分析法基于滴汞电极的研究。对于滴汞电极的研究可以追溯到 1873 年，G. Lindemann 在制作毛细管电量计时，研究了电解质溶液和汞的接界面上表面张力与外加在汞电极之上的电压之间的关系。1903 年，B. Kucera 测定了不同电压下汞的表面张力。另外，Kucera 又以汞滴重量对极化电压作图，得到了毛细管曲线，并发现了次纹极大的现象。J. Heyrovsky 于 1918 年重新研究了这种现象，指出次纹极大的现象是空气中的氧造成的，并发现均匀滴汞的阴极非常适于研究电解过程，并且还发现在电解过程中的扩散电流比表面张力对滴汞表面电化反应更易于测量。在研究中，他又总结了电流-电极电位曲线，从而发展成为极谱。紧接着 Heyrovsky 提出，依据这种曲线的位置和形状可以作为被电解物质进行定性定量测定的基础。

1922 年，J. Heyrovsky 首先向外界透露了他用滴汞电极进行电解的研究情况。1925 年，他又和日本人志方盗三发明了第一台可以自动照相记录的极谱仪，用这种仪器他们获得了铅、锌和硝基苯的极谱图。至 1934 年，D. Ikovic 提出扩散电流理论，随后又导出了著名的 D. Ikovic 方程式，这一方程式反映了去极平均极限扩散电流和其浓度之间的关系，从而奠定了经典极谱定量分析理论基础。1935 年，极谱波的方程式在 J. Heyrovsky 和 D. Ikovic 的共同努力下问世了，从理论上解释了去极剂的半波电位与其浓度无关。

在极谱分析法中，一般情况下滴汞电极作为阴极。在电解过程中由于滴汞电极表面积很小，因此在电解过程中电流密度相当大，它附近的可还原物质的浓度却趋向于零值，所以出现了浓差极化，可见扩散电流和可还原物质的浓度有正比关系，这就是极谱定量分析的根据。又由于不同的物质有不同的还原电位，极谱法正是利用这一点进行定性分析的。然而，某一物质的还原电位并不是固定的，它可随其物质浓度不同而稍有改动，所以极谱法就是利用他们不随浓度而改变的半波电位进行分析的。其原理图见图 8-2。

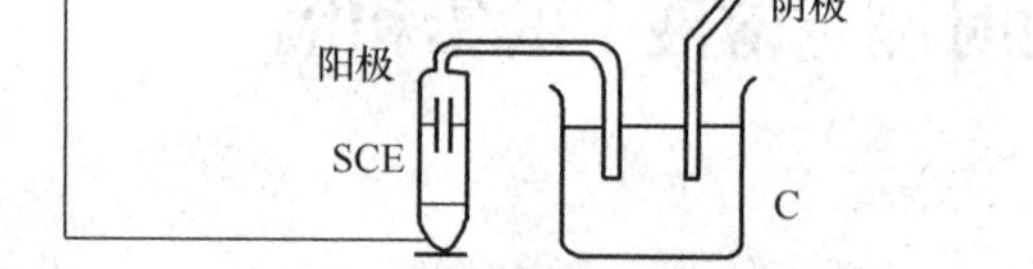

图 8-2　极谱原理图

2. 单扫描示波极谱法

单扫描示波极谱法是为克服经典极谱法的不足而发展起来的快速电分析测量技术之一。极谱分析法是通过测量电解过程中所得到的电流-电压(或电位-时间)曲线来确定电解液中含待测组分的浓度的一种分析方法。凡是能在电极上进行氧化或还原反应的无机物和有机物，就有可能用极谱法进行测定。极谱分析法不仅用于微量物质的测定，而且还用于研究电极过程以及与电极过程有关的化学反应(如络合反应、催化反应和质子化反应等)。

3. 铅和镉

铅(Pb)广泛分布于自然界，由于对人体有害，因此各国对食品及食品包装材料都制定了铅的限量卫生标准。我国发布的国家标准 GB/T 5009.12—1996《食品中铅的测定方法》中采用原子吸收分光光度法和比色法；镉是食品中经常要测定的有毒元素之一，常用测定方法主要包括双硫腙分光光度法、原子吸收分光光度法等。

实验原理

利用极谱半波电位可进行定性分析；根据被测物质与标准物质的波高关系可进行定量分析。定性分析的基本原理是：假设电极反应的速度比较快，电解电流只受电解质扩散速度所控制，可得出：

$$E = E^{o} + RT/nF \times \ln(f_s D_a{}^{1/2}/f_a D_s{}^{1/2}) + RT/nF \times \ln[(i_d - i)/i]$$

式中 E^{o}——氧化还原体系的标准平衡电位；

f_s——氧化形的活度系数；

f_a——还原形的活度系数；

D_s——氧化形的扩散系数；

D_a——还原形的扩散系数；

i_d——平均极限扩散电流极谱波上相应于 $i=i_d/2$ 处的电极电位，为

$$E_{1/2} = E^{o} + RT/nF \times \ln(f_s D_a{}^{1/2}/f_a D_s{}^{1/2})$$

$E_{1/2}$——极谱半波电位。

当支持电解质及温度等条件物质一定时，$E_{1/2}$ 为一常数。$E_{1/2}$ 决定于去极化剂的本性，但所有物质的氧化还原电位都集中在 3~4V 范围，且与溶液体系有关。因此，在进行定性分析时应考虑采取怎样的溶液体系和排除干扰，一些金属离子的半波电位列于表 8-1。

定量分析的基本原理是：当电极过程为可逆时，扩散电流与去极化剂浓度的关系可用 Iikovic 方程式表示：

$$i_d = 607Nd^{1/2}m^{2/3}t^{1/6}c$$

当其他各项因素不变时，极限扩散电流与被测物质浓度成正比，即 $i_d=Kc$，在极谱图上表现为波高，其定量分析方法常用的有工作曲线法，即先配制一系列标准溶液，在相同的实验条件下记录图谱，分别测量其波高，绘制浓度-波长的工作曲线(通常为-直线)，再测得待测试样(在同一实验条件下)的波高，从工作曲线中找出与之相对应的浓度。此方法适用于分析同一类的大批试样。

标准加入法：先记录未知溶液的极谱图，然后加入一定量的已知浓度的待测离子的标准溶液再次记录极谱图。两次实验几乎都是在同一条件下进行的，则有：

$$h = kc$$

$$H = k[(Vc + V_d s_s)/(V + V_o)]$$

联立上面两式，得：

$$C = V_s h C_s/[(V + V_s)H - Vh]$$

波高的测量是影响实验结果准确性的另一因素。测量波高的方法有三种，即平行线法、三切线法和中点法。其中三切线法比较方便，适用于不同波形等。其原理是：在极谱波上通过残余电流、极限电流和扩散电流分别作出三条切线，残余电流与极限电流的切线分别与扩散电流的切线相交，通过这两个切点分别作横坐标的平行线，则平行线间的距离即为波高。

仪器试剂

仪器：示波极谱仪　悬汞电极　X-Y 函数记录仪　移液管(25mL)　容量瓶

试剂：铅离子标准溶液(1.00×10^{-2}mol · L^{-1})　镉离子标准溶液(1.00×10^{-2}mol · L^{-1})　盐酸溶液(6mol · L^{-1})　明胶溶液(5g · L^{-1})

实验步骤

（1）用移液管吸取样品溶液 25.00mL 于 50mL 容量瓶中，加入 6mol · L^{-1}盐酸溶液 10mL，5g · L^{-1}明胶溶液 1.0mL，定容，摇匀，备用。

（2）打开主机电源（开关位于后面板右侧）预热 15min。

（3）取上述溶液 15.0mL 于测量池的工作电极室，再取 5.0mL 于辅助电极室，通入氮气除氧 5min，插上三电极，红色线接参比电极（甘汞电极）、绿色线接工作电极（悬汞电极）、剩下的一导线接辅助电极（铂丝电极）。

（4）按下[电流量程切换开关]，选择[大电流档]，旋转[电流量程选择开关]，选择 20μA 档。按下[调零]键，调整[调零]旋钮，使数显器显示为 0.000（单位：V）。按下[起始]键，调节[起始]旋钮，使数显器显示为-0.100（扫描起始电位-0.100V）；按下[上限]键，调节[上限]调节旋钮，使数显器显示为-1.000（终止电位为-1.000V）；按下[下限]键，调节[下限]调节旋钮，使数显器显示为 0.000；将[扫描控制开关]拨至[阴]（工作电极为阴极）；将[循环控制开关]置于[单扫]。调节[扫描速度]调节旋钮为 6mV · s^{-1}档。按下[扫描倍率开关]的[×10]档（此时扫描速度为 60mV · s^{-1}）。

（5）打开函数记录仪电源，并选择 X 轴[100mV · cm^{-1}]，Y 轴[100mV · cm^{-1}]。

（6）小心调节悬汞电极，使其生长出一定大小的汞滴。

（7）将记录仪的[记录/抬笔]选择开关置于记录位置上，调整记录笔在 X、Y 轴的位置。按下[电极接通开关]，再按下[扫描]键，此时仪器开始扫描。（当要结束扫描时，按下[停扫]键。）

（8）待仪器扫描结束后，得一张极谱图。用注射器分别加入 Cd 和 Pb 的标准溶液，再扫描一次。

实验指导

1. 数据处理

（1）用三切线法分别测量出 Cd 和 Pb 加入标准溶液前后的波高。

（2）按公式 $c=V_s h c_s/[(V+V_s)H-Vh]$ 分别计算样品中铅和镉的浓度。

2. 金属离子在不同底液的半波电位（见表 8-1）

表 8-1　某些金属离子在不同底液的半波电位（vs. SCE）　　V

金属离子	KCl（1mol · L^{-1}）	HCl（1mol · L^{-1}）	KOH NaOH（1mol · L^{-1}）	CH_3OOH^+ CH_3OONH（2mol · L^{-1}）	$NH_3^+NH_4Cl$（1mol · L^{-1}）
Al^{3+}	-1.75	—	—	—	—
Fe^{3+}	>0	>0	—	>0	—
Fe^{2+}	-1.30	—	-1.46 (-0.9)	—	-1.49 (-0.34)
Cr^{3+}	-0.85 -1.47	-0.99 -1.26	-0.92	-1.2	-1.43 -1.71
Mn^{2+}	-1.51	—	-1.70	—	-1.66

续表

金属离子	KCl (1mol·L^{-1})	HCl (1mol·L^{-1})	KOH NaOH (1mol·L^{-1})	CH_3OOH^+ CH_3OONH (2mol·L^{-1})	$NH_3{}^+NH_4Cl$ (1mol·L^{-1})
Co^{2+}	-1.30	—	-1.43	-1.14	-1.29
Ni^{2+}	-1.10	—	—	-1.10	-1.10
Zn^{2+}	-1.00	—	-1.48	-1.10	-1.35
In^{3+}	-0.60	-0.60	-1.09	-0.71	—
Cd^{2+}	-0.64	-0.64	-0.76	-0.65	-0.81
Pb^{2+}	-0.44	-0.44	-0.76	-0.50	—
Tl^{+}	-0.48	-0.48	-0.46	-0.47	-0.48
Cu^{2+}	+0.04 -0.22	+0.04 -0.22	-0.41	-0.07	-0.24 -0.51
Sn^{2+}	—②	(-0.1)① -0.47	(-0.73) -1.22	(-0.16) -0.62	—
Sb^{3+}	—	-0.15	(-0.45) -1.15	-0.40	—
Bi^{3+}	—	-0.09	-0.6	-0.25	—

① 括号为氧化波，两个数值的表示两级还原。
② 表示在氢波后或发生水解、沉淀现象。

实验拓展

(1) 单扫描极谱法还可以测量水样中的锌；测定水中痕量苯酚；测定药物中的卡托普利；测定酒中微量甲醛、乙醛、丙酮；测定痕量硝酸银。

(2) 测定铅和镉的其他方法：石墨炉原子吸收光谱法，电位溶出法，原子荧光法。

实验思考

1. 极谱法定性分析和定量分析的依据和特点是什么？
2. 若不用氮气进行除氧，会出现什么情况？此时有什么办法可以解决这些现象？
3. 单扫描极谱法的基本原理和特点是什么？导数波方式测量有何优点？

实验三　伏安法测定自来水中痕量镉

实验目的

(1) 掌握阳极溶出伏安法的基本原理；
(2) 学会使用溶出伏安仪。

实验背景

伏安法主要分为阳极溶出伏安法、阴极溶出伏安法和吸附溶出伏安法。

阳极溶出伏安法是预先在恒定的电位（相当于该离子的阴极上产生极限电流的电位）下

将被测物富集在电极上，然后使微电极的电位由负向正的方向移动，富集的物质反向溶出(阳极溶出)，并通过伏安曲线进行测定的方法。

阳极溶出伏安法测定水中镉具有灵敏度高和准确性好的优点，并且所用仪器简单，操作简便快速。

由于人类在生产和生活活动中将大量的工业废水、生活污水、农业回流水等直接排入水体，造成江、河、湖、地下水的水源污染，使水资源更加紧张，也使保护水资源显得更加重要。镉是危险的环境污染元素，络合能力较其他二价元素强。镉会损坏人体肾近曲小管上皮细胞，临床上出现高钙尿、蛋白尿、糖尿、氨基酸尿，最后导致负钙平衡，引起骨质疏松症。它还极易在体内蓄积，对肾、肝、肺、心血管、睾丸等系统产生一系列损伤。长期吸入还有致癌的危险，因此环境样品中镉的含量已受到广泛的关注。

目前测定环境样品中痕量镉的方法主要有石墨炉原子吸收光谱法和电感耦合等离子体原子发射光谱法，但这些方法仪器及运行成本高，而电化学法、分光光度法及火焰原子吸收光谱法又存在检出限高或需分离、富集等缺点。

实验原理

阳极溶出伏安法的操作分为两步：第一步是预电解，第二步是溶出。试液除氧后，金属离子在产生极限电流的电位处电解富集在工作电极上，静止30s或1min。以一定的方式使工作电极的电位由负向正的方向扫描，则电极上的金属重新氧化。用记录仪记录阳极波。峰电流(波高)与被测离子浓度成比例。本实验采用阳极溶出伏安法测定水中痕量镉，其过程可表示为：

$$Cd^{2+}+2e+Hg \underset{溶出}{\overset{富集}{\rightleftharpoons}} Cd(Hg)$$

本法采用玻碳电极为工作电极，采用同为镀汞膜的技术。这种方法是在分析溶液中加入一定量的汞盐，在被测物质所加电压下富集时，汞与被测物质同时在玻碳电极上析出形成汞膜(汞齐)。然后在反向扫描时，被测物质从汞中“溶出”，而产生“溶出”电流峰。

峰电流的大小与预电解时间、预电解时搅拌溶液的速度、预电解电位、工作电极以及溶出的方式等因素有关。为了获得再现性的结果，实验时必须严格控制实验条件。

仪器试剂

仪器：极谱仪或溶出伏安仪　银基汞膜电极　银-氯化银电极 X-Y 函数记录仪　秒表　分析天平　容量瓶　吸量管

试剂：Cd^{2+}标准溶液($1.000\times10^{-3}mol\cdot L^{-1}$)　KCl 溶液($0.25mol\cdot L^{-1}$)　HCl($0.1mol\cdot L^{-1}$)未知镉试液

实验步骤

1. 电极的准备

(1) 汞膜电极　用湿滤纸沾去污粉擦净电极表面，用蒸馏水冲洗后浸在 1∶1HNO_3 中，待表面刚变白后立即用蒸馏水冲洗并沾汞。初次沾汞往往浸润性不良，可用干滤纸将沾有少许汞的电极表面擦匀擦亮，再用 1∶1HNO_3 把此汞膜溶解，蒸馏水洗净后重新涂汞膜。每次沾涂 1 滴汞(约 4~5mg)，涂汞需在 Na_2SO_3 除 O_2 的氨水中进行。

新制备的汞膜电极应在 0. 1mol · L^{-1}KCl(Na_2SO_3 除 O_2) 中于-1. 8V(vs. Ag | AgCl 电极) 阴极化并正向扫描至-0. 2V，如此反复扫描 3 次左右后电极便可使用。

实验结束后，将该电极浸在 0. 1mol · $L^{-1}$$NH_3$ · H_2O-NH_4Cl 溶液中待用。

(2) Ag | AgCl 电极　银电极表面用去污粉擦净，在 0. 1mol · L^{-1}HCl 中氯化。以银电极为阳极，铂电极为阴极，外加+0. 5V 电压后银电极表面逐步呈暗灰色。为使制备的电极性能稳定，将电极换向，以银电极为阴极，铂电极为阳极，外加 1. 5V 电压使银电极还原表面变白，然后再氯化。如此反复数次，制得 Ag | AgCl 电极。

实验结束后，将电极浸在 0. 1mol · L^{-1}KCl 溶液中待用。

2. Cd^{2+}浓度与溶出峰电流关系

用吸量管准确移取 1. 000×10^{-5}mol · L^{-1} Cd^{2+}标准溶液 0mL、0. 40mL、0. 80mL、1. 20mL、2. 00mL 于 5 只 50mL 容量瓶中，再分别加入 0. 25mol · L^{-1}KCl 溶液 10mL，5 滴饱和 Na_2SO_3 溶液，用蒸馏水稀释至刻度，摇匀，待用。

以银基汞膜电极为工作电极，Ag | AgCl 电极为参比电极，在-1. 0V 电压下预电解 2min，静止 30s 后向正方向扫描溶出，记录阳极波，并分别测量峰高。

3. 废水中 Cd^{2+}的测定

准确移取试液 10mL 于 50mL 容量瓶中，加入 0. 25mol · L^{-1}KCl 溶液 10mL，5 滴饱和 Na_2SO_3 溶液，用蒸馏水稀释至刻度，摇匀，用上述同样条件进行溶出测定，记录阳极波，并测量峰高。

实验指导

1. 数据处理

(1) 绘制峰高与 Cd^{2+}浓度曲线。

(2) 根据标准曲线，计算试液中 Cd^{2+}浓度，以 mol · L^{-1}和 μg · kg^{5}表示。

2. 实验注意事项

(1) 每进行一次溶出测定后，应在扫描终止电位-0. 2V 处停扫半分钟左右，使镉溶出，经扫描检验溶出曲线的基线基本平直后，再进行下一次测定。

(2) 为了防止汞膜电极被氧化，扫描终止电位应在-0. 2V 处。

实验拓展

(1) 伏安法可以测定波尔兹曼常数，测定电阻，除了阳极溶出伏安法外，还有吸附溶出伏安法，它是一种利用吸附富集以提高检测灵敏度的伏安分析技术，可用于痕量金属离子、有机化合物及药物的测定。大多数吸附溶出伏安法过程利用的是悬汞电极和汞膜电极，由于汞电极有毒，并且不能在正电位区使用，这就限制了它们的应用范围。

(2) 测定痕量镉的方法：石墨炉原子吸收法，铋膜电极电位溶出法，火焰原子吸收法。

实验思考

1. 为什么阳极溶出伏安法的灵敏度高？
2. 为了获得再现性的溶出峰，实验时应注意什么？
3. 伏安法测定自来水中痕量镉的基本原理是什么？

实验四　库仑滴定法标定硫代硫酸钠溶液的浓度

实验目的

(1) 学习库仑滴定法和永停法指示终点的基本原理；

(2) 学习库仑滴定的基本操作技术。

实验背景

1. 库仑分析法

化学分析法所用的标准溶液大部分是借助于另一种标准物质作基准，而基准物的纯度、使用前的预处理(如烘干、保干或保湿)、称量的准确度以及滴定时对终点颜色变化的目视观察等，对标定的结果都有重要影响。库仑分析法是根据电解过程中消耗的电量，由法拉第定律来确定被测物质含量的一种电化学分析法。100%的电流效率是库仑分析法的先决条件。库仑分析法可分为恒电流库仑分析法和控制电流库仑分析法两种。

(1) 恒电流库仑分析法是在恒电流的条件下电解，由电极反应产生的电生“滴定剂”与被测定物质发生反应，用电化学方法确定“滴定”的终点，由恒电流的大小和到达终点需要的时间算出消耗的电量，然后根据法拉第定律求得被测物质的含量。这种“滴定”方法与滴定分析中用标准溶液滴定被测物质的方法相似，因此恒电流库仑分析法也称库仑滴定法。它可用于中和滴定、沉淀滴定、氧化还原滴定和配合滴定。

(2) 利用库仑滴定法通过电解产生的物质与标准溶液反应，不但能对标准溶液进行标定，而且由于利用近代电子技术可以获得非常稳定且精度很高的恒电流，同时，电解时间也易精确记录，因此可以不必使用基准物质，从而避免上述以基准物标定时可能引入的分析误差，提高标定的准确度。如 $Na_2S_2O_3$、$KMnO_4$、KIO_3 和亚砷酸等标准溶液，都可采用库仑滴定法进行标定。

库仑滴定装置是一种恒电流电解装置，见图 8-3。

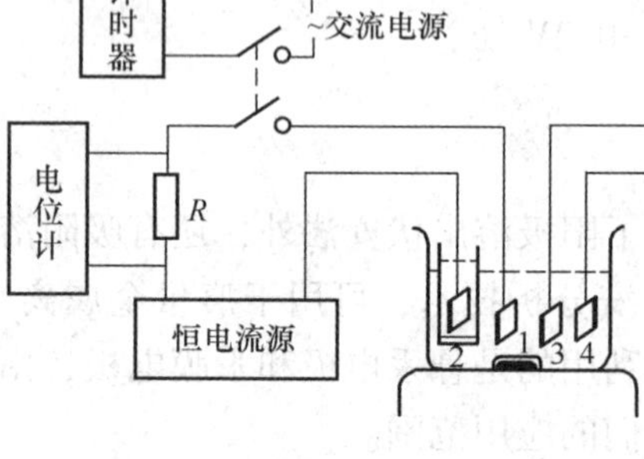

图 8-3　库仑滴定装置

通过电解池的电流可由精密电位计显示，也可由精密检流计测量标准电阻上的电压求得。电解池有两对电极，一对是指示终点的电极，另一对为进行库仑测定的电极，其中与被测定物质起反应的电极称工作电极，另一个为辅助电极。为了防止两个电极之间相互干扰，通常把辅助电极装在玻璃套内，套管底部镶上一块微孔底板，上面放一层琼脂或硅胶，或利用离子交换膜封闭套管，阻止离子出入。凡能指示一般电滴定法者，都可用来指示库仑滴定的终点。

库仑滴定是目前最准确的常量分析方法，又是高度灵敏的痕量成分测定方法。由于时间和电流都可准确测量，库仑滴定的精密度是很高的，常量成分测定的精密度可望达到二十万分之几。该法在它能够应用的场合，比一般容量分析方法优越。它不需要制备标准溶液，因而不存在标准溶液的稳定性问题。它不需要测量体积，也不存在这方面的误差。它比一般常量方法更容易自动化。在库仑电解池中，通过电解产生的滴定剂有：H^+、OH^-、Cl_2、Br_2、I_2、Ce(Ⅳ)、Ti(Ⅲ)、Fe(Ⅱ)、Mn(Ⅱ)、Ag(Ⅰ)、$Fe(CN)_6^{4-}$、$Fe(CN)_6^{3-}$、$CuBr_4^{2-}$、Sn(Ⅱ)等。它们可滴定很多无机和有机物质。库仑滴定最适合于分析那些在容量分析中用作基本标准的化学试剂。

2. $Na_2S_2O_3$

$Na_2S_2O_3$ 为单斜晶系，白色结晶粉末，易溶于水，不溶于醇，在空气中加热被氧化分解成硫酸钠和二氧化硫。在纯氧里燃烧则生成硫酸钠、硫化钠和硫磺。

$Na_2S_2O_3$ 的用途：照相业作定影剂、鞣革时重铬酸盐的还原剂、含氮尾气的中和剂、媒染剂、麦杆和毛的漂白剂以及纸浆漂白时的脱氯剂。还用于四乙基铅、染料中间体等的制造和矿石提银等；工业/电镀业的还原剂/净水工程的净水剂；在纺织工业中用于棉织品漂白后的脱氯剂、染毛织物的硫染剂、靛蓝染料的防白剂、纸浆脱氯剂；医药工业中用作洗涤剂、消毒剂和褪色剂等。

实验原理

本实验是在 H_2SO_4 介质中，以电解 KI 溶液产生的 I_2 标定 $Na_2S_2O_3$ 溶液。在工作电极上以恒电流进行电解，发生下列反应：

$$\text{阳极}\ 2I^- = I_2 + 2e$$

$$\text{阴极}\ 2H^+ + 2e = H_2$$

工作阴极置于隔离室(玻璃套管)内，套管底部有一微孔玻璃板，以保持隔离室内外的电路畅通，这样的装置避免了阴极反应对测定的干扰。阳极产物 I_2 与 $Na_2S_2O_3$ 溶液发生作用：

$$I_2 + 2S_2O_3^{2-} = S_4O_6^{2-} + 2I^-$$

由于上述反应，在化学计量点之前溶液中没有过量的 I_2，不存在可逆电对，因而两个铂指示电极回路中无电流通过，当继续电解，产生的 I_2 全部与的 $Na_2S_2O_3$ 作用完毕，稍过量的 I_2 即可与 I^-形成 $I_2/2I^-$可逆电对，此时在指示电极上发生下列电极反应：

$$\text{指示阳极}\ 2I^- = I_2 + 2e$$

$$\text{指示阴极}\ I_2 + 2e = 2I^-$$

由于在两个指示电极之间保持一个很小的电位差(约 200mV)，所以此时在指示电极回路中立即出现电流的突跃，以指示终点的到达。

正式滴定前，需进行预电解，以清除系统内还原性干扰物质，提高标定的准确度。

仪器试剂

仪器：恒电流源 DGA-12 型恒电流器(或由 3~5 个 45V 干电池与可变电阻串联构成)

电解池：200mL 高型烧杯，内置一对工作电极和一对指示电极。工作阴极为 1×1cm 铂片电极，置于隔离室(下端有微孔玻璃板的玻璃套管)内；工作阳极为 1×2cm 铂片电极。也可用玻碳电极作工作电极，以不锈钢片代替铂片作工作电极。指示电极为铂片电极，使用过程中铂片易弯曲变形，为此，也可改用电导电极，但灵敏度有所降低。

毫安表(满刻度 5mA)　微安表(满刻度 50μA)　电位器(22kΩ)　干电池(6V)　单刀单掷开关　电磁搅拌器　秒表　吸量管　量筒

试剂：H_2SO_4(1mol·L^{-1})　KI 溶液(20%)　待标定的 $Na_2S_2O_3$ 溶液(0.01mol·L^{-1})

实验步骤

(1) 联接电极线路，接通总电源。

(2) 在电解池中加 50mL 水，5mLH_2SO_4 和 5mL 碘化钾溶液，并使隔离室内的液面略高于电解池中的液面。放入搅拌子，开动电磁搅拌器。

(3) 转动恒电流器的旋钮，使输出电流在 4~5mA。

(4) 电解池中加入数滴待标定的 $Na_2S_2O_3$ 溶液，合上微安表旁的电键，由于溶液中不存在可逆电对，此时微安表指示为零。

(5) 合上电解开关，进行预电解，由电位器调节电解系统的电流，使毫安表的指针在 4~5mA。同时注意观察指示系统微安表的指针，当其偏转 1~2 小格时，即为终点。打开电键(电解开关)，停止电解，此时溶液中含有微过量的 I_2，因有 $I_2/2I^-$ 可逆电对的存在，使指示系统中有微弱的电流通过。

(6) 准确移取待测 $Na_2S_2O_3$ 溶液 0.50mL 于电解池中，开动搅拌器，合上电解开关，进行电解，同时按秒表记时，并记录毫安表的电流准确读数，观察微安表的指针，当其偏转的格数与预电解的终点相同时，按下电键，进行电解，同时按停秒表，记录电解时间 t。

(7) 重复实验步骤(6)的操作 1~2 次，电解液可反复使用多次，不必更换；若电解池中溶液过多，可倒去部分后，继续使用。

(8) 关闭总电源，拆除电极接线，洗净电解池及电极(注意清洗铂丝阴极隔离管)，并注入蒸馏水。

实验指导

1. 数据处理

根据几次测量的结果，用三次误差较小的数据算出毫库仑的平均值。按 Faradny 定律计算溶液的浓度(mol·L^{-1})。

$$C = Q/96487V$$

式中　Q——消耗的电量，mQ；

　　V——所取标准溶液的体积，mL。

每次加入 $Na_2S_2O_3$ 溶液的体积为 0.50mL。数据计入表 8-2 中。

表 8-2　测　量　结　果

	1	2	3	平均
电解电流 i/mA				
电解时间 t/s				

2. 实验注意事项

(1) 电极的极性切勿接错，接前必须仔细清洗电极。

(2) 保护管中应放 KI 溶液，使 Pt 电极浸没。

(3) 每次试液必须准确移取。

实验拓展

(1) 库仑滴定最适合于分析那些在容量分析中用作基本标准的化学试剂，可以测定药片中维生素 C 的含量；测定微量肼；测定砷；测定煤矿废水中 COD；测定重铬酸钾试剂的纯度；测定 8-羟基喹啉的浓度。

(2) 硫代硫酸钠溶液浓度的其他测定方法：双指示剂电极安培滴定。

实验思考

1. 试说明永停终点法指示终点的原理。
2. 写出 Pt 工作电极和 Pt 辅助电极上的反应。
3. 本实验中将 Pt 阳极还是 Pt 阴极隔开？为什么？

实验五　萘燃烧热的测定

实验目的

(1) 通过萘的燃烧热的测定，了解氧弹式量热计的原理、构造和使用方法；

(2) 明确燃烧热的定义，理解恒压燃烧热与恒容燃烧热的差别及相互关系；

(3) 掌握有关使用氧弹式量热计进行量热实验的一般知识和测量技术；

(4) 学会应用图解法校正温度的改变值。

实验背景

燃烧热是指 1mol 物质完全燃烧时所放出的热量。通过盖斯定律，可用燃烧热数据间接求算许多化学反应的热效应。尽管许多物质的燃烧热数值已经测定，但随着新化合物的不断出现，相应的热化学数据需要获得，而且随着实验仪器精度的不断提高，原有的数据亦需进行修订。

为提高物质燃烧热测定的准确性，在实验方法上，一般是改进各种量热计，使物质燃烧放出的热量尽可能传给量热计本身而不与周围环境发生热交换。另外也可改变测温方式，提高测温的灵敏度和准确性。

由于燃烧反应中有气体参与，因而一般采用恒容量热计。量热计有多种多样，但它们的基本组成都是相同的，都有一个本体部分，包括：搅拌器、加热器(或致冷器)以及温度测量装置等。本体的周围加恒温夹套、真空夹套等就称为环境。根据本体部分与环境之间热交换的程度不同，可把量热计分为三类：绝热量热计、热导式量热计、等温量热计。绝热量热计在计算测量结果时，无需用雷诺作图法校正，数据处理简单，测定结果准确度高，重现性好。但是如果被测体系与环境接触面很大，或者体系温度变化过急，则会因传热太快或者环境补偿滞后，将引起较大误差。热导式量热计的本体与它的环境之间用导热性能良好的热导体联系起来。当量热计本体由于反应放出或吸收热量时，在热导体中就产生“热流”，直到反应结束又重新建立起热平衡。热导式量热计要求环境应是具有很大热容的受热器，它的温度不因“热流”的流入或流出而改变。沿热导体流过的热量大小可以由热导体的某物理量的变化而计算出来，通常是测量热导体与反应管(量热容器)之间温差来求得。热导式量热计不仅可用于测量一般过程的热量，而且更适用于研究速度慢、热量小的过程。等温量热计是把体系处于一个热容量很大的恒温环境中，体系和环境之间的热导率很大，相互之间的热交换可以在瞬间完成，使得发生热效应的体系和环境的温度相等。一般环境需要相变或电补偿才能抵消体系传递过来的热，热效应的大小则可以通过补偿的能量计算出来。

在热效应测量中，氧弹式量热计被广泛地用于测定各种燃烧物的热值，并作为评定燃料质量的一个重要方面，故氧弹式量热计及其操作方法一直在进行标准化工作。氧弹式量热计尽管没有恒温浴，但可以认为它是以室温水夹套作为环境的。改进后的精密弹式量热计，其测量误差小于 0.1%，目前完全自动化的仪器已经问世。

实验原理

在热化学中将 1mol 物质完全氧化时的热效应称为物质的燃烧热。所谓完全氧化，是指该物质中的 C 氧化成 CO_2(气)，H 氧化成 H_2O(液)，S 氧化成 SO_2(气)，N 形成 N_2(气)，Cl 形成 HCl(水溶液)等。燃烧热常以体系的焓变 ΔH 来表示。

在恒容条件下测得的燃烧热称为恒容燃烧热(Q_v)，恒容燃烧热等于这个过程的内能变化(ΔU)。在恒压条件下测得的燃烧热称为恒压燃烧热(Q_p)，恒压燃烧热等于这个过程的热焓变化(ΔH)。若把参加反应的气体和反应生成的气体作为理想气体处理，则有下列关系式：

$$Q_p = Q_V + \Delta nRT \tag{8-1}$$

式中：Δn 为产物与反应物中气体物质的量之差；R 为气体常数；T 为反应的热力学温度。若测得某物质恒容燃烧热或恒压烧烧热中的任何一个，就可根据式(8-1)计算另一个数据。必须指出，化学反应的热效应(包括燃烧热)通常是恒压热效应(ΔH)来表示的。

测量化学反应热的仪器称为量热计。量热计的基本原理是能量守恒定律。本实验采用氧弹式量热计测量萘的燃烧热。氧弹式量热计的示意图为图 8-7。由于用氧弹式量热计测定物质的燃烧热是在恒容条件下进行的，所以测得的为恒容燃烧热(Q_v)。测量的基本原理是将一定量待测物质样品在氧弹中完全燃烧，燃烧时放出的热量使量热计本身及氧弹周围介质(本实验用的是水)的温度升高。通过测定燃烧前后量热计(包括氧弹周围介质)温度的变化值，就可以求算出该样品的燃烧热。其关系式如下：

$$\frac{m}{M_r} \cdot Q_v = K\Delta T - Q_{点火丝} \cdot m_{点火丝} \tag{8-2}$$

式中：m 为待测物质的质量；M_r 为待测物质的摩尔质量；Q_v 为待测物质的摩尔燃烧热；$Q_{点火丝}$为点火丝的燃烧热(如果点火丝用铁丝，则 $Q_{点火丝} = 6.694 kJ \cdot g^{-1}$)；$m_{点火丝}$为点火丝的质量；$\Delta T$ 为样品燃烧前后量热计温度的变化值；K 为量热计(包括量热计中的水)的热容，它表示量热计(包括介质)每升高一度所需要吸收的热量。量热计的热容的求取有电加热法和标准物质法两种方法。本实验采用标准物质法，通过已知燃烧热的标准物(如苯甲酸，它的恒容燃烧热 $Q_v = 26.460 kJ \cdot g^{-1}$)来标定。已知量热计的热容以后，就可以利用式(8-2)通过实验测定其他物质的燃烧热。

尽管在仪器上进行了各种改进，量热计也不是严格的绝热系统，同时由于传热速度的限制，燃烧后由最低温度达到最高温度需一定时间，因而在实验过程中仍不可避免环境与体系间的热量传递，使得我们不能准确地由温差测定仪上读出由于燃烧反应所引起的温升。为此，需用雷诺做图法进行温度校正而得到真正的温差。校正的方法如下：

当适量待测物质燃烧后使卡计中的水温升高 1.5~2.0℃，将燃烧前后历次观测到的水温记录下来，并作图，联成 $abcd$ 线(图 8-4)。图中 b 点相当于开始燃烧之点，c 点为观测到的最高温度读数点，由于量热计和外界的热量交换，曲线 ab 及 cd 常常发生倾斜。取 b 点所对应的温度 T_1，c 点对应的温度 T_2，其平均温度$(T_1+T_2)/2$ 为 T，经过 T 点作横坐标的平行线

TO，与折线 $abcd$ 相交于 O 点，然后过 O 点作垂直线 AB，此线与 ab 线和 cd 线的延长线交于 E、F 两点，则 E 点和 F 点所表示的温度差即为欲求温度的升高值 ΔT。如图 8-4，EE' 表示环境辐射进来的热量所造成量热计温度的升高，这部分是必须扣除的；而 FF' 表示量热计向环境辐射出热量而造成量热计温度的降低，因此这部分是必须加入的。经过这样校正后的温度差表示了由于样品燃烧使量热计升高的数值。

有时量热计的绝热情况良好，热量散失少，而搅拌器的功率又比较大，这样往往不断引进少量热量，使得燃烧后的温度最高点出现不明显，这种情况下 ΔT 仍然可以按照同法进行校正(图 8-5)。

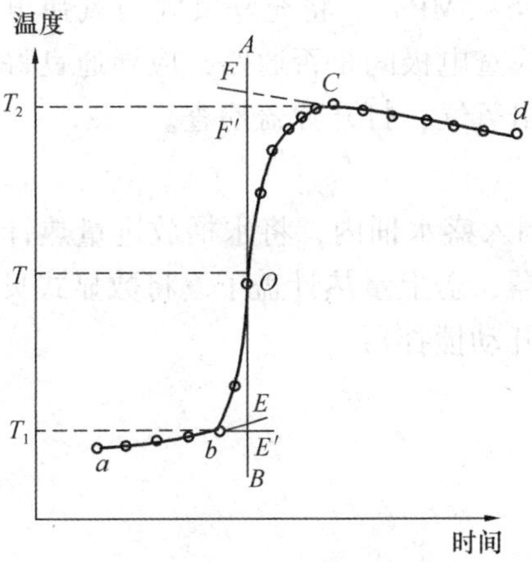

图 8-4　绝热较差时温度校正图

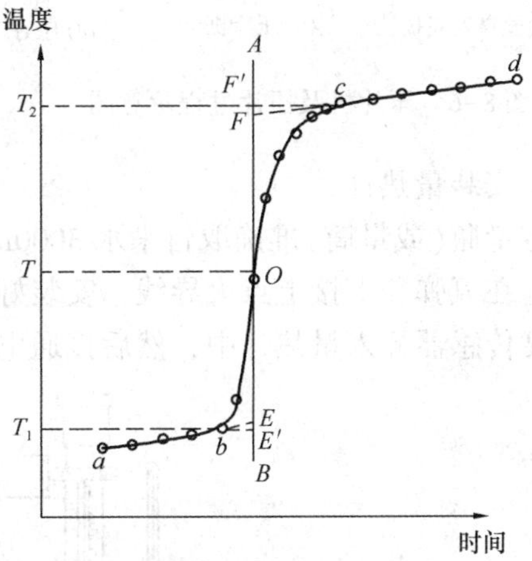

图 8-5　绝热较好时的温度校正图

必须注意，应用这种作图法进行校正时量热计的温度和外界环境的温度不宜相差太大(最好不超过 2~3℃)，否则会引进误差。

当然，在测量燃烧热过程中，对量热计温度测量的准确性直接影响到燃烧热测定的结果，所以本实验也可采用精密温差测定仪来测量量热计的温度变化值。

仪器试剂

仪器：氧弹量热计　压片机　数显贝克曼温度计　温度计(0~100℃)　容量瓶　万用电表　氧气钢瓶及减压阀充氧导管　氧气减压器　电子天平

试剂：萘(A. R.)　苯甲酸(A. R.)　铁丝若干

实验步骤

1. 量热计常数 *K* 的测定

(1) 样品压片

压片前，先检查压片用钢模，如发现钢模有铁锈、油污和尘土等，必须擦净后才能进行压片。用台秤称取约 0.6g 苯甲酸，用电子天平准确称量一段点火丝(约 15cm)的质量，按图 8-6(a)所示将铁丝穿在钢模的底板内，然后将钢模底板装进模子中，从上面倒入已称好的苯甲酸样品，徐徐旋紧压片机的螺杆，直到将样品压成片状为止。抽去模底的托板、再继续向下压，使模底和样品一起脱落，压好的样品形状如图 8-6(c)所示，将此样品表面的碎屑除去，在分析天平上的准确称量后即可供燃烧热测定用。

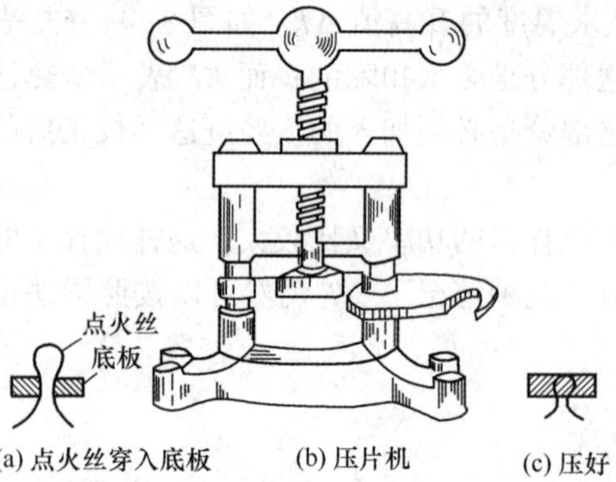

图 8-6　压片机及压片过程示意图

（2）装置氧弹

氧弹是一个特制的不锈钢容器（如图 8-8）。拧开氧弹盖，将氧弹内壁擦干净，特别是电极下端的不锈钢接线柱更应擦干净。挂上石英、陶瓷或金属小杯，小心地将压好的片状试样的点火丝二端分别紧绕在电极的下端。旋紧氧弹盖，用万用电表检查两电极是否通路。若通路，则旋紧氧弹出气口后就可以充氧气（2.6~3MPa）。将充好氧气的氧弹再用万用电表检查电极间是否通路，应导通良好，否则要放出氧气，打开弹盖检查。

（3）安装量热计

用容量瓶（或量筒）准确取自来水 3000mL，倒入盛水桶内，将水桶放进量热计中，再放进氧弹。在氧弹盖上接上点火导线，安装好搅拌器，盖上量热计盖子。将数显式贝克曼温度计的温度传感器插入量热计中，然后接通电源，开动搅拌器。

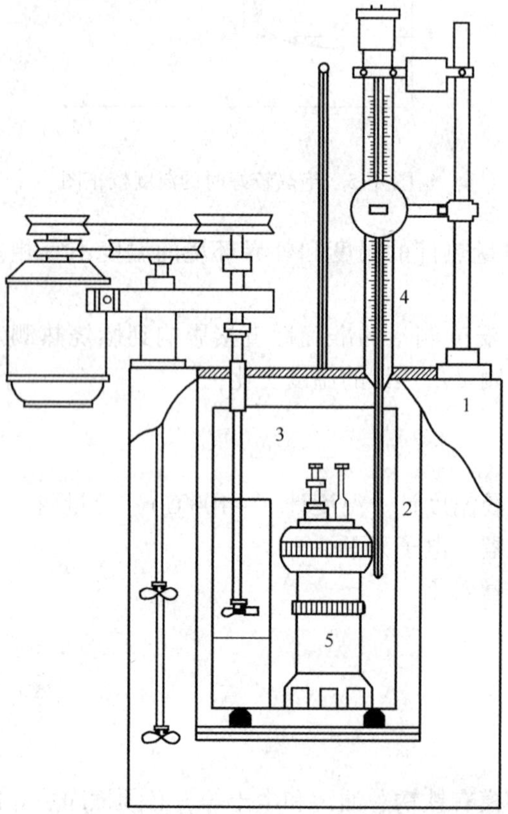

图 8-7　氧弹卡计示意图

1—恒温夹套；2—挡板；3—盛水桶；4—贝克曼温度计；5—氧弹

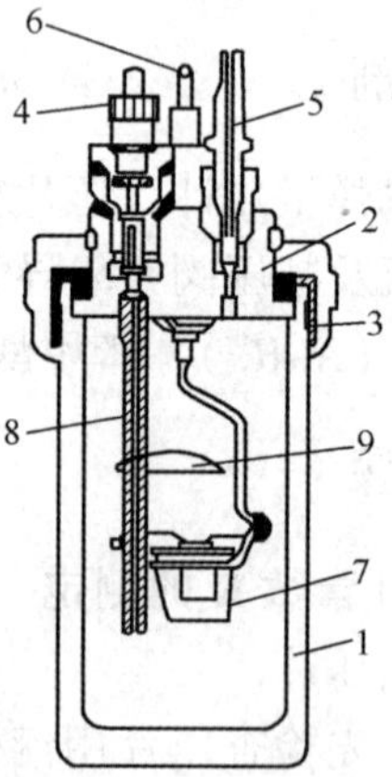

图 8-8　氧弹的构造

1—厚壁筒壁；2—弹盖；3—螺帽；4—进气孔；5—排气孔；6—电极；7—烧烧皿；8—电极；9—火焰遮板

（4）点火、测温

待温度变化基本稳定后，开始读点火前期的温度，每隔 1min 读数 1 次，共 10 次。读数完毕，立即振动点火电键，待点火指示灯由亮到灭，表示样品已燃烧，这时升温很快．每隔 30s 读数 1 次。直至温度缓慢上升时，改为每隔 1min 读数 1 次，连续读数 l0min 便可停止实验。

（5）结束工作。停止搅拌，关闭电源。取出氧弹并拭干，打开放气阀缓慢放气，打开弹盖。若样品未烧完或内壁有炭黑，则实验失败，需重做；若燃烧完全，则将燃烧后剩下的引火丝在分析天平上称量。

2. 萘的燃烧热测定

称取 0.5g 左右萘，按上法进行压片、燃烧等实验操作二次。

实验完毕后，洗净氧弹，倾去水桶中的水。用毛巾擦干全部设备，待用。

3. 实验数据记录

表 8-3　实验数据记录表

室温/℃：________　实验温度/℃：________　气压/kPa：________　甲酸质量/g：________

引火丝质量/g：________　剩余引火丝质量/g：________　燃烧掉引火丝质量/g：________

时间/min							
贝克曼温度计读数/℃							

实验指导

1. 实验数据处理

（1）按作图法求出苯甲酸燃烧引起量热汁温度的变化值。求得量热计热容 K。

（2）按作图法求出萘燃烧引起的量热计温度变化值。并计算萘的恒容燃烧热（Q_V）。

（3）根据式（8-1），由萘的恒容燃烧热（Q_V）计算萘的恒压燃烧热（Q_p）。

（4）由物理化学数据手册查出萘的恒压燃烧热（Q_p），计算本次实验的误差。

2. 实验注意事项

（1）样品的用量必须适中，以选择能释放约 29kJ 的热量，即使温度上升 3K 为宜。

（2）确保样品完全燃烧。样品压片很重要，样品压得太硬，不易被点火丝点燃。压片的硬度应以用手稍用力即可压碎为宜。

（3）氧弹内壁和氧气表上不能沾有油污，特别注意不能用手接触氧弹内壁，以免由油污引起爆炸危险。

（4）装卸氧弹时，要正确对准螺丝，不要损坏螺纹。要特别注意把螺丝部分擦净。

（5）在检查氧弹漏气和给氧弹充氧气这两步骤时，要注意不要使氧弹震动和倾斜，防止样品从燃烧器掉落。

（6）接燃烧丝时，要特别注意电极与燃丝相接处要拧紧，使其接触良好，同时不要使两电极接触，否则样品将不能燃烧。

（7）测量结束后，拆开氧弹，如有剩余铁丝，必须在计算中扣除。

（8）本实验需充氧点火，故整个操作过程必须严格规范，不得有任何疏漏，以确保安全及实验的成功。

（9）由于使用的氧气中常含有杂质 N_2，在氧弹燃烧高温下，会生成一些硝酸和其他氮的氧化合物。当它们生成物（燃烧产物之一）溶入水中时会使体系温度变化而引起误差。

(10) 钢瓶内压力不得低于 1MPa，否则不能使用。

实验拓展

本实验除了可用于测量绝大部分固态有机可燃物质，如：萘、葡萄糖、蔗糖、淀粉、蒽等物质的燃烧热外，稍加改进，也可进行液体物质的测定，如将沸点高的油类置于坩埚中，以棉线引燃；低沸点油类，可以用药用胶囊做样品管，将液态可燃物质装入样品管内，胶囊的平均燃烧焓值可预先标定扣除。如对测定结果要求高，则需对氧弹中所含氮气的燃烧焓值作校正。校正方法：预先在氧弹中加入 5mL 蒸馏水，样品完全燃烧后，将所生成的稀溶液倒出，用少量蒸馏水洗涤氧弹内壁，一并倒入锥形瓶中，微沸 5min 后，加酚酞指示剂，用浓度 0.1mol · L^{-1}的 NaOH 溶液标定，每毫升碱液相当于 5.983J 的热值(放热)，从燃烧焓中扣除这部分热值即可。

量热法还可用于测定各种热效应如反应热、溶解热及相变热等；能用来定性检测放热和吸热过程的存在，定量测定这些过程进行的程度；可以研究物质的平衡性质，研究非平衡态某些性质变化的速度等。

实验思考

1. 说明恒容热效应(Q_V)和恒压热效应(Q_p)的差别和相互关系。
2. 简述装置氧弹量热计和拆开氧弹量热计的操作过程。
3. 为什么实验测量得到的温度差值要经过作图法校正？
4. 在这个实验中，哪些是系统？哪些是环境？实验过程中有无热损耗？这些热损耗对实验结果有何影响？
5. 加入内筒中水的温度为什么选择比外筒水温低？低多少合适？为什么？
6. 实验中，哪些因素容易造成误差？如果要提高实验的准确度，应从哪几方面考虑？

实验六　硝酸钾的差热分析

实验目的

(1) 了解差热分析原理；

(2) 学习差热分析仪的操作，并对硝酸钾进行差热分析。

(3) 掌握差热分析图谱定性、定量处理的基本方法，对实验结果作解释处理。

实验背景

热分析是研究物质受热或冷却过程中，其性质和状态随温度或时间(按一定速率变温情况下)变化的一种技术。热分析技术现已广泛应用于各个学科领域，如物理化学、有机化学、无机化学、高分子化学、生物化学、冶金学、石油化学、矿物学及地质学等方面。热分析方法在各个领域的普遍应用，促使《国际热分析联合会》(ICTA)于 1965 年建立。1969 年首次出版《热分析杂志》，1970 年创刊《热化学纪要》。

差热分析(DTA)是在程序控制温度下，测量物质与参比物之间温差随温度变化的一种技术，是最常用的热分析技术之一。它是利用物质在不断加热或冷却的环境下，使物质按照它固有的变化规律发生量变或质变。所发生的量变或质变表现在吸收或放出热量上，根据吸热或放热现象，来判断物质的内在变化因素。差热分析应用的范围很广，它可以被用来测量一次或二次的相转变，如晶形结构的变化、沸腾、升华、挥发、熔融、氧化、还原、分解、脱水、降解等。当今差热分析方法已被广泛应用于各个领域，比如物质的鉴别、药物分析、煤和石油产品的分析、催化剂活性的研究等。

实验原理

差热分析仪的原理如图 8-9 所示。它包括带有控温装置的加热炉、放置样品和参比物的坩埚、用以盛放坩埚并使其温度均匀的保持器、测温热电偶、差热信号放大器和记录仪(后两者亦可用测温检流计代替)。

在差热分析实验中，参比物(通常选 α-Al_2O_3)是热稳定物质，即在实验的温度区间内它不发生相变及化学变化。因此，同一热场中的样品与参比物在升温(或降温)过程中，如果样品发生了诸如晶型转变、熔化、凝固、汽化、脱水等相变或化学变化，这些变化所产生的热效应将导致样品温度的升高或降低，从而使样品与参比物之间产生了温度差(ΔT)，以 ΔT-T 绘图，即得到差热曲线谱图。

典型的差热曲线谱图如图 8-10 所示。图中曲线①为样品升温曲线，它表示样品在不同时刻所处的温度。曲线②为差热曲线(即 DTA 曲线)，其中，*ab* 表示在此温度区间样品无任何变化，与参比物之间的温差处处为零，称之为基线；*bcd* 构成一向下的峰线，表明在此温度区间样品发生一个吸热过程的变化，其间，样品温度低于参比物的温度($\Delta T<0$)，按国际标准规定，峰顶向下。待样品的吸热过程终了，在热场的作用下其温度逐渐回升，直至与参比物同温(图中 *d* 点)，此时回到基线。而 *efg* 为向上的峰线，则表明在此温度区间，样品发生了放热的变化过程。在典型的差热曲线上，通常采用与 *b*、*e* 点对应的温度 b'、e'作为样品发生相变的温度。而对于非常尖锐的峰，也可以采用峰顶 *c*、*f* 所对应的温度 T_c、T_f 代替之。

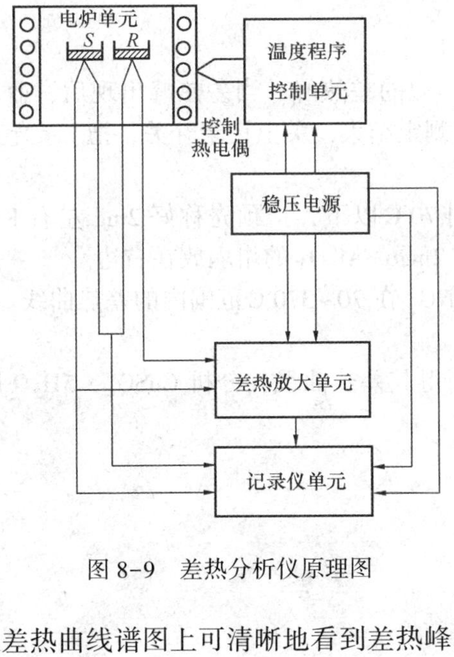

图 8-9　差热分析仪原理图

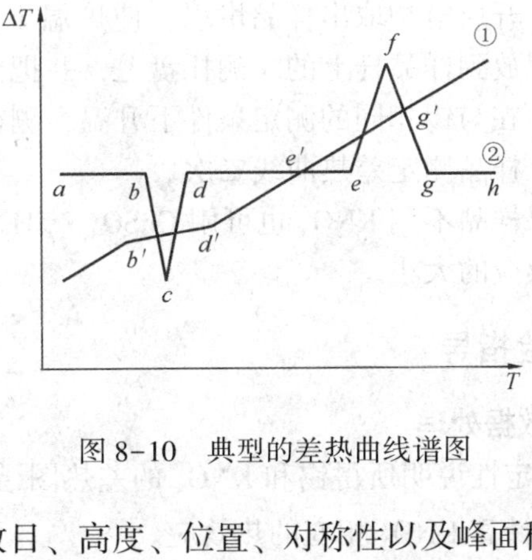

图 8-10　典型的差热曲线谱图

从差热曲线谱图上可清晰地看到差热峰的数目、高度、位置、对称性以及峰面积。峰的个数表示物质发生物理化学变化的次数，峰的大小和方向代表热效应的大小和正负，峰的位置表示物质发生变化的转化温度。在相同的测定条件下，许多物质的差热谱图具有特征性。因此，可通过与已知的差热谱图的比较来鉴别样品的种类。理论上讲，可通过峰面积的测量对物质进行定量分析，但因影响差热分析的因素较多，定量难以准确。

仪器试剂

仪器：差热分析仪(CDR-1 型)交流稳压电源

试剂：α-氧化铝硝酸钾 Sn 粉(200 目左右、A. R.)

实验步骤

1. 零位调整

转动电炉上的手柄把炉体升到顶部，然后将炉体向前方转出。取两个空的铂坩埚，分别放在样品杆上部的两个托盘上，将炉底转回原处(检查是否确实回到原处，否则样品杆会折断)。再轻轻地向下摇到底，开启水源使水流畅通，把升温方式选择在升温位置。开启电源开关(差动单元开关不开)并接通电源后，如发现温度程序控制单元上的偏差指示的指针在满标处，则转动“手动”旋钮使偏差指示在零位附近。“手动”旋钮转动时必须先把速度选择开关放在二档速度之间，否则无法转动。

仪器预热 20min 后，将差热放大器单元的量程选择开关置于“短路”位置。“差动、差热”选择开关置于“差热”位置。转动“调零”旋钮，使差热指示仪表指在“0”位。

2. 差热(DTA)测量

(1) 在二个铂坩埚中分别称取样品纯锡和参比物 α-$Al_2O_3$5mg。打开电炉，将样品坩埚放在样品杆上的左侧托盘上，参比物放在右侧，关上电炉。

(2) 保持冷却水畅通(流量约为 200~300mL · min^{-1})

(3) 在空气气氛下，把升温速率选择在 10℃ · min^{-1}一档，接通电源，按下“工作”旋钮，让电炉按给定要求升温。

(4) 开启记录仪，选择走纸速度为 600mm · h^{-1}。

(5) 当升温到 230℃后就可得到与图 8-10 相似的差热峰。当差热峰出现后，蓝笔回到基线，这时我们就得到锡熔化的差热图谱。一次测定结束，关上记录开关，把二支笔拔离记录纸，并关上“工作”旋钮和电炉电源。

(6) 开启电炉取出样品坩埚，使炉温下降到 70℃以下，把预先称好 2mg 左右 KNO_3 样品的坩埚放到样品杆上的左侧托盘上，并把内含 2mgα-Al_2O_3 的坩埚放在右边。

(7) 在与锡相同的测定条件下升温，测得 KNO_3 在 70~370℃范围内的差热曲线。

每个样品测定差热曲线二次。

如果样品不用 KNO_3 也可用 $CuSO_4 \cdot 5H_2O$ 测得其差热曲线，分析 $CuSO_4 \cdot 5H_2O$ 脱水时几步热效应的大小。

实验指导

1. 数据处理

(1)定性说明所得锡和 KNO_3 的差热图谱。

(2)计算 KNO_3 相变的热效应。

样品的热效应 $$\Delta H=\frac{C}{m}\int_{b}^{d}\Delta T\mathrm{d}\tau$$

式中 m——样品质量；

ΔT——在差热峰中，t 时刻样品与参比物的温差；

b——峰的起始时刻；

d——峰的终止时刻(如图 8-10 所示)；

$\int_{b}^{d}\Delta T\mathrm{d}\tau$——差热峰面积；

C 与仪器特性及测定条件有关。同一仪器测定条件不变时，C 则为常数。它可以用数学方法推导，但比较麻烦。本实验采用标定法，即称一定量已知热效应的物质，测得差热峰的面积就可以求得 C。本实验中纯锡的熔化热可查手册，再由锡的差热峰面积求得 C 值。

从求得的 KNO_3 样品差热峰的面积及 C 值，就能算出 KNO_3 相应的热效应。

2. 实验注意事项

(1) 正确操作仪器，严格按本实验选择的操作条件进行实验，否则将影响峰温及峰面积的准确度。

(2) 操作过程严格按仪器说明书所要求的步骤进行，不得丝毫马虎。

(3) 坩埚一定要清理干净，否则埚垢不仅影响导热，杂质在受热过程中也会发生物理化学变化，影响实验结果的准确性。

(4) 试样与参比物粒度应大致相同，两者装入坩埚中的紧密程度应基本一致。

(5) 控制升温速度，减小测量误差。

(6) 加热电炉通电前一定要先打开冷却水源。

(7) 试样坩埚与参比物坩埚放入加热炉中的位置应正确，不能调换。

实验拓展

除了差热分析以外，其他几种常用的热分析法有：热重法(TG)，即在程序控温下，测量物质的质量与温度的关系的技术；微商热重法(DTG)，是热重曲线对时间或温度的一阶微商的方法；差示扫描量热法(DSC)，是在程序控温下，测量输入到物质和参比物的功率差与温度的关系的技术；热机械分析(TMA)，是在程序控温下，测量物质在非振动负荷下的形变与温度的关系的技术；动态热机械分析(DMA)，是在程序控温下，测量物质在振动负荷下的动态模量和(或)力学损耗与温度的关系的技术；另外还有热膨胀法、逸出气分析(EGA)、逸出气检测(EGD)、热电学法、热光学法、热发声法、热传声法等。随着热分析技术的发展，常常采用多种技术的联用。

差热分析作为一种动态技术，很多因素会对所得曲线有较明显的影响，实验条件的变化，不仅会改变出峰的温度，有时甚至连峰形及峰的个数都会有所不同。由于用差热峰面积测定热效应时，准确性较差，用差示扫描量热法(DSC)得到的定量结果会更好些。

实验思考

1. 差热分析与简单热分析有何异同？
2. 影响差热分析的主要因素有哪些？
3. 什么情况下升温与降温过程得到的差热分析结果相同？什么情况下只能采用升温或

降温方法？

4. 你所了解的差热分析都有哪些应用？你认为还可能在哪些方面得到应用？

5. 实验中为何要选择适当的试样量和适当的升温速率？

6. 如何判断反应是吸热还是放热？为什么在升温过程中即使样品无变化也会出现温差？

实验七　异丙醇-环己烷双液系相图

实验目的

(1) 通过实验加深对气液双组分体系相图和分馏原理的理解；

(2) 绘制异丙醇-环己烷双液系的沸点-组成图，确定其恒沸物组成及恒沸温度；

(3) 掌握阿贝折射仪的原理及使用方法。

实验背景

相平衡是大学化学教学的重要内容，其中气液平衡是最重要、也是讨论最多的内容之一。不同体系相图的绘制，为液体混合物的分离、提纯与精制、蒸馏、精馏等提供重要的理论参考。

完全互溶双液系的 T-x 图按曲线的特征，体系可以分为三大类：理想体系、正偏差体系和负偏差体系。其中，当偏差足够大时，会出现极大点和极小点，分别对应最大负偏差和最大正偏差，对应的极值点称为恒沸点，所对应的溶液称为恒沸混合物。考虑综合因素，一般实验都选择具有最低恒沸点的异丙醇-环己烷或乙醇-环己烷体系，本实验选异丙醇-环己烷体系。

根据相平衡原理，对二组分体系，当压力恒定时，当气液两相平衡时，体系的自由度为1。当体系的温度确定时，气液两相的组成也确定。反过来，当气液两相的组成确定时，体系的平衡温度也确定。沸点仪就是根据这个原理设计的。本实验中气液相的组成通过测定对应样品的折射率来确定，因而两组分的折射率相差越大越好，同时为了避免组分因挥发而造成测量误差，还要求两组分的饱和蒸气压相差越小越好。

目前实验教学中最常用的沸点仪如图 8-12 所示，结构简单，容易操作，但达到平衡时间较长。另外一类型测定装置叫平衡釜，有陆志虞平衡釜、爱立斯平衡釜、罗斯平衡釜等，平衡釜结构比较复杂。还有一种多功能沸点测定仪，具有沸点测定仪和平衡釜的双重功能，测定范围较广，除常规的气液平衡数据的测定外，还可用于含盐体系和部分互溶体系气液平衡的测定。

实验原理

在常温下，任意两种液体混合组成的体系称为双液体系。若两液体能按任意比例相互溶解，则称完全互溶双液体系；若只能部分互溶，则称部分互溶双液体系。

液体的沸点是指液体的饱和蒸气压和外压相等时的温度。在一定外压下，纯液体的沸点有确定的值。但对于完全互溶的双液系，沸点不仅与外压有关，而且还与双液系的组成有关。

完全互溶双液系的沸点-组成图有三种类型(见图 8-11)，如果液体与拉乌尔定律的偏差不大，在 T-x 图上溶液的沸点介于 A、B 二纯液体的沸点之间见图 8-11(a)，而实际溶液由于 A、B 二组分的相互影响，常与拉乌尔定律有较大偏差，在 T-x 图上就会有最低或最高点出现，这些点称为恒沸点，其相应的溶液称为恒沸点混合物，如图 8-11(b)、图 8-11(c)所示。

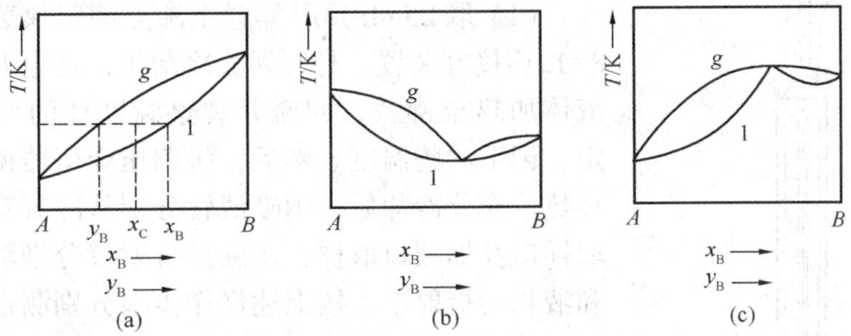

图 8-11　完全互溶双液系的相图

图 8-11 中，横坐标表示组分 B 的物质量分数或其他浓度量纲，纵坐标表示温度。图形下方的曲线 l 为液相线，表示体系沸点与液相组成的关系；上方曲线 g 为气相线，表示平衡温度与气相组成的关系。总组成为 x_C 的体系在恒定压力和温度 T 时沸腾，气液两相达到平衡，对应气相组成和液相组成分别为 y_B 和 x_B。在图 8-11(b)、图 8-11(c)中，极值点处气相组成与液相组成相同，对应的温度为恒沸点，对应组成的混合物为恒沸混合物。

第一类型双液系可用简单的蒸馏方法使二组分分离，第二、三类型双液系通过蒸馏只能得到一种纯组分和恒沸混合物。外界压力不同，恒沸点温度和恒沸物组成也不相同。

绘制沸点-组成图时要求同时测定溶液的沸点及气液两相的组成。本实验是用回流冷凝法测定异丙醇-环己烷体系的沸点-组成图。其方法是用阿贝折射仪测定不同组成的体系在沸点温度时气、液相的折射率，再从折射率-组成工作曲线上查得相应的组成，然后绘制沸点-组成图。

实验所用沸点仪如图 8-12 所示。沸点仪主体是一只带有回流冷凝管的长颈圆底烧瓶，冷凝管底部有球形小室 5，用以收集冷凝的气相分馏液，从分馏液取样口 4 吸取气相样品，从加液口 2 吸取液相样品，3 为电加热丝，直接浸在溶液中加热溶液，可减少过热和防止暴沸。温度计 1 水银球要求一半浸在液面下，一半露在空气中。

溶液的组成用折射率法分析。溶液的折射率(n)与组成有关。先测定一系列已知浓度溶液的折射率，作出一定温度下该溶液的工作曲线(折射率—组成曲线)。实验中测定平衡液相和气相冷凝液的折射率，在曲线上进行插值可求得组成。物质的折射率与温度有关，因此测定时应将温度控制在±0.2℃范围内。

仪器试剂

仪器：沸点测定仪　阿贝折射计　移液管　吸液管　调压变压器(1kVA)　温度计(50~100℃，1/10)

试剂：异丙醇(AR)　环己烷(AR)

实验步骤

1. 已知浓度溶液折射率的测定

取异丙醇和环己烷以及环己烷摩尔分数分别 0.2、0.4、0.6、0.8 四种组成的溶液，在

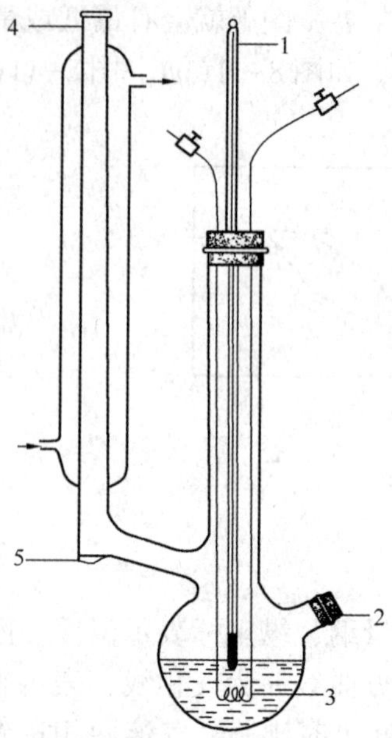

图 8-12　沸点仪

1—温度计；2—加液口；3—电热丝；
4—分馏液取样口；5—球形小室

25℃下，逐次用阿贝折射仪测定其折射率。绘制折射率-组成的关系曲线。

2. 溶液沸点及气、液相组成的测定

（1）取 25mL 异丙醇置于沸点测定仪蒸馏瓶内。按图 8-12连接好装置，打开回流冷却水，通电并调节变压器使液体加热至沸腾，回流并观察温度计的变化，待温度恒定，记下沸腾温度。然后，将调压变压器调至零处，停止加热。充分冷却后，用吸液管分别从冷凝管上端的分馏液取样口及加液口取样，用阿贝折射仪分别测定气相冷凝液和液相的折射率。按上述操作步骤分别测定加入环己烷为 1mL、2mL、3mL、4mL、5mL、10mL 时各液体的沸点及气相冷凝液和液相折射率。

（2）将蒸馏瓶内的溶液倒入回收瓶中，并用环己烷清洗蒸馏瓶。然后取 25mL 环己烷注入蒸馏瓶内，按(1)的操作步骤进行。以后分别加入异丙醇 0.2mL、0.3mL、0.5mL、1mL、4mL、5mL，测定其沸点及气相冷凝液和液相折射率。

3. 数据记录

（1）将实验中测得的折射率-组成数据列表(见表 8-4)。

表 8-4　标准溶液的折射率

室温：________℃；　　　　大气压：________ kPa

序号	1	2	3	4	5	6
x(环己烷)						
实测折光率 n						

（2）将实验中测得的沸点-折射率数据列表(见表 8-5)，并从工作曲线上查得相应的组成，从而获得沸点与组成的关系。

表 8-5　沸点-组成数据表

编号	沸腾温度/℃	气相冷凝液组成分析		液相冷凝液组成分析	
		折光率	y(环己烷)	折射率	x(环己烷)
1					
2					
3					
4					
5					
6					
7					
8					
9					

实验指导

1. 数据处理

(1) 按表8-4数据作出异丙醇-环己烷标准溶液的折射率-组成关系曲线，得工作曲线。

(2) 根据工作曲线插值求出各待测溶液的气相和液相平衡组成，填入表8-5中。以组成为横轴，沸点为纵轴，绘出气相与液相的沸点-组成($T-x$)平衡相图。

(3) 由图找出其恒沸点及恒沸组成。

2. 实验注意事项

(1) 组成不同的试样其沸腾温度是直接测量值，因而测量的准确与否将直接影响相图的质量。实验不仅需要使用精度较高的1/10温度计，而且测量前要对温度计进行校正；要对温度计的露颈部分进行校正；要将所得到的沸腾温度换算成标准状况下的温度值。

(2) 气、液相试样折射率的测定要迅速、准确。动作迟缓容易造成试样中低沸点成分的挥发，从而造成折射率数值测定的误差；折射率的测定要在恒温下进行。

(3) 加热电阻丝一定要被所测液体浸没，否则通电加热可能会引起有机液体燃烧；所加电压不能太大，加热丝上有小气泡逸出即可。

(4) 取样时，先停止通电再取样。

(5) 在每一份样品的蒸馏过程中，由于整个体系的成分不可能保持恒定，因此平衡温度会略有变化，特别是当溶液中两种组成的量相差较大时，变化更为明显。为此每加入一次样品后，只要待溶液沸腾，正常回流1~2min后，即可取样测定，不宜等待时间过长。

(6) 每次取样量不宜过多，取样时毛细滴管一定要干燥，不能留有上次的残液，气相取样口的残液亦要擦干净。

(7) 整个实验过程中，通过折射仪的水温要恒定，使用折射仪时，棱镜不能触及硬物(如滴管)，擦拭棱镜须用擦镜纸。

(8) 取样后的滴管不能倒置。

实验拓展

气、液平衡相图的实际意义在于只有掌握了气、液相图，才有可能利用蒸馏方法使液态混合物有效分离。在石油工业和溶剂、试剂的生产过程中，常利用气、液相图来指导并控制分馏、精馏的操作条件。在一定压力下，恒沸混合物的组成恒定，利用恒沸点盐酸溶液，可以配制定量分析用的标准盐酸溶液。精馏是最常用的一种分离方法，工业生产中，要有效分离混合物，需设计精馏装置，精馏塔所需的理论塔板数的求算需要相关的气液平衡数据。这些气、液平衡数据可以由本实验装置直接测定得到。

本实验装置的主要缺点是不能连续取样，分析操作过程繁琐，实验时间长。可以对沸点仪进行改装，简化操作过程，缩短实验时间。本实验组成测定选用折射率的测定，也可以用相对密度或其他方法测定，但相对而言，折射率测定方法快速、简单，所需样品少，操作方便。

实验思考

1. 折射率的测定为什么要在恒定温度下进行？如何使用折射仪？

2. 影响实验精度的因素之一是回流的好坏，如何使回流进行好？它的标志是什么？

3. 过热现象对实验产生什么影响？如何在实验中尽可能避免？

4. 操作过程中，在加入不同数量的各组分样品时，如发现了微小的偏差，对相图的绘制有无影响？为什么？

5. 对应某一组成测定沸点及气相和液相折射率，如因某种原因缺少其中某一个数据，应如何处理？它对相图的绘制是否有影响？

6. 蒸馏器中收集气相冷凝液的袋状部的大小对结果有何影响？

实验八　Pb-Sn 二组分金属固-液相图

实验目的

（1）学会用热分析法测绘 Pb-Sn 二组分金属相图。

（2）掌握热分析法的测量技术。

实验背景

钢铁和合金冶炼生产条件的控制、硅酸盐（水泥、耐火材料等）生产的配料比、盐湖中无机盐的提取、配制各种不同低熔点的金属合金等，都要考虑到有关相平衡问题，由于相变过程和相平衡问题到处存在，研究和掌握相变过程的规律，用以解释有关的自然现象和指导生产甚为重要。

绘制固液两相平衡曲线的方法，常用的有溶解度法和热分析法。溶解度法是指在确定的温度下，直接测定固液两相平衡时溶液的浓度，然后依据测得的温度和相应的溶解度数据绘制成相图。此法适用于常温下易测定组成的体系，如水盐体系等。热分析法是指在常温下不便直接测定固液平衡时溶液组成的体系（如合金和有机化合物的体系）。通常利用相变时的热效应来测定组成已确定的体系的温度，然后依据选定的一系列不同组成的二组分体系所测定的温度，绘制相图。

绘制二组分金属相图时，Bi-Cd 体系最为常见，它是一个简单低共熔体系，但是由于该体系蒸气毒性严重，所以现在很多教材选择 Pb-Sn 体系或其他毒性更小的体系。Pb-Sn 体系的相图不是简单低共熔物类型，是部分互溶体系，其相图见图 8-15。

实验原理

相图是用以研究体系的状态随浓度、温度、压力等变量的改变而发生变化的图形，它可以表示出在指定条件下体系存在的相数和各相的组成。对于二组分体系，$C=2$，$f=4-\Phi$。对所研究的体系而言，至少有一个相，所以自由度最多为 3，即二组分体系的状态可以由三个独立变量确定，一般我们选择温度、压力和组成，因而二组分体系的状态图要用三维图来表示。为了方便绘制，一般我们固定一个变量，如压力，得到两个变量的二维图。对蒸气压较小的二组分凝聚体系一般用温度-组成图来描述其相图。

测绘金属相图常用的方法是热分析法。这种方法是通过观察体系在冷却（或加热）时温度随时间的变化关系，来判断有无相变的发生。通常的做法是先将体系全部熔化，然后让其在一定环境中自行冷却，并每隔一定的时间（例如 0.5min 或 1min）记录一次温度，以温度

(T)为纵坐标，时间(t)为横坐标，画出步冷曲线的 $T-t$ 图。图 8-13 是二组分金属体系的一种常见类型的步冷曲线。当体系均匀冷却时，如果体系不发生相变，则体系的温度随时间的变化将是均匀的，冷却也较快(如图 8-13 中 *ab* 线段)。若在冷却过程中发生了相变，由于在相变过程中伴随着热效应，所以体系温度随时间的变化速度将发生改变，体系的冷却速度减慢，步冷曲线就出现转折(如图 8-13 中 *b* 点所示)。当熔液继续冷却到某一点时(如图 8-13 中 *c* 点)，由于此时熔液的组成已达到最低共熔混合物的组成，故有最低共熔混合物析出，在最低共熔混合物完全凝固以前，体系温度保持不变，因此步冷曲线出现平台(如图中 *cd* 线段)。当熔液完全凝固后，温度才迅速下降(见图 8-13 中 *de* 线段)。

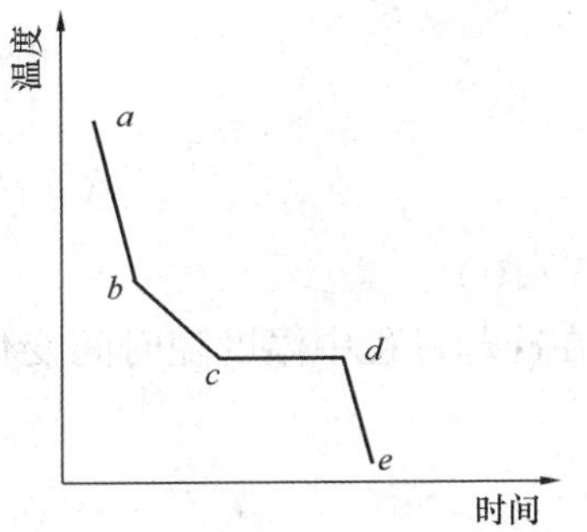

图 8-13　步冷曲线

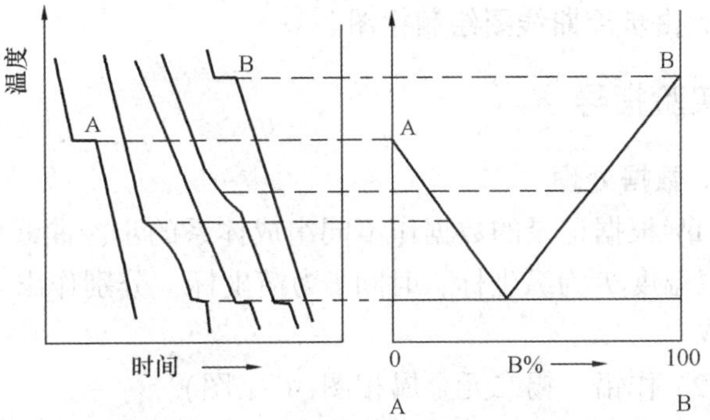

图 8-14　步冷曲线与相图

由此可知，对组成一定的二组分低共熔混合物体系来说，可以根据它的步冷曲线，判断有固体析出时的温度和最低共熔点的温度。如果作出一系列组成不同的体系的步冷曲线，从中找出各转折点，即能画出二组分体系最简单的相图(温度-组成图)。不同组成熔液的步冷曲线与对应相图的关系可从图 8-14 中看出。

用热分析法测绘相图时，被测体系必须时时处于或接近相平衡状态。因此，体系的冷却速度必须足够慢，才能得到较好的结果。

体系温度的测量，可用水银温度计，也可选用合适的热电偶。由于水银温度计的测温范围有限、精度又低而且易破损，所以目前大都采用热电偶来进行测温。用热电偶测温有许多优点：灵敏度高、重现性好、量程宽。而且由于它是将非电量转换为电量，故将它与电子电势差计配合使用，可自动记录温度-时间曲线。但在进行配合时，要注意热电偶热电势的数值及其变化的范围是否与电子电势差计的量程相适应。通常电子电势差计的量程为 0~10mV，而热电偶的热电势值和变化的范围均超过 0~10mV，因此一般可采用对讯号进行衰减的方法来匹配。但这样做会降低测量的精度。

本实验用镍铬-考铜热电偶作测温元件。

仪器试剂

仪器：ZR-JXS 型金属相图仪样品管(φ2. 5cm×20cm)　天平　秒表

试剂：铅(CP)　锡(CP)　石墨粉

实验步骤

1. 配制样品

分别配制含锡量为 0%、20%、40%、61. 9%、80%、100%的铅-锡混合物各 100g，装

入6个样品管中，同时在样品管内插入热电偶热端的套管，并在样品上方覆盖一层石墨粉。

2. 测定6个样品的步冷曲线

将ZR-JXS型金属相图仪电源开关打开，根据样品管含量，按“设置”键依次设置目标温度，加热功率，保温功率后，按“加热”键，当达到目标温度时，停止加热，小心搅拌熔化后的样品，等温度开始降低时，开始计时读数，每半分钟读一次数。直到温度降至温度-时间曲线的水平部分以下为止。在曲线中温差不变处(平台段)，即相当于它们的熔点温度，并记录在表8-6中。

3. 由步冷曲线图绘制相图。

实验指导

1. 数据处理

(1) 根据记录的数据作不同组成体系的步冷曲线图(T-t 图)。

以温度 T 为纵坐标，时间 t 为横坐标，分别作出它们在冷却过程中温度随时间变化的步冷曲线。

(2) 作铅、锡二元金属相图(T-x 图)

从步冷曲线中，可找出各不同体系的相变温度 T。以此相变温度 T 为纵坐标，相应各体系的组分 x 为横坐标，即可作得Pb-Sn二组分体系相图的一部分。

(3) Pb-Sn体系理论熔点见表8-6。

表8-6　Pb-Sn体系熔点对照表

含Sn/%	0	20	40	61.9	80	100
理论熔点温度/℃	327	270	240	190	200	232
设定加热温度/℃	400	350	300	250	280	330

2. 实验注意事项

(1) 被测体系必须时时处于或非常接近于相平衡状态才能得到准确的数据，所以体系冷却速度不宜太快，须把样品放在保温炉中，使体系温度以5~7℃/min的速度均匀冷却。切忌在一个步冷曲线的测试过程中不断改变样品的环境温度(如改变通过保温炉的电流，甚至把样品管移出保温炉等)，以致达不到均匀冷却而直接影响实验的结果。

(2) 样品的组成在测试过程中必须维持不变。除了样品本身必须保持必要的纯度外，在测试过程中必须保持样品在管中的均匀性。另外必须避免温度过高而使样品发生氧化变质。否则体系的组成将发生变化，从而影响实验结果。加热温度过低也将测不到所需的相变点，因此一般在样品全部熔化后再升温50℃左右较为适宜。样品表面加少量石墨粉以隔绝空气防止样品氧化也是被普遍采用的措施。

(3) 加热融化样品时，加热温度不宜过高，否则会使金属蒸发，带来环境污染，同时也会使覆盖在金属表面的保护剂沸腾挥发，甚至分解。

建议：①加热电压不宜太高，尤其接近融化点时应适当调低加热电压；

②升温时注意观察热电偶输出的热电势值，一段时间内出现热电势保持基本不变，说明正在融化。融化结束后，热电势又开始升高，此时可以停止加热。

(4) 热电偶的端点应尽量置于样品中部，否则将得不到完好的步冷曲线。尤其应注意的是，将热电偶插入小玻管中时，一定要插到小玻管的底部。

(5) 样品冷却时，在物质析出前应持续轻微搅拌，防止出现过冷现象。

(6) 引起步冷曲线平台不明显的可能原因还有：样品不纯、冷却速度不合适(太快或太慢)、样品量不够等，实验时应注意排除。

实验拓展

铅-锡体系是具有代表性的部分互溶固-液体系相图(见图 8-15)。在两侧各有一个固熔区，实验中未能证明固熔区的存在。可根据文献数据予以补上，获得完整概念。完整相图的测绘，除了热分析方法外，还可以借助金相显微镜、X 射线衍射等方法共同解决。实验过程中，为了消除由于错误读数和作图等原因引入的误差，可使用自动平衡记录仪。为了提高测绘精度，也可采用电子电势差计自动测绘样品的步冷曲线。

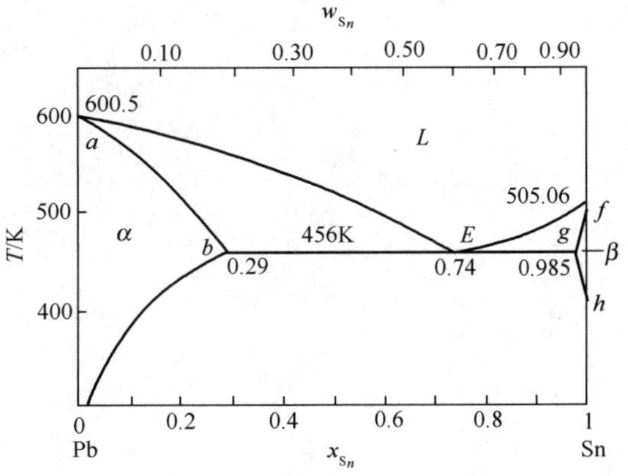

图 8-15　铅-锡固液相图

测定合金相图有助于了解合金的成分、结构和性能之间的关系。二组分固液相图对确定分离混合物的操作条件和决定分离的极限有重要的意义。此外，在低熔合金制造、机械加工等方面也得到了广泛的应用。

实验思考

1. 何谓热分析法？用热分析法测绘相图时，应该注意些什么？

2. 用相律分析在各条步冷曲线上出现平台的原因。

3. 对不同成分的混合物的步冷曲线，其水平段有什么不同？为什么？

4. 步冷曲线上为什么会出现转折点？纯金属、低共熔物及合金的转折点各有几个？曲线形状有何不同？为什么？

参　考　文　献

1. 东北师范大学等校编．物理化学实验．北京：高等教育出版社，1989
2. 吴子生，严忠主编．物理化学实验指导书．长春：东北师范大学出版社，1995
3. 复旦大学等校编．庄继华等修订．物理化学实验．．北京：高等教育出版社，2004
4. 董迨传，郑新生编．物理化学实验指导．河南大学出版社，1997
5. 武汉大学化学与环境科学学院编．物理化学实验．武汉：武汉大学出版社，2000
6. 庞素娟，吴洪达编．物理化学实验．武汉：华中科技大学出版社，2009
7. 王玉峰，孙墨珑，张秀成．物理化学实验．哈尔滨：东北林业大学出版社，2006
8. 淮阴师范专科学校化学科编．物理化学实验．北京：高等教育出版社，1986
9. 黄允中等编著．计算机辅助物理化学实验．北京：化学工业出版社，2003.
10. 吴子生，邓希贤编．物理化学实验．北京：高等教育出版社，2002
11. 殷学峰主编．新编大学化学实验．北京：高等教育出版社，2002

12. 张春晔编．物理化学实验．南京．南京大学出版社，2003
13. 刘寿长，张建民，徐顺主编．物理化学实验与技术．郑州：郑州大学出版社，2004
14. 张晓梅等编．物理化学实验指导．合肥：安徽科学技术出版社，2005
15. 高职高专化学教绪编写组编．物理化学实验．北京：高等教育出版社，2002
16. 清华大学化学系物理化学实验编写组．物理化学实验．北京：清华大学出版社，1991

单元 9　重要参数的测定

实验一　化学反应速率和活化能的测定

实验目的

(1) 了解浓度、温度和催化剂对反应速率的影响；

(2) 测定过二硫酸铵与碘化钾反应的反应速率；

(3) 学会确定反应级数，反应速率常数和反应活化能的方法。

实验背景

化学反应速率是指在一定条件下，反应物转变为产物的速率。化学反应速率经常用单位时间内反应物浓度的减少或生成物浓度的增加来表示。浓度一般用 $mol \cdot L^{-1}$，时间用 s、min 或 h 为单位来表示，于是常见的速率单位有 $mol \cdot L^{-1} \cdot s^{-1}$、$mol \cdot L^{-1} \cdot min^{-1}$ 和 $mol \cdot L^{-1} \cdot h^{-1}$。

活化能概念在 1889 年由 S. Arrhenius 首先提出来，这一概念就成为化学动力学中最重要的参变量之一，反应速度理论无不涉及到对活化能的解释，它对反应速率理论的发展起了很大的作用。然而，在众多版本的教科书中，对活化能所下的定义却不尽相同，在无机化学中引出的活化能的概念是：能发生有效碰撞的分子称为活化分子，而由普通分子变成活化分子需要吸收的能量称为活化能；在物理化学中对活化能的定义是：碰撞是发生化学反应的前提，但并不是反应分子间的任何一次直接碰撞都能发生反应，只有那些能量足够高的分子之间的直接碰撞才能发生反应，那些能量高到能发生反应的分子称为活化分子。由非活化分子变为活化分子所需的最小能量称为活化能。

在阿累尼乌斯经验式中，把活化能看作是与温度无关的常数，在一定温度范围内与实验结果相符合，但是在某些历程复杂的反应中，与实验结果不符合，表明活化能与温度有关。

实验原理

在水溶液中，过二硫酸铵和碘化钾发生如下反应：

$$(NH_4)_2S_2O_8+3KI = (NH_4)_2SO_4+K_2SO_4+KI_3$$

$$S_2O_8^{2-}+3I^- = 2SO_4^{2-}+I_3^- \qquad (1)$$

其反应的微分速率方程可表示为：

$$v = k[S_2O_8^{2-}]^m[I^-]^n \qquad (9-1)$$

式中，v 是在此条件下反应的瞬时速率。若 $[S_2O_8^{2-}]$、$[I^-]$ 是起始浓度，则 v 表示初始速率 (v_0)。k 是反应速率常数，m 与 n 之和是反应级数。

实验能测定的速率是在一段时间间隔 (Δt) 内反应的平均速率 $\bar{v}$。如果在 Δt 时间内 $S_2O_8^{2-}$ 浓度的改变为 $\Delta[S_2O_8^{2-}]$，则平均速率为：

$$\bar{v}=\frac{-\Delta[S_2O_8^{2-}]}{\Delta t}$$

近似地用平均速率代替初始速率：

$$v_0=k[S_2O_8^{2-}]^m[I^-]^n=\frac{-\Delta[S_2O_8^{2-}]}{\Delta t}$$

为了能够测出反应在 Δt 时间内 $S_2O_8{}^{2-}$浓度的改变值，需要在混合$(NH_4)_2S_2O_8$ 和 KI 溶液的同时，加入一定体积已知浓度的 $Na_2S_2O_3$ 溶液和淀粉溶液，发生反应：

$$2S_2O_3{}^{2-}+I_3{}^-=\!=\!=S_4O_6{}^{2-}+3I^- \quad (2)$$

反应(2)几乎瞬间完成，而反应(1)比反应(2)慢得多。因此，由反应(1)生成的 I_3^- 立即与 $S_2O_3{}^{2-}$反应，生成无色的 I^-和 $S_4O_6{}^{2-}$。所以在反应的开始阶段看不到碘与淀粉反应而显示的特有蓝色。但是当 $Na_2S_2O_3$ 耗尽，反应(1)继续生成的 $I_3{}^-$就与淀粉反应而呈现出特有的蓝色。

由于从反应开始到蓝色出现标志着 $S_2O_3{}^{2-}$全部耗尽，所以从反应开始到出现蓝色这段时间 Δt 里，$S_2O_3{}^{2-}$浓度的改变实际上就是 $Na_2S_2O_3$ 的起始浓度。

从反应式(1)和(2)可以看出，$S_2O_8{}^{2-}$减少的量为 $S_2O_3{}^{2-}$减少量的一半，所以 $S_2O_8{}^{2-}$在 Δt 时间内减少的量可以从下式求得：

$$\Delta[S_2O_8^{2-}]=\frac{[S_2O_3^{2-}]}{2}$$

实验中，通过改变反应物 $S_2O_8{}^{2-}$和 I^-的初始浓度，测定消耗等量的 $S_2O_8{}^{2-}$的物质的量浓度 $\Delta[S_2O_8{}^{2-}]$所需要的不同的时间间隔(Δt)，计算得到反应物不同初始浓度的初速率，进而确定该反应的微分速率方程和反应速率常数。

仪器试剂

仪器：烧杯　大试管　量筒　秒表　温度计

试剂：$(NH_4)_2S_2O_8$(0.2mol·L^{-1})　KI(0.2mol·L^{-1})　$Na_2S_2O_3$(0.01mol·L^{-1})　KNO_3(0.2mol·L^{-1})　$(NH_4)_2SO_4$(0.2mol·L^{-1})　$Cu(NO_3)_2$(0.02mol·L^{-1})　淀粉溶液(0.4%)　冰　浆糊　标签纸

实验步骤

1. 浓度对化学反应速率的影响

在室温下，用 3 个量筒分别量取 20mL 0.20mol·L^{-1}KI 溶液、8.0mL 0.010mol·L^{-1} $Na_2S_2O_3$溶液和 2.0mL 0.4%淀粉溶液，均加到烧杯中，混合均匀。再用另一个量筒量取 20mL 0.20mol·L^{-1}$(NH_4)_2S_2O_8$ 溶液，快速加到烧杯中，同时开动秒表，并不断搅拌。当溶液刚出现蓝色时，立即停秒表，记下时间及室温。

用同样的方法按照表 9-1 中的用量进行Ⅱ、Ⅲ、Ⅳ、Ⅴ的实验。

2. 温度对化学反应速率的影响

按表 9-1 实验Ⅳ中的用量，将装有碘化钾、硫代硫酸钠、硝酸钾和淀粉的混合溶液加到烧杯中，把过二硫酸铵溶液加到另一个烧杯中，并将两个烧杯放入冰水浴中冷却。等它们的温度都冷却到低于室温 10℃时，把过二硫酸铵溶液迅速加到碘化钾等混合溶液中，同时开动秒表，并不断搅拌，当溶液刚出现蓝色时，记下反应时间。此实验编号记为Ⅵ。

同样的方法在热水浴中进行高于室温 10℃ 的实验。将此次实验编号记为Ⅶ。将两次实验数据Ⅵ、Ⅶ和实验Ⅳ的数据记入表 9-2 中进行比较。

3. 催化剂对反应速率的影响

按表 9-1 实验 Ⅳ 的用量，把碘化钾、硫代硫酸钠、硝酸钾和淀粉溶液加到 150mL 烧杯中，再加入 2 滴 0.02mol·L^{-1} $Cu(NO_3)_2$ 溶液，搅匀，然后迅速加入过二硫酸铵溶液，搅动、记时。将此实验的反应速率与表 9-1 中实验 Ⅳ 的反应速率定性地进行比较可得到什么结论。

4. 数据与处理

（1）反应级数与反应速率常数的计算

将反应速率表示式 $v=k[S_2O_8^{2-}]^m[I^-]^n$ 两边取对数：

$$\lg\nu = m\lg[S_2O_8^{2-}] + n\lg[I^-] + \lg k$$

当$[I^-]$不变(即实验Ⅰ、Ⅱ、Ⅲ)，$\lg v$ 对 $\lg[S_2O_8{}^{2-}]$作图，斜率为 m；

同理，当$[S_2O_8{}^{2-}]$不变，$\lg v$ 对 $\lg[I^-]$作图，斜率为 n。此反应的级数为 $m+n$。

将求得的 m 和 n 代入 $v=k[S_2O_8^{2-}]^m[I^-]^n$ 求得 k，将数据列入表 9-3。

表 9-1　浓度对反应速率的影响　　温度：______

实验编号		Ⅰ	Ⅱ	Ⅲ	Ⅳ	Ⅴ
试剂用量/mL	0.20mol·$L^{-1}$$(NH_4)_2S_2O_8$	20.0	10.0	5.0	20.0	20.0
	0.20mol·L^{-1}KI	20.0	20.0	20.0	10.0	5.0
	0.010mol·$L^{-1}$$Na_2S_2O_3$	8.0	8.0	8.0	8.0	8.0
	0.4%淀粉溶液	2.0	2.0	2.0	2.0	2.0
	0.20mol·$L^{-1}$$KNO_3$	0	0	0	10.0	15.0
	0.20mol·$L^{-1}$$(NH_4)_2SO_4$	0	10.0	15.0	0	0
混合液中反应物的起始浓度/(mol·L^{-1})	$(NH_4)_2S_2O_8$					
	KI					
	$Na_2S_2O_3$					
反应时间 Δt/s						
$S_2O_8{}^{2-}$的浓度变化 $\Delta S_2O_8{}^{2-}$/(mol·L^{-1})						
平均反应速率 v/(mol·L^{-1}·s^{-1})						

表 9-2　温度对化学反应速率的影响

试验编号	Ⅵ、	Ⅶ	Ⅳ
反应温度/℃			
反应时间 Δt/s			
反应速率 ν/(mol·L^{-1}·s^{-1})			

表 9-3　反应速率常数数据记录

试验编号	Ⅰ	Ⅱ	Ⅲ	Ⅳ	Ⅴ
$\lg v$					
$\lg[S_2O_8{}^{2-}]$					

续表

试验编号	Ⅰ	Ⅱ	Ⅲ	Ⅳ	Ⅴ
$\lg[I^-]$					
m					
n					
速率常数 $k/(mol \cdot L^{-1} \cdot s^{-1})$					

(2)反应活化能的计算

反应速率常数 k 与反应温度 T 一般有如下关系：

$$\lg k = \lg A - \frac{E_a}{2.303RT} \quad (9-2)$$

式中，E_a 为活化能，R 为摩尔气体常数，T 为热力学温度，A 是经验常数。测出不同温度时的 k 值，以 $\lg k$ 对 $\frac{1}{T}$ 作图，可得一直线，由直线斜率$\left(-\frac{E_a}{2.303RT}\right)$可求得反应的活化能 E_a，将数据列入表 9-4。

算出不同温度下的 $\lg k$，斜率为 $-\frac{E_a}{2.303RT}$，计算得出活化能。

表 9-4　反应活化能数据记录

试验编号	Ⅵ	Ⅶ	Ⅳ
反应速率常数 $k/(mol \cdot L^{-1} \cdot s^{-1})$			
$\lg k$			
$1/T$			
反应活化能 $E_a/(kJ \cdot mol^{-1})$			

本实验活化能测定值的误差不超过 10%（文献值：$51.8kJ \cdot mol^{-1}$）。

实验指导

(1) 严格按照合理顺序混合药品。

(2) 取药品要用专用量筒，不可混用。

(3) 为使实验测得的数值更准确，$(NH_4)_2S_2O_8$ 必须最后加入，且要一次性快速加入，加入时记录时间，按动秒表计时。

(4) 反应中的搅拌速度对反应时间也有影响，搅拌得越快，反应时间越短。同一组实验，要用同一种速度搅拌。

(5) 认真观察溶液，刚一出现蓝色立即停止计时，记录反应时间。

(6) 本试验使用的 KI、$(NH_4)_2S_2O_8$ 和 $Na_2S_2O_3$ 溶液应采用新配制的，因为放置太久，它们都会发生化学变化而改变浓度。KI 溶液应为无色透明溶液，若变为浅黄色溶液，则表明已经有部分 I^- 转化为 I_2，如新配制的$(NH_4)_2S_2O_8$ 溶液 pH 值小于 3，则说明原试剂已有分解，不适于本实验(若提前配制的 $Na_2S_2O_3$ 溶液，加少量 Na_2CO_3 作稳定剂)。所用试剂中如混有少量 Cu^{2+}、Fe^{3+} 等杂质，对反应会有催化作用，必要时滴入几滴 $0.1mol \cdot L^{-1}$EDTA 溶液进行掩蔽。

(7) 水浴的水量应较多些，热容大有利于恒定反应温度。如室温低于10℃，可不用冰水浴，而改为高于室温10℃、20℃的热水浴。

(8) 植物淀粉中含有直链和支链两种淀粉。直链淀粉遇 I_2 变蓝必须有 I^- 存在，并且 I^- 浓度越高，显色灵敏度也越高。

实验拓展

1. 仪器与操作的改进

改用100mL的碘量瓶作反应容器、用振荡和摇动代替玻棒搅拌、用微加液器代替量筒取药品，可获得良好的实验效果。

改进后具有下列优点：节省了仪器资源，操作简单，用微量加液器量取药品，只要轻轻"一提一按"就能准确量取一定量的药品，从而避免了量筒的大量损坏；结果准确，用碘量瓶作反应容器，避免了反应液的飞溅，握住碘量瓶的上部振荡降低了手的温度对反应速率的影响，从学生测定的实验数据来看，结果精密度、准确度大大提高，操作失误的情况大为减少；环保，用碘量瓶避免了有毒物质碘的挥发。

2. 实验药品微量化

在保证不影响实验现象和结果的情况下用尽可能少的试剂进行实验，节省药品资源，在最大程度上降低化学污染的可能性。

3. 对废液进行绿色化处理

实验结束时反应并没有停止，废液中的 I^- 继续与 $S_2O_3^{2-}$ 和空气中 O_2 反应生成 I_2，如果废液放在敞口废液缸中不及时处理，则会导致碘挥发而污染环境，造成较大浪费。可以对废液进行一系列无害化处理，最终变成 $K_2S_2O_8$ 和 KI 晶体，做到药品的循环使用，无毒排放，有效防止化学污染。

实验思考

1. 下列操作对实验有何影响？

(1)取用试剂的量筒没有分开使用；(2)先加过二硫酸铵，最后加碘化钾；(3)过二硫酸铵溶液慢慢加入碘化钾等混合液中。

2. 为什么在Ⅱ、Ⅲ、Ⅳ、Ⅴ的实验中，分别加入硝酸钾和硫酸铵溶液？

3. 本实验 $Na_2S_2O_3$ 溶液用量过多或过少，对实验结果会产生什么影响？

4. 若不用 $S_2O_8^{2-}$ 而用 I^- 或 I_3^- 浓度变化来表示反应速度，则反应速率常数 k 是否一致？

5. 用阿累尼乌斯公式计算反应的活化能，并与作图法得到的值进行比较。

实验二　B-Z 振荡反应

实验目的

(1) 了解 Belousov-Zhabotinskii 反应(简称 B-Z 反应)的基本原理，掌握利用微机系统研究化学振荡反应的方法；

(2) 加深理解振荡反应这一现象，初步认识体系远离平衡态下的复杂行为；

(3) 掌握测定振荡反应的诱导期和振荡周期，求取反应的表观活化能的方法。

实验背景

化学振荡现象是化学反应体系中呈现出的一种周期性动力现象，即体系中某些宏观状态量如物质浓度等发生周期性变化或呈现出时空有序演变规律。

最早报道的是以金属铈离子作催化剂，柠檬酸被溴酸氧化的均相体系所呈现的振荡现象。随后人们发现了一大批有振荡现象的含溴酸盐的反应体系，其中柠檬酸可被丙二酸、苹果酸、丁酮二酸等替代，所用的催化剂也可用铁离子或锰离子等金属离子代替。这一类型反应统称为 B-Z 振荡反应。B-Z 振荡反应的振荡现象容易观测，所以成为目前最引人注目的实验研究和理论分析的对象之一。

近 20 年来，化学振荡已成为化学动力学的一个重要分支，人们从设计新型的化学振荡器到对性质、反应机理研究，从实验设计到对数学模型求解等方面都进行研究。同时也越来越注重应用方面，如若对反应实行强制性振荡，可实现反应同期操作，提高反应产率及选择性；利用振荡的特征波进行化学分析(糖尿病的早期检测等)；模拟生物体内的代谢循环反应等。所以学会探讨它的系列之一——B-Z 反应是非常有意义的。

实验原理

通常的化学反应各组分的浓度总是随时间单调地变化，最后达到平衡状态。然而在某些化学反应体系中，有些组分的浓度却随时间周期性地变化，这一现象称为化学振荡。反应若是在溶液中进行，则称均相化学振荡反应。

大量的实验研究表明，化学振荡现象的发生必须满足 3 个条件：①必须是远离平衡的敞开体系；②反应历程中应含有自催化步骤；③体系必须具有双稳态性，即可在两个稳态间来回振荡。

由于化学振荡反应现象直观地展现了自然界普遍存在的非平衡态非线性现象，近年来其理论和实验研究都得以普遍的重视，成为化学科学新的前沿领域。为了纪念最先发现、研究这类反应的两位科学家(Belousov 和 Zhabotinskii)，人们将可呈现化学振荡现象的含溴酸盐的反应系统笼统地称为 B-Z 振荡反应。均相化学振荡反应中研究得最为广泛最为深入的是 Belousov-Zhabotinskii 反应。有关 B-Z 振荡反应的机理，目前为人们所普遍接受的是 FKN 机理，即由 R. J. Field、E. Koros 和 R. M. Noyes 三位学者提出的机理。

Belousov-Zhabotinskii 反应是丙二酸在 Ce^{3+}(或 Mn^{2+})催化作用下的溴氧化反应：

$$5CH_2(COOH)_2+3H^++3BrO_3^- \xrightarrow{Ce^{3+}/Ce^{4+}} 3BrCH(COOH)_2+2HCOOH+4CO_2+5H_2O$$

根据 FKN 机理，该反应存在三个过程：

过程 A　$BrO_3^-+2Br^-+3CH_2(COOH)_2+3H^+ \longrightarrow 3BrCH(COOH)_2+3H_2O$

过程 B　$BrO_3^-+4Ce^{3+}+5H^+ \longrightarrow HOBr+4Ce^{4+}+2H_2O$

过程 C　$HOBr+4Ce^{4+}+BrCH(COOH)_2+H_2O \longrightarrow 2Br^-+4Ce^{3+}+3CO_2+6H^+$

当系统中[Br^-]足够大时，反应按 A 过程进行，[Br^-]不断下降；到达其临界值时，B 过程启动，Ce^{3+}被氧化为 Ce^{4+}；再通过 C 过程，Ce^{4+}被还原为 Ce^{3+}，Br^-再生，系统中[Br^-]不断增大，达到其临界值时又启动 A 过程，周而复始形成振荡。

反应系统中[Br^-]和[Ce^{3+}]/[Ce^{4+}]随时间周期性变化，由于水溶液中 Ce^{4+}呈黄色，Ce^{3+}呈无色，因此反应就在黄色和无色之间振荡。

如果在上述溶液中加入适量的邻菲罗啉亚铁离子溶液，那么反应液就会在蓝色与红色之间振荡。这是由于亚铁离子与邻菲罗啉会形成络合离子，它和铈离子一起对该振荡反应起催化作用，$[Fe(phen)_3{}^{2+}]/[Fe(phen)_3{}^{3+}]$也随时间周期性变化。

测定研究 B-Z 化学振荡反应可采用离子选择性电极法、分光光度法和电化学等方法。本实验采用电化学方法，即在不同的温度下通过测定因$[Ce^{3+}]/[Ce^{4+}]$产生的电势随时间变化曲线，分别从曲线中(如图 9-2)得到诱导时间(t_u)和振荡周期(t_Z)，并根据阿仑尼乌斯(Arrhenius)方程，

$$\ln\frac{1}{t_u}=-\frac{E}{RT}+\ln A \qquad (9-3)$$

$$\ln\frac{1}{t_z}=-\frac{E}{RT}+\ln A \qquad (9-4)$$

式(9-3)和式(9-4)中，E 为表观活化能；R 是摩尔气体常数；T 是热力学温度；A 是经验常数。

分别作 $\ln\frac{1}{t_u}-\frac{1}{T}$ 和 $\ln\frac{1}{t_z}-\frac{1}{T}$ 图，最后从图中的曲线斜率分别求得表观活化能(E_u 和 E_z)。

仪器试剂

仪器：B-Z 振荡实验装置　电解池(100mL，带夹套)超级恒温槽　双盐桥甘汞电极　铂片电极　电子天平　计算机　容量瓶　量筒　烧杯　洗瓶

试剂：硫酸铈(AR)　硫酸(AR)　丙二酸(AR)　溴酸钾(AR)

实验步骤

1. 配制溶液

分别用蒸馏水配制 0.004mol·L^{-1}硫酸铈(必须在 0.2mol·L^{-1} H_2SO_4 介质中配制)、0.5mol·L^{-1}丙二酸、0.25mol·L^{-1}溴酸钾、3mol·L^{-1}硫酸各 100mL。

2. 准备工作

(1) 测量线路如图 9-1 所示。打开仪器电源预热 10min；同时开启恒温槽电源(包括加热器的电源和搅拌器电源)，并调节温度为 25℃(或比当时的室温高 3~5℃)。

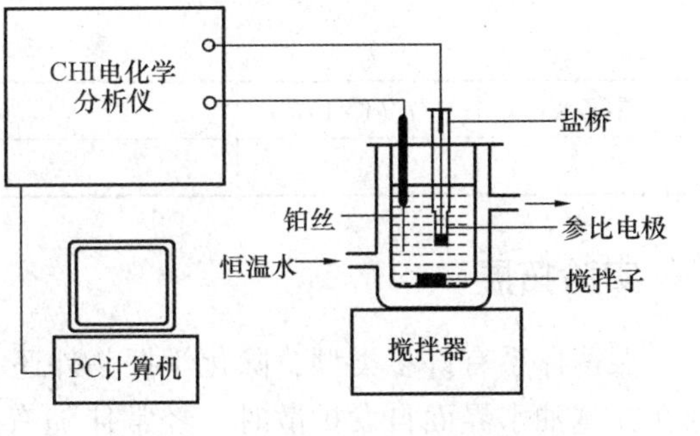

图 9-1　振荡反应测量线路图

(2) 将配好的溴酸钾、丙二酸和硫酸溶液各 15mL 放入已洗干净的电解池中，同时也将 15mL 硫酸铈溶液放在恒温槽中恒温。开启电磁搅拌的电源使溶液在设定的温度下恒温至少 10min。在以下系列实验过程中尽量使搅拌子的位置和转速保持一致。

(3) 通过计算机使电化学分析仪进入 Windows 工作界面。

3. 测量

(1)被测溶液在指定温度下恒温足够长时间(至少 10min)，点击工具栏里的运行键，实

验即刻开始，屏幕上会显示电位-时间曲线(同时也分别显示电位和时间的数值)，此时的曲线应该为一平线。60s(或基线平坦)后将预先已恒温的15mL硫酸铈溶液倒入电解池中。此时曲线(电位)会发生突跃，同时注意溶液颜色的变化。经过一段时间的“诱导”，开始振荡反应，此后的曲线呈现有规律的周期变化(如图9-2所示)，实验结束后给实验结果取个文件名存盘。

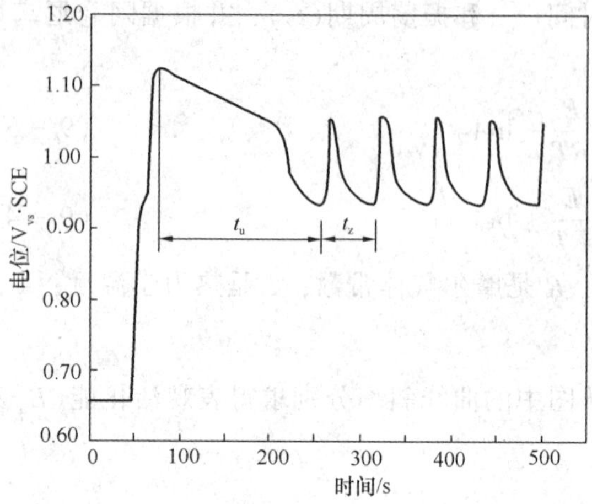

图9-2　化学振荡反应的电位-时间曲线

(2) 将恒温槽温度调至27℃，取出电极洗净电解池和所有用过的电极，然后重复上述步骤进行测量。每间隔2℃测定一条曲线，至少测量5个温度下的曲线。

实验指导

(1) 所使用的电解池、电极和一切与溶液相接触的器皿是否干净是本实验成败的关键，故每次实验完毕后必须将所有用具冲洗干净。

(2) 小心使用硫酸溶液，避免对实验者和仪器设备造成腐蚀。

(3) 根据室温的不同，一般要控制恒温槽的温度在比目标(反应体系)温度高0.3~0.9℃范围内。

(4) 搅拌的速度要适当，一般以搅拌时液面形成小漩涡，但不产生大量气泡为宜。

(5) 配制硫酸铈溶液时，一定要在0.2mol·L^{-1}介质中配制，防止发生水解而使溶液呈混浊。

(6) 数据处理。

①分别从各条曲线中找出诱导时间(t_u)和振荡周期(t_Z)，并列表(可参考表9-5)。

②根据计算结果分别作$\ln(1/t_u)-1/T$和$\ln(1/t_Z)-1/T$图。

③根据图中直线的斜率分别求出诱导表观活化能(E_u)和振荡表观活化能(E_Z)。

表9-5　实验数据表

温度/K	$1/T/(K\times10^{-3})$	t_u	$\ln(1/t_u)$	t_Z	$\ln(1/t_Z)$

实验拓展

振荡体系有许多类型，除化学振荡外还有液膜振荡、生物振荡、萃取振荡等。表面活性剂在穿越油水界面自发扩散时，经常伴随有液膜(界面)物理性质的周期变化，这种周期变化称为液膜振荡。另外在溶剂萃取体系中也发现了振荡现象。生物振荡现象在生物中很常见，如在新陈代谢过程中占重要地位的糖酵解反应中，许多中间化合物和酶的浓度是随时间周期性变化的。生物振荡也包括微生物振荡。

本实验也可以通过替换体系中的成分来实现，如用丙二酸换成焦性没食子酸、各种氨基酸等有机酸，如用碘酸盐、氯酸盐等替换溴酸盐，又如用锰离子，亚铁菲罗啉离子或铬离子代换铈离子等来进行实验都可以发生振荡现象，但振荡波形、诱导期、振荡周期、振幅等都会发生变化。

实验思考

1. 本实验中铂片电极记录的电势曲线主要反映哪个电极电势的变化？
2. 诱导期随温度怎样变化？振荡周期随温度怎样变化？
3. 本实验记录的电势主要代表什么意思？与 Nernst 方程求得的电位有何不同？
4. 影响诱导期、周期及振荡寿命的主要因素有哪些？
5. 为什么在实验过程中应尽量使搅拌子的位置和转速保持一致？
6. 请想想自然界中有哪些振荡反应的例子？

实验三　酸碱中和热的测定

实验目的

（1）了解电热补偿法测定热效应的基本原理；

（2）掌握中和热的测定方法；

（3）通过中和热的测定，掌握计算弱酸的解离热的方法。

实验背景

化学反应常常伴随着热量变化，定量地计算化学反应热，并由此考查键能的改变，是热化学的基本课题之一。盖斯定律以及随后建立的热力学第一定律，精辟地阐明了体系只做体积功的等压或等容反应热都只取决于体系的始、终状态，而与具体途径无关，即 $Q_p=\Delta H$，$Q_V=\Delta U$。因此，等压(或等容)下的化学反应热可以由体系的焓变(或内能变化)来计算。若使酸碱中和反应在等压绝热条件下进行，则反应放出的热全部由体系吸收而使体系温度升高，若已知量热计的热容(即量热计常数)，就可根据体系反应前后的温差值，求得反应热 $\Delta H_{中和}$。

中和热与燃烧热都是化学反应的热效应，只是反应方式及产生热量的多少有差别。所以二者的测定方式也大体相同。中和热的测定也在量热计中进行，最简单的是使用贝克曼温度计及保温瓶的简单量热计，但测量精度不高。后来使用电阻温度计和杜瓦瓶作为量热计，减少了热量损失，提高了精度，使测定结果趋于稳定。该量热计一直沿用到现在，只是测定量热计常数的方法有所不同。测定量热计常数的方法一般有化学反应标定法和电加热标定法两种。本实验采用电加热标定法。

实验原理

在一定温度、压力和浓度下，1mol 的 H^+ 和 1mol　OH^- 完全发生中和反应时放出的热量叫中和热。对于强酸和强碱来说，由于它们在水溶液中几乎全部电离，所以其中和反应实质是 H^++OH^- ══ H_2O，由此可见，这类反应的中和热与酸的阴离子无关，故任何强酸和强碱的中和热理论上都相同。而对于弱酸弱碱来说，它们在水溶液中没有完全电离，因此，反应的总热效应中还包含着弱酸弱碱的解离热，如以强碱(NaOH)中和弱酸(HAc)时，其在中和反应之前，首先进行弱酸的解离，故其中和反应情况可以表示如下：

$$HAc \rightleftharpoons H^+ + Ac^- \qquad \Delta H_{解离}$$

$$H^+ + OH^- \rightleftharpoons H_2O \qquad \Delta H_{中和}$$

总反应 $$HAc + OH^- \rightleftharpoons H_2O + Ac^- \qquad \Delta H_{反应}$$

由此可见，$\Delta H_{反应}$是弱酸与强碱中和反应的总热效应，它包括中和热和解离热两部分。根据 Hess 定律可知，如果测得这一反应的 $\Delta H_{反应}$ 和 $\Delta H_{中和}$，就可以计算出弱酸的解离热 $\Delta H_{解离}$。即：

$$\Delta H_{反应} = \Delta H_{中和} + \Delta H_{解离}$$

$$\Delta H_{解离} = \Delta H_{反应} - \Delta H_{中和} \tag{9-5}$$

如果中和反应是在绝热良好的杜瓦瓶中进行，保持酸和碱的起始温度相同，同时使碱稍微过量，以使酸能被中和完全，则中和反应放出的热量可以全部为溶液和量热计所吸收，这时可写出如下的热平衡式：

$$\frac{C_{酸} \cdot V_{酸}}{1000} \Delta H_{中和} = -K\Delta T \tag{9-6}$$

式中 $C_{酸}$——酸的浓度，$mol \cdot L^{-1}$；

$V_{酸}$——酸的体积，mL；

$\Delta H_{中和}$——反应温度下的中和热，$J \cdot mol^{-1}$；

K——量热计热容量，$J \cdot K^{-1}$（表示量热器各部分热容量之和，即加热该量热器系统，使温度升高 1K 所需的热量）；

ΔT——溶液真实温差，K（可用雷诺图解法求得）。

测定量热计热容 K 有两种方法：化学标定法和电热标定法。前者是将已知热效应的标准样品放在量热计中反应使其放出一定热量；后者是在溶液中输入一定的电能，然后根据已知热量和温差，按式(9-6)计算出 K。前一种方法可以用强酸（HCl）和强碱（NaOH）在量热计中反应，利用其已知的中和热和测得的温差，计算量热计热容量。测得量热计的热容量 K 后，就可以在相同条件下测定未知反应的反应热了。

所以量热法测定中和热的方法是：在绝热容器中，先求得量热器常数 K，然后根据 K 值和测得的 ΔT 求出所测反应的热量，必要时对其进行校正进而准确算出中和热。

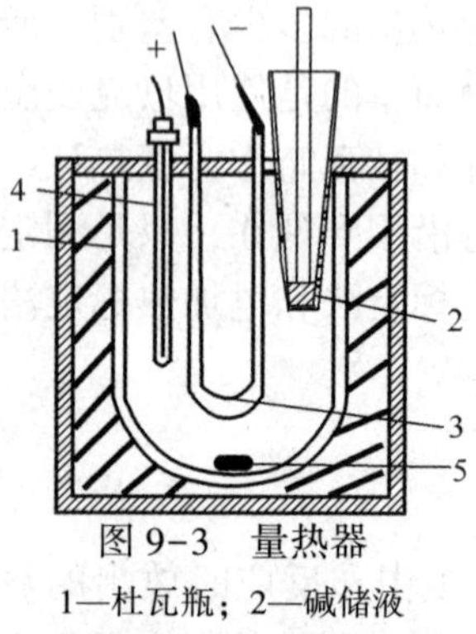

图 9-3　量热器

1—杜瓦瓶；2—碱储液管；3—电加热丝；4—热敏电阻温度计；5—磁珠

仪器试剂

仪器：SWC-ZH 中和热（焓）测定装置　量筒

试剂：HCl 溶液（$1mol \cdot L^{-1}$）　NaOH 溶液（$1mol \cdot L^{-1}$）　CH_3COOH 溶液（$1mol \cdot L^{-1}$）

量热器的构造见图 9-3，在容量为 850mL 的杜瓦瓶（大口保温杯）上，盖上盖子（用传热不良材料制成的盖），通过盖子来固定热敏电阻温度计、电加热丝和带玻璃棒（下面为磨口塞）的碱储液管。杜瓦瓶下装有磁力搅拌器。电热丝装在 U 形管中，有一定的散热面积，可使电热丝的热量容易散出。

实验步骤

1. 仪器准备

(1)打开机箱盖，将仪器平稳地放在实验台上，将传感器 PT100 插头接入后面版传感器座，用配置的加热功率输出线接入"I+"、"I-"、"红-红"、"蓝-蓝"，接入 220V 电源。

(2)打开电源开关，仪器处于待机状态，待机指示灯亮，预热 10min。

(3)将量热杯放在反应器的固定架上。

2. 量热常数 *K* 的测定

(1)用布擦净量热杯，量取 500mL 蒸馏水注入其中，放入搅拌磁珠，调节按钮使磁珠转速适当。

(2)将 O 形圈套入传感器并将传感器插入量热杯中(不要与加热丝相碰)，将功率输入线两端接在电热丝两接头上。按"状态转换"键切换到"测试状态"(测试指示灯亮)，调节"加热功率"调节旋钮，使其输出所需功率(一般为 2.5W)，再次按"状态转换"键切换到待机状态，并取下加热丝两端任一夹子以终止加热。

(3)待温度基本稳定后，按"状态转换"键切换到测试状态，仪器对温差自动采零，设定"定时"为 60s，蜂鸣器响，记录一次温差值即 1min 记录 1 次。

(4)当记录下第 10 个读数时，夹上取下的加热丝一端的夹子，此时为加热的开始时刻。连续记录温差和计时，根据温度变化大小可调整读数的间隔，但必须连续计时。

(5)待温差值升到 0.8℃以上时，取下夹子，停止加热，记下停止加热时刻。继续记录温差和计时，1min 记录 1 次，10min 后停止记录。按"状态转换"键切换到待机状态。

(6)用雷诺校正作图法确定 ΔT_1。

3. 中和热的测定

(1)将量热杯中的水倒掉，用干布擦净，重新用量筒量取 400mL 蒸馏水注入其中，然后加入 50mL1mol · L^{-1}的 HCl 溶液。再取 50mL1mol · L^{-1}的 NaOH 溶液注入碱储液管中，仔细检查是否漏液。

(2)适当调节磁珠的转速，盖好瓶盖，每分钟记录一次温差，记录 10min。

(3)然后迅速拔出玻璃棒，加入碱溶液(不要用力过猛，以免相互碰撞而损坏仪器)。继续每隔 1min 记录一次温差(注意整个过程时间是连续记录的)。

(4)加入碱溶液后，温度上升，待体系中温差几乎不变并维持一段时间即可停止测量。

(5)用作图法确定 ΔT_2。

4. 醋酸解离热的测定

用 1mol · L^{-1} CH_3COOH 溶液代替 HCl 溶液，重复上述步骤 3 操作，求出 ΔT_3。

5. 数据记录和处理

将数据记录于表 9-6 中。

表 9-6　实验数据表

电加热功率________　　　　　　　　　　通电时间________

ΔT 值		
ΔT_1	ΔT_2	ΔT_3

实验指导

（1）本实验的目的是研究 1mol 强碱和 1mol 不同的酸中和时所放出的热量，所以实验中所用碱的浓度要高于酸的浓度，或使碱的用量略多于酸的量，以使酸全部被中和。为此，应在实验后用酚酞指示剂检查溶液的酸碱性。

（2）实验所用 NaOH 溶液必须用丁二酸或草酸进行标定，并且尽量不含 CO_3^{2-}，所以最好现用现配。

（3）实验中通常采用机械搅拌的方式使体系温度均匀并反应充分，这就引进了非体积功。所以严格说来，此时反应热与焓变不相等，二者相差是非体积功，即 $\Delta H=Q-W$。同时搅拌产生热量也对实验结果有一定的影响。

（4）实验中将酸碱的热容视为与水相同，并假设量热计完全绝热，这与实际情况都有出入，必然导致一定的误差。

（5）当碱贮瓶中的 NaOH 溶液加入量热计中时，伴有碱的稀释热发生，所测结果中包含了这部分误差。

（6）如果所用酸、碱的浓度偏高，则由于离子间的相互作用力的变化及其影响，而使中和热测定值偏高。通常取 0.5～1mol·L^{-1}的浓度较为适宜。

（7）测定量热计常数时，温升值应在 0.8℃以上，以保证测定结果的有效数字的位数。

（8）中和热和解离热都与浓度、温度有关，因此在阐明中和过程和解离过程的热效应时，必须注意记录酸和碱的浓度以及测量的温度。

（9）数据处理

①量热计常数的计算。由实验可知，通电所产生的热量使量热计温度上升 ΔT，由焦耳-愣次定律可得：

$$Q=Pt=K\Delta T_1 \tag{9-7}$$

式中，Q 为通电所产生的热量，J；P 为加热功率，W；t 为通电时间，s；ΔT 为通电使温度升高的数值，K；K 为量热计常数，J·K^{-1}。当使用某一固定量热计时，K 为常数。

由式(9-7)可得：

$$K=\frac{Pt}{\Delta T_1} \tag{9-8}$$

将 ΔT_1 代入式(9-8)，求出量热计常数 K。

② 将量热计常数 K 及作图法求得的 ΔT_2、ΔT_3 分别代入式(9-9)、式(9-10)中(式中 $c=1$mol·L^{-1}，$V=50$mL)，计算出 $\Delta H_{中和}$ 和 $\Delta H_{反应}$。

$$\Delta H_{中和}=-\frac{K\Delta T_2}{cV}\times 1000 \tag{9-9}$$

$$\Delta H_{反应}=-\frac{K\Delta T_3}{cV}\times 1000 \tag{9-10}$$

③ 将 $\Delta H_{中和}$ 和 $\Delta H_{反应}$ 代入式(9-11)中，计算出乙酸摩尔解离热 $\Delta H_{解离}$。

$$\Delta H_{解离}=\Delta H_{反应}-\Delta H_{中和} \tag{9-11}$$

实验拓展

本实验测定的是弱酸与碱的反应热，对多元酸而言，与弱酸类似，也存在着解离及离子水合过程，因此测得的反应热值也与一元强酸不同。可以分别测定不同的酸（HCl、HNO_3、H_2SO_4、HAc 等）与 NaOH 反应的反应热，并将测定结果进行分析比较，找出偏差的原因。实验中采用电热补偿法测定量热计常数，实验过程中电压 U 经常变化，如果实验装置使用计算机控制技术，并采用传感器收集数据，则可提高实验的准确度。量热计常数也可采用化学反应标定法，即将盐酸和氢氧化钠水溶液在量热计中反应，利用其已知的中和反应热和测得反应前后量热计的温差 ΔT 计算量热计常数。

本实验方法除用来测定反应的反应焓变外，还可以用来测定未知酸、碱的浓度，此法称为热滴定法。

实验思考

1. 本实验是用电热法求得量热计常数，试考虑是否可用其他方法？能否设计出一个实验方案来？

2. 试分析实验中影响测量结果的因素有哪些？

3. 为何在测定量热计常数 K 时，必须把温度计、碱储液管、磁珠等都放入杜瓦瓶中？

实验四　硝酸钾溶解热的测定

实验目的

（1）了解用电热补偿法测定 KNO_3 在水中的积分溶解热；

（2）掌握求 KNO_3 在水中的微分溶解热、微分稀释热和积分稀释热的方法；

（3）进一步熟悉掌握电热补偿法测定量热计热容的方法。

实验背景

除生成热、燃烧热外，溶解热也是非常重要的热化学数据之一。特别对于溶液中的反应，只有知道了溶解热才能算出化学反应的热效应。

盐类的溶解过程通常包含两个同时进行的过程：晶格的破坏和离子的溶剂化。前者为吸热过程，后者为放热过程，溶解热是这两种热效应的总和。因此，盐溶解过程吸热还是放热，由这两个热效应的相对大小决定。

溶解热的测定可以通过绝热式量热计进行。它是在绝热恒压不作非体积功的条件下，通过测定量热系统的温度变化，而推算出该系统在等温等压条件下的热效应，过程中吸收或放出的热全部由系统的温度变化反映出来。溶解过程中的热效应由溶解过程的温度变化及系统的水当量来确定，在测定溶解热效应的同时，还需测定系统的水当量。水当量可以用电热法测定，也可以用标准物质标定法测定。对于物质溶解过程吸热的反应热效应，还可以用电热补偿法来测定。本实验所用方法即电热补偿法。

实验原理

物质溶解于溶剂过程的热效应称为溶解热，它分为积分溶解热和微分溶解热两种。积分溶解热指在一定温度和压力下，将 1mol 溶质溶解在定量溶剂中所产生的热效应，由于溶解过程中溶液的浓度逐渐改变，因此也称为变浓溶解热，以 Q_s 表示。微分溶解热指在一定温度和压力下，将1mol溶质溶解在无限量的某一定浓度溶液中所产生的热效应。由于在溶解过程中溶液的浓度可视为不变，因此也称为定浓溶解热，即定温、定压、定浓状态下，由微小的溶质增量所引起的热量变化，以 $\left(\frac{\partial Q_s}{\partial n}\right)_{T, P, n}$ 表示。

将溶剂加到溶液中使之稀释，其过程的热效应称为稀释热。它有积分(或变浓)稀释热和微分(或定浓)稀释热。通常都以对含1mol溶质的溶液的稀释情况而言。积分稀释热指在一定温度和压力下，将含有1mol溶质和 n_{01}mol溶剂的溶液稀释到含溶剂为 n_{02}mol时的热效应，即为某两浓度下的积分溶解热之差，以 Q_d 表示。微分稀释热指在一定温度和压力下，将1mol溶剂加到某一浓度无限量溶液中所产生的热效应，即定温、定压、定溶质状态下，由微小溶剂增量所引起的热量变化，以 $\left(\frac{\partial Q_d}{\partial n}\right)_{T, P, n}$ 表示。

积分溶解热的大小与浓度有关，由实验直接测定，其他三种热效应可通过 $Q_s - n_0$ 曲线求得：设纯溶剂、纯溶质的摩尔焓分别为 H_1 和 H_2，溶液中溶剂和溶质的偏摩尔焓分别为 H'_1 和 H'_2，对于 $n_1$mol溶剂和 $n_2$mol溶质所组成的体系而言，在溶剂和溶质未混合前

$$H = n_1H_1 + n_2H_2 \tag{9-12}$$

当混合成溶液后：

$$H' = n_1H'_1 + n_2H'_2 \tag{9-13}$$

因此溶解过程的热效应为：

$$\Delta H = H' - H = n_1(H'_1 - H_1) + n_2(H'_2 - H_2) = n_1\Delta H_1 + n_2\Delta H_2 \tag{9-14}$$

式(9-14)中 ΔH_1 为在指定浓度溶液中溶剂与纯溶剂摩尔焓的差，即为微分溶解热。根据积分溶解热的定义：

$$Q_s = \frac{\Delta H}{n_2} = \frac{n_1}{n_2} \cdot \Delta H_1 + \Delta H_2 = n_{01}\Delta H_1 + \Delta H_2 \tag{9-15}$$

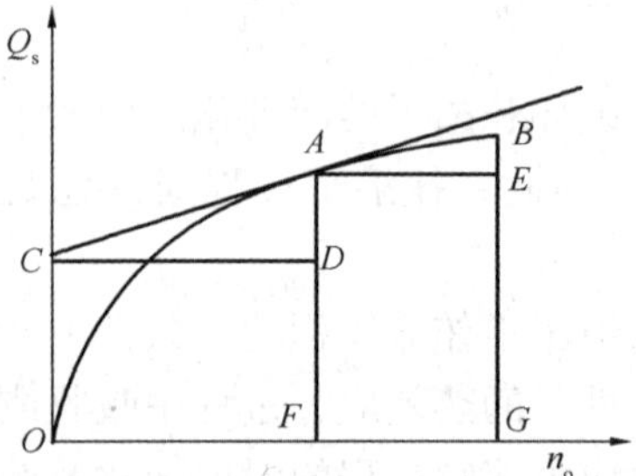

图9-4 Q_s-n_0 图

所以在 Q_s-n_0 图(见图9-14)上，不同 Q_s 点的切线斜率为对应于该浓度溶液的微分溶解热。即：

$$\left(\frac{\partial Q_s}{\partial n}\right)_{T, P, n} = \frac{AD}{CD} \tag{9-16}$$

该切线在纵坐标上的截距即为对应于该浓度溶液的微分稀释热。而在含1mol溶质的溶液中加入溶剂使溶剂量由 n_{02}mol增至 n_{01}mol过程的积分稀释热。

$$Q_d = (Q_s)n_{01} - (Q_s)n_{02} = BG - EG \tag{9-17}$$

本实验测定硝酸钾在水中溶解时的溶解热，硝酸钾溶解过程是一个温度随反应的进行而降低的吸热反应，故采用电热补偿法测定。

先测定体系的起始温度，当反应进行后温度不断降低时，由电加热法使体系恢复至起始温度，根据所耗电能求出其热效应 Q：

$$Q = I^2Rt = IUt \tag{9-18}$$

式中 I 为通过电阻为 R 的电阻丝加热器的电流强度，U 为电阻丝两端所加的电压，t 为通电时间。

仪器试剂

仪器：精密稳流电源　反应热数据采集装置　磁力搅拌器　称量瓶　电子分析天平　研钵　烘箱　玻璃干燥器　量热计(包括杜瓦瓶、加热器、热敏电阻温度计)

试剂：硝酸钾(A. R)　蒸馏水

实验步骤

(1) 接好线路，打开稳流电源及数据采集装置的电源，打开计算机，进入溶解热测定软件，按“继续”按钮，进入实验界面。

(2) 将约 26g 的硝酸钾进行研磨、烘干处理。

(3) 将 8 个称量瓶编号，依次加入 2. 5g、1. 5g、2. 5g、3. 0g、3. 5g、4. 0g、4. 0g 和 4. 5g 的硝酸钾，在分析天平上准确称出每份硝酸钾的质量。

(4) 称取 216. 2g 蒸馏水于杜瓦瓶中，并将杜瓦瓶置于磁力搅拌器上，打开磁力搅拌器开关，调整转速到合适的位置。

(5) 点开始实验按钮，测定室温，至温度稳定后，将温度切换成温差，并将温差置零。

(6) 打开稳流电源，调节电流使功率约为 2. 25 ~ 2. 3W，测定水温，在水温高于室温 0. 5℃时，加入第一份样品。并记录系统初始温度，同时记录加热时间。待系统温度到达初始温度时，加入第二份样品，以此类推。

(7) 数据记录：记录 8 份硝酸钾的质量、每份的加热时间及加热功率。

表 9–7　实验数据记录表

室温：________　　加热功率：________　　水的质量：________

样品序号	1	2	3	4	5	6	7	8
样品质量/g								
加热时间/s								

实验指导

(1)每份样品必须在计算机提示加样后才加，不能加早，否则加热时间会计在前一份样品中。

(2)加样时，使样品慢慢从漏斗落入杜瓦瓶，不能过快，否则会堵塞漏斗。

(3)搅拌速率要适宜，KNO_3 要研磨，以保证充分溶解。

(4)实验过程中要保持 U、I 值恒定。

(5)实验过程中一定要连续计时读数，实验过程中不能停止读数或者把秒表按停，直到最后方可停表。

(6)加料漏斗加料前后应加盖，以减少体系与环境的热交换。

(7)数据处理：

已知：$M_{KNO_3} = 101.1$　$M_{H_2O} = 18.016$

积分溶解热 Q_S：不同 n_0 处根据加热功率及加热时间计算到的热效应。计算关系如下：

$$Q_s = UIt$$

$$n_0 = \frac{m_{H_2O}/m_{H_2O}}{m_{KNO_3}/M_{KNO_3}} \tag{9-19}$$

式中 UI——加热功率，W；

t——加热时间，s；

m_{H_2O}——杜瓦瓶中水的质量，g；

m_{HNO_3}——加入的硝酸钾的质量，g。

以 n_0 为横坐标，Q_s 为纵坐标，作出 Q_s-n_0 曲线。

微分溶解热：指定 n_0 处曲线切线在 Q_s 轴上的截距。

微分稀释热：指定 n_0 处曲线切线的斜率。

积分稀释热：两 n_0 之间积分溶解热的差值。

实验拓展

本实验采用电加热补偿法测定量热计的热容，也可采用标准物质法来测定。具体做法为：采用 KCl 作为基准物质，取 1mol KCl 于绝热条件下溶于 200mol H_2O 中，得到摩尔分数约为 1/201 的溶液，此时 KCl 的摩尔溶解焓近似等于无限稀释溶液的摩尔溶解焓，所以可根据系统的温度变化求算量热计的热容值。

利用测定化学反应中生成物和产物的溶解热，可以间接地求得液相反应的热效应。用保温瓶做的简单绝热式量热计法除可以测定盐类的溶解热、混合热、稀释热外，还可以测定液体的比热容以及溶液中进行的化学反应的热效应（如水解、中和、沉淀等）。在测定化学反应热时需要注意，如果反应不完全要考虑反应进度，且要排除副反应。

实验思考

1. 说明本实验测定 KNO_3 溶解热的原理。
2. 为什么要选择适宜的搅拌速率？
3. 为什么加入样品的时间要准确？加入样品的速率要适宜？
4. 为什么实验开始时体系的设置温度比环境温度要高出 0.5℃？
5. 本实验装置是否适用于溶解放热的热效应测定？

实验五　电导的测定及其应用

实验目的

（1）了解溶液的电导，电导率和摩尔电导的概念；

（2）掌握电导率仪测定溶液电导率的方法；

（3）掌握测定弱电解质醋酸的电离常数及难溶盐硫酸铅的溶度积和溶解度。

实验背景

1. 电解质溶液的电导

电解质溶液和金属一样服从欧姆定律：$V=IR$，而电解质溶液的电阻 R 与两极间的距离 l 成正比，与浸入溶液的电极面积 A 成反比，即：$R=\rho \cdot l/A$，ρ 为电阻率。不过，对于电解质溶液来说，常用电导 G 表示其导电能力的大小。

电导 G 是电阻 R 的倒数，即 $G=1/R$，电导的单位是西门子，常用 S 表示，$1S=1\Omega^{-1}$。

2. 电导率(或比电导)

电导率 κ 是电阻率 ρ 的倒数，即 $\kappa=1/\rho$。它与电导的关系如下：

$$\kappa = G\frac{l}{A} \tag{9-20}$$

可以看出，κ 的单位是单位为 $S \cdot m^{-1}$，其物理意义是电极面积各为 $1m^2$、两电极间相距为 1m 时的立方体溶液导体的电导，其数值与电解质种类、溶液的浓度及温度等因素有关。

对电解质溶液而言，常令 $l/A=K_{cell}$，则：

$$\kappa = G\frac{l}{A} = GK_{cell} \tag{9-21}$$

K_{cell} 称为电导池常数，可以将一已知精确电导率值的标准溶液(通常用 KCl 溶液)充入待用电解池中，在指定温度下测定其电导，然后按照式(9-21)算出该电导池常数值。

3. 摩尔电导率

为研究电解质溶液的导电能力，还常使用摩尔电导率。其定义为，在相距为 1m 的两个平行板电极间充入含 1mol 电解质的溶液时所具有的电导，称为该溶液的摩尔电导率，以符号 Λ_m 表示。摩尔电导率与溶液的电导率及物质的量浓度 c(单位为 $mol \cdot m^{-3}$)的关系为：

$$\Lambda_m = \frac{\kappa}{c} \tag{9-22}$$

由式(9-22)可以看出 Λ_m 的单位是 $S \cdot m^2 \cdot mol^{-1}$。

摩尔电导率随溶液浓度的增大而减小。不过，强电解质和弱电解质的摩尔电导率随浓度变化的规律有所不同。对于强电解质溶液来说，当溶液的浓度逐渐降低时，由于溶液中离子间的相互作用力减弱，所以摩尔电导率逐渐增大。对于强电解质的稀溶液的摩尔电导率 Λ_m 与浓度满足以下关系式：

$$\Lambda_m = \Lambda_m^\infty(1-\beta\sqrt{c}) \tag{9-23}$$

式(9-23)中 Λ_m^∞ 为无限稀释摩尔电导率，β 为常数。由式可见，以 Λ_m 对 $\sqrt{c}$ 作图得一直线，其截距即为 Λ_m^∞。

对于弱电解质溶液而言，只有已电离部分才能承担传递电量的任务。在无限稀释的溶液中可认为弱电解质已全部电离。此时溶液的摩尔电导率为 Λ_m^∞，但不再满足如式(9-23)的简单关系式，此时可根据 F. W. Kohlrausch 的离子独立移动定律求得，即用离子极限摩尔电导率 λ_m^∞ 相加求得，如下式：

$$\Lambda_m^\infty = \nu_+\lambda_{m,+}^\infty + \nu_-\lambda_{m,-}^\infty \tag{9-24}$$

实验原理

1. HAc 电离度 α 及电离常数 K_c 的测定

弱电解质的电离度比较小，电离产生的离子浓度比较低，离子间作用力可以忽略，那么 Λ_m 和 Λ_m^∞ 的差别就可以近似看成是有部分电离与全部电离产生的离子数目不同所致，所以弱电解质的电离度 α 可表示为：

$$\alpha = \frac{\Lambda_m}{\Lambda_m^\infty} \tag{9-25}$$

将式(9-22)代入式(9-25)得：

$$\alpha = \frac{\kappa}{c\Lambda_m^{\infty}} \quad (9-26)$$

由式(9-26)可以看出，在一定温度下测出某浓度下乙酸的电导率 κ 即可计算出该浓度下的电离度 α。

在水中乙酸电离存在着下列平衡：

	HAc	══	H^+	+	Ac^-
起始时	c		0		0
平衡时	$c(1-\alpha)$		$c\alpha$		$c\alpha$

则有

$$K_c = \frac{c\alpha^2}{1-\alpha} \quad (9-27)$$

将式(9-25)代入式(9-27)后，整理可得

$$c\Lambda_m = \frac{K_c\Lambda_m^{\infty 2}}{\Lambda_m} - K_c\Lambda_m^{\infty} \quad (9-28)$$

由式(9-28)可以看出，$c\Lambda_m$ 对 $\frac{1}{\Lambda_m}$ 作图为一条直线，其斜率为 $K_c\Lambda_m^{\infty 2}$，截距为 $K_c\Lambda_m^{\infty}$，由此可求得电离平衡常数 K_c 和溶液的无限稀释摩尔电导率 Λ_m^{∞} 值，该式称为奥斯瓦尔德(Ostwald)稀释定律。实验证明，弱电解质的电离度 α 越小，该式越精确。

2. $PbSO_4$ 的溶解度的测定

像 $PbSO_4$ 和 AgCl 等这种微溶性盐的溶解度是很难直接测定的，但利用电导测定的方法却能方便地求出其溶解度。其原理是，用一种已经预先测知了电导率 κ_{H_2O} 的高纯水，配制待测微溶性盐(以 $PbSO_4$ 为例)的饱和溶液，然后测定此饱和溶液的电导率 $\kappa_{测量}$，显然测出的值是盐和纯水的电导率之和，所以有：

$$\kappa_{PbSO_4} = \kappa_{测量} - \kappa_{H_2O} \quad (9-29)$$

由于微溶性盐的溶解度很小，而盐又是强电解质，所以其饱和溶液的摩尔电导率可认为是 Λ_m^{∞} ($PbSO_4$)，其数值可以从相关手册中查得，因此，根据式(9-22)可知该盐的饱和溶液浓度为：

$$c = \frac{\kappa_{PbSO_4}}{\Lambda_{mPbSO_4}^{\infty}} \quad (9-30)$$

再根据公式：

$$K_{sp} = [Pb^{2+}][SO_4^{2-}] \quad (9-31)$$

求出其溶度积常数 K_{sp}。设 $PbSO_4$ 的溶解度为 s，则根据公式：

$$s = M_{PbSO_4}c \quad (9-32)$$

即可求出其溶解度。式(9-32)中 M_{PbSO_4} 为 $PbSO_4$ 的摩尔质量，s 常以 $g \cdot dm^{-3}$ 为单位。

仪器试剂

仪器：DDS-11A 型电导率仪(附 DJS-10C 型铂黑电导电极)　锥形瓶　超级恒温槽　烧杯　高脚烧杯　容量瓶　滴管、移液管架　滴定管　移液管　玻璃棒、药勺　吸耳球　铁架台

试剂：KCl(分析纯)　$PbSO_4$(分析纯)　HAc 溶液($0.0200 mol \cdot L^{-1}$)

实验步骤

1. 测定不同浓度 KCl 和 HAc 溶液的电导率

(1) 调节恒温槽温度至(25.0±0.1)℃。将盛有 120~130mL 去离子水的锥形瓶和装有 40mL 0.0200mol/L HAc 的锥形瓶恒温 20min。

(2) 准确配制 0.0200mol · L^{-1}KCl 溶液 250mL。

(3) 洗净 6 个 50mL 容量瓶,用 50mL 滴定管分别取 0.0200mol · L^{-1}KCl 溶液 40mL, 25mL, 20mL, 15mL, 10mL, 5mL 于 6 个 50mL 容量瓶中,稀释至刻度。

(4) 将上述溶液分别倒入 6 个干燥洁净的 100mL 烧杯(须编号)中,置恒温槽内恒温 20min。将铂黑电极用蒸馏水淋洗,再用滤纸吸干电极上的水(切勿触及铂黑),分别测定这 6 种溶液的电导率。

(5) 用 15mL 移液管准确移取已恒温的 0.0200mol · L^{-1}HAc 溶液于干燥的 100mL 烧杯中,恒温 5min,插入铂黑电极,测定其电导率。然后用 10mL 移液管准确移取 10mL 已恒温的去离子水,注入上述 HAc 溶液中,混合均匀,恒温 5min,测定其电导率,如此操作,依次再稀释 6 次,测定不同浓度的乙酸溶液的电导率.将实验数据填入表内。

将实验数据记录于表 9-8 和表 9-9 中。

表 9-8 不同浓度 KCl 溶液的电导率

实验温度:________ 大气压:________

KCl 浓度/(mol · L^{-1})	电导率 κ/(S · m^{-1})	摩尔电导率 Λ_m/(S · m^2 · mol^{-1})
c_1		
c_2		
c_3		
c_4		
c_5		
c_6		

表 9-9 不同浓度 HAc 溶液的电导率

实验温度:________ 大气压:________

HAc 浓度/(mol · L^{-1})	电导率 κ/(S · m^{-1})	摩尔电导率 Λ_m/(mol · L^{-1})	$\frac{1}{\Lambda_m}$	电离度 α	电离平衡常数 K_c
c_1					
c_2					
c_3					
c_4					
c_5					
c_6					

2. 测定 $PbSO_4$ 溶液的电导率

(1) 将约 1g 固体 $PbSO_4$ 放入 250mL 锥形瓶中,加入约 100mL 去离子水,摇动并加热至沸腾。倒掉清液,以除去可溶性杂质。按同法重复两次。

（2）再加入约 100mL 去离子水，加热至沸腾，使之充分溶解，冷却至室温。然后放在恒温槽中，恒温 10min 使固体沉淀。将上层溶液倒入一干燥的 250mL 烧杯中，放入恒温槽内，下层固体再加入 40mL 去离子水，重复以上操作两次，恒温后，测定其电导率，求平均值。

（3）测定去离子水的电导率，取约 50mL 去离子水放入一干燥的 100mL 烧杯中，待恒温后，测电导率三次，求平均值。

实验指导

1. 溶液的配制

（1）吸取溶液要准确；

（2）移液管、烧杯一定要干净。

2. 电导值的测定

（1）每次测量前都要清洗电极，测定时电极一定要在被测液面以下。

（2）将电极上的水吸干(不是擦干)。

（3）电极不要浸泡到去离子水中。

（4）每次测定一次前电导率仪要校正。

（5）电导率仪表头的单位是 $\mu S \cdot cm^{-1}$，常用的单位有 $S \cdot cm^{-1}$，而国际单位制中是 $S \cdot cm^{-1}$,注意在计算时单位的转换。

3. 相关计算

（1）计算水及各浓度 KCl 溶液的电导率，由此求出 KCl 溶液的摩尔电导率。

（2）分别将 KCl 和 HAc 溶液的摩尔电导率对浓度 c 的平方根($\sqrt{c}$)作图。并对作图结果进行讨论。

（3）将 KCl 的曲线外推至$\sqrt{c}$为 0，求出 KCl 的 Λ_m^∞ 并与文献值比较，表示出 KCl 溶液的摩尔电导率与浓度的关系式

$$\Lambda_m = \Lambda_m^\infty(1 - \beta\sqrt{c})$$

（4）计算醋酸在各浓度下的电离度值，再计算各电离平衡常数。

（5）按式(9-28)以 $c\Lambda_m$ 对 $\dfrac{1}{\Lambda_m}$ 作图，应得一条直线，由直线的斜率求得电离平衡常数 K_c。并与上述结果进行比较。

(6)计算 $PbSO_4$ 的溶解度。根据离子独立移动定律即式(9-24)计算出 $PbSO_4$ 的 Λ_m^∞，再根据式(9-29)、式(9-30)、式(9-31)、式(9-32)计算出 $PbSO_4$ 的溶度积 K_{sp}和溶解度 s。

已知：$\lambda_m^\infty\left(\dfrac{1}{2}SO_4^{2-}\right) = 79.8 \times 10^{-4} S \cdot m^2 \cdot mol^{-1}$，$\lambda_m^\infty\left(\dfrac{1}{2}Pb^{2+}\right) = 71 \times 10^{-4} S \cdot m^2 \cdot mol^{-1}$

实验拓展

电导测定的应用还有一类重要的应用就是电导滴定。该方法就是利用在滴定过程中溶液电导变化的转折来确定滴定终点的，这样求得的滴定终点更为准确。而且电导滴定的好处就在于溶液中不加任何指示剂，且不必担心滴定终点的超越。当溶液浑浊或者是有颜色而不能

用指示剂时，此法就显得尤为重要。电导滴定可用于酸碱中和、生成沉淀、氧化还原等各类滴定反应。

除了上述几方面以外，电导测定的应用还有诸多，例如求算盐类的水解度，判别化合物纯度，测定反应速率，某些工业过程利用电导信号实现自动控制，医学上依据电导区分人的健康皮肤及不健康皮肤等，感兴趣的读者可以参考相关文献，在此不再详述。

实验思考

1. 本实验为什么要用恒温槽？

2. 测定溶液的电导时为什么要用交流电，而不能用直流电？若用直流电会产生什么结果？

3. 在制备硫酸铅的饱和溶液时，为什么要重复两次操作？

4. 在取饱和溶液测量电导时为什么要用澄清溶液？

实验六　界面移动法测定离子迁移数

实验目的

(1) 测定盐酸 H^+迁移数及离子淌度；

(2) 掌握界面移动法的测量原理及实验方法。

实验背景

1. 离子淌度、离子迁移速率

电池中(包括原电池和电解池)有电流通过时导体中的电子或离子在电场的作用下都做定向移动。在电解质溶液中，电流的传导是通过离子的定向移动完成的。阴离子总是移向阳极，而阳离子总是移向阴极；当阴阳离子分别接近异性电极时，在电极与溶液接触的界面上分别发生电子的交换，整个电流在溶液中的传导是由阴阳离子共同承担的。

离子在电场中运动的速率除了与离子本性(包括离子半径、离子水合程度、所带电荷等)以及溶剂性质(如黏度)有关以外，还与电场的电位梯度($\mathrm{d}E/\mathrm{d}l$)有关。通常规定，在电位梯度为 1V/m 时，离子的迁移速度被定义为离子的淌度(即离子的绝对速度)，其数值的大小与温度、浓度等因素有关。即可表示为：

$$U_+ = \frac{r_+}{\mathrm{d}E/\mathrm{d}l}$$

显然电位梯度越大，推动离子运动的电场力也越大。因此离子的迁移速率 r 可以写作：

$$r_+ = U_+ \frac{\mathrm{d}E}{\mathrm{d}l}$$

$$r_- = U_- \frac{\mathrm{d}E}{\mathrm{d}l}$$

因此，只要测得离子的迁移速度和电位梯度即可求得离子的淌度，淌度对于研究电解质稀溶液的性质有很重要的意义。

2. 离子迁移数

由于正负离子移动的速率不同，所带电荷不等，因此它们在迁移电量时所承担的份数也不同，但通过电解质溶液的总电量为两者迁移电量之和。在物理化学中，对于电解质溶液的导电机理的研究，用离子迁移数更为直观，我们把任一离子 i 所运载的电流与总电流之比称为该离子的迁移数，用 t_i 表示。

$$t_i = \frac{q_i}{Q}$$

根据迁移数的定义，正负离子迁移数分别为：

$$t_+ = \frac{q_+}{Q} = \frac{r_+}{r_+ + r_-} \tag{9-33}$$

$$t_- = \frac{q_-}{Q} = \frac{r_-}{r_+ + r_-} \tag{9-34}$$

由于正负离子处于同样的电位梯度中，因此：

$$t_+ = \frac{U_+}{U_+ + U_-} \tag{9-35}$$

$$t_- = \frac{U_-}{U_+ + U_-} \tag{9-36}$$

由式(9-33)、式(9-34)、式(9-35)、式(9-36)可得：

$$\frac{t_+}{t_-} = \frac{r_+}{r_-} = \frac{U_+}{U_-}$$

$$t_+ + t_- = 1$$

若溶液中正负离子不止一种，则任一离子迁移数：

$$\Sigma t_i = \Sigma t_+ + \Sigma t_- = 1$$

一般仅含一种电解质的溶液，浓度改变使离子间的作用强度改变，离子迁移数也发生变化。如在较浓的溶液中，离子相互引力较大，正负离子的迁移速度均减慢。若正负离子的价数相同，则所受的影响也大致相同，迁移数的变化不大。若价数不同，则价数大的离子的迁移数减小比较明显。温度改变对离子的迁移也有影响。一般当温度升高时，正负离子的速率均加快，两者的迁移数趋于相等。而外加电压大小一般不影响迁移数。

测定迁移数的方法有两种：一种是界面移动法，一种为 Hittorf 法。本实验采用第一种方法测定 H^+ 的迁移数。

实验原理

界面移动法有两种：一种是用两种指示离子，造成两个界面；另一种是用一种指示离子，只有一个界面。本实验是采用后一方法，以镉离子作为指示离子，测某浓度的盐酸溶液中氢离子的迁移数。

在一截面均匀的垂直迁移管中，充满待测溶液 HCl(图 9-5)。为了保持界面清晰，防止由于重力而产生搅动作用，应将密度大的溶液放在下面。当有电流通过溶液时，H^+ 将向阴极迁移，假定在管的下部某处存在一界面(aa')在该界面以下没有 H^+ 存在，而被其他正离子(例如，Cd^{2+})取代，则此界面 aa' 将随着 H^+ 迁移而向上移动，界面的位置可通过界面上下溶液性质的差异测定。例如，利用 pH 的不同指示剂显示颜色不同，测出界面。在正常条件下，界面保持清晰，界面以上的一段溶液保持均匀，H^+ 向上迁移的平均速率等于界面向上移动的速率。经过一定时间 t 到达 bb'。设 aa' 和 bb' 间的体积为 V，则 H^+ 输运电荷的数

量为在该体积中 H^+带电的总数，即：

$$q_{H^+} = cVF \tag{9-37}$$

式(9-37)中，c 为 H^+的摩尔浓度，F 为法拉第常数，式中电量常以库仑(C)表示。V 为界面移动的体积，可用称量充满 aa'和 bb'间的水的质量校正之。

为了使界面保持清晰，必须使界面上、下的电解质不相混合，这可以通过选择合适的指示离子，在通电情况下达到。$CdCl_2$ 溶液能满足这个要求。因为 Cd^{2+}的淌度(U)较小，速度较 H^+小。

$$U_{Cd^{2+}} < U_{H^+} \tag{9-38}$$

在图 9-6 所示的实验装置中，通电时，H^+向上迁移，Cl^-向下迁移；在 Cd 阳极上 Cd 氧化，进入溶液生成 $CdCl_2$ 逐渐顶替 HCl 溶液，在管中形成界面。由于溶液要保持电中性，且任一截面都不会中断传递电流，H^+迁移走后的区域，Cd^{2+}紧紧地跟上，离子的移动速率 r 相等的，即：

$$r_{Cd^{2+}} = r_{H^+} \tag{9-39}$$

由式(9-37)可得：

$$U_{Ca^{2+}} \frac{dE'}{dl} = U_{H^+} \frac{dE}{dl} \tag{9-40}$$

结合 $U_{Cd^{2+}} < U_{H^+}$ 式，得：

$$\frac{dE'}{dl} > \frac{dE}{dl} \tag{9-41}$$

即在 $CdCl_2$溶液中电位梯度是较大的。因此，若 H^+因扩散作用进入 $CdCl_2$溶液层，它不仅比 Cd^{2+}迁移得快，而且要比界面上的 H^+还要快，能赶回到 HCl 层中。同样，若任何 Cd^{2+}进入低电位梯度的 HCl 溶液，它就要减速，一直到它们重又落后于 H^+为止，这样界面就会在通电过程中保持清晰。

通过的电流可以用电位差计和标准电阻精确测得。如图 9-5 迁移管中的电位梯度也可用精密的毫安计直接测量。

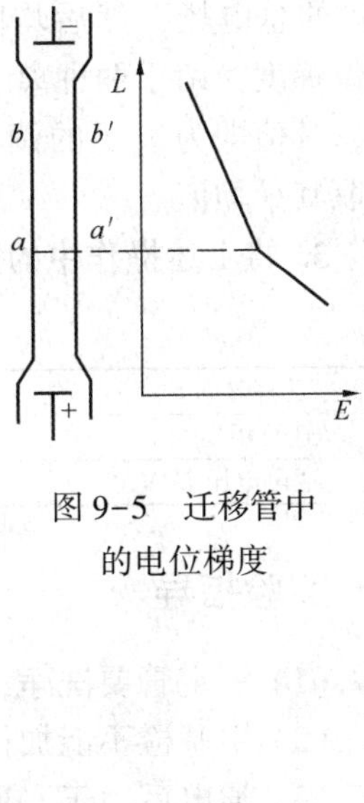

图 9-5　迁移管中的电位梯度

仪器试剂

仪器：带恒温水夹套迁移管　精密稳流电源　滑线变阻器　毫安表　数字电压表　秒表　Cd 棒(Φ3mm×30mm)　Pt 电极　注射器　烧杯

试剂：HCl 标准溶液(0.1000mol·L^{-1})　0.1%甲基橙指示剂

实验步骤

1. H^+离子迁移数的测定

(1) 用少量去离子水和待测电解液先后淋洗迁移管内壁 3 次。在小烧杯中倒入约 10mL 0.1mol·dm^{-3}HCl，加入少许甲基橙，使溶液呈红色。用注射器吸取该盐酸溶液，注入迁移管中，要注意不得使管壁有气泡附着，将溶液装满后，插入 Pt 电极。

(2) 按图 9-6 接好线路，按通开关 K，调节电位器 R 保持电流在 3mA 之间。

(3) 当迁移管内红色界面达到起始刻度时，立即开动秒表，此时要随时调节电位器 R，

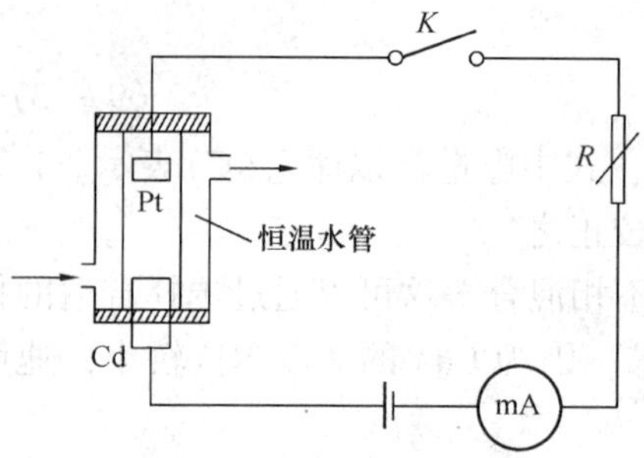

图 9-6　界面移动法测离子迁移数装置示意图

使电流 I 保持定值。界面每移动 0.1mL，记录 1 次时间，直至移动 0.6mL 体积时，再按秒表，并关闭电源开关，停止实验。重新装液实验，重复测定 3 次，按下列表 9-10 记录数据。

表 9-10　H^+离子迁移数的测定数据记录表

迁移时间 t/s					
迁移体积 V/m^3					
通电电流 I/A					

2. 离子淌度的测定

在上述离子迁移数实验中，可以同时测定 H^+、Cd^{2+}的淌度，其方法是：测定距离正极不同距离的截面处的总电场，再用作图法求出两种离子的电位梯度。具体方法是从镉电极上开始记起，界面每移动 1cm 读取 1 次电压值，并记录所经历的时间，测定五组数据即可，按表 9-11 记录数据。然后以 V-l 作图为一直线，如图 9-7 所示，将直线延长至电位轴交于点 B，B 点的电压值为 H^+的总电场，将直线延长至距离 l 处（l 为两极之间的距离）A 点，对应的 A 点的电压值 Cd^{2+}的总电场，然后均除以 l。即为两种离子的电位梯度，由于两种离子在界面处的迁移速度相等，其值即为离子的淌度，上述测量重复 3 次，均取其平均值。

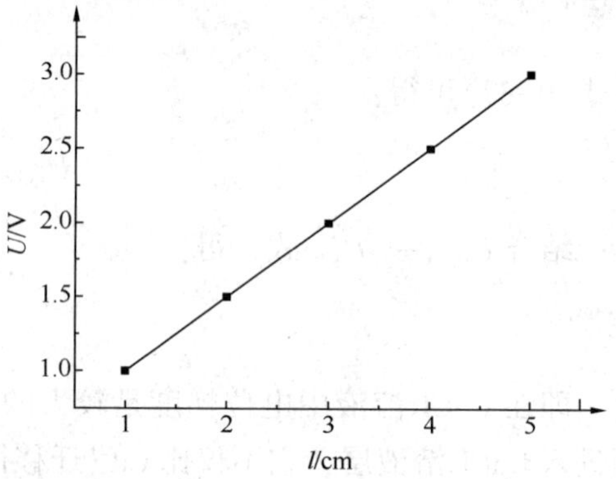

图 9-7　界面距离-电位图

3. 将上述操作中的数据记录于下表 9-11 中。

表 9-11　离子淌度实验数据记录表

迁移时间 t/s					
迁移距离 l/m					
通电电压 U/V					

实验指导

（1）测定管要洗净，以免其他离子干扰。

（2）甲基橙不能加得太多，否则会影响 HCl 溶液的浓度。

（3）通电后由于 $CdCl_2$层的形成电阻加大，电流会渐渐变小，若此实验使用的不是恒流设备，应不断调节电流使其保持不变。

（4）通电过程中，迁移管应避免振动。

（5）实验数据处理。

①H^+的迁移数的计算按下式进行计算：

$$t_+ = \frac{q_+}{Q} = \frac{cVF}{It} \tag{9-42}$$

式（9-42）中，I 为电流，t 为时间。将数据分别代入上式计算 H^+的迁移数，讨论与解释观察到的实验现象，将结果与文献值加以比较。

②H^+、Cd^{2+}的淌度的计算，利用公式：

$$U_+ = \frac{r_+}{dE/dl} \tag{9-43}$$

式(9-43)中 r_+为离子迁移速度，dE/dl 为电位梯度，将实验数据代入上式分别计算 H^+ 和 Cd^{2+}淌度。

实验拓展

离子迁移数的测定方法除以上介绍的界面移动法外，还有希托夫法。下面提供了希托夫法的测定原理。

当电流通过电解质溶液时，溶液中的正负离子各自向阴阳两极迁移，由于各种离子的迁移速度不同，各自所搬运的电量也必然不同。例如，两个金属电极 M，浸在含电解质 MA 的溶液中。设 M^+和 A^-的迁移数分别为 t_+和 t_-，设想两极间可以分成三个区域，即阳极区、阴极区和中间区，如图 9-8 所示。

为了简便起见，假定电解质为 1-1 型，并假设阳离子的淌度为阴离子的 2 倍。若通过总电量为 6F(1F=96485C)时，电极上发生氧化还原反应，反应的物质的量可用法拉第定律求算。在溶液中，阴、阳离子搬运电荷的数量因它们的淌度不同而不同。由图 9-9 可见，通电电解后，阴、阳两极区浓度都减小，中间区不变。阴极区浓度减小的数值等于迁移出的阴离子的物质的量，即等于阴离子搬运的电量(以法拉第 F 计)。同样，阳极区浓度的减少在数值上也等于迁出的阳离子的物质的量(以法拉第 F 计)。

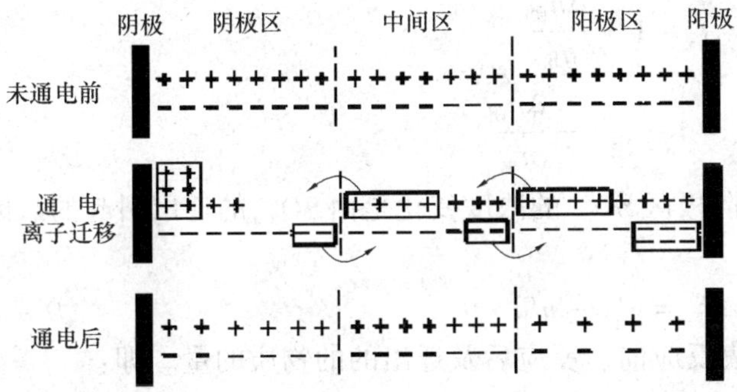

图 9-8　两极间可分区域

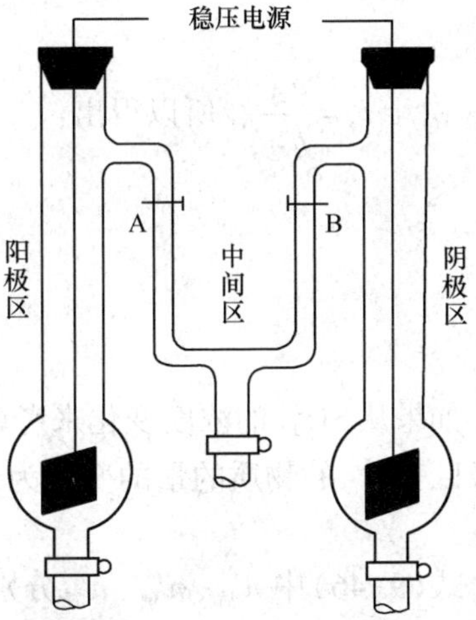

图 9-9　Hittorf 法测定迁移数的装置

根据定义，某离子的迁移数就是该离子输送的电量与通过的总电量之比。而离子输送的电量以法拉第计，又等于同一电极区浓度减少的物质的量。通过的总电量以法拉第计，也等于库仑计中沉积物质的物质的量。因此，迁移数即可通过下式算出：

$$t_+ = \frac{\text{阳极区 MA 减少的物质的量}}{\text{库仑计中沉积物的物质的量}}$$

$$t_- = \frac{\text{阳极区 MA 减少的物质的量}}{\text{库仑计中沉积物的物质的量}}$$

如果电极反应只是离子放电，在中间区浓度不变的条件下，分析通电前原始溶液及通电后的阳极区溶液的浓度($mol \cdot L^{-1}$)，比较通电前、后同等质量溶剂中所含的 MA 的物质的量，其差值即阳极区 MA 减少的物质的量；而总电量可由串联在电路中的电流计或库仑计测得。阴阳离子迁移数即可由此求出。

图 9-8 所示的三个区域是假想分割的，实际装置必须以某种方式给予满足。图 9-9 的实验装置提供了这一可能，它使电极远离中间区，中间区的连接处又很细，能有效地阻止扩散，保证了中间区浓度不变的可信度。

将一定浓度的硫酸放入迁移管中，若有 q 库仑电量通过体系，在阴极和阳极上分别发生如下反应：

阳极：$$H_2O(l) = \frac{1}{2}O_2(g) + 2H^+ + 2e$$

阴极：$$2H^+ + 2e = H_2(g)$$

阴极区 H^+ 浓度的改变是由两个原因引起的：①H^+ 在阴极上发生还原反应；②H^+ 的迁入。H^+ 的物质的量的变化为：

$$n_{后} = n_{前} - n_{电} + n_{迁} \tag{9-44}$$

式(9-44)中 $n_{后}$、$n_{前}$、$n_{电}$、$n_{迁}$ 分别表示在反应后、反应前，电解和迁入的 H^+ 的物质的量，则：

$$\Delta n_{阴} = n_{后} - n_{前} = n_{迁} - n_{电} \tag{9-45}$$

式(9-45)两边同除以 $n_{电}$，则：

$$\frac{\Delta n_{阴}}{n_{电}} = \frac{n_{迁}}{n_{电}} - 1$$

由于 $t_+ = \frac{n_{迁}}{n_{电}}$，所以得出：

$$t_+ = 1 + \frac{\Delta n_{阴}}{n_{电}}$$

$$t_- = 1 - t_+ = -\frac{\Delta n_{阴}}{n_{电}}$$

如果从 SO_4^{2-} 的浓度变化来考虑，阴极区 SO_4^{2-} 的浓度变化是由 SO_4^{2-} 的迁出引起的。因此阴极区 SO_4^{2-} 的物质的量的变化为：

$$n'_{后} = n'_{前} - n'_{迁} \tag{9-46}$$

式(9-46)中 $n'_{后}$、$n'_{前}$、$n'_{迁}$ 分别代表反应前、反应后及迁出的的物质的量。即：

$$t_- = -\frac{\Delta n'_{阴}}{n_{电}}$$

$$t_+ = 1 + \frac{\Delta n'_{阴}}{n_{电}}$$

其中 $\Delta n'_{阴} = n'_{后} - n'_{前}$。

同理，由同样方法可根据阳极区 H^+ 浓度变化分别计算出离子迁移数(请亲自推导一下)。注意这里的 $n_{电}$ 由法拉第定律求得：

$$n_{电} = \frac{q}{F} = \frac{It}{F}$$

Hittorf 虽然原理简单，但由于不可避免的对流、扩散、振动而引起一定程度的相混，所以不易获得正确结果。

必须注意 Hittorf 法测迁移数至少包括了两个假定：①电量的输送者只是电解质的离子，溶剂(水)不导电，这和实际情况较接近。②离子不水合，否则，离子带水一起运动，而阴阳离子带水个数不一定相同，则极区浓度改变，部分是由水分子迁移所致。这种不考虑水合现象测得的迁移数称为 Hittorf 迁移数。

实验思考

1. 如何求得 Cl^- 的迁移数？
2. 在本实验中测定迁移数与加在迁移管两端的电压大小有无关系？为什么？
3. 影响离子迁移数的因素有哪些？本实验关键何在？应注意什么？
4. 实验过程中电流值为什么会减小？
5. 测量某一电解质离子迁移数时，指示离子应如何选择？指示剂应如何选择？

实验七　电极的制备和原电池电动势的测定

实验目的

(1) 测定 Cu-Zn 原电池的电动势及 Cu、Zn 电极的电极电势；
(2) 学会一些电极的制备和处理方法；
(3) 掌握用对消法测电池电动势的测量原理与方法；
(4) 掌握 UJ-25 型电位差计的使用方法。

实验背景

电动势法是重要的电化学方法之一，它可利用电动势数据及其测量结果来解决科学研究、生产以及其他实际问题。解决这类问题的关键是由给定的化学反应出发，找出其中所包含的氧化反应和还原反应，从而确定出正极和负极，将确定的正极和负极组合成电池。通过寻找所设计电池的电动势与反应各物理量间的联系，来达到间接求算反应数据，衡量反应热力学、动力学性能的目的。

通过可逆电池电动势的测定，可进一步测定化学反应的平衡常数、测定电池的标准电动势及标准电极电势、测定电解质溶液的离子平均活度系数、绘制极化曲线、计算难溶盐的活度积和弱酸的解离平衡常数、获得溶液的 pH 值、溶液中离子的迁移数等。此外，用电动势测定方法还可研究化学反应动力学，获得反应速率常数。

原电池的电动势不能直接用伏特计来测量，因为当把原电池与伏特计接通后，便成了通路，会有电流通过，使电极产生极化，破坏了原电池的电化学可逆状态，使原电池的电动势不能保持稳定，且原电池本身有内阻，所以伏特计所测量的只是原电池的端电压，而非原电池的电动势。只有在通过原电池的电流无限小时(无液体接界电位)，所测得两极的电势差才是该原电池真正的电动势。

测定可逆原电池电动势常用对消法。电势差计是可以利用对消法原理进行电势差测量的仪器，本实验采用电势差计测量电池的电动势。对消法，又称补偿法，是在电池无电流(或有极小电流)通过时测得两极电势差(即电池电动势)的方法。对消法原理如图 9-10 所示。

第一步：先将开关合到 N 的位置，调节 r 使 O 为零。$E_N = I \cdot R_N$；$I = \dfrac{E_N}{R_N}$。

第二步：开关合到 X 位置，调节 R 使 O 为零。$E_X = I \cdot R_X = \dfrac{E_N}{R_N} R_X$。

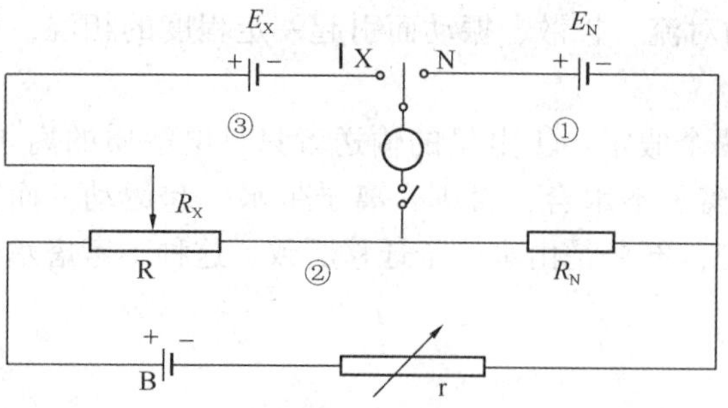

图 9-10　对消法原理

E_X—待测电池；E_N—标准电池；B—工作电池；
O—检流计(检测回路中有无电流通过)
回路①—标准回路；回路②—工作回路；③—测量回路

在实际的电池设计中，对于非氧化还原反应，可通过添加物质的办法来引起氧化过程和还原过程。若设计的电池中有液体接界，应使用盐桥以尽量消除液接电势。

实验原理

凡把化学能转变为电能的装置称为化学电源(或电池、原电池)。可逆电池应满足如下条件：

(1) 电池反应可逆，亦即电池电极反应可逆；

(2) 电池中不能存在任何不可逆的液接界；

(3) 电池必须在可逆的情况下工作，即充放电过程必须在平衡态下进行，亦即允许通过电池的电流为无限小。

因此，为了符合上述条件，在制备可逆电池、测定可逆电池的电动势时，所设计的电池应尽量避免出现液接界，故在精确度要求不高的测量中，常用正负离子迁移数比较接近的盐类构成"盐桥"来减小液接界电势。此外，为了使电池反应在接近热力学可逆条件下进行(即满足电池电流无限小的条件)，一般均采用电位差计测量电池的电动势。

电池由两个电极和连通两个电极的电解质溶液组成。为更好地说明问题，下面以锌-铜电池为例进行分析。

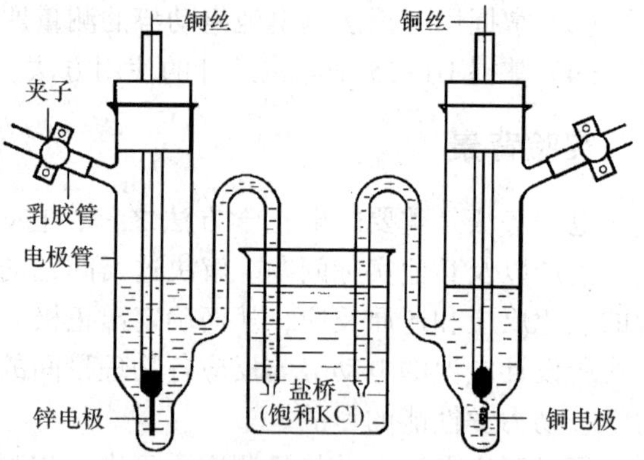

图 9-11　电池装置示意图

把 Zn 片插入 $ZnSO_4$ 溶液中构成 Zn 电极，把 Cu 片插在 $CuSO_4$ 溶液中构成 Cu 电极。用盐桥把这两个电极连接起来就成为 Cu-Zn 电池，如图 9-11 所示。

对于 Cu-Zn 电池，其电池表示式为：$Zn \mid ZnSO_4(m_1) \parallel CnSO_4(m_2) \mid Cu$

"∣"：固相(Zn 或 Cu)和液相($ZnSO_4$或 $ZnSO_4$)两相界面；"‖"代表连通两个液相的"盐桥"；m_1：$ZnSO_4$的质量摩尔浓度；m_2：$CuSO_4$的质量摩尔浓度。

其电极反应为：
$$\begin{cases} \text{负极反应：} Zn \longrightarrow Zn^{2+}(\alpha_{Zn^{2+}}) + 2e \\ \text{正极反应：} Cu^{2+}(\alpha_{Cu^{2+}}) + 2e \longrightarrow Cu \end{cases}$$

电池反应：$Zn + Cu^{2+}(\alpha_{Cu^{2+}}) \longrightarrow Cu + Zn^{2+}(\alpha_{Zn^{2+}})$

反应电动势：$E = \varphi_{Cu^{2+}, Cu} - \varphi_{Zn^{2+}, Zn}$ (9-47)

$$\varphi_{Cu^{2+}, Cu} = \varphi^{\theta}_{Cu^{2+}, Cu} - \frac{RT}{ZF}\ln\frac{1}{\alpha_{Cu^{2+}}} = \varphi^{\theta}_{Cu^{2+}, Cu} - \frac{RT}{2F}\ln\frac{1}{\alpha_{Cu^{2+}}} \quad (9-48)$$

$$\varphi_{Zn^{2+}, Zn} = \varphi^{\theta}_{Zn^{2+}, Zn} - \frac{RT}{ZF}\ln\frac{1}{\alpha_{Zn^{2+}}} = \varphi^{\theta}_{Zn^{2+}, Zn} - \frac{RT}{2F}\ln\frac{1}{\alpha_{Zn^{2+}}} \quad (9-49)$$

式中，$\varphi_{Cu^{2+}, Cu}$ 为 Cu 电极的电极电势；$\varphi_{Zn^{2+}, Zn}$ 为 Zn 电极的电极电势；R 为 8. 134J · mol^{-1} · K^{-1}；T 为绝对温度；Z 为反应中得失电子的数量；F 为 96500C，称法拉第常数；$\alpha_{Cu^{2+}}$ 为 Cu^{2+}的活度；$\alpha_{Zn^{2+}}$ 为 Zn^{2+}的活度。

对于单个离子，其活度是无法测定的，但强电解质的活度与物质的平均质量摩尔浓度和平均活度系数之间有以下关系：

$$\alpha_{Cu^{2+}} = m_2\gamma_{\pm} \quad (9-50)$$

$$\alpha_{Zn^{2+}} = m_1\gamma_{\pm} \quad (9-51)$$

故在式(9-48)、式(9-49)中，活度 $\alpha_{Cu^{2+}}$、$\alpha_{Zn^{2+}}$ 可由其浓度 m_i 和相应电解质溶液的平均活度系数 $\gamma_{\pm}$ 计算出来。$\gamma_{\pm}$ 的大小与物质浓度、离子的种类、实验温度等因素有关。

如果能由实验确定 $\varphi_{Cu^{2+}, Cu}$ 和 $\varphi_{Zn^{2+}, Zn}$，则其相应的标准电极电势 $\varphi^{\ominus}_{Cu^{2+}, Cu}$ 和 $\varphi^{\ominus}_{Zn^{2+}, Zn}$ 即可被确定。实际上，我们可分别将这两个电极与一已知电极电势的电极，如：$Hg-Hg_2Cl_2$ 电极、Ag-AgCl 电极等组成电池，通过测定新电池的电动势，而最终确定 $\varphi_{Cu^{2+}, Cu}$、$\varphi_{Zn^{2+}, Zn}$ 值。

如：对于 Cu 电极，当其与 $Hg-Hg_2Cl_2$ 电极组成电池后，电池的电动势为：

$$E = \varphi_{Cu^{2+}, Cu} - \varphi_{Hg_2Cl_2, Hg} \quad (9-52)$$

因为电动势 E 是可以测量的，而 $\varphi_{Hg_2Cl_2, Hg}$ 又已知，故 $\varphi_{Cu^{2+}, Cu}$ 可被确定，当然，我们可据式(9-48)进一步求出 $\varphi^{\ominus}_{Cu^{2+}, Cu}$。

同样，对于电池 Zn | $ZnSO_4(m_1)$ ‖ KCl(1mol · kg^{-1}) | Hg_2Cl_2-Hg，我们可据 $E = \varphi_{Hg_2Cl_2, Hg} - \varphi_{Zn^{2+}, Zn}$ 确定 $\varphi_{Zn^{2+}, Zn}$。

本实验测得的是实验温度下的电极电势 φ_T 和标准电极电势 $\varphi^{\ominus}_T$，为了比较方便起见，可采用下式求出 298K 时的标准电极电势 $\varphi^{\ominus}_{298}$，即：

$$\varphi^0_T = \varphi^0_{298} + \alpha(T - 298) + \frac{1}{2}\beta(T - 298)^2 \quad (9-53)$$

式(9-53)中 α、β 为电池中电极的温度系数。对 Cu-Zn 电池来说：

Cu 电极：$\alpha = 0.016 \times 10^{-3}$V · K^{-1}，$\beta = 0$

Zn 电极：$\alpha = 0.0100 \times 10^{-3}$V · K^{-1}，$\beta = 0.62 \times 10^{-6}$V · K^{-2}

仪器试剂

仪器：UJ-25 型电位差计　AC15/2 直流复射式检流计　精密稳压电源　甘汞电极　Cu 电极　Zn 电极　烧杯

试剂：$ZnSO_4$溶液(0. 1mol · L^{-1})　$CuSO_4$溶液(0. 1mol · L^{-1})　饱和 KCl 溶液　稀硫酸　饱和硝酸亚汞溶液　镀铜溶液

实验步骤

1. 制备电极

(1) Zn 电极　将锌电极在稀硫酸溶液中浸泡片刻，取出洗净，浸入饱和硝酸亚汞溶液

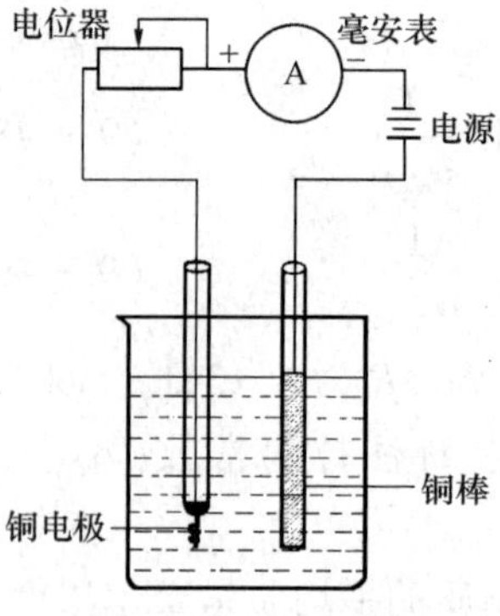

图 9-12　制备电极的电镀装置

中数秒，表面上即生成一层光亮的汞齐，用水冲洗晾干后，插入 0.1mol · L^{-1} $ZnSO_4$溶液中待用。将 Zn 极汞齐化的目的是使该电极具有稳定的电极电位，因为汞齐化能消除金属表面机械应力不同的影响。

（2）Cu 电极　将铜电极在稀硫酸中浸泡片刻，取出洗净，作为负极，以另一铜板作正极在镀铜液中电镀（镀铜液组成为：每升中含 125g $CuSO_4 \cdot 5H_2O$，25gH_2SO_4，50mL 乙醇）。电镀的线路如图 9-12 所示。

调节滑线电阻，使阴极上的电流密度（单位面积上的电流强度）为 10mA · cm^{-2}。电流密度过大，会使镀层质量下降。电镀 1h 左右，取出阴极，用蒸馏水洗净，分别插入盛有 0.1mol · L^{-1} 和 0.01mol · L^{-1} $CuSO_4$的电极管内即成两个 Cu 电极，和 Zn 电极采用同样的方法装配电极。

2. 组成电池

按图 9-12 所示，将饱和 KCl 溶液注入 50mL 的小烧杯内作为盐桥，将上面制备的锌电极的虹吸管置于小烧杯内并与 KCl 溶液接触，再放入饱和甘汞电极，即成下列电池：

$$Zn \mid ZnSO_4(0.1mol \cdot L^{-1}) \parallel KCl(饱和) \mid Hg_2Cl_2 \mid Hg$$

同法分别组成下列电池进行测量：

$$Hg \mid Hg_2Cl_2 \mid KCl(饱和) \parallel CuSO_4(0.1mol \cdot L^{-1}) \mid Cu$$

$$Zn \mid ZnSO_4(0.1mol \cdot L^{-1}) \parallel CuSO_4(0.1mol \cdot L^{-1}) \mid Cu$$

3. 电动势的测定

（1）按照电位差计电路图，接好电动势测量线路。

（2）根据标准电池随温度变化关系计算标准电池在室温下的电动势值，以此对电位差计进行标定。

（3）将待测电池在 25℃ 下恒温 20min，用数字式电位差计测定以上 3 个电池在 25℃ 时的电动势（测量方法：电位差计的使用）。

4. 数据记录

将上述操作中的数据记录于表 9-12 中。

表 9-12　实验数据记录表

室温/℃＿＿＿＿＿＿＿＿＿　　电动势 E_N＿＿＿＿＿＿＿＿＿

电　池	测定值 E/V			平均值 E/V	文献 E/V
	一次	二次	三次		
Hg-Zn 电池					
Cu-Hg 电池					
Cu-Zn 电池					

实验指导

（1）制备电极时，防止将正负极接错，并严格控制电镀电流；且电极的虹吸管内（包括管口）不可有气泡，也不能有漏液现象。

（2）在测定时要避免检流计猛打一边的情况出现。

（3）当检流计总向一边偏移时，检查是否正负极接反。

（4）实验过程中，调整仪器时要求操作要轻。

（5）电动势的测量方法属于平衡测量，在测量过程中尽可能做到在可逆条件下进行。为此应注意以下几点：

①测量前可根据电化学基本知识初步估算一下被测电池的电动势大小，以便在测量时能迅速找到平衡点，这样可避免电极极化。

②要选择最佳实验条件使电极处于平衡状态。制备锌电极要锌汞齐化，成为Zn(Hg)，而不直接用锌棒。因为锌棒中不可避免地会含有其他金属杂质，在溶液中本身会成为微电池，锌电极电势较低(−0.7627V)，在溶液中，氢离子会在锌的杂质(金属)上放电，且锌是较活泼的金属，易被氧化，如果直接用锌棒做电极，将严重影响测量结果的准确度。锌汞齐化能使锌溶解于汞中，或者说锌原子扩散在惰性金属汞中，处于饱和的平衡状态，此时锌的活度仍等于1，氢在汞上的超电势较大，在该实验条件下，不会释放出氢气。所以汞齐化后，锌电极易建立平衡。制备铜电极也应注意：电镀前，铜电极基材表面要求平整清洁，电镀时，电流密度不宜过大，一般控制在10~20mA·cm^{-2}左右，以保证镀层紧密。电镀后，电极不宜在空气中暴露时间过长，否则会使镀层氧化，应尽快洗净，置于电极管中，用溶液浸没，并超出1cm左右，同时尽快进行测量。

③为了判断所测量的电动势是否为平衡电势，一般应在15min左右的时间内，等间隔地测量7~8个数据。若这些数据是在平均值附近摆动，偏差小于±0.5mV，则可认为已达平衡，并取最后3个数据的平均值作为该电池的电动势。

④严格说来，本实验测定的并不是可逆电池。因为当电池工作时，除了在负极进行氧化和在正极上进行还原反应以外，在$ZnSO_4$和$CuSO_4$溶液交界处还要发生Zn^{2+}向$CuSO_4$溶液中扩散过程。而且当有外电流反向流入电池中时，电极反应虽然可以逆向进行，但是在两溶液交界处离子的扩散与原来不同，是Cu^{2+}向$ZnSO_4$溶液中迁移。因此整个电池的反应实际上是不可逆的。但是由于在组装电池时，溶液之间插入了“盐桥”，则可近似地当作可逆电池来处理。

（6）使用甘汞电极时须注意：

①甘汞电极使用时应将上、下两帽去掉，用毕盖好。

②甘汞电极使用前检查电极内饱和KCl溶液的量，饱和KCl的液位应与电极支管下端相平，电极管内底端应含有少量KCl晶体。

（7）对消法测电动势的优点：

①在两次平衡中指零仪都指零，没有电流通过它，也就是说，电位差计既不从标准电池中吸取能量，也不从被测电池中吸取能量。这表明标准电池的电动势E_N的测量中仅作为电动势的参考标准，而且测量时并不改变被测对象的状态，即被测电动势能高度准确地保持其原有得数值。

②不需要测出线路中所通过电流I的数值，只需测得R_N与R_X的值就可以了。

③测量结果的准确性是依赖于电动势E_N即被测电动势的补偿电阻R_X与标准电池的补偿电阻R_N的比值的准确性，由于标准电池及电阻R_X、R_N都可以在制造时达到较高的精度，再与高灵敏度的检流计配合，使测量结果极为准确。

（8）数据处理：

①根据饱和甘汞电极的电极电势温度校正公式，计算实验温度下的电极电势：

$$\varphi_{SCE}/V = 0.2415 - 7.61 \times 10^{-4}(T/K - 298)$$

②根据测定的各电池的电动势，分别计算铜、锌电极的 φ_T 、$\varphi_T^{\ominus}$ 、$\varphi_{298}^{\ominus}$。

③根据有关公式计算 Zn-Cu 电池的理论电动势 $E_{理}$并与实验值 $E_{实}$进行比较。

④有关 Cu、Zn 电极的温度系数及标准电极电势和甘汞电极电势文献值列于表 9-13 和表 9-14 中。

表 9-13　Cu、Zn 电极的温度系数及标准电极电势

电极	电极反应	$\alpha\times10^3/(V\cdot K^{-1})$	$\beta\times10^6/(V\cdot K^{-2})$	$\varphi_{298}^{\ominus}/V$
Cu^{2+}/Cu	$Cu^{2+}+2e^- = Cu$	-0.016	-	0.3419
$Zn^{2+}/Zn(Hg)$	$(Hg)+Zn^{2+}+2e^- = Zn(Hg)$	0.100	0.62	-0.7627

表 9-14　甘汞电极电势

KCl 溶液浓度	$0.1mol\cdot L^{-1}$	$1.0mol\cdot L^{-1}$	饱和溶液
25℃时甘汞电极电位	0.3365	0.2828	0.2444

实验拓展

电动势的测量方法，在物理化学研究工作中具有重要的实际意义，通过电池电动势的测量可以获得氧化还原体系的许多热力学数据。如平衡常数、电解质活度及活度系数、离解常数、溶解度、络合常数、酸碱度以及某些热力学函数改变量等。

1. 弱酸离解常数的测定

由电动势测定实验方法可以较准确地获得弱酸离解常数的数据。以一元弱酸 HA 为例，设计如下电池：

$$Pt, H_2(p^{\ominus}) \mid HA(m_1), NaA(m_2), NaCl(m_3) \mid AgCl(s)Ag$$

上述电池中 HA 为待测的一元弱酸，NaA 为与弱酸具有相同阴离子的强碱盐。此电池反应为：

$$AgCl(s) + 1/2H_2(p^{\ominus}) \longrightarrow Ag(s) + H^+(a_1) + Cl^-(a_2)$$

电池电动势：

$$E = E^{\ominus} - \frac{RT}{F}\ln a_1 a_2 = E^{\ominus}(Cl^-, AgCl/Ag) - \frac{RT}{F}\ln a_1 a_2 \qquad (9-54)$$

弱酸离解常数 $K_a^{\ominus}$为：

$$K_a^{\ominus} = \frac{a_1 \cdot a_{A^-}}{a_{HA}} \qquad a_1 = \frac{K_a^{\ominus} \cdot a_{HA}}{a_{A^-}}$$

将 a_1代入式(9-54)并整理得：

$$\frac{F[E - E^{\ominus}(Cl^-, AgCl/Ag)]}{RT} = -\ln K_a^{\ominus} - \ln\left(\frac{a_{HA}\cdot a_2}{a_{A^-}}\right)$$
$$= -\ln K_a^{\ominus} - \ln\frac{\gamma_{HA}\cdot\gamma_{Cl^-}}{\gamma_{A^-}} - \ln\frac{m_{HA}\cdot m_{Cl^-}}{m^{\ominus} m_{A^-}} \qquad (9-55)$$

因 $m_{HA}=m_1-m_{H^+}\approx m_1$，$m_{A^-}=m_2+m_{H^+}\approx m_2$，$m_{Cl^-}=m_3$

代入式(9-55)得：

$$\frac{F[E - E^{\ominus}(\mathrm{Cl^-},\ \mathrm{AgCl/Ag})]}{RT} + \ln\frac{m_1 \cdot m_3}{m_2 \cdot m^{\ominus}} = -\ln\frac{\gamma_{\mathrm{HA}} \cdot \gamma_{\mathrm{Cl^-}}}{\gamma_{\mathrm{A^-}}} - \ln K_a^{\ominus} \quad (9-56)$$

$\because \ln\gamma_i \propto \sqrt{I}$，如变动 m_1、m_2、m_3 测定不同条件下的电池电动势 E，作 $\left\{\frac{F[E - E^{\ominus}(\mathrm{Cl^-},\ \mathrm{AgCl/Ag})]}{RT} + \ln\frac{m_1 \cdot m_3}{m_2 \cdot m^{\ominus}}\right\} - \sqrt{I}$ 图，外推至 $\sqrt{I} \to 0$，由截距可得 $-\ln K_a^{\ominus}$。

2. 溶度积的测定

如果把微溶盐溶解形成离子的变化设计成一电池，则可利用 $E^{\ominus}$(电池)值求出该微溶盐的溶度积。

例如，溴化银的溶度积可借助如下电池电动势的测定求之。

$$\mathrm{Ag} \mid \mathrm{AgBr}(\text{饱和溶液}),\ \mathrm{Br^-},\ \mathrm{AgBr(s)} \mid \mathrm{Ag}$$

电池反应平衡式：

$$\mathrm{AgBr(s)} = \mathrm{Ag^+} + \mathrm{Br^-}$$

$$\because E = 0,\ \therefore E^{\ominus} = \frac{RT}{F}\ln K_{\mathrm{sp}}$$

$$\ln K_{\mathrm{sp}} = \frac{F}{RT}(E^{\ominus}_{\mathrm{AgBr}} - E^{\ominus}_{\mathrm{Ag}})$$

$\because E^{\ominus}_{\mathrm{AgBr}}$、$E^{\ominus}_{\mathrm{Ag}}$ 已知，故可求出 K_{sp}。

3. 求算氧化还原反应的平衡常数

任意一氧化还原平衡反应，其平衡常数可由下式确定：

$$\ln K_a^{\ominus} = -\frac{\Delta rG_m^{\ominus}}{RT} = \frac{zFE^{\ominus}}{RT}$$

实验思考

1. 为什么用伏特表不能准确地测定电池电动势？

2. 在对消法测定电池电动势的装置中，电位差计、工作电池、标准电池以及检流计各起什么作用？如何维护这些部件？

3. 若电池的极性接反了有什么后果？

4. 在用电位差计测量电动势的过程中，若检流计的光点总是向一个方向偏转，可能是什么原因？

5. 用 Zn(Hg) 与 Cu 组成电池时，有人认为锌表面有汞，因而铜应为负极，汞为正极。请分析此结论是否正确？

6. 盐桥有什么作用？选用作盐桥的物质应有什么原则？

实验八　电动势法测定化学反应热力学函数的变化值

实验目的

(1) 进一步熟悉用对消法测电池电动势的测量原理与方法；

(2) 进一步熟练掌握 UJ-25 型电位差计的使用方法；

(3) 掌握电动势法测定化学反应热力学函数改变量的有关原理与方法。

实验背景

电动势法是重要的电化学方法之一，通过可逆电池电动势的测定，可进一步测定化学反应的平衡常数、测定电池的标准电动势及标准电极电势、测定电解质溶液的离子平均活度系数、测定极化曲线、计算难溶盐的活度积和弱酸的解离平衡常数、获得溶液的 pH 值、溶液中离子的迁移数等。

实际上，热力学函数的测定除了本实验介绍的电化学方法——对消法外，还可通过使用量热计直接度量，或用化学平衡常数法进行间接计算。

各热力学函数改变量的计算方法：

1. $\Delta_r G_m^\ominus$ 的确定

化学反应的 $\Delta_r G_m^\ominus$ 是指示反应限度的物理量，由 $\Delta_r G_m^\ominus$ 不仅可求算反应的标准平衡常数，在一定条件下还能估算反应的方向，因此，$\Delta_r G_m^\ominus$ 的求算对化学反应来说就显得十分重要。

（1）平衡常数法：通过测定反应的标准平衡常数 $K^\ominus$ 来计算反应的标准吉布斯自由能变 $\Delta_r G_m^\ominus$，即根据 $\Delta_r G_m^\ominus = -RT\ln K^\ominus$ 式求算，而实验测定平衡常数的方法可分为物理方法和化学方法两种。

①物理方法：通过测定平衡系统的物理性质，然后导出平衡常数。例如测定系统的折光率、电导率、压力或体积的改变等。这种方法要求系统的被测物理性质须与有关反应物质的浓度变化成单调函数关系，且达到平衡时所测的物理性质不再发生变化。

②化学方法：利用化学分析的方法直接测定平衡系统有关物质的浓度。为了能较准确地测得平衡时的浓度，防止外界因素的干扰，在分析前就必须使平衡“冻结”。通常采取骤然降低温度、移去催化剂、加入大量的溶剂把溶液冲稀等方法，降低平衡移动速率，使反应“停止”，然后再进行测定。

（2）用已知反应的 $\Delta_r G_m^\ominus$ 计算所研究反应的 $\Delta_r G_m^\ominus$。

（3）通过反应的 $\Delta_r H_m^\ominus$ 和 $\Delta_r S_m^\ominus$ 用公式 $\Delta_r G_m^\ominus = \Delta_r H_m^\ominus - T\Delta_r S_m^\ominus$ 来计算。

（4）通过电池的标准电动势 E^θ 来计算—— $\Delta_r G^\ominus = -nFE^\ominus$。

（5）采用统计的方法——各类配分函数的计算来求算。

2. $\Delta_r H_m^\ominus$、$\Delta_r U_m^\ominus$ 的确定

（1）量热法：化学反应的热效应常用量热计进行测定，即把用导热性良好的材料制成的反应器放入充满了水的绝热容器中，使反应在反应器中进行。如果反应放热，则所产生的热将传入水中使水升温，准确测出水温的变化即可很容易地折算出反应所放出的热。

（2）用已知反应的 $\Delta_r H_m^\ominus$、$\Delta_r U_m^\ominus$ 计算所研究反应的 $\Delta_r H_m^\ominus$、$\Delta_r U_m^\ominus$。盖斯定律指出：一个化学反应不论是一步完成还是分成几步完成，其热效应值总是相同的，也就是说反应热只与反应的始态和终态有关，而与所经历的途径无关。盖斯定律的意义与作用就在于能使热化学方程式像普通代数方程那样进行运算，从而可以根据已经准确测定了的反应热，来计算难于测定或根本不能测定的反应热；可据已知反应的热效应来估算未知反应的热效应。

（3）采用统计的方法求算。

3. $\Delta_r S_m^\ominus$ 的确定

根据热力学第三定律：在 0K 时，任何纯物质的完美晶体其熵值为零，可求算各物质的标准摩尔规定熵值 $S_m^\ominus$，从而进一步确定化学反应的 $\Delta_r S_m^\ominus$。

此外，还可利用 $\Delta_r G_m^\ominus$、$\Delta_r H_m^\ominus$、$\Delta_r U_m^\ominus$、$\Delta_r S_m^\ominus$ 各物理量间的换算关系，来确定实际体系

的各热力学函数的改变量。

在各类测定方法中，由于利用对消法可以很准确地测量出原电池的电动势，因此用电化学方法求出的化学反应的热力学函数 $\Delta_r G_m$、$\Delta_r H_m$、$\Delta_r S_m$ 等，比用量热法或化学平衡常数法求得的热力学数据更为准确可靠。

实验原理

化学反应：$Ag(s)+\frac{1}{2}Hg_2Cl_2(s)=\!=\!=AgCl(s)+Hg(l)$ 热力学函数的改变量 ΔG、ΔH、ΔS 等都可通过测定可逆电池的电动势方法求得，即将上述反应设计成下列可逆电池：

$Ag(s)-AgCl(s)\parallel KCl$(饱和)$\parallel Hg_2Cl_2(s)-Hg(l)$；该电池在等温、等压、可逆的条件下工作时的电动势为 E，则 $\Delta G=-nFE$，其中 n 为反应得失电子的物质的量，F 为法拉第常数。

由热力学可知：$\Delta G=\Delta H-T\Delta S \quad \Delta S=-\left(\frac{\partial \Delta G}{\partial T}\right)_P=nF\left(\frac{\partial E}{\partial T}\right)_P$

$$\Delta H=-nFE+TnF\left(\frac{\partial E}{\partial T}\right)_P \tag{9-57}$$

式(9-57)中 $\left(\frac{\partial E}{\partial T}\right)_P$ 称为电池的温度系数。可见只要测出电池的电动势 E_X 和电池温度系数 $\left(\frac{\partial E}{\partial T}\right)_P$ 即可。

仪器试剂

仪器：UJ-25 型电位差计　干电池　AC15/2 直流复射式检流计　滴管　甘汞电极　银-氯化银电极　烧杯　标准电池　501-SP 超级恒温槽

试剂：饱和 KCl 溶液

实验步骤

(1) 恒温槽调到 25℃并检查甘汞电极、银-氯化银电极是否符合使用要求。

(2) 根据标准电池随温度变化关系计算标准电池在室温下的电动势值。

$$E_t=1.0186-4.06\times10^{-5}(t-20)-9.5\times10^{-7}(t-20)^2$$

(3) 将待测电池在 25℃下恒温 20min，测 25℃的电动势 E_{X1}(测量方法：电位差计的使用)。

(4) 分别将恒温槽调节到 30℃、35℃将电池恒温 20min，测 30℃的电动势 E_{X2}、35℃的电动势 E_{X3}。

(5) 将上述操作中的数据记录于下表 9-15 中。

表 9-15　实验数据记录表

室温℃________　　　　电动势 E_N________

温度	测定值 E/V			平均值 E/V	文献 E/V
	一次	二次	三次		
25℃					
30℃					
35℃					

实验指导

1. 标准电池使用

(1) 精密标准电池应在恒温下使用，使用温度范围最好为4~40℃。温度变化大将会使电动势长时间才能达到平衡，因此温度波动应尽可能小。

(2) 正负极不能接错。

(3) 机械振动会损坏标准电池，因此携取要平稳，水平放置，绝不能倒置或过分倾斜、摇动。标准电池手摇动后其电动势会改变，应静止5h以上再用。

(4) 标准电池只是校验器，不能作为电源使用，不允许用万用表、伏特表直接测它的电压；测量时间必须短暂、间歇地按键；一般要求通过的电流应小于1μA。若电池短路，电流过大，则损坏电池。

(5) 电池若未加套盖而直接暴露于日光下，会使硫酸亚汞变质，电动势下降。

(6) 按规定时间对标准电池进行计量校正。

2. 参比电极

参比电极是决定指示电极电位的重要因素，作为一个理想的参比电极应具备以下条件：①能迅速建立热力学平衡电位，这就要求电极反应是可逆的。②电极电位是稳定的，能允许仪器进行测量。常用的参比电极有甘汞电极和银-氯化银电极。作为商品出售的有单液接与双液接的两种。

(1) 甘汞电极　甘汞电极中常用的KCl溶液有0.1mol·L^{-1}、1.0mol·L^{-1}和饱和等三种浓度，其中以饱和式最常用(使用时溶液内应保留少许KCl晶体，以保证饱和)。

使用甘汞电极时须注意：

①因甘汞电极在高温时不稳定，故它一般适用于70℃以下的测量；

②甘汞电极不宜用在强酸或强碱性介质中，因此时的液体接界电位较大，且甘汞电极可能被氧化；

③若被测溶液中不允许含有氯离子，则应避免直接插入甘汞电极，这时应使用双液接甘汞电极；

④保持甘汞电极的清洁，不得使灰尘或局外离子进入该电极内部；

⑤当电极内部溶液太少时应及时补充。

⑥甘汞电极、银-氯化银电极使用时应将上、下两帽去掉，用毕盖好。

⑦甘汞电极、银-氯化银电极使用前检查电极内饱和KCl溶液的量。饱和KCl的液位应与电极支管下端相平，电极底端含有少量KCl晶体。

(2) 银-氯化银电极　银-氯化银电极与甘汞电极相似，都是属于金属-微溶盐-负离子型的电极，也是一种广泛应用的参比电极。

银-氯化银电极的电极电位在高温下较甘汞电极稳定。银-氯化银电极可以在高于60℃的体系中使用，甘汞电极不具备这些优点。但AgCl(s)是光敏性物质，见光易分解，故应避免强光照射。当银的黑色微粒析出时，氯化银将略呈紫黑色。

3. UJ-25型电位差计的使用

电势差计根据其测量范围和精度，有多种型号，本实验所用的是UJ-25型电位差计，见图9-13。

(1) 使用前的准备：应将(N、X_1、X_2)转换开关放在断的位置，并将下方三个电计按钮

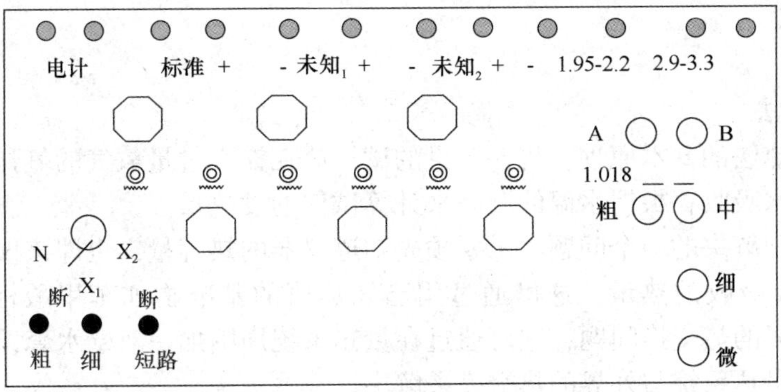

图 9-13　UJ-25 型电位差计

●—电计按钮；○—旋钮；●—接线柱

全部松开，然后依次接上检流计，标准电池，工作电源(甲电池)，以及被测电池(正、负极不能接错)。

(2) 校正标准电池电动势值：镉汞标准电池，温度校正公式：

$$E_t = 1.0186 - 4.06 \times 10^{-5}(t - 20) - 9.5 \times 10^{-7}(t - 20)^2$$

式中，E_t为 t℃时标准电池电动势；t 为环境温度,℃；1.0186 为标准电池 20℃时的电动势。调节温度补偿旋钮(A、B)，使数值为校正后的标准电池电动势值。

(3) 调节工作电流：将(N、X_1、X_2)转换开关放在"N"(标准)位置上，按"粗"电位差计按钮，旋动"粗"、"中"、"细"、"微"旋钮，调节工作电流，使检流计示零，然后再按"细"电计按钮，重复上述操作。注意电位差计按钮按下的时间应尽量短，以防止电流通过，改变电极表面的平衡状态。

(4)测量：将(N、X_1、X_2)转换开关放在"X_1"或"X_2"(未知)的位置，调节各大旋钮，使电位差计在按"粗"时使检流计示零，再按"细"电计按钮，直至调节至检流计示零。读下大旋钮下方小孔示数，即为被测电池电动势值。

4. AC15/2 直流复射式检流计的使用

电源开关：电源可用 220V 和 6V(仪器后面有两种插孔，不能插错)。开启前确保无误。

分流器旋钮：A 短路位：仪器在使用完毕或搬动时要确保在短路位。B 直接位：用于仪器在使用前的调零。C 测量位：共有三个测量档分别为：×1(灵敏度最高)、×0.1、×0.01(灵敏度最低)，测量时应从灵敏度最低档开始，如偏转不大时，则可逐步转到高灵敏度档测量。

调零旋钮：用于仪器在使用前的调零。

5. 数据处理

(1) 以 25℃的电动势值计算反应的 ΔG_{298}。

(2) 绘出 E-T 关系曲线，求出温度系数，计算反应的 ΔH_{298}、ΔS_{298}。

(3) 甘汞电极、银-氯化银常见电极电位参数列于表 9-16。

表 9-16　甘汞电极、银-氯化银电极电位

KCl 溶液浓度	0.1mol·L⁻¹	1.0mol·L⁻¹	饱和溶液
25℃时甘汞电极电位/V	0.3365	0.2828	0.2444
25℃时银-氯化银电极电位/V	0.2880	0.2223	0.2000

实验拓展

1. 氧弹量热法

（1）氧弹量热法的基本原理：将一定量的试样放在充有过量氧气的氧弹内燃烧，放出的热量被一定量的水吸收，根据水温的升高来计算试样的发热量。

（2）测定时须解决的两个问题：①要预先知道仪器的热容量，也即该仪器的量热系统温度每升高 1℃需要吸收的热量，这可通过用已知热值的基准物如苯甲酸标定仪器来解决；②量热系统与外界的热交换问题，这可通过在量热系统周围加一双壁水套，通过控制水套的温度消除或校正量热系统与外界的热交换来解决。

（3）应用：煤的发热量即在氧弹热量计中测定的。

2. 饱和甘汞电极自制方法

取玻璃电极管，在其底部焊接一铂丝。取化学纯汞约 1mL，加入洗净并干燥的电极管中，铂丝应全部浸没。在一个干净的研钵中放一定量的甘汞（Hg_2Cl_2）、数滴纯净汞与少量饱和 KCl 溶液，仔细研磨后得到白色的糊状物（在研磨过程中，如果发现汞粒消失，应再加一点汞；如果汞粒不消失，则再加一些甘汞，以保证汞与甘汞相互饱和）。随后，在此糊状物中加入饱和 KCl 溶液，搅拌均匀成悬浊液。将此悬浊液小心地倾入电极容器中，待糊状物沉淀在汞面上后，注入饱和 KCl 溶液，并静止一昼夜以上，即可使用。

3. 银-氯化银电极的制备方法

银-氯化银电极的制备方法很多。较简便的方法是：取一根洁净的银丝与一根铂丝，插入 $1.0mol \cdot L^{-1}$ 的盐酸溶液中，外接直流电源和可调电阻进行电镀。控制电流密度为 $5mA \cdot cm^{-2}$，通电时间约 5min，在作为阳极的银丝表面即镀上一层 AgCl。用去离子水洗净，为防止 AgCl 层因干燥而剥落，可将其浸在适当浓度的 KCl 溶液中，保存待用。

实验思考

1. 参比电极应具备什么条件？它有什么作用？
2. 可逆电池的条件是什么？测定过程中如何尽可能地减小极化现象的发生？
3. 在测量电池电动势的过程中，若检流计光点总是往一个方向偏转，可能是什么原因造成的？若电池的极性接反了，其后果是什么？工作电池和未知电池中任一个没有接通会产生什么后果？
4. 测定电池电动势时，为什么按电位差计的电键应间断而短促？

实验九　金属阳极极化曲线的测定

实验目的

（1）了解阳极极化曲线的意义和应用；

（2）掌握恒电位法测定金属极化曲线的原理和方法。

实验背景

1. 金属阳极保护的发展过程

金属的阳极保护依赖于金属钝性原理。其发现可以追溯到 1738 年 M. ВЛомносор 观察硝酸对铁的作用，以及19世纪40年代M. Faraday对铁在硝酸中钝性现象的研究。1936年，C. F. Schönbein称金属在浓硝酸中获得的耐蚀状态为钝态。直到1945年，美国学者J. H. Bartlett研究铁在硫酸中的阳极瞬变现象时，发现外加阳极电流可使铁转入钝态，从而停止了铁的溶解，这是阳极保护现象的最早发现。1954年，英国学者C. Edeleanu在实验室中证明了用恒电位仪进行阳极极化可以控制腐蚀，首先正式将阳极保护列为防腐蚀技术，并指出工业应用的可能性。1958年，加拿大纸浆与造纸研究所首次在碱性纸浆蒸煮锅上实现了阳极保护的工业应用。接着，美国大陆石油公司在磺酸中和器、发烟硫酸储槽和扬酸器上也实现了阳极保护的工业应用，并承担了硫酸、磷酸、有机酸、磺酸、烧碱等介质中各种化工设备阳极保护研究、设计、安装业务。20世纪60年代中期，加拿大工业有限公司（CIL）成功地开发了不锈钢浓硫酸冷却器的阳极保护技术，使阳极保护的工业应用向前迈进了一大步。在1976年首次成功地在我国实现了阳极保护的工业应用。1972年通过研究成功地实施了采用恒电位阳极保护技术对300℃高温发烟硫酸碳钢设备的阳极保护。1978年在含有少量尿素的18%~20%氨水储槽上采用了恒电位阳极保护。1979年开发成功循环极化法控制罐群腐蚀的阳极保护技术。

阳极保护技术是利用电极过程动力学原理开发成功的，不用电化学理论是很难对它进行论述的。简而言之，阳极保护就是通过对被保护结构物施加阳极电流，在金属表面形成一层保护性钝化膜，从而使金属处于钝性状态而对金属实施有效腐蚀的一种防腐蚀技术。

2. 金属钝化理论

金属的钝化现象是金属表面由活化状态转变成为钝态的一个比较复杂的过程，对于钝化现象产生的原因或机理，目前有成相膜理论和吸附理论可以解释大部分实验事实，但并不能解释全部钝化现象。

成相膜理论认为，金属的钝态是由于金属和介质作用时，在金属表面上生成一种非常薄且致密的覆盖性良好的保护膜，它能够把金属与腐蚀介质机械地隔离，从而使金属由活化状态转变为钝化状态。

吸附理论认为，只要在金属表面或部分表面生成氧或含氧的粒子吸附层就可以使金属表面进入钝态。这是因为吸附在金属表面的粒子能够改变金属/溶液界面的结构，使金属表面的反应能力降低而进入钝化状态。

实验原理

为了探索电极过程的机理及影响电极过程的各种因素，必须对电极过程进行研究，而在该研究过程中极化曲线的测定又是重要的方法之一。我们知道在研究可逆电池的电动势和电池反应时电极上几乎没有电流通过，每个电极或电池反应都是在无限接近于平衡下进行的，因此电极反应是可逆的。但当有电流明显地通过电池时，则电极的平衡状态被破坏，此时电极反应处于不可逆状态，随着电极上电流密度的增加，电极反应的不可逆程度也随之增大。在有电流通过电极时，由于电极反应的不可逆而使电极电位偏离平衡值的现象称作电极的极化。根据实验测出的数据来描述电流密度与电极电位之间关系的曲线称作极化曲线。

研究金属的钝化过程，需要测定阳极极化曲线，通常用恒电位法。将被研究金属（例如铁、镍、铬等）或其合金（例如不锈钢）置于硫酸或硫酸盐溶液中即为研究电极，它与辅助电极（铂电极）组成一个电解池，同时它又与参比电极（硫酸亚汞电极）组成原电池，以金属为阳极为例，其基本测量线路如图9-14，这个测量回路实际上分为两部分，一是研究电极和

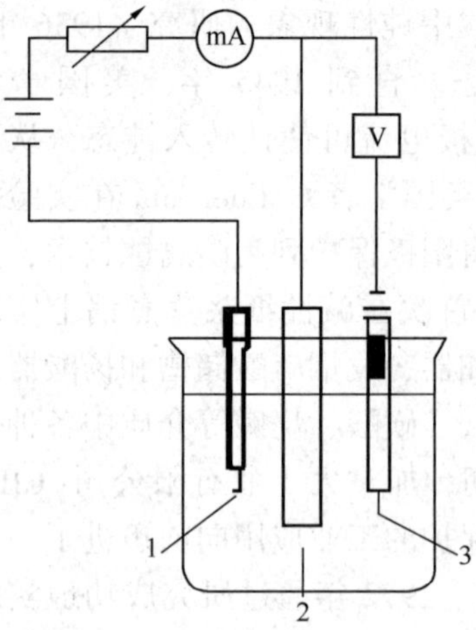

图 9-14　恒电位测定金属钝化曲线的装置

1—辅助电极；2—研究电极；3—参比电极

辅助电极形成的极化回路，由 mA 表测量极化电流的大小。二是参比电极与研究电极形成的电位测量回路，通过恒电位仪对研究电极给定一个恒定电位后，测量与之对应的准稳态电流值 I。以通过研究电极的电流密度 i 对超电势 φ 作图，得如图 9-16 所示金属钝化曲线。

仪器试剂

仪器：MCP-1 型恒电位仪　记录仪(ZB-10 数据采集器)　计算机　饱和硫酸亚汞电极(参比电极)　铂电极(辅助电极)　金属(铁、镍或不锈钢)电极(研究电极)　三室电解池

试剂：硫酸($0.5mol \cdot L^{-1}$)

实验步骤

1. 仪器调试

(1) 仪器预置(图 9-15)　直流给定控制开关(19)置“零”，直流给定电位器(2)逆时针旋到头，Ir 补偿控制开关(17)置“断”，扫描控制开关(9)置“零”，极限停开关(15)置“循环”，扫描速度倍率开关(11)置“×10”，扫描速度调节电位器(10)置“$10mV \cdot S^{-1} \cdot T^{-1}$”，电流量程开关(14)置“$500mA \cdot V^{-1}$”，测量选择琴键开关(16)置“电位”档，显示量程(18)置“×1”档，显示工作方式(18)置“起始、假负载、恒电位档(注：三档均弹出)”。

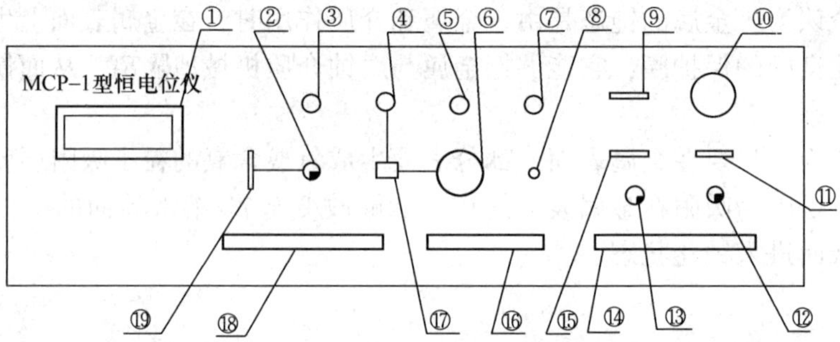

图 9-15　前面板功能示意图

1—显示器；2—电位器；3—过载；4—补偿；5—正扫；6—Ir 补偿；7—反扫；8—调零；9—扫描控制开关；10—扫描速度；11—扫描速度倍率开关；12—调节测量下限；13—调节测量上限；14—电解量程；15—极限停开关；16—测量选择琴键开关；17—补偿控制开关；18—显示量程；19—直流控制开关

(2) 恒电位工作方检查　打开电源，显示量程(18)置“工作”，其他各建预置状态，此时表头显示为 0，将直流给定开关(19)拨至正或负，调节直流给定电位器(2)，表头显示数值应随之呈线性变化，如正常则恒电位工作正常，各键恢复预置状态，关闭电源。

(3) 扫描工作检查　打开电源，显示量程(18)置“工作”，扫描控制开关(9)置“零”，极限停开关(15)置“循环”，扫描速度倍率开关(11)置“×10”，测量选择琴键开关(16)置“上限”，调节(13)至 1V，然后将(16)置“下限”，调节(12)至-1V，最后转化到“电位”档，这时将扫描控制开关(9)拨到自动扫，则此时扫描从-1V 到 1V 来回扫描，如正常，则仪器

正常(注：此时显示量程(18)应置“工作”状态)。

2. 电极的准备

(1) 工作电极：铁(镍或不锈钢)用金相砂纸将电极打磨平整光亮，依次用蒸馏水和丙酮清洗(电极处理的好坏对测量结果影响很大)，留出并计算出测量面积，其余用环氧树脂涂封。

(2) 参比电极：硫酸亚汞电极。

(3) 辅助电极：铂电极。

3. 极化曲线的测量

(1)恒电位仪预置状态下，预热15min；

(2)电解槽中加入50mL0.5mol·L^{-1}硫酸溶液，将电极接入电解槽中；

(3)测量自腐蚀电位φ_{corr}(即参比电位相对于研究电极的电极电位)。

将显示工作方式(18)置“起始”(琴键弹出)，“电解槽”(琴键弹下)，测量选择琴键开关(16)置“电位”档，当数字电压表上的显示值稳定后，即为开路电位，记录数值。

4. 极化曲线的测定

扫描速度(10)设置为0.166mv·s^{-1}，扫描速度倍率(11)拨至“×10”，(19)直流给定控制开关置“零”，补偿开关(17)Ir置“断”，将测量琴键开关(16)上限按下，调节测量下限(12)为自腐蚀电位φ_{corr}，将测量琴键开关(16)上限按下，调节测量上限(13)为辅助电极上有氧气气泡冒出，(15)置“上限停”，接好电极，显示量程(18)置“工作”“电解槽”“恒电位”，开启数据采集器并开始测量，此时电脑开始记录图形。

5. 将上述操作中的数据记录于下表9-17中

表9-17 实验数据记录表

扫描速度＿＿＿＿＿＿＿＿ 温度＿＿＿＿＿＿＿＿

电极材料	自腐蚀电位 φ_{corr}/mV	维钝电流 i_{pp}/(mA·cm^{-2})	维钝电区 $\varphi_p-\varphi_{pt}$/mV	点蚀电位 φ_{pt}/mV

实验指导

(1) 仪器使用过程中必须严格按照操作规程进行(使用方法仪器说明书)，电解池三支电极都必须良好接通，如果要更换或处理电极必须停止外加电位。

(2) 恒电位仪电流量程的选择应由大到小开始选，选定的位置应该使各部分图形都能够明显显示出来。

(3) 电极表面的处理。无论选择何种金属作研究电极，都要严格进行电极极化前的表面处理，达到光亮洁净的目的，尤其是碳钢作研究电极时，表面十分粗糙，易氧化，表面处理不好直接影响自腐蚀电位φ_{corr}的测量准确性，φ_{corr}测量不准，有时得不到完整的阳极极化曲线；也可能很难得到重现的实验结果；严重时，甚至会歪曲实验结果。

(4) 扫描速度的确定。扫描速度对极化曲线测定影响很大，具体扫描速率要根据研究体系而定，一般来讲，电极表面建立稳态的速率越慢，扫描速率就应越慢。否则极化曲线的形状和有关数据将受到较大歪曲。如果其他条件固定，改变扫描速度，扫描速率越快，临界钝化电流密度、维钝电流密度越大，稳定钝化区越小。

（5）实验数据处理：

①从数据采集器软件中导出图形数据；

②Excel 计算对应的电流密度，并作电流密度对电极电位图；

③讨论各段的意义。

实验拓展

1. 金属钝性与阳极保护

凡是具有活化-钝化转变行为的金属/介质体系，都可以通过阳极保护的方法使金属具有并保持钝性，从而使其腐蚀速度大大降低。通过阳极极化曲线可以分析金属的活化-钝化转变行为，了解金属钝性及实施阳极保护所需控制的参数和达到保护的途径。

金属在电解质溶液环境中的阳极极化曲线总体上可分为两类：活化型阳极极化曲线和活化-钝化转变型阳极极化曲线。在一般情况下，对于非钝化性金属，随着外加阳极电位使金属发生阳极极化，将会加速金属的腐蚀(阳极电流增大)，获得的是活化阳极极化曲线(无活化-钝化过程)；对于可钝化性金属，阳极的溶解速度(阳极电流)随电位变正而逐渐增大，这是正常的阳极溶出，但当阳极电位正到某一数值时，其溶解速度达到一最大值。此后阳极溶解速度随着电位变正，反而大幅度地降低，这种现象称为金属的钝化，因此阳极极化曲线也称作金属钝化曲线。

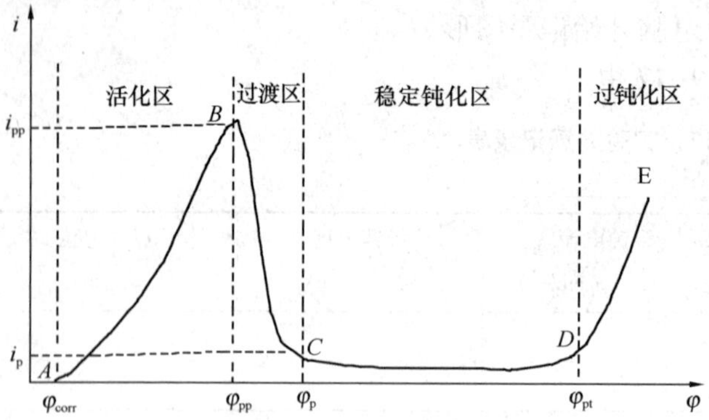

图 9-16　典型的金属阳极钝化曲线

测定金属在腐蚀介质中的阳极钝化曲线，是评价钝态金属耐蚀能力的常规方法，也是判定金属/介质体系能否实施有效阳极保护的电化学基础。图 9-16 是采用恒电位法测得的典型的具有钝化特性的金属电极的阳极极化曲线，Fe、Cr、Ni 及其合金在一定的介质条件下，测得的阳极极化曲线都有类似的形状。图 9-16 中整条曲线被四个特征电位值即金属自腐蚀电位 φ_{corr}、致钝电位 φ_{pp}、维钝电位 φ_p 及过钝化电位 φ_{pt} 分为四个区域。

AB 区：*A* 点为金属自腐蚀电位 φ_{corr}，以此作为起始电位开始外加电流阳极极化，电流随着电位的升高而逐渐增大，此时金属处于活化溶解状态。此段称为金属的活化溶解区，金属按正常的阳极溶解规律进行，服从塔菲尔定律，金属阳极阻碍很小，金属以低价的形式溶解为水化离子。对铁来说，即为：

$$Fe \longrightarrow Fe^{2+} + 2e$$

BC 区：当电位继续变正时，到达某一临界值 φ_{pp} 时，金属的表面状态发生突变，阳极过程偏离塔菲尔定律的形式，这时阳极过程按另一种规律沿着 BC 向 CD 过渡，电流密度急速下降，金属表面开始发生钝化，从 φ_{pp} 至 φ_p，是金属从活化向钝态的过渡区，此时在金属表面可能生成二价或三价的过渡氧化物。此区的金属表面处于不稳定状态，可能在腐蚀介质中发生溶解和钝化的交替过程，所以可能会出现电流密度剧烈震荡的现象。金属铁发生的反应为：

$$3Fe+4H_2O \longrightarrow Fe_3O_4+8H^++8e$$

相应于 *B* 点的电位和电流密度，分别称为致钝电位 φ_{pp} 和致钝电流密度 i_{pp}，此点标志着金属钝化的开始，对金属建立钝态具有特殊意义。

CD 区：电位从 φ_p 至 φ_{pt}，金属处于稳定的钝化状态，金属表面生成了一层耐蚀性好的钝化膜。铁的反应为：

$$2Fe+2H_2O \longrightarrow \gamma\text{-}Fe_2O_3+6H^++6e$$

对应 *C* 点的电位是金属进入稳定钝态的电位，称为维钝电位 φ_p，从 $\varphi_p \sim \varphi_{pt}$ 的区域称为维钝电位区。这个电位区间对应着一个很小的基本不变的电流密度，称为维钝电流密度 i_p，金属就以 i_p 的速度溶解着，它基本上与维钝电位区的电位变化无关，完全偏离了腐蚀的动力学。金属处于钝态区域并不表明金属停止了腐蚀，只是腐蚀电流密度很小，一般约为 10μA/cm^2左右时，才可以认为基本上不发生腐蚀。

DE 区：对应于 *D* 点，金属氧化膜破坏的电位，称为过钝化电位 φ_{pt}，电位高于 φ_{pt} 的区域。称为过钝化区。该区随着电极电位的进一步升高，电流再次随电位的升高而增大，金属又重新发生腐蚀的区域，在这个区域发生了某种新的阳极反应，或者是原来的钝化膜进一步氧化后生成不耐蚀的化合物，即可能是金属氧化膜氧化生成高价的可溶性的氧化物。钝化膜被破坏后，腐蚀又重新加剧，这种现象称为过钝化。对于铁在酸性溶液中的钝化，当到达氧的析出电位时，则会有氧气析出：

$$2H_2O \longrightarrow O_2+4H^++4e$$

如果铁处于碱性的溶液中，Fe_2O_3将继续氧化生成无保护作用的可溶性铁的高价离子($HFeO_2^-$)。

通过以上分析说明，阳极钝化的特性曲线存在着四个特性电位(φ_{corr}、φ_{pp}、φ_p、φ_{pt})、四个特性区(活化溶解区、活化钝化过渡区、稳定钝化区、过钝化区)和两个特性电流密度(i_{pp}、i_p)，它们都是研究金属或合金钝化的重要参数，在金属钝化研究中具有重要意义。

在实际工作中，常常给金属加上适当的正电位(或电流)，并处在阳极钝化区(*CD* 段)，使腐蚀速率大大降低，此即阳极保护。在电解池中，如果使金属阳极处在它的钝化区，则将会大大降低其溶解速率，延长使用寿命。但在化学电源、电镀中的可溶性阳极等，必须尽量避免产生阳极钝化现象。为了实现或避免阳极钝化，均必须先确定阳极钝化区。而阳极钝化区的确定，通常是通过测定阳极极化曲线来进行的。

2. 影响金属钝化的因素

(1) 金属本身的晶体结构　不同金属具有不同的钝化趋势。例如：金属 Cr、Ni、Fe，它们的易钝化顺序为 Cr>Ni>Fe，为了增强铁的钝化能力，在 Fe 中添加少量的 Cr 和 Ni、防锈能力就会大大提高，因而得名为不锈钢。

(2) 腐蚀介质的组成　溶液中存在的 H^+、卤素离子以及某些具有氧化性的阴离子，对金属的钝化现象起着颇为显著的影响。在中性溶液中，金属一般比较容易钝化，而在酸性或某些碱性的溶液中，钝化则困难得多，这与阳极反应产物的溶解度有关系。卤素离子，特别是氯离子的存在，则明显地阻止了金属的钝化过程，已经钝化了的金属也容易被它破坏(活化)，而使金属的阳极溶解速度重新增大。

(3) 外界因素(如温度、搅拌等)　一般来说，温度升高以及搅拌加剧，可以推迟或防止钝化过程的发生，这显然与离子扩散有关。

3. 极化曲线的测量

测量极化曲线通常用恒电位法和恒电流法。

恒电位法：将研究电极上的电位维持在某一数值上，然后测量对应于该电位下的电流。由于电极表面状态在未建立稳定状态之前，电流会随时间而改变，故一般测出来的曲线为“暂态”极化曲线。常采用的控制电位测量方法有下列两种。

（1）静态法：将电极电位较长时间地维持在某一恒定值，同时测量电流随时间的变化，直到电流值基本上达到某一稳定值。如此逐点地测量各个电极电位(例如每隔 20mV、50mV 或 100mV)下的稳定电流值，以获得完整的极化曲线。

（2）动态法：控制电极电位以较慢的速度连续地改变(扫描)，并测量对应电位下的瞬时电流值，并以瞬时电流与对应的电极电位作图，获得整个的极化曲线。所采用的扫描速度(即电位变化的速度)需要根据研究体系的性质选定。一般来说，电极表面建立稳态的速度愈慢，则扫描速度也应愈慢，这样才能使所测得的极化曲线与采用静态法的接近。

上述两种方法都已获得了广泛的应用。从其测量结果的比较可以看出，静态法测量结果虽较接近稳态值，但测量的时间较长，例如对于钢铁等金属及其合金，为了测量钝态区的稳态电流往往需要在每一个电位下等待几个小时甚至几十个小时，所以在实际工作中，较常采用动态法来测量。本实验亦采用动态法。

（3）恒电流法：将研究电极的电流恒定在某定值下，测量其对应的电极电位，得到的极化曲线。恒电流法所得到的阳极极化曲线只能近似地估计被测电极的临界钝化电位和高铁(Ⅵ)及氧的析出电位，而极化曲线的 *BCDE* 段做不出来，只能测得 *ABEF* 线。因此不能描绘出铁的溶解和钝化的实际过程。

4. 应用

极化曲线测定除应用于金属防腐蚀外，在电镀中有重要应用。一般凡能增加阴极极化的因素，都可提高电镀层的致密性与光亮度。为此，通过测定不同条件的阴极极化曲线，可以选择理想的镀液组成、pH 值以及电镀温度等工艺条件。

实验思考

1. 什么叫恒电位法？什么叫恒电流法？测定钝化曲线时必须采用哪种方法？为什么？
2. 试比较电解池与原电池极化曲线的异同点？
3. 如何判断阴极极化与阳极极化？
4. 测量极化曲线时，为什么要选用三电极电解池？能否选用二电极电解池测量极化曲线？为什么？

实验十　循环伏安法测定电极反应参数

实验目的

（1）学习循环伏安法测定电极反应参数的基本原理；

（2）熟悉伏安测定电极反应参数法的实验技术。

实验背景

循环伏安法(cyclic voltammetry)是一种常用的电化学研究方法。该法控制电极电势以不同的速率随时间以三角波形一次或多次反复扫描，电势范围是使电极上能交替发生不同的还原和氧化反应，并记录电流-电势曲线。根据曲线形状可以判断电极反应的可逆程度，中间体、相界吸附或新相形成的可能性以及耦联化学反应的性质等。常用来测量电极反应参数，判断其控制步骤和反应机理，并观察整个电势扫描范围内可发生哪些反应及其性质如何。对于一个新的电化学体系，首选的研究方法往往就是循环伏安法，可称之为“电化学的谱图”。本法除了使用汞电极外，还可以用铂、金、玻璃碳、碳纤维微电极以及化学修饰电极等。

如以等腰三角形的脉冲电压加在工作电极上，得到的电流电压曲线包括两个分支，如果前半部分电位向阴极方向扫描，电活性物质在电极上还原，产生还原波，那么后半部分电位向阳极方向扫描时，还原产物又会重新在电极上氧化，产生氧化波。因此一次三角波扫描，完成一个还原和氧化过程的循环，故该法称为循环伏安法，其电流-电压曲线称为循环伏安图。如果电活性物质可逆性差，则氧化波与还原波的高度就不同，对称性也较差。循环伏安法中电压扫描速度可从每秒钟数毫伏到 1V。工作电极可用悬汞电极或铂、石墨等固体电极。

实验原理

循环伏安法(CV)，也称为三角线性电位扫描法，是最重要的电分析化学方法之一。该法将对称的三角波扫描电压施加于电解池的电极上，记录工作电极上的电流随电压变化的曲线，即 CV 曲线或循环伏安图。在三角波的前半部分，电极上若发生还原反应(阴极过程)，得到一个峰形的阴极波；而在三角波的后半部分，则得到一个峰形的阳极波。一次三角波电压扫描，电极上完成一个氧化还原循环。

CV 方法是将循环变化的电压施加于工作电极和参比电极之间，记录工作电极上得到的电流与施加电压的关系曲线。这种方法也常称为三角波线性电位扫描方法。图 9-17 中表明了施加电压的变化方式：起扫电位为 0.8V，反向起扫电位为-0.2V，终点又回扫到 0.8V，扫描速度可从斜率反映出来，其值为 50mV · s^{-1}。

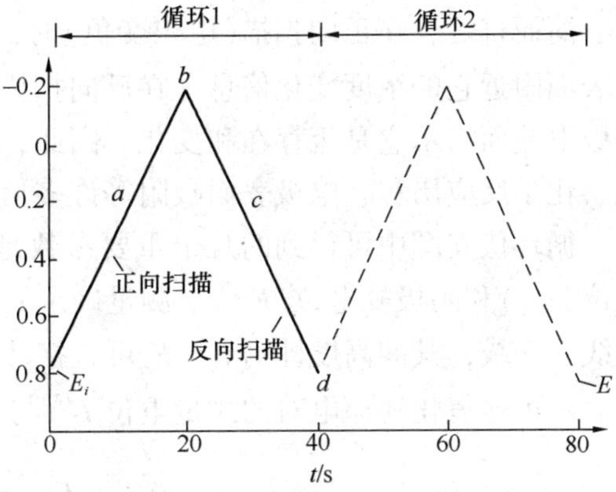

图 9-17　循环伏安法的典型激发信号

三角波电位，转换电位为 0.8V 和-0.2V (vs · SCE)。

图 9-17 中虚线表示的是第二次循环。一台现代伏安仪具有多种功能，可方便地进行一次或多次循环，任意变换扫描电压范围和扫描速度。

当工作电极被施加的扫描电压激发时，其上将产生响应电流。以该电流(纵坐标)对电位(横坐标)作图，称为循环伏安图。典型的循环伏安图如图 9-18 所示。该图是在 1.0mol · L^{-1} KNO_3 电解质溶液中，6×10^{-3} mol · L^{-1} $K_3Fe(CN)_6$ 在 Pt 工作电极上的反应所得到的结果。

从图 9-18 可见，起始电位 E_i 为+0.8V(a 点)，电位比较正的目的是为了避免电极接通后 $Fe(CN)_6^{3-}$ 发生电解。然后沿负的电位扫描，如箭头所指方向，当电位至 $Fe(CN)_6^{3-}$ 可还原时，即析出电位，将产生阴极电流(b 点)。其电极反应为：

$$Fe^{III}(CN)_6^{3-} + e \longrightarrow Fe^{II}(CN)_6^{4-}$$

随着电位的变负，阴极电流迅速增加($b \to d$)，直至电极表面的 $Fe(CN)_6^{3-}$ 浓度趋近零，

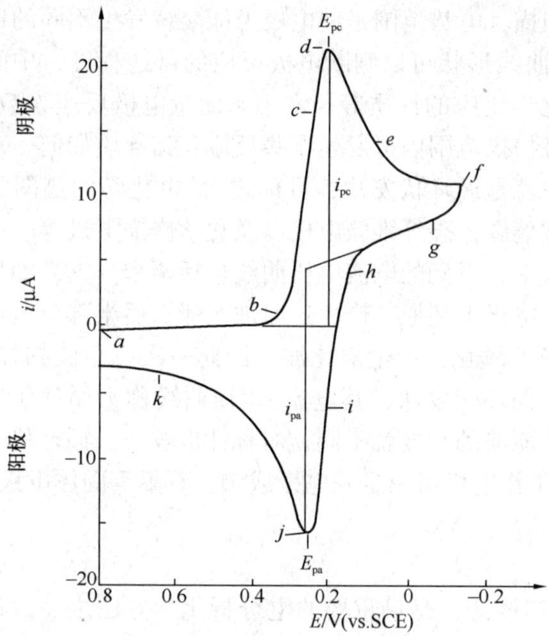

图 9-18　6×10^{-3}mol·L^{-1}$K_3Fe(CN)_6$ 在 1mol·L^{-1}KNO_3 溶液中的循环伏安图

扫描速度：50mV·s^{-1}；铂电极面积：2.54mm^2

电流在 d 点达到最高峰。然后电流迅速衰减（$d\to g$），这是因为电极表面附近溶液中的 $Fe(CN)_6^{3-}$ 几乎全都电解转变为 $Fe(CN)_6^{4-}$ 而耗尽，即所谓的贫乏效应。当电压扫至-0.15V（f 点）处，虽然已经转向开始阳极化扫描，但这时的电极电位仍相当的负，扩散至电极表面的 $Fe(CN)_6^{-3}$ 仍在不断还原，故仍呈现阴极电流，而不是阳极电流。当电极电位继续正向变化至 $Fe(CN)_6^{4-}$ 的析出电位时，聚集在电极表面附近的还原产物 $Fe(CN)_6^{4-}$ 被氧化，其反应为：

$$Fe(CN)_6^{4-} - e \longrightarrow Fe(CN)_6^{3-}$$

这时产生阳极电流（$i\to k$）。阳极电流随着扫描电位正移迅速增加，当电极表面的 $Fe(CN)_6^{4-}$ 浓度趋于零时，阳极化电流达到峰值（j）。扫描电位继续正移，电极表面附近的 $Fe(CN)_6^{4-}$ 耗尽，阳极电流衰减至最小（k 点）。当电位扫至+8V 时完成第一次循环，获得了循环伏安图。

简而言之，在正向扫描（电位变负）时，$Fe(CN)_6^{3-}$ 在电极上还原产生阴极电流而指示电极表面附近它的浓度变化信息。在反向扫描（电位变正）时，产生的 $Fe(CN)_6^{4-}$ 重新氧化产生阳极电流而指示它是否存在和变化。因此，CV 能迅速提供电活性物质电极反应过程的可逆性、化学反应历程、电极表面吸附等许多信息。

循环伏安图中可得到的几个重要参数是：阳极峰电流（i_{pa}），阴极峰电流（i_{pc}），阳极峰电位（E_{pa}）和阴极峰电位（E_{pc}）。测量确定 i_p 的方法是：沿基线作切线外推至峰下，从峰顶作垂线至切线，其间高度即为 i_p。E_p 可直接从横轴与峰顶对应处而读取。

对可逆氧化还原电对的式量电位 $E^{\ominus'}$ 与 E_{pa} 和 E_{pc} 的关系可表为：

$$E^{\ominus'} = \frac{E_{pa} - E_{pc}}{2} \tag{9-58}$$

而两峰之间的电位差值为：

$$\Delta E_p = E_{pa} - E_{pc} \approx \frac{0.056}{n} \tag{9-59}$$

对铁氰化钾电对，其反应为单电子过程，ΔE_p 是多少？从实验求出来与理论值比较。

对可逆体系的正向峰电流，由 Randles-Savcik 方程可表示为：

$$i_p = 2.69 \times 10^5 n^{3/2} A D^{1/2} v^{1/2} c \tag{9-60}$$

式中：i_p 为峰电流，A；n 为电子转移数；A 为电极面积，cm^2；D 为扩散系数，cm^2/s，v 为扫描速度，V/s；c 为浓度，mol·L^{-1}。

根据式(9-60)，i_p 与 $v^{1/2}$ 和 c 都是直线关系，对研究电极反应过程具有重要意义。在可逆电极反应过程中，

$$\frac{i_{pa}}{i_{pc}} \approx 1 \qquad (9-61)$$

对一个简单的电极反应过程，式(9-60)和式(9-61)是判别电极反应是否可逆体系的重要依据。

仪器试剂

仪器：循环伏安仪　*X-Y* 记录仪　铂盘型工作电极　铂丝辅助电极　甘汞或 Ag/AgCl 参比电极组成电极系统　容量瓶　量筒　移液管

试剂：铁氰化钾溶液($2.0\times10^{-2}mol\cdot L^{-1}$)　抗坏血酸溶液($2.0\times10^{-2}mol\cdot L^{-1}$)　硝酸钾溶液($1.0mol\cdot L^{-1}$)　KH_2PO_4溶液($0.5mol\cdot L^{-1}$)

实验步骤

1. Pt 工作电极预处理

将铂工作电极在金相砂纸(6#)上轻轻擦拭光亮，用超声波清洗 1~2min。

2. 配制试液

(1) 在 5 个 25mL 容量瓶中，分别加入 $2.0\times10^{-2}mol\cdot L^{-1}$的铁氰化钾溶液 0、0.25mL、0.50mL、1.00mL、2.50mL，再各加入 $1mol\cdot L^{-1}$的硝酸钾溶液 2.5mL，用蒸馏水稀释至刻度，摇匀。

(2) 在 5 个 25mL 容量瓶中，分别加入 $2.0\times10^{-2}mol\cdot L^{-1}$的抗坏血酸溶液 0、0.25mL、0.50mL、1.00mL、2.50mL，再各加 $0.5mol\cdot L^{-1}$的 KH_2PO_4溶液 5.0mL，用蒸馏水稀释至刻度，摇匀。

3. 循环伏安法测量

将配制的系列铁氰化钾溶液逐一转移至电解池中，插入干净的电极系统。起始电位+0.8V，转向电位-0.1V，以 $50mV\cdot s^{-1}$的扫描速度测量，在 *x-y* 记录仪上记录循环伏安图。当测量 $2\times10^{-3}mol\cdot L^{-1}$的溶液时，逐一变化扫描速度：$20mV\cdot s^{-1}$、$50mV\cdot s^{-1}$、$100mV\cdot s^{-1}$、$125mV\cdot s^{-1}$、$150mV\cdot s^{-1}$、$175mV\cdot s^{-1}$、$200mV\cdot s^{-1}$进行测量。在完成每一个扫速的测定后，要轻轻搅动几下电解池的试液，使电极附近溶液恢复至初始条件。

实验指导

(1) 为了使液相传质过程只受扩散控制，应在加入的电解质和溶液处于静止状态下进行测试。

(2) 实验前电极表面要处理干净。

(3) 数据处理

①列表总结铁氰化钾的测量结果(E_{pa}，E_{pc}，ΔE_p，i_{pa}，i_{pc})。

②列表总结抗坏血酸的测量结果(i_{pa}，E_{pa})。

③绘制铁氰化钾的 i_{pc} 和 i_{pa} 与相应浓度 c 的关系曲线；绘制 i_{pc} 和 i_{pa} 与相应 $v^{1/2}$ 的关系曲线。

④绘制抗坏血酸的 i_{pa} 与相应浓度 c 的关系曲线；绘制 i_{pa} 与 $v^{1/2}$ 的关系曲线。

a. 求铁氰化钾电极反应的 n 和 $E^{\ominus'}$。

b. 绘制抗坏血酸的 E_{pa} 与 v 的关系曲线。

实验拓展

(1) 循环伏安法在电化学、无机化学、有机化学、生物化学的研究领域广泛应用。由于它仪器简单、操作方便、图谱解析直观，常常是首先进行实验的方法。

(2) 循环伏安法是一种很有用的电化学研究方法，可用于电极反应的性质、机理和电极过程动力学参数的研究。但该法很少用于定量分析。

①电极可逆性的判断。循环伏安法中电压的扫描过程包括阴极与阳极两个方面，因此从所得的循环伏安法图的氧化波和还原波的峰高和对称性中可判断电活性物质在电极表面反应的可逆程度。若反应是可逆的，则曲线上下对称，若反应不可逆，则曲线上下不对称。

②电极反应机理的判断。循环伏安法还可研究电极吸附现象、电化学反应产物、电化学-化学偶联反应等，对于有机物、金属有机化合物及生物物质的氧化还原机理研究很有用。

(3) 碳纤维微电极研究(Ⅺ)——利用温度效应测定电极反应参数。

实验思考

1. 铁氰化钾溶液与抗坏血酸溶液的循环伏安图有何差别？怎样解释？
2. 铁氰化钾的 E_{pa} 对其相应的 v 是什么关系？由此可表明什么？
3. 由铁氰化钾和抗坏血酸各自的循环伏安图解释它们在电极上的可能反应机理。

实验十一　最大气泡法测定溶液的表面张力

实验目的

(1) 测定不同浓度正丁醇(n-C_4H_9OH)水溶液的表面张力。根据溶液表面吸附量与浓度的关系，计算正丁醇(n-C_4H_9OH)分子的截面积；

(2) 掌握最大气泡压力法测定溶液表面张力的原理和技术。

实验背景

表面张力是指作用于液体表面单位长度线段上的表面收缩的力，其方向与液面相切，与边界垂直，其大小与液体的性质、纯度、温度以及与之相接触的另一相物质的种类有关。可以说表面张力是分子力的一种表现，它发生在液体和气体接触时的边界部分，是液体体系的基本物化性质之一，是研究有关表面现象的重要参数，也是表面活性剂的重要性能参数，它可以帮助了解润湿、去污、悬浮力等问题，工业设计中可用来帮助估计塔板效率等。

液体表面张力的测定方法很多，主要分为静力学法和动力学法。静力学法有毛细管上升法、du Noüy 环法、Wilhelmy 盘法、悬滴法、滴体积法、最大气泡压力法；动力学法有震荡射流法、毛细管波法。其中毛细管上升法和最大气泡压力法不能用来测液-液界面张力。Wilhelmy 盘法、最大气泡压力法、震荡射流法、毛细管波法可以用来测定动态表面张力。由于动力学法本身较复杂，测试精度不高，而先前的数据采集与处理手段都不够先进，致使此类测定方法成功应用的实例很少。因此，迄今为止，实际生产中多采用静力学测定方法。此外，拉环法是测量液体表面张力系数常用的方法之一。该方法用称量仪器直接测量液体的表面张力，测量方法直观，概念清楚，但用拉环法测量液体表面张力，对测量力的仪器要求较高，因此需要有一种量程范围较小、灵敏度高且稳定性好的测量力的仪器。

最大气泡法具有装置简单、操作容易、测定迅速等优点，但其最大缺点是测量精度不够理想，是一个动态的测定方法。不过，最大气泡法已被成功应用于一些黏度较大的液体、熔盐等体系的表面张力的测定，这是其他方法不能代替的。本实验仅介绍最大气泡法。

实验原理

液体表面层的分子所处的环境与内部分子不同。表面层分子受到一种径向内拉力，所以液体表面都有自动缩小的倾向。如果要把一个分子从内部移到界面(或者说增大表面积)时，就必须克服体系内部分子之间的吸引力而对体系作功。在温度、压力和组成恒定时，可逆地使表面积增加 dA 所需要对体系做的功，叫做表面功，可以表示为：

$$-\delta W' = \sigma \mathrm{d}A \tag{9-62}$$

式(9-62)中，σ 为比例常数，它在数值上等于当 T、p 及组成恒定的条件下，增加单位表面积时所必须对体系做的可逆非膨胀功。

若该过程体系吉布斯自由能的增量为 dG，则：

$$\mathrm{d}G = -\delta W' = \sigma \mathrm{d}A \tag{9-63}$$

或

$$\sigma = \left(\frac{\partial G}{\partial A}\right)_{T,\,p,\,n} \tag{9-64}$$

由此可知，σ 是指在温度压力一定的情况下，每增加单位表面积时，体系吉布斯自由能的增值。或者说当以可逆方式形成新表面时，环境对体系所作的表面功变成单位表面层分子的吉布斯自由能了。因此 σ 被称为表面自由能，其单位为 $\mathrm{J \cdot m^{-2}}$，若把 σ 看作是垂直作用于单位长度相界面上的力，通常称为表面张力。

从另外一个角度来考虑表面现象，特别是观察气液界面的一些现象，可以觉察到表面上处处存在着一种张力，它力图使表面积缩小，此力称为表面张力，其单位是 $\mathrm{N \cdot m^{-1}}$。表面张力是液体的重要特性之一，与所处的温度、压力、浓度以及共同存在的另一相的性质等均有关系。纯液体的表面张力通常是指液体与饱和了其本身蒸气的空气接触时而言。

纯液体表面层的组成与内部的组成相同，因此纯液体降低表面自由能的惟一途径是尽可能缩小其表面积。对于溶液，溶质能使溶剂表面张力发生变化，因此可以调节溶质在表面层中的浓度来降低表面自由能。

根据能量最低原则，溶质能降低溶剂的表面张力时，表面层中溶质的浓度应比溶液的内部大。反之溶质使溶剂的表面张力升高时，它在表面层中的浓度比在内部的浓度低，这种表面浓度与溶液内部浓度不同的现象叫“吸附”。在指定的温度和压力下，吸附量与溶液的表面张力及溶液的浓度有关。吉布斯(Gibbs)用热力学方法推导出它们之间的关系式：

$$\Gamma = -\frac{c}{RT}\left(\frac{\mathrm{d}\sigma}{\mathrm{d}c}\right)_T \tag{9-65}$$

式(9-65)中，Γ 为表面吸附量，$\mathrm{mol \cdot m^{-2}}$；$\sigma$ 为表面张力，$\mathrm{J \cdot m^{-2}}$；T 为绝对值温度，K；c 为溶液浓度，$\mathrm{mol \cdot L^{-1}}$；$R$ 为摩尔气体常数。

当 $\left(\frac{\mathrm{d}\sigma}{\mathrm{d}c}\right)_t < 0$ 时，则 $\Gamma>0$，称为正吸附，表明加入溶质使液体表面张力下降，此类物质称为表面活性物质。此时溶液表面层的浓度大于溶液内部的浓度。

当 $\left(\frac{\mathrm{d}\sigma}{\mathrm{d}c}\right)_t>0$ 时，则 $\Gamma<0$，称为负吸附，表明加入溶质使液体表面张力升高，此类物质称为非表面活性物质。此时，溶液表面层的浓度小于溶液本身的浓度。

由式(9-65)可看出，只要测出不同浓度溶液的表面张力，以 $\sigma-c$ 作图，在图的曲线上作不同浓度的切线，把切线的斜率代入吉布斯吸附公式，即可求出不同浓度时气、液界面上的吸附量 Γ。

在一定的温度下，吸附量 Γ 与浓度 c 之间的关系可用朗谬尔(Langmuir)吸附等温式表示。

$$\Gamma=\Gamma_{\infty}\frac{Kc}{1+Kc} \tag{9-66}$$

式中，Γ_{∞} 为饱和吸附量；K 为经验常数，与溶质的表面活性大小有关。将上式取倒数可得：

$$\frac{c}{\Gamma}=\frac{c}{\Gamma_{\infty}}+\frac{1}{K\Gamma_{\infty}} \tag{9-67}$$

若以 $\frac{c}{\Gamma}-c$ 作图，可得一直线，直线斜率的倒数即为 Γ_{∞}。

假若在饱和吸附的情况下，在气、液界面上铺满一单分子层，则可应用下式求得被测物质的横截面积 S_0：

$$S_0=\frac{1}{\Gamma_{\infty}N_A} \tag{9-68}$$

式(9-68)中，N_A 为阿伏加德罗常数。

本实验采用最大气泡法测定表面张力，其装置和原理如图 9-19 所示。

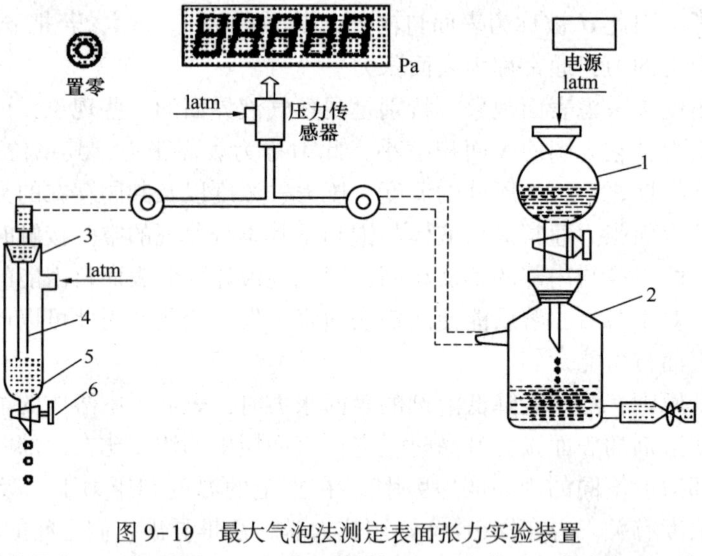

图 9-19　最大气泡法测定表面张力实验装置

1—滴液漏斗；2—磨口储液瓶；3—表面张力管；4—毛细管；5—橡皮塞；6—放水阀

当表面张力仪中的毛细管端面与待测液体液面相切时，液面即沿毛细管上升。打开分液漏斗的活塞，使水缓慢下滴而增加系统压力，此时毛细管内液面上所受的压力($p_{系统}$)大于试管中液面上的压力($p_{大气}$)，故毛细管内的液面逐渐下降。当此压力差在毛细管端面上产生的作用力稍大于毛细管口液体的表面张力时，气泡就从毛细管口逸出，这一最大压力差可由表面张力测定仪上读出。其关系式为：

$$p_{最大}=p_{系统}-p_{大气}=\Delta p \tag{9-69}$$

如果毛细管半径为 r，气泡由毛细管口逸出时受到向下的总压力为 $\pi r^2 p_{最大}$。

气泡在毛细管受到的表面张力引起的作用力为 $2\pi r\sigma$ 。刚发生气泡自毛细管口逸出时，是上述两力相等，即：

$$\pi r^2 p_{最大} = \pi r^2 \Delta p = 2\pi r\sigma \tag{9-70}$$

$$\sigma = \frac{r}{2}\Delta p \tag{9-71}$$

若用同一根毛细管，对这两种具有表面张力为 σ_1 和 σ_2 的液体而言，则有下列关系：

$$\sigma_1 = \frac{r\Delta p_1}{2}$$

$$\sigma_2 = \frac{r\Delta p_2}{2}$$

$$\frac{\sigma_1}{\sigma_2} = \frac{\Delta p_1}{\Delta P_2}$$

则

$$\sigma_1 = \sigma_2 \frac{\Delta p_1}{\Delta P_2} = K\Delta p_1 \tag{9-72}$$

式(9-72)中，K 为仪器常数。

因此，以已知表面张力的液体为标准，从式(9-72)即可求出其他液体的表面张力 σ_1。

仪器试剂

仪器：DMPY-2C 型表面张力测定教学仪　容量瓶

试剂：正丁醇(AR)

实验步骤

(1) 洗净仪器，对需干燥的仪器做干燥处理。按图 9-19 装置，将磨口烧杯、毛细管用橡皮胶真空管连接好，调整毛细管的端点位置使其刚好与水面相切。

(2) 分别配制 0.02mol·L^{-1}、0.05mol·L^{-1}、0.10mol·L^{-1}、0.15mol·L^{-1}、0.20mol·L^{-1}、0.25mol·L^{-1}、0.30mol·L^{-1}、0.35mol·L^{-1}正丁醇溶液各 50mL。

(3) 插上电源插头，打开电源开关，LED 显示即亮，2s 后正常显示(过量程时显示 ±1999)。预热 5min 后按下置零按钮显示为 0000，表示此时系统大气压差为零。

(4) LED 显示值即为压力腔体的压力值，如果压力腔体的压力成下降趋势，则出现的极大值保留显示约 1s。

(5) 以水作为待测液测定仪器常数。打开滴液漏斗，毛细管逸出气泡，调整滴液速度，速度约为 5~10s1 个气泡逸出。在毛细管气泡逸出的瞬间最大压差在 450~900Pa(否则须调换毛细管)。可以通过附录查出实验温度时水的表面张力，利用公式 $K = \sigma_{H_2O}/\Delta p$ ，计算出仪器常数 K。

(6) 待测样品表面张力的测定。用待测溶液洗净试管和毛细管，加入适量样品于试管中，按照仪器常数测定的方法，测定已知浓度的待测样品的压力差 Δp，代入式(9-72)计算其表面张力。

实验指导

1. 实验注意事项

(1) 保证测量系统为一密闭系统，不能漏气。

(2) 读取压力计的压差时，应取气泡单个溢出时的最大压力差。

(3) 样品注入样品管后应恒温 10min 左右。

(4) 向样品管注入水或溶液时应避免液体流入与压力计相通的胶管里。

(5) 测定正丁醇溶液时，溶液浓度的测定次序一定为从稀到浓。

(6) 在测量中，控制好毛细管口气泡逸出的速率(注：此速率不能太快。为方便调节起见，可将滴液漏斗内放满水，第一次调节好滴水速度后，不关闭活塞，继续进行后面的测量)，若抽气速度太快，气泡的形成与逸出速度快而不稳定，易使压力计中的液体来回跳动，致使读数不稳定，不易观察出其最高值而引起较大的误差。

(7) 不要将仪器放置在通风的环境中，尽量保持仪器附近的气流稳定。

(8) 测定用的毛细管一定要干净(洗涤时应注意不要将毛细管折断)、干燥，否则气泡不能连续稳定地流过，而使微压差测量仪读数不稳定，如发生此现象，毛细管应重洗。

(9) 毛细管一定要保持垂直，其管口刚好与液面相切。如果将毛细管末端插入到溶液内部，毛细管内会有一段水柱，产生压力，从而使测定管中的压力 p_r 变小，Δp_{max} 变大，测量结果偏大，故毛细管末端不能插入溶液内部。

(10) 如果室温和液温的变化不大，则不控制恒温对结果影响不大。如室温和液温的变化小于 5℃，由此而引起的表面张力的改变所导致的偏差不大于 1%。

如果毛细管半径很小，则形成的气泡基本上是球形的。当气泡开始形成时，表面几乎是平的，这时曲率半径最大；随着气泡的形成，曲率半径逐渐变小，直到形成半球形，这时曲率半径 R 和毛细管半径 r 相等，曲率半径达最小值，根据拉普拉斯(Laplace)公式，此时能承受的压力差为最大，气泡进一步长大，R 变大，附加压力则变小，直到气泡逸出，因此读数时要读取最大压力差。

表面张力仪不干净和温度不恒定对测量数据的影响：若玻璃器皿不清洁且温度不恒定，则气泡将会不能连续稳定地流过，而使压差计读数不稳定。温度对 σ、G 和折射率都有较大的影响。虽然质量百分浓度与温度无关，但由于折射率随温度的波动，若温度不恒定，故难得出未知溶液的准确浓度。

2. 数据处理

(1) 查出实验温度时水的表面张力，算出毛细管常数 K。

(2) 由实验结果计算各份溶液的表面张力 σ，并作 $\sigma-c$ 曲线。

(3) 在 $\sigma-c$ 曲线上分别在 0.050mol·L^{-1}、0.100mol·L^{-1}、0.150mol·L^{-1}、0.200mol·L^{-1}、0.25mol·L^{-1}和 0.300mol·L^{-1}处作切线，分别求出各浓度的 $\left(\frac{d\sigma}{dc}\right)_T$ 值，并计算在各相应浓度下的 Γ。

(4) 用 $\frac{c}{\Gamma}$ 对 c 作图，应得一条直线，由直线斜率求出 Γ_∞。

(5) 根据式(9-68)计算正丁醇分子的横截面积 S。

实验拓展

1. 生活中的应用

(1) 吹出超级肥皂泡　我们用普通方法配制的肥皂液，很难吹出大肥皂泡。这里教你一招：用小刀把香皂切成小薄片，放入杯子里，加热水搅拌溶化，再加入少许砂糖并放入一包茶，盖上盖子放一夜。明天，你就可以用这种皂液吹出超级肥皂泡了，还能把这些泡泡捧在手上玩呢！原因：含有糖和茶液的肥皂膜，表面物质的连接力大大增强了，所以不易破裂。

(2) 牙膏清洁口腔　液体与气体接触的表面层，由于表面张力会出现表面收缩的趋势；液体与固体接触的附着层会出现浸润与不浸润现象；由于表面层和附着层的影响，在毛细管内又会出现毛细观象。这些现象在日常生活中普遍存在。如：牙膏对口腔的清洁保护。用牙膏刷牙时，会吐出些牙膏白沫，请注意观看，牙膏白沫一旦落在水面上，便会立即向四周散开，可见水的表面张力比牙膏液的表面张力大。人们就是利用这个道理来帮助清洁口腔的。刷牙前，先用清水漱漱口，再用牙膏刷牙，这时牙膏液便能在水的表面张力作用下充斥整个口腔，去除口臭和污物就比较彻底了。同样，肥皂、洗衣粉及洗涤剂等，它们的水溶液的表面张力比清水小得多，洗衣时先把衣物用水浸湿，再把衣物放入肥皂液等溶液中，溶液就充斥到衣服的各个空隙中去，除污去垢洁净衣物。

(3) 一杯装满水的杯子仍然可以容纳数量很多的硬币，而仍然不溢水。原因：表面张力。

(4) 一个扎满小孔的纸片仍可将满杯的水倒扣着托起而不漏水。原因：薄纸片能托起瓶中的水，是因为大气压强作用于纸片上，产生了向上的托力。小孔不会漏出水来，是因为水有表面张力，水在纸的表面形成水的薄膜，使水不会漏出来。这如同布做的雨伞，布虽然有很多小孔，仍然不会漏雨一样。

(5) 准备一盆清水和一根针，将针水平地放在平静的水面，针就会浮着。这是因为水分子紧紧地结合在一起，产生了表面张力，把针给“撑”了起来。拿起洗清液，往水里一挤，针沉下去了，因为洗清液破坏了表面张力，所以针沉了。

(6) 准备一根细长牙签，在其一端沾上一点洗发水，再将它放在一盆清水中，不用任何动力，牙签就能自己走。这是因为在洗发水中含有表面活性剂，这些活性剂可以减弱水的表面张力，因此牙签上沾有洗发水一端周围的水面张力减弱，而其另一端的张力不变，两端的张力差形成了对牙签的推力，牙签自然就会自己前进了。

2. 工业上的应用

表面张力过渡焊：它是一种 CO_2气体保护焊的半自动焊，但与传统的 CO_2气体保护半自动焊不同，表面张力过渡表达的是以熔滴过渡的主要推动力为分类依据的一个新概念，可以理解为导致一个熔滴完成过渡全过程的主要作用力为表面张力，它是相对传统短路过渡工艺而言的。若不考虑重力与电磁力的作用，可以认为熔滴向熔池的铺展、缩颈与断裂期间，完全处于熔池与熔滴融合界面的表面张力作用下，即熔滴完成过渡全过程的主要推动力是表面张力。

实验思考

1. 用最大气泡法测定表面张力时为什么要读最大压力差？
2. 表面张力仪的清洁与否和温度的不恒定对测量数据有何影响？
3. 滴液漏斗放水的速度过快对实验结果有什么影响？
4. 如果毛细管末端插入到溶液内部进行测量行吗？为什么？

实验十二　黏度法测定高聚物相对分子质量

实验目的

(1) 测定聚乙二醇的平均相对分子质量；

(2) 掌握用乌氏黏度计测定黏度的方法。

实验背景

黏度是衡量液体抵抗流动能力的一个重要的物理参数。黏度的测量和石油、化工、电力、冶金及国防等领域的关系非常密切，是工业过程控制、提高产品质量、节约与开发能源的重要手段。在物理化学、流体力学等科学领域中，黏度测量对了解流体性质及研究流动状态起着重要的作用。黏度法是高分子工业和研究工作中最常用的方法，是表征聚合物相对分子质量的有效手段之一，在高分子工业生产和实验室得到最广泛使用，适用于相对分子质量在 10^4 ~ 10^7 范围的聚合物。该法设备简单、操作方便，测定周期短，测定范围宽，又有较高的实验精度。通过聚合物体系黏度的测定，除了提供黏均相对分子质量外，它还可以用来研究高分子在溶液中的形态、高分子链的无扰尺寸和膨胀因子、高分子链的柔性程度、支化高分子的支化程度、高分子与溶剂分子的相互作用以及高分子与高分子之间的相互作用等。其主要缺陷是对合成的新聚合物，K、α 值不知道，与 c 的关系大都偏离直线，工作量较大。

乌氏黏度计被广泛用来测量高分子溶液黏度的主要原因是待测液体在乌氏黏度计中的流过时间与待测液体的体积数无关，因此利用体积稀释方法可以非常方便地测定一系列浓度条件下高分子溶液的流过时间 t，把它和纯溶剂流过时间的测量值 t_0 相比即可计算出不同浓度时高分子溶液的相对黏度和比浓黏度等。

高聚物的相对分子质量及相对分子质量分布，是研究聚合物及高分子材料性能的最基本数据之一。它涉及高分子材料及其制品的力学性能、高聚物的流变性质、聚合物加工性能和加工条件的选择，也是在高分子化学、高分子物理领域对具体聚合反应、具体聚合物的结构研究所需的基本数据之一。聚合物相对分子质量的测定方法概括如下：黏度法测相对分子质量(黏均相对分子质量)用乌式黏度计，测高分子稀释溶液的特性黏数；小角激光散射法测重均相对分子质量；体积排除色谱法(也称凝胶渗透色谱法)；质谱法，精确测定物质相对分子质量的一种方法；端基测定法；沸点升高法；冰点降低法；膜渗透压法；蒸汽压渗透法；小角 X 光散射法；小角中子散射法，超速离心沉降法等。

实验原理

在高聚物的研究中，高聚物的相对分子质量是必须掌握的重要数据之一。但高聚物多是相对分子质量不等的混合物，因此通常所说的相对分子质量是一个统计平均值。高聚物相对分子质量的测量方法很多，比较起来，黏度法设备简单，操作方便，且有很好的实验精度，是常用的方法之一。

高聚物在稀溶液中的黏度，反映了液体在流动过程中存在内摩擦。它包括：溶剂分子之间的内摩擦；高聚物分子与溶剂分子间的内摩擦；以及高聚物分子间的内摩擦。其中溶剂分子之间的内摩擦称为纯溶剂的黏度，以 η_0 表示。三者之和表现为高聚物溶液的黏度 η 。在相同温度下，一般来说 $\eta > \eta_0$。相对于溶剂，其溶液黏度增加的分数，称之为增比黏度，记作，即：

$$\eta_{sp} = \frac{\eta - \eta_0}{\eta_0} \tag{9-73}$$

而溶液黏度与纯溶剂黏度的比值称作相对黏度，以 η_r 表示，即：

$$\eta_r = \frac{\eta}{\eta_0} \tag{9-74}$$

η_r 反映的也是整个溶液的黏度行为，η_{sp} 则反映了扣除了溶剂分子之间的内摩擦后，仅为纯溶剂与高聚物分子间以及高聚物分子间的内摩擦。

对于高聚物溶液，增比黏度 η_{sp} 往往随溶液浓度 c 的增加而增加。为此，常取单位浓度下增比浓度进行比较，即比浓黏度，以 $\frac{\eta_{sp}}{c}$ 表示。而 $\frac{\ln\eta_r}{c}$ 则称之为比浓对数黏度。而 η_r 和均为无量纲的量。当溶液无限稀释时，高聚物分子彼此相隔极远，它们之间的相互作用可以忽略不计，此时的高聚物溶液的黏度行为主要反映高聚物分子与溶剂分子间的内摩擦。这一比浓黏度的极限值记为：

$$\lim_{c \to 0} \frac{\eta_{sp}}{c} = [\eta] \tag{9-75}$$

式中，$[\eta]$ 称为特性黏度，单位是浓度 c 单位的倒数。

在足够稀的高聚物溶液里，$\frac{\eta_{sp}}{c}$、$\frac{\ln\eta_r}{c}$ 与 c 之间分别符合下述经验关系式。

$$\frac{\eta_{sp}}{c} = [\eta] + \kappa[\eta]^2 c \tag{9-76}$$

$$\frac{\ln\eta_r}{c} = [\eta] - \beta[\eta]^2 c \tag{9-77}$$

这样以 $\frac{\eta_{sp}}{c}$ 及 $\frac{\ln\eta_r}{c}$ 对 c 作图得两条直线，这两条直线在纵坐标轴上相交于一点，如图 9-20 所示，可求出 $[\eta]$ 数值。为了绘图方便，引入相对浓度 c'，即 $c' = \frac{c}{c_1}$。其中，c 表示溶液的真实浓度，c_1 表示溶液的起始浓度，由图 9-20 可知：

$$[\eta] = \frac{A}{c_1} \tag{9-78}$$

图 9-20　外推法求$[\eta]$

式(9-78)中，A 为截距。

高聚物溶液特性黏度与高聚物相对分子质量的关系，通常用半经验的 MarkHouwink 方程式来表示。

$$[\eta] = K\bar{M}^{\alpha} \tag{9-79}$$

式(9-79)中，$\bar{M}$ 为高聚物相对分子质量的平均值；K、α 是与温度、高聚物及溶剂的性质有关的常数，只能通过一些绝对实验方法确定。

测定高分子的 $[\eta]$ 时，用毛细管黏度计最为方便。本实验采用乌氏黏度计测定黏度，如图 9-21 所示，通过测定一定体积的测体流经一定长度和半径的毛细管所需时间获得。当

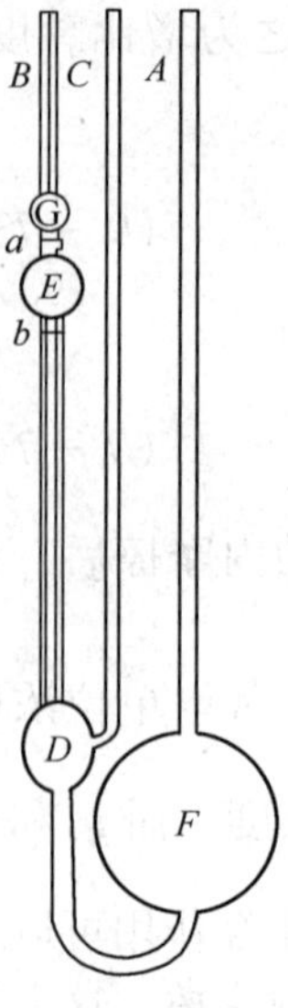

图 9-21　乌氏黏度计

液体在重力作用下流经毛细管时，遵守泊塞勤(Poiseuille)定律：

$$\eta = \frac{\pi p r^4 t}{8lV} = \frac{\pi h \rho g r^4 t}{8lV} \tag{9-80}$$

式(9-80)中，η 为液体的黏度，$kg \cdot m^{-1} \cdot s^{-1}$；$p$ 为当液体流动时在毛细管两端间的压力差，$kg \cdot m^{-1} \cdot s^{-1}$，即是液体密度 ρ，重力加速度 g 和流经毛细管液体的平均液柱高度差 h 三者的乘积；r 是毛细管半径，m；V 是流经毛细管的液体体积，m^3；t 是流出时间，s；l 是毛细管的长度，m。

用同一黏度计在相同条件下测定两个液体的黏度时，它们的黏度之比等于密度 ρ 与流出时间 t 之比。即：

$$\frac{\eta_1}{\eta_2} = \frac{p_1 t_1}{p_2 t_2} = \frac{\rho_1 t_1}{\rho_2 t_2} \tag{9-81}$$

如果用已知黏度 η_1 的液体作为参考液，则待测液体的黏度 η_2 可通过上式求得。通常测定是在高聚物的稀溶液下进行($c<1\times10kg \cdot m^{-3}$)，溶液的密度与溶剂的密度可近似看作相等，则溶液的相对黏度 η_r 可表示为：

$$\eta_r = \frac{\eta}{\eta_0} = \frac{t}{t_0} \tag{9-82}$$

因此，只需测定溶液和溶剂在毛细管中的流出时间就可得到待测液体的相对黏度。

仪器试剂

仪器：超级恒槽　乌氏黏度计　秒表　洗耳球　玻璃砂芯漏斗　吊锤　移液管　容量瓶　电热吹风

试剂：聚乙二醇(AR)

实验步骤

1. 高聚物溶液的配制

称取聚乙二醇 2.5g(称准至 0.001g)，放入 100mL 容量瓶中，加入约 60mL 蒸馏水，振荡使之全部溶解后，用蒸馏水稀释至刻度。然后用预先洗净并烘干的 3 号玻璃砂芯漏斗过滤后待用。

2. 黏度计的洗涤

所用黏度计必须洁净，微量的灰尘和杂质会产生局部的堵塞现象，影响溶液在毛细管中的流程，而导致较大的误差。做实验之前，应将黏度计彻底洗净。先用热洗液(经砂芯漏斗过滤)浸泡，再用自来水、蒸馏水冲洗(经常使用的黏度计则用蒸馏水浸泡，去除留在黏度计中的高聚物)。黏度计的毛细管要反复用水冲洗。

3. 溶剂流出时间 t_0 的测量

开启恒温水浴，调节恒温槽温度(25±0.05)℃，将黏度计垂直安装在恒温槽内，用吊锤检查是否垂直。黏度计 G 球及以下部位均没在水中，放置位置要合适，便于观察液体的流动情况。恒温槽的搅拌速度应调节合适，不致产生剧烈震动，影响测量结果。用移液管取 10mL 蒸馏水，由 A 管注入黏度计内，恒温数分钟。在 C 管和 B 管的上端，均套上干燥洁净的乳胶管，并夹紧 C 管上连续的乳胶管使其不通大气。在连接 B 管的乳胶管上接洗耳球慢慢抽气，待液面升至 G 球的一半左右时停止抽气，取下洗耳球，打开 C 管乳胶管上夹子使其通大气，此时液体靠重力自由流下。当液面达到刻度线 a 时，立刻按停表开始计时，当液面下降到刻度线 b 时，再按停表，记录溶剂流经毛细管的时间 t_0。重复三次，每次相差不应超过 0.2s，取其平均值。如果相差过大，则应检查毛细管有无堵塞现象，查看恒温槽温度是否符合。

4. 溶液流出时间 t 的测定

取出黏度计，倒出其中的水，用电热吹风吹干，用移液管吸取已预先恒温好高聚物溶液 10mL，注入黏度计内，同上法测出流出间 t。再用移液管加入 5mL 已恒温的溶剂，用洗耳球从 C 管鼓气搅拌并将溶液慢慢地抽上流下数次使之混合均匀，再用上法测定流经时间。同样，依次加入 5mL、10mL、10mL 已恒温的溶剂，稀释成相对浓度为 $\frac{1}{2}$、$\frac{1}{3}$、$\frac{1}{4}$ 的溶液，逐一测定它们的流出时间(每个数据重复 3 次，取平均值)。

实验完毕，黏度计应洗净，然后用洁净的蒸馏水浸泡或倒置使其晾干。

5. 数据记录

将上述操作中的数据记录于下表 9-18 中。

表 9-18　实验数据记录表

室温______　大气压______　c_1______

		流出时间				η_r	η_{sp}	$\frac{\eta_{sp}}{c'}$	$\ln\eta_r$	$\frac{\ln\eta_r}{c}$
		测量值			平均值					
		1	2	3						
溶剂					$t_0=$					
溶液	$c'=\frac{2}{3}$				$t_1=$					
	$c'=\frac{1}{2}$				$t_2=$					
	$c'=\frac{1}{3}$				$t_3=$					
	$c'=\frac{1}{4}$				$t_4=$					

实验指导

1. 实验注意事项

(1) 因为高分子溶液的黏度测定中要求浓度准确，因而测定中所用的容量瓶、移液管、黏度计等都必须事先进行清洗和干燥。实验完毕后也要及时清洗所用的玻璃仪器。高聚物溶液中若有絮状物不能将它移入黏度计中。

(2) 黏度计可用丙酮洗涤，以备下组使用。

(3) 如黏度计毛细管壁上挂有水珠，需用洗液浸泡。另外，要防止灰尘进入毛细管。

(4) 由于黏度计的毛细管较细，很容易被溶剂中的颗粒杂质或溶液中不溶解的颗粒杂质所堵塞，为此，测定中所用的溶剂和制备的溶液都必须经过砂芯漏斗的过滤。

(5) 黏度计的拿法：拿 A 管。

(6) 使用黏度计时要小心仔细，防止折断黏度计上的支管。

(7) 混合溶液时注意不要将溶液吹出。

(8) 本实验溶液的稀释是直接在黏度计中进行的，因此每加入一次溶剂进行稀释时必须混合均匀，并抽洗 E 球和 G 球。

(9) 实验过程中恒温槽的温度要恒定，溶液每次稀释恒温后才能测量。

(10) 黏度计要垂直放置，实验过程中不要振动黏度计，否则影响结果的准确性。

本实验中溶液的稀释是直接在黏度计中进行，因此，一要防止溶液体积的损失，二是保证溶液充分混合均匀方可测量。

温度波动直接影响溶液黏度的测定，国家规定用黏度法测定相对分子质量的恒温槽的温度波动为±0.05℃。

高聚物在溶剂中溶解缓慢，配制溶液时必须保证其完全溶解，否则会影响溶液起始浓度，而导致结果偏低。实验所用的溶液与蒸馏水都必须经过 3 号玻璃砂漏斗过滤。

本实验中溶液的稀释是直接在黏度计中进行的，所用溶剂必须先在与溶液所处同一恒温槽中恒温，然后用移液管准确量取并充分混合均匀方可测定。

从 B 管抽吸溶液时，C 管上的乳胶管应当用弹簧夹夹紧使之不漏气，抽吸进入 G、E 球的溶液不得含有气泡。

2. 数据处理

(1) 根据表 9-17 中数据，作 $\frac{\eta_{sp}}{c'}-c'$ 图和 $\frac{\ln\eta_r}{c}-c'$ 图，并外推到 $c'=0$，从截距求出 $[\eta]$ 值。

(2) 取 25℃时常数 K、α 值，按式(9-79)计算出聚乙二醇的相对分子质量的平均值 $\overline{M}$，对聚乙二醇的水溶液，不同温度下的 K、α 值见表 9-19。

表 9-19 聚乙二醇不同温度时 K、α 值(水为溶剂)

t/℃	K/($\times10^6 m^3\cdot kg^{-1}$)	α	$\overline{M}$/($\times10^{-4}$)
25	156	0.50	0.019~0.1
30	12.5	0.78	2~500
35	6.4	0.82	3~700
35	16.6	0.82	0.04~0.4
45	6.9	0.81	3~700

实验拓展

1. 化工领域应用

实际工程和工业生产中，经常需要在线检测流体的黏度，以保证最佳的过程运行环境与产品质量，从而提高生产效益。通过在线测量过程中的液体黏度，可以得到液体流变行为的数据，对于预测产品工艺过程的工艺控制、输送性以及产品在使用时的操作性有着重要的指导价值。液体的特性往往与产品的其他特性，如颜色、密度、稳定性、固体成分含量和相对分子质量的改变有关系，而检测这些特性的最方便和灵敏的方法就是在线检测液体的黏度。在生产过程中，根据工艺技术要求的范围进行在线黏度检测，可以最大限度地减少产品的报废率和生产线的停工期。对润滑油来讲黏度是衡量润滑能力的一个重要指标，当润滑油经过被润滑的运动副表面时，局部的高温高压会使润滑油氧化，同时各种杂质的掺入也会降低润滑油的流动性，导致黏度升高。因此，实时监测润滑油的黏度变化能反映润滑油的质量状态及剩余寿命。

2. 医学领域应用

血液黏度是决定血流阻力的因素之一，是衡量血液流动性一项综合指标。而血液黏度本身是由血浆和血细胞的流动性决定的。由于在不同病理状态下血液黏度变化有其规律性，所以它可以为疾病的诊断治疗及预后判断提供有用的资料。

3. 纸和纸板的涂布上的应用

在纸和纸板生产中，黏度的测量和控制可以提高产量，降低成本。正确的黏度也可以消除可能导致条纹和突变的涂层流不稳定。通过连续跟踪黏度，涂布过程可以生产更多符合今天的严格涂层的要求的纸张产品。此外，正确的范围的黏度也可以保证管路中的物料不会堵塞，保持连续的黏度在线监测，也可以通过延长“停机、清洁”间的时间来节省时间。优点：提供纸和纸板的表面统一的涂层控制条纹和突变等缺陷；降低中间产品的次品率；保证较高的施压速度，从而在更短的时间内，生产更多的纸张和节省生产成本；减少纸张和纸板成品的次品率。

实验思考

1. 乌氏黏度计中的支管C的作用是什么？能否去除管C改为双管黏度计使用？
2. 黏度法测定高聚物相对分子质量有何优缺点？
3. 测量时黏度计倾斜放置会对测定结果有什么影响？
4. 分析 $\frac{\eta_{sp}}{c}-c$ 及 $\frac{\ln\eta_r}{c}-c'$ 作图缺乏线性的原因。
5. 在本实验中，引起实验误差的主要原因是什么？

实验十三　氢氧化铁溶胶的制备和ζ电势的测定

实验目的

（1）掌握制备氢氧化铁溶胶及纯化溶胶的方法；

（2）深入观察溶胶的电泳现象，并了解其电学性质，掌握电泳法测定胶粒电泳速度和溶胶ζ电势的方法；

（3）掌握测定氢氧化铁溶胶电泳速度的操作技术。

实验背景

电泳是指带电粒子在电场中的运动，不同物质由于所带电荷及相对分子质量的不同，因此在电场中运动速度不同，利用带电粒子在电场中移动速度不同而达到分离的技术即电泳技术。根据这一特征，应用电泳法便可以对不同物质进行定性或定量分析，或将一定混合物进行组分分析或单个组分提取制备，这在临床检验或实验研究中具有极其重要的意义。目前，电泳技术已日益广泛地应用于分析化学、生物化学、临床化学、毒剂学、药理学、免疫学、微生物学、食品化学等各个领域。

1809 年俄国物理学家 Pence 首先发现了电泳现象。1937 年，瑞典生化学家 A. Tiselius 设计制造了移动界面电泳仪，在此基础上建立了研究蛋白质的自由界面电泳方法，分离了马血清白蛋白的 3 种球蛋白，至此，电泳技术才开始应用，并最终发展成为一种分离技术，A. Tiselius 也因此获得了 1948 年的诺贝尔化学奖。1957 年 Reiner 对人血清五个组分蛋白进行了定量分析；1959 年，Raymond 和 Weintraub，Davis 和 Ornstein 先后利用人工合成凝胶作支持介质建立了聚丙烯酰胺凝胶电泳，从而大大提高了电泳的分辨率和分离效果，增强了电泳技术的发展、渗透及与其他技术结合配套的能力。此后，电泳技术的发展突飞猛进，丰富多彩的电泳形式使其应用十分广泛。

电泳技术除了用于小分子物质的分离分析外，最主要用于蛋白质、核酸、酶，甚至病毒与细胞的研究。由于某些电泳法设备简单，操作方便，具有高分辨率及选择性特点，已成为医学检验中常用的技术。另一项发展较为成熟的电泳技术是电泳涂装，又名电着(著)、泳漆、电沉积，创始于20 世纪 60 年代，最先应用于汽车底漆。由于其出色的防腐、防锈功能，很快在军工行业得到广泛应用，近几年才应用到日用五金的表面处理。由于其优良的素质和高度环保，正在逐步替代传统油漆喷涂。

电泳一般分为自由界面电泳和区带电泳两大类，自由界面电泳没有固定支持介质，扩散和对流作用较强，影响分离效果，如等电聚焦电泳、等速电泳、密度梯度电泳及显微电泳等，这类电泳目前已很少使用。而区带电泳则需用各种类型的物质作为支持物，最初的支持介质是滤纸和醋酸纤维素膜。在很长一段时间里，小分子物质如氨基酸、多肽、糖等通常用滤纸、纤维素或硅胶薄层平板作为介质进行电泳分离、分析，但目前一般使用灵敏度更高的技术如高效液相色谱法(HPLC)等来进行分析。而对于复杂的生物大分子，以滤纸、硅胶或醋酸纤维素膜等作为支持介质进行电泳，其分离效果并不理想。于是在 20 世纪 60~70 年代，又发展了具有更高分辨率和分离效果的支持物，如：非凝胶性支持物、凝胶性支持物及硅胶-G 薄层等，分子生物学领域中最常用的是琼脂糖凝胶电泳。

实验原理

1. 溶胶的制备

溶胶是一个高度分散的多相不稳定体系，其分散相胶粒的大小约在 1nm~1μm 之间。由于本身的电离或选择性地吸附一定量的离子以及其他原因所致，胶粒表面具有一定量的电荷，胶粒周围的介质分布着反离子。反离子所带电荷与胶粒表面电荷符号相反、数量相等，整个溶胶体系保持电中性。因此，制备溶胶的必要条件就是要使分散相胶粒的大小介于 1nm~1μm 之间。溶胶的制备方法原则上有两种，一是使固体颗粒变小的分散法，一是使分子或离子聚结成胶体的凝聚法。本实验仅使用凝聚法中的化学反应法来制备 $Fe(OH)_3$ 溶胶——利用 $FeCl_3$ 的水解反应：

$$FeCl_3(\text{稀溶液})+H_2O \xrightarrow{\text{煮沸}} Fe(OH)_3(\text{溶胶})+3HCl$$

由于制得的溶胶常含有很多电解质或其他杂质，除了与胶粒表面吸附的离子维持平衡的适量电解质具有稳定胶体的作用外，过量的电解质反而会影响溶胶的稳定性。因此，制备好的溶胶常常需要作净化处理，最常用的净化方法就是渗析。本实验采用的渗析方法是通过制备半透膜珂罗酊袋来进行。

2. 电泳

几乎所有胶体体系的颗粒都带有电荷。在电场中，带电的胶粒与分散介质间会发生相对运动，若分散介质不动，胶粒向阳极或阴极移动的现象就称为电泳(胶粒带正电就向阴极移动，反之，向阳极移动)。

胶粒电泳速度 u 除与电场强度有关外，还与胶粒和分散介质间的电势差 ζ 电势有关。ζ 电势是表征胶体特性的重要物理量之一，在研究胶体性质及其实际应用中有着重要意义。胶体的聚沉及其稳定性均与 ζ 电势有关。ζ 电势绝对值越大，胶体荷电越多，胶粒间排斥力越大，胶体越稳定，反之，胶体越不稳定。当 ζ 电势为 0 时，胶体稳定性最差，此时可观察到胶体的聚沉。

本实验就是在一定外加电场强度下通过测定胶粒的电泳速度 u，然后计算出 ζ 电势。其中二者的关系是：

$$\zeta = K \cdot \frac{\pi\eta u}{(\varepsilon U/l)} = 3.6 \times 10^{6} \cdot \frac{\pi\eta}{\varepsilon} \cdot \frac{l'/t}{U/l} \qquad (9-83)$$

式(9-83)中，η 为分散介质的黏度，Pa · s；ε 为介电常数；U 为外加电压(V)；l 为两电极间的导电距离，cm；u 为电泳速度，cm · s^{-1}。

仪器试剂

仪器：U 形电泳仪　直流稳压电源　电导率仪　铂黑电极(电极常数为 0.998)　铂电极　秒表　电热套　烧杯　铁架台(带铁环)　锥形瓶　玻璃棒　容量瓶　滴管　台秤　酒精灯　直尺　细绳

试剂：$FeCl_3$(AR)　火棉胶(AR)　KCl 溶液(0.1mol · L^{-1})

实验步骤

1. $Fe(OH)_3$溶胶的制备

将 0.5g 无水 $FeCl_3$溶于 20mL 蒸馏水中，在搅拌的情况下将上述溶液滴入 200mL 沸水中(控制在 4 ~ 5min 内滴完)，然后再煮沸 1 ~ 2min，即制得溶胶。

2. 珂罗酊袋的制备

将约 20mL 棉胶液倒入干净的 250mL 锥形瓶内，小心转动锥形瓶，使瓶内壁均匀铺展一层液膜，倾出多余的棉胶液，将锥形瓶倒置于铁圈上，待溶剂挥发完(此时液膜已不沾手)，用蒸馏水注入胶膜与瓶壁之间，使胶膜与瓶壁分离，将其从瓶中取出，然后注入蒸馏水检查胶袋是否有漏洞，如无，则浸入蒸馏水中待用。

3. 溶胶的纯化

将冷至约 50℃ 的 $Fe(OH)_3$溶胶转移到珂罗酊袋，用约 50℃的蒸馏水渗析，约 10min 换水 1 次，渗析 5 次。

4. 测电导率

将渗析好的 $Fe(OH)_3$溶胶冷至室温，测其电导率(用电极常数为 0.998 的铂黑电极)，用 0.1mol · L^{-1}KCl 溶液和蒸馏水配制与溶胶电导率大致相同的辅助液。

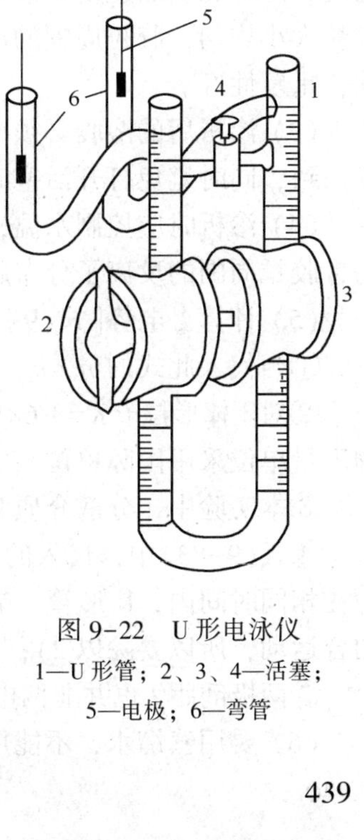

图 9-22　U 形电泳仪

1—U 形管；2、3、4—活塞；5—电极；6—弯管

5. 测定 $Fe(OH)_3$ 溶胶的电泳速度

(1) 用洗液和蒸馏水把电泳仪洗干净(三个活塞均涂好凡士林)。

(2) 用少量 $Fe(OH)_3$ 溶胶洗涤电泳仪 2~3 次。然后注入 $Fe(OH)_3$ 溶胶直至胶液面高出活塞 2、3 少许，关闭两活塞，倒掉多余的溶胶。

(3) 用蒸馏水把电泳仪活塞 2、3 以上的部分荡洗干净后在两管内注入辅助液至支管口，并把电泳仪固定在支架上。

(4) 按实验装置图将两铂电极插入支管内并连接电源，开启活塞 4 使管内两辅助液面等高，关闭活塞 4，缓缓开启活塞 2、3(勿使溶胶液面搅动，且液面之间不能有气泡，界面分明，否则不能实验)。然后打开稳压电源，将电压调至 220V(调节速度要快)，并同时开启秒表，观察溶胶液面移动现象及电极表面现象。记录 30min 内界面移动的距离。用绳子和尺子量出电极间的距离。

6. 数据记录

将上述操作中的数据记录于表 9-20 中。

表 9-20　实验数据记录表

室温/℃：______　胶体种类：______　η/(Pa·s)=______　ε=______

电泳时间 t/min	电压 U/V	两极间距 l/cm	左臂高度/cm	右臂高度/cm

实验指导

(1) 在制备珂罗酊袋时，加水的时间应适中，如加水过早，因胶膜中的溶剂还未完全挥发掉，胶膜呈乳白色，强度差不能用。如加水过迟，则胶膜变干、脆，不易取出且易破。

(2) 溶胶的制备条件和纯化效果均影响电泳速度及 ζ 电势。制备过程应很好控制浓度、温度、搅拌和滴加速度。渗析时应控制水温，常搅动渗析液，勤换渗析液。这样制备的溶胶胶粒大小均匀，胶粒周围的反离子分布趋于合理，基本形成热力学稳定态，所得的 ζ 电势准确，重复性好。

(3) 渗析后的溶胶必须冷至与辅助液大致相同的温度(室温)，以保证两者所测的电导率一致，同时避免打开活塞时产生热对流而破坏了溶胶界面。

(4) 渗析时应控制水温，常搅动渗析液，勤换渗析液。这样制备得到的溶胶胶粒大小均匀，胶粒周围的反离子分布趋于合理，基本形成热力学稳定态。

(5) 计算 ζ 电势[式(9-83)]的几点说明：

①当代入此式的 η、ε、l 单位不同时，K 值也不同；

②对于棒形粒子 $K=3.6\times10^{10}V^2s^2kg^{-1}m^{-1}$，对于球形粒子，其值为 $5.4\times10^{10}V^2s^2kg^{-1}m^{-1}$(其他物理量单位采用国际单位)；

③本实验中，分散介质为水，其在 293.15K 时，$\varepsilon=81$，$\eta=0.001005Pa\cdot s$；

④式(9-83)中，代入的 l' 值并不是 U 形管两臂界面的高度差，而是此高度差的一半(因为在相同时间内，U 形管一端界面的下降，必然伴随另一端的升高，故此高度差是两端升降的合运动，所以要除以 2)；

⑤两极间距 l 也并非两电极之间的水平横距离，而是 U 形管内溶液的导电距离。

(6) 要用蒸馏水，不能用自来水，自来水中有电解质会使胶体发生凝聚。

(7) $FeCl_3$溶液要饱和但不能浑浊。

(8) $FeCl_3$不能过量，因$FeCl_3$本身是电解质，过量的$FeCl_3$也能使胶体发生凝聚。

(9) 不能使液体沸腾时间过长，以免生成沉淀，加热过度会使胶粒运动加快，发生凝聚。

(10) 本实验要求辅助液的电导率与溶胶的一致，这是为了避免因界面处电场强度的突变造成两臂界面移动速度不等产生界面模糊。

因为由化学反应得到的溶胶都带有电解质，而电解质浓度过高会破坏胶体的稳定性，故本实验通过半透膜珂罗酊袋来提纯$Fe(OH)_3$溶胶中的电解质Cl^-(此半透膜的孔径大小只允许电解质离子通过而胶粒则不能通过)。

本实验用热水渗析是为了提高渗析效率，保证纯化效果。

如果被测溶胶没有颜色，即与辅助液的界面肉眼看不到，此时可利用胶体的光学性质——乳光或利用紫外光的照射而产生荧光来观察其界面的移动。

(11) 数据处理

①根据式$u = \dfrac{l'/t}{U/l}$计算电泳速度。

②根据式(9-83)计算胶粒的ζ电势。

③根据胶体界面移动的方向说明胶粒带何种电荷。

实验拓展

1. 胶体的制备

胶体的制备方法原则上有两种，一是使固体颗粒变小的分散法，一是使分子或离子聚结成胶体的凝聚法。

常用的分散法有研磨法、胶溶法等。研磨法是把粗颗粒的固体放在胶体磨中研细，在研磨的同时要加入明胶等稳定剂。胶溶法是通过向新生成并经过洗涤的沉淀中加入适宜的电解质溶液作稳定剂，再经搅拌，使沉淀重新分散成胶体颗粒而形成溶胶，这种过程称为胶溶作用，如在新生成的$Fe(OH)_3$沉淀中，加入少量$FeCl_3$稀溶液可制得$Fe(OH)_3$溶胶。

凝聚法有多种方法，应用也比分散法广泛，主要可分为化学反应法、改换溶剂法等。所有反应，如复分解、水解、氧化还原、分解等，只要能生成难溶物，都可以通过控制反应条件(如反应物浓度、溶剂、温度、pH值、搅拌等)来制备溶胶，这些被称之为化学反应法。例如：本实验中就利用$FeCl_3$的水解反应来制备$Fe(OH)_3$溶胶。关于改换溶剂法则是利用一种物质在不同溶剂中溶解度相差悬殊的性质来制备溶胶，如把松香的酒精溶液滴入水中，由于松香在水中溶解度很低，溶质以胶粒大小析出，即形成松香的水溶胶。

2. 胶体的应用

(1) 工农业生产和日常生活中许多重要材料和现象，都在某种程度上与胶体有关，如：土壤的保肥，江河入海口三角洲的形成，工业除尘，明矾净水，工业制皂中的盐析、制豆腐，不同品种的墨水不能混用等。

(2) 在金属、陶瓷、聚合物等材料中加入胶体粒子，可改进材料的机械性能，光学性质等。如有色玻璃就是由某些胶态金属氧化物分散于玻璃中制成的。

(3) 在医学上，越来越多地利用高度分散的胶体来检验或治疗疾病。如：不同血型的人不宜相互输血，血液透析、血清纸上电泳等。

(4) 国防工业中有些火药、炸药须制成胶体，一些纳米材料的制备，冶金工业中的选矿，石油原油的脱水，塑料、橡胶及合成纤维等制造过程都会用到胶体知识。

3. 电泳技术的应用

(1) 利用电泳现象可使物质分离。例如，陶瓷工业中用的黏土，往往带有氧化铁，要除去氧化铁，可以把黏土和水一起搅拌成悬浮液，由于黏土粒子带负电荷，氧化铁粒子带正电荷，通电后在阳极附近会聚集出很纯净的黏土。

(2) 工厂除尘也用到电泳。

(3) 利用电泳还可以检出被分离物，在生化和临床诊断方面发挥重要作用。20 世纪 40 年代末到 50 年代初相继发展利用支持物进行的电泳，如滤纸电泳，醋酸纤维素膜电泳、琼脂电泳；50 年代末又出现淀粉凝胶电泳和聚丙烯酰胺凝胶电泳等。

(4) 电泳涂装是利用外加电场使悬浮于电泳液中的颜料和树脂等微粒定向迁移并沉积于电极之一的基底表面的涂装方法。电泳涂装的原理发明于 20 世纪 30 年代末，但开发这一技术并获得工业应用是在 1963 年以后。电泳涂装是近 30 年来发展起来的一种特殊涂膜形成方法，具有水溶性、无毒、易于自动化控制等特点，迅速在汽车、建材、五金、家电等行业得到广泛的应用。电泳漆膜具有涂层丰满、均匀、平整、光滑的优点，电泳漆膜的硬度、附着力、耐腐蚀、冲击性能、渗透性能明显优于其他涂装工艺。

实验思考

1. 在做制备氢氧化铁胶体的实验时，有些学生没有按要求进行，结果没有观察到胶体的性质，请你预测其现象并分析其原因：

(1) 甲同学在实验中没有使用蒸馏水，而是用自来水，结果会如何？试分析其原因。

(2) 乙同学往沸水中滴加饱和氯化铁溶液后，长时间加热。结果会如何？试分析其原因。

2. 要准确测定胶体的电泳速度必须注意哪些问题？

3. 如何在实验中保证 KCl 溶液与溶胶界面的清晰？本实验所用的稀 KCl 溶液的电导率为什么必须和所测溶胶的电导率接近？

实验十四　磁化率的测定

实验目的

(1) 掌握古埃法测定磁化率的实验原理和技术；

(2) 通过测定一些络合物的磁化率，求算其未成对电子数；

(3) 能熟练操作古埃磁天平。

实验背景

磁化率是描述物质磁化性质的重要物理量。物质的磁性与组成它的原子、离子或分子的微观结构有关，研究物质的磁性对于确定原子结构、分子结构具有极其重要的理论意义。物质磁化率反映了磁介质在外磁场中被磁化的信息，人们可以通过测定物质磁化率来计算物质分子中未成对电子数，这对研究自由基和顺磁分子结构、成键状况，研究过渡金属离子价态和配位场理论(判断配合物的结构类型等)是十分重要的。用磁天平测定磁化率是一种常规的物理方法，它具有设备简单、操作容易等特点。根据待测物质的不同结构特征可采用不同的方法来测量物质的磁化率，常见磁化率测定方法有古埃(Gouy)磁天平法、Quincke 法、Faraday 相对法、Curie 磁秤法、Rankine 法等。古埃法适用于测量顺磁或抗磁物质的磁化率，但所需样品量大，不适用于测量铁磁性和超顺磁性样品。Quincke 法不需单独测量样品的密度，但它只适用于测量液体和气体的磁化率，所需样品量也很大。以上两种方法均不便研究样品的磁化率随温度变化的关系。与前两者相比，Faraday 相对法不仅具有以上两种方法的优点，而且所需样品量少，适用于测量各种磁性物质的磁化率。

除以上直接测量方法外，人们还应用蒙特卡罗方法、第一性原理、多元线性回归(multivariate linearreg ression，简记为 MLR)、神经网络等方法对物质磁化率的模拟计算进行了一系列的探索研究。

测定络合物磁化率的常用方法是古埃磁天平法，此方法实验操作简便。因此，本实验介绍古埃磁天平法。

实验原理

1. 磁化率

物质的磁化可用磁化强度 I 来描述，I 为矢量，除铁磁性物质外磁化强度 I 正比于外磁场的磁场强度 H。

$$I = \kappa H \tag{9-84}$$

式(9-84)中 κ 为物质的体积磁化率。在化学上常用单位质量磁化率 χ 或摩尔磁化率 χ_M 来表示物质的磁性。它们的定义分别是：

$$\chi = \frac{\kappa}{\rho} \tag{9-85}$$

$$\chi_M = \frac{\kappa}{\rho} \cdot M \tag{9-86}$$

式(9-86)中 ρ 、M 分别为物质的密度和相对分子质量。

2. 分子磁矩与磁化率的关系

物质的磁性一般分为反磁性、顺磁性和铁磁性，其与组成物质的原子、离子或分子的微观结构有关。

反磁性物质：物质的原子、离子或分子中没有未成对电子，即它的分子磁矩 $\mu_m = 0$。当其受到外磁场作用时，内部会产生感应的电流，相应产生一种与外磁场方向相反的感应磁矩，这种物质称为反磁性物质，其摩尔磁化率 χ_M 应等于其摩尔反磁化率 $\chi_反$，即 $\chi_M = \chi_反$。反磁性是普遍存在的，且 $\chi_反 < 0$。

顺磁性物质：物质的原子、离子或分子的两个自旋电子数不相等，即有未成对电子时，物质就具有永久磁矩 μ_m 。由于热运动，永久磁矩指向各个方向的机会相同，所以该磁矩的统计值为 0。在外磁场作用下，具有永久磁矩的原子、离子或分子的永久磁矩会顺着外磁场的方向排列，表现为磁化方向与外磁场相同，磁化强度与外磁场强度成正比，此即顺磁性。同时，由于顺磁性物质内部的电子轨道运动会产生一个与外磁场方向相反的诱导磁矩，表现为反磁性。故此类物质的摩尔磁化率 χ_M 是摩尔顺磁化率 $\chi_顺$ 和摩尔反磁化率 $\chi_反$ 之和，即：

$$\chi_{M} = \chi_{顺} + \chi_{反} \tag{9-87}$$

又由于$\chi_{顺} \gg |\chi_{逆}|$，故对于顺磁性物质，可近似认为$\chi_{M} = \chi_{顺}$。

铁磁性物质：物质被磁化的强度与外磁场强度不存在正比关系，而是随着外磁场强度的增加而剧烈增加，当外磁场消失后，它们的附加磁场并不立即随之消失，这种物质称为铁磁性物质。

磁化率是物质的宏观性质，分子磁矩是物质的微观性质，二者的关系为：

$$\chi_{顺} = \frac{N_{A}\mu_{m}^{2}}{3kT} \tag{9-88}$$

式(9-88)中N_A为阿佛加德罗常数；k为玻兹曼常数；T为绝对温度。

物质的永久磁矩μ_m与它所含有的未成对电子数n的关系为：

$$\mu_{m} = \mu_{B}\sqrt{n(n+2)} \tag{9-89}$$

式(9-89)中μ_B为玻尔磁子，其物理意义是单个自由电子自旋所产生的磁矩。

$$\mu_{B} = \frac{eh}{4\pi m_{e}} = 9.274 \times 10^{-24}\,\mathrm{J \cdot T^{-1}} \tag{9-90}$$

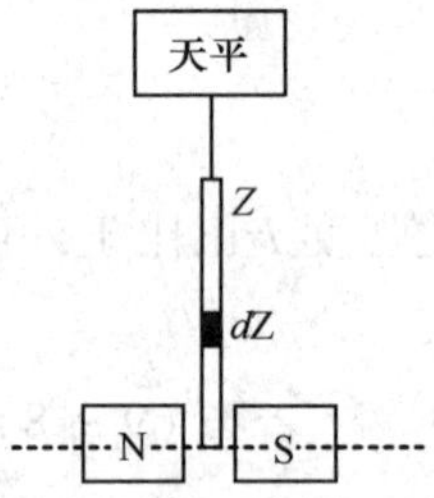

图 9-23　古埃磁天平示意图

式(9-90)中h为普朗克常数；m_e为电子质量。

很明显，只要实验测得χ_M，即可求出μ_m，并进一步算出物质的未成对电子数n，而未成对电子数的确定对于研究某些原子或离子的电子组态，以及判断络合物分子的配键类型具有重要意义。

3. 磁化率的测定

测定磁化率有多种方法，本实验用古埃法(图 9-23)。

把样品装于样品管中悬于两磁极中间，一端位于磁极间磁场强度最大区域H，另一端位于磁场强度很弱的区域H_0，则样品在沿样品管方向所受的力F为：

$$F = \chi mH\frac{\partial H}{\partial Z} \tag{9-91}$$

式(9-91)中，m为样品质量；H为磁场强度；$\frac{\partial H}{\partial Z}$为沿样品管方向的磁场梯度。

设样品管高度为l，把式(9-91)移项积分整理得：

$$\int_{0}^{l} F\mathrm{d}Z = \int_{H_0}^{H} \chi mH\mathrm{d}H \tag{9-92}$$

$$FZ\,|_{0}^{l} = \frac{1}{2}\chi mH^{2}\,|_{H_0}^{H}$$

$$F = \frac{\chi m(H^{2} - H_{0}^{2})}{2l} \tag{9-93}$$

将H_0忽略，则：

$$F = \frac{\chi mH^{2}}{2l} \tag{9-94}$$

用磁天平测出样品加磁场前后的质量变化Δm，显然

$$F = \Delta mg = \frac{\chi mH^{2}}{2l} \tag{9-95}$$

式(9-95)中g为重力加速度，整理得：

$$\chi = \frac{2\Delta m \cdot gl}{mH^2} \tag{9-96}$$

$$\chi_M = \frac{2\Delta m \cdot gl}{mH^2} \cdot M = \frac{2(\Delta m_{空管+样品} - \Delta m_{空管})gl}{mH^2} \cdot M \tag{9-97}$$

等式右边各项都可以由实验直接测得，由此可以求出物质的摩尔磁化率。

此外，磁场强度 H 可用特斯拉计直接测量或用已知磁化率的标准物质进行间接测量。常用的标准物质有$(NH_4)_2SO_4 \cdot FeSO_4 \cdot 6H_2O$、$CuSO_4 \cdot 5H_2O$、$HgCo(SCN)_4$、NaCl、$H_2O$、苯等。

本实验用莫尔氏盐$(NH_4)_2SO_4 \cdot FeSO_4 \cdot 6H_2O$标定磁场强度，其质量磁化率$\chi$与热力学温度 T 的关系为：

$$\chi_M = \frac{9500}{T+1} \times 4\pi \times M \times 10^{-9} m^3 \cdot mol^{-1} \tag{9-98}$$

式(9–98)中 M 为莫尔氏盐的摩尔质量($kg \cdot mol^{-1}$)。

仪器试剂

仪器：古埃磁天平(包括电磁铁，电光分析天平，励磁电流等)　样品管　装样工具(药匙，小漏斗，研钵)　直尺

试剂：$(NH_4)_2SO_4 \cdot FeSO_4 \cdot 6H_2O$(AR)　$K_4[Fe(CN)_6] \cdot 3H_2O$(AR)　$CuSO_4 \cdot 5H_2O$(AR)　$FeSO_4 \cdot 7H_2O$(AR)

实验步骤

(1) 将特斯拉计的探头放入磁铁的中心架中，套上保护套，调节特斯拉计的数字显示为“0”。

(2) 除下保护套，把探头平面垂直于磁场两极中心，打开电源，调节电流调节电位器，至特斯拉计显示约“300mT”，调节上下、左右位置，观察数字显示值，把探头位置调节至显示值为最大的位置，此乃探头最佳位置(注：如果探头固定好以后，不要经常变动)。用探头沿此位置的垂直线，测定离磁铁中心多高处 $H_0=0$，这也就是样品管内应装样品的高度。

(3) 将光电分析天平调零。

(4) 用莫尔氏盐标定磁场强度。

①在未通电源时，逆时针将电流调节电位器调到最小，打开电源开关，调节特斯拉计的调零电位器，使磁场输出显示为0。取一支清洁干燥的空样品管悬挂在磁天平的挂钩上，使样品管正好与磁极中心线齐平(样品管不可与磁极接触，并与探头有合适的距离)，准确称取空样品管的质量 m_1；调节电流调节电位器，使电流增加至特斯拉计显示“300mT”，并观察电流磁场显示是否稳定，再称取空样品管的质量 m_2。求出空管在加磁场前后的质量变化 $\Delta m_{管}$，重复测量3次，取平均值。

②用小漏斗装入事先研细并干燥过的莫尔氏盐，并使样品均匀填实，用直尺准确测量样品的高度 l(样品高度约为15cm，且样品另一端应位于磁场强度为0处)。要注意装样均匀和防止混入铁磁性杂质。测定莫尔氏盐在加励磁电流前后磁场中的质量，并求出前后的质量变化 $\Delta m_{样品+管}$，重复3次，取平均值。

(5) 测定样品的摩尔磁化率。

把待测样品 $K_4[Fe(CN)_6] \cdot 3H_2O$、$CuSO_4 \cdot 5H_2O$、$FeSO_4 \cdot 7H_2O$ 分别装在样品管中，

按照上述步骤分别测定在加磁场前后的质量，求出质量变化，重复三次，取平均值。

注：关闭电源前，应调节励磁电流电源，使输出电流为 0；测定后的样品均可倒回试剂瓶重复使用。

（6）将上述操作中的数据记录于下表 9-21 中。

表 9-21　实验数据记录表

室温：＿＿＿＿＿＿＿＿℃　　　　l：＿＿＿＿＿＿＿＿cm

	$H=0$		$H=300\text{mT}$	
	m_1	$\overline{m}_1$	m_2	$\overline{m}_2$
空管质量				
样品管+莫尔氏盐质量				
样品管+$K_4[Fe(CN)_6]\cdot 3H_2O$质量				
样品管+$CuSO_4\cdot 5H_2O$质量				
样品管+$FeSO_4\cdot 7H_2O$质量				

实验指导

1. 实验注意事项

（1）实验步骤 4 中，用莫尔氏盐标定磁场强度的准确方法是：取一支清洁的干燥的空样品管悬挂在磁天平的挂钩上，使样品管正好与磁极中心线齐平，（样品管不可与磁极接触，并与探头有合适的距离。）准确称取空样品管质量($H=0$)时，得 $m_1(H_0)$；调节旋钮，使特斯拉计数显为“300mT”(H_1)，迅速称量，得 $m_1(H_1)$，逐渐增大电流，使特斯拉计数显为“350mT”(H_2)，称量得 $m_1(H_2)$，然后略微增大电流，接着退至“350mT”(H_2)，称量得 $m_2(H_2)$，将电流降至数显为“300mT”(H_1)时，再称量得 $m_2(H_1)$，再缓慢降至数显为“0mT”(H_0)，又称取空管质量得 $m_2(H_0)$。这样调节电流由小到大，再由大到小的测定方法是为了抵消实验时磁场剩磁现象的影响。

$$\Delta m_{空管}(H_1)=\frac{1}{2}[\Delta m_1(H_1)+\Delta m_2(H_1)] \quad (9-99)$$

$$\Delta m_{空管}(H_2)=\frac{1}{2}[\Delta m_1(H_2)+\Delta m_2(H_2)] \quad (9-100)$$

式(9-99)、式(9-100)中 $\Delta m_1(H_1)=m_1(H_1)-m_1(H_0)$；$\Delta m_2(H_1)=m_2(H_1)-m_2(H_0)$；$\Delta m_1(H_2)=m_1(H_2)-m_1(H_0)$；$\Delta m_2(H_2)=m_2(H_2)-m_2(H_0)$。

（2）磁化率的单位从 cgs 磁单位制改用国际单位 SI 制，必须注意换算关系。质量磁化率，摩尔磁化率的换算关系分别为：

$$1\text{m}^3\cdot\text{kg}^{-1}(\text{SI 单位})=\frac{1}{4\pi}\times10^3\text{cm}^3\cdot\text{g}^{-1}(\text{cgs 电磁制})$$

$$1\text{m}^3\cdot\text{mol}^{-1}(\text{SI 单位})=\frac{1}{4\pi}\times10^6\text{cm}^3\cdot\text{mol}^{-1}(\text{cgs 电磁制})$$

磁场强度 $H(\text{A}\cdot\text{m}^{-1})$ 与磁感应强度 B(特斯拉)之间的关系：

$$\left(\frac{1000}{4\pi}\text{A}\cdot\text{m}^{-1}\right)\times\mu_0=10^{-4}\text{T}$$

(3) 影响磁化率测定的因素，除样品的纯度及堆积密度均匀外，保持励磁电流的稳定十分重要。为此，需选用稳定性好的电源，还要防止电流通过电磁线圈后引起发热，因发热会使线圈的电阻增大，导致电流与磁场强度发生变化，而使天平称量的值难以重现。当室温较高时，线圈散热尤要注意。

(4) 励磁电流的选择应根据待测物质的磁化率而定。低磁化率的试样选择较大的励磁电流，高磁化率的试样选择较小的励磁电流。但过小的电流往往稳定性不好，且直接造成称量的误差。

(5) 对于液体试样的磁化率测定，常用新鲜的二次重蒸水作为参比物来标定磁场强度。

(6) 在通电前应先将电流调节器的旋钮旋到零位。通电后，电流上升或下降都应缓慢进行。

(7) 测量时间不宜过长，实验中要注意线圈发热以及电流、磁场稳定的情况。

(8) 样品与摩尔氏盐的粒度，在样品管中的堆积密度以及高度应尽量一致。

(9) 如果数据重现性不好，需检查样品管悬挂的位置是否合适及励磁电流是否稳定。另外测量装置的振动和空气的流动也会造成实验误差。

(10) 所测样品应事先研细，放在干燥器中干燥。

(11) 空样品管需干燥洁净，如果样品管在磁场中增重，表明样品管不干净，应更换。

(12) 装样时应使样品均匀填实。

(13) 称量时，样品管应正好处于两磁极之间，其底部与磁极中心线齐平。悬挂样品管的悬线及样品管勿与任何物件相接触。

(14) 样品倒回试剂瓶时，注意瓶上所贴标签，切忌倒错瓶子。

(15) 在调节特斯拉计(如："300mT")时，旋转的是电流调节电位器的旋钮，而并非特斯拉计的旋钮。

(16) 要熟练光电分析天平的操作，并合理保护其易损元件。

2. 数据处理

(1) 由莫尔氏盐的摩尔磁化率、质量、加磁场前后的质量变化以及样品高度 l 代入式(9-96)，求出磁场强度。

(2) 由式(9-97)求出样品的摩尔磁化率。

(3) 由式(9-88)求出样品的磁矩。

(4) 由式(9-89)求出样品中金属离子的未成对电子数。

实验拓展

(1) 磁化率的测定可用于研究某些原子或离子的电子组态，以及判断络合物分子的配键类型。

(2) 磁化率测定是环境磁学重要的研究手段之一，具有对样品非破坏性、简单易行、准确而迅速的特点。应用磁化率可以鉴别人民币的真伪，由于真假人民币使用纸张和油墨等材料的不同，磁化率的差异十分明显。

(3) 磁性测量可以作为商品和产品防伪、司法实践中物证鉴定的重要手段之一。

(4) 磁化率的测定可用于研究土壤污染情况。如：通过磁化率测定这种简便、快捷、经济的物理方法，可针对不同土壤类型、不同成土母质、不同污染程度的土壤进行研究。其在判断土壤分类、土壤污染程度、土壤风化程度等方面具有重要意义。

(5) 有机化合物绝大多数分子都是由反平行自旋电子对而形成的价键，因此其总自旋矩等于零，是反磁性的。对大量有机化合物的摩尔磁化率的数据分析，得到分子的摩尔反磁化率具有加和性。此结论可以用于研究有机物分子的结构。

(6) 从磁性的测量中还可以得到一系列其他的信息。例如测定物质磁化率对温度和磁场强度的依赖性可以定性判断是顺磁性、反磁性或铁磁性的。对合金磁化率的测定可以得到合金的组成，也可研究生物体系中血液的成分等。

实验思考

1. 简述用古埃法测定物质磁化率的原理。
2. 不同励磁电流下测得的样品摩尔磁化率是否相同？如果测量结果不同应如何解释？
3. 为什么可用莫尔氏盐来标定磁场强度？
4. 样品的填充高度和密度以及在磁场中的位置有何要求？如果样品填充高度不够，对测量结果有何影响？
5. 试根据式(9-97)分析各种因素对χ_M值的相对误差影响。
6. 用古埃磁天平测定磁化率的精密度与哪些因素有关？

实验十五　偶极矩的测定

实验目的

(1) 了解溶液法测定偶极矩的原理；
(2) 掌握用溶液法测定极性物质乙酸乙酯在非极性溶剂环己烷中的偶极矩；
(3) 能熟练操作阿贝折射仪、精密电容测量仪和密度计。

实验背景

偶极矩是表示分子中电荷分布情况的物理量，偶极矩的研究是物理化学的一个重要课题。它在判断分子的空间构型、了解分子中的电荷分布、分子的极性、分子的对称性以及计算其他的许多物理化学性质等方面都起着一定的作用。通过偶极矩的测定，可以了解分子结构中有关电子云的分布和分子的对称性，可以用来鉴别几何异构体和分子的立体结构等问题。偶极矩沟通了分子的微观结构与宏观性能特征，所以进行化合物偶极矩的计算和研究，具有十分重要的理论意义和工程价值。

偶极矩的测定方法很多，如：本教材中介绍的用溶液法测定极性分子偶极矩的方法，此法属于实验测定法。另外，近年来随着量子化学的不断发展，理论与计算方法的运用，大大加强了理论与实验的结合，这致使实验与理论并重的化学已把基础性研究深入至了微观世界，其总的研究趋势可概括为由宏观到微观、由定性到定量、由稳定态到亚稳态、由经验上升到理论，并用理论指导实践，进而开创新的研究。在这样的时代背景下，各种理论计算方法越来越多地受到了研究人员的重视。本实验中，偶极矩的测定也可通过量子化学理论计算得出。如：利用传统的从头计算方法（从薛定谔方程出发进行求解的方法）结合较大的基组来计算分子的偶极矩，可获得相对准确的结果，并用来探讨体系的结构和性质间的内在关系。另外，还可利用近年来发展较完善的密度泛函理论和电负性均衡原理，结合修正的电负性均衡方法（MEEM），利用最小二乘法，拟合确定一些分子中各种类型原子的参数。运用这些参数，计算分子的偶极矩，其计算结果可用以说明一些化学规律。

偶极矩 $\vec{\mu}$ 的概念于 1912 年由 P. J. W. Debye 提出，主要用来度量分子的极性大小，其定义为：

$$\vec{\mu} = qd \tag{9-101}$$

式（9-101）中，q 是正、负电荷中心所带的电量，d 是正、负电荷中心间距离，$\vec{\mu}$ 为向量，其方向规定为从正到负，因为分子中原子间距离的数量级为 10^{-10}m，电荷数量级为 10^{-20}C，所以偶极矩的数量级为 10^{-30}C・m。由于此数量级相当小，故在 cgs 单位制中，人们又常用德拜 D 来表示偶极矩的另一单位，其与 C・m 的换算关系为：

$$1\text{D} = 3.336\times10^{-30}\text{C}\cdot\text{m}$$

此外，关于分子是否具有偶极矩，群论认为：只有属于 C_n 和 C_{nv}（$n=1, 2, \cdots, \infty$）这两类点群的分子才具有偶极矩。

实验原理

1. 偶极矩与极化度

我们知道，偶极矩 μ 是衡量分子极性大小的量度。当分子的正、负电荷重合时，称为非极性分子，μ 为 0；当正、负电荷不重合时，为极性分子。

另一方面，极性分子具有永久偶极矩，在没有外电场存在时，由于分子热运动，偶极矩指向各方向机会均等，故其统计值为 0。但若将此极性分子置于均匀的外电场中时，分子会沿电场方向做定向转动（因其永久偶极在电场中取向而产生的极化，称为定向极化 P_μ），同时分子中的电子云相对原子核骨架发生相对移动（电子极化 P_e），原子核骨架也会变形（原子极化 P_a），这叫分子极化，极化的程度可由摩尔极化度 P_m 度量。其中因定向转动产生的极化称为摩尔定向极化度 P_μ，因变形产生的极化称摩尔变形极化度 $P_{变形}$。而 $P_{变形}$ 又是电子极化和原子极化之和。显然，

$$P_m = P_\mu + P_{变形} = P_\mu + (P_e + P_a) \tag{9-102}$$

很明显，在 P_m 中仅 P_μ 与偶极矩 μ 有关。

$$P_\mu = \frac{4}{9}\pi N_A \frac{\mu^2}{kT} \tag{9-103}$$

式（9-103）中，k 为玻兹曼常数；T 为绝对温度；N_A 为阿伏加德罗常数。

故 $$P_\mu \Rightarrow \mu$$

对于非极性分子，因 $\mu=0$，故 $P_\mu=0$，$P_m = P_e + P_a$。

外电场若是交变电场，则极性分子的极化与交变电场的频率有关。当电场的频率小于

$10^{10}s^{-1}$的低频电场下，极性分子产生摩尔极化度为定向极化度与变形极化度之和。若在电场频率为$10^{12}\sim10^{14}s^{-1}$的中频电场下(红外光区)，因为电场交变周期小于偶极矩的松弛时间，极性分子的定向运动跟不上电场变化，即极性分子无法沿电场方向定向，即 $P_{\mu}=0$，此时分子的摩尔极化度 $P_m = P_{变形} = P_e + P_a$。当交变电场的频率大于$10^{15}s^{-1}$(即可见光和紫外光区)极性分子的定向运动和原子核骨架运动都跟不上电场的变化，此时 $P_m = P_e$，所以如果我们分别在低频和中频的电场下求出欲测分子的摩尔极化度，并把两者相减，即为极性分子的摩尔定向极化度 P_{μ}，然后代入式(9-103)，即可算出永久偶极矩 μ。

因为 P_a 只占 $P_{变形}$ 中5%~15%，而实验时由于条件的限制，一般总用高频电场来代替中频电场(红外光区较难达到)，所以通常近似地把高频电场下测得的摩尔极化度当作摩尔变形极化度。

高频：$$P_m = P_e \approx P_{变形}$$

中频：$$P_m = P_{变形}$$

低频：$$P_m = P_{\mu} + P_{变形}$$

故只要求出 $$P \Rightarrow \mu$$

2. 极化度与偶极矩的测定

对于分子间相互作用很小的体系，摩尔极化度 P_m 与介电常数 ε 的关系可由克劳修斯-莫索第-德拜(Clausius-Mosotti-Debye)方程确定：

$$P_m = \frac{\varepsilon - 1}{\varepsilon + 2} \cdot \frac{M}{\rho} \qquad (9-104)$$

式(9-104)中，M 为摩尔质量；ρ 为密度。此式只适用于稀薄气体。对于极稀溶液中的溶质，如果溶质与溶剂间无相互作用，式(9-104)亦可近似应用，这也是本实验采用溶液法测定偶极矩的根据。

所谓溶液法，即把欲测偶极矩的分子溶于非极性溶剂中进行测定的方法。由于溶液中测定总要受到溶质分子间、溶剂与溶质分子间以及溶剂分子间相互作用的影响，无法准确应用上述公式。但若以测定不同浓度溶液中溶质的摩尔极化度并外推至无限稀释，这时溶质所处的状态就和气相时相近，可消除溶质分子间的相互作用。

无限稀释时，溶质的摩尔极化度 $P_{2,\infty}$：

$$P_{2,\infty} = \lim_{x_2\to0} P_2 = \frac{3\alpha\varepsilon_1}{(\varepsilon_1 + 2)^2} \cdot \frac{M_1}{\rho_1} + \frac{\varepsilon_1 - 1}{\varepsilon_1 + 2} \cdot \frac{M_2 - \beta M_1}{\rho_1} \qquad (9-105)$$

式(9-105)中，ε、M、ρ 分别为介电常数、摩尔质量和密度；下标“1”指溶剂、“2”指溶质、“12”为溶液；α、β 为两常数，可由两个稀溶液的近似公式求出。

$$\begin{aligned} \varepsilon_{12} &= \varepsilon_1(1 + \alpha x_2) \\ \rho_{12} &= \rho_1(1 + \beta x_2) \end{aligned} \qquad (9-106)$$

由直线的斜率可确定 α、β 值。

根据光的电磁理论，在同一频率的高频电场作用下，透明物质的 ε 与折射率 n 的关系为：

$$\varepsilon = n^2 \qquad (9-107)$$

常用摩尔折射度 R_2 来表示高频区测得的极化度。

$$\because \quad P_{\mu} = 0、P_a = 0$$

$$\therefore \quad P_m = P_e \approx P_{变形} = \frac{n^2 - 1}{n^2 + 2} \cdot \frac{M}{\rho} \qquad (9-108)$$

同样测定不同浓度溶液的摩尔折射度 R_2 外推至无限稀释，就可求出该溶质的摩尔折射度 $R_{2,\infty}$：

$$R_{2,\infty} = \lim_{x_2 \to 0} R_2 = \frac{n_1^2 - 1}{n_1^2 + 2} \cdot \frac{M_2 - \beta M_1}{\rho_1} + \frac{6n_1^2 M_1 \gamma}{(n_1^2 + 2)^2} \tag{9-109}$$

式(9-109)中，n_1 为溶剂的摩尔折射率，γ 为常数，它可由下式求出：

$$n_{12} = n_1(1 + \gamma x_2) \tag{9-110}$$

综上所述：

$$P_\mu = P_{2,\infty} - R_{2,\infty} = \frac{4}{9}\pi N_A \frac{\mu^2}{kT} \tag{9-111}$$

$$\mu = 0.0128\sqrt{(P_{2,\infty} - R_{2,\infty})T}\text{（单位为德拜）} \tag{9-112}$$

3. 介电常数的测定

介电常数是通过测定电容后经计算得到的，本实验所用的测定介电常数的仪器为精密电容测量仪。

电容的大小与介质介电常数的关系为：

$$\varepsilon = \frac{C}{C_0} \tag{9-113}$$

式(9-113)中，C_0 为电容器两极板间处于真空的电容量；C 为充以介电常数为 ε 的电介质时的电容量。由于空气相对于真空的介电常数为 1.0006，故实验中将空气为介质时的电容近似为 C_0。

此外，由于小电容测量仪测定电容时，除电容池两极间的电容 C 外，整个系统还包括由导线和仪器结构等因素产生的分布电容 C_d，故实测电容 C' 应为 C 和 C_d 之和，即：

$$C' = C + C_d \tag{9-114}$$

很明显，不同的电容仪，C_d 值不同；但对于同一台仪器而言，C_d 为一定值。故实验时应首先求出 C_d 值，并在各次测量值中扣除，才能得到 C 值。

因此，式(9-113)可进一步变为：

$$\varepsilon = \frac{C}{C_0} = \frac{C' - C_d}{C'_0 - C_d} \tag{9-115}$$

本实验测定 C_d 的方法是用一已知介电常数的标准物质（如：环己烷），进行校正。

以环己烷为标准物质，其介电常数的温度关系式为：

$$\varepsilon_{环} = 2.052 - 1.55 \times 10^{-3} t \tag{9-116}$$

式(9-116)中，t 为测定时的温度，℃。

其中：

$$C_d = \frac{\varepsilon_{标} C'_0 - C'_{标}}{\varepsilon_{标} - 1} \tag{9-117}$$

仪器试剂

仪器：精密电容测量仪　密度管　阿贝折射仪　超级恒温槽　容量瓶　电吹风　干燥器　移液管　烧杯　滴管　洗耳球　滤纸

试剂：环己烷（AR，预先经干燥处理）　乙酸乙酯（AR，预先经干燥处理）

实验步骤

1. 溶液的配制

配制摩尔分数 x_2 为 0.0100、0.0500、0.1000、0.1500 的乙酸乙酯-环己烷溶液各 50mL

（乙酸乙酯的密度为 0.901g · cm^{-3}；环己烷的密度为 0.779g · cm^{-3}）。

2. 折射率的测定

在 25℃条件下用阿贝折射仪测定环己烷及配制的 4 种浓度溶液的折射率，每次测定前，需用无水乙醇或丙酮清洗折射率仪的镜面。

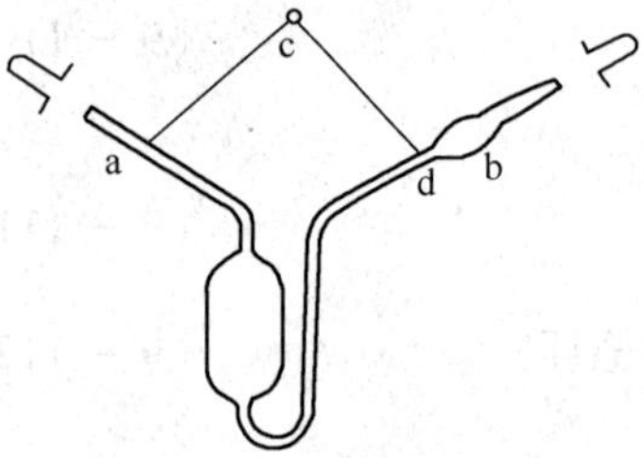

图 9-24　测定易挥发液体的密度管

3. 液体密度的测定

将密度管（见图 9-24）仔细干燥后称重得 m_0。然后取下磨口小帽，将 a 支管的管口插入蒸馏水中，用洗耳球在 b 管口慢慢抽气，把蒸馏水吸入密度管内，使充满 b 端小球且没有气泡为止。盖上两小帽，将密度管浸在 25℃的恒温水浴中，恒温 5~10min。将密度管 b 端略向上仰，用滤纸从 a 支管口吸取管内多余的蒸馏水，以调节 b 支管的液面到刻度 c。从恒温浴中取出密度管，将两个磨口小帽套在 a、b 管口（先套 a 端，后套 b 端），并用滤纸吸干管外所沾的水，放在电子天平上称重得 m_1。

倒去蒸馏水，吹干后重复上述操作，依次对环己烷和配制的 4 种浓度溶液进行测定。称得盛有被测液体的密度管重 m_2，则被测液体的密度即为：

$$\rho_{25℃} = \frac{m_2 - m_0}{m_1 - m_0} \cdot \rho_{25℃,\ H_2O} \qquad (9-118)$$

4. 介电常数的测定

（1）C_d的测定　开启电容测定仪工作电源，预热 10min，用调零按钮调零，后将电容池与电容测定仪连接线接上，使电容池保持 25℃恒温，待数显稳定后记下 C'_0。

用移液管量取 2mL 环己烷注入电容池，至数显稳定后，记录下 $C'_{环己烷}$（注意样品不可多加，样品过多会腐蚀密封材料渗入恒温腔，实验无法正常进行）。然后倾去样品，再用电吹风吹干电容池（当数显的数字与 C'_0值相差无几时，证明电容池已被吹干）。

（2）按上述方法分别测定各浓度溶液的 C'，每次测 C'后需重复测 C'_0，以检验样品室是否还有残留样品。

5. 数据记录

将上述操作中的数据记录于下表 9-22 中。

表 9-22　实验数据记录表

温度：________℃　C'_0：________　C_d：________　$m_{空管}$：________g　$m_{水}$：________g

样品号	0*	1	2	3	4
摩尔分数(x_2)	0	0.01	0.05	0.10	0.15
质量(m)/g					
密度(ρ)					
折射率(n)					
电容(C')					
介电常数(ε)					

注：0* 号样品是环己烷，$\varepsilon_{环} = 2.052 - 1.55\times10^{-3}\times25 = 2.013$。

实验指导

1. 实验注意事项

(1) 操作时注意防止溶质、溶剂的挥发和吸收极性较大的水汽。溶液配好后迅速盖上瓶塞，并置于干燥器中，溶液应透明不发生浑浊。

①因为乙酸乙酯与水都是极性分子，二者都有偶极矩，而本实验的目的是测极性分子乙酸乙酯的偶极矩，若拿水做溶剂，或让水参与实验，则测得的偶极矩必定是二者偶极矩的叠加，故本实验严禁有水参加。

②故本实验所用的溶剂应是非极性分子，如：环己烷或苯等。

③测定电容时，操作应迅速，池盖要盖紧，防止水汽进入，影响测定值。

④若学生在配制溶液前用蒸馏水润洗容量瓶，这一操作在该实验中是错误的。

(2) 用不同精密电容测量仪所测相同溶液的电容值大小可能不同，这是由于不同仪器的分布电容不同。

(3) 使用精密电容测量仪的注意事项：

①在校零前，屏蔽线的另一端暂时不要插入电容池和电容池座的插座。

②保持两根屏蔽线不要短路和接触其他导电体，电容池各部件的连接应注意绝缘。

③在给电容池内加待测样品时，必须用移液管加，每次加入的样品量必须严格相等。

④测定完毕后，倾出电容池内的液体样品，并用电吹风对电容池吹气，使电容池内液体样品全部挥发后才能加入新样品。

(4) 在用密度管测定质量的过程中，要严格遵循浓度由低到高的顺序进行称量，否则测出的质量不准确。

(5) 本实验测得的溶质的偶极矩和气相测得值之间存在一定偏差，其原因主要在于溶液中溶质分子和溶剂分子以及溶剂和溶质各分子间相互作用的溶剂效应。

(6) 乙酸乙酯易挥发，配制该溶液时动作应迅速，以免影响浓度。

(7) 每次测定电容前，要用冷风将电容池吹干，并重测 C'_0，与原来的 C'_0 值相差应小于 0.01pF。严禁用热风吹电容池。

(8) 注意不要用力扭曲电容仪连接电容池的电缆线，以免损坏。

资料记载数据：乙酸乙酯的偶极矩为 1.78D(德拜)。

2. 数据处理

(1) 作 ρ_{12}-x_2图，由直线斜率求 β 值。

(2) 作 n_{12}-x_2图，由直线斜率求 γ 值。

(3) 作 ε_{12}-x_2图，由直线斜率求 α 值。

(4) 将 ρ_1、ε_1、α、β 值代入式(9-105)计算 $P_{2,\infty}$。

(5) 将 ρ_1、n_1、β、γ 值代入式(9-109)计算 $R_{2,\infty}$。

(6) 将 $P_{2,\infty}$、$R_{2,\infty}$ 值代入式(9-112)计算乙酸乙酯的永久偶极矩 μ。

实验拓展

(1) 介电常数的测定方法很多，常用的有电桥法、拍频法和谐振电路法等。对于气体和电导很小的液体以拍频法为好；对具有相当电导的液体则用谐振电路法较为合适；介于它们之间的用电桥法较为理想。电桥法应用惠斯登电桥原理进行测定，相比而言，其精确度不及拍频法和谐振法，但电桥法的设备简单，价格便宜。

(2) 测定分子偶极矩的方法除溶液法外，还有多种其他方法——分子射线法、分子光谱法、温度法、折射法及利用微波谱的斯塔克效应等。如：测定一系列温度下的 P 值，以 P 对 $1/T$ 作图，由直线斜率即可求得分子的偶极矩。该法只适用于能在较大温度范围内测定介电常数 ε 和密度 ρ 的体系。

(3) 偶极矩测定实验中剩余液的回用。在偶极矩的测定实验中，需用大量环己烷和乙酸乙酯，但在具体测定中消耗的试剂又很少，假如实验后将剩余液作为废液排放，不但会造成试剂浪费，也会导致环境污染。通常采用精馏的方法，但由于环己烷和乙酸乙酯沸程相近且都属于易燃有机物，采用精馏的方法耗能、耗时而且如果操作不慎易发生安全事故。为克服这种方法的不足，又有人提出了该体系的剩余液的物理处理及回收方法：测定新配制的乙酸乙酯浓度 x_2 为 0.0100、0.0500、0.1000、0.1500 的溶液后，在一定温度下测定它们的折射率，得到上述各溶液的折射率与它们的浓度的一元线性回归方程。测定学生实验后的剩余液（经分子筛脱水）的折射率，根据回归方程得出相应的浓度。在上述回归方程的指导下可以计算出调整到所需使用浓度的最经济的方案并进行调整。由于线性回归方程的建立、计算和调整过程中存在一系列的误差，调整过程不可能一步到位。因此，最后在折射仪的监控下进行最后的调整达到新配制溶液的折射率。其不确定度需达到 0.00003。可保证使用不同批次配制的溶液有可比性，可以满足学生实验的要求，具有推广意义。

(4) 关于“偶极矩测定”的实验，目前国内多用苯做溶剂，测定氯仿的偶极矩。这一实验体系中，所用试剂都是毒性很大的易挥发液体。方法本身又决定了在实验过程中有较大的挥发量，所以对人体有害。针对这一情况，对“偶极矩测定”实验体系进行了改进，将苯改成环己烷作溶剂，将氯仿改成正丁醇或乙酸乙酯作溶质。

实验思考

1. 准确测定溶质摩尔极化度和摩尔折射度时，为什么要外推至无限稀释？
2. 测定介电常数时，如何最大限度保证分布电容 C_d 为定值？
3. 试分析本实验中误差的主要来源，如何改进？
4. 本实验测定偶极矩时做了哪些近似？
5. 测定偶极矩的实验中，选择溶剂应考虑哪些因素？
6. 实验中如何确定溶液的介电常数？

参考文献

1. 东北师范大学等校编．物理化学实验．北京：高等教育出版社，1989
2. 吴子生，严忠主编．物理化学实验指导书．长春：东北师范大学出版社，1995
3. 复旦大学等校编．庄继华等修订．物理化学实验．第三版．北京：高等教育出版社，2004
4. 董迨传，郑新生编．物理化学实验指导．河南大学出版社，1997
5. 武汉大学化学与环境科学学院编．物理化学实验．武汉：武汉大学出版社，2000
6. 庞素娟，吴洪达编．物理化学实验．武汉：华中科技大学出版社，2009
7. 王玉峰，孙墨珑，张秀成．物理化学实验．哈尔滨：东北林业大学出版社，2006
8. 淮阴师范专科学校化学科编．物理化学实验．北京：高等教育出版社，1986
9. 黄允中等编著．计算机辅助物理化学实验．北京：化学工业出版社，2003
10. 吴子生，邓希贤编．物理化学实验．北京：高等教育出版社，2002

11. 殷学峰主编．新编大学化学实验．北京：高等教育出版社，2002
12. 张春晔编．物理化学实验．南京．南京大学出版社，2003
13. 刘寿长，张建民，徐顺主编．物理化学实验与技术．郑州：郑州大学出版社，2004
14. 张晓梅等编．物理化学实验指导．合肥：安徽科学技术出版社，2005
15. 高职高专化学教绪编写组编．物理化学实验．北京：高等教育出版社，2002
16. 清华大学化学系物理化学实验编写组．物理化学实验．北京：清华大学出版社，1991
17. 傅献彩等编著．物理化学(下)．北京：高等教育出版社，2008
18. 印永嘉等编著．物理化学简明教程．北京：高等教育出版社，2008
19. 范楼珍等编著．物理化学．北京：北京师范大学出版社，2009
20. 曹楚南编著．腐蚀电化学原理．北京：化学工业出版社，2004
21. 吴荫顺，郑家燊主编．电化学保护和缓蚀剂应用技术．北京：化学工业出版社，2006

单元10 过程化学操作

实验一 Reynolds 准数的测定

实验目的

(1) 观察流体流动的两种型态，加深对层流和湍流的认识；
(2) 观察层流状态下管路中流体的速度分布状态；
(3) 熟悉 Reynolds 准数(Re)的测定与计算；
(4) 熟悉流动型态与 Reynolds 准数(Re)之间的关系及临界 Reynolds 准数。

实验背景

1883年，英国物理学家 O. Reynolds 在他著名的 Reynolds 试验中揭示了流体流动存在两种性质不同的型态——层流(滞流)和湍流(紊流)。这两种流态流体质点的运动轨迹不同，且水流内部结构也有着本质的差异。Reynolds 通过大量实验得出判断层流和湍流的标准——临界 Reynolds 数。

当流速较小时，从细管引到水流中心的有色液体成一条直线平稳地流过整个玻璃管，表明玻璃管内水的质点沿着与管轴平行的方向作直线运动，没有轴向运动，此时为层流流动。若逐渐提高水的流速，有色液体的细线出现波浪。速度再高，有色细线完全消失，整个玻璃管内有色液体与水混为一体，此时即为湍流。显然，湍流时，水的质点除了沿管路向前运动外，还作不规则的脉动，且彼此相互碰撞与混合。质点速度的大小和方向随时间而发生变化。

两种流动型态，具有不同的运动特性。层流流动时，流体质点只沿流动方向作有规则的平行运动，各质点互不碰撞、互不混合。湍流流动时，流体质点作不规则的杂乱运动，并互相碰撞混合，在沿管轴向前运动的同时，还做随机的脉动。这是因为当流体流速较小时，惯性力较小，黏滞力对质点起控制作用，使各流层的流体质点互不混杂，流体呈层流运动。当流体流速逐渐增大，质点的惯性力也逐渐增大，黏滞力对质点的控制逐渐减弱，当流速达到一定程度时，各流层的流体形成旋涡并脱离原流层，质点互相混杂，流体呈湍流运动。

影响流体质点运动情况的因素有三个方面，即流体的性质(主要为密度 ρ、黏度 μ)、设备情况(主要为管路内径 d)及操作参数(主要为流速 u)。Reynolds 准数就是综合以上三个影响因素的无因次数群，其数值的大小与流体的流动型态密切相关。

实验原理

圆管中流体的流动型态取决于流体流动时 Reynolds 准数 Re 的大小。Reynolds 准数的定义式为：

$$Re = \frac{du\rho}{\mu} \tag{10-1}$$

式中 d——管子的直径，m；

u——流体的速度，$m \cdot s^{-1}$；

ρ——流体的密度，$kg \cdot m^{-3}$；

μ——流体的黏度，Pa·s。

圆管中流体作定态流动时，其流动型态开始变化时对应的 Reynolds 准数称为临界 Reynolds 数，对应于上、下临界速度的 Reynolds 数，称为上临界 Reynolds 数和下临界 Reynolds 数。通常以它作为判别流动状态的准则，即 $Re \leqslant 2000$ 时为层流，$Re \geqslant 4000$ 时为湍流，而当 $2000 \leqslant Re \leqslant 4000$ 时，属不稳定的过渡区。当流体流动处于过渡状态时，可能是层流也可能是湍流，受外界条件所影响较大。根据大量实验资料，上临界 Reynolds 数是一个不稳定的数值，大于10000甚至更大，因此上临界 Reynolds 数没有实际的应用意义。而下临界 Reynolds 数是一个相当稳定的数值，约为2300，因此在工程上都采用下临界 Reynolds 数作为判别流动型态的标准。

实验以一定温度的清水为工作介质，使流体稳定地流过一定管径的水平玻璃管，此时流体的性质 ρ、μ 及管径 d 均为常数，通过调节流体的流速 u 来改变 Reynolds 准数 Re 值，并结合观察流体的流动型态，从而确定流体的上、下临界 Reynolds 准数。

实验装置

实验装置主要由清水槽、溢流槽、色液瓶、玻璃管、流量调节阀等组成，实验时应保持一定的进液流速和溢流速度，以保证清水槽内的液面维持恒定。装置要固定好，实验过程中应避免一切震动影响，这样才能获得较为满意的实验结果。实验流程见图10-1。

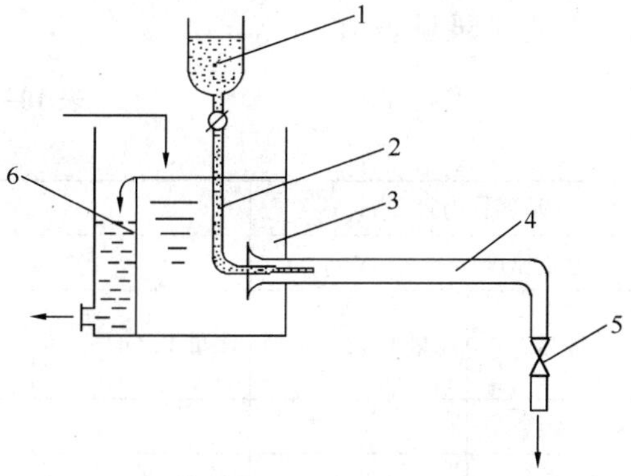

图10-1 Reynolds 实验装置图

1—色液瓶；2—细管；3—恒水位水箱；4—水平玻璃管；5—出口阀门；6—溢流装置

Reynolds 实验可由水泵向系统供水，水流可以回流到储水箱中循环使用。恒水位水箱通过溢流装置维持水位恒定。在水箱的下部装有水平放置的长直玻璃圆管（Reynolds 实验管），恒水位水箱中的水通过玻璃实验管恒定流出，实验管上装有出水阀门，可用以调节出水的流量。在恒水位水箱的上部装有色液瓶，其中的着色液体可经细管引流到玻璃实验管的进口处。色液瓶下部装有流量调节阀门，可以用来控制和调节着色液流量的大小。

实验步骤

1. 实验操作

（1）调整着色水细管的位置，使它处于实验玻璃管道的中心线上。

（2）向色液瓶中加入适量的用水稀释过的红墨水。

（3）打开进水阀门，启动水泵，向恒水位水箱注水。在水箱接近充满时，调节进水阀门，使水箱的水位达到溢流水平，并保持溢流槽有水溢出。

（4）慢慢打开出水阀，使水流过玻璃管，并维持层流状态。

(5) 开启并调节色液瓶出水阀，使墨水自针阀流入玻璃管的中心部位，其流速大致与水的流速相同。此时，水的质点沿着与管轴平行的方向作直线运动，不产生横向运动，从针阀引到水流中心的有色液体成一条直线平稳地流过整个玻璃管。有色直线没有与周围的液体混杂，而是层次分明地向前流动，此时管内流体的流态即为层流。由转子流量计读出测定管中水的流量并记录状态。

(6) 慢慢加大出水阀开度，观察有色液流的变化。在某一开度时，可以观察到有色直线开始出现脉动，有色液流由直线变成不规则的波浪形，但流体质点还没有达到相互交换的程度。此时，即为流体流动状态开始转换的临界状态(上临界点)，此时的流速即为临界流速。由转子流量计读出测定管中水的流量并记录状态。

(7) 继续开大出水阀开度，使有色液流由波浪形变成微小旋涡扩散到整个管内，即流体质点产生横向的脉动，直至有色直线全部扩散与水混合，此时管内流体的流态即为湍流。由转子流量计读出测定管中水的流量并记录状态。

(8) 以相反程序，即由大流量至小流量，重复以上三种形态变化，又可以观察到流体的流态从湍流转变到层流的临界状态。当阀门关小到一定开度时，可观察到玻璃管中着色液出口处开始有有色脉动线流出现，但还没有达到转变为层流的状态。此时，即为由湍流转变为层流的临界状态(下临界点)。由转子流量计读出测定管中水的流量并记录状态。

2. 数据记录

数据记录见表 10-1。

表 10-1　数据记录表

实验日期：

<table>
<tr><td colspan="2">玻璃管内径 d/m</td><td colspan="2"></td><td>水温 t/℃</td><td colspan="2"></td></tr>
<tr><td colspan="2">水的密度 ρ/(kg · m^{-3})</td><td colspan="2"></td><td>水的黏度 μ/Pa · s</td><td colspan="2"></td></tr>
<tr><td>序号</td><td>流量 V/(L · h^{-1})</td><td>流量 V_S/m^3 · s^{-1}</td><td>流速/
m · s^{-1}</td><td>Reynolds 准数 Re</td><td>观察现象</td><td>对应流型</td></tr>
<tr><td>1</td><td></td><td></td><td></td><td></td><td></td><td></td></tr>
<tr><td>2</td><td></td><td></td><td></td><td></td><td></td><td></td></tr>
<tr><td>3</td><td></td><td></td><td></td><td></td><td></td><td></td></tr>
<tr><td>4</td><td></td><td></td><td></td><td></td><td></td><td></td></tr>
<tr><td>5</td><td></td><td></td><td></td><td></td><td></td><td></td></tr>
</table>

实验指导

1. 注意事项

(1) 本实验过程中，应随时注意水槽的溢流水量，防止液面下降。

(2) 水槽的溢流应尽可能的小。因为溢流大时，上水的流量也大，上水和溢流两者造成的震动都比较大，会影响实验结果。

(3) 在实验过程中，操作要缓慢平稳，以免干扰流动过程的稳定性，实验有一定滞后现象，要等流体流动稳定后，再测量并记录数据。

(4) 层流时，若看不到有色直线流现象，可逐渐关小实验玻璃管的出口阀门，直到看到有色直线为止。随着水流量的增大，需细心调节着色液的流量，才能观察到较好的效果。

2. 数据处理

$$Re = \frac{du\rho}{\mu} \tag{10-1}$$

$$V_S = \frac{V}{1000 \times 3600} \tag{10-2}$$

$$u = \frac{V_S}{A} = \frac{V_S}{\pi d^2/4} \tag{10-3}$$

式中 A——实验管内截面积，m^2；

u——流体流速，$m \cdot s^{-1}$；

V_S——体积流量，$m^3 \cdot s^{-1}$；

V——转子流量计读数，L/h。

实验拓展

凡是几个有内在联系的物理量按无因次条件组合起来的数群，称为准数或无因次数群。这种组合并非是任意拼凑的，一般都是在大量试验的基础上，对影响某一现象或过程的各因素有一定认识之后，再用物理分析或数学推演或二者结合的方法归纳总结出来的。它既反映包含的各物理量的内在关系，又能说明某一现象或过程的一些本质。准数是一个纯粹的数值，没有量纲。

流体质点运动的影响因素主要有三个方面，即流体的性质（主要为密度 ρ、黏度 μ）、设备情况（主要为管路内径 d）和操作参数（主要为流速 u）。Reynolds 综合上述诸因素整理出一个无因次数群——Reynolds 准数，其数值的大小与流体的流动型态密切相关，可反映流体质点的湍流程度。

Re 准数是一个无因次数群，无论采用何种单位制，只要数群中各物理量单位一致，所算出的 Re 数值必相等。Reynolds 准数的因次分析为：

$$[Re] = \left[\frac{du\rho}{\mu}\right] = \frac{L \cdot \frac{L}{T} \cdot \frac{M}{L^3}}{\frac{M}{LT}} = L^0 M^0 T^0$$

Reynolds 准数的物理意义是表征惯性力与黏性力之比，即 Re = 惯性力/黏性力。惯性力加剧湍动，黏性力抑制湍动。若流体的流速大或黏度小，Re 数便大，表示惯性力占主导地位；Reynolds 数愈大，湍动程度便愈剧烈。若流体的速度小或黏度大，Re 数便小，表示黏性力占主导地位。

Re 数中的 u 和 d 称为流体流动的特征速度和特征尺寸。不同的流动情况，其特征速度和特征尺寸代表的涵义也不同。如流体在管内流动时，特征速度指流体的平均流速，特征尺寸为管内径。但是对于固体颗粒在大量流体中沉降时，特征速度指粒子的沉降速度 u_0，特征尺寸为粒子的平均直径。因此，在应用 Reynolds 准数判别流体的流动型态时，一定要与具体的流动情况相对应。

实验思考

1. Reynolds 准数的物理意义是什么？
2. 影响流体流动型态的因素有哪些？如何判断层流或者湍流？

3. 有色水的流量大小对实验结果有无影响？

4. 当 Re 分别为 1000、3000 和 6000 时，施加一定的干扰，使圆管内流型为湍流，当干扰消失后，其流型有无变化？

实验二　能量守恒与转化

实验目的

(1) 熟悉流动流体中各种能量和压头的概念及其相互转换关系，在此基础上掌握 Bernoulli 方程式；

(2) 观察水流沿程的能量变化规律，并验证 Bernoulli 方程式；

(3) 了解压头损失的影响因素；

(4) 加深对流体流动过程基本原理的理解。

实验背景

流动着的流体本身具有的能量包括四种：①内能，即储存于流体内部的能量。设 1kg 流体具有的内能为 U，其单位为 $J \cdot kg^{-1}$。②位能，即流体在重力作用下，处于不同高度时所具有的能量称为位能。计算位能时应先规定一个基准水平面，如 0–0′面。将质量为 $m$kg 的流体自基准水平面 0–0′升举到高度 z 处所做的功，即为位能。位能 $=mgz$，1kg 的流体所具有的位能为 zg，其单位为 $J \cdot kg^{-1}$。③动能，即流体以一定速度流动，便具有动能。1kg 的流体所具有的动能为$u^2/2$，其单位为 $J \cdot kg^{-1}$。④静压能。在静止或流动的流体内部，任一点处都有相应的静压强，如果在一内部有液体流动的管壁面上开一小孔，并在小孔处装一根垂直的细玻璃管，液体便会沿玻璃管上升，上升的液柱高度即是管内该截面处液体静压强的表现，换句话说，进入此截面的流体，也就具有与此功相当的能量，流体所具有的这种能量称为静压能或流动功。

位能、动能和静压能三种能量均为流体在截面处所具有的机械能，三者之和称为某截面上的流体所具有的总机械能。

流体与环境交换的能量有：①外加能量(外功)，即在一个流动系统中，存在流体输送机械(泵或风机)向流体作功，1kg 流体从流体输送机械所获得的能量称为外功或有效功，用 W_e 表示，其单位为 $J \cdot kg^{-1}$。②热量。即管路中有加热器、冷却器等换热设备，流体通过时换热。设换热器向 1kg 流体提供的热量为 Q，其单位为 $J \cdot kg^{-1}$。若无，则 $Q=0$。③损失能量，是指流体在系统中流动时，因克服系统阻力所损耗的能量，以 $\sum h_f$ 表示，单位 $J \cdot kg^{-1}$。

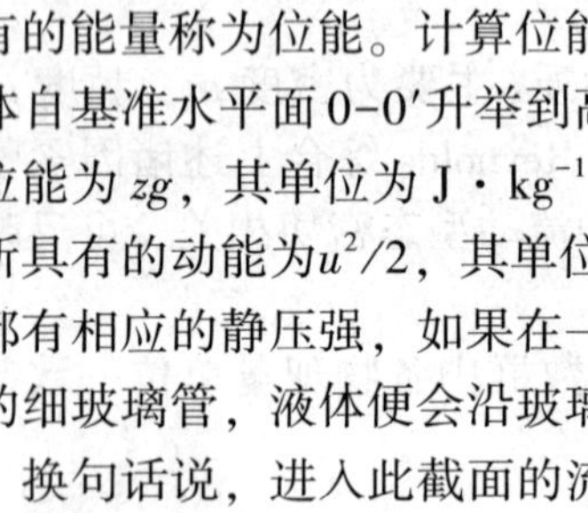

图 10–2　流动系统的总能量衡算式

1—换热器；2—泵

Bernoulli 方程式是流体流动中机械能守恒和转化原理的体现，它描述了流入和流出某系统的流体流量及有关流动参数间的定量关系。

图 10–2 中，根据热力学第一定律，以 1kg 流体为基准，连续定态流动系统的总能量衡算式为：

$$\Delta U + g\Delta z + \frac{\Delta u^2}{2} + \Delta(p\nu) = q_e + W_e \quad (10-4)$$

对于在管内作定态流动的不可压缩性流体，如果以单位质量流体为衡算基准，则在两衡算截面1-1′与2-2′之间可列出机械能衡算方程：

$$gz_1+\frac{u_1^2}{2}+\frac{p_1}{\rho}+W_e=gz_2+\frac{u_2^2}{2}+\frac{p_2}{\rho}+\sum h_f \tag{10-5}$$

式中 z_1，z_2——分别为截面1-1′与2-2′的中心至基准水平面的垂直距离，m；

u_1，u_2——分别为截面1-1′与2-2′处流体的平均流速，$m\cdot s^{-1}$；

p_1，p_2——分别为截面1-1′与2-2′处流体的压力，Pa；

W_e——输送机械对单位质量流体所加入的外功，$J\cdot kg^{-1}$；

$\sum h_f$——单位质量流体为克服流动阻力所消耗的机械能，$J\cdot kg^{-1}$。

对于理想流体，当没有外功加入 $W_e=0$ 且 $\sum h_f=0$ 时，则得Bernoulli方程式：

$$gz_1+\frac{u_1^2}{2}+\frac{p_1}{\rho}=gz_2+\frac{u_2^2}{2}+\frac{p_2}{\rho} \tag{10-6}$$

实验原理

对于不可压缩流体，在管内作定态流动，且系统与环境又无外功交换时，如果以单位质量流体为衡算基准，则对确定的系统可列出机械能衡算方程：

$$gz_1+\frac{u_1^2}{2}+\frac{p_1}{\rho}=gz_2+\frac{u_2^2}{2}+\frac{p_2}{\rho}+\sum h_f \tag{10-7}$$

若以单位重量流体为衡算基准时，则又可表达为：

$$z_1+\frac{u_1^2}{2g}+\frac{p_1}{\rho g}=z_2+\frac{u_2^2}{2g}+\frac{p_2}{\rho g}+H_f \tag{10-8}$$

不可压缩流体的机械能衡算方程，应用于不同的具体情况下，应作适当的简化，例如：当流体为理想液体时，于是式(10-7)和式(10-8)可简化为：

$$gz_1+\frac{u_1^2}{2}+\frac{p_1}{\rho}=gz_2+\frac{u_2^2}{2}+\frac{p_2}{\rho} \tag{10-9}$$

$$z_1+\frac{u_1^2}{2g}+\frac{p_1}{\rho g}=z_2+\frac{u_2^2}{2g}+\frac{p_2}{\rho g} \tag{10-10}$$

当液体流经的系统为一水平装置的管道时，则式(10-7)和式(10-8)又可简化为：

$$\frac{u_1^2}{2}+\frac{p_1}{\rho}=\frac{u_2^2}{2}+\frac{p_2}{\rho}+\sum h_f \tag{10-11}$$

$$\frac{u_1^2}{2g}+\frac{p_1}{\rho g}=\frac{u_2^2}{2g}+\frac{p_2}{\rho g}+\sum h_f \tag{10-12}$$

当流体处于静止状态时，则式(10-7)和式(10-8)又可简化为：

$$gz_1+\frac{p_1}{\rho}=gz_2+\frac{p_2}{\rho} \tag{10-13}$$

$$z_1 + \frac{p_1}{\rho g} = z_2 + \frac{p_2}{\rho g} \tag{10-14}$$

实验装置

Bernoulli 方程实验仪由玻璃管、活动测头、测压管、恒位水槽和循环水泵等部分组成。活动测头的小管和玻璃测压管相通，用手转动活动测头，就可以分别测量该点处流体的静压头和冲压头。由于玻璃管为变管径管路且位置也有高有低，测点有前有后，可以准确地测量在不同流速下不同管段的位能、静压能和动能，从而使 Bernoulli 方程得以验证。如图 10-3 所示。

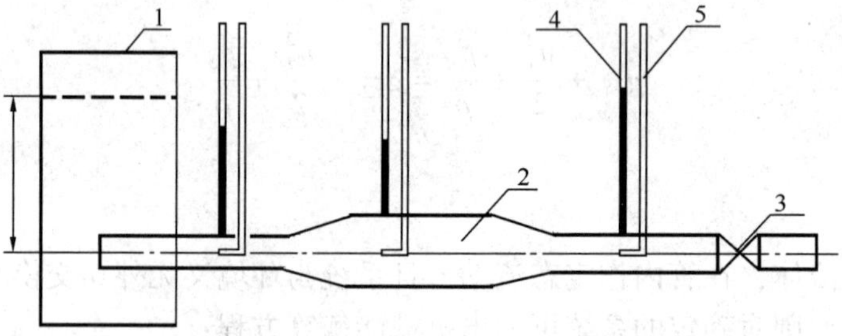

图 10-3　Bernoulli 实验装置

1—稳压水槽；2—试验导管；3—出口调节阀；4—静压头测量管；5—冲压头测量管

实验步骤

1. 实验操作

(1) 准备工作。

①向水箱中注入总容积 80%的水。

②实验前，首先用手扳动水泵叶轮，检查水泵转动是否灵活。如果感觉转动正常，则合上水泵电源。否则，应查找原因并排除。

③先缓慢开启进水阀，将水充满恒位溢流水槽，并保持有适量的水溢流流出，使槽内液面平稳不变。若无溢流，应适当关小回流阀门，以确保水槽中的溢流。

④检查零流速时，各水位计高度是否一致。若不一致，可能是水位计或活动测头内有气泡，可用吸耳球吸出。如果排除气泡后仍不一致，则是标尺安装高度不一，应调整标尺固定螺钉或记下零位误差，在实验数据中扣除。

⑤ 检查活动测头是否灵活。

(2) 关闭实验导管出口调节阀，观察和测量液体处于静止状态下各个测试点(a、b 和 c 三点)的压强。

(3) 缓慢开启实验导管的出口调节阀，观察比较液体在流动情况下测试点的压头变化，并测量流体在不同流量下的各测试点的静压头、动压头和损失压头。

(4) 用容积法测量流体的体积流量，即用量筒量取一定时间内的水流体积。

2. 数据记录

数据记录表见表 10-2。

表 10-2(a)　数据记录表

实验导管内径	d_A/mm		实验系统的总压头 h/mmH_2O	
	d_B/mm		水的温度	
	d_C/mm		水的密度	

表 10-2(b)　数据记录表

序号	测头指向	各测头水位/mm						流量/(L·s^{-1})		
		1	2	3	4	5	6	体积	时间	流量
1	正对									
	垂直									
2	正对									
	垂直									
3	正对									
	垂直									

实验指导

1. 注意事项

(1) 实验前一定要将实验导管和测压管中的气泡排除干净，否则会影响准确性。

(2) 开启进水阀或调节阀时，一定要缓慢，并随时注意设备内的变化。

(3) 实验过程中根据测压管量程范围，确定最小和最大流量。

(4) 为观察测压管的液柱高度，可在临实验测定前，向各测压管滴入几滴红墨水。

(5) 测量记录压头时，必须保持水位恒定。测压管液面有波动时，读数取平均值为宜。

2. 数据处理

(1) 确定流动体系的机械能分布及其转换，并画出能量变化曲线。

(2) 验证流动流体的机械能恒算方程。

实验拓展

1. 对 Bernoulli 方程式的讨论

(1) Bernoulli 方程式表明理想流体在管内做稳定流动、没有外功加入时，任意截面上单位质量流体的总机械能，即动能、位能、静压能之和为一常数，用 E 表示。即：1kg 理想流体在各截面上的总机械能相等，但各种形式的机械能却不一定相等，可以相互转换。

(2) 对于实际流体，在管路内流动时，应满足上游截面处的总机械能大于下游截面处的总机械能。

(3) Bernoulli 方程式中各项的物理意义可概括为，$g\Delta z$、$u^2/2$、$\Delta p/\rho$ 分别表示处于某个截面上的流体本身所具有的能量，W_e 和 $\sum h_f$ 是流体流动过程中所获得或消耗的能量。

(4) 当体系无外功，且处于静止状态时，Bernoulli 方程变形为 $gz_1+\dfrac{p_1}{\rho}=gz_2+\dfrac{p_2}{\rho}$，即流

体的静力平衡是流体流动状态的一个特例。

(5) Bernoulli 方程还有另外的两种不同的表达形式，分别是：

① 若以单位重量的流体为衡算基准，则 Bernoulli 方程可表示为：

$$z_1 + \frac{u_1^2}{2g} + \frac{p_1}{\rho g} + \frac{W_e}{g} = z_2 + \frac{u_2^2}{2g} + \frac{p_2}{\rho g} + \frac{\Sigma h_f}{g}$$

令

$$H_e = \frac{W_e}{g},\ H_f = \frac{\Sigma h_f}{g}$$

$$z_1 + \frac{u_1^2}{2g} + \frac{p_1}{\rho g} + H_e = z_2 + \frac{u_2^2}{2g} + \frac{p_2}{\rho g} + H_f$$

式中　z、$\frac{u^2}{2g}$、$\frac{p}{\rho g}$、$\frac{\Sigma h_f}{g}$——分别称为位压头，动压头，静压头和压头损失；

H_e——输送设备对流体所提供的有效压头。

② 若以单位体积流体为衡算基准，则 Bernoulli 方程可表示为：

$$\rho g z_1 + \frac{\rho u_1^2}{2} + p_1 + W_e\rho = \rho g z_2 + \frac{\rho u_2^2}{2} + p_2 + \rho\Sigma h_f$$

(6) 对于可压缩流体的流动，当所取系统两截面之间的绝对压强变化小于原来压强的 20%，即：$\frac{p_1 - p_2}{p_1} < 20\%$ 时，仍可使用 Bernoulli 方程。式中流体密度应以两截面之间流体的平均密度 ρ_m 代替。

2. Bernoulli 方程式的应用

(1) 应用 Bernoulli 方程的注意事项

① 作图并确定衡算范围。根据题意画出流动系统的示意图，并用箭头指明流体的流动方向，定出上、下游截面，以明确流动系统的衡算范围。

② 截面的选取。两截面都应与流动方向垂直，并且两截面间的流体必须是连续的，所求得未知量应在两截面或两截面之间，截面的有关物理量 Z、u、p 等除了所求的物理量之外，都必须是已知的或者可以通过其他关系式计算出来。

③ 基准水平面的选取。基准水平面的位置可以任意选取，但必须与地面平行，为了计算方便，通常取基准水平面通过衡算范围的两个截面中的任意一个截面。如衡算范围为水平管道，则基准水平面通过管道中心线，$\Delta z = 0$。

④ 单位必须一致。在应用 Bernoulli 方程之前，应把有关的物理量换算成统一的单位制，然后进行计算。两截面的压强除要求单位一致外，还要求表示方法一致。

(2) Bernoulli 方程的应用　Bernoulli 方程的应用主要体现在以下几方面：①确定管路中流体的流量；②确定容器间的相对位置；③确定输送设备的有效功率；④管道内流体的内压强及压强计的指示；⑤判断管路内流体的流向。

实验思考

1. 同一流量下，不同管径上流体的动能有何不同？
2. 讨论总压头损失与流体流量之间的关系。
3. 当管径突然扩大、突然缩小时，讨论流体的流量转换。
4. 讨论总压头线沿程和变化。

实验三　流体流动阻力的测定

实验目的

(1) 掌握流体流经直管和管阀件时阻力损失的测定方法，了解流体流动中能量损失的变化规律；

(2) 测定流体流经直管的摩擦阻力，并计算直管的摩擦系数 λ，确定 λ 与 Reynolds 准数 Re 的关系，将所得的 $\lambda \sim Re$ 方程与范宁公式进行比较；

(3) 测定并计算流体流经闸阀等管件时的局部阻力系数 ξ；

(4) 熟悉压差计和流量计的使用方法；

(5) 观察组成管路的各种管件、阀件，并了解其作用。

实验背景

流体在管内流动时，由于黏性剪应力和涡流运动的存在，且管内壁都有一定的粗糙度，因此不可避免地要消耗一定的机械能。这种机械能的消耗主要体现在两方面：一是流体流经直管时，由于流体和管壁之间的摩擦而产生的直管阻力(又称沿程阻力)；二是流体流经管件、阀门等部件时，由于速度的大小或方向的改变而引起的局部阻力。

1. 直管阻力

流体作定态流动时受力平衡，这是计算圆形直管阻力通式的基础。

流体以一定的流速在圆管内流动时，受到方向相反的两个力的作用：一个是推动力，其方向与流动方向一致；另一个是摩擦阻力，其方向与流动方向相反。当这两个力达到平衡时，流体作定态流动。

现分析不可压缩流体以速度 u 在一段水平直管内作定态流动的情况，示意图见图10-4。

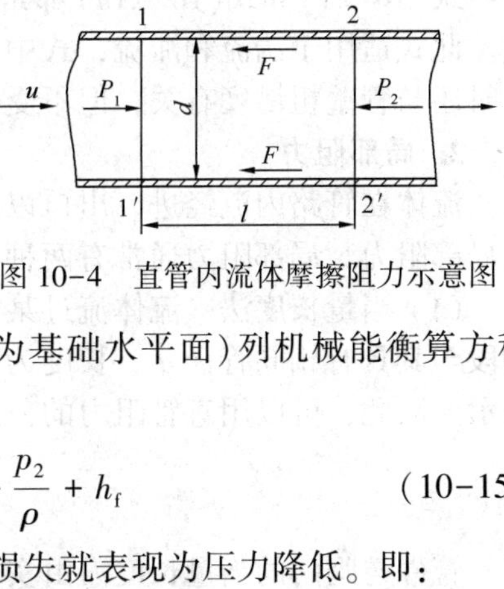

图 10-4　直管内流体摩擦阻力示意图

在图 10-4 中 1-1′与 2-2′两截面之间(以管中心线为基础水平面)列机械能衡算方程式，得：

$$z_1 g + \frac{u_1^2}{2} + \frac{p_1}{\rho} + W_e = z_2 g + \frac{u_2^2}{2} + \frac{p_2}{\rho} + h_f \qquad (10\text{-}15)$$

式(10-15)中 $z_1 = z_2$，$u_1 = u_2$，当无外功加入时，其阻力损失就表现为压力降低。即：

$$h_f = \frac{p_1 - p_2}{\rho} = \frac{\Delta p}{\rho} \qquad (10\text{-}15a)$$

流体在直径为 d、长度为 l 的水平管内受力平衡，即推动力=摩擦力。

促使流体向前流动的推动力为两截面间的压力差，即：

$$P_1 - P_2 = \frac{(p_1 - p_2)\pi d^2}{4} \qquad (10\text{-}16)$$

平行作用于流体柱表面上的摩擦力为：　$F = \tau S = \tau \pi d l$　　(10-17)

流体作定态流动时，以上两力应大小相等且方向相反，即

$$P_1 - P_2 = \frac{(p_1 - p_2)\pi d^2}{4} = \tau\pi dl$$

即：

$$p_1 - p_2 = 4\tau l/d \tag{10-18}$$

由式(10-15)得：

$$h_f = \frac{p_1 - p_2}{\rho} = \frac{4\tau l}{\rho d} \tag{10-19}$$

为了便于工程计算并突出影响流动阻力的各因素，将式(10-19)进行变换，得到：

$$h_f = \frac{4\tau}{\rho}\left(\frac{2}{u^2}\right)\left(\frac{l}{d}\right)\left(\frac{u^2}{2}\right)$$

令：

$$\lambda = \frac{8\tau}{\rho u^2} \tag{10-20}$$

则得：

$$h_f = \lambda \frac{l}{d}\frac{u^2}{2} \tag{10-21}$$

或：

$$\Delta p_f = \rho h_f = \lambda \frac{l}{d}\frac{\rho u^2}{2} \tag{10-21a}$$

式中 h_f——直管阻力损失，$J \cdot kg^{-1}$；

Δp_f——直管阻力损失，Pa；

λ——摩擦系数，无量纲；

d——管内径，m；

l——流体流经直管的距离，m；

u——管内的流速，$m \cdot s^{-1}$。

式(10-21)和式(10-21a)都是计算圆形直管阻力所引起能量损失的通式，称为范宁公式。此式适用于湍流和滞流，式中 λ 为摩擦系数，无因次，其值随流体流动状态而变，湍流时还与管壁粗糙度有关，但不受管路铺设情况(水平、垂直、倾斜)所限制。

2. 局部阻力

流体在管路内流经进、出口以及弯头、阀门等管件时，因流速或流向的改变，在该处产生局部阻力。局部阻力通常有两种计算方法，即当量长度法和阻力系数法。

(1) 当量长度法　流体流过某管件或阀门时，因局部阻力造成的损失，相当于流体流过一段与其具有相同管径 d 、长度为 l_e 的直管的阻力，这个直管长度称为当量长度，用符号 l_e 表示。因此，可以用直管阻力的公式来计算局部阻力损失，即：

$$h'_f = \lambda \frac{l_e}{d}\frac{u^2}{2} \tag{10-22}$$

管件与阀门的当量长度需由实验测定，或查找相关的资料。

在管路计算时，可将管路中的直管长度与管件、阀门的当量长度合并在一起计算。如管路中直管长度为 l ，各种局部阻力的当量长度之和为 Σl_e ，则流体在管路中流动时的总阻力损失 Σh_f 可表示为：

$$\Sigma h_f = h_f + h'_f = \lambda\left(\frac{l + \Sigma l_e}{d}\right)\frac{u^2}{2} \tag{10-23}$$

(2) 阻力系数法　流体通过某一管件或阀门时的阻力损失，可表示为流体在小管路中的动能因子 $u^2/2$ 的一个倍数，这种计算局部阻力的方法，称为阻力系数法。即：

$$h'_f = \zeta \frac{u^2}{2} \tag{10-24}$$

$$\Delta p'_f = \rho h'_f = \xi \frac{\rho u^2}{2} \tag{10-24a}$$

式中　ξ——局部阻力系数，无因次；

u——在小截面管中流体的平均流速，$m \cdot s^{-1}$。

管路入口的局部阻力系数$\zeta_i = 0.5$，出口的局部阻力系数$\zeta_o = 1.0$。管路突然扩大、缩小及管件阀门的ξ值可查有关资料。

则流体在管路中流动时的总阻力损失Σh_f可表示为：

$$\Sigma h_f = h_f + h'_f = \left(\lambda \frac{l}{d} + \Sigma\xi\right) \frac{u^2}{2} \tag{10-25}$$

由于管件两侧距测压孔间的直管长度很短，引起的摩擦阻力与局部阻力相比，可以忽略不计。因此h'_f之值可应用 Bernoulli 方程由压差计读数求取。

实验原理

不可压缩流体流经由直管、管件和阀门组成的管路系统时，会产生相应的直管阻力和局部阻力损失。

1. 直管阻力摩擦系数 λ 的测定

流体在等径水平直管中稳定流动时，由范宁公式$h_f = \lambda \frac{l}{d} \frac{u^2}{2}$，可得摩擦系数的表达式为：

$$\lambda = h_f \frac{d}{l} \frac{2}{u^2} = \frac{\Delta p_f}{\rho} \frac{d}{l} \frac{2}{u^2} \tag{10-26}$$

在实验室中多采用倒 U 形管液柱压差计测压。

$$\Delta p_f = p_1 - p_2 = \rho g \Delta R \tag{10-27}$$

式中　h_f——直管阻力损失，$J \cdot kg^{-1}$；

Δp_f——直管上两测压口的压力差，Pa；

λ——摩擦系数，无量纲；

d——直管内径，m；

l——直管上两测压点的距离，m；

u——管内流体的流速，$m \cdot s^{-1}$；

ρ——流体密度，$kg \cdot m^{-3}$；

ΔR——U 形管内液柱的高度，m。

流速的测定可以使用流速计，也可以由单位时间内获得流体体积的“容积法”实测得到。

$$u = \frac{4V_S}{\pi d^2} \tag{10-28}$$

式中　V_S——管内流体的体积流量，m^3/s。

将式(10-27)、式(10-28)代入式(10-26)，可得直管阻力系数 λ 的表达式：

$$\lambda = \frac{\pi^2 d^5 g \Delta R}{8 l V_S^2} \tag{10-29}$$

由于已知d、u，则：

$$Re = \frac{du\rho}{\mu} \tag{10-29a}$$

将实验得到的系列 λ 值与 Re 值标绘在坐标图中，得出 $\lambda - Re$ 的关系曲线图。

2. 局部阻力摩擦系数 ξ 的测定

采用阻力系数法计算流体流经管件的局部阻力时，由 $\Delta p'_f=\rho h'_f=\xi\frac{\rho u^2}{2}$，可得计算管路中各管件、阀门的局部阻力系数 ξ 的表达式：

$$\xi=\frac{2\Delta p'_f}{\rho u^2}=\frac{2\rho g\Delta R}{\rho u^2}=\frac{2g\Delta R}{u^2} \tag{10-30}$$

式中 ξ——局部阻力系数，无因次；

$\Delta p'_f$——局部阻力引起的压强降，Pa。

实验装置

1. 实验装置

实验装置如图 10-5 所示，主要由水槽、不同管径材质的管子、各种阀门和管件以及孔板流量计等组成。第一根为不锈钢光滑管，第二根为镀锌铁管，分别用于光滑管和粗糙管流体流动时直管阻力的测定。第三根为不锈钢管，装有闸阀，可用于局部阻力的测定。

本实验的介质为水，由离心泵供给，经实验装置后的水通过管道流入储水箱内循环使用。

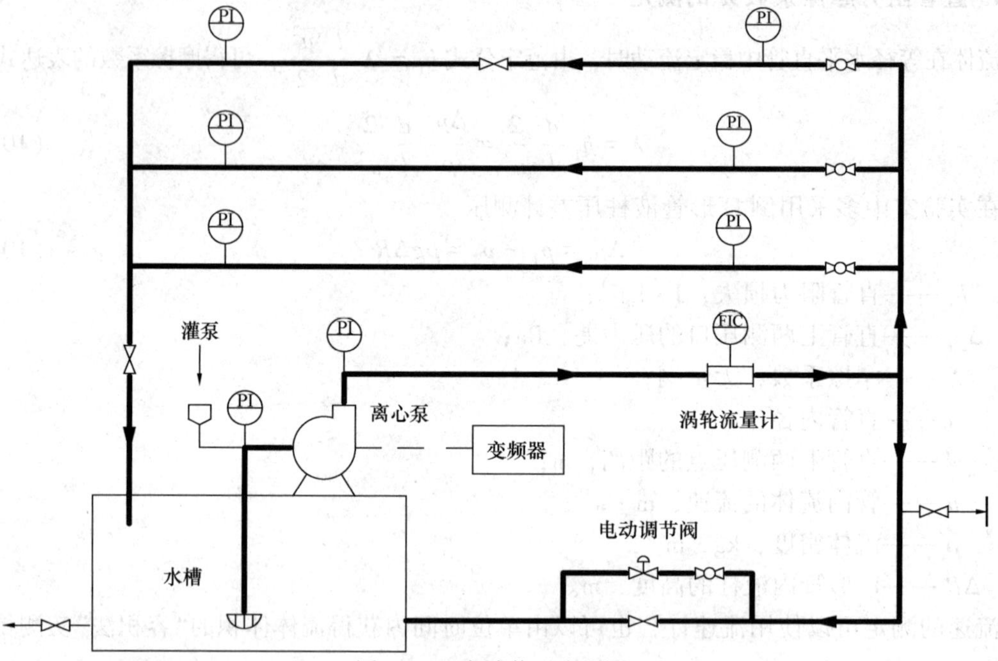

图 10-5 实验装置流程图

2. 装置结构尺寸

将装置结构尺寸参数记录在表 10-3。

表 10-3 实验装置参数表

名称	材质	管内径/mm	测试段长度/m
光滑管	不锈钢管		
粗糙管	镀锌铁管		
局部阻力	闸阀		

实验步骤

1. 实验操作

(1) 给水箱充满水，关闭水泵的出口阀，启动水泵，待电机转动平稳后，把泵的出口阀缓慢开到最大。同时，打开被测管线上的开关阀及面板上与其相应的切换阀，关闭其他管路的开关阀和切换阀，以确保测压点一一对应。

(2) 采用手动法测量，首先对倒U形管压差计进行，使压差计两端在带压且零流量时的液位高度相等。当测完一根管的阻力后，应将流量调节阀关闭，观察压差计的两液面是否水平，若水平时才能更换另一条管路，否则应重新排气和调零，以确保数据准确。

(3) 将出口控制阀开到最大，观察最大流量范围或最大压差变化范围，据此进行合理地实验布点。

(4) 根据实验布点，缓慢打开出水阀门，调节好一个流量。待水流稳定后，正确测取压差和流量等有关参数。然后再改变流量大小，正确读取不同流量下的压差和流量等有关实验数据。

(5) 测定完光滑管阻力后，关闭光滑管的进水阀门。

(6) 同理，给倒U形压差计排水后，分别进行粗糙管及局部阻力实验。

(7) 实验结束后，应将实验装置中的水排放干净。

2. 数据记录

数据记录表见表(10-4)。

表10-4 数据记录表

序号	流量/($L \cdot s^{-1}$)	直管阻力				局部阻力	
		光滑管		粗糙管		闸阀	
1		左读数	右读数	左读数	右读数	左读数	右读数
2							
3							
4							
5							
6							

实验指导

1. 注意事项

(1) 启动离心泵之前，以及从光滑管阻力测量过渡到其他测量之前，都必须检查所有流量调节阀是否关闭。

(2) 在实验过程中每调节一个流量后，应稳定一段时间，待流量和倒U形管压差计的读数恒定后方可记录数据。

(3) 较长时间未做实验，启动离心泵之前应先关闭出口阀，否则易烧坏电机。

(4) 在测量不同管路的压降时，一定首先切换到U形管压差计的测压点。

2. 数据处理

（1）当装置确定后，根据 ΔP 和 u 的实验测定值，可计算 λ 和 ξ，将结果写入表 10-5。而在等温条件下，Reynolds 数 $Re = du\rho/\mu = Au$，其中 A 为常数，因此只要调节流量调节阀，便可得一系列 $\lambda - Re$ 的实验数据，由此绘出 $\lambda - Re$ 曲线。对照化工原理教材上有关图形，即可估出该管的相对粗糙度和绝对粗糙度。

（2）根据光滑管实验结果，对照柏拉修斯方程，计算其误差。

（3）根据局部阻力实验结果，求出闸阀全开时的平均 ξ 值。

（4）对实验结果进行分析讨论。

表 10-5　实验数据处理表

序号	流速/($m \cdot s^{-1}$)	Re	λ	ξ
1				
2				
3				
4				
5				
6				

实验拓展

流体在圆形管内作定态流动时，流动型态不同，相应的摩擦系数 λ 也不同。

1. 层流时的摩擦系数

流体在直管中作层流流动时，管中心处最大速度为：

$$u_{max} = -\frac{\Delta p}{4\mu l}R^2 \tag{10-31}$$

将平均速度 $u = \frac{1}{2}u_{max}$ 及 $R = \frac{d}{2}$ 代入上式中，可得：

$$(p_1 - p_2) = \frac{32\mu lu}{d^2}$$

$$\Delta p_f = \frac{32\mu lu}{d^2} \tag{10 - 32}$$

式(10-32)称为 Hagen-Poiseuille 方程，是流体在直管内作层流流动时压力损失的计算式。

由此，流体在直管内层流流动时能量损失或阻力的计算式可表示为

$$h_f = \frac{32\mu lu}{\rho d^2} \tag{10-33}$$

表明层流时阻力与速度的一次方成正比。

式(10-33)也可改写为：

$$h_f = \frac{32\mu lu}{\rho d^2} = \frac{64\mu}{d\rho u} \cdot \frac{l}{d} \cdot \frac{u^2}{2} = \frac{64}{Re} \cdot \frac{l}{d} \cdot \frac{u^2}{2} \tag{10-33a}$$

将式(10-33a)与式(10-21)比较，可得层流时摩擦系数的计算式：

$$\lambda = \frac{64}{Re} \tag{10-34}$$

即层流时摩擦系数 λ 是 Reynolds 数 Re 的函数。

2. 湍流时的摩擦系数

(1) 因次分析法　层流时阻力的计算式可由理论推导所得，而湍流时情况较复杂，目前尚不能得到合理的理论计算公式，但通过实验研究，可获得一些经验关系式，这种实验研究方法是化工中常用的方法。在实验时，每次只能改变一个变量，而将其他变量固定，如果过程中涉及的影响因素很多，工作量必然很大，而且将实验结果关联成形式简单、便于应用的公式也很困难。在化工中常用的是工程研究方法——因次分析法，将几个变量组合成一个无因次数群，用无因次数群代替单个的变量进行实验，由于数群的数目总是比变量的数目少，因此可以大大减少实验的次数，简化关联数据的工作。

因次分析法的基础是因次一致性原则，即凡是根据基本的物理规律导出的物理量方程式，其中各项的因次必然相同，也就是说，方程式中的每一项物理量都应具有相同的因次。

因次分析法的基本定理是 Buckinghan 的 π 定理：假设影响某一物理现象的独立变量数为 n 个，这些变量的基本因次数有 m 个，则该物理现象可用 $N = n - m$ 个独立的无因次数群来表示。

根据对摩擦阻力相关实验研究的综合分析，可知流体在湍流流动时，由于内摩擦力而产生的压力损失 Δp_{f} 与流体的密度 ρ 、黏度 μ 、平均流速 u 、管径 d 、管长 l 及管壁的粗糙度 ε 有关，即：

$$\Delta p_{\mathrm{f}} = f(\rho,\ \mu,\ u,\ d,\ l,\ \varepsilon) \tag{10-35}$$

式中 7 个变量的因次分别为：

$$[p] = M\theta^{-2}L^{-1} \quad [\rho] = ML^{-3} \quad [u] = M\theta^{-1}$$

$$[d] = L \quad [l] = L\ [\varepsilon] = L \quad [\mu] = M\theta^{-1}L^{-1}$$

基本因次有 3 个。根据 π 定理，无因次数群的数目 $N = n - m = 7 - 4 = 3$ 个。

将式(10-35)写成幂函数的形式：

$$\Delta p_{\mathrm{f}} = kd^a l^b u^c \rho^d \mu^e \varepsilon^f \tag{10-36}$$

将上式写成因次关系式：

$$M\theta^{-2}L^{-1} = L^a L^b\ (L\theta^{-1})^c\ (ML^{-3})^d\ (ML^{-1}\theta - 1)^e L^f$$

根据因次一致性原则：

对于 M 有：　　$1 = d + e$

对于 L 有：　　$-1 = a + b + c - 3d - e + f$

对于 θ 有：　　$-2 = -c - e$

设 b、e、f 已知，解得：

$$\begin{cases} a = -b - e - f \\ c = 2 - e \\ d = 1 - e \end{cases}$$

则，

$$\Delta p_{\mathrm{f}} = kd^{-b-e-f} l^b u^{2-e} \rho^{1-e} \mu^e \varepsilon^f$$

$$\frac{\Delta p_{\mathrm{f}}}{\rho u^2} = k\left(\frac{l}{d}\right)^b \left(\frac{d\rho u}{\mu}\right)^{-e} \left(\frac{\varepsilon}{d}\right)^f$$

即

$$\frac{\Delta p_{\mathrm{f}}}{\rho u^2} = \phi\left(\frac{d\rho u}{\mu},\ \frac{l}{d},\ \frac{\varepsilon}{d}\right) \tag{10 - 37}$$

式中 $\frac{d\rho u}{\mu}$——Reynolds 数 Re；

$\frac{\Delta p_f}{\rho u^2}$——欧拉(Euler)准数，也是无因次数群；

$\frac{l}{d}$——无因次比值，反映管子的几何尺寸对流动阻力的影响；

$\frac{\varepsilon}{d}$——相对粗糙度，反映管壁粗糙度对流动阻力的影响。

式(10-37)具体的函数关系通常由实验确定。根据实验可知，流体流动阻力与管长 l 成正比，该式可改写为：

$$\frac{\Delta p_f}{\rho u^2} = \frac{l}{d}\phi\left(Re\ ,\ \frac{\varepsilon}{d}\right) \qquad (10-38)$$

或

$$h_f = \frac{\Delta p_f}{\rho} = \frac{l}{d}\phi\left(Re,\ \frac{\varepsilon}{d}\right)u^2 \qquad (10-38a)$$

与范宁公式(10-21)相对照，可得：

$$\lambda = f\left(Re,\ \frac{\varepsilon}{d}\right) \qquad (10-39)$$

即湍流时摩擦系数 λ 是 Re 和相对粗糙度 $\frac{\varepsilon}{d}$ 的函数。

管壁粗糙度对流动阻力或摩擦系数的影响，主要是由于流体在管道中流动时，流体质点与管壁的凸起部分相碰撞而增加了流体的能量损失，其影响程度与管径的大小有关，因此在摩擦系数图中用参数相对粗糙度 ε/d，而不是绝对粗糙度 ε。

流体作层流流动时，流体层做平行于管轴的流动，层流层掩盖了管壁的粗糙面，同时流体的流动速度也比较缓慢，对管壁的凸起部分没有什么碰撞作用，所以层流时的流动阻力或摩擦系数与管壁粗糙度无关，只与 Re 有关。

流体作湍流流动时，靠近壁面处存在着层流内层。如果层流内层的厚度 δ_L 大于管壁的绝对粗糙度 ε，即 $\delta_L > \varepsilon$ 时，如图[10-6(a)]所示，此时管壁粗糙度对流动阻力的影响与层流时相近，此为水力光滑管。随着 Re 的增加，层流内层的厚度逐渐减薄，当 $\delta_L < \varepsilon$ 时，如图[10-6(b)]所示，壁面的凸起部分伸入湍流主体区，与流体质点发生碰撞，使流动阻力增加。当 Re 大到一定程度时，层流内层薄得足以使壁面的凸起部分都伸入到湍流主体中，加剧了质点的碰撞，致使粘性力不再起作用，而包括黏度 μ 在内的 Re 不再影响摩擦系数的大小，此时流动进入了完全湍流区，此为完全湍流粗糙管。

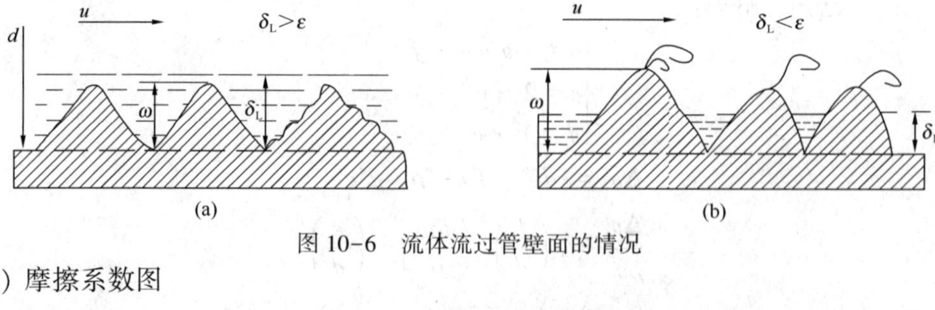

图 10-6　流体流过管壁面的情况

(2) 摩擦系数图

将摩擦系数 λ 对 Re 和相对粗糙度 $\frac{\varepsilon}{d}$ 的关系曲线标绘在双对数坐标上，如图 10-7 所示，

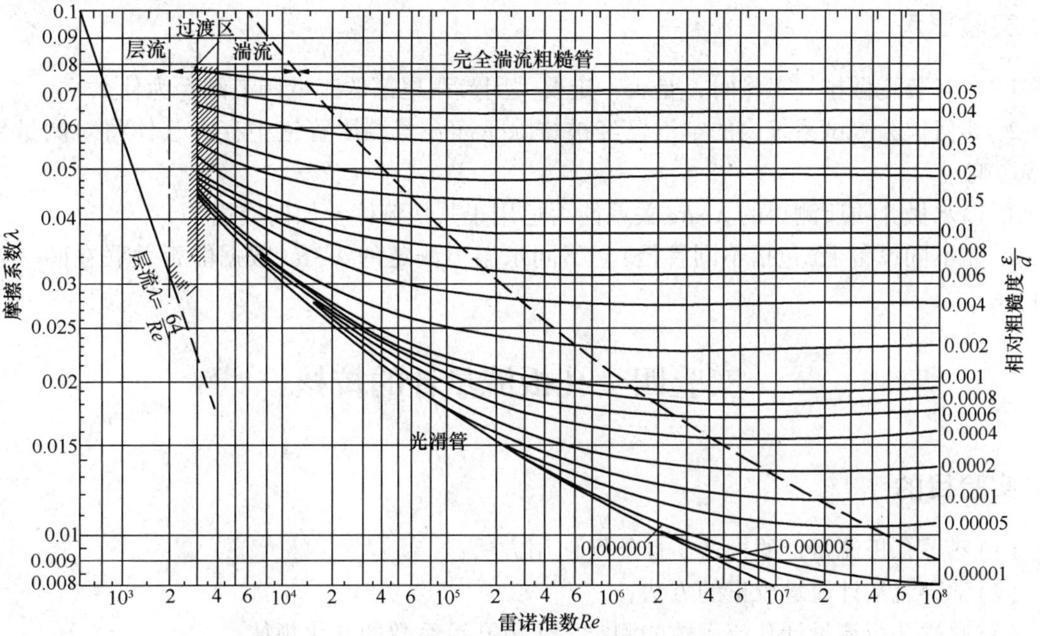

图 10-7　摩擦系数 λ 与 Reynolds 准数 Re 及相对粗糙度 ε/d 的关系

称为 Moody 摩擦系数图。

根据 Re 值不同，图 10-7 可分为四个不同的区域：

① 层流区($Re \leqslant 2000$)，λ 与 Re 为直线关系，且与 ε/d 无关，即 $\lambda=\dfrac{64}{Re}$，此时 $h_f \propto u$，即 h_f 与 u 的一次方成正比。

② 过渡区($2000<Re<4000$)，在此区域内层流或湍流的 $\lambda-Re$ 曲线均可应用。在阻力计算时，为安全考虑，通常将湍流时的曲线延伸，以查取 λ 值。

③ 湍流区($Re \geqslant 4000$ 以及虚线以下的区域)，此时 λ 与 Re、ε/d 都有关，当 ε/d 一定时，λ 随 Re 的增大而减小；而 Re 一定时，λ 随 ε/d 的增加而增大。

④ 完全湍流区(虚线以上的区域)，此区域内各曲线都趋近于水平线，即 λ 与 Re 无关、只与 ε/d 有关。对于某特定管路，ε/d 一定，λ 为常数，$h_f \propto u^2$，所以此区域又称为阻力平方区。从图中也可以看出，相对粗糙度 ε/d 愈大，达到阻力平方区的 Re 值愈小。

对于湍流时的摩擦系数 λ，除了用 Moody 图查取外，还可以利用一些经验公式计算，如适用于光滑管的 Blasius 式：

$$\lambda=\frac{0.3164}{Re^{0.25}} \tag{10-40}$$

其适用范围为 $Re=5\times10^3\sim10^5$。此时能量损失 h_f 约与速度 u 的 1.75 次方成正比。

Colebrook 式：

$$\frac{1}{\sqrt{\lambda}}=1.74-2\lg\left(\frac{2\varepsilon}{d}+\frac{18.7}{Re\sqrt{\lambda}}\right) \tag{10-41}$$

此式适用于湍流区的光滑管与粗糙管直至完全湍流区。

实验思考

1. 在对装置做排气工作时，是否一定要关闭流程尾部的流量调节阀？为什么？

2. 如何检验测试系统内的空气已经被排除干净？若测压管道中存有气体将对测量带来哪些影响？

3. 以水做介质所测得的 λ-Re 关系能否适用于其他流体？如何应用？

4. 在不同设备上(包括不同管径)，不同水温下测定的 λ-Re 数据能否关联在同一条曲线上？

实验四　孔板流量计的校核

实验目的

(1)熟悉孔板流量计的构造、性能及使用方法；

(2)学会流量计流量校正的方法；

(3)通过孔板流量计孔流系数的测定，了解孔流系数的变化规律。

实验背景

流体的流量是化工中需要测量和调控的重要参数之一，流量的测量仪表种类和型式很多，其中常用的有测速管、孔板流量计、Venturi 流量计和转子流量计等。这些测量仪表都是利用测定流体的压差来确定流体的流速，从而测定流体的流量。

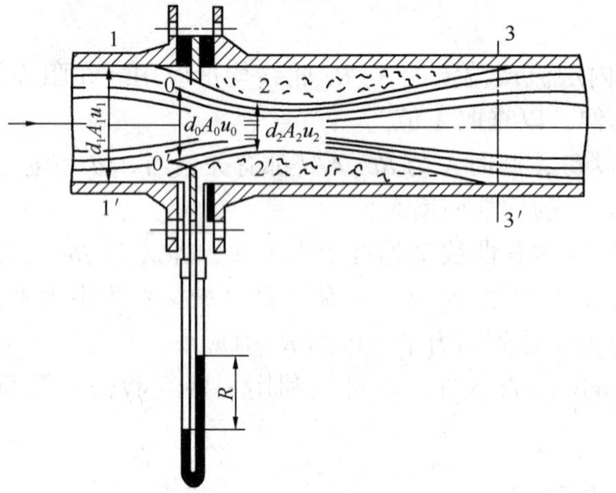

图 10-8　孔板流量计

本实验用的孔板流量计属于差压式流量计，是利用流体流经节流元件后，流速增大、压力减小，以产生的压力差来实现流量测量的。孔板流量计的节流元件为孔板，即中央开有圆孔的金属板，其结构如图 10-8 所示。将孔板垂直安装在管道内，孔的中心位于管道的中心线上，以一定取压方式测取孔板前后两端的压差，并与压差计相连，即构成孔板流量计。

在图 10-8 中，在管道截面 1-1′前，流体以一定的流速 u_1 在管内流动。当到达截面 1-1′后，流经孔板的孔口，流束开始收缩，流速增大。但由于惯性的作用，流束的最小截面并不在孔口处，而是经过孔板后仍继续收缩，到截面 2-2′达到最小，流速 u_2 达到最大。流束截面最小处称为缩脉。随后流束又逐渐扩大，直至截面 3-3′处，又扩大至整个管截面，流速也降低到原来的数值。

由于孔板的节流作用而产生的流速变化必然引起流体压力的变化。流体在缩脉处流速最大，即动能最大，而压力降至最低。因此，当流体以一定流量流经小孔时，在孔前后就产生一定的压力差 $\Delta p = p_1 - p_2$。流量愈大，Δp 也就愈大，所以利用测量压差的方法就可以测量流量。

孔板流量计的流量与压差的关系，可由连续性方程和 Bernoulli 方程推导给出。

如图 10-8，在 1-1′截面和 2-2′截面间列 Bernoulli 方程，暂时略去能量损失，可得：

$$\frac{p_1}{\rho}+\frac{1}{2}u_1^2=\frac{p_2}{\rho}+\frac{1}{2}u_2^2 \tag{10-42}$$

或整理为：

$$\frac{u_2^2-u_1^2}{2}=\frac{p_1-p_2}{\rho}$$

即：

$$\sqrt{u_2^2-u_1^2}=\sqrt{\frac{2(p_1-p_2)}{\rho}}=\sqrt{\frac{2\Delta p}{\rho}} \tag{10-43}$$

在上式推导中未考虑能量损失，实际上流体流经孔板的能量损失不能忽略不计。另外，缩脉的位置不定，A_2 未知，但孔口面积 A_0 确定，因此使用孔口速度 u_0 替代缩脉处速度 u_2；同时由于孔板厚度很小，故不能将下游测压口正好放在孔板上，通常是将上、下游两个测压口装在紧靠孔板前后的位置上，所以引入一校正系数 C，以校正上述各因素的影响，则式(10-43)可写为：

$$\sqrt{u_0^2-u_1^2}=C\sqrt{\frac{2(p_1-p_2)}{\rho}}=C\sqrt{\frac{2\Delta p}{\rho}} \tag{10-43a}$$

根据连续性方程，对于不可压缩性流体得：

$$u_1=u_0\frac{A_0}{A_1}$$

将上式代入式(10-43a)，整理后得：

$$u_0=\frac{C}{\sqrt{1-\left(\frac{A_0}{A_1}\right)^2}}\sqrt{\frac{2\Delta p}{\rho}} \tag{10-44}$$

令 $C_0=\frac{C}{\sqrt{1-\left(\frac{A_0}{A_1}\right)^2}}$，则上式为：

$$u_0=C_0\sqrt{\frac{2(p_1-p_2)}{\rho}}=C_0\sqrt{\frac{2\Delta p}{\rho}} \tag{10-45}$$

将采用 U 形管压差计测量 Δp，其读数为 R，指示液密度为 ρ_A，则：

$$p_1-p_2=gR(\rho_A-\rho)$$

代入式(10-45)，可得：

$$u_0=C_0\sqrt{\frac{2Rg(\rho_0-\rho)}{\rho}} \tag{10-46}$$

根据 u_0 即可计算流体的体积流量 V_S 及质量流量 m_s。

$$V_S=u_0A_0=C_0A_0\sqrt{\frac{2Rg(\rho_0-\rho)}{\rho}} \tag{10 - 47}$$

$$m_S=C_0A_0\sqrt{2Rg\rho(\rho_0-\rho)} \tag{10 - 48}$$

式中 C_0 称为流量系数或孔流系数，其值由实验测定。C_0 主要取决于流体流动的 Reynolds 数

Re、孔口面积与管道面积比 A_0/A_1，同时孔板的取压方式、加工精度、管壁粗糙度等因素也对其有一定的影响。对于取压方式、结构尺寸、加工状况均已规定的标准孔板，流量系数 C_0 可以表示为：

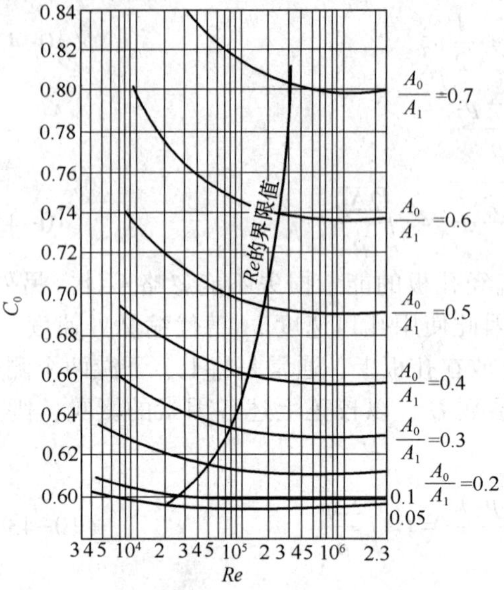

图 10-9　标准孔板的流量系数

$$C_0 = f\left(Re,\ \frac{A_0}{A_1}\right) \qquad (10-49)$$

式中 *Re* 是以管道的内径 d_1 计算的 Reynolds 数，即：

$$Re = \frac{d_1 \rho u_1}{\mu}$$

对于按标准规格及精度制作的孔板，采用角接取压法安装在光滑管路中的标准孔板流量计，实验测得的 C_0 与 *Re*、A_0/A_1 的关系曲线如图 10-9 所示。从图中可以看出，对于 A_0/A_1 相同的标准孔板，C_0 只是 *Re* 的函数，且随 *Re* 的增大而减小。当 *Re* 超过某一临界值 Re_c 后，C_0 成为一个仅取决于 A_0/A_1 的常数。设计合理的孔板流量计，应尽量使常用流量在此范围内，常用的 C_0 值为 0.6~0.7。

用式(10-47)或式(10-48)计算流体的流量时，必须先确定流量系数 C_0。但 C_0 又与 *Re* 有关，而管道中的流体流速未知，故无法计算 *Re* 值，此时可采用试差法。即先假设 *Re* 超过临界值 Re_c，由 A_0/A_1 从图 10-9 中查得 C_0，然后计算流量、流速及相应的 *Re*。若所得的 *Re* 值大于临界值 Re_c，则表明原来的假设正确，否则应重新假设，直至计算值与假设值相符为止。

由式(10-47)可知，当流量系数 C_0 为常数时：

$$V_S \propto \sqrt{R}$$

或：

$$R \propto V_S^2$$

上式表明 U 形管压差计的读数 *R* 与流量的平方成正比，即流量的微小变化将导致读数 *R* 显著的变化，因此测量的灵敏度较高。此外，孔板流量计的测量范围受 U 形管压差计量程的限制，同时考虑到孔板流量计的能量损失随流量的增大而迅速增加，故孔板流量计不适用于测量流量范围较大的场合。

孔板流量计安装位置的上、下游必须有一段内径不变的直管作为稳定段，根据经验，上游长度至少为管径的 10 倍，下游长度至少为管径的 5 倍。

孔板流量计结构简单，制造与安装方便，其主要缺点是能量损失较大。这主要是由于流体流经孔板时，流体与孔板有摩擦、流道突然收缩和扩大，形成涡流产生阻力，使部分能量损失，因此流体流过流量计后压力不能完全恢复，这种损失称为永久压力损失(局部阻力损失)。流量计的永久压力损失可以用实验方法测出。

实验原理

工厂生产的流量计大部分都是按标准规范生产的，出厂时一般都在标准状况下以水或空气为介质进行标定，给出流量曲线或按规定的流量计算公式给出指定的流量系数。但是流量计在使用时，由于所处温度、压强、介质的性质同标定时不同，因此为了测定准确和使用方便，往往需要在使用现场进行流量计的校正。即使已校正过的流量计，在长时间使用中磨损较大，也需要再一次校正。

本实验中，流量计的校正就是确定孔板流量计的孔流系数。当孔流系数确定后，就可根据式(10-47)，由压差计读数来确定流量。

影响孔板流量计孔流系数的因素很多，如流体流动的 Re、孔口面积与管道面积比 A_0/A_1、测压方式、孔口形状以及加工精度、孔板厚度、管壁粗糙度等。对于测压方式、结构尺寸等均已规定的标准孔板流量计，孔流系数 C_0 可以表示为：

$$C_0 = f\left(Re,\ \frac{A_0}{A_1}\right) \tag{10-49}$$

当实验装置确定后，A_0/A_1 为常数，则孔流系数 C_0 只是 Reynolds 数 Re 的函数。

本实验就是用基准流量计测定管路中的流量，用 U 形管压差计测定孔板前后的压差，然后通过式(10-47)计算 C_0 值。

实验装置

实验装置如图 10-10 所示，主要由水槽、离心泵、不锈钢管、各种阀门、涡轮流量计以及孔板流量计、U 形管压差计等组成。

本实验的介质为水，由离心泵供给，经实验装置后的水通过管道流入储水箱内循环使用。

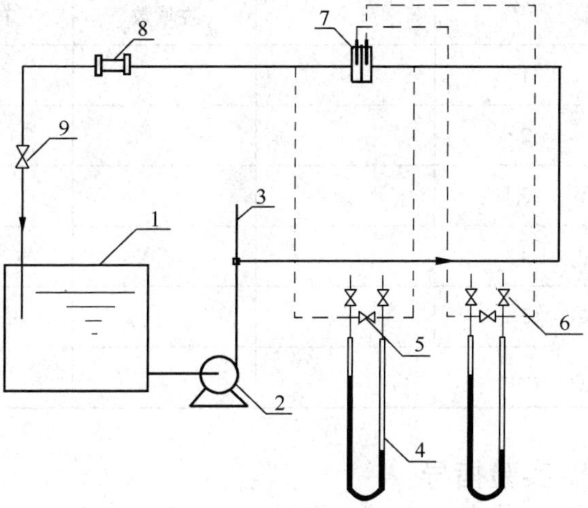

图 10-10　孔板流量计校核实验装置图

1—水槽；2—离心泵；3—温度计；4—U 形管压差计；5—平衡阀；6—排气阀；7—孔板流量计；8—涡轮流量计；9—出口阀

实验步骤

1. 实验操作

(1) 熟悉实验装置及流程，观察 U 形管压差计与实验管道和孔板流量计测压接头的连接及位置。

(2) 打开 U 形管压差计上的平衡阀及相应的测压阀，关闭排气旋塞和管路出口阀。

(3) 给水箱充满水，关闭水泵的出口阀，启动水泵，待电机转动平稳后，把泵的出口阀缓慢开到最大。

(4) 系统排气。缓慢打开出口阀，让水流入实验管道和测压导管，排出可能积存在管道和测压导管中的气体。排气时可以反复调节泵的出口阀和有关管道上的其他阀门，使积存在系统中的气体全部被水带出。

① 总管排气：打开出口调节阀，让水流动一段时间，将管路中的大部分空气排出，然后关闭出口阀，打开管路上的排气阀，将管路中的残余空气排出。

② 引压管排气：依次打开并迅速关闭每个放气阀，重复多次，将引压管内的空气排出。

③ U 形管压差计排气：关闭平衡阀，依次打开 2 个放气阀，重复多次，将 U 形管压差计内的空气排出。排气时要注意 U 形管压差计中的指示剂液面的上升，防止指示液冲出。

④ 检验排气是否彻底。将控制阀开至最大，再关小为零，看 U 形管压差计的读数，若

左右读数相等，则判断系统排气彻底；若左右读数不等，则重复排气步骤。

（5）确认系统中的气体排净后，关闭平衡阀，准备测取数据。

（6）将出口控制阀开到最大，观察最大流量范围或最大压差变化范围，据此进行合理的实验布点。

（7）根据实验布点调节流量。待水流稳定后，正确读取每一流量下的 R 值。

（8）实验结束后，先打开平衡阀，再关闭出口阀门，然后关闭泵并切断电源。

2. 数据记录

数据记录表见表(10-6)。

表 10-6 数据记录表

序 号	流量/($L\cdot s^{-1}$)	孔板压降		阻力损失	
		左读数	右读数	左读数	右读数
1					
2					
3					
4					
5					
……					

实验指导

1. 注意事项

（1）在排气和实验过程中要特别注意开关顺序，若操作不当，有可能发生冲走水银的事故。

（2）实验开始与结束后，都应关闭泵的出口阀，检查各压差计两管的读数是否相等，否则可能是排气过程气泡没排净或实验过程有气泡进入测量系统，应重新排气。

（3）实验时需缓慢开、关出口阀，避免因流量剧烈波动，导致压差计中的指示液冲出。

（4）改变流量后，需等流量稳定后再测量数据。

（5）在最大流量范围内，合理进行实验布点。由于 C_0 在充分湍流区时，C_0 - Re 是水平直线关系，所以在大流量时要少布点；而 Re 在比较小时，C_0 - Re 的关系是曲线，因此在小流量时应多布点。

2. 数据处理

（1）将实验数据整理结果以数据表格列出，见表 10-7。

（2）在双对数坐标系上，标绘流量计的流量 V_S 与压差 Δp（压差计读数 R）的关系曲线（即流量标定曲线），并求出斜率。

（3）在半对数坐标纸上作出孔流系数和 Reynolds 数的关系曲线。

（4）对实验结果进行分析讨论。

表 10-7　实验数据处理表

序号	流速/(m·s^{-1})	Re	C_0	永久损失
1				
2				
3				
4				
5				
……				

实验拓展

1. Venturi 流量计

孔板流量计的主要缺点是能量损失较大，其原因在于孔板前后的突然缩小与突然扩大。为了减少流体流经节流元件时的能量损失，若用一段渐缩、渐扩管代替孔板，所构成的流量计称为 Venturi 流量计或文氏流量计，如图 10-11 所示。当流体经过 Venturi 管时，由于管路逐渐收缩和扩大，流速变化平缓，涡流较少，所以能量损失比孔板大大减少。

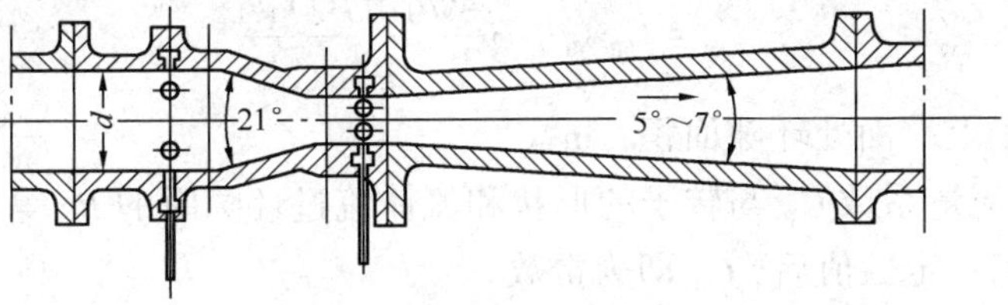

图 10-11　Venturi 流量计

Venturi 流量计的测量原理与孔板流量计相同，也属于差压式流量计。其流量公式也与孔板流量计相似，即：

$$V_S = C_V A_0 \sqrt{\frac{2Rg(\rho_0 - \rho)}{\rho}} \qquad (10\text{-}50)$$

式中　C_V——Venturi 流量计的流量系数(约为 0.98~0.99)；

A_0——喉管处截面积，m^2。

由于 Venturi 流量计的能量损失较小，其流量系数较孔板大，因此相同压差计读数 R 时流量比孔板大。但 Venturi 流量计精度要求高、加工较难，因而造价高，安装时需占去一定管长位置。

2. 转子流量计

转子流量计的结构如图 10-12 所示，在一段上粗下细的锥形玻璃管内，装有一个能够旋转自如的由金属或其他材质制成的转子(或称浮子)所构成。流体自玻璃管底部流入，经过转子和管壁之间的环隙，再从顶部流出。

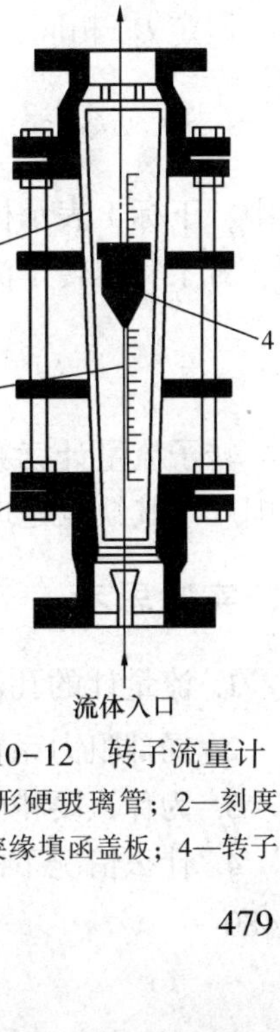

图 10-12　转子流量计

1—锥形硬玻璃管；2—刻度；3—突缘填函盖板；4—转子

转子的密度大于被测流体的密度，当管中无流体通过时，转子沉在管底部。当有流体自下而上流过垂直的锥形管时，转子受到两个力的作用：一是垂直向上的推动力，它是流体流经转子与锥形管间的环形截面所产生的压力差；另一是垂直向下的净重力，它等于转子所受的重力减去流体对转子的浮力。当流量加大时，压力差大于转子的净重力，转子就上升。当压力差与转子的净重力相等时，转子处于平衡状态，即停留在一定位置上。在玻璃管外表面上刻有读数，根据转子的停留位置，即可读出被测流体的流量大小。

转子流量计是变截面定压差流量计。作用在转子上下游的压力差为定值，而转子与锥管间环形截面积随流量而变。转子在锥形管中的位置高低即反映流体流量的大小。流体流过环隙时的速度计算式为：

$$u_0 = C_R \sqrt{\frac{2(\rho_f - \rho) V_f g}{\rho A_f}} \tag{10-51}$$

式中 C_R ——称为转子流量计的流量系数；

V_f ——转子的体积，m^3；

A_f ——转子最大的横截面积，m^2；

ρ_f ——转子的密度，$kg \cdot m^{-3}$；

ρ ——被测流体的密度，$kg \cdot m^{-3}$。

转子流量计的体积流量为：

$$V_S = C_R A_R \sqrt{\frac{2(\rho_f - \rho) V_f g}{\rho A_f}} \tag{10-52}$$

式中 A_R ——转子上端面处环隙面积，m^2。

转子流量计的流量系数 C_R 与转子的形状和流体流过环隙时的 Re 等有关。对于一定形状的转子，当 Re 达到一定数值后，C_R 即为常数。

转子流量计上的刻度，是在出厂前由生产厂家用某种流体进行标定的。一般液体流量计用20℃的水(密度为1000kg · m^{-3})作为工作介质进行标定，而气体流量计则用20℃和101.3kPa下的空气(密度为1.2kg · m^{-3})来标定。当被测流体与上述条件不符时，应进行刻度换算。

假定 C_R 相同，在同一刻度下，有：

$$\frac{V_{S2}}{V_{S1}} = \sqrt{\frac{\rho_1(\rho_f - \rho_2)}{\rho_2(\rho_f - \rho_1)}} \tag{10-53}$$

式中，下标1表示标定流体的参数，下标2表示实际被测流体的参数。

对于气体转子流量计，因转子材料的密度远大于气体密度，式(10-53)可简化为：

$$\frac{V_{S2}}{V_{S1}} \approx \sqrt{\frac{\rho_1}{\rho_2}} \tag{10-53a}$$

转子流量计读数方便，流动阻力很小，测量范围宽，测量精度较高，对不同的流体适用范围广。其缺点是玻璃管不能承受高温和高压，在安装使用过程中玻璃容易破碎。

实验思考

1. 流量计的孔流系数 C_0 与哪些参数有关？这些参数如何影响孔流系数 C_0？
2. 局部阻力系数 ξ 与 Reynolds 数 Re 的关系？
3. 为什么要排除实验管路及导压管中积存的空气？
4. 什么情况下的流量计需要标定？标定方法有哪些？

实验五　离心泵特性曲线的绘制

实验目的

(1) 了解离心泵的结构特点，熟悉离心泵的工作原理和操作方法；
(2) 掌握离心泵的特性曲线的测定方法。

实验背景

化工生产中需要输送的流体种类很多，流体的温度、压力、流量等操作条件也有较大的差别。为了适应不同情况下输送流体的要求，需要不同结构和特性的流体输送机械。

在化工厂中常用的液体输送机械，按其工作原理特点可分为四类：离心式、往复式、旋转式及流体动力式。

离心泵是常用的一种液体输送设备。它是将叶轮安装在泵壳内，并固定在泵轴上，并随泵轴由电机驱动作高速旋转。液体吸入口在泵壳中央，外与吸入管连接。泵壳旁侧的液体排出口和装有调节阀门的排出管路连接。其构造见图 10-13。

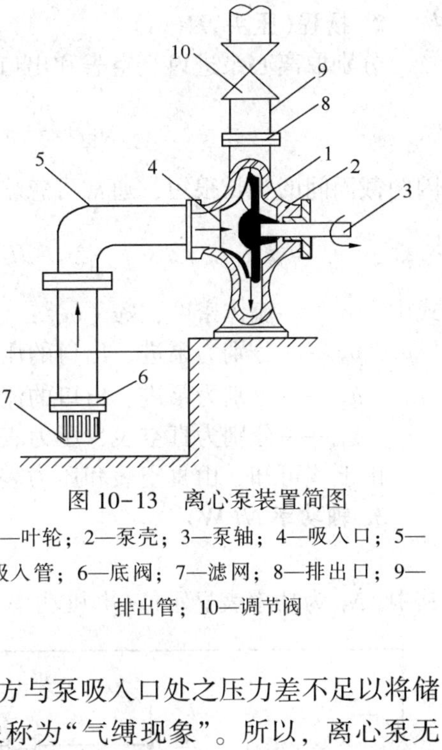
图 10-13　离心泵装置简图
1—叶轮；2—泵壳；3—泵轴；4—吸入口；5—吸入管；6—底阀；7—滤网；8—排出口；9—排出管；10—调节阀

离心泵的工作原理是：依靠高速旋转叶轮使叶片间的液体在惯性离心力的作用下，自叶轮中心被抛向外缘并获得能量，以较高的速度离开叶轮外缘进入蜗形泵壳。在蜗壳中，液体由于流道的逐渐扩大而减速，又将部分动能转变为静压能，最后以较高的压力进入排出管道，送至需要的场所。当液体由叶轮中心甩向外缘时，在叶轮中心形成了一定的真空区，于是在储槽液面和泵入口处的压差作用下，液体被吸入叶轮中。依靠叶轮不断地转动，液体便连续地被吸入和排出。

泵壳内如果有空气，由于空气的密度比液体的密度小得多，因而产生的离心力也较小，使得储槽液面上方与泵吸入口处之压力差不足以将储槽内液体压入泵内，使离心泵不能输送液体，这种现象称为“气缚现象”。所以，离心泵无自吸能力，在启动前需首先“灌泵”，即向泵壳内灌满被输送的液体。

通常在吸入管底部安装一带滤网的底阀，该底阀为止逆阀，其作用是防止启动前灌入泵壳内的液体流出，而滤网是防止固体物质进入泵内损坏叶轮或妨碍泵的正常操作。

离心泵的特性参数包括流量、扬程、轴功和效率。

离心泵的流量即为离心泵的送液能力，是指单位时间内泵所输送的液体体积。一般用 Q 表示，常用单位为 $m^3 \cdot h^{-1}$ 或 $m^3 \cdot s^{-1}$。离心泵的流量与泵的结构、尺寸(主要为叶轮的直径与叶片的宽度)和转速有关。操作时，泵实际所能输送的液体量还与管路阻力及所需压力有关。

离心泵的扬程又称为泵的压头，是指单体重量流体流经泵所获得的能量。一般用 H 表示，常用单位为 $J \cdot N^{-1}$ 或 m。离心泵的扬程与泵的结构(如叶轮直径的大小，叶片的弯曲情况等）、转速有关，一般用实验方法测定。

离心泵在输送液体过程中，轴功率大于排送到管道中的液体从叶轮处获得的功率，因为存在有容积损失、水力损失、机械损失等能量损失。反映泵中能量损失大小的参数称为效率，常用 η 表示，其与泵的类型、大小、结构、制造精度和输送液体的性质有关。大型泵效率值高些，小型泵效率值低些。

泵的轴功率即泵轴所需功率，用符号 N 表示，常用单位为 W 或 kW。其值可依泵的有效功率 Ne 和效率 η 计算，即：

$$N=\frac{Ne}{\eta}=\frac{QH\rho g}{\eta}=\frac{QH\rho}{102\eta}\ (\mathrm{kW}) \tag{10-54}$$

实验原理

离心泵特性曲线包括 $H-Q$、$N-Q$、$\eta-Q$ 曲线。

1. 流量 Q（$m^3\cdot h^{-1}$）

本装置采用涡轮流量计测定。

2. 扬程（压头）H（m）

分别取离心泵进口真空表和出口压力表处为 1、2 截面，列 Bernoulli 方程得：

$$z_1+\frac{p_1}{\rho g}+\frac{u_1^2}{2g}+H=z_2+\frac{p_2}{\rho g}+\frac{u_2^2}{2g}+H_f \tag{10-55}$$

因两截面间的管长很短，通常可忽略阻力损失项 H_f，流速的平方差也很小故可忽略，则：

$$H=(z_1-z_2)+\frac{p_2-p_1}{\rho g} \tag{10-56}$$

式中 ρ——流体密度，$kg\cdot m^{-3}$；

p_1、p_2——分别为泵进、出口的压强，Pa；

u_1、u_2——分别为泵进、出口的流速，$m\cdot s^{-1}$；

z_1、z_2——分别为真空表、压力表的安装高度，m。

由上式可知，由真空表和压力表上的读数及两表的安装高度差，就可算出泵的扬程。

3. 轴功率 N（W）

$$N=N_{电}\times\eta_{电} \tag{10-57}$$

其中，$N_{电}$ 为功率表显示值（电机功率），$\eta_{电}$ 代表电机效率，可取 $\eta_{电}=0.95$。

4. 效率 η（%）

泵的效率 η 是泵的有效功率与轴功率的比值。反映泵的水力损失、容积损失和机械损失的大小。泵的有效功率 Ne 可用下式计算：

$$Ne=HQ\rho g \tag{10-58}$$

故泵的效率为：

$$\eta=\frac{HQ\rho g}{N}\times100\% \tag{10-59}$$

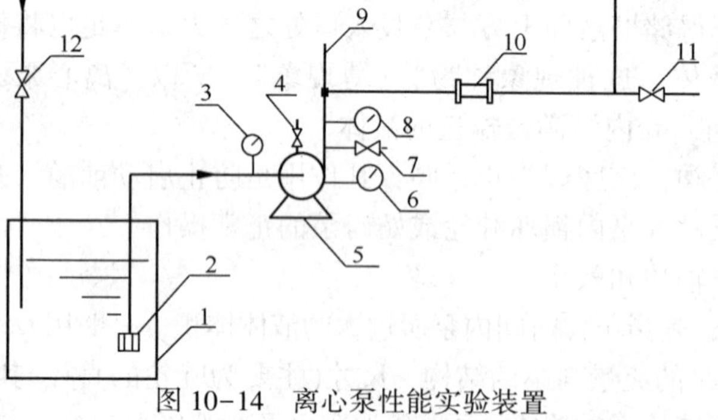

图 10-14 离心泵性能实验装置

1—水槽；2—底阀；3—真空表；4—排气阀；5—离心泵；6—功率表；7—引水阀；8—压强表；9—温度计；10—涡轮流量计；11—控制阀；12—流量调节阀

实验装置

装置流程如图 10-14 所示，离心泵

由电机驱动，将水从水槽中吸入，然后由压出管排至水槽，循环使用。在泵的吸入口和压出口处，分别装有真空表和压力表，以测量泵的进出口的压力。泵的出口管道上装有涡轮流量计，用以计量水的流量。水的流量由泵出口管路上的阀门加以调节。用单相功率表测量电动机的单相的输入功率。

实验步骤

1. 实验操作

(1) 打开进水阀门，向水箱注水至其容积的80%左右。

(2) 打开引水阀引水灌泵，并打开泵体上的排气阀排除泵内的空气。确认泵已灌满后，关闭泵的引水阀和排气阀。

(3) 在启动前，要关闭出口控制阀门和显示仪表电源开关，使泵在最低负荷下启动，避免启动脉冲电流过大而损坏电机和仪表。

(4) 启动泵，缓慢将出口阀开至最大以确定实验范围，在最大实验范围内合理进行实验布点。

(5) 将流量调至某一值，待系统稳定后，读取并记录实验数据。

(6) 实验结束后，关闭出口阀，停止水泵，关掉仪表电源和总电源。

2. 数据记录

泵型号：________额定流量：________额定扬程：________额定功率：________

额定转速：________泵进出口测压点高度差：________水温：________

表 10-8 数据记录表

序号	流量 Q/($m^3 \cdot h^{-1}$)	压力表读数/($kgf \cdot cm^{-2}$)	真空表读数/mmHg	泵电机功率 $N_{电}$/kW

注：$1kgf \cdot cm^{-2}=98.0665kPa$；$1mmHg=133.3224Pa$。

实验指导

1. 注意事项

(1)离心泵启动之前要先灌泵，以防止气缚现象的发生。

(2)离心泵启动时，先关闭出口阀门，再打开电源，等泵转动正常后再调节出口阀的开度。关闭时，应先关闭出口阀，再关闭电源。

(3)泵运转过程中，勿触碰泵主轴部分，因其高速转动，可能会缠绕并伤害身体接触部位。

2. 数据处理

在表 10-9 中，列出一定转速下泵的 Q、H、N、η 值，并给出计算示例，绘制泵的 $H-Q$、$N-Q$、$\eta-Q$ 曲线(注明转速)。

表 10-9 实验数据表

序号	流量 $Q/(m^3 \cdot h^{-1})$	扬程 H/m	功率 N/kW	效率 $\eta/\%$

实验拓展

影响离心泵性能的主要因素可概括为以下几点：

1. 液体物理性质对特性曲线的影响

生产厂家所提供的特性曲线是以 20℃的清水作为工作介质测定的，当输送其他液体时，要考虑液体密度和黏度的影响：

(1)黏度。当输送液体的黏度大于实验条件下水的黏度时，泵体内的能量损失增大，泵的流量、压头减小，效率下降，轴功率增大。

(2)密度。离心泵的体积流量及压头与液体密度无关，功率则随密度增大而增加。

2. 离心泵的转速对特性曲线的影响

当液体黏度不大，泵的效率不变时，泵的流量、压头、轴功率与转速可近似用比例定律计算，即：

$$\frac{Q_2}{Q_1}=\frac{n_2}{n_1} \quad \frac{H_2}{H_1}=\left(\frac{n_2}{n_1}\right)^2 \quad \frac{N_2}{N_1}=\left(\frac{n_2}{n_1}\right)^3 \tag{10-60}$$

式中 Q_1、H_1、N_1——离心泵转速为 n_1 时的流量、扬程和功率；

Q_2、H_2、N_2——离心泵转速为 n_2 时的流量、扬程和功率。

上面的一组公式称为比例定律。当转速变化小于 20%时，可认为效率不变，用上式进行计算误差不大。

若在转速为 n_1 的特性曲线上多选几个点，利用比例定律算出转速为 n_2 时相应的数据，并将结果标绘在坐标纸上，就可以得到转速为 n_2 时的特性曲线。

3. 叶轮直径对特性曲线的影响

当泵的转速一定时，其扬程、流量、轴功率与叶轮直径有关，其值变化满足切割定律，即：

$$\frac{Q_2}{Q_1}=\frac{D_2}{D_1} \quad \frac{H_2}{H_1}=\left(\frac{D_2}{D_1}\right)^2 \quad \frac{N_2}{N_1}=\left(\frac{D_2}{D_1}\right)^3 \tag{10-61}$$

式中 Q_1、H_1、D_1——离心泵的叶轮直径为 D_1 时的流量、扬程和功率；

Q_2、H_2、D_2——离心泵的叶轮直径为 D_2 时的流量、扬程和功率。

实验思考

1. 从所测实验数据分析，离心泵在启动时为什么要关闭出口阀门？

2. 离心泵启动前为何要引水灌泵？如果灌泵后依然启动不起来，你认为可能的原因是什么？

3. 为什么用泵的出口阀门调节流量？这种方法有什么优、缺点？是否还有其他流量调节方法？

实验六　恒压过滤常数的测定

实验目的

(1)熟悉板框压滤机的构造和操作方法；

(2)通过恒压过滤实验，验证过滤基本原理；

(3)学会测定过滤常数 K、q_e、θ_e 及压缩性指数 s 的方法；

(4)了解操作压力对过滤速率的影响。

实验背景

过滤是利用可以让液体通过而固体被截留的多孔介质，将悬浮液中的固、液两相加以分离的单元操作。过滤方式有滤饼过滤和深床过滤两种。

滤饼过滤时，悬浮液置于过滤介质的一侧。过滤介质常用多孔织物，其网孔尺寸不一定必须小于被截留的颗粒直径。在过滤操作开始阶段，会有部分颗粒进入过滤介质网孔中发生架桥现象，也有少量颗粒穿过介质而进入滤液中。随着滤渣的逐步堆积，在介质上形成一个滤渣层，称为滤饼。不断增厚的滤饼才是真正有效的过滤介质，而穿过滤饼的液体则变为清澈的滤液。通常，在操作开始阶段所得到滤液是浑浊的，须在滤饼形成之后返回重滤。

若颗粒尺寸比介质孔道小得多，孔道弯曲细长，颗粒进入孔道后容易被截留。同时由于流体流过时所引起的挤压和冲撞作用，颗粒紧附在孔道的壁面上。在介质表面无滤饼形成，过滤是在介质内部进行的，称为深床过滤。

常用的过滤介质有：①织物介质，即棉、毛、麻或各种合成材料制成的织物，俗称滤布；②粒状介质，如细纱、木炭、碎石等；③多孔固体介质(一般要能够再生的才行)，如多孔陶瓷、多孔塑料、多孔玻璃等。

若悬浮液中颗粒过于细小将会使通道堵塞，或颗粒受压后变形较大，滤饼的孔隙率大为减小。造成过滤困难，往往加助滤剂以增加过滤速率。助滤剂是一种坚硬而形状不规则的小颗粒，其作用是改变滤饼的结构，使滤饼结构松散，且具有一定的刚性，从而可避免滤布的早期堵塞和过滤阻力过大。常用作助滤剂的物质有：硅藻土、珍珠岩、炭粉、石棉粉等。

助滤剂的加法有两种：

①直接以一定比例加到滤浆中一起过滤。若过滤的目的是回收固体物此法便不适用。

②将助滤剂预先涂在滤布上，然后再进行过滤，此法称为预涂。

实验原理

过滤是以某种多孔物质作为介质来处理悬浮液的操作。在外力作用下，悬浮液中的液体通过介质的孔道而固体颗粒被截留下来，从而实现固液分离。过滤操作中，随着过滤过程的进行，固体颗粒层的厚度不断增加，所以在恒压过滤操作中，随着时间的延长过滤速率不断降低。

影响过滤速率的因素很多，主要包括有压强差、滤饼厚度、滤饼和悬浮液的性质、过滤介质的阻力等，在低 Reynolds 数范围内，过滤速率可表示为：

$$u = \frac{1}{K'} \frac{\varepsilon^3}{a^2 (1-\varepsilon)^2} \frac{\Delta p}{\mu L} \tag{10-62}$$

式中 u——过滤速度，$m \cdot s^{-1}$；

K'——康采尼常数，层流时，$K' = 5.0$；

ε——床层空隙率，$m^3 \cdot m^{-3}$；

μ——滤液黏度，$Pa \cdot s$；

a——颗粒的比表面积，$m^2 \cdot m^{-3}$；

Δp——过滤的压强差，Pa；

L——床层厚度，m。

由此可以导出过滤基本方程式：

$$\frac{dV}{d\tau} = \frac{A^2 \Delta p^{1-s}}{\mu r' v (V + V_e)} \tag{10-63}$$

式中 V——过滤体积，m^3；

τ——过滤时间，s；

A——过滤面积，m^2；

V_e——虚拟滤液体积，m^3；

r——滤饼比阻，m^{-2}，$r = 5.0a^2 (1-\varepsilon)^2 / \varepsilon^3$；

r'——单位压强下的比阻，m^{-2}，$r = r' \Delta p^s$；

ν——滤饼体积与相应滤液体积之比，无因次；

s——滤饼压缩性指数，无因次，一般 $s = 0 - 1$，对不可压缩滤饼，$s = 0$。

恒压过滤时，令 $k = 1/\mu r' \nu$，$K = 2k\Delta p^{1-s}$，$q = V/A$，$q_e = V_e/A$，对式(10-63)积分得：

$$(q + q_e)^2 = K(\tau + \tau_e) \tag{10-64}$$

K、q、q_e 三者均为过滤常数，由实验测定。

对式(10-64)微分得：

$$\left.\begin{aligned} 2(q + q_e)dq &= Kd\tau \\ \frac{d\tau}{dq} &= \frac{2}{K}q + \frac{2}{K}q_e \end{aligned}\right\} \tag{10-65}$$

用 $\Delta\tau/\Delta q$ 代替 $d\tau/dq$，在恒压条件下，用秒表和量筒分别测定一系列时间间隔 $\Delta\tau_i$，以及相对应的滤液体积 ΔV_i，由此可计算出一系列 $\Delta\tau_i$、q_i 和 Δq_i，在直角坐标系中绘制 $\Delta\tau/\Delta q - q$ 的函数关系，得一直线，斜率为 $2/K$，截距为 $2q_e/K$，可求得 K 和 q_e，再根据 $\tau_e = q_e^2/K$，可得 τ_e。

若改变过滤压差 Δp，可测得不同的 K 值，对 K 的定义式两边取对数得：

$$\lg K = (1 - s)\lg(\Delta p) + \lg(2k) \tag{10-66}$$

在实验压差范围内，若 k 为常数，则 $\lg K - \lg(\Delta p)$ 的关系在直角坐标上应是一条直线，该直线的斜率为 $(1-s)$，截距为 $\lg(2k)$，由此可得滤饼压缩性指数 s，以及物料特性常数 k。

实验装置

实验装置如图 10-15 所示。$CaCO_3$ 的悬浮液在配料桶内配制成一定浓度后，加入滤浆槽中作为过滤滤浆，用电动搅拌器进行搅拌，使滤浆浓度均匀(但不要出现打旋现象)。用真空泵使系统产生真空，作为过滤推动力。滤液的体积通过计量筒计量。

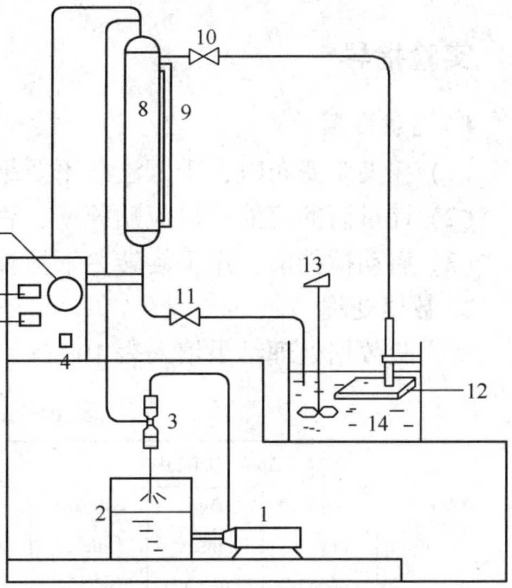

图 10-15　真空恒压过滤实验装置流程图

1—循环水泵；2—循环水槽；3—水力真空喷射泵；4—真空调节阀；5—循环水泵开关；6—搅拌器开关；7—真空表；8—计量筒；9—液位计；10—阀门；11—滤液排放阀；12—过滤板；13—搅拌器；14—滤浆槽

实验步骤

1. 实验操作

（1）配制含 $CaCO_3$ 8%～10%（质量）的水悬浮液，加入滤浆槽中备用。

（2）将滤布固定紧，滤布使用前用水浸湿。滤布要绷紧、不能起皱，然后将过滤板按流程接入真空系统。

（3）开动水泵，使真空喷射泵开始工作，若系统不能造成真空，查找并排除问题。

（4）真空系统正常运转后，做好实验前的准备工作。首先初步调节真空度至实验要求。可将连接过滤板与滤液计量筒间的胶管上的阀门 10 关闭，用真空度调节阀 4 调节真空度。其次将过滤板放入清水盆中，打开阀门 10，将清水吸入计量筒中某液面建立零点，然后关闭阀门 10。将过滤板放入滤浆槽中固定，秒表回零。

（5）开始实验测定。打开阀门 10，同时记录计量筒中液面上升至一定高度时的过滤时间和相应的滤液体积，滤液量和过滤时间要连续记录（因为过滤操作是不稳定过程）。滤液量的间隔最好相等。可控制液位计量高度在刻度 50～80 之间，按照真空度为 0.02MPa、0.04MPa、0.05MPa 做三组实验，每组实验测定 5～7 个数据。

（6）过滤结束后，停真空泵、电动搅拌器电源。打开真空调节阀 10，利用系统内大气压把吸附在吸滤器上的滤饼卸到槽内。放出计量瓶内接收的滤液，用量筒计量后，倒回滤浆槽内。卸下吸滤器清洗待用，做好清洁工作。

2. 数据记录

实验数据列于表 10-10 中。

表 10-10　数据记录表

τ/s	Δp = 0.02MPa	Δp = 0.04MPa	Δp = 0.05MPa
	V/ mL	V/ mL	V/ mL

实验指导

1. 注意事项

(1) 在夹紧滤布时，千万注意不要把手指压伤。

(2) 计量筒的流液管口应贴筒壁，否则液面波动影响读数。

(3) 启动搅拌前，用手旋转一下搅拌轴，以保证顺利启动搅拌器。

2. 数据处理

将实验数据处理结果填入表 10-11。

表 10-11　实验数据处理结果

$\Delta\tau$/s	Δp = 0.02MPa			Δp = 0.04MPa			Δp = 0.05MPa		
	q/($m^3\cdot m^{-2}$)	Δq/($m^3\cdot m^{-2}$)	$\Delta\tau/\Delta q$/($sm^2\cdot m^{-3}$)	q/($m^3\cdot m^{-2}$)	Δq/($m^3\cdot m^{-2}$)	$\Delta\tau/\Delta q$/($sm^2\cdot m^{-3}$)	q/($m^3\cdot m^{-2}$)	Δq/($m^3\cdot m^{-2}$)	$\Delta\tau/\Delta q$/($sm^2\cdot m^{-3}$)
过滤常数 K/($m^2\cdot s^{-1}$)									

实验拓展

工业上常用的过滤设备主要包括以下几种。

1. 板框过滤机

(1) 结构与工作原理　由多块带凸凹纹路的滤板和滤框交替排列组装于机架而构成。板和框一般制成方形，其角端均开有圆孔，这样当板、框装合、压紧后即构成供滤浆、滤液或洗涤液流动的通道。滤框两侧覆以滤布，空框与滤布围成了容纳滤浆和滤饼的空间。

悬浮液从框右上角的通道进入滤框，固体颗粒被截留在框内形成滤饼，滤液则穿过滤饼和滤布到达两侧的滤板，后经板面凹槽从板的左下角旋塞排出。待框内充满滤饼后，即停止过滤。如果滤饼需要洗涤，先关闭洗涤板下方的旋塞，然后通入洗涤水，洗涤水从洗涤板左上角的通道进入，依次穿过滤布、滤饼、滤布，到达非洗涤板，从其下角的旋塞排出。这种洗涤法称为横穿洗涤法。

如果将非洗涤板编号为 1、框为 2、洗涤板为 3，则板框的组合方式按照 1—2—3—2—1—2—3 的规律进行。滤液的排出方式有明流和暗流之分，若滤液经由每块板底部旋塞直接排出，则称为明流；若滤液不宜暴露于空气中，则需要将各板流出的滤液汇集于总管后排出，称为暗流。

(2) 主要优缺点　板框压滤机构造简单，过滤面积大而占地小，过滤压力高，便于用耐腐蚀材料制造，操作灵活，过滤面积可根据产生任务任意调节。其主要缺点是间歇操作，劳动强度大，生产周期长，工作效率低，滤布损耗也较快。

2. 叶滤机

（1）结构与工作原理　叶滤机由许多滤叶组成。滤叶是由金属多孔板或多孔网制造的扁平框架，内部中空，外包滤布。将滤叶装在密闭的机壳内，为滤浆所浸没。滤浆中的液体在压力作用下穿过滤布进入滤叶内部，滤液从其一端被排出，而滤饼则覆盖在滤布上。当滤饼达到一定厚度时，过滤完毕，机壳内改充清水，使水沿着与滤液相同的路径通过滤饼进行洗涤，称为置换洗涤法。最后，滤饼可用振动器使其脱落，或用压缩空气将其吹下。

滤叶可以水平放置也可以垂直放置，滤浆可用泵压入也可用真空泵抽入。

（2）主要优缺点　叶滤机也是间歇操作设备。它具有过滤推动力大、过滤面积大、滤饼洗涤充分等优点。其产生能力比压滤机还大，而且机械化程度高，节省劳动力。其缺点是构造较为复杂，造价较高，粒度差别较大的颗粒可能分别聚集于不同的高度，故洗涤不均匀。

3. 转筒真空过滤机

设备的主体是一个能够转动的水平圆筒，其表面有一层金属网作为支承，网的外围覆盖滤布，筒的下部浸入滤浆中。圆筒沿径向被分割成若干扇形格，每格都有管与位于筒中心的分配头相连。凭借分配头的作用，这些孔道依次分别与真空管和压缩空气管相连通，从而使相应的转筒表面部位分别处于被抽吸或吹送的状态。这样，在圆筒旋转一周的过程中，每个扇形表面可依次进行过滤、洗涤、吸干、吹松、卸渣等操作。

分配头由紧密贴合的转动盘与固定盘构成，转动盘上的每一孔通过连通管与转筒表面的某一段相通。固定盘上有三个凹槽，分别与真空系统和吹气管相连。

转筒过滤机的缺点是过滤面积不大，压差也不高，但它可实现连续自动化操作，对于处理量较大而压差不需很大的物料比较合适。

4. 厢式压滤机

厢式压滤机仅由滤板组成，外表与板框压滤机相似。每块滤板凹进的两个表面与另外的滤板压紧后组成过滤室。料浆通过中心孔加入，滤液在下角排出，带有中心孔的滤布覆盖在滤板上，滤布的中心加料孔部位压紧在两壁面上。

5. 刮刀卸料式离心机

悬浮液从加热管进入连续运转的卧式转鼓，设备内设有粑齿以使沉积的滤渣均布于转鼓内壁。当滤饼达到一定厚度时，停止加料，进行洗涤、沥干，然后液压传动的刮刀逐渐向上移动，将滤饼刮入卸料斗卸出机外，然后清洗转鼓。整个操作周期均在连续运转中完成，每一步骤均采用自动控制的液压操作。

6. 活塞往复式卸料离心机

该离心机的加料、过滤、洗涤、沥干、卸料等操作同时在转鼓内的不同部位进行。料液加入旋转的锥形料斗后，被洒在靠近转鼓底部的一小段范围内，形成一定厚度的滤渣层。转鼓底部装有与转鼓一起旋转的推料活塞，其直径稍小于转鼓内壁。活塞与料斗一起做往复运动，将滤渣逐步推向加料斗的右边。

实验思考

1. 当操作压强增加一倍，K 值是否也增加一倍？要得到同样的过滤液，过滤时间是否缩短一半？

2. 为什么过滤开始时，滤液常常有点混浊，过段时间后才变清？

3. 如何选择絮凝剂、助滤剂？其作用是什么？

实验七　对流传热系数的测定

实验目的

(1) 熟悉套管换热器的结构；

(2) 了解传热原理和强化传热途径，分析热交换过程的影响因素；

(3) 测定热流体空气与冷流体水在并流和逆流条件下的总传热系数 K；

(4) 确定 Nusselt 准数 Nu 和 Reynolds 数 Re 之间的关联式；

(5) 掌握热电阻测温的方法。

实验背景

几乎所有的化工生产过程都伴有传热操作，进行传热的目的通常为：①加热或冷却，使物料达到指定的温度；②换热，用以回收利用热量或冷量；③保温，以减少热量或冷量的损失。如高温设备的保温、低温设备的保冷等。

化学工业能耗高，因此，应合理地利用资源、节约能源。通常，传热设备在化工厂设备投资中占很大比例，有些可达 40%左右，所以传热是化工重要的单元操作之一。同时，热能合理利用对降低产品成本和环境保护都有重要意义。

1. 传热过程中冷热流体的接触方式

根据冷热流体的接触情况，在工业上的传热过程大致有三种基本方式，每种传热方式所用换热设备的结构也迥然不同。

(1) 直接接触式传热　对某些传热过程，例如热气体的直接水冷及热水的直接空气冷却等，可使冷、热流体直接接触进行传热。这种接触方式传热面积大，设备简单。如冷却塔，在塔中装填填料，填料可以增大接触面积、增大流体的湍动程度，从而增大传热系数。

由于冷热流体直接接触，这种传热方式必然伴有传质过程。

(2) 间壁式传热　在多数情况下，工艺上不允许冷、热流体直接接触，因此在工业上应用最多的是间壁式传热过程。间壁式换热器类型很多，其中最简单而又最典型的是套管换热器。在套管式换热器中，冷热流体分别通过环隙和内管，热量自热流体传给冷流体，这种热量传递过程包括三个步骤：

① 热流体主体通过对流传热将热量传给管壁一侧；

② 热量自管壁一侧以热传导的形式传至另一侧；

③ 热量以对流传热形式从壁面传给冷流体主体。

(3) 蓄热式换热器　冷、热流体交替通过蓄热室，借助于蓄热体实现热量的交换。首先使热流体通过蓄热室，将固体填充物加热，然后停止通入热流体，而使冷流体通过，将固体填充物所积蓄的热量转移。

2. 载热体及其选择

为将冷流体加热或热流体冷却，必须用另一种流体供给或取走热量，此流体称为载热体。起加热作用的载热体称为加热剂；而起冷却作用的载热体称为冷却剂。

工业上常用的加热剂有热水、饱和水蒸气、矿物油、联苯混合物、熔盐和烟道气等。当要求温度小于180℃时，常用饱和水蒸气为热源。饱和水蒸气冷凝放出潜热，潜热大于显热，因此所需的蒸汽量小，且相变过程不发生温度变化(注：若饱和水蒸气中的不凝性气体没有及时排走，会大大降低传热效果)。

常用的冷却剂是水、空气和各种冷冻剂。水和空气可将物料最低冷却至周围环境的温度。当温度要求不很低时，水是最适宜的冷却剂。

在选用载热体时，必须根据具体情况选择适当温位的载热体，同时还应考虑以下几个方面的问题：

① 载热体的温度应易于调节；

② 载热体的饱和蒸气压宜低，加热时不会分解；

③ 载热体毒性要小，使用安全，对设备应基本上没有腐蚀；

④ 载热体应价格低廉而且容易得到。

实验原理

1. 对流传热工艺原理

本实验采用单套管式换热器进行间壁式传热，热流体为热空气，冷流体为水，热空气与水在套管内换热。其传热方程为：

$$Q = K_i S_i \Delta t_m \tag{10-67}$$

式中 Q——管内传热速率，W；

K_i——总传热系数，W/(m^2·℃)；

S_i——管内换热面积，m^2；

Δt_m——对数平均温差,℃。

对数平均温差由下式确定：

$$\Delta t_m = \frac{\Delta t_2 - \Delta t_1}{\ln \dfrac{\Delta t_2}{\Delta t_1}} \tag{10-68}$$

式中 Δt_1，Δt_2——分别为换热器两端的温度差,℃。

管内换热面积 S_i 由下式计算：

$$S_i = \pi d_i L_i \tag{10-69}$$

式中 d_i——换热器内管内径，m；

L_i——传热管测量段的实际长度，m。

在稳定传热过程中，热空气通过换热器壁面将热量传递给冷流体水，若无能量损失，则由能量守恒定律可知，冷流体吸收的热量等于热流体放出的热量。则传热速率可表示为：

$$Q = W_h c_{ph}(T_1 - T_2) = W_c c_{pc}(t_2 - t_1) \tag{10-70}$$

式中 W_h——热流体的质量流量，kg·s^{-1}；

W_c——冷流体的质量流量，kg·s^{-1}；

C_{pc}，C_{ph}——冷、热流体的定压比热容，kg·kg^{-1}·K^{-1}；

T_1，T_2——热流体的进、出口温度,℃；

t_1，t_2——冷流体的进、出口温度,℃。

其中质量流量由下式求得：

$$W = \frac{V\rho}{3600} \tag{10-71}$$

式中 V——流体在套管内的平均体积流量，$m^3 \cdot h^{-1}$；

ρ——流体的密度，$kg \cdot m^{-3}$。

根据传热关系，总传热系数 K 可表示为各分热阻之和的倒数，即：

$$K_i = \frac{1}{\dfrac{1}{\alpha_i} + \dfrac{bd_i}{\lambda d_m} + \dfrac{d_i}{\alpha_o d_o}} \tag{10-72}$$

式中 α_i——管内流体对流传热系数，$W/(m^2 \cdot ℃)$；

α_o——管外流体对流传热系数，$W/(m^2 \cdot ℃)$；

d_i——换热器内管内径，m；

d_o——换热器内管外径，m；

b——换热器内管壁厚，m；

λ——换热器内管的导热系数，$W/(m^2 \cdot ℃)$；

d_m——换热器内管平均直径，m。

对流传热系数 α_i 可以根据牛顿冷却定律，用实验来测定。因为冷却水的对流传热系数远远大于空气的，即 $\alpha_i \ll \alpha_o$，且管壁的热传导系数 λ 值也较大，所以传热管内的对流传热系数 α_i 约等于冷热流体间的总传热系数，即：

$$\alpha_i \approx \frac{Q_i}{\Delta t_m \times S_i} \tag{10-73}$$

2. 对流传热系数准数关联式的实验确定

流体在管内作强制湍流，被加热状态，则准数关联式为：

$$Nu_i = ARe_i^m Pr_i^n \tag{10-74}$$

其中：

$$Nu_i = \frac{\alpha_i d_i}{\lambda_i}, \quad Re_i = \frac{u_i d_i \rho_i}{\mu_i}, \quad Pr_i = \frac{c_{pi}\mu_i}{\lambda_i}$$

各物性参数 λ_i、c_{pi}、ρ_i、μ_i 可根据定性温度 t_m 查得。经过计算可知，对于管内被加热的空气，普兰特准数 Pr_i 变化不大，可以认为是常数，则关联式的形式简化为：

$$Nu_i = ARe_i^m Pr_i^{0.4} \tag{10-75}$$

这样通过实验确定不同流量下的 Re_i 与 Nu_i，然后用线性回归方法确定 A 和 m 的值。

实验装置

热空气-水体系实验装置如图 10-16 所示。

来自电加热器的热空气进入套管换热器，与冷却水进行热交换，换热后空气直接排出，冷却水可储存在容器中以备它用。

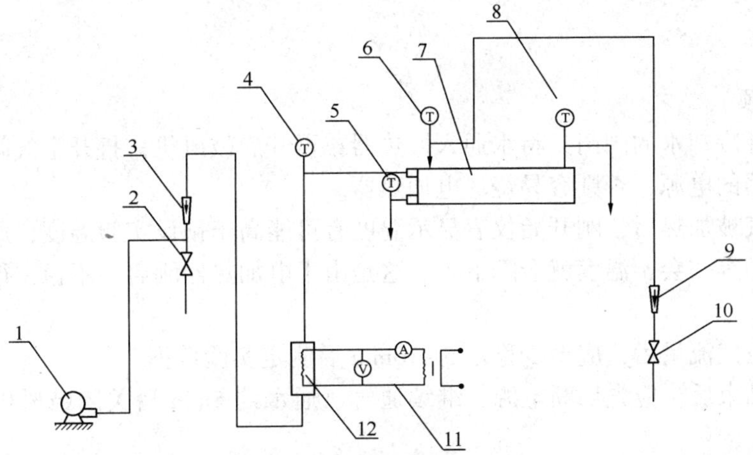

图 10-16　对流传热实验装置流程图

1—气源；2—气量阀；3—气体流量计；4—进气温度计；5—出气温度计；6—进水温度计；7—换热器；8—出水温度计；9—水流量计；10—水调节阀；11—调压器；12—气体加热器

实验步骤

1. 实验操作

(1) 熟悉实验装置及流程，检查设备，做好操作前的准备工作。

(2) 打开冷却水阀门，将水通入换热器中。开启鼓风机，打开空气控制阀门，将空气通入电加热器中。

(3) 接通加热器电源，保持电压稳定。当空气被加热后，在套管换热器上的进口温度测量点上显示温度为100~120℃左右(在稳定状态下，3min内热空气温度变化不超过1℃)时，开始在流量计上读取数据。热流体空气和冷流体水的进、出口温度直接从显示仪表上读取。

(4) 逐渐由大到小调节空气控制阀门，改变空气流量，分别测定在不同流量下冷、热流体的进、出口温度。共测定6~8组实验数据。

(5) 完成所有实验后，将调压器上的电压指示调至零点，切断加热电源。继续通气、通水约5min后关闭鼓风机，最后关闭冷却水阀门。

2. 数据记录

将实验数据填入表10-12。

表10-12　数据记录表

序号	空气流量/($m^3 \cdot h^{-1}$)	气体进口温度/℃	气体出口温度/℃	液体进口温度/℃	液体出口温度/℃	Δt_m/℃
1						
2						
3						
4						
5						
6						
7						
8						

实验指导

1. 注意事项

（1）先打开冷却水的阀门，将水通入换热器；再开启鼓风机，打开空气阀门，通气后才能开启电加热器的电源，否则容易烧坏电加热器。

（2）当空气被加热后，刚开始仪表显示温度有可能高于预设实验温度，此时不需调节阀门开度，只要稍等一会，温度就会降下来。这是由于电加热器刚启动不稳，待运行一段时间后便趋于稳定。

（3）改变空气流量后，应至少稳定 5~10min 后测定实验数据。

（4）实验结束后，应先切断电源，继续通气、通水约 5min 后关闭鼓风机，最后关闭冷却水阀门。

2. 数据处理

（1）数据处理结果如下表 10-13。

表 10-13　对流传热实验数据处理表

名 称	空气流量	总传热系数 K	Reynolds 数 Re	努塞尔准数 Nu

（2）比较逆流和并流的总传热系数，并确定准数关联式。

（3）将冷流体传热系数的实验值与理论值列表比较，计算各点误差，并分析讨论。

实验拓展

1. 牛顿冷却定律和传热系数

壁面对流体的加热或冷却计算，由于对流的存在变得非常复杂。严格的数学处理要求推导出流体中的温度分布，求出壁面上的温度梯度，再求解热流密度。目前，只有少数简单的情况（如流体层流流过等温平壁）下才能获得热流密度 q 的解析式。工程上将对流传热的热流密度写成：

流体被加热：
$$q=\alpha(t_{w}-t)=\frac{t_{w}-t}{\frac{1}{\alpha}}=\frac{推动力}{热阻} \tag{10-76}$$

流体被冷却：
$$q=\alpha(T-T_{w})=\frac{T-T_{w}}{\frac{1}{\alpha}}=\frac{推动力}{热阻} \tag{10-77}$$

式中　α——传热系数，W/(m^2·℃)；

T_W，t_w——壁温，℃；

t，T——冷、热流体的主体温度，℃。

上两式称为牛顿冷却定律。但它并非理论推导的结果，而是一种推论，即假设热流密度 q 与 ΔT 成正比。实际上在不少情况下，热流密度 q 并不与 ΔT 成正比，因此传热系数 α 值不为常数而与 ΔT 有关。同时，将影响因素归结到 α 中并未改变问题的复杂性，凡影响 q 的因素仍将影响 α。

2. 获得传热系数的方法

（1）解析法　对所考察的流场建立动量传递、热量传递的衡算方程和速率方程，在少数简单的情况下，可以联立求解流场的温度分布和壁面的热流密度，然后将所得结果改写成牛顿冷却定律的形式，获得传热系数的理论计算式，即对流传热过程的解析解。

（2）数学模型法　对传热过程作出简化的物理模型和数学描述，通过实验检验或修正模型，确定模型参数。

（3）因次分析法　将影响传热的因素无因次化，通过实验决定各无因次准数之间的关系。这是理论指导下的实验研究方法，在对流传热中被广为使用。

（4）实验法　对少数复杂的对流传热过程适用。

3. α 的影响因素及无因次化

（1）对不发生相变化的传热过程，其影响因素主要有：

① 液体的物理性质，包括 ρ、μ、c_p、λ；

② 固体表面的特征尺寸 L；

③ 强制对流的流速 u；

④ 自然对流的特征速度，此速度可由单位质量流体的浮力 $g\beta\Delta t$ 表征。

将 α 的影响因素写成函数形式，即：

$$\alpha = f(u, \rho, L, \mu, \beta g\Delta t, \lambda, c_p) \tag{10-78}$$

式中　L——特性尺寸；

u——特征流速。

（2）无因次化。采用无因次分析法可以将式(10-78)转化成无因次形式：

$$\frac{\alpha l}{\lambda} = f\left(\frac{Lu\rho}{\mu}, \frac{c_p\mu}{\lambda}, \frac{\beta g\Delta t L^3\rho^2}{\mu^2}\right) \tag{10-79}$$

或

$$Nu = A\mathrm{Re}^a Pr^b Gr^c \tag{10-80}$$

4. 各无因次数群的物理意义

（1）Nusselt 准数

$$Nu = \frac{\alpha L}{\lambda} = \frac{\alpha}{\frac{\lambda}{L}} = \frac{\alpha}{\alpha^*} \tag{10-81}$$

式中　α^*——以纯导热方式进行的传热系数；

Nu——Nusselt 准数，反映对流使传热系数增大的倍数。

（2）Reynolds 准数

$$Re = \frac{Lu\rho}{\mu} = \frac{u^2\rho}{\mu\frac{u}{L}} = \frac{惯性力}{粘性力} \tag{10-82}$$

式中　L——特征尺寸，圆管 $L = d$（内径）

$$[\rho u^2] = \frac{kg}{m^3} \cdot \frac{m^2}{s^2} = \frac{kg \cdot m/s}{m^2} = \frac{力}{面积} = Pa$$

$$\left[\mu \frac{u}{L}\right] = Pa$$

Reynolds 准数 Re 即反映流体所受的惯性力与黏性力之比，表征流体的运动状态对对流传热的影响。Re 的大小可以判别流型。

（3）Grashof 准数

$$Gr = \frac{\beta g \Delta t l^3 \rho^2}{\mu^2} \propto \frac{u_n^2 \rho^2 L^2}{\mu^2} = (Re_n)^2 \tag{10-83}$$

式(10-83)中，$u_n \propto \sqrt{\beta g \Delta t L}$ 为自然对流的特征速度。Grashof 准数 Gr 是 Reynolds 准数的一种变形，它表征着自然对流的流动状态。

（4）Prandtl 准数

$$Pr = \frac{c_p \mu}{\lambda} \tag{10-84}$$

反映流体物性对对流传热的影响。

由于由因次分析法导出的不是最终的表达式，只能用实验方法得到各参数的具体值，因此要特别注意不同的实验条件得出的不同的参数值。即：

① 公式的应用范围；

② 特征尺寸的取值。

特征尺寸是指对流传热过程产生直接影响的几何尺寸。对管内强制对流传热，如为圆管，特征尺寸取管内径 d；若为非圆形管道，通常取当量直径：

$$d_e = \frac{4 \times 流动截面积}{润湿周边}$$

对大空间内自然对流，取加热(或冷却)表面的垂直高度为特征尺寸，因加热面高度对自然对流的范围和运动速度有直接影响。

③ 定性温度。在传热过程中，流体的温度各处不同，流体的物性也必随之而变。因此，在计算各准数的数值时，用什么温度为基准来查取所需的物性数据呢？考虑到传热过程的热阻主要集中在层流内层，可选壁温 t_w 和流体主体温度 t 的算术平均值，即 $t_m = \frac{t_w + t}{2}$ 作为定性温度，并称之为平均膜温。

但是，以膜温作为定性温度在使用上是很不方便，因为计算 α 值，须先知道壁温，而计算壁温又必须先知道 α。因此必须进行联立求解方程求出壁温和 α，也就是采用试差法多次计算。为了简单方便，我们一般取流体主体的平均温度作为定性温度。

实验思考

1. 实验中冷流体和蒸汽的流向，对传热效果有何影响？
2. 蒸汽冷凝过程中，若存在不冷凝气体，对传热有何影响？应采取什么措施？
3. 如何提高热交换的传热速率？应当采取哪些措施来提高 K 和 α 值？
4. 在实验条件下，进一步地提高冷却水的用量，是否能达到有效强化传热过程的目的？

实验八　常压填料吸收塔的操作

实验目的

(1) 了解常压填料塔吸收装置的基本结构和操作流程；

(2) 掌握总体积传质系数的测定方法；

(3) 测定填料塔的流体力学性能；

(4) 了解气体空塔速度和液体喷淋密度对总体积传质系数的影响。

实验背景

气体吸收是典型的化工单元操作过程，它是利用混合气中各组分在某液体溶剂中的溶解度不同，而将气体混合物分离的操作。吸收操作所用的液体溶剂称为吸收剂，以 S 表示；混合气体中，能够显著溶解于吸收剂的组分称为吸收物质或溶质，以 A 表示；而几乎不被溶解的组分统称为惰性组分或载体，以 B 表示；吸收操作所得到的溶液称为吸收液或溶液，它是溶质 A 在溶剂 S 中的溶液；被吸收后排出的气体称为吸收尾气，其主要成分为惰性气体 B，但仍含有少量未被吸收的溶质 A。吸收过程就是吸收质由气相向液相转移的过程。

吸收过程通常在吸收塔中进行。根据气、液两相的流动方向，分为逆流操作和并流操作两类，工业生产中以逆流操作为主。吸收塔操作示意图如图 10–17 所示。

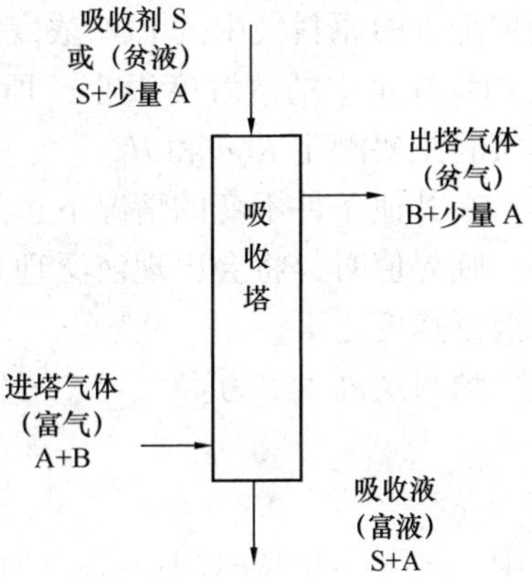

图 10–17　吸收塔逆流操作图

填料塔是一种重要的气液传质设备，其主体为圆柱形的塔体，底部有一块带孔的支撑板来支承填料，并允许气液顺利通过。支撑板上的填料有整堆和乱堆两种装填方式，填料又可分为实体填料和网体填料两大类，如拉西环、鲍尔环、网环等都属于实体填料。填料层上方有液体分布装置，可以使液体均匀喷洒在填料上。因为液体在填料中有倾向于塔壁的流动，故当填料层较高时，常将其分段，段与段之间设置液体再分布器，以使液体重新均匀分布。

吸收塔中填料的作用主要是增加气液两相的接触面积，当气体在通过填料层时，由于克服摩擦阻力和局部阻力而产生了压强降 Δp 。填料塔的流体力学特性是吸收设备的主要参数，它包括压强降和液泛规律。了解填料塔的流体力学特性是为了计算填料塔使用时所需动力消耗，确定填料塔适宜的操作范围以及选择适宜的气液负荷，而填料塔的流体力学特性的测定主要是确定适宜的操作气速。

在填料塔中，当气体自下而上通过干填料 ($L=0$) 时，与气体通过其他固体颗粒床层一样，气压降 Δp 与空塔气速 u 的关系可用式 $\Delta p = u^{1.8\sim2.0}$ 表示。在双对数坐标系中体现为一条直线，斜率为 1.8~2.0。有液体喷淋 ($L \neq 0$) 时，气体通过床层的压降除与气速和填料有关外，还受喷淋密度等因素的影响。在一定的喷淋密度下，气速小时，阻力与空塔速度仍然遵守 $\Delta p = u^{1.8\sim2.0}$ 这一关系。但在同样的空塔速度下，由于填料表面有液膜存在，使填料中的空隙减小，则填料空隙中的实际速度将增大，因此床层阻力降比无喷淋时的值要高。当气速增加到某一值时，由于上升气流与下降液体间的摩擦阻力增大，上升气流开始阻碍液体的顺利下流，导致填料层内的气液量随气速的增加而增加，此现象称为拦液现象，此点即为载点，开始拦液时的空塔气速称为载点气速。进入载液区后，当空塔气速再进一步增大，则填料层内的拦液量不断增多，当到达某一气速时，气、液间的摩擦力完全阻止了液体向下流动，填料层的压力将急剧升高，在 $\Delta p \propto u^n$ 关系式中，n 的数值可达 10 左右，此点称为泛点。不同的喷淋密度下，在双对数坐标中可得到一系列这样的折线。随着喷淋密度的增加，填料层的载点气速和泛点气速下降。

应予指出，吸收过程是使混合气中的溶质溶解于吸收剂中，从而得到一种新的溶液，但就溶质的存在形态而言，仍然是一种混合物，并没有得到纯度较高的气体溶质。在工业生产中，除以制取溶液产品为目的的吸收操作(如用水吸收 HCl 气制取盐酸等)之外，大都需要将吸收液进行解吸，以便得到纯净的溶质或使吸收剂再生后循环使用。解吸也称为脱吸，它是使溶质从吸收液中释放出来的过程，解吸通常在解吸塔中进行。它是吸收操作的逆过程，吸收过程中使用的计算公式同样适用于解吸过程。

实验原理

气体吸收是典型的传质过程之一。由于 CO_2 气体无味、无毒、廉价，所以气体吸收实验选择 CO_2 作为溶质组分是最为适宜的。本实验用水吸收空气-CO_2 混合气体中的 CO_2。一般将配置的原料气中的 CO_2 浓度控制在 10%以内，所以吸收的计算方法可按低浓度来处理。又 CO_2 在水中的溶解度很小，所以此体系 CO_2 气体的吸收过程属于液膜控制过程。因此，本实验主要测定 K_Xa 和 H_{OL}。

在其他条件不变的情况下，随着空塔气速增加，吸收系数将相应增大。当空塔气速达到某一临界值时，将会出现液泛现象，此时塔的正常操作被破坏。所以适宜的空塔气速应控制在液泛速度之下。

填料层高度 z 为：

$$z = \int_0^Z dZ = \frac{L}{K_X a \Omega} \int_{X_2}^{X_1} \frac{dX}{X^* - X} = H_{OL} \cdot N_{OL} \tag{10-85}$$

式中　L ——单位时间通过吸收塔的溶剂量，kmol (S) · s^{-1}；

K_Xa —— ΔX 为推动力的液相总体积吸收系数，kmol · m^{-3} · s^{-1}；

Ω——吸收塔截面积，m^2；

X ——液相中溶质组分的摩尔比浓度，kmol (A)/kmol (S)；

X^* ——与气相组成相平衡的液相中溶质组分的摩尔比浓度，kmol (A)/kmol (S)；

H_{OL} ——液相总传质单元高度，$H_{OL} = \dfrac{L}{K_X a \Omega}$，m；

N_{OL} ——液相总传质单元数，$N_{OL} = \displaystyle\int_{X_2}^{X_1} \frac{dX}{X^* - X}$，量纲为 1。

令吸收因数：

$$A = L/mV \tag{10-86}$$

则：

$$N_{OL} = \frac{1}{1-A} \ln \left[(1-A) \frac{Y_1 - mX_2}{Y_1 - mX_1} + A \right] \tag{10-87}$$

式中　m ——相平衡常数，量纲为 1；

V——单位时间通过吸收塔的惰性气体量，kmol (B) · s^{-1}；

Y_1——进塔气体中溶质组分的摩尔比浓度，kmol (A)/kmol (B)；

X_1，X_2——出塔、进塔液体中溶质组分的摩尔比浓度，kmol (A)/kmol (S)。

相平衡常数 m 可表示为：

$$m = \frac{E}{p_{总}} \tag{10-88}$$

式中 E——亨利系数，kPa，是温度的函数，根据液相温度测定值由附录查得；

$p_{总}$——塔内混合气体总压，kPa(绝压)。

在吸收操作中，反映吸收性能的主要参数是吸收系数，影响吸收系数的因素很多，其中有气体的流速、液体的喷淋密度、温度、填料的自由体积、比表面积以及气液两相的物理化学性质等。吸收系数没有一个通用的计算公式，工程上常对同类型的生产设备或中间试验设备进行吸收系数的实验测定。对于相同的物料系统和一定的设备(填料类型与尺寸)，吸收系数将随着操作条件及气液接触状况的不同而变化。总体积吸收系数 $K_X a$ 可由下式求解。

$$K_X a = \frac{V(Y_1 - Y_2)}{\Omega Z \Delta X_m} \tag{10-89}$$

式中 ΔX_m——液相平均浓度差，kmol (A)/kmol (S)。

$$\Delta X_m = \frac{\Delta X_1 - \Delta X_2}{\ln \frac{\Delta X_1}{\Delta X_2}} = \frac{(X_1^* - X_1) - (X_2^* - X_2)}{\ln \frac{X_1^* - X_1}{X_2^* - X_2}} \tag{10-90}$$

$$X^* = \frac{Y}{m} \tag{10-91}$$

本实验采用转子流量计测得空气和水的流量，并根据实验条件(温度和压力)和有关公式换算成空气和水的摩尔流量。

当用清水作为吸收剂时，$X_2 = 0$，由全塔物料衡算可得 X_1。

$$V(Y_1 - Y_2) = L(X_1 - X_2) \tag{10-92}$$

式中 V——单位时间内通过吸收塔的惰性气体量，kmol (B) · s^{-1}；

L——单位时间内通过吸收塔的溶剂量，kmol (S) · s^{-1}；

Y_1，Y_2——进塔、出塔气体中溶质组分的摩尔比，kmol (A)/kmol (B)；

X_1，X_2——进塔、出塔液体中溶质组分的摩尔比，kmol (A)/kmol (S)。

实验装置

1. 实验装置

本实验装置流程如图 10-18 所示。

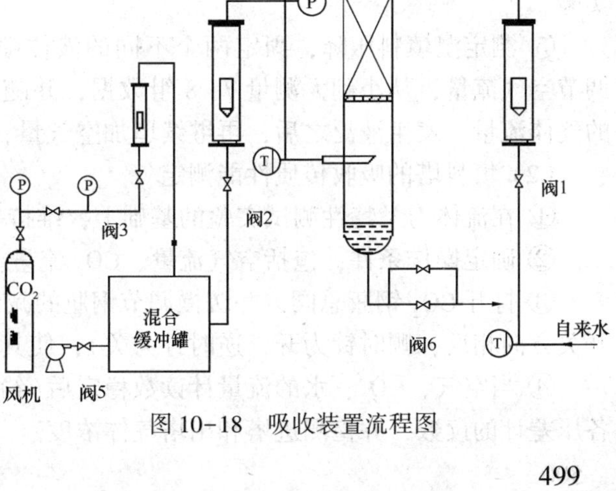

图 10-18 吸收装置流程图

将自来水送入填料塔塔顶，经喷头喷淋在填料顶层。由压缩机送来的空气和由二氧化碳钢瓶来的二氧化碳混合后，一起进入气体中间储罐，然后经转子流量计计量后进入塔底，与水在塔内进行逆流接触，进行质量和热量的交换，由塔顶出来的尾气放空，由于本实验为低浓度气体的吸收，所以热量交换可略，整个实验过程看成是等温操作。

2. 主要设备

(1)吸收塔。高效填料塔，塔径 $D=100$mm，塔内装有金属丝网板波纹规整填料，填料层总高度 $z=800\sim900$mm。塔顶有液体初始分布器，塔中部有液体再分布器，塔底部有栅板式填料支承装置。

(2) 填料规格和特性。φ100mm×50mm 的金属丝网板波纹填料，型号 JWB-700Y，比表面积 700m^2/m^3。

(3) 转子流量计。

① 空气转子流量计：型号 LZB40，流量范围 0~60$m^3\cdot h^{-1}$。

② CO_2 转子流量计：型号 LZB15，流量范围 0~2.5$m^3\cdot h^{-1}$。

③ 水转子流量计：型号 LZB15，流量范围 0~160$L\cdot h^{-1}$。

(4)旋涡气泵。XGB-11 型，风量 0~90$m^3\cdot h^{-1}$，风压 14kPa。

(5) 二氧化碳钢瓶。

(6) 气相色谱仪(SP6801)。

实验步骤

1. 实验操作

(1) 填料塔的流体力学性能测定

① 熟悉实验流程，并记录各压差计的零位读数。

② 检查气路系统。开风机之前必须全开放空阀，以免风机烧坏。检查转子流量计阀门是否关闭，以免风机开动时转子突然上升将流量计管打破。

③ 启动风机，首先测定干填料阻力降与空塔气速的大小。注意不要开水泵，以免淋湿干填料。由气泵送气，经放空阀、流量调节阀配合调节流量从小到大变化，测量 8~9 组数据，记录每次流量下的塔顶表压、填料层压降、流量大小、温度等参数。注意尾气放空阀全开，而塔底液位调节阀要关闭，否则气体会走短路。

④ 开动供水系统，慢慢调节流量接近液泛，使填料完全润湿后再降到预定气速进行实验。

⑤ 测定湿填料压降，固定两个不同的液体喷淋量分别进行测定。每固定一个喷淋量，调节空气流量，从小到大测量 7~8 组数据，并随时观察塔内的操作现象，记下发生液泛时的气体流量。发生液泛之后，再继续增加空气量，测取 2~3 组数据。

(2) 填料塔的吸收传质性能测定

① 在流体力学特性测试实验的基础上，维持一个液体喷淋量。

② 确定操作条件，包括空气流量、CO_2 流量。

③ 打开 CO_2 钢瓶总阀，并缓慢调节钢瓶的减压阀(注意减压阀的开关方向与普通阀门的开关方向相反，顺时针为开，逆时针为关)，使其压力稳定在 0.25MPa 左右。

④ 当空气、CO_2、水的流量计读数稳定后(约 2~3min)，记录各流量计的读数、温度及各压差计的读数，并检测进塔和出塔气体浓度。

⑤ 固定两个液体喷淋量，改变空气流量，保证气体吸收为低浓度气体吸收，重复上述操作，测定实验数据。

⑥ 实验结束后，先关闭 CO_2 钢瓶总阀，再关闭风机电源开关及仪表电源开关，清理实验仪器和实验场地。

2. 数据记录

将实验数据填入表 10-14、表 10-15、表 10-16 中。

表 10-14　实验数据测量条件记录表

名　称		名　称	
色谱型号		进样量	
柱类型		检测器温度	
柱规格		进样器温度	
载气类型		柱温	
载气流量		操作压力	

表 10-15　填料塔的流体力学性能测定数据记录表

		序　号	1	2	3	4	5	6	7	8
水流量/（$L\cdot h^{-1}$）	0	填料层压降/mmH_2O								
		塔顶压降/mmH_2O								
		空气转子流量计读数/（$m^3\cdot h^{-1}$）								
		空气流量/$m^3\cdot h^{-1}$								
		填料层压降/mmH_2O								
		塔顶压降/mmH_2O								
		空气转子流量计读数/（$m^3\cdot h^{-1}$）								
		空气流量/（$m^3\cdot h^{-1}$）								
		填料层压降/mmH_2O								
		塔顶压降/mmH_2O								
		空气转子流量计读数/（$m^3\cdot h^{-1}$）								
		空气流量/（$m^3\cdot h^{-1}$）								

表 10-16　填料塔的吸收系数测定数据记录表

序号	气体流量/（$m^3\cdot h^{-1}$）	水流量/（$L\cdot h^{-1}$）	气体温度/℃	液体温度/℃	塔底组成/%	塔顶组成/%
1						
2						
3						

实验指导

1. 注意事项

（1）固定好操作点后，应随时注意微调水、空气流量调节阀以保持各量不变。

(2) 在填料塔操作条件改变后，需要有一段的稳定时间，一定要等到稳定以后方能读取有关数据。

(3) 吸收取样时尾气放空阀4不能全开，否则尾气取样可能失败。

(4) 六通阀阀杆必须置于取样或置于放空位置，不能置于中间，否则会导致色谱钨丝被烧坏的严重事故。

2. 数据处理

(1)计算不同空塔气速下填料层阻力，在双对数坐标中绘制塔内压强 $\Delta p/z$ 与空塔气速 u 的关系图。

(2)计算一定喷淋量下不同气速下的体积传质系数 $K_X a$ 值。

(3)写出典型数据的计算过程，分析和讨论实验现象。

实验拓展

1. 气体吸收在化工生产中的应用

气体吸收在化工生产中主要有以下几方面的应用：

(1) 原料气的净化或精制气体。此应用最为广泛，混合气的净化或精制常采用吸收的方法。如在合成氨工艺中，采用碳酸丙烯酯(或碳酸钾水溶液)脱除合成气中的二氧化碳等。

(2) 制备某种气体的液态产品。气体的液态产品的制备常采用吸收的方法。如用水吸收氯化氢气体制取盐酸等。

(3) 回收混合气体中有用的组分。回收混合气体中的某组分通常亦采用吸收的方法。如用洗油处理焦炉气以回收其中的芳烃、用水吸收合成氨厂中放空气体中的氨等。

(4) 工业废气的治理。在工业生产所排放的废气中常含有少量的 SO_2、H_2S、HF 等有害酸性气体成分，若直接排入大气，则对环境造成污染。因此，在排放之前必须加以治理，工业生产中通常采用吸收的方法，选用碱性吸收剂除去这些有害的酸性气体。

2. 气体吸收的分类

气体吸收过程通常按以下方法分类。

(1) 单组分吸收与多组分吸收　根据吸收过程被吸收组分数目的不同，可分为单组分吸收和多组分吸收。若混合气体中只有一个组分进入液相，其余组分不溶(或微溶)于吸收剂，这种吸收过程称为单组分吸收。反之，若在吸收过程中，混合气中进入液相的气体溶质不止一个，这样的吸收称为多组分吸收。

(2) 物理吸收与化学吸收　根据吸收操作是否存在化学反应，可分为物理吸收和化学吸收。在吸收过程中，如果溶质与溶剂之间不发生显著的化学反应，可以把吸收过程看成是气体溶质单纯地溶解于液相溶剂的物理过程，则称为物理吸收。相反，如果在吸收过程中气体溶质与溶剂(或其中的活泼组分)发生显著的化学反应，则称为化学吸收。

(3) 低浓度吸收与高浓度吸收　在吸收过程中，若溶质在气液两相中的摩尔浓度均较低(通常不超过0.1)，这种吸收称为低浓度吸收；反之，则称为高浓度吸收。对于低浓度吸收过程，由于气相中溶质浓度较低，传递到液相中的溶质量相对于气、液相流率也较小，因此流经吸收塔的气、液相流率均可视为常数。

(4) 等温吸收与非等温吸收　气体溶质被液体吸收后，常由于溶解热或化学反应热，而产生热效应，热效应使液相的温度逐渐升高，这种吸收称为非等温吸收。若吸收过程的热效应很小，或吸收设备的散热效果很好，能及时移出吸收过程所产生的热量，此时液相的温度不发生显著的变化，这种吸收称为等温吸收。

工业生产中的吸收过程以低浓度吸收为主。

3. 吸收剂的选择

吸收是气体溶质在吸收剂中溶解的过程。因此，吸收剂性能的好坏往往是决定吸收效果的关键。在选择吸收剂时，应注意以下几方面内容。

(1) 溶解度　吸收剂对溶质组分的溶解度越大，则传质推动力越大，吸收速率越快，且吸收剂的耗用量越少，有利于吸收操作。

(2) 高选择性　吸收剂应对溶质组分有较大的溶解度，而对混合气体中的其他组分溶解度较小，否则不能实现有效的分离。

(3) 挥发度　在吸收过程中，吸收尾气往往为吸收剂蒸气所饱和。所以在操作温度下，吸收剂的蒸气压要低，即挥发度要小，以减少吸收剂的损失量。

(4) 黏度　吸收剂在操作温度下的黏度越低，其在塔内的流动阻力越小，扩散系数越大，不易产生泡沫，有助于实现吸收塔内良好的气液接触和塔顶的气液分离。

(5)其他　所选用的吸收剂应尽可能满足无毒、无腐蚀、不易燃易爆、不发泡、冰点低、价廉易得，化学性质稳定、易于再生等经济和安全条件。

实际上很难找到一个完全满足上述要求的理想溶剂，应对可供选择的溶剂做全面评价，以经济、合理为选择的原则。

实验思考

1. 填料吸收塔塔底为什么要有液封？液封高度如何计算？
2. 测定吸收系数 $K_X a - u$ 关系曲线有何实际意义？
3. 试分析实验过程中气速对 $K_X a$ 和 $\Delta p/z$ 的影响？
4. 为什么二氧化碳吸收过程属于液膜控制？
5. 当气体温度和液体温度不同时，应用什么温度计算亨利系数？

实验九　填料精馏塔的操作

实验目的

(1) 了解连续精馏塔的基本结构及流程；

(2) 掌握连续精馏塔的操作方法；

(3) 学会填料精馏塔等板高度的测定方法；

(4) 熟悉在部分回流操作时，不同回流比对精馏塔效率的影响。

实验背景

蒸馏是将液体均相混合物加热，使之沸腾汽化，利用各组分沸点(挥发度)不同的特性进行分离的一种单元操作。在工业生产中，很多时候需要得到纯度较高的产品，但简单蒸馏不能满足生产要求，如何实现混合液的高纯度分离呢？可以采用精馏操作，即采用多次部分汽化或多次部分冷凝，如图 10-19 所示。

1. 部分汽化

将原料液浓度为 x_F 的混合液由液相加热至气、液共存区，使其在温度 t_1 时部分汽化。此时，混合液分成平衡的气、液两相，液相组成为 x_1（$x_1 < x_F$）。气液两相分开后，再将组成为 x_1 的饱和液体加热使再次部分汽化，获得组成为 x_2（$x_2 < x_1$）的液相及与之平衡的气相。再将组成为 x_2 的饱和液体加热进行部分汽化，又可得到组成为 x_3（$x_3 < x_2$）的液相及与之平衡的气相，依次类推，最终可以得到易挥发组分含量很低的液相产品。

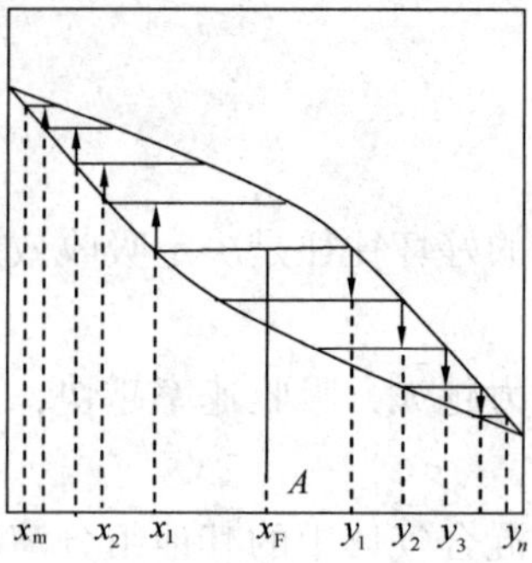

图 10-19　多次汽化与多次冷凝

2. 部分冷凝

将上述过程中所得到组成为 y_1 的蒸气冷凝至两相区，可以得到组成为 y_2（$y_2 > y_1$）的气相及与之相平衡的液相。再将浓度为 y_2 的饱和蒸气冷凝，又可得到组成为 y_3（$y_3 > y_2$）的气相及相应的液相。依次类推，最后可得到含易挥发组分浓度较高的气相产品。

如果将上述多次部分汽化、多次部分冷凝过程分别在若干个加热釜或若干个冷凝器内进行，不仅蒸馏装置非常庞大，而且能量消耗很大。每一釜溶液部分汽化需消耗加热蒸汽，而每一釜的部分冷凝又需消耗冷却水，若直接利用蒸汽放出的热加热溶液，或者说直接利用溶液冷凝蒸汽，这样既节省了热源又节省了冷源，实现这种操作的是精馏塔。

3. 精馏原理

利用均相液体混合物中两组分沸点的不同，经多次的部分汽化和多次的部分冷凝，最终达到分离液体混合物的目的。

精馏过程与其他蒸馏过程最大的区别，是在塔两端同时提供纯度较高的液相和气相回流，为精馏过程提供了必要的传质条件。提供高纯度的回流，使在相同理论板的条件下，为精馏实现高纯度的分离时，始终能保证一定的传质推动力。所以，只要理论板足够多，回流足够大时，在塔顶可能得到高纯度的轻组分产品，而在塔底获得高纯度的重组分产品。

实验原理

填料塔属连续接触式传质设备，塔内气液相浓度呈连续变化。等板高度（*HETP*）是衡量填料精馏塔分离效果的一个关键参数，等板高度越小，表明填料层的传质分离效果就越好。

1. 等板高度 *HETP*

HETP 是指和一层理论塔板的传质作用相当的填料层高度。它的大小不仅取决于填料的类型、材质与尺寸，而且受混合液物性、操作条件及塔设备尺寸的影响。对于双组分体系，若已知填料层高度 Z 及理论板 N_T 后，则

$$HETP = Z/N_T \tag{10-93}$$

2. 图解法求理论塔板数 N_T

图解法又称 McCabe-Thiele 法，简称 M-T 法，其原理与逐板计算法完全相同，只是将逐板计算过程在 $y-x$ 图上直观地表示出来。

精馏段的操作线方程为：

$$y_{n+1}=\frac{R}{R+1}x_n+\frac{x_D}{R+1} \tag{10-94}$$

式中　y_{n+1}——精馏段第 $n+1$ 块塔板上升的蒸气组成，摩尔分数；

x_n——精馏段第 n 块塔板下流的液体组成，摩尔分数；

x_D——塔顶溜出液的液体组成，摩尔分数；

R——操作条件下的回流比。

提馏段的操作线方程为：

$$y_{m+1}=\frac{L'}{L'-W}x_m-\frac{Wx_W}{L'-W} \tag{10-95}$$

式中　y_{m+1}——提馏段第 $m+1$ 块塔板上升的蒸气组成，摩尔分数；

x_m——提馏段第 m 块塔板下流的液体组成，摩尔分数；

x_w——塔底釜液的液体组成，摩尔分数；

L'——提馏段内下流的液体量，$kmol\cdot s^{-1}$；

W——釜液流量，$kmol\cdot s^{-1}$。

作图法求理论塔板数时，先做精馏段操作线，再求解加料线方程，确定两个操作线的交点，然后再作提馏段的操作线。

加料线(q 线)方程可表示为：

$$y=\frac{q}{q-1}x-\frac{x_F}{q-1} \tag{10-96}$$

其中：

$$q=1+\frac{c_{pF}(t_S-t_F)}{r_F} \tag{10-97}$$

式中　q——进料热状况参数；

r_F——料液在泡点下的汽化潜热，$kJ\cdot kmol^{-1}$，一般取两纯组分汽化潜热的加和平均值；

t_s——料液的泡点温度,℃；

t_F——进料液温度,℃；

c_{PF}——进料液在平均温度 $(t_S-t_F)/2$ 下的比热容，$kJ\cdot kmol^{-1}\cdot ℃^{-1}$；

x_F——进料液组成，摩尔分数。

回流比 R 的确定：

$$R=\frac{L}{D} \tag{10-98}$$

式中　L——回流液流量，$kmol\cdot s^{-1}$；

D——塔顶馏出液流量，$kmol\cdot s^{-1}$。

(1) 全回流操作　在精馏全回流操作时，操作线在 $y-x$ 图上为对角线，如图 10-20 所示，根据塔顶、塔釜的组成在操作线和平衡线间作梯级，即可得到理论塔板数。

(2) 部分回流操作　部分回流操作时，如图 10-21。

图解法的主要步骤为：

① 根据物系和操作压力在 $y-x$ 图上作出相平衡曲线，并画出对角线作为辅助线。

② 在 x 轴上找到 x_D、x_F、x_w 三点，依次通过这三点作垂线分别交对角线于点 a、f、b 点。

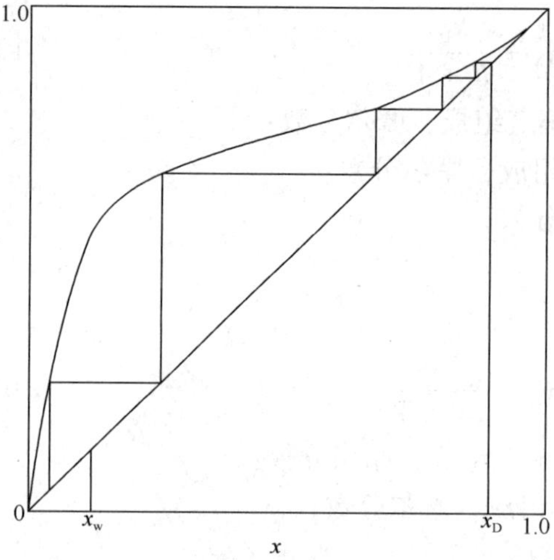

图 10-20　全回流时理论板数的确定

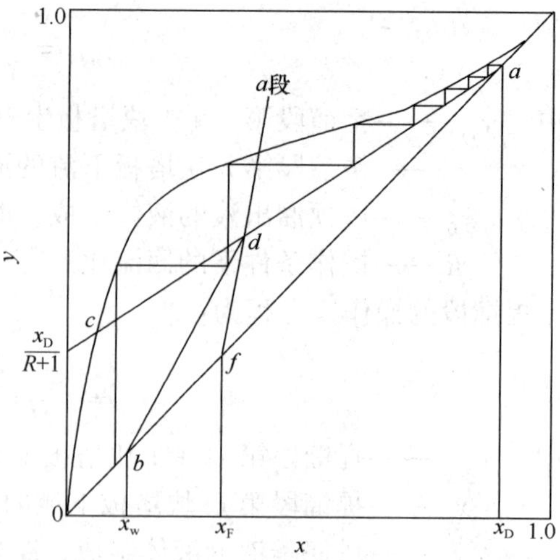

图 10-21　部分回流时理论板数的确定

③ 在 y 轴上确定精馏段的截距点 c，连接 a、c 作出精馏段操作线。

④ 由进料热状况求出 q 线的斜率 $q/(q-1)$，过点 f 作出 q 线交精馏段操作线于点 d。

⑤ 连接点 d、b 作出提馏段操作线。

⑥ 从点 a 开始在平衡线和精馏段操作线之间画阶梯，当梯级跨过点 d 时，就改在平衡线和提馏段操作线之间画阶梯，直至梯级跨过点 b 为止。

⑦ 所画的总阶梯数就是全塔所需的理论塔板数(包含再沸器)，跨过点 d 的那块板就是加料板，其上的阶梯数为精馏段的理论塔板数。

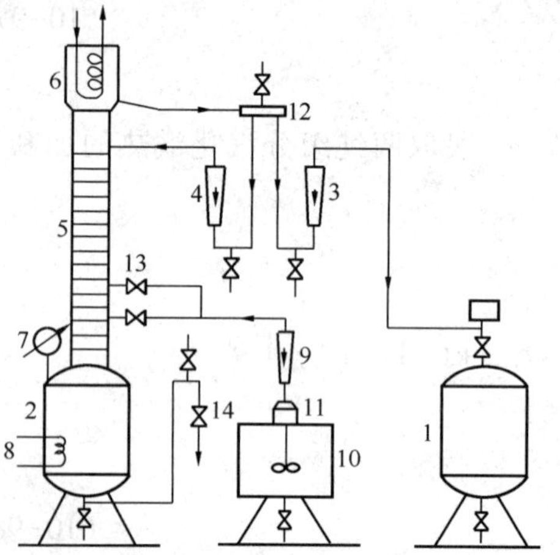

图 10-22　精馏塔实验装置示意图

1—产品储槽；2—蒸馏釜；3、4、9—转子流量计；5—塔体；6—冷凝器；7—压力表；8—电加热电源；10—料液槽；11—料液输送泵；12—分配器；13—进料阀；14—釜液出料阀

实验装置

1. 实验装置

填料精馏塔实验装置如图 10-22 所示。

2. 填料塔特征数据

本实验装置为填料精馏塔，其特征数据如下：

塔内径 $D_{内}=68$mm，塔内填料层总高度 $Z=1.6$m(乱堆)，进料位置距填料层顶面 1.2m 处，即精馏段填料层高为 1.2m，提馏段填料层高 0.4m。

填料为不锈钢高效 θ 环，其尺寸为 $\Phi10$mm $\times10$mm。

塔釜液体加热采用电加热，塔顶冷凝器为盘管换热器。供料采用微计量泵进料。

实验步骤

1. 实验操作

(1) 将体积浓度为 20%左右的乙醇-水混合液加入塔釜中，通入冷却水。同时测定原料液浓度。

(2) 启动电源加热，使塔釜溶液升温至沸腾。在全回流下精馏 20min 后，用滴管和注射器分别取塔顶样品、塔釜残液样品、原料样品进行分析。用阿贝折光仪测定样品的折光率，继而确定其组成。

（3）调节回流分配器，改变回流比为 $R=3$，将原料液以 40L·h^{-1} 的速度进料，稳定 60min 后，用滴管和注射器分别取塔顶样品、塔釜残液样品、原料样品进行分析。用阿贝折光仪测定样品的折光率，继而确定其组成。

（4）适当的调节加热电压，不要出现液泛现象。

（5）实验结束，先关电流，待温度降到 50℃以下后再关冷却水。

2. 数据记录

将塔顶、塔底温度和组成等原始数据填入表 10-17、表 10-18。

表 10-17　乙醇-水溶液的相平衡数据表

	乙醇密度：808.9kg·m^{-3}					沸点：78.2℃				
y										
x										

表 10-18　数 据 记 录 表

	全回流操作		回流比 $R=3$	
	折射率	浓度/%	折射率	浓度/%
原料液浓度 x_F				
塔顶浓度 x_D				
塔釜浓度 x_W				
塔顶温度 t_D				
塔釜温度 t_W				

实验指导

1. 注意事项

（1）实验前，给釜中缓慢升温，并随时注意观察塔釜压力表的读数变化，当压力过高时，应及时关闭加热电源，并打开放空阀排气，以防塔釜压力过高。

（2）塔顶放空阀一定要打开。

（3）料液一定要加到设定液位 2/3 处方可打开加热管电源，否则塔釜液位过低会使电加热丝露出、干烧致坏。

（4）部分回流时，开启进料泵电源前，首先打开进料阀，否则会损坏进料泵。

2. 数据处理

（1）作平衡相图，分别计算在全回流和部分回流时的理论板数。

（2）计算全塔效率、单板效率以及等板高度。

（3）作出全回流时填料层高度与浓度的变化曲线并讨论。

实验拓展

填料塔是在塔内装填填料，作为气液两相间接触构件的传质设备。填料塔的塔身是一直立式圆筒，底部装有填料支承板，填料以乱堆或整砌的方式放置在支承板上。填料的上方安装有填料压板，以防止填料被上升气流吹动。液体从塔顶经液体分布器喷淋到填料上，并沿填料表面流下。气体从塔底送入，经气体分布装置(小直径塔一般不设气体分布装置)分布后，与液体逆流接触，连续地通过填料层的空隙。在填料表面上，气液两相密切接触进行热量和质量的传递。填料塔属于连续接触式气液传质设备，两相组成沿塔高连续变化，在正常操作状态下，气相为连续相，液相为分散相。

当液体沿填料层向下流动时，有逐渐向塔壁集中的趋势，使得塔壁附近的液体流量逐渐增大，这种现象称为壁流。壁流效应造成气液两相在填料层中分布不均，从而使传质效率下降。因此，当填料层较高时，需要进行分段，在两段间设置再分布装置。液体再分布装置包括液体收集器和液体再分布器两部分，上层填料流下的液体经液体收集器收集后，送到液体再分布器，经重新分布后喷淋到下层填料上。

填料塔具有生产能力大、分离效率高、压降小、持液量小、操作弹性大等优点。

填料塔也有一些不足之处，如填料造价较高；当液体负荷较小时，不能有效地润湿填料表面，使传质效率下降；不能直接用于分离有悬浮物或容易聚合的物料；对侧线进料和出料等复杂精馏不太适合等。

实验思考

1. 测定全回流和部分回流总板效率(或等板高度)与单板效率时各需测几个参数？取样位置在何处？
2. 回流比是如何影响塔的分离性能的？
3. 查取进料液的汽化潜热时，定性温度如何取值？
4. 若测得单板效率超过100%，作何解释？

实验十　干燥速率曲线的绘制

实验目的

(1) 熟悉常压洞道式(厢式)干燥器的构造和操作；

(2) 测定在恒定干燥条件下的湿物料干燥曲线和干燥速率曲线；

(3) 测定该物料的临界湿含量 X_0。

实验背景

干燥是利用热能除去固体物料中湿分(水分或其他液体)的单元操作。在化工、食品、制药、纺织、采矿、农产品加工等行业，通常需要将固体物料中的湿分除去，以便于运输、储藏或达到生产规定的含湿要求。例如，药品的含水量太高会影响其保质期等。因为干燥是利用热能去湿的操作，能量消耗较大，所以在工业生产中湿物料一般都采用先沉降、过滤或离心分离等机械方法去湿，然后再通过干燥制得合格的产品。

1. 固体物料的去湿方法

固体物料去湿的方法很多，在化工生产中常用的方法有：

(1) 机械分离法　通过压榨、过滤和离心分离等方法去湿。该方法能耗较少，较为经济，但除湿不够彻底，一般只用于湿物料的预处理。

(2) 吸附脱水法　用干燥剂(如无水氯化钙、硅胶)等吸去湿物料中所含的水分，该方法脱除水分量非常有限，只适用于实验室使用。

(3) 干燥法　利用热能使湿物料中的湿分汽化而去湿的方法。该方法可除去湿物料中的大部分湿分，除湿较彻底。但干燥法能耗较大，在工业上往往将机械分离法与干燥法联合起来除湿，即先用机械方法尽可能除去湿物料中的大部分湿分，然后再利用干燥方法继续除湿，继而制得符合规定的产品。干燥法在工业生产中应用最为广泛，如原料的干燥、中间产物及产品的去湿等。

干燥操作方法按操作压强可分为常压干燥和真空干燥。真空干燥适用于处理热敏性、易氧化或要求产品中湿分含量很低的场合。按操作方式分为连续操作和间歇操作。间歇操作适用于小批量、多品种或要求干燥时间很长的特殊场合。按传热方式不同又可分为传导干燥、对流干燥、辐射干燥、介电加热干燥以及由上述两种或多种组合的联合干燥。

传导干燥是指热能通过传热壁面以传导方式加热物料，产生的湿分蒸气被气相(又称干燥介质)带走，或用真空泵排走。例如纸制品可以铺在热滚筒上进行干燥。该方法虽热能利用率高，但与传热面接触的物料易过热变质，物料温度不易控制。

对流干燥是指干燥介质直接与湿物料接触，热能以对流方式传递给物料，产生的蒸气被干燥介质带走。干燥介质既是载热体又是载湿体。在对流干燥中，干燥介质的温度容易调控，湿物料不会产生过热。但是干燥介质离开干燥器时要带出大量的热量，因此对流干燥的热损失较大，能耗高。工业干燥操作多用热空气或其他的高温气体为介质，使之通过物料表面，通过时向物料供热并带走汽化的湿分。

辐射干燥是由辐射器产生的辐射能以电磁波形式到达固体物料的表面，被物料吸收而转变为热能，从而使湿分汽化。例如用红外线干燥法将物体表面的油漆烘干。该方法生产强度大，干燥均匀且产品洁净，但能量消耗大。

介电加热干燥是将需要干燥的电解质物料置于高频电场中，电能在潮湿的电介质中变为热能，可以使液体很快升温汽化。这种加热过程发生在物料内部，故干燥速率较快，例如微波干燥食品。

干燥过程进行的必要条件有：①湿物料表面的水汽压力大于干燥介质的水汽分压；②干燥介质将汽化的水汽及时带走。

实验原理

在确定干燥器的生产能力时，被干燥物料在给定干燥条件下的干燥速率、临界湿含量和平衡湿含量等干燥特性数据是最基本的技术参数。由于实际生产中被干燥物料的性质相差很大，因此通常由实验来测定各被干燥物料的干燥特性数据。

按干燥过程中空气状态参数是否变化，可将干燥过程分为恒定干燥条件操作和非恒定干燥条件操作两大类。工业上大多采用恒定干燥操作，即用大量空气干燥少量物料，湿空气在干燥过程中温度、湿度、气流速度以及与物料的接触方式均不变。

1. 干燥速率的定义

干燥速率是指单位干燥面积、单位时间内所除去的湿分质量。即：

$$U=\frac{\mathrm{d}W}{A\mathrm{d}\tau}=-\frac{G_{\mathrm{c}}\mathrm{d}X}{A\mathrm{d}\tau} \tag{10-99}$$

式中　U——干燥速率，又称干燥通量，$\mathrm{kg\cdot m^{-2}\cdot s^{-1}}$；

A——干燥表面积，m^2；

W——汽化的湿分量，kg；

τ——干燥时间，s；

G_c——绝干物料的质量，kg；

X——物料湿含量，kg (湿分)/kg (干物料)，负号表示 X 随干燥时间的增加而减少。

2. 干燥速率的测定方法

将湿物料试样置于恒定空气流中进行干燥实验，随着干燥时间的延长，水分不断汽化，湿物料质量不断减少。若记录物料在不同时间下的质量 G，直到物料质量不变为止，也就是物料在该条件下达到干燥极限为止，此时物料中的水分就是平衡水分 X^*。再将物料烘干后称重可得绝干物料重 G_c，则物料中瞬间含水率 X 为：

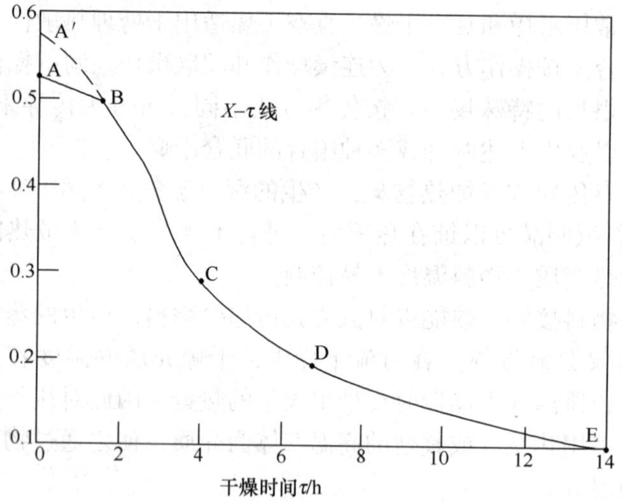

图 10-23　恒定干燥条件下的干燥曲线

$$X = \frac{G - G_c}{G_c} \quad (10-100)$$

计算出每一时刻的瞬间含水率 X，然后作 $X - \tau$ 图，即为干燥曲线，见图 10-23。

上述干燥曲线还可以变换得到干燥速率曲线。

由已测得的干燥曲线求出不同 X 下的斜率 $\frac{dX}{d\tau}$，再由式(10-99)计算得到干燥速率 U，将 U 对 X 作图，就是干燥速率曲线，如图 10-24 所示。

3. 干燥过程分析

根据干燥过程中不同期间的特点，干燥过程可分为三个阶段。

(1) 预热段　物料在预热段中，含水率略有下降，温度则上升至湿球温度 t_W，而干燥速率可能呈上升趋势变化，也可能呈下降趋势变化。预热段经历的时间很短，通常在干燥计算中忽略不计。见图 10-23、图 10-24 中的 AB 段或 AB' 段。

(2) 恒速干燥阶段　见图 10-23、图 10-24 中的 BC 段。在过程开始时，由于整个物料的湿含量较大，其内部的水分能迅速地到达物料表面。因此，干燥速率由物料表面上水分的汽化速率所控制，因而

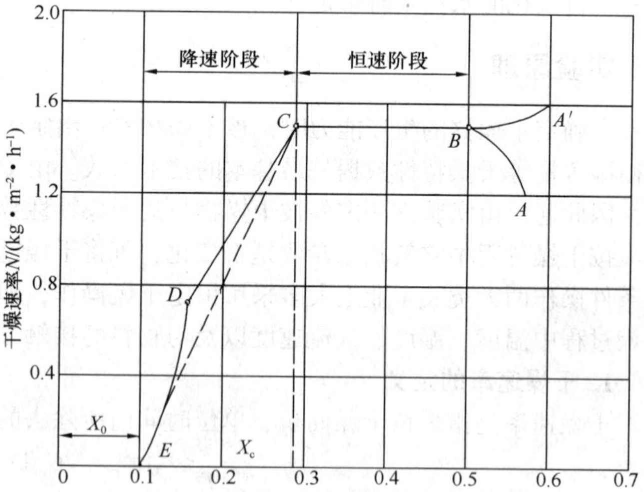

图 10-24　恒定干燥条件下的干燥速率

此阶段称为表面汽化控制阶段。在此阶段，干燥介质传给物料的热量全部用于水分的汽化，物料表面的温度维持为热空气湿球温度 t_W，物料表面处的水蒸气分压也维持恒定，故干燥速率恒定不变。在图 10-24 中，BC 段为水平线。

（3）降速干燥阶段　当物料被干燥达到临界湿含量 X_c 后，便进入降速干燥阶段，对应图 10-24 中的 C 点，称为临界点。此时，物料中所含的水分较少，水分自物料内部向表面迁移的速率低于物料表面水分的汽化速率，干燥速率由水分在物料内部的迁移速率所控制，故此阶段亦称为内部迁移控制阶段。随着物料湿含量的逐渐减少，物料内部水分的迁移速率也逐渐减少，故干燥速率不断下降。

恒速段的干燥速率和临界含水量的影响因素主要有：固体物料的种类和性质；固体物料层的厚度或颗粒大小；空气的温度、湿度和流速；空气与固体物料间的相对运动方式等。

实验装置

1. 实验装置

空气用风机送入电加热器，经加热的空气流入干燥室，加热干燥室中的湿帆布后，经排出管道排入大气中。随着干燥过程的进行，物料失去的水分量由称重传感器和智能数显仪表记录下来。实验装置如图 10-25 所示。

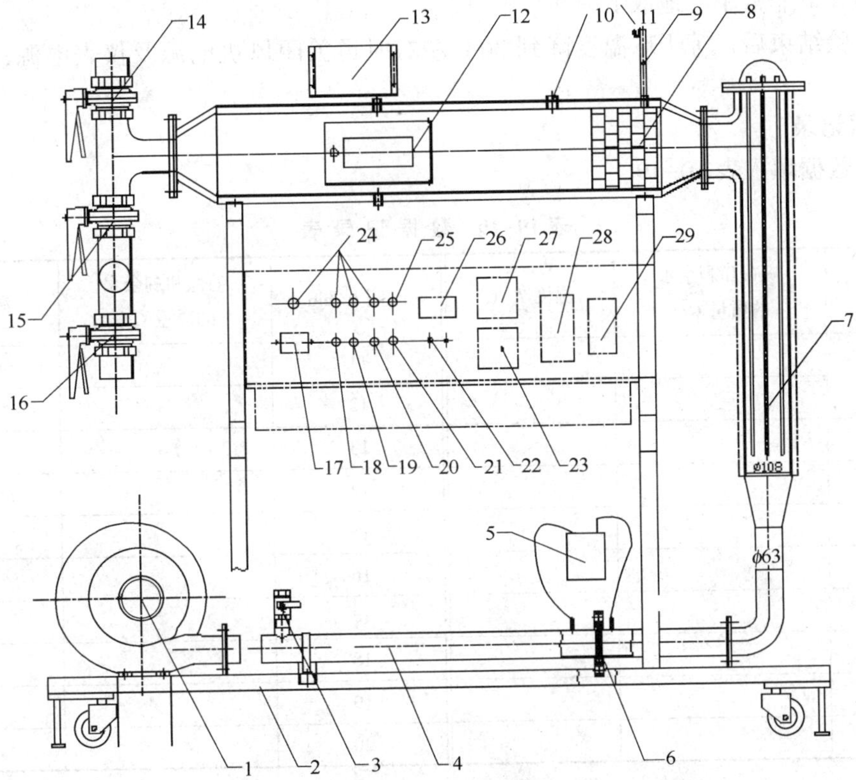

图 10-25　干燥装置流程图

1—风机；2—可移动实验框架；3—旁路阀；4—气路管道；5—差压传感器；6—不锈钢孔板流量计；7—电加热管；8—风量均布器；9—支杆；10、11—干球、湿球温度传感器；12—可视门；13—精密称重传感器；14—蝶阀；15—蝶阀；16—蝶阀；17—总电源空气开关；18—仪表电源开关；19—变频器电源开关；20—风机电源切换开关；21—电加热管停止按钮；22—干球温度手自动切换开关及手动调节旋钮；23—干球温度自动调节仪；24—指示灯；25—电加热管启动按钮；26—加热管电压指示；27—智能风量控制仪；28—智能多路液晶显示仪；29—变频器

2. 主要设备及仪器

鼓风机：MY250W，250W　　　　　　电加热器：4.5kW

干燥室：180mm×180mm×1250mm　干燥物料：湿帆布

称重传感器：YZ108A 型，0~300g。

实验步骤

1. 实验操作

（1）打开电源开关，开启风机。

（2）启动加热管电源，开始加热，控制干燥室温度(干球温度)恒定在 70℃。

（3）向帆布加入一定量的水，使其润湿均匀，注意水量不能过多或过少。

（4）当干燥室温度恒定在 70℃时，在老师的指导下或由老师将帆布十分小心地悬挂于称重传感器下的托盘上。放置帆布时应特别注意不能用力下拉，因称重传感器是非常精密的仪器，稍微用力就会完全损坏称重传感器。

（5）记录时间以及帆布和剩余水的重量，即为重量显示仪的读数，每分钟记录一次数据；每 2 分钟记录一次干球温度和湿球温度。

（6）待帆布恒重时，表明实验结束，按下停止按钮，停止加热，注意保护称重传感器，在老师的指导下非常小心地取下帆布。

（7）实验结束后，等干球温度降到 30℃左右时再关闭风机电源及仪表电源，清理实验设备。

2. 数据记录

将实验数据填入表 10-19。

表 10-19　数据记录表

时间 θ/min	帆布和剩余水的质量 G/g	温度 T/℃	时间 θ/min	毛毡和剩余水的质量 G/g	温度 T/℃
1			11		
2			12		
3			13		
4			14		
5			15		
6			16		
7			17		
8			18		
9			19		
10			20		

实验指导

1. 注意事项

(1)必须先开风机，后开加热器，否则加热管可能会被烧坏。

(2)特别注意传感器是非常精密的仪器，其负荷量仅为 300g，放取帆布时必须十分小心，一定要轻拿轻放，绝对不能用力下拉或上提，否则会完全损坏称重传感器。

(3)风量不得低于 $50m^3 \cdot h^{-1}$，否则会因为风量过小而烧坏加热管。

2. 数据处理

(1) 将实验数据处理结果填入表 10-20，绘制干燥曲线(失水量-时间关系曲线)。

表 10-20　实验数据处理记录表

时间 θ/min	时间间隔 Δt/min	失水量 G/g	干基含水量 X/%	干燥速率/[kg 水/(h·m^2)]
1				
2				
3				
4				
5				
6				
7				
8				
9				
10				
11				
12				
13				
14				
15				
16				
17				
18				
19				

(2) 根据干燥曲线作干燥速率曲线。

(3) 读取物料的临界湿含量。

(4) 对实验结果进行分析讨论。

实验拓展

干燥过程中热量的有效利用程度是决定过程经济性的重要方面。在干燥过程中，向系统输入的总热量主要用于四个方面：加热空气、加热物料、蒸发水分和克服热损失。用热效率 η 来表示蒸发水分所需的热量占向系统输入总热量的百分比。

η 越大，表示干燥过程热利用程度越高，经济性越好。对于等焓干燥(即 $Q_D = 0$、$Q_L = 0$)，则

$$\eta = \frac{Q_1 + Q_2}{Q_p + Q_D} = \frac{Vc_{pH_1}(t_1 - t_2)}{Vc_{pH_1}(t_2 - t_0)} = \frac{t_1 - t_2}{t_1 - t_0} \qquad (10\text{-}101)$$

式中　Q_1——加热物料所需的热量，kW；

Q_2——蒸发水分所需的热量，kW；

Q_P——空气在预热器中获得的热量，kW；

Q_D——空气在干燥器中获得的热量，kW；

Q_L——干燥过程中的热损失，kW。

可以通过以下途径来提高热效率 η。

1. 降低空气的出口温度 T_2

提高 H_2 而降低 T_2 可提高干燥操作的热效率 η，但这样会降低干燥过程的传质、传热推动力，降低干燥速率 N_A，使干燥时间 t 延长，设备容器 $\bar{V}$ 增大。另一方面 T_2 不能过低以至接近饱和状态，否则气流易在设备及管道出口处散热而析出水滴，使已干燥的产品返潮，且易造成管路的堵塞和设备材料的腐蚀。在实际干燥操作中，一般空气的出口温度需比进入干燥器时的绝热饱和温度高 20~50℃。

2. 提高空气的预热温度 T_1

提高空气的预热温度 T_1，其焓值 I_1 增大，可降低空气流量 V，从而降低总加热量，使 η 增大。但对热敏性物料和易产生局部过热的干燥器，T_1 不能过高。对不能经受高温的物料，采用中间加热的方式，即在干燥器内设置一个或多个中间加热器，此法可以避免进入干燥器的空气要预热到很高的温度。由于空气温度比不设中间加热器的干燥器内空气温度低，热损失 Q_1 下降，η 增大。

3. 减少干燥过程的各项热损失

（1）做好干燥设备和管道的保温工作，使热损失 Q_L 下降，$(Q_p + Q_D)$ 减小，从而使热效率 η 增大。应采用最佳保温层厚度。

（2）防止干燥系统的渗透。干燥系统如有热风漏出或有冷风漏入，均使干燥器热效率 η 下降。为防止系统渗漏，可将送风机安装在干燥系统之前，而吸风机安装在系统之末，经合理选用与调整两个风机的工作点，以使在操作时保持干燥器正好处于零压状态，这样就可以避免因冷风漏入或热风漏出所造成的 η 下降。

4. 采用部分废气循环操作

利用废气循环来预热空气或物料，回收被废气带走的热量，可减少空气用量，以提高干燥操作的热效率。部分废气循环操作时，定义其循环比为：

$$\phi = \frac{V_m - V}{V_m} = \frac{\text{循环废气中绝干空气质量}}{\text{混合气中绝干空气质量}} \tag{10-102}$$

则循环量为：

$$V_R = V_m - V,\ \frac{V}{V_m} = 1 - \phi$$

采用废气循环操作时，空气进入干燥器的温度低，特别适用于热敏性物料的干燥，而且可利用低品位热源。

5. 利用内换热器

在干燥系统内设置换热器称为内换热器，它可减少能量供给，降低空气用量，提高热效率。

实验思考

1. 帆布中所含水分是什么性质的水分？
2. 实验过程中干、湿球温度计是否变化？为什么？
3. 恒定干燥条件是指什么？
4. 如何判断实验已经结束？

实验十一　反应停留时间分布的测定

实验目的

（1）了解连续流动反应器内停留时间分布的含义及其产生的原因；

（2）加深对停留时间分布概念的理解；

（3）通过脉冲示踪法测定实验反应器内示踪剂浓度随时间的变化关系；

（4）掌握停留时间分布的测试方法及其结果的处理。

实验背景

在工业生产中，对某些反应，为了将反应物控制在合适的浓度，继而便于控制温度、转化率和收率，同时又需要物料在反应器内有足够的停留时间，且具有一定的线速度，便将反应物的一部分物料返回到反应器进口，使其与新鲜的物料混合再进入反应器进行反应。在连续流动的反应器内，不同停留时间的物料之间的混合称为返混。对于这种反应器循环与返混之间的关系，需要通过实验来测定。

在连续均相管式循环反应器中，若循环流量等于零，则反应器的返混程度与平推流反应器相近，由于管内流体的速度分布和扩散，会造成较小的返混。若有循环操作，则反应器出口的流体被强制返回反应器入口，也就是返混。返混程度的大小与循环流量有关，通常定义循环比 R 为：

$$R=\frac{\text{循环物料的体积流量}}{\text{离开反应器物料的体积流量}}$$

其中，离开反应器物料的体积流量就等于进料的体积流量。

循环比是连续均相管式循环反应器的重要特征，可自零变至无穷大。

当 $R=0$ 时，相当于平推流管式反应器；

当 $R=\infty$ 时，相当于全混流反应器。

因此，对于连续均相管式循环反应器，可以通过调节循环比 R，得到不同返混程度的反应系统。一般情况下，循环比大于 20 时，系统的返混特性已经非常接近全混流反应器。

返混程度的大小，一般很难直接测定，通常是利用物料停留时间分布的测定来研究。然而测定不同状态的反应器内停留时间分布时，我们可以发现，相同的停留时间分布可以有不同的返混情况，即返混与停留时间分布不存在一一对应的关系，因此不能用停留时间分布的实验测定数据直接表示返混程度，而要借助于反应器数学模型来间接表达。

停留时间分布的测定方法有脉冲法、阶跃法等，常用的是脉冲法。脉冲输入法是在极短的时间内，将示踪剂从系统的入口处注入流体，在不影响主流体原有流动特性的情况下随之进入反应器。与此同时，在反应器出口检测示踪剂浓度 $c(t)$ 随时间的变化。整个过程可以用图 10-26 形象地描述。

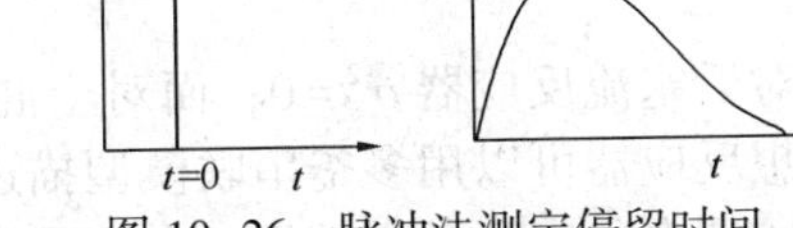

图 10-26　脉冲法测定停留时间分布示意图

由概率论知识可知，概率分布密度函数 $E(t)$ 就是系统的停留时间分布密度函数。因此，$E(t)\mathrm{d}t$ 就代表了流体粒子在反应器内停留时间介于 t 到 $t+\mathrm{d}t$ 之间的概率。

$$E(t)\,\mathrm{d}t = V\cdot c(t)\,\mathrm{d}t/Q \tag{10 - 103}$$

$$Q = \int_0^\infty Vc(t)\,\mathrm{d}t \tag{10 - 104}$$

所以：

$$E(t) = \frac{Vc(t)}{\int_0^\infty Vc(t)\,\mathrm{d}t} = \frac{c(t)}{\int_0^\infty c(t)\,\mathrm{d}t} \tag{10 - 105}$$

式中 $c(t)$ ——时间 t 时反应器出口的示踪剂浓度；

V——流体的流量；

Q——脉冲示踪瞬间注入的示踪剂量。

在反应器出口处测得的示踪剂浓度 $c(t)$ 与时间 t 的关系曲线叫响应曲线。由响应曲线就可以计算出 $E(t)$ 与时间 t 的关系，并绘出 $E(t)-t$ 关系曲线。

由于电导率与浓度之间存在线性关系，故可以直接对电导率进行复化辛普森积分，其公式如下：

$$\int_0^\infty E(t)\,\mathrm{d}t = \frac{h}{6}\left[f(a) + 4\sum_{k=0}^{n-1} f(x_{k+\frac{1}{2}}) + 2\sum_{k=1}^{n-1} f(x_\mathrm{k}) + f(b)\right] \tag{10-106}$$

式中 h——所记录数据的总时间；

n——所要处理的数据个数；

a——第一组数据；

b——最后一组数据。

因此可见 $E(t)$ 与示踪剂浓度 $c(t)$ 成正比。

由实验测定的停留时间分布密度函数 $E(t)$ 有两个重要的特征值，即平均停留时间 $\bar{t}$ 和方差 σ_t^2，可由实验数据计算得到。

平均停留时间 $\bar{t}$ 可表示为数学期望与停留时间分布的比值，即：

$$\bar{t} = \frac{\int_0^\infty tE(t)\,\mathrm{d}t}{\int_0^\infty E(t)\,\mathrm{d}t} = \frac{\int_0^\infty tc(t)\,\mathrm{d}t}{\int_0^\infty c(t)\,\mathrm{d}t} \tag{10-107}$$

若用离散形式表达，并取相同时间间隔 Δt，则：

$$\bar{t} = \frac{\Sigma tc(t)\Delta t}{\Sigma c(t)\Delta t} \tag{10-108}$$

方差是和理想反应器模型关系密切的参数，它的定义是：

$$\sigma_\mathrm{t}^2 = \frac{\int_0^\infty t^2 c(t)\,\mathrm{d}t}{\int_0^\infty c(t)\,\mathrm{d}t} - (\bar{t})^2 = \int_0^\infty t^2 c(t)\,\mathrm{d}t - \bar{t}^2 = \int_0^\infty t^2 L(t)\,\mathrm{d}t - \bar{t}^2 \tag{10-109}$$

若用无因次对比时间 θ 来表示，即 $\theta = t/\bar{t}$，则无因次方差：

$$\sigma_\theta^2 = \sigma_\mathrm{t}^2/\bar{t}^2 \tag{10-110}$$

对活塞流反应器 $\sigma_\mathrm{t}^2 = 0$；而对全混流反应器 $\sigma_\mathrm{t}^2 = \bar{t}^2$；对介于上述两种理想反应器之间的非理想反应器可以用多釜串联模型描述。

所谓多釜串联模型是将一个实际反应器中的返混情况作为与若干个全混釜串联时的返混程度等效。这里的若干个全混釜个数 n 是虚拟值，并不代表反应器个数，n 称为模型参数，可以由实验数据处理得到的 σ_t^2 来计算。多釜串联模型假定每个反应器为全混釜，反应器之间无返混，每个全混釜体积相同，则可以推导得到多釜串联反应器的停留时间分布函数关系，并得到无因次方差 σ_θ^2 与模型参数 n 存在关系为：

$$n = \frac{1}{\sigma_\theta^2} = \bar{t}^2/\sigma_t^2 \tag{10-111}$$

当 n 为整数时，代表该非理想流动反应器可以用 n 个等体积的全混流反应器的串联来建立模型。当 n 为非整数时，可以用四舍五入的方法近似处理，也可以用不等体积的全混流反应器串联模型。

实验原理

停留时间分布测定所采用的方法主要是示踪响应法。它的基本思路是在反应器入口以一定的方式加入示踪剂，然后通过测量反应器出口处示踪剂浓度的变化，间接地描述反应器内流体的停留时间。常用的示踪剂加入方式有脉冲输入、阶跃输入和周期输入等。本实验选用的是脉冲输入法。

当系统达到稳定后，在系统的入口处瞬间注入一定量 Q 的示踪物料，同时开始在出口流体中检测示踪物料的浓度变化。

停留时间分布可用分布函数 $F(t)$ 和分布密度函数 $E(t)$ 来表示，两者的关系为：

$$F(t) = \int_0^t E(t)\mathrm{d}t \tag{10 - 112}$$

$$E(t) = \frac{\mathrm{d}F(t)}{\mathrm{d}t} \tag{10 - 113}$$

测定停留时间分布最常用的方法是阶跃示踪法和脉冲示踪法。

阶跃法：

$$F(t) = \frac{c(t)}{c_0} \tag{10-114}$$

脉冲法：

$$E(t) = \frac{V}{Q}c(t) \tag{10-115}$$

式中 $c(t)$——时间 t 时反应器出口的示踪剂浓度；

c_0——阶跃示踪时反应器入口的示踪剂浓度；

V——流体的流量；

Q——脉冲示踪瞬间注入的示踪剂量。

由此可见，若采用阶跃示踪法，测定出口示踪物浓度变化，即可得到 $F(t)$ 函数；而采用脉冲示踪法，则测定出口示踪物浓度变化，就可得到 $F(t)$ 函数。

本实验用水作为连续流动的物料，以 2%浓度的高锰酸钾溶液作示踪剂，在反应器的出口处用分光光度计(比色法)检测溶液的吸光度值。

比色法测量浓度的基本原理是基于物质对光的吸收效应，因此，在一定的波长下，吸收强度随物质的浓度增加而增大，即物质的浓度与光吸收程度是正比关系，由比尔定律知：

$$A = KLc \tag{10-116}$$

式中 A——物质的吸光度，无因次；

K——吸光系数，$\mathrm{L \cdot g^{-1} \cdot cm^{-1}}$；

L——液层厚度(通常为比色皿的厚度)，cm；

c——溶液浓度，$g \cdot L^{-1}$。

实验装置

本实验采用脉冲示踪法分别测定装有二叶平桨的釜式反应器和装有若干个细玻璃管的管式反应器的停留时间分布，测定是在不存在化学反应的情况下进行的。实验装置如图 10-27 所示。

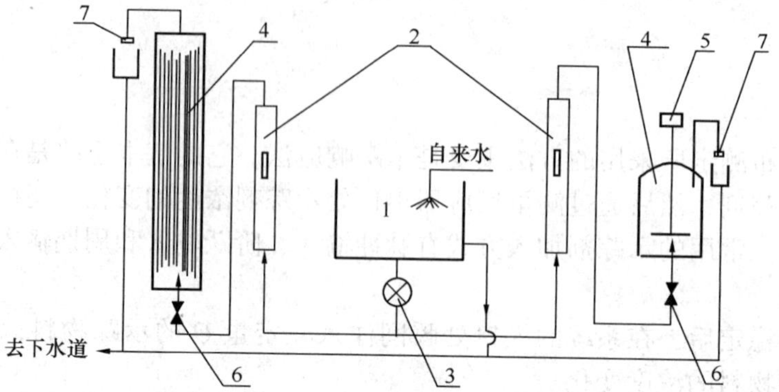

图 10-27　停留时间分布测定装置及流程图

1—储水槽；2—转子流量计；3—水泵；4—反应器；5—搅拌电机；6—示踪剂进样口；7—取样口

实验步骤

1. 实验操作

(1) 将总水阀打开，按下电源按扭及水泵按扭，调节流量开关，使流体充满反应器。

(2) 调节流量计至所需流量。

(3) 当流量稳定后，从示踪剂入口处用注射器快速注入 1mL 2%的 K_2MnO_4 溶液，同时开始计时。然后，每隔 1min 从取样口取样一次(注意：每次取样量要相同)，直至反应器内的物料基本上呈无色透明为止。

(4) 用空白样品(水)调节分光光度计的零点，对取出的样品作比色分析，测试终点时样品的吸光率趋于零(分光光度计吸收波长为 524nm)。

(5) 对管式反应器分别测定流量为 20、30 时的停留时间分布；对釜式反应器，在一定转速下，改变流量一次重复上述操作，再固定流量不变，改变搅拌转速($700r \cdot min^{-1}$、$900 r \cdot min^{-1}$)重复以上操作。

(6) 比色管和取样管用完后及时洗净晾干备用。

2. 数据记录

将实验数据填入表 10-21、表 10-22、表 10-23。

表 10-21　管式反应器停留时间数据记录表

时间 t/min		1	2	3	4	5	6	7	8	9	……
样品吸光度	流量 20										
	流量 30										

表 10-22　釜式反应器停留时间数据记录表

时间 t/min		1	2	3	4	5	6	7	8	9	……
样品吸光度	流量 20										
	流量 30										

表 10-23　釜式反应器停留时间数据记录表

时间 t/min		1	2	3	4	5	6	7	8	9	……
样品吸光度	转速 700										
	转速 900										

实验指导

1. 注意事项

(1) 实验过程中，要保持水的流量和反应器内液面高度稳定，并保证各釜有效容积相等。若液面高度不能保持恒定，则应检查是否有漏气的地方。

(2) 实验过程中，要保持操作条件恒定和测试仪器性能稳定。

(3) 搅拌器的起动和调速必须缓慢操作，切忌动作过猛，以防损坏设备。

2. 数据处理

(1) 在 0~2%的浓度范围内，做出 $KMnO_4$ 溶液的吸光度工作曲线；

(2) 对每一组实验数据，由式(10-88)求出 $E(t)$，并作出 $E(t)$-t 图；

(3) 计算 $\bar{t}$、σ_t^2、σ_θ^2 及模拟级数 n；

(4) 记录实验现象，讨论流量及搅拌器转速对停留时间分布的影响。

实验拓展

由于连续流动反应器内流体速度分布不均匀，或某些流体微元运动方向与主体流动方向相反及内部构件等原因，使反应器内流体流动产生不同程度的返混。在反应器设计、放大和操作时，往往需要知道反应器中返混程度的大小。通过测定停留时间分布，可以定量描述返混程度的大小。因此，停留时间分布测定技术在化学反应工程领域中有一定的地位。

1. 停留时间分布的应用

反应器停留时间分布的测定，主要有以下几方面的用途。

(1) 确定模型参数 n 或 Pe。用多级串联全混流模型或轴向扩散模型模拟实际反应器中的流动状况，关键是确定串联的级数 n 或 Pe，n 或 Pe 又与方差有关。因此，可以通过实验确定停留时间分布，进而计算方差、n 或 Pe，然后求得转化率。

(2) 定性分析流动状况。由活塞流的定义可知，反应物料以一致的方向向前移动，同时进入系统的流体粒子也同时离开系统，所有物料质点的停留时间相同，且等于整个物料的平均停留时间 $\bar{t}$。所以 $\sigma_t^2=0$，$\sigma_\theta^2=0$。

全混流是指刚进入反应器的新鲜物料与留存在反应器中的物料能达到瞬间的完全混合，以致在整个反应器内各处物料的浓度和温度完全相同，且等于反应器出口处的浓度和温度，但反应质点在反应器中的停留时间参差不齐，有的长、有的短，形成一个停留时间分布。因此，$\sigma_t^2=\bar{t}^2$，$\sigma_\theta^2=1.0$。

(3) 定量分析流动状况。实际反应器中可能存在短路与死角，使实际的平均停留时间与理论计算值有一定的误差，因此可以用停留时间分布来定量估算死角与短路的程度。

2. 示踪剂的选择条件

示踪剂在停留时间分布实验中是关键的指示剂，它的选择好坏直接决定了实验的成败。好的示踪剂一般满足以下几方面的条件：

(1) 不与主流体发生化学反应；

(2) 示踪剂浓度与要检测的物理量应有较宽的线性关系；

(3) 用于多相系统的示踪剂不发生从一相转移到另一相的情况；

(4) 示踪剂易溶于流体中；

(5) 示踪剂浓度很低时也容易被检测出来；

(6) 示踪剂应具有或易于转变为电信号或光信号的特点。

实验思考

1. 什么是返混？产生物料返混的原因是什么？它对化学反应有什么影响？

2. 为什么说返混与停留时间分布不是一一对应的？但为何又可以通过测定停留时间分布来研究返混呢？

3. 测定停留时间分布的方法有哪些？本实验采用哪种方法？

4. 何谓示踪剂？其选择有何要求？本实验用什么作示踪剂？

5. 模型参数与反应釜的个数有何不同？为什么？

参 考 文 献

1. 柴诚敬主编．化工原理(上)．北京：高等教育出版社，2005
2. 柴诚敬主编．化工原理(下)．北京：高等教育出版社，2005
3. 谭天恩，窦梅等编．化工原理(上)．北京：化学工业出版社，2006
4. 谭天恩，窦梅等编．化工原理(下)．北京：化学工业出版社，2006
5. 姚玉英主编．化工原理(上)．天津：天津大学出版社，1999
6. 姚玉英主编．化工原理(下)．天津：天津大学出版社，1999
7. 杨涛，卢琴芳主编．化工原理实验．北京：化学工业出版社，2010
8. 吴洪特主编．化工原理实验．北京：化学工业出版社，2010
9. 杨虎，马燮编．化工原理实验．重庆：重庆大学出版社，2008
10. 张金利，郭翠梨主编．化工基础实验．北京：化学工业出版社，2006
11. 李卫宏，刘海燕编．化工原理实验及仿真操作实训．长春：吉林大学出版社，2009